개정판

용선론

김진권/류동근/김명재 공저

SHIP CHARTERING

도서출판 두남

머리말

자본집약적인 산업인 해운업을 영위하기 위해서는 선박의 확보가 필수적이며, 선박의 확보는 선박의 소유와 용선의 두 가지 방안을 고려하게 된다.

한편 선박의 소유를 통해 선박을 확보하는 것은 거대한 자본투자를 필요로 하게 되며, 자기자본의 투자만으로 부족하여 금융기관으로부터 대부분의 선가를 차입하게 된다. 대규모 금융차입은 부채비율이 높아지고 기업의 신인도 하락으로 기업의 운영자금이나 시설투자 자금과 같은 다른 목적의 금융차입이 어렵게 되고 차입조건을 불리하게 한다. 또한 선박을 소유하기 위해 투자된 자본은 필요시 유동화하기도 어렵다.

그러나 선박의 용선(傭船, Chartering in)은 해운·용선시장에서 필요한 적절한 선박을 빌려서 확보하고 정기적으로 용선료를 지불하는 방안이므로 직접적인 거대한 자본투자나 금융차입을 필요로 하지 않는다. 따라서 용선은 자본차입의 규모와 기회를 줄여줌으로써 해운기업에게 자본운영의 유연성과 신축성을 가져다준다.

한편 해운시장에서의 운송수요는 출하지 및 양하지, 화물의 종류, 운송에 필요한 선형 등이 다양하기 때문에 소유 선박만으로 이러한 운송수요를 충족시키는 것은 불가능하다. 따라서 용선은 특히 보다 다양한 출하지에서 다양한 선형의 선박을 필요로 하는 부정기선 해운에서는 필수적이며 해운기업의 매우 중요한 영업활동 중 하나가 된다. 또한 해운기업은 해운시황의 변동에 따라 장단기 용선계약을 통해 손실을 줄이거나 이익을 실현할 수 있으며, 화주는 화물을 해상운송하기 위해 운송조건에 맞는 적절한 선박을 용선을 통해 선택할 수 있다. 따라서 신조선박이나 중고선박의 용선시장은 해운시황이 호황일 때나 불황일 때를 불문하고 항상 존재하며, 해운기업도 용선영업을 하지 않을 수 없다.

한편 이러한 용선활동은 영업조직뿐만이 아니라 관리조직이나 지원조직에도 업무의 활성화를 가져다주며 결과적으로 해운기업 전체 조직의 활성화로 연결되며, 대외적으로는 해운시장과 용선시장에서 해당기업의 위상을 높여준다.

그러나 이러한 용선의 이점에도 불구하고 해운기업 및 용선자의 잘못된 용선 의사결정은 때로는 큰 재정적 손실을 가져다주고 기업의 존폐에까지 큰 영향을 미친다. 그러므로 올바른 용선 의사결정을 하기 위해서는 용선에 대한 정확하고 올바른 이해와 실무지식을 갖추어야만 한다.

본서는 이러한 점에서 해운산업과 무역업 및 물류산업 등에 종사하는 실무자들과 대학 및 대학원에서 용선을 공부하는 학생들에게 용선에 대한 기본지식과 실무 능력을 갖추는 데 도움이 되는 지침서로 활용될 수 있기를 바란다.

본서는 총 3부 11장으로 구성하였으며, 특히 용선에 대한 이해를 보다 용이하게 하고

자 항해용선, 정기용선 및 선체용선으로 구분하여 살펴보기도 하였다. 또한 본서의 내용을 구성하면서 기존 NYPE 1993 약관을 22년만에 개정하여 2015년에 공포된 "NYPE 2015 정기용선계약서"(이하 'NYPE 2015'라 함)의 내용을 반영하였다. NYPE 2015는 발틱국제해운협의회(BIMCO), NYPE 정기용선계약서의 저작권자인 '선박중개인-대리점협회(Association of Ship Brokers & Agents : ASBA)' 및 싱가포르 해사재단(Singapore Maritime Foundation : SMF)의 3개 기관이 2013년부터 공동으로 3여년 동안의 연구·검토와 토의 및 해운관련단체의 의견수렴을 거쳐서 개정한 것이다. 3개 기관은 NYPE 2015에서 용선계약의 적용을 보다 명확히 하고 용선계약당사자간의 이해관계에 대한 균형을 이루고자 하였다. 특히 환경오염 및 보안과 관련하여 국제환경의 변화에 따른 국제적인 신규 규약의 내용을 반영·적용하고자 하였으며, 그동안 NYPE 1993을 기준하여 정기용선계약서를 작성할 때의 빈번한 수정(amendments) 및 추가약관(rider clause)도 본문에 편입하였다.

한편 본서의 제1부는 총론으로 제1장에서 용선의 개념에 대해 설명하고, 제2장에서는 용선계약의 종류와 각 용선계약별 특징을 기술하였다. 제3장에서는 용선계약이 어떻게 성립되고 어떤 경우에 종료가 되는지 설명하며, 제4장에서는 용선계약에 일반적으로 적용되는 영국법상 기초법리에 대해 기술하였다.

제2부는 용선계약의 약관 및 해설 중심으로 구성되어 있다. 제5장은 용선계약의 공통약관에 대해 자세히 설명하였고, 제6장은 항해용선계약의 표준계약서인 GENCON 1994의 약관을 번역하고 해설하였으며, 제7장은 정기용선계약의 표준계약서인 NYPE 2015의 약관을 번역하고 해설하였다. 제8장은 선체용선계약의 표준계약서인 BARECON 2001의 약관을 번역하고 상세히 설명하였다.

제3부는 용선실무를 익힐 수 있는 내용으로 구성되어 있다. 제9장(부정기선 해운시장과 용선시장)에서는 용선시장의 개념과 종류에 대해 기술하였다. 제10장(용선계약의 협상과 체결)에서는 용선계약의 실무내용으로 구성하였으며, 용선계약이 어떤 절차에 의해 이루어지는지에 대한 설명과 용선 클레임의 기초개념과 클레임 처리단계, 클레임 대응실무 사례 등을 설명하였다. 제11장(선박운항의 수익성 분석)에서는 H/B와 C/B산출 및 계선점 추정 등 운항한 선박의 수익성 분석과 실무 내용을 기술하였다.

한편 본서를 집필하면서 많은 문헌을 참고하였으며, 누구나 쉽게 이해할 수 있도록 기술하려고 노력하였으나 부족한 내용이 있을 것으로 생각된다. 부족한 부분에 대한 지적을 겸허히 받아들이고 지속적인 연구를 통하여 앞으로 미진한 부분은 계속 보완해 나갈 것이다.

끝으로 책의 출간을 허락해 주시고 편집에 많은 시간과 노력을 할애해 주신 도서출판 두남의 전두표 사장님과 임직원, 집필과정에서 도움을 주신 많은 분들에게 진심으로 감사의 마음을 드립니다.

2016년 10월

저자 일동

차 례

제1부 총 론

제2부 용선계약의 약관 및 해설

제3부 용선실무

〈표 목차〉

〈그림 목차〉

제 1 부

총 론

제1장 용선의 개념

제2장 용선계약의 분류 및 유형

제3장 용선계약의 성립과 종료

제4장 용선계약에 관한 영국법상 기초 법리

01 CHAPTER

용선의 개념

해상운송에서 특히 불특정 다수의 화주와 수많은 출하지(cargo origin place)로부터 양하지까지의 다양한 화물을 운송하는 부정기선 해운기업의 경우, 화물의 운송수요에 따라 적합한 선박을 소유선박만으로 배선하는 것은 불가능하므로 다른 해운기업으로부터 선박을 빌리거나 다른 해운기업에게 소유한 선박을 빌려주는 용선은 필수적이다.

이 장에서는 용선의 개념과 의의, 용선이 유래된 역사적 배경, 용선의 필요성(동기) 및 용선이 해운기업에게 어떠한 경제적 효과를 제공하는가에 대하여 살펴본다.

제 1 절 용선의 개념

1. 용선의 의의

용선(charter) 또는 용선계약(charter party)이란 선박소유자가 선박의 일부 또는 전부를 제공하여 화물을 운송하거나 선박의 일부 또는 전부를 용선자에게 특정 기간동안 빌려주고, 용선자는 이에 대한 반대급부인 운임이나 용선료를 지불할 것을 약속하는 계약을 말한다. 따라서 적정 선박을 확보한 선박소유자가 운송수요가 있는 화주와 체결하는 화물운송계약 뿐만 아니라 적정 선박이 없어서 다른 선박소유자로부터 적정선박을 일정기간동안 빌려서 사용하기 위한 선박사용계약도 용선계약의 범주에 속한다.[1)]

용선은 선복의 확보내지 화물운송 계약이므로 부정기선해운이나 정기선해운에서 용선

1) 선박을 빌리는 것(chartering in)을 용선(傭船)이라고 하고, 선박을 빌려주는 것(chartering out)을 대선(貸船)이라고 각각 구별하기도 하나, 일반적으로는 양자를 모두 용선(chartering)이라고 한다. 또한 실제 화물을 운송하는 계약인 경우에도 해당항해기간동안 화주가 선박을 용선하는 경우가 되어 항해용선계약이라고 한다.

계약이 이루어지나 대부분의 용선은 부정기선해운에서 많이 이용되기 때문에 부정기선 영업행위는 곧 용선활동이라 말할 수 있다.

한자로는 '傭船'으로 표기되고 있었으나 중국에서는 순수한 자신들의 모국어로 '借組船'이라고 하고 있으며, 일본에서도 상용한자로 개정되기 이전에 '傭船'으로 표시하였으나 오늘날에는 '用船'으로 표기하고 있다.

2. 용선의 기원

1) 용선의 기원 및 발전

용선계약, 즉 charter party는 라틴어의 *charta partita*에서 전화(轉化)한 것으로서, 본래 계약 자체의 명칭이 아니라, 그 계약의 내용을 기입한 서면의 이름이다. 즉 초기에는 한 장의 양피지(羊皮紙)에 계약의 내용을 기재하여, 그 문자나 그림부분을 위해서 아래를 찢어서 계약 당사자 쌍방이 한 쪽씩을 소지하고 있다가, 뒷날 분쟁이 생겼을 경우에 그것을 서로 이어 봄으로써 입증용으로 사용했다고 한다. 즉 *charta*(card)는 날인이 되어 있는 서면, 그리고 *partita*(parted)는 나눈다는 뜻이다.[2)]

한편 용선이 시대적으로 언제부터 시작되었는가는 불분명하다. 그러나 바다가 태고적부터 존재하여 왔으며 물건이 바다를 통해 이동하게 되면 해상운송이 자연히 태생하게 되었을 것으로 미루어 볼 때 기원전 수세기 전부터 시작되었을 것으로 추측된다. 그러나 본격적인 해운과 용선이 시작된 것은 산업과 무역이 발달하여 해상물동량이 커짐에 따라, 해상운송을 전문으로 하는 전문해운업자가 탄생된 때부터라고 볼 수 있다. 이러한 관점에서 볼 때 16세기부터 19세기까지 산업혁명으로 물동량의 폭발적인 증가와 더불어 유럽 국가들이 식민지를 확보하여 본국과 식민지간의 물동량이 증가하게 됨에 따라 전문해운업자의 활동이 왕성하게 되고 다른 업자의 선박을 빌리는 용선활동도 증가되기 시작하였다고 볼 수 있다.

이후 상품과 해상운송 화물이 다양화됨에 따라 이를 운송하기 위한 선박의 형태도 진화·다양화됨은 물론 대형화와 전용선화가 이루어졌으며, 선박을 이용한 해운 서비스 형태도 나누어져서 정기선해운과 부정기선해운으로 나누어지게 되었다. 특히 부정기선의 해운서비스 용역을 제공하기 위한 선형은 더욱 세분화 및 다양화됨에 따라, 이에 필요로 하는 선박을 확보하는 방안으로서 용선이 지속적으로 발전하게 된 것이다. 전통적으로는 산업과 해운의 중심지였던 구미가 용선의 중심이 되어 왔으나, 오늘날은 물동량의 증가로 해운 및 용선수요가 증가한 우리나라를 비롯한 일본, 특히 중국에서 용선을 가장 많이 필요로 하는 시장이 형성되어 용선중심지의 한 축으로 자리 잡고 있다.

---

2) 배병태, 「용선계약과 해상물건운송계약」, (서울: 해사문제연구소, 1993), p.11.

2) 우리나라 용선의 발전

우리나라에서 근대에 최초로 선박의 용선계약을 체결한 때는 1885년 2월 12일(고종 21년 12월 28일)이었다. 이 시기에는 청국을 포함하여 구미 열강 및 러시아와 일본이 우리나라에 세력을 구축하고자 각축을 벌이고 있었던 시기이다. 이들 국가 중 역사적으로 우리나라와 가장 오랫동안 밀접한 관계에 있었던 청국이 추천한 외국인으로써 우리나라의 관원(官員, 공무원)으로 초빙되어, 이른바 통리교섭통상사무아문(統理交涉通商事務衙門)의 정권당상(征權堂上)으로 독일인 묄렌도르프(Moellendorff)[3)]가 임명되었다. 이 사람의 주선으로 상해에 소재한 독일선사인 세창양행으로부터 용선한 만재적하톤수(dwt)가 450톤(총톤수 300톤)정도로 추정되는 S.S. Hiver(希化船; 희화선)라는 선박을 용선하여, 전라도에서 인천까지 조곡(세금으로 거두어들인 곡식)을 운송하려고 계획하였던 것이 우리나라 근대사에 있어서의 최초의 용선계약이다.

이 용선계약은 중국의 상해와 우리나라 남해안의 부산으로부터 서해안의 인천까지의 국내항을 항해구역으로 하였으며, 용선기간은 3.5개월(추후 6개월로 연장됨)로 합의하여 체결된 것으로서 지금까지 문헌에 의해 전해지고 있는 한국최초의 기선용선계약이나 용선계약서 자체는 현재까지 발견되지는 않고 있다. 한편 이 용선계약은 기존 국내 선박운항업자가 이 선박에 화물을 빼앗기게 되어 정부에 선처를 호소하는 등, 여러 가지 이유로 인하여 연장된 6개월의 용선기간을 다 채우지 못한 상태에서 위약금을 지불하고 중간에 해약되었다.[4)]

그 이후 일제 강점기나 광복 후의 상당기간이 지나도록 국내의 해운산업이 발달하지 못하였을 뿐만 아니라 국내 해운기업의 활동도 미흡하였으며, 더 이상 우리나라 해운기업의 용선활동에 관한 기록이 남아있지 않다. 1960년대 초 국내 제조업의 발달과 운송수요의 증가와 더불어 1963년 서울해운이 3,800톤급 유니온스타호와 1964년 서울호의 용선을 시작으로 용선활동이 새롭게 시작되었다. 그러나 이 용선계약은 순수한 선박의 용선계약이라기 보다는 선박을 매입하기 위한 선박금융계약이 함께 체결된 국적취득조건부나용선계약(bareboat charter contract with hire purchase)이었다. 이후 국내 해운기업(대한해운공사 등)이 1970년대 초 포항제철의 제철원료인 철광석과 석탄을 운송하기 위한 1항차 항해용선(one trip voyage charter) 및 정기용선(time charter)계약을 통해 선박을 확보하기 시작하면서부터 우리나라 해운기업들의 용선활동이 왕성하게 증가하였다. 현재에는 연속항해용선계약(consecutive voyage charter: CVC) 및 장기운송계약(long term contract of affreightment:

---

3) 구한말 구미강국은 물론 러시아 및 일본을 비롯하여 청국이 우리나라에 세력을 구축하고자 각축을 벌일 때, 청국인을 보내게 되면 외국의 다른 국가로부터 청국이 세력을 독차지하려는 의구심과 오해를 받을 것을 염려하여 외국인의 추천을 통해 세력균형을 유지하려는 의도에서 청국이 한국에 추천한 독일인이며, 당시 우리나라의 통상, 조곡징수 및 운송업무를 담당하였다. 손태현, 「한국 해운사」, (부산: 아성출판사, 1982), pp.120~121.

4) 손태현, 앞의 책, pp.140~142.

COA)의 수행을 위해 장기적인 기간용선계약(long term time charter)과 국적취득조건부 나용선계약과 같은 용선계약을 통해 각종 선형의 선박을 확보함에 따라 국내 해운기업의 용선활동이 더욱 성행하고 있으며, 이에 따라 국내 해운기업들은 세계 용선시장에서 강자(major player)로서의 위치를 점하고 있다.

또한 이러한 국내 해운기업의 활발한 용선활동은, 선박금융과 선박관련 세제를 비롯한 국내의 해운관련 제도도 불리하였으며, 기타 선원비를 포함한 각종 해운원가 구성요소의 국제경쟁력마저 부족하여 국내 해운기업의 선박확보가 어려웠던 시기에 기하급수적으로 증가하는 국내기업의 운송수요를 충족시키기 위한 국적 소유선대의 대체적 개념으로 용선을 통해 선복을 공급하게 되어 용선활동이 더욱 성장하게 되었다. 그리고 1960대부터 폭발적으로 증가한 우리나라의 수출입물량은 물론이고 삼국간의 화물운송에 참여하기 위한 국내 해운기업의 적극적이고 능동적인 용선활동은 우리나라 해운기업이 해운용역 및 해기인력을 독자적으로 수출하는 것을 가능하게 하였다. 따라서 우리나라의 해운기업의 왕성한 용선활동은 결과적으로 우리나라 해운산업 자체의 성장을 위한 원동력의 하나가 되어 국내 해운산업 발전에 공헌한 바가 크다고 볼 수 있다.

그러나 국내 해운기업은 세계 해운시황이 역사상 가장 호황이었던 2000년대 초부터 2008년까지 용선사슬(chartering chain)로 이루어진 다단계 용선계약을 무분별하고 과도하게 체결한 결과, 2008년 4/4분기 미국발 세계적인 금융위기 발발 이후 이 용선계약이 취소됨에 따라 국내 해운기업들의 근간이 흔들리고 있기도 하다. 또한 이때의 금융위기로부터 시작된 전세계 경제성장의 둔화, 선박금융의 위축, 선박공급의 과잉 등으로 해운시황의 불황이 지속되고 있으므로, 우리나라뿐만이 아니고 전세계적으로 용선시장도 크게 위축된 상황이 지속되고 있다.

제 2 절 용선의 필요성과 효과

1. 용선의 필요성

해운기업이 선박을 용선하는 것은 운송수단을 확보하여 시장에서의 운송수요를 충족시키기 위해서, 또는 향후 선복의 수요에 대비하기 위하여 필요하다. 그러나 이러한 해운기업의 용선활동은 해운시황에 따라 장·단기적으로 영향을 받는다. 해운기업은 다음과 같은 이유와 목적으로 선박의 용선을 필요로 한다.

첫째, 운송수요를 충족시키기 위해 운송수단을 확보하기 위함이다. 최근에는 선박건조시 선박의 구조물을 분할하여 나누어 동시에 제작한 후 드라이 독크(dry dock)에서 조립하는 블록(block)공법을 이용하므로 선박건조에 시간이 단축되었지만 여전히 선박의 공급은 매우 비탄력적이다. 따라서 예상하였거나 예상하지 못하였던 운송수요를 충족시키기 위해서는 보유선복만으로는 운송수요를 충족시키기 어렵기 때문이다.

둘째, 운송수요에 맞는 적정 선형의 선박을 확보하기 위함이다. 해운기업이 시장에서 필요로 하는 다양한 선형의 선박을 모두 소유한다는 것은 불가능하다. 따라서 운송하고자 하는 화물에 따라 적합한 성능을 가진 적절한 선형의 선박을 용선으로 확보할 수 있다.

셋째, 화물운송에 보다 높은 수익성을 확보하기 위함이다. 화물운송을 위해 계약된 운임의 수익성이 해운기업이 보유한 선박을 이용하기에 너무 낮은 경우 수익성 개선을 위해 용선시장에서 선박을 확보한다.

넷째, 기존 용선계약의 헷징수단으로 이용하기 위함이다. 기존의 화물 운송계약이나 정기용선계약을 체결한 후 해운시황의 변동에 따라서는 손실이 예상되거나 또는 예상했던 수익성을 확보하지 못할 것으로 판단될 때, 이의 헷징수단으로 또 다른 용선계약을 체결하거나 기존의 계약의 재용선계약을 통한 헷징으로 손실을 최소화거나 수익성을 확보한다. 또한 용선의 선도거래(freight forwards agreement: FFA)도 이러한 헷징수단이 되고 있다.

다섯째, 순수한 투기 목적으로 용선계약을 체결한다. 시황의 상승이 예상되면 장·단기 용선계약을 통해 선박을 확보하고, 시황이 하락할 것으로 예상되면 항해용선계약을 통한 화물운송계약을 체결한다. 이 용선계약을 직접 수행하기도 하고 재용선(sub-let) 차액으로 이익을 실현을 목적으로 하는 투기적 영업을 위해 용선한다.

여섯째, 해운기업이 부채비율 증가를 최소화하여 기업의 신인도를 높게 유지하기 위함이다. 해운기업이 선가조달을 위한 금융차입으로 부채비율이 높게 되면 기업의 신인도가 낮아지게 되고, 다른 목적의 추가 금융차입이 더욱 어려워질 뿐만 아니라 차입조건이 불리하여진다. 이러한 이유로 부채비율의 증가를 꺼려한 해운기업이 선박을 장단기로 용선하여 지배선단을 구성하기 위함이다.

위와 같은 이유로 화주(shipper or consignee)와 출하지(cargo origin place) 및 화물의 종류와 양(quantity)이 불특정하고 다양한 부정기선해운의 경우 수요에 따라 적합한 선박을 배선하기 위하여 선박을 빌리는 용선은 필수적이다. 또한 신조선박이나 중고선박의 용선시장은 해운시황이 호황일 때나 불황일 때를 불문하고 항상 존재한다.

2. 용선의 효과

해운기업은 용선활동을 통해 다음과 같은 두 가지 효과를 누릴 수 있다.

첫째, 해운기업의 자본운영에 신축성과 유연성을 가져다준다. 해운은 선박을 매입하거나 신조하여 선복을 확보하는데 거대한 자본을 필요로 하는 자본집약적인 산업(capital intensive industry)이다. 또한 선박에 투자된 자본은 필요시 해운기업이 유동화하기 어렵다. 용선은 이러한 거대한 자본투자를 줄여줌으로써 해운기업은 보다 나은 신축성과 유연성을 가지고 자본을 운영할 수 있다.

둘째, 해운기업의 조직에 활성화를 가져다준다. 해운시장에서의 용선영업활동은 해운기업 내의 영업조직은 물론, 기획, 운항 및 재무조직과 관리 및 지원조직에도 업무의 활성화를 가져다주어 결과적으로 해운기업의 활성화로 연결된다.

셋째, 해운기업의 대외 위상과 신인도를 높여준다. 해운기업의 왕성한 용선활동은 해운 및 조선시장에서의 해당 해운기업의 대외적인 위상을 높여 준다. 또한 용선을 통해 선박을 확보하고 선박을 매입하기 위한 자금의 투입을 줄이는 경우 부채비율의 증가를 최소화할 수 있다. 부채비율이 낮으면 해운기업(선주)의 신인도가 높아진다.

따라서 용선은 해운기업의 자본운영의 유연성과 신축성을 가져다줄 뿐만 아니라, 부채비율의 최소화, 기업의 조직 활성화를 가져다주어 대외 위상 및 신인도가 높아지게 된다. 이로 인하여 결과적으로 또 따른 용선협상을 할 때나, 중고선 매입 및 신조선 발주 협상을 할 때에 유리한 위치에서 협상을 가능하게 한다. 또한 해당기업의 추가적인 운영자금이나 시설투자자금 차입 자체를 보다 용이하게 하고 그 차입조건도 유리하게 된다.

02 CHAPTER

용선계약의 분류 및 유형

이 장에서는 여러 가지 기준에 의한 용선계약의 분류와, 특히 화물운송 또는 선박사용과 같은 용선계약의 성질에 따라 분류한 가장 대표적인 항해용선계약, 정기용선계약과 선체용선계약[5]의 3가지 유형에 대한 개념, 용선계약 당사자의 비용부담과 이러한 용선계약서의 표준서식에 대하여 살펴본다.

제 1 절 용선계약의 분류

용선계약은 용선의 대상, 기간, 주체, 용선료 산정방법, 계약 내용 등에 따라 다양하게 분류할 수 있다. 첫째, 화물적재공간이라는 선복(ship's space)을 기준으로 하여, 선복 전체를 빌리는 전부용선과 선복의 일부만을 빌리는 일부용선으로 구분한다.

둘째, 용선기간에 따라 항해용선(voyage charter)과 기간용선(period charter)으로 구분한다.

항해용선이란 선박소유자가 용선자의 화물을 특정 항구(선적항)에서 선적하여 다른 항구(양하항)에서 양하를 완료하는 일정한 항해(항차)기간을 기준으로 용선기간을 약정하는 것을 말한다. 즉, 화물을 운송해 주고 운임을 받는 화물운송계약 형태로서 운임임차계약이라고 볼 수 있으며, 이때에 운임은 일반적으로 적재한 화물량을 기준하여 톤당 운임으로 계산한다. 그러나 경우에 따라서는 하나의 항해당 운임총액을 정하는 총괄운임으로 용선(lumpsum charter)하기도 한다. 한편 대량화물을 가진 특정 화주와는 장기간에 걸쳐 이러

5) 나용선계약이라고 불렀으나 2007년 해상법을 개정하면서 선체용선계약으로 개정하였다. 그러나 국적취득조건부 나용선계약은 개정된 기록이 없다. 실무에서 많이 사용하는 용어로 일종의 고유명사화 되었으므로 부분적으로 선체용선계약으로 개정하지 않고 그대로 나용선계약으로 사용하고 있다. 따라서 국적취득조건부 선체용선이라고는 부르지는 않는다. 또한 선체용선계약 만료시 소유권을 취득하지 않는 선체용선계약을 우리나라에서는 단순나용선계약(simple BBC)이라고 부르고 있다.

한 형태의 항해용선계약을 수차례 반복하여 운항하는 방식의 장기용선계약(long term contract of affreightment: COA) 또는 연속항해용선계약(consecutive voyage charter: CVC)을 체결하는 추세에 있다.

기간용선이란 어느 시점에서 어느 시점까지의 일정기간을 기준으로 용선기간을 약정하는 것을 말하며, 선박소유자는 용선자로부터 일당 용선료를 받는다.

셋째, 용선의 주체가 화주(shipper)인가 또는 운송인(carrier)인가에 따라 화주용선과 운송인용선으로 구분된다. 화주용선은 화물을 가진 화주 또는 무역업자가 용선자로서 특정화물의 물품운송을 선박소유자에게 의뢰하는 것을 말하며, 운송인용선은 화주로부터 물품운송을 의뢰받은 운송인이 보유선박(owned vessel)이 부족하여 다른 선박소유자로부터 선복의 전부를 일정기간 또는 일정항해에 한정하여 빌리는 것을 말한다.

넷째, 용선료 산정 방법에 따라 순용선계약(net charter)과 총용선계약(gross charter)으로 구분한다. 선박 임대차·선체용선계약에서와 같이 선박투자비를 회수함을 목적으로 용선료를 산정한 용선계약을 순용선계약이라 한다. 이에 대하여 운송행위인 항해용선계약과 운송서비스 능력을 제공하는 정기용선계약은 해상물건운송계약으로서 용선료를 선박투자비 뿐만 아니라 선박의 선원비와 보수유지비 등 선박의 운영비 등을 포함한 것을 기준으로 산정하기 때문에 총용선계약이라고 한다.[6)]

다섯째, 용선이 운송계약의 성질을 갖는가의 여부에 따라 항해용선계약, 정기용선계약과 선체용선계약 또는 임대차계약으로 구분된다. 항해용선계약은 선적항에서 양하항까지의 물품운송을 위한 것이므로 운송계약의 성질을 갖는다. 반면, 정기용선계약과 선체용선계약은 일정기간동안 용선자에게 선박소유자가 선박의 사용권한을 빌려주는 것이므로 운송계약의 성질을 갖지 않는다.

그런데 영국법은 정기용선계약도 항해용선계약과 같이 운송계약의 성질을 갖는 것으로 본다. 즉 정기용선계약에서 선박소유자는 선박을 직접 관리 및 통제하면서 용선자에게 선박의 전체운송능력(entire carrying capacity of the vessel)이라는 서비스를 제공한다는 관점에서 정기용선계약을 운송계약의 일종으로 보기도 한다. 그러나 정기용선계약은 화주에 대하여 운송인으로서 활동하기 위해 용선자가 선박소유에 대한 자금부담 없이 일정기간동안 선박의 이용권을 확보한다는 점에서 운송계약의 성질을 갖지 않는 것으로 본다.

한편 정기용선계약과 선체용선계약이 서로 다른 점은 정기용선계약인 경우 용선자가 선박소유자의 선박 전부 또는 일부를 용선자의 선박소요계획에 따라 운항구간과 용선기간을 정하여 빌려 쓰고, 그 대가로서 용선료를 지불하는 선박용선계약형태인 반면, 선체용선계약인 경우에는 용선자가 선박소유자의 선박자체만을 용선하여 선원배승을 포함한 선박운영비 일체를 부담하고 선박소유자에게는 자본비 성격인 용선료를 주는 선박용선계약이라는 것이다. 법적으로는 임대차에 의한 선체용선계약도 용선기간을 정하여 용선

6) 박용섭, 「정기용선계약법」, (부산 : 효성출판사, 1999), p.96.

한다는 의미에서 광의의 정기용선계약이다. 즉, 선박소유자가 받는 보수가 선박소유자가 선박을 제공하고 용선자가 서비스를 받는 기간을 기초로 하여 산출된다는 점에서 동일하다. 그러나 정기용선계약과 항해용선계약은 선박소유자가 선박의 점유권 및 지배권을 보유하는 점에서 임대차와 다르다.

결론적으로, 운송계약의 성질을 갖는 항해용선계약은 화주용선계약이며, 전부용선계약이 될 수도 있고 일부용선계약이 될 수도 있다. 반면 운송계약의 성질을 갖지 않는 정기용선계약과 선체용선계약은 운송인용선계약이자 기간용선계약이며, 통상적으로 전부용선계약이다.

제2절 용선의 유형

용선(charter) 또는 용선계약(charter party)이란 선박소유자와 용선자(화주 또는 선사)간 특정 기간동안 정해진 항로로 여객 또는 화물을 운송하기 위해 선박을 임차하거나 특정기간 동안 선박을 빌리는 계약을 의미한다. 용선은 선복의 확보내지 화물운송계약이므로 부정기선해운이나 정기선 해운에서 용선계약이 이루이지나 대부분의 용선은 부정기선 해운에서 많이 이용되기 때문에 부정기선 영업행위는 곧 용선활동이라 말할 수 있다. 이하에서는 이 장 제1절에서 살펴본 용선계약의 성질에 따른 용선계약을 분류한 항해용선(voyage charter), 정기용선(time charter) 및 선체용선(bareboat, demise charter)에 대하여 보다 자세하게 살펴본다.

1. 항해용선계약

1) 항해용선계약의 개념

항해용선은 선박을 이용하여 운송할 화물을 소유한 용선자(화주)와 이 화물을 운송하고자 하는 선박소유자 또는 선박 운항기업 사이에 선복을 임차하는 운송계약을 말한다. 용선자는 운송하고자 하는 화물의 양에 따라 선복 전체나 일부를 임차한다. 선복 일부를 임차할 경우 선박소유자는 여유 있는 선복에 다른 화주의 화물을 운송할 권리를 가진다.

항해용선계약에 의해 운송되는 화물은 주로 부정기적으로 운송되는 화물이며 대부분 벌크화물이다. 대표적으로 철광석, 석탄, 곡물, 시멘트, 원목, 원유, 석유제품 등이며 일반잡화 등은 소량단위로 운송되기도 한다.

용선자는 화물운송의 대가로 선박소유자에게 약정한 해상운임을 지불하며 운임은 용선계약 당시 용선시장의 해운수요와 선박공급에 의해 결정된다. 운송화물, 항해지역, 항해거리, 운송비용, 선복확보 용이성 등 여러 가지 요인들이 운임에 영향을 미친다.

항해용선계약에 의해 화물을 운송할 경우 발생하는 비용은 크게 선박자본비용, 선박운영비용, 선박운항비용으로 나눌 수 있다. 선박자본비용 및 선박운영비용은 선박소유자가 부담한다. 운항비용 중 연료비와 항비 등은 선박소유자가 부담하지만 하역비용은 선박소유자와 용선자간의 협의에 의해 부담주체가 달라지며 용선계약서에 그 조건을 기재한다.

2) 항해용선계약의 표준계약서

용선계약의 당사자가 상호 합의된 내용과 조건을 바탕으로 용선계약서를 작성하게 되는데, 새로운 계약마다 새로운 계약서를 적성하는 것은 대단히 불편한 일이다. 이러한 현실적인 불편을 줄이기 위해 화주 또는 화물과 항로에 따라 여러 형태의 정형적인 내용으로 구성된 표준용선계약서를 고안하게 되었다. 이러한 표준용선계약서에는 공통되는 항목과 다양한 항로에서 다양한 화물의 운송계약서 작성에 적합한 조항과 내용을 포함하고 있다. 이러한 표준용선계약서를 이용하는 경우 예상 또는 발생 가능한 분쟁에 관하여 당사자 간 협의하여 예방할 수 있고 계약 당사자간 계약의 협상은 계약서식 상의 문제점에 국한시킬 수 있는 편리한 점이 있다. 따라서 양 계약당사자가 실제로 용선계약서를 작성할 때에는 이 정형화된 표준계약서에 상호 합의한 내용을 추가 또는 삽입과 삭제하여 계약 시마다 개별 용선계약서를 작성하고 있다.

항해용선계약 체결 시에 가장 많이 사용되는 표준계약서로 GENCON Charter Party가 있다. GENCON은 1922년 발틱국제해운협의회(The Baltic and International Maritime Council: BIMCO)[7]에 의하여 제정되어, 1974년 및 1994년에 개정되었으며 선박소유자에게 유리한 내용으로 구성되어 있다. GENCON 1994 계약서는 제1부(Part I)와 제2부(Part II) 두 부분으로 나눠져 있다. 제1부에는 가장 기본적인 계약 조건을 박스(box) 형태에 기재하도록 되어 있다. 제2부에는 제1부에 명시된 일부 조항과 선박소유자와 용선자의 권리와 의무에 대해 문장형태로 보다 자세히 기재되어 있다.

---

7) 발틱국제해운협의회(BIMCO)는 120여개 회원국과 세계 상선의 65%를 좌지우지하는 회원사들이 가입한 해운관련 가장 큰 규모의 민간기구로서 회원사는 세계 120여 국가의 선박소유자뿐만 아니라 중개인, 보험회사, 해운조합, 조선소, 금융기관, 해사법 관계기관, 선급 등을 망라하는 거대조직이다. BIMCO는 민간차원에서 해운 관련 정보와 의견 교환을 통해 국제협조를 도모하며 서식위원회를 두어 해사계약과 기타 관련 양식을 개선·발전시켜 나가는 곳으로 전 세계 운송산업 거래에 있어 3/4이 BIMCO양식을 사용하는 것으로 추정하고 있다. 정치성을 배제하고 국제해운업계 문제를 실질적인 측면에서 해결하기 위해 1905년 설립됐다. 초기에는 발틱해와 백해(白海)(러시아의 서북부에 있는 북극해의 만)지역의 교역에 주로 참여했던 선박소유자들이 공동이익을 증진하기 위하여 설립한 '발틱백해협의회(The Baltic and White Sea Conference)'에서 출발했다. 1927년에 회원확대에 따라 국제성을 띤 '발틱국제해사동맹(The Baltic and International Maritime Conference)'으로 명칭을 변경하였다가 1997년에 현재의 이름 발틱국제해운협의회(The Baltic and International Maritime Council: BIMCO)로 변신했다.

3) 항해용선계약서의 종류

발틱국제해운협의회(BIMCO)에서는 실무에서 사용되는 각종 용선계약서를 작성, 권고, 승인한다. 항해용선계약서는 항해용선계약에 의해 운송되는 화물의 종류에 따라 사용하는 용선계약서가 다르다. 그 중 발틱국제해운협의회(BIMCO)에서 권고하는 항해용선계약서 중 가장 널리 사용되는 표준계약서는 GENCON 계약서이며 이 계약서는 화물의 종류에 구분 없이 사용될 수 있다. 반면 석탄, 밀, 곡물, 비료, 천연가스 등 특정 화물 운송을 위한 용선계약서가 별도로 사용되기도 한다. 석탄을 운송하기 위해 사용되는 항해용선계약서에는 AMWELSH 93, NIPPONCOAL, POLCOALVOY 등이 있으며, 밀(wheat) 운송을 위해 AUSTWHEAT 1990, 비료는 FERTIVOY 88, 액화가스는 GASVOY 계약서가 사용된다. 곡물 운송을 위한 항해용선계약서는 GRAINCON 2003, Norgrain 89, SYNACOMEX 2000 등이 있다.

〈표 2-1〉 항해용선계약의 표준계약서

구 분	용선계약서 명칭	코드 명칭
General Purpose	BIMCO Uniform General Charter	GENCON
Coal	Americanized Welsh Coal Charter	AMWELSH 93
Wheat	Australian Wheat Charter 1990	AUSTWHEAT 1990
Coal and Ore	BIMCO Standard Coal and Ore Charter Party	COAL-OREVOY 2003
Coal	Coal Charter Party	NIPPONCOAL
	BIMCO Coal Voyage Charter 1971(Revised May 1997)	POLCOALVOY
Fertilizer	North American Fertilizer Charter Party 1978/88	FERTIVOY 88
Liquid Gas(except LNG)	Gas Voyage Charter Party	GASVOY
LNG	Liquified Natural Gas Voyage Charter Party	LNGVOY
Grain	BIMCO Standard Grain Voyage Charter Party	GRAINCON 2003
	North American Grain Charter Party 1973	Norgrain 89
	Continent Grain Charter Party	SYNACOMEX 2000
Wood	BIMCO Baltic Wood Charter Party 1973 (Revised 1997)	NUBALTWOOD
Universal Voyage	Universal Voyage Charter Party 1984	NUVOY-84
Heavylift	Heavylift Charter Party	HEAVYCON 2007

자료 : 류동근, 「해상운송의 이해」, (부산 : 나솜출판사, 2010), p.113.

2. 정기용선계약

1) 정기용선계약의 개념

정기용선계약은 선박소유자가 선장과 선원을 배승하고 항해장비를 갖춘 선박을 일정한 기간동안 용선자에게 빌려주어 용선자가 이 선박을 사용·수익하게 하고 정기용선자는 용선기간동안 약정한 용선료(hire)를 지불할 것을 약정한 계약을 말한다.

정기용선계약의 경우 선박소유자는 선박이 감항상태를 유지하도록 모든 속구를 구비하고 선원을 배승함은 물론 선박의 보수유지 등 선박을 관리할 책임이 있으며, 이러한 선박관리에 필요한 선박의 자본비, 보험료, 선원비, 수선비, 선용품비 등을 부담한다. 용선자는 선박 운항에 소요되는 연료비와 항비 및 화물비 등을 부담한다.

그리고 정기용선자가 지불하는 용선료는 용선 선박의 크기, 화물적재능력, 속력, 선령, 해운시황 등에 의해 결정된다. 용선료는 보통 일당(per day) 금액으로 정해진다. 예를 들면 50,000dwt 벌크선의 일일 용선료는 US$10,000이라고 용선계약서에 기재된다.

용선기간은 수개월에서 수년까지 용선자가 필요한 사용 기간을 선박소유자와 협의하여 결정된다. 용선한 선박의 항해 일정 및 화물 운송은 기본적으로 용선자의 재량에 달려있으나 때로는 선박소유자가 정기용선계약서상에 제한을 두기도 한다.

용선계약상 별도의 금지조항이 없는 한 일반적으로 용선자는 용선한 선박을 재용선할 수 있는 권리(liberty to sublet)를 가지고 있다. 이때 재용선해주는 용선자를 관리선박소유자(disponent owner)라고 한다.

2) 정기용선계약의 표준계약서

정기용선계약의 표준용선계약서 중에서 가장 많이 사용되는 양식은 뉴욕물품거래소(New York Produce Exchange: NYPE)에서 제정한 NYPE 양식이다. NYPE 양식은 1913년 뉴욕물품거래소에 의하여 처음 제정된 이래, 이후 1921년, 1931년, 1946년 및 1981년에 각각 개정되었다. 또한 해운산업의 변화를 반영할 목적으로 1981년에 미국의 '선박중개인과 대리점협회'(The Association of Ship Broker and Agent : ASBA)는 발틱국제해운협의회(BIMCO)와 영국해운회의소(The Chamber of Shipping)의 자문을 받아 "ASBATIME"이라는 새로운 표준정기용선계약서를 제정하였다.

그러나 본 서식의 이용률이 저조하자, 위의 '선박중개인과 대리점협회' 산하 용선 및 서류위원회(The Chartering and Documentary Committee)는 발틱국제해운협의회와 '중개인과 대리점협회연맹'(The Federation of National Associations of Ship Brokers and Agents : FONASBA)과 협력하여 1993년에 새로운 정기용선계약서식인 "NYPE 1993"을 제정하게 되었다.

NYPE 1993 계약서의 서문(preamble)에는 계약 체결 날짜와 계약 당사자인 선박소유자 및 용선자의 이름과 주소, 선박의 명세가 기재된다. 선박의 명세는 선명, 국적, 건조년도,

선적항, 선급, 재화중량톤수, 화물적재능력, 총톤수, 순톤수, 속력 등이 기재된다. 서문(main body)에 선박의 명세를 모두 기록할 수 없는 경우에는 부속서(Appendix)조항에 보다 자세하게 선박 명세를 기재한다. NYPE 1993 계약서는 제1조(용선기간)부터 제45조(중재)까지로 구성되어 있다. 추가 계약조항은 부속약관(rider clause)에 기재한다.

한편 발틱국제해운협의회(BIMCO)와 NYPE 용선계약서의 저작권자인 미국의 '선박 중개인과 대리점협회'(the Association of Ship Brokers and Agents: ASBA) 및 '싱가포르 해운재단'(the Singapore Maritime Foundation: SMF) 등 3자가 공동으로 2013부터 3년 동안 집중적으로 검토하고 연구하여 2015년 10월에 NYPE 1993을 개정 및 필요한 내용을 추가하여 NYPE 2015를 작성·발표하였다.[8)]

3) 정기용선계약 계약서의 종류

정기용선 표준계약서는 실무에서 가장 많이 사용하고 있는 뉴욕물품거래소(New York Produce Exchange)가 고안한 NYPE 서식을 포함하여 용선계약 대상 선박의 선형에 따라 여러 가지 종류가 있다. 현행 NYPE 서식은 1993년에 개정한 것(NYPE 1993)이다. 그러나 NYPE 1993의 개정 및 내용 추가를 통하여 NYPE 2015가 발표됨으로써 점진적으로 옮겨갈 것으로 예상된다.

케미컬 선박을 대상으로 정기용선계약을 체결할 경우에 이용하는 발틱국제해운협의회(BIMCO)에서 제정한 BIMCHEMTIME 표준용선계약서가 있으며, 컨테이너선박의 경우 BOXTIME 표준용선계약서와 그리고 해양서비스선박의 경우 SUPPLYTIME 89 표준용선계약서가 사용된다.

〈표 2-2〉 정기용선계약의 표준용선계약서

구 분	용선계약서 명칭	코드 명칭
General Purpose	Time Charter(New York Produce Exchange Form)(Revised 2015)	NYPE 2015
	Time Charter(New York Produce Exchange Form)	NYPE 1993
	BIMCO Uniform Time-Charter(Revised 2001)	BALTIME 1939
Vessels Carrying Chemicals	BIMCO Uniform Time Charter Party for Vessels Carrying Chemicals in Bulk	BIMCHEMTIME
Container Vessels	BIMCO Uniform Time Charter Party for Container Vessels	BOXTIME
Offshore Service Vessels	Uniform Time Charter Party for Offshore Service Vessels	SUPPLYTIME 89

자료 : 류동근, 앞의 책, p.114.

8) '제7장 제4절 NYPE 2015 약관의 개요' 참조

3. 선체용선계약

1) 선체용선계약의 개념

선체용선계약(bareboat charter 또는 demise charter)은 선박소유자가 선박(선체)만을 용선자(선체용선자; bareboat charterer)에게 제공할 것과 용선자는 용선기간동안 이 선박에 대한 배타적 점유·지배권을 가지고 선장과 선원의 배승은 물론 선박의 운영에 필요한 일체의 비용을 부담하고, 선박을 사용하여 수익하며, 선박소유자에게 그 대가로 선박의 자본비(선박소유자의 선박확보 비용) 성격의 용선료를 지불할 것을 약정하는 선박사용계약을 말한다. 따라서 선체용선자는 선박소유자로부터 용선한 선박의 운영자로서 사용선박소유자, 관리선박소유자 또는 일시적 선박소유자가 되어 용선기간동안 선박소유자와 동일하게 취급된다.

이와 같이 선체용선계약은 용선자가 일정한 조건으로 일정기간 동안 선박만을 빌리는 기간용선(period charter)계약의 일종이며 선박임대차(demise charter)계약이라고도 한다. 선체용선자는 자신이 임명한 선장을 통하여 선박을 지휘하고, 선박의 항해를 지시하는 등 용선기간동안 선박을 점유·지배하여 운영함은 물론 선체용선자는 이 선박을 이용하여 용선자가 선택하는 화물을 운송하는 등 선박 내에서 수행되는 업무는 주로 용선자의 이익달성을 목적으로 하는 선박사용계약이다. 이러한 관점에서 선체용선계약은 선적항과 양하항 사이의 화물 운송계약의 성격을 띠고 있는 항해용선계약이나 용선자가 선박의 운영에 전혀 관여하지 않는 또 다른 선박사용계약의 하나인 정기용선 계약과 구별된다.

2) 선체용선계약 표준계약서의 종류

발틱국제해운협의회(BIMCO)에서 권고한 선체용선계약서는 일반적인 목적으로 사용되는 BARECON 89와 BARECON 2001이 있으며 바지선(barge ship)의 선체용선인 경우 사용되는 BARGEHIRE 94가 있다.

〈표 2-3〉 선체용선계약의 표준계약서(Bareboat Charter Party)

구 분	용선계약서 명칭	코드 명칭
General Purpose	BIMCO Standard Bareboat Charter(Revised 2001)	BARECON 2001
	BIMCO Standard Bareboat Charter (Issued by BIMCO in 1974 as "Barecon A" and "Barecon B", and revised and amalgamated 1989)	BARECON 89
Barge	BIMCO Standard Barge Bareboat Charter Party	BARGEHIRE 94

자료 : 류동근, 앞의책, p.114.

제3절 용선계약 당사자의 비용부담

선박의 확보, 운영 및 운항에 필요한 비용과 선박운항에 따른 위험을 용선계약의 당사자인 선박소유자와 용선자 중에서 누가 부담하여야 하는 가는 용선계약의 유형에 따라 달라진다.

먼저 선체용선계약의 경우 용선자는 선박의 소유에 관한 사항을 제외한 모든 것에 대해 선박소유자의 위치에 있다. 따라서 용선자가 선박의 운영 및 화물운송을 위한 운항비용을 부담한다. 즉, 용선자는 선원관리, 선박의 보수유지, 보험과 관련한 비용 등 선박의 운영비용을 부담한다. 뿐만 아니라 재항(항내 정박)시간, 선적과 양하, 항비, 연료비, 항해시간, 화물집하 등과 같은 화물운송과 관련하여 발생하는 비용과 위험도 용선자가 부담한다. 단, 선박확보를 위한 자본비는 선박소유자가 부담한다.

정기용선계약의 경우 용선자는 선박을 이용하여 사용·수익한다. 따라서 선박을 이용하여 수익하는데 필요한 모든 비용을 부담한다. 즉, 재항(항내 정박)시간, 선적과 양하, 항비, 연료비, 항해시간 및 항행에 대한 위험, 화물집하 비용과 위험을 부담한다. 그러나 선원관리, 선박의 보수유지, 보험료와 같은 선박의 운영비는 물론 선박을 확보하는 데에 필요한 자본비는 선박소유자가 부담한다.

항해용선계약에서는 재항(항내 정박)시간, 선적과 양하 비용과 위험은 선박소유자와 용선자간 계약조건에 따라 부담주체가 달라질 수 있다. GENCON 1994 Part II 제5조에서는 화물의 선적과 양륙에 대해 규정하고 있다. 그 외 항비와 연료비 등의 운항비와, 화물집하비, 선원관리와 선박의 보수유지 및 보험료 등의 운영비와, 선박확보를 위한 자본비는 선박소유자가 모두 부담한다.

〈표 2-4〉 용선계약별 비용부담 구분

구 분	선체용선	정기용선	항해용선	정기선해운
재항시간 위험(time risk in port)	C	C	CO	O
선적과 양하(loading/unloading)	C	C	CO	O
항비(port charges)	C	C	O	O
연료비(bunkers)	C	C	O	O
항해시간 위험(time risk at sea)	C	C	O	O
화물집하(soliciting for cargo)	C	C	O	O
선원관리(manning)	C	O	O	O
선박수리 및 유지(repairs/maintenance)	CO	O	O	O
보험(insurance)	CO	O	O	O
자본비(capital cost)	O	O	O	O

주: C=charterer(용선자), O=owner(선박소유자)

자료: Gorton, L., Ihre, R. and Sandevarn, A., Shipbroking and Chartering Practice, LLP, London, 1999, p.123.

03 CHAPTER

용선계약의 성립과 종료

용선계약은 선박소유자와 용선자간의 권리와 그에 따른 책임과 의무를 발생시킨다. 특히 상행위를 영위하기 위해 이루어지는 계약은 그 내용과 이행결과에 따라 모든 주체간의 경제적 이득 내지는 희생이 수반되므로 신중한 접근이 필요하다. 특히 해운은 국제간의 거래이며 화물의 선적과 운송, 그리고 하역 등의 제반 문제에 관여되는 이해관계자들 사이에 매우 복잡하고 다양하게 얽혀있다.

따라서 용선계약은 위와 같은 모든 이해관계자가 국제적으로 연결되어 있으므로 선박소유자와 용선자의 입장에서 매우 신중한 접근이 필요하며, 그렇지 않을 경우 때로는 당사자 간의 경제적 득실을 감안하여 첨예하게 상반되는 분쟁이 야기될 수 있는 분야이다. 아래에서는 이러한 점을 감안하여 용선발생의 간단한 배경을 소개하고 용선계약의 성립과 소멸(해지)요건은 무엇인지, 그리고 체결된 계약내용을 어떠한 원칙을 적용하여 해석해야만 하는 것인지에 관해 이해를 돕고자 한다.

제 1 절 용선계약의 당사자

용선계약과 관련한 당사자들은 선박소유자, 용선자, 용선중개인 및 용선대리점 등이 있다. 선박소유자와 용선자는 용선계약을 직접 체결하며, 선박소유자는 선박의 소유권(ownership)을 가지고 직접 선박을 소유한 자 뿐만 아니라, 선박을 용선하여 해당 선박의 소유권은 없을 지라도 선박의 점유권이나 사용수익권을 확보한 다음, 해당선박을 다른 제3자에게 선박을 제공하는 관리 선박소유자(disponent owner)도 포함한다. 즉 선박을 용선(chartering in)한 후 다시 제3자에게 대선(chartering out)하는 경우 처음의 용선자는 다음 용선계약에서는 선박소유자의 위치에 있게 된다.

한편 용선자는 운송할 화물을 선박소유자에게 제공하거나 선박을 선박소유자로부터 빌리는 자(charterer)를 말한다. 일단 용선계약을 체결한 자가 해당 용선계약을 다른 제3자와 또다시 용선계약을 체결하는 경우, 처음 체결한 용선계약을 원용선계약(head charter)이라고 하며 다음 체결한 용선계약을 재용선계약(sub-charter)이라고 한다. 또한 처음 용선계약을 체결한 자를 원용선자(head charterer), 그리고 다음 용선계약을 체결하는 제3자를 재용선자(sub-charterer)라고 한다.

또한 용선중개인은 해운 및 용선에 관한 전문적인 지식을 바탕으로 용선계약을 체결하기 위한 필요한 정보를 제공하기도 하고 필요에 따라서는 선박소유자나 용선자를 대신하여 용선계약을 협상하는 자를 말하며, 필요시 체결된 용선계약의 원활한 수행을 위한 용선계약의 사후관리 기능도 수행한다. 용선중개인은 용선계약협상 시 선박소유자를 대신하였거나 용선자를 대신한 경우 운임이나 용선료의 1.25%에 해당하는 수수료를 받는다. 그러나 선박소유자나 용선자가 자신을 대신한 용선중개인에게 수수료를 각기 지불하는 경우도 있다.

용선대리점은 체결된 용선계약을 수행하는 과정에서 화물운송이나 항만에서의 선적 및 양하업무 또는 선박의 입출항 및 하역 업무를 대행하는 자를 말하는 데, 용선자를 대신하는 경우 용선자대리점, 선박소유자를 대신하는 경우 선박소유자대리점이라고 한다.

제2절 용선계약의 성립

1. 용선의 발생

용선은 해운업의 진화에 따른 산물이며 해운업은 또한 국제무역거래의 역사와 더불어 발전해 왔다. 용선의 무대가 되는 해운업의 생성발달은 일반적으로 다음과 같이 정리된다.

① 상인이 자신의 선박으로 자신의 상품을 운송하여 거래를 행한 시대
② 상인이 자신의 선박으로 다른 상인의 상품을 이익분배 또는 운임조건부 적취를 한 시대
③ 다른 상인의 상품이 증가하여 자신의 선박에 타인의 화물만을 적재하고 자신은 거래의 위험으로부터 벗어나 운임수입만을 획득하는 것으로 전향한 시대
④ 상인이 자신의 선박만으로는 부족하여 제3자의 소유선박을 운임수입을 위하여 차용한 시대

이상과 같은 사실적 관계가 역사적인 흐름에 따라 상거래를 형성하고 점차 해운업의 형태로 발전, 변모되어 왔다고 할 수 있다. 해운업으로 전업화하기 이전의 시대에는 오늘날의 표현대로, 상품운송 또는 선복의 일부를 제공하는 복수의 형태로서 선박소유자는 자신이 상인이면서 자가 운송을 행하는 한편 타인의 상품을 혼적하였다.

그러나 점차 해운업으로 전업화 하기에 이르러서는 항해용선의 형태로 선복의 전부 또는 일부를 제공하였다. 이 당시에는 선박소유자인 상인 자신이 선장이거나, 그렇지 않은 경우 선박소유자로부터 신뢰를 받는 선장이 그 선박에 정착하며 승선하고, 화주는 단지 동행자로서 자신의 상품에 대한 보전감독을 위해 승선하는데 불과하였다.

[그림 3-1] 용선의 발생

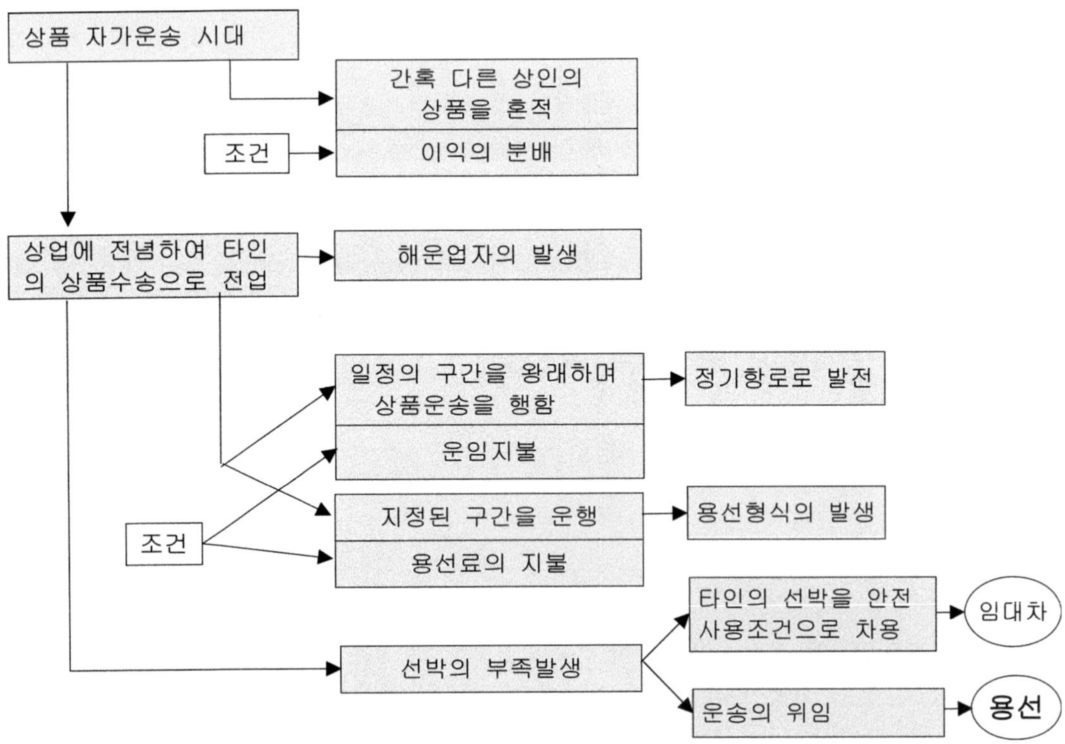

그러나 선복의 전부를 빌리는 경우, 단순히 이런 방식으로는 지배권이 충분치 않다고 생각하여 자신이 고용한 선장 이하의 선원을 배승하는 형태도 생겨나게 된 것이다. 이러한 상황변화를 개념적으로 나타내면 상기 [그림 3-1]과 같다.

2. 용선계약의 성립요건

1) 효력적 용선계약의 성립요건

용선계약이 효력을 가지기 위해서는, 우선적으로 계약당사자간의 청약(offer)과 승낙(acceptance)에 의한 요건을 만족시켜야 한다. 이때 요건이란 합의의 존재와 의사표시에 하자가 없어야 한다는 점이며 그 구체적인 의미는 아래와 같다.[9]

(1) 합의(agreement)

합의는 신청(offer)과 승낙(acceptance)의 합치에 따라 성립하며 계약의 가장 중요한 요소이다. 즉, 협상 초기단계에 견해의 차이가 있는 것은 서로 양보를 통해서 점진적으로 합의에 이르게 되며, 이와 같이 합의된 사항은 애매모호하거나 불완전한 것이 아니어야 한다는 것이다.

(2) 의사표시에 하자가 없을 것

용선계약을 위한 합의에 이르는 과정에서는 계약당사자의 의사표시에 하자가 없어야 한다. 성약(fixture)의 과정에서 내심의 의사와 현저히 다른 표시 즉, 사실에 대한 중대한 착오(mistake), 사기(fraud), 선의의 부실표시(innocent misrepresentation),[10] 강박(duress)이 있어서는 안 된다. 따라서 보다 세부적으로 합의에 이르기 위한 청약과 승낙의 과정에 다음의 요건 또한 충족되어야만 할 것이다.

2) 청약과 승낙

(1) 청약

청약(offer)은 상대방의 승낙(acceptance)이 있으면 바로 계약을 성립시킨다고 하는 확정적인 의사표시이며, 이 청약존속 중에 승낙이 있으면 계약은 성립한다. 청약은 그 통지가 청약자(offeror)로부터 피청약자(offeree)에게 도달한 때에 효력을 발한다. 그러나 청약은 시간의 경과, 청약의 거절, 반대청약 등의 사유에 따라 소멸한다.

또한 피청약자에게 도달하기 전에는 청약을 철회할 수 있으나, 도달한 후에는 철회할 수 없다. 그러나 청약에 승낙기간을 정한 경우에는 그 기간 내에 승낙되지 않으면 청약은 효력이 없어진다.[11] 청약은 법적으로 청약자를 구속하므로 청약의 유효기간 내에 청

---

9) 日本海技協會, 「傭船契約と海上物品運送契約」, (東京: 成山堂書店, 1983), 11面.

10) 용선계약을 체결하기 위해 협상 시 선박의 명세 등 여러 가지 사실에 대한 표시(representation)를 해야 한다. 이 때 고지의 내용이 사실과 다르면 부실표시(misrepresentations)가 되며, 당사자가 고의로 행한 것을 부실표시(wilful misrepresentations), 고의적인 의도가 없는 것을 선의의 부실표시(innocent misrepresentations)라고 한다.

약의 상대방 이외에 다른 상대방에게 중복하여 청약할 수 없다.

(2) 승낙

승낙(acceptance)이란 피청약자가 청약에 응하여 행하는 것으로서 계약을 성립시킬 의사표시이다. 승낙은 선박, 선박의 국적, 선적시기, 용선료 등 용선계약의 중요내용에 관하여 청약과 합치되어야만 한다. 따라서 승낙에 청약의 수정이나 변경을 가하여서는 안 된다. 협상은 구두, 전화, 전문, 팩스 또는 이메일 등의 즉시적이고 전자적인 통신수단을 이용하여 행해지므로 승낙의 내용이 전달되었을 때 효력이 발생하고, 우편이나 전보로 승낙을 통보하는 경우에는 특별한 조건이 없는 한 발송되자마자 효력을 발생하는 것이 일반적이다.

3) 낙성·불요식성

영국에서는 18세기까지만 하더라도 용선계약의 체결에는 날인증서를 필요로 하였다. 그러나 19세기 초가 되면 날인증서는 필요치 않게 되고 서면만으로 갈음하게 되었다. 또한 일정시점 이후에는 당사자 간의 합의만 있으면 서면도 필요치 않고 계약으로서만 성립하는 것이 인정되었다. 즉, 영미법상 용선계약은 낙성·불요식의 계약인 것이다.

따라서 용선계약서는 계약의 내용을 증명하는 증거증권에 불과하며, 반드시 서면의 작성을 요하지는 않는다. 구두나 합의각서(fixture memo), 청약(offer note) 등에 의해 용선계약의 기본조항이 합의되면 그것은 유효하게 성립한 계약으로 양당사자를 법적으로 구속한다. 그러나 거래의 단계에 있어 청약 중에 'subject to contract'라는 조건을 붙여 놓으면, 용선계약에 서명하기까지는 양당사자를 구속하지 않는다.[12]

제3절 용선계약의 종료

실무에서 용선계약을 체결할 때 선박의 명세 등을 포함한 여러 가지 계약사항에 관한 표시를 성실히 이행해야 하며, 선박소유자의 표시내용이 사실과 다른 경우에 당사자는 계약해제나 손해배상 등을 청구할 수 있다.

영미법에서 계약은 계약이 이행되었거나 또는 합의에 의해서 종료되기도 하지만, 프러스트레이션(frustration),[13] 계약위반 및 법령위반 등의 사유에 의해서도 종료된다. 이 중

11) 배병태, 「용선계약과 해상물건운송계약」, (서울: 해사문제연구소, 1999), p.11.
12) 日本海技協會, 前揭書, 12面.
13) 프러스트레이션은 영미법상 후발적 불능에 대한 계약의 종료사유가 되지만, 통상적으로 영미 계약법상의 특수한 기초법리로 다루고 있으므로 별도의 장에서 자세히 서술함.

용선계약의 종료는 주로 계약의 이행으로 발생되지만 프러스트레이션, 계약위반 및 법령 위반으로도 발생된다. 특히 우리나라에서는 용선계약에서도 계약의 일반 종료원인에 의해 종료하게 되지만 용선계약의 특수성을 고려하여 항해용선계약의 종료원인에 대하여 규정을 별도로 두고 있다. 이 규정은 임의규정이므로 당사자는 계약자유의 원칙에 의해 이와 다른 약정을 할 수 있으며, 그러한 경우에는 당사자 간의 약정을 우선 적용하게 되고, 약정이 미비하여 분쟁이 발생하는 경우에 임의규정이 적용될 것이다.

1. 계약위반

1) 계약위반의 형태와 의의

영미법상 계약위반에는 이행지체, 이행불능 및 이행거부의 3가지 종류가 있다. 이행지체란 채무의 이행기가 도래하여 이행이 가능함에도 불구하고, 채무자가 약속대로 이행하지 않는 경우이다. 이행불능이란 어떤 귀책사유에 따라 자신이 부담할 채무의 이행이 불가능하게 되는 경우이다. 그리고 이행거부는 이행기가 도래하기 전에 이행기가 도래하여도 이행할 의사가 없다는 것을 표시하는 경우이다.[14]

[그림 3-2] 원시적 불능과 후발적 불능의 책임관계

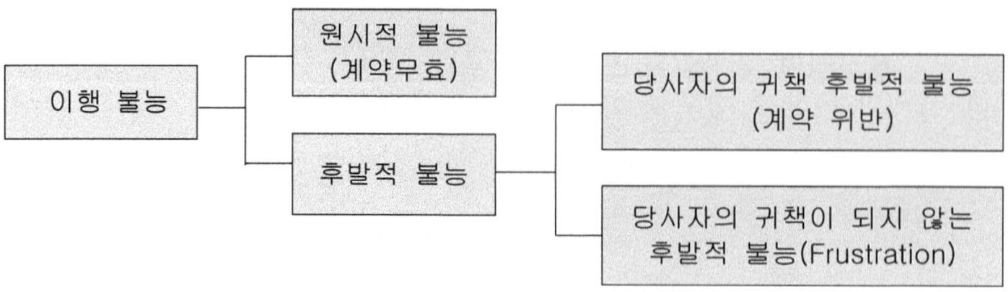

이행불능(impossibility of performance)에는 크게 원시적(initial, existing)불능과 후발적(supervening, subsequent)불능의 두 가지로 구분하고 있다. 원시적 불능이란 계약의 목적물인 선박이 계약성립 전에 침몰하는 것과 같은 예이며, 이 경우 계약은 무효이다. 이에 반하여 상기의 선박이 계약성립 후 이행 전, 예를 들어 선적항으로 항행 중에 침몰하였다고 한다면, 이것은 후발적 불능이다.[15]

후발적 불능 중 당사자의 책임으로 귀착되는 이행불능은 계약위반의 문제로 되며, 이에 따라 계약의 종료로 이르게 되는 사유가 발생한다. 이에 반하여 당사자의 책임으로 귀착될 수 없는 경우의 후발적 불능이며, 이것을 일반적으로 프러스트레이션이라 한다.

14) 박용섭, 앞의 책, p.150.
15) 日本海技協會, 前揭書, 112面.

영미법에서는 원칙적으로 계약 책임은 엄격책임주의 또는 절대책임주의를 원칙으로 하고 있으므로 채무자는 고의 또는 과실의 유무에 관계없이 자기의 채무불이행에 대한 책임을 부담한다.

2) 계약의 해제[16)]

계약당사자의 일방이 계약위반을 하였을 때는 상대방은 손해배상청구권을 취득하게 될 것이며, 그것이 계약의 근본에 해당할 정도의 중요한 사항의 위반이라 하면 계약해제권을 취득하게 된다. 그 선택에 의해 계약을 해제하며 그 채무의 이행을 면할 수 있다. 여기에서 유의할 점은 중대한 계약위반이 있어도 계약이 당연히 소멸되는 것이 아니라, 상대방이 계약해제권을 행사해야만 계약이 소멸한다는 것이다.

그러나 당사자의 일방이 계약을 전혀 이행할 의사가 없음을 표시하거나, 그 귀책사유에 의해 전혀 불능으로 된 경우에는 중대한 계약위반이 되는 것이 명확하지만, 그 이외의 경우에는 그것이 당해계약 중의 중대한 조항인지, 혹은 중요하지 않는 조항인지의 여부에 따라 해제권의 유무가 구분된다. 중요한 조항을 근본조건(condition)이라 하며 중요하지 않은 조항을 담보조건(warranty)이라고 한다. 일반적으로 근본조건위반이 있었을 때는 상대방은 그 계약을 해제하는 동시에 손해배상을 청구할 수 있으나, 담보위반이 있었을 때는 단순히 손해배상을 청구할 뿐이다.

근래에 들어 계약상의 중요성에 대한 판단에 따라 근본조건에 해당하는지 담보조건에 해당하는지를 판단하는 경우가 있는데, 이것은 중간조건(intermediate terms)이라고 한다.

2. 상법상의 종료원인

우리나라 상법에서는 항해용선계약의 종료원인에 관하여 특별한 규정을 두고 있으며, 임의 규정적 성질을 가지므로 당사자 계약자유의 원칙에 따라 약정한 사항이 우선 적용되게 하고 있다.

1) 용선자의 임의해제 또는 해지

(1) 발항 전의 임의해제 또는 해지

가. 전부용선계약의 경우

단일항해의 용선계약인 경우 발항 전에는 전부용선자는 운임의 반액을 지급하고 계약을 해제할 수 있다. 왕복항해의 용선계약인 경우에는 전부용선자가 그 회항 전에 계약을 해지하는 때에는 운임의 3분의 2를 지급하여야 한다(상법 제832조 제1항 및 제2항). 이러한

16) 제4장의 용선계약에 관한 영국법상의 기초 법리를 참조바람.

경우에 전부용선자의 계약해제 또는 해지의 의사표시로 계약은 해제 또는 해지되고 용선자는 운임의 반액 또는 3분의 2를 지급할 의무를 부담하는 것이다.

이렇게 전부용선자가 발항 전에 계약을 임의해제 또는 해지한 경우 전부용선자는 운임 이외에 부수비용과 체당금을 지급할 책임을 면하지 못한다(상법 제834조 제1항).

그리고 왕복항해용선계약의 경우에 회항 전에 용선계약이 해지된 경우에는 전부용선자는 부수비용과 체당금 이외에 운송물의 가액에 따라 공동해손 또는 해난구조로 인하여 부담할 금액을 지급하여야 한다(상법 제834조 제2항).

또한 전부용선자가 운송물의 전부 또는 일부를 선적한 때에는 그 선적과 양륙의 비용은 용선자 또는 송하인이 부담한다(상법 제835조). 그리고 전부용선자가 선적기간 내에 운송물의 선적을 하지 아니한 때에는 계약을 해제 또는 해지한 것으로 본다(상법 제836조).

나. 일부용선계약의 경우

일부용선자는 다른 용선자와 송하인 전원과 공동으로 하는 경우에 한하여 용선계약의 해제 또는 해지를 할 수 있으며, 이 경우에는 운임의 반액을 지급하여야 한다(상법 제833조 제1항). 여기에서 송하인은 원칙적으로 선박소유자와 개품운송계약을 체결한 송하인을 말하지만, 선박소유자가 항해용선계약 하에서 선하증권을 발행한 경우에 이 선하증권을 취득한 제3자 또는 선박소유자가 용선자의 청구에 따라 제3자에게 선하증권을 발행한 경우에 이 선하증권을 발행받은 제3자도 송하인으로 본다(상법 제855조 제3항, 제4항).

그리고 일부용선자는 다른 용선자와 송하인 전원과 공동으로 하지 않는 경우에 발항 전에 계약을 해제 또는 해지한 때에는 운임의 전액을 지급하여야 한다(상법 제833조 제2항). 또한 일부용선자가 선적기간 내에 운송물의 선적을 하지 아니한 때에는 계약을 해제 또는 해지한 것으로 본다(상법 제836조).

이렇게 일부용선자가 발항 전에 계약을 임의해제 또는 해지한 경우에 전부용선자는 운임 이외에 부수비용과 체당금을 지급할 책임을 면하지 못 한다(상법 제834조 제1항).

(2) 발항 후의 임의해지

용선자는 발항 후에도 용선계약을 임의해지 할 수 있으나, 그에 따른 선박소유자의 불이익이 크므로 책임부담을 가중시키고 있다. 즉, 발항 후에는 용선자나 송하인은 운임의 전액, 체당금·체선료와 공동해손 또는 해난구조의 부담액을 지급하고 양륙하기 위하여 생긴 손해를 배상하거나 이에 대한 상당한 담보를 제공하지 아니하면 계약을 해지하지 못한다(상법 제837조). 여기에서 운송물을 양륙하기 위하여 생긴 손해라 함은 양륙비용을 포함해서 양륙을 위한 회항비용, 운항의 지연으로 인한 손해 그 밖에 양륙과 상당 인과관계가 있는 모든 손해를 의미한다.[17)]

---

17) 최종현, 「해상법상론」, (서울 : 박영사, 2009), p.388.

2) 법정사유에 의한 해제 및 해지

(1) 발항 전의 임의해제

가. 법정사유가 운송물 전체에 발생한 경우

발항 전에 항해 또는 운송이 법령을 위반하게 되거나 그 밖에 불가항력으로 인하여 계약의 목적을 달성할 수 없게 된 때에는 각 당사자는 계약을 해제할 수 있다(상법 제841조 제1항, 제811조 제1항).

나. 법정사유가 운송물의 일부에 대하여 발생한 경우

법정사유가 운송물의 일부에 발생한 경우에는 해당하는 운송물의 일부를 제외하고 계약의 목적을 달성할 수 있으므로 계약 자체를 해제하는 것보다 그 일부 운송물 대신에 다른 운송물을 선적하여 계약을 유지하도록 하고 있다. 즉, 운송물의 일부에 대하여 생긴 때에는 송하인은 운송인의 책임이 가중되지 아니하는 범위 안에서 다른 운송물을 선적할 수 있다(상법 제812조 제1항).

송하인이 이러한 권리를 행사하고자 하는 때에는 지체 없이 운송물의 양륙 또는 선적을 하여야 한다. 그 양륙 또는 선적을 게을리 한 때에는 운임의 전액을 지급하여야 한다(상법 제812조 제2항).

(2) 발항 후의 임의해지

발항 후 운송 중에 항해 또는 운송이 법령을 위반하게 되거나 그 밖에 불가항력으로 인하여 계약의 목적을 달성할 수 없게 된 때에는 각 당사자는 계약을 해지할 수 있으나, 이러한 경우에는 송하인은 운송의 비율에 따라 운임을 지급하여야 한다(상법 제841조 제1항, 제811조 제2항).

3) 법정사유에 의한 당연종료

용선계약은 다음의 사유로 인하여 당연히 종료한다. ① 선박이 침몰 또는 멸실한 때, ② 선박이 수선할 수 없게 된 때, ③ 선박이 포획된 때, ④ 운송물이 불가항력으로 인하여 멸실된 때이다(상법 제841조 제1항, 제810조 제2항).

이러한 사유가 발항 전에 발생한 유무를 묻지 아니하며, 이로 인해 용선계약이 종료되면 양 당사자는 채무불이행 책임을 부담하지 아니한다.[18] 다만, ①에서 ③까지의 사유로 인해 항해 도중에 생긴 때에는 송하인은 운송의 비율에 따라 현존하는 운송물의 가액의 한도에서 운임을 지급하여야 한다(상법 제810조 제2항). ④의 경우에는 불가항력인 경우이므로 운송물의 전부 또는 일부가 송하인의 책임 없는 사유로 인하여 멸실한 때에는 운송인은 그 운임을 청구하지 못하며, 운송인이 이미 그 운임의 전부 또는 일부를 받은 때에는 이를 반환하여야 한다(상법 제815조, 제134조 제1항).

---

18) 최종현, 앞의 책, p.390.

04 CHAPTER 용선계약에 관한 영국법상 기초

용선계약은 영국을 중심으로 발전해 온 과정이 있으므로, 영국 계약법의 원리가 적용될 뿐만 아니라, 영국 해사법원을 중심으로 형성된 판례를 중시하고 있다. 이러한 경향은 각종 용선계약서식의 재판관할권 및 준거법의 지정 또는 중재지의 지정에서도 볼 수 있는 바, 용선계약에 관하여 적용되는 영국 계약법상의 기초 법리 또는 개념에 대해 살펴보고, 용선계약서의 해석원칙에 대해서도 알아보는 것이 필요할 것이다.

제 1 절 영국 계약법상의 기초 법리

1. 표시와 부실 표시

1) 표시(representation)

표시(representation)라 함은 계약의 성립과정 중, 주로 계약 전에 명시적이든 묵시적이든, 계약이 체결되도록 하기 위하여 행하여지거나 계약당사자로 하여금 계약을 체결하도록 유인하는 것을 말한다.[19] 즉, 계약체결 시 또는 그 이전에 계약체결을 유인하기 위해 이루어졌던 과거 또는 기존의 사실·상황·계약에 관한 사실 상태에 대하여 계약당사자의 일방이 상대방에게 행하는 명시적 또는 묵시적인 표명을 말한다.

용선계약에 있어서 계약을 체결하기 위해 협상 시 선박의 명세(선박의 크기, 연료소모량, 만재적하배수톤수 등의 적재능력, 국적, 선급 등을 말한다) 등을 포함한 여러 가지 사실에 대한 의사표시가 이루어진다. 이러한 선박명세에 대한 의사표시는 대부분 용선계약에 명시된

19) Royston Miles Goode and Ewan McKendrick, *Goode on Commercial Law, 4th ed.*(London : Penguin Books, 2010), p.119.

다. 또한 정기용선계약에서 선박소유자가 해운업계의 현황이 선복량이 부족하다고 언급하였고, 용선자가 이러한 진술을 믿고 계약을 체결한 경우에 용선계약서 내용에는 이러한 언급이 명시적으로 표시되지 않는다. 결국 이러한 진술은 의사표시에 불과하며 계약의 내용이 되는 것은 아니다. 즉, 표시 내용 중 일부는 계약내용의 일부가 되기도 하지만, 어떤 것은 용선계약체결의 의사결정에 영향을 미칠 뿐 용선계약의 내용이 되지 않는 경우도 있다.

2) 부실표시(misrepresentation)

이러한 표시의 내용이 사실과 다르면 부실표시(misrepresentations)이다. 즉, 표시의 내용이 진실하지 아니한 표시이다. 예를 들어, 선박소유자가 해운업계의 현황이 선복량이 부족하다고 언급하였으나, 실제는 공급과잉상태인 경우라 할 수 있다.

이 부실표지도 두 가지로 구분하여, 당사자의 고의로 행한 것을 고의부실표시(wilful misrepresentations)라고 하며, 고의적인 의도가 없는 것을 선의부실표시(innocent misrepresentations)라고 한다.

영국 계약법에서는 이러한 부실표시를 신뢰하여 계약을 체결한 상대방에게는 계약을 취소하거나 또는 손해배상을 청구할 수 있도록 유형을 분류하고 있다. 즉, 고의부실표시의 경우에는 계약의 취소권 및 손해배상청구권을 모두 인정하며, 선의부실표시의 경우에는 계약의 취소권만 인정되고 손해배상청구권은 인정하지 않는 것이 원칙이다.[20]

그러나 영국의 1967년 부실표시법(Misrepresentation Act 1967)의 제정으로 손해배상청구권의 인정 범위가 확대되었다. 즉, 부실표시를 한 당사자는 그 표시된 사실이 진실임을 믿을 만한 상당한 근거가 있고, 또한 계약체결시까지 실제로 그것이 진실이라고 믿었음을 입증하지 않는 한 그 상대방에 대한 손해배상책임을 면할 수 없다고 규정함으로써 과실에 기한 선의부실표시의 경우에도 손해배상책임을 부담하게 되는 경우가 생기게 되었다.[21]

2. 계약조항의 성질과 위반의 효과

1) 개요

용선계약을 위반하면 용선자는 계약의 해제/해지약관(cancelling clause) 및 선박철수약관(withdrawal clause)에 따라 계약을 해제 또는 해지할 수 있고, 선박소유자는 계약을 해제 또는 해지하고 선박을 철수할 수 있다. 그러나 선의의 계약 당사자는 용선계약상의 명문조항의 존재 여부와 관계없이 일정한 사정이 발생하면 계약법상의 일반원칙에 근거하여

---

20) 심재두, 앞의 책, p.70.
21) 심재두, 앞의 책, pp.70-71.

계약의 이행을 거부할 수 있다. 이러한 해석이 가능하게 하게 되는 것은 계약조항의 성질에 따른 것이다.

전통적으로 근본조건(condition term)과 담보조건(warranty term)으로 나누고 있었으나, Hong Kong Fir. 사건[22] 이후 중간조건(intermediate obligations 또는 innominate term)이라는 새로운 개념을 도입하였다. 이에 대해 영미법상의 법적 효과를 중심으로 구분하면 다음과 같다.

2) 근본조건(condition)

근본조건(condition term)이란 계약당사자 일방의 계약위반으로 피해를 입게 되는 계약 상대방이 전체 계약을 무효로 할 수 있는 정도의 계약사항의 위반이다. 즉, 용선계약의 근본이나 핵심에 영향을 미치는 계약의 본질에 관련되는 사항으로, 용선계약의 상업목적과도 직결되는 기본사항이다. 그러므로 근본조건에 해당되면 아무리 사소한 위반이라 하더라도 상대방은 계약을 해제 또는 해지할 수 있으며, 손해배상청구권도 행사가 가능하다.

용선계약에서는 이러한 조건에 해당하는 조항은 드물지만, 용선계약서 작성일의 본선 동정 및 위치, 최종항 출항여부, 국적, 선급, 특정화물 적재능력(capacity) 표기 및 선적준비 가능일에 관한 사항은 근본조건에 해당한다.

3) 담보조건(warranty)

담보조건(warranty term)이란 계약조항의 해석에서 계약 내용 중 중요한 계약 당사자의 계약 조건의 하나로서 계약 당사자가 담보조건에 속하는 계약의 내용을 지킬 것을 보장한다는 조항이다. 이러한 조항의 위반이 있을 경우에는 계약의 일방 당사자는 계약의 해제 또는 해지권을 주장하지는 못하며, 단순히 손해배상청구만을 제기할 수 있을 정도의 계약 조항을 말한다. 즉, 용선계약에 있어서 일반적으로 중요성이 적거나 부수적인 내용을 이루고 있는 일반적인 사항으로 용선계약의 본질적인 내용이 아니다. 계약위반에 대

---

22) Hong Kong Fir Shipping vs Kawasaki Kisen Kaisha(1962).
1956년 12월 Hong Kong Fir Shipping(HKFS)은 Hong Kong Fir호를 매입하고 일본의 가와사키 기선에 24개월 정기용선(대선)하기로 하였다. 선박은 1957년 2월 13일에 영국 리버풀에서 용선자에게 인도되었으며, 미국 버지니아의 Newport News항에서 일본 오사카항으로 석탄을 운송하는 계약(항해용선계약)을 체결하였다. 용선자는 이 용선계약을 수행하기 위해 리버플에서 공선상태로 Newport News항으로 출항시켰으나, 항해도중 선박은 5주동안 선박수리를 하였으며, 5월 25일에 오사카항에 도착한 후 또 다시 15주동안 선박을 수리하였다. 이러한 이유로 용선자인 가와사키 기선은, 선박소유자가 용선계약서 제1조의 "본선은 모든 면에서 일반운송물운송에 적합하여야 한다." 라는 통상의 약관(규정)을 위반하였다라고 주장하며 용선계약을 해지하였다. HKFS사는 선박을 철수하면서 용선자에게 손해배상을 청구하였다. 법원은 리버풀에서 오사카항까지 기관요원이 부족하고 유능하지 못하여 불감항 상태였다는 사실은 인정하였으나 선박의 경우 사소한 결함으로도 불감항 상태가 될 수 있으므로 이 경우의 상황은 용선계약을 해지할 수 있는 근본조건(condition)은 되지 못하며, 손해배상청구만을 할 수 있는 담보조건(warranty)이라고 판시하였다.

해 계약자체의 존속에는 무관하며 상대방(incorrect party)에게 단지 손해배상(claim)을 제기할 수 있을 정도의 계약조항이다.

4) 중간조건(intermediate terms/innominate terms)

중간조건은 계약의 위반이 계약의 해제나 해지에 이를 수 있을 만큼 계약의 근본에 이를 정도가 아니면 계약의 해제권이나 해지권을 부여하지 않고 손해배상청구권만 인정하고 계약의 근본에 이를 정도로 심각한 위반이라고 판단되면 계약을 해제 또는 해지시킬 수 있다고 보는 계약조항이다. 이전까지는 계약조항을 근본조건 또는 담보조건으로만 구별하였으므로 대부분의 조항은 심각한 위반을 하였다고 하더라도 손해배상청구권만 인정하는 경우가 많았다. 하지만 Hong Kong Fir 사건 이후 근본조건이나 담보조건으로 분류될 수 없는 중간조건이 개입되면서 계약 조항의 위반에 대해 피해 당사자가 계약 무효를 할 수 있는지 여부는 그 계약 위반의 본질과 결과를 본 후에 판단하게 되었다.

제 2 절 프러스트레이션(frustration)[23]

용선계약이 체결되어 이행되기 이전에 어떤 사정의 변경으로 인하여 양당사자의 귀책사유 없이 그 이행이 불법 또는 불가능하게 되거나 상업적으로 무의미해지는 경우를 프러스트레이션(frustration)[24][25]이라고 하고, 이러한 경우 원칙적으로 그 계약은 자동 소멸되며 계약당사자들은 더 이상 계약상의 의무를 부담하지 않게 된다. 이를 프러스트레이션 법리(doctrine of frustration)라고 한다.

하지만 영미법상 프러스트레이션 법리에 관한 영국과 미국의 흐름이 일치하는 것은 아니다. 미국법에 있어서의 프러스트레이션은 영국과 달리 국가제정법은 아니지만 계약법 Restatement와 통일상법전(Uniform Commercial Code: U.C.C)에서 프러스트레이션에 관한 통

23) 김진권, "영국법상의 프러스트레이션법리에 관한 고찰", 한국해사법학회, 해사법연구 제12권 제2호(2000. 12), pp.225~253을 참고하여 요약·정리함.

24) Alan Abraham Mocatta, Michael J. Mustill and Stewart C. Boyd, *Scrutton On Charterparties and Bills of Lading, 18th ed.*(London : Sweet & Maxwell, 1974), pp.90~91.

25) 프러스트레이션에 대한 견해의 차이로 인해 이에 대한 번역은 계약목적 달성불능(심재두, 「해상운송법」(서울 : 길안사, 1997), p.78) 또는 계약의 좌절(新井正男, "履行不能に因る契約の解消", 「法學新報」(中央大) 第60卷 第10號, 1953年, 69面(中村 弘, 「貿易契約の基礎」(東京 : 東洋經濟新報社, 1983), 270~271面 再引用))이라고 사용되기도 하지만 일정하지 않다. 또한 프러스트레이션(박용섭, 「정기용선계약법」(부산 : 효성출판사, 1999), p.150)이라는 용어를 그대로 사용하기도 한다. 여기에서는 프러스트레이션이라는 용어를 그대로 사용함으로써 영미법상의 후발적 불능, 그 가운데 계약당사자의 귀책사유가 아닌 불능의 의미를 그대로 전달하고자 하며, 의미의 전달에서 필요한 부분은 계약목적의 달성불능이라는 용어를 병행한다.

일적인 규정을 가지고 있다. 즉 영국은 명문규정이 없으므로 매 사건에 대한 법리의 적용여부를 법원에서 판결하는 반면에, 미국은 제2차 계약법 Restatement와 통일상법전에서 비현실성(impracticability)이라는 용어를 사용함으로써 프러스트레이션 법리를 보다 포괄적이고도 융통성 있게 수용하고 있으나, 실제로 이를 적용함에 있어 법원에서는 소극적인 태도를 취하고 있는 실정이다.

1. 프러스트레이션 법리의 연혁

"계약은 이행되어야 한다(Pacta sunt servnada)"라는 계약신성의 법칙은 19세기 중반까지 영국의 커먼 로우(Common Law)의 기본 전제였으며, 이는 역사적으로 심오한 도덕적, 종교적 영향을 토대로 형성된 것이다.[26] 이는 당사자들의 자율적 의사의 교환에 의해 체결된 계약에 의해 지게 된 의무는 당사자들이 성실히 이행하여야 하며, 이를 통하여 사회 구성원들은 각종 경제 활동에 참여하고 그로 인한 사회적 자원의 효율적 분배를 가능케 하여 공동체의 이익을 확보하고자 한 것이다.[27][28]

이러한 계약신성의 원칙은 영국의 커먼 로우(Common Law)하에서의 기본원칙[29]이었으나, 계약이 체결되기 이전에 원시적 불능(existing impossibility)인 경우에는 계약의 소멸이 인정되었다. 또한 이행불능의 법리(doctrine of impossibility of performance)는 다음의 영국에서의 세 가지 초기 사례들을 토대로 형성되기 시작하였다.[30] 그 첫 사례로서 계약자가 외국으로 특정일자 이전에 밀을 인도하기로 하였으나 그 이전에 법령에 의해 인도행위가 불법으로 된 경우, 그는 면책되었다. 또한 Hyde v. The Dean of Windsor 사건[31]에서는

---

26) Barry Nicholos, "Rules and Terms-Civil Law and Common Law", *Tulane Law Review, Vol.48*, 1974, p.955(김선광, "영미법상의 Frustration 법리의 발전과정", 국제상학 2(1989. 2), p.3 재인용).

27) 김동훈, "영미계약법에서 사정의 변경과 위험분배의 원칙", 인권과 정의, 제224호(1996. 12), p.96.

28) 이를 위해 각국의 사법은 계약상 의무이행의 확보를 위해 여러 제도를 두고 있으며, 일방의 불이행 시에 소극적으로는 다른 당사자가 일방적으로 계약의 구속으로부터 벗어날 수 있게 하거나 적극적으로는 그 불이행에 대한 책임을 물어 그로 인한 손해를 배상케 하고, 경우에 따라서는 그 현실적 이행을 강제하기도 한다. 이하 영미법상의 계약불이행에 대한 구제방법에 관하여는 이상윤, 「영미법」(서울 : 박영사, 2000), pp.297~306 참조.

29) 영미계약법에 있어서는 계약당사자간에 계약이 체결되고 난 후 일방 당사자가 부담하는 채무는 절대적인 이행의무를 부담하는 것이며, 이행이 후발적 불능이 되었다는 이유로 면책되지 않는다는 절대적 또는 엄격책임(absolute or strict liability)으로 본다.

30) 영미법에서 이행불능은 원시적 불능(initial impossibility)과 후발적 불능(supervening impossibility)으로 나눌 수 있으며, 후발적 불능은 계약당사자의 귀책사유에 의한 불능, 즉 계약위반에 의한 불능과 계약당사자의 귀책사유가 아닌 불능, 즉 프러스트레이션으로 분류할 수 있다. 이 중에서 계약위반에 의한 불능은 근본조건(condition)을 위반한 경우와 담보조건(warranty)을 위반한 경우로 분류하여 그 법적효과를 달리 한다(박용섭, 앞의 책, pp.150~160; 심재두, 앞의 책, pp.72~78; 송상현·김현, 「해상법원론」(서울 : 박영사, 1999), p.363 참조).

31) (1596) Cro. Eliz. 552 cited in G.H. Treitel, *Frustration and Force Majeure* (London : Sweet & Maxwell, 1994), pp.25~26.

계약에서 특정 계약당사자에 의한 이행을 요구하고 있었으나 해당 당사자가 자신의 의무를 이행하기 이전에 사망하였는바, 이 경우에도 역시 계약위반에 대한 어떤 조치가 이루어 질 수 없는 것으로 판시되었다.[32] 한편 Williams v. Lloyd 사건[33]에서는 말의 수취인이 자신의 과실 없이 말이 병들어 사망한 것에 대해 면책되는 것으로 판시되었다. 그러나 영국의 커먼 로우에서는 계약당사자가 반대상황까지도 예측해야 한다는 엄격한 원칙을 채택하여 왔기 때문에 이러한 세 가지의 초기 판례들은 그 후 영국의 Paradine v. Jane 사건[34]에서 확립된 절대계약의 법리(doctrine of absolute contracts)에 대한 예외에 해당하는 것이었다.

이처럼 후발적 사건의 불이행에 대한 면책을 규정하고 있지 않는 한 계약의 의무는 절대적이라는 계약신성의 법칙은 1647년의 Paradine v. Tane 사건[35]에서 확립된다. 그리고 이러한 절대계약의 법리는 그 후에도 계속 유지되었다. 그러나 이러한 법리는 19세기 중반경인 1863년의 Taylor v. Caldwell 사건[36]이 있기 이전까지는 영미법의 기본 전제이자 영국의 커먼 로우의 기본 원칙이었으나 시대의 변천과 더불어 이 원칙이 점차 완화되는 경향을 보이게 되었다.[37]

다시 말해서 Paradine v. Jane 사건 당시는 계약이 체결된 경우 계약자는 그것이 불법이 아닌 한 비록 예측하지 못했던 사고의 결과로 계약 이행이 과중한 부담이 되거나 심지어 불가능하게 되었다 할지라도 계약을 이행해야 하거나 또는 이행하지 못한 것에 대한 손해를 배상하여야 한다는 입장이었다. 즉 계약자는 자신의 이행의무를 절대적으로 준수해야 하며 이행이 불가능하였다는 단순한 사실에 의해 면책을 주장할 수 없다는 엄격이행의 원칙(rule of strict performance)이 Taylor v. Caldwell 사건 이전까지 고수되었다.

---

32) 이와 유사한 사건으로는 Marshall v. Broadhurst(1831) 1 C.& J.403, 406; Wentworth v. Cock(1839) 10 Ad. & E.42, 45-46(G.H. Treitel, *ibid.*, 참조).

33) (1623) W. Jones 179 cited in *ibid.*, p.24.

34) (1647) Aleyn 26 cited in A.G. Guest, *Anson's Law of Contract, 25th ed.*(Oxford : Clarendon Press, 1979), p.495.

35) 이 사건은 계약당사자간에 토지의 임대차계약이 체결된 후 그 토지를 일정기간 외국군대가 주둔함으로써 그 토지로부터 아무런 이익도 얻지 못하였는데 임대인이 임차인에게 동 기간의 미지급지대를 청구한 사건이었다. 이에 대해 영국왕좌재판소(King's Bench)는 "당사자가 자기 스스로에게 계약에 의해 의무 또는 책임을 부과한 경우에는 회피할 수 없는 필연적인 손해가 발생하더라도 그 약속을 이행할 의무가 있다. 왜냐하면 당사자로서는 미리 계약에 의하여 그러한 경우에 면책된다는 것을 약정할 수 있었기 때문이다. 따라서 만약 임차인이 가옥의 수리를 약정하였다면, 비록 그 가옥이 번개를 맞아 연소되었거나 또는 적병에 의하여 훼손되었더라도, 임차인은 이를 수리할 의무를 진다"라고 판시하였다.

36) (1863) 3 B&S, 826 cited in G.H. Treitel, *op. cit.*, pp.37～39; 新井正男, "後發的履行不能", ジュリスト臨時增刊 : 英米判例百選(1964), 168面.

37) 김선광, 앞의 논문, p.5.

2. 영국 판례법상 프러스트레이션 법리의 전개과정

"계약은 이행되어야 한다(Pacta sunt servnada)"라는 계약신성의 법칙은 동서양을 막론하고 널리 인정된 원칙이었으며, 특히 영국의 계약법에서는 "인간은 계약을 체결한 이상 자신이 보증한 채무를 절대적으로 이행해야 할 의무를 지닌다."는 엄격한 입장을 취하였다. 이와 같은 엄격이행의 원칙을 제시한 대표적인 사례는 1647년의 Paradine v. Jane 사례에서 이미 언급하였다. 본 사례에서는 이러한 엄격이행의 원칙을 적용할 경우 불리한 입장을 감수해야 하는 당사자에게는 가혹한 결과를 초래하게 될 것이나, 그러한 경우를 대비해 미리 계약서에 명시적인 면책조항을 삽입해 두지 않았기 때문에 그러한 사태발생으로 인한 불이익을 감수해야 한다는 입장을 취하였던 것이다.[38]

그러나 19세기에 들어 영국에서는 커먼 로우 하에서의 약인(consideration)의 법리가 점차 엄격성을 완화하여 예외가 설정됨으로써, 일방으로는 당사자에게 계약책임을 과하는 것이 용이하게 됨과 아울러 타방으로는 채무의 소멸 내지 면책의 법준칙이 점차 증가하여 그 결과 당사자가 임의로 인수한 채무에서 벗어나는 것이 한층 용이하게 되었다. 이러한 경향을 토대로 영국에서는 계층적으로 서로 다른 두 개의 판례법의 흐름이 생겨났다. 제1계보는 목적물이 멸실, 훼손됨으로써 계약이 물리적으로 이행불능으로 된 경우이고, 제2계보는 해상법상의 계약목적이 달성불능(frustration of adventure)으로 된 경우이다.[39] 영국에서는 이러한 계층적으로 서로 다른 두 개의 판례의 흐름이 후에 서로 합해져 프러스트레이션 법리로 정착하게 된 것이다.

1) 물리적 이행불능의 법리

절대계약의 법리에 대한 최초의 예외는 후발적 불법성(supervening illegality)이 발생된 경우였다. Atkinson v. Ritchie 사건[40]은 영국 선박이 외국항에서 선적하도록 하는 용선계약이 양국 간에 발발한 전쟁으로 인해 이행불능이 된 경우이다. 이 계약이 소멸되지 않는다면 계약당사자는 계약을 이행하기 위해서 전쟁 중 적국과의 교역을 금지하는 공공정책(public policy)을 위반해야 하기 때문에 후발적 불법성으로 인한 프러스트레이션을 인정하였다. 그 후 영국의 커먼 로우하에서의 엄격주의가 완화된 대표적인 사례로서 계약대상물의 후발적 파괴(supervening destruction of the subject-matter)가 발생된 Taylor v. Caldwell 사건[41]을 들 수 있다. 이 사건에 의하여 계약당사자의 책임없는 사유로 이행불능이 된 경

38) 中村 弘, 前揭書, 272～273面.

39) 김학동, "영미법상의 Frustration 법리(I)", 판례월보, 제154호(1983.7), p.11.

40) (1809) 10 East 530. cited in G.H. Treitel, *op. cit.*, p.34.

41) 이 사건에서 피고는 원고로 하여금 1861년 6～8월 중 네 번의 특정된 날에 대규모 음악회를 개최할 목적으로 정원과 음악당을 사용하도록 허락해 주었으며, 원고는 각각의 지정된 날 저녁에 100파운드를 지불하기로 합의하였다. 그런데 첫 음악회가 개최되기 6일전에 음악당은 우연한 화재로 인하

우에 채무가 소멸한다는 법리가 영미법상에서도 인정되었다. 묵시적 조건설(theory of implied condition)로 대표되는 동 사례는 비록 명시적 규정이 없었다 할지라도 법정에 의해 특정계약이 묵시적으로 그러한 규정을 포함하고 있는 것으로 해석되었다. 이렇게 해석되는 근거는 어느 한 당사자의 과실없이 해당 계약이 단지 번거롭게 되어서가 아니라 완전히 이행이 불가능하게 되는 사건이 발생된 경우에 프러스트레이션 법리가 성립된다는 것이다.

이를 계기로 영국의 법원은 어떤 반대의 의도가 존재하지 않는 한 계약의 계속성은 계약이행의 가능성에 대한 전제조건이라는 점을 지지하는 입장을 취하였다. 또한 Taylor v. Caldwell 사건의 판결 이후 프러스트레이션 법리는 더욱 발전되어, 특정물건이 소멸되는 것 이외의 요인에 의해 계약이행이 불가능하게 된 경우에도 프러스트레이션 법리가 적용되는 것으로 확장되었다. 그리하여 이행이 완전히 불가능하게 되지는 않았더라도 상업적 목적이나 계약의 목적이 좌절된 경우 그 계약은 프러스트레이션되는 것으로 확장·전개되었다. 그 예로써 Krell v. Henry 사건[42)]을 들 수 있다.

이 사건에서는 계약의 이행이 불가능한 것은 아니었는바, 피고는 문제된 날에 그 건물을 사용할 수도 있었다. 그러나 프러스트레이션은 이러한 물리적 이행불능에 제한되는 것이 아니라 계약의 본질 및 계약이행의 본질적인 목적을 방해하는 이행불능 사건이 발생된 경우에도 성립되는 것으로 확장되었다. 따라서 Krell v. Henry 사건은 법원에서 절대계약의 법리(doctrine of absolute contracts)를 가장 폭넓게 완화시킨 대표적인 사례이며 그

여 파괴되었으며, 그 결과 계약의 이행이 불가능하게 되었다. 동 사건을 담당하였던 Blackburn J.는 다음과 같이 판시하였다.

"…… 계약의 이행이 특정인 또는 특정물의 계속적인 존재에 의존하게 되는 계약인 경우, 특정인 또는 특정물의 소멸로부터 야기되는 이행불능은 계약의 이행을 면제시켜 준다는 묵시적 조건이 포함되어 있는 것으로 볼 수 있다. 특정인 또는 특정물의 파괴가 계약의 이행을 면제시켜 주리라는 어떤 명시적 규정은 없지만, 계약의 성격상 양당사자들이 특정인 또는 특정물의 계속적인 존재를 근거로 계약을 체결한 것이 명백하기 때문에 그러한 묵시적 조건이 포함되어 있는 것으로 간주해야 한다. 이 사례에서 계약전체를 살펴볼 때 양당사자들은 음악회가 개최될 때 음악당이 계속적으로 존재해야 한다는 근거하에서 계약을 체결하였음을 알 수 있다. 또한 이는 그들의 계약이행에 본질적인 요소이다. 그러므로 어느 한 당사자의 과실도 없이 음악당의 계속적인 존재가 중지되었기 때문에 양당자는 면책된다고 하겠다."

42) (1903) 2 K.B. 740(新井正男, "Frustration", ジュリスト臨時增刊 : 英米判例百選(1964), 170面; 藤倉皓一郎 外3人, "Frustrationの法理", ジュリスト(別册) : 英米判例百選 第139號(1996. 11), 218面 在引用) : 이 사건에서 피고는 에드워드 Ⅶ세의 대관식 행사로 예정되어 있던 날에 Pall Mall에 있는 특정 건물을 임대하였다. 계약에 명시되어 있지는 않았다 하더라도 피고의 목적은 대관식 행사를 관람하기 위한 것이었다. 그런데 왕의 병이 악화되어 대관식 행사가 취소되었을 때 동 계약은 프러스트레이션된 것으로 판시되었다. 본 사건을 담당하였던 Vaughan Williams L.J.는 "…… 본인은 이 사례에서 대관식 행사가 계약의 기초였으며, 이 행사의 무산은 계약의 이행을 방해한 것이었다고 생각한다. 또한 본인은 대관식 행사의 불발은 Baily v. De Crespigny 사례에서 Sir James Hannen이 언급하였듯이 '계약체결 시 계약당사자들의 예상하에 있었던 것으로 추측할 수 없는 그러한 성격의 것이었다 ……'고 생각한다 ……"라고 언급하였다.

후 더욱 완화시키고자 하는 시도가 여러 가지로 있었지만 결국 성공하지 못하였다.[43]

2) 해상법상의 프러스트레이션 법리

제2계보에 속하는 영국에서의 프러스트레이션 법리의 근원은 해상에 있어 사업목적의 달성불능(frustration of adventure) 법리이다. 이는 해상법상의 용선계약이나 운송계약은 항해의 지장에 의하여 그것이 영속적인가 일시적인가를 불문하고 계약목적의 달성을 불능케 하는 경우에는 소멸된다고 하는 법리이다.[44] 용선계약에 있어서 후발적 요인으로 계약이행불능이 된 경우 계약을 소멸한 것으로 인정한 사건은 Moss v. Smith 사건[45]이 있다. 초기의 이 같은 사건은 주로 당사자의 귀책사유 없이 계약의 이행이 지연되거나 이행불능이 되는 상황으로 인해 당사자들을 계약상의 의무에서 면제시키는 것들이었다.[46]

이 법리는 계속 사업을 추진해 나가는 것이 물리적으로 불가능하다든지 또는 물리적으로 가능하다고 하더라도 상업적으로 실행할 수 없게 된(commercially impracticable) 경우로서 분별있는 사업가라면 그 사업은 이미 종료된 것으로 간주할 수 있을 때 그 계약은 프러스트레이션된 것으로 보는 법리이다. 이는 보험에서의 추정전손(constructive total loss)의 기초가 되는 개념이다.[47] 이러한 법리를 통상 상업적 사업목적의 달성불능(frustration of the commercial purpose of the adventure)이라고 일컫고 있으며, 이는 원래 해상계약의 소멸(discharge of maritime contracts)에 한정되어 있었다.[48]

한편 상업적 사업목적 달성불능의 법리가 적용된 사례로는 Jackson v. Union Marine Insurance Co. Ltd. 사건[49]이 있다. 이 사건에서 법원은 선박이 수리된 후 이행될 항해는 양당사자들이 계약체결 당시 예상했던 것과는 다른 해상사업이 되는 것이라고 판결하였다. 즉 합리적인 기간 내에 선박이 Newport에 도착하여야 하며, 해당 선박의 도착불능은 그 계약을 종료시킬 것이라는 묵시적 조건이 계약에 포함되어 있는 것이라고 판결하였

---

43) 中村 弘, 前揭書, 275～276面.
44) 김학동, 앞의 논문, p.12.
45) (1850) 9 C.B. 94, 103 : Maule J.는 "…… 선박을 수리하는 것은 물리적으로 가능할지도 모른다. 그러나 막대한 비용이 들 것이다. 이 경우에도 전손이라고 생각하는 것이 좋을 것이다. 업계에서 실행할 수 없는(not practicable) 것은 불가능(impossible)이라 불리어지고 있으며, 터무니 없는 비용을 덧붙어야 할 경우에는 실행불능(impracticable)인 것이다 ……"라고 판시하였다.
46) 권 오, "용선계약목적의 달성불능과 그 영향에 관한 연구", 한성대학교 논문집, Vol.18, 1994, p.5.
47) 中村 弘, 前揭書, 276面.
48) A.G. Guest, *op. cit.*, p.494.
49) (1874) L.R. 10 C.P. 125 : 이 사건에서는 원고의 선박이 1월중에 Newport로 운항하여 그곳에서 San Francisco로 향하는 철도화물을 적재할 수 있도록 용선되었다. 그런데 Newport로 향하던 중 1872년 1월 4일에 용선된 선박이 좌초되어 동년 2월 18일까지 구조되지 못하였다. 그 후 용선된 선박은 Liverpool로 옮겨져 수리기간이 동년 8월까지 지속되었다. 그러는 도중 용선자는 다른 선박을 용선하였다. 이에 대해 사실심리를 한 배심원은 선박이 구조되어 화물을 적재할 수 있을 정도가 되기까지의 수리기간이 원고와 용선계약자가 계약을 체결할 당시의 상업적인 목적을 종료시킬 만큼 오랜 기간이었을 발견하였다.

다. 이와 유사한 사례는 1914년부터 1918년 사이에 독일과의 전쟁에 의해 많이 발생하게 되었다. Lord Loreburn은 한 사례에서 "…… 이러한 문제들이 상업적인 목적으로 체결된 계약에서 제기될 때 그 원리는 똑같은 것이며, 사업목적의 달성불능(frustration of the adventure)이라는 용어가 이러한 경우에 적용되는 것이다."라고 언급하였다. 또한 다른 한 사례에서는 "…… 프러스트레이션 법리는 계약이 체결된 후 야기된 이행불능에 의해 그 계약이 소멸되는 특별한 경우에만 적용된다."라고 언급하였다.

오늘날에는 이러한 두 부류 모두에 대하여 프러스트레이션이라는 용어를 사용하고 있다. 즉 프러스트레이션 법리는 단순히 목적물의 물리적인 파괴뿐만 아니라 계약목적의 달성불능인 경우도 포함하는 개념으로 정립되기에 이른 것이다. 다시 말해서 영국에서는 제1계보인 묵시적 조건의 불성취에 의한 계약소멸의 법리와 제2계보인 상업적 사업목적 달성불능의 법리가 제1차 세계대전 중에 융합되어 프러스트레이션이라는 통일적인 법리로 형성되기에 이른 것이다.[50)]

그러나 여기에서 지적해 두어야 할 사항은 영국에서는 판례상 형성된 프러스트레이션 법리를 통일적으로 규율하는 명문규정이 만들어지지 않았다는 점이다.[51)] 다만 영국에서는 1943년에 이르러서야 프러스트레이션의 효과에 관한 내용으로서 부당이득의 배상을 인정하는 특별법으로 "영국 법개혁(목적달성불능의 계약)법 (1943년)" [Law Reform(Frustrated Contract) Act, 1943](이하 '영국 1943년 프러스트레이션법'이라 한다)이 제정되었을 뿐이다.

3. 프러스트레이션이 인정되는 경우

1) 후발적 불법성(supervening illegality)

계약체결 후에 생긴 법률변경 등의 사정에 의하여 그 이행이 불법으로 되어 버린 경우이다. 계약당사자들은 계약상의 의무를 적법하게 이행할 수 있음을 전제로 계약을 체결하는 것인데 그 계약체결 이후에 그 이행이 불법으로 되어 버렸다면 이는 그 전제가 잘못된 것이기 때문에 계약당사자들로서는 더 이상 그 의무를 이행할 필요가 없다고 보는 것이다. 흔히 전쟁이 발발할 때 이러한 경우가 많이 생긴다. 예컨대 용선계약의 선적항이 적국에 속하여 있어 그 선적의무의 이행이 불법한 것으로 되는 경우[52)] 또는 매매목적물의 인도장소로 약정된 곳이 전시 중에 적국에 점령되어 그 장소에의 목적물의 운송이 불법한 것으로 되는 경우[53)] 등이 그 대표적인 경우라 할 수 있다.

---

50) 中村 弘, 前揭書, 277～278面.

51) 김학동, 앞의 논문, p.13.

52) Atkinson v. Ritchie(1809) 10 East 530.

53) Fibrosa Spolka Aheyjna v. Fairbain Lawson Cambe Barbour Ltd.(1943) A.C. 32. : 이 사건은 1939년 7월에 피고인 영국회사가 원고인 폴란드의 Gdynia 회사에게 3, 4개월 내에 일정한 기계를 제조하여 인도하기로 계약을 맺었다. 대금은 4,800 파운드로 하고 그 중 1,600 파운드를 즉시 지급키로 하

2) 후발적 이행불능(supervening impossibility)

계약체결 후에 생긴 사정으로 인하여 계약의 이행이 불가능해진 경우이다. 예를 들면 음악회를 열기 위하여 임차한 음악당이 화재로 인하여 멸실되어 버린 경우,[54] 용선된 선박이 멸실 또는 추정전손(constructive total loss)이 되어버린 경우[55] 등이다.

3) 상업적 계약목적의 달성불능(frustration of the commercial object of the contract)

계약의 이행이 물리적으로는 가능하다고 하더라도 더 이상 당사자가 그 계약에서 얻으려고 하였던 상업적 목적(commercial object)이 달성될 수 없는 것과 같은 사정의 변화가 생긴 경우이다.[56] 예를 들면 국왕의 대관식 행렬을 구경하기 위하여 그 행렬이 지나가기로 예정되어 있는 도로 주변 건물의 방을 임차하였었는데 국왕이 갑작스럽게 병에 걸려 대관식행사가 연기된 경우[57]가 그러한 경우이다. 이러한 상업적 목적달성불능은 주로 어떤 사정으로 인하여 계약이행이 지연(delay)되는 경우에 많이 발생하게 된다. 즉 용선한 선박이 다른 선박과 충돌한 후 그 수리를 함에 있어,[58] 혹은 외국정부에 나포되어[59] 혹은 1980년 이란-이라크간의 전쟁으로 샤트 알 아랍(Shatt al Arab) 수로가 폐쇄되었을 때와 같이 분쟁이 발생된 어느 항구에 억류된 채[60] 장기간이 경과되면 용선자로서는 더 이상 용선계약을 유지하여야 할 필요가 없어지게 되는 바 그러한 경우가 상업적 목적달성불능에 해당된다.

그런데 과연 어느 정도의 사정변경 내지는 지연이 있어야만 상업적 목적달성불능이 되었다고 볼 수 있는지는 개개의 사안마다 개별적으로 판단할 문제인데 이와 관련하여서는 다음 두 가지 점을 주의하여야 한다.

첫째 상업적 목적달성불능이 되자면 변경된 사정 하에서의 이행이 원래 의도하였던 것과는 전연 다른 의미를 가진 것이 되어야만 한다. 단순히 '계약당사자의 예상과 틀리다.'라는 정도만 가지고서는 상업적 목적달성불능이 되지 못한다.[61] 그리하여 어떤 상인이

였는데 실제로는 1,000 파운드를 지급하였다. 그런데 9월 1일에 독일이 폴란드를 침공하여 9월 23일에 기계를 인도받기로 한 Gdynia항이 독일의 점령을 받아 동 계약은 프러스트레이션에 의하여 소멸하게 되었다. 그리하여 Gdynia 회사는 이미 지급한 1,000 파운드의 반환을 청구하였고, 이에 대하여 영국회사는 그 기계가 특이한 것이어서 일이 상당히 진척되어 제작상 많은 비용이 들었음을 이유로 반환을 거절하였다. 이에 대하여 귀족원은 위 1,000 파운드는 계약의 이행을 약인으로 하여 지급된 것이지만 Gdynia 회사로서는 대가의 이행을 전혀 받을 수 없었다는 것, 즉 약인의 전면적 불이행을 이유로 하여 준(準)계약(quasi-contract)에 기한 부당이득의 반환청구를 용인하였다.

54) Taylor v. Caldwell(1863) 3 B.&S. 826.

55) Blane Steamships v. Ministry of Transport(1951)2 Ll.R. 155.

56) 배병태, 앞의 책, pp.153~154.

57) Krell v. Henry (1903) 2 K.B. 740.

58) Jackson v. Union Marine Insurance(1874)L.R. 10 C.P.125.

59) W.J. Tatem, Ltd. v. Gamboa(1939) 1 K.B. 132, Scottish Navigation v. Souter(1917) 1 K.B. 222.

60) The Evia(No.2)(1982) 2 Ll.R. 307.

61) Davis Contractors v. Fareham UDC(1956) A.C. 696. : 이 사건은 1946년 7월에 78동의 가옥을

아프리카 수단에서 생산된 땅콩을 독일의 함부르크 항으로 운송, 인도하기로 하는 내용의 매매계약을 체결하였는데 계약체결 직후 이집트에 전쟁이 발생하여 수에즈운하가 폐쇄되는 바람에 아프리카 남단의 희망봉을 돌아서 운송하여야만 하게 되었고 따라서 운송시간이 2.5배 이상, 운임이 2배 이상 소요되게 되자 이는 상업적 목적달성불능에 해당한다고 주장한 사안에서, 영국 법원은 이는 그 이행이 원래 의도하였던 것과 근본적으로 다른 정도에까지 이르렀다고는 할 수 없어 상업적 목적달성불능에 해당하지 아니한다고 판시한 사례가 있다.[62]

둘째 상업적 목적달성불능이 되는지 여부의 판단기준 시점은 그러한 사정변경 또는 지연이 발생하였을 당시이다. 즉 그 당시의 상황에 비추어 판단하여야만 하고 그 이후에 발생한 사실을 고려하여서는 안 된다. 따라서 용선기간 12개월간의 정기용선계약을 체결한 후 그 용선한 선박이 정부에 징발되었다가 3개월 만에 징발이 해제되었던 경우, 비록 그 징발기간이 3개월의 단기간에 그쳤었다고 하더라도 징발 당시에는 그 징발기간이 아주 장기간에 이를 것이라고 예상되었었기 때문에 이 정기용선계약은 상업적 목적달성불능에 해당되어 소멸한 것이라고 판단한 사례가 있다.[63]

4. 프러스트레이션이 인정되지 않는 경우

1) 명시적 특약이 있는 경우

계약체결 시에 명시적으로 프러스트레이션의 법리를 적용하지 않거나, 또는 그 적용을 한정한다는 특약은 강행규정이나 사회질서에 반하지 않는 한 유효하다. 그러나 후발적 불법성을 프러스트레이션의 원인으로 인정하지 아니한다는 뜻의 특약은 당연히 무효이다. 예컨대 전쟁이 발생하여도 계약당사자 일방이 적국인과 거래를 한다는 계약은 영국법에서는 사회질서에 반하는 것으로 해석하여 그러한 특약을 인정하지 아니한다.[64]

94,424 파운드로 건축하는 계약을 체결하였는데, 예기치 않았던 숙련노무자와 자재의 부족 때문에 8개월에 완공할 예정이 22개월 걸렸고, 비용도 115,000 파운드가 들어 건축인은 원래의 계약은 소멸하였다고 주장하고 대신에 현실로 든 비용에 관하여 이행상당금액(quantum meruit)을 청구하였다. 이 사안에 대해 귀족원은 프러스트레이션이 적용되기 위해서는 예상치 않았던 사정이 발생하여 계약이행이 지체된 것만으로는 부족하고 그러한 사정이 채무의 본질을 변질시킴으로써 원래의 계약을 이행케 하는 것이 계약체결시에 생각하였던 계약의 이행과는 근본적으로 다른 것이 되는 경우이어야 한다고 하고, 여기에서 현실로 행한 일은 처음에 계약했던 것과 개별의 것은 아니라고 하여 원고의 주장을 배척하였다.

62) Tsakiroglou v. Noblee Thorl(1962) A.C.93.

63) Bank Line v. Capel(1919) A.C. 435 cited in Raoul Colinvaux, *Carver's Carriage by Sea, 13th ed.*(London : Sweet & Maxwell, 1982), pp.561~562.

64) Ertel Biebre & Co. v. Rio Tinto Co. Ltd.(1918) A.C.260. cited in *ibid.*, pp.594~595.

2) 스스로 유발한 프러스트레이션(self-induced frustration)의 경우

계약당사자 일방의 행위로 말미암아 계약이행이 불가능하게 되었거나 또는 불법으로 저지른 행위가 있었던 경우에는 그 계약은 프러스트레이션에 의하여 소멸하지 아니한다. 이러한 원인을 일으킨 계약당사자는 계약위반의 책임을 질뿐이다.

이에 대해 Paal Wilson v. Partenreederei Hannah Blumenthal(The Hannah Blumenthal) 사건[65]에서 Griffiths L.J.는 다음과 같이 판시하고 있다.

"프러스트레이션의 필요성은 계약당사자들이 통제할 수 없는 예측 불가능한 후발적 사고 발생의 결과로 야기되는 것이다. 그러므로 양 계약당사자가 그러한 원인에 대한 책임이 없는 경우에 해당된다. 계약당사자의 부주의(default) 또는 책임 없이 발생하는 후발적 사고가 프러스트레이션 법리라 말할 수 있다. 그러나 다른 말로 표현하면 이들 당사자들의 통제를 벗어난 후발적 사고를 말하는 것이다. 이 법리는 프러스트레이션 사건이 언제나 계약당사자의 통제 안에 있는 경우에는 계약당사자에 의해 제기될 수 없으며, 적용 또한 될 수 없다. 적어도 이 법리는 계약당사자들이 계약상의 의무에 있어 프러스트레이션 사건이 발생하지 않도록 서로 방지하고자 부담하는 경우에 적용할 수 있을 것이다."

또한 자신의 귀책사유로 불능이 된 경우에는 계약소멸을 주장할 수 없다는 원칙은 불능이 귀책사유에 기인했음을 주장하는 자에게 입증책임이 있다.[66]

3) 선택적 방법(alternative form)이 가능한 경우

계약이행방법이 선택적 방법에 따라 약정되어 있는 경우에는 하나의 이행방법이 불가능한 경우는 다른 방법에 의해 이행하여야 한다.[67] 이는 스스로 유발한(self-induced) 프러스트레이션과 같은 맥락에서 계약의 소멸을 주장할 수 없다. 만약 하나의 방법이 불가항력에 의해 이행불능이 된 경우에 다른 이행방법도 양당사자의 귀책사유 없이 이행불능일 경우에만 프러스트레이션이 인정된다. Maritime National Fish, Ltd. v. Ocean Trawlers, Ltd. 사건[68]에서 법원은 프러스트레이션은 "당사자의 행위 또는 선택에 의하지 않았어야

---

65) (1983) 1 A.C. 854. cited in Julian Cooke, Timothy Young, Andrew Taylor, John D. Kimball, David Martowski, LeRoy Lambert, *Voyage Charters, 1st ed.*(London : Lloyd's of London Press Ltd., 1993), p.466.

66) Joseph Constantine SS Line v. Imperial Smelting Corp. Ltd.(1942) A.C.154. : 이 사건은 용선계약에 의하여 오스트레일리아에서 선적할 예정이었는데 용선이 선적 전날에 보일러에 큰 폭발이 생겨 용선계약의 이행이 불가능하게 되었다. 그런데 그 폭발의 원인이 밝혀지지 않았다. 이에 대해 귀족원은 용선자가 그 폭발이 선박소유자의 과실에 기인한 것임을 입증할 수 없기 때문에 계약이 프러스트레이션되었다는 선박소유자의 주장은 인정된다고 하였다.

67) 吉本英雄, 「傭船契約解釋の基礎理論」, (東京 : 日本海運集會所, 1986), 321～322面.

68) (1935) A.C. 524 : 이 사건에서 용선자는 선박소유자로부터 Steam trawl선 1척을 용선하였는데 이 트로올선은 otter trawl이라는 어구(漁具)없이는 어획작업을 할 수 없었고 이 어구의 사용에는 캐나다 수산장관의 허가가 있어야 했으며 양당사자는 이러한 사실을 알고 있었다. 선박소유자는 그가 소유한 5척의 선박에 이 허가를 신청하였으나 그 중 3척에만 허가가 내려졌고 용선자가 용선한 선

한다"고 하여 용선자의 주장을 배척하였다.69)

4) 부동산 임대차계약

원칙적으로 토지와 같은 부동산의 임대차계약에는 물권 관계가 생기기 때문에 프러스트레이션의 법리를 적용하지 아니한다.70) 즉 부동산 임대차계약은 임차인에게 소유권적 권리(proprietary rights)를 부여하는 것이므로 임차인이 이 부동산을 어떻게 사용하는가는 소유자에게는 아무런 관심사가 되지 않는다는 것이다.71) 선박의 임대차계약도 이와 유사하게 보고서 프러스트레이션의 법리를 적용시키지 아니하였으나, 근래에 와서는 부동산 임대차계약의 목적을 달성할 수 없는 경우72)가 많이 생기므로 영국 법원에서는 선박의 임대차계약에도 이 법리를 적용하려는 경향이 있다.73)

5. 프러스트레이션의 효과

프러스트레이션의 원인이 되는 사건이 발생하면 계약이 당사자의 일방 또는 상대방의 계약소멸을 주장하는 의사표시가 없어도 장래에 있어 자동적으로 소멸한다.74) 따라서 계약당사자는 장래에 있어서 계약내용에 따른 이행의무에서 벗어난다. 그러나 비록 계약은 소멸하지만 계약당사자 사이의 권리의무는 계약소멸의 시점을 기준으로 다음과 같은 효력을 가진다.

박에는 허가가 내려지지 않았다. 용선자는 용선한 선박에 허가가 없었으므로 프러스트레이션에 의하여 용선계약이 소멸하였고, 따라서 임차료를 지급할 수 없다고 주장하였다.

69) 또 다른 예로 J. Lauritzen v. Wijsmuller(The Super Servant Two)[1990] 1 Lloyd's Rep. 1를 보면 다음과 같다.

피고는 Super Servant One과 Super Servant Two라는 두척의 잠수형 자력동력 바아지선의 선박소유자였다. 1980년 7월에 원고와 피고는 원고의 시추선(drilling rig)을 일본으로부터 북해까지 운송할 것을 합의하였는데 피고의 선택사항으로 Super Servant One 또는 Super Servant Two을 이용하여 1981년 중반에 운송한다는 내용이었다. 1981년 1월에 선택사항을 명시하기 전에 Super Servant Two가 이에 앞선 계약하에 리그를 운송하는 도중에 침몰하였으며, 전손되었다. 피고는 원고의 리그를 운송하는데 Super Servant Two를 이용하도록 계획하고 있었으며, Super Servant One으로 모든 당시의 계약상 의무를 이행할 수는 없었다. 따라서 피고는 계약상의 (ⅰ)프러스트레이션 법리, (ⅱ) 불가항약관에 따라 계약을 취소(cancelled)하였다.

Hobhouse J.와 공소원(Court of Appeal)은 피고는 Super Servant One으로 이행할 수 있기 때문에 계약은 프러스트레이션이 아니라고 판시하였다. 또한 피고가 그렇게 하지 않는 것을 선택한 사실은 비록 그러한 선택이 예측불가능한 사건의 부담감으로 행하였지만 결국 프러스트레이션이 스스로 유발한(self-induced) 결과를 초래한 것으로 판시하였다.

70) 즉 임차된 부동산이 정부에 의해 징발되거나 화재나 적에 의해 파괴되는 경우에도 계약은 소멸되지 않고 임차비를 지급해야한다고 하였다.

71) 김학동, 앞의 논문, pp.15~16.

72) National Cariers, ltd. v. Panalpina(Northern) Ltd.(1981) 1 All E.R. 161.

73) 박용섭, 앞의 책, p.159.

74) Hirji Mulji v. Cheong Yue Steamship Co.(1926) A.C.497.

즉 계약이 소멸하기 전에 이미 강제 이행의 상태에 있었던 법률상의 권리와 이미 지급한 금전의 효력은 장래에 있어서 계속하여 유효하다. 따라서 이미 지급한 금전은 회수불가능하며, 이미 계약상 지불기일이 도래한 금전지불은 강제될 수 있다는 것을 의미한다.[75] 그러나 프러스트레이션이 발생한 때에 이행되지 아니하였던 권리와 채무는 완전히 그 효력을 잃는다.[76]

프러스트레이션의 효과는 계약 자체를 파괴하여 무효로 하는 것이 아니라, 계약당사자의 장래 이행의 채무를 면제하는 것이므로 약인(consideration)[77]을 전면적으로 부정하지 아니한다.[78]

Chandler v. Webster 사건[79]에서 방의 임차료를 선급으로 합의하였고, 일부를 지급한 경우에는 임차인은 프러스트레이션의 원인이 발생한 후에도 약인을 인정하여서 임차료의 잔액을 지급하여야 한다는 것이 법원의 판시였다. 이러한 태도에 의하면 반대채무의 이행시기를 언제로 정하느냐에 의하여 결과가 전혀 달라진다. 특히 약정이 있는 경우에는 일방의 당사자에게 가혹한 결과를 낳았다.[80]

이러한 태도를 바꾸어 이미 지급된 금전의 부당이득반환청구를 인정한 것이 1943년 Fibrosa 사건[81]의 판결이다. 이 사건에서 영국 법원은 상대방이 채무를 이행하기 전에 그 채무에 대한 급부로써 금전을 지급코자 한 약속에, 프러스트레이션에 의하여 계약당사자의 채무가 소멸한 경우에는 선급금 전체 채무에 대하여 약인의 전면적인 불이행(total failure of consideration)의 법리를 적용하여 선급금을 반환하여야 한다고 판시하여서 Chandler v. Webster 판시를 번복하였다. 선급금을 되돌려 받는 행위는 계약상의 행위가 아니라 약인을 전면적으로 이행하는 것이 불가능하기 때문에 원상회복(in restitution)을 위한 반환 행위인 것이다. 여기서 말하는 약인은 계약 성립에 필요한 요소로서의 약인의

75) 吉本英雄, 前揭書, 329面.

76) Appleby v. Myers(1867) L.R. 2 C.P.651.; Compania Naviera General S.A. v. Keramental Ltd.(1983) 1 Lloyd's Rep. 372.

77) 약인이라 함은 계약법상 한쪽 약속에 대한 다른 쪽의 반대급부 또는 반대급부의 약속을 의미한다. 영미법은 계약의 유효요건으로서 약인의 존재를 요구하며, 증여 등 약인이 없는 약속은 법적으로 보호하지 않는다(보다 자세한 내용은 Michael H. Whincup, *Contract Law and Practice* (Hague : Kluwer Law International, 1996), pp.55~83; 서희원, 「영미법강의」(서울 : 박영사, 1996), pp.309~316 참조).

78) 박용섭, 앞의 책, pp.156~157.

79) Chandler v. Webster(1904) 1 K.B. 493. : 이 사건은 대관식사건의 하나로써 임차료를 계약체결 후 곧 지급하기로 하였는데 임차인이 그 중 일부만을 지급하고 나머지를 지급하지 않은 상태에서 대관식이 연기되었던 바, 임차인은 약인의 흠결에 기하여 부당이득으로서 지급액의 반환을 청구하였고 이에 대하여 임대인은 미지급액의 지급을 청구하였다. 공소원은 프러스트레이션 법리는 계약을 소급적으로 소멸시키는 것이 아니고 단지 장래에 향하여 소멸시키는 것이므로 약인의 전면적 불이행(total failure of consideration)이 될 수 없고 따라서 준(準)계약(quasi-contract)에 기하여 부당이득의 반환청구를 할 수 없다고 하고, 뿐만 아니라 임차인의 지급의무는 원인발생 전에 이미 성립하였으므로 미지급부분도 지급하여야 한다고 판시하였다.

80) 김학동, "영미법상의 Frustration 법리(Ⅱ)", 판례월보 제155호(1983. 8), p.18.

81) Fibrosa Spolka Aheyjna v. Fairbain, Lawson, Cambe, Barbour Ltd.(1943) A.C. 32.

개념이 아니라 이미 발생한 의무의 이행의 개념으로 이해할 필요가 있다.[82)]

그러나 약인의 전면적 불이행과 관련하여 영국의 커먼 로우상에서 다음과 같은 법률관계가 제기되고 있다. 첫째 상대방이 계약의 유효를 신뢰하고 지출한 비용, 즉 신뢰이익(reliance interest)이 보상되지 않는다는 점이다.[83)] 다시 말하면 선급금을 반환해야 할 당사자는 이미 계약이행을 위해서 비용을 지급하였거나, 또는 계약의 소멸로 무가치한 물건만이 남을 수 있다는 점이다. 둘째 약인의 부분적 불이행(partial failure of consideration)의 경우에는 이미 지급된 것의 반환을 청구할 수 없다는 점이다. 즉 선급금의 반환을 요구한 당사자가 계약의 일부라도 급부 받았을 때에는 약인의 전면적 불이행이 아니므로 1943년 Fibrosa 사건의 판례를 적용할 수 없다는 점이다.[84)]

이러한 영국의 커먼 로우(Common Law)상의 계약의 일부 이행과 약인의 전면적 불이행 사이에 발생한 마찰을 해소하기 위하여 영국은 1943년 프러스트레이션법을 제정하였고 여기에서 법적 구제를 제도화하였다.[85)] 이 법은 어떠한 경우에 프러스트레이션이 발생하는 가하는 점에 있어서는 영국의 커먼 로우에 일임하고 프러스트레이션에 의하여 계약이 소멸되는 경우에 양당사자의 형평을 기하기 위하여 법원에 대폭적인 재량권을 부여하였다. 이 법의 내용은 대략 다음과 같다.

① 이 법은 영국법을 준거법으로 하는 계약이 이행불능이나 다른 방법에 의해 프러스트레이션되어 당사자의 이행의무가 면제되어야 할 경우에 적용된다. 이행불능이나 프러스트레이션의 요건에 관해서는 종래의 판례 원칙이 적용된다.

② 금액을 지급하였던가 또는 지급해야 했던 상대방이 면책 이전에 계약을 이행하기 위해 어떤 비용을 부담하였을 경우에, 법원은 모든 사정을 고려하여 정당하다고 인정된다면 비용액을 넘지 않는 한도내에서 상대방에게 지급해야 할 금액을 유보하게 하거나 지급된 금액의 반환을 허용할 수 있다.

③ 이 법의 적용에는 광범위한 예외 사항이 있는데, 용선계약 및 해상물품운송계약에 대해서도 적용이 배제된다.

제 3 절 용선계약의 해석원칙

용선계약의 해석원칙은 영국의 해상보험 약관의 경우와 유사하며, 용선계약을 체결한 후 이 계약을 이행하는 과정에서 선박소유자와 용선자 사이에 분쟁이 발생하였을 경우,

82) 박용섭, 앞의 책, p.157.
83) 김학동, 앞의 논문, p.18.
84) 박용섭, 앞의 책, p.157.
85) 박용섭, 앞의 책, p.157.

용선계약서의 내용에 관한 일반적인 기준을 말하며 구체적으로 다음과 같이 적용한다.[86)]

1) 판례와 당사자 의사의 존중원칙

용선계약을 포함한 대부분의 계약은 그 계약내용이 일반적인 상관습이나 해당 법규에 반하지 않는 한 계약당사자의 의사를 존중하여 해석한다. 한편 용선계약은 주로 영국을 중심으로 오랫동안 발전되어 왔으며, 영국은 일찍이 판례를 존중하는 불문법 국가이므로 용선계약과 관련한 분쟁이 발생될 경우 판례에 따라 해석되는 경향이 있다. 따라서 용선계약서는 계약체결 시 당사자 간의 의사와 판례(judicial precedent)에 따라서 해석된다. 만약 용선계약서가 '영국법(English Law)에 따른다.' 라고 작성되었을 경우 우선적으로 영국판례에 따라 해석되며, 당사자 간의 의사가 불일치하는 경우에도 영국판례에 따라 해석된다.

2) 수기문언우선의 원칙

용선계약서에 기재된 수기문언은 타자된 문언, 컴퓨터로 추가 및 삭제된 문언, 스템프(stamp)문언, 그리고 인쇄된 문언에 우선하여 적용된다. 통상 용선계약서는 인쇄된 문언과 추가약관(rider clause)으로 작성되지만, 그 내용을 삭제 또는 수정의 필요성이 있거나 새로운 내용을 첨가하여야 하는 경우에, 타자나 컴퓨터 또는 스템프 등을 이용하기도 하고, 수기로 직접 용선계약서에 그 내용을 기재하기도 한다. 이 때 수기로 작성된 문안을 최우선하여 적용한다는 의미이다.

한편 모든 약관의 글자색은 흑색인 반면 일부 약관을 강조하기 위해 청색으로 하였다 하더라도 이것은 그 내용을 강조하기 위한 것일 뿐 약관 적용의 우선순위에는 영향을 주지 못한다.

3) 작성자 불이익의 원칙

용선계약서 약관의 문언해석과 관련하여 모호한 규정은 작성자 불이익의 원칙(principle of *contra proferentem*)을 적용하며, 이 조항에 의해서 용선계약상 모호한 규정 또는 약관을 포함시키도록 주장한 당사자의 이익에 대해 불리하게 해석하게 된다. 해상보험에서도 보험계약을 체결할 때에 사용되는 약관은 법률적으로도 부합되어야 한다. 그러나 그 문언은 보험자가 일방적으로 작성한 것이라고 볼 수 있다. 따라서 보험약관상의 문언이 애매모호하거나 이중으로 해석이 가능하여 피보험자에게 불리한 영향을 미치게 되는 경우에는, 이 약관을 작성한 보험자가 불이익을 받도록 해석되는 것이다. 용선계약서의 경우도 이와 같은 해석원칙을 적용하고 있다.

---

86) 오학균 외, 「용선중개론」, (부산: 한중해사법연구센터, 2012), pp.167~168.

4) 동종제한의 원칙

단어의 표현방식은 다르나 뜻이 같은 경우엔 선행한 단어와 유사하게 해석되어야 하는 것을 동종제한의 원칙(principle of *ejusdem generis*)이라 한다. 실무에서 용선계약의 약관에 관한 적용과 해석을 함에 있어서, 서로 비슷한 단어는 동일한 종류로서 해석을 해야 한다는 의미이다. 예를 들어 'good ship or vessel' 이라고 표현할 때 'ship'과 'vessel'은 전혀 다른 뜻이 아니라 'vessel' 앞의 'ship'과 같거나 유사한 뜻으로 해석을 해야 함을 의미하며, 전쟁약관의 경우 'war disturbance or any other cause'에서도 'any other'는 disturbance의 원인이 된 'war'와 같은 동종의 원인만이 해당되는 것이지, flood와 같은 성질이 전혀 다른 의미로는 해석되어서는 아니 된다는 것이다.

5) 근인주의(*causa proxima*)의 적용

어떤 상황의 발생과 원인의 인과관계(causation)를 분석함에 있어서 사건발생이 시간적으로 가깝거나 멀거나를 불문하고 그 사건을 야기 시킨 직접적인 원인만을 고려한다는 것을 근인주의라고 하며, 용선계약의 약관에 관한 적용과 해석에 있어서도 이러한 원칙이 적용된다.

예를 들면 어떤 부실하게 설계된 선박이 침몰하였을 경우, 선박소유자가 이 선박의 침몰이 선박소유자의 면책사항인 해상고유의 위험(perils of the sea)이라고 주장하여도, 법정은 구조결함을 침몰의 원인으로 규정한다는 것이다. 즉, 날씨가 나빠서 해상에서 흔히 일어날 수 있는 해상고유의 위험으로 침몰하더라도, 선박의 구조결함에 의한 감항성의 결여가 입증될 경우 법정은 판례로서 근인주의에 의해 이를 따른다는 것이다. 그러나 실무적으로 해상에서의 여러 가지 원인이 복합적으로 작용하여 발생된 경우, 어떠한 것을 근인으로 할 것인가를 판단하는 것은 결코 용이한 것이 아니므로 주의를 요한다.

제 2 부

용선계약의 약관 및 해설

05 CHAPTER

용선계약의 공통약관 및 해설

제 1 절 선박소유자의 묵시적 의무

해상운송계약 및 용선계약에서는 명시적으로 약정한 내용 이외에도 일정한 종류의 묵시적인 의무를 부담한다고 본다. 이러한 묵시적 의무는 선박소유자 또는 해상운송인의 입장에서 부담하는 것으로, 첫째, 감항능력(seaworthiness)이 있는 선박을 제공하여야 하며, 둘째, 상당한 주의를 하여 신속하게 운항하여야 하며, 셋째, 선박이 계약상의 예정된 항로를 따른 항해로 부당한 이로(deviation)없이 직항하여야 한다.

이러한 의무는 계약당사자간의 약정 여하를 불문하고 선박소유자 또는 해상운송인이 당연히 부담하여야하는 의무로 간주된다. 다만, 묵시적 의무는 영국 커먼 로우 하에서 인정될 뿐이며, 개품운송계약 또는 선하증권계약에 관해서는 헤이그 비스비 규칙이 적용되는 등 약간의 차이가 있으므로 유의할 필요가 있다.

1. 감항능력 주의의무

1) 감항능력의 의의

선박소유자는 용선자에 대하여 감항능력이 있는 선박을 제공하여야 하는 의무를 진다. 즉, 선박소유자는 용선자 또는 송하인에 대하여 발항 당시 선박이 안전하게 항해를 감당할 수 있는 선박을 제공함에 있어서 자기 또는 선원 기타의 선박사용인이 상당한 주의를 다하여야 할 의무를 부담한다.

선박의 감항능력(seaworthiness)이란 운송계약상의 특정한 항해의 특수 사정을 참작하여 특정한 선박이 도모하는 특정 항해 또는 통상 예견되는 항해의 위험을 견딜 수 있는 이른바 상대적 감항능력이다. 그러므로 연안을 항해하는 선박과 해양을 항해하는 선박은 그 감항능력의 판단기준이 다를 수밖에 없는 것이다. 구체적으로 말하면, 선체, 속구, 승무원, 연료, 식량, 음료수, 기타의 준비가 그 항해를 수행하는 데에 적합하고, 또한 그 항해에서의 일반적인 해상위험에 견딜만한 상태에 있어야 한다.

이러한 감항능력(seaworthiness)은 협의의 감항능력(선체능력, hull capacity), 항해능력(navigational capacity) 및 감하능력(cargoworthiness)으로 구분된다.

2) 법적 성질

통상적으로 운송인의 감항능력 주의의무를 감경하는 특약은 효력이 없고, 영국법에서 묵시적 의무로 간주되고 있으므로 상대적 강행규정적 성질을 가진다. 우리 상법은 용선계약의 경우 다른 의무에 관한 규정은 임의규정으로 하였으나 감항능력 주의의무는 용선자를 위하여 강행규정으로 하였으며, 과실책임주의를 취하고 있다.

이 의무는 운송계약으로부터 발생된 운송물 인도의무라는 주된 의무에서 나누어진 부수적인 의무 중에서 가장 중요한 의무로서, 운송의 준비단계에서 부담하는 의무이다. 또한 운송물에 관한 해상운송인의 주의의무는 책임면제사유가 된다고 하더라도 감항능력 주의의무 위반은 운송인의 면책사유가 되지 않는다는 점에서 운송인의 운송물에 관한 주의의무로부터 독립된 상위의 의무이다.

그리고 감항능력이라는 개념은 상대적인 것으로 주의의무를 필요로 하는 운송조건에 따라 달라진다. 즉 선박은 특정한 항해의 특수사정을 고려해서 특정한 선박이 예정하는 특정 항해 또는 일반적으로 예상되는 항해에 감내할 수 있으면 충분한 것이다. 따라서 같은 선박의 같은 항해에서도 화물이 달라짐에 따라 일부 화물에 대해서는 감항능력이 있으나, 다른 화물에 대해서는 감항능력이 없다는 사정이 생길 수도 있다.

3) 감항능력 주의의무의 내용

(1) 협의의 감항능력(선체능력)

선박이 안전하게 항해하기 위해서는 선체 자체가 항해를 감당할 수 있는 상태에 있어야 한다. 즉, 협의의 감항능력으로 선체능력(hull capacity)을 말하는 것으로, 이는 선박 자체의 설계, 구조, 성능이 그 항해에서 일반적인 해상위험을 당하여도 그것을 견딜 수 있는 능력을 말한다. 즉, 선박이 안전하게 항해할 수 있게 하는 것으로 선박의 물리적 안전성을 의미한다.

예를 들면, 선박 자체가 견고하고 튼튼하여야 하며, 설계·구조·설비·성능 등도 항해에 견딜 수 있어야 한다. 선령·선급 등도 특정 항해를 하기에 적합하여야 하고, 속구나 기계류에도 하자가 없어야 한다.

선체의 적격성에 관하여 선박이 감항능력을 보유하기 위해서는 선체 및 주요 구성부분의 수밀성을 확보하고 선박 자체가 안전하게 항해를 감당할 수 있을 정도의 견고함과 신뢰성을 확보하여야 한다. 지나친 노후선, 추진 장치의 불완전, 주기(main engine) 등이 지닌 주요 기계적 결함은 불감항성의 원인이 된다. 판례에서 선체능력 주의의무 위반으로 인정된 사례로 보일러 작동의 결함,[1] 엔진의 결함,[2][3] 유조선을 유황운송선으로 구조를 변경함으로써 선박의 안전성을 해친 경우[4] 등이 있다.

(2) 항해능력(navigational capacity)

선박에는 필요한 선원이 승선하여야 하고, 의장을 갖추어야 하며, 필요한 용품이 갖추어져야 한다. 이를 항해능력이라고 한다. 항해능력은 약정된 항해를 하는 데에 필요한 설비, 예컨대 선원의 배승, 법정 서류의 비치, 연료, 식량 등의 의장이 마련되어 있어야 한다. 즉, 필요한 선원의 승선, 선박 의장과 필요품의 공급으로 항해능력을 갖출 것을 규정하고 있다.

우선, 선원의 적격성과 관련하여 살펴보면, 선원은 항해능력의 인적 요소로써 항해의 안전과 밀접한 관계가 있기 때문에 해상운송인은 선원에 관하여도 감항능력 주의의무를 부담하는 것이다. 그러므로 선원은 통상의 항해를 극복하는 데에 적당한 인원수와 능력을 갖춘 적격성을 구비하여야 한다. 이 경우 선원의 연령, 건강상태 등도 고려한다.

판례도 선박은 항해를 하는 데에 충분한 자격이 있는 숙련도와 능력(competent skill and ability)을 지닌 인원수와 승무원을 준비하도록 요구하고 있다.[5] 통상 문제가 되는 것은 능력유무의 판단에 관한 것이다. 해기면허장을 소지하고 있을 것과 필요한 법정인원수를 승선시켜야하는 일 등은 단순히 감항능력이 있다는 것을 추정하는데 그친다. 그러므로 필요한 선원의 승선이라 함은 선원법 및 선박직원법상 규정한 수의 선원과 법정 자격을

---

1) The Norco (1966) AMC 315.
2) Hong Kong Fir Shipping v. Kawasaki Kisen Kaisha (1962) 2 Q.B. 26.
이 사건에서 본선은 특수한 선박으로서 엔진의 정비 등에 있어서 특수한 주의가 필요로 하였다. 그러나 선원은 이러한 특수한 엔진을 취급할 수 있는 기량을 가지고 있지 못하였고, 엔진룸의 승무원수도 부족하였기 때문에 결국 용선개시 후에 바로 엔진사고가 발생하여 15주간 정도 선박은 수리를 위해 정선을 요하게 되었다. 판례는 용선계약의 기간이 24개월로서 장기간임을 들어 선박은 불감항이나 불감항의 정도가 중대한 것이 아니므로 용선자로부터 용선계약의 해약주장을 인정하지 않았다.
3) 주의해야할 점은 선박소유자가 엔진사고에도 불구하고 필요한 조치를 취하지 않은 경우 선박소유자의 그러한 행위가 계약의 해약원인이 되는 경우가 있다는 점이다. 즉, 불감항 그 자체로서는 중대한 것이 아닐지라도 불감항이 판명된 후 선박소유자의 조치절차로서 중대한 용선계약의 위반이 있었다고 하여, 용선자로부터 용선계약의 해약을 허락하는 경우가 있음을 주의할 필요가 있다. 단, 판례는 이러한 선박소유자의 부작위를 근거로 해약을 쉽게 인정하고 있지도 않는 경우도 있어 주의를 요한다.
4) The Marine Sulphur Queen (1973) 1 Ll.R. 88.
5) Shore v. Bentalltkrjs, 1928.

가진 선원의 승선으로 부족하며, 해상법상 선박과 항로에 있어 경험을 가지고 운송물의 취급·관리 및 선박의 운용에 관한 훈련과 교육을 받은 선원의 승선을 의미한다.[6]

그리고 항해능력의 물적 요소인 선박의장이란 그 항해에 필요한 서류와 속구를 비치하는 것을 의미한다.[7] 해도, 나침반, 항해일지 등이 이에 해당한다. 필요한 서류는 선적증서, 승무원명부, 항해일지, 여객명부, 적하목록 등의 선박서류를 가리킨다.[8]

그리고 필요한 물품의 적절한 공급은 연료, 윤활유, 식료, 음료수 등 선박 운항에 소요되는 물건의 적절한 공급을 의미하며, 이러한 물품의 부족으로 인한 사항도 불감항에 해당된다. 이 가운데 가장 중요한 것은 연료유의 공급으로 특정항로에서 연료의 양은 그 항로의 지리적 특성과 기상과 해상 조건에 따라 결정된다.[9][10]

(3) 감하능력(cargoworthiness)

선박은 효율적인 운송수단인 동시에 안전한 화물창고의 역할을 수행하므로 이에 대한 능력을 구비하여야 한다. 이를 감하능력(cargoworthiness)라고 한다. 선박에는 화물이 안전하게 운송될 수 있도록 일정한 장비를 갖추어야 한다. 특별한 물건을 운송함에 필요한 시설과 장비를 갖추어야 한다. 그러므로 선창·냉장실 기타 운송물을 적재할 선박의 부분을 운송물의 수령·운송과 보존을 위하여 적합한 상태를 유지하여야 한다.

감하능력의 부족으로 판시한 사례를 보면, 냉동양고기를 운송함에 있어 선박의 냉장시

---

6) 자격미달의 기관사를 정원보다 적게 선임하는 등 능력이 없는 선원을 승선시킨 경우(Hong Kong Fir Shipping v. Kawasaki Kisen Kaisha (1962) 2 Q.B. 26), 폭주하는 습관이 있는 선장과 기관장이 발항 당시 만취하여 있었던 경우(Moore v. Lunn (1923) 39 T.L.R. 526), 자격부족의 기관장과 1등 기관사를 선임 고용하면서 해기면허장의 확인절차를 거치지 아니한 경우(The Makedonia (1962) 1 Ll.R. 316) 등의 예가 있다.

7) 선박의 속구란 구명정, 닻, 해도, 항해기기 등 선박의 부속물로서 항상 사용되는 것을 말한다. 속구는 선체와 함께 선박의 일부로서 당연히 감항성을 구비하여야 한다. 만약 해저의 암반에 닻을 내린 까닭에 닻이 파손되었다면, 불감항성으로 추정되며, 항해기기의 파손이나 해도의 부족도 불감항성의 원인이 된다.

8) 선박내에 비치해야만 하는 서류에는 속구목록, 용선계약서, 선하증권, 선박국적증명서, 선원명부, 항해일지(log book), 안전설비증서, 소독증명서 등 다양하다. 그러나 감항능력과 관련된 서류란 선박의 안전한 항해에 필요한 서류, 예컨대 선박국적증서, 선박검사증서 등에 한정된다고 하는 것이 일반적인 견해이다.

9) 박용섭, 「해상법론」, (서울 : 형설출판사, 1998), p.418.

10) McIver & Co. v. Tate Steamers Ltd(1903) 8 Com. Cas. 124.
영국의 리버풀항과 남미의 우루과이와 아르헨티나의 중간지역에 있는 River Plater간을 왕복항해하는 정기용선계약에서 기관사의 계산 착오로 연료용 석탄을 충분히 선적하지 못하고 항해하게 되어, 결국 선박이 페르남브코(Pernambuco, 현 Recife)항으로 이로(deviation)하여 추가 연료를 보급 받게 되었다. 이 용선계약에서 용선자는 연료의 공급과 비용지불(provide and pay for all coal)에 대한 책임을 부담하고 있었다. 이에 따라 선박소유자는 추가비용에 대해서도 용선자가 책임을 부담하여야 할 것을 주장하였으나, 법원은 용선자가 연료에 대한 공급과 비용지불에 대한 책임을 부담한다고 할지라도 선박소유자의 책임을 경감시키는 것은 아니라고 판시하면서, 항해개시 시점에 있어 선박항해에 필요한 충분한 연료를 확보하는 것은 감항성 유지에 대한 선박소유자의 책임임을 분명히 하였다.

설이 고장났다든가,[11] 질병에 걸려 있던 가축을 운송한 후 선박을 제대로 청소 기타 소독을 하지 않았기 때문에 그 다음에 선적하였던 가축이 그 질병에 전염되었다든가,[12] 젖은 설탕이 화물이었는데 흘러나오는 물을 충분히 퍼낼 정도의 배수장치를 갖추지 못한 경우[13] 등이 있다.

4) 감항능력 주의의무의 성질

(1) 영국의 커먼 로우(Common Law)

영국의 커먼 로우(Common Law)에서의 감항능력 주의의무는 면책특약이 없는 한, 선박소유자에게 엄격책임을 지우고 있다(결과책임주의). 따라서 선박소유자는 자신이나 사용인이 얼마나 주의를 기울였고, 또 어떠한 기술을 가지고도 그 결함을 발견하여 수리하는 것이 불가능하였다는 것을 증명할 수 있어도 면책되지 않는다.

(2) 헤이그 / 비스비 규칙

영국의 커먼 로우(Common Law)상의 절대적 감항능력 주의의무가 헤이그 규칙에서는 해상운송인이 선박의 감항능력을 갖추도록 상당한 주의(due diligence)를 기울이면 되도록 그 책임기준이 완화되었다. 그러므로 해상운송인이 상당한 주의를 기울였다면 비록 선박이 출항 이전 및 출항 당시 감항능력을 갖추지 못하였다고 하더라도 감항능력 주의의무는 다한 것으로 그에 대한 책임을 부담하지 않는다. 따라서 상대적인 의무로 변형된 것이다.[14]

그런데 어느 정도의 주의를 '상당한 주의'라고 하는가는 각각의 경우에 따라 결정되어야 할 문제이며, 이는 타인에게 위임할 수 없는 엄격한 것으로 해석된다. 왜냐하면 감항능력은 원래 특정화물에 대해서 상대적으로 결정되어야 할 문제이지만, 해상운송인은 선박의 감항능력을 확보하기 위해 상당한 주의를 다함에 있어 사용하는 자를 선임·감독하는 것에 관해서도 적용되므로 자신의 피용인이든 독립적인 계약당사자이든 그에 대한 책임을 부담하여야 된다. 따라서 선박소유자가 조선소나 선급협회 등에 검사를 시켰을 경우에도, 그들에게 과실이 있을 때에는 스스로 결과에 대해서 선박소유자가 책임을 져야 한다. 왜냐하면 감항능력 주의의무란 운송채무 내용의 일부이고, 그들은 선박소유자의 이행보조자에 불과하기 때문이다.

한편 헤이그규칙은 원칙적으로 용선계약에 적용되지 않는다. 다만 용선계약에 기초하여 선하증권이 발행되었을 때에는 "그 선하증권은 이 협약의 규정에 따르는 것으로 한다"라고

11) Cargo per Maori King v. Hughes (1895) 2 K.B. 550.
12) Tattersall v. National Steamship (1884) 12 Q.B. 297.
13) Stanton v. Richardson (1874) 9 L.R.C.P. 390.
14) 심재두, 앞의 책, p.97

규정하고 있고(제5조), 또한 그와 같은 선하증권에 관해서는 "그 증권이 운송인과 증권 소지인과의 관계를 규율하는 때부터" 운송계약으로서, 이 협약이 적용된다고 규정하고 있다(제1조 제6항). 이것은 용선계약 당사자의 관계에 관해서는 적용이 된다는 취지를 정한 것으로 이해된다. 따라서 용선계약 당사자의 관계에 대하여서는 국내법에 의하여 자유롭게 정할 수 있다.

5) 감항능력 주의의무의 시기

(1) 영국의 커먼 로우(Common Law)

영국의 커먼 로우에 '항해단계의 원칙'(doctrine of the stages of voyage)이라고 하는 원칙이 확립되어 있었다. 예를 들면, 항해가 몇 개의 '단계'(stages)로 이루어지는 경우에 선박소유자는 항해의 각 단계 처음에 감항능력 주의의무를 부담하여야 한다는 원칙으로, 선박소유자의 이익을 보호하기 위해 인정된 것이다.

이에 따르면 선박소유자는 모든 항해에 대한 최고 수준의 담보책임에서 면제될 수 있었다. 예를 들면, 하천운항 시에는 다음의 해상항해를 행하는 데에 필요한 감항성은 요구되지 않았었다. 그러나 이 원칙은 Reed & Co. v. Page, Son & East사건(1927)에 의해 확대 해석된 결과, 선박소유자에게 불리한 결과를 가져오게 되었다. 즉, 이행해야 하는 작업의 성질이 변해도 항상 선박이 감항성을 지녀야만 한다는 의무를 선박소유자에게 지우는 취지의 결과를 초래하게 하였다.[15)]

하지만 항해단계의 원칙은 헤이그 비스비 규칙에서 감항능력 주의의무의 시기에 대하여 '항해를 시작하기 전 및 시작할 때'(before and at the beginning of the voyage)로 규정함으로써 폐지되었다. 즉 영국이 1924년 헤이그 규칙을 국내법화하여 해상물건운송법(Carriage of Goods by Sea Act: COGSA)을 입법함으로써 COGSA를 적용하는 해상운송계약에서는 단계주의가 폐지된 것이다.

하지만 COGSA를 적용하지 아니하는 용선계약의 경우에 있어서는 COGSA를 적용한다는 특약이 없는 한, 항해단계의 원칙에 따라 출항할 때마다 운송인은 상당한 주의를 다하여야 할 것이다.[16)]

---

15) 예를 들면 선적이 완료되면 선박은 정박하여 출항을 대기하기 위한 적합한 상태에 있어야만 한다. 나아가 선박소유자가 선박의 결함을 보수하지 않은 채 새 단계에 들어가게 하였다면, 설사 선박소유자가 그 사실을 몰랐고, 수리의 기회도 없었고, 또 앞 단계의 당초에는 감항성이 있었고, 또한 불감항성이 제외위험(피할 수 있는 위험)으로부터 발생한 것이라 하더라도, 선박소유자는 감항담보의 위반에 대한 책임을 지게 되는 것이다.

16) 영국의 커먼 로우(common law)하에서 항해용선계약과 정기용선계약은 감항능력 주의의무에 대하여 다른 점을 가지고 있다. 감항능력 유지의 시기에 관해서 항해용선계약은 선박소유자가 선적항에서 출항할 때로(at time of departure) 규정한 반면에 정기용선계약에서는 용선 개시 시점을 용선선박의 감항능력 유지시기로 규정하고 있다. 항해용선계약은 한 항해의 운송계약을 원칙으로 하기 때문에 선박소유자의 감항능력 유지시기를 선박이 출항할 때로 하여도 항해용선자에게 불이익이 생기지

(2) 헤이그 비스비 규칙

헤이그 비스비 규칙은 '발항 전 및 시작할 때' 감항능력을 요구하고 있는데, 이 의미는 '선적이 시작된 때로부터 발항할 때까지'(the period from at least the beginning of the loading until the vessel starts on her voyage)라고 해석되고 있다.[17] 왜냐하면 운송품은 선적시부터 이미 해상위험에 노출되어 있어 선박의 정박중에 통상 발생할 수 있는 해상위험에 감내할 수 있어야 함은 항해중의 통상위험에 감내할 수 있음을 선박소유자에게 요구하는 것과 다름이 없기 때문이다.[18]

6) 감항능력 주의의무의 입증책임

감항능력 주의의무에 관한 입증책임은 무과실 입증책임이라고 할 수 있다. 이는 비전문가인 피해자에게 운송인의 과실을 입증시키는 것보다는 전문가인 동시에 입증에 관한 정보를 많이 가지고 있는 운송인에게 자신의 무과실을 입증하도록 하는 것이 현대 민사법이 추구하는 형평에 맞기 때문에 입증책임의 전환을 하고 있다.

헤이그 비스비 규칙에서는 감항능력의 부족에 대한 입증책임이 운송인에게 있음을 명시하고 있으며, 영국, 미국, 독일, 프랑스와 일본 등 세계 해운국가들이 그대로 수용하여 국내법으로도 규정하고 있으므로, 감항능력의 내용은 세계적으로 통일되어 있다고 볼 수 있다.[19]

그리고 화물의 멸실 및 손상의 입증책임에 관한 다음과 같은 3가지 원칙이 판례상 확

아니한다. 그러나 항해용선이라고 하더라도 감항능력 중 감하능력(cargoworthiness)의 경우에는 선적당시(at the time of loading)를 기준으로 하므로 선적중 감하능력의 미확보로 인한 경우에는 선박소유자가 책임을 부담하게 된다(McFadden v. Blue Star line(1905) 1 K.B. 697). 이에 반하여 정기용선계약은 그 특질상 용선개시시를 감항능력의 유지시기로 한다. 이 경우에 정기용선자는 용선기간 중에 있어서 불감항능력에 의한 불이익을 받을 위험성이 높으므로 선박소유자에게 용선선박의 성능 주의의무를 부담시켜서 감항능력 주의의무를 보완하고 있다. 여기서 말하는 성능유지는 용선개시시에 보증한 것과 동일하게 양호한 상태로 유지시키는 것을 의미한다.

17) Maxine Footwear v. Canadian Government Mercant Marine (1959) A.C. 589.

18) 배병태, 앞의 책, p.33.

19) 화물의 멸실 및 기타의 손해에 관한 입증은 다음과 같이 행한다고 한다. 배병태, 앞의 책, p.35.
1. 청구자는 자기의 손해를 증명하는데 다음과 같은 6가지 사실을 제시하여야 한다.
① 자기가 화물의 소유자이든가 또는 청구권을 가지고 있다는 것
② 계약 또는 불법행위의 존재
③ 청구의 상대방에 책임이 있다는 것
④ 화물의 멸실이나 손상이 해상운송의 과정에서 발생하여졌다는 것
⑤ 멸실 및 손상의 범위
⑥ 멸실 및 손상의 가격
2. 선박소유자는 다음과 같은 사실을 입증해야 한다.
① 멸실 및 손상의 원인
② 발항시에 감항능력 담보에 대해 상당한 주의를 다하였다는 것
③ 헤이그규칙 제4조 제2항의 면책에 해당하는 사실에 의한 멸실이나 손상이라는 것

립되어 있다.

① "선박소유자는 화물이 양호한 상태로 선적되었음에도 양하시에 수량이 부족하거나 멸실 및 손상된 화물에 대해서는 과실이 추정(prima facie)되므로 책임을 진다."
Gosse Millarc Ltd. v. Canadian Government Merchant Marine 사건(1959)에서는 양호한 상태로 선적된 화물이 예방할 수 있었음에도, 생길 수 없는 상태(ought not have been allowed to occur)로 손상되어 인도되면, 그 사실만을 가지고 1924년 COGSA 제3조에 위반된다고 볼 수 있는 충분한 증거가 된다고 보았다.

② "당사자는 일반적으로 자기가 보유하고 있는 증거를 모두 제시하여야만 한다."
선하증권 자체는 추정적 증거를 가지는데 그치나(제3조 제3항), 그 밖에 부선송장(boat note), 보세창고 반입시의 서류, 검수표(tally sheet) 등 선적 및 양하시의 서류도 증거로서 인정된다.[20]

③ '입증의무'란 모순되는 부분을 포함해서 모든 상황에 대해서 입증할 책임을 부과하는 것이 아니므로, 합리적 범위로 입증하면 된다.

7) 감항능력 주의의무의 위반의 효과

(1) 인과관계

해상운송인의 감항능력 주의의무 위반과 운송물의 손해발생 사이에 인과관계가 있어야 한다. 비록 감항능력 주의의무를 위반하였다고 하더라도 그로 인하여 어떠한 손해가 발생하지 않았다면 해상운송인은 책임이 없다.[21] 이러한 감항능력 주의의무에 있어 요구되는 인과관계의 정도는 감항능력이 있었더라면 손해가 발생하지 않았을 정도이기만 하면 된다.

우리 상법에서도 운송인이 감항능력에 관한 주의를 해태하여 운송물에 손해가 발생한 경우에는 손해배상책임을 진다. 다만 그 책임은 운송물의 멸실, 훼손, 연착으로 인한 손해에 한 한다고 규정하고 있다(상법 제794조 본문). 즉, 감항능력의 부족과 운송물의 손해사이에 명시적인 인과관계의 존재보다는 입증책임을 통하여 묵시의 인과관계가 있음을 규정하고 있다.[22]

(2) 면책약관의 효력

운송인의 감항능력 주의의무 위반으로 인한 손해배상책임을 경감하는 당사자 간의 면책특약은 그 효력이 없다. 또한 운송물에 관한 보험의 이익을 운송인에게 양도하는 약정 또는 이와 유사한 약정도 같다(상법 제799조 제1항). 다만 산 동물의 운송 및 선하증권 기타

---

20) Attorney General of Ceylon v. India Steam Nav. Co., 1961.
21) The Europa(1908) p.84.
22) 박용섭, 앞의 책, p.422.

운송계약을 증명하는 문서의 표면에 갑판적으로 운송키로 하는 취지를 기재하여 갑판적으로 행하는 운송에 대하여는 이 의무를 면제 또는 경감하는 당사자 간의 특약은 유효하다(상법 제799조 제2항).

(3) 운송계약의 해제

영미법에 있어 감항능력 주의의무는 중간조건(intermediate or innominate terms)으로 분류된다. 이 의무위반의 형태는 너무도 다양하여 각 사건별로 근본조건(condition)에 해당할 수도 있고, 담보조건(warranty)에 해당할 수도 있기 때문이다. 그러므로 이 의무위반의 효과는 사건별 위반의 정도에 따라 개별적으로 결정될 수밖에 없다.

우리 해상법은 감항능력 주의의무의 위반에 대하여 손해배상책임만을 인정하고 있으며, 운송계약의 해제권은 명시하고 있지 않다. 또한 해상운송인의 감항능력 주의의무 위반으로 인한 손해에 대하여는 해상보험자도 그 보상책임을 면한다(상법 제706조 제1호). 감항능력 주의의무 위반으로 계약의 목적을 달성할 수 없는 경우에는 운송계약을 해제할 수 있다. 다만 항해가 시작된 후에는 감항능력 주의의무 위반이 있더라도 계약을 해제할 위치에 있지 않으므로 손해배상청구만 가능할 것이다.

2. 합리적인 신속한 항해

영국의 커먼 로우에서 선박소유자는 '합리적으로 신속하게'(with all reasonable dispatch) 자신의 운송계약상 책무를 이행할 것을 묵시적으로 부담한다. 그러나 이 약속은 발항시에 어떠한 사태가 발생할지라도 지연시키지 않는다는 절대적인 의무를 선박소유자에게 지우는 것이 아니다. 선박소유자는 주어진 객관적 조건 아래에서 합리적인 범위에서 되도록 신속히 항해하면 된다.

어느 정도가 합리적으로 신속하게 항해를 완성하였는가 하는 것은, 즉 합리적인 지연(delay)에 대한 기준이 무엇인가 하는 것에 대해서는 해상운송인이 처한 상황에 비추어 합리적으로 판단할 수밖에 없다. 이와 관련하여 "항해의 지휘권을 소지한 자(선장)가 특정한 자의 이익에 집착하지 않고, 이로(지연)시에 있었던 모든 상황을 고려한 다음에 이로(지연)하였느냐의 진부"가 합리성 판단의 기준이 된다.[23] 판례에 따르면 황천으로 인하여 선체에 손상을 입었을 경우, 선장은 화물 및 승무원의 안전에 필요하다고 판단되면 기항지에서 수리하기 위해 항해를 지연시킬 권리를 갖는다.[24] 그러나 그 지역에서의 통상적인 규모의 허리케인에 겁이 나서 중간의 어느 항구에 피난한 결과로 인한 지연은 합리적이 아니라고 보았다.[25]

---

23) Stag Line v Foscolo Mango & Co., 1912.
24) Kish v Tayor, 1972.
25) Renee Hyaffil, 1916.

이 의무는 중간조건(intermediate terms)으로 분류되므로, 그 위반의 효과는 사건별로 위반의 정도에 따라 개별적으로 결정될 것이다. 그러므로 위반의 정도가 용선자가 운송계약의 목적을 달성할 수 없을 정도라면 용선자는 운송계약의 해제권을 가지고 계약 자체를 소멸할 수 있을 것이며, 그 정도가 아니라면 용선자는 계약의 해제권을 가지지 못하고 단지 그에 따른 손해배상청구권을 가지게 될 것이다.

이와 관련하여 상당히 신속하게 항해를 완성해야 하는 의무의 위반과 프러스트레이션 간의 구별이 필요하다. 즉, 해상운송인의 합리적인 신속한 항해의무의 위반으로 용선자가 운송계약을 해제하게 된 경우와 전쟁 등 의무자의 귀책사유 없이 운송계약이 지연되는 경우의 구별을 말한다. 전자의 경우는 해상운송인의 고의 또는 과실에 기인한 것이므로 계약상대방인 용선자만이 계약을 해제할 수 있다면, 후자는 그러한 귀책사유 없이 발생하는 경우이므로 계약의 자동소멸되고 해상운송인과 용선자 모두 계약소멸의 효과를 원용할 수 있게 된다.

3. 이로(deviation) 금지 의무

1) 의의

이로는 항로의 이탈을 의미하는 것으로 선박이 약정되고 예정된 항로를 따라 항해하지 않음으로 인해 선박과 적재된 화물에 현저한 새로운 해상위험이 직면하게 됨을 의미한다. 이것으로 인해 해상운송인과 해상보험자의 책임범위에 큰 영향을 미칠 수 있으므로 해상운송법 및 해상보험법에 있어서 특유한 문제로 다루어져 왔다.

이로의 개념은 해상운송인의 직항의무와 관련이 있다. 직항의무란 해상운송인이 운송계약의 종류를 불문하고 선적항에서 양륙항까지 예정된 항로를 필요한 경우 이외에는 변경함이 없이 직항할 의무를 말한다(선원법 제8조 참조). '예정된 항로'라 함은, 특약이 있을 때에는 물론 그 특약에 의한 항로를 의미하며 특약이 없을 때에는 가장 신속하고 안전하게 목적항에 도착할 수 있는 통상적이고 합리적인 항로를 말한다.[26]

그러므로 반대의 명시조항이 없는 한 선박소유자는 통상적이고도 합리적인 항로로부터 부당하게 이탈하지 않고, 또한 부당하게 지연하지 않고 항해할 것을 묵시적으로 보증한 것으로 본다.[27]

그리고 이로를 정의함에 있어서 운송인이나 선장의 고의적인[28] 또는 자발적인[29] 행위일 것을 요한다는 견해가 유력하다. 즉, 이로는 항로를 고의적으로 이탈하는 것이므로 태

---

26) *Scrutton, On Charterparties and Bills of Lading, 18th ed.*(by Mocatta, Mustill & Boyd), 1974, p.257.
27) 배병태, 앞의 책, p.36.
28) *William Tetley, Marine Cargo Claims Vol.2*, 4th ed.(Cowansville : Thomson, 2008), p.1811; Thomas J. Schoenbaum, *Admiralty and Marine Law, 2nd ed.*(St. Paul : West Publishing Co., 1998), p.138.
29) 송상현·김현, 앞의 책, p.394.

풍에 밀려서 또는 선원의 질병으로 인하여 또는 잘못된 컴퍼스 때문에 항로를 이탈한 경우는 여기에서 의미하는 이로라 할 수 없다.[30)]

2) 정당한 이로

(1) 의의

헤이그 규칙에서의 정당한 이로(reasonable deviation) 개념은 "해상에서의 인명이나 재산의 구조, 혹은 구조를 시도하기 위한 이로, 또는 상당한 이유가 있는 이로는 이 협약이나 운송계약에 위반되지 않는 것으로 하고……(제4조 제4항)" 라는 규정을 의미하는 경우가 많다. 즉, 이로에 의하여 운송물에 손해가 발생하는 경우에 운송인은 그에 대한 손해배상 책임을 부담하게 되지만, 이로의 정당성 유무에 따라 손해배상책임의 유무도 함께 결정되므로 정당성의 기준에 대한 범위가 중요하다. 결국 '상당한 이유가 있는' 경우란 '합리성 내지 정당성이 있는' 것이라는 의미로 해석되는 것이다.

영국의 커먼 로우(Common Law)에 의하면 이로가 허용되고 인정될 수 있는 경우는 한정되어 있다. 즉, 인명을 구조하기 위해서나 또는 황천, 얼음, 전쟁상태로 인한 급박한 위험을 피하기 위한 경우, 용선자의 과실로 인한 어떠한 이유에 의한 경우, 그리고 항해의 수행이나 안전을 위한 경우이다. 우선적으로 영국의 커먼 로우상의 정당한 이로에 대하여 살펴보고, 헤이그 규칙 이후의 정당한 이로에 대해 살펴본다.

(2) 이로의 정당성에 대한 판단기준

영국에서 정당한 이로의 판단기준을 명확하게 하기 위해 인용되는 대표적인 판례는 는 Stag Line Ltd. v. Foscolo. Mango & Co. Ltd. 판결[31)]이다. 이 사건 때 정당한 이로의 개념에 대해 귀족원의 여러 판사가 검토한 판정기준[32)]은 여러모로 시사하는 바가 크다.

우선 Buckmaster 판사는 "reasonable하다"함은 계약의 당사자 쌍방에 대한 관계에서 합리적임을 의미하는 것이며, 당사자 일방 만에 대하여 합리적임을 의미하는 것은 아니라

30) Rio Tinto v. Seed Shipping (1926) 24 Ll.R. 316.

31) [1932].A.C.328. 이 사건의 사실관계는 다음과 같다. Ixia호는 Swansea로부터 Constantinople로 항해 중이었는데, 통상적인 항로는 Swansea에서 Lundy의 남쪽에 이르고 거기에서 Cornwall의 북안에 있는 Pendeen에서 5해리 떨어진 지점에 도달한 후 약간 변침하여 Finisterre의 동쪽으로 향하는 것이었다. 2인의 기사가 기관과 연료절약장치를 시험하고 조정하기 위하여 이 선박에 승선하였다. 이들은 Lundy 건너편의 어느 지점에서 도선사와 함께 하선할 예정이었으나 도선사가 하선할 때까지 시험이 끝나지 않았다. 위 선박이 St.Ives항 부근에 이르렀을 때까지 기사들이 승선하고 있었고 기사들을 위 항구에 하선시키기 위하여 선박은 예정된 항로에서 5해리 벗어나게 되었다. 그들을 하선시킨 후에도 선박은 본래의 항로로 즉시 복귀하지 않고 해안에 너무 가까이 항행하다가 암초에 부딪쳐 침몰하였다. 이 사건은 삼심(the High Court, the Court of Appeal, the House of Lords)에 이르기까지 모두 정당한 이로가 아니라고 판시되었다. 임동철, 「해상법·국제운송법연구」(부산 : 효성출판사, 1996), p.405.

32) 임동철, 앞의 책, pp.405~406 참조하여 요약함.

고 하였으며, Warrington 판사는 선박만의 이익을 위하여 이로가 행하여졌다는 사실 그 자체가 이로를 부당한 것으로 만드는 것은 아니라는 견해를 밝혀 Buckmaster 판사의 견해와는 차이를 보였다.

한편 Macmillan 판사는 공동이익의 요소의 결여가 결론적인 것은 아니지만 부당성의 중요한 징표가 될 수 있다는 견해와 함께 어떤 행위의 정당성은 추상적 기준에 의해서가 아니라 그 행위가 있었던 당시에 존재하는 상황과 관련하여 판단되어야 한다라는 견해를 보였다.

이와 관련하여 제2심 법원에서 이 사건을 심리한 Scrutton 판사는 항해에 관련된 모든 당사자의 이익을 고려하여야 한다고 하여 보험업자의 이익까지도 고려하여야 함을 분명히 하고 있다.[33] Greer 판사는 정당한 이로란, 그것이 선박 또는 화주의 어느 일방의 이익에 관련되든 혹은 쌍방의 이익에 관계되든 상관없이 합리적인 사고를 가진 화주로서는 이의를 제기할 수 없는 이로를 가리킨다고 판시하였다.[34] 그리고 대법원의 Atkin 판사는 "선박소유자 또는 화주의 어느 당사자만의 이익을 위한 것이라고 하더라도 또는 양 당사자의 어느 쪽의 이익을 위하지 않은 것이라고 하더라도 상당한 이유가 있는 이로가 될 수 있으며", "어느 일방 당사자만의 이익을 결정적인 것으로 고려하지 않고 운송계약의 내용과 모든 관계당사자의 이해관계를 고려하였을 때 그 항해를 책임지고 있는 합리적인 사람이라면 그러한 이로를 하였을 것이라고 인정되면 상당한 이유가 있는 이로"라고 판시하였다.[35]

그러므로 정당성에 대한 기준은 모든 사례에 적용될 수 있는 성질의 것은 아니며 거래통념상 가장 합리적이며 적절한 조치였는가 여부가 판단의 기준이 되어야 한다.[36]

(3) 정당한 이로라고 간주되는 사례

가. 인명을 구조하기 위한 이로

역사적으로 인명구조는 도덕적 의무로 인식되어왔고 구조자의 보수청구권도 인정되지 아니하였다.[37] 오늘날에는 단순한 도덕상의 의무에 그치지 않고 일정한 요건 하에서 법률상의 의무로 강제되는 경우가 있다. 그러므로 인명을 구조하기 위한 이로는 언제나 정당하다고 본다.

나. 재산의 구조를 위한 이로

헤이그 규칙이 재산의 구조 또는 구조의 기도를 위한 이로를 '정당한 이로'로 규정하기

33) Scrutton, *op. cit.*, p.440.
34) William Tetley, *op. cit.*, p.1814.
35) 심재두, 앞의 책, p.113.
36) William Tetley, *op. cit.*, p.1815.
37) Gilmore and Black, *The Law of Admiralty*(Mineola : The Foundation Press, 1975), p.532.

이전의 영국의 커먼 로우에서는, 재산구조를 위한 이로로 인하여 구조선상의 적하에 손해가 발생하였는데, 이를 운송인에게 청구할 수 없다고 하면, 운송인은 구조에 따른 보수까지 청구할 수 있음에 반하여 화주는 손해를 일방적으로 떠안게 되어 당사자 사이에 형평을 잃게 되므로 제3자에 속하는 재산의 구조만을 목적으로 하는 이로는 '정당한 이로'로 인정되지 아니하였다.[38]

다. 위험을 회피하기 위한 이로

선장 또는 선박소유자가 전쟁 중인 적국의 군함에 의한 선박의 포획을 피하기 위하여 중립국의 항구로 피난하는 경우와 목적항으로의 항해 중 목적항의 국가와 전쟁이 선포되어 선박 혹은 운송물의 나포를 피하기 위하여 이로가 필요하다고 확신하는 경우에는 그 이로는 정당화될 수 있다.[39]

라. 연료보급 및 운송물 보충을 위한 이로

선박의 연료보급을 위하여 중간항에 기항한 것은 일부 항해에 있어서 통상적인 형태이며, 만일 항해용선계약에서 선박이 항해 중에 연료보급을 위하여 특정항에 기항하는 것이 통상적이라면 특정항에 기항하는 것은 통상적이고 관습적인 항로의 일부분을 형성하는 것이므로 이로에 해당되지 않는다.[40]

또한 용선계약서에서 규정한 화물량을 용선자가 제공하지 못한 경우, 선박소유자의 손해를 경감시키기 위하여 화물을 보충하기 위한 이로는 정당한 것으로 간주된다.[41]

마. 선박의 불감항성으로 필요하게 된 이로

항해 중 선박이 감항능력을 상실하여 항해를 계속할 수 없거나, 운송물에 손해를 끼칠 가능성이 있는 경우에는 감항능력을 회복하고 불감항에 의하여 야기된 위험을 회피하기 위하여 통상의 항로에서 이탈할 수 있다. 즉, 선박을 해상위험으로부터 구하기 위하여 이루어지는 합리적으로 필요로 하는 피난항으로의 이로는 비록 선박이 감항능력을 결여하고 있고, 또는 그 불감항 상태가 없었다면 어떤 위험도 발생하지 않으리라고 생각되는 경우에도 정당시 된다.[42] 그러나 선박이 출항에 즈음하여 불감항이었다는 사실을 선박소유자가 알고 있었을 경우에는 그러하지 아니하다.[43]

---

38) 임동철, 앞의 책, p.409.
39) The Teutonia (1817) 3 A. & E. 394.
40) William Tetley, *op. cit.*, p.1818.
41) Wallens v. Muller (1927) 2 K.B. 99.
42) 배병태, 앞의 책, p.37.
43) Kish v. Taylor, 1972.

(4) 부당한 이로로 간주되는 사례

가. 선박소유자의 일방적 이익만을 위한 이로

선하증권의 조항에 의하면 멜버른항에 양륙하도록 되어 있었는데, 다음번 항해에 대비한 연료 보급을 위하여 항로에서 단지 4해리 떨어진 뉴캐슬까지 이로한 사건에 관하여 법원은 정당한 이로가 아니라고 판시하였다.[44]

나. 제3자에게 속하는 재산만의 구조를 위한 이로

제3자의 재산을 구조하기 위한 목적으로 이루어진 이로는 영국의 커먼 로우에서는 정당하다고 간주하지 않는다. 재산구조가 인명구조의 기회에 즈음하여 행하여진 경우에도 인명구조가 성공된 이상, 그 이후의 재산구조를 위한 이로는 정당화될 수 없다.

다. 부패물이 선적된 경우

운송인이 부패물을 선적하였기 때문에 이를 처리하기 위하여 이로를 하여야 했고 이 때문에 항해가 지연되어 손해가 발생하였다면, 이는 부당한 이로에 해당한다.[45]

라. 양륙항 적체사실을 알고도 입항한 경우

1963년에 미국연방 제2항소법원은, 양륙항이 적체되어 있다는 사실을 운송인이 선적 당시에 알면서도 구태여 그 양륙항에 입항하여 9일 동안 헛되이 기다리다가 도저히 안 되겠다고 판단하여 비로소 그 항구를 떠나 다른 항구에서 화물을 양륙하였다면, 원래의 양륙항에서부터 실제 양륙항까지의 항해는 부당한 이로에 해당한다고 판시하였다.[46]

(5) 헤이그 규칙에서의 '정당한 이로'

헤이그 규칙 이전의 영국법에서는 이들 판례를 통하여 정당한 이로와 부당한 이로의 구별을 할 수 있었다. 그러나 헤이그 규칙이 채택되고, 이것을 영국의 국내법화한 1924년 COGSA가 제정된 이후에는 헤이그 규칙의 '정당한 이로'에 대한 문언의 해석이 필요하게 되었다.[47]

헤이그 규칙에서는 이로에 관하여 제4조 제4항의 규정만이 있으며, 통상적으로 영국의

---

44) Thiess Brothers(Queensland) Pty., Ltd. v. Australian Steamship Pty., Ltd. [1955] 1 Lloyd's Rep. 459.

45) The Ruth Ann, 335 F.2d 678, 1964 A.M.C. 2006(1 Cir. 1964). 1964년에 미국연방 제1항소법원은 Ruth Ann호 사건에서 부패물을 선적하였기 때문에 캐나다를 출발한 선박이 뉴욕항과 버뮤다섬을 거쳐 푸에르토리코섬까지 항해하는 등 여러번 항로를 변경하였다면 설사 선하증권에 이로를 허용하는 조항이 기재되어 있더라도 부당한 이로에 해당한다고 보았다.

46) Surrendra(Overseas) v. S.S. Hellenic Hero, 213 F. Supp. 97, 1963 A.M.C. 1217(S.D.N.Y. 1963), aff'd 324 F.2d 955, 1964 A.M.C. 278 (2d Cir. 1963)

47) 배병태, 앞의 책, p.37.

커먼 로우하에서의 정당한 이로 이외에 재산을 구하기 위한 이로와 상당한 이유가 있는 이로의 두 가지를 더하고 있다.

3) 이로허용약관(liberty to deviate clause)

이로가 발생하게 되면 선박소유자 또는 해상운송인은 운송계약상의 책임을 부담하게 되므로 운송계약의 내용으로 이로를 허용하는 약관을 삽입하는 경우가 있다. 예를 들어, GENCON 제3조에서는 "이 선박은 어떠한 항구라도 그 순서에 상관없이, 어떠한 목적으로라도 기항할 수 있으며, 어떠한 상황에서라도 도선사 없이 항해하거나 다른 선박을 예인 그리고/또는 원조하고, 또한 인명 그리고/또는 재산을 구조할 목적으로 이로를 할 수 있는 자유를 가진다"라고 규정하고 있다.

이 약관의 내용을 문장구성의 논리만으로 해석하면 아주 광범위한 효과를 가지겠지만 영국법원은 가능한 이 약관의 내용을 아주 엄격하고 제한적으로 해석하고 있다. 여기서 '어떠한 항구라도 그 순서에 상관없이, 어떠한 목적으로라도 기항할 수 있는 자유가 있다'라는 표현은 선박소유자에게 지정된 항해상에 사실상 통과되는 항에 기항할 권리를 말하는 것이지, 선박소유자에게 전 세계의 어느 항에도 기항할 권리를 부여한 것은 아니다. 즉, 화물의 신속하고 안전한 운송이라는 운송계약의 목적을 해하지 않는 방향으로 해석되어야 한다.[48)][49)]

그리고 '어떠한 목적으로'(for any purpose)란 선박이 연료보급, 수리 혹은 화물의 적재와 양륙을 위한 것이기도 하지만, 선박과 관련한 기타 목적을 위하여 기항할 수도 있다는 것을 명확히 하는 것이다. 그러나 이러한 문구는 긴급한 항해에 불필요한 연료보급이나 수리를 수행할 권리를 부여한 것으로 해석되지는 않는다.[50)]

---

48) Leduc v. Ward (1888) 20 Q.B.D. 475; 심재두, 앞의 책, p.115 참조.

49) Islamic Investment v. Transorient(The Naur) (1999) 1 Lloyd's Rep.1.
선박 Naur호는 Callao(페루의 중부에 있는 항구이며 수도 리마의 외항이자 군항임)에서 Taiwan까지 화물을 운송하는 항해용선계약을 수행하게 되었다. Naur호는 Taiwan으로 직항하지 않고, 선박에 남아 있는 선창의 공간에 화물을 추가로 더 선적하기 위하여 Callao로부터 남쪽으로 1,500마일 이상 떨어진 칠레 본토에 있는 항으로 항해하였다. 그런데 해당 항해용선계약서에는 'To call any port in any order'와 유사한 문구가 기재된 이로약관을 두고 있었다. 기항지와 기항의 순서에 제한이 없는 것으로 해석하기 쉬운 계약내용이다. 그러나 이에 대하여 영국 법원은 기항항의 순서가 반드시 지리적 순서(geographical order)를 의미하는 것은 아니지만, 자연적이고 합리적인 순서이어야 하며, 결국 이 사건의 경우는 허용되지 않는 이로로 판시하였다.

50) 김종석, "이로에 관한 소고-영국보통법을 중심으로-", 「해양비즈니스」 제14호(2009.12), p.10.

제 2 절 선박명세

용선계약서에 기재되는 선박의 명세에는 선명, 국적, 건조 연월일, 선적항 및 선박번호, 선급, 화물적재능력, 총톤수, 속력, 연료소모량 등이 있다. 보다 구체적이고 자세한 선박의 명세는 부속서(appendix) 또는 추가약관(rider clause)[51]에 기재된다. 계약서에는 선박의 명세를 정확히 표시해야 한다. 만약 선박소유자가 실수나 고의로 선박의 명세를 잘못 표시한다면 용선자는 손해배상 또는 계약의 해지까지 할 수 있다.

1) 선박명(vessel name)

정기용선계약은 특정 선박을 대상으로 계약이 이루어지므로 정확한 선박명(ship's name)을 기재해야 한다. 만약 선박의 명세가 일치하더라도 선박소유자가 선박명이 다른 선박을 인도할 경우 용선자는 계약을 취소할 수 있다. 만약 계약서에 다른 선박으로 대체될 수 있다고 양당사자가 합의한 경우에는 선박소유자와 용선자는 보다 자유롭다.

한편 항해용선계약은 화물운송계약이므로 용선자가 제공하는 화물을 선적하여 운송할 수 있는 능력을 갖춘 선박을 제공하면 되므로 선박명을 추후에 통보하겠다는 "to be nominated"라는 조건으로 용선계약을 체결하기도 한다.

또한 계약 체결 당시 선박명을 명시하지 않고, "M.V. BLUE STAR or Similar Substitute"라고 합의하는 경우, M.V. BLUE STAR보다 명세(particulars)가 좋지 않은 선박을 투입할 수는 없으며 유사한 성능을 가진 선박을 투입하여야 한다. 그리고 해당 항차에서 요구되는 선령 12년 이하, 화물취급 능력 30 K/tons crane 등 기본적인 사항에만 합의하고 "M.V. Korea Shipping Co., Ltd. TBN(to be nominated)" 와 같이 합의하기도 한다. 이때에는 선박명이 구체적으로 명시되지 않았기 때문에 Korea Shipping Co., Ltd.가 소유한 선박 중에서 해당항차에서 요구되는 선령과 화물취급능력을 충족시키는 선박을 지명하면 된다.

선박명에 M.V. BLUE STAR라고 기재될 경우 선명 앞에 사용되는 M.V.는 동력선을 나타내는 Motor Vessel의 약어이며 만약 증기선박의 경우 S.S.(Steam Ship)를 사용한다.

2) 선박의 국적(flag)

선박의 국적은 전시 선박의 징발대상 여부, 감시대상 선박, 편의치적선 등과 관련이 있기 때문에 용선자는 선박의 국적을 고려하여 용선계약을 결정하기도 한다. 용선기간 중 선박소유자는 용선자의 동의 없이 선박의 국적을 변경할 수 없다.

---

51) 표준용선계약서의 내용에 추가하여 별지에 작성되는 내용을 말하며, 그 내용도 용선계약의 약관을 구성하게 되며 표준계약서의 내용과 동일한 효력을 갖는다.

3) 선박의 등급

선급은 선박의 등급(ship's classification)을 의미하며, 보험 목적상 선박의 종류, 항해구역, 적재화물의 조건 등에 따라 선박의 성능이나 상태에 대해 등급을 정한다. 또한 선박은 특정 선급협회(Classification Society)의 검사를 받아 등급을 인정받아야 한다. 선급협회는 독자적으로 선박을 검사하여 등급을 정하며 선박의 구조, 설비의 안전성을 검사하고 선박 건조시의 도면승인이나 검사, 취항 후의 정기검사, 선박매매시의 검사, 해난사고시의 선박의 손상의 정도를 검사하거나 손상부위를 수리하는 방안을 결정하며, 국가가 행하는 선박검사의 대행업무 등을 수행한다. 선박의 명세에 "LR CLASS"라고 기재되어 있다면 이는 영국 로이드선급협회(Lloyd Register of Shipping : LR)에서 선박의 등급을 받았다는 것을 나타낸다.

이렇게 선박이 선급협회로부터 등급을 받아야 하는 이유는, 거의 모든 생산제품이 각종 규정과 규격에 맞게 제조·생산되어 판매되는 바와 같이, 선박은 이러한 일반적인 사항은 물론 바다라는 특수한 환경에 적합하여야만 하는 특수한 규정과 규격이 있다. 따라서 이러한 규정이나 규격을 만족시키기 위해, 선박의 최초 설계로부터 건조 완료 시까지 선체구조설비에 대한 도면승인과 건조의 모든 과정 중에 제조검사와 완성검사를 시행할 뿐만 아니라, 선박을 운항하는 동안에도 선박에 대한 정기적인 검사를 시행하여 해상에서의 선박의 안전을 확보하는 업무를 담당하는 기관이 선급협회(Classification Society)이다. 또한 선급협회는 선박과 해상운송에 관련된 사람들로 구성되는데, 해상보험업자나 화주의 편의를 위해, 선박의 검사나 평가에 대한 규정을 정하여 선박의 가치나 등급을 매길 때 평가자의 주관에 의해 선박의 등급이 정해지는 것을 방지하고 있다. 따라서 선박이 이러한 선박의 안정성이나 규정에 따른 선급협회의 검사에 합격하지 못하면, 운항에 제한을 받게 된다.[52)]

---

52) 선급과는 다르지만 탱커용선계약에서는(Oil) Majors(Shell 등 대형 화주) Approval Clause가 있는 경우가 있다. 이에 대한 Major 승인의 불취득과 용선계약의 해약이 이루어진 Seaflower호 사건(The Seaflower LMLN0550 : 07 December 2000)이 있다. 약관은 "본선은 현재 모빌, CONOCO, BP, Shell의 승인이 있다. 선박소유자는 현재의 승인에 추가하여 60일 이내에 EXXON의 승인을 취하는 것을 보증(guarantee)한다. 인도일에 모빌, CONOCO, BP, Shell, EXXON의 승인을 득할 수 없을 때는 용선료는 각각 매일 250 달러를 감액한다. 어떠한 이유에서 용선기간 중에 선박소유자가 승인을 상실한 경우, 선박소유자는 용선자에게 그러한 사항을 즉시 보고함과 동시에, 30일 이내에 상실한 승인을 재취득하여야만 하고, 그렇지 못한 경우에는 용선자는 용선계약을 해제하거나 용선료를 감액한 상태에서 본선을 계속 사용할 것인가에 관한 선택권을 가지게 된다."라는 내용이었다. 선박소유자는 본선이 인도될 때까지 EXXON으로부터 승인을 득할 수가 없었다. 인도 시부터 60일 경과 후에 용선자는 EXXON 승인을 득할 수 없었음을 이유로 들어 계약을 취소하였다. 선박소유자는 Majors Approval Clause가 적용되어 용선자가 해약할 수 있는 것은 용선기간 중에 Major의 승인을 상실하는 경우에 한정된다고 주장하였다. 판례는 다음과 같은 이유를 들어 용선자에 의한 해약을 인정하였다. 즉, Major의 승인을 본선이 취득한다는 것은 본선의 운항에 있어 매우 중요한 사항임을 당사자는 이미 잘 숙지하고 있었어야 하며, 따라서 본선이 60일 이내에 Major의 승인을 취한다는 것은

〈표 5-1〉 세계 주요 선급협회 현황

국가	설립연도	선급협회	약자	IACS 회원 자격
한국	1960	Korea Register of Shipping	KR	○
영국	1760	Lloyd's Register of Shipping	LR	○
프랑스	1828	Bureau Vertias	BV	○
이탈리아	1861	Registro Italiano Register	RI	○
미국	1862	American Bureau of Shipping	ABS	○
노르웨이	1864	Det Norske Vertias	DNV	○
독일	1867	Germanischer Lloyd	GL	○
일본	1899	Nippon Kaiji Kyokai	NK	○
러시아	1913	Russian Maritime Register of Shipping	RS	○
중국	1956	Register of Shipping of the People's Republic of China	ZC	○
인도	1974	Indian Register of Shipping	IRS	△
크로아티아	1949	Hrvaski Registar Brodova (Croatian Register of Shipping)	CRS	○
그리스	1919	Hellenic Register of Shipping	HR	X
폴란드	1946	Polish Register of Shipping	PRS	X
불가리아	1952	Bulgarski Koraben Register	BKR	X
인도네시아	1964	Biro Klassifikasi Indonesia	BKI	X

(IACS 회원자격: ○ 정회원, △ 준회원, X 비회원)

한편 현재 전 세계에는 상기 주요 선급협회를 포함하여 60여 개의 선급협회가 있으며 선체, 기관, 전기설비, 의장품 등에 관한 독자적인 기술규칙을 보유하고 선박소유자, 조선업자, 해상보험업자의 입장을 떠나 제3자적인 공정한 입장에서 선박을 검사하기 때문에 검사결과에 대한 신뢰성이 매우 높다. 그 중 기술 신뢰도와 규모 면에서 국제적으로 인정받는 선급단체가 국제선급연합회(國際船級聯合會, International Association of Classification Societies: IACS)를 구성하고 있다. 1959년 선급협회회의(Conference of Classification Societies)의 제3차 회의에서 논의가 시작되어 1968년에 개최된 결성회의에 따라 세계선급을 대표하는 기관으로 설립된 단체이다. 2016년 현재 국제선급연합회에는 11개 선급의 정회원과 1개 선급의 준회원이 가입되어 있다(〈표 5-1〉 참조).

전 세계 보험업계에서는 국제선급연합회(IACS) 정회원 선급에 등록된 선박에 대해서는 보험료 차감 혜택을 주고 있으며, 각국 정부에서도 국제선급연합회(IACS) 회원의 선급의

용선계약의 "근본조건(condition)"이라 할 수 있다. 그러므로 승인을 득할 수 없다는 점은 용선자가 용선계약을 해제할 수 있는 사유가 되는 것이다. 보증(guarantee)이란 용어도 이러한 해석을 뒷받침하는 것이다.

검사신뢰성을 인정하여 자국선박에 대한 정부 검사권을 이들 선급단체에 위임하고 있다. 선박소유자는 선급단체에서 발급하는 선급증서로서 해당선박의 안전성을 보장받고, 해상보험업계는 선급증서의 확인으로서 선급유지를 인정하며, 이때 국제적으로 인정받는 선급을 유지하고 있는 선박에 대해서는 선박과 그 선박에 적재되는 화물에 대한 보험료의 차별적 혜택을 부여하고 있다.

우리나라의 한국선급(KR)은 1960년에 창립되었으며, 1975년 9월 17일에 준회원으로써 국제선급연합회(IACS)에 가입한 후 1988년 5월 31일에 정회원으로 승격되었다.

또한 용선시장에서도 국제선급연합회(IACS) 정회원 선급의 선박검사의 신뢰성을 인정하여 이러한 선급을 유지하고 있는 선박을 선호하고 있다.

4) 선적항(port of registry)

선박이 등록된 항구를 선적항이라고 하며 선박에 선명과 선적항 및 선적국가가 표시되어야 한다.

5) 선박의 크기 및 용도

선박 명세에는 재화중량톤(Deadweight Tonnage : DWT), 총톤수(Gross Registered Tonnage: GRT), 순톤수 등 선박의 크기를 기재해야 한다. 또한 "handysize", "handymax"와 "panamax" 등 선박 크기를 나타내는 명칭을 기재하기도 한다. 선박의 크기가 "panamax"라고 기재된다면 이는 보통 6만~8만dwt 벌크선으로 파나마 운하를 통과할 수 있는 최대 크기의 선박을 의미하며, 파나마 운하 통과는 태평양 및 대서양과 연결되는 갑문(lock) 통과시 주로 선폭의 제한을 받으므로 선폭 106피트(32.3m)의 선박을 말한다.[53]

한편 용선 선박이 원목 운반선일 경우 "logger"라고 기재하고 냉동선의 경우 "reefer"라고 기재한다. 단일갑판으로 설계된 벌크선박을 의미할 경우 SDBC(single deck bulk carrier)라고 기재한다.

---

53) 파나마운하 Lock의 폭은 최근의 대형선이 통과하기에 좁으며, 운하를 통과할 수 있는 가장 넓은 선박의 선폭은 32.3m미터(106 feet)까지이다. 선박의 길이는 294m까지 제한되며, 컨테이너 선박은 4,800 TEU 선박까지로 제한된다. 그러나 파나마 운하의 확장이 완료되는 2016년 6월부터는 선박의 길이 366m/선박의 폭 49m/컨테이너선 13,000/14,000TEU 선박까지도 운하통과가 가능하게 되며, 해상운송의 양상(pattern)이 달라질 것으로 예상하고 있다. 따라서 '파나막스 선박'의 의미도 달라질 것이다.

〈표 5-2〉 선박 크기별 명칭

구 분	내 용
Handysize bulk carrier	1~4만dwt의 벌크선을 말함
Supramax bulk carrier	5만~6만dwt(대개 52,000dwt) 벌크선을 말함
Panamax bulk carrier	6~8만dwt 벌크선으로 파나마운하를 통과할 수 있도록 설계된 선박 중 가장 큰 선박을 말함[54]
Capesize bulk carrier	남아프리카공화국 동해안에 있는 석탄 수출항 Richards Bay에 입항 가능한 최대선형을 말하며 8만dwt 이상 주로 15만dwt 정도의 광탄선을 말함
Aframax tanker	Average Freight Rate Assessment Maximum (Aframax)의 약자이며 운임, 선가 등을 고려했을 때 최대의 이윤을 창출할 수 있는 가장 이상적이고 경제적인 크기의 탱커선으로서 보통 95,000dwt 탱커선을 말하며 8만dwt에서 11만dwt까지 포함됨
Suezmax tanker	수에즈운하를 통과할 수 있는 최대선형으로 주로 15만dwt급 유조선을 말함
VLCC(very large crude oil carrier)	20만dwt이상 30만dwt 미만의 대형 유조선을 말함
ULCC(ultra large crude oil carrier)	30만dwt급 이상의 대형 유조선을 말함
Valemax	30만dwt급 이상의 광탄선을 말함

6) 선박의 흘수

선박의 흘수(draft, draught)는 수선과 용골사이의 수직거리이며 피트(feet) 또는 미터(m) 단위로 선수와 선미 및 선체 중앙의 양면 외부에 표시된다. 선박의 안전한 항해를 위해 허용된 최대의 흘수가 만재흘수이다. 선박의 종류, 구조, 항해구역 및 계절에 따라 만재흘수선표(load line mark, Plimsoll mark)를 표시한다.

용선계약서에 선박의 재화중량톤수와 더불어 기재되는 것이 선박의 흘수이다. 예를 들면 “35,000dwt on 8.85m SSW”라고 표시될 경우 이는 하계해수만재흘수(SSW: Salt Water in Summer) 8.85m에서 이 선박의 재화중량톤수는 35,000dwt임을 나타낸다. 한편 선박의 명세에 TPC(ton per centimeter immersion) 또는 TPI(ton per inch immersion)를 기재한다. 이는 화물적하 시 화물을 더 실었을 때 흘수선(draft)이 얼마나 침하되는가에 따라 화물의 무게를 판단할 수 근거가 된다. TPC는 흘수선의 추가 침하 매 1cm 당 배수톤수(displacement tonnage)가 얼마나 늘어나는가를 나타내며 만약 단위가 inch로 측정될 경우 TPI로 표기된다.

---

54) 공길영, 선박항해용어사전, 한국해양대학교.

[그림 5-1] 만재흘수선표(load line marks)

Source: International Convention on Load Lines 1966, and Protocol of 1988 as amended in 2003

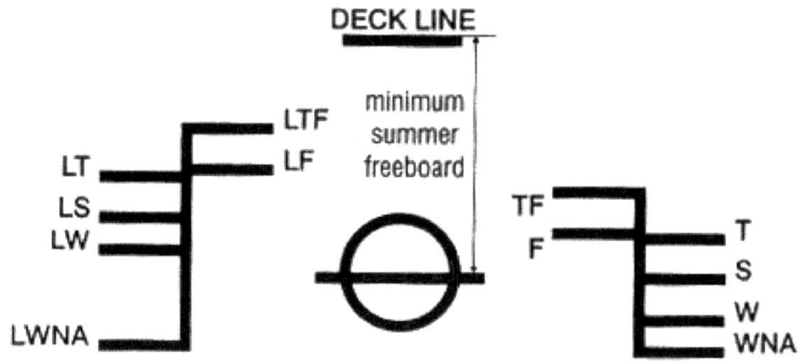

약자	내 용	약자	내 용
LTF	Lumber, Tropical, Fresh (열대담수목재만재흘수선)	TF	Tropical, Fresh (열대담수만재흘수선)
LF	Lumber, Fresh (담수목재만재흘수선)	F	Fresh (담수만재흘수선)
LT	Lumber, Tropical (열대목재만재흘수선)	T	Tropical (열대만재흘수선)
LS	Lumber, Summer (하계목재만재흘수선)	S	Summer (하계만재흘수선)
LW	Lumber, Winter (동계목재만재흘수선)	W	Winter (동계만재흘수선)
LWNA	Lumber, Winter, North Atlantic (동계북대서양목재만재흘수선)	WNA	Winter, North Atlantic (동계북대서양만재흘수선)

7) 선박의 하역장비

선박에 어떤 하역장비가 설비되어 있는지 선박명세에 기재한다. 철광석 전용운반선, 석탄 전용운반선 등과 같이 벌크전용선의 경우 본선에 하역장비가 없으며 육상에 설치된 로더(loader)나 컨베이어벨트 등 장비를 사용하여 하역작업이 이루어진다. 선박에 데릭(derrick) 또는 크레인(crane) 등 하역장비가 설비되어 있지 않는 경우 선박명세에 GLESS라고 표기하는데 이는 Gearless를 의미한다.

만약 선박에 데릭(derrick) 또는 크레인(crane) 등 하역장비가 설비되어 있는 경우 하역장비의 능력을 표시한다. 예를 들면 선박명세에 "4×30MT CR"로 기재되어 있다면 이것은 30MT의 하역능력을 가진 크레인 4대가 설비되어 있다는 것을 의미한다.

8) 화물적재능력

선창내 화물을 탑재할 수 있는 총 용적을 말하며, 그레인 캐퍼시티(grain capacity)와 베일 캐퍼시티(bale capacity)의 두 가지가 있다. 통상적으로 큐빅피트(ft^3) 또는 큐빅미터(m^3)를 단위로 하여 표시한다.

그레인 캐퍼시티는 외판의 내면, 내저판(예: tank top plate)의 상면, 갑판의 하면으로 둘러싸인 용적에 창구코밍(hatch coaming) 상면까지의 용적이 포함된다. 단, 보(beam), 늑골(frame) 등과 같은 화물창 내의 선체구조물 또는 부재가 차지하는 용적은 공제한다.[55] 석탄, 곡물, 소맥분 등과 같은 화물을 포장하지 않은 상태(bulk)로 싣는 경우에 이용하는 단위이다.

베일 케퍼시티는 화물창 안으로 돌출된 내장재(예: 늑골, frame)의 내면, 내저판의 상면, 갑판보(deck beam)의 하면으로 이루어지는 용적이다.[56] 팔레트(pallet)나 꾸러미로 되어 있는 화물과 같은 뭉치 화물을 싣는 경우에 이용하는 단위이다.[57]

9) 선창

선창(hold)은 화물을 적재할 수 있는 공간을 나타내며, 선박의 명세를 기재할 경우 선창의 개수와 창구(해치, hatch)의 수를 기재한다. 예를 들면 "7H/H"는 7개의 선창(hold)과 7개의 창구(hatch)가 있다는 것을 의미한다. 또한 선창의 크기, 해치커버(hatch cover)의 종류와 크기를 기재한다. 선창의 적재능력에 대해 "H.WISE CAPA GR: 1/7530 2/10320 3/10272 4/10310 5/9880"은 1번 선창에서부터 5번 선창까지 각 선창별로 살화물 적재능력(grain capacity)을 큐빅미터(cubic meters)로 나타내고 있다. 해치커버(hatch cover)의 종류와 해치의 크기를 기재하는 예는 다음과 같다. 해치 커버는 McGregor사에서 제작한 폴딩(folding)형태이며 1번과 2번 해치의 길이와 폭은 다르며 3번에서 5번까지 해치의 크기는 같다는 것을 나타낸다.

---

55) 공길영, 선박항해용어사전, 한국해양대학교

56) 공길영, 선박항해용어사전, 한국해양대학교

57) 화물적재능력과 관련된 선박명세 표시의 중요성을 일깨워주는 판례로는 Tibermede호 사건(Tibermede v. Graham 7 LLR 250)이 있다. 이 사건에서 본선은 재화중량은 용선계약상의 표시보다도 컸지만 재화용적은 용선계약에 의한 보증재화용적보다도 적어 용선자는 선박소유자에게 손해배상청구를 행하였다. 선박소유자는 용선계약상의 할인감액규정이 없으므로 용선자의 손해를 실제로 증명할 필요가 있으며, 또한 본선에 적재해야할 화물을 용선자가 가지고 있지 않았으므로 용선자에게 손해는 발생되지 않았다고 반론하였다. 재판결과는 보증재화중량을 가질 선박의 용선료와 제공된 선박의 용선료와의 시장가격차액이 당연히 용선자의 손해가 됨을 판단하고 용선자의 손해배상을 인정하였다. 선박의 표시에 관하여 자주 문제가 되는 것은 선박의 명세에 "약(about)" 이란 문언이 있는 경우이다. 예를 들면 뉴욕프로듀스(NYPE) 용선계약서 양식에서는 선박의 재화중량톤수에 대하여 "약(about)" 이란 단어가 부기되어 있다. 이 단어의 의미는 선박소유자에게 일종의 마진을 부여한다는 취지임에는 이론이 없다. 다만, 이 마진이 실제로는 어느 정도의 오차로 선박소유자에게 허용되는지에 관해서는 일정한 원칙이 없이 각 사례별로 판결되고 있다는 점이다. 판례상 소형선박에 관하여 "약(about)"의 허용량은 3% 혹은 5%로 한 사례도 있으나 대형선에 관하여서도 반드시 3% 또는 5%가 허용량이 된다는 보장은 없다는 사실에 유의해야 한다.

TYPE OF HATCH COVERS/HATCH DIMENSIONS: MCGREGOR FOLDING TYPE

No.1	15.20 × 12.70M(LXB)
No.2	17.50 × 15.30M
No.3/5	18.30 × 16.20M

한편 곡물과 같은 살화물을 선창(hold)에 적재할 경우 추가적인 화물 고르기(trimming)가 필요하지 않도록 선창이 설계된 선박을 나타낼 때 self trimming이라고 기재하고 이러한 벌크선박을 STBC(self trimming bulk carrier)라고 약어를 사용한다.[58)]

10) 선박속력과 연료 소모량(vessel's speed and bunker consumption)

선박의 속력은 용선 계약 개시일 기준으로 충족되어야 하며 만약 위반할 경우 손해배상청구의 대상이 된다.[59)] 다만 속력저하 또는 연료소모량의 증가가 용선계약서의 예외조항(exception clause)에서 규정하고 있는 면책사유에 해당된다면 선박소유자는 면책된다. 일반적으로 속력저하는 보통 3%의 과부족을 벗어나는 경우에 손해배상청구가 가능하다.

선박의 속력은 만선(laden)과 공선(ballast) 상태의 속력을 각각 기재한다. 연료 소모량은 사용 연료의 종류별, 항해시와 항만에 머무는 동안의 연료 소모량을 각각 기재한다. 선박에서 사용하는 연료는 선박추진기 엔진의 연료로 사용하는 IFO(intermediate fuel oil)과 선박내 발전기용 또는 난방용유로 사용되는 MDO(marine diesel oil)이 있다. IFO는 점도에 따라 IFO 180 과 IFO 380 CST(centistokes)가 있다. CST는 액체 또는 겔 상태물질의 점도를 나타내는 단위로 숫자가 작을수록 점도가 작아 잘 흐르는 성질을 가지고 있다. IFO 380이 IFO 180보다 가격이 비싸다. 선박이 항만에서 하역작업(working)과 정박(idle)시의 IFO, MDO 소모량을 각각 기재한다. 또한 특정 보퍼트 스케일(Beaufort scale)에 따라 연료 소모량을 기재하기도 한다. 보퍼트는 풍력(wind force)을 측정하기 위하여 풍속(wind velocity)에 따라 정한 계급이며 0단계(고요, 평온, calm)에서 12단계(싹쓸바람, 태풍, hurricane)까지 나눠진다.

58) BIMCO Documentary Affairs Department: documentary@bimco.org

59) The Aegean Dolphin 사건(The Aegean Dolphin [1992] 2 LLR 178)에서 용선자는 본선을 크루즈선으로 사용할 목적으로 용선하였다. 용선계약에서는 본선은 18노트로 항해할 수 있어야함을 규정하고 있었다. 그러나 본선은 18노트의 속력을 낼 수 없는 선박이었다. 본선이 선박소유자로부터 용선자에게 인도하기 전에서야 선박소유자와 용선자 간에 분쟁이 발생하고, 용선자는 본선의 속력부족을 이유로 용선계약의 이행거절을 주장하였다. 판례는 용선자가 인도전에 선박소유자에게 제출한 서신을 이유로 용선자에 의한 용선계약의 이행거절은 허락되지 않는다고 판단하였다. 즉, 본선은 18노트의 속력을 낼 수 없는 선박이었다. 본선이 크루즈선으로서 사용될 목적에 의한다면 이 속력부족은 계약의 근간에 영향을 미칠 만큼 중대한 계약위반이다.
그러나 용선자는 인도전에 본선을 검사하고 선박소유자에게 "본선은 18노트로 항행이 가능할 것으로 추정한다"라고 서면으로 보고하고 있다. 그러므로 용선자는 본선의 속력부족을 이유로 선박소유자에게 손해배상을 청구할 수는 있어도 본선계약의 이행거절을 행할 수는 없다고 판시하였다.

〈표 5-3〉 선박명세의 예

M.V. BLUE STAR
PANAMAX GLESS SELF TRIMMING SDBC, LR CLASS,
PANAMA FLAG, BLT 2013,
DWT 76,000 ON 13.50M SSW, TPC 25.50
LOA 200M/BM 30.50M, 7H/H,
GRAIN/BALE CAPA 89,150.5/88,230,3 CBM,
ABT 13.5 KTS (LADEN)/14 KTS (BALLAST) ON ABT 30.5 MT IFO
380 CST FOR M/E PLUS ABT 1.8 MT IFO 380 CST FOR G/E PLUS 0.1 MT MDO, AT SEA UNDER GOOD WEATHER CONDITION BASIS B.F.SCALE 3
PORT CONSUMPTION
ABT 2.9 MT IFO PLUS 0.1 MT MDO FOR IDLE/ABT3.2 MT IFO
PLUS 0.1 MT MDO FOR WORKING

제3절 안전항 지정의무

1. 안전항의 의의

용선자는 용선계약에 따라 선박의 사용에 관한 권한을 갖지만, 대부분의 용선계약은 이를 제한하는 약관을 두고 있다. 대표적으로 선박이 안전항 사이를 운항하여야 한다는 용선자의 안전항 지정 의무를 둘 수 있다. 이는 용선계약에 명시적인 약정이 없거나 상법에 이에 관한 규정이 없더라도 용선계약의 성질상 당연히 묵시적으로 인정되는 용선자의 의무라 할 수 있다.[60)]

안전항의 개념을 상사적 관점에서 보면 상업 활동, 사회 통념적, 상사적 개념에서 파악하는 것으로 '운송물의 선적·양륙과 관련하여 선박이 안전하게 뜰 수 있고 운송물을 육상에 안전하게 양륙할 수 있으며, 동시에 부두 및 창고 등의 시설이 있어야 한다'라고 본다.[61)]

영국 커먼 로우상의 판례에 의한 안전항의 개념은 "특정 선박이 이례적인 사태가 발생하지 않는 한, 직접적 관련 기간 동안 적절한 항해술과 선원의 상무로도 피할 수 없는 위

60) 이창희, "용선자의 안전항 지정의무에 대한 소고", 한국해법학회지, 제27권 제1호(2005.4), pp.47~48.
61) The Leonis(1908) 1 K.B. 499 (C.A)

험에 노출되지 않은 채 이곳에 도착하여 이용하고 출항할 수 있는 곳"을 말한다.[62] 그리고 어떤 항구가 안전한 항구인지는 개개의 사안마다 해당 선박의 종류, 운송서비스의 성질, 해당 항구의 조건에 따라 판단하여야 하는 사실 판단의 문제이다.[63]

이에 관한 발틱국제해사협의회(BIMCO)의 "Charter Party Laytime Definition 1980"의 제2조에서 다음과 같이 정의하고 있다.

> "A port will not be safe unless, in the relevant period of time, the particular ship can reach it, use it and return from it without, in the absence of some abnormal occurrence, being exposed to danger which cannot be avoided by good navigation and seamanship"
>
> "안전항이란 관련 기간 중에 비정상적인 사건이 없는 경우에는 선박이 적절한 항해술과 선원의 상무로도 피할 수 없는 위험에 노출됨이 없이 도착, 입항, 정박 그리고 출항할 수 있는 항을 말한다."[64]

여기에서 안전하지 못하다는, 즉 불안전하다는 의미는 일시적인 불안전은 제외되지만 물리적·자연적 불안전뿐만 아니라 정치·사회적 불안전을 포함하는 의미이다.

2. 안전항의 법적 성질

안전항의 법적 성질로 계약상의 근본조건인지 담보조건인지에 대해서는 명확하지 않지만, 용선자의 안전항 지정의무의 위반에 따른 선박소유자의 손해배상청구권이 인정되므로 담보조건의 효과가 발생한다. 다만, 용선자의 지명 또는 지시하는 항구로 입항하여야 하는 의무가 명시적으로 부담하게 된다면, 용선자는 그러한 지명 또는 지시에 대한 권한을 보유할 뿐만 아니라 당해 항구나 부두의 안전성을 담보하게 된다. 그렇지 못한 경우에는 선박소유자는 입항을 거부할 수 있으므로 항해용선의 성질을 고려하면 선박소유자에게 계약의 해제 또는 해지권도 인정될 여지가 있다고 보여 진다. 그러므로 항해용

---

62) The Eastern City(1958) 2 Lloyd's Rep. 127. "A port will not be safe unless, in the relevant period of time, the particular ship can reach it, use it and return from it without, in the absence of some abnormal occurrence, being exposed to danger which cannot be avoided by good navigation and seamanship".

63) 박용섭, 앞의 책, p.285.

64) 결국 BIMCO의 정의안은 The Eastern City 사건의 판결을 바탕으로 직접적인 관련 기간동안 선박이 도착, 하역 및 출항하는데 위험이 없는 항이어야 한다는 내용을 조문화하고 있다.

선의 경우에는 용선자의 안전항 지정의무를 중간조건(intermediate terms)으로 보는 것도 가능할 것이다.

3. 안전항의 판단 기준

1) 항의 물리적 요건

가. 항 및 접근 수로의 수심

선박이 운항하기에 항 및 접근수로의 수심이 충분하여야 한다.[65][66] 하지만 비록 특정 항의 수심이 얕아 해당 선박의 입항이 불가능하더라도 그 항의 입구에서 선박이나 선박소유자의 위험이나 손해 없이, 또한 항차의 단절 없이, 수하인 혹은 용선자가 그 항에 입항 가능한 흘수로 만들기 위해 화물의 일부를 하역할 준비가 되어 있다면 선장은 이에 응하여야 한다.[67]

나. 항의 물리적 구조 안전성

항의 물리적 구조의 안전성은 항로 및 선석의 수심이 충분하고,[68] 다리에 의해 통항 방해를 받지 아니하고,[69] 접안 선석의 구조가 선체에 손상을 주지 않으며,[70] 도선사를 이용할 수 없다거나 부두의 계선 설비가 부족한 경우가 아니어야 한다.[71]

The Carnival호 사건[72]에서 영국 법원은 당해 선석에 부착된 펜더(fender)의 형태와 부착위치가 잘못되어 펜더(fender) 끝에 붙어 있는 철제구조물에 의하여 선체에 손상이 발생했으므로 당해 항은 안전항이 아니라고 판시했다.

---

65) The Alhambra(1881) 6 PD 68.

66) Transoceanic Petroleum Carriers v. Cook Industries Inc, The Mary Lou [1981] 2 Lloyd's Rep 272. The Mary Lou호 사건은 미국의 뉴올리언즈에서 출항한 당해 선박이 미시시피 강 하류의 수로에서 좌초된 사건으로, 이 사건에서는 당해 선박의 흘수를 고려하여 볼 때 미시시피강 상류에 있는 당해 항을 입출항 할 수 있는 항로는 좌초가 발생한 수로(Southwest Passage)밖에 없었으며, 좌초 당시 동 선박의 흘수는 당해 수역을 담당하고 있는 도선사(river pilot)가 조언한 최대흘수보다 작았다. 동 사건에서 영국 법원은 당해 수로 이외에는 그 항에 입출항 할 수 있는 다른 수로가 없고, 또한 그 수로의 수심이 침적토(silt)에 의하여 예측이 불가능할 정도로 불규칙적으로 변한다면 그 항은 안전항이 아니라고 판시하였다.

67) 이창희, 앞의 논문, p.50.

68) Leads Shipping Co. v. Sovieté FranÇaise Bunge (1958) 2 Lloyd's Rep. 127, 130 (AC).

69) Menche v. Cargo of Sugar (1902) 187 U.S. 248.

70) The Oceanic First SMA No.158 (N.Y. 1977).

71) The Houston City (1956) 1 Lloyd's Rep. 1.

72) The Carnival [1994] 2LLR 14 C.A.

다. 수로의 적정성

수로의 표시 및 유지가 적절히 이루어지지 않는 항은 안전항이 아니다.[73] 수로의 표시라 함은 부표, 등부표, 등대, 레이콘 등의 항로표지가 적절히 배치되어 있고 또한 적절히 관리되는 것을 말한다. 수로의 적절한 유지라 함은 항만당국이 측심과 준설 등의 방법으로 수로의 수심을 유지하거나, 수로상의 장해물을 제거하거나 부표 등을 이용하여 표시하는 등의 조치가 적절히 이루어지는 것을 말한다.

또한 특정항의 접근수로 위를 지나는 다리의 높이 때문에 선체 상부를 절단하지 않으면 수로를 통과할 수 없다면 그 항은 안전항이 아니다.[74]

2) 항의 기상적 요건

가. 바람 및 풍랑

선박이 정박하고 있는 항구에 바람·파도 등이 내습하여 선박이 좌초 또는 충돌의 위험이 있는 경우에는 안전항이 될 수 없다.[75] 바람 및 파도 등에 대한 사실 문제만으로 불안전성을 판단할 수는 없지만 용선선박과 운송물의 성질을 고려하여 상대적으로 파악하여야 한다.[76]

또한 특정 기상상태에서 선박이 피항을 해야 할지라도 기상예보시스템과 비상대피시스템이 잘 갖추어져 있으면 그 항은 안전항이다.[77]

나. 결빙

특정항에 접근함에 있어 결빙에 의하여 선박 손상의 위험이 있는 항은 안전항이 아니다. 결빙해역에 관하여는 일반적으로 용선계약서에 결빙해역에 관한 조항이 별도로 존재한다. NYPE나 Baltime같은 표준정기용선계약서의 결빙해역에 관한 조항(Ice-Clause)에 의하면 용선자는 결빙으로 폐쇄된 항 또는 지역이나, 혹은 결빙으로 인하여 등대선을 철수시켰거나 또는 철수하려고 하는 항 또는 지역, 그리고 결빙으로 인하여 통상적인 항로로

---

73) Maintop Shipping v Bulkindo Lines, The "Marinicki", (QBD) 29 JuIy [2003] 2 Lloyd's Rep. 655).
74) Limerick Steamship v. Scott(1921) 1 K.B. 568.;Mencke v. A Cargo Of Java Sugar, U.S. Supreme Court, 187 U.S. 248(1902).
75) Leeds Shipping Co Ltd v Societe Francaise Bunge [1958] 2 Lloyd's Rep 127, CA.
76) 이와 관련된 판례에 의한 안전항의 요건으로 항의 정온도(靜穩度, calmness)를 확보할 수 있는 자연적 또는 인공적 방호물이 있어야 하며, 바람, 파도 등의 내습을 예보하는 기상 및 해상 예보 시스템이 운용되고 이를 사용할 수 있어야 한다.
77) The Dagmar(1968) 2 L1. R. 563. The Dagmar호 사건에서는 일반적으로 항내에서 바람 및 풍랑에 의한 선박의 손해가 발생한 경우, 용선자의 안전항 지정의무 위반 여부는 당해항의 방파제나 제반시설이 바람이나 풍랑에 잘 대비되어 있는가 하는 문제, 기상예보시스템과 비상대피시스템이 잘 갖추어져 있는가 하는 문제, 그리고 선박의 손해가 선원의 피항행위의 잘못에 기인한 것인가의 여부 등에 의해 판단된다.

는 입항이나 정박 그리고 하역작업 후의 출항에 위험이 있는 항이나 지역의 경우, 정기용선자는 당해 선박에 대하여 입항 및 정박을 요구할 수 없고, 만일 해당 선적지나 양륙지에 정박한다면 결빙으로 인하여 당해 선박이 갇히거나 또는 피해를 입을 위험이 있다고 고려될 경우에, 선장은 결빙되지 아니한 편리한 곳으로 항해하여 정기용선자의 새로운 지시를 기다릴 수 있는 권리가 있다.[78)]

3) 항의 정치적 요인

용선자가 항(port)을 지정할 당시에는 정치적·사회적으로 안전하여야 한다.[79)] 내란, 폭동 또는 전쟁 등은 항의 안전성을 보장하지 못하므로 선박이 입항하기에 부적절하며, 입항하였다고 하더라도 적절한 선적 또는 양륙작업이 불가능하기 때문이다. 하지만 용선자가 항을 지정한 이후 많은 시일이 경과한 후에 전쟁이 발생한 경우라면 지정항은 처음부터 전쟁의 위험을 내포한 불안전항은 아니며, 예상하지 못한 비정상적 사고로 본다.[80)]

특정항의 정치적 위험을 이유로 한 비안전항의 판단 여부에 대해서 영국 법원은 1992년의 SAGA COB호 사건의 판단의 기준을 제시하고 있다. 즉, 육상에서 게릴라활동이 있다는 이유만으로 특정항이 비안전항이 되지는 않으며, "합리적인 선박소유자나 선장이라면 누구도 특정항에 선박을 보내거나 입항하려 하지 않을 정도로 정치적 위험이 크지 않는 한 그 항은 비안전항으로 간주되지 않는다."라고 판시했다.[81)]

4. 안전항의 판단 시점

안전항 여부의 판단 시점에 대해 살펴보면, 용선자가 항구를 지정하는 시점과 실제 선박이 항구를 이용하는 시점 사이에 차이가 발생한다. 그렇다면 안전항의 개념은 실제 항구를 이용할 시점에 있어서 안전한 항구를 의미하는 것인지 아니면 그 항구를 지정할 당시에 항구를 이용할 시점에 있어 안전하리라고 기대할 수 있는 정도면 되는지 논란이 발생한다.

이와 관련하여 양분된 견해에 대해 영국 대법원은 후자, 즉 "항구를 지정할 당시에 기대되는 안전성(prospective safety at the time of nomination)"을 말하는 것으로 판시하였다.[82)] 그러므로 항구를 지정한 이후 그 당시 예상하지 못하였던 비정상적인 사태가 발생하여 실제 항구를 이용할 시점에 그 항구가 안전하지 않게 되었다고 하더라도 용선자로서는

78) 이창희, 앞의 논문, p.55.
79) The Teutonia(1872) L.R 4 PC. 171.
80) The Evia No.2 (1981) 2 Lloyd's Rep. 613, (1982) 1 Lloyd's Rep. 334.
81) K/S Penta Shipping A/S v. Ethiopian Shipping Lines Corpn, The Saga Cob [1992] 2 Lloyd's Rep 545, CA.
82) The Evia(No.2) (1982)2 Lloyd's Rep. 307.

안전항 지정의무를 위반한 것이 아니므로 그에 대한 책임을 부담하지 아니한다.

5. 안전항 지정의무와 관련된 기타 사항

1) 안전항의 적용범위

안전항의 판단 범위는 항만에 국한되지 않고 때로는 항계(harbor limits)를 넘어서 그 항에 접근하는 수로까지를 포함한다.[83] 예컨대 특정항이 미시시피강의 상류에 위치하고 있을 때, 100 마일 이상 떨어진 하류의 수심이 당해 선박이 항해하기에 너무 얕거나 혹은 예측할 수 없는 토사의 퇴적에 의해 수심이 불확실하고, 또한 당해 수로 이외에는 그 항에 접근할 다른 수로가 없으면 당해 항은 그 특정 선박에 대해 비안전항이다.[84]

또한, 특정항의 접근수로 위를 통과하는 다리의 높이 때문에 당해 선박이 상부 구조물을 절단하지 않고서는 입항이 어렵다거나,[85] 당해 항의 입출항 수로를 관할하는 항만 당국의 관리가 적절하지 않은 경우에도 당해 항은 안전항이 아니다.[86]

2) 선박의 상시 부상상태 유지

선박은 운항 중에는 항상 안전하게 부상하고 있어야만 한다. GENCON 1994(Clause 1)에서도 "…… she may safely get and lie always afloat, ……"로 규정하고 있으며, NYPE 1993(Clause 12)에서는 "Vessel can safely enter, lie and depart always afloat at any time of tide." 라고 규정하고 있다. NYPE 2015(Clause 1)에서도 "…… provided the Vessel can safely enter, lie and depart always afloat."라고 규정함으로써 선박은 항상 부상상태에서 안전하게 입·출항할 수 있어야 함을 명시하고 있다. 따라서 특정항구에서 용선선박이 안전하게 좌주(aground)할 수 있다고 하더라도 이것은 용선자의 계약위반이며, 선박의 손상

---

83) Grace호 사건(Grace v. General Stearn Navigation (Sussex Oak) [1950] 83 LLR 297)에서 본선은 발타임(Balltime) 양식에 의거 용선되어 1947년 1월 함부르크(Hamburg)에 배선되었다. Elbe 천을 항행 중 얼음에 조우하였으나 도선사는 항해를 계속함이 안전한 것으로 판단하였다. 본선이 함부르크 부근까지 왔을 때 거대한 유빙으로 정선이 불가피하였다. 본선은 그 이후 회두, 후진, 정박 등이 안전하지 않은 상태로 강 속에서 고립되었으나 도선사의 조언에 따라 얼음을 강행 돌파하였고 그 결과 손해를 입었다. 판례는 쇄빙선의 원조 없이 항행한 선장의 행위는 타당하며, 함부르크는 그 당시 안전하지 않은 항으로 판단하고 용선자의 손해배상책임을 인정하였다. 즉, "본선이 안전하게 도달될 수 없는 항으로 배선된 경우 용선계약의 위반으로 되며, 법률상은 위험이 어디에 있을지라도 문제가 되지 않는다. 다만 사실판단으로서 위험이 항에서 떨어져 있다면 선장의 재량의 범위가 증가하며 항해의 안전을 방해하는 정황이 감소하는 정도에 불과할 뿐이다. 용선자가 지시하고 의도하는 항해는 통상의 신중함과 기술을 가진 선장이라면 안전하게 갈 수 있어야만 한다." 따라서, 안전항이 되기 위해서는 접근 항로의 안전도 중요하다.

84) Transoceanic Petroleum Carriers v. Cook Industries Inc, The Mary Lou [1981] 2 Lloyd's Rep 272.

85) Mencke v. A Cargo Of Java Sugar, U.S. Supreme Court, 187 U.S. 248(1902).

86) Maintop Shipping v Bulkindo Lines, The "Marinicki", (QBD) 29 JuIy [2003] 2 Lloyd's Rep. 655).

발생 가능성의 여부에 관계없이 선장은 이러한 항구에 입항하는 것을 거부할 수 있다.[87]

3) 용선선박에 대한 안전성

선박은 그 크기, 형태, 성능 등이 다르기 때문에 모든 선박에 대하여 안전한 항구라고 말할 수 없으며 어떤 선박에 대하여 안전한 항구도 다른 선박에 대해서는 전혀 안전하지 않은 경우도 있다.[88] 때에 따라서는 안전항이 안전하지 않은 항구로 될 수도 있다. 따라서 용선계약에 따라 지정되는 항구는 용선선박에 대하여 안전한 항구이어야 한다.

4) 일시적 위험

악천후나 조류 또는 간만의 차이 때문에 도착즉시 입항 또는 접안하지 못하고 일시적으로 외항에 대기하는 경우,[89] 일단 입항하여 정박하다가 일시적인 위험 때문에 외항으로 이동하여야만 하는 경우,[90] 악천후에 대비해서 정박 중에도 피난 준비를 계속하여만 하는 항구[91]와 같이 일시적인 위험 또는 일시적인 항구의 사정으로 선박의 입항에 일시적인 제한이 있는 항구는 용선계약에서 안전항으로 인정된다.

5) 지정항의 변경

표준 용선계약서 GENCON 1994(Clause 1)에 "…… the loading port(s) or place(s) in Box 10 or so near thereto as she may safely get and ……"라고 규정되어 있다. 즉 지정된 항구가 안전하지 않은 것으로 판명되어 용선선박이 안전하게 입항할 수 있는 항구로 변경해야만 하는 경우, 'near' 라는 말은 반드시 거리상의 '가까운' 이라고 의미하는 것이 아니다. 그리고 이 약관에는 안전항을 지정할 권리를 누가 지정하여야 하는지에 언급이 없으므로 안전항을 지정할 필요가 있을 경우 선박소유자와 용선자가 합의하여 지정하여야 한다.

그리고 'safely'라는 단어가 가지는 의미는 적재선박으로서의 안전을 의미하므로, 선박소유자는 본선이 항내에서 안전하게 선적할 수 없었던 일부의 화물을 외항에서 선적하여야 할 의무가 없음을 나타낸다. 또한 양륙항을 지정하는 경우에는 선적된 상태로의 안전한 입항을 의미하므로 선박소유자는 입항을 위해 외항에서 일부의 화물을 양륙할 의무를 부담하지 않는다.[92]

---

87) Tregeglia v. Smith Tinber, 1896.

88) Brostrom v. Dreyfus(1977)에서 런던 델리항은 특정 선박에 사용할 수 있는 예선을 마련할 수 없었기 때문에 안전하지 않다는 판결을 받았다.

89) Compania naviera Maropan S/A v. Bowaters Lloyd Pulp and paper Mills Ltd., 1955.

90) The stadt Schleswig, 1971.

91) Smith v. Dart, 1884.

92) The Alhambra(1881)에서 안전항 지정과 관련하여 "safe port …… as ordered or so near thereto as she may safely get and always lay and discharged afloat"라는 문구를 삽입한 용선계약서가 작성되

6) 일시적인 안전한 좌주(Not Always Afloat But Safely Aground; NAABSA)

용선계약(GENCON 1994 Clause 1)에 따라 용선자는 선박소유자에게 안전항에서 선적 또는 양륙하도록 해야 할 의무가 있다. 그러므로 선박은 입항, 접안, 선적과 양륙작업, 출항에 안전한 항구와 동시에 항상 안전하게 떠 있을 수 있는 경우에만 입항하여야 한다. 하지만 남미의 Upriver 같은 지역은 강바닥이 진흙으로 형성되어 좌주된다고 하더라도 선박에 손상을 입히지 않으며, 일정 선형의 선박이 통상적으로 좌주되는 지역으로 조수간만의 차에 의해 만조시 출항에 아무런 문제가 되지 않는 경우에는 "NAABSA"조항을 삽입하여 "항상 안전하게 떠 있지 아니하고 안전하게 좌주도 허용"하는 예외를 두기도 한다.

그러나 NYPE 2015(Clause 1(d))에서는 용선자가 용선선박과 유사한 크기/구조/선형의 선박이 안전하게 기항하는 일시적인 좌주가 되는 항구에 용선선박을 기항시키고자 요구하는 경우에, 손상이 발생하지 않는다는 전제하에 용선자는 그러한 일시적인 안전한 좌주가 되는 항구에 기항시킬 수 있다고 명문화 하였다. 또한 용선자의 요구에 의해 이러한 항구에 기항함으로 인해, 선급에서 요구하는 수면하 검사를 포함하여, 발생하는 모든 손실, 손상, 비용 및 경비 또는 시간의 손실에 대하여 선박소유자에게 보상하여야 한다라고 규정하고 있다.

7) good and safe port(충분히 안전한 항구)

Chesapeake Bay호 사건[93]에서 3명의 중재인 중 2명은 동 선박의 좌초가 항의 불안전이 아닌 선원의 과실에 기인하였다고 판정하였으나, 다른 1명은 계약서상의 문구가 단순히 안전항(safe port)이 아닌 'good and safe port' 로 되어 있는 점을 근거로 이는 항만이 '충분히 안전'해야 한다는 것을 의미하며, 따라서 동 선박의 좌초는 당해 항이 충분히 안전하지 못한 것에 있다고 주장하였다. 이에 대하여 다른 2명의 중재인이 판단한 바와 같이 단지 'good'이란 단어를 포함하는 것은 용선자의 책임에 별다른 영향이 없을 것이며, 또한 선박소유자나 선장의 안전항해 의무에도 별다른 영향을 끼치지 못할 것이라는 견해가 있다.[94]

었다. 이 용선계약내용에 따라, 용선자가 지정한 항구에 입항하기 위해 lightening을 하여야만 한다면 안전항이 아니며, 선장이 입항을 거절한 것은 정당하다고 판결하였다. 또한 선박소유자가 입항하기 위해 필요한 lightening을 받아들인다 할지라도, 용선자의 추가비용 부담으로 lightening 하여야 하는 의무가 경감되지 않는다는 판례[Hillstrom v. Gibson, 1980, 8 S.C. 3rd 463]와, 용선자는 선박에게 불합리한 지연이나 위험부담이 없이 입항에 필요한 만큼 용선자의 비용으로 lightening한 후에 선박이 안전하게 입항할 수 있도록 하여야만 한다는 판례도 있다[Reynolds v. Tomlinson (1896)].

93) Trade Sol Shipping Ltd v. Sea-Land Industries Bermuda, "Chesapeake Bay", SMA No. 3677, [2001].

94) 이창희, 앞의 논문, p.67.

6. 안전항 지정의무의 위반 효과

GENCON 등 용선계약서의 안전항 지정 약관은 용선자가 용선선박의 용역을 제공 받기 위해서 자기가 지정한 항에 취항하도록 규정하고 있을 뿐이며, 지정항이 비안전항인 경우에 대한 책임 규정을 두고 있지 않다. 하지만 용선자가 지정한 항의 불안전에 기인한 선박소유자 및 선박의 손해는 용선자가 부담하여야 한다는 것이 통설이다.[95] 그러므로 항의 불안전에 기인하여 선박소유자가 제3자에게 끼친 손해도 역시 용선자가 배상책임을 진다. 예를 들면 항의 불안전으로 인하여 접안중이던 선박이 표류하여 부두시설을 파손한 경우 용선자가 당해 손해를 배상하여야 한다.

또한, 용선자가 선적항 또는 양륙항으로 지정한 항이 명백한 비안전항이면 선박소유자 혹은 선장은 입항을 거부하고 대체항의 지정을 요구할 수 있다.

그리고 용선자가 선적항 또는 양륙항을 지정한 이후에 예상 밖의 비정상적인 사태가 발생하여 그 항구가 안전하지 않게 되었다면, 용선자로서는 그 항구의 지정을 취소하고 다른 안전한 항구를 지정하여야 할 2차적인 의무를 부담하게 된다.[96]

제4절 화물의 취급

용선계약서의 약관에서 화물의 취급과 관련하여 선박소유자, 용선자의 권리와 의무에 대해 규정하고 있다. 항해용선계약서 GENCON 1994 제5조에서는 화물의 선적과 양륙에 대해 규정하고 있으며, 세부적으로 화물의 선적과 양륙 비용과 위험 부담 주체, 하역장치의 사용, 하역인부에 의한 손상 책임 등에 대해 규정하고 있다. 한편 NYPE 1993 제13조에서 화물 공간의 사용과 갑판 위 선적화물에 대한 책임을 규정하고 있고, 제14조에서 하역 감독과 식사에 대해 규정하고 있다. 개정된 NYPE 2015에서는 제13조 화물 공간 및 제14조 하역 감독 약관에서 이를 규정하고 있다.

1) 선적과 양륙 비용 및 위험

하역작업은 선적(loading)과 양륙(discharging)으로 구분되며, 양하는 화물을 수하인에게 인도하는 과정중의 하나로 선박에서 화물을 내리는 비교적 간단한 화물작업이라고 볼 수 있다. 그러나 화물의 적하는 선적(loading)과 적부(또는 적치: stowage)로 이루어지며, 특히 적부는 선적된 화물을 안전하게 운송될 수 있도록 선창(hold) 안의 적절한 장소에 배치하

95) 박용섭, 앞의 책, p.495.
96) The Evia(No.2) (1982)2 Lloyd's Rep. 307.

는 적치(stowing)와 고박하는(항해중 선박의 동요에도 화물이 이동하지 않도록 고정시키는 일) 작업을 말한다. 화물의 선적(loading)과 적치(stowage)는 화물을 안전하고 기술적으로 적절하게 취급하였느냐의 문제에 그치지 않고 화물이 목적지까지 안전하게 운송될 수 있느냐의 여부에 영향을 미치며, 경우에 따라서는 부적절한 적치는 운송도중 선박과 인명의 안전을 좌우할 수 있다는 점에서 중요한 의미를 지니고 있다.

선적 작업시 본선에 장치된 하역설비나 부두의 하역설비를 사용하게 되는데 운송인의 하역작업 책임은 운송물을 본선의 카고 훅(cargo hook)에 걸거나 부두의 하역장비를 사용할 경우 본선의 선측을 넘을 때부터 시작된다. 이 책임은 양륙항에서 운송물을 양륙할 때까지 계속된다. 선장은 선박의 복원성과 안전성을 위해 하역작업을 감독할 책임이 있으며 선적이 완료되면 그 책임을 면한다.

GENCON 1994 제5조(a)항 비용/위험부담 규정에서 용선자는 화물을 화물창으로 반입, 적재, 적부, 고르기, 정리, 고정, 고박하고 이를 화물창에서 반출하고 양륙하는 작업을 수행하며, 선적된 화물의 적정한 적부와 보호에 필요한 모든 화물깔개(dunnage)를 제공 및 설치해야 한다고 명시하고 있다. 용선자는 화물을 양륙한 후 화물깔개의 제거의무를 부담하며, 그 비용을 지급하여야 한다. 이를 제거하는 시간은 정박기간에 산입한다. 그러나 선박소유자는 이에 대하여 어떠한 위험과 책임 그리고 비용을 부담하지 아니한다. 단, 선박소유자는 선박에 구비되어있는 모든 사용 가능한 화물깔개의 사용을 허용하여야 한다.

한편 GENCON 1946에서도 하역은 선장의 지휘 하에 용선자의 책임과 비용부담으로 하여야 한다고 규정되어 있다[GENCON 1946(Clause 8): "…… Charterers are to load, stow, and trim the cargo at their expense under the supervision of the Captain, who is to sign the Bills of Lading for ……"]. 이 특약에서 "under the supervision of the Captain"이라는 말은 화물작업과 운송도중의 선박의 안전문제를 고려하여 하역작업과 적부를 선장의 지휘 하에 하여야 한다는 의미로서 선장(선박소유자)은 이를 위해 화물작업을 감독할 수 있는 권리가 있다는 의미이며, 어떠한 책임과 의무를 선장(선박소유자)에게 지우는 의미가 아니다. 따라서 화물의 적부불량으로 항해중에 적화물이 붕괴되어 화물과 선체를 손상시켰을 경우 용선자는 이에 대한 책임을 져야만 한다.[97]

---

97) The Invros [1999]1 LLR 848.
Invros호가 제재목을 브라질항에서 필리핀으로 수송하기 위해 갑판상에 적부(stowage)를 하였으며, 용선자의 화물감독이 승선하여 화물선적 및 적부지시를 하였다. 국제해사기구(IMO) 규정에 의하면 고박의 간격은 1.5m로 요구되나, 본 건에서는 고박간격이 3m 이었으며 이 때문에 제재목의 적부가 항해중에 이완되어 붕괴되었다. 이로 인하여 선박의 버팀목(stanchion)과 선체에 손상이 발생하였으며, 선박소유자가 손상수선비등을 용선자에게 청구한 사건이다.
선박소유자의 주장은 "용선계약에서도 적부(stowage)는 용선자가 행하는 것으로 되어 있고 선박의 손해는 용선자의 적부잘못으로 기인된 것이므로, 용선자가 당연히 선박의 수선비를 부담해야한다고 하였다. 또한 선박이 적부불량의 원인으로 설령 감항성이 결여되었다고 하더라도 이 점은 변함이 없는 사항"이라고 하였다.
한편, 용선자의 주장은 "붕괴가 일어난 것은 선박에 감항성이 결여된 때문이며, 선박의 감항성의 그러나 이 특약이 “under the supervision and responsibility of the Captain” 라고 변경된 경우에는 화물작업과 적부에 대한 감독뿐만 아니라 책임까지도 선장에게 부과한다는 의미가 되어 선박소유자는 책임을 면할 수가 없다.

한편 하역비 부담조건은 정기선해운의 경우 화물을 선적, 적부 및 양륙할 때까지의 일체의 비용이 선박소유자가 수취하는 운임에 포함하게 되므로 화물의 양하와 선적 및 적부의 비용을 선박소유자가 부담하는 것이 일반적이다.

그러나 부정기해운에서의 용선계약에 따라 선박의 사용이 용선자에게 위임되고, 화물의 취급은 화물의 종류나 특성상 하역이 전문업자에 의하여 수행된다.

따라서 선박을 사용한 용선자는 화물운송의 대가로 운송인(선박소유자)에게 운임을 지불하여야 할뿐만 아니라 용선자는 화물을 확보하여 선적항의 선측에 화물을 준비시켜야 하고 양하항에서 선측으로부터 화물을 수령하여야 한다. 전문업자가 수행한 선적비용과 양하비용은 용선자가 부담하는 경우가 많으나, 운송인(선박소유자)과 용선자가 협상에 의해 아래와 같이 다양한 방식으로 그 부담주체와 조건을 결정한다.

① Liner Term Charter(or Berth Term Charter)

운송인(선박소유자)이 일체의 하역비(stevedorage) 및 항비(port charge)를 부담하는 조건으로서, 운송인(선박소유자)이 운송인의 비용으로 하역을 서비스해 주는 것이므로 용선자 입장에서는 그만큼 간편하다. 또한 항해용선계약 체결시 본 조건으로 운송계약을 맺으면 조출료(quick despatch) 및 체선료(demurrage)가 발생하지 않아 용선자는 장·단기체선을 염려하지 않아도 된다.

② Free In(F.I.)

선적(loading)은 용선자의 책임과 비용으로 하고, 양하는 운송인(선박소유자)의 책임과 비용으로 하는 조건이다. 용선자가 선적항에 선적설비 등을 소유 또는 임차하여 용선자가 선적하는 것이 유리한 경우 이용된다. 철광석이나 석탄을 수출하는 용선자가 전용부두에 선적시설을 갖추어 선적하는 경우를 예로 들 수 있다.

③ Free Out(F.O.)

화물의 선적은 운송인(선박소유자)의 책임과 비용으로 그리고 양하는 용선자의 책임과 비용으로 하는 조건이다.

유지는 전통적으로 선주의 절대적인 책임이다. 선장이 선적 시에 신중하게 감독을 했어야함에도 불구하고 선장은 이를 태만히 하였다. 따라서 본 건의 붕괴는 선장의 책임이다”라고 하여 모든 책임은 선박소유자에게 있음을 변론하였다.

판례는 선박소유자의 주장을 인정하고 용선자는 선박소유자의 손해를 배상해야한다고 하였다.

④ Free In and Free Out(F.I.O.)

화물의 선적과 양하 모두 용선자의 책임과 비용으로 행해지는 조건이므로 운송인(선박소유자)은 순수하게 해상운송만을 책임지는 운송조건이다.

⑤ Free In, Free Out, Stowed, Trimmed

(F.I.O.S.T.: Loaded, Stowed, Trimmed and Discharged free of Expense to the Vessel)

선적, 양하 및 본선내의 적부(stowage)와 선내에서의 화물 고르기(trimming) 등의 작업이 모두 용선자의 책임과 비용으로 이루어지는 운송조건이다. 항해용선계약서(GENCON 1994, Clause 5 Loading/Discharging)에서 이러한 비용에 대한 용선자 부담의 내용을 명확히 하고 있다. 또한 선적과 양하 관련 비용뿐만 아니라 선적과 양하에 필요한 시간에 대한 것도 용선자의 비용부담을 명확히 한다. 즉 합의된 시간을 초과하는 경우에는 용선자가 체선료(demurrage)를 선박소유자에게 지불하여야 한다.

〈표 5-4〉 하역비 부담조건

조건	선적시 하역비	양하시 하역비
Liner or Berth terms	선박소유자부담	선박소유자부담
F.I.O.(free in and out)	화주부담	화주부담
F.I.(free in)	화주부담	선박소유자부담
F.O.(free out)	선박소유자부담	화주부담

또한 F.I.O.S.T. 하역조건인 경우라 할지라도 선적항과 양하항에서의 제일 첫 번째 선창을 여는 작업(first hatch opening)과 최종적으로 선창을 닫는 작업(last hatch closing)은 선박소유자의 부담으로 하고 있다. 이것은 하역작업을 준비하는 또는 출항을 준비하는 작업으로 간주하기 때문이다. 특정 항에서는 이것을 엄격히 적용하여 하역 중에 선원이 선창을 개폐하는 경우에 선박소유자에게 벌금을 부과하는 경우도 있으므로 유의하여야 한다.

2) 하역장비

용선선박에 하역장치가 있는 경우 선박소유자는 화물의 선적 및 양륙작업 기간동안 용선자에게 선박의 하역장치를 임의로, 그리고 무료로 사용하도록 제공해야 하며 모든 하역장치의 작동에 필요한 충분한 동력을 공급하고 양호한 상태로 유지해야 한다. 만약 하역장치의 고장이나 동력의 부족으로 인한 시간 손실이 발생할 경우 정박기간이나 체선료 산정 시간에 산입되지 아니한다. 이때 용선계약상 당시에 요구되는 화물의 선적/양륙용 크레인/윈치의 총 숫자에 비례하여 계산한다.

한편 그 지역의 법규가 금지하고 있는 경우가 아니라면, 선박소유자는 용선자의 요구가 있는 경우 선원 중에서 선박의 하역장치를 운전할 크레인/윈치 운전요원을 무상으로 제공하여야 한다. 위의 단서가 있는 경우 육상 하역인부는 용선자의 비용부담으로 한다(GENCON 1994, Clause 5(a) and (b), NYPE 1993, Clause 28, NYPE 2015 Clause 37). 크레인/윈치 운전요원은 용선자의 위험부담과 책임으로 하며, 하역인부는 용선자의 사용인으로 간주하지만 항상 선장의 감독 하에 작업을 수행하여야 한다.

또한 용선계약체결 시 선박의 명세를 고지할 때에 선박소유자가 하역기기에 관한 명세를 정확히 고지하여야 한다. 이에 대한 부실고지나 고지내용보다 하역기기의 성능이 저하되는 경우 용선계약의 해지사유가 되며, 한편 하역기기의 준비부족이나 고장으로 인한 시간상의 손실은 용선중단(off-hire)의 사유가 되며 용선자는 그 손실기간만큼 선박소유자에게 용선료를 지불하지 않아도 된다(제7장제2절 6.용선중단).

3) 하역인부에 의한 손상

용선자는 통상적인 자연 마모와 손상을 넘어서는 경우에 하역인부에 의한 선박의 손상에 대해 책임을 부담한다. 이러한 손상이 발생한 경우 선장은 가능한 한 빠른 시간 내에 용선자나 그 대리인 그리고 하역인부에게 이를 통지하여야 하며, 이를 이행하지 아니한 경우에 용선자는 책임을 부담하지 아니한다. 선장은 하역인부로부터 책임 인정 확인서를 받도록 노력하여야 한다.

용선자는 항해가 종료되기 이전에 하역인부에 의한 어떠한 손상이라도 수리하여야 할 의무가 있다. 그러나 선박의 감항성이나 선급에 영향을 미치는 손상에 대해서는 그 손상이 발생 또는 발견된 항구에서 출항하기 전에 반드시 수리되어야 한다. 여기에 발생된 모든 부가비용은 용선자가 부담하며, 선박 수리에 소요된 시간에 대해서는 체선료율에 따라 용선자가 선박소유자에게 지급하여야 한다.

4) 화물 공간

정기용선계약서 NYPE 1993 제13조(화물 공간)와 NYPE 2015 제13조(화물 공간)에 따라 용선자는 용선선박의 선창, 갑판, 기타 화물 적재 공간을 자유롭게 사용할 수 있는 권한이 있다. 단, 용선선박이 안전하게 화물을 적재하고 운송할 수 있는 한도를 초과해서는 안 된다. 만약 갑판 위에 화물을 적재하여 운송할 경우 그에 따른 용선선박의 멸실, 훼손 등에 대하여 용선자는 책임을 진다.

5) 하역 감독과 식사

NYPE 1993 제14조(하역 감독과 식사)에서는 선박소유자와 용선자의 하역 감독자, 검수인, 도선사, 세관원 등에 대한 식사 제공과 비용부담에 대해 명시하고 있다. 하역 감독자는 본선의 거주 설비를 무상으로 사용할 수 있으며 용선자가 선임한 하역 감독자 및 검수인, 도선사, 세관원의 식료비는 일정 비율로 용선자가 부담한다.

반면에 NYPE 2015 제14조(하역 감독)에서 용선자는 필요시 자신의 위험으로 본선에 승선하여 항해를 신속히 실행하도록 감독하는 하역감독을 선임할 권리를 가진다. 이때 하역감독은 거주 설비를 무상으로 사용하며 식사는 선장에게 제공되는 것과 동일한 대우를 받는다.

제5절 용선계약과 선하증권

1. 선하증권의 개념

선하증권(Bill of Lading: B/L)이란 운송계약의 증거, 화물의 영수 및 화물의 권리를 표시하는 서류이다. 화주와 운송인간에 체결된 운송계약의 증빙인 선하증권은 운송인이 화물을 수령 및 선적하여 이를 해상운송을 통해 선하증권의 정당한 소지인에게 인도할 것을 약정하는 유가증권이다. 선하증권은 신용장 거래 시 상업송장(invoice) 및 포장명세서(packing list)와 함께 3대 필수 서류이다. 선하증권의 기능은 크게 세 가지로 나누어진다.[98]

첫째, 화물의 영수이다. 선하증권에는 선적된 화물의 수량, 중량, 화물의 상태 등에 대하여 기재되며, 운송인 또는 그 대리인이 이러한 화물을 선적 또는 선적하기 위하여 수취하였다는 것을 증명하는 서류(evidence of receipt for shipment)이다. COGSA(The Carriage of Goods by Sea Act 1924) 규정에도 선하증권은 화물의 수취를 증명한다고 다음과 같이 기술하고 있다.

> "Such a bill of lading shall be prima facie evidence of the receipt by the carrier of the goods as therein described in accordance with Para. 3(a), (b), and (c)"

둘째, 운송계약의 증빙이다. 선하증권은 운송인과 화주간에 운송계약이 체결된 것을 증명하는 계약증서(evidence of contract for carriage of goods by sea)가 된다.

셋째, 화물을 대신하는 권리이다. 즉 선하증권은 증권의 소유자나 피배서인이 해당 상품의 인도를 주장할 수 있는 권리증권(document of title to the goods)이다. 그러므로 선하증권이 어떠한 방법을 통해 현재의 소지인에게 양도 되었는가를 불문하고 그 방법이 합법적으로 정당하게 이루어진 것이라면 현재 그 선하증권을 소지한 자에게 화물을 소유할 수 있는 법적 권리가 있다. 따라서 선하증권은 선하증권을 소지하고 있는 자가 운송인에게 선하증권을 제시하고 물건의 인도를 청구할 수 있는 유통증권 또는 채권증권이다. 이

98) 류동근, 앞의 책, p.172.

때에 선하증권을 소지한 자가 운송인에게 상품에 대한 이의를 제기할 경우 인도하는 상품이 선하증권 상에 기재된 것과 동일하다는 것을 증명하지 못하면 선하증권소지인에게 손해배상을 하여야 한다.

2. 용선계약과 용선계약부 선하증권

1) 용선계약부 선하증권의 의의

항해용선(GENCON 1994 Clause 10) 및 정기용선계약(NYPE 1993 Clause 30, NYPE 2015 Clause 31)에서 선하증권에 관해 규정하고 있으며 선하증권에 서명할 수 있는 자격, 용선계약과 선하증권 간의 규정 적용, 선박소유자의 책임 제한 등을 규정하고 있다. 용선계약에 의해 화물을 운송하는 경우 선박소유자가 발행하는 선하증권에 용선계약의 내용이 편입(incorporated)된 선하증권을 발행하게 되는데, 이를 용선계약부 선하증권(charter party bills of lading)이라고 하며 항해용선계약과 정기용선계약에서의 용선계약부 선하증권의 의미는 다음과 같다.

첫째, 항해용선계약의 경우 항해용선계약서는 선박소유자와 용선자간 체결한 운송계약서의 성격을 가지며, 용선계약 하에 발행된 선하증권은 단지 화물을 수령했다는 수령증 또는 권리증권의 기능을 가질 뿐이다. 선박소유자와 용선자간에 항해용선계약서라고 하는 운송계약서가 존재하고 있음에도 불구하고 용선계약부 선하증권이 다시 발행되는 이유는 상기 선하증권의 의의 중 선하증권의 수령증과 권리증권의 기능을 보완하기 위함이다. 따라서 항해용선계약서(GENCON 1994 Clause 10)에서는 용선계약부 선하증권을 발행할 것을 규정하고 있다.

따라서 운송계약과 관련한 사항에 대해서는 항해용선계약서의 내용과 조건이 선하증권의 그것보다 우선하는 반면, 선하증권을 발행한 선박소유자와 제3의 선하증권 소지인 간의 관계에서는 선하증권의 내용이 항해용선계약의 그것보다 우선한다. 그러나 항해용선계약의 당사자가 아닌 제3의 선하증권 소지자는 항해용선계약의 내용을 알 수가 없다. 따라서 선박소유자는 항해용선계약서 상의 모든 내용이 선하증권에 편입된다(incorporated)는 내용의 문언을 선하증권에 규정하여, 이 제3의 선하증권소지자를 구속하는 동시에 보호한다. 예를 들면 선박소유자는 선하증권에 "운임과 기타 조건은 용선계약대로 한다(freight and all other conditions as per charter party)."와 같은 편입조항(incorporation clause)을 기재하여 용선계약서 이상의 책임을 부담하지 않도록 한다.

선하증권통일규칙(UCP 600) 제20조에는 항해용선계약서의 내용을 알지 못하는 선하증권소지인을 보호하기 위해서 신용장이 용선계약부 선하증권을 요구 또는 허용하는 경우가 아니면 수리가 거절되는 것으로 규정하고 있다.

둘째, 정기용선계약의 경우 용선자가 자신이 체결한 항해용선계약 또는 개품운송계약을 이행하기 위하여 타 선박소유자로부터 정기용선한 선박에 화물을 선적하고 이 화물의 수령을 증명하기 위해 자신의 이름으로 선하증권을 서명, 발행하게 되는데 이 선하증권이 용선계약부 선하증권이다.

2) 법적 문제점

용선계약을 체결하여 화물을 운송하는 경우 상기와 같이 용선계약부 선하증권이 발행되었을 때, 선박소유자, 용선자 및 재용선자 중 누가 운송인인가를 확정하는 문제와 용선계약서와 용선계약부 선하증권 중에서 어떠한 문서가 운송계약서가 되는가라는 문제가 제기된다. 이에 따라 선하증권 소지인이 운송화물의 손해에 대한 손해배상청구를 누구를 상대로 할 것인가와, 누가 화물손해배상을 부담하여야 하는가에 대한 판단도 달라진다.

(1) 운송인의 확정문제

선박소유자, 용선자와 재용선자 중에서 누가 운송인이냐가 확정되어야만 운송과정에서 발생한 화물의 손상 및 멸실에 대하여 화물의 이해관계자가 제소기간이 만료되기 전에 그 배상을 청구할 수 있다.

운송인의 확정에 대한 판결은 각국의 법원에 따라 그 판결을 달리하고 있다. 일반적으로 화물을 운송하는데 이용된 선박을 누가 점유하여 관리, 운영 및 운항하고 선장을 지휘·감독하는가라는 점을 운송인을 확정하는 기준으로 삼고 있다. 이러한 기준에 비추어 볼 때, 선체용선계약인 경우에는 선하증권상의 운송인은 선박소유자가 아니고 용선자인 선체용선자가 운송인이다. 그러나 정기용선계약인 경우 선박을 점유·관리·운영·운항하는 자는 선박소유자이므로 선장이 선하증권을 발행하는 경우, 선하증권상의 운송인은 선박소유자로 추정하는 것이 일반적인 원칙이다. 따라서 선장이 직접 선하증권을 발행하지 않고 용선자나 용선자의 대리인이 "선장을 대신하여(for the master)" 라는 문구 하에서 선하증권에 서명하고 이를 발행한 경우에도 선장은 선박소유자의 대리인이므로 선하증권상 선박소유자가 운송인으로 간주된다.

한편 선하증권 전면에 용선자의 이름이 기재된 경우나 또는 용선자가 자신의 이름으로 선하증권을 서명, 발행한 경우에는 용선자가 운송인으로 인정된다.

(2) 운송계약서의 확정문제

선하증권은 화물수령증과 소지인의 화물인도 청구권의 기능만을 지니고 있는 반면 용선계약서는 운송계약의 기능을 가지고 있다. 따라서 선하증권에 운송계약서의 기능을 보완하기 위해서는 용선계약서의 내용을 편입시켜야(incorporating) 한다. 이렇게 함으로써 관련 당사자인 용선자, 선하증권을 발행한 선박소유자와 선하증권을 소지한 제3자 사이에 적용되어야 하는 운송계약서가 용선계약서와 선하증권이 된다.

이때 용선계약서 상의 내용과 선하증권의 내용이 조화를 이루어 일치하도록 편입시켜야 하며 편입시키려고 하는 사항도 명확하게 표현하여야 한다. 통상적으로 선하증권에 편입시키는 표현으로 "freight and all other conditions as per charter party"라는 말은 운송인의 화물 취급 및 운송에 관한 조건과 선하증권소지인 또는 수하인(consignee)이 화물을 운송인으로부터 인수하기 위한 이행조건 등을 편입할 뿐이며, 용선계약서상의 선박소유자의 면책조항이 편입되지 않는다고 해석되고 있음을 유의하여야한다.

3) 용선계약부 선하증권의 내용

항해용선계약에서는 표준 항해용선계약서로서 발틱국제해운협의회(BIMCO)가 1922년 처음 제정한 이래 1976년과 1994년에 개정한 "GENCON"을 가장 널리 사용하고 있다. 항해용선계약에서 GENCON 용선계약서를 이용할 때에 발행되는 용선계약부 선하증권은 CONGENBILL(1994) 서식을 지정하고 있었으나(GENCON 1994 Clause 10), 발틱국제해운협의회는 2007년말 용선계약부 선하증권 서식으로 CONGENBILL(2007)로 대체한다고 결정하여 발표하였다. 그 내용을 CONGENBILL(1994)의 서식과의 비교와 함께 변경된 내용을 살펴보면 다음과 같다.

(1) CONGENBILL(2007)의 앞면

전면(앞면)은 통상 해상법규에서 요구하는 기재사항으로 CONGENBILL(1994)와 유사하게 구성되어 있으나, CONGENBILL(2007)은 구성을 일부 변경하였다.

첫째, 선하증권 발행시 2007년 7월1일자로 발효(2007년 1월 1일 개정)된 신용장통일규칙(UCP 600)의 규정을 충족하기 위해, 선하증권 서명란을 세분화하도록 구성하여 선하증권에 서명하는 당사자들을 구분하고 선하증권상의 운송계약의 책임을 부담하는 운송인을 보다 명확하게 하였다.

새롭게 시행되는 신용장통일규칙(UCP 600)의 제20조에 따르면 선하증권에는 운송인의 명칭이 표시되어야 하고, 선하증권은 운송인 또는 대리인에 의하여 서명되어야 하며, 대리인의 모든 서명은 대리인이 운송인을 위하여 또는 운송인을 대리하여(for or on behalf of the carrier) 또는 선장을 위하여 또는 선장을 대리하여(for or on behalf of the master) 서명한 것인지를 표시하여야 한다.

이에 따라 CONGENBILL(2007)은 앞면의 좌측하단에 운송인의 성명과 소재지(principal place of business)를 기재하는 란을 신설하였다. 또한 우측 하단의 서명란에는 운송인이 선하증권에 서명하는 경우와 선장 또는 대리점이 좌측하단에 기재된 "운송인을 위하여 또는 대신하여(for the carrier)" 서명하는 경우로 구분하고 있다.

둘째, 용선계약상의 체선료 및 조출료 약정을 수하인에게도 적용하기 위하여 CONGENBILL(1994)의 좌측 하단에서 규정하고 있었던 "선적시 사용된 정박시간(time used for loading)"이라는 문구를 CONGENBILL(2007)에서는 삭제하였다. 이것은 뒷면의 제1조(용선계약의 편입약관)에서 용선계약상 모든 조건이 선하증권에 유효하게 편입된다고 규정하고 있기 때문에 선하증권 앞면에 정박기간을 별도로 기재할 필요가 없다고 판단하였기 때문이다.

(2) CONGENBILL(2007)의 이면(뒷면)

① 제1조(편입약관)는 용선계약의 내용이 선하증권에 편입된다는 편입약관(incorporation clause)이다. 선하증권소지인(제3자)은 용선계약의 당사자가 아니므로, 선박소유자가 선하증권소지인에게 용선계약서 내용 이상의 책임을 부담하지 않기 위하여 선하증권에 용선계약의 모든 내용이 편입된다는 취지를 명확히 하는 것이다. 이 조항에서는 CONGENBILL 전면에 기재된 용선계약상 모든 내용(준거법조항 및 중재조항 포함)이 선하증권에 편입되었음을 명시하고 있다. 이것은 CONGENBILL 1994와 동일하다.

② 제2조는 발틱국제해운협의회에서 제정한 일반지상약관(general paramount clause)을 편입하는 내용으로 구성되어 있으며 다음과 같은 내용을 담고 있다.

가. 1924년 8월 25일 브뤼셀에서 서명되고(헤이그 규칙), 1968년 2월 23일 협의에 의해 개정되어 브뤼셀에서 서명된(헤이그 비스비 규칙) 선하증권통일에 관한 규칙과, 선하증권통일에 관한 규칙과 관련하여 화물의 선적국가에서 발효된 규정이 적용된다. 만약 헤이그 비스비 규칙이 화물의 선적국가에서 발효되지 않았다면, 이러한 규정이 '수출화물에 대해서만 적용 된다'라는 규정에 관련 없이, 이에 상응하는 규정이 화물의 목적지 국가에서 적용된다.

나. 만약 양 국가 모두 헤이그 비스비 규칙을 입법화하지 않은 경우라도 헤이그 비스비 규칙이 적용된다.

다. 헤이그 비스비 규칙이 강제적으로나 또는 이 계약에 의해 적용되는 경우에는 1979년 12월 21일 브뤼셀에서 서명된 조약(the SDR Protocol 1979)이 적용된다. 또한 선적 이전과 양륙 이후의 화물손해, 타운송인의 관리에 있는 동안의 화물손해, 갑판적 화물 또는 살아있는 동물(live animal)의 손해 등에 대하여 면책된다.

③ 제3조(공동해손약관)는 공동해손에 관한 약관으로 공동해손이 발생한 경우, 용선계약서에 공동해손을 다른 장소에서 처리하기로 합의하지 않는 한, 요크 앤트워프 규칙(1994)에 따라 런던에서 처리된다고 규정하고 있다.

또한 CONGENBILL(1994)에서는 공동해손분담금의 처리와 관련하여, 적하이해관계자인 용선자, 송하인 및 수하인은 벨기에 상법 제2부 148조(the Belgian Commercial Code, Part II, Art 148)의 규정을 명시적으로 포기한다(renounce)[99] 고 규정하고 있었으나, 이 규정은 특정 국가에 대하여 지나치게 제한적인 적용이라고 판단하여

---

99) "The Charterers, Shippers and Consignees expressly renounce the Belgian Commercial Code Part II. Art. 148"(Clause 3 General Average, Congenbill 1994)

CONGENBILL(2007)에서는 이것을 삭제하였다.

그리고 CONGENBILL(1994)의 제3조에서는 "요크 앤트워프 규칙(1994) 또는 이후 개정규칙(any subsequent modification)"에 의해 정산된다고 규정하고 있었다. 그러나 CONGENBILL(2007)에서는 "이후 개정규칙" 이라는 문언을 삭제함으로써 요크 앤트워프 규칙 중 1994년 이후에 개정된 내용의 적용을 미리 배제하였다. 그 이유는 국제해운협의회(BIMCO)는 특히 앤트워프 규칙(2004)은 선박소유자에게 불리하다는 입장이기 때문이다. 또한 요크 앤트워프 규칙(2004)은 국제조약이 아니므로 선하증권 또는 용선계약서에 요크 앤트워프 규칙(2004)을 명시한 경우에만 적용되기 때문에 이러한 배제가 가능하다. 요크 앤트워프 규정 중 선박소유자에게 불리한 내용은 다음과 같다.

첫째, 요크 앤트워프 규칙(2004)은 해난구조계약상 구조비(salvage remuneration, salvage expense), 피난항 정박 중에 발생되는 선원의 급료와 유지비, 선박의 임시수리로 인해 절약되는 영구수리비, 공동해손자금 조달 수수료(YAR 1994 Rule XX 에서는 2% 인정) 등을 공동해손으로 인정하지 않는다(YAR 2004 Rule VI).

둘째, 동 규칙에서는 공동해손지출시점에서 공동해손정산시점까지 이자(기존 고정이자율 7% 적용)도 시장금리와 연동하도록 하였고, 공동해손 정산서 발행일로부터 1년 이내에 소송이 제기되지 않는 한 공동해손분담금 채권이 소멸한다고 하는 제소기간도 신설하였다.

④ 제4조는 뉴제이슨 약관(New Jason Clause)의 적용에 관한 내용이며, 선박소유자의 사용인에 의한 과실 또는 부주의로 인해 발생된 공동해손이라도 화주도 화물 손실 분담금을 지급해야한다는 규정, 즉 "뉴제이슨 약관(New Jason Clause)"을 용선계약부 선하증권에 적용한다는 규정이다.

⑤ 제5조는 쌍방과실 책임약관(Both to Blame Collision Clause)이며, 상기 제4조와 같이 선박이 미국에 기항할 경우에 필요한 약관이다. 쌍방과실 하에서 상대선박(비적재선박)이 선박소유자(적재선박)의 화주에게 지급한 손해배상액을 선박소유자(적재선박)에게 청구한 경우에, 선박소유자(적재선박)는 자기선박(적재선박)의 해당 화주에게 다시 청구할 수 있다는 취지를 선하증권에 삽입한 것이다. 물론 미국선박과 충돌이 발생하였을 경우나 선박이 미국에 기항하였을 경우에 대비하여 항해용선계약서에도 이 약관을 삽입한다.

제6절 쌍방과실 충돌약관(Both-to-Blame Collision Clause)

[GENCON 1994 Clause 11과 NYPE 1993 Clause 31(b) 및 NYPE 2015 Clause 33(c)]

쌍방과실 충돌약관(Both-to-Blame Collision Clause)은 선박이 쌍방과실로 인해 충돌사고가 발생한 경우, 선박소유자는 항해과실을 이유로 자사선 화주의 손해에 대하여 면책되어야 하나, 충돌상대선박을 통해 간접적으로 자사선 화주에게 배상한 자신의 분담액을 자사선 화주에게 청구할 수 있다는 취지의 약관이다.

한편 선박의 쌍방과실로 인하여 선박이 충돌한 경우에, 화주에 대한 보상책임 및 이에 대한 두 선박간의 분담비율에 대해서는 입법주의가 다음과 같이 두 가지로 나누어진다.

첫째, 1910년 브뤼셀에서 체결한 선박충돌에 관한 규정의 통일에 관한 국제협약(International Convention for the Unification of Certain Rules of Law with Respect to Collisions between vessels 1910)에 따르는 것이다.[100] 미국을 제외하고 대부분의 해운국가가 비준한 이 조약에 따라 쌍방과실 충돌약관(Both-to-Blame Collision Clause)을 적용하여 충돌쌍방은 상대방 및 화물의 이해관계인에 대하여 과실의 정도에 따른 책임을 져야 한다. 영국도 이 브뤼셀 협약을 비준하였으며, 따라서 화주를 포함한 제3자의 재산손해에 대해 충돌한 두 선박의 선박별 분담 비율은 연대함이 없이(without joint responsibility) 각 선박의 과실의 경중에 따라서 책임지는 이른바 과실비례주의(proportionate damages rule)를 채택하고 있다.

둘째, 미국은 상기 1910년 브뤼셀 협약에 조인은 하였으나 비준은 하지 않았다. 따라서 쌍방과실충돌의 경우 과실비례에 따라 쌍방과실손해를 보상하는 과실비례주의를 채택하지 않았으며, 1975년까지 제3자의 화물손해에 대하여 과실비율에 관계없이 연대책임에 의해 균등하게 분담(50:50)하는 균등분담주의(divided damaged rule)를 채택하였다. 그리고 미국 해법에 의하면 선박소유자가 화주의 손해에 대하여 연대적 책임 및 개별적 책임을 인정하여 두선박이 충돌하였을 경우 다음과 같이 보상하게 된다.

① 적재선박(carrying vessel)의 피해화주(Ca)는 자기 화물의 손해액 전체를 상대선박(non-carrying vessel; 비적재선박, Ob)으로부터 100% 회수할 수 있다. 이것은 화물손해에 대한 균등분담주의가 충돌한 두 선박(적재선박과 비적재선박) 사이에 적용되는 것이며, 선박에 화물을 선적한 화주와 선박소유자사이의 보상에 관하여 적용되는 것이 아니기 때문이다.

② 이렇게 화물적재선박(Oa)의 화주(Ca)에게 피해액의 100%를 보상한 선박소유자(비적재선박, Ob)는 균등분담주의에 입각하여 보상한 금액의 절반(50%)을 적재선박(Oa)에게 청구하여 보상받는다.

---

100) 우리나라는 1910년의 브뤼셀 규정에 따라 입법화하였으며, 해상법 제3장 해상위험/제2절 선박충돌(제876조~881조)에 규정되어 있다.

[그림 5-2] 쌍방과실 충돌약관에 의한 손실보상

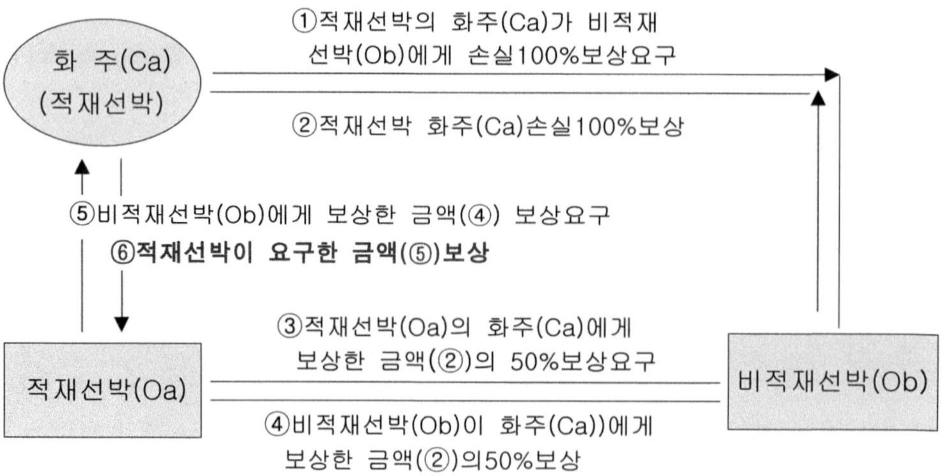

이렇게 되면 결국 피해화물의 적재선박(Oa)은 COGSA 제4조 제2항에서 규정한 면책 사유인 항해과실(negligent navigation)[101]을 이유로 자기선박의 화주에 대하여 면책되어야 함에도 불구하고, 화물손해의 반액을 상대선박(비적재선박, Ob)을 통해 자기 선박의 화주(Ca)에게 간접적으로 배상한 결과가 된다.[102]

이러한 모순을 시정하기 위해 선박소유자는 용선계약에 쌍방과실 충돌약관을 삽입하여 상대선박을 거쳐 간접적으로 자기 선박의 화주에게 배상한 자기의 분담액을 자기 선

101) 해상운송과 관련하여 발생시킬 수 있는 과실을 일반적으로 항해과실(fautes nautiques)과 상사과실(fautes commercials)의 두 가지로 분류한다. 항해과실이란 선장, 선원, 도선사 및 기타 선박소유자측 사용인의 선박운항과 관련한 과실을 말하며, 상사과실은 운송물의 선적, 적부, 취급, 관리, 보관, 양하 및 인도 등에 관하여 운송인의 부주의 등과 같은 과실을 말한다. 한편 선장과 항해사나 기관사 및 기타 선원, 도선사 등 은 선박의 조종 및 안전항해를 위해 필요로 하는 전문적인 기술을 갖추고 있어야 한다. 이중 항해과실은 이러한 기술 전반에 관한 과실을 의미한다.
그런데 이러한 항해과실에 기인하여 발생한 사고에 대한 손해는 선하증권 발행시 운송인의 면책사항으로 규정하고 있다. 그 이유는 선박의 항해나 조종에 관한 사항은 전문적인 기술을 필요로 하는 것일 뿐만 아니라 운송인이 직접 관여할 수 없는 분야이다. 또한 이러한 선박소유자 사용인의 사소한 과실로써도 선박의 충돌과 같은 큰 사고가 발생할 수 있으며, 그로 인한 손해도 막대하다. 또 이러한 선박소유자의 사용인인 선장, 선원 등의 항해과실에 대한 책임은 별도로 해난심판법에 의하여 선장 등이 소지하고 있는 면허에 대한 책임으로 징계 등의 처분을 받게 되므로 사고나 손해의 발생을 고의로 조장할 우려가 없을 것으로 보기 때문이다.
Hague-Visby규칙과 Hamburg 규칙에 이러한 항해과실에 대해 규정하고 있으며, 우리나라 상법(제795조②항)에도 운송인의 면책을 규정하고 있다.

102) 화주(Ca)는 충돌 상대선박(Ob)으로부터 회수한 손해배상금의 반액을 자신의 화물을 적재한 선박(Oa)의 소유자에게 반환하여야 되므로 결과적으로 충돌로 인한 화물손해의 반(half)밖에 보상 받지 못하게 된다. 그러나 화주(Ca)는 이에 대비하여 운송되는 화물에 대하여 화물보험에 부보하며, 이 때에 보험자는 화주(Ca)인 피보험자를 보호하기 위해 보험증권 상에 쌍방과실충돌약관과 관련하여 이러한 화주(Ca)의 손해를 보전하는 내용을 담고 있다.

박의 화주에게 청구할 수 있도록 하였다. 이것은 용선계약과 같은 사적 계약서에서 계약 당사자가 합의하여 이러한 약관을 삽입한 경우에 그 약관의 그 효력을 인정하고 있기 때문에[103] 이러한 약관의 삽입이 가능하다. 그러므로 선박소유자는 결국 자기 선박의 화물손해를 부담하지 않게 된다. 이것을 그림으로 표시하면 [그림 5-2]와 같다.

따라서 미국을 기항하는 선박소유자들은 미국적 선박과의 충돌이 발생할 경우 쌍방과실책임에 관한 미국법 하에서 상대선박(비적재선박)이 자기 선박(적재선박)의 화주에게 지급한 손해배상액을 본선(적재선박의 소유자)에게 청구하는 경우에 본선(적재선박의 소유자)은 자기 선박의 화주에게 다시 청구할 수 있다는 취지로 다음과 같은 내용(예: GENCON 1994, Clause 12)을 선하증권과 용선계약서에 삽입하게 된 것이다.

> "…… the owners of the cargo carried hereunder will indemnify the Owners against all loss or liability to the other or non-carrying vessel or her owners in so far as such loss or liability ……"

이 약관에 의해 선박소유자는 결국 자기 선박의 화물손해를 부담하지 않게 된다.

따라서 선박소유자와 용선자가 용선계약서를 작성할 때에, 이러한 충돌사고로 인하여 발생한 화주와 선박소유자의 피해 보상에 관한 분쟁을 영국법과 미국법 중 어느 법에 따를 것인가에 대한 결정과 합의에 유의하여야 한다. 그러나 미국도 이러한 균등부담주의에도 불구하고 오늘날에는 과실비례주의를 적용하는 입장을 취하고 있다.

제 7 절 유치권과 책임중단약관

1. 유치권

1) 의의

해상운송인이 운임 등을 지급받을 때까지 운송 화물을 수하인에게 인도하지 아니하고 자신의 점유하에 유치할 수 있는 권리를 해상운송인의 유치권(lien)이라고 한다. 우리나라에서 유치권이란 타인의 물건 또는 유가증권을 점유한 자가 그 물건이나 유가증권에 관하여 생긴 채권이 변제기에 있는 경우에는 변제를 받을 때까지 그 물건 또는 유가증권을 유치할 권리를 말한다. 유치권은 당사자의 의사와는 관계없이 일정한 요건이 충족되면 법률상 당연히 성립하는 법정담보물권이다. 그 취지는 공평의 이념에 있다.[104]

---

103) American Union Transport Inc. v. United States, (1976) AMC 1480

104) 김준호, 「민법강의」, (서울 : 법문사, 1998), p.476.

해상운송과 관련한 유치권의 행사는 화주 또는 수하인 등이 운송물을 수령하면서 운송인에게 지급하여야 할 운임 등의 운송 관련 채권을 변제하지 아니할 때에, 해상운송인은 청구채권을 강제적으로 변제받기 위하여 운송물에 대한 유치권을 행사하는 것이다. 이는 유치권의 특성상 단지 운송물을 유치하여 화주측에서 운송채무의 이행을 간접적으로 강제케 하는데 의의가 있다.[105)]

영미법에서 'lien'은 특정 또는 불특정 채무를 우선적으로 변제해야할 채무자 또는 제3자 소유의 동산이나 부동산의 부담(charge)으로 표시되지만, 영국의 커먼 로우하에서의 유치권과 형평법상의 유치권 및 제정법에 의한 유치권(statutory lien) 등으로 분류된다.[106)107)]

2) 유치권의 발생

(1) 커먼 로우(Common Law)에서의 유치권

영국의 커먼 로우(Common Law)에서는 채권자가 채무변제를 받을 때까지 목적물을 점유 및 유치할 수 있는 유치권(possessory lien)이 있다. 유치권은 점유의 취득과 계속을 그것의 발생과 유효성을 요건으로 하는 것으로 채권자는 채무변제를 받을 때까지 목적물을 유치시킬 권한을 가지는 것이다. 해상과 관련하여 선박소유자는 운송물에 대한 운임청구권, 화물에 대한 공동해손분담금 청구권 및 해상운송인이나 선장이 항해중 화물의 보호를 위해 사용된 비용에 대한 비용 상환청구권에 대하여 유치권(possessory lien)을 가진다. 이 경우 용선계약에 명시적으로 특약이 없는 한 유치권이 발생되는 운임에는 부적운임, 체선료, 초과정박손해배상금(damages for detention), 선급운임 등이 포함되지 않는다.

이러한 유치권은 운송물을 유치할 뿐이지 경매할 권한을 부여한 것은 아니다. 그러나 1894년 영국상선법(Merchant Shipping Act 1984)에는 90일 동안 운송물을 보관한 후 경매할 권한을 부여하고 있다.[108)]

---

105) 유치권에 대해서는 아래의 판례적 정의가 있다.
① a defence available to one on possession of a claimants' goods who is entitled at common law or by contract to retain possession until he is paid whatever he is owed.[The Chrysovallanduo Dyo(1981]) 1 LR 159]
② a lien is a right in one man to retain that which is in possession belonging to another till certain demands of him the person in possession are satisfied. [Hammond v. Barclay(1802) 2 East 227]

106) 이에 관하여 우리나라의 법률 체계상 선박우선특권, 유치권 및 질권의 개념 등을 포함하는 보다 광범위한 의미로 사용되고 있으므로 사용되는 상황에 따라 달리 표기되고 있다. 이에 기본적으로 유치권의 개념으로 접근하며 상황에 맞게 표시하기로 한다.

107) 그 이외에 선박우선특권(Maritime lien)은 해상법에서 선박에 의해 발생한 손해 및 제공된 용역에 대해 다른 채권자보다 우선적으로 권리를 보장받는 제도이며, 즉, 선원의 임금채권, 구조료 채권 등 특정 채권에 대하여 선박소유자에게 지불을 청구할 수 있는 채권자가 선박 및 운임 등을 목적으로 하여 다른 채권자보다 우선하여 변제받을 수 있는 권리로 소송에 의해 목적물을 압류한 뒤 경매하여 채권을 변제 받을 수 있는 강력한 유치권(lien)이다.

108) E. R. Hardy Ivamy, *op. cit.*, p.259.

(2) 당사자의 계약에 의해 약정한 유치권

영국의 커먼 로우에서 규정하고 있지 아니한 사항에 대해서는 당사자의 계약에 의하여 유치권을 규정할 수 있다. 위에서 살펴본 바와 같이 영국의 커먼 로우에서의 유치권은 부적운임, 체선료 등에 대해서는 인정되지 않으므로 해상운송인의 권리보호의 측면에서 미흡하기 때문에 이를 보충하기 위하여 당사자의 계약에 의해 유치권에 관한 사항을 삽입하는 경우가 많다. 이것이 당사자의 운송계약에서 약정한 유치권으로 당사자 자치 원칙에 의하여 당연히 효력을 갖는 것으로 인정되고 있다. 예를 들면, '용선자자는 부적운임과 체선료 및 그 밖의 모든 비용 등에 관하여 유치권을 가진다.'라고 규정하는 것이다.

이러한 점에서 1994년 GENCON(Clause 8)에서는 선박소유자의 유치권의 목적을 용선선박에 적재된 화물과 용선자가 재용선한 경우의 재용선료(sub-freight)까지 확대하였다. 그리고 유치권의 피담보채권에는 1976년 GENCON(Clause 8)에 규정된 운임, 부적운임 및 체선료에 추가하여 '손해배상금액 및 그 밖에 이 용선계약에 따라 지급받을 기타 금액과 이를 확보하기 위한 구상비용을 포함한 모든 금액의 채권'이 포함된다.[109]

3) 유치권의 행사요건

(1) 유치권의 발생

유치권(possessory lien)은 해상운송인이 운송화물을 점유하고 있어야만 발생하고 존속하는 것이며, 이에 대한 점유를 잃게 되면 즉시 소멸하게 된다. 그러므로 화물을 수하인에게 인도하면 유치권은 더 이상 주장할 수 없게 된다.

이러한 유치권은 특별한 약정이 없는 한 운임의 지급과 화물의 인도가 동시이행의 조건일 때에만 발생한다. 그러므로 특약이 없는 한 선급운임의 경우에 운임의 지급시기가 화물의 인도 이후로 약정된 경우에는 유치권이 발생하지 않는다.[110]

그러므로 일반적으로는 유치권이 행사되어지는 날을 기준으로 해서 미지급된 금액에 대해서만 유치권 행사가 가능하고, 유치권 행사 시점을 기준으로 계속해서 발생하거나 추후에 발생할 것으로 예상되는 금액에 대해서는 유치권을 행사할 수 없다.

(2) 유치권의 대상 화물

유치권을 행사할 수 있는 것은 원칙적으로 당해 항차 화물에 한한다. 다만, 운임의 일부가 지급되지 않았다고 하더라도 유치권은 당해 항차 화물 전체에 대하여 행사할 수 있다. 따라서 연속항해용선계약(consecutive voyage contract)이나 장기화물운송계약(COA)인 경우 운임이나 모든 비용정산을 각각의 항차에 대해 별개로 정산하기로 합의하는 것이 일

109) 박용섭, 앞의 책, p.336.
110) 심재두, 앞의 책, p.526.

반적이므로 다른 항차의 화물에 대해 유치권을 행사할 수 없도록 하고 있다.[111]

(3) 유치권의 권능

유치권에는 화물을 유치할 수 있는 권능만 있을 뿐이고 화물을 처분할 수 있는 권능은 없다. 그러나 1894년 영국상선법 제497조에 창고에 보관된 지 90일이 지난 경우에도 운임과 기타 비용이 지급되지 아니한 경우에는 화물을 경매할 수 있는 권한을 부여하고 있으며, 제498조에 경락대금을 배당하는 방식에 대해 규정하고 있다.

하지만, 유치권은 화물을 인도받고자 하는 사람에게 그 인도를 거부함으로써 자신의 채권을 회수하고자 하는 권리일 뿐이며 화물의 운송 자체를 거부할 수 있는 권리는 아니므로 항해 도중에 목적항 이전의 연료 보급항에서 화물을 실은 선박을 정박시키고 더 이상 항해를 하지 않은 것은 적법한 유치권의 행사로 볼 수 없다는 판례가 있다.[112]

4) 재용선계약에서의 유치권

정기용선계약에서는 운송물을 선적한 후 운항 도중 정기용선자가 용선료의 지급의무를 제대로 이행하지 않는 경우에 선박소유자가 미지급된 용선료를 확보하기 위해 계약당사자가 아닌 제3자가 정기용선자에게 지급하여야 하는 운임 또는 용선료에 대해 합법적으로 유치권[113]을 설정할 수 있도록 약정하는 경우가 많다.[114]

항해용선계약의 재용선(재운송)계약시에 유치권(lien)이 가장 큰 문제로 대두되는 것은 선박소유자가 주 운송계약(head charterparty)에서의 운임(영미법상의 용선료를 포함)을 지급받지 못한 경우에, 그 담보로서 제3자인 재용선자가 아래의 예와 같이 송화인의 화물, 또는 이들이 용선자에게 지급해야 할 운임상에 유치권을 행사하는 경우이다.

① 화주 Ca와 선박소유자 Oa가 톤당 운임 Fa로 60,000톤의 석탄운송을 위한 항해용선계약(VCa)을 체결하였다.

② 선박소유자 Oa는 선박소유자 Ob와 톤당 운임 Fb로 이 화물에 대한 재용선계약(항해용선계약, VCb)을 체결하였다. 이때 최초로 항해용선계약을 체결한 선박소유자 Oa

---

111) The Boral Gas(1988) 1 LR 342

112) The Mihalios Xilas(1978)2 Lloyd's Rep.186. 하지만 이 경우에도 목적항에 도착하면 화물에 대한 점유를 잃게 되어 유치권을 행사할 수 없는 경우 등 특별한 예외적인 경우에는 이와 같이 화물의 운송 자체를 거부할 수도 있을 것이다.

113) 재용선계약에 따른 재운임 또는 재용선료는 정기용선자가 재용선계약에 따라 재용선자로부터 받아야 할 운임 또는 선하증권계약에 따라 송하인으로부터 받아야 할 선하증권 운임을 의미하며, 이러한 재운임 및 재용선료는 선박소유자의 점유에 있는 것이 아니므로 점유를 갖는다는 의미에서의 유치권(lien)이라는 표현은 맞지 않지만, 영미법상 선박소유자가 재운임 또는 재용선료가 용선자에게 지급되기 이전에 선박소유자에게 지급되도록 청구할 수 있는 권리를 부여하여 주는 것으로 유치권(lien)을 광범위한 개념으로 사용하고 있다.

114) Baltime에도 "선박소유자는 이 용선계약하에서의 모든 청구권에 관하여 정기용선자 소유의 모든 화물과 재운송운임 및 기타 선하증권운임에 유치권을 갖는다"라고 규정하고 있다.

는 재용선계약에 화주의 입장이 된다.

[그림 5-3] 용선계약의 유치권 행사

한편 재용선계약에서의 유치권에 관하여 영국, 미국 및 우리나라 상법의 경우에 대하여 살펴보고자 한다.

(1) 영국법의 경우

이미 설명한 바와 같이 선박소유자가 용선자의 화물을 운송하는 경우에, 영국의 커먼로우에 의하여 운임을 지급받고자 그 화물을 유치할 수 있다. 그러나 선박소유자(예: [그림 5-3] 에서의 Ob)가 재운송계약에 의하여 화물을 운송하는 경우에는 특약이 없는 한, 운임지급에 대한 담보로서 그 화물을 유치할 수 없다. 따라서 많은 표준용선계약서에는 다음과 같은 유치권조항(GENCON 1994, Clause 8)을 설정해 두고 있다.

이러한 재용선계약의 유치권행사에 관련하여 살펴보고자 한다. 즉 화주 Ca와 선박소유자 Oa가 최초의 항해용선계약(VCa)을 체결하는 경우에 GENCON 1994 제8조와 같은 내용이 포함된다. 또한 Oa가 다시 선박소유자 Ob와 톤당운임 Fb 로 체결하는 재용선계약(항해용선계약: VCb)에도 이와 같은 GENCON 1994 제8조의 내용이 포함된다. 이때 실제로 화물을 운송하는 선박소유자는 Ob가 되며, 선박소유자 Oa는 재용선계약(VCb)에서는 화주의 입장이 된다. 따라서 선박소유자 Ob는 재용선계약(VCb)에 따라 선박소유자 Oa에게 운임지불과 필요한 경우 부적운임 등 각종 부수운임(sub-freight)을 청구하게 된다. 이때 선박소유자 Oa가 이러한 것(운임 및 부적운임 등)을 선박소유자 Ob에게 지불하지 않는 경우, 최초의 항해용선계약(VCa)에 따라 화주 Ca가 선박소유자 Oa에게 지불하는 운임 및 각종 부수운임에 대하여 재용선계약에 따라 실제로 화물을 운송한 선박소유자 Ob가 유치권을 행사할 수 있다는 내용이다

그러나 선박소유자(Ob)가 유치권을 행사할 때에, 처음 선박소유자(Oa)는 유치권행사가 정당하지 않다고 주장하게 되어 문제해결을 위한 중재가 시작되며, 이에 따라 선박소유자(Ob)는 공탁을 하고 선박소유자(Oa)와 화주(Ca)에 대해서도 공탁할 것을 요구한 후, 중재의 결과에 따라 정당하다고 판결을 받은 선박소유사(Oa나 Ob 중에서)에게 공딕금이 지불되게 된다.

한편, 기간용선의 표준계약서의 하나인, NYPE 1993 또는 NYPE 2015나 Baltime 용선계

약서에도 유치권을 행사할 수 있는 계약자가 유치권행사가 가능하도록 이러한 유치권행사에 관한 내용의 조항을 반드시 설정해 두고 있다. 그러나 이 유치권약관(lien clause)이 제3자나 수하인(consignee) 및 기타 선하증권 소지자에 대해서 어떠한 효력을 갖느냐하는 점은 각각의 경우에 따라서 다르므로, 일괄해서 논하기 어렵다.

(2) 미국법의 경우

미국법상에서는 운임이나 용선료, 체선료, 공동해손 분담비용 및 구조료 등의 채권을 확보하기 위한, 화물에 대한 선박소유자의 유치권을 인정하고 있다. 이러한 것에 대한 유치권은 화물의 점유를 요건으로 하는 것이기는 하나, 역시 선박우선특권(possessory maritime lien)을 인정하고 있다. 그러나 재용선계약에 따라 선적된 운송품에 대한 판례가 주용선계약(head charter party)에 따른 용선료, 체선료 등을 위한 선박소유자(Ob)의 유치권을 당연한 것으로 인정하고 있는 것은 아니다. 따라서 선박소유자(Ob)는 용선자와의 재용선계약체결시 영국의 관습과 같이 용선계약서에 유치권약관을 두고 있다.

용선계약상에 유치권약관의 효력에 관하여 다음과 같은 판례가 있다.[115)]

① 주용선계약상에 유치권 약관이 기재되어 있어도 선박소유자는 용선자 이외의 화주에 대하여 선하증권(그것이 선박소유자가 발행한 것이든 아니든 관계없이)에 기재된 운임액을 초과해서 유치권을 행사할 수 없다.

② 더욱이 이 경우 화주가 선의로 용선자(재운송인: Ob)에게 재운송운임을 지급한 경우에 그 지급은 유효하므로, 선박소유자는 화주(Oa)에 대하여 잔액에 대해서만 청구할 수 있다.

그러나 이와 같이 용선자(재운송인)에게 재운송운임을 지급한 재운송의 화주는 선박소유자(Oa)의 유치권 행사를 면할 수 있으나, 이 경우 화주의 지급이 선의로(즉 재운송운임 약관상에 선박소유자의 유치권(Oa)이 존재하는 것을 모르고) 이루어졌음을 증명하여야 한다. 또한 비록 화주가 재운운임을 지급할 때에 선박소유자의 유치권이 존재한다는 것을 몰랐다고 하더라도, 그것을 몰랐다는 것에 과실이 있었다면, 화주는 역시 면책될 수 없다.

(3) 우리나라의 경우

우리나라는 정기용선계약하에서 정기용선자가 용선료 등의 비용지급을 지체하거나 용선계약에 의한 채무를 이행하지 않아서 손해가 발생한 경우에 선박소유자는 상법 제844조 선박소유자의 운송물유치권 및 경매권과 제845조 용선료의 연체와 계약해지 등에 의해 채권을 확보할 수 있다.

그러므로 정기용선계약하에서의 선박소유자 유치권에 대해서는 제844조에[116)] 규정하

---

115) American Steel Barge Co. v. Chesapeak Co(1902)

116) 제844조 (선박소유자의 운송물유치권 및 경매권) ① 제807조 제2항 및 제808조는 정기용선자가 선

고 있으며, 정기용선계약 하에서의 용선료 또는 운임에 대한 선박소유자의 질권에 대해서는 제845조 제2항에서 규정하고 있다. 즉, 정기용선자가 제3자와 운송계약을 체결하여 운송물을 선적한 후 선박의 항해 중에 선박소유자가 계약을 해제 또는 해지한 때에는 선박소유자는 적하이해관계인에 대하여 정기용선자와 동일한 운송의무가 있음을 규정하고, 이에 대한 대가로 제845조 제3항에서 "선박소유자가 계약의 해제 또는 해지 및 운송계속의 뜻을 적하이해관계인에게 서면으로 통지를 한 때에는 선박소유자의 정기용선자에 대한 용선료·체당금, 그 밖에 이와 유사한 정기용선계약상의 채권을 담보하기 위하여 정기용선자가 적하이해관계인에 대하여 가지는 용선료 또는 운임의 채권을 목적으로 질권을 설정한 것으로 본다"라고 규정하고 있다. 즉, 선박소유자의 운송의무에 대한 대가를 확보하기 위하여 선박소유자에게 정기용선자가 적하이해관계인에 대하여 가지는 용선료 또는 운임에 대하여 질권을 인정하고 있다.[117)]

그리고 항해용선계약 하에서는 상법 제841조 제1항에서 수하인이 운송물을 수령한 때에 운임, 부수비용, 체당금, 체선료, 운송물의 가액에 따른 공동해손 또는 해난구조로 인한 부담액을 지급하지 아니하면 선장은 유치권을 행사할 수 있도록 제807조를 준용하고 있으며, 또한 제808조의 운송물경매권도 준용하고 있다.

2. 유치권과 책임중단약관과의 관계(Lien Clause and Cesser Clause)

책임중단약관은 일반적으로 항해용선계약에 설정되어 있는 약관이다. 항해용선계약에서 선박소유자는 용선자에게 해상운송과 관련한 운임, 부적운임(dead freight), 체선료 및 공동해손분담금과 기타 해상운송에 부수하여 발생되는 여러 가지 비용(채무)을 청구할 수 있는 권리를 가진다.

영국의 커먼 로우(Common Law)에 따르면 선박소유자의 유치권행사는 용선계약서에 특약이 없는 한 운임청구권과 공동해손분담금청구권에 대해서만 가능하다. 즉 용선자가 운임과 공동해손분담금을 지불하지 않을 경우 화물에 대한 유치권행사가 가능하며, 부적운임이나 체선료를 지불하지 않는다하여 선박소유자가 용선자의 화물에 대하여 유치권을

박소유자에게 용선료·체당금, 그 밖에 이와 유사한 정기용선계약에 의한 채무를 이행하지 아니하는 경우에 준용한다. 다만, 선박소유자는 정기용선자가 발행한 선하증권을 선의로 취득한 제3자에게 대항하지 못한다.

② 제1항에 따른 선박소유자의 운송물에 대한 권리는 정기용선자가 운송물에 관하여 약정한 용선료 또는 운임의 범위를 넘어서 행사하지 못한다.

제807조 (수하인의 의무, 선장의 유치권) ① 수하인이 운송물을 수령하는 때에는 운송계약 또는 선하증권의 취지에 따라 운임·부수비용·체당금·체선료, 운송물의 가액에 따른 공동해손 또는 해난구조로 인한 부담액을 지급하여야 한다.

② 선장은 제1항에 따른 금액의 지급과 상환하지 아니하면 운송물을 인도할 의무가 없다.

117) 염정호, 「정기용선계약법」, (서울 : 법문사, 2010), p.216.

행사할 수 없다.

그러나 용선자가 선박소유자에게 운임과 공동해손분담금은 물론 부적운임이나 체선료 및 기타 해상운송과 관련하여 발생한 부수비용(채무)을 용선자가 지불하지 않을 때에, 선박소유자가 용선자의 화물에 대한 유치권 행사의 허용을 명시적으로 용선계약서에 설정하는 경우, 용선자를 보호하기 위하여 선박소유자에게 이러한 채무를 지불하자마자 용선자의 책임이 중지된다는 내용의 약관을 동시에 설정하게 되는데 이러한 약관을 용선자의 책임중지약관(cesser clause)이라고 한다. 예를 들면 "이러한 비용지불이 용선자에 의하여 이루어지지 않을 경우 용선자의 화물에 대한 유치권을 행사할 수 있으며, 용선자는 이러한 비용을 지불하자마자 용선자의 책임이 중단된다."는 내용의 약관이다.[118][119]

이와 같이 유치권약관이 있는 상태에서의 책임중단약관은 항상 유치권약관과 연계하여 해석되어져야 한다. 이것은 만약 유치권은 설정되어 있지 않고 책임중단약관만 설정되어 있다면 용선자의 책임은 중지된 반면 모든 위험은 선박소유자에게만 전가된 결과가 되기 때문이다.

그러나 책임중단약관이 설정되어 있다하더라도 용선자의 모든 책임이 무조건 중지되는 것이 아니고 선박소유자가 유치권을 행사할 수 있는 사항에만 국한된다. 또한 화물의 양하지 등에서 유치권 행사가 허용되지 않아 선박소유자가 유치권 행사를 실제적으로 하지 못하게 되는 경우에는 책임중단약관은 효력이 없으며 용선자는 책임중단약관이 용선계약서에 설정되어 있음에도 불구하고 계속해서 운임 및 체선료에 대해 선박소유자에게 책임을 져야한다. 이러한 내용이 GENCON 1976(Clause 8)에서는 명확히 규정하고 있다. 물론 선박소유자가 유치권 행사를 못하는 이유가 단순한 불편함이나 어려움(commercial inconvenience or difficulty)으로 인한 것이 아니고 유치권 행사가 법적으로 또는 실제적으로 불가능하기(legally or practically impossible) 때문이어야 한다. 또한 유치권행사의 불가능에 대한 입증 책임은 선박소유자에게 있으며, 선박소유자는 그럴 경우에만 책임중지약관에도 불구하고 용선자에게 계속하여 책임을 추궁할 수 있다.

또한 선박소유자의 유치권약관은 용선계약의 책임종료약관(Cesser Clause)과 상치될 가능성이 있다. 책임종료약관의 내용은 화물선적 완료 후 운임·체선료·부적운임·공동해

---

118) 대표적으로 "선박소유자는 모든 운임, 부적운임, 체선료 또는 해손에 관하여 화물에 대한 유치권을 갖는다. …… 이 용선계약하에서의 용선자의 책임은 화물이 선적됨과 동시에 종료된다(Vessel to have a lien on the cargo for all freight, deadfreight, demurrage or average …… Charterer's liability under this charter to cease on cargo being shipped)"라는 문언 등이 있다.

119) GENCON 1976 제8조에는 "Owners shall have a lien on the cargo for freight, dead-freight, demurrage and damages for detention. Charterers shall remain responsible for dead-freight and demurrage(including damages for detention), incurred at port of loading. Charterers shall also remain responsible for freight and demurrage(including damages for detention) incurred at port of discharge, but only to such extent as the Owners have been unable to obtain payment thereof by exercising the lien on the cargo."라고 규정하고 있다.

손분담금에 대하여 용선자가 선박소유자에게 부담하는 대인적 책임을 면제하는 대신 선하증권소지인이 그 책임을 지도록 하는 것이다. 미국 법원은 The Eliza Lines 61 F. 308(D. Mass 1984) 사건에서 "책임종료약관은 용선자로서의 책임만을 면제한 것이므로, 선하증권소지인 용선자는 선하증권소지인으로서의 책임을 지므로 책임종료약관의 적용을 받을 수 없다."라고 판시하였다.[120)]

3. GENCON 1994에서의 유치권과 책임중단약관[121)]

GENCON 1994에서는 선박소유자의 유치권의 목적(대상)을 용선선박에 실린 화물과 용선자가 재용선한 경우의 재용선료(sub-freight)까지 확대하였다(Clause 8). 그리고 유치권의 피담보채권에는 GENCON 1976에 규정된 운임, 부적운임 및 체선료에 추가하여 "손해배상금액 및 그 밖에 이 용선계약에 따라 지급받을 기타 금액과 이를 확보하기 위한 구상비용을 포함한 모든 금액의 채권(claims for damages and for all other amounts due under this Charter Party including costs of recovering same)"을 추가로 삽입하였다.

그리고 재용선료에 대한 유치권은 선박소유자가 재용선자가 용선료 또는 재운임을 용선자에게 지급하기 전에 행사하여야 한다. 재용선계약에서 용선자가 운임선급 (freight prepaid) 선하증권을 재용선자에게 교부한 경우, 선박소유자는 재용선자가 지급한 재용선료에 유치권을 행사할 수 없다.

GENCON 1994 제8조에서는 GENCON 1976에서 규정된 초과정박손해배상금(damages for detention)을 삭제한 것으로 보이나, 이 초과정박손해배상금은 해석론상 GENCON 1994의 "손해배상금과 그 밖의 기타 손해"에 포함되어 있다는 점에 유의하여야 한다. 그리고 GENCON 1976에 규정되었던 용선자 책임중단약관(cesser clause)을 삭제하였다. 책임중단약관은 선박소유자가 청구할 운임과 체선료를 확보하기 위하여 용선선박에 실린 화물을 유치하면, 용선자는 운임과 체선료 채무를 면하게 하는 약관이다. 그런데 수하인이 정부일 경우에 선박소유자는 유치권을 행사할 수가 없기 때문에, 용선자가 체선료의 지급책임이 있는가에 대하여 다툼이 많이 발생하였다. 그리고 선박소유자가 법률상 운송물과 재용선료에 대하여 유치권을 행사할 수 있기 때문에 삭제한 것이다.

다시 말하자면 GENCON 1994년 계약서에서 용선자의 책임중단약관이 삭제된 것은 용선자가 항해용선계약에 따라서 선박소유자에게 지급할 모든 채무를 변제할 의무가 있음을 뜻하는 것이다. 물론 어떠한 경우에도 선박소유자는 유치권을 행사하여 자기의 채권을 우선변제 받을 수 있다.

---

120) 송상현·김현, 앞의 책, p.227. ; 염정호, 앞의 책, p.211.
121) 박용섭, 앞의 책, p.336.

제8절 공동해손 및 New Jason Clause

[GENCON 1994 Clause 12 및 NYPE 2015 Clauses 25]

1. 공동해손 약관

1) 공동해손의 정의

공동해손(general average)은 선원, 선박, 화물 및 기타 해상사업과 관련되는 단체에 공동의 위험이 발생했을 경우 그러한 위험을 제거하거나 경감시키기 위해 선체 및 장비와 화물 등의 일부를 의도적으로 희생시키거나 혹은 필요한 경비를 지출했을 때 이러한 희생된 손해와 경비를 말한다. 이러한 공동해손은 선체, 장비, 화물 등의 일부가 희생되는 공동해손희생손해(general average sacrifice)와 경비가 발생하는 공동해손비용손해(general average expenditure)로 구분된다.[122)]

그러나 우연히 발생한 손해를 선박소유자나 용선자 또는 화주가 단독으로 부담하는 경우 이때의 손해를 공동해손과 구분하여 단독해손(particular average)이라고 한다.

2) 공동해손의 기원

공동해손에 관한 최초의 기록은 기원 전 916년에 공포된 세계 최초의 해상법이라고 하는 공동해손에 관한 로드법(Rhodian Law of General Average)이나, 해상위험을 공동으로 부담하는 제도는 그 이전부터 시행되어 온 제도이다. 로드인이 제정한 해상법의 원본은 전해지지 않고 있지만, 533년 로마 유스티안 황제의 명령에 의해 로드법(Rhodian Law)을 인용하여 편찬된 유스티니아법전에 '투하에 관한 로드법'이라는 제목으로 공동해손을 다음과 같이 정의하고 있다.[123)]

> "The Rhodian law provides that if in order to lighten a ship merchandise is thrown overboard, that which has been given all shall be replaced by the contribution of all"

> "만일 선박의 무게를 가볍게 하기 위해 화물의 일부를 해중에 투하하였을 때 이에 대한 희생은 전체가 분담해야 한다."

이와 같이 로드법과 유스티니안 법전에서 공동해손에 관한 원칙이 규정되어 공동해손 제도는 하나의 해사관습으로 법제화되었으며, 일찍부터 해상보험이 발달한 영국에서 공동해손의 정산에 관한 기록은 에드워드 1세(Edward 1, 1272~1307)의 집권시대부터 최초로 시작된 것으로 알려지고 있다.

---

122) 구종순, 「해상보험」, (서울: 박영사, 2000), p.350.
123) 김정수, 「해상보험론」, (서울: 박영사 1995), p.439.; 구종순, 앞의 책, p.353.

3) 공동해손의 성립요건

해상사업에서 공동의 위험을 제거하거나 경감시키기 위해 해상자산의 일부를 의도적으로 희생시키거나 혹은 필요한 경비를 지출하는 것과 같은 관련 당사자들의 공동의 안전을 도모하기 위하여 취해진 행위를 공동해손행위(general average act)라고 하며, 이러한 공동해손행위로 인하여 발생한 손해가 공동해손으로 성립되어 관련 당사자들이 공동으로 손해를 분담하기 위해서는 다음과 같은 요건을 갖추어야 한다.

① 해상사업과 관련된 해상모험(maritime adventure)이어야 한다. 따라서 육지에 있는 A 창고에서 화재가 발생하여 소방수로 진화하는 과정에서 B상품에 손상이 생겼다 하여, 상품 B의 소유자가 자기 상품의 손실을 구상하기 위해 A에게 그 손실에 대한 분담금을 청구할 수 없다.

② 공동해손을 발생시키기 위한 희생이나 비용의 발생이 이례적(extra ordinary)이어야 한다. 따라서 통상적으로 발생되는 비용은 공동해손으로 인정되지 않는다. 예를 들면 항해중 예상되는 악천후를 피하고자 선박의 속력을 높여 항해를 하는 경우 추가로 소요된 연료비는 통상적인 비용으로 간주되며, 공동해손비용이 되지 않는다. 왜냐하면 속도를 높이지 않고 항해를 하게 되면, 그만큼 항해가 길어져서 연료가 더 소비되기 때문이다.

③ 희생이나 비용이 의도적인(intentionally) 행위에 의해 발생 또는 지출된 것에 국한한다. 선박과 화물의 안전을 위해 갑판에 적재한 화물을 의도적으로 바다에 투하(jettison)하는 경우를 예로 들 수 있다.

④ 희생이나 비용지출이 해상운송관련 당사자들의 공동위험에 대처하여 공동의 안전(common safety)을 위한 것이어야 한다. 따라서 항해중 인접항구에 입항하여 고장난 선박에 적재된 화물인 냉동컨테이너를 수리하는 경우 발생되는 비용은 공동해손비용이 아니다.

⑤ 희생이나 비용지출이 현실적(real)으로 절박하게(imminent) 존재하는 위험에 대처하기 위함이어야 한다. 그러므로 위험이 상상적(imaginary)이거나, 위험에 처할 가능성이 커서 이것이 두려워서 미리 취한 행동은 공동해손행위가 되지 않으며, 그 비용도 공동해손비용으로 분담되지 않는다.

⑥ 위험에 대처한 행위가 합리적이어야 한다. 그러나 위험에 대처한 행위의 합리성에 대한 판단은 행위를 취할 당시의 상황에 따른다. 선장이 어떤 행위를 최선의 판단에 따라 합리적으로 취했다면, 그 후에 다른 더 좋은 방법이 나타난다고 해도 선장이 취한 행동은 공동해손행위로 인정될 수 있다.

한편 요크-안트워프 규칙(York-Antwerp Rule 1974) A조에서도 공동해손을 다음과 같이 정의하고 있다.

The York-Antwerp Rules 1974, Rule A

"There is a general average act when, and only when, any extraordinarily sacrifice or expenditure is intentionally made or incurred for the common safety for the purpose of preventing from peril the property involved in a common maritime adventure."

"공동해손행위는 공동항해에 속하는 재산을 위험으로부터 보존할 목적으로 공동안전을 위하여 고의적이고(intentionally) 또한 비합리적으로(extraordinarily) 이상(異常, peculiar)의 희생이 이루어지고, 또한 이상(異常, peculiar)의 비용이 지급될 경우에 한하여 성립된다."

요크-안트워프 규칙에서도 공동해손의 성립에 관하여 위에 설명한 동일한 요건을 필요로 하고 있는 것을 알 수 있다.

2. 공동해손의 정산과 뉴제이슨 약관 [GENCON 1994 Clause 12, NYPE 2015 Clause 25 및 33(c)]

인명과 자산에 어떠한 손실이 발생한 경우에 이 손실을 공동의 손실로 간주하여 관련 당사자들이 공동으로 손실을 분담하는 제도는 해상보험에만 존재하는 특이한 제도이며, 일반적으로 용선계약에서 이와 같은 공동해손을 취급하는 데는 두 가지의 보호조항이 있다.

첫째는 공동해손 희생손해 또는 비용에 대한 정산을 요크-안트워프 규칙(York-Antwerp Rules)에 의거한 특정장소, 법률 및 관습에 따라 행한다는 규정이다.

둘째는 용선계약부 선하증권(Charter Party Bills of Lading)이 발행되는 경우에 선하증권에서도 용선계약과 마찬가지로 선박소유자를 보호하는 약관을 규정하는 것이다.

이러한 보호조항의 약관에 따라 용선계약에서 공동해손 약관과 뉴제이슨 약관을 포함할 뿐만 아니라 선하증권에도 두개의 약관을 삽입한다는 것이다.

따라서 정기용선계약(NYPE 1993) 하에서의 공동해손은 1990년에 개정된 1974년의 요크-안트워프 규칙 또는 그 후에 개정된 규칙에 따라서 정산하며 정기용선자는 정기용선기간 중에 용선자가 발행하는 모든 선하증권에 공동해손은 이러한 요크-안트워프 규칙을 적용하여 정산한다는 내용과 "New Jason Clause(NYPE 1993 Clause 31) 내용을 포함할 것을 보증한다."라고 규정하여 이 두 가지 보호조항의 적용을 명확하게 하고 있다(NYPE 1993 Clause 25). 하지만 NYPE 2015에서는 공동해손에 관해 '요크 앤트워프 규칙 1994'에 따라 NYPE 2015 제54조(준거법과 중재) 약관에 명시된 장소에서 미화(USD)로 정산하는 것으로 개정되었다.

또한 항해용선계약에서의 "공동해손의 정산(GENCON 1994 CL 12)은 요크-안트워프 규칙(York-Antwerp Rules 1994)과 그 이후 개정된 규칙에 따라 런던에서 정산한다."라고 약관의 앞부분에서 먼저 일반적인 원칙을 규정하고 있다. 이 약관에 따르면, 항해과실에 의해 손해가 발생한 경우 선박소유자의 면책에 관해서도 명시하고 있다. 그리고 항해용선계약

하에서 공동해손이 미국의 법률과 관습에 따라 정산되는 경우에 적용되는 규정을 명시하고 있는데(GENCON 1994 Clause 12), 그 내용이 정기용선계약에서의 약관[(NYPE 2015 Clause 33(c)]의 내용과도 동일하다.

한편 뉴제이슨약관의 역사를 개략적으로 살펴보면 다음과 같다.

미국의 법령에 의하면, 항해 및 선박의 관리에 대한 태만(negligence)과 같은 선박소유자(또는 사용인)의 책임으로 인하여 발생한 공동해손인 경우에는 원칙적으로 선박소유자는 화주나 다른 이해관계자로부터 공동해손분담금(contribution to general average)을 회수할 권리를 인정하지 않는다. 미국 연방 최고법원도 이러한 입장을 견지하고 있었다. 이것은 선박소유자(운송인)가 그 자신이나 자신의 사용인의 과실의 책임에서 벗어난다는 것은 공공정책에 반한다고 판단하기 때문이다.

한편 1893년 Hater Act 제3조에 의하면 미국의 수출입화물을 운송하는 모든 선박소유자는 모든 면에서 본선으로 하여금 감항능력을 갖추도록 하여야 하며, 능력과 자격을 갖춘 선장과 선원을 배승하여 선무를 시키고 선박을 의장하며 선박의 보급품을 충분히 보급하기 위하여 상당한 주의를 기울여야 함은 물론 이렇게 하였을 경우 선장과 선원 등의 승무원의 항해과실 및 관리에 관련하여 범한 과실로 인한 화물의 멸실과 손상에 대하여는 선박소유자는 책임을 면하도록 규정하고 있다. 그러나 항해 및 선박의 관리에 대한 태만(negligence)으로 인하여 발생한 공동해손인 경우에는 선박소유자는 화주로부터 공동해손분담금(contribution to general average)을 회수할 권리를 인정하지 않는다. 그러므로 본법이 성립된 후, 항해 및 선박의 관리에 상당한 주의를 기울였을 경우 항해과실로 인해 생기는 멸실에 대해 선박소유자가 면책되므로, 선박소유자는 공동해손 분담금을 화주에게 청구할 수 있게 되었다.

따라서 각국의 선박소유자는 항해과실로 인한 공동해손 발생시 선박소유자가 면책되고 화주를 포함하여 이해관계자로부터 공동해손 분담금을 청구할 수 있는 Harter Act 제3조의 취지가 포함된 약관을 선하증권에 삽입하여 문제를 해결하였다.

또한 미국 연방 최고법원도 제이슨(Jason)호 사건[124]을 통해 Harter Act 제3조의 선박소유자의 면책조항을 인정하게 되었고, 선박소유자가 발행한 선하증권에 선박소유자 면책약관이 적법하다고 판결하였다. 이 사건을 계기로 하여 본 약관을 제이슨약관(Jason Clause)이라 하였다. 그리고 동일한 선박의 소유자의 선박에 의하여 선박이 구조되었을 경우에도 다른 선박소유자의 선박에 의하여 구조된 경우와 같이 구조료를 청구할 수 있음을 특약으로 규정하였다. 기존의 제이슨약관에 이러한 특약이 추가된 것을 뉴제이슨약관(New Jason Clause)이라고 한다.

---

124) 1904년 노르웨이 상선 Jason 호가 항해사의 과실로 쿠바 해안에 좌초하였는데, 사고 원인이 항해사의 과실임에도 불구하고 미국 대법원이 공동해손의 과실약관(average negligence clause)의 효력을 인정하여 선박소유자를 면책한 사건이다.

이와 같이 뉴제이슨약관은 용선계약서에서 선박소유자 혹은 그의 고용인들의 귀책사유로 인하여 또는 이와 관계없이 사고나, 위험, 손상, 천재지변이 발생하고 이에 화물운송인이 공동해손희생, 손실, 비용, 경우에 따라서는 구조비를 지불해야 하는 경우, 선박소유자로 하여금 화물의 이해당사자로부터 공동해손 분담금을 청구할 수 있도록 하는 약관이다.

또한 이 약관에 따르면 공동해손을 최소화하기 위하여 운송인이 소유 또는 운송인이 관리하는 구조선을 이용하는 경우에도 이러한 구조선이 제3자에 속하는 경우와 동일하게 관련당사자가 분담하여 지불하여야하며, 화주는 화물을 운송인으로부터 인도받기 전에 이러한 비용을 분담하는데 충분한 금액을 선박소유자에게 공탁하여야 한다.

결국 이와 같이 용선계약서에 뉴제이슨약관을 포함시켜서 선박소유자의 과실에 의해 공동해손이 발생했더라도 선박소유자는 면책되며, 선박소유자의 과실이 있다하여 발생한 손실을 선박소유자나 화주가 단독으로 책임을 지지 않고, 동 약관에 의거 선박소유자는 발생한 손해를 공동해손으로 처리하며 선박소유자 자신을 포함하여 화주 등 관련 당사자들에게 공동해손분담금을 청구할 수 있는 것이다.

제9절 준거법과 중재

1. 중재의 의의

중재란 당사자간의 합의에 의하여, 사법상의 법률관계에 관한 현존 또는 장래에 발생할 분쟁의 전부 또는 일부를 법원의 판결에 의하지 아니하고 사인인 제3자를 중재인으로 선정하여 구속력 있는 판정을 구하는 동시에, 분쟁당사자가 그 판정에 복종함으로써 최종적인 해결을 얻는 단심제의 분쟁해결제도를 말한다.[125] 즉, 중재제도는 분쟁당사자가 스스로 재판청구권을 포기하고 중재에 의하여 그들의 분쟁을 해결하겠다는 합의가 있어야 중재절차의 진행이 가능하며, 중재인이 내린 중재판정에 당사자가 복종함으로써 분쟁을 최종적으로 해결하는 당사자자치에 의한 분쟁해결제도이다.

중재의 본질은 그 법리적 근거에 비추어 볼 때 그것이 사적 재판이라는 점에 있다. 즉, 중재는 당사자간의 상호양보나 제3자가 제시하는 조정안에 동의함으로써 분쟁을 해결하는 것이 아니고, 제3자의 판단에 의하여 분쟁을 해결한다는 점에서 재판과 유사하고 화해나 조정과는 다르다. 그러나 중재가 비록 재판이기는 하지만 국가권력에 기초를 두는 법원의 법률에 의한 판단에 의하는 것이 아니고, 당사자의 자주적 의사에 기초를 두는

125) 박상조·주기종·윤종진, 「국제상사중재법론」, (서울 : 한올출판사, 1997), p.41.

사적 법원의 경험법칙, 국내외의 다양한 사회관행이나 관습법 및 형평과 선의에 의한 판단에 의하는 것이다.

이러한 분쟁당사자의 자주적 측면에 착안하면 화해나 조정에 가깝고 재판과는 다르다. 결국 중재는 강제적 분쟁해결방법인 재판과 자주적 분쟁해결방법인 화해나 조정의 중간적 위치에 있는 분쟁해결방법이라고 할 수 있다.[126] 이러한 중재에 관하여 GENCON 1994에서는 준거법과 중재를 영국법과 런던 그리고 미국법과 뉴욕으로 구분하고 있다. 또한 계약당사자가 합의하여 제3의 장소와 준거법을 지정할 수 있다. 위의 3가지 방법중 하나를 계약당사자가 합의하여 선택할 수 있다. 그러나 선택하지 아니한 경우에는 영국법을 준거법으로 하고 있다.[127]

한편 NYPE 2015에서는 ① 뉴욕에서 미국법, ② 런던에서 영국법, ③ 싱가포르에서 싱가포르법 또는 영국법, ④ 상호 합의된 장소의 법 가운데에서 선택할 수 있도록 규정하고 있다. 특히 ③항에서 싱가포르법 또는 영국법 중 선택하되, 선택하지 아니한 경우에는 영국법을 적용하도록 규정하고 있다.

2. 영국법을 준거법으로 하는 중재절차

1) 런던에서의 해사중재[128]

영국법을 준거법으로 선택하는 경우는 GENCON의 해석을 영국법을 근간으로 하여 행하는 것을 의미한다. 또한 이 항해용선계약으로 발생하는 분쟁에 관해서는 1950년과 1979년 중재법 또는 그 당시에 시행중인 영국의 개정법 또는 그 재정법에 따라서 런던에서 중재를 행하게 된다. 그러나 영국의 중재법(Arbitration Act)은 1950년에 제정되고 1979년에 개정되었으나, 지난 1996년에 다시 개정되어 1997년 1월 31일부터 발효되고 있다. 따라서 이 약관에서는 1979년 중재법까지만 언급하고 있으나, 현실적으로는 1996년 중재법이 적용된다.

런던에서의 해사중재(로이즈 구조계약표준서식, 즉 LOF에 의한 구조중재 제외)는 보통 런던해사중재인협회(the London Maritime Arbitrators' Association: LMAA)의 중재규칙인 LMAA Terms(1997)에 따라 진행된다. 런던해사중재인협회는 런던해사중재인들로 구성된 협회로서, "런던해사중재인들의 전문지식을 향상시키고, 권고와 조언을 통해 신속한 분쟁처리를 도와주는 것"을 목적으로 1960년 2월 12일에 설립되었다.

한편 클레임금액이 당사자가 합의한 일정한 금액을 초과하지 않는 소액 분쟁의 경우에는 런던해사중재인협회의 소액클레임절차(Small Claims Procedure)에 따라 중재가 진행된다.

---

126) 위의 책, p.42.

127) 박용섭, 앞의 책, p.342.

128) 이시환, "항해용선계약과 중재", 「중재」 제292호(1999), p.70 이하의 내용을 요약 정리함.

소액클레임절차는 소액클레임의 해결을 간단하고, 신속하며, 또한 저렴하게 처리하기 위해 도입된 것이다.

2) 런던해사중재인협회의 중재조건[LMAA Terms(1997)]에 의한 중재

(1) 중재판정부의 구성

중재판정부는 ① 단독중재인, ② 중재인 2인과 심판인(umpire) 1인 또는 ③ 중재인 3인으로 구성될 수 있다.

중재조항이 "단독중재인"의 지명을 요구하거나 중재조항상 중재판정부가 어떻게 구성되어야 하는가를 명시하지 않고, 당사자들이 중재인 지명에 합의하지 못하는 경우, 첫째, 분쟁당사자의 서면합의를 통해 중재조항을 "중재인 2인과 심판인 1인" 또는 "중재인 3인"으로 바꾸고, 둘째, 고등법원(High Court)에 단독중재인의 지명을 신청할 수 있다.

중재판정부가 3인 중재인으로 구성되는 경우, 중재판정부는 다음과 같이 구성된다(LMAA Terms 제8조). 우선 각 당사자는 일방 당사자에 의해 중재인을 지명하도록 서면요청을 받은 후 14일 이내에 중재인 1인을 지명하고, 이렇게 지명된 두 사람의 원중재인은 제3중재인(third arbitrator)을 지명하며, 원칙적으로 제3중재인이 의장(chairman)이 된다. 제3중재인이 지명되기 전 또는 제3중재인이 없는 경우에는 중재인 2인이 중재에 관련된 결정, 명령 및 판정을 할 수 있다. 그리고 제3중재인이 지명된 이후의 결정, 명령 및 판정은 중재인 전원 또는 중재인 과반수의 찬성으로 한다. 만장일치 또는 과반수의 찬성이 없는 경우 결정, 명령 및 판정에 있어서는 의장의 견해가 우선한다.

한편, 중재판정부가 중재인 2인과 심판인 1인으로 구성되는 경우, 중재판정부는 다음과 같이 구성된다(LMAA Terms 제9조). 우선 각 당사자는 일방 당사자에 의해 중재인을 지명하도록 서면요청을 받은 후 14일 이내에 중재인 1인을 지명하고, 이렇게 지명된 두사람의 원중재인은 심판인을 선임할 수 있다. 원칙적으로 중재에 관한 결정, 명령 및 판정은 원중재인들이 하고, 심판인의 지명은 구두심문이 요구되거나 원중재인들이 중재와 관련된 문제에 합의를 하지 못하는 경우에만 필요하다. 원중재인들이 합의하지 못하는 경우 그들은 분쟁당사자와 심판인에게 곧바로 서면통지하고, 그 후 심판인은 그들을 대신하여 자기가 단독중재인인 것처럼 중재에 관한 결정, 명령 및 판정을 할 수 있다.

(2) 중재절차

분쟁 당사자는 중재절차에 관한 사항을 합의할 수 있다. 그러나 당사자 사이에 별도의 합의가 없는 경우, 중재판정부가 모든 중재절차 및 증거에 관한 사항을 결정한다. 영국법은 중재의 진행에 관한 폭넓은 재량권을 중재판정부에 부여하고 있다. 이러한 재량권을 부여하는 기본적인 목적은 분쟁을 가장 신속하고 가장 경제적인 방법으로 해결하도록 보증하는 것이다. 중재판정부의 보수는 근본적으로 사건에 투자한 시간에 비례하기 때문에 시간의 절약이 곧 중재판정비용을 줄이는 길이다.

분쟁 당사자들은 중재의 초기 단계에 중재를 심문 없이 서류만으로 할 것인가 또는 구두심문을 할 것인가의 여부를 합의하기 위하여 노력하여야 한다. 만약 합의가 되지 않으면 신청인은 구체적인 안을 제시하여 중재판정부에 그에 대한 지시를 해 줄 것을 요청하여야 한다. 이러한 신청서류의 사본은 상대방에게 보내야 하며, 상대방은 반대 이유를 명시하여 3 영업일(중재판정부가 피신청인의 요청에 따라 3일 이상의 시간을 허용한 때에는 그 시간) 이내에 중재판정부에 회신하여야 하고(LMAA Terms 제12조), 또한 그 사본을 신청인에게 보내야 한다.

중재판정부의 결정 또는 당사자의 합의에 의거 중재를 구두심문 없이 서류만으로 하기로 한 경우, 당사자들은 준수해야 할 중재절차를 합의하고 그 내용을 중재판정부에 통지하여야 한다.

한편, 구두심문이 포함된 경우 심문 준비를 위한 시간표는 가능한 한 당사자 사이에 합의되어야 하고, 신청인은 그 합의내용을 중재판정부에 통지하여야 한다. 심문일은 원칙적으로 심문기간을 적절히 추산할 수 있을 정도로 준비작업이 진척된 후에 확정한다.

(3) 중재판정

중재판정을 위해 요구되는 시간은 사건의 정황에 따라 달라진다. 중재판정은 통상 절차 종료 후 6주 이내에 하여야 한다(LMAA Terms 제21조).

3) 소액클레임절차

분쟁금액이 용선계약 체결시 합의한 금액(GENCON 1994 Part I 의 Box 25 에 표시)의 총액을 넘지 않는 소액인 경우는 런던의 해사중재인협회의 소액청구절차에 따르도록 규정함으로써 이 또한 분쟁해결의 신속성을 돕고 있다.

소액클레임의 중재는 단독중재인이 한다. 분쟁이 발생되고 당사자들이 소액클레임절차에 의하기로 합의한 경우, 사전에 단독중재인을 합의해 두고 있지 않은 한, 당사자의 일방은 상대방에게 단독중재인 지명에 참여를 요청하는 통지를 함으로써 중재를 개시할 수 있다. 14일 이내에 당사자들이 단독중재인에 합의하고 그 중재인이 지명을 수락하면, 신청인은 그 후 추가되는 14일 이내에 피신청인에게 감정인의 보고서를 포함한 관련 서류 사본을 첨부한 클레임청구서를 보내야 하고, 중재인에게도 그 사본을 송부한다(LMAA 소액클레임절차 제2조).

당사자들이 14일 이내에 단독중재인에 합의하지 못할 경우, 당사자의 일방은 런던해사중재인협회 명예서기(Honorary Secretary)에게 서면으로 단독중재인을 지명해 줄 것을 신청할 수 있다. 런던해사중재인협회장은 분쟁의 성질을 고려한 다음 적절한 중재인을 지명하고, 당사자에게 통지한다.

소액클레임절차하에서는 법원에 제소할 권리가 배제되며, 여기에서는 신속한 분쟁해결을 위해 기한에 관한 규정을 많이 두고 있다. 구체적으로 항변서 및 감정인의 보고서를 포함한 모든 관련 서류를 첨부한 반대신청의 명세는 클레임 청구서를 받은 날 또는 중재인의 지명일로부터 28일 이내 중 늦은 날까지 신청인에게 보내야 하고, 반대신청에 대한 답변서와 항변서는 그 후 추가되는 21일 이내에 보내야 한다(LMAA 소액클레임절차 제5조). 그러나 반대신청이 있는 경우, 반대신청의 항변에 대한 답변서는 그 후 추가되는 14일 이내에 보내야 한다. 만약 이러한 기한의 연장을 하고자 하는 경우에는 그 기한의 만료 전에 신청하여야 한다. 그리고 중재인이 심문을 요구하는 예외적인 경우를 제외하고, 심문은 하지 않는다.

중재인은 서류만으로 하는 중재의 경우에는 중재인이 모든 관련서류와 제시물을 수령한 날로부터, 그리고 구두심문이 있는 경우는 심문종료일로부터 한달 이내에 중재판정을 하기 위해 모든 노력을 경주하여야 한다(LMAA 소액클레임절차 제7조).

3. 미국법을 준거법으로 하는 중재절차[129]

1) 뉴욕에서의 해사중재

용선계약 당사자가 GENCON 1994의 제19조(b)항을 선택한 경우에는 미국법, 즉 미국의 중재법(Title 9 of the United States Code)[130]과 미국의 해사법(Maritime Law)에 준거하여 뉴욕에서 중재에 회부된다. 그리고 중재절차는 미국 해사중재인협회(Society of Maritime Arbitrators, Inc.: SMA)의 규칙에 따라 진행된다.

미국 해사중재인협회(SMA)는 1963년 뉴욕에서 해사중재에 참여하고 있는 소그룹의 개인들이 안전한 중재를 도모하는 한편, 그들의 윤리기준을 마련하기 위한 기구의 필요성을 인식하여 설립하였으며, 미국에서 해사사건을 처리하는 주된 기구로서, 비영리 단체이다. 미국 해사중재인협회는 해사중재절차를 위한 중재규칙을 공표하고, 미국 해사법협회의 중재위원회와 합동으로 미국 해사중재인협회 해사중재규칙(Maritime Arbitration Rules)을 마련하고 있다.

그리고 클레임금액이 당사자가 합의한 일정한 금액을 초과하지 않는 소액 분쟁의 경우, 중재는 단축중재절차(Shortened Arbitration Procedure)에 따라 진행된다. 단축중재절차는 소액클레임의 해결을 간단하고, 신속하며, 또한 저렴하게 처리하기 위해 도입된 것이다.

---

129) 이시환, 앞의 논문, p.73 이하의 내용을 요약 정리함.

130) United States Code, Title 9는 미국 중재법(United States Arbitration Act)으로 1925년에 최초로 제정되었고 그 후 수차에 걸쳐 개정되었는데, 현행법은 1990년 2월 1일에 최종 개정된 것이다.

2) 표준중재

(1) 중재판정부의 구성

중재판정부는 통상 3인의 중재인으로 구성되지만, 경우에 따라 단독중재인 또는 2인의 중재인(과 1인의 심판인)으로 구성되기도 한다.

중재계약상 중재인의 지명방법을 규정하고 있는 경우 그에 따라 중재인이 지명된다. 만약 일방 당사자가 중재계약상 약정된 기간 내에 중재인을 지명하지 못하면, 중재를 요구하는 당사자는 미국 중재법 제5조에 따라 중재인을 선임할 수 있다. 중재계약상 중재인을 지명하기 위한 기한이 없는 경우 중재를 요구하는 당사자는 상대방에게 해사중재규칙 제10조에 따라 중재인을 지명한다는 서면통지를 한다. 그리고 상대방이 이러한 통지를 수령한 후 20일 이내에 중재인을 지명하여야 하고, 이 기한 내에 지명하지 못하면 중재를 요구하는 당사자가 제2중재인(second arbitrator)을 지명할 수 있으며, 이렇게 지명된 제2중재인은 상대방이 지명한 것과 동일한 효과가 있다(해사중재규칙 제10조).

중재계약상 3인의 중재인을 규정하고 있는 경우 이렇게 선임된 두 사람의 중재인은 제3중재인(third arbitrator)을 지명하며, 제3중재인은 통상 절차상의 문제에 관하여 중재판정부의 의장으로 행동한다. 양 당사자가 선임한 중재인이 상당한 기간 내에 제3중재인을 선임하지 못하면, 일방 당사자가 중재인들에게 통지한 후 미국 중재법 제5조에 따라 법원에 중재인의 선임을 신청할 수 있다(해사중재규칙 제11조).

(2) 중재절차

해사중재규칙에 따라 중재를 하기로 합의한 당사자는 상대방에게 중재를 요구하는 서면 통지를 함으로써 중재를 개시할 수 있다. 중재요청시에는 분쟁의 성질, 손해액, 그리고 요구하는 구제방법 등을 명시한다.

중재인의 권한과 의무는 해사중재규칙과 미국 중재법에 따라 해석하고 적용한다. 해사중재규칙에 명시의 규정이 없는 사항에 대하여는 중재인(들)이 해사중재규칙의 정신에 따라 행동하고, 중재판정이 법적으로 강행될 수 있도록 모든 노력을 경주하여야 한다.

1회 또는 그 이상의 심문으로 이루어지는 전형적인 중재에서 당사자들은 그들이 희망하는 증거를 제시할 수 있다. 분쟁당사자는 이러한 문제를 직접 처리할 수도 있고 변호사 또는 그 밖의 대표자에 의해 대리하게 할 수 있다. 증인은 서약하에서 증언하고 반대심문을 한다. 그리고 당사자들이 별도로 합의하지 않는 한 속기사는 모든 심문과정에 대한 기록을 속기록으로 남긴다.

마지막으로 당사자들은 준비서면(written briefs)을 교환하고 답변한다. 또 당사자들은 심문 후 준비서면을 교환하는 대신에 마지막 구두심문에서 최후 주장을 개진할 수도 있다.

(3) 중재판정

준비서면의 교환 후, 그리고 절차종료가 선언된 후 가능한 한 빨리 중재인들은 만장일치 또는 다수결의 결정을 내리기 위해 필요한 범위 내에서 모임을 갖게 된다. 해사중재규칙은 마지막 준비서면의 교환 또는 절차종료 후 120일 이내에 중재판정을 할 것을 요구하고 있다. 만장일치로 결정이 나지 않는 경우, 반대 의견을 가진 자는 별도의 반대의견을 작성하여 중재판정에 첨부한다. 만약 분쟁이 중재인 2인을 요구하는 계약하에서 중재되고 그들이 합의할 수 없는 경우, 심판인이 그들의 논쟁을 검토하고 단독중재인과 마찬가지로 결정을 내린다.

일단 중재판정부가 결정을 하고 판정을 내리면 그것은 최종적이다. 종국판정을 내리면 중재판정부는 권한이 소멸하고, 따라서 재변론을 청취할 수 없다. 다만, 중재판정의 문면상 명백한 오기 또는 계산상의 착오는 정정할 수 있다.

3) 단축중재

클레임금액이 용선계약체결시 당사자가 합의한 일정한 금액(GENCON 1994 Part I 의 Box 25 에 표시)을 초과하지 않는 소액 분쟁의 경우에는 미국 해사중재인협회(Society of Maritime Arbitrators, Inc.: SMA)의 단축중재절차(Shortened Arbitration Procedure)에 따라 진행된다.

분쟁당사자들은 중재판정부가 단독중재인으로 구성되도록 합의하기 위해 노력하여야 한다. 만약 이러한 합의를 하지 못하거나 당사자들이 3인 중재인으로 구성되는 중재판정부에 의하기로 하고, 피고가 신청인의 중재인 지명후 15일 이내에 중재인을 지명하지 못하면 신청인의 중재인이 단독중재인이 된다. 양 당사자가 지명한 중재인들이 지명을 받은 후 10일 이내에 제3중재인을 선임하지 못할 경우, 미국 해사중재인협회는 일방 당사자의 요청에 따라 제3중재인을 지명한다.

중재인 지명의 수락일로부터 15일 이내에 단독 중재인 또는 중재판정부는 각 당사자의 클레임의 서면 제출 및 답변서류를 위한 일정을 세운다. 신속중재는 통상 서류만으로 우편에 의해 진행한다. 다만, 일방 당사자가 요구하는 경우 그 당사자의 서면 답변을 보충하기 위해 1회의 심문이 허용된다. 그러나 증인심문은 하지 않는다.

중재절차상 증거의 제시가 종료된 후 15일 이내에 각 당사자는 자기의 입장에 대한 1회의 서면 요약본(written summary)을 제시할 수 있고, 그 이후 단독중재인 또는 중재판정부는 중재절차 종료를 선언한다. 중재판정은 중재절차 종료 후 30일 이내에 한다.

4. 싱가포르를 준거법으로 하는 중재절차

NYPE 2015에서는 싱가포르에서 중재절차를 진행할 수 있도록 새로이 규정하였다. 이 경우 준거법은 계약 당사자가 합의하여 싱가포르법과 영국법중 하나를 선택하여 적용한다. 그러나 준거법을 정하지 않았을 경우에는 싱가포르에서 중재하더라도 영국법에 따르도록 하였다.

중재는 중재절차가 시작되는 당시에 시행되고 있는 싱가포르 해사중재회의소(SCMA)의 중재규정에 따라 진행되며, 이 약관에서의 분쟁의 중재는 세 사람의 중재인에게 회부된다.

분쟁을 중재에 회부하기를 원하는 측이 중재인을 지정하고 그리고 상대방에게 통지를 받은 지 14월력일(calendar day) 이내에 자신의 중재인을 지정할 것을 서면으로 요구하며, 그리고 상대방이 자신의 중재인을 지정하고 14 월력일 이내에 중재인을 지정한 사실을 통보하지 않는 한 이미 지정된 중재인이 단독중재인으로 지정될 것이라고 통보하는 통지를 서면으로 보내야 한다.

만약 상대방이 14월력일 이내에 그렇게 하겠다는 통보가 없다면, 분쟁을 중재에 회부한 당사자는 다른 상대방에게 추가적으로 사전 통보할 필요 없이 단독중재인으로 그의 중재인을 지정할 수 있으며, 다른 상대방에게 그렇게 알려야 한다. 이 단독 중재인의 판정은 양당자의 합의에 의해 지정되었을 경우와 같이 양당사자 모두를 구속한다.

상대방에 대한 보상요구도 또는 다른 상대방의 반대 보상요구가 미화 15만불(또는 당사자가 합의하는 다른 금액)을 초과하지 않는 경우에는 중재가 시작되는 당시의 싱가포르해사중재회의소(SCMA) 소액중재절차에 따라 한사람의 중재인에 의해 단독중재를 진행한다.

5. 계약당사자의 합의로 선택하는 경우

준거법에 대한 계약당사자의 합의가 이루어진 경우는 당연히 사적자치의 원칙에 따라 합의한 바대로 이행된다. 즉, 이 항해용선계약으로 인한 분쟁의 발생시 합의한 장소의 법을 관할법으로 하여 중재절차를 취하게 된다.

제 10 절 Tax and Dues(세금과 부과금)

(GENCON 1994 Clause 13과 NYPE 2015 Clause 40)

선박의 용선기간 동안에 부과되는 각종 세금과 부과금(dues, charges, taxes, duties etc)을 계약당사자 중 누가 부담하여야 하는가에 대해서, 세금과 부과금은 이해 당사자나 수혜자가 부담한다는 일반 원칙을 적용하고 있다. 즉 선박과 관련하여 부과되는 것은 선박소유자가 부담하고 화물과 운임에 관련하여 부과되는 것은 용선자가 부담한다는 원칙을 적용하고 있다. 그 내용을 용선계약의 유형별로 보다 자세하게 살펴보면 다음과 같다.

항해용선계약(GENCON 1994)에서 선박에 관련되어 부과되는 것은 선박소유자가 부담하고, 화물과 관련되어 부과되는 것은 용선자가 부담하며, 운임과 관련되어 부과되는 것은 계약 당사자가 합의하여 박스23(GENCON 1994, Part I)에 그 내용이 명시되지 않는 한, 용선자가 부담하여야 한다고 명시하고 있다. 특히 운임에 관련되어 부과되는 것을 선박소유자가 부담하게 되면, 선박소유자에게는 그 만큼 운임이 감소하게 되므로 용선자가 부담하여야 한다고 규정하고 있다.

또한 정기용선계약에서는 화물, 운임, 재운임 및 용선료와 관련하여 용선자의 지시에 따른 결과로부터 부과되는 세금이나 부과금은 선박의 국적국(country of flag)으로부터 부과되는 것을 제외하고 용선자가 부담하도록 명시하고 있다. 이것은 용선자의 지시가 용선자가 용선한 선박을 이용하여 용익하기 위한 것이기 때문에 이러한 것에 부과되는 부과금이나 세금은 용선자가 부담하는 것이 마땅하다. 그러나 정기용선자가 정기용선한 선박을 이용하여 항해용선계약을 체결하여 화물을 운송하는 경우이거나 재정기용선계약을 체결하였을 경우에는 세금 및 부과금의 부담과 관련하여서는 정기용선자는 선박소유자의 위치에 있게 되며, 항해용선계약에서의 세금 및 부과금 부담원칙이 적용된다. 따라서 운임 및 화물과 관련하여 부과되는 것은 화주가 부담하며, 재정기용선계약인 경우에 재용선료에 부과되는 것은 재용선자가 부담하여야 한다.

그러나 선박의 국적국(country of flag)에서 선박과 관련하여 부과되는 것은 용선자의 부담으로부터 제외한다고 하였는데, 국적국으로부터 부과되는 것은 선박의 소유와 관련되는 것이 대부분이기 때문에 정기용선계약에서 하에서 선박의 소유와 전혀 관련이 없는 용선자에게 세금이나 부과금의 부담을 지우지 않는 것은 당연하다 할 것이다.

한편 선체용선계약(BARECON 2001)에서는 세금이나 부과금의 부담주체에 대하여 명시하지 않고 있으나, 선체용선계약 하에서의 선체용선자는 선박을 점유하고 수익하게 되므로 선박의 소유권과 관련한 사항을 제외하고 선박의 운영과 운항에 관련하여서는 실질적인 선박소유자의 위치에 있게 되며, 세금 및 부과금의 부담과 관련하여서도 선박소유자의 위치에 있게 된다. 따라서 세금 및 부과금의 부담과 관련하여서도 상기 항해용선계약과 정기용선계약 하에서의 세금 및 부과금 부담원칙이 적용된다.

단, 선체용선계약에서는 선박의 소유와 관련한 세금이나 부과금도 선체용선자가 부담하는 경우가 대부분이다. 이것은 선박소유자에게 지불되는 선체용선료가 선박의 원리금상환을 중심으로 산정되며, 이에 대한 세금이나 부과금이 선체용선료 산정에 포함되지 않기 때문이며, 만약 이러한 세금이나 부과금을 선박소유자가 지불한다면 그만큼 원리금상환 재원이 부족할 수도 있기 때문이다.

한편 단순나용선 선박의 용선료에 대하여 원천과세(withholding tax)하는 경우가 있는데, 과세 원칙에 비추어 볼 때 선박소유자(투자자)가 납부하여야 한다. 그러나 단순나용선 선박의 용선료 수준을 정할 때에 원리금상환금액이 제일 중요한 기준이 되므로 원천과세를 선박소유자(투자자)가 지불한다면 그만큼 선박소유자의 원리금상환 재원이 줄어들게 되어 논란이 되어 용선자가 부담하는 경우가 대부분이다.

06 CHAPTER

항해용선계약의 주요약관 및 해설

제 1 절 항해용선계약의 개요

1. 항해용선계약의 의의

항해용선계약은 특정한 항해를 할 목적으로 선박소유자가 용선자에게 선원이 승무하고 항해장비를 갖춘 선박의 전부 또는 일부를 물건의 운송에 제공하기로 약정하고 용선자가 이에 대하여 운임을 지급하기로 약정함으로써 그 효력이 생기는 운송계약이다(상법 제827조 제1항).

다시 말하면 항해용선계약이란 "운송인(선박소유자)과 송하인인 용선자 사이에 용선료(운임)를 반대급부로 하여 용선자가 지정한 항구 사이에 주로 벌크화물의 운송을 인수하는 항해단위의 운송계약이다. 항해용선계약에서는 선박소유자가 용선선박의 지휘, 관리권과 선장, 선원의 고용 및 감독권을 가지고 있으며, 운항비, 연료비를 부담하며, 때로는 운송물의 선적, 양륙비용까지도 부담함으로써 제3자에 대한 권리의 주체가 된다. 이때의 용선료의 성질은 운임으로서 운송의 보수인데 항해용선자는 선복(space)의 전부에 운송물을 싣지 않아도 전 선복에 대한 용선료를 지급할 의무가 있다."[131]라고 언급하고 있다.

2. 항해용선계약의 특성

항해용선계약의 특성은 첫째, 선박이나 선창을 빌리는 선복용선계약이 아니라 해상물건운송계약[132]의 성질을 가진다는 점이다. 이 점에서 완전한 도급계약인 개품운송계약과

131) 박용섭, 「해상법론」, (서울 : 형설출판사, 1998), p.296.

는 다르다. 즉 개품운송계약은 개별적인 물품의 운송을 운송인이 인수하고 그 대가로 화주가 운임을 지급하는 계약으로 전형적인 도급계약적 성질을 가지지만, 항해용선계약에서는 운송인으로서는 운임을 적재화물량으로 산정하고, 약정된 화물만 운송하면 되므로 운송인으로서는 화물 적재량이 중요한 관심사항이고, 선적항이나 양륙항에서 지체를 피하고자 한다.[133][134]

둘째, 항해용선계약에 있어 선박소유자는 운송인이 되고 항해용선자는 화주인 경우가 일반적이다. 이러한 항해용선계약을 운송형 항해용선이라고 한다. 하지만 항해용선자가 용선한 선박을 재항해용선하는 경우에 재항해용선계약(sub-voyage charter)이 되므로 항해용선자는 선박소유자에 대한 화주의 지위를 가지지만 재항해용선자에 대해서는 운송인의 지위에 있게 된다. 이러한 형태를 기업형 항해용선이라고 한다.[135] 통상 해운기업의 주체로서의 항해용선자는 기업형 항해용선자를 의미한다.

셋째, 항해용선계약에 있어 운임이 확정되면 지연손해에 대해서는 선박소유자가 부담하게 된다. 항차가 예상보다 길어지는 경우에 선박소유자는 그 지연손해에 대한 보상을 목적으로 한 추가운임을 청구할 수 없으므로, 이를 방지하기 위하여 정박기간, 체선료 및 조출료에 대한 규정이 중요한 의미를 가진다. 즉, 항차기간이 길어지면 선박을 다른 곳에 투입하여 운임을 획득할 기회를 놓치게 되며, 반면에 항차기간이 단축되었더라도 운임은 감액되지 않으므로 선박소유자는 선박을 다른 곳에 투입하여 수익을 올릴 수 있다. 그러므로 선박 운항에 대한 지연 위험을 선박소유자가 부담하게 된다.[136][137] 이러한 지연을 줄이고 하역작업을 촉진하기 위하여 항해용선계약에는 정박기간 및 체선료 약관을 둔다.

넷째, 항해용선자는 선박 일부의 선창에 운송물의 운송을 의뢰하는 일부 용선을 할 수 있지만, 이 경우에는 운송인이 일부 선창의 운임만을 용선료로 청구할 수 있을 뿐이다. 그러나 항해용선자가 만재운송을 의뢰하였으나 자신의 귀책사유로 인해 만재하지 못하였을 경우에 나머지 선복에 대하여 부적운임을 지급해야 한다. 따라서 부적운임을 지불하지 않기 위해 부족화물을 추가로 확보하기 위해 제3자와 항해용선자는 재용선계약을 할 수 있다.

---

132) 선박의 점유를 통한 어떠한 지배·관리권도 항해용선자(화주로서의 항해용선자)는 갖지 못한다. 이 점에서 정기용선계약과는 항해용선계약은 운송계약이다. 김인현, "선박운항과 관련한 책임주체확정에 대한 연구", 1998.12, 고려대학교 대학원 박사학위논문, p.61.

133) 김인현, 앞의 논문, p.62.

134) 항해용선계약의 유형에 따라 화물의 선적량에 관계없이 일정한 선복, 즉 선박의 전체 또는 일부에 대해 총액을 기준으로 운임을 산정하는 총액용선계약(Lump Sum Charter)도 있다.

135) 최종현, 「해상법상론」, (서울 : 박영사, 2009), p.82.

136) Paul Todd, *Contracts for the Carriage of Goods by Sea*(London : Blackwell Law, 1988), p.12.

137) 이것은 항해용선계약과 정기용선계약의 근본적인 차이로 정기용선계약의 경우에 지연위험을 부담하는 것은 용선자이다.

3. 항해용선계약의 법적성질 및 법률관계

1) 법적성질

용선계약은 선박소유자가 자기의 책임하에 특정한 장소에서 다른 장소로 화물이나 여객을 이동시킨다는 점에서는 도급계약적 성격을 띤 운송계약이라고 할 수 있다.[138] 그러나 한편으로는 선박이 소유자의 직접적인 지배 관리하에 있지만 용선자가 일정한 공간을 자유롭게 이용하며 상당한 지배권을 갖고 있다. 항해용선계약은 가장 정형화된 용선계약의 형태로 동일한 면모를 가졌다고 할 것이다. 그리고 청약자와 승낙자에 의해서 이루어짐으로 쌍무계약이며 낙성계약인 성격을 가진다.

2) 내부적 법률관계

용선계약의 내부관계는 선박소유자와 용선자 사이의 권리·의무관계를 말한다. 용선계약은 힘의 균형이 이루어지는 선박소유자와 용선자 사이의 계약자유의 원칙이 적용되고 있으므로, 선박소유자와 항해용선자 사이의 관계는 당사자간의 약정에 의하여 권리·의무관계가 정하여 진다.[139] 하지만 용선계약에 있어 표준화된 용선계약서식을 바탕으로 당사자 사이에 자유롭게 이를 추가 또는 변경을 통하여 용선계약을 체결하고 있다. 항해용선계약에 있어서는 GENCON이 주로 사용되고 있는 서식이다.

그러므로 항해용선계약의 내부적 법률관계는 GENCON의 내용을 바탕으로 선박소유자와 용선자 사이에 새롭게 변경되어 약정되는 권리·의무관계를 말한다.

이에 관해 간략하게 살펴보면, 선박소유자는 항해용선자에게 약정된 기간동안 선박을 사용할 수 있게 제공하여야 할 의무를 부담하며, 선박은 감항능력을 갖추어야 한다. 그러므로 선박소유자는 유능한 선원을 승선시키고, 선박연료유를 보급하고, 기타 항비를 모두 부담하여야 한다. 선박소유자는 그에 대한 반대급부로 운임(용선료)을 획득하게 된다.

선박소유자는 선적준비가 완료되면 선적준비완료통지서를 용선자에게 보내고 운송인으로서 용선자에 대해 운송물의 수령, 선적, 보관, 양륙 및 인도에 대하여 주의의무 등을 부담한다.

반면에 항해용선자는 선박소유자에 대하여 선박을 사용할 수 있게 요구할 권리를 가지며, 이에 대한 급부로 운임(용선료)을 지급할 의무를 부담한다. 또한 안전항을 지정할 의무를 가지며, 재용선하여 자신이 운송인이 될 수 있는 권한이 있다. 이 경우 선장에게 선하증권을 발급할 것을 요구할 계약상 권리를 가진다.

---

138) 최종현, 앞의 책, p.82; 김인현, 「해상법」 제2판(서울 : 법문사, 2007), p.139.
139) 김인현, 앞의 책, p.44.

3) 외부적 법률관계

항해용선의 외부관계로는 용선자가 제3자와 다시 재용선계약 또는 개품운송계약을 체결한 경우에 선박소유자 및 용선자와 제3자 사이의 법률관계를 말한다.

(1) 용선자와 제3자의 관계

항해용선계약에 있어서 용선자는 화주의 입장에 있기 때문에 통상적으로 용선자와 제3의 관계는 별다른 법률관계가 형성되지 않는 것이 일반적이다. 하지만 용선자가 제3자와 개품운송계약 또는 재용선계약을 체결하는 경우에는 용선자가 해운기업의 주체가 되므로 용선자는 제3자에 대하여 개품운송인 또는 선박소유자로서의 권리와 의무 및 책임을 부담하게 된다.[140)]

(2) 선박소유자와 제3자의 관계

용선자가 제3자와 계약을 체결한 경우에 있어 운송계약상의 책임과 불법행위책임을 선박소유자와 용선자중 누가 부담하는지에 대한 문제이다. 이와 관련하여 용선자가 제3자와 개품운송계약 또는 재항해용선계약을 체결한 경우에 선박소유자가 운송에 관하여 선원이나 그 밖의 사용인에 대한 지휘 및 감독권을 가지는 경우에 있어 선박소유자가 실제운송인이 되므로 선원의 불법행위에 대하여 선박소유자가 불법행위책임을 부담하게 된다. 다만, 항해용선자는 자신이 제공한 화물에 문제가 있어 다른 화물이나 선박에 손상을 야기한 경우에 불법행위책임을 부담하게 된다.[141)]

항해용선자가 운송인이 되어 선하증권을 발행한 경우에는 항해용선자가 운송계약상의 책임을 부담하게 된다. 하지만 항해용선계약의 당사자가 아닌 선하증권의 소지인과 선박소유자와의 사이에는 선하증권의 채권적 효력에 따라 채권 및 채무관계가 발생한다.[142)]

4. 항해용선계약의 종류

1) 1항차 항해용선계약

전형적인 항해용선계약을 말하는 것으로 운송을 의뢰한 화주와 운송인간에 1항차를 기준으로 체결된 화물운송계약이다. 즉, 선적항에서 목적항까지 서로가 합의한 운송조건으로 만재화물 또는 부분화물의 운송을 위해 운송인이 용선자에게 선복의 사용을 허용하는 계약이다.[143)] 이러한 경우에는 운임을 톤당 얼마로 하여 화물의 실제 선적량에 따라

140) 최종현, 앞의 책, p.382; 김인현, 앞의 책, p.142.
141) 최종현, 앞의 책, p.383; 김인현, 앞의 책, p.142
142) 최종현, 앞의 책, p.384.
143) 박석민, 「국제운송론」, (서울 : 삼영사, 2006), p.128.

결정하므로 운송인은 화물의 적재량에 관심이 많으며, 선적항이나 양륙항에서의 지연에 대한 위험을 부담하므로 지체를 피하기 위한 약관을 중시한다.

그리고 선적 완료 후 계약에 따라 운임을 지급하고 조출료, 체선료 정산 등은 발생 시마다 또는 항차 완료시마다 정산된다. 대부분의 항해용선계약이 이러한 방법으로 체결된다.

2) 연속항해용선계약

연속항해용선계약(consecutive voyage charter: CVC)은 항해용선계약을 연속으로 수행하는 계약으로 약정된 선박이 중단되지 않고 몇 개의 항차를 연속적으로 수행한다. 즉, 용선자가 일정한 기간 동안 용선선박을 계속적으로 사용하기 위해 확보하는 대신에, 용선료를 항해단위로 지급하는 것을 약정한 항해용선계약의 일종이다.

연속항해용선계약은 1항차 항해용선계약과 마찬가지로 선적 완료 후 계약에 따라 운임을 지급하고 조출료, 체선료 정산 등은 발생시마다 또는 항차 완료시마다 정산된다. 즉, 보통 1항차 항해용선계약과 마찬가지로 매 항차 선적완료 후 계약에 따라 운임을 지급하며, 조출료와 체선료도 매 항차마다 정산된다.

그리고 연속항해용선계약서에 연속항차수(consecutive voyages)와 최종항차의 종료일(cancelling date for last voyage)이 동시에 명시된 경우, 최종항차의 종료일에 약정 항차수를 다 채우지 못하였다고 할지라도 그 용선계약은 종료된다.

연속항해용선계약은 1항차 용선계약에 비해 용선자에게는 안정적인 선박확보, 그리고 선박소유자에게는 일정기간 동안 화물확보라는 이점이 있다고 볼 수 있다. 용선기간이 장기간이므로 유류할증료를 용선계약서에 삽입시킴으로써 선박소유자는 연료유가 상승으로 인한 운항원가 상승부담을 용선자에게 전가시킬 수 있으며, 통화할증료를 통해 자국화폐로 계약했을 때 발생하는 환차손에 대한 리스크를 회피할 수도 있다. 예를 들어, 연속항해용선계약에 연료유 가격의 상승 또는 하락시 운임률을 조정하는 조항(bunker escalation and de-escalation clause)을 두어 선박소유자는 연료유가격이 상승하는 경우 운임율의 인상으로 추가운임을 지급받게 되며, 따라서 연료유가 상승으로 인한 운항원가 변동부담을 용선자측에게 전가시킬 수 있다.

그러므로 연속항해용선계약은 용선선박을 일정기간 동안 계속 이용하는 정기용선의 특징을 가미한 항해용선계약의 연장이라 볼 수 있다.[144]

---

144) 이광희·이원정, 「용선계약실무」, (서울 : 박영사, 2012), p.37.

3) 장기운송계약

(1) 장기운송계약의 정의 및 특징

장기화물운송계약(contract of affreightment; COA)은 선박소유자가 어떤 항구로부터 화주의 특정의 동질의 대량화물을 여러 항차에 걸쳐 장기적으로 운송할 것을 약속하고 용선자의 화물을 운송하는 계약을 말한다. 그리고 이러한 장기운송계약을 정의하기 위한 조건들 중 어느 하나만으로 장기운송계약(COA)의 기본개념을 정의할 수 없다. 문헌[145]에도 이러한 내용을 잘 보여주고 있다.

> "The COA is recognized as a contract covering a specified, homogeneous cargo; large quantities; long period; certain ports, and several voyages. None of these features can, however, separately provide a basis for a definition of the COA."

장기운송계약(COA)에서는 선박소유자는 화주의 화물을 장기적으로 운송할 것을 보장하되, 용선자가 특정선박을 지정하는 것이 아니라 선박의 지명권은 해운기업(선박보유자)에게 유보되므로 해운기업은 사선(보유선박) 또는 용선 등으로 상황에 맞추어 유휴선박을 배선하는 융통성을 극대화시킬 수 있으며, 화주의 요구에 따라 화물을 운송하게 된다.

따라서 용선자(화주)는 어느 특정기간동안에 연속적으로 운송되어야 할 화물을 가지고 있을 경우 장기운송계약(COA)을 통해 선박소유자로부터 안정적으로 화물운송을 보장받을 수 있는 장점을 누릴 수 있다. 또한 선박소유자나 기간용선자는 장기운송계약(COA)을 통해 일정기간동안 약정된 화물양에 대해 특정 선적항 내지 수개의 선적항으로부터 특정 양하항 내지는 수개의 양하항으로 화물을 운송하고 그 대가로 톤당 고정된 운임률로 장기운송계약기간 동안 예정된 운임수입을 안정적으로 수취할 수 있고 수익성도 안정적으로 확보할 수 있는 장점이 있다. 예를 들면 2달 간격으로 1항차에 60,000톤의 석탄을 인도네시아 사마린다에서 우리나라의 삼천포항으로 10항차 운송한다는 계약과 같은 경우이다.

한편 장기운송계약의 특징은 화물의 종류와 운송기간 및 화물의 적양하항 등 화물에 관련된 사항이 계약의 중요한 요소이다. 다른 여타의 용선계약인 경우 계약된 선박이 멸실 또는 이행불능상태가 되면 용선계약이 종료되는 반면, 장기운송계약에서는 항차수행을 위한 선박이 멸실 또는 이행불능의 경우라도 계약이 유효하고, 대체선박의 투입으로 계약이 이행되어지는 것이다. 따라서 장기운송계약 하에서는 특정선박이 개별적으로 명시되지 않기 때문에 선박소유자나 운항업자(operators)에게는 용선기간동안 보유한 모든 선박을 투입할 수 있는 상당한 운항상의 여유를 제공하는 이점이 있다. 그러나 선박을 배선하기 어렵다는 이유로 선박소유자의 배선의무가 면제될 수 없으며, 선박소유자가 항

---

145) Lars Gorton and Rolf Ihre LL.B. *A Practical Guide to Contracts of Affreightment and Hybrid Contracts*(London : LLP, 1985)

해를 의도 했던 선박이 멸실 또는 손상되었을 때조차도 선박소유자는 유사한 선형의 다른 선박을 배선하면 되는 선박대체에 대한 권리와 동시에 책임을 지고 있다는 것을 의미한다. 따라서 장기운송계약은 여러 가지 측면에서 그 내용이 개별항차인 1항해용선계약과 유사하며, 장기간 계약된 여러 항차의 항해용선계약들이라고 볼 수 있다.

한편 시황이 지속적인 하락국면에 있을 경우 선박소유자의 경영에 자금압박이나 운영상의 불안정성이 초래될 위험이 증가하게 되는데, 장기운송계약은 이러한 경영상의 불안정이나 운영상의 손실을 제거할 방안의 하나가 될 수 있다. 또한 본 계약은 용선자인 화주의 입장에서도 안정적인 화물운송수단의 확보와 함께 장기적인 생산계획이나 자금수급계획을 세울 수 있는 장점을 지닌 편리한 계약이다.

(2) 장기운송계약의 운임

장기운송계약의 운임은 다음과 같은 방법으로 결정된다. 첫째, 선박소유자의 선박확보비용이나 운항원가에 연계되기 보다는 계약당시 시장의 수급사정에 따라 형성되는 자유시장 경쟁에 의해서 결정된다.

둘째, 계약 당시의 시장운임을 참작하여 운임의 최고와 최저액을 정하고 그 이상의 변동을 인정하지 않는 방법으로 결정된다.

셋째, 일정한 운임을 정하지 않고, 해운시황의 환경변화 등을 장기운송계약의 운임율에 반영하기 위해 합의 된 조정원칙에 따라 월별, 분기별 또는 연도별로 운임수준을 적절하게 재조정하는 방법이다. 이 방법은 시장운임수준과 근본적으로 큰 차이는 없으나, 용선자인 화주의 입장에서는 선복을 안정적으로 확보할 수 있다는 이점은 있다.

한편 대부분의 장기운송계약에서도 연속항해용선과 마찬가지로 연료유 가격의 변동을 계약운임율에 반영한다. 예를 들면 운임 결정시 기본으로 정해놓은 연료유가격(basic bunker price)에서 USD1.00의 변동시마다 운임율이 일정금액 인상 또는 하락시키는 방법으로 연료유가격의 변동을 직접적으로 운임율에 연동시켜 계약을 체결하는 것이다.

4) 전용선계약

(1) 전용선계약의 정의

전용선이란 대량의 동질화물(homogeneous cargo)을 가장 효율적이고 안정적으로 해상운송에 이용될 수 있도록 목적설계 및 건조된(purpose built) 선박을 말하며, 컨테이너, 원유, 철광석·석탄 또는 액화천연가스(liquified natural gas: LNG) 등의 화물을 운송하기 위한 각각의 선박이 대표적인 전용선이다. 전용선은 해당 화물운송에 가장 적합하게 설계·건조된 특수목적형 선박이므로 여러 종류의 화물을 두루 운송할 수 있는 범용성은 제한되지만, 해당화물의 하역시간의 단축과 선박의 대형화를 통한 대량화물운송이 가능하게 되어, 화물의 단위당 운송비용의 절감과 운송의 질적 향상을 기대할 수 있는 이점이 있다.

한편 전용선계약이란 이러한 전용선박의 소유권은 선박소유자가 보유하되, 화주(용선자)는 선박소유자가 선박을 확보하고 운항하는 데에 필요한 비용의 원가보상과 일정한 수익률이 포함된 적정수준의 운임률의 보장과 당해선박의 내용연수 만료까지의 용선기간 및 용선기간동안의 연속적인 만선운항을 보장하는[146] 일종의 장기운송계약을 말하며, 주로 부정기해운에서 이루어지고 있다. 제철회사나 정유사 또는 발전소와 같은 대기업인 용선자는 선박소유자와의 이러한 전용선계약을 통해 용선자가 필요로 하는 원료의 원활한 운송수단을 확보함으로써, 대자본이 소요되는 운송문제를 해결할 수 있을 뿐만 아니라 원료의 원활한 확보를 도모하고 있다. 전용선계약은 산업조직에서 사용되거나 생산되는 물질의 제조 및 유통과정에서 해운이 결합된 것이며, 그 목적은 대기업에서 필요로 하는 원자재의 원활한 공급과 중간 유통매체를 제거함으로써 해상운송비용의 절감 등에 있다.

또한 전용선계약 하에서는 용선자는 선박소유자(해운기업)에게 전용선의 소유와 운영(보수유지 등)을 담당하게 하고, 선박소유자는 실제 화물운송을 위한 선박의 배선과 같은 일체의 운항관련 사항은 용선자의 결정과 지시에 따라야 한다. 선박소유자와 용선자간의 운임정산은 선박소유자의 원가보상과 적정수익률 보장을 기본으로 하는 운임률을 적용하며, 선박의 조출 및 체선료 조항도 적용하는 등 1항차항해용선계약의 경우와 유사하다. 연료비 등의 변동비용보상을 위한 운임율의 조정제도(bunker price adjustment) 조항도 적용되고 있다.

(2) 전용선계약의 특징과 장점

위와 같은 전용선계약을 통해 화주 즉, 용선자가 누릴 수 있는 장점은 다음과 같다.

첫째, 장기간에 걸쳐 안정적인 운송수단을 확보할 수 있다는 점이다.

둘째, 전용선의 운임율은 운항원가에 적정 수익률을 포함하여 산정되며 운임시황의 영향을 거의 받지 않고 계약의 일정기간동안 고정되어 있기 때문에 운송비용의 예측 및 장단기 경영계획의 현실적인 수립을 가능하게 하여 보다 안정적인 기업경영에 기여한다.

셋째, 특정화물을 특정항로에서 운송하기 위하여 투입되므로 선적항 및 양하항의 제약조건에 부합되는 한도 내에서 최대의 선형을 선택할 수 있어 규모의 경제성뿐만 아니라 선박건조기술의 혁신과 해운기업인 선박소유자의 관리합리화에 의한 비용절감노력이 화주의 물류비용감소에 직접적으로 기여할 수 있다.

한편, 선박소유자의 입장에서는 다음과 같은 장점이 있다.

146) 전용선은 용선자가 필요로 하는 목적형 설계로 건조된 선박이므로 해당 전용선계약 이외의 부정기선으로서의 시장성도 극히 부족하고, 전용선계약에 따라 선박의 내용 년수까지 용선자의 결정과 지시에 따라 운항된다고 하여 이러한 선박을 'Dedicated Vessel' 이라고도 한다.

첫째, 전용선계약의 선박은 제철소 등 대형화주의 장기 적하보증이 된 선박이므로 선박확보시 자금조달이 보다 용이하고 보다 유리한 조건으로 국제금융기채가 가능하다.

둘째, 전용선계약을 통하여 해운시황에 영향을 받지 않는 장기적으로 안정적인 수입원을 확보할 수 있다.

셋째, 전용선을 가지고 있는 선박소유자는 장기간에 걸쳐 확실하게 보장된 일정한 운임수입을 바탕으로 현실성 있는 중장기계획수립과 경영의 융통성을 발휘할 수 있다.

그러나 전용선계약은 선박소유자와 용선자에게 상기와 같은 잇점이 있음에도 불구하고 해운시황의 변동에 따라 운임율이 변동되지 않고 원가와 연계되어 고정되므로 선박소유자는 해운시황 호전에 따른 초과이익을 충분히 획득하지 못할 수 있으며, 용선자는 해운 시황의 하강시 저렴한 운임율을 적용할 수 없다는 단점이 있다. 또한 선박소유자는 용선자의 지시와 결정에 따라 선박이 운항된다 할지라도 선박운항 시 발생할 수 있는 선박자체의 또는 해상고유의 위험(perils of the sea)에서 발생하는 손실의 통제문제는 여전히 선박소유자에게 남아있다.

제2절 항해용선계약의 주요약관의 내용

1. 선박의 톤수 및 적재능력

1) 선박의 톤수

용선계약서에 총톤수(gross registered tonnage: GRT)와 순톤수(net registered tonnage: NRT) 등 선박의 톤수를 표시한다.

(1) 총톤수(GRT)

총톤수는 물론 갑판상의 수밀구역도 포함한 선박의 내부용적을 100입방피트(2.83 평방미터)를 1톤 단위로 하여 산출한 용적톤으로, 항해보조금 등을 지불할 때의 기준이 된다.

(2) 순톤수(NRT)

순톤수는 선박의 용적중에서 직접 상행위에 사용되는 용적, 즉 화물이나 여객을 수용하는 장소의 용적을 100입방피트(2.83 평방미터)를 1톤 단위로 하여 산출한 용적톤이다. 즉, 총톤수에서 선원, 항해, 추진에 관련된 공간을 제외한 용적으로, 실제 여객이나 화물을 운송하는 공간의 크기를 나타낸다.

일반적으로 순톤수는 총톤수의 약 65% 정도이다. 순톤수는 선박의 가용 용적 혹은 영업용 용적을 나타내는 것으로 선박국적증서에 기재되어 주로 과세의 기준이 된다. 즉 항세, 톤세, 등대사용료, 항만시설 사용료, 검역 수수료, 운하 통과료[147] 등의 기준이 된다. 총적량에서 제외되는 부분은 ① 선원 상용실 및 해도실, ② 발라스트 탱크(청수용의 선수미 탱크를 포함), 코퍼댐(cofferdam)은[148] ③ 기관실, ④ 조타기구, 계선기구, 양묘기구, 주펌프에 연결한 부보일러, 부기관을 위한 구역, ⑤ 갑판장 창고 등이다.

2) 적재능력

적재능력(carrying capacity)은 용적상의 적재능력(cubic capacity)과 중량상의 적재능력(weight capacity)으로 구분된다.

(1) 용적상의 적재능력

용적상의 적재능력(cubic capacity)은 매져먼트 캐퍼시티(measurement capacity)라고도 하는데, 베일 캐퍼시티(bale capacity)와 그레인 캐퍼시티(grain capacity)로 구분한다(제5장 제2절 8) 적재능력 참조).

표준화물선 환산톤수
(Compensated Gross Tonnage; CGT)

조선소에서 건조하였던 선박의 선종과 선형이 단순하였었으나, 점차 선종과 선형이 다양화되고 복잡해지면서 그동안 조선소의 건조량을 표시하는 데 사용하였던 톤수 중의 하나인 총톤수(Gross Tonnage; GT)로는 조선소의 작업량 및 부가적 가치의 정확한 평가와 이의 표시가 어렵게 되었다. 따라서 이러한 용도를 위한 새로운 척도의 필요성이 대두되었으며, 그 결과로 새롭게 고안된 것이 표준화물선환산톤수(Compensated Gross Tonnage; CGT)제도이다. 이 제도는 기존의 총톤수에 선박을 몇 개의 선종과 선형으로 분류하여 정한 각각의 계수를 곱하여 산출하며, 조선소의 공사량을 작업량으로 환산한 톤수이다.

처음에는 유럽조선공업협회(Association of Western European Shipbuilders and Shiprepairers; AWES)와 일본 간에 조선관련 통계교환의 목적으로 고안되어 1967년부터 사용되기 시작하였으며, 표준총등록톤수(Compensated Gross Register Tonnage; CGRT)로 불리었으나, 1982년에 'TONNAGE 1969'가 발효되자 기존의 총등록톤수(GRT)와의 차이를 고려한 계수를 새롭게 산출하여 1984년부터 표준화물선환산톤수(CGT)로 불리게 되었다.

표준화물선환산톤수는 기존의 총톤수 측정 시 고려하지 않았던 선박의 가공공수(manhour), 설비능력 및 선가 등을 감안하여 개발한 상대적인 지수(CGT지수)를 사용하여 산출한 값이다. 표준화물선 환산톤수는 재화중량톤수(Deadweight Tonnage; DWT)가 1만5천톤인 일반화물선 선박[이러한 선형의 선박 총톤수(Gross Register Tonnage; GRT)는 일반적으로 1만톤 정도임]

---

147) 파나마 운하(Panama Canal Tonnage)와 수에즈 운하(Suez Canal Tonnage)는 각각 운하 통과세를 부과하는 톤수기준을 별도로 가지고 있다.

148) 여러 종류의 화학물질을 운송하기 위한 선박에서 인접한 선창내에 적재된 화물의 상호 화학반응 등을 방지하기 위해 선창사이의 빈 공간을 말한다.

을 표준선으로 간주하여 환산한다. 이 표준 선박의 1 총톤(GRT) 당 건조에 소요되는 공사량(MANHOUR: 가공공수)를 1.0으로 하며, 선종과 선형에 따라 개발한 상대적인 지수로서 계수(CGT Index)를 설정하고, 건조하는 선박의 총톤수에 이 계수를 곱하여 표준화물선환산톤수를 구한다.

(2) 중량상의 적재능력

선박의 중량상의 적재능력(weight capacity)은 만재재화중량톤(deadweight tonnage : dwt)을 말한다. 이것은 선박에 연료, 여객 및 화물을 만재하여 선박이 만재흘수선까지 침하였을 때의 만재배수톤수(full displacement tonnage)와 선박에 선박승무원과 그 식량 등 가장 최소한의 필요 사항만 적재되었을 때의 경하배수톤수(light displacement tonnage)와의 차이가 되며, 선박에 적재할 수 있는 화물의 무게를 나타낸다. 해운실무에서 운임, 용선료 또는 선박의 매매가격을 결정할 때에 만재재화중량톤(dwt)을 기준한다.

선박의 적재능력에 대한 표시가 부정확하다든가, 그 후 생긴 변경이 부당하게 크다든가 또는 계약의 근본(condition)에 이르지 않는 한, 용선자에게 계약에 대한 해제권이 주어지지는 않는다.

2. 만재화물의 선적의무

GENCON 1994 제1조에서는 선박소유자의 만재화물 선적의무와 용선자의 화물 공급의무를 명시하고 있다.

1) 만재화물(full and complete cargo)

만재화물이란 선박의 안정성을 고려하여 선박이 선적할 수 있는 최대한도까지 선적시키는 양의 화물을 말한다. 즉, 선박의 항해 안전을 확보한 범위내에서 선박의 최대한도까지의 만선적재를 의미하며, 이는 선박의 실제 선적능력에 의해 결정된다.[149] 그러므로 만재화물은 본선의 항해 안전성과 선적항의 선적 관습[150] 등을 고려하여 가능한 한 최대로 선적한 것이면 충분하다.

149) 심재두, 「해상운송법」, (서울 : 길안사, 1997), p.167.

150) 화물은 계약서의 내용에 따라 적재되어야 하며, 명시되어 있지 않을 경우에는 선적항의 관습 또는 관행에 따라 선적되어야 한다. Cuthbert v. Cumming사건(1855)에서는 트리니다드(Trinidad)로 가는 설탕과 당밀의 만재화물을 선적하게끔 용선계약이 체결되었는데, 선적 완료후에 빈 공간(broken space)이 생겼다. 이 공간은 보다 작은 부피의 포장이라면 채울 수 있는 것이었다. 그러나 판례는 설탕과 당밀을 운송할 때 용기는 하그셰드(hogshed, 68~142갤런들이의 큰 통)와 펀천(puncheon, 72~120갤런들이 큰 통)이 관습적으로 이용되고 있었기 때문에, 이 용기보다 용량이 적은 다른 용기를 이용하여 빈 공간(broken space)에 추가로 설탕을 선적하지 않았다고 선박소유자가 이의를 제기하였으나, 용선자에게 아무런 책임이 없다고 판시하였다. 배병태, 「용선계약과 해상물건운송계약」, (서울 : 한국해사문제연구소, 1993), p.45.

용선계약에 따라 만재화물을 선적하여야 할 경우에 선박소유자는 화물용 공간에 대한 용선자의 권리를 회피하면 안 된다. 즉, 선박이 일정한 적재능력을 가지고 있는 경우에, 용선자가 용선계약에 표시된 적재능력에 따라 선적하여야 하며, 자기의 책임을 제한하는 것은 인정되지 않는다.[151)]

일반적으로 만재화물은 재화중량톤을 감안하여 적재하는 만선적재라는 의미이므로, 본선의 중량톤은 물론 용적을 최대한으로 사용하여 계약된 화물량을 선적한 경우를 말한다. 또한 화물의 선적량이 계절에 따라 바뀔 때에는 용선자는 계절적으로 요구되는 화물량만 준비하면 된다.[152)] 그러므로 최대한 선적한다는 개념에서 본다면, 선박소유자는 해당 항해에 필요한 연료유를 초과해 적재하여서 안 되며,[153)] 발라스트(ballast)와 선용품(stores), 던니지(dunnage)도 마찬가지이다.

이 약관 하에서 만재화물(full and complete cargo)을 선적하지 못한 경우에 귀책사유를 가진 당사자가 책임을 부담하게 되지만, 통상적으로 용선자가 화물을 준비하지 못해 본선에 적재하지 못한 빈 공간(broken space)이 발생하는 경우가 많으므로 이러한 경우에는 용선자가 선박소유자에게 부적운임(deadfreight)을 지급하게 된다.[154)] 즉, 용선자의 귀책사유로 인하여 계약된 양의 화물을 선적하지 못하면 선박소유자의 운임수입이 감소하므로 그 선적하지 못한 화물의 양에 대해서도 선적된 화물과 동일한 운임률을 적용하여 선박소유자에게 보상해 주는 운임을 말한다.[155)]

2) 흘수 제한

선적항 또는 양륙항의 흘수 제한(draft restriction)으로 인하여 약정된 화물을 선적하지 못하는 경우에는 그 귀책사유에 의하여 계약서의 내용에 따라 책임을 부담하게 될 것이다.

---

151) 예를 들어, 5,000톤의 화물을 적재할 수 있었음에도 불구하고 4,800톤을 선적하는 경우 등이다.

152) 계절에 따라 만재 화물량이 달라지는 경우에 대한 다음과 같은 예가 있다. 미국의 최북동부의 메인(Maine)에서 용선선박에 젖은 목재 펄프(wet wood pulp)를 만재하기로 용선계약을 체결하였다. 목재 펄프가 젖어 있었기 때문에 결빙되어 선적과정에서 목재펄프를 압축시킬 수 없었다. 따라서 실제 선적된 화물량이 결빙되지 않았던 계절에 비해 화물량이 감소되었으며, 선박소유자는 만재하지 못한 부분에 대해 부적운임(deadfreight)을 청구하였다. 그러나 법원은, 운송계약시 선박소유자와 용선자간 계약된 화물은 젖은 목재펄프였으며, 계절적으로 목재펄프가 결빙될 수 있다는 점을 미리 고려하였다고 본다. 따라서 용선자는 선적 당시인 젖은 목재펄프가 결빙되는 계절에 선박이 선적할 수 있는 최대량을 공급하야 하는 의무를 다하였으며 부적운임을 선박소유자에게 지불하지 않아도 된다고 판시하였다.

153) Julian Cooke, Timothy Young, Andrew Taylor, John D. Kimball, David Martowski, LeRoy Lambert, *Voyage Charters, 3rd ed.*(London : Lloyd's of London Press Ltd, 2007), p.146.

154) Benson v. Schneider(1817) 7 Taunt. 272.

155) 통상적으로 부적운임의 계산은 "000 tons +/- 00% Owners Option"으로 체결된다. 예를 들어, 10,000 tons +/- 5% Owners Option인 경우에 9,500 tons에서 10,500 tons 사이에 적부계획(Stowage Plan) 상의 선적예정량을 기준으로 계산된다. 10,200 tons이 최종 적부계획상의 선적량이고 실제로는 9,000 tons만 선적하였다면 부적운임의 계산은 10,200-9,000 tons, 즉 1,200 tons이 된다.

즉, 용선자는 안전항 지정의무를 부담하고 있는 바, 흘수 제한으로 인하여 선박이 안전하게 입항하여 만재화물을 선적하지 못한 것에 대한 책임을 부담할 수 있을 것이다. 또는 흘수 제한이 있는 항구에서 그 제한 범위를 초과하여 화물을 선적했을 때, 입항을 위하여 선박이 만조를 기다리거나 추가 비용을 들여 라이트닝(lightening)[156]해야 할 경우에 용선자는 책임을 부담하여야 할 것이다.[157] 물론 선박소유자는 선박이 안전하게 도달할 수 있는 항구에 입항할 의무를 부담하지만 계약서에 약정된 만재화물을 선적하고 안전하게 출항할 수 있는 범위 내에서의 입항을 의미하므로, 이로 인한 부대비용(라이트닝 비용 등)에 대해서는 용선자가 책임을 부담한다.[158] 그리고, 선박소유자는 흘수의 제한이 있는 항구에서는 본선의 재화중량톤, cm당 배수톤수(tons per 1cm immersion: TPC), 선박의 흘수와 항만의 최대 허용흘수를 계산하여 선박이 좌주(aground)되지 않는 범위에서 최대로 선적할 수 있는 화물량을 도출할 책임을 부담한다.[159]

3) 일부 화물의 적재

용선계약서에 만재화물을 선적하여야 한다는 명시조항이 없고, 단지 화물(cargo)을 선적하여야 한다고 기재되어 있는 경우에는 만재화물을 선적하여야 하는지 또는 만재화물에는 못 미치는 화물도 충분한지에 대해서는 계약서의 해석에 대한 문제로 남아 있다. Jardine Matheson v. Clyde Shipping 사건에서는 대체적으로 만재화물(an entire loading of the vessel)이어야 한다고 판시하였지만,[160] Miller v. Borner 사건[161]에서는 화물이라 함은 사실관계의 문제이므로 극히 소량의 화물량의 차이에 대해 부적운임의 청구는 적절하지 못하다고 판시하여 약간의 화물량 차이는 문제되지 않는다고 하였다.[162]

이러한 원칙은 용선계약서에 일부화물 조항(part cargo)이 명시된 경우에 계약당사자의 의무를 규정하는데 적용할 수 있다. 즉, 용선계약서에 항해에 대한 이로의 재량권을 규정하였다면, 선박소유자는 그 일부 화물을 선적하기 위하여 예정항로에서 이로하여 다른 항구에 기항할 권한을 가진다.[163] 그러나 선적될 화물의 성격에 따라 먼저 선적하고 먼저 양륙해야 될 경우도 있으므로 선박소유자는 재량권의 지리적 제한을 초과하지 않도록

---

156) 화물을 싣고 있는 선박의 흘수를 낮추기 위해 보통 정박지(anchorage)에서 부선(barge)으로 화물을 양륙하는 작업을 말한다. 부선으로 화물을 양륙하고 그 부선이 부두에서 다시 양륙해야 하므로 추가비용이 발생하기 때문에 보통 부두에 접안할 수 있는 흘수를 맞춰 그 정도의 화물량만큼 양륙한 후 접안하게 된다.

157) Julian Cooke et al., *op. cit.*, pp.146~147.

158) *Ibid.*, p.147.

159) 항구의 흘수가 본선 만재흘수보다 낮을 때 최대 적재 가능 화물량 계산법은 다음과 같다.
본선재화중량톤 - [{(본선의 만재흘수 - 항구의 최대 허용 흘수) × TPC} × 100]

160) Jardine Matheson v. Clyde Shipping (1910) 15 Com. Cas. 193.

161) Miller v. Borner (1900) 1 Q.B. 366, 648.

162) Julian Cooke et al., *op. cit.*, p.149.

163) Caffin v. Aldridge (1895) 2 Q.B. 366, 648.

하여야 한다.[164]

4) 갑판적 화물(deck cargo)

(1) 갑판적 화물의 의의

갑판적 화물이라 함은 'on deck cargo'를 의미하는 것으로 선박의 최상갑판위에 적재되어 운송되는 화물을 말한다. 통상적으로 화물은 화물의 적부 및 고박이 용이하고 항해시 외력에 노출될 위험이 적은 선창내에 적재되는 것이 기본원칙이므로, 갑판적 화물은 선창내에 적부된 화물과 비교하여 투하, 해수의 누손, 파손, 갑판유실(washing overboard) 등의 위험이 높아 선박소유자는 이들 위험으로부터 면책되고 있다.[165]

(2) 갑판적 화물의 허용

화물은 보통 선창내에 적재되지만 "if shipment of deck cargo be agreed same to be at shippers' risk"라는 조항의 내용과 같이 운송중의 위험은 용선자의 부담으로 아래와 같이 예외적으로 화물이 갑판상에 적재될 수 있다.

가. 화물을 갑판에 적재하도록 합의하는 경우

선박소유자와 용선자가 합의하여 계약서에 명시하는 경우 화물의 종류에 관계없이 갑판에 화물을 선적할 수 있다.

나. 선박의 구조가 화물의 갑판 적재에 적합한 경우

선박의 구조가 갑판에 화물을 적재하는데 적합하도록 설계되고, 선급에서 화물을 갑판에 적재하는 것을 용인하는 경우에 갑판에 화물을 선적할 수 있다. 이때 갑판에 적재한 화물에 손상을 입었어도 화주는 갑판적재를 이유로 화물손실에 대하여 선박소유자에게 손해배상을 청구할 수 없다.

한편 컨테이너선은 컨테이너 화물의 갑판적재가 불가피하며 따라서 그 구조가 처음부터 갑판에 컨테이너화물을 적재하는 데에 적합하도록 설계되어 건조되고 있다. 이 때문에 컨테이너화물에 한정하여 선하증권(B/L)상 특약에 의해 이것을 갑판적재로 할 권리가 운송인에게 유보되는 것이 통례이다(optional stowage clause).

다. 운송관례에 따른 갑판적 허용

특정항로의 운송에서 갑판 선적이 일반적으로 받아들여지는 경우, 화물은 갑판에 선적

---

164) *Ibid.*, p.150.

165) 한낙현, "해상보험계약에 있어서 화물갑판적재의 효과에 관한 고찰", 「해상·보험연구」 제4호 (2004), p.14.

될 수도 있다. 그러나 갑판 선적이 일반적으로 받아들여지는 항로에서 조차 때로는 선박소유자가 그에 따른 손해에 대한 리스크를 져야 할 경우도 발생한다.[166]

3. 운임

1) 운임의 의의

운임이란 해상운송인이 운송계약에 따라 화물을 운송하는데 대한 대가이며 보수이다.[167] 즉, 운임은 운송인이 화물을 안전하게 운송하여 수하인에게 인도하는 것에 대하여 송하인이 지급하는 반대급부인 것이다. 운임은 통상 화물의 양에 비례하여 산정되고 그 계산단위로서는 중량이나 포장 또는 용적 등이 이용된다.

이러한 운임을 결정하기 위한 요소는 해운기업의 경영에 있어서 가장 중요한 분야로써, 일반적으로 운임결정에 직접 영향을 미치는 요소는[168] ①항해거리 및 항해조건, ②항만사정과 하역능률, ③운송물의 성질, 가액 및 종류, ④하역계약의 조건, 하역방법 및 적하·적부방법, ⑤운송물의 용적과 중량, ⑥보험조건, ⑦선형 및 선령 등이 있다.

2) 지급요건

다른 약정이 없는 한 해상운송인은 화물을 목적지까지 운송하여 지정된 수하인에게 인도하여야만 운임을 청구할 수 있다는 것이 영국법의 기본원칙이며, 이는 화물의 인도와 운임의 지급에 대한 동시이행조건을 의미한다.[169] 그러므로 해상운송인은 화물을 목적지까지 운송한 후 목적지에서 인도할 준비가 되어 있는 상태가 되어야 운임을 청구할 수 있다. 인도 운임의 지급요건을 살펴보면 다음과 같다.

---

166) Royal Exchange Shipping Co. v. Dixon(1886) 12 App. Case. 11
미국의 New Orleans항에서 영국의 Liverpool로 운송되는 면화(Cotton)를 갑판에 적재하여 운송도중에 선박이 좌초되었다. 선박소유자는 갑판에 선적되어 있던 면화를 해상에 투하시켰으며, 화주가 선박소유자에게 손해배상청구를 하였다, 이에 대하여 선박소유자는 두 가지 이유를 들어 책임이 없다고 주장하였다. 첫째, 화주가 면화(cotton)의 갑판적재에 대한 이의제기가 없었다. 둘째, 이 항로에서 면화(cotton)를 갑판에 적재하여 운송하는 것이 관행이었기 때문이라고 하였다.
그러나 법원은, 선박소유자의 첫 번째 주장에 대하여, 화주가 갑판적재에 대해 문제 제기를 하지 않은 것은 선박소유자의 화물적재에 대하여 간섭하지 않겠다는 것을 의미하는 것이며 용인한다는 의미라고 볼 수 없다. 또한 법원은, 두 번째 주장에 대하여, 면화를 갑판에 선적하여 운송하는 것은 해당화물을 안전하게 운송할 수 있는 방법이 아니므로, 관행일지라도 선박소유자는 그에 대한 책임을 면할 수 없다. 따라서 선박소유자는 화물투하에 따른 화주의 손해를 배상하여야 한다고 판시하였다.

167) 송상현·김현, 「해상법원론」, (서울 : 박영사, 2005), p.209.

168) 박용섭, 앞의 책, p.447.

169) 심재두, 앞의 책, p.508.

(1) 운송물을 목적지에 도착

운임의 지급청구권을 획득하기 위해서는 운송물이 목적지에 도착하여야 한다. 특약이 없는 한 계약서에 명기된 인도지에 화물이 온전한 상태로 도착하여야 한다.[170] 통상 항해용선의 경우에는 주로 벌크 화물을 운송하기 때문에 양륙항의 지정선석에 양륙하는 것으로 운송물을 인도한 것으로 볼 수 있다.[171] 다만, 화물이 목적지에 도달하지 못한 원인이 화주측에 있는 경우에는 지정된 목적지에 도달하지 못하여도 또는 지정된 목적지 이외의 지역에서 화물이 인도되어도 운임청구권이 발생한다.[172]

(2) 인도의 준비(ready to be delivered)

선장(선박소유자)은 양륙항에 입항하여 운송물을 수하인에게 인도할 준비가 되어 있어야 한다. 운송물을 안전하게 목적지인 양륙항에 도착시킬 뿐만 아니라 반드시 인도할 수 있게 준비가 되어 있어야 한다. 여기에서 인도하여야 할 준비라는 것은 수하인 측에 운송물을 실제도 인도하는 것이 아니라 적절한 장소에서 운송물을 인도하기 위한 준비만 하면 충분한 것이다.[173] 항해용선의 경우에는 용선자가 지정한 선석에 도착하여 양륙준비완료통지가 이루어진 때를 의미한다.

(3) 적법한 항해

항해 자체가 적법한 항해일 것을 요건으로 한다. 즉, 선적항을 출항할 당시에 항만당국으로부터 출항허가서를 교부받고, 관련 비용을 정산하고 출항하며, 관련 국가의 법령을 위반함이 없이 무해통항의 원칙을 준수하여야 한다.[174]

3) 운임의 종류

(1) 선급운임(advanced freight)

원래 운송계약의 성질상 운임은 후급이 원칙이다. 그러나 계약당사자가 운임지급시기를 용선계약서 및 선하증권 상에 특약으로 선지급할 것을 약정하여, 후급운임의 원칙을 변경하는 경우가 있다. 또한 운송의 완성과 관계없이 선급운임은 반환하지 않는다는 특

---

170) 화물이 도착하였다는 의미가 운송계약의 본질적인 이행이 이루어졌다는 것을 의미하므로, 반드시 화물의 전부가 완전히 도착되었다는 의미는 아니며, 화물에 변질 또는 손상이 있어도 그러한 사실이 반드시 운임청구권을 방해하는 것은 아니다. 화물이 어느 정도 도착되어야 운송계약의 본질적 이행으로 인정될 것인가 하는 문제에 있어 판례는 변질, 손상의 경우에 도착된 화물이 선적된 화물과 비교하여 상업적으로 동일성을 지닌 것으로 인정될 수 있는지의 여부에 의해 결정된다고 한다. Buthie v. Hilton(1868), 배병태, 앞의 책, p.98 재인용.

171) 박용섭, 앞의 책, p.440.

172) Cargo ex Galam (1863) 15 E.R. 883. 심재두, 앞의 책, p.508 재인용.

173) 박용섭, 앞의 책, p.441.

174) 박용섭, 앞의 책, p.440.

약도 널리 사용되고 있다.[175] 해상운송계약에서는 계약자유의 원칙에 의하여 이러한 특약의 법적효력을 인정하고 있다. 그렇기 때문에 송하인이 운임을 지급하기 전에 면책위험에 의하여 운송물을 멸실시킨 경우에도, 선급운임의 조건이라면 송하인은 운송인에게 당연히 운임을 지급하여야 한다. 이 경우 운임은 운송물의 인도에 대한 반대급부이므로 운송인은 선급운임에 대하여 증명책임을 진다. 유사하게 선급운임이 지불되어졌다면 송하인은 비록 물건이 멸실되었더라도 항해의 불능에 기인하여 선박소유자에게 운임반환청구를 할 수 없다.[176]

선급운임은 만일 물건의 인도가 불가항력 등 면책약관에 의하여 불능하였다면 선급운임의 반환청구를 할 수 없다.

(2) 총액운임(lump sum freight)

총액운임은 화물의 용적 또는 중량에 관계없이 합의된 운임을 말한다. 즉, 항해용선계약에서 운임을 선적되는 화물의 용적 또는 중량을 기준으로 산정하지 않고 선복 또는 항해를 단위로 포괄적으로 합의하는 운임이다.[177] 이러한 운임계약의 효과는 선박소유자가 인도되지 않은 화물과 관련하여 예외조항의 적용을 받을 수 있다면 화물 전량이 인도되지 않아도 모든 운임을 지급 받을 수 있다는 것이다. 또한 특약이 없다면 추가 화물 운송에 대해서도 선박소유자는 추가 운임을 요구할 수 없는 효과를 가진다.[178]

총액운임은 항해에 대한 선박의 임대나 사용에 대한 사용료를 지급하는 것으로 볼 수 있다. 이에 관해 총운임은 일반적 운임은 아니지만 항해에 대한 선박의 사용에 대해서 지급하는 임대료 성질의 금액이라고 하는 판례가 있다.[179]

(3) 비율운임(pro rata freight)

비율운임제도는 운송이 이루어지지 않으면 운임이 없다는(no delivery no freight) 원칙을 수정하여, 운송인의 귀책사유가 아닌 사유로 운송이 이행된 정도에 따라서 운임을 지급한다는 것으로 형평의 원칙에 입각한 제도이다.[180] 즉, 비율운임제도는 항해 성취의 부분이나 인도된 화물을 비율화하여 운임을 지급하는 것이다. 중간항에서 인도가 계약의 부분이행으로 인정될 수 있는 규정이 있는 경우에는 그 규정은 완성된 항해의 부분을 비율화한 비율운임을 지급하도록 하는 약정이라 할 수 있다.[181] 이러한 운임의 적용을 위해

---

175) 박용섭, 앞의 책, p.442.
176) Raoul Colinvaux, *Carver's Carriage By Sea, 13th ed.*(London : Sweet & Maxwell, 1982), p.1181.
177) 배병태, 앞의 책, P.105.
178) Julian Cooke et al., *op. cit.*, pp.286~287.
179) Norway's owner v. Ashburner (the Norway) (No.2) (1865) 3 Moo. P. C.(N.S) 245.
180) 박용섭, 앞의 책, p.444.
181) Hill v. Wilson (1879)4 CPD 329 cited in E. R. Hardy Ivamy, *Payne and Ivamy's Carriage of Goods by Sea, 12th ed.*(London : Butterworths, 1985), p.251.

서는 명시적인 계약조항이 반드시 필요하다.

Willes J의 Dakin v. Oxley[182]에서 "만일 선박소유자가 도착항까지 적하이해관계인을 위한 물건을 운송하지 못하면, 운임은 지급되지 아니한다."라고 판시하였다. 운송계약은 합의된 선적량을 차질없이 이행하는 계약이다. 이러한 원칙은 Blackburn 판사가 Appleby v. Myers(1867) 판례[183]에서 확립한 원칙과 동일하다. GENCON에서는 일반적 비율운임약관을 두지 아니하므로 쌍방이 이를 합의한 경우가 아니면 비율운임은 Appleby v. Myers 판례에 준하여 추정되어져야 할 것이다.[184]

(4) 반송운임(back freight)

운송인이 정상적으로 항해를 완성하고, 용선자가 지정한 항의 선석에 도착하여 하역준비완료를 통지하였으나, 운송인의 귀책사유가 아니고 또한 운송인의 권한 밖의 이유로 인하여 운송물을 인도할 수 없는 경우가 발생할 수 있다. 이러한 경우 용선자가 선장에게 다른 항구로 가도록 지시를 내리는 경우, 또는 선적항으로 화물을 다시 운송할 경우 등 추가로 발생하게 되는 경비를 반송운임(back freight)이라 한다.[185]

4) 운임의 지급(freight payment)

(1) 운임지급 통화

GENCON 1994에서는 박스 14에 운임의 지급에 관한 통화, 지급방법, 수령인 및 은행계좌를 기재하도록 하고 있다. 여기에서 실제적으로 지급되어야 하는 통화의 단위를 언급하고 있다. 통화에 대해 계약서에 언급되지 않았을 때는 보통 운임이 지불되는 지역의 법률에 따른다. 그러나 가장 일반적으로는 미화(US 달러)가 지급수단으로 이용되고 있다.[186] 계약서의 운임지급에 관련된 예를 들면, 다음과 같다.

> "Freight payable 95 percent within 3 banking days in USA currency on signing and releasing "Freight Payable as per Charter Party" bill of lading. Balance of 5 percent freight to be settled within 30days after completion of discharge together with demurrage or dispatch at loading and/or discharging port if so occurred."

상기 조항에 따라 선박소유자가 선적 완료한 후 "Freight Payable as per Charter Party"와 같은 운임지불조건의 선하증권에 서명하여 용선자에게 발행해 주면 용선자는 3일 이내 선박소유자에게 95%의 운임을 US 달러로 지급해야 하며 잔여 5%의 운임은 선적과

182) (1864) 15 C.B.(N.S.) 646.
183) (1867) L.R. 2 C.P. 651, 661.
184) Julian Cooke et al., *op. cit.*, p.289.
185) 박용섭, 앞의 책, p.445; 배병태, 앞의 책 p.105. 대체운임으로 표시하는 곳도 있다.
186) Julian Cooke et al., *op. cit.*, p.296.

양륙항의 체선료와 조출료를 포함하여 양륙이 완료된 후 30일 이내에 지급하여야한다는 것을 의미한다.

(2) 선하증권과 운임지급

가. 선급운임조건의 경우 선하증권의 발행

어떤 용선자는 선장이나 대리점에게 선급운임 조건으로 선하증권을 발행해 줄 것을 요구하는 경우가 있다. 이러한 선급운임 조건으로 계약된 경우, 용선자는 선적이 완료되면 선적된 화물의 양을 확인하고 곧바로 운임을 선박소유자에게 지급하여야 하며, 선박소유자는 운임을 확인하고 선급운임(freight prepaid)이라고 명기된 선하증권을 발행한다. 이러한 조항은 물품매매에 있어 중요한 의미를 가진다. 즉, 용선자의 교섭력이 강하여 이러한 선하증권의 발행을 요구하는 경우에 선박소유자가 운임을 받지 않은 상태로 선급운임조건의 선하증권을 발행한다면 운임의 지급과 관련하여 선의의 선하증권 소지인과의 문제가 발생할 수 있다.

물론 이 조항 자체만으로 선박소유자 또는 선장이 용선자 또는 송하인에게 운임청구권을 행사하는 것이나 운임 지급이 이루어지지 않는 경우 화물 또는 용선자의 재용선운임에 대한 유치권의 행사를 불가능하게 하는 것은 아니다. 하지만 선하증권의 기재사항을 신뢰한 수하인 또는 선하증권 소지인에 대해 유치권이나 운임청구권을 주장할 수는 없다. 이러한 점은 유의하여야 할 것이다.[187]

나. 용선계약에 따른 운임지급(freight payable as per charter party)

용선계약하에 발행된 선하증권의 경우에 용선계약 조건을 편입하는 경우가 많다. 이러한 경우에 통상적으로 용선계약서에 명시된 대로 선적완료 후 약정된 기일 이내에 용선자는 선박소유자에게 운임을 지급해야 한다. 이 조항은 선박소유자가 선하증권 약관상의 선하증권의 소지인으로부터 운임의 지급을 확보하기 위한 방안의 일환이다. 즉, 용선계약하에 발행된 선하증권은 용선자의 재용선인 경우이므로 선박소유자와 선하증권 소지인은 직접적으로 계약의 당사자가 되지 않는다. 그러므로 운임의 지급을 확보하기 위해서 선박소유자는 운임지불에 관한 용선계약의 약관을 선하증권에 편입시키는 것이다.[188] 이는 용선계약서에 따라 운임이 지급되기 때문에 선급운임과 같이 선하증권 문제와 연결되지 않는다.

---

187) Julian Cooke et al., *op. cit.*, pp.314~315.
188) *Ibid.*, pp.292~293.

(3) 운임지급조건

가. 비용의 무공제(without discount)

운임은 비용의 무공제(without discount)조건으로 지급되어야 한다는 특약을 두는 경우에는 운임에서 어떠한 비용의 공제를 허용하지 않는다. 이러한 문구를 두는 이유는 특정항의 관습과 관행에 따라 운임을 할인 또는 공제를 요구하는 용선자를 미연에 방지하기 위함이다.[189] 그러나 이러한 비용의 무공제 조건도 용선계약서상 용선자가 상계할 수 있는 권한이 명시적으로 인정한 부분에 대한 운임상계의 권한을 침해하는 것은 아니다. 즉, 선박소유자와 용선자 양당사자의 합의에 따라 선적항에서 발생한 조출료, 중계수수료, 용선자가 선박소유자를 대신하여 지급한 비용 등에 대해 공제하고 지급할 수 있다.

나. 손상된 화물의 인도에 대한 운임 지급

손상된 화물에 대한 운임의 지급과 관련하여 영국법은 선박소유자에게 운임청구권을 인정하고 있다. 즉, 운송화물의 일부 멸실되거나 훼손되어 화주에게 손해배상청구권이 발생하였다 하더라도 선박소유자는 운임의 전액을 청구할 수 있으며, 화주로 하여금 운임청구권에 대해 상계(set-off)할 수 없도록 하고 있다.[190] 그러므로 화주는 운임을 지급하고 화물 손상에 대한 손해배상을 별도로 청구할 수밖에 없다. 그러나 특약으로 계약서상에 상계조항을 두고 있는 경우에는 가능할 것이다.[191]

다. 선적시 가득된 운임(freight “earned” on shipment)

용선계약서상에 선적시 또는 다른 특정 시간이 명시된 조항을 두어 운임이 가득(earned)되었다는 조항을 두고 있는 경우에는 실질적으로 운임 지급이 이루어지지 않았다 하더라도 운임은 채무로 인정된다. 그러므로 용선계약이 프러스트레이션 등으로 계약의 실행이 중단된 경우에도 용선자는 운임을 지급하여야 한다.[192]

라. 선박 또는 화물의 손실여부에 관계없이 지급(freight payable “lost or not lost”)

위의 조항과 유사한 효과를 나타내고 있는 문구로 “freight to be paid ship or cargo lost or not lost”라는 조항을 두기도 한다. 이 조항은 운임의 지급일이 되기 전에 선박이나 화물이 손실되어 계약의 이행이 중단되는 경우가 발생하더라도 용선자는 운임에 대한 위험부담을 가지고 운임을 지급하여야 한다.[193]

---

189) *Ibid.*, p.299. Brown v. Byrne (1854) 3 E. & B. 703 사건에서 화물 운임을 리버풀항에서 양륙시에 지급하였으나, 수하인은 항구의 관습과 관행에 따라 운임을 공제할 권한이 있다고 판시하였다. 그러나 이러한 관습과 관행도 계약상 명시조항과 상충될 때에는 명시조항을 우선시한다.

190) Dakin v. Oxley(1862), Aries Tanker Corp. v. Total Transport(The Aries)(1977), The Cleon(1983).

191) Lakeport Navigation Co. v. Anonima Petroli Italiana (The Olympic Brilliance)(1981).

192) Julian Cooke et al., *op. cit.*, p.313.

그러나 이러한 조항은 문자 그대로 문리해석에 따른 효과를 발생시키므로 엄격하게 해석을 하고 있다. 예를 들어, 만약에 "ship lost or not lost"조건으로 운임을 지불하도록 합의했다면, 선박이 유실된 경우에만 적용되며 화물만 유실된 경우에는 이 조항이 적용되지 않는다.[194]

4. 선적과 양륙

1) 선적 및 적부

선적은 본선 또는 부두의 하역설비로 운송물을 선적할 경우에는 부두 또는 바지에 운송물을 본선의 카고 훅에 걸거나 부두의 하역시설로써 본선의 현측(ship's side)를 넘을 때부터 본선의 책임이 시작된다. 이 책임은 양륙항에서 운송물을 양륙 완료할 때까지 계속하므로 운송과 관련하여 운송인의 책임은 앞의 경우를 '테이클 투 테이클'(from tackle to tackle)이라 하고, 뒤의 것을 '선측에서 선측까지'라고 한다.[195]

적부란 선박의 안전과 운송물을 안전하게 유지하기 위하여 화물창 안에 적부계획도에 따라서 화물을 적절하게 배치하는 작업을 말한다. 이 적부계획도는 운송물의 성질·수량·크기·무게·목적항 등을 고려하여 작성한다. 원칙적으로 모든 운송물은 갑판 아래에 적부하여야 한다.[196]

선장은 선적감독권을 행사하지만, 이는 선박의 복원성과 안전성을 위한 한정적인 감독권이며 일단 운송물의 선적·적부가 완료되면 그 책임을 면한다. 용선자는 송하인으로 운송물을 선적할 책임이 있으며 용선자는 선적하기로 약정한 종류와 수량의 화물을 공급하여야할 의무를 진다.[197] 운송물의 선적책임은 최초의 선적으로 종료한다. 만일 좌초 등으로 인해 운송물을 재선적할 필요가 있을 시에 재선적의 책임은 운송인의 책임이다.[198]

2) 선적 및 양륙에 대한 책임

해상운송인은 운송물의 선적을 위하여 약정한 선적항으로 선박을 회항시켜야 할 의무가 있고 선적항의 약정의무는 용선자가 가지고 있다. 용선자는 선적기간 내에 운송물 전부를 선적할 의무가 있다. 운송인은 용선자가 운송물의 전부를 선적하지 못했을 경우에 초과정박기간에 대해 정박료를 청구할 수 있고, 손해배상을 청구할 수도 있으며, 상당한 보수를 청구할 수도 있다.[199] 해상운송인은 특약이 없는 한 운송물을 양륙항에서 자기의

193) *Ibid.,* p.314.
194) Weir v. Girvin [1900] 1 Q.B. 45 p.239.
195) 박용섭, 앞의 책, p.379.
196) 박용섭, 앞의 책, p.380.
197) 심재두, 앞의 책, p.165.
198) 박용섭, 앞의 책, p.381.

위험과 비용으로 선측에서 인도할 의무가 있지만,[200] 1994년 GENCON은 용선자가 하역 책임을 지는 FIO 조건만을 규정하고 있다. 그 결과로 용선선박의 선적과 양륙 책임은 별도의 특약(Gross term과 같은 특약)이 없는 한, 항해용선자의 책임이다.[201]

(1) Gross Term

용선자는 용선선박이 자선의 카고 훅으로 운송물을 걸어서 선적할 수 있도록 선측에까지 운반하여야 한다. 이 경우 용선자는 육상 또는 바지 위의 필요한 인부의 비용을 부담하여야 한다. 용선선박은 운송물의 적하만을 담당한다.[202] GENCON 1994 용선계약서에는 Gross Term은 포함하고 있지 않다.

(2) FIOST(Free In & Out, Stowed & Trimmed) terms

용선자는 화물의 적재·적부·고르기(loading·stowing·trimming) 및 양륙(discharging)을 책임져야 한다. 운송인은 모든 위험·책임·비용을 부담하지 아니한다. 그러나 용선자의 요구가 있으면 운송인은 윈치, 동력, 선원의 윈치맨(winchman)을 준비하여야 한다. 이러한 조건을 'Net term'이라고도 한다. 그러나 운송계약의 하역조건에 관계없이 항해용선이나 개품용선에 있어서 선장은 하역인부를 감독할 책임을 가지며, 동시에 선박의 안전을 위하여 하역을 감독할 공법상의 의무가 있다. 그리고 용선자가 선적책임이 있는 경우에 용선자가 선임한 하역인부가 하역능력이 부족한 때에는, 그로 말미암아 생긴 손해에 대하여 용선자는 손해배상의 책임을 면할 수 없다고 본다.[203]

3) GENCON에서의 선적과 양륙 책임

GENCON 용선계약에서는 용선선박의 선적과 양륙 책임은 별도의 특약(gross term과 같은 특약)이 없는 한, 항해용선자의 책임으로 규정하고 있다. 그리고 하역과 관련하여 비용과 위험(costs and risks), 하역설비(cargo handling gear)와 하역인부에 대한 손해(stevedore damage)를 나누어 규정하고 있다.

① **비용과 위험** : 항해용선자는 자기의 비용과 위험부담으로서 화물을 용선선박의 선창 안에 선적할 의무가 있으므로 용선자의 위험과 비용부담으로 한다.

② **하역설비** : 선박소유자에게 하역설비를 양호한 작동상태로 유지시킬 주의의무를 명시하고 있다. 즉, 선박소유자는 용선기간 동안 모든 하역설비를 '양호한 작동상태'(to be in good working order)로 유지할 의무를 규정하고 있다. 그러므로 선박소유

199) 최준선·이범찬, 「상법개론」, (서울 : 삼영사, 1999), pp.719~720.
200) 최기원, 「상법학신론」, (서울 : 박영사, 1997), p.688.
201) 박용섭, 앞의 책, p.334.
202) 박용섭, 앞의 책, p.386.
203) 박용섭, 앞의 책, p.387.

자가 이 주의의무를 위반하여 운송물에 손해가 발생할 경우, 손해배상의 책임을 면할 수 없다.

③ **하역인부에 의한 손해** : 항해용선계약의 특질에 따라서 하역 중에 발생한 선박의 손해에 대해서 용선자는 손해배상 또는 원상회복의 책임이 있음을 규정하고 있다. 항해용선계약은 용선자가 전 항해에 걸쳐 선박을 지휘 감독할 권한은 없고, 다만 용선자가 지정한 항에서 하역기간 동안 용선선박을 자유로이 사용할 수 있는 권한만을 보장받는 운송계약이므로, 하역기간 중에 자기가 선임한 하역인이 발생시킨 선박의 손해에 대하여 책임을 지는 것은 계약법상 당연하다.

이 경우에 항해용선자는 계약항해가 종료하기 전에 수선의무가 있고, 만일 그 손해가 선박의 감항능력에 영향을 줄 경우에는 그 훼손이 발생한 항을 출항하기 전에 수선할 의무가 있다.

5. 정박기간(Laytime)

1) 정박기간의 의의

정박기간이라 함은 운송인이 운임에 추가하여 급부를 받지 않고서 용선자로 하여금 선박을 선적 및 양륙에 사용할 수 있게 하고, 또한 사용할 수 있도록 계약당사자 사이에 합의한 기간을 말한다(Laytime Definitions for Charter Parties 2013, Clause 5). 즉, 용선자로 하여금 화물을 선적하거나 양륙하도록 허용되는 시간인 정박기간은 선박의 크기·종류, 항만의 하역설비와 운송물의 종류·수량 등을 고려하여 미리 특약으로 정하고 있다.

영국의 판례에 의하면 "운송물의 선적과 양륙에 소요될 시간은 명시적 또는 묵시적으로 규정하여야 한다. 만일 명시적 규정이 없으면, 법에서 묵시적으로 인정된 상당한 기간을 말하거나, 법 또는 당사자가 확정한 기간을 말한다. 이 기간 동안에는 용선자는 선박사용료를 지급하지 않고서, 운송물의 선적 또는 양륙을 위해서 자유롭게 사용할 수 있다"고 판시하고 있다.[204)]

특히 정박기간과 관련하여서는 항해용선계약에서 선박소유자와 용선자 사이에 다툼이 가장 많은 부분의 하나이다. 왜냐하면 정박기간은 용선자의 전속적 사용기간이지만 정박기간의 개시시점 및 산정방법, 그리고 약정된 정박기간을 초과한 시간에 대해서는 용선자의 보상 개념인 체선료의 산정이 이루어지기 때문이다.

2) 정박기간의 결정

정박기간은 3일간, 10시간 등과 같이 구체적으로 정하는 경우와 운송물량과 일당 하역

---

204) 박용섭, 앞의 책, p.497. 참조. The Ulyanovsk(1990) 1 Lloyd's Rep.

량 기타 간접적인 방법으로 정박기간을 산출하는 경우도 있다. 정박기간에 관한 특약이 없으면 정박항의 규칙과 관습에 의하거나 상당한 기간을 정박기간으로 한다. 상당한 기간은 정박항의 이용 가능한 하역수단·시설, 영업과정, 항구에서 사용되고 있는 관습적 방법과 조수 기타에 관한 정박항의 특징을 고려하여 결정한다.[205)]

(1) 통상적인 관행 등으로 규정하는 경우

특정한 정박기간을 약정하지 아니하고 통상적인 속도로(with customary quick dispatch: CQD) 또는 가능한 한 빠르게(as fast as the ship can receive) 등과 같이 규정하는 경우가 있다. 이러한 경우는 선적항 또는 양륙항의 관행에 따라 상당한 시간내에 선적 또는 양륙하여야 하는 것으로 해석된다.[206)]

(2) 일정한 날짜로 규정하는 경우

정박기간을 일정한 날짜로 규정하는 것으로, 예를 들어 "10일(10 days 또는 10 running days)" 라고 규정하는 것이다. 이 경우에 '일'은 24시간을 의미하는 것이 아니라 자정부터 다음날 자정까지의 월력상의 일을 의미하는 것이다. 하지만 대부분의 용선계약서에서는 일 또는 월력상의 일이 아닌 선적 또는 양륙준비완료통지의 효력이 종료하는 시간부터 시작하는 약정일을 규정하고 있다. 예를 들어, GENCON에서는 "선적 및 양륙을 위한 정박기간은 준비완료통보를 12시 또는 그 이전에 행한 경우에는 13시에 개시되며, 준비완료통보를 12시 이후 업무시간 이내에 행한 경우에는 그 다음 작업일 6시에 개시된다."라고 규정하고 있다.

정박기간은 일반적으로 '일'(days), '연속일'(running days), '작업일'(working days) 및 '날씨허용작업일'(weather working days) 등으로 사용된다. 이에 대한 의미를 구분하면, '일' (days)은 24시간을 의미하는 것이 아니라 자정부터 다음날 자정까지의 월력상의 일(calendar day)을 의미하는 것이며, '연속일'은 정박기간이 개시된 날로부터 연속적으로 계산되는 일을 의미한다. 여기에서 '일' 또는 '연속일'은 휴일과 공휴일을 포함하는 연속일을 의미한다.[207)] 그러므로 별다른 제한없이 10일(10 days 또는 10 running days)이라고 하면, 정박기간의 개시된 날로부터 연속된 10일이 되며, 휴일이나 공휴일은 제외되지 않는다. 여기에서 회교국가라면 금요일이 휴일이므로 금요일은 작업일에 산입되지 않을 것이다.

그 반면에 '작업일'은 휴일 및 공휴일을 제외하고 작업이 통상 이루어진 날만을 정박기간으로 계산하는 것을 의미한다. 그러므로 '날씨작업일'은 날씨에 따라 화물의 선적 또는 양륙작업이 방해를 받지 않는 날을 의미한다.[208)] 그러므로 휴일과 공휴일을 제외하고 싶

---

205) 강대섭, "정박기간과 정박료지급에 관한 고찰", 경남법학 제11집(1996), p.193.
206) 심재두, 앞의 책, pp.176~177.
207) Eugenia, 53 F. 2d 1054, 1931 A.M.C. 1724 (S.D.N.Y. 1931).
208) 심재두, 앞의 책, p.177.

을 때에는 '10 작업일'(10 working days)라고 하여야 하며, 기상상태에 따라 작업의 영향을 많이 받는 선적 또는 양륙작업의 경우에는 비 등의 날씨로 인해 작업을 할 수 없는 날을 제외하고자 할 때에는 '10 날씨허용작업일'(10 weather working days)라고 하여야 할 것이다.

정박기간의 결정은 10일과 같이 정해진 시간일 수도 있고, 선적과 양륙되는 화물의 양에 따라 달라질 수도 있으며, 화물이 선적되는 선창의 수에 따를 수도 있다. 그러나 GENCON 등과 같은 표준용선계약서에서는 정박기간의 계산방법으로서 '연속시간'(running hours)[209]을 이용한다. 만약 이 방식을 계약당사자가 채택한다면 그들은 용선자에게 이용 가능한 연속시간(running hours)에 합의하고 이 경우에는 정박기간을 더 계산할 필요가 없게 된다.

(3) 하루당 선적량 또는 양륙량으로 규정하는 경우

선박소유자와 용선자는 하루당 화물의 선적량 또는 양륙량을 얼마로 하겠다는 합의의 방법으로 정박기간을 약정하는 경우가 있다. 즉, 용선자는 하루에 몇 톤씩 화물을 선적 또는 양륙할 것인가 하는 선적 또는 양륙되는 톤수비율에 대해 합의하고, 전 화물량을 이 비율로 나누어 하역에 필요한 일수를 산정하는 것이다.

예를 들어, 150,000MT 화물의 양륙을 위해 30,000MT/Day SHEX EIU[210] for Loading이라는 조건으로 용선계약서가 작성되었다면, 용선자는 일요일과 공휴일은 양륙작업을 하였다 하더라도 정박시간에서 제외하고 5일(150,000/30,000=5일) 동안에 양륙을 종료하겠다는 것이다.

(4) 하루당 선창별 선적량 또는 양륙량으로 규정하는 경우(per hatch per day)

선창별로 하루에 작업하여야 하는 선적량 및 양륙량을 결정하는 방식도 있다. 2013년 용선계약 정박기간의 정의(Laytime Definitions for Charter Parties 2013) 제6조에는 "하루당 선창별(per hatch per day) 조건에서의 정박기간은 화물을 선적/양륙하는 선창별로 하루당 약정률과 선박의 선창 개수를 곱한 것을 전체 화물량에 대해 나누어서 계산한다"라고 규정하고 있다.

$$\text{정박기간} = \frac{\text{화물량}}{\text{하루약정률(DailyRate)} \times \text{선창개수}} = (\quad\quad)\text{일(Days)}$$

209) 연속시간(running hours)란 정박기간이 일반적인 작업시간에 관계없이 밤과 낮 모두 포함하여 지속적으로 계산된다는 것을 의미한다.

210) SHEX EIU 조건은 "Sunday Holiday Excluded Even If Used"의 약어로 하역을 위해 사용하였다 하더라도 일요일과 공휴일은 제외한다는 조건이다.

(5) 하루당 작업 선창별 또는 하루당 작업가능 선창별
(per working hatch per day or per workable hatch per day)

2013년 용선계약 정박기간의 정의(Laytime Definitions for Charter Parties 2013) 제7조에는 "정박기간은 최대용적을 가진 화물선창의 화물량을 작업중인 또는 작업가능한 선창별로 하루의 약정률에 그 화물창을 이용하는 선창의 수를 곱하여 나눈다"라고 규정하고 있다. 이는 현실적으로 선적된 화물량과 선박의 구조적 차이 등에 관계없이 선적 또는 양륙의 상황에 따라 하역작업이 가장 긴 시간을 필요로 하는 선창의 작업시간을 기준으로 정박기간을 산정하는 것이다.

$$\text{정박기간} = \frac{\text{최대용량선창의화물량}}{\text{선창별하루약정률} \times \text{작업중또는가능한선창개수}} = (\quad)\text{일(Days)}$$

(6) 정박기간 산정의 특약사항

정박기간 계산시 선박의 선적항과 양륙항에서 선박소유자 및 용선자의 합의에 의해 책임과 의무를 결정할 수 있도록 다양한 특약사항들을 두고 있다. 이는 화물의 특성에 맞추어 용선자가 합의를 이끌어 낼 수 있도록 함으로써 그 책임과 의무를 조율할 수 있도록 하고 있다. 이러한 조건들을 종류별로 살펴보면 다음과 같다.

〈표 6-1〉 정박기간의 특약사항

특약 사항	의 미
Running Laydays(연속일)	계속기간이므로 중단사유, 일요일, 공휴일에 무관하게 계속적으로 정박기간으로 계산하는 방식임
Working days(작업일)	연속일과 달리 일요일, 공휴일을 제외하고 평일을 24시간으로 계산함
Weather Days, Weather Permitting (날씨허용일)	정상작업시간 12시간 기준으로 하여 악천후를 제외 하되 실제 작업 방해분만 제외함
Weather Working Days(날씨허용작업일)	정상작업 12시간내의 악천후만 감안함
Working Days of 24 Consecutive Hours, Weather Permitting	1일 24시간 기준, 악천후 시간 중 실제작업 방해시간 만 제외함
Weather Working Days of 24 Consecutive Hours	1일 24시간 기준, 정박기간 개시이후의 악천후 시간은 모두 제외함
Weather Working Days, Sunday and Holidays Excepted(WWDSHEX)	일요일과 공휴일은 정박기간으로 산정안함
Weather Working Days, Sunday and Holidays Excepted Unless Used(WWDSHEX UU)	일요일, 공휴일에 하역을 하지 않는 한 정박기간에서 제외한다는 조건임

특약 사항	의 미
Weather Working Days, Sunday and Holiday Excluded Even If Used(WWDSHEX EIU)	하역을 위해 사용하였다 하더라도 일요일과 공휴일은 정박기간에서 제외한다는 조건임
Customary Quick Despatch(CQD)	항만의 관습에 따라 가능한 한 신속한 하역을 실시 함

3) 정박기간의 개시시점

정박기간이 개시되기 위해서는 용선계약의 당사자간에 별도의 합의가 있는 경우를 제외하고 일반적으로 세 가지 요건을 충족하여야 한다. 첫째, 선박이 용선계약상 지정된 목적지에 도착하여야 하며, 둘째, 선박이 하역을 위한 모든 준비를 완료하여야 하며, 셋째, 하역준비가 완료되었음을 용선자 또는 그 대리인에게 통지하여야 한다.

(1) 선박의 도착

정박기간은 선박이 당사자가 합의한 선적 또는 양륙지점에 도착함으로써 개시된다. 합의된 목적지가 선석(berth)이나 부두(wharf) 등과 같이 특정 장소로 지정되어 있다면 선박의 도착 여부를 판단하는데 있어 어려움이 없을 것이다. 즉, 약정된 목적지가 특정 선석이나 부두와 같이 항구 내 일정한 구역 또는 구체적인 장소인 경우에는 그 구역 또는 장소에 들어온 때에 선박이 도착한 것으로 인정된다.

가. 선석/도크 차터(berth/dock charter)

선박이 항구에 도착하였을 때 하역준비완료통지를 하여야 하는지 또는 실제 선적과 양륙 부두에 접안했을 때 하역준비완료통지를 하여야 하는지에 대해서는 계약서의 조건이 선석차터(berth charter) 인지 또는 포트차터(port charter) 인지에 따라 달라질 수 있다.[211] 즉, 용선계약이 특정 선석을 지정할 권한을 용선자에게 부여하여 명시적으로 유보하고 있는 것을 선석차터라고 하며, 이 경우 선박이 그 장소에 도달하여야만 도착한 것으로 간주되므로, 명시적인 규정이 없는 경우에는 지정된 선석에 정박하기 전에 이루어진 하역준비완료통지는 효력이 없다.[212]

선석차터 조건에서는 선박이 반드시 부두에 접안해야만 하역준비완료통지를 제시할 수 있으므로,[213] 지정된 선석에 도달하기까지 지연의 위험은 선박소유자가 부담한다.[214]

---

211) 용선자가 목적지를 "안전한 부두, 런던항"(one safe berth, London)라고 명시하는 경우는 선석차터(berth charter)가 되며, "런던항, 안전한 부두"(London, one safe berth)라고 명시되는 경우에는 포터차터(port charter)가 된다.

212) 박길상·양정호, "항해용선계약에서 정박기간의 개시요건", 한국해법학회지, 제28권 제1호(2006.4), pp.280~281.

213) Tweedie Trading Co. v. Barry, 205 F. 721, 723(2d Cir. 1913)

214) Stag Line Ltd. v. Board of Trade(1950)
해당 용선계약의 "proceed to one or two safe ports East Canada or Newfoundland, place or

반대로 포트차터에서는 선박이 항구에 도착했을 때 제시할 수 있다.[215]

나. 포트차터(port charter)

포트차터는 선박의 목적지가 '항구'로 지정되어 있거나 특정 선석이나 도크로 지정되어 있지 아니하며, 용선자가 그것을 지정할 권리가 없는 경우를 말한다.[216] 이러한 경우에 선박의 도착에 대해서는 The Johanna Oldendorff 사건에서 영국 법원의 입장을 확인할 수 있다. 즉, 선박의 도착은 첫째, 선박이 항구의 지리적 경계 내에 들어와 있어야 하고, 둘째, 선석이 비게 되면 곧바로 선석으로 이동할 수 있다는 의미에서 선박이 즉각적이고 효과적으로 용선자의 지시에 따를 수 있는 장소에 있어야만 한다. 그리고 만일 선박이 그 항구에서 선석이 빌 때까지 통상적으로 기다리는 장소에 있으면, 이는 선박이 즉각적이고도 효과적으로 용선자의 지시에 따를 수 있는 장소에 있는 것이라고 추정되며, 반대사실에 대한 입증책임은 용선자가 부담하며, 선박이 통상적으로 대기하는 장소에 있지 않으면, 선박소유자는 그 장소가 즉각적이고 효과적으로 용선자의 지시에 따를 수 있는 장소임을 입증하여야 한다고 판시하였다.[217]

(2) 하역준비완료

정박기간의 개시는 선박이 목적지에 도착하였을 뿐만 아니라 선적 또는 양륙의 준비가 완료되어 있어야 한다. 하역준비완료의 정도에 대해 살펴보면, 향후 정박기간이 개시되는 때에 준비가 완료될 것이라는 예상만으로는 부족하며, 선적 또는 양륙의 준비가 실제로 완료되어 있어야 한다. 즉, 하역준비완료통지를 할 당시에 실제로 선적 준비가 완료되

---

places as ordered by Charterers"와 같은 내용에 따라 선박은 용선자가 지정하는 캐나다의 동쪽 또는 뉴파운드랜드 지역으로 항해하였다. 또한 용선자가 화물을 선적할 부두를 지정하도록 용선계약서에 규정되어 있었다. 선박이 용선자가 지정하는 항내의 Milbank에서 선적할 예정이었으나 선박이 항내에 도착한 즉시 접안할 부두가 없었으므로 6일간 대기하였다. 선박소유자는 6일동안 대기한 것에 대하여 용선자에게 체선료를 요구하였으나, 부두 지정권을 용선자가 가지고 있다는 용선계약서의 규정에 따라 지정한 부두에 선박이 도착하기 전까지는 이 용선계약 하에서의 도착선이 되지 않기 때문에 용선자의 체선료 지급에 대한 책임은 없다고 판시되었다.

215) The Edward T. Stotesbury, 187 F. 111(2d Cir 1911)

216) 박길상·양정호, 앞의 논문, p.281.

217) The Johanna Olendorff(1973) 2 Lloyd's Rep. 285.
용선자는 Johanna Olendorff호를 용선하여 미국에서 영국의 Liverpool/ Birkenhead까지 곡물을 운반하기로 계약을 체결하였다. 그런데 선박이 목적항인 영국의 Liverpool항에 도착하였을 때, 화물을 양하할 선석이 준비되지 않아 등대선(bar light vessel) 근처의 항만당국이 지정하는 장소에 정박하였다. 선박소유자는 그곳에서 용선자에게 하역준비완료통지(notice of readiness)를 하였으며, 용선계약서에 따른 도착선(arrived ship)이라고 주장하였다. 그 이유는 Jophanna Oldendorff호가 정박한 장소가 목적항에서 통상적으로 선석을 대기하는 묘박지(waiting anchorage)일 뿐만 아니라 항만당국으로부터 정박하도록 지시받은 장소이기 때문이라고 하였다. 그러나 용선자는 당해 정박장소가 도크 또는 항구의 상업적 영역으로부터 적어도 17마일 떨어져 있고, Birkenhead 도크 내에 있는 지정된 선석에 도착할 때까지 용선계약에 따른 도착선으로 인정될 수 없다고 주장하였다.

어 있지 않았다면 통지의 효과는 없을 것이며, 실제로 준비가 완료되어 있었다고 하더라도 정박기간이 개시되는 시점에 준비가 완료될 것이라는 취지의 내용으로 통지를 한 경우에도 통지로서의 효과가 없다.[218] 그리고 하역준비완료는 물리적인 면이나 법률적인 면에서 모두 준비가 되었음을 의미한다.

가. 물리적 하역 준비완료

물리적 준비완료는 선박이 선창을 모두 비우고 용선자의 화물을 선적할 수 있는 상태에 있어야만 선적준비완료가 된 것이며,[219] 양륙의 경우에는 화물의 양륙을 위해 용선자에게 할당된 선박의 모든 부분을 용선자가 완전히 통제할 수 있도록 준비가 된 상태를 의미한다. 또한 용선자의 약정된 화물을 안전하게 수령, 운송, 보관할 수 있는 상태, 즉, 선박의 감하능력(cargoworthiness)이 확보된 상태여야 한다. 예를 들어 선창에 전염병이 돌아 소독이 필요한 상태에서 선적준비완료통지는 무효이다.[220]

나. 법률적 하역 준비완료

정박기간의 개시는 하역작업의 시작을 의미하는 것이므로, 하역작업을 시작하기 위해 필요한 선박의 물리적 준비상태 뿐만 아니라 검역허가증(free pratique)과 세관수속통과(customs clearance)와 같이 지역 항만당국으로부터 부과된 절차를 밟아야 하는 것까지 포함한다. 그러므로 선박이 검역허가를 통과하지 못한 경우라든지 세관수속을 통과하지 못한 상태라면 하역준비완료가 되었다고 볼 수 없다.[221] 그러나 양 계약당사자는 "whether in free pratique or not"(WIFPON)이라는 조항을 추가하여 검역수속의 통과 여부에 관계없이 하역준비완료통지를 제시할 수 있도록 하고 있다.

항만당국은 선박이 선적과 양륙작업을 시작하기 전에 세관수속통과(clear customs)를 요구하나, 검역허가의 경우처럼 반드시 하역준비완료통지를 제시하기 전에 거쳐야 하는 절차가 아니며, 부두 접안 이후에도 간단히 이루어 질 수 있으므로 계약서에 "whether customs cleared or not"(WCCON) 조항을 추가함으로써 세관수속통과에 귀속되지 않고 하역준비완료통지를 제시할 수 있도록 하고 있다.

(3) 하역준비완료통지(Notice of Readiness)

가. 하역준비완료통지의 개념

선박이 선적 또는 양하항에 도착하여 모든 면에서 용선자의 화물을 선적 또는 양하할 만반의 준비가 되어있다는 것을 관련 당사자에게 통보하는 것을 하역준비완료통지(notice

218) Christensen v. Hindustan Steel(1971) 1 W.L.R. 1369.
219) Lyderhorn SS Co. v. Duncan Fox(1909) 2 K.B. 929.
220) The Tres Flores(1973) 2 Lloyd's Rep. 247.
221) The Norina, 1968 AMC207 (Arb. At N.Y. 1967)

of readiness: NOR)라고 한다. 하역준비완료통지를 하는 것은 용선자에게 선적 또는 양륙작업을 할 수 있음을 알리고, 또한 정박기간의 개시시점을 명확히 하고자 하는 데 있다. 그러므로 정확하고 유효한 통지가 이루어져야 한다.

이는 보통 정박지 도착 시 혹은 접안 후에 선장이 선적항의 대리점을 통하여 용선자에게 통보하지만, 비어있는 부두가 없을 때는 대기정박지(waiting anchorage)에서 하역준비완료통지를 제시한다. 일반적으로 정박지에서 하역준비완료통지를 제출하나, 정박지에서 용선자나 그의 대리인들이 기다리고 있는 것이 아니므로 보통 텔렉스, 전보, 팩스, VHF 등을 이용하여 제출한다.

선적항에서는 계약서에 기재되어 있는 수하인에게 선박이 화물을 선적할 준비가 되어 있다고 통보해야 하지만 양륙항에서는 명확하지 않으므로 용선자나 대리인에게 하역준비완료통지를 제시한다. 용선계약서마다 다르게 표기되어 있으나, 통상적으로 정박기간은 하역준비완료통지 통보 후, 24시간 혹은 익일(working day) 08시[222]부터 시작하게 된다. GENCON에서는 12시 이전에 하역준비완료통지를 제시했으면 당일 오후 1시부터 정박기간이 산입되기 시작하고 12시 이후에 제시하면 다음날 08시부터 정박기간이 개시된다.[223]

나. 하역준비완료 통지의 장소

용선계약서 약관상 하역준비완료통지의 장소에 대해서는 명확하게 제시하고 있지는 않는다. 결국 일반법의 법리가 적용될 것이므로 선박이 용선자의 즉각적이고 효율적인 처분(immediate and effective disposition)상태로, '도착된 선박(arrived ship)'이라고 할 수 있는 장소에 있어야 한다. 이러한 장소의 개념은 전적으로 용선계약서와 GENCON에서의 합의사항에 의할 것이지만, GENCON 1994 박스 10과 11에 명시된 항구 또는 부두/선석과 같은 좀 더 구체적인 곳이라면 여기에서 의미하는 장소로 추정된다.[224]

통상적으로 용선계약서상에 항구의 지정과 항구내의 부두의 지정에 있어 좀 더 세분화되고 복잡한 경우가 발생한다.

먼저 부두명이 지정된 경우 또는 용선자가 항구내의 부두를 지정하도록 명시규정을 두고 있다면, 합의된 장소는 부두가 된다.[225] 이러한 경우에 선박은 실제로 부두에 접안을

222) 이 시간은 각 항구의 하역 관습에 따라 다르게 나타나는데, 보통 07:00시, 혹은 08:00시, 또는 09:00시에 하역작업 개시와 함께 정박기간이 계산되기 시작한다.

223) Compania de Naviera Nedelka v. Tradax International (The Tres Flores)(1974) 사건에서 선박이 항구에 입항하였지만 혼잡하여 대기 정박지에서 하역준비완료통지를 하고 선석이 빌 때까지 대기하였다. 몇일 후 접안하였으나 선적을 위한 선창 검사에서 통과되지 못하였다. 이러한 경우에는 선박소유자가 대기 정박지에서 행한 하역준비완료통지는 실질적으로 선적할 준비가 되지 못하였으므로 정박기간이 개시된 것은 아니라고 판시하였다.

224) Julian Cooke et al., *op. cit.*, p.359.

225) *Ibid.*, p.359. 명시규정이 없다고 하더라도 용선자는 특정 부두를 지정할 묵시적인 권한을 보유하

해야만 하역준비완료통지를 제시(tender)할 수 있다.

합의된 장소가 항구인 경우에 선박이 항구에 도착하였을 때 부두/선석이 비어 있는가의 여부에 따라 달라진다. 먼저 부두/선석이 비어있어 바로 접안이 가능한 경우에는 선박을 실제적으로 접안 시킨 후에 하역준비완료통지를 하여야 하며,[226] 부두가 혼잡하여 바로 접안할 수 없는 경우라면 항내 선박의 대기 장소에 도착 후에 통지할 수 있다.

4) 정박기간의 개시와 관련된 특정 약관

(1) 항내도착여부 무관하게 정박시간 개시 ["Whether in port or not"(WIPON)]

이 특약은 일반적으로 선박이 목적항내에 도착하여야 하역준비완료통지를 할 수 있으나, 체선 등으로 이용가능한 선석이 없으며, 또한 항내 진입이 어려운 경우에 지정 항구의 통상적인 항외의 대기장소에 도착한 경우에도 하역준비완료통지를 할 수 있도록 규정한 것이다. 포트차터에서 일반적으로 사용되는 사항으로 반대의 특약이 없는 한 통상적으로 이용되는 대기장소에 도착하여야 하며, 즉각적이고 효과적으로 용선자의 지시에 이용가능한 상태에 있어야 한다.[227]

(2) 선석대기시간을 작업시간에 산입하는 약관

GENCON 1976 제6조에는 "Time lost in waiting for berth to count as loading or discharging time"이라는 조항을 두고 있다. 즉 하역준비완료의 통지없이 정박기간이 개시할 수 있으며, 선박이 도착선으로 인정되기 이전에 발생할 수 있는 지연의 위험을 용선자에게 전가하기 위해 삽입된 조항이다. 즉, 접안할 부두가 없어 선박이 대기장소에서 대기하는 경우 발생하는 시간의 경우에도 선박이 부두에서 실제 작업을 하는 것과 똑같은 방식으로 일요일과 공휴일 그리고 우천 등 용선계약서에 합의된 모든 정박기간 예외조항을 적용시켜 계산해야 한다.[228]

선석차터의 경우에 선석이 확보될 때까지 선박이 항내에 대기하는 기간이 모두 적재기간에 포함되게 된다. 다만, 선박이 실제로 선석에 정박하여 선적작업이 이루어지는 경우 정박기간에 포함되지 않는 기간은 제외된다.[229]

포트차터의 경우에는 선박이 통상적인 대기장소내에 있지 않거나 항구의 경계범위 밖

고 있으나, 이 경우 목적지는 항구가 될 것이다. Stag Line v. Board of Trade (1950) 83 Ll. L. Rep. 356, 358. 그리고 용선자가 특정 부두를 지명한다면 용선자는 시간 내 선박이 바로 접안할 수 있도록 해야 한다. Kurt A. Becher v. Roplak Enterprises (The World Navigator) (1991) 2 Lloyd's Rep. 23.

226) E. L. Oldendorff & Co. v. Tradax (The Johanna Oldendorff) (1974) A.C. 479, p.557.

227) John Schofield, *op. cit.*, pp.136~137.

228) Inoian Vavigation v. Atlantic Shipping (The Loucas N) [1971] 1 Lloyd's Rep. 215.

229) Martin Dockray, *Cases and Materials on the Carriage of Goods by Sea, 3rd Ed.* Cavendish, 2004, p.239.

에 있는 이유로 용선자에게 즉각적이고 효과적인 처분에 맡겨질 수 없는 경우에 유용하다. 그 이유는 이 조항이 선박이 도착된 선박으로 인정될 수 없는 상황에서도 유효한 하역준비완료통지를 할 수 있도록 만들어주기 때문이다. 그러나 선박이 항구의 경계범위 안에 있고, 통상적인 대기장소에 있다면 도착된 선박으로 간주될 수 있으므로 별다른 효력을 발휘하지 못한다.[230)]

(3) 부두 접안여부 무관하게 정박시간 개시

통상적으로 선박이 목적항에 도착하였으나 항내 체선 등으로 이용가능한 선석이 없는 경우에 접안하기까지 대기하는 시간은 모두 선박소유자의 부담이 된다. 이렇게 선박소유자가 지연으로 인하여 부담할 수 있는 위험을 용선자에게 전가하기 위하여 계약 당시에 선박이 목적항에 도달한 때에 선석에 접안하든지 여부에 관계없이["Whether In Berth Or Not"(WIBON)] 하역준비완료통지를 할 수 있도록 특약사항을 두기도 한다. 즉, 지정된 선석 또는 부두에 접안이 완료된 이후에 하역준비완료통지를 할 수 있다는 선석차터의 불리함으로부터 선박소유자를 보호하기 위한 조항이다. 이러한 특약사항을 두게 되면 선석차터나 포트차터의 구별이 필요 없게 되지만, 엄밀히 말하면 이 조항으로 인해 정박기간의 개시시점을 앞당기는 효과는 있지만 선석차터가 포트차터로 전환되는 것은 아니므로 주의할 필요가 있다.[231)]

하지만 선박소유자에게 허용되는 재량의 범위는 좁게 해석하므로 선박소유자가 목적항에 도착하여 이용가능한 선석이 없는 경우에만 선박소유자를 보호하도록 하고 있으므로 이용가능한 선석은 있으나 조석의 차이나 악천후 등으로 선석에 도달할 수 없다면 정박기간은 개시하지 않게 된다.[232)]

그리고 2013년 용선계약 정박기간의 정의(Laytime Definitions for Charter Parties 2013) 제27조에서는 "'WIBON'이라 함은 선적/양륙을 위하여 지정된 장소가 선석이고 또한 선박이 즉시 선석에 접안할 수 없는 경우에는 선박이 선석이 있는 항구에 도착하면 하역준비완료통지를 할 수 있음을 의미한다."라고 규정하고 있다.

반면에 1993년 항해용선 정박기간 해석규칙(Voyage Charterparty Laytime Interpretation Rules, 1993) 제22조에서는 "선박이 도착하였을 때 이용 가능한 선적 또는 양륙 선석이 없다면, 선박이 항내 또는 항외의 통상 대기 장소에 도착한 때에는 하역준비완료통지를 할 수 있는 권한이 있으며, 정박기간은 계약의 내용에 따라 개시된다. 정박기간 또는 체선기간은 선석이 이용가능한 때에 중단되며, 선박이 선석에서 선적 또는 양륙작업의 준비가 되었을 때 재개된다."라고 규정하고 있다.

---

230) 박길상·양정호, 앞의 논문, pp.290~291

231) John Schofield, *Laytime and Demurrage, 3rd ed.*(London : LLP, 1996), pp.131~135.

232) 박길상·양정호, 앞의 논문, p.291.

이 두 규정의 차이점에 있어 2013년 정박기간의 정의 ①선박이 도착하였으나, 접안할 수 없는 경우, ②선박이 지정선석이 있는 항구내에 도착하면 하역준비완료통지를 할 수 있도록 하고 있으나, 1993년 해석규칙에서는 ①선박이 도착하였으나, 이용할 수 있는 선석이 없는 경우, ②통상 대기 장소라면 항내 또는 항외를 구별하지 않으며, ③선석이 이용 가능해지면 정박기간과 체선기간이 중단된다는 것이다. 이러한 차이점을 인식하여 용선계약 체결시 2013년 정박기간의 정의 또는 1993년 해석규칙 중 어떠한 규정에 따른다는 것을 명확하게 할 필요가 있다.

(4) 정박시간 개시 전 하역에 이용된 시간

이 조항은 용선계약 내용에 따라 정박기간이 시작되기 전에 화물 작업이 시작된 경우에 사용된 시간(time actually used before commencement of laytime)을 산입한다는 규정이다. 즉, 통상적으로 하역준비완료통지가 있어야만 정박기간이 개시되지만, 실제 정박기간 개시시점보다 일찍 작업이 이루어진다면 그 작업시간을 정박기간에 산입한다는 것이다.[233]

6. 체선료

1) 체선료의 의의

체선료란 용선계약에서 예정된 정박기간이 만료된 후에 선박소유자의 선적 및 양륙에 책임이 없는 지연에 대하여 선박소유자에게 지불되는 금액을 말하며(2013년 용선계약 정박기간 정의 규정; Laytime Definitions for Charter Parties 2013 1980, 제27 제30조), 또는 선박소유자의 책임이 없는 정박기간 만료이후의 선박 지연에 관해 선박소유자에게 지불하기로 약정한 금액을 말한다(1993년 항해용선 정박기간 해석 규칙; Voyage Charterparty Laytime Interpretation Rules, 1993, 제24조). 즉, 체선료는 약정된 정박기간을 초과하여 선적하거나 양륙한 시간에 대하여 용선자가 선박소유자에게 지급하기로 약정한 금액을 말한다.[234]

이러한 체선료를 지급하는 이유는 법적성질에 따라 보수설로 보는 경우에는 항해용선계약 체결시 약정한 정박기간에 대한 보수는 이미 운임 등에 반영되었지만 약정한 정박기간을 경과한 작업으로 인한 기간에 대해 보수는 미리 예측될 수 없으므로 운임에 포함되지 않았으므로 지급하여야 한다는 것이다. 그 반면에 손해배상설은 용선자가 약정한 정박기간 내에 선적 또는 양륙작업을 종료하여야 할 의무를 부담하고 있음에도 그 기간 이상 정박시키는 것은 계약의 위반이 되고, 선박소유자는 그로 인한 손해를 입게 되는 것이어서 용선자에게 손해배상책임이 있으므로 체선료를 지급한다는 것이다.[235]

---

233) Julian Cooke et al., *op. cit.*, pp.366~367.

234) Julian Cooke et al., *op. cit.*, p.327; Alan Abraham Mocatta, Mustill Michael J. and Boyd Steward C., *Scrutton on Charterparties and Bill of Lading, 20th*(London : Sweet & Maxwell, 1996), p.305.

그리고 일단 선박이 체선상태가 시작되어 체선료의 산정기간이 진행되면 통상 정박기간에서 제외되고 있는 일요일이나 공휴일, 날씨가 나빠 작업을 할 수 없는 날 등도 전부 포함되는 것이 통상적이다. 그러므로 예외사항에 대한 명시규정이 계약서상에 있지 아니하는 한 어떠한 예외사항이 개입되지 않고 계속된다는 의미에서, "일단 체선상태이면 계속 체선상태(once on demurrage, always on demurrage)"라는 구절이 많이 사용된다.[236][237]

그리고 체선료가 적용되는 기간조차 경과된 경우나 보상액을 약정하지 않은 경우에 선박소유자에게 보상하는 것은 초과정박손해배상금(damages for detention 또는 detention charges)이라고 한다.[238][239]

한편 만약에 용선자가 정박기간을 전부 사용하지 않고 선적 또는 양륙을 종료한다면 미사용한 정박기간에 대한 부분만큼 선박소유자가 용선자에게 지급하여 주는 것이 조출료(quick despatch money)이다.

그리고 통상적으로 약정한 정박기간을 초과하여 체선이 이루어진 경우 약정된 체선기간에 대해서는 운항원가를 기준으로 체선료를 산정하며, 초과정박손해배상금의 산정에 있어서는 선박의 운항원비를 기준으로 산정한다.[240] 그리고 조출료는 통상 체선료의 절반으로 약정하고 있다.

2) 체선료의 법적 성질

체선료의 법적 성질에 대해서는 선박이 그 기간동안 운항하였다면 수익하였을 것으로 보고, 이를 구체화시켜 운임의 일종으로 보는 보수설과 운항을 하지 못해 상실된 운임에 대한 배상으로 보는 손해배상설로 나뉘고 있다.[241]

영국법에서는 체선료의 법적 성질을 약정손해배상금(agreed damages)으로 보고 계약서에 명시된 금액에 대해 선박소유자는 자신의 손해에 대한 입증 없이도 이를 청구할 수 있으며, 통상 선박의 출항 지연에 따른 손해배상금의 성격으로 보고 있다. 즉, 용선자의 과실에 기인하여 약정된 정박기간을 초과하여 선박을 정박시켰을 때 지불하여야 하는 합의된 손해배상금이다.[242]

---

235) 심재두, 앞의 책, p.186.

236) 심재두, 앞의 책, pp.187～188.

237) `Union of India v. Compania Naviera Aoelus (The Spalmatori) (1964) A.C. 868; The Dias(1978) 1 Lloyd's Rep. 325.

238) 심재두, 앞의 책, p.153.

239) Julian Cooke et al., *op. cit.*, p.419.
초과정박손해배상금(damages for detention)은 일반적으로 용선계약에서 명확하게 규정되는 체선료(demurrage)와는 다르며 미확정 손해배상금(unliquidated damages)이다. 따라서 손해배상의 원칙에 따라 선박소유자가 실제로 손해를 본 금액을 기준하여 산정한 금액을 용선자에게 청구할 수 있다.

240) 박용섭, 앞의 책, p.451.

241) 박용섭, 앞의 책, p.451.

242) Robert Grime, Shipping Law(London : Sweet & Maxwell, 1978), p.94; John Schofield, *op. cit.*, p.291.

우리나라는 정박기간을 경과한 후 운송물을 선적한 때에는 선박소유자는 상당한 보수를 청구할 수 있다(상법 제829조 제3항)고 규정하고 있고, 대법원의 판례[243]에서도 체선료는 체선기간 중에 선박소유자가 입은 선원비, 식비, 체선비용, 선박이용을 방해받음으로 인하여 상실한 이익 등의 손실을 전보하기 위한 법정의 특별보수라고 봄으로써 보수설을 통설로 한다.

3) 체선기간(length of demurrage)

체선기간을 산정하는 방식에는 체선기간을 명시할 수도 있고, 체선기간을 명시하지 아니하고 체선요율(demurrage rate)을 규정하는 방식이 있다. 통상적으로 용선계약서의 대부분은 기간을 명시하지 않는 방법을 사용하고 있다.[244]

(1) 체선기간을 명시하지 않은 경우

일반적으로 체선기간을 명시하지 않은 경우에는 합리적이라 판단되는 일정한 기간이 경과한 후 체선(detention)을 적용할 수 있는 것으로 인식되었었다. 즉, 선박소유자는 명시된 체선기간이 만료되었을 때 선적항을 출항할 수 있거나 용선자가 단지 체선요율만 명시한 경우에는 상당한 기간이 경과한 이후에 출항할 수 있다고 생각되었으나, 현재는 계약이 이행될 수 없거나 이행이 거부될 때까지 체선이 적용되어 체선료 산정이 이루어지는 것으로 판단한다.[245]

(2) 체선기간을 명시한 경우

Dimech v. Corltt(1858) 사건에서 체선기간을 명시한 경우에 선박은 용선자가 요청하고 추가로 화물이 선적될 수 있다고 믿는 합리적인 근거가 있을 때에는 명시된 기간까지 대기하여야 하는 것으로 판시하였다.[246] 추가하여 Lilly v. Stevenson 사건[247]에서 Trayner 판사는 체선기간은 계약에 의해 제한되지 않으며, 그 상황에서 어떠한 것이 합리적인 것인가는 법에 의해 제한된다고 하였다.

그리고 약정에 의해 허용되는 정박기간과 관련된 정박기간 약관은 영미 계약법상 근본조건(condition)이라고 하기 보다는 담보조건(warranty)으로 분류된다.

---

243) 대법원 1994.6.14. 선고 93다58547 판결; 2005.7.28. 선고 2005다12083 판결.
244) John Schofield, *op. cit.*, p.293.
245) Dimech v. Corlett (1858) 12 Moo PC 199. John Schofield, *op. cit.*, p.293. 재인용.
246) *Ibid.*, p.293.
247) Lilly v. Stevenson (1895) 22 Rett 278. John Schofield, *op. cit*, p.293. 재인용.

4) 체선료의 산정

(1) 체선요율

일반적으로 체선료의 산정은 용선계약서에 명시된 체선요율에 따라 항구에서의 선적 및 양륙지연에 따른 선박의 대기시간이 계속되는 동안 일당 또는 1일에 대한 일정한 비율(per day and pro rata)로 계산된다.[248] 통상적으로 1일 미만은 비율로 산정하거나 운송물 총톤당 일정액으로 미리 약정하는 경우가 많다.

하지만 체선요율에 대한 약정이 없는 경우에 선박소유자는 체선기간 중 체선으로 인하여 지출한 비용(charge and expense)[249]을 하루 전체에 해당하는 체선료로 지급받을 수 있다.

그리고 선적항 또는 양륙항의 어느 일방 항구에 대해서만 체선요율을 약정한 경우에 이를 나머지 항구의 체선요율로 적용가능한지에 대한 의문이 있다. 이에 대해서는 어느 일방 항구에 대해 체선요율을 정하지 않은 것은 그 항구의 사정이 불명확한 경우가 많기 때문이므로 원칙적으로 체선요율의 동일한 적용이 허용되지는 않지만, 당사자의 명시적 또는 묵시적으로 이를 허용하거나, 어느 일방의 체선요율을 정하여 두는 경우는 선적항과 양륙항의 사정이 대체로 같다고 보아 동일하게 준용토록 한 것으로 추정할 수 있다는 견해가 있다.[250]

(2) 체선료 지급 시기[251]

체선료는 허용되는 정박기간이 종료함과 동시에 체선료가 발생하면 관련 항차를 종료하고 선박이 다음 항차를 위해 출항한 후에 정산하는 것이 일반적이다.[252] 그러나 체선료는 일, 시간 및 분 단위까지 계산하지만 실무상 통상 1일 또는 수일을 단위로 계산하도록 하는 약정을 두고 있다.[253] 예를 들어, GENCON 1994에서는 "매일 확정하고 해상운송인의 청구를 받고 지급된다."라고 규정함으로써 체선료 채권은 매일 발생하며 용선자는 해상운송인의 체선료 지급청구를 받은 때에 지급할 것을 규정하고 있다.

5) 체선료의 지급채무자

용선계약에서 체선료의 지급채무자는 통상적으로 용선자이다. 용선자는 선박소유자와

---

248) John Schofield, *op. cit.*, p.296.

249) 이러한 비용에는 선원의 급료와 식비, 본선의 연료비, 항비 등

250) 山戸嘉市, 「碇泊期間と滯船料」(東京 : 啓文社, 1985), 180面. 김형수, "정박기간과 체선료의 산정기준에 관한 연구", 한국해양대 석사학위논문(2002), p.61 재인용.

251) John Schofield, *op. cit.*, p.297.

252) 용선자는 용선계약서에 "Balance of freight to be settled together with demurrage/dispatch money at both ends within one month after completion of discharging and agreement of all relative figures"라는 조항을 추가함으로써, 선적항에서 체선료가 발생했을 때 미리 지급하지 않고 항차가 완료된 후에 정산하도록 하고 있다.

253) 山戸嘉市, 前揭書, 191面.

용선계약의 직접적 계약당사자로서 선적항 또는 양륙항에서 발생한 지연에 대하여 체선료에 대한 지급의무를 부담한다.

그러므로 용선자의 경우에는 화물의 선적 및 양륙이 불법이 되거나, 선박소유자의 귀책사유로 인한 지연이 발생한 경우가 아니라면 체선료 지급에 대한 책임은 용선자가 부담하게 된다. 그리고 양륙항에서 수하인이 운송물을 인수한다고 하여 용선자의 체선료 지급채무가 당연히 면제되는 것은 아니다.[254)]

6) 체선기간의 중단

체선료에 관해서는 "일단 체선상태이면 계속 체선상태(once on demurrage, always on demurrage)"라는 원칙에 나와 있듯이, 용선계약서에 반대의 규정이 명확하고 모호하지 않은 표현으로 명시되어 있지 않는 한, 체선기간은 연속해서 계산된다.[255)] 그리고 면책약관과 같이 일반적으로 예외조항에 대하여 분명하게 반대하는 조항을 가지고 있지 않는 한, 예외조항은 정박기간이 적용되는 기간에만 적용된다.

따라서 약정된 정박기간 내에 발생하는 예외조항들은 모두 정박기간 산정에서 배제 되지만, 일단 체선 상태(on demurrage)가 진행되면 통상 정박기간에서 제외되고 있는 일요일이나 공휴일, 날씨가 나빠 작업을 할 수 없는 날 등도 전부 포함되는 것이 통상적이다.[256)] 이렇게 체선기간 중에 정박기간의 제외사유를 적용하지 않는 것은 체선상태가 영미법에서는 계약위반의 결과로 보기 때문이다.[257)]

그러므로 체선기간의 중단으로 인한 체선료 지급이 면제되려면 무엇보다도 당사자사이의 예외사항에 대한 합의가 명시적으로 규정되어야 한다.

우선 정박기간에서 제외되는 일요일이나 공휴일 같은 기간은 체선기간을 중단시키지 않지만, 용선계약서상에 체선기간에서 제외하기로 특약을 두거나 목적항에 이러한 관습이 확립되어 있다면 공서질서에 반하지 않는 한 체선기간에서 제외된다.[258)]

둘째, 불가항력 등의 경우, 즉, 태풍, 지진, 부두노동자의 파업, 공권력에 의한 선박억류, 부두 체선으로 인한 가용 선석 부족 등 용선계약서에 면책위험으로 명시되어 있는 경우에 정박기간에 산입되지 않지만, 체선기간에 대해 제외한다는 명시적인 규정을 두어야 제외된다.[259)]

셋째, 체선기간중 묘박지(anchorage)로부터 선석까지 이동(shifting)하는데 소요되는 시간

254) Raoul Colinvaux, *op. cit.*, p.1366.
255) 배병태, 앞의 책, p.121.
256) Saxon Ship Co Ltd v. union Steamship Co Ltd.
257) Salamis Shipping(Panama) S.A. v. Edm. van Meerbeeck & Co. S.A.(The Onisilos)(1971) 2 Lloyd's Rep. 29.
258) 山戸嘉市, 前掲書, 163面.
259) Dias호 사건에서 선박이 정박기간이 만료된 후 체선기간 중 정박지에서 소독작업을 실시하였으나, 이에 소요된 시간은 체선기간에서 공제되지 않는다고 판시하였다. Dias(1978) 1 Lloyd's Rep. 325.

에 대해서도 특약사항[260]을 명시하여 용선자의 책임과 비용을 경감시키려 한다.[261]

넷째, 대부분의 탱커 용선계약에는 특정한 상황에서 체선료를 반액요율(half rate)로 지불하는 조항을 두고 있다.[262]

7. 선적준비가능일 및 계약해제약관

1) 선적준비가능일(layday)

선적준비가능일이란 용선자가 화물을 선적하고자 하는 날짜, 기간을 말하는 것으로 선박소유자의 입장에서는 본선이 선적준비를 해야 될 기간의 의미이다. 선박소유자는 계약해제에 대한 부담 때문에 가능한 선적준비가능일을 장기를 원하고 용선자는 선적항에서의 화물보관비용 등을 감안하여 단기를 원한다. 통상적으로 선적시기까지 여유가 있을 때는 넓게 정하였다가 가까워지면 일정시점에 좁게 정하는 "spread/narrow 기법"을 용선계약서에 삽입한다.[263]

2) 계약해제권(right to cancel)

선박이 용선자가 지정한 선적항에 계약서에 제시된 선적준비가능일/계약해약일보다 늦게 도착하여 선적준비가 되지 못하였을 때, 용선자는 용선계약을 취소할 수 있는 권리, 즉, 계약해제권을 가지게 된다. 이러한 권리의 행사는 용선자의 선택에 의해 결정된다. 즉, 계약의 해제권을 행사하여 용선계약을 무효로 하거나, 계약의 해제권을 행사하지 않고 그에 따른 손해배상청구권만 행사할 수도 있다.

GENCON 1994에서는 계약해제일까지 선적준비가 되지 못한 경우에 용선자에게 계약의 해제 여부를 결정할 수 있는 선택권을 부여한다. 만약, 선박소유자가 상당한 주의를 다하였음에도 불구하고 계약해제일까지 선적준비가 완료되지 못할 경우에는 선박소유자로 하여금 용선자에게 지체없이 통지하면서 선적준비가능일을 제시하도록 하고, 그에 대해 용선자는 용선계약의 해제권 행사 여부를 48시간 이내에 선박소유자에게 통보하도록 규정하고 있다.

NYPE 1946에는 계약해제일(canceling date)의 오후 4시까지 선박이 용선자에게 인도될 수 없는 경우 용선자는 선박의 이용 가능한 날짜까지 그 선박을 인도 받아 예정된 항차에 투입할 것인지 아니면 계약 자체를 해제시킬지 결정할 권리를 지닌다. 용선자의 계약해제여부 결정과 통보는 본선 도착 후 선박소유자가 제시한 하역준비완료통지를 접수한

260) "…… time from berth becoming available until vessel's in the berth is not to count as laytime or time on demurrage." 같은 문구를 삽입한다.

261) John Schofield, *op. cit.*, p.320.

262) *Ibid.*, p.320.

263) 이광희·이원정, 앞의 책, p.76.

후 행해지는데, 실무적으로 선박소유자가 사전에 계약체결 시 합의된 운임보다 인하된 운임을 제시하는 등 해지를 면하기 위한 노력으로 특히 운임이 상승하는 추세인 경우에는 용선자와 인하된 운임으로 운송계약을 수행하기로 하는 경우가 많다.

3) 선적항 도착 이전의 선언(declaration before arrival at loading port)

계약 체결 당시 선박소유자는 용선자에게 화물의 선적 준비를 위해 선박의 현재 위치와 선적항 도착 예정일을 통보해야 한다. 이는 계약서상 용선자와 선적항 대리인, 기타 관련 당사자에게 계약 시점부터 선적항 도착시까지 걸리는 기간에 따라 다르겠지만, 보통 선박의 도착전 15/12/10/7/5/3/2/1일 단위로 통보하도록 합의한다.

과거에는 선박의 현재 위치와 예정 입항 가능일을 용선계약서에 명시함으로써, 어떤 사고나 이상기후로 인해 계약서에 제시된 날짜와 실제 인도될 날짜가 다를 경우 용선자가 계약을 파기할 수 있는 근본조건(condition)으로 구성되었다.[264)]

8. 대리점의 지정

선박이 선적항 또는 양륙항이 결정되면, 선박소유자와 용선자는 선박과 선박이 입항하려고 하는 항구와 지리적으로 떨어져 있기 때문에 필요한 모든 정보를 대리인에게 의존할 수밖에 없다. 또한 항구에 입항하기 상당한 시일 전부터 시작하여 해당 항구에 입항하여 하역을 마치고 출항한 후 해당선박에 관한 관련업무가 종료될 때까지 업무를 대행할 대리인이 필요하다. 또한 항내에서 사고가 발생하는 경우에도 그 처리까지도 대리인에게 맡길 수밖에 없다. 이렇게 업무를 대행할 대리인을 대리점(port agent)이라고 한다.

1) 대리점의 업무, 책임과 권한(duty and authority port agents)

대리인의 업무와 책임은 선적항과 양륙항에서의 선박 운항과 관련하여 선박소유자나 용선자로부터 받는 명시적인 지시사항과 항만의 관습에 따른다. 대리인의 권한에 대해서 Pearson L.J. 판사는 "일반적인 경우에 선박의 대리인은 특정 항구에서의 선박소유자의 대리인이며, 따라서 선박소유자의 대리인은 그 항구에서 선박소유자를 대리한다. 그리고 이것은 대리인이 그 항구에서 선박소유자가 해야 할 일에 관한 권한을 보유한다고 추정하는 것이 합리적이다. 이 경우에 일반적으로 선박소유자의 의무가 무엇인지에 대해서 고려하여야 할 것이다.[265)]"라고 판시하고 있다.

---

264) 예를 들어 선박이 현재 암스테르담에 있고(now at Amsterdam) 4~5일만에 양륙 완료 후 선적항으로 출항할 수 있다고 계약서에 삽입했으나, 강풍으로 선박이 암스테르담에 입항하지도 못하여 예정보다 지연된다면, 용선자는 계약의 근본조건 위반으로 계약을 파기했었다.[Behn v Burness (1863) 3B. & 751]

265) Blandy Bros. v. Nello Simoni [1963] 2, Lloyd's Rep.393, 404.

통상적으로 선박 대리인에게 해당선박/항차의 용선계약서 사본이 발송되는데, 이것은 해당 항만에서의 선박소유자와 대리인의 의무를 정의하고 선박소유자의 업무를 대행하는데 도움이 된다. 일반적으로 용선계약상 대리점의 업무는 선박의 입항과 출항수속, 선석확보, 도선사의 지정, 예선선(tug boat)수배, 선원의 교대, 선용품의 보급 및 필요하다면 화물의 선적과 양륙에 관한 모든 문제를 포함하고 있다. 또한 항비 및 기타 선박소유자를 대신하여 해당 항만 내에서 발생하는 비용을 지불하며, 이때에 선박소유자로부터 먼저 송금 받거나 우선 지불 후 선박소유자로부터 그 금액만큼 돌려받는 등 재무적인 책임(financial liability)까지 담당하고 있다.

선박소유자는 그의 대리인에 의해서 발생한 행위에 대하여 책임이 있다.[266] 그리고 그 행위들이 대리인에 의해 개인적으로 발생하였다고 할지라도 책임을 져야한다. 대리인의 실제적인 권한은 묵시적이든 명시적이든 그의 의무의 범위에 달려있다.[267]

선박의 대리인은 운임의 영수할 묵시적인 권한이 있지만 운임을 수납하는 대리인은 적하의 손실에 대한 타협으로 운임의 경감을 허락할 권한은 없다.[268]

2) 대리점의 지정(appointment of port agent)

선박의 용선과 운항업무의 관련 당사자는 선박소유자와 용선자이다. 즉, 항해용선계약과 정기용선계약에서 선박의 운영은 여전히 선박소유자의 몫이며, 화물 취급 등은 용선자의 몫이다. 따라서 선박소유자나 용선자는 상호 합의에 의해 하나의 대리점을 지정하는 경우도 있으나 각자의 권리와 이익을 보호하기 위하여 각기 별도로 대리점을 지정하는 편이 더 좋은 방안이라고 할 수 있다.

---

266) Julian Cooke et al., *op. cit.*, p.495.

267) Blandy Bros. v. Nello Simoni[1963] 2 Lloyd's Rep.24 (Megaw J), 393(C.A). cited in. Julian Cooke et al., *ibid*, p.494. 원고(Blandy Bros.)는 피고(용선자)의 선박 5척에 대하여 선적항에서의 대리인으로 지정되었다. 처음 두 척의 용선계약은 GENCON의 대리점 규정이 삽입되어 있고, 나머지 세 척의 용선계약은 용선자가 대리점을 지정하도록 되어 있었다. 하지만 실무상 용선계약하에서의 대리점의 지명은 선박소유자와 용선자의 합의에 따라 용선중개인에 의해서 정해진다. 피고가 보내온 용선계약서 복사본에는 FIOS 조건이었다. 원고는 화물의 선적과 적부를 준비하였고 피고에게 비용을 청구하였으나, 피고는 송하인이 선적과 적부에 대해 책임을 진다는 송하인과의 매매계약을 근거로 비용지급을 거절하였다. 판결에서는 결과적으로 피고(용선자)가 원고에게 비용을 지불할 책임이 있음을 판시하였다. 즉, 원고는 선적항에서 선박소유자가 부담하는 선적과 적부를 포함한 통상적인 업무에 대해 준비할 필요가 있다는 것을 추정할 권한을 가지고 있으며, 용선계약서상의 조건에 대리점이 선적 또는 적부에 대해 준비하지 않는 것이 명확하지 않으며, 선박소유자와 용선자간의 관계에서 용선자가 비용책임을 부담하는 것은 명확하게 명시되어 있다고 판시하였다. 그리고 용선계약상의 다른 대리점 조항은 선박소유자와 용선자 모두의 의사합치에 따른 각각의 용선계약하에 지명된 것이므로 별개의 문제라고 판시하였다. 즉, 실무상으로 대리점은 통상적으로 선박의 대리점 역할을 수행하며 선박소유자 및 용선자가 인증한 경우로서 지정된 항구에서 각종 작업을 수행한다. 이러한 경우에 대리점은 선박소유자 또는 용선자의 책임이 되는 작업비용에 대해 용선계약조항에 따라 어느 쪽이 특정비용의 책임이 있는지 판단할 권한을 가지게 된다.

268) Broadhead. v. Yule cited in. Julian Cooke et al., *op. cit.*, p.495.

9. 전쟁위험약관

20세기 후반의 특성은 대규모의 국지전쟁이 매우 활발하게 전개되어왔다는 것이다. 그렇기 때문에 해운업이 직·간접적으로 많은 피해를 보게 되었고, 이를 극복하기 위하여 해상운송인은 전쟁으로 발생할 운송계약의 불이행책임을 면하기 위해서 면책특약을 삽입하는 노력을 기울여 왔다. 특히 GENCON 1994의 전쟁위험(War Risks) 약관은 국제연합(UN), 북대서양방위조약기구(NATO) 및 유럽연합(EU) 등의 집단행동이나 개입의 요건을 충족시키기 위해 GENCON 1976의 전쟁위험약관인 "Voywar 1950"을 대체하여 "Voywar 1993"을 기준으로 하고 있다.

1) 선박소유자와 전쟁위험

GENCON 1994는 정의규정을 신설하여 선박소유자의 의미를 선박소유자, 선박임차인(선체용선자), 선박제공자(정기용선계약), 선박관리회사의 선박관리인 또는 운항자 및 선장으로 구체화시켰다.

또한 이 조항에서 전쟁위험이란 어떠한 사람, 단체, 테러리스트, 또는 정치집단이나 국가정부에 의한 전쟁(실질적이거나 위협적이거나 상관없이), 전쟁행위, 내란, 적대행위, 혁명, 반란, 소요, 전쟁유사 움직임, 기뢰부설(실질적이거나 정보이거나 간에), 해적행위, 테러행위, 적대행위나 악의적 손괴행위, 봉쇄(모든 선박의 봉쇄 또는 기국이나 소유관계 또는 화물이나 선원 또는 기타 기준에 따른 선박의 선별적 봉쇄이던지 간에)로서 선장 그리고/또는 선박소유자의 합리적 판단에 따라 선박, 화물, 선원 또는 선박에 승선한 기타 사람에게 위험할 수 있거나, 위험의 개연성이 있거나, 위험하게 될 수 있는 것들이 포함된다고 규정하고 있다.

그러나 여러 모습의 전 행위를 총체적으로 예시하여 규정하고 있으나, 그 전쟁위험은 한정적인 것이 아니라, 포괄적인 의미에 유의하여야 한다. 이 약관에서 전쟁위험의 내용은 확대해석하는 경향을 보이고 있다. 특히 선전포고의 유무와 관계없이 무장투쟁행위로 인한 손해와 악의적 손해(malicious damage)를 포함시켜 그 범위를 확대하고 있다.[269)]

2) 선박소유자의 해제권과 우회항로 선택권

선박소유자는 화물을 선적하기 전에 용선선박이 전쟁위험에 노출된다고 판단될 경우에 해제권의 행사를 항해용선자에게 통지하고, 용선계약의 이행거부권을 행사할 수 있다. 그렇지 않으면 선박소유자는 항해용선자에게 부근의 다른 안전항을 지정하도록 요구할 수 있다. 만일 48시간 안에 다른 안전항을 지정하지 아니하면 선박소유자는 항해용선계약의 해제권을 행사할 수 있다.

그리고 통상항로가 전쟁의 위험에 노출될 경우에는 선박소유자는 안전한 우회항로의

---

269) Julian Cooke et al., *op. cit.*, pp.686~687.

선택권을 행사할 수 있다. 그리고 우회항로의 거리가 100마일을 초과하면 초과거리의 비율로 추가운임을 청구할 수 있다.

3) 항해용선자의 선박소유자에 대한 계약강행금지

용선선박이 선적작업을 개시한 후에 전쟁의 위험에 빠진 경우에, 항해용선자는 선박소유자에게 용선선박의 선적의 계속, 선하증권의 서명, 항해의 계속, 운하 통과 또는 정박을 등을 요구하지 못한다. 이 경우에도 선박소유자는 항해용선자에게 안전항의 재지정을 요구할 수 있고, 48시간 안에 항해용선자가 지정하지 아니할 경우에는 해제권을 행사할 수 있다. 추가 항해거리가 100해리를 초과하면 추가비율 운임을 청구할 수 있다.

4) 용선선박의 재량권

용선선박은 용선자의 지시에 관계없이 자유롭게 기국의 법령 또는 보험자의 명령 등에 따를 재량권을 가진다. 또한 국제연합의 안전보장이사회, 유럽연합이사회의 결정사항을 준수할 의무가 있다. 다음은 GENCON에 명시되어 있는 재량권이다(GENCON 1994, Clause 17).

① 출항, 도착, 항로, 호송항해, 기항항, 항해중지, 목적항, 화물양륙, 인도 그 밖의 무엇에 관한 것이든지 간에 항해선박의 기국정부, 선박소유자가 준수하여야 할 법을 제정한 다른 정부, 기타 필요로 되는 다른 정부, 또는 명령이나 지시를 준수하도록 강제할 권한을 가지고 운용되는 조직체나 집단이 내린 모든 명령, 지시, 권고, 또는 조언을 준수하는 것.

② 전쟁위험보험의 조건에 따른 권한을 가진 전쟁위험 인수인의 명령, 지시 또는 권고에 따르는 것

③ 국제연합 안전보장이사회의 결의 조항, 유럽공동체의 지령, 기타 동일한 법규 발포권을 가진 초국가적 조직체의 유효한 명령, 및 이들 국제기구의 법규를 시행하기 위하여 선박소유자가 준수하게 할 국내법을 준수하고, 이들 법규의 시행책임이 있는 기관의 명령과 지시를 준수하는 것.

④ 선박이 밀수품 운반선으로서 밀수의 책임을 지게 되는 어떠한 화물이나 그 일부를 다른 어떠한 항구에서나 양륙하는 것.

⑤ 선원이나 그 일부의 교체 또는 승선한 기타 사람을 억류, 감금 기타 제재해야 할 필요가 있다고 확신할 만한 사유가 있는 경우 어떠한 항구에나 기항하는 것.

⑥ 화물이 이 조항의 어느 규정에 따라 선박소유자에 의하여 선적되지 않았거나 양륙된 경우, 선박소유자를 위하여 다른 화물을 선적하고, 이를 뒷방향이거나 앞방향이거나 또는 통상 내지 관습적인 항로의 역방향이거나를 막론하고, 다른 어떤 항구로든지 간에 운송하는 것.

제3절 GENCON 1994의 약관 및 해석

본 절에서는 선박소유자와 용선자가 항해용선계약 체결 시 가장 보편적으로 이용하고 있는 GENCON 1994를 중심으로 여러 계약 조건과 조항 등을 살펴보도록 한다.

1. 항해용선계약서(GENCON 1994)의 구성

GENCON 1994는 제1부(Part Ⅰ)와 제2부(Part Ⅱ)로 구성되어 있다. 제1부는 계약의 내용을 쉽게 파악할 수 있도록 계약의 주요 사항을 26개 항목으로 정리하고 있다. 제2부는 항해용선계약상 일반적인 공통사항으로 19개 조항을 두고 있다.

GENCON 1994와 같은 표준서식의 배열은 단순한 모양을 위한 사항은 아니며, 논리적 배열에 따른 것으로 용선계약서의 해석에도 영향을 미친다. 예전의 서식은 통상 계약당사자, 용선기간, 용선료, 운임 및 항해명세와 본선의 명세 등을 공란에 기입하게 하는 단일문서로 되어 있었지만, 1970년대 서식이 개정되면서 서식이 둘로 분리되게 되었다. 즉 제1부에서는 기입해야 할 공란 또는 박스를 배열하고, 제2부에는 표준약관을 두는 형식이다.

GENCON 1994도 박스 형식을 취하고 있으며, 이러한 방식의 장점은 용선계약에 있어 표준약관의 변경을 원하지 않는 경우에 제1부만 기재하여 당사자에게 송부하고 제2부는 간단한 문언으로 편입시킨다.

GENCON FORM 1994

<table>
<tr><td rowspan="2">1. Shipbroker</td><td>RECOMMENDED
THE BALTIC AND INTERNATIONAL MARITIME CONFERENCE
UNIFORM GENERAL CHARTER (AS REVISED 1922, 1976 AND 1994)INCLUDING "F.I.O." ALTERNATIVE, ETC.
(To be used for trades for which no approved form is in force)
CODE NAME : "GENCON" Part I</td></tr>
<tr><td>2. Place and date</td></tr>
<tr><td>3. Owners/Place of business(Cl.1)</td><td>4. Charterers/Place of business(Cl.1)</td></tr>
<tr><td>5. Vessel's name(Cl.1)</td><td>6. GRT/NRT(Cl.1)</td></tr>
<tr><td>7. Deadweight cargo carrying in tons(abt.) (Cl.1)</td><td rowspan="2">8. Present position(Cl.1)</td></tr>
<tr><td>9. Expected ready to load(Cl.1)</td></tr>
<tr><td>10. Loading port or place(Cl.1)</td><td>11. Discharging port or place(Cl.1)</td></tr>
<tr><td colspan="2">12. Cargo(also state quantity and margin in Owner's option, if agreed; if full and complete cargo not agreed state "part cargo")(Cl.1)</td></tr>
<tr><td>13. Freight rate(also if payable on delivered or intaken quantity(Cl.4)</td><td>14. Freight payment(state currency and method of payment; also beneficiary and bank account)(Cl.4)</td></tr>
<tr><td>15. State if vessel's cargo handling gear shall not be used(Cl.5)</td><td>16. Laytime(if separate laytime for load and disch. is agree, fill in a) and b). If total laytime for load, and disch, fill in c) only)(Cl.6)</td></tr>
<tr><td>17. Shippers/Place of business(Cl.6)</td><td>(a) Laytime for loading</td></tr>
<tr><td>18. Agents(loading)(Cl.6)</td><td>(b) Laytime for discharging</td></tr>
<tr><td>19. Agents(discharging)(Cl.6)</td><td>(c) Total laytime for loading and discharging</td></tr>
<tr><td rowspan="2">20. Demurrage rate(loading and discharging) (Cl.7)</td><td>21. Cancelling date(Cl.9)</td></tr>
<tr><td>22. General Average to be adjusted at(Cl.12)</td></tr>
<tr><td>23. Freight Tax(state if for the Owners' account (Cl.13(c))</td><td rowspan="2">24. Brokerage commission and to whom payable (Cl.15)</td></tr>
<tr><td>25. Law and Arbitration (state 19(a), 19(b) or 19(c) of Cl.19; if 19(c) agreed also state Place of Arbitration)(if not filled in 19(a) shall apply)(Cl.19)</td></tr>
<tr><td>(a) State maximum amount for small claims/shortened arbitration(Cl.19)</td><td>26. Additional clauses covering special provisions, if agreed</td></tr>
</table>

It is mutually agreed that this Contract shall be performed subject to the conditions contained in this Charter Party which shall include Part I as well as Part II. In the event of a conflict of conditions, the provisions of Part I shall prevail over those of Part II to the extent of such conflict.

Signature(Owners)	Signature(Charterer)

GENCON FORM 1994

<table>
<tr><td rowspan="2">1. 선박중개인</td><td>발틱국제해사협의회 권고양식
FIO 등의 대체를 포함한 일반 표준용선계약서(1992, 1976, 1994 개정)
(특정의 승인된 계약서가 사용되도록 규정되지 않은 거래에 사용)
코드명 : GECNCON 제1부</td></tr>
<tr><td>2. 장소 및 일자</td></tr>
<tr><td>3. 선박소유자/영업소(1조)</td><td>4. 용선자/영업소(1조)</td></tr>
<tr><td>5. 선박명(1조)</td><td>6. 총톤수/순톤수(1조)</td></tr>
<tr><td>7. 재화중량톤수(DWT)(개략)(1조)</td><td rowspan="2">8. 선박의 현재위치(1조)</td></tr>
<tr><td>9. 선적준비예정일(1조)</td></tr>
<tr><td>10. 선적항 또는 장소(1조)</td><td>11. 양륙항 또는 장소(1조)</td></tr>
<tr><td colspan="2">12. 화물(1조) 만약 합의하였다면, 선박소유자의 선택권이 있는 수량과 여유분이라고 기재하고, 만재화물의 적재가 합의되지 않았다면, “부분화물”이라고 기재</td></tr>
<tr><td>13. 용선료(선지급 또는 도착지급 기재)(4조)</td><td>14. 용선료의 지급(통화, 지급방법, 수령인, 은행계좌 기재((4조)</td></tr>
<tr><td>15. 선박의 하역장치를 사용하지 않는 경우 기재(5조)</td><td>16. 정박기간(선적과 양륙의 별도 정박기간 합의시 a)와 b)기재, 선적과 양륙의 통합 정박기간 합의시 c)만 기재(6조)</td></tr>
<tr><td>17. 선적의뢰인/영업소(6조)</td><td>(a) 선적기간</td></tr>
<tr><td>18. 대리인(선적)(6조)</td><td>(b) 양륙기간</td></tr>
<tr><td>19. 대리인(양륙)(6조)</td><td>(c) 선적 · 양륙의 통합 정박기간</td></tr>
<tr><td rowspan="2">20. 체선료 및 지급방법(선적 및 양륙)(7조)</td><td>21. 계약해제일자(9조)</td></tr>
<tr><td>22. 공동해손정산장소(12조)</td></tr>
<tr><td>23. 용선료 세금(선박소유자 계산 기재)(13조c)</td><td rowspan="2">24. 중개수수료 및 수령인(15조)</td></tr>
<tr><td>25. 준거법 및 중재(19조의 a), b), c) ; 19조의 c)로 합의된 경우 중재의 장소를 기재)(지정하지 않은 경우 19조 a)를 적용)</td></tr>
<tr><td>(a) 소액 중재/약식 중재의 최대금액을 기술</td><td>26. 합의된 특약조항</td></tr>
</table>

이 계약은 제1부와 제2부로 구성되는 이 용선계약서에 규정된 조건에 따라 이행할 것을 상호 합의한다. 규정조건이 충돌하는 경우에는 그 충돌의 범위 내에서 용선계약서 제1부의 규정이 제2부 규정에 우선하는 것으로 한다.

서명(선박소유자)	서명(용선자)

2. 항해용선계약서(GENCON 1994)의 약관 및 해석

1) 계약의 합의 [Clause 1]

PART II
"GENCON Charter"(As revised 1922, 1976 and 1994)

1. It is agreed between the party mentioned in Box 3 as the Owners of the Vessel named in Box 5, of the GT/NT indicated in Box 6 and carrying about the number of metric tons of deadweight capacity all told on summer loadline stated in Box 7, now in position as stated in Box 8 and expected ready to load under this Charter Party about the date indicated in Box 9, and the party mentioned as the Charterers in Box 4 that:

The Said vessel shall, as soon as her prior commitments have been completed, proceed to the loading port(s) or place(s) stated in Box 10 or so near thereto as she may safely get and lie always afloat, and there load a full and complete cargo(if shipment of deck cargo agreed same to be at the Charterers' risk and responsibility) as stated in Box 12, which the Charterers bind themselves to ship, and being so loaded the Vessel shall proceed to the discharging port(s) or place(s) stated in Box 11 as ordered on signing Bills of Lading, or so near thereto as she may safely get and lie always afloat, and there deliver the cargo.

제 2 부
GENCON 용선계약(1922, 1976 및 1994년 다음과 같이 수정됨)

1. 이 계약서는 박스 5에 기재된 선박, 즉 박스 6에 표시된 총톤수/순톤수 및 박스 7에 기재된 하계 만재흘수선에 따른 재화중량톤과 거의 동일한 톤수를 운송하며, 현재 박스 8에 기재된 위치에 있으며, 이 용선계약에 따라 박스 9에 기재된 일자에 선적준비가 되어 있는 선박의 선박소유자로서 박스 3에 기재된 당사자와 박스 4에 기재된 용선자로서의 당사자는 다음과 같이 합의한다.

이 선박은 이전의 계약이 종료된 후 지체 없이 박스 10에 기재된 선적항이나 장소 또는 선박이 안전하게 도착하고 항상 떠 있을 수 있는 가까운 장소로 이동하여야 하며, 이곳에서 용선자가 선적하기로 약정한 박스 12의 기재에 따라 만재화물을 적재하여야 한다(갑판적 화물의 선적을 합의한 경우에는 용선자의 위험과 책임으로 한다). 선적이 완료된 선박은 선하증권의 서명과 함께 지시하는 바에 따라 박스 11에 기재된 양륙항이나 장소 또는 선박이 항상 안전하게 그리고 그 화물을 용선자 자신에 의해 묶어 고정되고, 선적되어서 서명된 선하증권에 따라 본선은 박스 11에 명기된 양륙항 혹은 장소로 향하거나 본선이 항상 안전하게 도착하고 떠 있을 수 있는 근접한 장소로 출항하여야 하며, 화물은 그 곳에서 인도한다.

이 조항은 전문(preamble)으로서 계약당사자, 용선선박의 명세, 용선계약의 체결에 관한 사항을 명시하고 있다.

우선 용선계약서 제1부와 제2부의 제1조에 명시되는 선박의 명세에는 선박소유자의 국적(nationality), 선박 이름(vessel name), 건조년도(built year), 선적국(flag), 재화중량톤(deadweight tonnage: DWT), 총톤수(gross registered tonnage: GRT), 순톤수(net registered tonnage: NRT), 선급

(class), 화물창 수(holds/hatches number), 용적(grain/bale capacity), 선박의 현재 위치 및 선적항 도착예상일 등이 기입된다.

선박의 명세는 용선자의 상업목적을 위한 기본정보이므로 선박소유자의 허위 기재시에 이에 대한 일정한 책임을 부담하게 된다. 그리고 이 조항을 근거로 하여 선박소유자는 선박을 회항일까지 선적항에 도착시킬 예비항해를 개시할 묵시적 의무를 부담한다. 그러므로 선박소유자가 선박의 전 항차의 운송계약으로 인하여 회항일에 늦어지거나, 또는 용선선박이 선적준비를 완료하지 못하여 선적항에 늦게 도착한 경우에 선박소유자는 그로 말미암아 발생한 용선자의 손해에 대하여 배상책임을 면할 수 없다. 지연의 원인이 선박소유자의 귀책사유가 아니라 하여도, 그 책임을 면하지 못한다.

GENCON에서는 용선계약의 체결에 관한 사항으로 용선자의 선적항 및 양륙항의 안전항 지정의무, 만재화물 선적의무, 갑판적 화물에 대한 용선자의 책임부담, 화물의 인도 등에 관한 사항을 규정하고 있다.

용선자는 선적항 또는 양륙항을 지정함에서 용선된 선박이 안전하게 정박할 수 있는 안전항을 지정할 의무를 부담하고 있다. 하지만 선적항과 양륙항이 계약서에 명시되지 않는 경우에도 용선자는 어느 항구에서 선적 또는 양륙할 것인가를 지명해야 하는 의무가 있다. GENCON에서는 이러한 조항이 없고, 양륙항은 "on signing bills of lading"에 해야 한다고 되어 있으나, 언제 지명할 것인지를 상호 합의하에 명시해야 한다. 그러나 용선계약서상에 언제 지명해야 하는지에 대한 조항 삽입을 누락시킨 경우에 일반적으로 합리적인 기한 내에 지명하도록 하는데, 이는 선적항과 양륙항을 지명하지 않음으로 인해 선박이 지연되지 않도록 해야 한다는 것이다.

그리고 GENCON에서는 선박소유자의 만재화물 선적의무와 용선자의 화물 공급의무를 명시하고 있다. 계약서가 본선 만재화물에 대해 언급하지 않더라도 그 같은 의무는 묵시적으로 부과되는 것이다. 또한 화물은 보통 선창내에 적재되지만 "if shipment of deck cargo be agreed same to be at shippers' risk and responsibility"라는 조항의 내용과 같이 운송중의 위험은 용선자의 부담 및 책임으로 예외적으로 화물이 갑판상에 적재될 수 있다. 첫째, 계약서 자체에 갑판적 화물을 허용하는 경우, 둘째, 무역적 관례에 따른 경우, 셋째, 선박이 갑판 적재에 적합하도록 설계된 경우, 넷째, 컨테이너선으로 운송되는 경우 등이다.

2) 선박소유자의 책임 약관 [Clause 2 Owner's Responsibility Clause]

2. Owners' Responsibility Clause

The Owners are to be responsible for loss of or damage to the goods or for delay in delivery of the goods only in case the loss, damage or delay has been caused by personal want of due diligence on the part of the Owners or their Manager to make the Vessel in all respects seaworthy and to secure that she is properly manned, equipped and supplied, or by the personal act or default of the Owners or their Manager.

And the Owners are not responsible for loss, damage or delay arising from any other cause whatsoever, even from the neglect or default of the Master or crew or some other person employed by the Owners on board or ashore for whose acts they would, but for this Clause be responsible or from unseaworthiness if the Vessel on loading or commencement of the voyage or at any time whatsoever.

2. 선박소유자의 책임

선박소유자는 화물의 멸실, 훼손이나 인도 지연에 대하여 책임을 부담하지만, 그러한 멸실, 훼손 및 인도 지연이 모든 면에서 선박의 감항성을 갖추고 적절한 선원, 장비, 선용품 등을 갖춰야 할 선박소유자 또는 관리인의 개인적인 상당한 주의의무의 결여에 기인하거나 또는 선박소유자나 관리인의 작위(act) 또는 태만(default)에 기인한 경우에 대해서만 그 책임을 부담한다. 또한 선박소유자는 그 이외 어떠한 원인으로 인한 멸실, 훼손 및 지연에 대하여도 책임을 부담하지 아니한다. 비록 그러한 손해가 선장, 선원 또는 선박소유자가 고용한 선상 또는 육상에서 작업할 인원의 과실이나 태만으로 인한 것으로 본 규정이 없었다면 책임을 지게 될 행위로 인하여 발생하였거나 또는 선적, 항해의 개시 또는 어떠한 때라도 그로 인한 선박의 불감항으로 인한 손해에 대해서 책임을 부담하지 아니한다.

제2조는 감항능력의 주의의무와 운송물의 멸실, 훼손 및 지연에 대한 선박소유자의 책임에 관하여 규정하고 있다. 즉, 선박소유자는 감항능력의 유지의 의무를 부담하고, 동시에 그 의무를 해태하는 경우에는, 발생한 손해에 대해서 책임을 부담한다.

GENCON에서 언급되는 감항능력 주의의무는 선박이 감항능력을 유지하고 있었는가에 대한 문제가 제시되고 있다. 선박이 감항성을 갖추기 위해서는 선박과 선박의 장비가 항해상에서 만날 위험과 그러한 위험에 대해서 화물을 보호할 수 있을 만큼으로 갖추어져야 한다.[270]

영국 커먼 로우상 화물적재의무는 선박소유자에게 있으며 그 의무는 그 선박의 감항성에 관한 화물의 안전에 밀접한 관련이 있다.[271] 즉, "운송물의 멸실이나 손해나 지연이 물건의 양도과정에서 발생하였을 경우", 특히 경제적 멸실이 특정한 원인에 의하여 발생했을 때 그 책임에 대해 선박소유자는 면책될 수 없으며 "손실이나 손해 등이 다른 어떤 것에 의해서 발생했을 경우"에도 선박소유자가 책임을 진다.[272]

우리 해상법에서는 감항능력 주의의무로 운송인은 자기 또는 선원 기타의 선박사용인이 발항 당시 다음의 사항에 관하여 주의를 해태하지 아니하였음을 증명하지 아니하면 운송물의 멸실, 훼손 또는 연착으로 인한 손해를 배상할 책임이 있다(상법 제794조).[273] 이

270) Julian Cooke et al., *op. cit.*, p.160.

271) *Ibid.*, p.157.

272) *Ibid.*, p.155.

273) ① 선박직원법에 따른 해기사 면허가 없는 선원이 승선한 선박의 인적 감항능력의 유무에 대한 판결로 그 요지를 살펴보면 "원칙적으로 선박직원법에 따른 해기사 면허가 없는 선원이 승선한 선박은 소위 인적 감항능력을 결여한 것으로 추정되나, 선원이 그 면허를 소지하였는지 여부만이 감항능력을 결정하는 절대적인 기준이 되는 것은 아니고, 비록 그 면허가 없다고 하더라도 사실상

에 대한 내용으로 ① 선박이 안전하게 항해를 할 수 있게 할 것, ② 필요한 선원의 승선, 선박의장과 필요품의 보급, ③ 선창, 냉장실 기타 운송물을 선적할 선박의 부분을 운송물의 수령, 운송과 보존을 위하여 적합한 상태에 둘 것을 규정하고 있다.

그리고 운송인인 선박소유자 등에게 운송물에 관한 주의의무가 있는데 운송인은 자기 또는 선원 기타의 선박사용인이 운송물의 수령, 선적, 적부, 운송, 보관, 양륙과 인도에 관하여 주의를 해태하지 않았음을 증명하지 아니하면 운송물의 멸실, 훼손 또는 연착으로 인한 손해를 배상한 책임이 있다(상법 제795조 제1항). 그러나 운송인은 선장, 해원, 도선사 기타의 선박사용인의 항해 또는 선박의 관리에 관한 행위 또는 화재에 인하여 생긴 운송물에 관한 손해를 배상할 책임을 면한다. 그러나 운송인의 고의 또는 과실로 인한 화재의 경우에는 그러하지 아니하다(상법 제795조 제2항)고 명시하고 있다.

1976년 GENCON 제5조의 선박소유자의 선적과 양륙비용은 하역조건이 그로스텀(gross term)인가 또는 적양하불부담(free In and Out: FIO) 조건인가에 따라서 달라진다. 그러나 1994년 GENCON은 FIO 조건만을 규정하고 있다. 그러므로 선박소유자는 하역작업 중의 「부주의하고 또는 과실 있는 적부를 원인으로 하여 발생된」운송물의 멸실, 훼손 또는 연착에 대하여 책임을 지지 않게 되었다. 그 외에 용선선박의 운송물을 인도함에 있어서 선박소유자와 그 대리인이 선박의 감항성 주의의무를 포함하여 상당한 주의의무가 부족하여 발생한 운송물의 멸실, 훼손 또는 연착이 생긴 경우에 그 책임을 면할 수 없는 것은 1976년 GENCON과 같다.

3) 이로 약관 [Clause 3 Deviation Clause]

> 3. Deviation Clause
> The vessel has liberty to call at any port or ports in any order, for any purpose, to sail without pilots, to tow and/or assist Vessels in all situations, and also to deviate for the purpose of saving life and/or property.

특정항해를 안전하게 수행할 수 있는 우수한 인력을 갖춘 선원이 승선하였다면 이러한 경우까지 선박이 인적 감항능력을 결여하였다고 할 수는 없다." 대법원 1995.8.22 선고 94다 61113 판결. ② 선저탱크에 주입된 해수가 부식된 공기통풍관을 통하여 화물창에 누출되어 화물이 훼손에 대한 판결로 그 판결요지를 살펴보면 "선박의 측심작업은 선박의 항해를 위하여 해수를 주입할 때에도 필요하지만 운송물의 보호를 위하여도 필요한 작업인데도 해상운송인의 피용자들인 선박의 선원들이 해수를 주입할 때에는 물론 그 후 항해시에도 전혀 측심을 행하지 아니하여 화물창의 50㎝ 높이까지 해수가 유입되어 일부 화물이 수침되었음에도 이를 양륙시 까지 발견하지 못한 경우, 이를 상법 제794조의 소정의 항해 내지 선박관리 과실이라고는 할 수 없고, 같은 조 제1항 소정의 운송물의 운송, 보관 등에 관한 주의의무 위반이라고 하여야 한다. 더욱이 발항 당시 해상운송인이 상당한 주의로서 세밀히 공기통풍관의 노후 여부를 조사하지 않는 주의의무위반에 의해서 손해배상책임을 면할 수 없다." 부산지법 1995.7.25. 선고 94가 합8870 판결.

3. 이로조항
이 선박은 어떠한 항구라도 그 순서에 상관없이, 어떠한 목적으로라도 기항할 수 있으며, 어떠한 상황에서라도 도선사 없이 항해하거나 다른 선박을 예인 그리고/또는 원조하고, 또한 인명 그리고/또는 재산을 구조할 목적으로 이로를 할 수 있는 자유를 가진다.

항해용선계약에서 해상운송인 또는 선박소유자는 자신의 선박이 이로를 하지 않을 묵시적 의무를 부담한다.[274] 이로(deviation)는 계약항로(contractual route)에 있어서 실제로 지리적 변화를 가져오는 항로의 의도적인 변경(intentional change of route)을 의미한다. 여기서 말하는 이로는 인명구조 또는 재산구조를 위하여 항로를 변경하는 것을 의미하는데 미국의 해상물건운송법(COGSA)에서는 통상적인 항로의 변경을 의미하는 것뿐만 아니라 운송물의 부적당한 적부상태, 예컨대 과적상태까지 확대하여 규정하고 있기에 주의하여야 한다(미국 해상물건운송법 제4조①).[275] 이 규정은 '다만 이로가 운송물의 적하 또는 양륙 혹은 여객을 위한 것일 경우에는 그 이로를 일단 부당한 것으로 추정한다.'라고 명시하고 있다.[276]

4) 운임의 지급 [Clause 4 Payment of Freight]

4. Payment of Freight
(a) The freight at the rate stated in Box 13 shall be paid in cash calculated in the intaken quantity of cargo.
(b) Prepaid. If according to Box 13 freight to be paid on shipment, it shall be deemed earned and non-returnable, vessel and/or cargo lost or not lost.
Neither the Owners nor their agents shall be required to sign or endorse bills of lading showing freight prepaid unless the freight due to the Owners has actually been paid.
(c) On delivery. If according to Box 13 freight, or part thereof, is payable at destination it shall not be deemed earned until the cargo is thus delivered. Notwithstanding the provisions under(a), if freight or part thereof is payable on delivery of the cargo the Charterers shall have the option of the paying the freight on delivered weight/quantity provided such option is declared before breaking bulk and the weight/quantity can be ascertained by official weighing machine, joint draft survey or tally.
Cash for Vessel's ordinary disbursements at the port of loading to be advanced by the Charterers, if required, at highest current rate of exchange, subject to two (2) percent to cover insurance and other expenses.

274) 심재두, 앞의 책, p.105; 배병태, 앞의 책, p.36.
275) The Silvercypress(Fire)[1943] A.M.C 510, 박용섭, 앞의 책, p.430에서 재인용.
276) 박용섭, 앞의 책, p.296.

4. 운임의 지급
(a) 운임은 박스 13에 기재된 요율과 선적된 화물량에 따라 계산한 금액을 현금으로 지급되어야 한다.
(b) 선지급. 박스 13에 따라 운임이 선적 시 지급되는 경우에는 이를 선박 그리고/또는 화물이 손실되든 아니든 반환되지 않는 것으로 본다.
운임이 실제로 지급되기 전에는 선박소유자나 그의 대리인은 운임 선급이라고 표시한 선하증권에 서명하거나 배서할 것을 요구받지 아니한다.
(c) 인도 시 지급. 박스 13에 따라 운임의 전부 또는 일부가 목적항에서 지급하기로 되어 있는 경우에는 화물이 인도될 때까지 운임을 수령한 것으로 간주되지 않는다. (a)항에도 불구하고, 운임 또는 그 일부를 화물 인도 시에 지급하기로 한 경우에는 인도된 화물의 중량/수량에 따라 용선료를 지급할 선택권을 가진다. 다만, 이 경우에는 선택권의 행사를 화물 양륙 개시 이전에 통지하고, 화물의 중량/수량이 공식적인 계량기나 합동 흘수선 조사 또는 검수에 의하여 확인될 수 있다.
선적항에서 선박의 통상적인 비용지출을 위한 현금 가불을 용선자가 요구받은 경우에는 필요하다면 당시의 최고 환율로 계산하고, 2%의 보험료 및 기타 비용을 합산하여 적용한다.

운임이란 해상운송인이 운송계약에 따라 화물을 운송하는데 대한 대가이다. 즉, 운임은 운송인이 화물을 안전하게 운송하여 수하인에게 인도하는 것에 대하여 송하인이 지급하는 반대급부인 것이다.[277] 운임은 통상 화물의 양에 비례하여 산정되고 그 계산단위로서는 중량이나 포장 또는 용적 등이 이용된다.

이러한 운임을 결정하기 위한 요소는 해운기업의 경영에 있어서 가장 중요한 분야로써, 일반적으로 운임결정에 직접 영향을 미치는 요소는[278] ①항해거리 및 항해조건, ②항만사정과 하역능률, ③운송물의 성질, 가액 및 종류, ④하역계약의 조건, 하역방법 및 적하·적부방법, ⑤운송물의 용적과 중량, ⑥보험조건, ⑦선형 및 선령 등이 있다.

GENCON 1994 용선계약에서는 박스 14에 운임의 지급에 관한 통화, 지급방법, 수령인 및 은행계좌를 기재하도록 하고 있다. 여기에서 실제적으로 지급되어야 하는 화폐의 단위를 언급하고 있다. 화폐에 대해 계약서에 언급되지 않았을 때는 보통 운임이 지불되는 지역의 법률에 따른다. 그러나 가장 일반적으로는 미화(US Dollar)가 지급수단으로 이용되고 있다.

그리고 1994년 GENCON은 선급 또는 후급을 선택할 수 있는 권리를 계약당사자에게 부여하고 있으며 운임산정의 원칙은 동일하다. 즉 1976년 GENCON에서는 운임의 지급기준을 운송물의 인도와 동시에 지급하도록 규정하여 영국 커먼 로우(Common Law)의 원칙에 따랐으나, 1994년 GENCON에서는 운임의 선급관행을 인정하여 계약당사자가 운임의 지급방법을 선급 또는 후급으로 선택하도록 하고 있다.

그러나 선급운임 조건의 경우, 용선자(화주)는 선급운임의 반환청구권을 행사할 수 없도록 규정하고 있다. 선급운임의 경우에도 선적과 동시에 운임을 지급할 것을 전제로 하고 있다. 그리고 박스 13에 [freight to be paid three days after signing bills of lading]라는 문언을 명기하여, 운임을 화물의 선적 이후부터 화물 인노 선의 합의된 시기에 지급할 경우

277) 송상현·김현, 앞의 책, p.219.
278) 박용섭, 앞의 책, p.449.

에 (b)항을 적용하지 아니한다.

그리고 운임의 지급을 받기 전에는 송하인이 운임선급 선하증권(prepaid B/L)의 교부를 청구하여도, 선박소유자는 이 청구를 거부할 수 있음을 규정하고 있다. 선급 선하증권을 발행한 경우, 선박소유자는 선급 선하증권의 소지인에 대하여 운임청구권을 행사할 수 없고, 그 화물 위에 유치권을 행사할 수도 없다.

인도 시(on delivery)인 경우, 화물을 인도할 때까지 운임을 청구할 수 없도록 규정하고 있다. 즉, 운임이 후급인 경우에는 "운임은 화물을 인도할 때까지 취득한 것으로 보지 아니 한다"고 규정하여 후급운임의 지급시기를 명시하였다.

운임의 산정 원칙에 있어서는 선급운임의 경우에는 선적 화물의 무게 또는 수량을 기준으로 계산하며, 운임의 전부 또는 일부가 화물의 인도 시에 지급하는 조건일 경우, 용선자는 인도 시의 화물의 무게 또는 수량을 기준으로 계산한다.

5) 선적/양륙 [Clause 5 Loading/Discharging]

5. Loading/Discharging
(a) Costs/Risks

The cargo shall be brought into the holds, loaded, stowed and/or trimmed, tallied, lashed and/or secured and taken from the holds and discharged by the Charterers, free of any risk, liability and expenses whatsoever to the Owners. The Charterers shall provide and lay all dunnage material as required for the proper stowage and protection of the cargo on board, the Owners allowing the use of all dunnage available on board. The Charterers shall be responsible for and pay the cost of removing their dunnage after discharge of the cargo under this Charter Party and time to count until dunnage has been removed.

5. 선적/양륙
(a) 비용/위험부담

용선자는 화물을 화물창으로 반입/적재하고, 적부 그리고/또는 고르기, 정리, 고정 그리고/또는 고박하고 그리고 이를 화물창에서 반출하고 양륙하는 작업을 수행하며, 선박소유자는 이에 대하여 어떠한 위험과 책임 그리고 비용을 부담하지 아니한다. 용선자는 선적된 화물의 적정한 적부와 보호에 필요한 모든 화물깔개(dunnage)를 제공하고 설치하여야 하며, 선박소유자는 선박에 구비되어 있는 모든 사용 가능한 화물깔개의 사용을 허용하여야 한다. 용선자는 이 용선계약에 따라 화물을 양륙한 후 화물깔개의 제거의무를 부담하며, 그 비용을 지급하여야 한다. 이를 제거하는 시간은 정박기간에 산입한다.

(b) Cargo Handling Gear

Unless the Vessel is gearless or unless it has been agreed between the parties that the Vessel's gear shall not be used and stated as such in Box 15, the Owners shall throughout the duration of loading/discharging give free use of the Vessel's cargo handling gear and of sufficient motive power to operate all such cargo handling gear. All such equipment to be in good working order. Unless caused by negligence of the stevedores, time lost by breakdown of the Vessel's cargo handling gear or motive power – pro rata the total number of cranes/winches required at that time for the loading/discharging of cargo under this Charter Party – shall not count as laytime or time on demurrage. On request the Owners shall provide free of charge cranemen/winchmen from the crew to operate the Vessel's cargo handling gear, unless local regulations prohibit this, in which latter event shore laborers shall be for the account of the Charterers. Cranemen/winchmen shall be under the Charterers' risk and responsibility and as stevedores to be deemed as their servants but shall always work under the supervision of the Master.

(b) 하역장치

이 선박이 하역장치가 없는 선박이 아닌 경우 또는 박스 15의 기재에 따라 선박의 하역장치를 사용하지 않기로 당사자 사이에 합의된 경우가 아니라면, 선박소유자는 선적/양륙의 전체 기간동안 선박 하역장치를 무료로 사용하도록 제공하며, 이런 모든 하역장치의 작동에 필요한 충분한 동력을 공급하여야 한다. 이들 장비는 모두 양호한 상태로 유지되어야 한다. 하역 인부의 과실이 없는 한 선박의 하역장치의 고장이나 동력의 부족으로 인한 시간 손실은 정박기간이나 체선료 산정시간에 산입되지 아니한다. 다만, 이 용선계약상 당시에 요구되는 화물의 선적/양륙용 크레인/윈치의 총 숫자에 비례하여 계산한다. 그 지역의 법규가 금지하고 있는 경우가 아니라면, 선박소유자는 청구가 있는 경우 선원 중에서 선박의 하역장치를 운전할 크레인/윈치 운전요원을 무상으로 제공하여야 한다. 위 단서의 경우 육상 하역인부는 용선자의 비용부담으로 한다. 크레인/윈치 운전요원은 용선자의 위험부담과 책임으로 하며, 하역인부는 용선자의 사용인으로 간주하지만 항상 선장의 감독 하에 작업을 수행하여야 한다.

(c) Stevedore Damage

The Charterers shall be responsible for damage (beyond ordinary wear and tear) to any part of the Vessel caused by Stevedores. Such damage shall be notified as soon as reasonably possible by the Master to the Charterers or their agents and to their Stevedores, failing which the Charterers shall not be held responsible. The Master shall endeavor to obtain the Stevedores' written acknowledgment of liability.

The Charterers are obliged to repair any stevedore damage prior to completion of the voyage, but must repair stevedore damage affecting the vessel's seaworthiness or class before the Vessel sails from the port where such damage caused or found. All additional expenses incurred shall be for the account of the Charterers and any time lost shall be for the account of and shall be paid to the Owners by the Charterers at the demurrage rate.

(c) 하역인부에 의한 손상

용선자는 통상적인 자연 마모와 손상을 넘어서는 경우에 하역인부에 의한 선박의 손상에 대해 책임을 부담한다. 이러한 손상이 발생한 경우 선장은 가능한 한 빠른 시간내에 용선자나 그 대리인 그리고 하역인부에게 이를 통지하여야 하며, 이를 이행하지 아니한 경우에 용선자는 책임을 부담하지 아니한다. 선장은 하역인부로부터 책임 인정 확인서를 받도록 노력하여야 한다.

용선자는 항해가 종료되기 이전에 하역인부에 의한 어떠한 손상이라도 수리하여야 할 의무가 있다. 그러나 선박의 감항성이나 선급에 영향을 미치는 손상에 대해서는 그 손상이 발생 또는 발견된 항구에서 출항하기 전에 반드시 수리되어야 한다. 여기에 발생된 모든 부가비용은 용선자가 부담하며, 선박 수리에 소요된 시간에 대해서는 체선료율에 따라 용선자가 선박소유자에게 지급하여야 한다.

해상운송인은 운송물의 선적을 위하여 약정한 선적항으로 선박을 회항시켜야 할 의무가 있고 선적항의 약정의무는 용선자가 가지고 있다. 용선자는 선적기간 내에 운송물 전부를 선적할 의무가 있다. 운송인은 용선자가 운송물의 전부를 선적하지 못했을 경우에 초과정박기간에 대해 정박료를 청구할 수 있고, 손해배상을 청구할 수도 있으며, 상당한 보수를 청구할 수도 있다.[279] 해상운송인은 특약이 없는 한 운송물을 양륙항에서 자기의 위험과 비용으로 선측에서 인도할 의무가 있지만,[280] 1994년 GENCON은 용선자가 하역 책임을 지는 FIO 조건만을 규정하고 있다. 그 결과로 용선선박의 선적과 양륙 책임은 별도의 특약(gross term과 같은 특약)이 없는 한, 항해용선자의 책임이다.[281]

그리고 GENCON에서는 하역과 관련하여 비용과 위험(costs/risks), 하역설비(cargo handling gear) 및 하역인부에 의한 손해(stevedore damage)를 나누어 규정하고 있다.

① **비용과 위험** : 항해용선자는 자기의 비용과 위험부담으로써 화물을 용선선박의 선창 안에 선적할 의무가 있으므로 용선자의 위험과 비용부담으로 한다.

② **하역설비** : 선박소유자에게 하역설비를 양호한 작동상태로 유지시킬 주의의무를 명시하고 있다. 즉, 선박소유자는 용선기간 동안 모든 하역설비를 '양호한 작동상태'(to be in good working order)로 유지할 의무를 규정하고 있다. 그러므로 선박소유자가 이 주의의무를 위반하여 운송물에 손해가 발생할 경우, 손해배상의 책임을 면할 수 없다.

③ **하역인부에 의한 손해** : 항해용선계약의 특질에 따라서 하역 중에 발생한 선박의 손해에 대해서 용선자는 손해배상 또는 원상회복의 책임이 있음을 규정하고 있다. 항해용선계약은 용선자가 전 항해에 걸쳐 선박을 지휘 감독할 권한은 없고, 다만 용선자가 지정한 항에서 하역기간 동안 용선선박을 자유로이 사용할 수 있는 권한만을 보장받는 운송계약이므로, 하역기간 중에 자기가 선임한 하역인이 발생시킨 선박의 손해에 대하여 책임을 지는 것은 계약법상 당연하다.

이 경우에 항해용선자는 계약항해가 종료하기 전에 수선의무가 있고, 만일 그 손해가 선박의 감항능력에 영향을 줄 경우에는 그 훼손이 발생한 항을 출항하기 전에 수선할 의무가 있다.

6) 정박기간 [Clause 6 Laytime]

> 6. Laytime
> *(a) Separate laytime for loading and discharging
> The cargo shall be loaded within the number of running days/hours as indicated in Box 16, weather permitting, Sundays and holidays excepted, unless used, in which event time used shall count.
> The cargo shall be discharged within the number of running days/hours as

279) 최준선·이범찬, 앞의 책, pp.719~720.
280) 최기원, 앞의 책, p.688.
281) 박용섭, 앞의 책, p.334.

indicated in Box 16, weather permitting, Sundays and holidays excepted, unless used, in which event time used shall count.

6. 정박기간
(a) 선적과 양륙 시 정박기간의 분리
화물은 날씨가 허용되는 한 박스 16에 기재된 연속일수/시간 이내에 적재되어야 한다. 일요일과 공휴일은 선적작업이 없으면 산입되지 아니하며, 선적작업이 있는 경우에는 그 시간을 산입한다.
화물은 날씨가 허용되는 한 박스 16에 기재된 연속일수/시간 이내에 양륙되어야 한다. 일요일과 공휴일은 양륙작업이 없으면 산입되지 아니하며, 양륙작업이 있는 경우에는 그 시간을 산입한다.

*(b) Total laytime for loading and discharging
The cargo shall be loaded and discharged within the number of total running days/hours as indicated in Box 16, weather permitting, Sundays and holidays excepted, unless used, in which event time used shall count.

(b) 선적과 양륙 시 총 정박기간
화물은 날씨가 허용되는 한 박스 16에 기재된 연속일수/시간 이내에 선적 및 양륙되어야 한다. 일요일과 공휴일은 선적/양륙작업이 없으면 산입되지 아니하며, 선적/양륙작업이 있는 경우에는 그 시간을 산입한다.

(c) Commencement of laytime (loading and discharging)
Laytime for loading and discharging shall commence at 13.00 hours, if notice of readiness is given up to and including 12.00 hours, and at 08.00 hours next working day if notice given before 17.00 and after 12.00 hours . Notice of readiness at loading port to be given to the Shippers named in Box 17 or if not named, to the Charterers or their agents named in Box 18. Notice of readiness at the discharging port to be given to the Receivers or, if not known, to the Charterers or their agents named in Box 19.
If the loading/discharging berth is not available on the Vessel's arrival at or off the port of loading/discharging, the Vessel shall be entitled to give notice of readiness within ordinary office hours on arrival there, whether in free pratique or not, whether customs cleared or not. Laytime or time on demurrage shall then count as if she were in berth and in all respects ready for loading/discharging provided that the Master warrants that she is in fact ready in all respects. Time used in moving from the place of waiting to the loading/ discharging berth shall not count as laytime.
If, after inspection, the Vessel is found not to be ready in all respects to load/ discharge time lost after the discovery thereof until the Vessel is again ready to load/discharge shall not count as laytime.
Time used before commencement of laytime shall count.

* Indicate alternative (a) or (b) as agreed, in Box 16.

(c) 정박기간의 개시(선적 및 양륙)
선적 및 양륙을 위한 정박기간은 준비완료통보(NOR)를 12시 또는 그 이전에 행한 경우에는 13시에 개시되며, 준비완료통보를 12시 이후 업무시간 이내에 행한 경우에는 그 다음 작업일 8시에 개시된다. 선적항에서는 선적 준비의 완료를 박스 17에 기재된 송하인, 또는 그 기재가 없는 경우에는 용선자에게, 또는 박스 18에 기재된 이들의 대리인에게 통지하여야 한다. 양륙항에서는 양륙 준비의 완료를 수하인에게, 또는 이를 알지 못하는 경우에는 용선자나 박스 19에 기재된 이들의 대리인에게 통지하여야 한다.

선박이 선적/양륙항에 도착하거나 항의 밖에 도착하였을 때 선적/양륙을 위한 선석이 확보되지 못한 경우에도 검역통과 여부나 세관통관 여부와 상관없이 도착 후 바로 통상적인 업무시간 내에 선적/양륙 준비의 완료를 통지할 수 있다. 이 경우 선장이 사실상 모든 면에서 선적/양륙 준비가 완료되었다는 사실을 보증하면 선박이 선석에서 선적/양륙 준비가 모든 면에서 완료된 것과 동일하게 정박기간이나 체선료 기간이 산정된다. 선박이 대기하고 있던 장소에서부터 선적/양륙 선석으로 이동하는 데에 소요된 시간은 정박기간에 산입되지 아니한다.

만약 검사 후에 선박이 선적 또는 양륙작업을 위하여 모든 면에서 준비가 완료되지 못한 점이 발견되면 그 때부터 선박이 선적/양륙 준비가 완료될 때까지의 시간은 정박기간에 산입하지 아니한다.

*박스 16의 합의에 따라 (a) 또는 (b) 중에서 하나를 선택할 것

정박기간이라 함은 항해용선계약에 있어서 선적 혹은 양륙을 위하여 사용되도록 약정되어 있는 기간을 말한다. 즉, 용선된 선박이 예비항해 혹은 운송항해를 마치고 선적항 또는 양륙항에 도착하게 되면, 선적작업 혹은 양륙작업을 하여야 하는데, 이 선적작업 혹은 양륙작업을 위하여 용선계약에서 약정하여 놓은 기간을 말하는 것이다. 용선자는 이 기간을 자유로이 사용할 수 있다. 다만, 용선자는 이 기간 내에 선적 혹은 양륙을 완료하여야 하는데, 이 기간 내에 완료하지 못하고 선적 혹은 양륙을 위하여 선박을 이 기간 이상 정박하게 할 때에는 선박소유자에게 그에 상당한 보상인 체선료를 지불하여야 한다.[282]

이와 같이 확정된 정박기간을 약정하는 것은 해상운송인에게는 자신의 운항선박이 어느 정도 선적·양륙항에 정박할 것인가를 미리 파악할 수 있도록 하며, 예외규정이 있을 경우에도 어느 정도 지연이 있을 것인지 미리 예측할 수 있도록 하여 경영상 도움을 주기 위함이다.[283] 하지만 선박기능의 발달로 인해 자체적인 하역기기를 보유한 선박이 증가함에 따라 육상의 하역설비의 지원없이도 화물의 선적 및 양륙이 가능하게 되고 있다. 이러한 경향에 따라서는 불확정 정박기간을 정하는 경우도 있는데, 이는 후진국 항구의 경우에 하역시설이 제대로 갖추어지지 않은 상황에서 유용하게 사용되고 있다.[284]

GENCON의 (a)와 (b)항은 선택약관이며, 계약당사자는 정형표준서식의 박스 16에서 합의된 정박기간이 선적과 양륙을 분리하여 기산할 것인지 또는 합산하여 기산할 것인지의 여부를 결정하여야 한다.[285]

그리고 용선선박이 선적항/양륙항 또는 외항에 도착하여 선석을 이용하지 않는 때에는 검역 검사 및 통관절차에 관계없이 하역준비완료 통지를 발송할 수 있다. 다만 여기서 말하는 "선석을 이용하지 않을 때"라 하더라도 선박이 폭주하거나 또는 악천후인 경우는 제외한다.

282) 심재두, 앞의 책, p.186.
283) John Schofield, *op. cit.*, p.7.
284) William V. Packard, *Laytime Calculating*(London : Fairplay Publications, 1979), p.30.
285) Julian Cooke et al., *op. cit.*, p.275.

그리고 대기정박장소에서 선석으로 이동하는 시간은 항해용선계약서에 "shifting time count as laytime"이라는 특약이 없는 한, 정박기간에 산입하지 아니한다. 항해용선계약에서는 원칙적으로 선박소유자는 하역장소까지 용선선박을 도착시키는 것이 계약의무이므로 대기장소에서 선석까지 이동시간은 체선기간에서 제외한다. 이를 분명하게 하기 위하여 "or time on demurrage"라는 문언을 삽입하기도 한다.

한편 선장의 준비완료 담보의무는 용선선박이 물리적으로 그리고 법률적으로 선적/양륙과 관련하여 모든 점에서 준비가 완료된 것을 요건으로 한다. 그러나 선장과 선박소유자가 현실적으로 준비완료가 되지 아니한 것을 알고, 후일 하역개시 시까지 준비할 것으로 생각하고서 하역준비완료 통지를 발송한 경우, 후일 준비가 완료되지 아니한 것이 발견되면, 그 준비가 완료할 때까지의 시간을 정박기간에서 제외한다.

그리고 (c)항에서 선적/양륙 준비완료 통지가 정오에 발송된 경우에 이를 오전으로 볼 것인가, 아니면 오후로 볼 것인가 하는 문제를 해결하는 규정을 두어, 만일 선장이 선적/양륙 준비완료 통지를 12시까지(upto and including 12:00 hours) 발송한 경우에, 하역을 13:00시부터 실시하도록 규정하고 있다.

7) 체선료 [Clause 7 Demurrage]

7. Demurrage

Demurrage at the loading and discharging port is payable by the Charterers at the rate stated in Box 20 in the manner stated in Box 20 per day or pro rata for any part of a day. Demurrage shall fall due day by day and shall be payable upon receipt of the Owners' invoice.

In the event the demurrage is not paid in accordance with the above, the Owners shall give the Charterers 96 running hours written notice to rectify the failure. If the demurrage is not paid at the expiration of this time limit and if the vessel is in or at the loading port, the Owners are entitled at any time to terminate the Charter Party and claim damages for any losses caused thereby.

7. 체선료

선적항과 양륙항에 있어서의 체선료는 박스 20에 기재된 요율과 방법으로 용선자가 일당 또는 1일에 대한 일정한 비율로 지급한다. 체선료의 지급 기일은 매일 도래하며, 선박소유자의 청구서를 받는 즉시 지급하여야 한다. 위의 규정에 따라 체선료가 지급도지 아니하는 경우 선박소유자는 연속된 96시간 이내에 이행지체를 해결하도록 용선자에게 서면으로 통지하여야 한다. 체선료가 이러한 시한이 종료되기까지 지급되지 아니하고 선박이 선적항이나 그 구역내에 있는 경우 선박소유자는 언제나 용선계약을 해제하고 그로 인한 손실에 대해 손해배상청구권을 가진다.

체선료란 용선계약에서 예정된 정박기간을 초과하여 선적하거나 양륙한 시간에 대하여 용선자가 선박소유자에게 지급하기로 약정한 금액을 말한다.[286)]

GENCON에서는 체선료의 지급을 1일 비율로써 지급하는 것을 원칙으로 하고, 체선료 채권은 매일 발생하며, 용선자는 선박소유자의 체선료 지급청구를 받는 때에 지급할 것을 구체화하고 있다.

만일 용선자가 체선료를 96시간 안에 지급하지 아니할 경우, 선박소유자는 용선선박이 선적항 안에 있으면, 용선계약을 해지하고, 이로 말미암아 생긴 손해에 대해서 용선자에게 손해배상청구권을 행사할 수 있다. 이렇게 규정한 것은 용선자의 귀책사유와 관계없이 체선상태(on demurrage)가 되어도 용선자가 화물을 전혀 준비하지 못한 경우를 대비하기 위한 것이다.

그리고 "만약 선박이 선적항이나 그 구역 내에 있을 때(if the vessel is in or at the loading port)"나 제6조에 규정된 바와 같이 선석을 이용할 수 없는 용선선박은 "항구 밖이나 항내에(at or off the port)" 에 도착하면 하역준비완료통지를 발송할 수 있다. 이때에는 항외에서 정박기간이 만료할 수 있다.

8) 유치권 약관 [Clause 8 Lien Clause]

8. Lien Clause

The Owners shall have a lien on the cargo and on all sub-freights payable in respect of the cargo, for freight, deadfreight, demurrage, claims for damages and for all other amounts due under this Charter Party including costs of recovering same.

8. 유치권 약관

선박소유자는 운임, 부적운임, 체선료, 손해배상금액, 그 밖에 이 용선계약에 따라 지급받을 기타 금액과 이를 확보하기 위한 구상비용을 위하여 화물 및 화물과 관련하여 지급될 운임부대비용에 대해 유치권을 가진다.

해상운송과 관련한 유치권의 행사는 화주 또는 수하인 등이 운송물을 수령하면서 운송인에게 지급하여야 할 운임 등의 운송 관련 채권을 변제하지 아니할 때에, 해상운송인은 청구채권을 강제적으로 변제받기 위하여 운송물에 대한 유치권을 행사하는 것이다. 이는 유치권의 특성상 단지 운송물을 유치하여 화주측에서 운송채무의 이행을 간접적으로 강제케 하는데 의의가 있다.[287)]

286) Julian Cooke et al., *op. cit.*, p.327.

287) 유치권에 대해서는 아래의 판례적 정의가 있다.

① a defence available to one on possession of a claimants' goods who is entitled at common law or by contract to retain possession until he is paid whatever he is owed.[The Chrysovallanduo Dyo(1981]) 1 LR 159]

② a lien is a right in one man to retain that which is in possession belonging to another till certain demands of him the person in possession are satisfied. [Hammond v. Barclay(1802) 2 East 227]

영국 커먼 로우에서는 선박소유자는 운송물에 대한 운임,[288] 공동해손분담금 및 운송물의 보호를 위해 사용된 비용에 대하여 유치권(possessory lien)을 가진다. 이러한 유치권은 운송물을 유치할 뿐이지 경매할 권한을 부여한 것은 아니다. 그러나 1894년 영국 상선법(Merchant Shipping Act 1984)에는 90일동안 운송물을 보관한 후 경매할 권한을 부여하고 있다.[289]

영국 커먼 로우에서 규정하고 있지 아니한 사항에 대해서는 당사자의 계약에 의하여 유치권을 규정할 수 있는데, 그 예로 '부적운임, 체선료, 그 밖의 모든 비용 등에 관하여 유치권을 가진다'라고 규정하는 것이다.

이러한 점에서 1994년 GENCON에서는 선박소유자의 유치권의 목적을 용선선박에 적재된 화물과 용선자가 재용선한 경우의 재용선료까지 확대하였다. 그리고 유치권의 피담보채권에는 1976년 GENCON에 규정된 운임, 부적운임 및 체선료에 추가하여 '손해배상금액 및 그 밖에 이 용선계약에 따라 지급받을 기타 금액과 이를 확보하기 위한 구상비용을 포함한 모든 금액의 채권'이 포함된다.[290]

9) 계약해제약관 [Clause 9 Cancelling Clause]

9. Cancelling Clause

(a) Should the Vessel not be ready to load (whether in berth or not) on the cancelling date indicated in Box 21, the Charterers shall have the option of cancelling this Charter Party.

(b) Should the Owners anticipate that, despite the exercise of due diligence, the Vessel will not be ready to load by the cancelling date, they shall notify the Charterers thereof without delay stating the expected date of the Vessel's readiness to load and asking whether the Charterers will exercise their option of cancelling the Charter Party, or agree to a new cancelling date.

Such option must be declared by the Charterers within 48 running hours after the receipt of the Owners' notice. If the Charterers do not exercise their option of cancelling, then this Charter Party shall be deemed to be amended such that the seventh day after the new readiness date stated in the Owners' notification to the Charterers shall be the new cancelling date.

The provisions of sub-clause (b) of this Clause shall operate only once, and in case of the Vessel's further delay, the Charterers shall have the option of cancelling the Charter Party as per sub-clause (a) of this Clause.

9. 계약해제약관

(a) 선박이 (선석에 있거나 없거나를 불문하고) 박스 21에 기재된 계약해제일까지 선적준비가 완료되지 아니한 경우 용선자는 이 용선계약을 해제할 수 있는 선택권이 있다.

(b) 상당한 주의를 다함에도 불구하고 계약해제일까지 선박의 선적준비가 완료되지 못할 것으로 예상되는 경우 선박소유자는 이를 용선자에게 지체없이 통지하여야 한다. 이 경우 선박소유자는 선박의 선적준비완료 가능일자를 명시하고, 용선자가 용선계약의 해제권을 행사할 것인지, 또는 새로운 계약해제일을 합의할 것인지의 여부를 문의하여야 한다. 이러한 선택권에 관하여는 선박소유

---

288) 여기서 말하는 운임은 부적운임(dead freight), 선급운임(advance freight) 등은 포함되지 아니한다.
289) E. R. Hardy Ivamy, *op. cit.*, p.259.
290) 박용섭, 앞의 책, p.336.

자의 통지수령 후 연속 48시간 이내에 용선자가 통보하여야 한다. 용선자가 계약해제권을 행사하지 않을 경우 이 용선계약은 선박소유자가 용선자에게 통지한 새로운 선적준비 완료일로부터 7일째를 새 계약해제일로 변경된 것으로 본다.

이 조항 (b)항의 규정은 1회에 한하여 적용되며, 선박이 더 이상 지체되는 경우 용선자는 이 조항 (a)항의 규정에 따라 용선계약을 해제할 수 있는 선택권이 있다.

GENCON에서는 항해용선자가 용선선박이 약정일에서 해제일까지 선적준비를 하지 못할 경우 해제일에 선택적으로 해제권을 행사할 수 있도록 규정하고 있다. 해제권의 행사시점은 "당일 또는 그 전(on or before the date)" 이 아니라, 해제권을 행사하고자 하는 당일에 행사하여야 한다.

그리고 선박소유자가 상당한 주의를 다하여도 해제일까지 하역준비완료를 못한 경우와 이때의 새로운 해제일의 성립을 규정하고 있다. 즉, 선박소유자가 상당한 주의를 다하였음에도 불구하고 해제일까지 용선선박이 선적준비를 못할 것으로 예상되는 경우에, 새로운 선적 준비 예상일을 항해용선자에게 통지하고, 그리고 항해용선자가 해제권을 행사할 것인지 또는 새로운 해제일을 합의할 것인지를 결정하도록 선택권을 인정하고 있다. 이것은 용선계약 당사자 사이에 있어서 해상 거래의 법적 안정성을 보호하기 위한 장치이다.

위 통지를 받은 항해용선자는 위 통지를 수령한 후 48시간 안에 해제와 합의에 관하여 선택권을 행사할 것을 선박소유자에게 통지하여야 한다. 만일 항해용선자가 해제권을 행사하지 아니하면, 그 계약은 자동으로 합의 연장된 것으로 본다. 이 경우에는 예상 하역준비완료 일로부터 7일을 새로운 해제일로 본다. 항해용선자의 새로운 해제권 행사일을 7일로 정한 것은 항해용선자의 권리를 보호하기 위하여 단축시킨 것이다.

10) 선하증권 [Clause 10 Bills of Lading]

10. Bills of Lading

Bills of Lading shall be presented and signed by the Master as per the "Congenbill" Bill of Lading form, Edition 1994, without prejudice to this Charter Party, or by the Owners' agents provided written authority has been given by Owners to the agents, a copy of which is to be furnished to the Charterers. The Charterers shall indemnify the Owners against all consequences or liabilities that may arise from the signing of bills of lading as presented to the extent that the terms or contents of such bills of lading impose or result in the imposition of more onerous liabilities upon the Owners than those assumed by the Owners under this Charter Party.

10. 선하증권

선하증권은 이 용선계약의 권리를 침해하지 아니하고, "Congenbill" 선하증권 1994년 개정양식에 따라 선장에게 제시하고 선장의 서명을 받아야 한다. 또한 선박소유자의 대리인도 그 권한이 서

> 면에 의하여 선박소유자로부터 대리인에게 수여된 경우에는 선하증권을 제시받고 이에 서명할 수 있으며, 이 경우 그 서면의 사본을 용선자에게 제출하여야 한다. 용선자는 선하증권상의 용어나 내용이 이 용선계약에 의한 선박소유자의 부담을 초과하는 책임을 선박소유자에게 부과하거나 초래하는 경우 제시된 선하증권의 서명으로 인하여 야기될 수 있는 결과 또는 책임에 대하여 선박소유자의 초과 부담을 보상해 주어야 한다.

선하증권이란 해상운송계약에 의한 운송물을 수령하고 인도청구권을 간략하게 표명하는 유가증권이라고 정의된다.[291] 즉, 선하증권이란 특정 선박에 특정 화물이 선적되었다는 것을 선박소유자, 선장, 또는 선박소유자의 대리인에 의해 서명된 문서를 말한다. 이러한 서명된 문서의 발행은 해상법에서 해상물건운송계약을 체결하고 운송물을 선적하고 나면 용선자 또는 송하인의 요구에 따라 운송인이 용선계약서 또는 선하증권을 발행하여 송하인에게 교부하도록 규정하고 있는(상법 제855조 및 헤이그비스비규칙 제3조 제7항) 취지와 같다.[292]

또한 선하증권의 정형화된 하나의 서식인 콘젠빌(CONGENBILL)은 1976년 발틱국제해운협의회(BIMCO)에서 공인된 선하증권의 서식으로 용선계약에 따라 발행되는 선하증권 중 항해용선계약에서 가장 많이 사용되는 것이다.

한편 GENCON에서는 기본 선하증권을 발틱국제해운협의회(BIMCO)에서 제정한 1994년 용선계약부 선하증권(콘젠빌 Congenbill)을 사용하도록 하고 있었으나(GENCON 1994, Clause 10), 발틱국제해운협의회는 2007년말 용선계약부 선하증권 서식으로 'CONGENBILL 2007'로 대체한다고 발표하였으며, 그 내용은 다음과 같이 page 1, 2로 구성되어 있다(제5장 제5절 참조).

CONGENBILL(2007) 전면(page 1)은 통상 해상법규에서 요구하는 기재사항으로 CONGENBILL (1994)와 유사하게 구성되어 있으나, CONGENBILL(2007)은 구성을 일부 변경하였다. 선하증권 발행시 2007년 7월1일자로 발효(2007년 1월 1일 개정)된 신용장통일규칙(UCP 600)의 규정을 충족하기 위한 선하증권 서명권자 및 운송인을 명확히 하였다. 또한 용선계약상의 체선료 및 조출료 약정을 수하인에게도 적용하기 위한 약관의 변경 등으로 구성되어 있다.

뒷면(page 2)에는 5개의 조항으로 구성된 약관이 기재되어 있다. 제1조는 용선계약부 선하증권을 발행하는 목적이라고 볼 수 있는 '용선계약의 내용이 선하증권에 편입된다.'는 편입약관(incorporation clause)이다.[293] 제2조로 최우선약관, 제3조에서는 공동해손, 제4

291) 영어로 "Lading"이란 어떤 물품이 선박이나 다른 운송수단에 적재되는 것을 뜻하며, 스페인어의 conocimiento de embarque나 이탈리아어의 plizza di carcio란 표현들도 다 영어와 같은 뜻으로 사용된다.

292) 박용섭, 앞의 책, p.338.

293) All terms and conditions, liberties and exceptions of the Charter Party, dated as overleaf, including the Law and Arbitration Clause/Dispute Resolution Clause, are herewith incorporated. (Congenbill 2007, Clause 1)

조에서는 뉴제이슨약관, 제5조에는 쌍방충돌약관을 언급하고 있다.

다만, 여기서 콘젠빌에 적용되는 최우선약관에 대해 살펴보면 1924년 8월에 선적국에 의해 브뤼셀에서 제정된 선하증권에 대한 특정규정의 통일을 위한 국제협약인 헤이그 규칙이 콘젠빌에 적용된다. 선적국에서 발효하고 있는 그러한 법제정이 없는 경우에는 도착국의 관련 입법이 적용된다. 그러나 선적에 관련하여 그러한 법제정이 의무적으로 적용되지 않는 경우에는 언급된 협약의 조항들이 적용된다.

그리고 헤이그 비스비 규칙이 적용되는 거래에 있어서 1968년 브뤼셀에서 조인된 의정서에 의해 수정된 1924년 브뤼셀협약인 헤이그 비스비 규칙을 의무적으로 적용되는 경우에는 관련 입법 규정이 콘젠빌에 적용된다.

콘젠빌에 있어 운송인은 적하의 멸실이나 손실에 대해서 어떠한 경우에도 책임이 있다. 하지만 선적이전과 선박으로부터 하역이후에 제기된 것이나 다른 운송인에게 책임이 있는 경우나 갑판적이나 산 동물에 관련된 것은 적용되지 아니한다.[294]

최우선약관은 그 선하증권이 어느 나라의 해상물건운송법에 따라 효력을 갖는가를 규정한 것이다. 선하증권협약을 국내법화한 각국의 해상물건운송법 중에는, 그 나라에서부터 출화용 선하증권에 최우선약관의 삽입을 요구하는 것도 있다.

콘젠빌에서는 헤이그 규칙 및 헤이그 비스비 규칙의 적용을 언급하고 있다. 헤이그 규칙을 입법하고 있는 국가나 헤이그 비스비 규칙을 입법하고 있는 국가에서는 당 국가에서의 법을 적용할 수 있으며 관련입법이 없는 경우에는 헤이그 규칙을 적용하도록 강제하고 있다.

그리고 헤이그 비스비 규칙에서의 운송인의 책임의무를 규정하고 있는 부분 중 첫 번째 정의부분의 물건을 제외한 부분에서의 운송인의 면책과 선적 이전이나 선적 이후에 발생한 사고에 대하여 운송인이 면책함을 언급하고 있는데 여기서의 운송인은 선박소유자, 정기용선자 및 선체용선자를 의미하며 항해용선자의 경우에는 송하인이 아닌 경우에는 해당될 수 있다. 그러나 1994년 GENCON에서는 FIO 조건으로 인해서 선적과 양륙 중에 발생한 손실 및 멸실에 대해 용선자가 책임을 지기 때문에 항해용선자는 제외된다고 보아야 할 것이다.[295]

---

294) http://www.bimco.dk/, congenbill 1994.

295) 헤이그 비스비 규칙에서의 운송인의 의미에 대하여 GENCON 항해용선계약서에서는 항해용선자가 선적, 양륙에서 발생한 손실 및 멸실에 대하여 책임을 지는 FIO 조건으로 규정하고 있기 때문에 항해용선자는 갑판적 선적 및 산 동물에 대한 책임 뿐 아니라 광범위한 책임을 지며 운송인의 정의에서 제외된다고 볼 수 있다.

11) 쌍방과실 충돌약관 [Clause 11 Both-to-Blame Collision Clause]

11. Both-to-Blame Collision Clause

If the Vessel comes into collision with another vessel as a result of the negligence of the other vessel and any act, neglect or default of the Master, Mariner, Pilot or the servants of the Owners in the navigation or in the management of the Vessel, the owners of the cargo carried hereunder will indemnify the Owners against all loss or liability to the other or non-carrying vessel or her owners in so far as such loss or liability represents loss of, or damage to, or any claim whatsoever of the owners of said cargo, paid or payable by the other or non-carrying vessel or her owners to the owners of said cargo and set-off, recouped or recovered by the other or non-carrying vessel or her owners as part of their claim against the carrying Vessel or the Owners. The foregoing provisions shall also apply where the owners, operators or those in charge of any vessel or vessels or objects other than, or in addition to, the colliding vessels or objects are at fault in respect of a collision or contact.

11. 쌍방과실 충돌약관

용선선박이 다른 선박의 과실 및 용선선박의 항해 또는 관리에 있어서 선장, 해원, 도선사 또는 선박소유자의 사용인의 행위, 과실 또는 부주의의 결과로서 다른 선박과 충돌한 경우에 이 용선계약에 따라서 운송되는 화물의 소유자는 용선선박 소유자가 다른 선박(비적재선) 또는 그 선박소유자에 대하여 배상하여야 할 모든 손해 또는 채무를 보상하여야 한다. 그러한 손해 또는 채무는 용선선박상의 화물 소유자의 멸실 또는 훼손 또는 일체의 청구를 표시하고, 다른 선박(비적재선) 또는 그 선박의 소유자로부터 위 화물 소유자에게 지급하였거나 지급하게 될 금액과 그리고 다른 선박(비적재선) 또는 그 선박의 소유자가 적재선인 용선선박 또는 용선선박의 소유자에 대한 손해배상 청구액의 일부로서 상계, 공제 또는 회수할 수 있었던 범위의 것으로 한다.

선박충돌은 두 척이상의 선박이 서로 접촉하여 손해가 생긴 것을 말하고, 만일 접촉만 있고 전혀 손해가 발생하지 않으면, 충돌선박 사이에 사법관계의 문제가 일어나지 않으므로 선박의 충돌이라고 할 수 없다. 즉, GENCON에서 다루어지는 충돌은 쌍방과실에 의해 발생한 충돌을 말한다. 쌍방과실의 충돌은 두 척 이상의 선박이 과실로 충돌을 발생시켜 공동불법행위를 구성한 것이다. 쌍방과실의 충돌이란 복수의 선박이 해상교통안전에 필요한 주의의무를 위반하여 충돌을 발생시킨 경우이다. 구체적으로 말하자면 양 선박이 해상교통법인 국제해상충돌방지규칙, 해사안전법 및 개항질서법 등에서 규정한 항법규정과 신호규정 및 항해에 필요한 주의의무 규정을 위반하여 생긴 충돌이다.[296)]

이 약관은 미국법이 반영된 것으로 이 약관에 따라서 충돌에 의해 발생된 손해를 입은 화물의 소유자는 충돌을 일으키거나 원인을 제공한 선박에 대항하여 전액보상을 청구할 수 있다. 이 효과는 운송인이 선적화물에 대한 손해에 대해서 간접적인 책임을 피하며 선박의 항해에서의 태만과 같은 면책위험에 의해서 발생하였더라도, 그 조항의 목적은

296) 박용섭, 앞의 책, p.828.

그 환경에서의 선박소유자에 대해 보상책임을 제기할 수 있다(제5장 제6절 참조).

12) 공동해손 및 뉴제이슨 약관 [Clause 12 General Average and New Jason Clause]

12. General Average and New Jason Clause

General Average shall be adjusted in London unless otherwise agreed in Box 22 according to York-Antwerp Rules 1994 and any subsequent modification thereof. Proprietors of cargo to pay the cargo's share in the general expenses even if same have been necessitated through neglect or default of the Owners' servants (see Clause 2).

If General Average is to be adjusted in accordance with the law and practice of the United States of America, the following Clause shall apply: "In the event of accident, danger, damage or disaster before or after the commencement of the voyage, resulting from any cause whatsoever, whether due to negligence or not, for which, or for the consequence of which, the Owners are not responsible, by statute, contract or otherwise, the cargo shippers, consignees or the owners of the cargo shall contribute with the Owners in General Average to the payment of any sacrifices, losses or expenses of a General Average nature that may be made or incurred and shall pay salvage and special charges incurred in respect of the cargo. If a salving vessel is owned or operated by the Owners, salvage shall be paid for as fully as if the said salving vessel or vessels belonged to strangers. Such deposit as the Owners, or their agents, may deem sufficient to cover the estimated contribution of the goods and any salvage and special charges thereon shall, if required, be made by the cargo, shippers, consignees or owners of the goods to the Owners before delivery."

12. 공동해손과 뉴제이슨 약관

공동해손은 박스 22에 별도로 합의되어 있지 않은 한, 1994년 요크 앤트워프규칙과 그 이후의 수정규칙에 따라 런던에서 정산한다. 화물의 소유자는 공동해손 비용이 선박소유자의 사용인의 부주의나 과실에 기인한 경우에도 공동해손 비용에 대한 화물측의 분담액을 지급하여야 한다(제2조 참조).

공동해손이 미국의 법령과 관행에 따라 정산되는 경우에는 아래의 조항을 적용한다. "선박의 항해개시 이전이거나 또는 이후이거나, 선박소유자가 그의 과실에 기인한 것인지의 여부를 불문하고, 이유가 무엇이든지 간에, 법률이나 계약 또는 기타에 의하여 그 자체 또는 결과에 대한 손해배상책임을 부담하지 아니하는 사고, 위험, 손해, 해난이 발생한 경우에, 화물의 송하인이나 수하인 또는 소유자는 공동해손 성질로 발생 또는 부담하게 된 손실, 손해 또는 비용에 대한 지급에 있어서 공동해손 선박소유자와 함께 분담하여야 하며, 운송물과 관련하여 해난구조료와 특별비용을 지급하여야 한다.

구조선이 선박소유자의 소유 또는 관리하에 있는 경우에도 구조료는 그 구고선이 타인 소유인 경우와 똑같이 완전히 지급하여야 한다. 화물, 선적의뢰인, 수하인 또는 화물의 소유자는 청구가 있는 경우 화물의 분담금과 그 구조료 및 특별비용에 관하여 선박소유자에 대한 예상분담액을 보전하기에 충분한 것으로 선박소유자나 대리인이 생각하는 예탁금을 화물인도 전에 예치하여야 한다."

공동해손이란 선박과 운송물의 공동위험을 면하기 위하여 선장이 선박 또는 운송물에 고의로 처분하여 생긴 희생과 비용을 뜻한다. 여기서 희생과 비용은 공동해손의 결과 생긴 손해를 의미하는 것으로 공동해손의 정산을 의미하는 분담을 제외하고 있다.[297] 다시 말하자면 공동해손이란 선박 및 적하의 공동위험을 면하기 위해서 선장이 선박 또는 적하에 대하여 한 처분으로 말미암아 생긴 손해 또는 비용을 이익을 얻은 선박과 적하의 이해관계인에게 공평히 분담시키는 것이다.[298]

이 약관에서는 공동해손의 정산기준을 새로 규정하고 있다. 정산지를 런던으로 하는 경우와 뉴욕으로 하는 경우로 구분하는데, 첫째 런던을 정산지로 할 경우는 1994년 요크앤트워프 규칙을 근거로 하여 정산하고, 제2조에서 규정한 선박소유자의 이행보조자의 과실 또는 부주의의 경우에도 적용한다. 둘째 뉴욕을 정산지로 할 경우는 미국법을 적용하여 공동해손을 정산할 때에는 이른바 뉴제이슨약관(New Jason Clause)을 적용한다.

13) 세금 및 부과금 약관 [Clause 13 Taxed and Dues Clause]

13. Taxed and Dues Clause
   (a) On Vessel – The Owners shall pay all dues, charges and taxes customarily levied on the Vessel, howsoever the amount thereof may be assessed.
   (b) On cargo – The Charterers shall pay all dues, charges, duties and taxes customarily levied on the cargo, howsoever the amount thereof may be assessed.
   (c) On freight – Unless otherwise agreed in Box 23, taxes levied on the freight shall be for the Charterers' account.

13. 세금 및 부과금 약관
   (a) 선박에 대한 것 – 관습상 선박에 부과되는 모든 부과금, 비용, 그리고 세금은 선박소유자가 지급한다. 다만, 그 금액은 사정할 수 있다.
   (b) 화물에 대한 것 – 관습상 화물에 부과되는 모든 부과금, 비용, 관세 및 세금은 용선자가 지급한다. 다만, 그 금액은 사정할 수 있다.
   (c) 운임에 대한 것 – 박스 23에서 달리 합의되지 않는 한 운임에 부과된 세금은 용선자의 계산으로 한다.

이 약관은 용선선박의 운항과 관련하여 발생하는 세금의 부담원칙을 규정하고 있다. 선박소유자는 선박에 부과되는 세금을 부담하며, 항해용선자는 운송물에 관한 세금과 운임에 부과하는 세금을 부과한다. 이것은 이익이 있는 곳에 세금이 있다는 법언과 공평과세의 원칙에 따른 것이다.[299]

---

297) 박용섭, 앞의 책, p.734.

298) 공동해손제도는 기원전 916년에 공포된 세계 최초의 해상법이라고 하는 로오드해법의 공동해손에 규정된 것으로 보이나, 그 이전부터 시행되어 온 제도이다. 로오드해법을 인용한 유스티니아법전에 의하면, 공동해손은 다음과 같이 정의한다. "만일 선박의 무게를 가볍게 하기 위해 화물의 일부를 해중에 투하하였을 때 이에 대한 희생은 전체가 분담해야 한다. 김정수, 「해상보험론」, (서울 : 박영사, 1995), p.439.

14) 대리점 [Clause 14 Agency]

14. Agency
In every case the Owners shall appoint their own Agent both at the port of loading and the port of discharge.

제14조 대리점
모든 경우에 선박소유자는 선적항과 양륙항에서 각각 그 대리인을 지정하여야 한다.

선박이 선적항 또는 양륙항에 입항하는 순간부터 출항까지 관계 당국에의 보고부터 시작하여 선원들의 입출항 수속까지 다양한 항만 업무뿐만 아니라 해당 선박의 선적과 양륙을 관리해 줄 회사가 필요하다. 이 회사를 대리점(port agent)이라 하며 하역비를 제외한 항 내 발생하는 비용은 선박소유자의 책임이므로 선박소유자가 그 비용을 부담한다. 이들은 통상적인 선박 입출항 관리를 비롯하여 선박소유자 혹은 용선자의 일반적인 업무까지 대신 수행해 주는 경우가 있다.

GENCON에서는 대리인을 선택하고 지정할 권리와 의무는 선박소유자에게 있다. 이 약관은 정기용선계약에서 선장이 고용과 대리점에 대하여 선장이나 선박소유자가 용선자의 명령과 지휘를 선장이 따라야 하는 효과에서 오는 약관과 비교된다.[300)]

15) 중개 수수료 [Clause 15 Brokerage]

15. Brokerage
A brokerage commission at the rate stated in Box 24 on the freight, dead-freight and demurrage earned is due to the party mentioned in Box 24.
In case of non-execution 1/3 of the brokerage on the estimated amount of freight to be paid by the party responsible for such non-execution to the Brokers as indemnity for the latter's expenses and work. In case of more voyages the amount of indemnity to be agreed.

제15조 중개수수료
취득한 운임, 부적운임 및 체선료에 대하여 박스 24에 기재된 중개수수료는 박스 24에 기재된 당사자에게 지급하여야 한다. 중개행위가 주효하지 아니한 경우 그 책임이 있는 당사자는 중개인의 비용과 노고에 대한 보상금으로 예정 운임에 대한 중개료의 3분의 1을 지급하여야 한다. 여러 항해에 관한 경우에는 그 보상금은 합의에 의하여야 한다.

---

299) 박용섭, 앞의 책, p.339.

300) Wehner v. Dene [1905]2 K.B.92, 99; Larrinaga SS. Co. v. The Crown(1945) 78. Lloyd's Rep.167,172. cited in Julian Cooke et al., *op. cit.*, p.493.

선박소유자가 용선중개인에게 지불하여야 할 중개수수료를 운임의 몇 %로 정하여 용선계약서에 기재하며, GENCON 용선계약에는 "…… % brokerage on the freight earned is due to ……" 라고 규정하고 있다. 따라서 용선중개인은 선박소유자에게 지급되는 용선료, 운임, 체선료, 부적운임에 대한 일정 비율을 선박소유자로부터 지급 받는다.

이는 일반적으로 용선 중개인 당 1.25%이므로 얼마나 많은 중개인이 거래에 관여되었는가에 따라 총 용선중개 수수료는 달라질 수 있다. 경우에 따라서, 지리적인 이유 때문에 혹은 환차손이나 외환송금 수수료 때문에 용선중개수수료를 선박소유자로부터 용선자나 운임에서 공제한 후 용선자로부터 지급 받는 경우도 있다. 이 사항이 계약서에 기입되지는 않고 상호간의 신뢰에서 이루어진다. 용선중개인(broker)의 이름과 중개 수수료율이 용선 계약서에 기입되지만, 이는 이들이 계약의 당사자라는 것을 의미하지는 않는다.

선박소유자가 특정사항을 이유로 중개수수료를 지급하지 않는 경우에 대비하여 GENCON에서는 계약이 불이행 되었을 경우조차도 중개인이 성약과 운항 시에 쓴 비용에 대해 이를 보상하도록 하고 있다.[301)]

Address Commission은 계약마다 금액이 다르며, 어떤 용선자는 전혀 요구하지 않기도 하지만 용선자에 따라 5.0%를 요구하기도 한다. 이와 함께 통상적으로 개입되는 선박소유자와 용선자를 대신하여 용선계약을 협상한 용선중개를 담당한 두 곳의 용선중개 수수료(2.5%)까지 감안한다면, 선박소유자에 따라서 7.5%의 수수료를 지급해야 하는 경우도 발생할 수 있다. 이 같은 경우, 선박소유자는 계약 협상 과정에서 총 지불해야 하는 수수료가 얼마인지를 알아야 하고 운임에서 이 수수료만큼은 제외한 후 순 운임만을 계산해야 한다.

16) 일반파업약관 [Clause 16 General Strike Clause]

> 16. General Strike Clause
> (a) If there is a strike or lock-out affecting or preventing the actual loading of the cargo, or any part of it, when the Vessel is ready to proceed from her last port or at any time during the voyage to the port or ports of loading or after her arrival there, the Master or the Owners may ask the Charterers to declare, that they agree to reckon the laydays as if there were no strike or lock-out. Unless the Charterers

---

301) 볼타임 용선계약는 용선중개수수료에 대해 다음과 같이 규정하고 있어, 계약의 불이행 등으로 문제가 야기될 때, 중개인의 수입을 보장하고 있다.
"The Owners to pay a commission of …… to …… on any hire paid under the Charter, but in no case less than is necessary to cover the actual expenses of the Brokers and s reasonable fee for their work. If the full hire is not paid owing to breach of Charter by either of the parties the party liable therefore to indemnify the Brokers against their loss of commission. Should the parties agree to cancel the Charter, the Owners to indemnify the Brokers against any loss of commission but in each case the commission not to exceed the brokerage on one year's hire."

have given such declaration in writing (by telegram, if necessary within 24 hours, the Owners shall have the option of cancelling this Charter Party. If part cargo has already been loaded, the Owners must proceed with same, (freight payable on loaded quantity only) having liberty to complete with other cargo on the way for their own account.

16. 일반파업약관

(a) 선박이 그 이전 항에서 출항할 준비가 됐을 때, 선적항으로의 항해 중 또는 도착 했을 때, 만약 화물의 실제 선적에 영향을 미칠만한(또는 부분적으로) 파업이나 폐쇄가 일어난다면, 선장이나 선박소유자는 파업이 없었을 때와 같이 용선자가 그 일수를 정박기간에 포함한다는 것을 공식표명 하도록 요구할 것이다. 만약 용선자가 이런 공식표명을 24시간 내에 문서(필요하다면 전보)로 써 주지 않는다면, 선박소유자는 이 계약을 취소할 선택권을 가지게 된다. 만약 몇몇 화물이 이미 선적되었다면, 선박소유자는 그들의 비용으로 다른 화물의 선적을 끝낼 자유를 가지면서, 앞서 말한 것과 같은 절차를 진행한다(운임은 오직 선적된 양만큼만 지불됨).

(b) If there is a strike or lock-out affecting or preventing the actual discharging of the cargo on or after the Vessel's arrival at or off port of discharge and same has not been settled within 48 hours, the Charterers shall have the option of keeping the Vessel waiting until such strike or lock-out is at an end against paying half demurrage after expiration of the time provided for discharging until the strike or lock-out terminates and thereafter full demurrage shall be payable until the completion of discharging, or of ordering the Vessel to a safe port where she can safely discharge without risk of being detained by strike or lock-out. Such orders to be given within 48 hours after the Master or the Owners have given notice to the Charterers of the strike or lock-out affecting the discharge. On delivery of the cargo at such port, all conditions of this Charter Party and of the bill of Lading shall apply and the Vessel shall receive the same freight as if she had discharged at the original port of destination, except that if the distance to the substituted port to be increased in proportion.

(b) 만약 선박이 하역항만이나 그 외부에 도착했을 때나 도착하고 난 후 화물의 실질적인 양륙에 영향을 미칠만한 파업이나 폐쇄가 있고, 그것이 48시간 내에 해결되지 않는다면, 용선자는 양륙을 위해 주어진 시간이 만료된 이후부터는 체선료의 반을 내고 파업이 끝난 이후부터는 양륙을 끝낼 때까지 체선료의 전액을 지불한다는 전제로 파업이나 폐쇄가 종료될 때까지 선박을 대기시킬 선택권이 있다. 또는 선박이 파업이나 폐쇄에 의한 어떠한 구류에 대한 위험 없이 안전하게 양륙할 수 있는 항만에 위치시키도록 지시할 수 있다. 이러한 지시는 선박소유자나 선장이 파업/폐쇄가 양륙에 영향을 미친다는 것을 용선자에게 알린 후 48시간 내에 주어져야 한다. 이런 항만에의 화물 인도는, 만약 대리항만의 거리가 100해리를 넘는 항만이라면 운송된 화물 운임은 증가 비율로 계산되어질 것이고, 이 경우를 제외하고는 이 용선계약서와 선하증권의 내용대로 적용되어질 것이고, 선박은 기존에 목적했던 항만에서 양륙되는 것과 같은 운임을 받아야 한다.

(c) Except for the obligations described above, neither the Charterers nor the Owners shall be responsible for the consequences of any strikes or lock-outs preventing or affecting the actual loading or discharging of the cargo.

(c) 위에 설명된 의무를 제외하고, 용선자나 선박소유자는 화물의 실질적인 적/양륙에 영향을 미치거나 방해되는 파업/폐쇄의 결과에 대해 책임을 질 필요가 없다.

파업이 발생하는 경우를 대비하여, 그 결과에 대한 책임 부담의 취지를 파업약관에 삽입하고 있다. GENCON 용선계약에서는 일반파업약관에서 파업(strike) 및 폐쇄(lock-out)의 결과, 계약상 의무수행이 저해 및 지연되는 것은 당사자에게 책임이 없다고 명시하고 있다.

이 약관은 세 부분으로 나누어져 있는데, 일반적인 예외사항, 선적항에서의 파업, 그리고 양륙항에서의 파업으로 구성되어 있다. 그러나 이들 각 부분은 하나로서 추론되어야 하고 개별적으로 생각해서는 안 된다.[302]

(1) 일반적 예외사항

일반파업약관에서 일반적인 예외사항을 나타내는 파업 범위에는 제한이 없다고 할 수 있다. 적하와 양륙작업에 영향을 미치는 것과 무관하게 항구에서 발생하는 스크라이크와 본선에서 발생하는 파업에 동일하게 적용시키고 있다. 따라서 선박소유자는 선적항에 정박기간/계약해제일보다 늦게 도착한 것에 대하여 선원들의 파업 때문이었다고 하여 면책받을 수도 있고, 반대로, 선적 작업 완료 후, 예인선(tug boat)의 파업으로 인해 본선이 출항하지 못할 때에도 용선자는 책임이 없다. 또한, 선박의 선적항 및 양륙항 도착전에 발생하였으나, 이미 종료된 파업의 영향으로 본선의 작업이 지연되더라도 이는 일반파업약관의 파업 범주에 들어간다고 볼 수 있다.

(2) 선적/양륙항에서의 파업

본 조항의 두 번째 문장부터는 선적, 양륙항에서의 파업의 영향에 대해 다루고 있다. 즉, 정박기간과 체선료의 예외사항과 관련하여 일반적인 원칙이 적용되고 있다.

이 부분은 화물이 선적되기 전에 발생한 파업과 선적이 완료하기 전으로 허용된 정박기간이 만료되기 전에 발생한 파업의 경우를 구분하지 않고 있다. 그러나 파업이 발생했을 경우, 선박소유자는 용선자에게 파업이 발생하지 않았을 때처럼 정박기간을 산정할 것인지에 대해 확실하게 하라고 요청해야 한다. 용선자가 24시간 내에 답변을 주지 않는 경우, 선박소유자는 계약을 취소시킬 수도 있다.

미국법에서는 파업을 정박기간의 산정을 가로막을 만큼 대단한 사건으로 다루고 있지 않은데,[303] 파업을 특이하거나 이례적 혹은 기대치 못한 사건으로 볼 수 없다고 한다.[304] 또한, 일단 체선 상태에 있을 경우에는 파업이 발생하더라도 정박기간은 지속적으로 계산된다.

---

302) 이와 관련하여 Salamis Shipping(Panama) S.A. v. Edm. Van Meerbeeck & Co, S.A.(The Onisilos) (1972) 2Q.B. 500에서 Lord Denning M.R.은 아래와 같이 말하고 있다.
I am quite clear that the general strike clause must be construed as one whole, just as the strike clause in the Centrocon charter.

303) Yone Suzuki v. Central Argentine Railway, 27 F. 2d 795, 803-804; United States v. Atlantic Refining Co., 112F. Supp. 76, 80.

304) "It can hardly be claimed that the strike …… was so unusual, extraordinary and unexpected a circumstance as to be equivalent to vis major".

17) 전쟁위험 [Clause 17 War Risks("Voywar 1993")]

17. War Risks("Voywar 1993")

(1) For the purpose of this Clause, the words:

(a) The "Owners" shall include the shipowners, bareboat charterers, disponent owners, managers or other operators who are charged with the management of the Vessel, and the Master and

(b) "War Risks" shall include any war (whether actual or threatened) act of war, civil war, hospitalities, revolution, rebellion, civil commotion, warlike operations, the laying of mines(whether actual or reported) acts of piracy, acts of terrorists, acts of hostility or malicious damage, blockades(whether imposed against all Vessels or imposed selectively against Vessels of certain flags or ownership, or against certain cargoes or crews or otherwise howsoever), by any person, body, terrorist or political group, or the Government of any state whatsoever, which, in the reasonable judgment of the Master and/or the Owners, may be dangerous or are likely to be or to become dangerous to the Vessel, her cargo, crew or other persons on board the Vessel.

제17조 전쟁위험("Voywar 1993")

(1) 이 조항에서 쓰인 용어의 정의는 다음과 같다.

(a) 선박소유자에는 선박소유자, 선체용선자, 관리선박소유자, 선박의 경영 책임을 지고 있는 관리인 기타 운영자 및 선장을 포함한다.

(b) 전쟁위험에는 어떠한 사람, 단체, 테러리스트, 또는 정치집단이나 국가정부에 의한 전쟁(실질적이거나 위협적이거나 상관없이), 전쟁행위, 내란, 적대행위, 혁명, 반란, 소요, 전쟁유사 움직임, 기뢰부설(실질적이거나 정보이거나 간에), 해적행위, 테러행위, 적대행위나 악의적 손괴행위, 봉쇄(모든 선박의 봉쇄 또는 기국이나 소유관계 또는 화물이나 선원 또는 기타 기준에 따른 선박의 선별적 봉쇄이던지 간에)로서 선장 그리고/또는 선박소유자의 합리적 판단에 따라 선박, 화물, 선원 또는 선박에 승선한 기타 사람에게 위험할 수 있거나, 위험의 개연성이 있거나, 위험하게 될 수 있는 것들이 포함된다.

(2) If at any time before the Vessel commences loading, it appears that, in the reasonable judgment of the Master and/or the Owners, performance of the Contract of Carriage, or any part of it, may expose, or is likely to expose, the Vessel, her cargo, crew or other persons on board the Vessel to War Risks, the Owners may give notice to the Charterers cancelling this Contract of Carriage, or may refuse to perform such part of it as may expose, or may be likely to expose, the Vessel, her cargo, crew or other persons on board the Vessel to War Risks; provided always that if this Contract of Carriage provides that loading or discharging is to take place within a range of ports, and at the port or ports nominated by the Charterers the Vessel, her cargo, crew, or other persons onboard the Vessel may be exposed, or may be likely to be exposed to War Risks, the Owners shall first require the Charterers to nominate any other safe port which lies within the range for loading or discharging, and may only cancel this Contract of Carriage if the Charterers shall not have nominated such safe port or ports within 48 hours of receipt of notice of such requirement.

(2) 선박이 선적을 개시하기 이전에 선장 그리고/또는 선박소유자의 합리적인 판단에 의하여 운송계약 또는 그 일부의 이행이 선박, 화물, 선원 또는 기타 승선한 사람을 전쟁위험에 노출시킬 수 있거나, 노출시킬 개연성이 있는 경우, 선박소유자는 이 운송계약의 해제를 용선자에게 통지하거나, 또는 선박, 화물, 선원 또는 기타 승선한 사람을 전쟁위험에 노출시킬 수 있거나, 노출시킬 개

연성이 있는 운송계약 부분의 이행을 거절할 수 있다. 다만, 이 경우에 이 운송계약에 선적이나 양륙이 일단의 항구구역 범위 내에서 이루어지도록 규정되어 있고, 용선자가 지정한 항구 내에서는 선박, 그 화물, 선원 또는 기타 승선한 사람을 전쟁위험에 노출시킬 수 있거나, 노출시킬 개연성이 있는 경우, 선박소유자는 먼저 용선자에게 선적이나 양륙구역 범위 내의 다른 안전항을 지정하도록 요구하여야 하며, 용선자가 이러한 요구를 받은 후 48시간 내에 안전항을 지정하지 아니하는 경우에만 이 운송계약을 해제할 수 있다.

(3) The Owners shall not be required to continue to load cargo for any voyage, or to sign Bills of Lading for any port of place, or to proceed or continue on any voyage, or on any part thereof, or to proceed through any canal or waterway, or to proceed to or remain at any port or place whatsoever, where it appears, either after the loading of the cargo commences, or at any stage of the voyage thereafter before the discharge of the cargo is completed, that, in the reasonable judgment of the Master and/or the Owners, the Vessel, her cargo(or any part thereof), crew or other persons on board the Vessel(or any one or more of them)may be, or are likely to be, exposed to War Risks. If it should so appear, the Owners may by notice request the Charterers to nominate a safe port for the discharge of the cargo or any part thereof, and if within 48 hours of the receipt of such notice, the Charterers shall not nominated such a port, the Owners may discharge the cargo at any safe port of their choice (including the port of loading)in complete fulfillment of the Contract of Carriage. The Owners shall be entitled to recover from the Charterers the extra expenses of such discharge and, if the discharge takes place at any port other than the loading port, to receive the full freight as though the cargo had been carried to the discharging port and if the extra distance exceeds 100 miles, to additional freight which shall be the same percentage of the freight contracted for as the percentage which the extra distance represents to the distance of the normal and customary route, the Owners having a lien on the cargo for such expenses and freight.

(3) 선박소유자는 화물의 선적개시 후 또는 그 이후 화물양륙이 완료되기 이전의 어떠한 항해단계에 있어서나, 선장 그리고/또는 선박소유자의 합리적 판단에 따라 선박, 그 화물(또는 그 일부), 선원 또는 기타 승선한 사람(또는 그 수가 단수이거나 복수이거나)을 전쟁위험에 노출시킬 수 있거나, 노출시킬 개연성이 있는 경우, 어떠한 항해를 위하여서든지 간에 화물의 선적을 계속하거나, 어떠한 항해 또는 그 일부를 막론하고 이를 개시 또는 계속하거나, 어떠한 운하나 수로를 통과하거나, 어떠한 항구나 장소든지를 막론하고 그곳으로 항해하거나 그곳에 머무르도록 요구를 받아서는 아니 된다. 위의 경우 선박소유자는 용선자에게 화물 또는 그 일부의 양륙을 위하여 안전항구를 지정하여 줄 것을 요구할 수 있고, 이 요구를 받은 후 48시간 이내에 용선자가 안전항구를 지정하지 아니하는 경우 선박소유자는 안전항(선적항 포함)을 임의로 선택하여 화물을 양륙하고, 운송계약의 이행을 완료할 수 있다. 선박소유자는 이러한 양륙의 부가비용을 용선자로부터 보상받을 수 있으며, 양륙이 선적항 아닌 항구에서 이루어지는 경우 화물이 양륙항까지 운송된 것과 똑같이 운임의 전액을 수령할 수 있다. 추가 항해거리가 100마일을 초과하는 경우 선박소유자는 정상적이고 관습적인 항로상의 거리에 대한 추가거리에 비례하여 약정된 운임과 동률의 추가 운임을 수령할 권리가 있다. 이러한 비용과 운임에 대하여 선박소유자는 화물에 대해 유치권을 가진다.

(4) If at any stage of the voyage after the loading commences, it appears that, in the reasonable judgment of the Master and/or the Owners, the Vessel, her cargo, crew or other persons on board the vessel may be, or are likely to be, exposed to War Risks on any part of the route (including any canal or waterway) which is normally and customarily used in a voyage of the nature contracted for, and there is another longer route to the discharging port, the Owners shall give notice to the

Charterers that this route will be taken. In this event the Owners shall be entitled, if the total extra distance exceeds 100 miles, to additional freight which shall be the same percentage of the freight contracted for as the percentage which the extra distance represent to the distance the normal and customary route.

(4) 계약상의 성질에 부합하는 항해에 정상적으로 그리고 관습적으로 이용되는 항로(운하 또는 수로 포함)이기는 하지만 화물의 선적개시 이후 어떠한 항해단계에서라도 선장 그리고/또는 선박소유자의 합리적인 판단에 의하여 선박, 그 화물, 선원 또는 기타 승선한 사람을 전쟁위험에 노출시킬 수 있거나, 노출시킬 개연성이 있는 항로와 양륙항에 이르는 더욱 먼 거리의 항로가 있는 경우, 선박소유자는 용선자에게 후자의 항로를 선택하겠다는 통지를 하여야 한다. 이 경우, 총 추가거리가 100마일을 초과하는 때에는, 선박소유자는 정상적이고 관습적인 항로상의 거리에 대한 추가거리에 비례하여 약정된 운임과 동율의 추가 운임을 수령할 권리가 있다.

(5) The Vessel shall have liberty:-

(a) to comply with all orders, directions, recommendations or advise as to departure, arrival, routes, sailing in convoy, ports of call, stoppages, destinations, discharge of cargo, delivery or in any way whatsoever which are given by the Government of the Nation under whose flag the Vessel sails, or other Government to whose laws the Owners are subject, or any other Government which so requires, or any body or group acting with the power to compel compliance with their orders or directions;

(b) to comply with all orders, directions, recommendations of any war risks underwriters who have the authority to give the same under the terms of the war risks insurance;

(c) to comply with the terms of any resolution of the Security Council of the United Nations, any directives of the European Community, the effective orders of any other Supranational body which has the right to issue and give the same, and with national laws aimed at enforcing the same to which the Owners are subject, and to obey the orders and directions of those who are charged with their enforcement;

(d) to discharge at any other port any cargo or part thereof which may render the Vessel liable to confiscation as a contraband carrier;

(e) to call at any other port to change the crew or any part thereof or other persons on board the Vessel when there is reason to believe that they may be subject to internment, imprisonment or other sanctions;

(f) where cargo has not been loaded or has been discharged by the Owners under any provisions of this Clause, to load other cargo for the Owners' own benefit and carry it to any other port or ports whatsoever, whether backwards or forwards or in a contrary direction to the ordinary or customary route.

(5) 선박은 다음의 권리를 가진다.

(a) 출항, 도착, 항로, 호송항해, 기항항, 항해중지, 목적항, 화물양륙, 인도 그 밖의 무엇에 관한 것이든지 간에 항해선박의 기국정부, 선박소유자가 준수하여야 할 법을 제정한 다른 정부, 기타 필요로 되는 다른 정부, 또는 명령이나 지시를 준수하도록 강제할 권한을 가지고 운용되는 조직체나 집단이 내린 모든 명령, 지시, 권고, 또는 조언을 준수하는 것

(b) 전쟁위험보험의 조건에 따른 권한을 가진 전쟁위험인수인의 명령, 지시 또는 권고에 따르는 것

(c) 국제연합 안전보장이사회의 결의 조항, 유럽공동체의 지령, 기타 동일한 법규 발포권을 가진 초국가적 조직체의 유효한 명령, 및 이들 국제기구의 법규를 시행하기 위하여 선박소유자가 준수하게 할 국내법을 준수하고, 이들 법규의 시행책임이 있는 기관의 명령과 지시를 준수하는 것

(d) 선박이 밀수품 운반선으로서 밀수의 책임을 지게 되는 어떠한 화물이나 그 일부를 다른 어떠한 항구에서나 양륙하는 것

(e) 선원이나 그 일부의 교체 또는 승선한 기타 사람을 억류, 감금 기타 제재해야 할 필요가 있다고 확신할 만한 사유가 있는 경우 어떠한 항구에나 기항하는 것

(f) 화물이 이 조항의 어느 규정에 따라 선박소유자에 의하여 선적되지 않았거나 양륙된 경우, 선박소유자를 위하여 다른 화물을 선적하고, 이를 뒷방향이거나 옆방향이거나 또는 통상 내지 관습적인 항로의 역방향이거나를 막론하고, 다른 어떤 항구로든지 간에 운송하는 것

(6) If in compliance with any of the provisions of sub-clauses (2) to (5) of this Clause anything is done or not done, such shall not be deemed to be a deviation, but shall be considered as due fulfillment of the Contract of Carriage.

(6) 이 조항 (2)항 내지 (5)항의 규정에 따라 어떠한 조취를 취하였거나 취하지 아니하였거나 간에 이는 이로로 보지 아니하고 운송계약의 적절한 이행으로 본다.

GENCON의 전쟁위험(War Risks) 약관은 국제연합(UN)과 유럽연합(EU), 북대서양조약기구(NATO) 등의 행동이나 개입 가능성을 포함하는 현대전의 요건을 충족시키기 위해 GENCON 1976의 전쟁위험약관인 “Voywar 1950”을 대체하여 “Voywar 1993”을 기준으로 하고 있다. 주요 내용을 살펴보면 다음과 같다.

첫째, GENCON은 정의규정을 신설하여 선박소유자의 의미를 선박소유자, 선박임차인(선체용선자), 선박제공자(정기용선계약), 선박관리회사의 선박관리인 또는 운항자 및 선장으로 구체화시켰다.

둘째, 선박소유자의 해제권과 우회항로 선택권을 명시하고 있다. 즉, 선박소유자는 화물을 선적하기 전에 용선선박이 전쟁위험에 노출된다고 판단될 경우에 해제권을 용선자에게 통지하여 용선계약의 이행거부권을 행사할 수 있다.

셋째, 용선자가 선박소유자에 대하여 계약을 강행할 것을 요구하지 못한다. 즉, 용선선박이 선적작업을 개시한 후에 전쟁의 위험에 빠진 경우에, 항해용선자는 선박소유자에게 용선선박의 선적의 계속, 선하증권의 서명, 항해의 계속, 운하 통과 또는 정박을 등을 요구하지 못한다.

넷째, 용선선박은 용선자의 지시에 관계없이 자유롭게 기국의 법령 또는 보험자의 명령 등에 따를 재량권을 가진다. 또한 국제연합의 안전보장이사회, 유럽연합이사회의 결정사항을 준수할 의무가 있다.

18) 일반결빙약관 [Clause 18 General Ice Clause]

18. General Ice Clause
Port of Loading
(a) In the event of the loading port being inaccessible by reason of ice when the Vessel is ready to proceed from her last port or at any time during the voyage or on

the Vessel's arrival or in case frost sets in after the Vessel's arrival, the Master for fear of being frozen in is at liberty to leave without cargo, and this Charter Party shall be null and void.

(b) If during loading the Master, for fear of the Vessel being frozen in, deems it advisable to leave, he has liberty to do so with what cargo he has on board and to proceed to any other port or ports with option of completing cargo for the Owners' benefit for any port or ports including port of discharge. Any part cargo thus loaded under this Charter Party to be forwarded to destination at the Vessel's expenses but against payment of freight, provided that no extra expenses be thereby caused to this Charterers, freight being paid on quantity delivered (in proportion if lumpsum), all other conditions as per this Charter Party.

(c) In case of more than one loading port, and if one or more of the ports are closed by ice, the Master or the Owners to be at liberty either to load the part cargo at the open port and fill up elsewhere for their own account as under section (b) or to declare the Charter Party null and void unless the Charterers agree to load full cargo at the open port.

제18조 일반결빙약관

선적항

(a) 선박이 최종항으로부터 항해할 준비가 되어 있거나, 항해중이거나, 또는 선박의 선적항 도착 시 또는 선박이 선적항 도착 후 결빙이 시작된 경우에 선장은 선박의 동결을 우려하여 화물없이 출항할 권리가 있다. 이 경우 이 용선계약은 무효가 된다.

(b) 선적 중 선장이 선박의 동결을 우려하여 출항이 적당한 것으로 판단하는 경우에는 선적된 화물만 가지고 발항할 수 있으며, 이 경우, 선박소유자의 이익을 위하여, 어느 항구에서나 그리고 양륙항을 포함하여 어느 항구로 향하는 화물이든 간에, 이를 선박에 채워 선적할 수 있는 선택권을 가진다. 이 용선계약에 의하여 선적된 일부 화물은 선박의 비용으로 목적지에 운송되지만 대가로 운임을 수령한다. 다만, 추가비용은 용선자에게 부담시키지 않고, 운임은 인도된 수량에 따라 정하여지고(총액운임제인 경우에는 비례하여) 모든 다른 조건은 이 용선계약에 따른다.

(c) 선적항이 한 곳 이상이고, 또는 몇 곳의 항구가 결빙으로 폐쇄된 경우 선장이나 선박소유자는 사용중인 항구에서 화물의 일부를 선적하고 (b)항에 따라 다른 항구에서 선박소유자의 계산으로 화물을 채워 싣든지 또는 용선자가 사용중인 항구에서 화물전량 선적에 합의하지 않는 경우에는 이 용선계약을 무효로 선언할 권리를 가진다.

Port of discharging

(a) Should ice prevent the Vessel from reaching port of discharge the Charterers shall have the option of keeping the Vessel waiting until the re-opening of navigation and paying demurrage or of ordering the Vessel to a safe and immediately accessible port where she can safely discharge without risk of detention by ice. Such orders to be given within 48 hours after the Master or the Owners have given notice to the Charterers of the impossibility of reaching port of destination.

(b) If during discharging the Master for fear of the Vessel being frozen in deems it advisable to leave, he has liberty to do so with what cargo he has on board and to proceed to the nearest accessible port where she can safely discharge.

(c) On delivery of the cargo at such port, all conditions of the Bill of lading shall apply and the Vessel shall receive the same freight as if she had discharged at the original port of destination, except that if the distance of the substituted port exceeds 100 nautical miles, the freight on the cargo delivered at the substituted port to be increased in proportion.

> 양륙항
> (a) 결빙으로 인하여 선박이 양륙항에 도달할 수 없는 경우 용선자는 항해 재 개시까지 선박을 대기시키고 체선료를 지급하거나, 또는 결빙으로 인한 지체의 위험이 없이 안전하게 양륙할 수 있고, 즉각 접근이 가능한 안전항구로 회항할 것을 지시할 수 있는 선택권을 가진다. 이러한 지시는 선장이나 선박소유자가 목적항 도달불능을 용선자에게 통지한 때로부터 48시간 이내에 하여야 한다.
> (b) 양륙 도중 선장이 선박의 동결을 우려하여 출항이 적당한 것으로 판단하는 경우 선장은 선적되어 있는 화물을 가지고 발항하여 안전양륙이 가능한 최근접 항구로 회항할 수 있다.
> (c) 안전항구에서 화물을 인도하는 경우, 선하증권상의 모든 규정이 그대로 적용되며, 선박은 본래의 목적항에서 양륙이 이루어진 것과 똑같이 운임을 수령한다. 다만, 대체항구까지의 거리가 100해리를 초과하는 경우에는 대체항구에서의 화물인도에 대한 운임을 거리 비율에 따라 증액하여야 한다.

선적항과 양륙항에서의 결빙사항에 대한 내용을 규정하고 있다.

(1) 선적항

선박이 최종항으로부터 항해할 준비가 되어 있거나, 항해중이거나, 또는 선박의 선적항 도착시 또는 선박이 선적항 도착 후 결빙이 시작된 경우에 선장은 선박의 동결을 우려하여 화물없이 출항할 권리가 있으며, 이러한 경우에는 용선계약 자체가 무효가 된다.

또한 선적 도중에 선박의 동결 가능성 때문에 출항이 불가피하다고 선장이 판단한 경우에는 그때까지 선적된 화물만으로 출항할 수 있는 선장의 권한을 부여하고 있으며, 이러한 때 선박소유자의 이익을 위하여 어느 항구에서라도 화물을 선적하여 화물창을 만재할 수 있는 선택권을 부여하고 있다. 이 용선계약에 의하여 선적된 일부 화물은 선박의 비용으로 목적지에 운송되지만 대가로 운임을 수령한다. 다만, 추가비용은 용선자에게 부담시키지 않고, 운임은 인도된 수량에 따라 결정되며, 총액운임인 경우에는 비례하여 운임이 결정되며, 그 이외의 다른 조건은 용선계약에 따르도록 규정하고 있다.

여러 선적항 중에서 한 곳 또는 몇 곳의 항구가 결빙으로 인해 봉쇄되었을 경우, 선장 혹은 선박소유자는 결빙이 없는 항구(open port)에서 화물의 일부를 선적하고 선박소유자의 이익을 위하여 기타 항구에서 화물을 만재하거나 또는 용선자가 결빙이 없는 항구에서 화물을 만재할 것을 동의하지 않을 경우 계약을 무효로 선포하는 것 등 두 가지 중 하나를 선택할 선택권을 가진다.

(2) 양륙항

만약 결빙으로 인해 본선이 양륙항에 접안하지 못할 때, 용선자는 체선료 지불로 본선을 대기시켜 통항회복을 기다리거나 혹은 선박을 안전하게 하역하고, 결빙으로 인한 체선의 위험의 없는 가까운 안전한 항구로의 항해를 지시할 수 있는 선택권권을 가진다. 본 항은 반드시 선장 혹은 선박소유자가 용선자에게 본선의 목적항 입항불가 통지 전달

후 48시간 이내에 지시해야 한다.

만약 양륙기간에 선장은 본선이 동결될 것을 우려하여 본 항구에서 출항하는 것이 바람직하다고 여겨졌을 때, 선장은 본선에 남아 있는 잔여화물을 양륙하지 않고 출항하고 안전하게 양륙할 수 있는 가장 가까운 항구로의 이동을 자유롭게 결정할 수 있다.

그와 같은 화물을 인도할 때에, 선하증권의 모든 조건이 적용되며, 선박소유자는 당초의 양륙항에서 화물이 양륙되었을 경우의 운임과 동일한 운임을 받게 된다. 단, 만약 대체항구까지의 거리가 100해리를 넘을 경우 대체항구에서 지불되는 화물의 운임은 비율에 의해 증가 지불된다.

19) 준거법 및 중재 [Clause 19 Law and Arbitration]

19. Law and Arbitration

*(a) This Carter Party shall be governed by and construed in accordance with English law and any dispute arising out of this Charter Party shall be referred to arbitration in London in accordance with the Arbitration Acts 1950 and 1979 or any statutory modification or re-enactment thereof for the time being in force. Unless the parties agree upon a sole arbitrator, one arbitrator shall be appointed by each party and the arbitrators so appointed shall appoint a third arbitrator, the decision of the three-man tribunal thus constituted or any two of them, shall be final. On the receipt by one party of the nomination in writing of the other party's arbitrator, that party shall appoint their arbitrator within fourteen days, failing which the decision of the single arbitrator appointed shall be final.

For disputes where the total amount claimed by either party does not exceed the amount stated in Box 25** the arbitration shall be conducted in accordance with the Small Claims Procedure of the London Maritime Arbitrators Association.

제19조 준거법 및 중재

*(a) 이 계약의 준거법은 영국법으로 하며, 이 계약으로부터 또는 이 계약과 관련하여 또는 이 계약의 불이행으로 말미암아 당사자간에 발생하는 모든 분쟁, 논쟁 또는 의견차이는 런던에서 1950년 및 1979년의 중재법 또는 당시에 발효중인 개정법 또는 재판정법에 의거 중재한다. 쌍방이 단일중재인 지정을 합의하지 않는 경우 각 당사자는 각각 1인씩의 중재인을 지명하고 지명된 중재인들이 제3의 중재인을 지명한다. 지명된 3인의 중재인의 판정 또는 그 중 2인의 판정을 또는 판정으로 삼는다. 일방의 중재인이 상대측에 의해 중복되어 지정을 받는 경우 그 당사자는 자기의 중재인을 14일 이내에 지명해야 하며, 그렇지 않은 경우 지명된 단독중재인의 판정이 최종 판정이 된다. 쌍방이 제기한 총 분쟁금액이 박스 25에 명시한 금액을 초과하지 않는 경우 런던 해사중재인협의회 소액손해배상절차에 따른다.

*(b) This Charter Party shall be governed by and construed in accordance with Title 9 of the United States Code and the Maritime Law of the United States and should any dispute arise out of this Charter Party, the matter in dispute shall be referred to three persons at New York, one to be appointed by each of the parties hereto, and the third by the two so chosen ; their decision or that of any two of them shall be final, and for purpose of enforcing any award, this agreement may be made a rule of the Court. The proceedings shall be conducted in accordance with the rules of the Society of Maritime Arbitrators, Inc.

For disputes where the total amount claimed by either party does not exceed the amount stated in Box 25** the arbitration shall be conducted in accordance with the Shortened Arbitration Procedure of the Society of Maritime Arbitrators Inc.

*(b) 이 계약의 중재법은 미국 법전 제9장 및 미국 해사법으로 하며, 이 계약으로부터 발생하는 분쟁에 대해서는 뉴욕에서 3인의 중재인에게 중재를 의뢰한다. 쌍방이 각각 1인의 중재인을 지명하고 지명된 2인이 제3의 중재인을 지명한다. 3인의 판정 또는 그 중 2인의 판정을 최종판정으로 하고 모든 판정의 집행을 위해 해당 합의를 법원의 판결로 삼을 수 있다. 그 절차는 해사중재인협회 규정에 따른다. 쌍방이 제기한 분쟁금액이 박스 25에 명시한 금액을 초과하지 않는 경우 해사중재인협회의 약식중재절차에 따른다.

*(c) Any dispute arising out of this Charter Party shall be referred to arbitration at the place indicated in Box 25, subject to the procedures applicable there. The laws of the place indicated in Box 25 shall governed this Charter Party.

*(c) 이 계약으로부터 발생한 모든 분쟁은 박스 25에 명시된 장소에서 그곳의 절차에 따라 중재에 회부하며, 박스 25에 명시된 곳의 법을 준거법으로 한다.

(d) If Box 25 in Part 1 is not filled in, sub-clause(a) of this Clause shall apply.

(d) 만약 제1부 박스 25에 장소를 명시하지 않은 경우 본 조항의 (a)를 적용한다.

*(a),(b) and (c) are alternatives; indicate alternative agree in Box 25.
**Where no figure is supplied in Box 25 in Part 1, this provision only shall be void but the other provisions of this Clause shall have full force and remain in effect.

*(a), (b), (c) 의 조항은 선택적으로 적용, 선택사항은 박스 25에 명시
** 박스 25에 금액을 명시하지 않은 경우 본 규정은 무효이나 나머지 본 조항의 규정은 모두 유효하다.

중재에 관하여 이 약관은 준거법과 중재를 영국법과 런던 그리고 미국법과 뉴욕으로 구분하고 있다. 또한 계약당사자가 합의하여 지정할 수 있다. 위의 3가지 방법은 계약당사자가 합의하여 선택할 수 있다. 그러나 선택하지 아니한 경우에는 영국법을 준거법으로 하고 있다.

07
CHAPTER

정기용선계약의 주요약관 및 해설

제 1 절 정기용선의 개요

1. 정기용선계약의 의의

정기용선은 용선의 한 형태로 선박소유자와 일정한 기간 동안 선박을 필요로 하는 용선자간 선박을 임대하는 계약이다.[305] 선박소유자는 해운경기 여건, 선박운항 전략, 화물 집하 능력 등을 고려하여 자신이 소유하는 선박을 직접 운항하거나 타인에게 선박을 용선해 준다. 선박소유자는 용선 의사결정 시 선박 운항 채산성을 검토한다. 소유선박을 직접 운항할 경우 얻을 수 있는 운임 수입과 용선했을 경우 얻을 수 있는 용선료 수입을 비교하여 용선료 수입이 운임 수입보다 클 경우 용선하는 것이 이득이 된다.

용선자는 선박을 용선하는 기간 동안 약정한 금액의 용선료(hire)를 선박소유자에게 지급한다. 용선료는 해운시황, 선박의 종류, 선박의 크기, 적재능력, 선박의 선령 등에 따라 달라진다. 용선계약상 별도의 금지조항이 없는 한 일반적으로 용선자는 용선한 선박을 재용선할 수 있는 권리(liberty to sublet)를 가지고 있다. 재용선하는 경우 용선자는 재용선계약 사실을 선박소유자에게 통지하여야 한다. 재용선 해주는 용선자를 관리선박소유자(disponent owner)라고 하며 해운시황에 따라 본래의 용선료에 프리미엄을 받고 재용선해 줄 수 있다.

---

305) 정기용선계약의 기간을 일정기간(fixed period)으로 하는 경우와 항차기간(trip period)으로 하는 경우가 있다. 전자를 기간정기용선계약(period time charter), 후자를 항차정기용선계약(trip time charter)이라고 구분한다.

2. 정기용선계약의 특성

정기용선계약의 특성은 첫째, 우선 일정기간동안 선박소유자의 사용인인 선장 및 해원이 선박의 사용에 관하여 용선자의 지시를 받는다는 점에서 개품운송계약과 구별된다. 또한 개품운송계약과 항해용선계약이 운임(freight)을 운송인에게 지불하는데 비해 정기용선계약은 일정기간동안의 선박사용에 대한 용선료(hire)를 선박소유자에게 지급하는 것에 그 근본적 차이가 있다.

둘째, 항해용선계약의 경우는 용선선박의 지연손해에 대하여 선박소유자가 부담하지만, 정기용선계약에서는 용선자가 부담하게 된다. 이것은 용선자가 정기용선계약 기간동안 선박 및 선원의 사용에 대한 대가의 형태로 용선료를 기간단위로 지급하기 때문이다. 그러므로 선박소유자의 입장에서는 몇 항차를 완성하고 화물을 얼마나 운송하느냐는 중요하지 않고 오히려 용선료의 지급에 대한 확정이 중요하다. 반면에 정기용선자는 지연손해에 대한 위험을 부담하게 되므로 가능한 선적 및 양륙을 신속하게 하도록 노력하게 된다.

셋째, 정기용선계약에 있어 지연손해에 대한 책임을 정기용선자가 부담하게 됨으로 인해 정박기간 또는 체선료 약관을 둘 필요가 없다. 반면에 선박의 사용에 대한 부분에 집중하여야 하므로 용선자가 선박을 사용할 수 없을 때에는 용선료의 지급을 중단하는 용선료 지급중단약관(off-hire clause)이 중요한 의미를 가진다.

넷째, 표준계약서 약관에 있어서도 정기용선자는 선박의 사용과 관련하여 선박의 속력 및 연료소모량 규정이 중요한 의미를 가진다.

다섯째, 정기용선계약은 일정기간 선박에 대한 사용·수익권을 가지고 자신의 해운기업활동에 이용하는 해운기업의 주체로 운송인의 지위에 있는 경우가 많다. 그러므로 선박소유자는 선박에 대한 위해를 방지하기 위하여 통상적으로 항해제한구역을 설정한다.

3. 정기용선계약의 법적 성질 및 법률관계

1) 법적 성질

정기용선계약의 법적 성질에 관해서는 운송계약설, 혼합계약설, 특수계약설 등 많은 학설의 대립이 있어 왔다. 이는 법적 성질을 어떻게 보느냐에 따라 해석 및 적용에 많은 차이가 나타나는 구별의 실익을 가지고 있기 때문이다. 특히 운송계약의 일종으로 본다면, 불법행위책임과 채무불이행책임의 주체는 선박소유자가 되며, 정기용선과 선박임대차간의 유사한 점을 부각하게 되면 정기용선자는 불법행위 및 운송계약상의 주체가 될 수 있다. 이에 관해 여러 견해가 대립하고 있는바 간략하게 살펴본다.

(1) 운송계약설

정기용선계약을 운송계약의 일종으로 보는 견해이다. 이는 영미법의 판례[306]와 일치하는 견해로 정기용선계약은 선박소유자가 일정 기간 동안 정기용선자의 지시에 따라 정기용선자가 수배하는 운송물을 운송하기로 하는 계약이므로 정기용선계약 하에서 해운기업의 주체는 선박소유자이며, 정기용선자는 운송을 선박소유자에 대하여 청구할 수 있는 운송의뢰인에 불과하다는 것이다.[307]

그리고 정기용선계약과 선체용선계약간의 차이를 선박 점유와 지배의 이전에 따라 구별하고, 선장 및 선원의 임면권을 선박소유자가 가지고 있다는 점을 부각하여 차별성을 부여하고 있다.[308] 그러므로 정기용선자에게는, 선체용선에 관한 상법 제850조 제1항의 제3자에 대한 법률관계에서 "선체용선자가 상행위나 그 밖의 영리를 목적으로 선박을 항해에 사용하는 경우에는 그 이용에 관한 사항에는 제3자에 대하여 선박소유자와 동일한 권리의무가 있다"라는 규정이 적용되지 아니한다고 본다.

하지만 정기용선자가 선박을 인도받아 일정기간 자유롭게 용익하는 것은 선체용선과 유사한 성격도 있다거나,[309] 당사자 사이에 다른 약정이 없으면 민법상 임대차에 관한 규정을 유추 적용하여야 한다라는 점이 문제점으로 지적되기도 한다.[310] 그러므로 실제적 적용에 있어 특수계약설과 근접해 있다는 것이다.

(2) 혼합계약설

이 학설은 정기용선계약을 선체용선계약과 노무공급계약과의 혼합계약이라고 보는 학설이며 종래의 다수설이다. 이 견해에 의하면 정기용선계약에서 선박의 점유권은 정기용선자에게 이전되는 것이 아니므로 정기용선자도 선체용선자와 마찬가지로 제3자에 대하여 계약상의 운송인이 되고, 선체를 용선한 자로서 선박소유자책임제한도 주장할 수 있으며, 선박의 이용 도중에 생긴 선박우선특권은 선박소유자에 대하여도 효력이 있다고 한다.[311]

---

306) 영국 법원은 선박임대차는 선박소유자가 용선자에게 선박의 점유권을 이전(transfer of possession)하는 것을 성립요건으로 하기 때문에 점유·이전 없이 선박의 이용권(right by the use of ship)만 인정하는 정기용선계약과는 그 계약내용을 달리하며 또한 법적 성질도 달리한다는 견해를 가지고 있다. 이는 "Omoa Coal & Iron Co. v. Huntley" 사건(1877년, 2C.P.D)에서 정립된 원칙이다. 박용섭, 「정기용선계약법」, (부산 : 효성출판사, 1999), p.89.

307) 최종현, 「해상법상론」, (서울 : 박영사, 2009), pp.467~468; 정찬형, 「상법강의(하)」, (서울 : 박영사, 2009), p.791; 김동훈, "정기용선계약에 대한 법적검토", 「한국해법학회지」 제24권 제2호, 한국해법학회, 2002, pp.16~17.

308) 이창희, "정기용선계약법의 개정방안에 관한 연구", 전남대학교 법학박사 학위논문, 2003, p.12.

309) 정기용선계약은 상사사항에 대해서는 정기용선자가, 해기사항에 대해서는 선박소유자가 권리와 의무를 가지므로, 적어도 상사사항에 대하여 정기용선자가 행하는 지휘명령권에 대해서는 임대차적 성격을 가지는 것은 부인할 수 없다고 한다. 김인현, 「해상법」, (서울 : 법문사, 2007), p.130.

310) 채이식, 「상법강의(하)」, (서울 : 박영사, 2003), p.245; 정찬형, 앞의 책, p.791.

하지만 정기용선계약의 경우는 선박의 점유가 정기용선자에게 인도되지 않고 용선기간 중이라도 그 점유를 선박소유자가 선장을 대리 점유자로 해서 계속 보유하고 있다는 점,[312] 즉 선박소유자가 자기가 고용한 선원을 통하여 선박에 대한 점유를 한다는 점에서 선체용선과는 근본적으로 다르다.

(3) 특수계약설

이 학설은 정기용선계약을 운송계약 또는 선체용선계약의 어느 범주에도 속하지 않고 선체용선계약에 근접하면서 노무공급계약을 수반하는 특수한 계약이라고 보는 입장이다.[313]

이 학설의 범주에 속하는 여러 학설 중 기업임차설이 대표적이다. 이 학설은 정기용선계약을 선박과 선원이 유기적인 일체로서의 관계를 이루는 '움직이고 있는 기업'을 형태 그대로 임대하는 것으로 보았으며, 실정법의 적용에서는 상법의 선박임대차(일본 상법 제704조)의 규정에 준해서 취급할 수밖에 없으며, 따라서 해운기업주체인 정기용선자는 제3자에 대하여 해상운송인으로서 운송계약에 따른 일체의 책임을 짐과 아울러 선원의 과실에 의한 선박 충돌이나 기타의 손해에 대해서도 배상책임을 진다고 한다.[314]

하지만, 특수계약설은 그 특수성의 내용에 대한 설명이 없다는 비판을 받고 있으며,[315] 특히 기업임차설은 정기용선계약을 해상기업의 각종 기업재산과 경영자의 지위의 포괄적인 임대차라고 보는 것은 지나치며, 단순히 선박소유자의 기업설비의 일부를 개별적으로 임대하는 것에 불과한 것이라는 비판이 있다. 결국 이로 인한 선박의 점유나 책임의 주체 등의 이해에 도움이 되지 못한다는 비판이다.[316]

2) 내부적 법률관계

정기용선계약의 내부적 법률관계란 선박소유자와 정기용선자 사이의 내부적 법률관계를 말한다. 즉, 정기용선계약의 당사자는 선박소유자와 정기용선자가 되므로, 양자의 문제는 정기용선계약서상 또는 구두로 체결된 계약의 내용에 따라 처리되는 데, 이를 내부적 법률관계라 한다. 상법의 정기용선 규정은 임의규정이며, 당사자가 이와 다른 내용의 계약을 체결한 경우에 당사자자치의 원칙상 당사자의 의사가 우선 적용된다. 영국법에 있어서도 용선계약에 대해서는 영국의 커먼 로우(Common Law)가 적용되고 당사자자치의

---

311) 이창희, 앞의 논문, pp.11~12; 염정호, 「정기용선계약법」, (서울 : 법문사, 2010), p.61; 최종현, 앞의 책, p.468.

312) 양승규, "정기용선계약의 법적성질", 「상법의 논점」, (서울 : 삼지원, 2000), p.313.

313) 서헌제, 「상법강의(하)」, (서울 : 법문사, 2002), p.313; 양승규·박길준, 「상법요론」, (서울 : 삼영사, 1999), p.621; 정동윤, 「상법(하)」, (서울 : 법문사, 2008), pp.824~825.

314) 이창희, 앞의 논문, p.13 재인용.

315) 정병윤, "해상법상의 판례의 형성과 변천", 「법학연구」 제47권, 부산대학교 법학연구소(1998.12), p.331.

316) 채이식, 「상법Ⅳ-보험법·해상법」, (서울 : 박영사, 2001), p.246; 谷川 久, "定期傭船契約の法的構成", 「法學協會雜誌」 第72卷 第3號, 東京大學法學協會, 1955, 246面 이하.

원칙이 적용된다.

실제로는 앞에서 설명한 바와 같이 널리 사용되는 표준정기용선계약서 양식에 추가 또는 수정을 통하여 계약이 이루어지며, 통상적으로 선박소유자와 정기용선자 사이의 권리와 의무에 대한 부분으로 나누어 볼 수 있다. 선박소유자의 권리적 측면에서는 선박의 점유권, 항해의 지휘 및 명령권, 선박회수권, 선박소유자 유치권 등이 있으며, 의무적 측면에서는 선박 제공의무, 선박의 속력 및 연료소모량 유지의무 등이 있으며, 선박의 감항능력주의 의무와 신속하게 항해를 완성하여야 할 의무 등 묵시적 의무도 포함된다. 정기용선자 측면에서의 권리는 선박의 자유용익권, 선장지휘권, 인도지연에 대한 계약해제권, 용선료 지급에 대한 지급중단(off-hire) 등이 있으며, 의무적 측면에서는 안전항 지정의무, 제한구역의 항해금지의무, 용선료 지급의무, 반선의무 등이 있다.

3) 외부적 법률관계

외부적 법률관계는 정기용선자와 제3자 사이에 미치는 법률관계를 말한다. 즉, 정기용선계약은 내부적으로 선박소유자와 정기용선자 사이의 계약관계이지만, 정기용선계약이 제3자와의 권리 및 의무 사항에 대해 영향을 미치는 부분을 말한다. 이와 관련하여 정기용선에 따른 제3자에 대한 책임을 누가 부담하게 되는가의 문제가 있으며, 이는 계약상 채무불이행책임과 불법행위책임으로 나뉘게 된다.

(1) 계약상 채무불이행책임

정기용선자도 정기용선된 선박을 이용하여 제3자의 운송물을 운송하는 운송계약을 인수하게 되면 운송인이 된다. 즉, 정기용선자가 재용선하여 제3자와 운송계약을 체결하면 운송인의 지위가 될 수 있다. 다만, 정기용선자가 제3자와의 운송계약을 통하여 제3자의 운송물이 멸실 또는 훼손된 경우에, 특히 제3자와의 운송계약 체결시 선하증권이 발행되는 경우에 있어 누가 운송인으로서 책임의 주체가 되는지는 대립이 있어 왔다.

이러한 경우에는 운송인의 확정이 문제가 된다. 우선 운송계약상 운송인이 명확하게 기재되어 있는 경우, 즉 정기용선자가 명시적으로 선박소유자를 운송인으로 표시하고 운송인의 대리인으로서 운송계약을 체결하였다면 운송계약과 관련된 책임의 주체는 선박소유자가 될 것이므로 운송물의 멸실, 훼손 또는 지연으로 인한 손해에 대해 선박소유자가 채무불이행책임 및 불법행위책임을 부담해야 한다.[317] 하지만 정기용선자가 자기를 운송인으로 운송계약을 체결한 경우에는 정기용선자가 운송인으로서 채무불이행책임을 부담하게 될 것이며, 상사사항에 대한 선장과 선원에 대한 지휘 및 감독권으로 인해 운송물의 멸실, 훼손 또는 지연으로 인한 손해에 관하여 불법행위책임을 부담하게 될 것이다.

운송계약상 운송인이 불명확한 경우에, 특히 선하증권 전면에 정기용선자를 운송인으

317) 최종현, 앞의 책, p.481.

로 기재하고 이면약관에서는 운송인 특정약관(identity of carrier clause)을 두고 있는 경우에 문제가 된다. 영국에서는 대리의 법리에 의해 선장이 서명하게 되면 선박소유자의 대리인의 지위에서 서명하게 된 것으로 보고 선박소유자가 운송인이 된다고 한다. 또한 운송인 특정약관이 선하증권 이면약관에 기재되어 있으므로, 전면에 다른 기재가 있었다고 하더라도 선박소유자가 운송인이 된다고 한다.[318)]

하지만 우리나라에서는 선하증권 이면의 운송인 특정약관은 상법 제799조에 위반되어 무효라는 입장이지만, 일본 등에서는 유효라고 보고 있다.[319)]

(2) 불법행위책임

선박과 관련된 대표적인 불법행위의 개입은 선박충돌과 같은 상황이다. 즉, 선박이 계약상 항해 도중에 타 선박과 충돌이 발생하여 계약항해의 완성이 이루어지지 못하거나, 부분적으로 완성되는 경우에 있어 이러한 불법행위로 인한 책임의 주체는 누가 될 것인가 하는 것이 문제가 된다.

운송계약설에 의하면 선장의 불법행위에 대해서는 사용자책임을 부담하게 되므로 선박소유자가 불법행위책임의 주체가 된다는 입장이다.[320)] 반면에 혼합계약설과 특수계약설에 따르면 정기용선자가 일반 불법행위책임의 주체가 된다.[321)]

우리나라 판례의 입장은 선박충돌 사고에 있어 선박의 조종 등과 관련된 해기적인 사항에 있어서는 선장 및 선원에 대한 객관적인 지휘·감독권이 선박소유자에게 있으므로 사용자 책임을 부담할 자는 선박소유자가 된다고 판시하였다. 그러므로 선박 항행상의 과실로 선장이 충돌사고를 발생시켜 제3자에게 손해를 입힌 경우에는 선박소유자가 불법행위책임을 부담하여야 한다는 입장이다.[322)] 즉, 해기와 상사를 구별하는 입장이다.

---

318) 김인현, 앞의 책, p.135.

319) 이와 관련하여 영국에서는 Starsin 사건에서 선하증권 이면약관의 운송인 특정약관보다 전면의 기재사항을 우선시하여 정기용선자가 운송인이라고 판시한 경우가 있다. The Starsin (2003) 1 Lloyd's Rep. 571.

320) 최종현, 앞의 책, p.483.

321) 손주찬, 「상법(하)」 제11보정판, (서울 : 박영사, 2005), p.780.

322) 대법원 2003.8.22. 선고 2001다65977 판결의 판결요지: "정기용선계약에 있어서 선박의 점유, 선장 및 선원에 대한 임면권, 그리고 선박에 대한 전반적인 지배관리권은 모두 선박소유자에게 있고, 특히 화물의 선적, 보관 및 양하 등에 관련된 상사적인 사항과 달리 선박의 항행 및 관리에 관련된 해기적인 사항에 관한 한 선장 및 선원들에 대한 객관적인 지휘·감독권은 달리 특별한 사정이 없는 한 오로지 선박소유자에게 있다고 할 것이므로, 정기용선된 선박의 선장이 항행 상의 과실로 충돌사고를 일으켜 제3자에게 손해를 가한 경우 용선자가 아니라 선박소유자가 선장의 사용자로서 상법 제845조(현행 상법 제878조) 또는 제846조(현행 상법 제879조)에 의한 배상책임을 부담하는 것이고, 따라서 상법 제766조 제1항(현행 상법 제850조 제1항)이 유추적용될 여지는 없으며, 다만 정기용선자에게 민법상의 일반 불법행위책임 내지는 사용자책임을 부담시킬 만한 귀책사유가 인정되는 때에는 정기용선자도 그에 따른 배상책임을 별도로 부담할 수 있다."

제2절 정기용선계약의 주요약관의 내용

1. 선박의 명세

정기용선계약에서 용선선박의 명세를 정확하게 기재하고 선박을 인도할 시 선박명세와 일치하는 선박이 인도되어야 한다. 선박의 명세는 선명, 화물적재능력, 국적, 소유권, 선급, 건조년도, 속력, 연료소모량 등을 포함한다. 이와 관련하여 NYPE 1993 양식에서는 용선계약서의 주내용(main body)에 선박의 명세를 모두 기록할 수 없기 때문에 추가약관(rider clause)에 보다 자세한 선박 명세를 기재하였으나, NYPE 2015 양식에서는 전문을 간략하게 정리하고 선박 명세에 대하여 '부록 A(선박 명세)'를 별도로 두어 박스 형태로 선박의 자세한 명세를 기입하도록 변경하였다.

일반적으로 선박명세는 계약할 당시 현 상태대로 정확하게 기입하면 되지만, 선박소유자의 고의 또는 과실로 인하여 부실표시(misrepresentation)가 되면 용선자는 손해배상청구권 또는 계약의 취소권의 행사가 가능하다.[323]

정기용선계약인 경우에 용선한 선박은 용선자가 수익을 올리는 수단이 되므로 항해용선계약의 경우보다도 선박의 명세가 용선자에게 더욱 중요하다. 선박의 외형에 관한 명세는 용선자의 선박운항시, 항로선택, 기항지, 운하통과 같은 선박운항의 물리적인 면과 직결되며, 선속과 연료소비량과 같은 선박의 성능에 관한 명세는 용선자의 수익성에 영향을 미친다.

본선의 명세에 대한 담보(warranty)는 일단 용선개시일을 기준으로 충족되어야 한다. 만약 용선계약서에 기재되어 있는 선박명세와 다를 경우 용선자는 계약을 해지하거나 손해배상을 청구할 수 있다. 선박속력의 담보는 용선개시일 기준이며, 개시 후 담보위반의 경우에는 용선자는 선박소유자를 대상으로 손해배상을 청구할 수 있다. 선박속력이 계약상의 속력에 미달하는 경우 보통 3%의 과부족을 벗어나는 경우에 손해배상청구가 가능하다. 특히 선박운항의 정시성을 요구하는 정기선 해운에서 선박의 속력은 선사의 영업에 매우 중요하다. 용선자가 정기선 해운서비스를 제공하기 위해 선박을 정기용선한 경우 선박속력은 중간적 의무내용(intermediate obligation)이 되어 사안에 따라 계약취소와 손해배상청구도 가능하다. 다만 이러한 속력저하 또는 연료소모량의 증가가 용선계약서의 예외조항(exception clause)에서 규정하고 있는 면책사유(황천, 선저 fouling 등)에 해당된다면 선박소유자는 면책된다.

---

323) 이에 대해서는 제4장 제1절 영국 계약법상의 기초 법리를 참조 바람.

2. 선박의 속력과 연료소비량 유지

정기용선자가 용선한 선박을 운항하여 사용수익을 얻게 되는데, 이때 가장 많이 지불하는 비용이 선박의 연료비이며 따라서 연료비의 규모는 운항선박의 수익성에 직결된다. 연료의 소모는 선박의 속력과 관련되어 있으며 시황이 하락하고 연료가격이 상승하면 때에 따라서는 연료비를 줄이기 위해 선박의 속도를 감속하여 운항하기도 한다.

정기용선자가 제3자와 항해용선계약을 체결하여 화물을 운송하는 경우에, 정기용선계약 체결 시에 선박소유자가 고지한 것보다 선박의 속력이 저하되는 경우에는 항차수행기간이 연장되어 연료비가 증가되며, 또한 실제 연료소비량이 선박소유자가 고지한 것보다 많은 경우에도 연료소비량이 많아져서 예상했던 수익을 올리는데 차질이 생긴다. 그리고 용선한 선박을 재용선하여 제3자에게 정기용선계약으로 대선하는 경우에도 재용선자가 이러한 문제를 제기하여 용선자에게 보상을 요구하게 된다.

정기용선계약을 체결할 때에 선박소유자와 정기용선자 사이에 선박의 속력과 연료소비량에 대한 약관에 대하여 살펴본다.

1) 선박의 속력·연료소비 약관

(1) 약관의 내용 및 성질

선박의 속력과 연료소비는 해당 선박의 건조당시 주기관(main engine)이나 발전기의 종류와 그 설계에 따라 정해진다. 그러나 실제로 운항할 때의 선박의 속력과 연료소비량은 선박의 재화상태, 해상의 날씨, 파도 및 조류(tidal current)와 연료의 종류, 선박의 정비상태와 선저오손 등 선박의 내외적인 요소에 따라 달라진다. 따라서 용선계약을 체결하는 경우에는 선박소유자와 용선자가 합의하는 바람의 세기(Beaufort Scale)에서 양호한 날씨와 해상상태(good weather and smooth sea)의 조건에서 공선과 만선일 경우의 실제의 선박의 속력과, 선박에서 사용하는 연료의 종류와 등급(등급 또는 품질)과 연료소비량을 선박소유자가 고지한다.

이때 선박의 속력과 연료소비량은 선박을 전속서비스(full service speed)로 항해하기 위해 주기관을 가동하였을 경우의 선박의 속력과 주기관과 발전기의 일당 연료소비량(tons per day)과 연료의 종류(등급 또는 품질)를 말한다. 또한 선박이 정박하는 경우에는 하역작업을 하는 경우와 하역작업을 하지 않는 경우 또한 정박지에서 정박하는 경우에 일당 소비량이 연료의 종류와 함께 고지된다.

표준정기용선계약서(NYPE 1993)의 전부(preamble)에 "…… speed about* knots at delivery time, fully laden, in good weather conditions up to and including maximum force (XX) on the Beaufort wind scale, on a consumption of about** metric tons of ……" 과 같이 명시되어 있었으나, NYPE 2015에서는 선박의 다른 명세와 함께 부록 A(Appendix

A)에 보다 자세하게 명기하도록 요구하고 제12조 선박속력과 연료소모약관에서 별도 규정을 두고 있다.

한편 선박의 속력·연료약관의 성질을 영국법에서는 중간조건(intermediate term)으로 보고 있다. 따라서 선박소유자가 고지한 내용보다 선박의 속력이나 연료소비량에 큰 차이가 나지 않는 경우에는 용선자는 선박소유자에게 이에 대한 손해배상을 청구할 수 있으며, 만약 지속적으로 선박의 속력이 현격히 모자라거나 또는 지속적으로 연료소비량이 현격히 많은 경우에는 용선자는 용선계약의 해제를 요구할 수 있다.

그러나 미국 해상법에서는 이 약관의 성질을 담보약관(warranty clause)로 해석하고 있으며,[324] 선박의 속력과 연료소비량의 고지내용을 두 가지 모두 선박소유자가 충족시켜야 한다고 보고 있다. The Vendelso 판례[325]에서도 이러한 원칙을 적용하였다.

(2) 해석 원칙

선박의 속력과 연료소비량 유지의 약관과 관련한 사항은 날씨와 해상상태의 기상조건, 선박의 속력 및 변동범위와 이러한 내용을 선박소유자가 보증하는 시기에 관한 것은 다음과 같다.

① 기상조건 : 날씨와 해상상태

용선계약에 고지되어 명기되는 선박의 속력은 선박소유자와 용선자가 합의하는 바람의 세기(Beaufort Scale)하에서의 좋은 날씨와 평온한 바다인 상태에서의 선박의 속력과 연료소비량이 선박소유자에 의해서 고지된다. 통상적으로 선박소유자와 용선자는 이때 바람의 세기는 Beaufort Scale 4 이하와 파도의 높이를 나타내는 Douglas Sea Scale[326] 3이

---

324) Denhollm Shipping co. v. WE Hedger Co. 47 F 2d 213 (1931) AMC 297.pys

325) The Vendelso, SMA No. 663 (Arb at New York 1971) pys

326) 미국의 선장 H.P. Douglas가 1920년에 고안한 것이며, 현재는 전세계적으로 이용되고 있다.

-The Douglas Sea Scale-

① State of the Sea(wind sea; 파도)

Degree	Height of Wave	Description
0	no wave	Calm(Glassy)
1	0 ~ 0.10	Calm(Rippled)
2	0.10 ~ 0.50	Smooth
3	0.50 ~ 1.25	Slight
4	1.25 ~ 2.50	Moderate
5	2.50 ~ 4.00	Rough
6	4.00 ~ 6.00	Very rough
7	6.00 ~ 9.00	High
8	9.00 ~ 14.00	Very high
9	14.00+	Phenomenal

② Swell(너울)

Degree	Description
0	No Swell

하의 해상상태를 기준할 것에 합의한다.

그러나 바람도 잔잔하고 날씨도 양호하나 파도(wave)아닌 높은 너울(swell)을 타고 항해를 하는 경우에 선박은 제대로 항해할 수 없으며 고지된 선속을 낼 수가 없다. 또한 돌풍도 있을 수 있고, 바람의 방향이 순풍인 경우에는 그 세기가 Beaufort Wind Scale 6~7 인 상태에서도 오히려 선속을 증가시키기도 한다.

따라서 계약속력의 성립요건인 날씨가 "좋고 평온한 바다"(in good weather and smooth water) 또는 "좋은 날씨"(under good weather condition)라는 것은 날씨와 해상상태의 두 가지를 고려하여 판단하는 것으로 해석된다고 볼 수 있다.

② 속력의 변동범위

용선계약에 표시되는 선박의 속력은 이론적으로 계산하여 정한 것이 아니고 기상상태, 해상상태 및 적하상태를 고려하여 실제적으로 파악한 수치를 약(about)이라는 말과 함께 표시되며 일정한 변동의 폭이 인정된다. 따라서 영국의 이에 관한 중재 판정[327]에서도 용선계약에 표시된 계약속력에 변동 폭을 인정하여 판결한 것을 볼 수 있다.

③ 속력의 보증시기

정기용선계약에서 선박소유자는 계약속력을 언제 보증하여야 하는가에 대한 문제가 제기된다. 정기용선계약은 장기인 경우도 많기 때문에 입거수리 후 일정기간이 지나면 선박의 성능이 저하되며, 용선자가 운항한 항로에 따라서는 선저의 오손이 발생할 수도 있으며 또한 용선자가 운항하는 도중에 장기간 정박하였다면 선저의 오손이 더욱 심해져서 선속이 저하된다. 선박소유자는 이러한 경우 또는 장기의 용선기간 중 항상 계약속력을 유지하여야 하는 의무가 있는가에 대한 문제가 제기 된다.

이 문제에 대해서 NYPE 1993 양식까지는 "선박소유자가 용선선박의 감항능력 주의의

1	Very Low (short and low wave)
2	Low (long and low wave)
3	Light (short and moderate wave)
4	Moderate (average and moderate wave)
5	Moderate rough (long and moderate wave)
6	Rough (short and heavy wave)
7	High (average and heavy wave)
8	Very high (long and heavy wave)
9	Confused (wavelength and height indefinable)

③ Wave(파도)

Wave length	Wave height
·short wave : 100m-	low wave : 2m-
·average wave : 100 - 200m	moderate wave : 2 - 4m
·long wave : 201m +	high wave : 4.01m+

327) Cosmos Bulk Transport Inc. v. China National Foreign Trade Transport Corporation (1978) 1 Lloyd's Rep. 53

무를 위하여 상당한 주의를 다하고, 용선개시 시점, 즉 용선선박을 인도할 때에 계약속력을 유지하였다면 선박의 속력·연료소비량 유지의무를 이행한 것으로 본다."[328] 라는 것이 법원의 입장이다.

이와 같이 정기용선계약에서 속력·연료소비량의 유지의무에 관해서 인도일 원칙을 인정하는 것은, 정기용선자는 화물운송을 위한 항해상의 지휘권을 가지고, 필요시 선저오손이 되기 쉬운 열대해역의 항구에 선박을 장기간 정박하는 등, 항로를 임의로 선택할 수 있는 권리를 부여함과 동시에, 선장이 정기용선자의 이러한 지시에 따른 결과의 손해에 대해서도 용선자가 선박소유자에게 보상하여야 하는 의무로 부과되기 때문이다.

하지만 NYPE 2015 양식에서는 제12조 선박속력과 연료소모약관에서 선박의 계약속력 유지의무를 규정함으로써 선박의 인도일에 추가하여 용선기간동안 Beaufort Scale 4 이하와 Douglas Sea Scale 3 이하에서 계약속력과 일일 연료소비량 유지의무를 부과하고 있다. 결국 이에 대한 선박소유자의 담보책임이 증가하였으므로 의무 이행을 위한 입증 자료를 충분히 준비하는 것이 필요할 것이다.

2) 손해배상 및 용선계약의 조정

선박소유자가 선박인도일에 선박의 속력과 연료소모량에 대하여 위반하였을 경우 전체 용선기간 동안에 발생한 손해금액을 정기용선자에게 배상하여야 한다.

그리고 표준정기용선계약서(NYPE 1993)에는 정박 중의 연료소모량에 대한 언급이 없다. 그러나 실제로 정기용선계약을 체결하는 경우에는 부록 A(NYPE 1993, Appendix A) 또는 용선계약의 추가조항(rider clause)에 정박 중에 소비되는 연료의 종류 및 소비량에 대하여 특약으로 명기한다. 이렇게 정박 중의 연료소비에 관한 특약이 정기용선계약서에 포함되는 경우 정박 중에 발생한 초과 연료소모량에 대하여 정기용선자는 선박소유자에게 손해배상을 청구할 수 있다고 본다.

이와 관련하여 NYPE 2015에서는 제9조 선박연료약관을 별도로 규정하여 연료와 관련하여 더 폭넓고 상세한 규정을 명확하게 제공하고 있다. 수정된 조항은 가장 최근의 업계 기준을 준수하도록 요구하고 있으며, 해양오염방지협약(MARPOL) 73/78 과 국제표준화기구(ISO) 규정을 활용하고 있다. 이 규정은 양 및 가격 책정, 인도/반환 전의 급유, 급유행위와 샘플을 채취하는 것, 질과 이에 대한 책임, 연료검사, 탄소배출통제구역으로의 항행 그리고 반환할 때의 연료등급과 양 등을 망라하고 있다.

한편 선박을 정기용선자에게 인도하는(delivery) 경우 인도검사(delivery survey)시 발견된 수면아래 부분 또는 선저부에 오손이 인도후 선박의 속력감소와 연료소모량 증가의 원인으로 판명되는 경우 이것으로 인한 손해 배상에 대하여 선박소유자가 책임을 진다.[329]

---

328) Cosmos Bulk Transport Inc. v. China National Foreign Trade Transport Corporation (1978) 1 Lloyd's Rep. 53

선박이 용선자에게 인도되고 상당기간 경과한 후에 선박의 속력이 저하되거나 연료소비량이 증가하게 되는 경우 선박의 선저오손이 발견된다면 선박의 정비를 잘못한 것으로도 판단할 수도 있고, 선박의 속력과 연료소모량에 대한 선박소유자의 고지가 부실하였다고도 볼 수 있음으로 선박이 입거수리를 한지 상당한 기간이 경과하였다면 인도검사(delivery survey)시 선박의 수면하의 부분도 검사(underwater survey)를 실시하는 것이 바람직하다.

또한 용선선박의 속력 및 연로소비량에 대한 선박소유자의 보증은 선박의 인도시점이지만 다음과 같은 경우에는 선박인도 후에 선박소유자가 속력·연료량의 유지의무를 다하지 못하였다고 간주하여 정기용선자가 손해배상을 청구할 수 있다.[330)]

① 용선계약에 명시의 규정이 있을 것,
② 용선계약 체결시 표시한 속력이나 연료소비로 항해할 수 없을 것,
③ 속력저하 및 연료소비의 증가가 인도 시에 존재하였던 결함에 의한 것이며, 그 원인이 불감항의 원인에 해당할 것,
④ 위의 결함이 선박인도 후에 발생하였음에도 불구하고, 선박소유자가 수리하기 위한 합리적인 수단을 취하는 것을 게을리 하여 성능유지 약관에 위반하였을 것.

정기용선계약의 표준계약서에는 선박의 성능유지 약관이 있다. NYPE 1946(Line 35)에는 "…… vessel in a thoroughly efficient state in hull, machinery and equipment for and during the service" 로 규정하고 있으며, Baltime 1936(as revised 2011)에는 "…… in a throughly efficient state in hull and machinery during the service" 라고 규정하여 용선기간동안에 선박소유자의 성능유지 의무를 부과하고 있으며, NYPE 2015에서는 제6조에서 "…… 선박소유자는 용선의 전체 기간동안 용선선박의 선급 및 선체, 기관 및 장비를 철저하게 효과적인 작동 상태로 유지 ……"라고 규정하고 있다. 상기 ④항의 경우에는 이러한 약관에서 요구하는 선박소유자의 의무를 다하지 못하였다고 판단하는 것이다. 상기의 사실을 입증하면, 용선자는 속력 및 연료소비에 대하여 배상을 청구할 수 있다. 또한 선박의 실제 속력이 저하되고 연료소모량이 증가하여 손해배상을 청구할만한 수준이더라도 정기용선계약을 해제하지 않고 지속하는 경우에는 용선료의 조정 등 용선계약의 일부내용을 조정하게 된다.

(1) 손해배상금액

정기용선자가 선박소유자에게 속력의 저하 및 연료소비량 증가에 대한 손해배상을 청

329) The Atlanta, 82F. Supp. 218, 1948 A.M.C. 1769(S.D.Ga. 1948): The Pomosa, SMA 118(Arb. at N.Y. 1966); 염정호, 앞의 책 (p.246) 재인용
330) 배병태, 앞의 책, pp.53~54

구하려면 이를 입증하고 손해금액을 정확하고 확실하게 산출하여야 한다.

가. 선박속력의 저하 및 연료소비량 증가의 입증자료

선박의 속력과 연료소비의 입증자료로서 정기용선자는 선박이 항해 시 작성된 항해일지(deck log book) 및 기관일지(engine log book)와 전문 기상관측기구(meteorological organisation)가 발표하는 기상관측 자료를 채택하게 된다.

한편 선박의 항해일지는 항해시 특정일자 및 시간과 특정해역에서의 일기상황과 해면상태 등의 실제적인 상황에 근거하여 작성되나 항해일지를 작성하는 선장 및 사관이 선박소유자의 고용인이므로 실제 상황을 과장하여 항해일지에 기록하는 경우도 있다. 또한 전문 기상관측기구가 발표하는 기상관측 자료는 특정해역에서 통계자료와 인근해역을 항해하는 선박이 보고한 자료를 근거로 작성된다. 그러므로 두 가지 자료의 내용이 일치하지 않는 경우가 있으며, 중재판정에서는 전문기상관측기구의 자료는 부수적인 참고자료로 취급하고 선박의 항해일지 내용을 우선으로 적용하여 선박의 속력하락과 연료소비량증가의 분쟁에 대하여 판정하고 있다.

이러한 분쟁은 용선계약에서 자주 발생하므로 이러한 것에 대비하기 위하여 분쟁을 해결할 때의 입증자료 선택에 관하여 선박소유자와 정기용선자가 합의하여 약정하기도 한다.

또한 전문 기상관측기구는 관측한 기상상태를 고려하여 그 시점에서의 최적이라고 판단하는 항로를 추천하기도 한다. 이때에 정기용선자는 선장에게 추천항로를 택할 것을 요구하기도 하지만 선장은 정기용선자가 추천하거나 지정한 항로를 지켜야만 하는 의무는 없다. 이것은 선박과 선원 및 화물의 안전에 적합하다고 판단하는 항로의 결정권은 선장에게 있기 때문이다. 따라서 정기용선자가 추천항로를 따르지 않았기 때문에 선속의 감소와 연료소량이 증가하였다고 주장하는 경우에는 그 입증책임은 정기용선자의 몫이다.

나. 산출방법

정기용선자가 선박의 속력저하 및 연료소비량증가에 대한 손해배상을 청구하기 위해서는 실제 선박의 속력과 연료소비량을 산출하여, 용선계약체결시 약정된 선박의 속력과 연료소비량을 다음과 같이 비교한다.

〈선박의 속력〉

한편 정기용선계약서상의 선박의 속력과 연료소모량은 선박이 항만이나 하천과 같은 제한수역 안에서 항해하는 경우에는 적용하지 않고, 공해상에서 전속(full service speed)으로 항해 시에 적용되는 것이[331] 원칙이다.

① 항해시의 선박의 실제 속력은 용선계약시에 표시된 일기의 조건인 양호한 날씨

---

331) The Mini Lap, SMA 1077(Arb. at N.Y. 1976): The Medita, SMA 1150 (Arb. at N.Y. 1977); 염정호, 앞의 책 (p. 246) 재인용

(Beaufort Wind Scale 4 이하, Douglas Sea State 3 이하)인 상태에서 항해한 기간만의 속력을 산출하되 그 기간동안의 바람과 해류 등과 같은 기상과 해상의 상태를 고려하여 그 영향을 가감한 선박의 속력을 산출한다.

② 용선계약 체결시 약정된 속력에 인정되는 한계치(margin)를 가감한 선박의 속력을 가감한다.

상기 ①과 ②의 속력을 비교하여 용선선박이 용선계약 체결시 약정된 속력을 유지하였는지 여부를 판단하고 그 결과에 따라 전체 용선기간에 대한 손해배상을 청구한다.

〈선박의 연료소비량〉

① 연료의 소비는 선박의 속력의 3제곱(cubic)에 비례한다는 이론에 입각하여 상기 양호한 날씨에 항해한 기간동안의 연료소비량을 산출한다.

② 용선계약체결시 약정된 연료소비량에 한계치(margin)을 적용하여 연료소비량을 산출한다.

상기 ①과 ②의 연료소비량을 비교하여 용선선박이 용선계약시 약정된 연료소비량을 유지하였는가의 여부를 판단하고 그 결과에 따라 전체 용선기간에 대한 손해배상을 청구한다.

(2) 용선계약의 조정

선박소유자가 선박의 속력·연료소비량의 유지의무를 다하지 못하였을 경우 용선계약을 해지하거나 또는 용선자가 선박의 속력·연료소비량의 차이를 감내한다면 용선계약의 조건을 조정하게 된다. 선박의 속력이 저하되고 연료소비량이 약정된 것보다 증가하였다면 정기용선자의 수익성이 예측하였던 수준에 미치지 못하게 되므로 손해배상의 청구와 함께 용선료를 인하하는 등 용선계약을 조정하게 된다. 그러나 선박의 속력이 증가하고 연료소비량이 감소하는 결과는 정기용선자가 예측하였던 수준이상의 수익을 달성하게 된다. 그러나 이러한 경우 용선료를 인상한다든가 기타 선박소유자에게 처음의 계약보다 유리한 조건으로 조정하는 것은 미리 이러한 조정에 대한 약정이 되어 있을 경우에는 가능하다.

3. 선박의 인도와 반선

용선계약에 따라 선박소유자가 용선자에게 선박을 인도하는(delivery) 경우와 용선계약이 완료되어 용선자가 선박을 선박소유자에게 반선하는(re-delivery) 경우에 인도와 반선시점을 결정하는 시점과 인도와 반선시점에서의 선박의 상태에 관한 특약을 체결한다. 또한 선박의 인도와 반선시에 선박에 적재되어 있는 선박의 연료 및 선용품에 대하여 선박소유자와 용선자간에 정산한다.

1) 선박의 인도와 반선 시점

(1) 선박의 인도 시점

정기용선계약이 체결되면 선박소유자는 합의한 기일 내에 합의한 장소에서 선박을 용선자에게 인도하여 용선계약이 유효하게 시작된다. 선박의 인도장소를 용선계약서에 명시할 때에 "선박이 안전하게 부상하여 정박할 수 있는 부두(in such available berth where she can safely lie always afloat)" 라는 인도시점에서의 선박의 상태를 나타내는 내용과 함께 선박이 인도되는 정확한 부두를 지정하여 용선계약서 표기된다. 그러나 계약서상에 명백한 인도부두(delivery berth)를 지정하는 대신 다음과 같은 인도시점을 기준하여 용선계약이 시작되는 조건으로 하기도 한다.

가. 도선사의 승하선 시점으로 하는 경우

선박소유자가 선박을 용선자에게 인도하는 항구에 도착하여 입항할 때에 대부분 도선사를 승선시킨다. 선박이 도선사를 승선시키는 지점에 도착(arrival pilot station: APS)한 시점을 선박의 인도시점으로 정한다. 또한 선박이 부두에 도착하기 위해서는 긴 수로를 항해하여야만 하고 중간지점에서 도선가 교대하는 경우에는 제일 첫 번째 도선사가 승선하는 지점에 도착(arrival first pilot station: AFPS)하는 시점을 선박의 인도시점으로 정하기도 한다.

한편 선박이 양륙을 마치고 출항하는 경우에도 도선사가 승선하여 외항까지 선박을 운항한 후 외항에서 도선사가 하선하는 시점(dropping outward pilot station: DOP)을 선박의 인도시점으로 정한다. 또는 부두에서 선박을 이안시키고 항내를 도선하는 도선사와 항내에서 외항까지 도선하는 도선사가 있을 수 있다. 이렇게 1명이상의 도선사가 승선하여 도선하는 경우에는 가장 마지막 도선사가 하선하는 시점(dropping last outward sea pilot: DLOSP)을 선박의 인도시점을 선박 인도시점을 정한다.

나. 특정지역 통과 시점으로 하는 경우

선박이 스웨덴의 스톡홀름에서 양륙을 마치고 출항하여 용선자에게 인도되는 시점으로 항해하는 경우에 덴막 북단의 스카우(skaw) 지점을 통과(passing)하는 시점을 기준하는 경우(이때에 "passing skaw" 라고 용선계약서에 명시한다)와 같이 특정지역을 통과하는 시점에서 선박을 인도하는 조건을 의미한다.

다. 선박의 인도가 준비된 시점으로 하는 경우

이 조건은 선박의 양륙항이 용선자의 선적항과 동일한 경우에 선박이 양륙을 완료한 후 선창청소를 마치면 용선자에게 선박을 인도할 준비가 완료되었다(when/where ready)고 간주하여 이 시점을 선박의 인도조건으로 하는 경우이다. 예를 들면 미국의 Baltimore 항에서 시멘트 화물을 양륙한 후 인근 부두에서 용선자가 석탄을 선적하려고 하는 경우, 시멘트 화물의 양하를 완료하고 선창의 청소를 마친 시점을 선박의 인도시점으로 정하는 경우와 같은 조건을 말한다. 이 경우에는 시멘트 화물을 양하한 후 선창을 청소하기 위해 Baltimore항을 출항하여 출항도선사 하선시점(DLOSP)에서 선박을 반선하고, 외항에서 선창을 청소한 후 다시 입항도선사 승선시점(APS)을 선박인도시점으로 하는 조건 보다 선박소유자나 용선자에게 시간과 비용을 절약할 수 있다.

라. 공선항해보상(Ballast Bonus)

미국의 Gulf 만에서 곡물을 선적하는 경우에 일반적으로 유럽에서 화물의 양륙을 마치고 항차를 종료한 선박을 1항차 정기용선하는 경우가 많다. 이 경우에는 유럽에서 미국의 Gulf만 또는 인근까지 운송할 화물을 확보하였다면, 유럽에서 이곳까지 화물을 운송하고 운임을 창출할 수 있지만 통상 이러한 화물을 확보하기 어려우므로 공선으로 미국의 Gulf만까지 항해(ballast voyage)를 하게 된다. 한편 Gulf만에서 화물의 양륙을 종료한 선박이나 또는 인도기일(lay/can)을 지키지 못하여 용선계약이 취소된 선박을 1항차 용선하게 된다면 용선자는 유럽에서 미국의 Gulf만까지 공선항해에 필요로 하는 정기용선료를 절감할 수 있다. 이때 용선자는 선박소유자에게 정기용선료에 상당하는 금액을 지불하게 되는데 이것을 공선항해보상(ballast bonus)라고 한다. 만약 이러한 공선항해보상금을 지불하지 않는 경우에는 선박소유자가 용선자에게 높은 용선료를 요구하여 보상받고자 한다.

(2) 선박의 반선 시점

정기용선계약이 종료되어 용선자가 선박소유자에게 선박을 반선하는 경우에 화물을 따라 선박을 운항하여야만 하는 부정기선 영업의 특성상 정기용선계약을 체결하는 시점에 특정의 항구를 지정하여 선박을 반선하기란 극히 어렵다. 따라서 용선자에게 반선항구와 시점의 지정에 대한 융통성을 부여하고 있다. 예를 들면 계약체결 당시에는 “Singapore-Japan range including Korea” 라든지 “Skaw-Passero Range” 라고 하는 등 특정장소가 아닌 반선구역(range)에 합의하며, 반선 시점도 용선기간에 관하여 “thirty six months with two months more or less charter's option” 이라고 합의하여 용선기간만료 2개월 전후에 선박을 반선할 수 있도록 하는 등과 같이 합의한다. 그리고 용선자가 실제로 선박을 반선하는 시기에 임박하여 용선계약에서 합의한 기간 전에 선박소유자에게 반선 날자와 반선구역 내 반선장소에 대하여 구체적으로 추후 통보(pre-notice) 하는 조건으로 특약을 체결한다. 용선자는 용선계약에 약정된 구역 내의 반선장소에서 선박을 반선해야 하며, 만약 다른 구역(장소)에서 반선할 경우 선박소유자는 손해배상을 청구할 수 있다.

(3) 인도와 반선시점의 선박의 상태

선박이 용선자에게 인도되었을 때와 용선기간이 만료되어 선박소유자에게 반선되었을 때의 선박의 상태를 확인하기 위해 선박소유자와 용선자는 각자의 비용으로 각자의 검사관을 지정하여 온-오프 하어어 검사(on-off hire survey)를 실시한다. 각 검사원은 단일 보고서를 채택하여 서명하여야 하나 합의를 할 수 없는 사항에 대해서는 제3자로부터의 방해를 받지 않고 각자의 보고서를 작성할 할 수 있다.

또한 선박소유자와 용선자가 달리 합의하지 않는 한 온-하어어 검사시 소용되는 시간은 선박소유자의 부담이며 반선시(re-delivery) 소요되는 검사시간은 용선자의 부담으로 한다(NYPE 1993 Clause 3, NYPE 2015 Clause 5).

가. 선박인도시의 선박의 상태

NYPE 1993에서는 선박을 용선자에게 인도할 때의 선박의 상태는 모든 면에서 통상적인 서비스에 적합하도록 하여 용선자가 원하는 화물의 선적을 위한 준비가 완료되어 있는 상태이어야 한다("The vessel on her delivery shall be ready to receive cargo with clean-swept holds and tight, staunch, strong and in every way fitted for ordinary cargo service, ……") 라고 명시되어 있다(NYPE 1993 GENCON Clause 2). 여기에서 "…… in every way fitted for ordinary cargo service ……" 라고 말하는 것은 단순한 선창의 상태나 선박의 상태와 같은 선박의 물리적인 상태뿐만 아니라 자격을 갖춘 선원이나 적정한 수의 선원을 유지함을 의미하고 선박의 항해에 필요한 각종 증서를 구비해야 하는 요건과 같은 선박의 감항성과 관련이 있는 상태를 포함하고 있다. 이 조항에 따라 선창의 상태는 인도 당시 화물을 선적할 수 있도록 청결하여야 한다. 또한 추가약관(rider clause)에 선박 인도 당시의 선창상태(hold condition)에 대하여 명확하게 명시하여 만약 항구에 입항하여 선창검사(hold inspection)를 통과하지 못하는 문제점이 발생하였을 때에 이에 대한 추가 비용, 시간이 소요될 경우 선박소유자가 그 책임을 지도록 하고 있다. 그러나 선박이 인도된 후 정기용선기간동안에 양호한 상태로 선창을 유지하는 것은 용선자의 몫이다.

NYPE 2015에서는 선박의 인도와 관련하여 NYPE 1946과 NYPE 1993에서 규정하고 있는 선박소유자가 안전하게 용선자에게 인도할 수 있는 장소에 감항성을 갖추고 선적준비가 완료된 선박의 인도와는 달리 선박소유자의 감항성을 갖춘 선박의 인도 의무와 선적준비 의무를 분리하고 있다. 이는 실무적으로 한 장소에서 선박의 인도가 이루어지는 것이 아니며 다른 장소에서 첫 선적이 이루어지는 경우가 많은 점을 고려한 것이다. 또한 선원의 훈련, 자격증명 및 당직근무의 기준에 관한 국제협약(International Convention on Standards of Training Certification and Watchkeeping for Seafarers, 1973/1978: STCW 1973/1978)의 내용을 충족시키는 선장, 해기사 및 선원의 공급의무를 새로이 부과하고 있다. 그리고 기존의 추가약관(rider clause)에 명시하였던 선창상태에 대한 검사 불통과시 선박소유자의 책임 부담에 대하여 약관으로 흡수하여 선박의 선창상태 검사의 불통과에 대한 후속검사 통과시까지 용선료 지급중단 사유로 명시하고 있다.

나. 선박반선시의 선박의 상태

정기용선 기간이 만료되어 약정된 곳에서 선박을 반선하는 경우에 선박은 일반적인 손모(ordinary wear and tear)를 제외하고, 선박은 선박소유자가 용선자에게 인도되었을 때의 상태 그대로 약정된 장소에서 반선되어야 한다. 그러나 어느 정도의 손모를 용선자의 면책이 되는 일반적인 손모로 간주하여야 하는 점에 대해서는 선박소유자와 용선간의 이견이 많아 중재발생이 잦다.[332] 만약 반선 시점에 선박에 인도시점에 없었던 손모가 발견된 것을 이유로 선박소유자는 선박 손상의 이유로 반선을 거절할 수는 없으며, 선박을 반선 받은 후 수리 및 이에 따른 불가동 손실에 대해 용선자에게 손해배상을 청구할 수 있다.[333]

2) 선박의 인도와 반선시의 정산

기존 NYPE 1993에서는 선박 인도 및 반선시 연료 잔량에 대해서 선박소유자와 용선자간에 합의된 양을 기입하며, 선박의 인도와 반선시점에 각자 지정한 검사관을 통하여 연료유와 디젤유의 잔량을 파악하여 인도시에는 용선자가, 반선시에는 선박소유자가 인수한다.[334]

그리고 때때로 인도시점에 본선 연료량에 대한 예상치를 기입하는 경우도 있다. 이러한 경우에는 "expected about"이라는 명시문구를 삽입하여 선박소유자가 단순히 성실하게 기입하는 것이 아니라 책임사관이 제공하는 합리적인 근거를 바탕으로 한 예상치를 제공할 의무를 부담하게 하는 것이다.[335]

하지만 NYPE 2015에서는 선박 연료에 대한 약관을 별도로 두어 선박 연료량에 대한 분쟁의 여지를 상당 부분 감소시키고 있다. 이에 대해서는 후술한다.

---

332) The Pamphilos [2002] 2 Lloyd's Rep.681; Canadian Pacific Railway v. Board of Trade (1925) 22 Ll.L.Rep. 1.

333) Terence Coghlin, Andrew W. Baker, Julian Kenny, John D. Kimball, Time Charters 6th ed. (London : Informa, 2008), pp.272~273.

334) 선박의 인도와 반선시점에서의 연료량을 정확하게 측정하고 선박상태를 검사하기 위해 선박소유자와 용선자는 합의하에 인도시 on-hire surveyor, 그리고 반선시 off-hire surveyor를 지명하여 객관적인 연료량 수치를 기재하고 선박의 상태를 기술한 On/Off-hire Survey Report를 작성한다.

335) 이와 관련하여 The Pantannassa 사건에서는 용선계약서에 "to be delivered with bunkers as aboard at the current Moji price, plus barging (expected about 6/700 tons) ……"로 되어 있었으나, 실제 인도시점에 본선에 잔량이 936톤이었다. 영국법원의 Diplock 판사는 선박소유자의 계약위반사항이라고 판시하면서 선박소유자는 예상치를 제공함에 있어 합리적 근거를 바탕으로 하여야 하지만 선박소유자가 책임사관으로부터 제공되는 정보를 바탕으로 한 것이라는 근거를 찾을 수 없다고 하였다(The Pantannassa [1958] 2 Lloyd's Rep. 449).

4. 선박의 연료

정기용선계약서 NYPE 1993에서는 선박연료에 관하여 다음과 규정하고 있다(NYPE 1993 Clause 3 On-Off Hire Survey 와 Clause 9 Bunkers 참조).

첫째, 정기용선계약에서 선박소유자와 용선자 사이에 용선선박을 인도 또는 반선시 on/off hire survey를 시행하여 연료유 등의 잔존유의 톤수 및 가격과 연료유대금의 정산에 대하여 합의한다.

둘째, 용선자자는 선박을 운항하는 동안 부칙 A에 명시된 성질의 연료와 디젤유를 공급하여야만 하며, 그렇게 하지 않았을 경우 선속의 저하, 연료소모량 증가, 시간손실 및 다른 어떤 결과에 대해서 선박소유자는 책임을 지지 않는다.

셋째, 선박소유자는 용선자가 용선기간 동안에 적절하지 못한 연료유나 디젤유를 공급함으로서 선박의 주기관(main engine)과 보조기관(auxiliary engine)에 손상이 발생할 경우 이에 대한 손해배상을 청구할 권리를 가지고 있다.

한편 연료는 선박소유자와 용선자에게 각기 중요한 자산일 뿐만 아니라 용선자에게는 용선기간동안 선박운항과 관련하여 수익성과 직결되는 가장 중요한 항목 중의 하나이므로 용선선박의 인도 및 반선시의 연료량 및 가격, 인도 및 반선전의 급유, 연료의 질(quality)에 대한 보다 명확한 합의를 하여야만 하였다. 또한 배출통제구역(emission control area)에서는 선박의 연료연소로부터 배출되는 가스 중 유황의 함량이 최대허용치(maximum sulphur content requirements) 이하가 되어야 하는 등 선박의 연료와 관련해서도 국제표준화기구(International Organization for Standardization: ISO)와 해양오염방지협약(MARPOL) 73/78 규정 등 환경오염방지에 대한 강화된 규정을 준수하여야 한다. 공급된 연료가 이러한 규정을 준수하는데 충분한 질(quality)의 연료인가를 확인하는 절차도 필요하다. 그러나 NYPE 1993에서는 이와 같은 내용을 충분하게 포함하지 못함에 따라 실무에서는 이러한 내용을 추가하여 정기용선계약서를 작성하여야만 하였다.

따라서 NYPE 2015 에서는 이러한 사항을 보완하여 아래와 같은 내용을 중심으로 선박의 연료에 관한 별도의 약관을 신설하였다.

1) 인도와 반선시점의 연료량 및 가격

NYPE 2015는 인도와 반선시점의 연료량과 가격에 관하여 다음의 세가지 방안을 제시하고 있다. 이 세가지 방안은 선택사항이며, 용선계약서 작성시 선택되지 않은 것은 삭제하여야하며, 삭제된 것이 없다면 첫째 방안이 적용된다.

첫째, 용선자와 선박소유자는 '각기 인도와 반선시에 선박의 잔유량을 톤당 (　　)의 가격으로 인수한다.'라고 합의하며, 용선자는 연료탱크의 이용에 관하여 재량권이 주어진다.

둘째, 선박소유자가 항차정기용선(trip time charter)의 전체기간(entire time charter trip) 동안

에 필요한 연료를 보급하고, 용선자와 항차수행 중 예상소비량과 톤당 가격에 합의하며, 용선자는 그 대금을 첫 번째 용선료를 지불할 때에 함께 지불한다. 항차 완료 후에는 실제소비량과의 차이를 정산한다. 이러한 방안은 항해용선계약인 경우와 같이 선박이 사용하는 종류의 연료를 필요한 양만큼 선박소유자가 공급하는 방안이다.

셋째, 용선가가 인도시 선박의 연료잔량에 대한 대금을 지불하지 않고, 용선기간 만료시 동일한 양과 품질의 연료를 공급하여 반선하는 방안이다. 인도와 반선시의 연료량의 차이는 연료 가격의 공정성을 확보하기 위하여 송장이나 기타 서류로 증빙되는 실제로 지불한 톤당 가격을 기준하여 정산한다.

한편 인도시 NYPE 1993을 이용하여 용선계약을 체결할 때에는 "Owners to deliver the vessel with sufficient quantity to perform charterers' intended voyage from one safe port in ……" 조항을 추가로 삽입하여 용선자가 의도하는 항차를 수행할 수 있을 만큼 충분한 양의 연료를 선박소유자에게 공급할 것을 요구하는 경우도 있다.

또한 용선자는 인도시점의 연료량과 같은 양만큼 연료를 선박에 공급해야 하는 것으로 합의한 경우, 만약 인도시점의 양보다 많은 양의 연료를 공급하여 반선하려고 할 때에 선박소유자는 초과 연료량에 대해 거부할 수 있다.[336]

그리고 선박소유자와 용선자간 정산하기 위한 연료유의 가격 결정에 대해서는 상기와 같이 연료를 구입할 시 실제로 지불한 가격이나 인도나 반선 지점의 시장가격을 기준하여 정하기도 하며[337] 또는 선박소유자와 용선자간에 연료시장 상황을 반영하여 적정 가격을 정하기도 한다(NYPE 1993 Clause 9 및 GENCON 1994 Clause 3 참고).

2) 인도전과 반선전 연료의 공급

NYPE 2015에서는 연료의 공급에 대해 사전 동의하에 선박의 지연, 하역작업 및 운항에 지장이 없는 범위내에서 항차 기항지에서의 공급을 수행할 수 있도록 규정하고 있다. 그리고 선박소유자는 선박 인도전 용선자 자신의 부담으로 연료 공급을 허용하며, 용선자는 반선시 선박소유자 자신의 부담으로 연료공급을 허용하도록 규정하고, 연료 공급의 실행당사자가 이러한 절차상으로 발생할 수 있는 모든 지연, 손실 및 비용과 경비에 대해 부담하도록 하고 있다. 이것은 용선자나 선박소유자가 선박의 인도 후 또는 반선 후 선박을 직접 운항하는 경우 저렴한 지역에서 미리 급유하여 비용을 절감하기 위한 목적도 있다.

---

336) The Captain Diamantis[1977] 1 Lloyd's Rep. 362 and [1978] 1 Lloyd' Rep. 46(C.A.)

337) 이와 관련하여 Ackner 판사는 "연료 가격에 대한 명시규정이 없는 경우에는 선박의 인도 또는 반선 시점과 지점(항구)에서의 시장가격을 기준으로 하는 것이 묵시적인 합의"라고 판시하였다(The Good Helmsman [1981] 1 Lloyd's Rep. 377).

3) 연료의 질

NYPE 2015에서는 용선선박이 사용하는 연료의 종류와 품질에 대하여 명시규정을 두고 있다. 즉, 용선자는 용선계약서 Appendix A에 명시된 선박에 적합한 사양과 등급의 연료를 공급하며, 안정적이고 동질 연료를 공급할 의무를 부담한다. 연료의 품질에 있어 서면의 별도 합의가 없는 경우에는 국제표준화기구의 기준(ISO 8217:2012), 또는 이에 후속하는 개정서에 부합하도록 요구하고 있으며, 이를 이용하지 못하는 경우에는 용선자에게 연료공급항 또는 장소에서 이용 가능한 국제표준화기구의 가장 최근의 기준(ISO 8217:2012)에 부합하는 연료 공급 의무를 부과하고 있다.

또한 선박을 유황 최대 함유량 배출통제구역내에서 운항하도록 명령할 경우, 유황 최대 함유량이 이 구역의 기준요건에 언제나 부합하고 허용되는 사양과 등급의 연료를 공급해야 한다. 그리고 용선자는 이와 같은 연료의 공급과 관련하여 연료공급업체, 연료운반선의 운항업자 및 연료 검정원 등 모두가 해양오염방지협약(MARPOL) 73/78 부속서 VI의 규정 14 및 18의 규정을 준수할 것을 보장하여야 하며, 이러한 보장내용에는 표본채취에 대한 국제해사기구(IMO)의 지침서의 준수와 연료공급 기록부의 제출을 포함한다. 용선자는 본 약관의 (f)(i)항을 준수하지 못함으로써 야기되거나 발생되는 모든 손실, 책임, 지연, 벌과금, 비용 또는 경비와 관련하여 선박소유자에게 보상하고 선박소유자를 방어하며 선박소유자에게 해가되지 않도록 해야 한다.

한편 용선자가 연료공급과 관련하여 상기 의무(Clause 9 (c)(i))를 충족시키는 경우에 선박소유자는 용선선박이 해상오염방지협약(MARPOL) 73/78 부속서 VI의 규정 14와 18 및 배출통제구역의 요구조건을 준수하고, 용선자가 어떠한 배출통제구역내에 운항을 명령할 때 요구된 유황함유량의 연료를 소모할 수 있도록 하여야 한다. 만약 선박소유자·선박이 이와 같은 것을 준수하지 못함으로써 발생되거나 야기되는 그 어떠한 손실, 책임, 지연, 벌과금, 비용 또는 경비에 대하여 용선자는 책임을 지지 아니한다.

4) 연료의 공급작업 및 표본채취와 분석

NYPE 2015에서는 용선선박은 용선자가 연료를 공급할 때에 연료공급이전 및 이후 또는 공급중에 연료량을 측정한다든가 연료주입 연료관의 탈·부착 작업에 협조할 것을 요구하고 있다. 이것은 선내 연료탱크 배열 및 연료공급구조에 대하여 숙지하고 있는 용선선박의 선원이 참여하여 연료공급중 오염사고를 방지함은 물론 연료분석을 위한 정확한 연료표본채취를 하기 위함이다.

한편 서로 다른 종류의 등급, 사양 및/또는 공급업체로부터의 연료는 선박내의 탱크구조에 따라서 자연적으로 개별 탱크에 분리되며, 선박소유자는 상기와 같은 연료분리의 결과로 초래되는 연료용량(수용)의 어떠한 제약요인에 대하여도 책임을 지지 않는다.

그리고 해양오염방지협약(MARPOL) 73/78의 부속서 VI, 또는 이에 후속되는 개정에 대해서의 부합여부결정을 위한 국제해사기구(IMO)결의/해양환경오염보호위원회(MEPC) MEPC.182(59)의 지침서에 따라서 공급되고 있는 연료유의 등급별 표본을 공급시작 처음에(primary sample of each grade) 채취한다. 또한 용선자는 선박소유자에게 연료공급과 표본채취와 관련하여 연료공급업체가 연료약관((Clause 9 (c)(ii))을 준수할 것을 보장하여야만 한다.

또한 연료 등급별로 채취된 각각의 표본은 5개 이상 나누며 연료의 각 등급별 표본 하나씩은 해양오염방지협약(MARPOL) 73/78의 목적으로 선박에 보관하고, 나머지 각 등급의 표본은 선박소유자, 용선자 및 연료공급업체 간에 배분되어야 한다. 그리고 채취한 연료 표본의 시험분석시 공정성을 확보하기 위하여 선박소유자의 연료시험절차에 대한 참여사항에 대하여 명시하고 있으며, 다음의 절차에 따라 시험·분석한다.

① 선박소유자는 연료시험인증절차에 참여하려고 할 때에는 선박소유자가 보유한 표본 중의 하나를 당해 시험을 위해 제공하여야 한다. 시험비용은 선박소유자의 부담이다.

② 만약 연료의 시험결과가 국제표준화기구(ISO 8217:2012) 또는 그에 후속하는 부속서의 사양에 부합하지 못할 경우, 선박소유자는 용선자에게 조속히 이 사실을 통지하여야 한다.

③ 용선자가 시험결과에 대하여 의문을 제기하는 채취된 연료표본을 상호 합의된 적격한 독립 실험실로 보내서 다시 분석하게 하며, 이 실험실의 연료의 특성에 관한 분석은 연료의 특성에 관해 최종적이며 당사자들 모두를 구속한다. 만약 연료 표본의 분석이 사양과 부합하지 않을 경우, 용선자가 분석비용을 부담해야 하며, 그렇지 않을 경우는 선박소유자의 비용으로 한다.

5. 용선기간

1) 용선기간

용선자는 정기용선계약 당시 용선의 목적, 선박의 운용계획, 해운시황의 전망, 차항 확보 가능성 등을 고려하여 용선기간을 결정한다. 예를 들면, 한 항차의 화물 운송 계약을 이행하기 위해 한 항차 기간만큼 선박이 필요하다면 한 항차용선(one trip charter)을 할 것이다. 만약, 용선기간 동안 여러 항차수행을 위해 선박이 필요하다면 기간용선을 할 것이다. 정기용선 기간을 정할 때 용선계약서에 여유일수(margin)는 다양한 형태로 삽입된다.

(1) 여유일수(margin)가 인정되는 경우

용선기간에 대한 여유일수(margin)가 인정되는 경우이다. 용선기간을 3개월(three months), 2개월 내지 3개월(two months to three months), 약 3개월 내지 5개월(about three months to five months), 3년간(two years) 등과 같이 단순하게 확정할 경우 합리적인 선에서 묵시적으로 일정한 여유일수가 인정된다. 예를 들면, 용선선박의 반선 시 최종항차종료일을 계산할 때 5개월(five months) 용선기간의 묵시적인 여유일수는 5일로 허용된다.[338] 또한 "about 4 to 6 months"라고도 용선기간을 정하기도 하는 데 4개월에서 6개월 사이의 기간을 용선자가 임의로 선택하여 용선선박을 이용할 수 있으며, 이때에도 6개월의 용선기간이 지난 후에도 일정기간의 여유일수가 허용된다.[339]

(2) 여유일수(margin)가 인정되지 않는 경우

용선기간에 대한 여유일수가 인정되지 않는 경우이다. 용선계약 기간을 "minimum two months maximum six months" 또는 "five months 20 days more or less" 으로 정할 경우 용선자는 용선기간 내에 선박을 반선해야 하며 여유일수가 인정되지 않는다. 또한 "minimum 12 months/maximum 14 months" 와 같은 경우에는 최단 12개월/최장 14개월 동안 용선자가 선박을 이용할 수 있으나 추가로 용선기간의 여유가 주어지지 않는다.

(3) 'about'이 있는 경우

'about'이 있는 경우에는 용선기간에 대해 여유일수가 허용되는 경우이지만 개별사건에 대한 사실관계에 따라 달라질 수 있다.

특히 미국 판례에 의하면 "용선계약서에 'about six months'라는 문구가 사용되었다면, 이 'about'이라는 단어의 사용은 용선자에게 선박 반환일에 대해 합리적인 여유를 허용하는 의도로 해석된다."라고 판시하였다.[340]

그리고 미국의 리딩케이스로 The Rygja 사건[341]이 있다. 이 사건에서 용선기간은 'about six months'라고 약정하였고, 용선자에게 추가적으로 'about six months'를 연장할 수 있는 선택권을 부여하였다. 선박은 1905년 7월 13일에 인도되었으며, 1906년 12월 12일에 용선자는 추가 6개월 연장을 위한 선택권을 사용하였다. 1906년 6월 12일, 용선자는 유럽에서 선박을 반환하겠다고 하였으나 선박소유자는 선장에게 항해를 거부하도록 지시하였다. 이 과정에서 부각된 핵심쟁점은 '추가 6개월'(the second six-months)의 개시일이었다. 원 용선계약의 첫 번째 용선기간인 'about six months'에 따른 최종항차의 종료일은 1906년 3월 4일이었으므로, 용선자는 이 시점을 기점으로 추가 연장된 용선기간이 시작된다고 주장하였다. 그러나 선박소유자는 인도시점 이후 6개월이 경과하는 1906년 1월

---

338) Blytheville이라는 선박을 6월 26일부터 "three calendar month" 계약으로 용선한 용선자는 최종항차를 9월 26일에서 4일의 초과 반선이 예상되는 최종항차를 지시하였다. 그러나 결과적으로 10월 13일 반선하였다. 이에 선박소유자는 시황 상승에 따른 이익을 향유하지 못하였다는 이유로 마켓 용선료 수준과의 차액에 대한 손해배상을 청구하였다. 하지만 Mathew, J.는 용선자가 반선일보다 4일 초과하여 반선이 예상되는 최종항차를 지시한 것은 여유일수를 감안한다면 계약위반이라 할 수 없으므로 선박소유자의 손해배상청구를 부당하다고 판결하였다(Gray v, Christie(1889) 5 T.L.R. 577).

339) The Democritos[1976] 2Lloyd's Rep. 149.

340) Britain S.S. Co. v. Munson S.S. Line, 31 F.2d 530(2d cir. 1929).

341) *The Rygja*, 161 F.106(2d Cir. 1908).

13일이 추가 연장된 용선기간의 기산일이라고 주장하였다. 이에 대하여 법원은 "이 용선계약 조건은 절대적인 확정기간을 의미하지 않으며, 'about six calendar months'를 의미한다. 〈중략〉 통상적으로 우리는 'about'이라는 단어는 6개월 또는 그 이상의 경우에 적용한다고 생각하며, 최종항차가 다른 항해를 불합리하게 만들 정도로 종료가 된다면, 용선자는 선박을 반환하거나 또는 선박소유자는 선박을 철수시킬 수 있다. 그러나 최종항차가 합리적이라면 용선자는 기존 용선료를 지급할 수 있을 것이다. 어떠한 항해가 합리적인가에 대해서는 논란의 여지가 있으며 계약당사자간의 확정기간에 대한 합의가 없는 한 피할 수 없는 어려움이 있다. 이 사건에서는 '추가 6개월'에 대한 약정과 원 용선계약이 3월 4일에 종료되었다는 것은 의문의 여지가 없으며, 합리성을 고려하면 '추가 6개월'의 시작은 3월 4일로 보는 것이 타당하다."라고 판시하였다.

2) 용선기간 경과 이후의 용선료

(1) 인정된 용선기간 여유일수에 대한 용선료

여유일수에 대한 용선료는 계약된 용선료와 동일한 요율의 용선료를 기준하여 지불한다. 시황이 상승하여 여유일수동안의 용선료수준이 용선계약요율보다도 높다하더라도 계약된 용선료를 기준하여 지불한다.

(2) 최종항차 및 용선기간의 경과 이후에 대한 용선료

선박을 장기간 정기용선하는 경우 반선구역에서 최종항차를 종료하고 선박을 반선하는 것이 항상 가능하지는 않다. 최종항차를 결정할 때에는 잔여용선기간과 최종항차에 소요되는 예상기간을 참조하여 용선계약상 반선조건을 충족시킬 수 있는지 합리성 여부를 참작하여야 한다.[342] 잔여기간이 충분하지 못한 경우에는 용선계약상의 반선조건을 충족시키기 위해 반선지역까지 공선항해(ballast voyage)를 하여야만 하는 경우도 있다.

최종항차가 합리성을 가지고 있다는 것은 용선자가 계약기간 내에 최종항차를 완료할 수 있다는 합리적인 근거를 가지고 있다는 것을 의미하며, 합리적인 근거없이 선장에게 최종항차를 지시하여 용선기간을 경과하여 반선하고자 하는 경우에는 선박소유자는 최종 항차 수행을 거부하고 용선기간 내에 최종 항차를 시행할 수 있는 지시를 요청할 수 있다.

만약 합리적인 근거에 의해 인정되는 용선기간의 여유일수를 초과하여 반선할 경우 시장용선료가 급등하였다면 용선자는 선박소유자에게 시장용선요율(market rate)을 기준하여 용선료를 지불해야 하며, 시황이 하락하여 시장용선요율이 용선계약요율보다 저렴하더라도 용선계약요율을 기준하여 용선계약초과 기간에 대한 용선료를 지불한다.[343]

---

342) *The Rygja*, 161 F.106(2d Cir. 1908).
343) *The London Explorer* [1971] 1 Lloyd's Rep. 523

그러나 합리적인 근거 없이 최종항차를 지시하여 용선기간을 경과한 경우에는 용선자에게 손해배상청구를 할 수 있다.[344]

3) 조기반선

용선기간이 만료되기 전에 선박소유자나 용선자의 요청에 의해 용선선박이 반선되는 경우에 조기반선에 합의하지 않는 한 조기반선을 요청한 상대방에게 손해배상을 청구하게 된다. 용선계약을 체결한 당시보다도 시황이 상승하였다면 선박소유자는 용선자의 조기반선을 손해배상 없이 받아들일 수도 있으나, 조기반선을 받아들였다하여 손해배상을 청구할 수 있는 권리는 선박소유자에게 유보된다.

6. 용선료(NYPE 1993 Clause 11, NYPE 2015 Clause 10/11)

1) 용선료 지급방법

용선료는 선박소유자와 용선자가 합의하는 통화 또는 보통 미화로 지급되며 지급기간은 15일 또는 1개월 단위로 선불 지급한다. 물론 계약 당사자간의 약정에 의해 후불로 지급하는 경우가 있다. 용선료 지급 조건이 현금(cash)으로 되어 있는 경우 입금과 동시에 선박소유자가 바로 조건 없이 사용할 수 있어야 한다. 그렇지 못한 경우 지급기일을 위반한 것이 되어 선박소유자는 용선자의 선박 운항권을 취소하거나 철수시킬 권리를 가진다.

NYPE 1993에서는 용선료 적기지불의무는 절대의무, 즉 용선계약의 조건(condition)에 해당된다. 만약 선박소유자가 용선료 지불지연을 수차례 묵과해 온 상황에서 갑작스런 본선철수(withdrawal)는 판례상 선박소유자에게 불리하다. 지급기일을 지나서 영수확인이 안 될 경우에 선박소유자는 자동적으로 본선을 철수할 권한을 가지는 것으로 보이나, 용선계약서에 별도 조항을 삽입하여 24시간 또는 48시간의 유예기간을 인정하는 것이 통례이다. 이러한 유예기간도 용선료를 송금하는 과정에 용선자의 과실이 아닌 은행측의 실수, 잘못, 부주의 또는 부작위로 발생한 경우에 한하여 선박소유자와 용선자간에 사전에 적절한 조치를 교환할 때에 유예기간이 인정되는 경우가 대부분이다. 그러나 NYPE 2015에서는 용선료가 지급되지 않을 경우 선박철수로 인한 선박소유자의 손해배상청구권을 명확하게 규정하고 있다.

한편 용선료 지불은 일반적으로 현금 지불이 원칙이며, 현금이라 함은 현금뿐 아니라 은행 간 환어음(interbank transfer), 은행환어음(banker's draft), 은행지불어음(banker's payment slips), 은행지불지시(payment orders) 등을 포함한다. 선불용선료의 지급기일(due date)이 은행휴무일인 경우는 그전 은행휴무일까지 지불함이 원칙이다.

---

344) *The Kanchenjunga* [1987] 2 Lloyd's Rep. 509,[1987]

또한 용선계약서에 통화가치의 변동에 의한 위험을 줄이기 위해 계약서에 "currency clause"[345] 또는 "escalation(escalator) clause"[346]를 삽입하기도 한다. "currency clause"는 고정 환율을 적용하는 것이며 "escalation clause"는 장기용선 계약 시 환율 변동 또는 인플레이션 등에 의해 비용이 증가할 경우 이를 보존하기 위한 조항이다. 용선기간 동안 환율이 상승하여 선박 비용이 증가할 경우 선박소유자는 "escalation clause"를 삽입하여 비용 상승에 따른 부담을 줄일 수 있다. 용선자는 비용이 상승한 만큼 용선료를 추가 부담한다.

Currency clause

It is mutually agreed that the monthly hire due under Clause …… is based upon the mean of the present Bank of England's selling and buying rate for the U.S. dollar, viz: $ …… to the Pound Sterling. Should this mean rate fluctuate it is understood and agreed that the Sterling hire payments shall be adjusted upwards or downwards and the amount actually payable in Sterling shall be the hire calculated at the agreed rate in Sterling of …… multiplied by $ …… and divided by the new mean rate in force on the due date of payment.

Escalation clause(Escalator clause)

"The rate of hire agreed in this charter is based upon the level of Owners' monthly operating expenses ruling at the date of this charter as shown in the statement for future comparison attached hereto, including provisions, stores, master's and crew's wages, war bonus and other remuneration, maintenance and usual insurance premiums. By the end of every year of the charter period the average monthly expenses for the preceding year shall be compared with the basic statement attached hereto. Any difference exceeding 5 per cent to be multiplied by 12 and regulated in connection with the next hire payment ……".

한편 용선자가 선박소유자에게 지불하는 용선료는 삭감이나 차감없이 전액 지불되어야 하나, 선박소유자와 용선자가 합의하여 용선자는 다음과 같은 비용을 차기 용선료 지불 시에 차감한 후 용선료를 지불할 수 있다.

① 선박소유자가 지불하여야하는 선박의 운영이나 보수유지를 위한 비용,

② 선장이나 선원들의 비용을 용선자가 지불한 비용,

345) https://www.bimco.org/Chartering/Clauses/Currency_Clause.aspx

346) http://www.shipinspection.eu/index.php?action=page_display&PageID=388

③ 용선중개인에게 지불되는 수수료

2) 선박소유자의 선박철수권

용선료 지불은 선박소유자와 용선자가 용선계약을 유지시키기 위한 조건 중 가장 절대적이다. 용선자가 용선료를 지급기일내에 지불하지 않으면 선박소유자는 선박을 철수시키고 용선계약을 종료시킬 권리를 가지고 있다. 용선료의 일부가 지불되고 일부는 지불되지 않았을 경우에도 선박소유자는 이러한 권리를 행사할 수 있다.

(1) 선박 철수권 행사에 대한 통지

선박소유자의 선박 철수권 행사는 용선계약의 종료를 의미하며, 일시적인 철수(temporary withdrawal)를 계약서에 명시적으로 삽입하지 않는 한 계약은 종료된다.[347] 이러한 권리를 행사하는 경우에는 용선료를 지급하지 않아 선박을 철수한다는 내용을 명확하고 최종적인 결정으로 용선자에게 통보하여야 한다. 용선자로부터 선박을 철수하게 되면 선장이 선박소유자의 지시에 의해 선박을 운항하게 되나 선박소유자가 선박의 철수를 용선자에게는 통보하지 않고 선장에게만 통보하였다면, 선박철수를 통보한 효력이 없다.[348]

통지의 내용은 선박 철수에 대한 명확한 내용이 포함되어 있어야하며, 애매모호한 통지내용은 효력이 없다. 그리고 통지의 방식은 특별한 형식을 갖추어야 하는 것은 아니며 용선료 지급의 불이행에 따른 용선계약의 종료에 대해 용선자에게 명확하게 알리면 된다.[349]

용선자가 선박소유자로부터 통지를 받고 약정한 기일 이내에 용선료를 지급하지 아니하면 선박소유자는 선박을 철수시킬 수 있으나 용선료 지급기일 당일 24시까지는 선박철수 통지를 보내지 못한다.[350]

그리고 건화물 정기용선에서는 용선자가 용선료를 미지급한 경우에 통상적으로 선박소유자는 선박 철수를 시행하기 전 48시간 또는 72시간의 여유시간을 용선자에게 제공한다. NYPE 1993에는 제11조 (b)항 유예기간 조항으로 포함하고 있으나, 시간에 대한 내용은 없으므로 일부 용선계약서에서 추가조항을 삽입하여 사용하고 있다.

NYPE 2015에서 주목할 필요가 있는 부분은 용선료 지급과 관련하여 유예기간(grace period) 및 선박철회로 인한 손해배상청구권의 명시규정이다. 즉, 용선료가 지급되지 않을 경우 선박철수로 인한 선박소유자의 손해배상청구권을 명확하게 규정하고 있는 것이다. NYPE 2015 제11조는 정확한 날짜에 용선료가 지급되지 않은 경우에는 선박소유자가 용선자에게 바로 3 영업일 이내에 지급조정해 달라는 통지를 보내도록 규정하고 있다. 이

347) Terence Coghlin, Andrew W. Baker, Julian Kenny, John D. Kimball, *op. cit.*, pp.297.
348) The Georgios C. [1971] 1 Lloyd's Rep. 7; *Ibid.*, pp.296~297.
349) The Rio Sun [1981] 2 Lloyd's Rep. 489; The Pamela [1995] 2 Lloyd's Rep. 249.
350) The Afovos [1961] 1 Lloyd's Rep. 562 (C.A) and [1983] 1 Lloyd's Rep. 335

것은 유예기간으로 언급되며, 유예기간이 끝난 후에도 용선료를 지급받지 못했다면 선박소유자는 선박을 철수하고 용선 나머지 기간 동안의 손실에 대해 손해배상을 청구할 수 있다.

(2) 선박 철수권의 소멸

용선료가 지급기일보다 늦게 지불되었지만 선박소유자가 정상적으로 용선료가 지급된 것으로 인정한 경우나,[351] 용선료의 일부가 지불되지 않았으나 선박소유자가 받아들인 경우[352] 또는 이러한 용선료의 전부 또는 일부가 지불되지 않은 채 상당기간이 경과한 후[353]에는 선박소유자의 선박철수권이 소멸된다.

7. 용선중단[354](off-hire) 약관(NYPE 2015 및 NYPE 1993 Clause 17)

정기용선계약은 용선자가 선박소유자로부터 일정기간 선박을 빌려서 용익하고 그 대가로 용선료를 지불할 것을 약속하는 계약이다. 따라서 정기용선자의 용익권은 선박소유자가 용선서비스를 합리적으로 이행할 감항성을 포함하여 성능을 가진 특정 선박을 제공한다는 것을 그 전제요건으로 하며, 선박소유자는 용선기간동안 중단없이 선박의 감항성과 이러한 성능을 유지할 의무를 부담하고 있다.[355] 따라서 정기용선계약의 기간 중에 정기용선자 측의 책임이 없는 사유로 인하여 선박이 감항성 또는 다른 사유로 인하여 가동력의 일부 또는 전부를 일시 상실하여 정기용선자가 선박을 용익할 수 없게 된 경우에는, 용선계약상의 용선기간이 일시 중단(선박가동력의 일부상실의 경우는 비례로 용선중단기간 산정)되며 용선자의 선박의 용익도 중단되게 된다. 그러므로 이 기간에 대하여 용선료의 지급이 면제되며, 용선료 지급을 면제하려면 이것을 주장하기 위한 입증책임은 정기용선자에게 있다.[356] 그리고 위와 같이 용선이 중단된 기간동안에 선박이 소비한 연료는 선박소유자가 부담한다.

한편 용선료 지급중단(off-hire)은 선박소유자의 계약위반에 대하여 용선자가 선박소유자에게 행하는 손해배상청구(penalty)와는 별개의 사항이며, 어디까지나 용선계약상 정해진 용선료의 지불을 정지하는 제도에 불과하다.

---

351) *The Brinnes* [1974] 2 Lloyd's Rep. 241.
352) *The Mihalios Xilas* [1979] 2 Lloyd's rep. 303.
353) *The Laconia* [1977] 1 Lloyd's Rep. 315.
354) 이 책에서 용선중단이라는 말은 영어의 OFF-HIRE를 단지 인지(identification)의 목적으로 번역한 것이며, OFF-HIRE의 본래의 의미를 모두 포함하지 못하거나 법적인 해석에 미흡할 수 있음을 첨언합니다.
355) Tyndale 55. Co. v. Anglo-soviets Shipping Co(1936) 1 All ER 389(CA).
356) Royal Greek Government v. Minster of Transport - The Ilissos[1948]82 Ll.L.Rep. 196.

1) 용선중단(off-hire) 약관

정기용선계약은 선박의 항해 효율성을 담보로 하여 선박소유자가 선박을 일정기간동안 정기용선자에게 수익을 위하여 사용하게 하는 의무를 부담하는 계약이므로 담보약관(warranty clause)의 성질을 갖는다.[357] 따라서 용선중단의 사유와 그 결과가 중대하다고 판단하지 않는 한 선박이 용선중단이 되었다하여 중단용선계약 자체가 해제 또는 해지되지는 않으며 용선자는 그에 대한 손해배상을 청구한다.

한편 이에 관한 NYPE 1993 제17조 및 NYPE 1946 제15조가 용선선박의 물리적 또는 인적요소로 인한 용선중단의 발생 원인과 효과에 대한 용선중단 약관(off-hire clause)이다. 그러나 용선의 중단은 선박운항의 잘못으로 인해서도 발생할 수 있으며, 이러한 것들에 대한 것으로 선박소유자의 비용부담약관(NYPE 1993 제6조), 항해의 실행약관(항해의 빠른 성취, NYPE 1993 제8조)과 보일러 청소약관(볼타임 제12조) 등의 약관을 예로 들 수 있다. 이와 관련하여 NYPE 2015 제17조에서도 용선중단 약관을 두고 있으며, 유사한 내용을 포함하고 있다.

2) 용선중단의 사유와 이에 포함되지 않는 사유

용선기간 중에 정기용선계약에서 열거한 사유가 발생한다고 하더라도 자동적으로 용선이 중단되고 용선료 지급중단(off-hire)의 효력이 발생하는 것은 아니다. 용선중단의 사유가 되려면, 첫째, 용선중단의 사유가 현실적으로 일어나야 하고, 둘째, 그 결과로서 업무의 이행이 일정한 기간 사실상 제한을 받거나 또는 이행 불능이 생겨야하며, 셋째, 용선중단(off-hire)의 기간이 선박의 성능회복을 위하여 합의한 허용시간을 초과하여야 한다.[358]

NYPE 2015(Clause 17) 용선계약서에서 다음과 같은 사유로 인하여 용선자의 선박용익상의 시간손실이 발생한 경우에는 용선이 중단된다고 규정하고 있다.

(1) 용선중단의 구체적인 사유

가. 사관 또는 부원의 부족과 자격미달(deficiency), 태만(default) 및 파업

선박의 사관은 법적으로 일정한 자격을 갖추어야만 한다. 법적으로 자격을 갖추지 못한 사관이 승선하였거나, 승선한 사관 및 선원의 정원이 부족하거나 또는 사관 및 선원의 태만과 파업으로 용선자에게 선박의 용익에 지장이 되어 시간상의 손실이 발생한 경우를 말한다. 그러나 선원의 정원이 부족하여도 선박의 운항에 지장이 없었다면 선원의 정원부족으로 인한 용선중단은 성립되지 않았던 판례가 있다.[359]

---

357) 염정호, 앞의 책, p.319.
358) 박용섭, 「정기용선계약법」, (효성출판사, 1999) p.342.
359) Roya Greek Government v. Minister of Transport - The Ilissos[1948] 82 Ll.L. Rep.196.

나. 속력의 저하

정기용선계약을 체결할 때에 선박소유자가 제공하는 선박의 명세 중 선박의 속력과 연료 소모량은 용선자의 해당 선박의 용익에 대한 수익성과 직결되는 문제로서 선박소유자는 선박의 이에 대한 성능을 지속적으로 유지 시켜야 할 의무가 있다. 선박의 속력이 저하된다면 항해시간이 연장됨에 따른 용선자의 시간상의 손실이 발생한 경우를 말한다.

다. 선박의 사고/운송화물에 의한 사고 및 수리

선박의 좌초, 충돌 및 화재 등의 사고로 인하여 선박 또는 기기의 파손 또는 손상이 발생하였을 경우 선박의 상태를 회복시키기 위해 운항수리(running repair)나 입거수리(dry docking repair)를 하기 위해 선박의 운항이 중단된 경우를 말한다.

한편 용선중단약관에 황천으로 인하여 피항하거나 또는 용선자의 지시나 명령을 따르지 않은 운송화물의 사고로 인하여 지연된 시간을 용선중단의 사유로 규정한 경우에는 항해 중에 황천을 만나 운송화물의 이동과 같은 이유로 선박에 입은 손상을 수리하기 위해 피난항에서 수리한 기간은 용선중단의 기간으로 간주한다.[360] 이것은 해손에 의한 정박지연(detention by average accident)을 의미하는 것이다. 또한 NYPE 2015(Clause 17)와 NYPE 1993(Clause 17)에서 규정한 해손(average)은 일반적인 개념으로서 해상위험으로부터 생긴 손해와 비용을 말하는 것이며 공동해손을 뜻하는 것은 아니다.[361]

또한 용선선박이 용선자의 지시나 명령을 따르지 않았을 경우에 운송화물의 사고로 인하여 이로 또는 회항하는 경우 해당 선박이 이로 또는 회항을 개시한 때부터 다시 그 지점 혹은 목적지에서 등거리에 있는 지점에서 항해를 재개할 때까지의 기간은 용선중단의 기간이 된다.

라. 하역설비의 고장

선박의 하역설비의 고장으로 화물작업을 하지 못하였을 경우를 말한다. 한편 하역 도중에 선창을 개폐하는 기기가 고장이 났으나 하역작업은 계속할 있었을 경우 선박은 용선중단이 되지 않는다. 왜냐하면 선창개폐기기의 고장이 하역작업에 전혀 영향을 주지 않았으며 해당 선창의 작업을 계속할 수 있었기 때문이다.

마. 보급품의 부족

선박소유자는 일반적인 보급품이나 법정비품을 적기에 보급하여야 한다. 법정비품을 선박의 운항을 위해 소비한 경우에는 차항에서 보충하여야 한다. 이러한 법정비품을 포함한 선박의 보급품이 부족한 경우는 선박의 감항성이 결여된 것으로 간주하며, 이로 인하여 용선자의 선박의 이용에 차질이 생긴 경우를 말한다.

---

360) Burrell v. Green (1914) 1 KB 293.

361) 박용섭, 앞의 책, p.344.

바. 항만국통제 또는 선박 결함으로 인한 기타 당국의 억류

항만국통제(Port State Control : PSC) 등으로 인하여 선박 결함에 대해 지적받아 당국으로부터 출항정지를 당하는 경우에 있어 용선중단의 사유 여부에 대한 논란을 명확하게 정리하여 규정하고 있다(NYPE 2015 Clause 17).

사. 기타 선박의 운항이 중단된 경우

선박소유자의 선박관리업무상 필요하여 선박의 운항이 중단되는 경우가 있다. 선박의 정기검사 및 중간검사, 선원들의 승하선 절차 및 선박의 정기적인 소독 등은 선박소유자의 비용으로 선박의 관리를 위해 취해야할 조치이다. 또한 선박이나 선박소유자에 공공기관이 내린 명령, 선박의 압류, 보증장의 요구[362] 등으로 인하여 용선자의 선박의 운항이 지연되거나 방해된 경우를 말한다.

(2) 용선중단 사유에 포함되지 않는 경우

다음과 같은 사유로 인하여 용선자가 정상정인 선박의 용익에 지장이 생긴 경우에는 용선중단의 사유에 해당하지 않는다고 규정하고 있으며 용선자는 해당기간에 대하여 계속하여 용선료를 지불하여야 한다[볼타임 제11조(B)].

첫째, 황천으로 인하여 항구 또는 정박지에 피항한(driven into) 경우이며, 이러한 안전구역으로 피항한 것은 선박과 용선자가 운송하기 위해 선적한 화물의 공동안전을 위한 조치이기 때문에 선박의 운항에 지연이 발생하였다 하더라도 용선중단의 사유가 되지 않는다.

---

362) Jalagouri호 사건(The Jalagouri [2000] 1 LLR 515)에서 본선은 1993년 8월에 화물선적지의 어느 지점에 위치한 방파제와 접촉하여 화물창에 해수가 유입되어 화물손상이 발생하였다. 양하항인 인도에서 손상이 없는 화물을 양하한 후에 손상이 있는 화물을 양하 하려고 하였다. 항만당국은 손상이 있는 화물에 의해 항만에서 특별한 비용이 발생할 것을 우려하여, 이에 대한 특별한 비용을 담보하는 보증장의 제공을 본선에 요구하였다. 선박소유자는 곧바로 보증장의 준비를 취할 수가 없어서 본선의 체선이 불가피하게 발생되었다.
이에 대하여 선박소유자는 용선계약서상 선박의 사용조항(employment clause)에는 양하는 용선자의 비용으로 행한다고 되어있으므로, 양하에 관한 보증장은 선박소유자가 아니라 용선자가 제출해야 하는 사항으로서, 용선자의 사정으로 본선은 체선되어 오프 하이어는 인정할 수 없다고 주장하였다. 판례는 본건 용선계약의 특약을 중시하고 다음과 같은 이유로서 용선자에 의한 오프 하이어 주장을 인정하였다.
즉, 본 계약에서는 본선이 "억류된(detained)" 경우는 용선료 지급중단이 성립함과 동시에, 선박소유자는 이러한 억지된 상태를 풀기 위한 담보를 제공해야만 한다는 특약이 정해져 있었다. 또한, 본건에서는 보증장을 제공하지 않는 한 본선은 선석에 접안하는 것이 허락되지 않을뿐더러 본선이동에 있어 물리적인 제약에 해당하므로, "억류된(detained)" 경우에 해당한다. 따라서 선박소유자는 보증장을 제공해야만 되었으며 본선이 체선되고 있는 동안은 오프 하이어가 된다.
아울러 선박사용약관(employment clause)은 "양하는 용선자의 비용으로 행함"으로 규정하지만, 여기에서 말하는 양하의 비용은 화물의 물리적인 취급비용을 일컫는 것이며, 본건과 같이 특별한 비용은 포함되지 않는다. 따라서 선박사용약관을 근거로 선박소유자가 "용선자에게 보증장을 제출해야 한다"는 주장을 할 수는 없다.

둘째, 용선자의 지시에 의하여 수심이 얕은 항만이나 강, 또는 모래톱(bar)[363]이 있는 항만을 항해하는 경우이다. 물론 용선자가 이러한 곳에 항해를 지시하였을 경우 선장은 그 지시에 따를 것을 거부할 수 있으며, 그 지시에 따라 항해한다 할지라도 항만, 강 또는 모래톱의 수심이 얕아서 선박의 좌주(grounding)나 선저(ship's bottom)가 모래톱과 접촉하여 선저에 손상이 발생한 경우에는 용선자는 면책되지 않으며 그러한 지시를 한 용선자의 시간과 비용으로 선박을 수리하여야 한다.

셋째, 용선선박에 선적된 화물의 상태에서 기인한 사고로 용선자의 선박용익기간의 손실이 발생한 경우이다. 따라서 선적된 화물로 인하여 운송도중에 선박에 손상이 발생하였을 경우에는 선박의 손상을 수리하기 위해 정박하는 지연은 용선중단의 경우에 해당되지 않는다.[364]

다음의 판례[365]에서 이에 관하여 잘 알 수 있다.

선박은 항해 중에 황천을 만났으며, 갑판위에 선적한 화물의 이동으로 선박에 손상을 입었다. 이 결과로 이 선박은 항구에 기항하여 황천과 갑판적 화물의 이동에 의한 선박의 손상에 대한 수리를 시행하였다. 이에 대하여 영국의 고등법원은 "…… but should the Vessel being driven into port or anchorage by stress of weather, from accident to the cargo, such detention or loss of time shall be at the charterers' account" 라는 용선중단의 약관을 적용하였으며, 이것은 "거친 날씨 또는 운송물의 사고에 의하여 실제로 중단된 기간만을 의미하는 것이지, 황천이나 화물의 사고에 의하여 선박의 입은 손상에서 발생한 중단기간을 의미하는 것이 아니다"라고 판시하였다.[366]

BALTIME 1939(as revised 2001) Clause 11(B)

In the event of the Vessel being driven into port or anchorage through stress of weather, trading to shallow harbours or the rivers or ports with bars or suffering an accident to her cargo, any detention of the Vessel and/or expenses resulting from such detention to be for the Charterers' account even if such detention and/or expenses, or the cause by reason of which either is incurred, be due to, or be contributed to by, the negligence of the Owners' servant.

---

363) 주로 강의 수로에 강물의 흐름에 의하여 자연적으로 형성된 수면하의 모래둑(natural underwater bank of sand)을 말하며 주로 강의 하구나 강물의 흐름의 방향이나 속력이 변경되는 지역의 인근에 많이 생긴다. 항상 그렇지는 않지만 선박의 통과에 지장을 주지 않는 경우가 있으나 좌주(grounding)의 위험이 있다고 볼 수 있다.

364) Royal Greek Government v. Minister of Transport (No.2) (1939) 1 KB 525

365) Burrell v. green(1914) 1 KB 293; 박용섭, 앞의 책, 재인용

366) 박용섭, 앞의 책, p.348.

3) 용선중단 기간의 결정

선박의 기기 또는 기관의 고장이나 선체에 사고가 발생하였다고 해서 즉시 용선중단(off-hire)이 되지 않으며, 용선자가 이러한 이유로 용선자의 선박의 용익에 시간의 손실이 발생하였다는 것을 증명하여야 한다. 따라서 선박이 항내에 정박하여 하역작업을 하는 동안에 정박시간을 이용하여 선박의 주기관(main engine)이나 항해기기를 수리하였을 경우 용선자가 이것으로 인한 용선자의 선박이용시간에 손실이 있었다는 것을 증명하지 못하는 한 선박의 용선기간이 중단되지 않는다. 또한 항해 중에 불감항성의 상태가 회복될 때까지 자동적으로 용선중단이 되는 것이 아니며, 이것으로 인하여 용선자가 선박의 용익과 관련하여 시간상의 손실이 있었다는 것을 증명하여야만 용선중단이 성립된다.

(1) 용선서비스의 이행 불능 또는 지연

용선중단(off-hire)의 효력을 발생시키는 사유는 그러한 사실이 현실적으로 존재하여야 할 뿐만 아니라, 선박소유자가 정기용선자에게 제공하여야 할 용선서비스, 즉 용선업무의 제공을 직접적으로 정지(preventing)하거나 또는 방해(hindering)하여야 한다.

여기에서 말하는 용선선박의 업무란 용선선박의 서비스를 제공하기 위하여 완전하게 작업 상태를 갖춘 선박이 제공할 유효한 업무(efficient working of the ship)를 말한다.[367)]

그리고 정지(preventing)는 선박소유자의 후발적 귀책 사유로 말미암아 용선업무의 이행 불능을 뜻하며, 방해(hindering)는 용선업무의 불완전 이행을 뜻하는 것이다. 즉 Baltime 1939(as revised 2001)[Clause 11(A)]에서 "…… either hindering or preventing working of the Vessel and continuing ……"과 NYPE 1946(Line 53)에서 "…… by any other cause preventing the full working of the vessel, the ……" (…… 용선선박의 업무가 정지되거나 또는 방해받고서 ……)라고 규정하는 것은 포괄적이고 추상적인 문언이나, 이 말은 현실적 이행 불능 또는 불완전 이행을 뜻하는 법적 의미를 갖는다.[368)]

따라서 부분적으로 이행이 불가능한 경우와 같은 불완전 이행의 경우도 선박소유자의 용선업무제공이 이루어지지 않은 것으로 판단하여 용선이 중단된다는 의미이다.[369)] 즉 선박에 어떠한 문제가 발생함으로서 현실적으로 용선계약을 이행하는 것이 불가능한 경우(현실적 이행불능) 이를 회복하여 정상적으로 서비스를 다시 제공할 수 있는 상태로 될 때까지 용선료를 지급하지 않는 용선중단으로 간주하는 계약에서는 부분적으로만 서비스를 제공할 수 있는 상태(불완전 이행)도 현실적 이행 불능과 동일하게 취급하여 용선중단으로 간주하고 용선료를 지급하지 않는다는 의미이다.

---

367) Court Line v. Cant & Russell (1939) 1 Lloyd's Rep. 7

368) 박용섭, 앞의 책, p.345.

369) Michael Wilford, Terence Coghlin, John D. Kimball, *Time Charters, 5th ed.*(London : LLP, 2003), p.409.

(2) 용선기간의 순손실

용선자가 어떤 사고로 말미암아 용선중단(off-hire)의 요건이 발생되더라도 용선자가 입은 시간의 순손실(net loss of time)에 대해서만 용선중단기간이 되며 이 기간에 대한 용선료만을 지급에서 공제해야 한다.[370)]

따라서 용선선박에 선박전체가 아닌 부분적으로 선박을 이용할 수 없는 경우에는 실제로 손실된 시간(actually lost time)만을 용선중단 기간으로 한다. 예를 들면 여러 대의 크레인 중에 한 대의 크레인이 고장이 났으나 다른 선창의 크레인으로 작업할 수 있었다면 실제적으로 손실된 시간이 없다고 볼 수 있다. 그러나 모든 크레인으로 작업을 하던 중 한 대의 크레인이 고장이 났다면 비례로 계산하여 용선중단기간이 결정된다. 즉 전체 크레인 6대가 작업 중 한 대가 고장이 나서 작업을 하지 못하였다면, 고장으로 작업을 하지 못한 전체 기간의 1/6만이 용선중단기간이 된다.

4) 용선중단의 효과

용선중단약관의 요건이 충족하여 적용하게 되면 그 효과적 측면에서, 첫째, 직접적으로 용선료의 지급 정지가 이루어지며, 용선중단의 사유가 존재하는 동안 계속하여 용선료의 지급이 정지된다.

통상적으로 정기용선계약에서 용선료는 선급이므로 용선중단이 발생하게 되는 경우에는 다음의 용선료 지급시에 용선중단 기간에 해당하는 용선료를 공제하고 지급한다. 하지만 이러한 공제권과 관련하여 명시적으로 규정하고 있는 경우에는 그에 따르면 되지만,[371)] 명시적으로 규정하고 있지 않는 경우에는 영국법원의 판결이 나뉘고 있다.[372)]

둘째, 용선중단에 따른 손해배상청구권의 발생에 영향을 미치지 아니한다. 즉, 용선중단에 따른 용선료의 지급중단은 손해배상을 의미하는 것이 아니라 용익 불능의 효과로서 반대 급부인 용선료의 지급을 일시적으로 정지한 것을 의미한다.[373)] 그러므로 용선중단 기간중에도 정기용선계약의 효력은 발생하고 있으므로 정기용선자는 부여된 의무를 준수하여야 하며,[374)] 선박소유자의 고의 또는 과실로 인해 발생한 용선의 중단에 따른 손

370) NYPE(1993) 약관(Clause 17)에도"…… or by any other similar cause preventing the full working of the Vessel, the payment of hire and overtime, if any, shall cease for the time thereby lost." 라고 규정하고 있다.

371) NYPE 2015 제17조 후단에서 "항해 중에 선체 기관 또는 설비의 결함 또는 고장에 의하여 속력이 저하되었을 때에 발생한 상실 시간 및 그 결과로 추가 소비된 연료비 및 기타 입증된 모든 비용은 용선료에서 공제한다"라고 공제권을 규정하고 있다.

372) Seven Seas Transportation v. Atlantic Shipping (1975) 2 Lloyd's Rep. 188에서는 항해용선계약 또는 선하증권계약에 있어 해상운송인에 대한 손해배상청구권을 가지고 해상운송인의 화주에 대한 운임청구권을 상계할 수 없다고 한 원칙을 정기용선계약의 용선료에도 적용시켜 공제할 수 없다고 하였으나, The Teno(1977) 2 Lloyd's Rep. 289와 The Nanfri(1978) 2 Lloyd's Rep. 132에서는 정기용선계약의 경우에는 공제권을 인정하는 것이 공평하다는 판결로 나뉘고 있다.

373) 박용섭, 앞의 책, p.354.

해배상청구를 할 수 있다. 즉, 정기용선자는 선박소유자의 고의 또는 과실로 계약의 위반이 발생하였으며, 그로 인하여 입은 손해에 대하여 배상청구를 할 수 있는 것이다.

8. 항행제한구역

정기용선자는 정기용선계약에 의하여 용선한 선박의 용선기간동안에 선박을 임의로 사용하여 수익을 올릴 수 있는 용익권을 가지고 있으나, 이러한 수익을 올리기 위하여 용선한 선박을 계절적으로 위험이 있는 해역이나 전쟁위험이 있는 지역에 선박을 취항시킬 수가 없다. 정기용선계약을 체결할 때에 용선자에게 이러한 위험지역에 선박을 취항시키지 못하도록 의무를 부과하고 하고 있다.

NYPE 1946 서식에는 선박소유자와 용선자가 합의하여 선박을 취항시킬 수 없는 지역과 취항시킬 수 있는 지역을 구체적으로 결정하고 있다(NYPE 1946 Line 27~31). 또한 "The vessel shall be employed in such lawful trades between safe ports and places within Institute Warranty Limits(I.W.L.) excluding ……"(NYPE 1993 Clause 5)에 따라 선박은 런던보험업자협회(Institute of London Underwriters)가 정한 항해 가능구역 안에서 운항해야 한다. 만약 용선자가 계약상의 항해 가능구역을 벗어난 항로를 항해하도록 지시한다면 계약위반이 되어 선장은 그 지시를 거절할 수 있으며, IWL[375]을 벗어난 지역에 입항하여 선적 후 선하증권의 발행을 요청한다면 선장은 이에 대해 거부할 권리를 가진다.[376] NYPE 2015에서는 제1조의 (b)항으로 이동하여 거의 동일하게 명시하고 있다.

만약 용선자가 선박을 항해 가능구역을 벗어난 지역으로 항해를 지시하고 선박소유자가 선장으로 하여금 그 지시를 따르게 하였다면 운항하는 기간동안에 선박소유자는 계약된 용선료와 현재 시장요율과의 차액을 고려하여 만약 현재 시장요율이 더 높다면 손해배상을 청구할 수 있다.[377]

그리고 전쟁위험지역을 취항하거나 항해제한 지역을 벗어나 항해하려고 할 경우 용선자는 선박소유자의 동의를 얻고 보험자에게 용선자가 추가할증보험료(extra insurance premium)를 지불하는 조건으로 약정된 항해가능구역을 이탈하여 운항할 수 있다. 그러나 추가할증보험료를 지급했다고 하는 것은 기항지와 취항해역에서의 선박의 안전에 대한 용선자의 의무가 경감되는 것을 의미하지 않는다.[378] 선박소유자가 용선자에게 단지 전

---

374) 예를 들어, 연료유 대금 지급의무, 항만수수료의 지급 의무 등에는 영향을 미치지 아니한다.

375) 런던보험자협회(Institue of London Underwriters)에서 선박의 항해에 위험하다고 판단되는 지역과 해역을 정하고 있는데 이것을 Institute Warranty Limits(IWL; 항로제한구역)이라고 하며, 여기에 선박을 취항하기 위해서는 추가보험료를 납부하고 부보하여야 한다. 본 협회의 선박보험약관은 이러한 내용을 포함하고 있으며, 정기용선계약 체결 시 용선계약서에 본 협회항로제한 해역에 취항을 금지하는 내용을 삽입하고 있다.

376) *Halcyon Steamship v. Continental Grain* (1943) 75 L1, L, Rep. 80.

377) *Rederi hansen v. Van ommeren* (1921) 6 L1.L.Rep. 193.

쟁위험지역에 취항하거나 IWL을 벗어나 선박을 운항할 수 있도록 허용한 것뿐이며, 전쟁위험으로부터 안전하지 않은 항구를 기항하거나 IWL을 벗어나 항해 도중에 입은 선박의 손상에 대해서는 여전히 용선자가 책임져야 하며 추가보험에 부보하는 것은 별개의 문제이다.

9. 합법적인 화물(NYPE 2015 Clause 16 및 NYPE 1993 Clause 4)

1) 합법적인 화물

정기용선계약서에는 용선자가 합법적인 화물(lawful merchandise)만을 선적해야 함을 명시하고 있으며, 또한 제외되어야 하는 화물에 대해서도 그 종류와 성질에 대해서도 규정하고 있다.

합법적인 화물이라는 것은 선적항(loading port)과 양하항의 국가에서 합법적으로 적·양하 할 수 있어야 함은 물론이고 화물을 선적한 선박이 통과하는 국가의 법률에도 저촉되지 않아야 한다. 또한 선박의 국적국(country of flag)과 용선계약서에서 제시하는 사법권에도 합법적인 화물이어야 함을 의미한다.

또한 용선계약서에 선적하지 않아야 하는 제외되는 화물의 종류를 명기하고 있는데(cargo exclusion), 선적하지 않기로 한 제외화물을 선적하였을 경우에는 용선계약을 취소할 수 있다. 그리고 이러한 화물을 선적하는 것에 대하여 선박소유자를 대신한 선장이 이의를 제기한 상태에서 선적이 이루어졌다 하더라도 선박소유자는 적절한 보상을 요구할 수 있다. 또한 자격을 갖춘 관련기관에서 화물운송 시 요구하는 사항이나 추천사항에 따라 운송되지 않는 한 위험하거나, 인체나 선박에 손상을 입힐 수 있거나, 발화 또는 부패하기 쉬운 화물은 용선자가 선적할 수 있는 화물에서 제외된다. 또한 국제해사기구(IMO)에서 등급을 매기는 화물을 선적하는 경우에는 선적할 수 있는 화물량에 대한 제한을 받는다.

그러나 일반적으로 위험하다고 생각하는 무기류가 무조건 불법화물이 아니며, 위험하지도 않고 합법적인 화물일지라도 화물을 취급하는데 선박에 손상을 입히거나 선박을 오염시킬 수 있는 화물도 제외한다. 예를 들면 어분[379](fish meal), 쇠가죽[380](untanned raw leather), Cement Clinker[381], 소금[382](salt) 유황[383](sulfur) 또는 고철[384](shredded scrap)과

378) *The Helen Miller* [1980] 2 Lloyd's Rep.95.

379) 어분(漁粉)은 생선가루를 말하며 비료나 사료로 이용된다. 선적하여 운송도중에 화물이 부패하는 냄새가 선창에 흡착되어 다음 화물을 선적하는데 어려움이 있다.

380) 가공되지 않은 가죽을 말하며 운송도중 냄새가 많이 나고 선창에 냄새가 흡착되어 다음 화물 선적에 지장을 준다.

381) 선창의 철판에 달라붙어 떨어지지 않아 선창내 철판의 표면이나 선적되는 화물에 손상을 입힐 염려가 있다.

382) 선창을 녹슬게 한다.

DRI(Direct Reduced Iron)[385]와 같은 화물은 전혀 위험하지는 않거나 선적을 기피할 만큼 위험하지 않으나 선박에서 취급 시 냄새가 나거나 온도가 높아 선창의 페인트가 벗겨질 우려가 있기 때문에 선박소유자에 따라서는 이러한 화물을 제외화물에 포함시키기도 한다.

2) 위험화물

위험화물이라고 분류할 때에 단지 화물의 속성(nature)이 위험한 화물만이 아니고 그 의미를 확대하여 용선자가 선박소유자와 선장에게 화물의 적·양하 또는 운송도중에 화물의 안전한 취급방법에 대한 정보를 제공하지 않았을 경우에도 위험화물로 분류된다. 이러한 정보가 제공되지 않음으로 인하여 화물 취급 시 화물에 대한 문제가 발생하였거나 선박과 선원의 안전에 관한 문제가 발생하였을 경우에는 용선계약을 위반한 것이 된다.[386]

화물이 안전한지 위험한지에 대한 명확한 분류는 거의 불가능하므로 이에 대한 법원의 견해를 살펴보면 Mustill, J.는 "단순히 석탄이 안전한 화물인지 위험한 화물인지 판단하는 것은 불가능하다. 석탄은 공기와 결합하여 폭발적인 혼합물을 생성할 수 있는 메탄가스를 배출할 수 있지만, 선박소유자는 그러한 특별한 높은 온도에서 전혀 예상하지 못한 가스 배출에 대한 위험을 감내하면서 화물에 대한 주의의무를 하여야 하는지 논란이 있을 수 있다. 〈중략〉 특정화물의 선적은 선박소유자가 계약상 감당할 수 있는 위험에 대한 것이다. 〈중략〉 위험화물과 관련된 대부분의 문제는 계약상 명시된 '통상적인 화물'(normal goods)의 운송위험을 감소시킬 수 있는 정도의 '통상적인'(normal) 주의의무이면 충분할 것이다."라는 의견을 제시하였다.[387]

한편 위험화물을 선적하지 말아야 하는 것은 용선계약에서 명시하지 않는다하더라도 당연히 지켜야 하는 묵시적인 사항이기도 하다. 본선에 위험물을 적재할 경우 사전에 선박소유자의 승인을 받고 선장의 지시에 따라 적재해야 하며 만약 위험화물 적재에 따른 손실이 발생하였다면 이 손실은 용선자가 부담하여야 한다. 그리고 용선자가 화물선적과 관련하여 계약을 위반하였을 경우에는 경우 선박소유자는 계약을 취소할 수 있다.[388]

---

383) 선창을 녹슬게 한다.

384) 자석을 이용하여 선적하므로 높은 곳에서 무거운 고철 덩이를 선창으로 떨어뜨리는 방법으로 선적하므로 선창을 손상시킬 염려가 있다.

385) 화물자체의 온도가 높아 선창내 부식방지를 위한 페인트 칠을 손상시키거나 선창내 구조물에 손상을 입힐 수 있다.

386) *Micada v. Texim* [1968] 2 Lloyd's Rep. 57.

387) *The Athanasia Comninos* [1990] 1 Lloyd's Rep. 277.

388) *Chandris v. Isbrandtsen-Moller* [1951] 1 K.B 240.

10. 감속 항해(slow steaming)

1) 감속 항해의 의의

NYPE 2015 약관(clause 38)에서의 감속 항해(slow steaming)의 의미는 용선자가 자신의 재량으로 선장에게 서면으로 지시하여 선박의 속력을 감속하거나, 엔진의 회전수를 줄이거나 또는 특정 목적지의 입항예정시간에 맞추도록 선박의 속력을 조절하는 것을 말한다.

본 약관은 NYPE 1993에는 없었던 약관으로 NYPE 2015에서 새로이 도입된 약관이며, 감속항해(slow steaming)와 초감속 항해(ultra-slow steaming)를 필요에 따라 선택할 수 있도록 규정하고 있다. 감속항해를 통해 요즘 가장 민감한 사항인 연료비의 절감을 위하여 용선자가 선장에게 감속항해를 서면으로 지시할 수 있고 선박소유자는 이지시를 따를 의무를 규정하고 있다.

또한 최근의 컨테이너 선박의 운항에서는 선속을 낮춤으로써 연료소비를 줄일 뿐만 아니라, 운항하는 선박의 척수를 증가시켜서 과잉 공급된 컨테이너 선박의 계선되는 기회를 감소시키고도 있다.

2) 감속 항해의 선택 사항

감속 항해를 요청 또는 지시하고자 할 때에 선택할 수 있는 감속 항해의 종류는 일반적인 감속 항해(slow steaming)와 초감속 항해(ultra-slow steaming)로 나눌 수 있다.

(1) 감속 항해(slow steaming)

용선자가 선장에게 속력 또는 기관의 회전수(RPM)를 조정하도록 서면 지시하는 경우에, 선장은 항상 선박, 선원과 화물의 안전 및 해양환경보호와 관련된 선장의 의무를 염두에 두고 이 범위를 벗어나지 않도록 주의를 다하여야 할 것이다. 이러한 경우에 실무적으로 선박의 엔진 보조 송풍기(blower)의 급정지점(꺼지는 지점)보다 높은 지점에서 엔진을 작동하여야 한다. 그리고 때때로 발행되는 제조사/설계사의 권고사항의 범위를 벗어난 선박 엔진 및/또는 설비의 작동을 야기하여서는 아니 된다.

(2) 초감속 항해(ultra-slow steaming)

초감속 항해는 감속 항해보다 더욱더 감속하여야 하는 경우의 선택사항이다. 즉 용선자가 선장에게 속력 또는 기관의 회전수(RPM)를 조정하도록 서면 지시하는 경우에, 선장은 실무적으로 선박의 엔진 보조 송풍기(blower)의 급정지점(꺼지는 지점)보다 높은 지점 또는 아래 지점에서 엔진이 작동하는 지 여부에 상관없이 선박, 선원과 화물의 안전 및 해양환경보호를 할 수 있는 범위내라면 용선자의 지시를 따르는 경우이다. 다만, 감속 항해와 초감속 항해는 선택사항이지만 어느 한 약관이 선택되어 삭제되지 않으면 감속 항해약관을 적용하게 된다.

3) 연료소비의 최소화를 위한 선박소유자의 의무

선박소유자는 모든 속력하에서 연료소비를 최소화하기 위하여 최선의 노력을 다하여야 하며, 이를 위하여 고려하여야 하는 사항을 규정하고 있다.

① 이 용선계약하의 선박 속력과 연료소모량과 관련된 선박소유자의 담보
② 선박 속력 및/또는 기관의 회전수(RPM) 및/또는 특정 목적지에 대한 특정 도착예정시간에 관한 용선자의 지시
③ 선박, 선원과 화물의 안전 및 해양환경의 보호
④ 선박소유자 또는 그 대리인이 발행한 운송계약을 증명하는 모든 선하증권, 해상화물운송장 또는 기타 서류에 대한 선박소유자의 책임

그리고 이를 위한 상당한 주의의무 규정을 두고 있다. 즉, 항해계획을 수립하고, 선박 트림(trim)을 조정하고, 주기관 및 보조기관을 작동할 때 주의의무를 다하여야 하며, 선박 항해장비 및 보조장비, 항해 최적화 시스템 및 성능 모니터링 시스템 등을 사용할 때 최적화된 상태로 작동될 수 있도록 하여야 하며, 용선자가 선박 에너지 효율성을 높이기 위해 합리적으로 요구하는 자료에 대해서는 선장에게 보고 의무를 부과하고 있다.

또한 선박 에너지 효율성을 위한 잠재적 개선사항의 식별과 실행방법을 공유하여야 한다.

4) 선박소유자의 입증책임

감속 항해 지시에 따른 속력 또는 감속된 기관의 회전수(RPM)로 항해를 하는 경우에 선장은 용선자의 이러한 감속 항해의 지시에도 불구하고 선박소유자의 의무인 신속한 항해의무를 준수하여야 한다. 즉, 선장은 용선자의 이러한 지시에 따라 상당한 주의를 다하였음을 입증하여야 하며, 이는 선박소유자의 묵시적 의무 중의 하나인 신속한 항해의무의 위반을 용인하는 것은 아니다. 그러므로 선장은 감속 지시된 상태에 따라 선박소유자가 부담하여야 하는 신속한 항해의 완성을 위한 최선의 노력을 다하였음을 입증할 책임을 부담하는 것이다.

5) 용선자의 책임

용선자는 이 약관의 실행과 관련하여 발생하는 선하증권, 해상화물운송장 또는 운송계약을 증명하는 기타 문서 등으로 인해 야기되는 책임을 부담하여야 한다. 즉, 감속 항해를 위하여 선박소유자는 신속한 항해 의무 등에 따라 상당한 주의의무를 다하면 그 이외

에 이로 인해 야기되는 선박소유자의 과중책임 등에 대해서는 용선자가 선박소유자에게 손해배상책임을 부담하게 된다.

11. 화물과 선박의 안전 및 환경오염방지규정의 준수를 위한 신설 약관

NYPE 1993이 제정된 이후 국제연합(UN)이나 국제해사기구(IMO)에서 운송화물에 대한 규정 및 선박의 안전관리에 대한 규정의 강화, 해상화물운송 선박과 항만시설에 대한 테러행위에 대비하고 보안확보를 위한 국제규약, 평형수에 의한 박테리아나 플랑크톤 등의 각종 유·무해 해양생물의 국제간 이동방지를 위한 규정, 국제규약을 준수하지 않는 국가나 단체 및 개인에 대한 제제대상자 지정, 유럽 및 북미에서의 수출입 및 통과화물의 사전 신고 등과 같은 기존 규정을 강화하거나 신설하였다.

그동안 용선시장에서는 오래전부터 이렇게 강화되거나 신설된 규정을 반영하여 용선계약을 체결하여왔다. 이에 NYPE 2015에서는 이러한 시장상황을 반영하여 상기 내용들을 다음과 같이 약관으로 도입하였다.

1) 고체 벌크화물/위험화물(Clause 29 Solid Bulk Cargoes/Dangerous Goods)

Clause 16(NYPE 2015)은 운송화물의 적법성과 화물의 특성과 관련한 약관이다. 즉, 용선선박을 이용하여 운송되는 화물은 선적항, 선박의 치적국, 통과국가와 양하항에서 합법적인 화물이어야 하고 화물의 특성상 위험하거나(dangerous) 해롭거나(injurious), 발화성(flammable) 또는 부식성(corrosive)의 화물은 제외되어야 한다고 규정하였다.

한편 Clause 29 (NYPE 2015)는 석탄과 철광석과 같은 고체산적화물과 화물의 고유 특성이 인명 및 선박자체와 화물 등에 치명적인 피해를 발생시킬 수 있는 위험화물 등 두가지 화물의 운송 및 취급과 관련한 약관이다.

국제해사기구(IMO)가 고체산적화물의 운송과 관련하여 '국제해상고체산적화물규칙(IMO International Maritime Solid Bulk Cargoes(IMSBC) Code : IMSBC코드)'을 제정하여 2011년부터 이 규칙을 준수하도록 국제적으로 의무화하였으며, 이러한 화물을 운송하는 선박은 BC코드 적합증서를 '국제해상고체산적화물규칙(IMSBC코드) 적합증서'로 교체·발급받아야 한다. 또한 국제해사기구(IMO)는 1965년 제정되어 시행되어 오던 위험화물의 해상운송을 위한 적재방법 등을 규정한 규정을 보완·강화하여 '국제해상위험화물운송규칙(IMO International Maritime Dangerous Goods (IMDG) Code : IMDG Code)' 을 제정하였으며, 2012년 1월 1일부터 강제 적용되고 있다.

상기 두 가지 규칙(IMSBC Code와 IMDG Code)은 '해상인명안전협약에 관한 국제협약(The International Convention for the Safety of Life at Sea : SOLAS)'의 일부(SOLAS 1974의 제6장 및 제7장)이며, NYPE 2015 약관은 이러한 화물의 운송 및 취급과 관련하여 인명과 선박 및 화물

의 안전을 도모하고자 하였다. 이러한 규정을 반영하여 용선선박과 선장은 선장(선박소유자)에게 이러한 규칙을 준수할 것은 물론 선장(선박소유자)은 이러한 규칙을 위반한 화물의 선적을 거부 및 이미 선적된 이러한 화물을 용선자의 비용으로 양하시킬 권한을 부여하였다.

2) 국제안전관리규정(Clause 44 International Safety Management(ISM))

국제안전관리규정은 국제해사기구(IMO)가 해양사고의 대부분이 인적요인에 의해 발생[389] 하는 것을 인식하고 해상인명안전협약(SOLAS) 규정 중의 일부(제9장)로 1994년 5월 개정한 후 1998년 7월 01일부터 점차적으로 강제 시행하게 된 규정이다. 이 규정은 국제해사기구(IMO)가 선박의 구조 및 설비와 같은 선박자체의 물리적인 측면의 국제협약 강화를 통해 선박의 안전과 해양사고를 방지하려고 하였던 노력에 추가하여 인적과실에 의한 해양사고를 방지하기 위해 선박은 물론 해운기업의 육상부서에도 안전관리체제를 수립하여 시행할 것을 요구하고 있다.

해운기업은 이 규정이 강제·발효된 이후 적정 육해상 부서가 운영할 안전관리체제를 수립하고, 이의 시행에 관한 별도의 조직을 갖추고 조직내부의 자체 감사는 물론 관련기관으로부터의 정기적인 심사를 받는 등 적극적으로 시행하여 왔다.

한편 용선시장에서는 용선계약체결시 용선자가 용선하려고 하는 선박은 물론 선박소유자가 국제안전관리규약(IMO)을 시행하며 이에 대한 증서를 비치하고 있는가의 여부를 확인하여 왔으며, 용선계약서 작성시 별도의 약관(rider clause)으로 추가하거나 약관의 내용에 삽입하기도 하였다. 이러한 현실을 참작하여 NYPE 2015에서 선박소유자와 선박이 국제안전관리 규약을 준수할 것을 약관으로 처음 도입·명문화한 것이다.

---

389) 국제해사기구(IMO)가 국제안전관리규약(ISM Code)을 제정하게 된 것은 아래와 같은 대형사고의 원인이 선박자체의 '물리적인 측면보다는 인적과실에 의한 것이었다.' 라고 분석한 것이 직접적인 동기가 되었다.

① 1987년 3월에 Herald of Free Enterprise라는 선박이 벨기의 지브르가(Zeebrug) 항에서 선수문(bow door)을 닫지 않고 출항하다가 해수의 침입으로 단시간 내에 전복되어 188명이 사망하는 사고가 발생하였다.

② 1989년 3월에는 미국의 알라스카의 발데즈항 에서 원유 14만톤을 싣고 출항하던 유조선 Exxon Valdez 호가 암초에 좌초하여 원유 45,000톤이 유출되어 극심하게 환경을 오염시킨 사고가 발생하였다.

③ 1990년 4월 북해를 항해하던 Scandinavian Star 호에서 화재가 발생하여 159명이 사망하는 사고가 발생하였다.

따라서 국제해사기구(IMO)는 1994년에 해운선사의 육상조직 및 선박에 안전관리 조직을 갖추고 안전관리 절차 등에 대한 국제적인 통일기준에 관한 규약을 제정하였다. 또한 각국 정부로 하여금 국제안전관리규약(ISM Code)을 실시하는 선사에 대해 적정한 심사를 거쳐 증서를 발급하도록 하였으며, 선박기항국가의 항만국통제(PSC) 검사시 이를 확인토록 하였다.

3) 국제선박 및 항만시설 보안규칙(ISPS Code)/해상운송보안법(MTSA)

[Clause 45 International Ship and Port Facility Security Code (ISPS Code)/Maritime Transportation Security Act (MTSA)]

국제선박 및 항만시설 보안규칙(ISPS Code)은 2001년 9월 11일 미국의 항공기납치 테러 사건과 200년 10월 06일 프랑스 초대형 유조선 M/T Limburg호의 피격사건 이후, 국제해사기구(IMO)가 해상화물운송 선박과 항만시설에 대한 테러행위에 대비하고 보안을 확보하기 위해 제정한 국제규약이다. 국제해사기구(IMO)가 국제선박 및 항만시설 보안규칙(ISPS Code)을 제정할 때 미국의 해상운송보안법(US MTSA)을 참조로 하였다.

이러한 국제규약은 통상적으로 해당 국가의 몇 개 국가 이상이 서명하여야 한다거나, 서명한 국가의 선박의 톤수 합계가 전체 선박톤수의 몇 퍼센트 이상이 되어야 하는 등의 발효요건을 두고 있어서 규약이 제정된 후 실제 발효까지는 수년이 걸린다. 그러나 이 보안규칙(ISPS Code)은 묵시적 발효(수락) 절차에 따라 발효절차에 필요로 하는 기간을 단축하여 국제해사기구 설립 이래 가장 단기간인 1년 6개월 만에 발효되었다.[390)]

선박소유자와 선박과 회사는 국제 선박 및 항만시설의 보안에 관한 규약(ISPS Code)과 해상인명안전에 관한 국제협약(SOLAS)을 준수하여야하며, 미국의 수출입화물을 운송(trading) 하거나 또는 미국 수역을 통과하는 경우에는 해상운송보안법(MTSA)을 준수하여야 한다.

그리고 용선계약서에서 달리 규정하고 있는 경우를 제외하고, 선박소유자(선박 및 회사 포함) 또는 용선자가 이러한 규약이나 법 또는 본 조(Clause 45)의 요구사항을 준수하지 못함에 따라 발생한 손실, 손해, 경비 또는 지연(이들의 결과로 발생하는 손실, 손해, 비용 또는 지연은 제외하고)에 대한 것은 준수하지 못한 측이 부담하여야 한다.

한편 본 약관은 상기 두 규칙에 따라 선박과 관련하여 요구되는 사항은 선박소유자의 책임으로 수행되어야 하며, 항만과 관련하여 요구 되는 사항은 화물운송을 위해 선박을 운항하고 항만에 배선하는 용선자의 책임으로 수행하도록 분리하여 규정하고 있다.

선박소유자는 국제선박보안증서(ISSC)(또는 임시국제선박보안증서)의 사본과 선박소유자의 수석안전관리관(CSO)의 모든 연락처를 용선자에게 제공하여야 하며, 항만사정으로 선박의 보안을 강화하기 위해 보안요원을 승선시키는 경우 그 비용은 용선자의 부담이며, 용선선박이 최근에 기항하였을 때의 선박소유자와 선장 및 선원의 안전과 보안에 대한 태

390) 미국의 항공기 납치테러 사건이 발생한 2개월 후인 2001년 11월의 국제해사기구(IMO) 제22차 총회에서 "국제선박 및 항만시설 보안규칙(ISPS Code)"에 관해 논의가 시작되었다. 1년 후인 2002년 12월 12일 국제해사기구의 외교회의에서 기존의 해상인명안전협약(SOLAS)을 개정하여 해상안전(제11-1조)과 해상보안 강화(제11-2조)를 위한 특별조치를 규정하게 되었으며, 이에 따라 외교회의에 참석한 113개 국가의 대표가 만장일치로 '국제 선박 및 항만시설 보안규칙'(International Ship and Port Facility Security Code : ISPS Code)을 채택하였다. 이 규칙은 해상인명안전협약(SOLAS) 서명 당사국의 1/3 이 2004년 1월까지 반대를 표명하지 않는 한 2004년 7월 01일부터 발효하기로 하는 묵시적 발효(수락) 절차에 따라 2004년 7월 01일부터 발효되었다.

만이나 알려져 있는 특징이 있었을 경우에 승선하게 되는 보안요원의 비용은 선박소유자의 부담이다. 회교신자가 일부 선원으로 승선한 선박이 미국 항만에 입항하였을 때에 한때 무장 경관을 24시간 의무적으로 배치하여야 하였던 적이 있었으며, 이때의 비용은 선박소유자가 부담하였다.

한편 용선자는 선박소유자 그리고 선장에게 모든 연락처와 국제 선박 및 항만시설 보안규칙/해상운송보안법을 준수하기 위하여 필요로 하는 다른 정보를 선박소유자에게 제공하여야 한다. 재용선(sub-letting)하는 경우에도 선박소유자와 선장에게 똑같이 재용선자의 모든 연락처를 반드시 전달하여야 한다. 뿐만 아니라 재용선계약에 "용선자는 선박소유자에게 용선자의 모든 연락처를 제공하여야하며, 용선계약의 조건에 재용선(sub-letting)이 허용된다면 모든 재용선계약자의 연락처를 반드시 선박소유자에게 똑같이 제공하여야 한다." 라는 내용을 포함시켜야 한다.

또한 용선계약에 다른 어떤 내용이 있음에도 불구하고, 국제 선박 및 항만시설 보안규칙(ISPS Code)/해상운송보안법(MTSA)에 따라 당국이 요구하는 보안규정이나 보안조치(security measures)(보안요원배치, 통선제공(launch service), 선박호위, 보안 관련 요금 또는 세금과 검사 등에 국한하지 않고)와 관련하여 발생되었거나 이와 관련한 모든 지연, 비용(costs) 또는 경비(expense)는 용선자의 부담으로 한다.

그러나 이와 같은 비용과 경비가 오로지 선박소유자, 선장 또는 선원 또는 이전의 거래(trading), 선원의 국적, 선원의 입국사증, 선박의 국적 또는 선박소유자의 관리자의 정체성(identity) 등의 이유로 발생하였거나 선박소유자가 선박보안확보계획(Ship Security Plan)을 준수하기 위해 필요로 하는 모든 방안에 대한 것은 선박소유자의 부담으로 한다.

한편 어느 한쪽이 본 약관(조)에 따라 상대방이 지불하여야만 하는 것을 (대신) 지불한 경우에는 다른 한쪽이 (대신)지불한 상대방에게 보상하여야 한다.

4) 제재(Clause 46 Sanctions)

용선자가 용선한 선박을 배선할 때에 어떤 국가, 초국가적인 또는 국제적인 정부간 조직이 부과하는 재제나 금지가 내려져 있는 운송과 거래 및 항해를 위해서 용선자가 내린 명령이 선박, 선박소유자, 관리자, 선원, 선박의 보험자, 또는 재보험자를 노출시키는 경우, 선박소유자는 용선자의 이러한 명령을 따르지 않아야 하며, 용선자에게 48시간이내에 대안항해를 지시할 것을 요구하여야 한다.

만약 용선자가 48시간이내에 대안항해를 지시 하지 않을 경우, 선박소유자는 선적되어 있는 화물을 (선적항을 포함하여) 안전한 항구에 양하할 수 있으며, 이와 관련한 모든 비용은 용선자가 부담하여야 함은 물론, 용선자는 이러한 문제와 관련하여 화주와 선하증권 소지자 및 재용선자가 선박소유자에게 제기한 모든 보상요구에 대하여 선박소유자에게 보상하여야 한다.

한편 용선선박은 이 기간 동안에도 용선상태가 지속된 것으로 간주되며, 용선자는 용선계약에 본 조의 이러한 내용이 편입되도록 하여야 한다.

5) 용선계약과 발틱국제해운협의회의 지정 제재대상자 약관
(Clause 47 BIMCO Designated Entities Clause for Charter Parties)

본 약관은 유엔의 결의(resolution) 또는 무역 또는 경제제재, 또는 유럽연합 또는 미국의 법령(laws)과 규칙(regulations)에 따라 특정 선박과 선대, 특정인, 제재대상자(entities) 또는 단체에게 부과되는 제재(sanctions), 금지(prohibition) 또는 제한(restriction)과 관련하여 적용된다.

선박소유자와 용선자는 용선기간동안 이러한 제재, 금지, 제한 또는 제재대상자로 지정을 당하지 않도록 보장하여야 한다. 또한 선박소유자는 더 나아가 용선선박으로 지명된 선박이나, 또는 대체선박이 이러한 제재대상선박이 아닐 것을 보장하여야 한다. 그리고 용선자는 재용선계약을 체결하는 경우 더 나아가 재용선자, 송하주, 수화주, 또는 화물 이해관계자들이 이와 제재대상자로 지정되어 제한을 받지 않을 것을 보장하여야 한다.

그리고 용선계약의 계약당사자들은 다른 상대방이 위에 언급한 보장내용의 위반여부에 상관하지 않고, 자신이나 선박과 관련이 있는 정부의 법령과 규정을 준수하여야 한다. 그리고 선박소유자의 국적 적용은 물론 강요할 수 있는 권력기관으로부터의 명령(orders) 또는 지시(directions)를 따라야 한다. 만약 그와 같은 명령, 법률 또는 규정이 없는 경우에는 위반을 하지 않고 있는 계약당사자는 당장 용선계약을 종료할 수 있으며, 자신의 선택한 안전한 항구로 선박을 직행하도록 하여 그 항구에서 화물을 전부 또는 일부를 양하할 수도 있다.

한편 본 조(Clause 45)의 약관의 내용에 상반되는 내용이 있음에도 불구하고, 선박소유자와 용선자는 양당사자 중 어느 일방에게 문제가 되는 어떤 국가의 법령과 규정의 위반을 구성하는 어떤 것도 하도록 요청하지 않아야 한다. 또한 본 약관의 조항에 따른 어떤 조치의 시행 여부가 용선계약으로부터 벗어난 것(deviation)으로 간주하지 않으며, 이 용선계약서의 성실이행으로 간주하여야 한다. 그러나 선박소유자나 용선자는 각기, 위에 언급한 보장내용을 위반함으로써 발생한 모든 손실(losses), 손해(damages), 비용과 벌금에 대하여 다른 상대방에게 배상하여야 한다.

또한 용선자는 본 약관의 내용이 모든 재용선계약, 운송계약과 본 용선계약에 따라 발행되는 선하증권에 편입되도록 하여야 한다.

6) 평형수 교환 약관(Clause 51 Ballast Water Exchange Regulation)

선박의 공선항해시 적정 흘수유지 등 항해에 적절한 선박의 상태를 확보하기 위해 화물을 양하한 항구(discharging port)에서 평형수 탱크(ballast tank)에 평형수를 주입하며, 적항

(loading port)에서는 화물 선적시 화물 적재상태에 따라 평형수를 배출하게 되며, 만재시에는 모든 평형수를 배출한다. 이때에 바닷속에 살고 있는 약 7,000여종이 넘는 박테리아나 플랑크톤 등의 각종 유·무해 해양생물이 함께 적항(loading port) 항만에 배출되며, 이러한 평형수의 국제간 이동량이 연간 50억톤이 넘는 것으로 추산하고 있다.

이로 말미암아 양항의 이러한 미생물이나 플랑크톤이 적항에 옮겨지는 것을 방지하기 위해 보다 청정한 해역에서 평형수를 교체하고 이를 항해일지에 기록하여야 하며, 평형수 교체에 필요한 시간, 위험 및 비용은 용선자의 부담으로 한다는 약관이다.

한편 국제해사기구는 더 나아가 평형수 탱크의 새로운 구조를 필요로 하는 평형수관리규정(Ballast Water Management: BWM) 을 2004년에 채택하였다. 이 규정에 의하면 신조선박은 건조시에 평형수 처리시설을 탑재하여야 하고, 이미 운항 중인 선박은 2020년까지 관련 시설을 설치할 것을 의무화하고 있다. 이규정은 30개국 이상이 협약을 비준해야 하고, 비준국 보유 선박의 선복량(만재적하톤수; DWT)이 전 세계 선복량의 35% 이상이 되어야만 발효된다. 최근 Finland가 이규정에 서명함에 따라 서명국가 52개국, 서명국가의 선복량이 35.144%가 되어 발효요건을 충족함에 따라 2017년 9월 8일부터 발효될 것으로 발틱국제해운협의회(IMO)가 발표하였다.

만약 이러한 규정이 정식으로 발효되면 표준정기용선계약서에 약관의 내용으로 포함되기 전까지는 용선계약서의 추가조항(rider clause)으로 추가 될 것이다.

7) 용선자의 수출입화물정보 사전 통지의무 약관(북미 및 유럽)

운송화물을 수배하고 화물에 대한 정보를 정확히 파악하고 있는 용선자에게 북미(미국과 캐나다)와 유럽연합의 세관 및 미국의 통계청 규정을 준수하여야 하며, 이에 따라 화물정보를 사전에 통보하여야 하는 등의 의무를 부과하는 다음과 같은 세가지 약관을 NYPE 2015에 도입하였다.

① 정기용선계약과 발틱국제해운협의회의 북미화물사전통지 약관(Clause 48),
② 정기용선계약과 발틱국제해운협의회 미국통계청 위임 자동수출신고 시스템 약관(Clause 49),
③ 정기용선계약 2012와 발틱국제해운협의회 유럽화물사전신고 약관(Clause 50).

한편 다음의 세 가지 내용은 상기 약관에서 공동으로 적용된다. 첫째, 상기 약관을 적용할 때에 용선자는 운송인의 역할을 떠맡아야 한다. 그러나 해당 약관에 따라 세관 및 통계청의 규정준수 목적을 위해서 용선자에 의한 운송인의 역할의 인수는 선하증권, 다른 계약, 법 또는 규정에 있어서의 운송인의 위치(위상)(identity)와는 관련이 없어야 한다.

둘째, 용선자가 상기 약관의 규정을 준수하지 못함으로서 발생한 모든 손실(loss) 손해(damage)(그 결과로부터 발생한 손실 그리고/또는 손해를 포함하여), 비용, 과태료(fines), 벌금

(penalties), 법률비용 및 모든 보상요구에 대하여 책임을 떠안아야 하며, 선박소유자를 방어하며, 선박소유자에게 보상하여야 함은 물론 선박소유자에게 손해가 없도록 하여야 한다.

셋째, 용선자가 상기 약관의 규정을 준수하지 못하여 지연(delay)이 발생하였다면, 본 용선계약서에 반대의 규정이 있을지라도, 선박은 용선상태가 유지된 것으로 하여야 한다.

(1) 정기용선계약과 발틱국제해운협의회의 북미화물사전통지 약관
(Clause 48 BIMCO North American Advance Cargo Notification Clause for Time Charter Party)

만약 선박이 미국 또는 캐나다의 수입화물을 선적 또는 운송하거나 미국이나 캐나다 항만을 통과하는 경우에는 용선자는 미국세관규정(19 CFR 4.7) 또는 캐나다의 국경통과관리기관(Border Service Agency)의 규정을 준수하여야 한다. 또한 이와 같은 규정의 적용을 위해서는 운송인의 역할을 떠맡아야 하며, 용선자 자신의 이름, 시간과 비용으로 표준운송인식별고유번호(Standard Carrier Alpha Code(SCAC))/캐나다세관운송인식별고유번호(Canada Customs Carrier Code)를 제시하여야 하며, 미국과의 거래를 위한 국제운송인본드(International Carrier Bond(ICB))의 예치 및 미국세관에 자동적하목록신고제도(Automated Manifest System(AMS)) 또는 캐나다 세관에 자동상업정보신고제도(ACI Automated Commercial Information(ACI))를 이용한 화물신고서를 제출하여야 한다.

또한 선박소유자에게는 이러한 규정과 관련하여 적절한 조치가 취해졌다는 것을 시간에 맞게 통지·제공하여야 하며, 제출한 화물신고서 사본을 동시에 선박소유자에게 제공하여야 한다.

(2) 정기용선계약과 발틱국제해운협의회 미국통계청 위임 자동수출신고 시스템 약관(Clause 49 BIMCO US Census Bureau Mandatory Automated Export System (AES) Clause for Time Charter Parties)

만약 선박이 미국의 어떤 항구 또는 장소에서 화물을 선적한다면, 용선자는 미국 통계청규정(US Census Bureau Regulations (15 CFR 30))을 준수하여야 한다. 그와 같은 규정의 적용을 위해서는 용선자는 운송인의 역할을 떠맡아야 하며, 용선자 자신의 이름, 시간과 비용으로 표준운송인식별고유번호(Standard Carrier Alpha Code(SCAC))를 제시하여야 하며, 국제운송인본드(ICB: International Carrier Bond)의 예치 및 자동수출신고제도(AES)에 따라 수출해송목록(export ocean manifest)을 미국통계청에 제출하여야 한다. 또한 선박소유자에게는 이러한 규정과 관련하여 적절한 조치가 취해졌다는 것을 시간에 맞게 통지·제공하여야 하며, 제출한 수출해송목록(export ocean manifest)의 사본을 동시에 선박소유자에게 제공하여야 한다.

(3) 정기용선계약 2012와 발틱국제해운협의회 유럽화물사전신고 약관
(Clause 50 BIMCO EU Advance Cargo Declaration Clause for Time Charter Parties 2012)

만약 선박이 어떤 유럽항구 또는 장소에서 유럽의 항구 또는 장소 밖으로(수출되는) 화물을 선적하거나, 또는 유럽의 외부에서 유럽 항만이나 장소로 향하거나 유럽항만이나 장소를 통과하는 화물(수입되는)을 선적하는 경우에는 용선자는 유럽화물사전신고규정(the Security Amendment to the Community Customs Code, Regulations 648/2005; 1875/2006; and 312/2009)을 준수하여야 한다.

또한 용선자 자신의 이름, 시간과 비용으로 '경제운영자등록 및 고유식별번호'(an Economic Operator Registration and Identification (EORI) number)를 제시하여야 한다. 그리고 선박소유자에게 적절한 조치가 취해졌다는 것을 시간에 맞게 통지·제공하여야 한다.

한편 수출화물의 경우, 수출화물세관신고서, 또는 세관신고 또는 재수출(re-export) 통지가 필요하지 않다면, 반출(exit)신고 내용의 요약을 제출하거나 또는 제출을 수배하여야한다. 또한 수입화물의 경우 반입신고 내용의 요약을 제출하거나 또는 제출을 수배하여야 한다.

한편 해당 세관당국에서 달리 허락하지 않는 한, 그와 같은 신고는 전자문서로 세관당국에게 제출되어야 한다.

제3절 NYPE 2015의 약관 및 해석

이 절에서는 정기용선계약서 NYPE 1993를 개정하여 NYPE 2015를 제정하게 된 배경과 계약의 합의 전문(preamble)과 총57개 약관 및 Appendix A(vessel description)로 구성된 NYPE 2015 의 해석과 함께 그 내용을 살펴본다.

1. 정기용선 표준용선계약서의 개정(NYPE 2015)

해운시장에서 이용되고 있는 정기용선계약서식 중에서 NYPE(New York Produce Exchange) 정기용선계약서는 1913년에 건화물선(dry cargo ship) 정기용선계약서로 사용된 이후 가장 널리 사용되는 계약서식으로 지속적으로 수정되어 왔으며, 1921년, 1931년, 1946년 및 1993년에 각각 개정되었다. 특히 NYPE 1993 서식은 정기용선계약의 주류를 이루면서 현재까지 시장을 견인하고 있었다.

한편 발틱국제해운협의회(BIMCO)와, NYPE 정기용선계약서의 저작권자인 '선박중개인-대리점협회(Association of Ship Brokers & Agents : ASBA)' 및 싱가포르 해사재단(Singapore Maritime Foundation : SMF)의 3개 기관이 2013년부터 공동으로 3여년 동안의 연구·검토와 토의 및 해운관련단체의 의견수렴을 거쳐서 기존 NYPE 1993 약관을 22년만에 개정하여 "NYPE 2015 정기용선계약서"(이하 'NYPE 2015'라 함)를 발표하였다.

본 저서 용선론 초판(2013년)에서도 정기용선계약서를 검토할 때 NYPE 1993 서식을 바탕으로 하였으나, 이번에 출간하게 되는 용선론 제2판에서는 정기용선계약 약관의 개정의 필요성과 이유 및 개정의 방향과 개정내용을 포함하여 이번에 공표된 NYPE 2015의 표준용선계약서의 내용을 바탕으로 하여 자세하게 살펴본다.

NYPE 46과 NYPE 1993 은 각기 28개 및 45개 약관으로 구성되었으나, 최신 개정본인 NYPE 2015는 모두 57개의 약관으로 증가되었다. NYPE 2015 표준용선계약서는 이러한 약관의 증가와 함께 다음과 같이 시대적 환경의 변화를 반영하고자 하였다.

첫째, 계약당사자간의 상업적 이해관계에 대한 균형을 이루고자 하였다.

모든 표준용선계약서식이 그러하듯이 계약당사자들의 권리 및 책임과 의무에 대한 균형을 맞추기는 쉽지 않다. 특히 선박소유자가 선박을 대선하고 용선자가 선박을 사용·수익하는 선박사용계약의 하나인 정기용선계약에서 계약당사자간의 이러한 것(권리 및 책임과 의무)에 관한 균형을 맞추기는 더욱 어렵지만, 보다 균형을 이루려하는 지속적인 노력의 일환인 이번의 수정도 의미가 있다하겠다.

둘째, 용선계약 약관의 적용을 명확히 하고자 하였다.

계약당사자 및 약관의 용어 및 내용에 대한 정의를 보다 명확히 하였으며, 용선계약과 관련한 선박소유자와 용선자의 권리와 의무를 보다 명확히 함을 통해 약관의 적용을 보다 명확하게 하고자 하였다.

셋째, 국제환경의 변화에 따른 신규 규약의 내용을 반영·적용하고자 하였다. 국제환경 변화의 큰 흐름은 다음과 같은 분야에 규정을 강화화고 있다.

① 해상인명안전 및 해상인력의 능력강화 및 노동조건의 개선

② 환경오염방지(prevention of environmental pollution) 및 위험물에 대한 규정 강화

③ 해상운송관련 시설 및 항만시설에 대한 안전 확보

④ 국제연합(UN) 등의 국제기구 결의사항 준수

상기와 같은 국제환경의 변화에서 필요로 하는 내용을 NYPE 2015 약관에 반영하였으며, 이러한 개정약관의 요구에 따라 선박소유자는 대선(chartering out) 선박에 필요한 사항을 구비하여만 하며, 용선자는 용선계약을 운영하는 동안 이러한 약관에서 요구하는 조치를 취해야만 하도록 요구하고 있다. 또한 NYPE 2015 약관은 상기와 같은 국제환경의 변화에 따른 신규규약과 관련하여 선박소유자와 용선자의 각각의 권리와 의무를 더욱 명확히 하였으며 각기 상대방에게 손해가 없도록 할 것을 약관에서 특히 강조하고 있다.

넷째, 현재까지의 빈번한 수정(amendments) 및 추가약관(rider clause)을 본문에 편입하였다.

NYPE 1993을 이용하기 시작한 이래 변화한 해운시장의 상황을 용선계약체결시 반영하기 위해 NYPE 1993의 내용을 수정(amendments)하거나 또는 추가약관(rider clauses)을 신설하여만 하였다. 이러한 내용 중에서 빈번하게 발생하는 것을 수용하여 NYPE 2015의 표준용선계약서에 본문화 하였다.

한편 정기용선계약의 약관뿐만이 아니고, 항해용선계약과 선체용선계약의 약관도 시간이 지남에 따라 상관습과 해운환경의 변화 및 국제기구의 규약을 반영하여 표준계약서의 개정을 거듭하여 왔으며, 이러한 개정된 표준계약서가 시장에 정착하기까지는 일정시일이 걸렸던 것을 고려할 때에 NYPE 2015 표준용선계약서도 시장에서 널리 사용되기까지는 어느 정도의 시일이 걸릴 것으로 예상된다.

2. NYPE 2015 계약서의 세부 약관 및 해석

1. 계약의 합의

NYPE 2015
TIME CHARTER

New York Produce Exchange Form©
November 6th, 1913–Amended October 20th, 1921; August 6th, 1931; October 3rd, 1946;
Revised June 12th 1981; September 14th 1993; June 3rd, 2015.

THIS CHARTER PARTY, made and concluded in( ) this ( ) day of ( ) 20( )
Between ( ) of ( )
as *Registered Owners/*Disponent Owners/*Time Chartered Owners (the "Owners") of the Vessel described below

**delete as applicable*

Name: (Choose an item.)
IMO Number: (Click here to enter text.)
Flag: (Click here to enter text.)
Built (year): (Click here to enter text.)
Deadweight All Told: (Click here to enter text.) metric tons
(For Vessel's charter party description see Appendix A (Vessel Description)),

and (Choose an item.) Charterers of (Click here to enter text.) (the "Charterers")

이 용선계약서는 ( )년 ( )월 ( )일 아래 명시된 선박의 *등록선주/*처분권을 가진 선주/*기간 용선선주 ("선주")와 용선자 ( ) 사이에 체결되었다.

**적절히 삭제될 수 있음*

선명: ( )
IMO 번호: ( )
국적: ( )
건조(연도): ( )
만재적하톤수: ( ) 메트릭톤
(선박의 용선계약서 선박명세는 부속서 A (선박명세) 참조할 것)

This Charter Party shall be performed subject to all the terms and conditions herein consisting of this main body including any additional clauses and addenda, if applicable, as well as Appendix A attached hereto. In the event of any conflict of conditions, the provisions of any additional clauses and Appendix A shall prevail over those of the main body to the extent of such conflict, but no further.

본 용선계약은 부칙뿐만 아니라 적절한 추가조항(들)을 포함하여 본문(main body)으로 구성된 조건에 따라 수행되어야만 한다. 본 용선계약의 조건이 상충되는 경우, 그와 같이 상충된 것에 한해서 추가조항들과 부칙 A의 적용이 본문에 우선한다. 그 우선사항은 더 이상 확대되지 않는다.

계약의 합의 내용에는 계약당사자인 선박소유자와 용선자에 대한 내용과 용선계약이 체결된 사실과 체결된 날짜 및 간단한 선박명세를 기재한다.

계약상 선박소유자(owners)의 법적 지위를 명확하게 식별하기 위하여, 계약의 한 당사자로서의 선박소유자가 등록선주(registered owners) 또는 관리선주(disponent owners) 또는 해당선박을 정기용선한 선주(time chartered owners)인지를 표기하여야 한다. 여기에서 관리선주는 정기용선한 선박을 재용선(sub-let)한 용선자, 정기용선자와 선박소유자를 대신하여 선박을 운항하여 수익을 창출하는 상업적 선박관리(commercial management)를 담당하는 선주를 말한다고 볼 수 있다. 상업적 선박관리자는 선박의 기술적 관리(technical management)까지 겸하는 경우와 순수하게 상업적 선박관리만을 담당하는 두 가지의 경우 있다.

그리고 NYPE 1993보다 간단한 내용의 선박명세가 기입되게 구성되어 있으나, NYPE 2015에는 NYPE 1993의 부속서 A 보다도 더 구체적인 선박명세를 상세 구분하여 기입하여야 하는 부속서 A(Appendix A Vessel Description)가 별도로 첨부되어 있어 실질적으로 보다 자세한 선박명세의 기입을 요구하고 있다.

1) 용선기간/항차명세 [Clause 1 Duration/Trip Description]

Clause 1 (Duration/Trip Description)

(a) The Owners agree to let, and the Charterers agree to hire, the Vessel from the time of delivery, for(   ) within below mentioned trading limits.

제1조 용선기간/항차명세

(a) 선박소유자는 본선의 인도 시부터 (   )기간 동안 아래 언급된 운항구역의 범위 안에서 선박을 인도하고 용선자는 이 선박을 용선할 것을 합의한다.

(b) Trading Limits – The Vessel shall be employed in such lawful trades between safe ports and safe places within the following trading limits as the Charterers shall direct.

(b)운항구역 – 선박은 용선자가 지시하는 바에 따라 다음의 운항구역 내에서 안전항과 안전한 장소사이의 적법한 무역(운송)에 이용되어야만 한다.

(c) Berths – The Vessel shall be loaded and discharged in any safe anchorage or at any safe berth or safe place that the Charterers or their agents may direct, provided the Vessel can safely enter, lie and depart always afloat.

(c) 선석 – 선박은, 선박이 항상 부상상태에서 안전하게 입항 및 정박과 출항할 수 있다면, 용선자 또는 그 대리인이 지정하는 안전한 묘박지 또는 안전한 선석 또는 안전한 장소에서 선적하고 양하하여야만 한다.

(d) The Vessel during loading and/or discharging may lie safely aground at any safe berth or safe place where it is customary for vessels of similar size, construction and type to lie at the following areas/ports (　) (if this space is left blank then this sub-clause 1(d) shall not apply), if so requested by the Charterers, provided it can do so without suffering damage. The Charterers shall indemnify the Owners for any loss, damage, costs, expenses or loss of time, including any underwater inspection required by class, caused as a consequence of the Vessel lying aground at the Charterers' request.

(d) 선박은 선적 또는 양하기간 동안, 용선자의 요청이 있을 경우, 손상을 받지 않고 할 수 있다면, 유사한 규모와 건조 및 선형의 선박이 관습적으로 정박하는 다음의 해역/항만 (　)(만약 이 부분을 공란으로 남겨둘 경우에는 본 조항 1(d)는 적용되지 않음)의 안전한 선석이나 안전한 곳에 안전하게 좌주할 수 있다. 용선자는, 선급이 요구한 수면하 검사를 포함하여 용선자의 요구에 의해 선박이 좌주한 결과로 발생한 모든 손실, 손상, 비용 및 경비 또는 시간손실에 대하여 선박소유자에게 보상하여야만 한다.

(e) Sublet – The Charterers shall have the liberty to sublet the Vessel for all or any part of the time covered by this Charter Party, but the Charterers remain responsible for the fulfillment of this Charter Party.

(e) 재용선 – 용선자는 용선선박을 본 용선계약에서 허용되는 전부 또는 일부 기간 동안 재용선 줄 수 있으나, 용선자는 이 용선계약의 이행에 대한 책임을 여전히 부담한다.

용선기간에 의해 용선계약자간 분쟁이 발생하지 않도록 계약서에 명확히 기재해야 한다(Clause 1(a)). 용선자는 용선선박의 운항계획, 차항 확보 가능성, 해운시황 등을 고려하여 용선기간을 결정한다. 정기용선의 경우 보통 "about 5-7 months", "six months 20 days more or less" 등과 같이 여유기간을 두고 계약을 체결한다.

또한 (c)항과 (d)항에 따라 용선자는 용선기간 동안 용선선박이 안전한 항구 및 선석을 이용할 수 있도록 주의를 다해야 한다. 만약 항구 및 선석의 안전성을 확보하지 못해 선박사고가 발생할 경우 용선자는 책임을 지게 된다. 용선자가 항구, 선석의 비안전성에 대한 사전 지식이나 정보가 없었음에도 불구하고 사고가 발생한 경우에도 책임을 지게 된다.

아울러 (e)항에 따라 용선자는 용선선박을 재용선(sub-let)할 수 있는 권리를 가지고 있다. 재용선 해주는 용선자를 disponent owner라고 부르며 재용선자를 sub-charterer라고 한다. 용선자는 해운경기가 좋을 경우 높은 용선료를 받고 용선선박을 빌려줄 수도 있다. 용선자는 재용선을 하더라도 선박소유자와의 용선계약 이행에 대한 책임은 남게 된다.

2) 선박의 인도 [Clause 2 Delivery]

2. Delivery

(a) The Vessel shall be delivered to the Charterers at Click here to enter text. (state port or place)

(b) The Vessel on delivery shall be seaworthy and in every way fit to be employed in the intended service, having water ballast and with sufficient power to operate all cargo handling gear simultaneously, and, with full complement of Master, officers and ratings who meet the Standards for Training, Certification and Watchkeeping for Seafarers (STCW) requirements for a vessel of her tonnage.

제2조 선박의 인도

(a) 선박은 ( )에서 용선자에게 인도 되어야만 한다.

(b) 선박은 인도 시에 물 밸러스트를 유지하며, 하역기기를 동시에 작동시킬 수 있는 충분한 동력을 가지고 있어야 하며, 선박의 톤수를 기준한 선원의 훈련, 자격증명 및 당직근무의 기준에 관한 국제협약(STCW)의 요구를 충족시키는 선장, 사관, 부원(보통선원)의 정원을 승선시켜서 감항성을 유지하여야 하고 그리고 의도하는 서비스에 이용될 수 있도록 모든 면에서 적합하여야 한다.

(c) The Vessel's holds shall be clean and in all respects ready to receive the intended cargo, or if no intended cargo, any permissible cargo:

(i) On *delivery; or

(ii) On *arrival at first loading port if different from place of delivery. If the Vessel fails hold inspection then the Vessel shall be off-hire from the time of rejection until the Vessel has passed a subsequent inspection.

**(c)(i) and (c)(ii) are alternatives; delete as appropriate. If no deletion then Sub-clause (c)(i) shall apply.*

(c) 선박의 화물창은 깨끗하여야 하고 의도된 화물의 선적에 적합하도록 모든 면에서 준비되어야 한다. 또는 만약 의도된 화물이 없을 경우에는,

(i) *인도 시 또는

(ii) 인도장소가 다를 경우 첫 번째 선적항에 *도착 즉시 임의의 적합한 화물을 실을 수 있도록 준비되어야 한다. 만약 선박의 선창검사를 통과하지 못할 경우에는 그 시간부터 후속하는 검사를 통과할 때 까지 용선중지가 된다.

**(c)(i) 와 (c)(ii)는 선택사항이며 적절히 삭제 가능함. 만약 삭제되지 않으면 조항 (c)(i)가 적용됨.*

(d) The Owners shall keep the Charterers informed of the Vessel's itinerary. Prior to the arrival of the Vessel at the delivery port or place, the Owners shall serve the Charterers with ( ) days' approximate and ( ) days' definite notices of the Vessel's delivery. Following the tender of any such notice the Owners shall give or allow to be given to the Vessel only such further employment orders, if any, as are reasonably expected when given to allow delivery to occur on or before the date notified. The Owners shall give the Charterers and/or their local agents notice of delivery when the Vessel is in a position to come on hire.

Vessel itinerary prior to delivery: ( )

(d) 선박소유자는 용선자에게 선박의 운항일정을 계속해서 통보하여야 한다. 선박소유자는 인도항 또는 장소에 선박이 도착하기 전, 용선자에게 선박 인도전 대략 ( )일 전과 확정일의 ( )일 전에 사전 도착통지를 해야만 한다.

그러한 통보와 함께 선박소유자는 필요할 경우 통지된 일자 또는 그 일자 이전에 인도가 허용되는 것이 합리적으로 예상될 때는, 선박에게 그러한 항차수행을 명령하거나 그와 같은 항차수행명령에 임할 수 있도록 해야 한다. 선박소유자는 용선자와/또는 용선자의 지방 대리점에게 선박이 용선개시에 이르는 위치에 있게 될 때 인도통지를 해야 한다.
인도전 선박의 동정: (   )

(e) Acceptance of delivery of the Vessel by the Charterers shall not prejudice their rights against the Owners under this Charter Party.

(e) 용선자의 선박인도 수락은 이 용선계약 하에서 선박소유자에 대한 용선자의 권리를 침해하지 않는다.

선박을 안전하게 용선자에게 인도할 수 있는 장소를 명시하도록 하고 있고 선박소유자는 선박 인도 시 선박의 청결한 상태를 유지하고 화물을 수령할 수 있는 모든 준비를 하도록 규정하고 있다.

그리고 선박소유자는 용선자에게 예상 인도일을 사전에 통지해야 하며, 인도일자가 많이 남아 있을 경우에는 대략적인 선박의 동정을 통보하고, 인도일이 가까워질수록 보다 정확한 일자와 위치를 통보하여야 한다. 아울러 선장에게도 본선의 동정에 대하여 자세한 보고를 하게하고, 선박의 도착시기에 변동이 있을 경우에는 지체 없이 용선자와 상의하여 원만한 항차수행이 될 수 있도록 하여야 한다.

3) 인도일/해약일 [Clause 3 Laydays/Cancelling]

3. Laydays/Cancelling
If required by the Charterers, time on hire shall not commence before (   ) (local time) and should the Vessel not have been delivered on or before (   ) (local time) at the port or place stated in Sub-clause 2(a), the Charterers shall have the option of cancelling this Charter Party at any time but not later than the day of the Vessel's notice of delivery.

제3조 인도일/해약일
용선자가 요청할 경우 용선개시 시간은 (   )(현지시간) 이전에는 개시되지 않으며, 만약 약관 2(a)조항에서 표시된 장소 또는 항구에(   )(현지시간) 이전 또는 그 날짜에 인도되지 않는다면, 용선자는 선박의 인도통지일 이전에 언제든지 이 용선계약을 해제할 선택권을 가진다.

선박의 인도와 해약에 관련한 시간과 장소는 용선계약서에 명시된 바와 엄수되어야 함을 규정하고 있다. 용선자는 선박의 불가동 손실을 줄이기 위하여 통상 선박의 인도시점에 화물운송을 위한 항차를 계획하고, 화주와 항해용선 계약을 체결하는 등의 준비를 해놓기 때문이다.

만약 선박의 인도가 약정한 시점까지 이행되지 않을 경우에는 사전에 준비해 놓은 항해용선계약 이행에도 막대한 차질이 생기고, 적시에 화물을 수송하지 못함으로써 야기되는 화물보관비용 등의 추가적 비용이 발생되어, 화주로부터 이러한 비용부담에 관한 클레임뿐만 아니라, 선적일자의 지연 등으로 화물운송 계약취소를 당할 수 있기 때문이다. 또한 인도준비 가능 일까지 선박이 도착되지 못할 경우 용선자가 계약을 해제할 권리가 있음을 명확히 하고 있다.

4) 반선 [Clause 4 Redelivery]

4. Redelivery

(a) The Vessel shall be redelivered to the Owners in like good order and condition, ordinary wear and tear excepted, at ( ) (state port or place).

제4조 반선

(a) 용선선박은 ( ) (항구 또는 장소를 기술)에서 통상적인 손모를 제외하고 양호한 상태로 인도되어져야 한다.

(b) The Charterers shall keep the Owners informed of the Vessel's itinerary. Prior to the arrival of the Vessel at the redelivery port or place, the Charterers shall serve the Owners with ( ) days' approximate and ( ) days' definite notices of the Vessel's redelivery. Following the tender of any such notices the Charterers shall give or allow to be given to the Vessel only such further employment orders, if any, as are reasonably expected when given to allow redelivery to occur on or before the date notified.

(b) 용선자는 선박소유자에게 선박의 운항일정을 계속해서 통보 하여야한다. 용선자는 반선 항 또는 장소에 사전 도착 통지를 해야만 한다.

그러한 통보와 함께 용선자는 필요할 경우 통지된 일자 또는 그 일자이전에 반선이 허용되는 것이 합리적으로 예상될 때는, 선박에게 그러한 항차수행을 명령하거나 그와 같은 항차수행 명령에 임할 수 있도록 해야 한다.

(c) Acceptance of redelivery of the Vessel by the Owners shall not prejudice their rights against the Charterers under this Charter Party.

(c) 선박소유자의 선박반선 수락은 이 용선계약 하에서 용선자에 대한 선박소유자의 권리를 침해하지 않는다.

용선기간 만료 전에 용선자가 선박소유자에게 반선 예정일과 예정 장소를 통지하는 의무에 대하여 규정하고 있다. 이 조항에서는 반선 시 선박의 상태를 "redelivery in like good order and condition, ordinary wear and tear excepted,"와 같이 명시하고 있다. 선박의 어떤 상태까지 "…… ordinary wear and tear ……"로 인정받을 수 있는가에 대해 선박소유자와 용선자간 논란이 많지만 용선 선박의 투입된 특정 항로의 특성에 따라 달라질 수 있다.

만약 계약의 위반에 의해서 용선 선박이 손상될 경우 용선자는 용선계약의 만료와 함께 용선 선박을 반선할 수 있으며 선박소유자는 선박 손상의 이유로 반선을 거절할 수 없다. 단지 반선 이후 수리 및 손상에 대한 손해배상을 청구할 수 있다.

5) 용선개시/용선종료시의 검사 [Clause 5 On/Off-Hire Survey]

5. On/Off-Hire Survey

Any time lost as a result of the on-hire survey shall be for the Owners' account and any time lost as a result of the off-hire survey shall be for the Charterers' account.

5. 제5조 용선개시 및 용선종료시의 검사

용선개시에 요하는 검사시간은 선박소유자의 부담이며, 용선종료에 요하는 검사시간은 용선자의 부담으로 한다.

용선의 개시 및 종료시에 선박의 상태 등을 확인하기 위한 선박검사에 상실되는 용선기간에 대하여 선박소유자와 용선자의 부담관계를 명확히 규정한 것이다.

6) 선박소유자의 공급사항 [Clause 6 Owners to provide]

6. Owners to provide

(a) The Owners shall provide and pay for the insurances of the Vessel, except as otherwise provided, and for all provisions, cabin, deck, engine-room and other necessary stores, boiler water and lubricating oil; shall pay for wages, consular shipping and discharging fees of the crew and charges for port services pertaining to the crew/crew visas; shall maintain the Vessel's class and keep her in a thoroughly efficient state in hull, machinery and equipment for and during the service, and have a full complement of Master, officers and ratings.

제6조 선박소유자의 공급사항

(a) 선박소유자는, 별도로 제공되는 경우를 제외하고, 용선선박의 보험, 모든 식료품, 선원실, 갑판, 기관실 및 기타 필요한 선용품, 보일러 물과 윤활유를 공급하고 지불하여야 한다. 선원의 임금, 선원의 승하선 고입 및 고지에 따른 영사 비용과 선원/선원의 비자와 관련한 항만서비스비용도 지불하여야 한다. 그리고 선박소유자는 용선을 위해서, 그리고 용선기간 동안 용선선박의 선급을 유지하여야 하고, 선체 및 기관과 기기를 충분히 효과적인 작동 상태로 유지하며, 또한 사관과 부원(보통선원)의 정원을 확보하여야 한다.

(b) The Owners shall provide any documentation relating to the Vessel as required to permit the Vessel to trade within the agreed limits, including but not limited to International Tonnage Certificate, Suez and Panama tonnage certificates, Certificates of Registry, and certificates relating to the strength, safety and/or serviceability of the

Vessel's gear. Such documentation shall be maintained during the currency of the Charter Party as necessary.

Owners shall also provide and maintain such Certificates of Financial Responsibility for oil pollution to permit the Vessel to trade within the agreed limits as may be required at the commencement of the Charter Party. However, in the event that, at the time of renewal, a Certificate of Financial Responsibility is unavailable in the market place, or, the premium for same increases significantly over the course of the Charter Party, then Owners and Charterers shall discuss each with the other to find a mutually agreeable solution for same, failing such solution the port(s) that require said Certificate of Financial Responsibility are to be considered as added to the Vessel's trading exclusions. (See also Clause 18 (Pollution)).

(b) 선박소유자는, 아래 열거된 것에 국한하지 않고, 국제톤수증명서, 수에즈 및 파나마 톤수 증명서, 선적증서, 그리고 선체강력과 안전 및 하역장비 이용성 등에 관련된 것을 포함하여, 용선선박이 허용된 운항구역 안에서 자유롭게 운항을 함에 필요한 모든 서류를 제공(구비)해야 한다. 그러한 증서들은 반드시 용선기간동안 유효하게 비치되어야 한다.

선박소유자는 또한 합의된 구역 안의 운항을 위해 요구될 수 있는 유류오염에 대한 재정책임증서를 용선계약개시 시점에 제공하고 비치해야 한다. 증서갱신 시점에서 재정책임증서가 당해 시장에서 이용불가 하거나, 그 요율이 용선기간에 걸쳐 너무 과도하게 증가하는 경우에는, 선박소유자와 용선자는 이에 대한 대안을 논의하고 상호 합의할 수 있는 방안을 찾아야 하지만, 만약 그러한 방안에 합의하지 못할 경우에는 전술한 재정책임증서를 요하는 항만은 선박의 운항배제구역으로 추가된 것으로 간주해야 한다.(약관 제18조 (유류오염) 참조).

(c) The Vessel to work night and day if required by the Charterers, with crew opening and closing hatches, when and where required and permitted by shore labor regulations, otherwise shore labor for same shall be for the Charterers' account.

(c) 선박은 용선자의 요청이 있을 경우, 육상노동규정에서 허용되는 시점과 장소에서 선원에 의한 선창뚜껑의 개폐작업을 주・야로 수행해야 하며, 그렇지 않은 경우 선창개폐작업은 용선자의 부담으로 해야 한다.

선박소유자의 의무사항에 대해 명시하고 있다. 선박소유자는 용선기간 동안 지속적으로 선박을 유지 보수해야 하고 선박의 감항성을 확보해야 한다. 선박소유자가 의무사항을 지키지 못했을 경우 용선자는 손해배상을 요구할 수 있고 선박의 감항성이 상실되었을 때에는 계약 위반이 된다.

7) 용선자의 공급사항 [Clause 7 Charterers to provide]

7. Charterers to provide

(a) The Charterers, while the Vessel is on-hire, shall provide and pay for all the bunkers except as otherwise agreed; shall pay for port charges (including compulsory garbage disposal), compulsory gangway watchmen and cargo watchmen, compulsory and/or customary pilotages, canal dues, towages, agencies, commissions, consular charges (except those pertaining to individual crew members or flag of the Vessel), and all other usual expenses except those stated in Clause 6, but when the Vessel puts into a port for causes for which the Vessel is responsible (other than by stress of weather), then all such charges incurred shall be paid by the Owners.

제7조 용선자의 공급사항

(a) 용선자는 용선선박이 용선 기간 중에, 별도의 합의가 있는 경우를 제외하고, 모든 연료를 공급하고 비용을 지불하여야 한다. (강제적인 폐기물 처분을 포함하여) 항비, 강제적으로 세워야하는 현문경비원과 화물경비원, 강제 및/또는 관습적인 도선료, 운하통과료, 예선료, 대리점비, 수수료, 영사 비용(다만 각 선원 개별용도 또는 용선선박의 국적에 관한 비용은 제외한다.) 그리고 약관 제6조에 규정된 것을 제외한 기타 모든 통상 비용을 지급하여야 한다. 다만, 용선선박에 책임 있는 사유로 인하여(기상을 이유로 한 경우는 제외함) 어떤 항구에 기항하였을 때에는 발생한 모든 비용을 선박소유자가 부담하여야 한다.

(b) Fumigations ordered because of illness of the crew or for infestations prior to delivery under this Charter Party shall be for the Owners' account. Fumigations ordered because of cargoes carried or ports visited while the Vessel is employed under this Charter Party shall be for the Charterers' account.

(b) 본 용선계약 따른 선박의 인도전 선원의 발병 또는 전염병의 횡행으로 명령된 훈증소독의 비용은 선박소유자의 부담으로 한다. 이 용선계약에 따라서 용선선박을 사용하는 동안 운송되는 화물 또는 기항한 항구 때문에 명령된 훈증소독의 비용은 용선자가 부담하여야 한다.

(c) The Charterers shall provide and pay for necessary dunnage, lashing materials and also any extra fittings requisite for a special trade or unusual cargo, but the Owners shall allow them the use of any dunnage already aboard the Vessel. Prior to redelivery the Charterers shall remove their dunnage, fittings and lashing materials at their cost and in their time.

(c) 용선자는 필요한 깔판, 화물고박자재와 특수 운송(항해) 또는 특수화물 또는 특이한 화물을 위해 필요한 추가부속품을 공급하고 비용을 지불하여야 한다. 그러나 선박소유자는 용선자에게 이미 용선선박에 구비되어 있는 모든 깔판의 사용을 허락하여야 한다. 용선자는 용선선박을 반선하기 전에 자신의 비용과 시간으로 스스로 설치한 깔판 및 부품과 화물고박자재를 제거하여야 한다.

용선자의 의무사항에 대해 규정하고 있다. 용선자가 부담해야 하는 비용은 연료비, 항비, 용선자의 업무에 관련된 일체의 통신비, 도선료, 예선료, 대리점비, 수수료, 영사 비용(다만 각 선원 및 용선선박의 국적에 관한 비용은 제외한다.), 적재된 운송물 또는 기항한 항구 때문에 소독 명령이 내려진 경우의 소독 비용 등이 있다. 그리고 용선자는 자신의 비용과 시간으로 깔판과 특별 항해 및 운송물에 필요한 추가 의장품을 준비해야 한다.

8) 항해의 실행 [Clause 8 Performance of Voyage]

8. Performance of Voyage

(a) Subject to Clause 38 (Slow Steaming) the Master shall perform the voyages with due despatch and shall render all customary assistance with the Vessel's crew. The Master shall be conversant with the English language and (although appointed by the Owners) shall be under the orders and directions of the Charterers as regards employment and agency; and the Charterers shall perform all cargo handling, including but not limited to loading, stowing, trimming, lashing, securing, dunnaging, unlashing, discharging, and tallying, at their risk and expense, under the supervision of the Master.

제8조 항해의 실행

(a) 제38조 약관(감속운항)을 준수하면서 선장은 신속하게 항해를 수행하여야 하고, 선원들과 함께 관습상 요구되는 모든 지원을 제공하여야 한다. 선장은 영어에 능통하여야 하며, 또한(선박소유자에 의하여 선장이 선임되었다고 하여도) 용선선박의 사용(운항) 및 대리점에 관하여 용선자의 지시를 따라야 한다. 그리고 용선자는 자신의 위험과 비용으로, 선장의 감독 하에, 아래 열거한 것에 국한하지 않고, 화물의 선적, 적부, 고르기, 묶기, 고박, 깔개설치, 고박풀기, 양하 및 검수업무를 포함하여 화물취급에 관한 모든 업무를 수행하여야 한다.

(b) If the Charterers shall have reasonable cause to be dissatisfied with the conduct of the Master or officers, the Owners shall, on receiving particulars of the complaint, investigate the same, and, if necessary, make a change in appointments.

(b) 만약 용선자가 선장 또는 사관의 행위에 불만스러운 합당한 이유를 가지게 될 경우, 선박소유자는, 이와 같은 불만사항을 접수 즉시 이것을 조사하고, 필요하다면 교대시켜야 한다.

선박의 항해와 관련하여 선장 및 선원의 역할과 의무, 용선자의 하역작업 실행에 대해 명시하고 있다. "the Charterers shall perform all cargo handling, including but not limited to loading, stowing, trimming, lashing, securing, dunnaging, unlashing, discharging, and tallying, at their risk and expense, ……"에서 운송물의 선적, 적부, 고르기, 묶기, 고정, 깔개, 풀기, 양하 및 검수를 포함하여 모든 운송물에 대한 취급과 관련하여 용선자가 위험과 비용을 부담한다.

한편 본선의 선장은 "…… under the supervision of the Master."에서 명시 하였듯이 하역작업을 감독할 권리와 의무를 가지고 있다. 만약 선장이 하역 작업 감독을 철저히 했음에도 불구하고 용선자의 부적절한 적재로 인한 화물손해에 대해서는 선장은 면책되고 용선자가 책임을 지게 된다. 때로는 용선계약서에 "…… under the supervision and responsibility of the Master."와 같이 "책임"이라는 어구를 삽입함으로써 하역 작업 시 발생하는 제반 문제에 대해 선장의 책임을 강화하는 경우도 있다.

9) 선박연료 [Clause 9 Bunkers]

9. Bunkers
(a) Bunker quantities and prices
*(i) The Charterers on delivery, and the Owners on redelivery or any termination of this Charter Party, shall take over and pay for all bunkers remaining onboard the Vessel as hereunder. The Vessel's bunker tank capacities shall be at the Charterers' disposal. Bunker quantities and prices on delivery/redelivery to be (   ).

*(ii) The Owners shall provide sufficient bunkers onboard to perform the entire time charter trip. The Charterers shall not bunker the Vessel, and shall pay with the first hire payment for the mutually agreed estimated bunker consumption for the trip, namely (   )metric tons at (   ) (price). Upon redelivery any difference between estimated and actual consumption shall be paid by the Charterers or refunded by the Owners as the case may be.

*(iii) The Charterers shall not take over and pay for bunkers Remaining On Board at delivery but shall redeliver the Vessel with about the same quantities and grades of bunkers as on delivery. Any difference between delivery quantity and redelivery quantity shall be paid by the Charterers or the Owners as the case may be. The price of the bunkers shall be the net contract price paid by the receiving party, as evidenced by suppliers' invoice or other supporting documents.

(i), (ii) and (iii) are alternatives; delete as applicable. If neither Sub-clause (i), (ii) nor (iii) is deleted then Sub-clause (i) shall apply.

제9조 선박연료
(a) 연료의 양 및 가격
*(i) 용선자는 선박의 인도 시에, 선박소유자는 선박의 반선 시 또는 이 용선계약의 종료 시에, 본 조에 기재되어 있는 바와 같이, 당해 선박에 남아 있는 모든 선박연료를 인수하고 연료대금을 지불하여야 한다. 선박의 연료탱크의 용량(이용)은 용선자의 처분에 따른다. 인도/반선 시의 연료량과 가격은 (   )로 한다.
*(ii) 선박소유자는 항차정기용선의 전 기간을 수행함에 충분한 연료를 용선선박에 공급 하여야만 한다. 용선자는 선박에 연료를 공급하지 않으며, 당해 항차를 위하여 상호 합의된 예상 연료소비량 즉, (   ) (가격)으로 (   ) 중량톤에 대하여 첫 번째 용선료와 함께 지불하여야 한다. 예상소비량과 실제 소비량과의 차이는 반선 시에 각각의 경우에 따라 용선자가 선박소유자에게 지불하거나 선박소유자가 용선자에게 반환하여야 한다.
*(iii) 용선자는 인도 시 선박에 남아있는 연료를 인수하거나 대금을 지불하지는 않으나, 인도 시와 거의 같은 양과 품질의 연료를 공급하여 반선하도록 한다. 인도 시의 양과 반선 시의 양과의 차이는 각각의 경우에 따라 용선자가 선박소유자에게 지불하거나 선박소유자가 용선자에게 반환하여야 한다. 연료의 가격은 수령한 당사자가 지불한 실(net) 계약가격이 되어야 하며, 공급자의 송장이나 기타의 보완서류로 증빙되어야 한다.

(i), (ii) 및 (iii)은 선택사항이다. 해당사항에 따라 적절히 삭제한다. (i), (ii) 및 (iii) 중 어떤 것도 삭제되지 않은 경우에는 (i)가 적용된다.

(b) Bunkering Prior to Delivery/Redelivery
Provided that it can be accomplished at ports of call, without hindrance to the working or operation of or delay to the Vessel, and subject to prior consent, which shall not be unreasonably withheld, the Owners shall allow the Charterers to bunker for their

account prior to delivery and the Charterers shall allow the Owners to bunker for their account prior to redelivery. If consent is given, the party ordering the bunkering shall indemnify the other party for any delays, losses, costs and expenses arising therefrom.

(b) 인도 전/반선 전의 연료공급

선박의 작업이나 운항에 지장이 없거나 또는 지연을 초래하지 않고 기항지에서 (연료를) 공급할 수 있다. 그리고 사전에 동의를 구하여, 이 동의는 비합리적으로 동의를 보류해서도 안 된다. 선박소유자는 선박의 인도전 용선자가 자신의 부담으로 연료를 공급하도록 허용해야 하며, 용선자는 반선 시 선박소유자가 자신의 부담으로 연료를 공급하도록 허용해야 한다. 만약 동의를 득했을 경우, 연료를 공급하는 당사자는 다른 당사자에게 그러한 연료공급과정에서 야기되는 모든 지연, 손실, 비용과 경비에 대하여 보상하여야 한다.

(c) Bunkering Operations and Sampling

(i) The Chief Engineer shall co-operate with the Charterers' bunkering agents and fuel suppliers during bunkering. Such cooperation shall include connecting/disconnecting hoses to the Vessel's bunker manifold, attending sampling, reading gauges or meters or taking soundings, before, during and/or after delivery of fuels.

(ii) During bunkering a primary sample of each grade of fuels shall be drawn in accordance with the International Maritime Organization (IMO) Resolution Marine Environment Protection Committee (MEPC) MEPC.182(59) Guidelines for the Sampling of Fuel Oil for Determination of Compliance with the Marine Pollution Convention (MARPOL) 73/78 Annex VI or any subsequent amendments thereof. Each primary sample shall be divided into no fewer than five (5) samples; one sample of each grade of fuel shall be retained on board for MARPOL purposes and the remaining samples of each grade distributed between the Owners, the Charterers and the bunker suppliers.

(iii) The Charterers warrant that any bunker suppliers used by them to bunker the Vessel shall comply with the provisions of Sub-clause(c)(ii) above.

(iv) Bunkers of different grades, specifications and/or suppliers shall be segregated into separate tanks within the Vessel's natural segregation. The Owners shall not be held liable for any restriction in bunker capacity as a result of segregating bunkers as aforementioned.

(c) 연료공급 작업 및 표본채취

(i) 기관장은 용선자의 연료공급 대리점과 연료공급업체에 협력하여야 한다. 그와 같은 협조는 연료의 공급 이전, 공급 도중 및/또는 공급 후의 선박의 연료주입연결부에 연료관의 연결/탈착, 표본채취 입회, 계량기의 판독 또는 양의 측정을 포함한다.

(ii) 연료공급 중에는 연료의 각 등급에 따른 최초의 표본을 채취해야 하며, 이러한 절차는 해양오염방지협약(MARPOL 73/78)의 부속서 VI, 또는 이에 후속되는 개정된 규정에 대해서의 부합여부 결정을 위해 연료유 표본채취를 위한 국제해사기구(IMO)결의/해양환경오염보호위원회(MEPC)/MEPC.182(59)의 지침서에 따라서 수행되어야 한다. 각각의 최초표본채취는 5개 보다 적지 않게 나누어져야 하며, 연료의 각 등급별 하나씩의 표본은 해양오염방지협약(MARPOL)의 목적으로 선박에 보관하고, 나머지 각 등급의 표본은 선박소유자, 용선자 및 연료공급업체 간에 배분되어야 한다.

(iii) 용선자는 선박에 연료를 공급하기 위해 자신이 이용하는 연료공급업체가 선박연료공급약관(Clause 9 (c)(ii)) 조항을 준수할 것을 보장하여야만 한다.

(iv) 서로 다른 종류의 등급, 사양 및/또는 공급업체로부터의 연료는 선박내의 탱크분리구조에 따라 자연적으로 개별 탱크에 분리되어야 한다. 선박소유자는 상기와 같은 연료분리의 결과로 초래되는 연료용량(수용)의 어떠한 제약요인에 대하여도 책임을 지지 않는다.

(d) Bunker Quality and Liability

(i) The Charterers shall supply bunkers of the agreed specifications and grades: .

The bunkers shall be of a stable and homogeneous nature and suitable for burning in the Vessel's engines and/or auxiliaries and, unless otherwise agreed in writing, shall comply with the International Organization for Standardization (ISO) standard 8217:2012 or any subsequent amendments thereof. If ISO 8217:2012 is not available then the Charterers shall supply bunkers which comply with the latest ISO 8217 standard available at the port or place of bunkering.

(ii) The Charterers shall be liable for any loss or damage to the Owners or the Vessel caused by the supply of unsuitable fuels and/or fuels which do not comply with the specifications and/or grades set out in Sub-clause (d)(i) above, including the off-loading of unsuitable fuels and the supply of fresh fuels to the Vessel. The Owners shall not be held liable for any reduction in the Vessel's speed and/or increased bunker consumption nor for any time lost and any other consequences arising as a result of such supply.

(d) 연료의 품질과 책임

(i) 용선자는 합의된 사양과 등급의 연료를 공급해야 한다. 연료는 안정적이고 동질의 성질이어야 하며, 선박의 주기관 및 보조기관에서의 연소에 적합해야 한다. 서면으로 별도의 합의가 없으면, 국제표준화기구(ISO)의 기준 8217:2012, 또는 이에 후속하는 개정서의 내용을 준수하여야 한다. 만약 국제표준화기구(ISO)의 기준 8217:2012에 적합한 것을 이용할 수 없을 경우, 용선자는 연료공급항 또는 장소에서 이용 가능한 가장 최근의 국제표준화기구(ISO)의 기준 8217에 일치하는 연료를 공급해야 한다.

(ii) 용선자는 상기 부속약관 (d)(i)에 설정된 사양 및 등급에 부합하지 못하는 연료 또는 부적합한 연료의 공급으로 야기되는 선박소유자 또는 선박에 대한 모든 손실과 손해에 대한 책임을 져야 하며, 이러한 책임은 선박의 부적합한 연료양륙과 새로운 연료공급을 포함한다. 선박소유자는 그와 같은 공급으로 야기되는 선박의 속력저하 및/또는 증가되는 연료소모 뿐만 아니라 시간손실, 그리고 기타 어떠한 모든 결과에 대하여 책임을 지지 아니한다.

(e) Fuel Testing Program

Should the Owners participate in a recognized fuel testing program one of the samples retained by the Owners shall be forwarded for such testing. The cost of same shall be borne by the Owners and if the results of the testing show the fuel not to be in compliance with ISO 8217:2012, or any subsequent amendment thereof, or such other specification as may be agreed, the Owners shall notify the Charterers and provide a copy of the report as soon as reasonably possible. In the event the Charterers call into question the results of the testing, a fuel sample drawn in accordance with IMO Resolution MEPC.96(47) Guidelines for the Sampling of Fuel Oil for Determination of Compliance with Annex VI of MARPOL 73/78 or any subsequent amendments thereof, shall be sent to a mutually agreed, qualified and independent laboratory whose analysis as regards the characteristics of the fuel shall be final and binding on the parties concerning the characteristics tested for. If the fuel sample is found not to be in compliance with the specification as agreed in the paragraph above, the Charterers shall meet the cost of this analysis, otherwise same shall be for the Owners' account.

(e) 연료시험절차

선박소유자는 연료시험인증절차에 참여하려고 할 경우 선박소유자가 보유한 표본 중의 하나를 당해 시험을 위해 제공하여야 한다. 당해 시험에 요하는 비용은 선박소유자의 부담이며, 만약 시험결과가 국제표준화기구(ISO)의 기준 8217:2012 또는 그에 후속하는 부속서 또는 합의된 기타의 다른 사양에 부합하지 못할 경우, 선박소유자는 용선자에게 통지하고 합리적으로 가능한 조속히 그 보고서의 사본을 제공하여야 한다. 용선자가 시험결과에 대하여 의문을 제기하는 경우에는, 해양오염방지협약

(MARPOL 73/78) 부속서 VI의 부합결의서 또는 그에 후속하는 개정된 규정의 연료유 표본채취에 대한 국제해사기구(IMO) 결의 MEPC. 96(47) 지침서에 따라 채취된 연료표본이 상호 합의된 적격한 독립 실험실로 보내져야 하며, 그 실험실의 당해 연료의 특성에 관한 분석은 연료의 특성에 관해서 최종적이며 당사자 모두를 구속한다. 만약 연료 표본이 상기의 해당 문절에서 합의된 사양과 부합하지 않을 경우, 용선자는 당해 분석비용을 부담해야 하며, 그렇지 않을 경우는 선박소유자의 비용으로 한다.

(f) Bunker Fuel Sulphur Content

(i) Without prejudice to anything else contained in this Charter Party, the Charterers shall supply fuels of such specifications and grades to permit the Vessel, at all times, to comply with the maximum sulphur content requirements of any emission control area when the Vessel is ordered to trade within that area. The Charterers also warrant that any bunker suppliers, bunker craft operators and bunker surveyors used by the Charterers to supply such bunkers shall comply with Regulations 14 and 18 of MARPOL Annex VI, including the Guidelines in respect of sampling and the provision of bunker delivery notes. The Charterers shall indemnify, defend and hold harmless the Owners in respect of any loss, liability, delay, fines, costs or expenses arising or resulting from the Charterers' failure to comply with this Sub-clause (f)(i).

(ii) Provided always that the Charterers have fulfilled their obligations in respect of the supply of fuels in accordance with Sub-clause (f)(i), the Owners warrant that:

1. the Vessel shall comply with Regulations 14 and 18 of MARPOL Annex VI and with the requirements of any emission control area; and

2. the Vessel shall be able to consume fuels of the required sulphur content, when ordered by the Charterers to trade within any such area. Subject to having supplied the Vessel with fuels in accordance with Sub-clause (f)(i), the Charterers shall not otherwise bear any loss, liability, delay, fines, costs or expenses arising or resulting from the Vessel's failure to comply with Regulations 14 and 18 of MARPOL Annex VI.

(iii) For the purpose of this Clause, "emission control area" shall mean an area as stipulated in MARPOL Annex VI and/or an area regulated by regional and/or national authorities such as, but not limited to, the European Union (EU) and the United States (US) Environmental Protection Agency.

(f) 연료유 유황 함유량

(i) 이 용선계약서에 규정된 여타의 어떠한 규정에 구애되지 않고, 용선자는, 선박을 그와 같은 지정구역 내에서 운항하도록 명령할 경우, 유황 최대 함유량 배출통제구역의 기준요건에 언제나 부합하고 허용되는 사양과 등급의 연료를 공급해야만 한다. 용선자는 또한 이와 같은 연료를 공급함에 있어서 자신이 이용하는 모든 연료공급업체, 연료운반선의 운항업자 및 연료 검정원이 해양오염방지협약(MARPOL)의 부속서 VI의 규정 14 및 18의 규정을 준수할 것을 보장하며, 이러한 보장내용에는 표본채취에 대한 지침서와 연료공급 기록부의 제출을 포함한다. 용선자는 본 약관 (f)(i)항을 이행하지 못함으로써 야기되거나 발생되는 모든 손실, 책임, 지연, 벌과금, 비용 또는 경비와 관련하여 선박소유자에게 보상하고 선박소유자를 방어하며 선박소유자에게 해가되지 않도록 해야 한다.

(ii) 용선자가 연료공급과 관련하여 본 약관 (f)(i)항에 따라 항상 용선자의 책임을 충족시키는 경우에 선박소유자는 다음 사항을 보장한다.

1. 선박은 해상오염방지협약 부속서 VI의 규정 14와 18 및 배출통제구역의 요구조건을 준수하여야 한다. 또한,

2. 선박은 용선자가 어떠한 배출통제 구역내에 운항을 명령할 때 요구된 유황함유량의 연료를 소모할 수 있도록 하여야 한다. 그렇지 않을 경우 용선자는, 선박에 본 약관 (f)(i)항에 따른 연료를 공급하였을 경우, 선박이 해상오염방지협약(MARPOL)의 부속서 VI의 규정 14와 18을 준수하지 못함으로써 발생되거나 야기되는 그 어떠한 손실, 책임, 지연, 벌과금, 비용 또는 경비에 대하여 책임을 지지 아니한다.

(iii) 이 약관의 목적상, "배출통제구역"은 해상오염방지협약(MARPOL)의 부속서 VI에 명기된 지역 및/또는, 유럽연합(EU)과 미합중국(US) 환경보호기관과 같은, 그러나 열거한 두 기관에 국한하지 않고, 지역 및/또는 국가 당국에 의해 규제되는 구역을 의미한다.

(g) Grades and Quantities of Bunkers on Redelivery
Unless agreed otherwise, the Vessel shall be redelivered with the same grades and about the same quantities of bunkers as on delivery; however, the grades and quantities of bunkers on redelivery shall always be appropriate and sufficient to allow the Vessel to reach safely the nearest port at which fuels of the required types are available.

(g) 반선 시 연료유의 등급 및 양
별도의 합의가 없는 한, 선박은 선박에 인도시와 거의 동일한 연료량과 동일한 등급의 연료로 반선되어야 한다. 그러나 반선시의 연료의 수량과 등급은 선박에 요구되는 연료의 공급이 가능한 가장 가까운 항구에 안전하게 당도할 수 있도록 언제나 적절하고 충분해야만 한다.

선박의 인도 및 반선 시 선박소유자와 용선자간에 선내에 남아 있는 선박연료를 어떻게 인도하고 대금을 지불할 것인가에 대해 합의사항을 기재하고 연료 공급과 관련하여 용선자의 책임과 의무에 대해 규정하고 있다. 연료의 가격은 선박소유자와 용선자간 시장상황을 반영한 적정 가격으로 정하며, 선박소유자가 구입하여 공급한 가격으로 할 때도 있다. 용선자는 선박의 엔진에 적합한 연료를 공급해야 하며 만일 부적합한 연료를 공급하여 엔진이 고장 나거나 선박운항에 문제가 발생하게 되면 용선자는 손해배상 책임을 지게 된다.

아울러 연료의 품질과 등급을 구체화 하여 해상오염방지협약(MARPOL) 73/78에서 규정한 연료의 유황배출가스 기준을 엄격히 적용하도록 하고, 국제적으로 강화되고 있는 해양환경 문제에 철저히 대비하도록 하였으며, 부적합한 연료의 공급으로 이러한 문제가 야기될 경우, 그에 따른 모든 손해에 대한 책임은 이를 야기한 당사자에 있음을 규정하고 있다.

또한 용선자가 공급하는 연료의 질(quality)이 용선선박에 적합하고 이러한 국제규정을 준수하는데 적합한지와 이에 대한 책임을 명확히 하기 위해 공급되는 연료의 표본채취와 분석에 관한 내용도 약관에 신설하였다.

10) 용선료; 선창청소비; 통신비; 식사비 및 기타비용

[Clause 10 Rate of Hire; Hold Cleaning; Communications; Victualling and Expenses]

10. Rate of Hire; Hold Cleaning; Communications; Victualling and Expenses
(a) The Charterers shall pay for the use and hire of the said Vessel at the rate of (···) per day or pro rata for any part of a day, commencing on and from the time of her delivery, as aforesaid, including the overtime of crew; hire to continue until the time of her redelivery to the Owners as per Clause 4 (Redelivery) (unless Vessel lost).
Unless otherwise mutually agreed, the Charterers shall have the option to redeliver

the Vessel with unclean/unswept holds against a lumpsum payment of ( ) in lieu of hold cleaning, to the Owners (unless Vessel lost).

The Owners shall victual pilots and such other persons as authorized by the Charterers or their agents. While on-hire, the Charterers shall pay the Owners along with the hire payments, Click here to enter text. per thirty (30) days or pro rata, to cover all Communications, Victualing and Expenses properly incurred by the Vessel under the Charterers' employment.

For the purpose of hire calculations, the times of delivery, redelivery or termination of this Charter Party shall be adjusted to Coordinated Universal Time (UTC).

제10조 용선료, 선창청소비, 통신비, 식사비 및 기타비용

(a) 용선자는 상기 선박의 인도시점으로부터 개시하여 일당 (　　)요율로 또는 1일미만은 시간에 비례하여, 전술한 바와 같이, 선원의 초과근무수당을 포함하여, 용선선박의 사용과 용선에 대하여 지불하여야 한다. (선박의) 용선은 (선박이 멸실되지 않는 한) 약관 제4조에 따라 선박이 선박소유자에게 반선될 때까지 계속된다.

별도로 상호 합의되지 않는 한, 용선자는 (선박이 멸실되지 않는 한) 선창 청소의 대가로 (　　)를 일괄지불하고 청소/정돈 되지 않은 선창의 상태로 선박소유자에게 반선할 수 있는 선택권을 가진다.

선박소유자는 도선사와 용선자나 용선자의 대리점이 허락한 사람들에게 식사를 제공하여야 한다. 용선기간동안에, 용선자는 용선료지불과 함께 통신비, 식사비와 용선자가 선박을 이용하는 동안에 선박에서 적절하게 발생한 비용을 보상하기 위해 매 30일마다 (　　)를 또는 30일 미만인 경우에는 비례하여 선박소유자에게 지불하여야 한다.

용선료를 계산하기 위해서, 인도와 반선 또는 용선계약의 종료 시간은 협정세계시간(coordinated Universal Time)으로 조정되어야 한다.

(b) Hold Cleaning/Residue Disposal

(i) The Charterers may request the Owners to direct the crew to sweep and/or wash and/or clean the holds between voyages and/or between cargoes against payment at the rate of (　　) per hold, provided the crew is able safely to undertake such work and is allowed to do so by local regulations. In connection with any such operation the Owners shall not be responsible if the Vessel's holds are not accepted or passed. Time for cleaning shall be for the Charterers' account.

(b) 선창 청소/잔유물 처분

(i) 용선자는, 선원들이 선창 청소작업을 안전하게 수행할 수 있고, 당해 지역의 규정이 그렇게 할 수 있도록 허용한다면, 선창당 (　　)의 요율로 지불하고 선박소유자로 하여금 선원들에게 이전 항차와 금회항차 사이 및/또는 이전화물과 금회화물 사이에 선창을 쓸고, 그리고/또는 물로 세정할 것을 지시하도록 요청할 수 있다. 상기와 같은 작업과 관련하여 선박소유자는 선박의 화물창이 (이해 당사자들에게) 수락되지 않거나 검사에 합격되지 않는다고 해도 책임을 지지 않는다. 청소에 요하는 시간은 용선자의 부담으로 한다.

(ii) Unless this Charter Party is concluded for a single laden leg, all cleaning agents and additives (including chemicals and detergents) required for cleaning cargo holds shall be supplied and paid for by the Charterers. The Charterers shall provide the Owners with a dated and signed statement identifying cleaning agents and additives that, in accordance with IMO Resolution 219(63) Guidelines for the Implementation of MARPOL Annex V, are not substances harmful to the marine environment and do not contain any component known to be carcinogenic, mutagenic or reprotoxic.

(ii) 이 용선계약서가 단일(single)항차 화물운송 기간을 규정하고 있지 않는 한, 용선자는 화물 선창의 청소를 위해 필요로 하는 (화학제품과 합성세제를 포함하여) 모든 청결제와 첨가제를 공급하고 대금을 지불하여야 한다. 용선자는 선박소유자에게 청결제와 첨가제는 해양오염방지협약(MARPOL) 부속서 V의 국제해사기구(IMO) 이행규정 219(63) 지침서에 따른 해양환경에 유해한 물질이 아니며, 발암성, 돌연변이 또는 생식독성(reprotoxic)으로 알려진 어떠한 성분도 포함하지 않았다는 것을 입증하는, 날자가 기재되고 서명된 진술서를 제공하여야 한다.

(iii) Throughout the currency of this Charter Party and at redelivery, the Charterers shall remain responsible for all costs and time, including deviation, if any, associated with the removal and disposal of cargo related residues and/or hold washing water and/or cleaning agents and detergents and/or waste. Removal and disposal as aforesaid shall always be in accordance with and as defined by MARPOL Annex V, or other applicable rules.

(iii) 이 용선계약의 전 기간 동안과 반선 시에, 용선자는 화물과 관련한 잔유물 및/또는 선창청소한 물 및/또는 청결제와 합성세제 및/또는 폐기물을 제거하거나 처분하는 것과 관련하여, 만약 발생할 경우, 이로를 포함한, 모든 비용과 시간에 대하여 책임을 져야만 한다. 전술한 제거와 처분은 언제나 해양오염방지협약(MARPOL) 부속서 V, 또는 기타 별도의 적용규칙을 따라야 하고 이러한 규정에서 정한 바와 같이 이루어져야 한다.

용선자의 주요 의무 중의 하나인 용선료의 지불방법과 시기, 선창 청소비와 선원의 초과근무비 등에 관하여 규정하고 있다.

특히 선창의 청소와 관련하여서는 용선자의 요청이 있을 경우 선원들의 적극적인 협조가 요구되지만, 선창의 청소상태가 불량하여 화물선적 검사기준에 부합하지 못하더라도 선박소유자가 책임지지 아니함을 명확히 하고 있으므로, 용선자는 본선의 선원들과 원만한 협조관계가 필요한 것으로 판단된다. 아울러 선창청소에 필요한 세제 등에 관한 처분에 있어서도 해양환경보호를 위해 국제해사기구(IMO)에서 규정하는 지침을 잘 따라야 한다는 점을 강조하고 있다.

11) 용선료 지불 [Clause 11 Hire Payment]

11. Hire Payment

(a) Payment

Payment of Hire shall be made without deductions due to Charterers' bank charges so as to be received by the Owners or their designated payee into the bank account as follows (   ), in the currency stated in Clause 10 (Rate of Hire; Hold Cleaning; Communications; Victualing and Expenses), in funds available to the Owners on the due date, fifteen (15) days in advance, and for the last fifteen (15) days or part of same the approximate amount of hire, and should the same not cover the actual time, hire shall be paid for the balance day by day as it becomes due, if so required by the Owners. The first payment of hire shall be due on delivery.

제11조 용선료의 지급
(a) 지급
용선료는 용선자 부담의 은행 수수료를 공제하지 않고 선박소유자 또는 선박소유자가 지정한 수취인의 (　　) 은행계좌로 제10조(용선료; 선창 청소; 통신; 식료 및 비용)에 기재된 통화로 지급 예정일에 선박소유자가 사용 가능한 자금으로서 15일치를 선급하여야 한다. 마지막 15일치 또는 마지막 일부분의 용선료에 대하여는 개략적으로 산정한 금액을 선급한다. 그 개략적으로 산정한 금액이 실제의 시간을 만족시키지 못하는 경우에는, 선박소유자가 원하면, 만기가 되면 그 날 그 날로 나머지를 지급하여야 한다. 첫 번째 용선료는 선박 인도시 지불한다.

(b) Grace Period
Where there is failure to make punctual payment of hire due, the Charterers shall be given by the Owners three (3) Banking Days (as recognized at the agreed place of payment) written notice to rectify the failure, and when so rectified within those three (3) Banking Days (as recognized at the agreed place of payment and the place of currency of the Charter Party) following the Owners' notice, the payment shall stand as punctual.

(b) 유예기간
용선료가 정시에 정기적으로 지급되지 못한 경우, 선박소유자는 (약정된 지급지에서 인정되는) 서면으로 3일의 은행영업일 이내에 지급조정 통지를 용선자에게 보내어야 한다. 위의 은행영업일 3일 이내에 (용선계약의 약정된 지급지에서 인정되고 그리고 약정된 국가(place)의 통화로)그 미지급이 조정되었을 때에는 그 지급은 정시에 정기적으로 지급된 것으로 유효하게 된다.

(c) Withdrawal
Failure by the Charterers to pay hire due in full within three (3) Banking Days of their receiving a notice from Owners under Sub-clause 11(b) above shall entitle the Owners, without prejudice to any other rights or claims the Owners may have against the Charterers:
(i) to withdraw the Vessel from the service of the Charterers;
(ii) to damages, if they withdraw the Vessel, for the loss of the remainder of the Charter Party.

(c) 철수
제11조 (b)항의 유예기간 약관에 의거하여 선박소유자의 통지를 받은 후 용선자가 은행 영업일 3일 이내에 용선료를 지급하지 아니할 때에는 선박소유자는, 용선자에 대하여 가질 수 있는 어떠한 권리 또는 손해배상청구에 대하여 영향을 받지 않고 다음과 같은 권리를 가진다:
(i) 용선자의 서비스로부터 용선선박을 철수시킬 수 있다.
(ii) 만약 선박소유자가 선박을 철수시킬 경우 용선계약의 잔여기간의 손실에 대한 손해를 끼칠 수 있다.

(d) Suspension
At any time while hire is outstanding, the Owners shall, without prejudice to the liberty to withdraw, be entitled to withhold the performance of any and all obligations hereunder and shall have no responsibility whatsoever for any consequences thereof, and Charterers hereby indemnify the Owners for all legitimate and justifiable actions taken to secure their interests, and hire shall continue to accrue and any extra expenses resulting from such withholding shall be for the Charterers' account.

(d) 유예

용선료 미지급이 지속되는 경우 언제라도, 선박소유자는, 선박을 철수할 권리를 침해 받지 않고, 이에 의거한 일부 그리고 전부의 의무이행을 보류할 수 있으며, 그리고 그의 결과로 인해 발생하는 일에 대하여 어떠한 책임도 없으며, 그리고 용선자는 선박소유자가 그들의 이익을 확보하기 위하여 조치한 모든 적법하고 정당한 행위에 대하여 선박소유자에게 배상하며, 그리고 용선료는 지속적으로 누적되며 선박소유자의 의무이행 보류로 인해 발생하는 어떠한 비용도 용선자의 부담으로 한다.

(e) Last Hire Payment

Should the Vessel be on her voyage towards port/place of redelivery at the time the last payment(s) of hire is/are due, said payment(s) is/are to be made for such length of time as the estimated time necessary to complete the voyage, including the deduction of estimated disbursements for the Owners' account before redelivery. Should said payments not cover the actual time, hire is to be paid for the balance, day by day, as it becomes due.

Unless Sub-clause 9(a)(ii) or (iii) has been agreed, the Charterers shall have the right to deduct the value of bunkers on redelivery from last sufficient hire payment(s).

When the Vessel has been redelivered, any difference in hire and bunkers is to be refunded by the Owners or paid by the Charterers within five (5) Banking Days, as the case may be.

(e) 최종 용선료의 지급

용선선박이 반선항/지역을 향하여 항해 중일 때에 최종 용선료를 지급하게 되면, 용선료의 지급은, 반선 전에 선박소유자의 비용(disbursements)을 개략적으로 산정하여 공제하고, 그 항해를 완성하기 위하여 필요할 것으로 추정된 기간에 대하여 이루어진다. 만일 그 지급액이 실제 기간의 용선료를 충족시키지 못할 때에 용선료 지급의 부족액(balance)은 지급일이 될 때마다 매일 매일 지급되어야 한다.

제9조의 (a)(ii) 또는 (iii) 항의 내용에 합의하지 않는 한, 용선자는 충분한 금액으로 (지불한 최종 용선료로부터 반선시 남아 있는 연료유 대금을 공제할 권리를 가진다.

용선선박을 반선한 후에 용선료 및 연료금의 차액은 경우에 따라 선박소유자가 반환하거나 또는 정기용선자가 은행업무일 5일 이내에 지급한다.

(f) Cash Advances

Cash for the Vessel's ordinary disbursements at any port may be advanced by the Charterers, as required by the Owners, subject to two and a half (2.5) per cent commission and such advances shall be deducted from the hire. The Charterers, however, shall in no way be responsible for the application of such advances.

(f) 현금 가불금

선박소유자는 어느 항구에서든지 선박의 통상적인 용도를 위한 현금을, 선박소유자의 요구에 따라서, 2.5 퍼센트의 수수료를 붙여서 용선자로부터 빌릴 수 있으며, 그 가불금은 용선료에서 공제된다. 그러나 용선자는 그러한 가불금의 사용에 관하여 결코 책임을 지지 아니한다.

용선료 지급방법, 용선료 지급유예기간과 용선료 미지급에 따른 선박소유자의 권한 및 최종용선료 지급에 대해 규정하고 있다. (a)항에서는 용선료 지급은 용선료는 보통 선불지급이며 지급기일 당일 또는 그 이전에 선박소유자의 계좌에 입금되어야 한다라고 명시하고 있다. 용선료 지급이 현금(cash)으로 되어 있는 경우에 현금의 의미는 선박소유자의 계좌에 입금되었을 때 선박소유자가 어떠한 조건 없이 즉시 현금화하여 사용할 수 있는 지급방법을 의미한다. 한편 용선료 지급 화폐에 대해서는 실무에서는 보통 미화(US$)를 많이 사용하며, NYPE 1993 에서도 미화(US$)로 지불하도록 규정하였으나 NYPE Form의 국제적인 사용에 편리를 위해 NYPE 2015에서는 계약 당사간 협의를 통해 결정할 수 있도록 하였다. 한편 환율 변동 위험을 방지하기 위해 용선계약서에 환율을 처음부터 고정시키는 "Currency Clause"를 삽입하기도 하고 용선기간이 장기간일 경우 용선기간 동안 선박소유자의 선비가 지속적으로 인상될 것으로 예상하여 용선자의 동의를 얻어 "Escalator Clause"를 삽입하는 경우가 있다.

또한 (b)항(유예기간)에 3일의 은행영업일(banking days) 용선료 지급 유예기간(grace period)을 명시하고 있다. 그리고 용선료를 정시에 지급하지 않았을 경우 선박소유자는 용선자에게 보완요구 통지를 하며, 이후 3일 이내에 용선료 지급이 이루어졌다면 이 경우에는 용선료가 기한내 지급된 것으로 간주한다. 그러나 NYPE 1993과는 달리 용선자나 용선자 은행의 간과나 잘못 또는 누락으로 인한(due to oversight, errors or omissions on the part of charters or their bankers) 기한내 용선료 미지급이 더 이상 인정되지 않는다.

그리고 (c)항(withdrawal)에 따라 보완 통지를 받고도 3일 은행 영업일 이내에 용선료가 미지급될 경우 선박소유자는 용선선박을 철수할 권리와 용선잔여기간에 대한 손해배상을 청구할 권리를 갖는다. 용선계약 잔여기간에 대한 손실을 포함한 선박철수와 관련한 선박소유자의 손해배상청구권을 명확히 한 것이다.

한편 (d)항(suspension)은 용선료가 지급되지 않고 있는 어느 때라도 선박소유자가 선박의 운행을 멈출 수 있는 권리와 용선계약의 어떠한 의무 이행도 중단할 권리를 새로이 도입하고 있다. 그리고 선박소유자는 이와 관련하여 어떠한 책임도 지지 않는다. 그러나 용선자는 선박소유자에게 이로 인한 손해에 대하여 보상하여야 하며 용선료는 계속하여 발생하며 또 용선계약 중단에 의하여 발생한 모든 추가비용은 용선자가 부담한다. 발틱국제해운협의회(BIMCO)는 선박소유자의 운행중단권이 더딘 용선자에 대해 상업적 압력을 가하기를 바라는 선박소유자를 위해 효과적인 장치라고 말하고 있다. 운행중단은 용선료가 일단 미지급되면 즉시 발동될 수 있고 유예기간과는 상관이 없다.

본조 (e)항(최종 용선료의 지급)에서는 최종 용선료 산정 방법에 대해 규정하고 있다. 최종 용선료를 산정할 경우 반선항으로 항해중인 선박에 대해 그 선박의 항해가 마무리되는 기간을 고려하고, 선박소유자가 인수해야 할 선박 연료량, 선박소유자의 대략적인 지불금을 고려해서 금액을 산정한다. 한편 (f)항(현금 가불금)의 규정에 따라 선박소유자는 용선자에게 현금 가불금을 요구할 수 있다.

12) 선박속력과 유류소모 [Clause 12 Speed and Consumption]

12. Speed and Consumption

(a) Upon delivery and throughout the duration of this Charter Party the Vessel shall be capable of speed and daily consumption rates as stated in Appendix A in good weather on all sea passages with wind up to and including Force four (4) as per the Beaufort Scale and sea state up to and including Sea State three (3) as per the Douglas Sea Scale (unless otherwise specified in Appendix A). Any period during which the Vessel's speed is deliberately reduced to comply with the Charterers' orders/requirements (unless slow steaming or eco speed warranties have been given in Appendix A) or for reasons of safety or while navigating within narrow or restricted waters or when assisting a vessel in distress or when saving or attempting to save life or property at sea, shall be excluded from performance calculations.

제12조 선박속력과 연료소모

(a) 선박의 인도 시점과 용선계약 기간 동안에 선박은 바람의 세기가 뷰보트 스케일 4와 해상 상태가 더글라스 스케일 3(부칙 A에 별도 명시가 없다면)까지의 양호한 기상 상태인 경우 모든 항로에서 부칙 A에 명시된 속력을 낼 수 있어야 하고 일당 연료를 소모하여야 한다. (만약 저속운항 또는 친환경 속력 보장이 부칙 A에 명시되어 있지 않는다면)용선자의 지시/요구에 따르기 위해, 안전상의 이유, 좁은 수로 또는 제한된 수로에서의 항해, 조난 선박의 구조, 해상에서 인명과 재산을 구조하거나 시도하기 위하여 의도적으로 선박의 속력을 낮춘 기간은 (선박의) 운항결과분석에서 제외한다.

(b) The Charterers shall have the option of using their preferred weather routing service. The Master shall comply with the reporting procedure of the Charterers' weather routing service and shall follow routing recommendations from that service provided that the safety of the Vessel and/or cargo is not compromised.

(b) 용선자는 선호하는 기상 서비스를 사용할 선택권을 가지고 있다. 만약 선박 및/또는 화물의 안전이 위태롭지 않는다면 선장은 용선자의 기상 서비스의 보고 절차를 준수하여야 하며 권고하는 항로를 따라야 한다.

(c) The actual route taken by the Vessel shall be used as the basis of any calculation of the Vessel's performance.

(c) 실제 선박이 운항한 항로가 선박의 운항결과를 분석하는 기준으로 사용되어져야 한다.

(d) If the speed of the Vessel is reduced and/or fuel oil consumption increased, the Charterers may submit to the Owners a documented claim limited to the estimated time lost and/or the additional fuel consumed, supported by a performance analysis from the weather routing service established in accordance with this Clause. The cost of any time lost shall be off-set against the cost of any fuel saved and vice versa.

(d) 만약 선박의 속력이 줄거나 그리고/또는 연료 소모가 증가할 경우, 용선자는 예상된 시간 손실 및/또는 추가 연료 소모량에 대하여 이 조항에 따라 기상 서비스로부터 받은 운항결과분석 자

료와 함께 서면으로 선박소유자에게 손해배상 청구서를 제출할 수 있다.

(e) In the event that the Owners contest such claim then the Owners shall provide copies of the Vessel's deck logs for the period concerned and the matter shall be referred to an independent expert or alternative weather service selected by mutual agreement, whose report shall take Vessel's log data and the Charterers' weather service data into consideration and whose determination shall be final and binding on the parties. The cost of such expert report shall be shared equally.

(e) 만약 선박소유자가 손해배상청구에 대하여 반대할 경우 선박소유자는 그 기간 동안 선박의 항해 일지 사본을 제출하고 독립적인 전문가나 상호 합의에 의해 선정한 기상 서비스 업체에 의견을 구할 수 있다. 이들이 작성하는 보고서에는 선박의 일지 자료와 용선자의 기상 서비스 자료를 고려하며 이들의 결정은 최종적이며 계약당사자를 구속한다. 전문가의 보고서 작성 비용은 균등하게 부담한다.

NYPE 2015에 신설된 약관이다. 선박은 평온한 날씨조건(바람의 세기가 뷰보트 스케일 4/해상 상태가 더글라스 스케일 3까지)하에서는 항행중 표준용선계약서 NYPE 2015 용선계약서 부칙 A(Appendix A)에 명시된 속력을 낼 수 있어야 하고, 실제 일일 연료 소비량은 부칙 A에 명시된 일당 연료소모량을 초과하여 소모하지 않아야 한다고 규정하고 있다.

또한 NYPE 2015에서는 용선자가 선박의 감속 운항(slow steaming)을 지시할 수 있도록 함에 따라(Clause 38) 이를 고려하여 선박소유자는 용선자에게 선박을 인도할 때뿐만이 아니고 용선계약의 전체 기간 동안에(throughout the duration of this Charter Party) 상기 선박의 속력과 연료소모량에 대하여 보장할 것을 요구하고 있다.

그러나 용선자의 지시/요구(만약 저속운항 또는 친환경 속력 보장이 부칙 A에 명시되어 있지 않는다면)에 따르기 위해 의도적으로 선박의 속력을 줄이거나, 안전상의 이유, 좁은 수로 또는 제한된 수로로 항해, 조난 선박의 구조, 해상에서 인명과 재산을 구조하거나 시도하기 위하여 의도적으로 속력을 낮출 경우 그 기간은 선박의 운항 결과분석에서 제외한다. 만약 선박의 속력이 줄거나 연료 소모가 증가할 경우 용선자는 예상된 시간 손실 또는 추가 연료 소모량에 대하여 이 조항에 따라 기상 서비스로부터 받은 운항 결과분석 자료와 함께 서면으로 선박소유자에게 손해배상 청구서를 제출할 수 있다. 만약 선박소유자가 손해배상청구에 대하여 반대할 경우 선박소유자는 그 기간 동안 선박의 항해 일지 사본을 제출하고 독립적인 전문가나 상호 합의에 의해 선정한 기상 서비스 업체에 의견을 구할 수 있다. 이때에 전문가의 보고서 작성 비용은 균등하게 부담한다.

13) 화물 공간 [Clause 13 Spaces Available]

13. Spaces Available

(a) The whole reach of the Vessel's holds, decks, and other cargo spaces (not more than she can reasonably and safely stow and carry), also accommodation for supercargo, if carried, shall be at the Charterers' disposal, reserving only proper and sufficient space for the Vessel's Master, officers, ratings, tackle, apparel, furniture, provisions, stores and bunkers.

13. 화물 공간

(a) 용선선박의 선장, 사관, 부원, 색구, 장비, 비품, 식료품, 선용품 및 연료를 위한 적절하고 충분한 구역만을 제외하고, (용선선박이 합리적이고 안전하게 적부 및 운송을 할 수 있는 한도를 초과하지 않는 정도의) 용선선박의 선창, 갑판 및 기타 화물 공간은, 만약 하역 감독이 승선할 경우에는 그의 숙소를 포함하여, 모두 용선자가 자유롭게 사용할 수 있어야 한다.

(b) In the event of deck cargo being carried, the Owners are to be and are hereby indemnified by the Charterers for any loss and/or damage and/or liability of whatsoever nature howsoever caused to the deck cargo which would not have arisen had the deck cargo not been loaded. Bills of Lading shall be issued as per Clause 31(c).

(b) 갑판 위에 화물을 운송할 경우, 갑판에 화물을 적재하지 아니하였으면 발생하지 아니하였을 갑판적 화물에 생긴 모든 종류의 멸실 및/또는 훼손 및/또는 책임에 관하여 어떤 성질의 것이냐 어떤 원인으로 발생하였던지 간에 선박소유자는 보상받을 수 있으며 용선자는 보상하여야 한다. 선하증권은 제31조(c)항에 따라 발행한다.

용선자는 용선선박의 선창, 갑판, 기타 화물 적재 공간을 자유롭게 사용할 수 있는 권한이 있다. 단, 용선선박이 안전하게 화물을 적재하고 운송할 수 있는 한도를 초과해서는 안 된다. 만약 갑판 위에 화물을 적재하여 운송할 경우 그에 따른 화물의 멸실 및 훼손 등에 대하여 용선자는 책임을 진다.

14) 하역감독 [Clause 14 Supercargo]

14. Supercargo

The Charterers are entitled to appoint a supercargo, who shall accompany the Vessel at the Charterers' risk and see that voyages are performed with due despatch. He is to be furnished with free accommodation and meals same as provided for the Master's table. The Charterers and the supercargo are required to sign the standard letter of waiver and indemnity recommended by the Vessel's Protection and Indemnity Association before the supercargo comes on board the Vessel.

제14조 하역감독
용선자는 자신의 위험부담으로 용선선박에 승선하여 항해를 신속히 실행하도록 감독하는 하역감독을 임명할 권리를 가진다. 하역감독은 거주 설비를 무상으로 사용하며 식사는 선장에게 제공되는 것과 동일한 대우를 받는다. 용선자와 하역감독자는 하역감독자가 선박에 승선하기 전 선박(소유자)의 P&I 보험에서 권고한 권리의 포기 및 보상에 관한 표준서한에 서명해야 한다.

용선자의 하역감독 선임과 비용 및 책임에 관한 약관이다. 용선자는 필요시 자신의 위험으로 본선에 승선하여 항해를 신속히 실행하도록 감독하는 하역감독을 선임할 권리를 가진다. 이때 하역감독은 거주 설비를 무상으로 사용하며 식사는 선장에게 제공되는 것과 동일한 대우를 받는다. NYPE 1993에서는 용선자가 하역감독의 이러한 승선비용은 일당(per day)금액으로, 또한 검수인, 도선사, 세관원의 식사비용은 끼당(per meal)금액으로 선박소유자에게 지불하도로 하였으나. NYPE 2015에서는 이러한 비용부담에 대하여 명시하지 않았으나 용선자의 영업활동에 필요한 비용특성상 용선자가 부담하여야 할 것이다.

한편 용선자가 지명한 하역감독과 용선자가 선박(소유자)의 P&I 보험에서 권고하는 표준 면제 및 보상에 관하여 서명하여야 한다. 이는 하역감독이 본선에서 업무수행과정에서 발생한 사고에 대비하는 것이다.

15) 항해지시와 일지 [Clause 15 Sailing Orders and Logs]

15. Sailing Orders and Logs
The Charterers shall furnish the Master from time to time with all requisite instructions and sailing directions, in writing, in the English language, and the Master shall keep full and correct deck and engine logs of the voyage or voyages, which are to be patent to the Charterers or their agents, and shall furnish the Charterers, their agents or supercargo, when required, with a true copy of such deck and engine logs, showing the course of the Vessel, distance run and the consumption of bunkers. Any log extracts required by the Charterers shall be in the English language.

제15조 항해지시와 항해일지
용선자는 수시로 선장에게 영어로 된 서면으로 모든 필요한 지시 및 항해 지시를 주어야 하며, 선장은 매 항차 또는 여러 항차에 대한 갑판일지 및 기관일지를 완전하고 정확하게 작성·유지하여야 하며 용선자 또는 그 대리인에게 제공하여야 하며, 그것은 용선자와 그 대리인에게 명확하여만 한다. 또 용선자, 그 대리인 또는 하역 감독의 요구가 있으면 용선선박의 침로, 항주 거리 및 연료 소비량을 기재한 갑판 및 기관일지의 정본을 제출하여야 한다. 용선자가 요구하는 모든 일지의 요약은 영어로 작성되어야 한다.

본선의 항해와 관련하여 용선자는 선장에게 영어로 작성된 서면으로 필요한 지시와 항해 지시를 해야 하며 선장은 용선자의 항해 지시에 따라야 함을 규정하고 있다. 또한 선장은 갑판일지 및 기관일지를 영어로 정확히 작성하여 용선자 또는 그 대리인에게 제공해야 하여야 하며, 용선자가 요구하는 일지의 요약은 영어로 작성되어야 한다.

16) 제외화물 [Clause 16 Cargo Exclusion]

16. Cargo Exclusions

The Vessel shall be employed in carrying lawful merchandise, excluding any goods of a dangerous, injurious, flammable or corrosive nature unless carried in accordance with the requirements or recommendations of the competent authorities of the country of the Vessel's registry, and of ports of loading and discharge, and of any intermediate countries or ports through whose waters the Vessel must pass. Without prejudice to the generality of the foregoing in addition the following are specifically excluded: livestock of any description, arms, ammunition, explosives, nuclear and radioactive material, Click here to enter text..

16. 제외화물

선박은 용선선박의 선적국, 선적항과 양륙항의 국가 및 용선선박이 반드시 통과하여야 할 중간국가 또는 항구의 관할청이 요구하거나 권고하는 방법에 따라서 운송할 경우를 제외하고, 용선선박은 모든 위험성, 유해성, 가연성 또는 부식성의 화물을 제외한 적법한 운송물의 운송에 이용되어야 한다. 위의 일반 규정에 영향을 미치지 아니하고, 특히 모든 종류의 산 동물, 무기, 탄약, 폭발물, 핵물질 및 방사능 물질 및 (　　) 의 운송을 추가로 제외한다.

용선자가 선박을 용선하여 합법적인 화물의 운송에만 이용해야 함을 규정하고 있다. 합법적이지 않는 화물이란 선적항에서의 선박이 선적국의 법에 위배되거나 지정된 양하항에서 합법적으로 양하할 수 없는 화물을 말한다. 만약 합법적이지 않는 화물을 선적하거나 양하할 경우 용선자는 그에 따른 책임을 지며 선박소유자는 용선계약을 취소할 수도 있다. 위험화물을 선적하지 말아야 하는 것은 묵시적 사항이며 위험화물이 선적되면 계약이 취소될 수 있다.

일반적으로 용선계약서의 제외화물조항(cargo exclusion clause)에 불법 또는 위험화물(unlawful, dangerous cargo)은 물론 해롭거나(injurious), 발화성(flammable) 또는 부식성(corrosive)의 화물뿐만 아니라, 화물선창을 오염시킬 수 있는 화물인 cement clinker, shredded scrap, salt, fish meal, DRI(directed reduced iron) 등과 같은 화물까지도 포함되는 경우가 있다. 만약 용선자가 제외화물을 운송하고자 할 경우 선박소유자와 합의를 통해 운송할 수도 있다.

한편 선령이 오래된 선박의 소유자는 제외화물(cargo exclusion)을 선적할 경우 용선료나 운임이 높은 경향이 있기 때문에 고령선박에 대한 이러한 화물에 대한 손상을 중요하게 고려하지 않고 선적 화물의 종류에 제한을 두지 않는 경우도 있다.

17) 제17조 용선중단 [Clause 17 Off-Hire]

17. Off-Hire

In the event of loss of time from deficiency and/or default and/or strike of officers or ratings, or deficiency of stores, fire, breakdown of, or damage to hull, machinery or equipment, grounding, detention by the arrest of the Vessel, (unless such arrest is caused by events for which the Charterers, their sub-charterers, servants, agents or sub-contractors are responsible), or detention by Port State control or other competent authority for Vessel deficiencies, or detention by average accidents to the Vessel or cargo, unless resulting from inherent vice, quality or defect of the cargo, drydocking for the purpose of examination, cleaning and/or painting of underwater parts and/or repair, or by any other similar cause preventing the full working of the Vessel, the payment of hire and overtime, if any, shall cease for the time thereby lost. Should the Vessel deviate or put back during a voyage, contrary to the orders or directions of the Charterers, for any reason other than accident to the cargo or where permitted in Clause 22 (Liberties) hereunder, the hire to be suspended from the time of her deviating or putting back until she is again in the same or equidistant position from the destination and the voyage resumed therefrom. All bunkers used by the Vessel while off-hire shall be for the Owners' account. In the event of the Vessel being driven into port or to anchorage through stress of weather, trading to shallow harbors or to rivers or ports with bars, any detention of the Vessel and/or expenses resulting from such detention shall be for the Charterers' account. If upon the voyage the speed be reduced by defect in, or breakdown of, any part of her hull, machinery or equipment, the time so lost, and the cost of any extra bunkers consumed in consequence thereof, and all extra proven expenses may be deducted from the hire.

Bunkers used by the Vessel while off-hire and the cost of replacing same shall be for the Owners' account and therefore deducted from the hire.

제17조 용선중단

사관 또는 부원의 부족(결함) 및/또는 태만 및/또는 동맹 파업, 선용품 부족, 화재, 선체, 기관 또는 기기의 고장 또는 손상, 좌초, 용선선박의 압류에 의한 억류(다만 그 압류가 용선자, 용선자의 재용선자, 또는 고용인(종업원), 대리점 또는 하도급자의 귀책사유로 인한 것을 제외한다.), 선박 결함에 의한 항만국 통제 또는 선박의 결함으로 인한 기타 당국으로부터 억류, 운송물의 고유의 흠결, 성질 또는 결함에 기인하지 않는 용선선박 또는 화물의 해난사고에 의한 선박의 지체, 검사, 선저부위의 청소 및 /또는 페인트 칠 또는 수리를 위한 입거, 기타 용선선박의 온전한 운항을 저해하는 기타 유사한 사유로 인하여 시간을 상실한 때에는 용선료 및 시간외 수당의 지급은 그 상실한 기간에 대해서 중단한다.

용선선박이 항해 중 화물에 대한 사고 또는 본 용선계약의 제22조(자유 항해권)에서 인정하는 경우 이외의 사유로, 용선자의 명령이나 지시에 반하여 이로하거나 되돌아갔을 경우, 용선선박이 이로나 되돌아가기를 개시한 때부터 용선선박이 다시 그 개시점 또는 목적지에서 등거리의 지점에서 항해를 재개할 때까지, 용선료의 지급은 중단된다. 용선중단 기간 중에 용선선박이 소비한 연료는 선박소유자가 부담한다.

날씨가 좋지 않아 항구 또는 정박지로 피항하게 되는 경우 또는 수심이 낮은 항구, 낮은 곳이 있는 강 또는 항구에 취항하게 된 경우 용선선박의 지체 및/또는 그러한 지체의 결과로 발생한 비용은 용선자의 부담으로 한다. 항해 중에 선체 기관 또는 기기의 결함 또는 고장에 의하여 속력이 저하되었을 때에 발생한 상실 시간 및 그 결과로 추가 소비된 연료비 및 기타 입증된 모든 비용은 용선료에서 공제할 수 있다.

선박소유자의 귀책사유에 의해 용선기간 중 용선선박을 사용할 수 없는 경우에 용선자는 용선료 지급을 중단할 수 있는 권한을 규정하고 있다. 용선료 지급 중단 사유로 다음과 같은 예가 있다.

① 선박 사관 또는 부원의 부족, 태만, 동맹파업
② 선용품 부족
③ 화재
④ 선체, 기관 또는 비품의 고장 또는 손상
⑤ 좌초
⑥ 용선선박의 압류에 의한 억류
⑦ 운송물의 고유한 흠, 성질 또는 결함에 기인하지 않는 용선선박 또는 운송물의 해난사고에 의한 선박의 지체
⑧ 검사 또는 선저 페인트 칠을 위한 입거
⑨ 기타 용선선박의 완전한 운항을 저해하는 기타 유사한 사유로 인하여 시간을 상실한 때
⑩ 용선선박이 항해 중 용선자의 지시를 위반하거나 또는 운송물의 사고
⑪ 조난 선박을 구조하고, 인명 및 재산을 구조할 목적 이외의 사유로 이로(deviation)한 경우

또한 이러한 용선중단(off-hire) 기간동안에 사용되는 연료비나 기타 비용은 선박소유자의 부담이며, 용선자가 용선료를 지불할 때에 공제할 수 있다.

18) 유류오염 [Clause 18 Pollution]

18. Pollution
The Owners shall provide for standard oil pollution coverage equal to the level customarily offered by the International Group of P&I Clubs, together with the appropriate certificates to that effect. (See also Clause 6 (Owners to Provide)).

18. 오염
선박소유자는 선주상호보험조합의 국제그룹에서 일반적으로 제시하는 수준에 상응하는 표준유류오염보험에 가입해야 하며 관련 증서를 제공해야 한다.(제6조 참조(선박소유자가 제공하는 것))

선박에 의한 환경오염을 방지하기 위한 국제규정이 강화됨에 따라 NYPE 2015에 신설된 약관이다.

19) 입거 [Clause 19 Drydocking]

19. Drydocking
The Vessel was last drydocked Click here to enter text..
Except in case of emergency or under Clause 52(b), no drydocking shall take place

during the currency of this Charter Party.

제19조 드라이 도크 입거
용선선박은 ( ) 마지막으로 입거수리를 하였다.
긴급한 경우 또는 제52조 (b)항의 경우를 제외하고, 이 용선 기간 중에 용선선박을 입거수리를 하지 아니한다.

긴급한 경우와 제52조 (b)항의 경우를 제외하고 용선기간중에 입거수리를 하지 않는 것으로 규정하고 있다.

제52조 (b)항에서는 용선기간이 5개월 이상인 경우 선박소유자와 용선자가 협의하여 필요시 입거수리를 할 수 있도록 규정하고 있다. 용선기간이 장기인 경우 선박의 연차검사(annual survey), 또는 특히 정기검사(special survey) 기간이 도래하는 경우 선급(class) 규정에 따라 입거수리를 하여야만 한다. 이와 같이 선급을 유지하기 위해서나 또는 선박의 상태를 양호하게 유지하여 용선자가 효율적으로 선박을 운항할 수 있도록 하기 위하여 입거수리가 필요하기 때문이다.

한편 용선기간중에 입거수리를 하게 되면, 그 기간만큼 용선기간이 줄어들게 되므로 용선계약 체결시 미리 협의하여 이 기간만큼의 용선기간의 연장 여부에 관하여 용선계약에 명시한다.

20) 전손 [Claus 20 Total Loss]

20. Total Loss
Should the Vessel be lost, money paid in advance and not earned (reckoning from the date of loss or being last heard of) shall be returned to the Charterers at once.

제20조 전손
용선선박이 멸실되었을 때에는 선급금 가운데 기간이 경과되지 아니한 금액(멸실되었다고 판단하는 날짜 또는 최후에 소식이 있었던 날짜라고 판단하는 날부터)은 바로 용선자에게 반환하여야 한다.

21) 면책 [Clause 21 Exceptions]

21. Exceptions
The act of God, enemies, fire, restraint of princes, rulers and people, and all dangers and accidents of the seas, rivers, machinery, boilers and navigation, and errors of navigation throughout this Charter Party, always mutually excepted.

제21조 면책
이 용선 기간 중에 천재지변, 공적, 화재, 군주, 지배자 및 인민에 의한 억류, 해상, 강, 기관, 보일러 및 항해와 관련한 모든 위험 및 사고, 그리고 항해과실에 기인한 손해에 대하여 계약당사자 사이에서는 상호 면책된다.

22) 재량권 [Clause 22 Liberties]

22. Liberties
The Vessel shall have the liberty to sail with or without pilots, to tow and be towed, to assist vessels in distress, and to deviate for the purpose of saving life and property.

제22조 재량권
용선선박은 도선사의 승선 여부에 관계없이 항해할 수 있고, 예항할 수 있고 또는 예항될 수 있으며, 조난 선박을 구조하고, 인명 및 재산을 구조할 목적으로 이로할 권리를 갖는다.

23) 유치권 [Clause 23 Liens]

23. Liens
The Owners shall have a lien upon all cargoes, sub-hires and sub-freights (including deadfreight and demurrage) belonging or due to the Charterers or any sub-charterers, for any amounts due under this Charter Party, including general average contributions, and the Charterers shall have a lien on the Vessel for all monies paid in advance and not earned, and any overpaid hire or excess deposit to be returned at once.
The Charterers will not directly or indirectly suffer, nor permit to be continued, any lien or encumbrance, which might have priority over the title and interest of the Owners in the Vessel. The Charterers undertake that during the period of this Charter Party, they will not procure any supplies or necessaries or services, including any port expenses and bunkers, on the credit of the Owners.

제23조 유치권
선박소유자는 모든 화물과, 공동해손 분담금을 포함하여 본 용선계약 하에서 수령할 모든 금액의 용선자 또는 재용선자에게 속하거나 지불되어야 하는 재용선료와 (공적운임과 체선료를 포함한) 재운임에 대하여 유치권을 가진다. 용선자는 선급금으로서 미경과 금액의 전부 그리고 즉시 반환되어야 할 초과 지급된 용선료 혹은 초과 예치액에 대하여 용선선박에 대한 유치권을 가진다.
용선자는, 선박소유자의 용선선박에 대한 권리 및 이익 보다 우선할 수 있는 어떠한 유치권 또는 채무를 직접적으로나 또는 간접적으로 발생시키지 못하고 또 존속시키지도 못한다. 용선자는 이 용선 기간 중에 항비 및 연료를 포함하여 어떠한 부급품 혹은 필요한 사항 혹은 용역을 선박소유자의 신용(계산)으로 조달하지 아니할 것을 약속한다.

선박소유자와 용선자의 유치권에 대해 규정하고 있으며, 유치권은 계약 당사자 어느 일방이 계약을 위반한 경우 다른 일방은 별도의 법적인 조치 없이 행사가 가능하다.

선박소유자는 용선자가 운송하는 화물과 재운임 및 재용선료에 대해 유치권을 행사할 수 있다. 유치권의 대상이 되는 재운임(sub-freight)은 재용선계약(sub-charter) 또는 선하증권상 운임(freight)과 재정기용선계약(sub-time charter)의 용선료를 포함한다. 나아가 용선자의 해당용선에 의한 일체의 부대수입까지도 포함하며, NYPE 2015에서는 부적운임(deadfreight)과 체선료(demurrage)에 대해서도 선박소유자의 유치권을 행사가 가능한 것으로 명시적으로 규정하였다.

또한 용선자도 선박소유자가 계약을 위반한(breach of the charter)한 경우 용선선박에 대해 유치권을 가지고 있다.

한편 용선자는 선박소유자의 선박에 대한 권리나 이해관계보다 우선할 수 있는 유치권이나 채무관계를 직간접적으로 발생시키지 못하며, 선박소유자의 신용으로 연료와 필요한 보급품을 조달하여서도 안된다.

24) 구조 [Clause 24 Salvages]

> 24. Salvage.
> All derelicts and salvage shall be for the Owners' and the Charterers' equal benefit after deducting the Owners' and the Charterers' expenses and crew's proportion.
>
> 제24조 해난구조
> 모든 습득한 해상 유기물 및 해난구조료(수입)는, 선박소유자와 용선자의 비용과 선원의 배당금을 공제하고 그 잔액에 대하여 선박소유자와 용선자가 균등하게 배분한다.

선체용선계약에서는 선체용선자가 해난구조를 하는 경우 정기용선계약의 경우와는 달리, 모든 비용을 선체용선자가 부담하고, 습득한 해상 유기물 및 해난 구조료(수입)도 선체용선자의 수입으로 한다. 이는 선체용선자가 선박에 승선한 선장과 선원들은 배승하며, 선체용선자가 보수 유지를 포함한 선박의 운영비용을 선체용선자가 전액 부담하기 때문이다.

25) 공동해손 [Clause 25 General Average]

> 25. General Average
> General average shall be adjusted according to York-Antwerp Rules 1994 and settled in US dollars in the same place as stipulated in Clause 54 (Law and Arbitration). The Charterers shall procure that all bills of lading issued during the currency of this

Charter Party will contain a provision to the effect that general average shall be adjusted according to York-Antwerp Rules 1994 and will include the "New Jason Clause" as per Clause 33(c). Time charter hire will not contribute to general average.

제25조 공동해손
공동해손은 1994년 요크 앤트워프 규칙에 따라 중재되고 제54조(법과 중재)에 명시된 장소에서 미화로 정산한다. 용선자는 이 용선 기간 중에 발행된 모든 선하증권에 공동해손은 1994년 요크 앤트워프 규칙 또는 그 후에 개정된 규칙에 따라서 정산한다는 취지의 조항 및 제33조(c)의 "뉴 제이슨 조항"을 삽입할 것을 약정한다. 정기용선료는 공동해손 분담의 대상이 아니다.

NYPE 2015는 공동해손에 관해 '요크 앤트워프 규칙 1994' 에 따라 약관 제54조에 명시된 장소에서 미화(USD)로 정산하는 것으로 개정되었다. NYPE 1993에서는 '요크 앤트워프 규칙 1974'과 그 이후 개정된 규칙에 따라 정산하되 정산하는 장소와 정산통화에 대해서는 명시하지 않았다. 용선자가 선박소유자에게 지불하는 용선료는 공동해손이 발생한 기간에 대한 것뿐만이 아니고 일정기간에 대한 것이며, 또한 용선선박을 이용한 화물운송에 대한 운임이 이미 공동해손을 분담하고 있으므로 용선료의 공동해손 정산참여는 이중으로 정산에 참여하는 것이 된다고 볼 수 있으므로 정기용선료는 공동해손 분담에 참여하지 않는다.

26) 항행 [Clause 26 Navigation]

26. Navigation
Nothing herein stated is to be construed as a demise of the Vessel to the Charterers. The Owners shall remain responsible for the navigation of the Vessel, acts of pilots and tug boats, insurance, crew, and all other matters, same as when trading for their own account.

제26조 항해
본 용선계약서의 어느 조항도 용선자에 대하여 선박을 임대차한 것으로 해석되어서는 아니 된다. 선박소유자는 용선선박의 항해, 도선사 및 예선의 행위, 보험, 선원 및 기타 일체의 사항에 대하여 자기의 부담으로 항해하는 경우와 동일한 책임을 진다.

27) 화물 손해배상청구 [Clause 27 Cargo Claims]

27. Cargo Claims
Cargo claims as between the Owners and the Charterers shall be settled in accordance with the Inter-Club NYPE Agreement 1996 (as amended 1 September 2011), or any subsequent modification or replacement thereof.

제27조 운송물 손해배상청구
선박소유자와 용선자 사이의 운송물에 대한 손해배상은 (2011년 9월 1일에 개정된) 1996년의 선주상호보험조합의 국제그룹의 협정 또는 후속 개정에 따라서 정산된다.

28) 하역기기와 조명 [Clause 28 Cargo Handling Gear and Lights]

28. Cargo Handling Gear and Lights
The Owners shall maintain the cargo handling gear of the Vessel providing lifting capacity as described in Appendix A (Vessel Description). The Owners shall also provide on the Vessel for night work lights as on board, but all additional lights over those on board shall be at the Charterers' expense. The Charterers shall have the use of any cargo handling gear on board the Vessel. If required by the Charterers, the Vessel shall work night and day and all cargo handling gear shall be at the Charterers' disposal during loading and discharging. In the event of disabled cargo handling gear, or insufficient power to operate the same, the Vessel is to be considered to be off-hire to the extent that time is actually lost to the Charterers and the Owners to pay stevedore stand-by charges occasioned thereby, unless such disablement or insufficiency of power is caused by the Charterers' stevedores. If required by the Charterers, the Owners shall bear the cost of hiring shore gear in lieu thereof, in which case the Vessel shall remain on-hire, except for actual time lost.

제28조 하역기기와 조명
선박소유자는 부속 A(선박의 명세)에 기재된 양하능력을 갖춘 하역설비를 유지하여야 한다. 또한 선박소유자는 용선선박의 야간 작업을 위한 조명을 준비하여야 하나, 그러나 선내의 조명 이외에 추가된 모든 조명의 비용은 용선자의 부담으로 한다.
용선자는 용선선박의 모든 설비의 사용권을 가진다. 용선자의 요구가 있는 경우 선박은 주·야간 작업을 하여야 하며, 그리고 운송물을 적·양하할 동안 모든 하역설비는 용선자가 자유로이 사용할 수 있다. 하역설비가 작동되지 않거나 또는 동력이 부족하여 작동되지 않을 경우, 그러한 불작동과 부족함이 용선자의 하역인부가 발생시키지 않는 한, 용선자가 실제로 잃은 시간은 용선료 지급이 중단되며, 또 그로 인하여 발생한 하역인부 대기로 인한 비용은 선박소유자가 지급하여야 한다.
만일 용선자의 요구가 있을 경우, 선박소유자는 그러한 하역설비에 대신하여 육상의 하역설비를 사용하고 그 임차료를 부담하여야 하며, 이 경우 실제 손실된 시간은 제외하고 용선선박에 대한 용선료 지급은 계속된다.

용선자는 용선선박의 모든 설비를 자유로이 사용할 수 있는 권한이 있음을 명시하고 있으며, 선박소유자는 용선자가 설비를 이용하는데 불편함이 없도록 준비해야 할 의무가 있음을 규정하고 있다. 만약 하역설비의 고장으로 작업이 지체된 경우 그 시간만큼 용선료 지급 중단 사유가 되며 그로 인한 하역인부 대기 비용, 육상 하역설비 사용비용 등 추가 비용 발생은 선박소유자가 부담한다.

29) 고체 살적화물/위험화물 [Clause 29 Solid Bulk Cargoes/Dangerous Goods]

29. Solid Bulk Cargoes/Dangerous Goods

(a) The Charterers shall provide appropriate information on the cargo in advance of loading in accordance with the requirements of the IMO International Maritime Solid Bulk Cargoes (IMSBC) Code to enable the precautions which may be necessary for proper stowage and safe carriage to be put into effect. The information shall be accompanied by a cargo declaration summarising the main details and stating that the cargo is fully and accurately described and that, where applicable, the test results and other specifications can be considered as representative for the cargo to be loaded.

29. 고체산적화물/위험화물

(a) 용선자는 화물의 적절한 적재 및 안전한 운송에 필요한 주의를 기울이기 위해 선적 전에 국제해사기구의 국제해상고체산적화물(IMSBC) 코드의 요건에 따라 화물에 대한 적절한 정보를 제공해야 한다. 그 정보는 화물신고서에 화물에 대한 주요 명세를 요약하고 화물 정보가 완전하고 정확하게 기재되었음을 명시하고, 필요하면 시험결과와 기타 명세가 선적되는 화물을 대표한다는 것을 명시해야 한다.

(b) If a cargo listed in the IMO International Maritime Dangerous Goods (IMDG) Code (website: www.imo.org) is agreed to be carried, the Charterers shall provide a dangerous goods transport document and, where applicable, a container/vehicle packing certificate in accordance with the IMDG Code requirements. The dangerous goods transport document shall include a certificate or declaration that the goods are fully and accurately described by the Proper Shipping Name, are classified, packaged, marked and labelled/placarded correctly and are in all respects in proper condition for transport according to applicable international and national government regulations.

(b) 만약 국제해사기구의 국제해상위험화물(IMDG) 코드(웹사이트: www.imo.org)에 열거된 화물의 운송이 합의되었다면, 용선자는 위험화물운송서류를 제공하여야 하며 필요하면 국제해상위험화물(IMDG) 코드에 요건에 따라 컨테이너/장비의 장입증명서를 제출해야 한다. 위험화물운송서류는 그 화물이 완전하고 정확한 운송화물명칭으로 기재되고, 정확하게 분류, 포장, 표시(mark)되고 그리고 식별부호/안내판(placard)이 부착되고, 국제 및 국내 정부 규정에 따라 모든 면에서 운송에 적합한 상태에 있음을 보여주는 증명서나 신고서(declaration)을 포함하여야 한다.

(c) The Master shall be entitled to refuse cargoes or, if already loaded, to unload them at the Charterers' risk and expense if the Charterers fail to fulfil their IMSBC Code or IMDG Code obligations as applicable.

(c) 만약 용선자가 국제해상고체산적화물(IMSBC)코드 또는 국제해상위험화물(IMDG)코드의 의무사항을 위배했을 경우 선장은 화물 선적을 거부할 수 있으며, 또는 이미 선적된 화물은 용선자의 위험과 비용으로 양하시킬 권한을 가지고 있다.

산적화물을 선박에 적재하여 운송할 때에, 본선에 산적화물의 적절한 적부(stowage)와 안전한 운송에 관한 규칙인 BC코드가 1965년에 제정되어 40여년간 권고사항으로 이행되어 왔었다. 국제해사기구(IMO)가 석탄과 철광석 및 기타 광물 등 고체산적화물의 운송에 관한 규칙인 '국제해상고체산적화물규칙(IMO International Maritime Solid Bulk Cargoes (IMSBC) Code : IMSBC코드)'을 제정하였으며, 고체화물을 운송하는 선박은 2011년부터 이 규칙을 준수하도록 국제적으로 의무화하였다. 따라서 이러한 화물을 운송하는 선박은 BC코드 적합증서를 '국제해상고체산적화물규칙(MSBC코드) 적합증서'로 교체·발급받아야 한다.

또한 위험화물은 선박에 적재하여 운송시 폭발성, 발·인화성 및 독성은 물론 방사성을 띄고 있거나 병균오염의 우려가 있는 등 화물의 고유 특성이 인명 및 선박자체와 화물 등에 치명적인 피해를 발생시킬 수 있는 위험을 내포하고 있는 화물을 말한다. 이러한 화물은 취급 및 운송에 화물에 따라 적절하고 특별한 주의를 요한다. 국제해사기구(IMO)는 1965년 위험화물의 해상운송을 위한 선박에의 적재방법 등을 규정한 국제규칙인 '국제해상위험화물운송규칙(IMO International Maritime Dangerous Goods (IMDG) Code : IMDG Code)'을 제정하였다. 이 규칙은 1965년 제정된 이래 보완·강화되었으며, 2012년 1월 1일부터 강제 적용되고 있다.

'국제해상고체산적화물규칙(IMSBC코드)'과 '국제해상위험화물운송규칙(IMDG Code)'은 '해상인명안전협약에 관한 국제협약(SOLAS)'의 일부(SOLAS 1974의 제6장 및 제7장)이며, 제정된 이래 그 내용의 계속적인 개정을 통해 강화되었다.

본조(Clause 29)는 이러한 국제규정을 반영하여 NYPE 2015에 처음 신설·도입된 약관이다. 용선선박은 이러한 규칙을 준수하는데 적합하여야 하며, 용선계약 체결시 해당 적합증서를 비치할 것을 요구하고 선장(선박소유자)에게 이러한 규칙을 준수할 것과 이러한 규칙을 위반한 화물의 선적을 거부하는 것은 물론 이미 선적된 이러한 화물은 용선자의 비용으로 양하시킬 권한을 부여하여 인명과 선박 및 화물의 안전을 도모하도록 하는 약관이다.

30) 정기용선계약과 발틱해운협의회 선체오손 약관

[Clause 30 BIMCO Hull Fouling Clause for Time Charter Parties]

30. BIMCO Hull Fouling Clause for Time Charter Parties

(a) If, in accordance with the Charterers' orders, the Vessel remains at or shifts within a place, anchorage and/or berth for an aggregated period exceeding:

(i) a period as the parties may agree in writing in a Tropical Zone or Seasonal Tropical Zone*; or

(ii) a period as the parties may agree in writing outside such Zones*

any warranties concerning speed and consumption shall be suspended pending inspection of the Vessel's underwater parts including, but not limited to, the hull, sea chests, rudder and propeller.

**If no such periods are agreed the default periods shall be 15 days.*

제30조 정기용선계약과 발틱해운협의회 선체오손 약관

(a) 만약 용선자의 지시에 따라 선박이 특정 장소에 머물거나 어떤 장소, 정박지, 및/또는 선석 내에서 이동의 전체 기간이 아래 기간을 초과한다면:

(i) 당사자간 서면으로 합의한 열대지역 또는 계절적 열대 지역*에서의 기간; 또는

(ii) 당사자간 서면으로 합의한 상기 지역* 외에서의 기간

선박의 속력과 연료소모에 대한 어떠한 보장도 선박의, 이하 열거된 항목에 국한하지 않고, 선체, 씨이체스트, 키(rudder), 프로펠러를 포함한 해수면 아래 부분의 검사가 끝나기 전까지 유예된다.

**만약 그러한 기간에 대해 합의가 없다면 불이행 기간이 15일이 된다.*

(b) In accordance with Sub-clause (a), either party may call for inspection which shall be arranged jointly by the Owners and the Charterers and undertaken at the Charterers' risk, cost, expense and time.

(b) 상기 (a)항에 따라 계약자의 일방도 선박소유자와 용선자의 공동조사를 요청할 수 있으며 용선자의 위험, 비용, 경비와 시간으로 수행한다.

(c) If, as a result of the inspection either party calls for cleaning of any of the underwater parts, such cleaning shall be undertaken by the Charterers at their risk, cost, expense and time in consultation with the Owners.

(i) Cleaning shall always be under the supervision of the Master and, in respect of the underwater hull coating, in accordance with the paint manufacturers' recommended guidelines on cleaning, if any. Such cleaning shall be carried out without damage to the Vessel's underwater parts or coating.

(ii) If, at the port or place of inspection, cleaning as required under this Sub-clause (c) is not permitted or possible, or if the Charterers choose to postpone cleaning, speed and consumption warranties shall remain suspended until such cleaning has been completed.

(iii) If, despite the availability of suitable facilities and equipment, the Owners nevertheless refuse to permit cleaning, the speed and consumption warranties shall be reinstated from the time of such refusal.

(c) 만약 검사결과 계약자의 어느 일방이 해수면 아래 부분의 청소를 요청할 경우, 용선자는 선박소유자와 협의하여 용선자의 위험, 비용, 경비와 시간의 부담으로 청소한다.

(i) 청소는 항상 선장의 감독아래 이루어져야 하며, 그리고 해수면 아래 선체 코팅 시에는 페인트 제조회사의 권고 사항에 따라야 한다. 그러한 청소는 선박의 해수면 아래 부분 또는 코팅에 손상이 없도록 진행되어야 한다.

(ii) 만약 검사한 항만 또는 장소에서 (c)항의 요구에 따라 청소가 허용되지 않거나 불가능한 경우 또는 용선자가 청소를 연기할 경우, 속력과 연료소모에 대한 보장은 청소가 끝날 때 까지 중지된다.

(iii) 만약 적합한 시설과 장비의 사용이 가능함에도 불구하고 선박소유자가 청소허용을 거절할 경우 속력과 연료소모에 대한 보장은 거절한 시점부터 다시 개시된다.

(d) Cleaning in accordance with this Clause shall always be carried out prior to redelivery. If, nevertheless, the Charterers are prevented from carrying out such cleaning, the parties shall, prior to but latest on redelivery, agree a lump sum payment in full and final settlement of the Owners' costs and expenses arising as a result of or in connection with the need for cleaning pursuant to this Clause.

(d) 이 조항에 따른 청소는 항상 반선 전에 이루어져야 한다. 만약 그럼에도 불구하고 용선자가 청소를 못하게 된다면 계약 당사자들은, 늦어도 반선 전에, 이 약관에 따른 청소의 결과 또는 청소의 필요와 관련하여 발생하는 선박소유자의 비용과 경비 총액의 일괄지불과 최종 정산에 합의하여야 한다.

(e) If the time limits set out in Sub-clause (a) have been exceeded but the Charterers thereafter demonstrate that the Vessel's performance remains within the limits of this Charter Party the vessel's speed and consumption warranties will be subsequently reinstated and the Charterers' obligations in respect of inspection and/or cleaning shall no longer be applicable.

(e) 만약 (a)항에 제시된 시간의 한도가 초과되었지만 용선자가 그 이후 선박의 운항성과(결과)가 이 용선계약서의 한도 범위내에 있다는 것을 입증한다면 선박의 속력과 연료소모 보장은 이후에 다시 개시되며 선박 검사 및/또는 청소에 대한 용선자의 의무는 더 이상 적용되지 않는다.

NYPE 2015에 처음 신설·도입된 약관으로 선체 오손 및 청소와 선체 오손과 관련하여 선박의 속도와 연료소비에 대한 선박소유자의 보장에 관한 것이다.

정기용선계약기간이 장기인 경우 선체 오손이 자연적으로 생길 수 있으며, 특히 열대 해역과 같은 선박이 오손되기 쉬운 해역을 일정기간 이상 취항하여 선체 오손이 생김으로 인하여 선박의 속도가 용선계약속도보다 저하되고 연료소비도 용선계약소비량보다도 더 소비될 수 있다. 이러한 경우 선박소유자와 용선자가 합의하여 선박의 해수면 검사를 시행하고 필요한 경우용선자의 위험, 비용, 경비와 시간의 부담으로 선저 청소를 시행한다는 약관이다.

만약 상호 합의하여 청소를 연기한다면 선박의 속도와 연료소비에 대한 선박소유자의 보장은 청소를 시행할 때까지 잠정적으로 중지된다. 그러나 만약 이러한 청소가 허용되는 지역이고 청소에 필요한 시설과 장비를 이용할 수 있음에도 불구하고 선장(선박소유자)이 선저청소를 허락하지 않는다면 이러한 선박소유자의 보장은 계속되거나 다시 개시된다.

또한 이러한 청소는 선박의 반선 전에 이루어져야 하나 상호 합의하여 이와 관련한 예상 비용을 용선자가 선박소유자에게 일괄 지불할 수 있다.

31) 선하증권 [Clause 31 Bills of Lading]

31. Bills of Lading
(a) The Master shall sign bills of lading or waybills for cargo as presented in conformity with mates' receipts. However, the Charterers or their agents may sign bills of lading or waybills on behalf of the Master, with the Owner's/Master's prior written authority, always in conformity with mates' receipts.
(b) All bills of lading or waybills shall be without prejudice to this Charter Party and the Charterers shall indemnify the Owners against all consequences or liabilities which may arise from any inconsistency between this Charter Party and any bills of lading or waybills signed by the Charterers or by the Master at their request.
(c) Bills of lading covering deck cargo shall be claused: "Shipped on deck at Charterers', Shippers' and Receivers' risk, expense and responsibility, without liability on the part of the Vessel, or her Owners for any loss, damage, expense or delay howsoever caused."

제31조 선하증권
(a) 선장은 화물수령증과 동일하게 제시된 화물에 대한 선하증권 또는 해상화물운송장에 서명하여야 한다. 그러나 용선자 또는 그 대리인은 사전에 선박소유자로부터 서면으로 권한을 위임받아서, 항상 화물수령증과 일치하도록 발행된 선하증권 또는 해상화물운송장에, 선장을 대신하여, 서명할 수 있다.
(b) 어떠한 선하증권 또는 해상화물운송장도 이 용선계약에 영향을 미쳐서는 아니 된다. 용선자는 용선자 자신이나 또는 용선자의 요청에 의하여 선장이 서명한 모든 선하증권 또는 해상화물운송장과 이 용선계약 사이에 불일치로부터 생긴 모든 결과 또는 책임에 대하여 선박소유자에게 보상한다.
(c) 갑판적 운송물에 대한 선하증권에는 "용선자, 송하인 및 수하인의 위험, 비용 및 책임으로써 갑판 위에 적재되었다. 또 그로 인하여 발생한 모든 멸실, 훼손 또는 지연에 대하여 용선선박 또는 선박소유자 측에 책임을 부담시키지 아니함"이라는 뜻의 조항을 삽입하여야 한다.

'신용장 통일규칙(Uniform Customs and Practice for Documentary Credits; UCP) 600'의 제20조 선하증권 조항과 제21조 비유통 해상화물운송장 조항과 부합되어 발행되는 선하증권과 해상화물운송장에 선장을 대신하여 용선자와 그 대리인이 서명할 수 있도록 하였다. 또한 선박이나 선박소유자는 갑판적화물의 적재나 멸실과 훼손 및 지연에 대하여 일체의 책임이 없음을 분명히 나타내는 조항을 선하증권에 삽입하도록 하였다.

32) 전자선하증권 [Clause 32 BIMCO Electronic Bills of Lading]

32. BIMCO Electronic Bills of Lading
(a) At the Charterers' option, bills of lading, waybills and delivery orders referred to in this Charter Party shall be issued, signed and transmitted in electronic form with the same effect as their paper equivalent.
(b) For the purpose of Sub-clause (a) the Owners shall subscribe to and use Electronic (Paperless) Trading Systems as directed by the Charterers, provided such

systems are approved by the International Group of P&I Clubs. Any fees incurred in subscribing to or for using such systems shall be for the Charterers' account.

(c) The Charterers agree to hold the Owners harmless in respect of any additional liability arising from the use of the systems referred to in Sub-clause (b), to the extent that such liability does not arise from Owners' negligence.

제32조 발틱국제해운협의회 전자선하증권

(a) 용선자의 선택사항으로, 이 용선계약서와 관련된 선하증권, 해상화물운송장 및 화물인도지시서는 문서로 발행될 때와 동일한 효력을 가지고 있는 전자양식으로 발행되고, 서명되고 전송되어야 한다.

(b) (a)항을 위하여 선박소유자는 용선자의 지정에 따른 (무서면)전자무역제도에 동의하고 그리고 이제도를 사용하여야 하며, 이러한 제도는 선주상호보험조합국제그룹(IG of P&I Club)에서 승인한 것이어야 한다. 이 제도에의 동의 또는 사용으로 인해 발생하는 어떠한 비용도 용선자의 부담으로 하여야 한다.

(c) 용선자는 (b)항에서 언급한 시스템의 사용으로부터 발생하는, 선박소유자의 과실로 인해 발생한 것이 아닌, 어떠한 부가적인 책임에 대해서도 선박소유자는 손해배상책임이 없음에 동의한다.

용선자의 선택사항으로 전자선하증권을 발행할 수 있으며, 이 경우에 문서로 발행된 때와 동일한 효력을 가지고 있을 것을 요건으로 하고 있다. 특히 전자선하증권의 발행과 관련된 이슈 중 하나인 보안과 관련하여 선주상호보험조합국제그룹에서 인증한 시스템을 사용하여야 하며, 발생하는 비용에 대해서는 전적으로 용선자의 부담으로 하고 있다. 또한 이와 관련된 분쟁발생으로 인한 손해배상책임에 있어 선박소유자의 과실로 발생한 부분 이외에 대해서는 선박소유자 면책사항으로 규정하고 있다.

33) 보호조항 (Clause 33 Protective Clauses)

33. Protective Clauses

The following protective clauses shall be deemed to form part of this Charter Party and all Bills of lading or waybills issued under this Charter Party shall contain the following clauses.

(a) General Clause Paramount

This bill of lading shall have effect subject to the provisions of the Carriage of Goods by Sea Act of the United States, the Hague Rules, or the Hague-Visby Rules, as applicable, or such other similar national legislation as may mandatorily apply by virtue of origin or destination of the bills of lading, (or if no such enactments are mandatorily applicable, the terms of the Hague Rules shall apply) which shall be deemed to be incorporated herein, and nothing herein contained shall be deemed a surrender by the carrier of any of its rights or immunities or an increase of any of its responsibilities or liabilities under said Act. If any term of this bill of lading be repugnant to said Act to any extent, such term shall be void to that extent, but no further.

제33조 보호조항
다음의 보호조항은 이 용선계약의 일부를 구성한 것으로 간주되어야 하며, 이러한 조항은 모두 본 용선계약 하에서 발행되는 모든 선하증권 또는 해상화물운송장에 포함되어야 한다.
(a) 일반지상약관
이 선하증권은 미국 해상물건운송법, 헤이그 규칙, 또는 헤이그/비스비 규칙, 기타 선하증권 발행지 또는 목적지에 있어서 강행법으로써 적용되는 동종의 국내법의 조항에 의하여 효력을 가진다 (또는 이러한 강행법으로써 적용되는 동종의 국내법이 없는 경우에는 헤이그 규칙의 조항이 적용된다). 그리고 그러한 조항이 이 증권에 편입된 것으로 본다. 그리고 이 선하증권에서 규정하고 있는 어떠한 내용도 위의 법에 기초한 운송인의 권리 또는 면책 특권을 포기하거나 또는 책임 또는 의무를 가중시키는 것으로 보아서는 아니 된다. 이 증권의 문언이 위의 법과 저촉하는 경우에 그 문언은 저촉 범위 내에서는 무효가 된다."

(a)항 지상약관에서는 운송계약에 있어서 선하증권이 어떤 법에 근거하고 적용을 받는지에 대해 규정하고 있다. 일반적으로 선하증권이 미국해상물건운송법, 헤이그 규칙, 헤이그 비스비 규칙, 기타 선하증권 발행지 또는 목적지의 국내법 조항에 의하여 효력을 가진다. 하지만 NYPE 2015에서는 부가문구를 삽입하여 "강행법으로써 적용되는 동종의 국내법이 없는 경우에는 헤이그 규칙을 적용"하도록 규정하였다. 이는 특정운송에 있어 지상약관으로 적용 가능한 강행법이 없는 경우에 대해 헤이그 규칙을 적용시키고자 하는 의도를 분명하게 하기 위함이다.

and
(b) Both-to-Blame Collision Clause
"If the ship comes into collision with another ship as a result of the negligence of the other ship and any act, neglect or default of the master, mariner, pilot or the servants of the carrier in the navigation or in the management of the ship, the owners of the goods carried hereunder will indemnify the carrier against all loss or liability to the other or non-carrying ship or her owners insofar as such loss or liability represents loss of, or damage to, or any claim whatsoever of the owners of said goods, paid or payable by the other or non-carrying ship or her owners to the owners of said goods and set off, recouped or recovered by the other or non-carrying ship or her owners as part of their claim against the carrying ship or carrier.
The foregoing provisions shall also apply where the owners, operators or those in charge of any ships or objects other than, or in addition to, the colliding ships or objects are at fault in respect to a collision or contact."

그리고
(b) 쌍방과실충돌 약관
"다른 선박의 과실과 용선선박의 항해상 또는 관리상 선장, 해원, 도선사 또는 운송인의 피용자의 행위, 과실 또는 부주의의 결과로 인하여 용선선박(적재선박)이 다른 선박과 충돌한 경우에, 본 증권에 따라서 운송되는 화주는 비적재선 또는 그 선박소유자에 대하여 운송인이 부담하게 되는 모든 손실 또는 책임을 보상하여야 한다. 그러한 손해 또는 책임은 적재선박에 적재된 화주의 운송물에 대한 손실 혹은 손해 혹은 그 화주의 모든 손해배상을 나타내는 것으로서, 비적재선 또는 그 선박소유자가 적재선 화주에게 지급하였거나 지급할 것이며, 그리고 적재선박 혹은 그 운송인에 대하여 비적재선의 선박소유자가 구상권을 행사하여 상계하거나 공제하거나 회수한 것을 한도로 한다.
위의 조항은 충돌 선박 또는 물체 이외의, 또는 여기에 추가하여, 선박소유자, 운항자 또는 선박 또는 물체의 소유자에게 충돌 또는 접촉과 관련하여 과실이 있는 경우에도 또한 적용한다."

and
(c) New Jason Clause
"In the event of accident, danger, damage or disaster before or after the commencement of the voyage resulting from any cause whatsoever, whether due to negligence or not, for which, or for the consequences of which, the carrier is not responsible, by statute, contract, or otherwise, the goods, shippers, consignees, or owners of the goods shall contribute with the carrier in general average to the payment of any sacrifices, losses, or expenses of a general average nature that may be made or incurred, and shall pay salvage and special charges incurred in respect of the goods. If a salving ship is owned or operated by the carrier, salvage shall be paid for as fully as if salving ship or ships belonged to strangers. Such deposit as the carrier or his agents may deem sufficient to cover the estimated contribution of the goods and any salvage and special charges thereon shall, if required, be made by the goods, shippers, consignees or owners of the goods to the carrier before delivery."

그리고
(c) 뉴 제이슨 약관
"항해의 개시 전 또는 후에 어떠한 원인의 결과이든지 또는 과실에 의한 것인지를 불문하고 발생한 사고, 위험, 손해 또는 재해가 발생하고, 그 원인 또는 그 원인의 결과 대하여 운송인이 법률, 계약 또는 기타에 의하여 책임을 지지 아니하는 경우에, 운송물, 송하인, 수하인 또는 화주는, 공동해손의 성질을 가진 어떠한 희생, 손실 또는 비용에 대하여 운송인과 공동으로 분담하여야 한다. 운송물에 관련하여 발생한 해난구조료 및 특별비용도 지급하여야 한다.
운송인이 구조선을 소유하고 운항하는 경우에도, 마치 그 구조선이 제3자의 소유에 속하는 경우와 같이 구조료 전액을 지급하여야 한다. 운송물, 송하인, 수하인 또는 화주는 요구가 있으면 운송인 또는 그 대리인이 운송물의 예상공동해손 분담금, 모든 구조료 및 특별비용을 보상할 수 있는 정도의 충분한 금액을, 운송물을 인도하기 전에 운송인에게 예치하여야 한다."

34) 발틱국제해운협의회 전쟁위험 약관 2013

[Clause 34 BIMCO War Risks Clause CONWARTIME 2013]

34. BIMCO War Risks Clause CONWARTIME 2013
(a) For the purpose of this Clause, the words:
(i) "Owners" shall include the shipowners, bareboat charterers, disponent owners, managers or other operators who are charged with the management of the Vessel, and the Master; and

(ii) "War Risks" shall include any actual, threatened or reported:
war, act of war, civil war or hostilities; revolution; rebellion; civil commotion; warlike operations; laying of mines; acts of piracy and/or violent robbery and/or capture/seizure (hereinafter "Piracy"); acts of terrorists; acts of hostility or malicious damage; blockades (whether imposed against all vessels or imposed selectively against vessels of certain flags or ownership, or against certain cargoes or crews or otherwise howsoever), by any person, body, terrorist or political group, or the government of any state or territory whether recognised or not, which, in the reasonable judgement of the Master and/or the Owners, may be dangerous or may become dangerous to the Vessel, cargo, crew or other persons on board the Vessel.

제34조 발틱국제해운협의회 전쟁위험약관 CONWARTIME 2013
(a) 이 약관하에서 용어의 정의는 다음과 같다.
(i) "소유자"라 함은 선박소유자, 선체용선자, 관리선박소유자, 관리인, 선박의 관리를 책임지고 있는 운용자와 선장을 지칭한다.
(ii) "전쟁위험"이라 함은 실제적인, 위협이 있는 또는 보고된 적이 있는 다음 사항을 포함한다.
전쟁, 전쟁행위, 내전 또는 교전; 혁명; 폭동; 내란; 군사행동; 지뢰매설; 해적행위 및/또는 폭력적인 강도 및/또는 포획/나포(이하 "해적행위"라 함); 테러리스트 행위; 적대행위 혹은 악의적 손해; 모든 개인, 기구, 테러리스트 혹은 정치그룹, 인증여부에 관계없이 모든 개인, 단체, 테러리스트 혹은 정치기구, 국가의 정부 또는 자치정부에 의한 봉쇄 (모든 선박에 대해서 적용된 것이든 혹은 특정 국적 또는 소유권, 또는 특정 화물, 선원 또는 어떤 다른 이유에서건 특정 선박에 대해서만 적용된 것이든 상관없이). 한편 이러한 봉쇄가 선장 및/또는 선박소유자가 합리적으로 판단할 때에 선박, 선박에 적재된 화물, 선원 또는 선박에 승선한 다른 사람에게 위험하거나, 위험할 수 있거나 혹은 위험해지게 한다고 판단하는 경우이다.

(b) The Vessel shall not be obliged to proceed or required to continue to or through, any port, place, area or zone, or any waterway or canal (hereinafter "Area"), where it appears that the Vessel, cargo, crew or other persons on board the Vessel, in the reasonable judgement of the Master and/or the Owners, may be exposed to War Risks whether such risk existed at the time of entering into this Charter Party or occurred thereafter. Should the Vessel be within any such place as aforesaid, which only becomes dangerous, or may become dangerous, after entry into it, the Vessel shall be at liberty to leave it.

(b) 선박은 선장 및/또는 선박소유자의 합리적인 판단할 때에 선박, 화물, 선원 또는 선박에 승선 중인 다른 사람이 전쟁위험에 노출될 수 있는 (이러한 위험은 용선계약이 발효되는 시점에 존재하거나 그 이후에 발생되거나 불문) 가능성이 있는 어떠한 항구, 장소, 지역, 또는 어떠한 수로 또는 운하(이하 "해역(Area)"으로 함)로 운항하도록 명령받거나 통과하도록 요구받아서는 아니 된다. 선박이 위에 언급한 장소, 혹은 위험해지고 있는 장소 혹은 위험해질 가능성이 있는 장소에 이미 들어와 있다면, 선박은 그 해역을 떠날 권리가 있다.

(c) The Vessel shall not be required to load contraband cargo, or to pass through any blockade as set out in Sub-clause (a), or to proceed to an Area where it may be subject to search and/or confiscation by a belligerent.

(c) 선박은 수출입금지화물을 적재하거나 (a)항에서 언급한 봉쇄된 곳을 통과하거나, 선박이 교전국의 수색 그리고/또는 압수의 대상이거나 대상이 될 가능성이 있는 곳으로 진행하도록 요구받아서는 아니 된다.

(d) If the Vessel proceeds to or through an Area exposed to War Risks, the Charterers shall reimburse to the Owners any additional premiums required by the Owners' insurers and the costs of any additional insurances that the Owners reasonably require in connection with War Risks.

(d) 선박이 전쟁위험에 노출된 "해역(Area)"으로 진입하거나 통과하는 경우에, 용선자는 선박소유자의 보험자가 요구하는 모든 추가 보험료와 전쟁위험과 관련되어 선박소유자가 합리적으로 요구하는 추가 보험의 비용에 대해 선박소유자에게 보상하여야 한다.

(e) All payments arising under Sub-clause (d) shall be settled within fifteen (15) days of receipt of Owners' supported invoices or on redelivery, whichever occurs first.

(e) (d)항에서 발생하는 모든 지불은 선박소유자의 지불명세 수령 또는 재인도 시점 중 먼저 발생한 것으로부터 15일 이내에 정산되어야 한다.

(f) If the Owners become liable under the terms of employment to pay to the crew any bonus or additional wages in respect of sailing into an Area which is dangerous in the manner defined by the said terms, then the actual bonus or additional wages paid shall be reimbursed to the Owners by the Charterers at the same time as the next payment of hire is due, or upon redelivery, whichever occurs first.

(f) 선박소유자가 앞에서 언급한 것과 같은 어떤 "해역(Area)"에의 위험한 항해와 관련하여 고용조건에 따라 선원에게 보너스 또는 추가 급여를 지급하여야 한다면, 용선자는 실제 지급 보너스 또는 추가 급여를 다음 용선료 지급 시점 또는 반선 시점 중 먼저 발생한 시점에 선박소유자에게 보상해 주어야 한다.

(g) The Vessel shall have liberty:

(i) to comply with all orders, directions, recommendations or advice as to departure, arrival, routes, sailing in convoy, ports of call, stoppages, destinations, discharge of cargo, delivery, or in any other way whatsoever, which are given by the government of the nation under whose flag the Vessel sails, or other government to whose laws the Owners are subject, or any other government of any state or territory whether recognised or not, body or group whatsoever acting with the power to compel compliance with their orders or directions;

(ii) to comply with the requirements of the Owners' insurers under the terms of the Vessel's insurance(s);

(iii) to comply with the terms of any resolution of the Security Council of the United Nations, the effective orders of any other Supranational body which has the right to issue and give the same,

and with national laws aimed at enforcing the same to which the Owners are subject, and to obey the orders and directions of those who are charged with their enforcement;

(iv) to discharge at any alternative port any cargo or part thereof which may expose the Vessel to being held liable as a contraband carrier;

(v) to call at any alternative port to change the crew or any part thereof or other persons on board the Vessel when there is reason to believe that they may be subject to internment, imprisonment, detention or similar measures.

(g) 선박은 (다음과 같은) 권리(자유)를 가진다:

(i) 출항, 입항, 항로, 호송항해, 기항, 운항정지, 목적지, 화물의 양하, 인도에 관하여, 혹은 다른 어떤 방법이든 상관없이 선박의 기국의 정부 또는 선박소유자를 지배하는 법을 보유한 다른 정부, 또는 인증여부와 관계없이 국가의 정부 또는 자치정부, 기구 또는 무엇인가를 불문하고 자신의 명령이나 지시에 대한 준수를 강제할 권력을 가지고 행위하는 기타 다른 정부, 기구 또는 집단에 의해 다른 방법으로 주어지는 명령, 지시, 권장 혹은 충고를 따를 자유가 있다.

(ii) 선박보험의 조건하에 선박소유자의 보험자가 요구하는 사항을 따를 자유가 있다.

(iii) 유엔 안전보장이사회의 결의, 명령을 내릴 권리가 있는 초국가기구의 적법한 명령을 따를 자유가 있다. 그리고 선박소유자가 속한 국가가 이러한 결의나 명령을 집행할 목적으로 하는 국내법을 준수하고, 그리고 이 법의 집행기구의 명령과 지시에 따를 자유가 있다.

(iv) 수출입금지 품목의 운송인으로 선박이 책임을 지게 될 위험에 노출되는 전체 혹은 일부의 화물을 어떠한 항구에서도 양하할 수 있는 자유가 있다.

(v) 매장, 수감, 감금 혹은 다른 유사한 제재의 대상이라고 믿을 만한 이유가 있는 선원 또는 선박에 타고 있는 다른 사람으로 교체하기 위해 어떠한 항구에라도 기항할 수 있는 자유가 있다.

(h) If in accordance with their rights under the foregoing provisions of this Clause, the Owners shall refuse to proceed to the loading or discharging ports, or any one or more of them, they shall immediately inform the Charterers. No cargo shall be discharged at any alternative port without first giving the Charterers notice of the Owners' intention to do so and requesting them to nominate a safe port for such discharge. Failing such nomination by the Charterers within 48 hours of the receipt of such notice and request, the Owners may discharge the cargo at any safe port of their own choice. All costs, risk and expenses for the alternative discharge shall be for the Charterers' account.

(h) 이 약관의 앞의 조항에서 언급한 선박소유자의 권리에 의거하여, 선박소유자가 모든 혹은 일부의 선적항 또는 양하항으로 가기를 거부한다면, 선박소유자는 이를 즉시 용선자에게 통보하여야 한다. 어떠한 화물도 다른 항구에 양하한다는 선박소유자의 의도를 용선자에게 먼저 알리지 않고 대체항에 양하되어서는 안되며 용선자에게 양하를 위한 안전항 지정을 요청해야 한다. 용선자가 그와 같은 통지와 요청을 받은 후 48시간 이내에 대체항을 지정하지 않으면, 선박소유자는 그의 선택에 따라 어떠한 안전항에서도 양하를 할 수 있다. 대체항에서의 양하를 위한 모든 비용, 위험 및 경비는 용선자의 부담으로 한다.

(i) The Charterers shall indemnify the Owners for claims arising out of the Vessel proceeding in accordance with any of the provisions of Sub-clauses (b) to (h) which are made under any bills of lading, waybills or other documents evidencing contracts of carriage.

(i) 용선자는 운송계약을 증명하는 선하증권, 해상화물운송장 또는 기타 서류 하에 이루어진 약관 제34(b)조항부터 (h)조항까지에 따른 선박의 운항으로부터 발생하는 클레임에 대해 선박소유자에게 보상하여야 한다.

(j) When acting in accordance with any of the provisions of Sub-clauses (b) to (h) of this Clause anything is done or not done, such shall not be deemed a deviation, but shall be considered as due fulfillment of this Charter Party.

(j) 약관 제34조 (b)조항부터 (h)조항까지에 따라 어떤 것이 행해지거나 행하여지지 않는다면, 이는 용선계약을 벗어난 것으로 간주되지 아니하며 이 용선계약을 충실히 이행한 것으로 간주된다.

발틱국제해운협의회(BIMCO)의 표준 전쟁위험약관의 최신판을 사용하고 있으며, 가장 큰 변화는 해적의 공격위험과 관련된 CONWARTIME의 해석이다. 즉, '해적행위'라는 용어의 범위 내에 '폭력적인 강도 및/또는 포획/나포'를 포함하였으며, 해적의 공격위험의 존재 여부와 선박소유자의 항행 거절의 판단에 있어 해역(Area)의 위험성을 기준으로 하도록 하고 있다.

35) 얼음 [Clause 35 Ice]

35. Ice

The Vessel shall not be obliged to force ice but, subject to the Owners' prior approval having due regard to its size, construction and class, may follow ice-breakers. The Vessel shall not be required to enter or remain in any icebound port or area, nor any port or area where lights or lightships have been or are about to be withdrawn by reason of ice, nor where there is risk that in the ordinary course of things the Vessel will not be able on account of ice to safely enter and remain in the port or area or to get out after having completed loading or discharging.

第35조 얼음

용선선박은 얼음지역으로 항해하도록 강요받아서는 안 되며, 다만 선박소유자의 사전 승인을 얻는 조건으로 용선선박의 크기, 구조 및 선급을 고려하여 쇄빙선을 따라 항행할 수 있다. 선박은 얼음으로 폐쇄된 항 또는 지역에, 또 얼음 때문에 등대선을 철수시켰거나 또는 철수시키려고 하는 항 또는 지역에, 또한 통상적인 현상으로 얼음 때문에 용선선박이 안전하게 항 또는 지역에 입항하여 정박할 수 없거나 또는 선적이나 양륙을 종료한 후 출항할 수 없는 위험이 있는 항구 또는 지역에 입항하거나 남아있기를 요구받아서는 아니 된다.

용선자는 얼음으로 인한 위험한 항구나 지역에 용선선박이 입출항하거나 남아있기를 강요해서는 안 된다고 규정하고 있다. 단, 선박소유자가 사전에 승인한 경우에는 용선선박의 크기, 구조 및 얼음의 등급 등을 고려하여 쇄빙선을 따라 항행해야 한다.

36) 징발 [Clause 36 Requisition]

36. Requisition

Should the Vessel be requisitioned by the government of the Vessel's flag or other government to whose laws the Owners are subject during the period of this Charter Party, the Vessel shall be deemed to be off-hire during the period of such requisition, and any hire paid by the said government in respect of such requisition period shall be retained by the Owners. The period during which the Vessel is on requisition to the said government shall count as part of the period provided for in this Charter Party.

If the period of requisition exceeds ninety(90) days, either party shall have the option of cancelling this Charter Party and no consequential claim in respect thereof may be made by either party.

第36条 징발
본 용선계약 기간 중에 용선선박의 기국 정부 또는 선박소유자가 적용받는 법령에 해당하는 정부에 의하여 용선선박이 징발된 경우에, 그 징발 기간은 용선중단 기간으로 본다. 정부가 그 징발 기간 중에 지급한 용선료는 선박소유자가 취득한다. 용선선박이 정부에 징발된 기간은 이 정기 용선계약에서 정한 기간의 일부로 간주한다.
징발 기간이 (90) 일을 초과할 경우에는 계약당사자 누구도 이 용선계약을 해지할 수 있다. 이로 인하여 발생한 손해에 대하여서는 어느 당사자도 손해배상을 청구할 수 없다.

용선계약기간 중에 발생한 징발에 대하여 그 기간 동안 용선료 지급중단 기간이 된다. NYPE 1993에서는 용선선박의 기국 정부로 국한하였으나, 선박소유자를 규율하는 법령의 국가로 범위를 넓혔다. 그리고 용선계약의 해지를 위한 징발기간의 약정 조항을 90일을 기준으로 제시하고 있다.

37) 하역인부에 의한 손해 [Clause 37 Stevedore Damage]

37. Stevedore Damage
Notwithstanding anything contained herein to the contrary, the Charterers shall pay for any and all damage to the Vessel caused by stevedores provided the Master has notified the Charterers and/or their agents in writing within twenty-four(24) hours of the occurrence but in case of hidden damage latest when the damage could have been discovered by the exercise of due diligence. Such notice to describe the damage and to invite Charterers to appoint a surveyor to assess the extent of such damage.

(a) In case of any and all damage affecting the Vessel's seaworthiness and/or the safety of the crew and/or affecting the trading capabilities of the Vessel, the Charterers shall immediately arrange for repairs of such damage at their expense and the Vessel is to remain on-hire until such repairs are completed and if required passed by the Vessel's classification society.

(b) Any and all damage not described under Sub-clause (a) above shall be repaired, at the Charterers' option, before or after redelivery concurrently with the Owners' work.
In such case no hire and/or expenses will be paid to the Owners except and insofar as the time and/or the expenses required for the repairs for which the Charterers are responsible, exceed the time and/or expenses necessary to carry out the Owners' work.

第35条 하역 인부에 의한 손해
본 용선계약에 달리 정한 경우에도 불구하고, 선장은 발생한 후 24시간 이내에 서면으로 용선자 및/또는 그 대리인에 통지하여야 하며, 그러나 상당한 주의를 다 하여야 발견할 수 있었던 숨은 손상의 경우에는 그 시점으로부터 24시간 이내에 통지하여야 하며, 용선자는 하역 인부가 용선선박에 야기한 모든 손상에 대하여 선박소유자에게 손해배상금을 지급하여야 한다. 그 통지는 손상을 상세하게 명시하고, 또 용선자에게 손상의 정도를 산정하기 위하여 검사인을 지정하도록 요구하는 것이어야 한다.

(a) 손상의 일부 혹은 전부가 선박의 감항능력 및/또는 선원의 안전 및/또는 용선선박의 항해 능력에 영향을 미치는 경우, 용선자는 직접 자기의 비용으로써 그러한 손상을 수선하도록 주선하여야 하고 용선선박은 그러한 수선을 완성할 때까지 그리고 필요하면 선급협회의 검사에 합격할 때까지 계속하여 용선상태에 있게 된다.

(b) 위 (a)항에 명시되지 아니한 손해의 일부 혹은 전부도 용선자의 선택에 따라서 반선 전 또는 반선 후에 선박소유자의 수선 작업과 동시에 수선되어질 수 있다. 이러한 경우 용선자가 책임이 있는 수리를 위하여 필요한 시간과 비용이 선박소유자의 작업에 필요한 시간과 비용을 초과하는 것을 제외하고는 어떠한 용선료 및/또는 비용도 선박소유자에게 지급되지 않는다.

하역 인부가 용선선박에 야기한 모든 손상에 대해서 선장의 통지의무를 부과하고 있다. NYPE 1993에서는 손상이 발견 시점부터 48시간 이내에 통지하도록 하였으나, NYPE 2015에서는 엄격하게 적용하여 손상발생시점으로부터 24시간 이내로 개정하였다.

38) 감속 항해 [Clause 38 Slow Steaming]

38. Slow Steaming

(a) The Charterers may at their discretion provide, in writing to the Master, instructions to reduce speed or RPM (main engine Revolutions Per Minute) and/or instructions to adjust the Vessel's speed to meet a specified time of arrival at a particular destination.

(a) 용선자는 그의 재량으로 선장에게 서면으로 속력을 감속하거나 RPM을 낮추도록 지시하거나 그리고/또는 특정 목적지의 특정 도착예정시간을 맞추도록 선박의 속력을 조정하도록 지시할 수 있다.

(i) *Slow Steaming - Where the Charterers give instructions to the Master to adjust the speed or RPM, the Master shall, subject always to the Master's obligations in respect of the safety of the Vessel, crew and cargo and the protection of the marine environment, comply with such written instructions, provided that the engine(s) continue(s) to operate above the cut-out point of the Vessel's engine(s) auxiliary blower(s) and that such instructions will not result in the Vessel's engine(s) and/or equipment operating outside the manufacturers'/designers' recommendations as published from time to time.

(i) *"감속 항해" - 용선자가 선장에게 속력 또는 RPM을 조정하도록 지시하는 경우에, 선장은 항상 선박, 선원과 화물의 안전 및 해양환경보호와 관련된 선장의 의무를 다하는 조건으로, 이러한

서면 지시에 따라야 한다. 이러한 경우에 선박의 엔진 보조 송풍기(blower)의 급정지점 (꺼지는 지점)보다 높은 지점에서 엔진을 작동하여야 하며, 때때로 발행되는 제조사/설계사의 권고사항의 범위를 벗어난 선박 엔진 및/또는 설비의 작동을 야기하여서는 아니 된다.

(ii) *Ultra-Slow Steaming - Where the Charterers give instructions to the Master to adjust the speed or RPM, regardless of whether this results in the engine(s) operating above or below the cut-out point of the Vessel's engine(s) auxiliary blower(s), the Master shall, subject always to the Master's obligations in respect of the safety of the Vessel, crew and cargo and the protection of the marine environment, comply with such written instructions, provided that such instructions will not result in the Vessel's engine(s) and/or equipment operating outside the manufacturers'/designers' recommendations as published from time to time. If the manufacturers'/designers' recommendations issued subsequent to the date of this Charter Party require additional physical modifications to the engine or related equipment or require the purchase of additional spares or equipment, the Master shall not be obliged to comply with these instructions.

** Sub-clauses (a)(i) and (a)(ii) are alternatives; delete whichever is not applicable. In the absence of deletions, alternative (a)(i) shall apply.*

(ii) *"초감속 항해" - 용선자가 선장에게 속력 또는 RPM을 조정하도록 지시하는 경우에, 이러한 지시가 선박 엔진 보조 송풍기(blower)의 급정지점보다 위 또는 아래에서 엔진이 작동하는 결과를 초래함에 상관없이, 선장은 항상 선박, 선원과 화물의 안전 및 해양환경보호와 관련된 선장의 의무를 다하는 조건으로, 그와 같은 지시를 따라야 한다. 이러한 경우에 때때로 발행되는 제조사/설계사의 권고사항의 범위를 벗어난 선박 엔진 및/또는 설비의 작동을 야기하여서는 아니 된다. 만약 이 용선계약이 체결된 날자 이후에 발행된 제조사/설계사의 권고사항이 엔진 또는 관련 설비에 추가적인 물리적 수정을 요구하거나 추가적인 예비품 또는 장비의 구입을 요구하는 경우에 선장은 이러한 지시를 따를 의무를 부담하지 않는다.

** (a)(i)과 (a)(ii)약관은 선택사항이다: 삭제한 약관은 적용되지 아니한다. 삭제된 약관이 없는 경우에는 (a)(i)약관이 적용된다.*

(b) At all speeds the Owners shall exercise due diligence to ensure that the Vessel is operated in a manner which minimises fuel consumption, always taking into account and subject to the following:

(i) The Owners' warranties under this Charter Party relating to the Vessel's speed and consumption;

(ii) The Charterers' instructions as to the Vessel's speed and/or RPM and/or specified time of arrival at a particular destination;

(iii) The safety of the Vessel, crew and cargo and the protection of the marine environment; and

(iv) The Owners' obligations under any bills of lading, waybills or other documents evidencing contracts of carriage issued by them or on their behalf.

(b) 모든 속력하에서 선박소유자는 최소한의 연료소비를 위한 방법으로 선박을 운용하여야 하며, 항상 다음의 사항을 고려하고 따라야 한다.

(i) 이 용선계약하의 선박 속력과 연료소모량과 관련된 선박소유자의 담보

(ii) 선박 속력 및/또는 RPM 및/또는 특정 목적지에 대한 특정 도착예정시간에 관한 용선자의 지시
(iii) 선박, 선원과 화물의 안전 및 해양환경의 보호 그리고
(iv) 선박소유자 또는 그 대리인이 발행한 운송계약을 증명하는 모든 선하증권, 해상화물운송장 또는 기타 서류에 대한 선박소유자의 책임

(c) For the purposes of Sub-clause (b), the Owners shall exercise due diligence to minimise fuel consumption:
(i) when planning voyages, adjusting the Vessel's trim and operating main engine(s) and auxiliary engine(s);
(ii) by making optimal use of the Vessel's navigation equipment and any additional aids provided by the Charterers, such as weather routing, voyage optimization and performance monitoring systems; and
(iii) by directing the Master to report any data that the Charterers may reasonably request to further improve the energy efficiency of the Vessel.

(c) (b)항 약관을 위하여 선박소유자는 연료소모를 최소화하도록 상당한 주의를 다하여야 한다.
(i) 항해계획을 수립하고, 선박의 트림을 조정하고, 주기관과 보조기관을 작동할 때
(ii) 선박의 항해장비 및 용선자가 제공하는 모든 항해보조장비, 예를 들어 웨더 루팅(기상을 기반으로 한 항로선정), 항해 최적화 시스템 및 성능 모니터링 시스템 등을 최적의 상태로 사용, 그리고
(iii) 용선자가 선박의 에너지 효율을 향상시키기 위하여 합리적으로 요구하는 모든 자료를 보고하도록 선장에게 지시

(d) The Owners and the Charterers shall share any findings and best practices that they may have identified on potential improvements to the Vessel's energy efficiency.

(d) 선박소유자와 용선자는 선박의 에너지 효율성을 위한 잠재적 개선사항을 식별할 수 있는 모든 결과물과 최선의 실행방법을 공유하여야 한다.

(e) For the avoidance of doubt, where the Vessel proceeds at a reduced speed or with reduced RPM pursuant to Sub-clause (a), then provided that the Master has exercised due diligence to comply with such instructions, this shall constitute compliance with, and there shall be no breach of, any obligation requiring the Vessel to proceed with utmost and/or due despatch (or any other such similar/equivalent expression).

(e) 의구심을 불식시키기 위하여, 선박은 (a)항 약관에 따라 감속된 속력 또는 감속된 RPM으로 항해하는 경우 선장은 이러한 지시에 따라 상당한 주의를 다하였음을 증명하여야 한다. 이는 선박의 최선의 및/또는 신속한 항해 의무(또는 다른 유사하거나/동등한 표현)를 위반함이 없이 준수함을 의미한다.

(f) The Charterers shall procure that this Clause be incorporated into all sub-charters and contracts of carriage issued pursuant to this Charter Party. The Charters shall indemnify the Owners against all consequences and liabilities that may arise from bills of lading, waybills or other documents evidencing contracts of carriage being issued as presented to the extent that the terms of such bills of lading, waybills or other documents evidencing contracts of carriage impose or result in breach of the Owners' obligation to proceed with due despatch or are to be held to be a deviation or the imposition of more onerous liabilities upon the Owners than those assumed by the Owners pursuant to this Clause.

(f) 용선자는, 이 용선계약에 따라 체결되는 모든 재용선과 운송계약에 이 약관을 편입하여야 한다. 용선자는 선하증권, 해상화물운송장 또는 운송계약을 증명하는 기타 문서로부터 야기되는 모든 결과 및 책임에 대하여 선박소유자에게 보상하여야 한다. 또는 선하증권, 해상화물운송장 또는 운송계약을 증명하는 기타 문서의 조건에 따라 야기되는 또는 신속한 항해 혹은 이로의 발생에 따른 선박소유자의 의무 위반으로부터 야기되는 모든 결과 및 책임에 대하여 선박소유자에게 보상하여야 한다. 또한 이 약관에 따라 선박소유자가 부담하여야 하는 책임보다 과중한 책임의 부과의 결과나 책임에 대하여 선박소유자에게 보상하여야 한다.

용선자는 자신의 재량으로 선장에게 서면으로 속력을 감속하거나 특정 목적지의 입항 예정시간에 맞추도록 요구할 수 있다. NYPE 1993에는 없었던 약관으로 감속 항해 및 초감속 항해에 대해 선택할 수 있도록 규정하고 있으며, 요즘 가장 민감한 사항인 연료비의 절감을 위하여 연료소모를 절감할 수 있도록 선박소유자의 의무를 규정하고 있다. 하지만 용선자의 이러한 감속 항해의 지시에도 불구하고 선박소유자의 의무인 신속한 항해 의무는 준수되어야 한다. 그리고 이 약관과 관련하여 발생하는 선하증권 등에 대한 책임은 용선자가 부담하도록 규정하고 있다.

39) 정기용선계약과 발틱해운협의회 해적약관 2013

[Clause 39 BIMCO Piracy Clause for Time Charter Parties 2013]

39. BIMCO Piracy Clause for Time Charter Parties 2013

(a) The Vessel shall not be obliged to proceed or required to continue to or through, any port, place, area or zone, or any waterway or canal (hereinafter "Area") which, in the reasonable judgement of the Master and/or the Owners, is dangerous to the Vessel, cargo, crew or other persons on board the Vessel due to any actual, threatened or reported acts of piracy and/or violent robbery and/or capture/seizure (hereinafter "Piracy"), whether such risk existed at the time of entering into this Charter Party or occurred thereafter. Should the Vessel be within any such place as aforesaid which only becomes dangerous, or may become dangerous, after entry into it, the Vessel shall be at liberty to leave it.

(a) 실제적이거나, 위협에 직면하거나, 보고된 해적행위 및/또는 폭력적인 강도 및/또는 포획/나포(이하 "해적행위"라 함)로 인하여, 선장 및/또는 선박소유자가 합리적으로 판단할 때에, 선박, 화물, 선원 또는 승선 중인 다른 사람들에게 위험한 어떠한 항구, 장소, 지역이나 구역, 수로 또는 운하(이하 "해역(Area)")로 선박이 향하도록 강제되거나, 계속해서 향하거나 통과하도록 요구되어서는 아니 된다. 그러한 위험이 본 용선계약을 체결할 당시에 존재하였는지, 그 이후에 발생하였는지는 상관하지 않는다. 선박은 그곳에 진입한 이후로 위험해지거나, 위험해질 수도 있는 상기 장소 내에 선박이 위치하는 경우, 선박은 그곳에서 출항할 자유가 있다.

(b) If in accordance with sub-clause (a) the Owners decide that the Vessel shall not proceed or continue to or through the Area they must immediately inform the Charterers. The Charterers shall be obliged to issue alternative voyage orders and shall indemnify the Owners for any claims from holders of the Bills of Lading or third parties caused by waiting for such orders and/or the performance of an alternative voyage. Any time lost as a result of complying with such orders shall not be considered off-hire.

(b) (a)항의 약관에 따라서, 선박이 그러한 지역으로 항해하거나, 계속해서 항해하거나 통과해서는 안 된다고 선박소유자가 결정한 경우, 선박소유자는 즉시 용선자에게 통지하여야 한다. 용선자는 대체 항차지시를 내릴 의무가 있으며, 그러한 명령을 기다림으로써, 그리고/혹은 대체 항차를 수행함으로써, 선하증권의 소지인 또는 제3자로부터 제기된 모든 보상요구 대하여 용선자는 선박소유자에게 배상하여야 한다. 그러한 명령을 준수한 결과로 인하여 손실된 모든 시간은 용선중단(off-hire)으로 간주되지 않아야 한다.

(c) If the Owners consent or if the Vessel proceeds to or through an Area exposed to the risk of Piracy the Owners shall have the liberty:

(i) to take reasonable preventative measures to protect the Vessel, crew and cargo including but not limited to re-routeing within the Area, proceeding in convoy, using escorts, avoiding day or night navigation, adjusting speed or course, or engaging security personnel and/or deploying equipment on or about the Vessel (including embarkation/disembarkation).

(ii) to comply with the requirements of the Owners' insurers under the terms of the Vessel's insurance(s);

(iii) to comply with all orders, directions, recommendations or advice given by the Government of the Nation under whose flag the Vessel sails, or other Government to whose laws the Owners are subject, or any other Government, body or group (including military authorities) whatsoever acting with the power to compel compliance with their orders or directions; and

(iv) to comply with the terms of any resolution of the Security Council of the United Nations, the effective orders of any other Supranational body which has the right to issue and give the same, and with national laws aimed at enforcing the same to which the Owners are subject, and to obey the orders and directions of those who are charged with their enforcement;

and the Charterers shall indemnify the Owners for any claims from holders of Bills of Lading or third parties caused by the Vessel proceeding as aforesaid, save to the extent that such claims are covered by additional insurance as provided in sub-clause (d)(iii).

(iv) 국제연합 안전보장이사회 결의안의 조건, 유효한 명령을 선포하고 부과할 권리를 가진 여타 초국가적인 단체의 명령 및 선박소유자를 지배하는 법집행을 목표로 하는 국법을 준수하는 것, 그리고 그 집행을 책임지는 자들의 명령과 지시에 복종하는 것

그리고 상기와 같이 선박이 항해함으로써 선하증권의 소지인이나 제3자로부터 제기된 모든 보상요구에 대하여, 용선자는 선박소유자에게 배상하여야 하나, 그러한 청구는 (d)(iii)항의 약관에 규정된 추가보험에 의하여 보상되는 한도까지는 제외된다.

(c) 선박소유자가 동의하거나, 선박이 해적위험에 노출된 지역을 통과하거나 향하는 경우, 선박소유자는 다음의 자유를 갖는다.

(i) 선박, 선원 및 화물을 보호하기 위하여, 다음에 열거한 것에 국한하지 않고, 그 지역 내에서의 항로변경, 호위를 받으면서 항해, 호위대의 사용, 주간이나 야간항해 회피, 속력이나 침로 조정, 혹은 선박 위 또는 선박 주변에 보안요원 고용 및/또는 장비 배치(승하선 포함)를 포함하는 합리적인 예방조치를 취하는 것.

(ii) 선박의 보험조건 하에서 선박소유자의 보험자가 요구하는 사항들을 준수하는 것.

(iii) 선박의 기국의 정부, 선박소유자를 지배하는 법을 보유한 다른 정부, 또는 무엇인가를 불문하고 자신의 명령이나 지시에 대한 준수를 강제할 권력을 가지고 행위하는 기타 다른 정부, 기구 또는 집단(군사당국을 포함하여)에 의하여 주어지는 모든 명령, 지시, 권장 혹은에 복종하는 것.

(iv) 국제연합 안전보장이사회 결의안의 조건, 유효한 명령을 선포하고 부과할 권리를 가진 여타 초국가적인 단체의 명령 및 선박소유자를 지배하는 법집행을 목표로 하는 국법을 준수하는 것, 그리고 그 집행을 책임지는 자들의 명령과 지시에 복종하는 것

그리고 상기와 같이 선박이 항해함으로써 선하증권의 소지인이나 제3자로부터 제기된 모든 보상요구에 대하여, 용선자는 선박소유자에게 배상하여야 하나, 그러한 청구는 (d)(iii)항의 약관에 규정된 추가보험에 의하여 보상되는 한도까지는 제외된다.

(d) Costs

(i) If the Vessel proceeds to or through an Area where due to risk of Piracy additional costs will be incurred including but not limited to additional personnel and preventative measures to avoid Piracy, such reasonable costs shall be for the Charterers' account. Any time lost waiting for convoys, following recommended routeing, timing, or reducing speed or taking measures to minimise risk, shall be for the Charterers' account and the Vessel shall remain on hire;

(ii) If the Owners become liable under the terms of employment to pay to the crew any bonus or additional wages in respect of sailing into an area which is dangerous in the manner defined by the said terms, then the actual bonus or additional wages paid shall be reimbursed to the Owners by the Charterers;

(iii) If the Vessel proceeds to or through an Area exposed to the risk of Piracy, the Charterers shall reimburse to the Owners any additional premiums required by the Owners' insurers and the costs of any additional insurances that the Owners reasonably require in connection with Piracy risks which may include but not be limited to War Loss of Hire and/or maritime K&R.

(iv) All payments arising under Sub-clause (d) shall be settled within fifteen (15) days of receipt of Owners' supported invoices or on redelivery, whichever occurs first.

(d) 비용

(i) 만약 선박이 해적위험 때문에 해적을 피하기 위한 추가요원 및 예방조치를 포함하여, 이에 국한하지 않고, 추가비용이 발생될 지역을 통과하거나 그 곳으로 항해하는 경우, 그러한 합리적인 비용은 용선자의 부담으로 한다. 호위대를 기다리거나, 권장된 항로, 시기 또는 감속에 따르거나, 위험을 최소화하기 위한 조치를 취함으로써 손실된 시간은 용선자의 부담이며, 선박은 용선 중인 상태로 남아 있어야 한다.

(ii) 상기의 조건에 의해 정의된 바와 같은 위험한 지역으로의 항해와 관련하여, 상여금이나 추가임금을 선원에게 지급하는 고용조건에 따른 책임을 선박소유자가 지는 경우, 실제로 지급된 상여금이나 추가임금은 용선자가 선박소유자에게 배상하여야 한다.

(iii) 선박이 해적위험에 노출된 지역으로 향하거나 통과하는 경우, 선박소유자의 보험자에 의하여 요구된 모든 추가보험료 및 전쟁불가동손실보험 및/또는 해상납치보험(이 두가지에 국한하지 않고)을 포함한 해적위험과 관련하여 선박소유자가 합리적으로 요구하는 모든 추가보험의 비용을 선자가 선박소유자에게 배상하여야 한다.

(iv) (d)항 약관 하에서 발생하는 모든 지급비용은 선박소유자의 입증된 청구서를 수령한 후 15일

이내 또는 반선 시 중, 어느 것이든지 먼저 도래하는 시점에 지불되어야 한다.

(e) If the Vessel is attacked by pirates any time lost shall be for the account of the Charterers and the Vessel shall remain on hire.

(e) 선박이 해적에 의한 공격을 받을 경우, 손실된 시간은 용선자의 부담이며, 선박은 계속해서 용선 중인 채로 남아 있어야 한다.

(f) If the Vessel is seized by pirates the Owners shall keep the Charterers closely informed of the efforts made to have the Vessel released. The Vessel shall remain on hire throughout the seizure and the Charterers' obligations shall remain unaffected, except that hire payments shall cease as of the ninety-first (91st) day after the seizure until release. The Charterers shall pay hire, or if the Vessel has been redelivered, the equivalent of Charter Party hire, for any time lost in making good any damage and deterioration resulting from the seizure. The Charterers shall not be liable for late redelivery under this Charter Party resulting from the seizure of the Vessel.

(f) 선박이 해적에 의하여 억류될 경우, 선박소유자는 선박을 석방시키기 위한 노력 등을 용선자에게 상세히 통지하여야 한다. 선박은 억류기간동안 용선 중인 채로 남아 있어야 하며, 억류된 지 91일 이후부터 석방될 때까지 용선료 지급이 중단되는 것을 제외하고는, 용선자의 의무는 영향을 받지 않은 상태로 남아 있어야 한다. 용선자는 용선료를 지급하거나, 혹은 선박이 반선된 경우에는 억류로 인하여 발생된 모든 손상 및 악화된 것을 수리하기 위하여 손실된 모든 시간에 대하여 용선계약의 용선료에 상당하는 금액을 지급하여야 한다. 본 용선계약 하에서 선박의 억류에 기인한 반선지연에 대해서는 용선자가 책임지지 않는다.

(g) If in compliance with this Clause anything is done or not done, such shall not be deemed a deviation, but shall be considered as due fulfillment of this Charter Party. In the event of a conflict between the provisions of this Clause and any implied or express provision of the Charter Party, this Clause shall prevail.

(g) 본 약관을 준수함으로써 어떠한 행위가 이행되거나 이행되지 않을 경우, 그러한 것은 용선계약을 이탈한 것이 아니고 용선계약을 충분히 충족한 것으로 간주하여야 한다. 이 약관의 규정과 묵시적 또는 명시적 규정이 상충되는 경우, 이 본 약관이 우선한다.

2013년에 개정된 발틱해운협의회의 CONWARTIME과 함께 개정된 발틱해운협의회 정기용선계약을 위한 해적약관을 반영하고 있다.

40) 세금 [Clause 40 Taxes]

40. Taxes

Charterers to pay all local, State, National taxes and/or dues assessed on the Vessel or the Owners resulting from the Charterers' orders herein, whether assessed during or after the currency of this Charter Party including any taxes and/or dues on cargo and/or freights and/or sub-freights and/or hire (excluding taxes levied by the country of the flag of the Vessel or the Owners). In the event the Owners/Vessel/her flag state are exempt from any taxes, the Owners shall seek such exemption and filing costs for such exemption, if any, shall be for the Charterers' account and no charge for such taxes shall be assessed to the Charterers

제40조 세금

용선자의 지시로부터 생긴 용선선박 또는 선박소유자에게 부과되는 모든 지방세, 주정부세와 국세 및/또는 회비(dues)는 용선계약 기간 중이거나 또는 이후이거나를 불문하고 화물 및/또는 운임 및/또는 재운송임 및/또는 용선료에 대한 모든 세금 및/또는 회비클 포함하여 용선자가 지급하여야 한다(다만 용선선박의 기국 또는 선박소유자의 국적국에서 부과한 세금은 제외한다).

만약 선박소유자/선박/국적국이 세금을 면제받는 경우에는 선박소유자는 그와 같은 면제를 받을 수 있도록 추구하여야 하며, 그와 같은 면제를 받기위한 신청비용이 발생한다면, 비용은 용선자의 부담으로 하며, *(면제된)*세금과 관련하여 어떠한 부담도 용선자에게 부과하지 않아야 한다.

선박의 기국 또는 선박소유자의 국적국에서 부과하는 세금을 제외한 용선자의 영업활동과 관련한 세금이나 부과금은 용선자가 부담하여야 한다. 한편 NYPE 2015에는 만약 선박소유자/선박/선박의 국적(상태)으로 인하여 세금을 면제 받을 수 있는 경우에는 선박소유자는 그와 같은 면제방안을 모색하여 추진하여야 하며 이때에 발생하는 비용은 용선자의 부담으로 한다는 약관이 추가 되었다.

41) 노동쟁의 [Clause 41 Industrial Action]

41. Industrial Action

In the event of the Vessel being delayed or rendered inoperative by strikes, labor stoppages or boycotts or any other difficulties arising from the Vessel's ownership, crew or terms of employment of the crew of the chartered Vessel or any other vessel under the same ownership, operation and control, any time lost is to be considered off-hire. The Owners guarantee that on delivery the minimum terms and conditions of employment of the crew of the Vessel are in accordance with the International Labour Organization Maritime Labour Convention (MLC) 2006, and will remain so throughout the duration of this Charter Party.

제41조 노동쟁의

파업, (작업)중단 또는 거부 또는 용선 선박의 소유권 또는 용선선박 또는 (용선한 선박과) 동일한 소유권자의 또 따른 선박, (용선선박과 동일한 소유권자의) 운영 또는 관리하에 있는 또 다른 선박의 소유권, 선원 또는 선원의 고용조건이 문제가 되어 발생한 다른 어려움으로 말미암아 선박이 지연되었거나 또는 운항이 불가능하게 되었을 경우에 이때의 시간손실은 용선중단(off-hire)으로 간주되어야 한다. 선박소유자는 선박이 용선자에게 인도되었을 때에 선원의 최소한의 고용조건이 '국제노동기구 해사노동협약 2006' 규정을 준수하고 있으며, 전체 용선의 전체기간 동안에 계속해서 그 협약의 규정을 준수할 것이라는 것을 보장하여야 한다.

NYPE 2015에 처음 도입된 약관이다. 용선선박의 소유권, 선원 또는 선원의 고용조건이 문제가 되어 선박이 지연되었거나 또는 운항이 불가능하게 되었을 경우의 시간손실은 용선중단(off-hire)으로 간주되어야 하는 것은 물론이고, (용선한 선박과)동일한 소유권자의 또 다른 선박, (용선선박과 동일한 소유권자의) 운영 또는 관리하에 있는 또 다른 선박이 이러한 이유(소유권, 선원 또는 선원의 고용조건)로 용선선박에 시간적인 손실이 발생한 경우까지 확대하여 용선중단(off-hire)으로 간주된다. 또한 선원의 고용조건에 대하여 국제협약을 준수하고 용선기간 동안 계속하여 이러한 국제 협약을 준수할 것을 강조하고 있다.

42) 밀항자 [Clause 42 Stowaways]

42. Stowaways

(a) If stowaways have gained access to the Vessel by means of secreting away in the goods and/or containers or by any other means related to the cargo operation, this shall amount to breach of this Charter Party. The Charterers shall be liable for the consequences of such breach and hold the Owners harmless and keep them indemnified against all claims; costs (including but not limited to victualing costs for stowaways whilst on board and repatriation); losses; and fines or penalties, which may arise and be made against them. The Charterers shall, if required, place the Owners in funds to put up bail or other security. The Vessel shall remain on hire for any time lost as a result of such breach.

제42조 밀항자

(a)용선자가 선적한 화물 및/또는 컨테이너 속에 숨어서 또는 화물취급과 관련한 수단으로 용선선박에 몰래 들어왔을 경우에 이것은 용선계약의 위반에 해당한다. 용선자는 이와 같은 용선계약위반의 결과에 대하여 책임을 져야 하며 그리고 선박소유자에게 피해가 없도록 하여야 하며, 이로 인하여 발생하거나 또는-제기되는 모든 보상요구(claims)와 (밀항자가 승선하고 있는 동안과 하선할 때까지의 음식제공비용을 포함하여, 그러나 비단 이것에만 국한하지 않고) 모든 비용, 손실 그리고 과태료(fines) 또는 벌금(penalties)에 대하여 선박소유자에게 보상하여야 한다. 용선자는 필요하다면 선박소유자에게 보석금이나 다른 보증을 제공하여야 한다. 선박은 그와 같은 위반의 결과로 발생한 손실된 시간동안에도 용선상태가 유지된 것으로 한다.

(b) Save for those stowaways referred to in Sub-clause (a), if stowaways have gained access to the Vessel this shall amount to a breach of this Charter Party. The Owners shall be liable for the consequences of such breach and hold the Charterers harmless and keep them indemnified against all claims; costs; losses; and fines or penalties, which may arise and be made against them. The Vessel shall be off-hire for any time lost as a result of such breach.

(b)상기 (a)항에 언급한 밀항자를 제외하고 밀항자가 선박에 숨어들어왔다면, 이것은 용선계약의 위반에 해당한다. 선박소유자는 이와 같은 용선계약위반의 결과에 대하여 책임을 져야 하며 그리고 용선자에게 피해가 없도록 하여야 하며, 이로 인하여 발생하거나 또는 제기되는 (또는 부과되는) 모든 보상요구, 비용, 손실 그리고 과태료(fines) 또는 벌금(penalties)에 대하여 용선자에게 보상하여야 한다. 그와 같은 위반의 결과로 발생한 손실된 시간동안은 용선중단이 된다.

밀항자가 용선선박에 어떠한 수단으로 승선하였는가는 분명하지도 않으며 예견하기도 어렵다. 그러므로 본약관은 밀항자가 발견되었을 경우 선박소유자와 용선자가 용선계약과 관련한 책임과 보상을 누가 부담하여야만 하는가에 대하여 두가지 경우로 분류하여 분명하게 할당하였다.

밀항자가 화물이나 화물운항과 관련하여 용선선박에 몰래 승선하였다면, 법적 책임을 포함하여 모든 책임을 용선자가 부담하여야 함은 물론 선박소유자에게 피해가 발생하지 않도록 하여야 한다. 또한 이러한 이유로 발생한 손실된 운항시간(기간) 동안에도 선박은 용선상태가 유지된 것으로 하며 따라서 용선료를 지불하여야 한다.

한편 밀항자의 밀항이 화물이나 화물운항과 관련되지 않은 경우에는 모든 책임을 선박소유자의 부담하여야 함은 물론 용선자에게 피해가 없도록 하여야 한다. 또한 화물이나 화물운항과 관련한 이외의 이유로 발생한 손실된 운항시간(기간) 동안은 선박의 운항이 중단된 것으로 하며 따라서 용선자는 용선료를 지불하지 않아도 된다.

그러나 본약관은 선박소유자에게 용선선박에 밀항자가 있는지를 수색하고 밀항자를 송환하는 등의 조치를 취할 것을 요구하고 있다. 그리고 화물이나 화물운항과 관련되지 않은 방법으로 몰래 용선선박에 승선한 밀항자가 발견된다면 당국에 의해 선박소유자에게 벌금이 부과되고, 밀항자를 송환하는 비용이 발생하게 됨은 물론 용선선박의 운항이 지연된다. 이러한 관련비용은 공제금액을 제외하고 대부분 선박소유자의 선주상호보험조합(P&I Club)에서 선박소유자에게 보상한다.

43) 밀수 [Clause 43 Smuggling]

43. Smuggling

(a) In the event of smuggling by the Master, other Officers and/or ratings, this shall amount to a breach of this Charter Party. The Owners shall be liable for the consequences of such breach and hold the Charterers harmless and keep them indemnified against all claims, costs, losses, and fines and penalties which may arise and be made against them. The Vessel shall be off-hire for any time lost as a result of such breach.

제43조 밀수

(a) 선장, 사관 그리고/또는 보통선원이 밀수를 하였다면, 이것은 용선계약의 위반에 해당한다. 선박소유자는 이와 같은 용선계약위반의 결과에 대하여 책임을 져야 하며 그리고 용선자에게 피해가 없도록 하여야 하며, 이로 인하여 발생하거나 또는 제기되는 모든 보상요구, 비용, 손실 그리고 과태료(fines)와 벌금(penalties)에 대하여 용선자에게 보상하여야 한다. 그와 같은 위반의 결과로 발생한 손실된 시간은 용선중단이 된다.

(b) If unmanifested narcotic drugs and/or any other illegal substances are found secreted in the goods and/or containers or by any other means related to the cargo operation, this shall amount to a breach of this Charter Party. The Charterers shall be liable for the consequences of such breach and hold the Owners, Master, officers and ratings of the Vessel harmless and keep them indemnified against all claims, costs, losses, and fines and penalties which may arise and be made against them individually or jointly. The Charterers shall, if required, place the Owners in funds to put up bail or other security. The Vessel shall remain on hire for any time lost as a result of such breach.

(b) 화물 및/또는 컨테이너에 속에 숨어서 또는 화물취급과 관련한 다른 수단으로 몰래 숨겨져 *(선박에 들어온)* 신고되지 않은 마취제약품 그리고/또는 다른 불법적인 물질이 발견되었다면 이것은 용선계약의 위반에 해당한다. 용선자는 이와 같은 용선계약위반의 결과에 대하여 책임을 져야 하며 그리고 선박소유자, 선장과 사관과 보통선원에게 피해가 없도록 하여야 하며, 이로 인하여 그들*(선박소유자, 선장과 사관과 보통선원)*에게 개별적으로 또는 공동으로 발생하거나 또는 제기되는 모든 보상요구, 비용, 손실 그리고 과태료(fines)와 벌금(penalties)에 대하여 그들에게 보상하여야 한다. 용선자는 필요하다면 선박소유자에게 보석금이나 다른 보증을 제공하여야 한다. 선박은 그와 같은 위반의 결과로 발생한 손실된 시간동안에도 용선상태가 유지된 것으로 간주한다.

상기 (a)항의 내용은 NYPE 1993의 약관의 규정과 같다. 즉 선장이나 사관과 선원이 밀수를 하였다면, 이것은 용선계약의 위반에 해당하고 선박소유자는 이로 인한 모든 결과에 대하여 책임을 져야 하며 용선자에게 피해가 없도록 하여야 하며, 그와 같은 위반의 결과로 발생한 손실된 시간은 용선중단이 된다.

한편 NYPE 2015에서는 상기 (b)항에서 특정 화물 및 화물취급에 대한 약관을 추가하였다. 즉 용선자가 취급하는 화물 그리고/또는 컨테이너에 또는 화물취급과 관련한 다른 수단으로 몰래 숨겨져 선박에 들어온 신고되지 않은 마취제약품 그리고/또는 다른 불법적인 물질이 발견되었을 경우에는 용선자가 용선계약을 위반한 것이 되며, 선박소유자에게 이에 관한 모든 책임을 부담하여야 한다. 또한 이와 관련하여 선장을 비롯한 선원에게 개별적으로 또는 공동으로 부과/발생되는 모든 비용 손실, 과태료 및 벌금도 용선자가 부담하여야 함은 물론 선박은 당연히 그와 같은 위반의 결과로 발생한 손실된 시간동안에도 선박의 용선상태가 유지된 것으로 된다. 만약 용선자의 화물에 숨겨진 마약제 약품이나 다른 불법적인 물질이 발견되었을 경우에는 선박 및/또는 선장과 선원들은 억류되고 체포될 수 있으므로 이에 대비하여 용선자는 공탁금이나 다른 안전장치를 강구하여야 한다.

한편 NYPE 2015 제16조(Clause 16 Cargo Exclusions)의 'lawful merchandise' 의 의미는 화물의 적하지와 양하지 및 통과국에서 적법하여야 한다. 그런데 본약관에서 'other illegal substances' 는 'lawful merchandise' 의 의미나 NYPE 2015에 새롭게 도입되는 화물사전신고약관(Clauses 48, 49 and 50)의 취지로 볼 때 화물의 적하지나 양하지 및 통과국에서 적법하여야 함은 물론 유엔(UN)과 같은 국제기구에서 금지하는 물질(또는 화물)이 아니어야 한다.

44) 국제안전관리(규약) [Clause 44 International Safety Management]

44. International Safety Management (ISM)

During the duration of this Charter Party, the Owners shall procure that both the Vessel and "the Company" (as defined by the ISM Code) shall comply with the requirements of the ISM Code. Upon request the Owners shall provide a copy of the relevant Document of Compliance (DOC) and Safety Management Certificate (SMC) to the Charterers. Except as otherwise provided in this Charter Party, loss, damage, expense or delay caused by failure on the part of the Owners or "the Company" to comply with the ISM Code shall be for the Owners' account.

제44조 국제안전관리(규약)

용선계약 기간동안 선박소유자는 선박과 회사(이때 선박과 회사는 국제안전관리규약에 정의되어 있는 선박과 회사를 말한다)가 국제안전관리규약의 요구사항을 준수하도록 노력하여야 한다. (용선자가) 요구하자마자 선박소유자는 해당되는 서류적합증서(Document of Compliance(DOC)) 와 안전관리증서(Safety Management Certificate (SMC))의 사본을 용선자에게 제공하여야 한다. 본 용선계약서에서 달리 규정하고 있는 경우를 제외하고 선박소유자나 회사가 국제안전관리규약을 준수하지 못함으로써 발생한 손실(loss), 손해(damage), 경비(expense) 또는 지연에 대한 것은 선박소유자의 부담으로 한다.

국제해사기구(IMO)가 해양사고의 대부분의 원인인 인적과실에 의한 해양사고를 방지하기 위해 선박은 물론 해운기업의 육해상부서에도 안전관리체제를 수립하여 시행할 것을 규정하였으며, 1998년 7월 1일부터 협약 가입국 선박에 대해 해당 선종별로 단계적으로 적용하도록 하였다

이의 시행에 관한 별도의 조직을 갖추고 조직내부의 자체 감사는 물론 관련기관의 정기적인 심사를 받아야 한다.

한편 용선계약체결시 용선자가 용선선박은 물론 선박소유자가 국제안전관리규약(IMO)의 시행과 증서비치를 요구하고 별도의 약관(rider clause)으로 추가·삽입하던 것을 NYPE 2015에서 선박소유자와 선박이 국제안전관리 규약을 준수할 것을 약관으로 처음 도입·명문화한 하였다.

45) 국제선박및항만시설보안규칙(ISPS Code)/해상운송보안법(MTSA)

[Clause 45 International Ship and Port Facility Security Code (ISPS Code)/Maritime Transportation Security Act (MTSA)]

45. International Ship and Port Facility Security Code (ISPS Code)/Maritime Transportation Security Act (MTSA)

(a) (i) The Owners shall comply with the requirements of the ISPS and the relevant amendments to Chapter XI of Safety of Life at Sea (SOLAS) (ISPS Code) relating to the Vessel and "the Company" (as defined by the ISPS Code). If trading to or from the

US or passing through US waters, the Owners shall also comply with the requirements of the MTSA relating to the Vessel and the "Owner" (as defined by the MTSA).

(ii) Upon request the Owners shall provide the Charterers with a copy of the relevant International Ship Security Certificate (ISSC) (or the interim ISSC) and the full style contact details of the Company Security Officer (CSO).

(iii) Loss, damages, expense or delay (excluding consequential loss, damages, expense or delay) caused by failure on the part of the Owners or "the Company"/ "Owner" to comply with the requirements of the ISPS Code/MTSA or this Clause shall be for the Owners' account, except as otherwise provided in this Charter Party.

제45조 국제선박및항만시설보안규칙(ISPS Code)/해상운송보안법(MTSA)

(a) (i) 선박소유자는 선박과 회사(이때 선박과 회사는 국제안전관리규약에 정의되어 있는 선박과 회사를 말한다)와 관련하여 국제선박및항만시설의 보안에 관한 규약의 요구사항과 해상인명안전에 관한 국제협약(SOLAS)(ISPS Code)의 제11장에 대한 개정사항을 준수하여야 한다.

만약 미국으로 또는 미국으로부터 화물을 운송하거나(trading) 또는 미국 수역을 통과하는 경우에는 선박소유자는 선박과 회사(이때 선박과 회사는 해상운송보안법(MTSA)에 정의되어 있는 선박과 회사를 말한다)와 관련하여 해상운송법의 요구사항도 준수하여야 한다.

(ii) (용선자가) 요구하자마자 선박소유자는 국제선박보안증서(ISSC)(또는 임시국제선박보안증서)의 사본과 선박소유자의 수석안전관리관(CSO)의 모든 연락처를 용선자에제 제공하여야 한다.

(iii) 본 용선계약서에서 달리 규정하고 있는 경우를 제외하고, 선박소유자 측이나 "회사/선박소유자"가 국제선박및항만시설의보안에 관한 규약(ISPC Code)과 해상운송보안법(MTSA) 또는 본 조(this clause)의 요구사항을 준수하지 못함에 따라 생긴 손실, 손해, 경비 또는 지연(이들의 결과로 발생하는 손실, 손해, 비용 또는 지연은 제외하고)에 대한 것은 선박소유자의 부담으로 한다.

(b) (i) The Charterers shall provide the Owners and the Master with their full style contact details and, upon request, any other information the Owners require to comply with the ISPS Code/MTSA. Where sub-letting is permitted under the terms of this Charter Party, the Charterers shall ensure that the contact details of all sub-charterers are likewise provided to the Owners and the Master. Furthermore, the Charterers shall ensure that all sub-charter parties they enter into during the period of this Charter Party contain the following provision:

"The Charterers shall provide the Owners with their full style contact details and, where sub-letting is permitted under the terms of the charter party, shall ensure that contact details of all sub-charterers are likewise provided to the Owners".

(ii) Loss, damages, expense or delay (excluding consequential loss, damages, expense or delay) caused by failure on the part of the Charterers to comply with this Clause shall be for the Charterers' account, except as otherwise provided in this Charter Party.

(b) (i) 용선자는 선박소유자 그리고 선장에게 모든 연락처와, 요구하자마자 국제선박및항만시설보안규칙/해상운송보안법을 준수하기 위하여 필요로 하는 다른 정보를 선박소유자에게 제공하여야 한다. 본 용선계약에 따라 재용선(sub-letting)이 허용되는 경우에 용선자는 선박소유자와 선장에게 똑같이 모든 재용선자의 모든 연락처를 반드시 전달하여야 한다. 뿐만 아니라 용선자는 본 용선계약기간동안에 체결한 재용선계약에 다음과 같은 내용을 반드시 포함시켜야 한다.

"용선자는 선박소유자에게 용선자의 모든 연락처를 제공하여야하며, 용선계약의 조건에 재용선(sub-letting)이 허용된다면 모든 재용선계약자의 연락처를 반드시 선박소유자에게 똑같이 제공하여야 한다."

(ii)본 용선계약서에서 달리 규정하고 있는 경우를 제외하고, 용선자가 본 조(this clause)를 준수하지 못함에 됨에 따라 생긴 손실, 손해, 비용 또는 지연(이들의 결과로 발생하는 손실, 손해, 경비

또는 지연은 제외하고)에 대한 것은 용선자의 부담으로 한다.

(c) Notwithstanding anything else contained in this Charter Party all delay, costs or expenses whatsoever arising out of or related to security regulations or measures required by the port facility or any relevant authority in accordance with the ISPS Code/MTSA including, but not limited to, security guards, launch services, vessel escorts, security fees or taxes and inspections, shall be for the Charterers' account, unless such costs or expenses result solely from the negligence of the Owners, Master or crew or the previous trading of the Vessel, the nationality of the crew, crew visas, the Vessel's flag or the identity of the Owners' managers. All measures required by the Owners to comply with the Ship Security Plan shall be for the Owners' account.

(c) 이 용선계약서에 포함되어 있는 다른 어떤 내용이 있음에도 불구하고, 보안요원배치, 통선제공(launch service), 선박호위, 보안 관련 요금 또는 세금과 검사 (등에 국한하지 않고)를 포함하여, 국제선박 및 항만시설 보안규칙(ISPS Code)/해상운송보안법(MTSA)에 따른 보안 규정 또는 항만시설에 당국이 요구하는 보안규정이나 보안조치(security measures)와 관련하여 발생되었거나 또는 이와 관련한 모든 지연, 비용(costs) 또는 경비(expense)는, 그와 같은 비용과 경비가 오로지 선박소유자, 선장 또는 선원 또는 이전의 거래(trading), 선원의 국적, 선원의 입국사증, 선박의 국적 또는 선박소유자의 관리자의 정체성(identity) 등의 이유로 발생한 것이 아닌 한, 용선자의 부담으로 한다. 선박소유자가 선박보안확보계획(Ship Security Plan)을 준수하기 위해 필요로 하는 모든 방안에 대한 것은 선박소유자의 부담으로 한다.

(d) If either party makes any payment which is for the other party's account according to this Clause, the other party shall indemnify the paying party.

(d) 어느 한쪽이 본 약관(조)에 따라 상대방이 지불하여야만 하는 것을 (대신) 지불한 경우에는 다른 한쪽이 (대신)지불한 상대방에게 보상하여야 한다.

46) 제재 [Clause 46 Sanctions]

46. Sanctions
(a) The Owners shall not be obliged to comply with any orders for the employment of the Vessel in any carriage, trade or on a voyage which, in the reasonable judgement of the Owners, will expose the Vessel, Owners, managers, crew, the Vessel's insurers, or their re-insurers, to any sanction or prohibition imposed by any State, Supranational or International Governmental Organization.

제46조 제재
(a) 선박소유자는, 선박소유자가 합리적으로 판단할 때에, 어떤 국가, 초국가적인 또는 국제적인 정부간조직이 부과하는 어떤 제재 또는 금지에 대하여 선박, 선박소유자, 관리자, 선원, 선박의 보험자, 또는 재보험자를 노출시키는 어떤 운송, 거래 또는 항해에 선박을 이용하게 되는 어떤 명령도 준수하지 않아야 한다.

(b) If the Vessel is already performing an employment to which such sanction or prohibition is subsequently applied, the Owners shall have the right to refuse to proceed with the employment and the Charterers shall be obliged to issue alternative voyage orders within forty–eight (48) hours of receipt of the Owners' notification of their refusal to proceed. If the Charterers do not issue such alternative voyage orders the Owners may discharge any cargo already loaded at any safe port (including the port of loading). The Vessel to remain on hire pending completion of the Charterers' alternative voyage orders or delivery of cargo by the Owners and the Charterers to remain responsible for all additional costs and expenses incurred in connection with such orders/delivery of cargo. If in compliance with this Sub–clause (b) anything is done or not done, such shall not be deemed a deviation.

(b) 만약 선박이 차후에 제재나 금지가 되는 것에 이미 이용되어 수행(performing an employment)하고 있다면, 선박소유자는 그와 같은 것에 선박의 계속적인 이용과 수행을 거절할 권리가 있으며, 용선자는 선박소유자로부터 그와 같은 것에 선박의 계속이용/수행을 거절하는 통지를 받은 후 48시간 이내에 다른 대안의 항해지시(alternative voyage orders)를 하여야만 한다. 만약 용선자가 그와 같은 대안의 항해지시를 하지 않는 경우에는 선박소유자는 이미 선적된 화물을 (선적항을 포함하여) 어떤 안전한 항구에 양하할 수 있다. 선박은 용선자의 대안의 항해지시를 하지 않거나 선박소유자가 화물을 인도하는 동안에도 계속하여 용선 상태에 있으며, 용선자는 그와 같은 대안의 항해지시/화물의 인도와 관련하여 발생한 추가적인 비용(costs)과 경비(expense)에 대하여 계속하여 책임을 져야 한다. 만약 상기 (b)항에 따라 어떤 것이 행해지거나 행하여지지 않는다면, 이것은 용선계약을 벗어난 것으로 간주되지 않는다.

(c) The Charterers shall indemnify the Owners against any and all claims whatsoever brought by the owners of the cargo and/or the holders of Bills of Lading and/or sub–charterers against the Owners by reason of the Owners' compliance with such alternative voyage orders or delivery of the cargo in accordance with Sub–clause (b).

(c) 용선자는 상기 (b)항에 따라 선박소유자가 대안항해지시를 준수하거나 또는 화물을 인도하는 것을 이유로 화주 및/또는 선하증권 소지자 및/또는 재용선자가 선박소유자에게 제기한 어떠한 그리고 모든 보상요구에 대하여 선박소유자에게 보상하여야 한다.

(d) The Charterers shall procure that this Clause shall be incorporated into all sub–charters issued pursuant to this Charter Party.

(d) 용선자는 본 용선계약에 따라 체결된(issued) 모든 재용선계약에 본 조의 내용이 편입되도록 하여야 한다.

47) 용선계약과 발틱국제해운협의회의 지정제재대상자 약관

[Clause 47 BIMCO Designated Entities Clause for Charter Parties]

47. BIMCO Designated Entities Clause for Charter Parties

(a) The provisions of this clause shall apply in relation to any sanction, prohibition or restriction imposed on any specified persons, entities or bodies including the designation of specified vessels or fleets under United Nations Resolutions or trade or economic sanctions, laws or regulations of the European Union or the United States of America.

제47조 용선계약과 발틱국제해운협의회의 지정제재대상자 약관

(a) 본 약관의 조항은 유엔의 결의(resolution) 또는 무역 또는 경제제재, 또는 유럽연합 또는 미국의 법령(laws)과 규칙(regulations)에 따라 어떤 특정 선박과 선대를 포함하여 특정인, 제재대상자(entities) 또는 단체에게 부과되는 제재(sanctions), 금지(prohibition) 또는 제한(restriction)과 관련하여 적용한다.

(b) The Owners and the Charterers respectively warrant for themselves (and in the case of any sublet, the Charterers further warrant in respect of any sub-charterers, shippers, receivers, or cargo interests) that at the date of this fixture and throughout the duration of this Charter Party they are not subject to any of the sanctions, prohibitions, restrictions or designation referred to in Sub-clause (a) which prohibit or render unlawful any performance under this Charter Party or any sublet or any Bills of Lading. The Owners further warrant that the nominated vessel, or any substitute, is not a designated vessel.

(b) 선박소유자와 용선자는 각기, 용선계약의 성약시와 용선계약이 유지되고 있는 동안 계속하여, 본 용선계약 또는 재용선계약 또는 선하증권과 관련하여 불법적인 업무수행을 금지하거나 못하게 하는 상기 (a)항에 언급된 제재, 금지, 제한 또는 제재대상자로 지정을 당하지 않도록 보장하여야 한다.(재용선계약을 체결하는 경우 용선자는 더 나아가 재용선자, 송하주, 수화주, 또는 화물이해관계자와 관련하여 이와 같은 것을 당하지 않도록 보장하여야 한다.) 선박소유자는 더 나아가 (용선선박으로) 지명된 선박이나, 또는 대체선박이 이러한 제재대상선박이 아닐 것을 보장한다.

(c) If at any time during the performance of this Charter Party either party becomes aware that the other party is in breach of warranty as aforesaid, the party not in breach shall comply with the laws and regulations of any Government to which that party or the Vessel is subject, and follow any orders or directions which may be given by any body acting with powers to compel compliance, including where applicable the Owners' flag State. In the absence of any such orders, directions, laws or regulations, the party not in breach may, in its option, terminate the Charter Party forthwith or, if cargo is on board, direct the Vessel to any safe port of that party's choice and there discharge the cargo or part thereof.

(c) 본 용선계약을 수행하는 동안 하시라도 계약당사자 어느 일방이 다른 상대방이 위에 언급한 보장내용을 위반하고 있다는 것을 인지하게 된다면, 위반하고 있지 않는 계약당사자는 자신이나 선박과 관련이 있는 정부의 법령과 규정을 준수하여야 하며, 그리고 선박소유자의 국적을 적용하는 것을 포함하여, 준수하도록 강요하는 권력을 가지고 행동하는 측에서 요구하는 명령(orders) 또는 지시(directions)를 따라야 한다.

만약 그와 같은 명령, 법률 또는 규정이 없는 경우에는 위반을 하지 않고 있는 계약당사자는 그 자신의 선택으로 당장 용선계약을 종료할 수 있으며, 또는 화물이 선적되어 있다면 계약을 위한하고 있지 않은 당사자는 자신의 선택한 안전한 항구로 선박을 직행하도록 할 수도 있으며, 그 항구에서 화물을 전부 또는 일부를 양하할 수도 있다.

(d) If, in compliance with the provisions of this Clause, anything is done or is not done, such shall not be deemed a deviation but shall be considered due fulfillment of this Charter Party.

(d) 만약, 본 약관의 조항에 따라 어떤 것이 행해지거나 행하여지지 않는다면, 이는 용선계약을 벗어난 것으로 간주되지 아니하며 이 용선계약을 충실히 이행한 것으로 간주된다.

(e) Notwithstanding anything in this Clause to the contrary, the Owners or the Charterers shall not be required to do anything which constitutes a violation of the laws and regulations of any State to which either of them is subject.

(e) 본 조(this Clause)의 내용에 상반되는 내용이 있음에도 불구하고, 선박소유자와 용선자는 양 당사자중 어느 일방에게 문제가 되는 어떤 국가의 법령과 규정의 위반을 구성하는 어떤 것도 하도록 요청을 받아서는 안 된다.

(f) The Owners or the Charterers shall be liable to indemnify the other party against any and all claims, losses, damage, costs and fines whatsoever suffered by the other party resulting from any breach of warranty as aforesaid.

(f) 선박소유자나 용선자는 각기, 위에 언급한 보장내용을 위반함으로써 발생한 어떠한 그리고 모든 손실(losses), 손해(damages), 비용과 벌금에 대하여 다른 상대방에게 배상하여야 한다.

(g) The Charterers shall procure that this Clause is incorporated into all sub-charters, contracts of carriage and Bills of Lading issued pursuant to this Charter Party.

(g) 용선자는 본 약관의 내용이 모든 재용선계약, 운송계약과 본용선계약에 따라 발행되는 선하증권에 편입되도록 하여야(procure) 한다.

48) 정기용선계약과 발틱국제해운협의회의 북미화물사전통지 약관

[Clause 48 BIMCO North American Advance Cargo Notification Clause for Time Charter Parties]

48. BIMCO North American Advance Cargo Notification Clause for Time Charter Parties

(a) If the Vessel loads or carries cargo destined for the US or Canada or passing through US or Canadian ports in transit, the Charterers shall comply with the current US Customs regulations (19 CFR 4.7) or the Canada Border Services Agency regulations (Memorandum D3-5-2) or any subsequent amendments thereto and shall undertake the role of carrier for the purposes of such regulations and shall, in their own name, time and expense:

(i) have in place a Standard Carrier Alpha Code (SCAC)/Canadian Customs Carrier Code;

(ii) for US trade, have in place an International Carrier Bond (ICB);

(iii) provide the Owners with a timely confirmation of (i) and (ii) above as appropriate; and

(iv) submit a cargo declaration by Automated Manifest System (AMS) to the US Customs or by ACI Automated Commercial Information (ACI) to the Canadian customs, and provide the Owners at the same time with a copy thereof.

제48조 정기용선계약과 발틱국제해운협의회의 북미화물사전통지 약관

(a) 만약 선박이 미국 또는 캐나다항 화물을 선적 또는 운송하거나 미국이나 캐나다 항만을 통과하는 경우에는 용선자는 당시 시행되고 있는 미국세관규정(19 CFR 4.7) 또는 캐나다의 국경통과관리기관(Border Service Agency)의 규정 또는 이들의 개정사항을 준수하여야 하며, 그와 같은 규정의 적용을 위해서는 운송인의 역할을 떠맡아야 하며, 그리고 용선자 자신의 이름, 시간과 비용으로:-

(i) 표준운송인식별고유번호(Standard Carrier Alpha Code(SCAC))/캐나다세관운송인식별고유번호

(Canada Customs Carrier Code)를 제시하여야 하며(have in place);
(ii) 미국과의 거래를 위해서는, 국제운송인본드(International Carrier Bond(ICB))를 예치하여야 하며(have in place);
(iii) 선박소유자에게 상기 (i)항과 (ii)항에 대한 적절한 조치가 취해졌다는 것을 시간에 맞게 통지·제공하여야 하며,
(iv) 미국세관에 자동적하목록신고제도(Automated Manifest System(AMS)) 또는 캐나다 세관에 자동상업정보신고제도(ACI Automated Commercial Information(ACI))를 이용하여 화물신고서를 제출하여야 하며 그리고 사본을 동시에 선박소유자에게 제공하여야 한다.

(b) The Charterers assume liability for and shall indemnify, defend and hold harmless the Owners against any loss and/or damage whatsoever (including consequential loss and/or damage) and/or any expenses, fines, penalties and all other claims of whatsoever nature, including but not limited to legal costs, arising from the Charterers' failure to comply with any of the provisions of Sub-clause (a). Should such failure result in any delay then, notwithstanding any provision in this Charter Party to the contrary, the Vessel shall remain on hire.

(b) 용선자는, 용선자가 상기 (a)항을 준수하지 못함으로서, 무엇이든지간에 발생한 모든 손실(loss) 및/또는, 손해(damage)(그 결과로부터 발생한 손실 및/또는 손해를 포함하여) 및/또는 어떤 성질·종류를 불문하고 발생한 모든 비용, 과태료(fines), 벌금(penalties), 이것에 국한하지 않고, 법률비용을 포함한 모든 다른 보상요구에 대하여 책임을 떠안아야 하며, 그리고 선박소유자에게 보상하고, 선박소유자를 방어하며, 선박소유자에게 손해가 없도록 하여야 한다. 그와 같이 규정을 준수하지 못하여 지연(delay)이 발생하였다면, 본 용선계약서에 반대의 규정이 있을지라도, 선박은 용선상태가 유지된 것으로 하여야 한다.

(c) If the Charterers' ICB is used to meet any penalties, duties, taxes or other charges which are solely the responsibility of the Owners, the Owners shall promptly reimburse the Charterers for those amounts.

(c) 만약 용선자가 선박소유자의 단독책임인 벌금, 관세(duties), 세금 또는 어떤 수수료(charges)를 납부하기 위해 국제운송인채권(International Carrier Bond(ICB))를 사용하였다면, 선박소유자는 이 금액을 용선자에게 지체없이 배상하여야 한다.

(d) The assumption of the role of carrier by the Charterers pursuant to this Clause and for the purpose of the US Customs Regulations (19 CFR 4.7) shall be without prejudice to the identity of carrier under any bill of lading, other contract, law or regulation.

(d) 본 조의 약관에 따라 그리고 미국세관규정(19 CFR 4.7)을 위해서 용선자에 의한 운송인의 역할의 인수는 선하증권, 다른 계약, 법 또는 규정에 있어서의 운송인의 위치(위상)(identity)와는 관련이 없어야 한다.

49) 정기용선계약과 발틱국제해운협의회 미국통계청 위임 자동수출신고 시스템 약관

[Clause 49 BIMCO U.S. Census Bureau Mandatory Automated Export System (AES) Clause for Time Charter Parties]

49. BIMCO U.S. Census Bureau Mandatory Automated Export System (AES) Clause for Time Charter Parties

(a) If the Vessel loads cargo in any US port or place, the Charterers shall comply with the current US Census Bureau Regulations (15 CFR 30) or any subsequent amendments thereto and shall undertake the role of carrier for the purposes of such regulations and shall, in their own name, time and expense:

(i) have in place a SCAC (Standard Carrier Alpha Code);

(ii) have in place an ICB (International Carrier Bond);

(iii) provide the Owners with a timely confirmation of (i) and (ii) above; and

(iv) submit an export ocean manifest by Automated Export System (AES) to the US Census Bureau and provide the Owners at the same time with a copy thereof.

제49조 정기용선계약과 발틱국제해운협의회 미국통계청 위임 자동수출신고 시스템 약관

(a) 만약 선박이 미국의 어떤 항구 또는 장소에서 화물을 선적한다면, 용선자는 당시 시행되고 있는 미국 통계청규정(US Census Bureau Regulations (15 CFR 30)) 또는 이 규정의 후속 개정사항을 준수하여야 하며, 그와 같은 규정의 적용을 위해서는 운송인의 역할을 떠맡아야 하며, 그리고 용선자 자신의 이름, 시간과 비용으로:-

(i) 표준운송인식별고유번호(SCAC)(Standard Carrier Alpha Code)를 제시하여야 하며(have in place);

(ii) 국제운송인본드 (ICB)(International Carrier Bond)를 예치하여야 하며(have in place);

(iii) 선박소유자에게 상기 (i)과 (ii)의 내용을 시간에 맞게 통지·제공하여야 하며; 그리고

(iv) 자동수출신고제도(AES)에 따라 수출해송목록(export ocean manifest)을 미국통계청에 제출하여야 하며 그리고 선박소유자에게 동시에 이의 사본을 제공하여야 한다.

(b) The Charterers assume liability for and shall indemnify, defend and hold harmless the Owners against any loss and/or damage whatsoever (including consequential loss and/or damage) and/or any expenses, fines, penalties and all other claims of whatsoever nature, including but not limited to legal costs, arising from the Charterers' failure to comply with any of the provisions of Sub-clause (a). Should such failure result in any delay then, notwithstanding any provision in this Charter Party to the contrary, the Vessel shall remain on hire.

(b) 용선자는, 용선자가 상기 (a)항을 준수하지 못함으로서, 무엇이든지간에 발생한 모든 손실(loss) 및/또는, 손해(damage), (그 결과로부터 발생한 손실 및/또는 손해를 포함하여) 및/또는 어떤 성질·종류를 불문하고 발생한 모든 비용, 과태료(fines), 벌금(penalties), 이것에 국한하지 않고, 법률비용을 포함한 모든 다른 보상요구에 대하여 책임을 떠안아야 하며, 그리고 선박소유자에게 보상하고, 선박소유자를 방어하며, 선박소유자에게 손해가 없도록 하여야 한다. 그와 같이 규정을 준수하지 못하여 지연(delay)이 발생하였다면, 본 용선계약서에 반대의 규정이 있을지라도, 선박은 용선상태가 유지된 것으로 하여야 한다.

(c) If the Charterers' ICB is used to meet any penalties, duties, taxes or other charges which are solely the responsibility of the Owners, the Owners shall promptly reimburse the Charterers for those amounts.

(c) 만약 용선자가 선박소유자의 단독책임인 벌금, 관세(duties), 세금 또는 어떤 수수료(charges)

를 납부하기 위해 국제운송인본드(International Carrier Bond(ICB))를 사용하였다면, 선박소유자는 이 금액을 용선자에게 지체없이 배상하여야 한다.

(d) The assumption of the role of carrier by the Charterers pursuant to this Clause and for the purpose of the US Census Bureau Regulations (15 CFR 30) shall be without prejudice to the identity of carrier under any bill of lading, other contract, law or regulation.

(d) 본 조의 약관에 따라 그리고 미국통계청규정 (15 CFR 30)의 목적을 위해서 용선자에 의한 운송인의 역할의 인수는 선하증권, 다른 계약, 법 또는 규정에 있어서의 운송인의 위치(위상)(identity)와는 관련이 없어야 한다.

50) 정기용선계약 2012와 발틱국제해운협의회 유럽화물사전신고 약관

[Clause 50 BIMCO EU Advance Cargo Declaration Clause for Time Charter Parties 2012]

50. BIMCO EU Advance Cargo Declaration Clause for Time Charter Parties 2012

(a) If the Vessel loads cargo in any EU port or place destined for a port or place outside the EU ("Exported") or loads cargo outside the EU destined for an EU port or place or passing through EU ports or places in transit ("Imported"), the Charterers shall, for the purposes of this Clause, comply with the requirements of the EU Advance Cargo Declaration Regulations (the Security Amendment to the Community Customs Code, Regulations 648/2005; 1875/2006; and 312/2009) or any subsequent amendments thereto and shall, in their own name, and in their time and at their expense:

(i) have in place an Economic Operator Registration and Identification (EORI) number;

(ii) provide the Owners with a timely confirmation of (i) above as appropriate; and

(iii) where the cargo is being:

1. Exported: Submit, or arrange for the submission of, a customs declaration for export or, if a customs declaration or a re-export notification is not required, an exit summary declaration; or

2. Imported: Submit, or arrange for the submission of, an entry summary declaration. Unless otherwise permitted by the relevant customs authorities, such declarations shall be submitted to them electronically.

제50조 정기용선계약 2012와 발틱국제해운협의회 유럽화물사전신고 약관

(a) 선박이 어떤 유럽항구 또는 장소에서 유럽의 항구 또는 장소 밖으로(수출되는) 화물을 선적하거나, 또는 유럽의 외부에서 유럽 항만이나 장소로 향하거나 유럽항만이나 장소를 통과하는 화물(수입되는)을 선적하는 경우에는 용선자는, 본 조를 위해서, 유럽화물사전신고규정(the Security Amendment to the Community Customs Code, Regulations 648/2005; 1875/2006; and 312/2009)에서 요구하는 사항이나 또는 이 규정의 후속 개정사항을 준수하여야 하며, 그리고 용선자 자신의 이름, 시간과 비용으로:–

(i) 경제운영자등록과고유식별번호(an Economic Operator Registration and Identification (EORI) number)를 제시야야 하며;

(ii) 선박소유자에게 상기 (i)항에 대한 적절한 조치가 취해졌다는 것을 시간에 맞게 통지·제공하여야 하며,

(iii) 화물이

1. 수출되는 경우 : 수출화물세관신고서를, 또는 세관신고 또는 재수출(re-export) 통지가 필요하

지 않다면, 반출(exit)신고 내용의 요약을 제출하거나 또는 제출을 수배하여야한다.; 또는
2. 수입되는 경우 : 반입신고 내용의 요약을 제출하거나 또는 제출을 수배하여야 한다.

해당 세관당국에서 달리 허락하지 않는 한, 그와 같은 신고는 전자문서로 세관당국에게 제출되어야 한다.

(b) The Charterers assume liability for and shall indemnify, defend and hold harmless the Owners against any loss and/or damage and/or any expenses, fines, penalties and all other claims of whatsoever nature, including but not limited to legal costs, arising from the Charterers' failure to comply with any of the provisions of Sub-clause (a). Should such failure result in any delay then, notwithstanding any provision in this Charter Party to the contrary, the Vessel shall remain on hire.

(b) 용선자는, 용선자가 상기 (a)항을 준수하지 못함으로서 발생한 어떤 손실(loss) 및/또는, 손해(damage) 및/또는 어떤 비용, 과태료, 벌금 그리고 어떤 성질·종류를 불문하고, 이것에 국한하지 않고, 법률비용을 포함한 모든 다른 보상요구에 대하여 책임을 떠안아야 하며, 그리고 선박소유자에게 보상하고, 선박소유자를 방어하며, 손해가 없도록 하여야 한다. 그와 같이 규정을 준수하지 못하여 어떤 지연(delay)이 발생하였다면, 본 용선계약서에 반대의 규정이 있을지라도, 선박은 용선상태가 유지된 것으로 하여야 한다.

51) 평형수 교환 규정 [Clause 51 Ballast Water Exchange Regulations]

51. Ballast Water Exchange Regulations
If ballast water exchanges are required by any coastal state where the vessel is trading, the Owners/Master shall comply with same at the Charterers' time, risk, and expense.

제51조 평형수 교환 규정
만약 선박이 운항되고 있는 연안국가의 규정에 의해 선박의 평형수가 교환되어야 한다면, 선박소유자/선장은 용선자의 시간, 위험부담과 비용으로 평형수를 교환하여야 한다.

현재에는 평형수교환약관이 적용되고 있다. 그러나 2017년 9월 8일부터는 발틱국제해운협의회(IMO)의 평형수관리규정(BWM)이 발효되는 것으로 확정됨에 따라 모든 선박은 이러한 규정을 준수하기 위한 설비를 설치·운영하여야 한다. 따라서 용선계약체결시에 이에 대한 사항이 추가약관(rider clause)으로 포함될 것이다.

52) 기간 적용가능 약관 [Clause 52 Period Applicable Clauses]

52. Period Applicable Clauses
If the minimum period of this Charter Party exceeds five (5) months, the following

Sub-clauses shall apply:

(a) Should the Vessel at the expiry of the described employment period be on a ballast voyage to the place of redelivery or on a laden voyage, reasonably expected to be completed within the employment period when commenced, the Charterers shall have the use of the Vessel on the same conditions and at the same rate or the prevailing market rate, whichever is higher, for any extended time as may be necessary for the completion of the last voyage of the Vessel to the place of redelivery.

제52조 기간 적용가능 약관

최소의 용선기간이 5개월을 초과하는 경우에는 다음의 약관(Sub-clauses)을 적용하여야 한다:

(a) 표기되어 있는 항해기간(described employment period)이 만료되는 선박이, 항해가 시작될 때에 항해기간 이내에 완료될 것으로 합리적으로 기대되는 반선장소까지의 공선항해(ballast voyage) 또는 화물운송항해 도중이라면, 용선자는, 반선장소까지의 최종 항해를 완료하기 위해 연장된 기간에 대하여, 계약된 용선조건과 동일한 조건과 계약된 용선료수준과 또는 당시의 시장용선료수준 중에서 높은 용선료를 지불하고 선박을 이용한다.

(b) Drydocking

The Owners shall have the option to place the Vessel in drydock during the currency of this Charter Party at a convenient time and place, to be mutually agreed upon between the Owners and the Charterers, for bottom cleaning and painting and/or repair as required by class or dictated by circumstances. (see also Clause 19 (Drydocking)).

(b) 입거수리

선박소유자는, 선박소유자와 용선자간에 상호 합의하여, 선저청소와 도색 및/또는 선급이 요구하거나 또는 상황으로 판단할 때에 하여야만 하는 수리를 위해, 편리한 시간과 장소에서 용선계약기간 동안에 선박을 입거시킬 수 있다(제19조 입거 참조).

(c) Off-hire

The Charterers to have the option of adding any time the Vessel is off-hire to the Charter period. Such option shall be declared in writing not less than one (1) month before the expected date of redelivery, or latest one (1) week after the event if such event occurs less than one (1) month before the expected date of redelivery.

(c) 용선중단

용선자는 용선중단(off-hire)된 기간을 용선기간에 추가하는 선택권을 가지고 있다. 그와 같은 선택권은 적어도 예상선박인도일 1개월 이전에 표명되어야 하거나, 또는 예상되는 선박인도일자가 1개월 미만일 때 그와 같은 용선중단이 발생한 경우에는 늦어도 일주일 이내에 표명되어야 한다.

(d) Charterers' Colors

The Charterers shall have the privilege of flying their own house flag and painting the Vessel with their own markings. The Vessel shall be repainted in the Owners' colors before termination of the Charter Party. Cost and time of painting, maintaining and repainting those changes effected by the Charterers shall be for the Charterers' account.

(d) 용선자 색갈의 선체도색

용선자는 자신의 회사기(house flag)를 게양하고 자기 회사 표시(marking)를 선박에 도색할 특권을 가지고 있다. 선박은 용선계약이 종료되기 전에 선박소유자의 색깔로 다시 환원·도색하여야 한다. 용선자의 색깔로 도색을 하고 그와 같은 변경도색을 유지하고 다시 원상태로 도색하는 비용과 시간은 용선자 부담으로 한다.

(a) 용선기간

정기용선계약에서 용선자가 용선기간을 정확히 맞춰서 반선하기 어려운 점을 고려하여 용선기간을 'one year +/- 30 days' 라고 표시하는 등 용선자의 반선일자 준수에 융통성을 가질 수 있도록 한다. 그러나 반선기간 내에 선박을 반선하기 어려운 경우가 여전히 많으며, 특히 시장용선료(current hire)가 기존 용선계약 용선료수준보다 높은 경우 선박소유자는 조기 반선을 원하는 반면, 용선자는 되도록 허용된 전체 용선기간을 이용하려고 하므로 용선기간을 초과하는 경우가 발생하게 된다.

이러한 경우 용선자가 초과기간을 사용할 수 있도록 하고, 그 대신 당초의 계약용선료와 초과기간의 시장용선료 중 높은 용선료를 지불하도록 약관에 명시하여 이로 인한 분쟁을 방지하고자 한 것이다.

(b) 입거(Drydocking)

정기용선기간동안 선박을 입거수리 하여야만 하는 시기가 도래하거나 기타 필요한 경우, 입거시기, 기간 및 장소를 결정할 때에 입거장소에 따른 선박입거비용 수준, 용선자의 영업활동에 편리함을 고려하여 선박소유자와 용선자가 협의하여 결정하도록 규정하고 있다.

한편 용선기간동안에 입거수리를 시행하는 경우 그 기간동안 용선자가 선박을 이용할 수 없으나, NYPE 2015에서는 이 기간만큼의 용선기간의 연장에 대해서는 규정하고 있지 않다. 실무에서는 선박소유자와 용선자간에 용선계약을 확정하는 과정에서 처음부터 협의하여 용선계약서에 이에 관한 합의사항을 명시하고 있다.

(c) 용선중단기간(Off-hire)

용선자가 용선 기간 동안 용선중단(off-hire)된 시간만큼 기존의 용선계약기간에 추가·연장하여 선박을 사용할 수 있도록 한 약관인데, 기존 용선계약 용선료수준보다 현재의 시장용선료수준(current hire market level)이 높게 형성되었을 경우 용선자에게 유리한 약관이다.

(d) 용선자 색깔의 도색(Charters' Color)

용선기간이 장기인 경우는 용선선박에 용선자의 사기(house flag)를 계양하거나 용선자의 로고(logo, insignia)를 연돌에 부착한다든지, 또는 선체를 용선자의 색깔로 도색하여 용선자의 홍보효과를 얻고자 한다. 용선자가 원하는 경우 선박소유자는 이를 허락하여야 하며, 이에 대한 비용과 원래대로의 회복에 대한 비용을 용선자가 부담하도록 한 약관이다.

53) 수수료 [Clause 53 Commissions]

53. Commissions
A commission of Click here to enter text. per cent is payable by the Vessel and the Owners to Click here to enter text. on hire earned and paid under this Charter Party, and also upon any continuation or extension of this Charter Party.
An address commission of Click here to enter text. per cent on the hire earned shall be deducted by the Charterers on payment of the hire earned under this Charter Party.

제53조 수수료
선박과 선박소유자는(　　)에게 본 용선계약에 의해 지불되고 수익한 용선료와 본 용선계약의 계속 또는 연장에 대한 용선료의 (　　)%의 수수료를 지불하여야만 한다.
그리고 용선자는 본 용선계약에 의해 용선료를 지불할 때에 용선료의 (　　)%의 환급수수료를 공제한다.

선박소유자와 용선자간에 정기용선계약을 체결하는 경우, 해운 및 용대선업무에 전문적인 지식을 겸비하고 많은 경험을 가진 중개인이 계약체결에 관한 업무를 수행하며, 이 업무를 수행한 중개인에게 선박소유자가 수수료를 지불한다. 또한 선박소유자와 용선자가 각자 자신을 대신하여 용대선 계약을 협상할 중개인을 지정하는 경우에는 중개인을 지정한 측에서 자기를 대신한 중개인에게 각자 중개료를 지불한다.

한편 Address Commission은 용선자가 용선료를 지불하는 경우에 그만큼 용선료에서 차감한 후 선박소유자에게 지불하게 되는데, 이만큼 용선료를 할인하는 결과가 되므로 용선계약 협상시 처음부터 선박소유자와 용선자가 협의하여 Address Commission의 지불 여부와 그 수준을 결정한다.

54) 준거법과 중재 [Clause 54 Law and Arbitration]

54. Law and Arbitration
*(a) New York.
This Charter Party shall be governed by United States maritime law. Any dispute arising out of or in connection with this Charter Party shall be referred to three persons at New York, one to be appointed by each of the parties hereto, and the third by the two so chosen. The award of the arbitrators or any two of them shall be final, and for the purposes of enforcing any award, judgment may be entered on an award by any court of competent jurisdiction. The proceedings shall be conducted in accordance with the rules of the Society of Maritime Arbitrators, Inc. (SMA) current at the time this Charter Party was entered into.
In cases where neither the claim nor any counter claim exceeds the sum of US$ 100,000 (or such other sum as the parties may agree), the arbitration shall be

conducted before a sole arbitrator in accordance with the Shortened Arbitration Procedure of the SMA current at the time this Charter Party was entered into. (www.smany.org).

제54조 준거법과 중재

*(a) 뉴욕

본 용선계약의 준거법은 미국의 해사법으로 한다. 본용선계약과 관련하여 발생하는 분쟁은 뉴욕의 3인에게 회부하며, 쌍방이 각각 1인의 중재인을 지명하고 지명된 2인이 제3의 중재인을 지명한다. 중재인들 또는 세 명중에 2명의 판정을 최종판정으로 하며, 판정의 집행을 위해 관할권한(자격)(competent jurisdiction)이 있는 법원의 판정을 받기 위한 절차를 시작할 수 있다. 그 절차는 용선계약이 시작되는 당시의 해사중재인협회 규정에 따른다.

만약 상대방에 대한 보상요구도 또는 다른 상대방의 반대 보상요구가 미화 10만불(또는 당사자가 합의하는 다른 금액)을 초과하지 않는 경우에는 용선계약이 시작되는 당시의 해사중재인협회의 단축(약식)중재절차에 따라 한사람의 중재인에게 회부한다.(www.smany.org).

*(b) London.

This Charter Party shall be governed by and construed in accordance with English law and any dispute arising out of or in connection with this Charter Party shall be referred to arbitration in London in accordance with the Arbitration Act 1996 or any statutory modification or re-enactment thereof save to the extent necessary to give effect to the provisions of this Clause.

The arbitration shall be conducted in accordance with the London Maritime Arbitrators Association(LMAA) Terms current at the time when the arbitration proceedings are commenced.

The reference shall be to three arbitrators. A party wishing to refer a dispute to arbitration shall appoint its arbitrator and send notice of such appointment in writing to the other party requiring the other party to appoint its own arbitrator within fourteen (14) calendar days of that notice and stating that it will appoint its arbitrator as sole arbitrator unless the other party appoints its own arbitrator and gives notice that it has done so within the fourteen (14) days specified. If the other party does not appoint its own arbitrator and give notice that it has done so within the fourteen (14) days specified, the party referring a dispute to arbitration may, without the requirement of any further prior notice to the other party, appoint its arbitrator as sole arbitrator and shall advise the other party accordingly. The award of a sole arbitrator shall be binding on both parties as if he had been appointed by agreement.

Nothing herein shall prevent the parties agreeing in writing to vary these provisions to provide for the appointment of a sole arbitrator.

In cases where neither the claim nor any counterclaim exceeds the sum of US$ 100,000 (or such other sum as the parties may agree) the arbitration shall be conducted in accordance with the LMAA Small Claims Procedure current at the time when the arbitration proceedings are commenced. (www.lmaa.org.uk)

*(b) 런던

본 용선계약의 준거법은 영국법으로 하며, 본 용선계약서로부터 또는 본 용선계약서와 관련하여 발생한 분쟁(의 중재)은, 본 약관의 조항에 영향을 미치는 필요한 정도를 제외하고 1996년 중재법 또는 이것의 법적 수정 또는 재개정된 법률에 따라 런던에서 중재에 회부된다.

중재는 중재절차가 시작되는 당시에 시행되고 있는 런던해사중재인협회(LMAA)의 규정에 따라 진행되어야 한다.

(중재는) 세 사람의 중재인에게 회부되어야 한다. 분쟁을 중재에 회부하기를 원하는 측이 중재인을 지정하고 그리고 상대방에게 통지를 받은 지 14 월력일(calendar day) 이내에 자신의 중재인을 지정할 것을 서면으로 요구하며, 그리고 상대방이 자신의 중재인을 지정하고 14 월력일 이내에 중재인을 지정한 사실을 통보하지 않는 한 이미 지정된 중재인이 단독중재인으로 지정될 것이라고 통보하는 통지를 보내야 한다.

만약 상대방이 14월력일 이내에 자신의 중재인을 지정하지도 않고, 그리고 14일 월력일 이내에 그렇게 하겠다는 통보가 없다면, 분쟁을 중재에 회부한 당사자는 다른 상대방에게 추가적으로 사전 통보할 필요 없이 단독중재인으로 그의 중재인을 지정할 수 있으며, 다른 상대방에게 그렇게 알려야 한다. 이 단독 중재인의 판정은 양당자의 합의에 의해 지정되었을 경우와 같이 양당사자 모두를 구속한다.

여기에 언급된 어떠한 조항도 당사자들이 서면으로 단독중재인을 지정하기 위한 조항을 변경하는 것을 못하게 하지 않는다.

만약 상대방에 대한 보상요구도 또는 다른 상대방의 반대 보상요구가 미화 10만불(또는 당사자가 합의하는 다른 금액)을 초과하지 않는 경우에는 중재절차가 시작되는 당시의 런던의 런던해사중재인협회의 소액중재절차에 따라 중재를 진행한다.(www.lmaa.org.uk).

*(c) Singapore.

This Charter Party shall be governed by and construed in accordance with Singapore**/English** law.

Any dispute arising out of or in connection with this Charter Party, including any question regarding its existence, validity or termination shall be referred to and finally resolved by arbitration in Singapore in accordance with the Singapore International Arbitration Act (Chapter 143A) and any statutory modification or re-enactment thereof save to the extent necessary to give effect to the provisions of this Clause.

The arbitration shall be conducted in accordance with the Arbitration Rules of the Singapore Chamber of Maritime Arbitration (SCMA) current at the time when the arbitration proceedings are commenced.

The reference to arbitration of disputes under this clause shall be to three arbitrators.

A party wishing to refer a dispute to arbitration shall appoint its arbitrator and send notice of such appointment in writing to the other party requiring the other party to appoint its own arbitrator and give notice that it has done so within fourteen (14) calendar days of that notice and stating that it will appoint its own arbitrator as sole arbitrator unless the other party appoints its own arbitrator and gives notice that it has done so within the fourteen (14) days specified.

If the other party does not give notice that it has done so within the fourteen (14) days specified, the party referring a dispute to arbitration may, without the requirement of any further prior notice to the other party, appoint its arbitrator as sole arbitrator and shall advise the other party accordingly. The award of a sole arbitrator shall be binding on both parties as if he had been appointed by agreement.

Nothing herein shall prevent the parties agreeing in writing to vary these provisions to provide for the appointment of a sole arbitrator.

In cases where neither the claim nor any counterclaim exceeds the sum of US$ 150,000 (or such other sum as the parties may agree) the arbitration shall be conducted before a single arbitrator in accordance with the SCMA Small Claims Procedure current at the time when the arbitration proceedings are commenced. (www.scma.org.sg)

(c) 싱가포르

본 용선계약의 준거법은 싱가포르법**/영국법**으로 한다.

본 용선계약서로부터 또는 본 용선계약서와 관련하여 발생한 분쟁(의 중재)은 존재, 유효성 또는 종료에 관한 의문점을 포함하여, 본 약관의 조항에 영향을 미치는 필요한 정도를 제외하고 싱가포르 국제중재법(Chapter 143A) 또는 이것의 법적 개정 또는 재개정된 법률에 따라 싱가포르에서 중재에 회부되고 최종적으로 해결된다.

중재는 중재절차가 시작되는 당시에 시행되고 있는 싱가포르 해사중재회의소(SCMA)의 중재규정에 따라 진행되어야 한다.

이 약관에서의 분쟁의 중재는 세사람의 중재인에게 회부되어야 한다. 분쟁을 중재에 회부하기를 원하는 측이 중재인을 지정하고 그리고 상대방에게 통지를 받은 지 14 월력일(calendar day) 이내에 자신의 중재인을 지정할 것을 서면으로 요구하며, 그리고 상대방이 자신의 중재인을 지정하고 14 월력일 이내에 중재인을 지정한 사실을 통보하지 않는 한 이미 지정된 중재인이 단독중재인으로 지정될 것이라고 통보하는 통지를 서면으로 보내야 한다.

만약 상대방이 14월력일 이내에 그렇게 하겠다는 통보가 없다면, 분쟁을 중재에 회부한 당사자는 다른 상대방에게 추가적으로 사전 통보할 필요 없이 단독중재인으로 그의 중재인을 지정할 수 있으며, 다른 상대방에게 그렇게 알려야 한다. 이 단독 중재인의 판정은 양당자의 합의에 의해 지정되었을 경우와 같이 양당사자 모두를 구속한다.

여기에 언급된 어떠한 조항도 당사자들이 서면으로 단독중재인을 지정하기 위한 조항을 변경하는 것을 못하게 하지 않는다.

만약 상대방에 대한 보상요구도 또는 다른 상대방의 반대 보상요구가 미화 15만불(또는 당사자가 합의하는 다른 금액)을 초과하지 않는 경우에는 중재가 시작되는 당시의 싱가포르 해사중재회의소(SCMA) 소액중재절차에 따라 한사람의 중재인에 의해 단독중재를 진행한다.(www.scma.org.sg)

(d) This Charter Party shall be governed by and construed in accordance with the laws of the place mutually agreed by the parties and any dispute arising out of or in connection with this Charter Party shall be referred to arbitration at a mutually agreed place, subject to the procedures applicable there.

(d) 본 용선계약의 준거법은 상호 합의하는 장소의 법으로 하며, 본 용선계약 또는 본 용선계약과 관련하여 발생하는 분쟁은 상호 합의하는 장소에서의 중재에 회부되며, 회부된 장소에서의 절차를 따른다.

**Sub-clauses (a), (b), (c) and (d) are alternatives; indicate alternative agreed. If alternative (d) agreed also state the place of arbitration. If no alternative agreed and clearly indicated then Sub-clause (a) shall apply by default.*

***Singapore and English law are alternatives; if Sub-clause (c) agreed also indicate choice of Singapore or English law. If neither or both are indicated, then English law shall apply by default.*

**하위조항 (a), (b), (c) 및 (d) 는 선택적인 대안이다. 합의된 대안을 표시하여야 한다. 만약 대안 (d)에 합의하였다면, 중재장소를 명시하여야 한다. 만약 대안에 합의하지 못하였고, 분명히 명시되었다면, 그러면 자동적으로(by fault) (a)항이 적용되어야 한다.*

***싱가포르 또는 영국법을 준거법으로 하는 것은 선택사항이다. 만약 (c)항이 합의되었다면, 싱가포르법 또는 영국법 중 선택된 것을 명기하여야 한다. 만약 선택사항이 명기되지 않았거나, 싱가포르법과 영국법이 둘 다 선택되었다면, 자동적으로(by fault) 영국법을 적용하여야 한다.*

55) 통지 [Clause 55 Notices]

55. Notices

All notices, requests and other communications required or permitted by any clause of this Charter Party shall be given in writing and shall be sufficiently given or transmitted if delivered by hand, email, express courier service or registered mail and addressed if to the Owners, to Click here to enter text. or such other address or email address as the Owners may hereafter designate in writing, and if to the Charterers to Click here to enter text. or such other address or email address as the Charterers may hereafter designate in writing. Any such communication shall be deemed to have been given on the date of actual receipt by the party to which it is addressed.

제55조 통지

본 용선계약의 약관에 의해 필요로 하고 또는 허용된 모든 통지, 요구사항(requests) 그리고 다른 모든 통신은 서면으로 주어져야 하고 그리고 만약 인편(by hand), 이메일, 신속전달우편제도(express courier service) 또는 등기우편으로 전달되어야 하며, 만약 선박소유자(　)에게 또는 선박소유자가 서면으로 지정한 다른 주소 또는 이메일 주소로, 그리고 용선자(　)에게 또는 용선자가 서면으로 지정한 다른 주소 또는 이메일 주소로 전달되어야 한다면, 모든 통지, 요구사항 및 다른 모든 통신은 충분하게 주어지고 또는 전송되어져야 한다 이러한 통신은 수신자가 실제로 받은 날짜에 주어진 것으로 간주한다.

56) 제목 [Clause 56 Headings]

56. Headings

The headings in this Charter Party are for identification only and shall not be deemed to be part hereof or be taken into consideration in the interpretation or construction of this Charter Party.

56. 제목

본 용선계약서 내용 중의 각종 제목(headings)은 단지 식별(인지)(identification) 만을 위한 것이며, 본 용선계약서의 해석이나 구성에 한 부분으로 간주하지 않아야 하며 또는 그렇게 고려하지 않아야 한다.

57) 단수/복수 [Clause 57 Singular/Plural]

57. Singular/Plural

The singular includes the plural and vice-versa as the context admits or requires.

(Clauses Click here to enter text.) to (Click here to enter text) both inclusive, as attached hereto are fully incorporated in this Charter Party.

제57조 단수/복수

용선계약의 내용이 허용하고 필요로 하는 대로 단수는 복수를 포함하고 그리고 그 반대의 경우도 동일하다.

(　) to (　) 는 양쪽 모두를 포함하여 여기에 첨부된 데로 본 용선계약에 전적으로 편입된다.

OWNERS:

____

Name : Choose an item.
Title : Click here to enter text.

CHARTERERS:

____

Name : Choose an item.
Title : Click here to enter text.

Appendix A : 생략

08
CHAPTER

선체용선계약의 주요약관 및 해설

이 장에서는 선체용선계약(bareboat charter)의 개요 및 특성과 약관의 주요 내용과 약관의 해석 그리고 우리나라 해운기업이 선박확보 시 가장 많이 이용하는 국적취득조건부 나용선에 관하여 살펴본다.

제 1 절 선체용선계약의 개요

1. 선체용선계약의 정의

선체용선계약은 선박소유자가 선박(선체)만을 선체용선자(bareboat charterer)에게 대선하고 선체용선자는 용선기간동안 이 선박에 대한 배타적 점유·지배권을 가지고 선장과 선원의 배승과 선박운영을 담당하고 이에 필요한 비용 일체를 부담하며, 선박을 이용하여 수익하는 대가로 선박소유자에게 선박의 자본비(선박소유자의 선박확보 비용) 성격의 용선료를 지불할 것을 약정하는 선박사용계약을 말한다. 선체용선자는 선박의 소유권에 관련된 사항만을 제외하고 선박소유자의 위치에 있게 되어 관리선박소유자(disponent owner)가 되는 용선계약이다.

2. 선체용선계약의 특성

선체용선계약을 체결할 때에는 반드시 선체용선계약이라는 문언을 계약내용에 표시할 필요는 없으며, 용선자가 선박을 점유하여 관리·사용하는 정황으로부터 선체용선계약임을 알 수 있다. 선체용선계약은 다음과 같은 특성을 가지고 있다.

첫째, 선체용선자 또는 선박임차인은 용선기간동안 용선선박의 점유·지배권 및 항해상의 지휘·명령권을 가지고 있다는 점에서 다른 용선계약의 용선자와는 그 법적 지위를 달리한다. 항해용선계약이나 정기용선계약에서는 선박소유자는 해상운송인으로서 용선자(화주)가 계약항차에 제공한 화물을 운송할 것을 인수하거나(항해용선계약), 계약기간동안 용선자가 확보한 화물을 운송할 것을 인수하게 되는 반면(정기용선계약), 선박임대차계약의 하나인 선체용선계약에서는 선박소유자가 용선자에게 계약기간동안 선박을 점유·이전시키며, 용선자는 이 선박을 자신이 선택한 화물을 운송하기 위한 해상운송 수단으로 사용하여 수익할 수 있다.

둘째, 선장과 선원을 선임 및 해임을 할 수 있는 권리가 선박소유자에게 있지 않고 선체용선자에게 있다. 따라서 선장과 선원은 선체용선자의 피용인의 신분을 가지게 되고, 선장과 선원은 선박소유자의 대리인 또는 이행보조자가 아니며 선체용선자 또는 선박임대차인의 대리인 또는 이행보조자이다.

셋째, 선체용선자는 용선기간동안 용선선박의 자본비를 제외한 일체의 운영비(선원비 및 입거를 포함한 선박 보수유지비, 선체 및 P&I 보험료, 윤활유비, 선박에서 필요로 하는 기부속 및 소모품비 등)와 화물을 운송하기 위해 필요한 연료비를 포함한 일체의 선박운항비를 부담한다.

넷째, 선체용선계약은 순수한 용선계약이라기보다는 선박금융의 한 형태로 선박을 대상으로 한 '금융리스계약(finance lease contract)'인 '금융 선체용선계약(financing bareboat charter contract)'의 경우가 대부분이다. 충분한 자본력을 가지고 있는 투자자나 선박소유자가 투자하여 확보한 선박을 자본이 부족하여 선박확보에 어려움을 겪고 있는 다른 선박소유자에게 대선(chartering out)하되, 계약기간 만료 시 선체용선자가 소유권을 취득할 수 있는 금융리스 형태의 계약을 체결함으로써 금융차입계약의 성격을 띠는 선박금융기법중의 하나가 되고 있다.

또한 선체용선계약과 선박선도계약(demise charter)인 경우 선박소유자는 선박금융시장에서 자금을 조달하여 선박을 구입·확보만 하고 선박의 운영과 관리는 보다 전문적인 노하우(knowhow)가 축적된 선박관리회사(ship management company)와 선체용선자에게 일임하는 선박운영 형태의 측면에서도 일종의 선박금융계약이라고도 볼 수 있다.

다섯째, 선체용선계약은 계약기간이 장기이며, 소유권취득조건부 선체용선계약이 대부분이다. 계약기간 만료 시 선박소유자에게 선박을 반선(re-delivery)하는 단순나용선계약(bareboat charter without purchase option)과 계약기간만료 시에 용선자가 선박의 소유권을 취득할 수 있는 선택권이 있는 소유권취득조건부 선체용선계약(bareboat charter with hire purchase)의 두 가지 종류가 있다. 전체 용선계약 중에서 선체용선계약이 차지하는 비중은 크지 않지만, 케이프사이즈(capesize) 부정기 시장에서 철광석이나 석탄과 같은 대량화물의 운송이나, 원유와 액화천연가스(liquified natural gas; LNG)와 같이 운송시 선내 특수구조를 필요로 하는 선박들 중 상당수가 소유권취득조건부 선체용선계약으로 운항되고 있다.

한편 우리나라 대부분의 선박소유자들은 선체용선계약이 만료되고 상환이 완료되는 시점에 소유권을 취득하는 경우, 선박을 외국적이 아닌 우리나라 국적으로 등록할 것을 의무화하는 하는 국적취득조건부 나용선계약(Bareboat Charter with Hire Purchase: BBCHP)에 의해 선박을 확보하여 왔다.

여섯째, 선박소유자가 선체용선계약으로 대선할(chartering out) 선박을 확보하는 과정에 선체용선자가 참여하는 경우가 많다. 이것은 선박소유자는 단지 선박을 장기의 투자의 대상으로 간주하는 금융기관이 대부분인 반면, 용선자는 실제로 선박을 장기간 운항하고 사용하여 수익을 창출하려고 하는 당사자이므로 보다 효율적이고 수익성이 보장되는 선박을 용선하고자 할 뿐만 아니라, 용선기간만료 시 소유권을 취득하여 자신의 선박이 되기 때문이다. 따라서 선박소유자가 대선할 선박을 신조하거나 중고선의 매입을 통해 선박을 확보하는 과정에 선형 및 선박의 사양(specifications)의 결정에 선체용선자가 적극적으로 참여한다.

일곱째, 선체용선자가 해운시황의 변동에 대한 부담은 물론 선박의 운영 및 운항비용 증가에 대한 부담을 지게 된다. 즉 선체용선자는 용선한 선박을 이용하여 화물을 운송함으로써 수익을 창출하므로, 선체용선자는 해운시장에서의 시황변동위험 (market risk)에 직접적으로 노출되며 운임수준에 따라 선체용선자의 수익이 크게 달라진다.

또한 선체용선자는 용선선박의 운영비(선원비, 보수유지비, 보험료 및 기부속 보급비용 등)의 가격상승에 대한 일체의 위험뿐만 아니라, 화물운송에 필요한 운항비(선박연료비, 항비 및 화물취급비용 등) 상승에 대한 일체의 위험도 떠안아야 한다. 또한 기후의 변화, 노사분규, 전쟁 그리고 체선 등에 관한 위험(운항위험, operational risk)도 선박소유자가 아닌 용선자의 부담이며, 계약기간 동안 화물을 적재하지 못한 공선항해에 대한 책임으로부터도 당연히 선박소유자는 제외되며 용선자가 부담한다.

여덟째, 선박소유자는 계약기간동안 해운시황의 변동과 운영비나 운항비의 변동에 영향을 받지 않고 안정된 수익을 보장받을 수 있으며, 회계상 수지가 분명해지므로, 그에 따라 기업의 예산편성 및 집행에 정확성을 기할 수 있다.

그러나 정기용선계약인 경우와 같이 선박소유자는 계약기간동안 해운시황이 악화되어 운임과 용선료가 낮아지는 상황으로부터도 보호받을 수 있으나, 해운시황의 상승과 호황으로 용선료가 큰 폭으로 상승하여도 용선자와 이미 합의·계약된 용선료만을 수취하게 되므로 시황상승에 따른 추가이익을 포기할 수밖에 없다.

한편 선원비 및 선박의 보수유지와 보험료 등과 같은 선박의 운영비용이 선체용선 용선료에 포함되지 않음으로 선박소유자가 용선자로부터 받게 되는 용선료의 수준은 그만큼 낮다.

위와 같은 선체용선계약의 특징을 종합하여 볼 때, 선체용선계약은 투자자(선박소유자)

가 고가의 자산인 선박을 장기적 투자대상의 하나로 간주하고 선박에 투자하여 자산을 확보하며, 선체체용선자와 장기의 용선계약을 활용하여 투자자산에 대한 수익의 제고에 그 목적을 두고 있는 선박리스계약이다. 즉, 투자자(선박소유자)는 통상적으로 여타 용선계약보다 상대적으로 장기인 선체용선 계약기간동안에 용선자로부터 받게 되는 선박확보(건조 또는 구입) 비용에 해당하는 자본비 성격의 비용과 선박소유자의 이익을 포함한 수준의 용선료와 계약기간 만료 시 선박의 매각을 통한 매각차익 등 두 가지 방법을 통해 투자를 회수하고 투자수익을 제고할 수 있는 목적을 달성한다.

또한 선체용선자는 선체용선 기간 동안 용선료를 지불하고 선박소유자로부터 계약기간 동안 소유권만을 제외한 선박의 운영 및 관리와 운항에 대한 일체의 모든 책임과 권한을 양도받으며, 해당선박의 관리선박소유자(disponent owner)가 된다. 따라서 용선기간동안 선박소유자는 해운시황의 변동에 따른 운임변동위험이나 선박운영과 운항에 필요한 비용의 변동위험에도 무관하게 되며, 선체용선자가 이러한 부담을 감내하고 자신의 상업적인 목적을 위해 선박을 운항한다.

3. 우리나라 상법상의 선체용선계약의 의의와 법적 성질

우리 상법상 선체용선계약은 선체용선자의 관리와 지배하에 선박을 운항할 목적으로 선박소유자가 용선자에게 선박을 제공할 것을 약정하고 용선자가 이에 따른 용선료를 지급하기로 약정함으로써 그 효력이 생기는 계약이라고 정의하고 있다(상법 제847조 1항). 뿐만 아니라 선박소유자가 선장 그 밖의 해원을 공급할 의무를 지는 경우에도 선체용선자의 관리와 지배 하에서 선원이 선박을 운항하는 것을 목적으로 한다면 이를 선체용선계약이라고 규정하고 있다(상법 제847조 2항).

1) 선체용선계약의 정의

한편 우리 상법상 선체용선계약은 그 의의를 다음과 같이 정의하고 있다.

▌선체용선계약의 의의(상법 제847조).

① 선체용선자의 관리·지배하에 선박을 운항할 목적으로 선박소유자가 용선자에게 선박을 제공할 것을 약정하고 용선자가 이에 따른 용선료를 지급하기로 약정함으로써 그 효력이 생긴다.

② 선박소유자가 선장과 그 밖의 해원을 공급할 의무를 지는 경우에도 용선자의 관리·지배 하에서 선원이 선박을 운항하는 것을 목적으로 하면 이를 선체용선계약이라고 규정하고 있다.

2) 법적성질

선체용선계약의 법적 성질에 관하여 다음과 같이 규정하고 있다.

▌법적 성질(상법 제848조)

① 선체용선계약은 그 성격상 반하지 아니하는 한 「민법」상 임대차에 관한 규정을 준용하다.

② 용선기간이 종료된 후에 용선자가 선박을 매수 또는 인수할 권리를 가지는 경우 및 금융의 담보를 목적으로 채권자를 선박소유자로 하여 선체용선계약을 체결한 경우에도 용선기간 중에는 당사자 사이에는 이 절의 규정에 따라 권리와 의무가 있다.

상기 상법 제848조의 제2항에 의하면 선체용선 기간 동안의 선박소유자와 선체용선자사이의 권리와 의무관계는 용선기간이 종료된 이후에 선체용선자가 선박을 매수할 권리를 가지는 소유권취득조건부 선체용선계약인 경우와 소유권취득조건이 없는 단순나용선계약인 경우와 동일하다. 즉, 두가지 선체용선계약에서 공히 선박소유자는 장기간 선박을 선체용선자에게 제공하고, 선체용선자는 그 대가로 용선료를 지급할 것을 약정하는 일종의 임대차계약의 성격을 띠고 있으며, 선체용선자는 선박소유자로부터 선박이라는 물적 설비만을 빌리므로 원칙적으로 항해에 필요한 보급품이나 선원 등을 스스로 갖추어야 한다.

한편 선체용선계약의 내부적 법률관계를 살펴보면 다음과 같다. 첫째, 우리나라 상법에는 선체용선자가 선체용선을 등기하는 경우 선박소유자가 협력하여야 하는 등 선체용선자의 등기 청구권과 등기의 효력에 관한 사항을 규정(상법 제849조)하고 있다.

둘째, 선박소유자와 선체용선자와의 관계는 양자가 계약당사자로써 체결한 선체용선계약에 의하고, 다른 특약이 없는 한 해운관습과 또는 민법의 임대차규정에 의하여 정해진다.

또한 제3자와의 관계를 살펴보면 다음과 같다. 첫째, 선체용선과 제3자에 대한 법률관계(상법 제850조)와 선체용선계약상의 채권의 소멸(상법 제851조)에 관한 규정을 준수하도록 규정하고 있다.

둘째, 선체용선자가 용선한 선박을 상행위나 또는 선체용선자의 다른 목적을 위해 선박을 사용하는 경우에, 적하 이해관계자 및 해난 구조자와 충돌시의 상대선박 등과 같은 제3자에 대한 사항에 대해서는 선체용선자에게 선박소유자와 동일한 권리가 있으며, 또한 선박소유자와 동일한 의무를 다 해야 한다. 이와 같이 선박의 이용에 관한 사항에는 선체용선자가 선박소유자와 동일한 권리와 의무가 있다.

셋째, 그러나 선박의 소유권이전이나 선박소유자에게 새로운 권리와 의무가 부여되는 사항에 관련하여서는 선박소유자로서의 지위를 가지거나 행사하지 못한다. 예를 들면 선박의 매각과 양도 또는 선박에 대한 저당권을 설정하는 등에 관한 사항은 선박의 이용에 관한 사항이 아니므로 이때에는 선체용선자에게 선박소유자와 동일한 지위와 권리가 부여되지 않으며 이러한 사항은 선박소유자가 단독으로 결정하게 된다.

제 2 절 선체용선계약의 주요 약관의 내용 및 소유권취득조건부 선체용선계약

선체용선자가 선체용선한 선박을 이용하여 또 다른 용선자와 채결한 항해용선계약이나 정기용선계약을 수행하는 경우, 선체용선자는 선박소유자의 입장과 위치에서 권리를 행사하고 책임과 의무를 다하여야 하는 등 선박소유자와 같은 역할을 한다. 실제 선박소유자는 선박의 보수유지 및 운항과 관련된 모든 책임과 권한을 선체용선자에게 부여하고 정기적으로 용선료만 수취한다. 따라서 선체용선계약의 내용도 선체용선자에게 많은 권한을 부여하는 내용으로 구성되는데, 주요 약관의 내용을 다음에서 살펴보고자 한다.

한편 선체용선계약 기간만료시 선체용선자가 선박의 소유권을 취득할 수 있는 소유권취득조건부 선체용선계약과 그러한 조건이 없는 단순한 선체용선계약이 있다. 우리나라에서는 소유권취득조건부 선체용선계약이 대부분이며 이에 관하여 별도로 살펴보고자 한다.

1. 선체용선계약의 주요 약관의 내용

1) 용선기간

선체용선계약은 소유권취득조건부 선체용선계약의 경우가 대부분이기 때문에 선체용선의 용선기간은 정기용선기간에 비하여 비교적 장기인 경우가 대부분이다. 따라서 짧아도, 보통 1~2년 이상이며 신조선박을 소유권취득조건부로 선체용선하는 경우에는 선가상환기간과 연계되어 있으므로 거의 대부분 5년 이상이다. 어떤 경우에는 용선기간이 선가상환종료시점까지인 경우도 있으며 이런 경우에는 10년 이상 15년인 경우도 있다.

용선기간은 선박이 선체용선자에게 인도되었을 시점에 시작되며, 선박이 선박소유자에게 반선되었을 시점에 만료된다. 그 시점을 결정하는 방법은 정기용선의 경우와 유사하다.

2) 본선의 인도 및 반선

선체용선계약에서의 선박의 인도 및 반선에 대하여 두 가지로 나누어 살펴본다.

첫째, 선체용선 선박의 인도 및 반선과 관련하여, 선체용선과 같이 또 다른 선박사용계약인 정기용선계약에 따라 선박을 인도하는 경우와 동일 또는 유사한 통상적인 약관의 내용[391)]을 살펴본다. 선박소유자가 단독으로 신조완료한 선박이나 중고선박에 대한 선체용선계약을 체결하는 경우가 될 것이다.

둘째, 선박소유자가 선박을 신조하는 과정에 선체용선자가 적극 참여하여 건조한 선박에 대한 선체용선계약을 체결하는 경우이다. 대부분 조선소에서 선박을 건조완료하는 즉시 선체용선자에게 선박을 인도하는 경우에만 적용하는 특이한 약관의 내용[392]에 대하여 살펴본다.

(1) 선박의 인도 및 반선에 관한 통상적인 약관의 내용

용선계약은 본선을 선체용선자에게 인도(delivery)함으로써 개시되고 선박소유자에게 반선(re-delivery)함으로써 종료된다. 본선의 인도와 반선에 관한 예정일시, 장소의 지정, 상대방에 대한 통지의무, 해약기일, 최종항해를 위한 계약기간의 연장 및 축소 및 허용 등에 관해서는 정기용선의 경우와 대략 동일하며 연료, 소모품 및 식료품 등의 잔존량은 선박의 인도 시에는 용선자가 인수하고, 반선 시에는 선박소유자가 인수하되 그 가격은 해당 항구에서의 시가를 기준으로 한다. 그러나 선박소유자와 용선자간에 상호 합의하여 다른 방법으로 연료가격을 정할 수 있다.

본선의 인도 시에 선박소유자는 선박의 감항능력을 담보하여야 하며, 계약기간의 만료 후에는 선체용선자는 본선을 인도 당시와 같은 상태로 반선하여야 한다. 선체용선자가 선박소유자에게 반선할 때 선박의 일반적인 손실 및 손상이라고 할 수 있는 자연적인 손모(損耗, general wear and tear)에 대해서는 선체용선자가 선박소유자에게 배상할 책임이 없으나, 선체용선자가 자연적인 손모의 정도를 넘는 선박의 손실 및 손상에 대하여 선박소유자에 대한 책임을 면하기 위해서는 그것에 대한 무과실을 입증하여야 할 책임이 있다.

선체용선자는 본선의 이용에 편리하도록 선박소유자의 승인을 얻어 설비 및 선체구조를 변경할 수 있으나 반선 시에 선박소유자의 요구가 있으면 선체용선자의 비용으로 원래의 상태로 복구시켜야 한다. 일본의 표준양식에는 선체용선자가 보충한 속구에 관하여 선박소유자에게 아무런 청구를 할 수 없음을 명기하고 있다.

본선의 인도 및 반선 전에 본선의 상태를 확인하기 위하여 인도 시에는 선박소유자가, 반선 시에는 선체용선자가 각기 선박의 검사비용을 부담하여 선저검사를 시행하고, 만약 수리할 필요가 있으면 수리비용은 검사를 행하는 측이 부담한다. 미국식 양식에도 본선의 상태확인을 위한 검사(survey)규정이 있으나, 그 비용부담에 대해서는 반대로 인도 시에는 선체용선자가, 반선 시에는 선박소유자가 부담하도록 되어 있다.

---

391) Barecon 2001, Clause 3 (Delivery), Clause 4 (Time for Delivery), Clause 5 (Cancelling), Clause 7 (Surveys on Delivery and Redelivery)

392) Barecon 2001, Part II Clause 4(Delivery), Part III Clause 2(Time and Place of Delivery)

(2) 선체용선자가 신조과정에 적극 참여한 선박의 인도

조선소에서 선박소유자가 선박을 신조할 때에, 용선자가 장기간에 걸쳐 사용수익할 선박의 운항효율성을 높이기 위해 선박제원(particulars)의 결정을 포함한 선박신조계약의 체결과 건조기간동안에 자신의 신조감독을 파견하는 등 선체용선자가 용선할 선박의 신조과정에 적극 참여하기도 한다. 이렇게 신조한 선박에 대하여 선체용선계약을 체결하는 경우, 선박의 인도시기 및 장소에 대하여 살펴본다.

또한 신조선박의 인도 및 인수와 관련하여 어떠한 이유로 조선소가 선박소유자(발주자)에게 선박의 인도를 거절하는 경우와, 선박소유자(발주자)가 조선소로부터 신조선박의 인수를 거절하는 경우가 발생하는 경우, 선체용선계약의 효력 및 이때의 선박의 인도에 대하여 살펴본다.

가. 선박의 인도 및 시간과 장소

용선자가 용선계약에 따라 신조선박을 인수하는 경우 '선박소유자가 조선소로부터 선박의 인수를 거절할 수 있지 않는 한 어떠한 경우에도 선체용선자는 선박의 인수를 거절할 수 있는 자격이 주어지지 않는다.' 라고 규정하고 있다[Part III, Clause 2(c)(iii)]. 따라서 특별한 사유가 없는 한 선체용선계약에 명기된 선박인도 날짜보다 이전에 또는 이후에 선박건조완료가 이루어진다하여도 용선자는 선박건조완료 즉시 선박을 인수하여 용선을 개시하여야 한다. 이것은 조선소의 선박의 건조일정에 따라 선박건조완료 일자가 달라질 수 있기 때문이며, 선박소유자가 선박건조 일정을 조정하는데 한계가 있음을 인정한 것이다.

한편 선박을 조선소에서 신조하기 때문에 선체용선자에게 선박을 인도하는 장소는 특별히 규정하지 않는 한 대부분의 경우 조선소가 된다.

나. 조선소가 선박을 인도하지 않는 경우의 선체용선계약의 효력

선박을 건조하는 도중에 선박소유자의 잘못이 아닌 이유로 인해 조선소가 선박을 인도하지 않아도 되는 경우에는 선체용선계약은 효력이 소멸된다(Part III Clause 2(b).

다. 선박소유자의 신조선박 인수거절시의 선체용선자의 선박인수

[Barecon 2001, Part III Clause 2(c)]

선체용선자는 일반적으로 장기운송계약의 수행 또는 다른 목적으로 선박을 장기적으로 운항할 계획을 수립하였기 때문에 항해용선이나 정기용선이 아닌 선체용선계약을 체결하는 경우가 대부분이다. 따라서 선박을 조선소에서 신조하는 동안 선박소유자는 사정에 의해 이 선박을 확보할 필요성이 없어졌기 때문에 선박의 계속 건조와 인수를 하지 않기로 결정하였다 하더라도, 선체용선자는 이 선박을 필요로 하게 된다. 이 경우 선체용선자가 조선소로부터 선박을 인수·확보할 수 있도록 선박소유자가 협조하여야만 한다.

따라서 선박소유자가 선박신조계약에 따라 조선소가 건조한 선박을 인수하지 않게 되는 경우, 이러한 조치를 취하기 전에 선체용선자와 협의하여야 하며, 선체용선자는 다음과 같은 조치를 취할 수 있다.

① 만약 선체용선자가 선박을 선체용선하기를 원하지 않는 경우에는 용선자는 7일 이내에 선박소유자에게 이 사실을 서면으로 통보하여야 하며, 선박소유자가 용선자의 서면 통보를 받자마자 선체용선계약은 더 이상 효력이 없게 된다.

② 만약 선체용선자가 선박을 선체용선하기를 원한다면, 7일 이내에 선박소유자에게 이 사실을 통보하여야 하며, 선박소유자는 선박인도 거절에 대한 조치를 중단하여야 한다. 또한 선박소유자는 조선소와 선체용선자간의 선박의 인수 및 인도에 관하여 협의 및 협조하여야 한다.

③ 선박소유자가 조선소로부터 선박의 인수를 거절할 수 있지 않는 한 어떠한 경우에도 선체용선자는 선박의 인수를 거절할 수 있는 자격이 주어지지 않는다.

④ 상기 (나) 또는 (다)항에 의하여 선체용선계약이 종료되는 경우에는 선박소유자는 선체용선자에게 선체용선계약에 따라서 또는 이와 같은 선체용선계약의 종료에 따른 어떠한 책임도 지지 않는다.

(4) 선박의 인도지연에 대한 보상

선체용선자가 선박의 제원 등에 대해 만족할 만한 상태로 건조되고 시운전이 완료된 경우에 선체용선자는 선박신조계약에 명시된 장소에서 선박을 인수하여 용선하여야 한다. 이때에 명시적 또는 묵시적인 사항임을 불문하고 선박의 감항성이나 인도지연에 대한 조건(conditions) 및 고지(representations) 와 담보(warranties)사항에 대하여 원칙적으로 선박소유자에게 어떠한 보상을 요구하지 못한다[Part III, Clause 1(d)]. 그러나 조선소와 선박소유자와의 선박건조계약시 계약서에 선박의 조기건조 완료 및 건조지연에 대한 규정을 명시하고 있으나, 선체용선계약과는 일반적으로 무관하다.

그러나 만약 선체용선자가 선박의 인도지연에 따른 손실이나 이에 대한 보상을 받기 위하여 발생한 비용은 박스41(c)[Part I]에 명시된 자가 부담하며, 명시되지 않은 경우에는 당사자들이 공동으로 균등·분담한다(shared equally).

3) 선박의 운영 및 관리

선체용선자는 본선을 양호한 상태로 관리하고 운영하여야 하며, 선박소유자로부터 인수할 때와 실질적으로 같은 상태를 유지하기 위하여 용선자의 부담으로 선박에 대한 필요한 조치를 취하여야 한다. 또한 만약 용선자가 선박소유자로부터 감항능력을 갖춘 선박을 인수한 이후 반대의 계약(조항)이 없는 한 선박의 고장(breakdowns)이 발생하였다 하여 그 기간 동안 용선계약의 효력이 중단(off-hire)되지 않고 용선료도 선박소유자에게 지불되어야 하며, 선박에 대한 정기적인 점검이나 일체의 수리비용도 선체용선자가 부담하는 등 선박을 인수한 후 발생하는 선박의 고장에 대한 수리비용과 고장으로 인한 운항중단에 대한 위험을 선체용선자가 전적으로 부담하여야 한다.

이것은 정기용선계약에서는 선박의 보수유지 등의 업무가 여전히 선박소유자가 수행하므로 선박고장으로 인한 운항중단이 선박소유자의 귀책사유가 되어 용선료가 지불되지 않지만, 선체용선계약에서는 이러한 보수유지 등의 업무를 선체용선자가 수행하기 때문이다.

(1) 선장과 선원의 임면

선체용선계약에서는 선체용선자가 선장 이하 모든 선원을 고용하여 지휘하고 감독하며, 선박을 운항하는 동안 이들을 통하여 선박을 마치 자기 소유의 선박처럼 점유하게 되며 선체용선자의 상업적인 목적달성을 위해 선박을 임의로 사용할 수 있게 된다. 이점이 선체용선계약이 다른 용선계약과 구별되는 가장 본질적인 규정이라 할 수 있다. 그러나 만일 선박소유자가 선체용선자의 선장 또는 기관장의 임명을 불만족스럽게 생각할 때 정당한 사유에 의하여 선박소유자는 선체용선자에게 선장 또는 기관장의 해임을 요구할 수 있다.

(2) 선박의 보수유지

선체용선자는 본선을 자기의 소유선박처럼 운항할 수 있는 관리권을 갖기 때문에 본선의 사용과 운항 및 보존에 필요한 모든 경비를 부담하고, 선박소유자는 선박의 확보에 필요한 선가상환비용 및 감가상각과 같은 자본비용과 본선의 인도 또는 반선시의 검사비 등만 부담한다. 그러나 이러한 경비부담 관계는 계약서양식에 따라 약간의 차이가 있고 또 당사자의 합의에 따라 조건을 변경할 수 있다. 선체용선자의 비용부담과 관련하여 주의할 사항에 대하여 다음과 같이 살펴본다.

가. 선박의 보수유지비용

선체용선계약이 정기용선계약과의 두드러진 차이는 선체용선자가 선박운항의 자율권을 갖는다는 것이다. "to be in full possession of and at the absolute disposal for all purposes of the charterers and under their complete control and in every respect" 와 같이 명확히 선체용선자에게 자율적인 운항권한을 부여하나, 선박의 유지 및 수리에 대한 책임도 동시에 지게 한다.

따라서 선체용선자는 본선을 양호한 상태로 관리하고 인수 시와 실질적으로 동일한 상태를 유지해야하기 때문에 본선을 정기적으로 점검하고 또 필요하면 수리를 해야 한다.

그러므로 이러한 수리비용 및 유지비용은 당연히 선체용선자가 부담해야 한다. 따라서 중고선을 선체용선하는 경우, 용선계약체결 후 단기간 내에 선박에 대해 보다 철저한 검사를 시행하게 되는 정기검사[393]를 받게 되는 시기가 도래된다면, 선체용선자가 정기검사에 필요한 거액의 수리비용을 부담하게 되므로 선체용선자 입장에서는 인수 시에 선박의 상태에 대한 보다 철저한 검사가 필요하다.

또한 선체용선자가 선박을 인수한 후 12개월 이후에 선박의 어떤 하자가 발견된 경우, 비록 선박의 잠재하자(latent defect)일지라도 용선자의 시간과 비용으로 수리하여야 한다. 다만 용선자가 선박을 인수한 이후 12개월 이전에 발견된 잠재하자의 수리비용은 선박소유자가 부담하나 이때에도 수리에 소요되는 시간은 여전히 용선자의 부담이며 용선자는 선박소유자에게 용선료를 지불하여야 한다.

나. 보험료

선박의 보험부보 문제도 다른 계약과 차이점을 보이는데, 선체용선계약의 경우, 용선선박의 해상위험과 전쟁위험 등으로부터의 물적 손해에 대비하여 선체와 기기(hull and machinery)보험, 전쟁보험과 P&I보험[394] 등에 대하여 선체용선자의 단독비용으로 부보하여야 하고 보험료도 선체용선자가 지불해야 한다.

그러나 선박이 전손(total loss)처리 되었을 때, 보험자로부터 지급되는 전손보험금의 규모는 선체의 부보가액에 따라 결정되며, 보험에 부보하고 보험료를 지불한 선체용선자가 아닌 선박소유자에게 지급된다. 따라서 선박의 가치와 부보가액은 양 당사자간에 충분히 협의한 후 보험에 가입하여야 하며, 선박을 부보하는 즉시 보험증권 사본을 선박소유자에게 송부해야 한다.

한편 정기용선계약에서는 선박소유자와 정기용선자가 구조로 인한 이익을 공유해야 하나, 선체용선계약에서는 선체용선 기간 동안 용선선박이 인명이나 선박을 구조(salvage)하는 경우, 선체용선자 단독이득으로 처리되며, 구조 중에 발생한 선박손상도 선체용선자가 단독으로 책임을 져야 하고, 용선자의 단독비용으로 수리하여야한다. 이때 선박의 수리에 대한 보험자(보험회사)의 보상금인 보험금은 선체용선자에게 지급된다.

한편 만약 공동해손이 발생한 경우 선체용선자는 용선선박의 재용선자에게 공동해손의 분담을 청구할 수 있으며, 선체용선자로부터 선박을 재용선한 자(예: 재정기용선자)가 선하증권을 발행한 경우 재정기용선자에게도 공동해손 분담을 청구할 수 있는 권리를 행

393) 선박건조완료 후 선박이 운항되기 시작한 후 매5년마다 실시하는 검사이며, 선급 및 각종 규정에 의한 보다 철저한 검사가 이루어지며 이에 따른 수리비용도 많이 발생하게 된다.

394) P&I보험은 해상보험에서 보험자(보험회사)가 보험의 인수조건 및 보험요율의 결정 등에서 기술상 상당한 어려움이 있기 때문에 일반적인 보험에서는 담보책임에서 제외되는 위험 즉, 선박 충돌약관에서 제외되는 배상책임, 선원의 사망이나 부상에 대한 배상책임 및 비용, B/L 및 면책조항에 해당이 되지 않는 배상책임, 선박의 Off-Hire로 인한 선박소유자의 비용, 또는 상실이익 등을 배상하기 위한 선박소유자상호출자보험으로 조합의 형태이다.

사할 수 있다.

다. 검사비용

용선기간 중에 선박은 정기검사와 중간검사 및 해난사고를 당하였을 경우를 포함한 법정검사를 받아야 할 의무가 있으므로 이러한 검사에 소요되는 비용은 선체용선자가 부담해야 한다. 또한 검사에 필요한 시간도 용선기간에 산입된다.

선박소유자가 용선자에게 선박을 인도할 때나 용선자가 선박소유자에게 선박을 반선할 때의 검사비용에 관한 계약내용은 대부분이 정기용선계약의 경우와 유사하다. 그러나 선체용선계약에서는 용선자가 선박을 인수한 이후에는 선박의 관리와 운영을 선체용선자가 수행하여야 하므로 선박의 상태(condition of the vessel)에 관련되는 계약내용은 정기용선계약에서의 그것보다 선체용선자에게 훨씬 더 중요성을 가지게 되며, 선박의 검사에 관하여 보다 자세히 상황을 기입하고 있다.

또한 선박소유자가 선체용선자에게 선박을 인도할 때에 on-hire survey를 시행하게 되며, 이때에 선체용선자는 선저(vessel bottom)상태를 확인하기 위하여 선박의 입거를 요구할 수도 있다. 선박소유자는 선체용선자에게 선박을 인도한 후 12개월 이내에 발생하는 잠재적 하자(latent defect)를 제외하고는 선박의 인도와 동시에 선박의 상태에 대한 책임이 종료되기 때문에, 선체용선자가 선박을 인수받을 때 선박의 상태를 정확히 검사하는 것이 중요하다.

한편 선박소유자는 용선기간 중이라도 선박의 상태를 확인하기 위해 정기적인 선박검사를 실시할 수 있으며, 필요한 경우에 선박의 입거검사를 할 수 있도록 선체용선자에게 요구할 수 있다. 이 때 선박에 수리를 하여야 할 부분이 발견되지 않는 한 검사비용은 선박소유자가 부담한다. 그러나 이것으로부터 선체용선자는 기대수익을 보상받을 수 없고, 용선료도 계속 지급해야 하며, 만약 입거검사에서 수리해야 할 부분이 발견되면 모든 관련비용을 선체용선자가 부담해야 한다.

라. 기타의 비용

위의 비용 이외에 선체용선자는 선원비(선원급료, 복리후생비, 선원급식비 등)와 윤활유비용, 선박의 기부속품을 포함한 선용품의 구입비용과 같은 선박유지비용(운영비용)은 물론 화물운송을 위해 필요한 화물비와 연료비, 항비 및 도선사비용과 같은 운항비용도 선체용선자가 부담하여야 한다. 즉 본선의 사용과 보수유지에 관한 비용뿐만 아니라 선박의 운항과 선원에 관한 모든 비용도 선체용선자가 부담하여야 한다. 이것은 선체용선자가 선박을 점유할 뿐만 아니라 선박을 이용한 수익권도 가지고 있기 때문에 수익을 위한 비용도 당연히 선체용선자가 부담하여야 한다.

4) 용선료와 용선료 지불

용선료율은 1개월(calendar month)당 또는 3개월당 얼마로 약정하는 것이 일반적이며, 선체용선료의 지불장소와 방법에 대하여는 당사자 간에 협의·결정하여 선체용선계약에 반영한다.

한편 소유권취득조건부 선체용선계약으로 선박소유자가 선체용선자에게 대선(chartering out)하는 경우, 선박의 가격을 정하고 선체용선자는 이 선가를 선체용선기간 동안에 상환하는 형태로 용선료를 결정하는 것이 일반적이다. 따라서 용선료는 선가상환을 위한 금융계약의 조건에 따라 정하여진다고 볼 수 있다. 차입금융의 상환조건에 따라 상환되는 원금과 이자(와 투자자의 이익)의 합이 선체용선자가 지불하여야 하는 용선료가 된다. 원금균등상환 또는 원리금균등상환 등의 방법으로 산정하며, 이자율도 고정이자율과 변동이자율을 선택하여 결정한다.

또한 용선자의 용선료 지불에 관한 것은 선체용선계약 약관에서 엄격하게 규정하고 있으며, 용선료 지불지연 시에는 이에 대한 지연이자도 지불하여야 하며, 용선자가 선박소유자에게 제대로 용선료를 지불하지 않으면 용선계약을 해지하고 선박을 철수할 수 있는 권리를 부여하고 있다.

5) 선체용선자의 책임과 의무

선체용선자는 계약기간 중 본선의 점유자이기 때문에 본선의 운항상 제3자에 끼친 손해에 대해 선체용선자가 책임지는 것은 당연하다. 따라서 선박보험계약 또는 P&I보험 계약에서 배상되지 않는 경우에도 선체용선자가 책임을 져야한다. 또한 본선의 손상에 대한 선체용선자의 배상책임에 관해 황천(heavy weather) 기타 선박소유자의 책임에 귀속되지 않는 원인에 의해 발생한 본선의 손상 중에서 보험계약에서 보상되지 않는 손상도 선체용선자의 비용으로 회복되어야 한다.

선체용선계약에서는 선체용선자의 본선인수에 의해 선박소유자는 계약상의 의무를 완전히 이행하였다는 뜻이 명기되어 있음으로(Clause 3 c), 선체용선자는 본선인수시의 검사에서 발견되지 않은 숨은 하자(잠재하자, latent defect)를 제외하고 감항능력 등 선박소유자의 보증사항에 대해 선박인도 12개월 이후에는 이의를 제기할 수 없다. 12개월 이내에 잠재하자를 발견하여 선체용선자가 이의를 제기하는 경우 이에 대한 수리비용은 선박소유자가 부담하지만 수리기간에 대한 시간의 손실은 선체용선자가 부담하여야 한다. 즉 수리기간동안의 선체용선료나 선원의 급여 및 다른 용선선박의 기타 보수유지비용을 선체용선자가 부담하여야 한다[Barecon 2001 Clause 3(c)].

따라서 선체용선자가 일단 용선한 선박을 제3자인 화주 또는 다른 용선자에게 재용선하는 경우, 선체용선자는 해당선박의 관리선박소유자(disponent owner)로써 재용선자(정기용선자 또는 항해용선자)에 대해서 감항능력담보의 책임을 지지 않으면 안 된다.

또한 선박소유자는 선체용선자에게 본선의 보수유지 및 법정검사와 관련한 의무 이외에 본선의 동정을 보고할 의무를 선체용선자에게 부과하여 선박소유자의 요구가 있을 경우 선체용선자가 각 기항지에서의 본선의 입항 및 출항을 항상 선박소유자에게 통지하여야 하며, 매항차의 종료시점에 항해일지를 선박소유자에게 제출하여야 한다.

또한 대부분의 경우 선박소유자가 선박을 확보하는 경우 선박금융제공자가 선박에 대하여 저당권을 설정하는 것이 일반적이다. 이때에는 저당권자가 선박소유자에게 요구하는 사항을 충족시키기 위하여 용선자는 선박의 운항계획이나 서류의 준비나 기타 필요한 사항을 선박소유자에게 제공하여야 한다[Barecon 2001 Clause 11(e)].

6) 본선의 멸실 또는 사용불능

본선이 멸실 또는 행방불명이 되거나 사용불능이 된 때에는 당연히 선체용선계약은 종료되고, 따라서 용선료의 지불의무도 소멸된다. 선박이 멸실 또는 행방불명이 되었다고 간주되는 날짜는 선박이 최종적으로 보고한 날로부터 10일 이후이거나, 로이드(Lloyd's)에 의해 선박이 행방불명이 되었다고 공시한 날짜 중 먼저인 날짜로 한다. 이렇게 결정된 날짜에 따라 선체용선계약은 종료되며 선체용선료도 이 날짜부터 지불되지 않는다.

일본의 표준양식에는 본선이 침몰, 화재, 좌초, 선체 및 기관의 파손과 기타의 사유로 전손(total loss) 또는 수리할 가치가 없는 상태가 된 경우에는 그러한 사고가 발생한 시기, 또 본선이 10일 이상 행방불명이 된 경우에는 선박이 최후로 존재한 시기를 계약종료의 시기로 정하고 있다. 이러한 경우 용선료의 지불은 본선의 멸실 당일까지 지불하며, 만약 멸실 일시가 확정되지 않는 경우에는 최후의 통지가 있은 날까지 지불한다.

7) Off-Hire(용선 중단)

선체용선계약에서도 선박소유자의 책임에 속하는 사고와 수리를 위하여 선체용선자가 선박의 사용이 불가능하게 됨에 따라 선박의 운항이 중단된 기간에 대하여는 용선료를 지불할 필요가 없다. 그러나 선박이 일단 선체용선자에게 인도되면 선박의 운영이나 운항이 용선자의 책임하에 수행되므로 선박소유자의 책임에 속하는 사고와 수리는 좀처럼 발생하지 않는다. 따라서 특히 소유권취득조건부 선체용선계약의 경우에는 선체용선계약 효력의 중단(off-hire)에 관한 규정을 아예 두지 않는 경우도 있다.

그리고 일단 선박이 선체용선자에게 용선된 후 선박의 일반적인 사고나 그에 따른 수리는 선체용선자의 책임 및 비용과 시간으로 이루어져야 하는 것이 원칙이며 용선중단(off-hire)이 되지 않는다. 또한 수리기간 중 본선의 사용에 부수하여 발생한 비용, 예를 들면 선원급식비, 연료비, 항비 등에 대하여 선박소유자는 책임을 지지 않는다.

선체용선자가 선박을 인수하여 용선이 개시된 후 12개월 이내에 발견된 잠재하자(latent defect)를 수리하는 경우에도 수리비용은 선박소유자가 부담할지라도, 이때의 수리기간까지도 용선중단(off-hire)이 되지 않으며, 용선자는 용선료를 지불하여야 한다.

8) 재선체용선계약

선체용선계약은 장기이며 이 기간 동안 선박의 보수유지를 비롯한 선박의 운영도 용선자가 수행하게 되므로, 선박소유자와 돈독한 신뢰관계가 설정되어 있는 용선자, 또는 선박소유자가 재무적으로나 기술적으로 신뢰할 수 있는 용선자와 선체용선계약을 체결하게 된다. 따라서 용선자가 다시 제3자에게 선박을 재선체용선계약(sub-bareboat charter)으로 대선하기(chartering out) 위해서는 반드시 선박소유자의 승인을 얻어야 한다. 이때에 재선체용선계약의 기간은 원선체용선계약(head bareboat charter)의 기간보다 짧아야 한다.

그러나 선체용선자가 단기간(short period)의 정기용선이나 항해용선계약을 체결하는 것은 선체용선자가 용선한 선박을 이용하여 수익하기 위한 통상적인 선박이용 방안의 하나로 간주하여 선박소유자의 허가를 받지 않는다. 그러나 특히 선체용선자가 제3자에게 장기의 정기용선계약(time charter)으로 선박을 대선하는 경우 선박소유자의 허가를 받아야 한다.

9) 은행지급보증(bank guarantee)

선체용선자가 용선료지불과 선박운영에 관한 선체용선자의 의무를 성실히 이행하는 것을 보장하기 위해서 용선자가 선박소유자에게 재무적으로 보장하는 장치를 제출하여야 한다. 이것은 선박소유자가 용선자에게 일단 선박을 인도한 후에는 용선자가 선박의 검사 및 운영을 제대로 하지 않았을 경우, 선박소유자는 입거를 포함한 수리와 검사를 요구할 수 있거나 용선료를 제때 지불하지 않았을 경우 선박의 철수와 용선계약을 해지할 수 있을 뿐이며, 그 이외에 선박소유자가 선박의 처분에 관하여 할 수 있는 방안이 별로 없기 때문에 선체용선자의 용선계약의 이행에 관해 확실한 보장을 확보하여야 할 필요가 있기 때문이다. 그리고 선체용선계약에서의 선박소유자는 선박에 대한 투자자일 뿐 선박운항의 전문가가 아닌 경우가 많기 때문에, 용선자의 지불불능 또는 용선자의 의무불이행 등으로 선박을 회수하였다하여 직접 운항할 수 있는 적절한 위치에 있지 않다. 따라서 용선자로부터 선체용선계약의 이행을 재무적으로 보장하는 장치를 선박소유자에게 제출하도록 용선계약서에 규정하고 있다.

10) 선박의 징발과 강제적인 소유권 이전

선박의 기국 정부나 공공기관에 의해 선박이 징발되는 경우 선체용선계약은 유지되며, 징발보상금은 용선자의 몫이다. 우리나라의 필수선박제도[395]에 의해 정부가 선박을 징발

395) 우리나라의 국가필수선박제도는 전시와 같은 국가 비상사태에 대비하기 위하여 2006년에 도입하였다. 국가 비상사태가 발발하였을 경우 군수품, 양곡, 원유, 액화가스, 석탄 또는 제철원료와 같

하는 경우가 그 예가 될 것이다.

그러나 공권력에 의해 선박의 소유권이나 선박에 대한 권리가 강제적으로 탈취되거나 이전(compulsory acquisition)되는 경우에는 선체용선계약은 그 시점부터 해지 된다. 이것은 선체용선자가 원래의 선체용선계약에 따라 선박을 이용할 수 없을 뿐만 아니라 선체용선계약의 한 당사자인 선박소유자가 더 이상 선박소유자의 위치에 있지 않기 때문이다(Barecon 2001, Clause 25).

11) 선박의 등록

선박은 선박을 확보한 선박소유자가 등록(underlying registry)하여 용선자와 선체용선계약을 체결하게 된다. 그러나 선체용선계약이 장기이고, 선박소유자보다는 용선자가 선박에 대한 운영과 운항 상의 이해관계를 보다 더 많이 가지고 있다. 또한 선체용선계약 만료 시에 소유권도 선체용선자에게 이전되는 경우가 대부분이다. 따라서 용선자가 용선기간동안에 편의를 도모하고자 선박소유자와 합의하여 선박의 운영 및 운항에 더욱 편리한 국가에 이전·등록(bareboat charter registry) 한다. 또한 선박소유자와 협의하여 용선자가 선호하는 색깔로 선체를 도색할 수 있으며, 연돌에 용선자를 의미하는 표시를 할 수 있고 용선자의 사기(house flag)도 게양할 수 있다.

은 국가적으로 꼭 필요한 화물을 원활하게 운송하기 위하여 우리나라 선박 중 일부를 국가필수선박으로 지정한다. 이렇게 지정된 선박에는 비상시 국가가 선박의 징발 및 동원을 용이하게 하기 위하여, 전체 선원을 국적선원으로 구성하거나 또는 규정에 따라 전체 선원 중 일부를 외국인 선원의 승선기준과 범위 내에서 외국인 선원으로 구성한다. 국가필수선박으로 지정받기 위해서는 총톤수 2만톤 이상의 선박으로 선령 15년 이하이어야 한다.

〈표 8-1〉 국가 필수선박에 보상된 선원임금

연 도	필수선대(척)	보상액(억원)
2014	73*	61
2013	74*	59
2012	82*	55
2011	88	47
2010	88	44
2009	70	35
2008	50	25
2007	30	13.8

*LNG선박은 제외된 척수임.
자료: 선주협회(2015년)

국가필수선박으로 지정되면 그 선박에 급여가 저렴한 외국인 선원의 고용을 제한하고 고임금의 우리나라 선원을 승선하게 함으로써 증가되는 선원비를 국가가 보전한다(상기 표 참조). 선박이 국가에 의해 실제 징발된 기간뿐만 아니라 평상시 국내 선박소유자의 영업을 위해 운항하는 기간에 대한 선원비의 증가분도 국가가 보전한다.
자료: 이기환·오학균·신주선·이재민, 「선박금융원론 제2판」, (서울 : 도서출판 두남, 2016), p.165.

한편 이러한 선체용선자의 운영상의 편리를 위해 선적을 변경하게 되면, 선체용선자가 용선계약상의 의무를 다하지 않아 이의 이행을 강제하기 위한 투자자(선박소유자)의 유치권 행사 및 선박 운항제한의 강제집행이 어렵게 되는 경우가 있을 수 있다. 용선자 등록 국가의 법령이 자국 선박에 대한 유치권 행사를 까다롭게 하거나 기타 투자자의 선박에 대한 압류 및 억류의 강제집행이 어렵게 된다면, 투자자는 선박의 용선자등록을 허가하지 않는 경우도 있다.

2. 소유권취득조건부 선체용선계약

선체용선계약은 용선계약기간 만료 시에 선체용선자가 선박의 소유권을 취득할 수 있는 소유권취득조건부 선체용선계약이 대부분이다. 우리나라 해운기업은 이제도를 이용하여 선박을 많이 확보하였으며, 정부는 국적선대확보를 위해 이제도를 적극 장려하고 지원하되 소유권을 취득할 시 우리나라에 선박을 등록하여 우리나라 국적을 취득하도록 하는 국적취득조건부 나용선제도(이하 "국취부나용선제도" 라고 부른다)에 대하여 살펴본다.

1) 소유권취득조건부 선체용선계약

선체용선계약은 대개 장기계약이며, 선체용선계약이 완료되는 시점에 소유권이 선체용선자에게 이전되는 경우와 소유권이 이전되지 않고 원래의 선박소유자에게 선박이 반환되는 경우와 같이 두 가지로 나누어진다. 우리나라 해운산업에서는 전자를 국적취득조건부 나용선, 후자를 단순나용선계약(simple bareboat charter)이라고 부른다.

한편 선체용선계약 만료시 소유권을 취득하는 것은 원칙적으로 용선자의 선택사항(option)이다. 그러나 선체용선자가 선박을 점유하여 수익함은 물론 선박소유자를 대신한 선박의 보수유지를 포함한 선박의 관리와 선장과 선원의 임면까지도 용선자가 담당하는 등 선박이 장기간 선체용선자의 관리하에 운영되는 선체용선계약의 특성상 선체용선기간 만료 시에 소유권을 취득하지 않고 선박소유자에게 반선되는 단순나용선계약은 흔하지 않으며, 선체용선기간 만료시 소유권취득이 의무(obligation)인 소유권취득조건부 선체용선인 경우가 대부분이다.

그러므로 소유권취득조건부 선체용선계약은 선박이라는 물건을 대상으로 하는 '소유권취득조건부 임대차계약'으로 내용상 일종의 금융리스(lease) 계약이라고 볼 수 있다. 구체적으로 살펴보면 선박소유권은 금융제공자(예: 리스회사, 외국의 종합상사)가 조세감면지역에 설립한 법인이 소유하고 있으나, 선박의 운영과 이에 따른 수익은 선박을 선체용선한 해운기업이 차지하는 리스계약 내지는 임대차계약이다. 선박의 소유권은 선박을 임차한 해운기업이 선가전액을 이자와 함께 지불을 완료한 시점에 해운기업에게 이전된다. 따라서 소유권취득조건부 선체용선계약은 선체용선자가 향후 실제 선박소유자가 되는 계약이므로 선체용선자가 선박소유자와 협상하여 취사·선택할 수 있는 사항이 많지 않다.

선박을 신조하여 소유권취득조건부 선체용선계약을 체결하는 경우에는, 선체용선자가 필요로 하는 선박의 사양을 요구하여 선박의 설계에 반영하도록 하기도 하며, 건조 중에 선박의 사양을 변경하려면 선박소유자는 용선자의 동의를 받아야 한다. 선박소유자는 용선자와 선박신조감리계약을 체결하여 선체용선자에게 신조감독을 위임하기도 하며, 큰 금액의 신조선가 변동을 가져오지 않는 범위에서 선체용선자의 선박사양에 관한 미세조정도 허락한다.

그리고 선체용선자가 소유권취득조건부 선체용선계약을 체결하여 선박을 운항하는 동안 선박금융을 제공한 금융기관이 설립한 법인의 명의로 등록하며, 선박의 소유 및 등록과 관련한 조세를 감면받을 수 있는 국가에 등록한다. 이러한 국가는 대부분 이 선박을 이용한 영업이익에 대한 조세도 감면하기 때문에 선체용선자도 영업결과에 대한 세금부담을 줄일 수 있다.

2) 우리나라의 국적취득조건부 나용선제도[396)]

통상적으로 소유권취득조건부 선체용선계약은 용선자가 선박을 임차하여 점유권과 용익(수익)권을 가지고 선박을 관리운영하며 용선자의 목적을 위해 운항한다. 용선자가 선박소유자에게 용선료를 지불하는 형태로 연불방식(lease)으로 선가를 상환하고 상환완료와 동시에 소유권을 취득할 경우에 용선자가 선박소유자가 되어 선박을 등록한다. 이때 우리나라에서는 선체용선자가 용선기간 만료시에 소유권을 취득하여 선박소유자가 되어 선박을 등록할 때에 우리나라 국적선박으로 등록할 것을 의무화하였으며, 이제도를 국적취득조건부 나용선제도 라고 하였다.

(1) 도입배경

소유권취득조건부 선체용선계약인 경우 선체용선자인 국내 해운기업이 선박소유자에게 용선기간동안 용선료 형태로 선가와 이자를 할부·지불완료한 후, 소유권을 취득하기 위해 선박을 등록하는 경우에 어떠한 특정 국가나 선체용선자의 국가에 반드시 등록하여야 할 의무는 없다. 그러나 이때에 우리나라에서는 소유권을 취득한 국내 선박소유자들에게 국내에 선박을 등록하여 국적을 취득하도록 제도화하였으며, 이를 국적취득조건부 나용선제도라고 불렀다. 그 이유는 자원이 부족한 우리나라에서 수출주도형 경제정책으로 원료와 원자재의 수입과 제품의 수출 증가로 폭증하는 수출입물량을 안정적으로 운송하기 위해 자국적선박의 확보가 절실하였기 때문이다.

또한 우리나라에 당시 우수한 자질을 갖춘 해기인력이 확보되어 있었으며 임금이 선진국보다 저렴하였다. 국취부나용선으로 확보한 선박에 선진국보다 임금이 저렴한 우리나라 선원을 승선시키고 선박의 직접 관리를 통해 운영비를 절약하여 국내 해운기업의 경

396) 이기환·오학균·신주선·이재민, 선박금융원론 제2판(2016), pp.423~430

쟁력을 유지할 수 있도록 하였다.

이와 같이 국취부나용선제도는 우리나라 해운기업의 자본력이 부족하였던 시기에 일시에 자금을 필요로 하지 않는 용선제도를 통해 선박을 확보하여 폭증하는 수출입물량의 안정수송을 기하고, 저임금의 우리나라 선원을 승선시켜서 고용을 창출하고 국내 해운기업의 선박의 운영비를 저렴하게 하여 국내 해운기업의 국제경쟁력을 높이고자 국가에서 정책적으로 도입하여 운영한 제도이다.

(2) 국적취득조건부 나용선제도에 대한 정책적인 지원

우리나라의 선박소유자가 선박을 확보하기 위해 중고선을 매입하거나 신조선을 발주할 때에 금융제공자와 체결한 국취부나용선계약은 순수한 용선계약이라기보다는 자본력이 약한 우리나라 해운기업이 선박확보를 지원하기 위한 국가의 정책적 지원 하에 체결되는 선박금융의 일부분이라고 볼 수 있다.

정부는 해운산업을 정책적으로 지원하기 위해 1976년 해운항만청을 설립하였으며, 해운항만청에서는 국취부나용선제도의 운영을 통해 우리나라 선박소유자들의 선박확보 시에 정책적으로 지원하였다. 외환거래가 자유롭지 못하였던 시기임에도 불구하고 국취부나용선 선박에 대한 금융차입허가는 물론 세법개정을 통해 국취부나용선계약으로 도입된 선박들의 내용연수를 선령의 40%만큼 연장하여 감가상각 기간을 늘려줌으로써 회계적으로 선박자본비용의 분산을 통해 해운기업의 이익달성이 가능하도록 하였다.

또한 특히 철광석과 석탄 및 원유와 같은 국가 정책적인 대량화물을 운송할 때에 국내 해운기업의 선박이 없을 경우에만 다른 외국적 선박을 이용하여 운송할 수 있도록 하는 국적선 우선정책인 화물유보제도(일명 waiver제도)[397]를 적용하는 경우에도 이러한 국취부나용선제도에 의해 확보한 선박이 우리나라 국적을 취득되지 못한 원리금 상환기간임에도 불구하고 우리나라 국적선과 동일한 위치를 부여하여 국가의 정책적인 대량 화물을 자유롭게 운송할 수 있는 자격을 부여하였다.

또 다른 한편으로는 정부가 국내 해운기업이 국취부나용선계약에 의하여 선박을 확보하고 금융차입을 하는 경우에 국가가 이를 심사하여 허가하는 등 국취부나용선계약을 제도적으로 뒷받침함으로써 국내 해운기업이 이 제도를 통하여 선박확보 시 필요한 금융을 조달할 때에 금융제공자에게 신뢰를 높여 금융차입을 보다 용이하게 하였다.

(3) 국적취득조건부 나용선제도를 통한 선박 확보

우리나라의 국취부나용선제도는 선가를 이자와 함께 할부로 상환하게 함으로써 소유

---

397) 철광석이나 석탄과 같은 국가적으로 필수적인 대량화물이 출하되었으나 운송에 이용할 국적선박이 없는 경우에만 국적선박을 이용하여야 하는 의무를 면제(waive)하는 제도로서 국적선박을 우선적으로 이용하게 하여 국적선대를 보호하고자 시행하던 제도였으며, 우리나라가 1990년대 초에 OECD와 WTO에 가입한 후 폐지되었다.

권을 점진적으로 취득하여 매입하는 선박확보 및 선박금융을 동시에 해결할 수 있게 하는 복합적인 제도라고 볼 수 있다. 한편 선박을 국취부나용선으로 선박을 확보하는 경우 다음과 같은 절차로 추진한다.

첫째, 실제로 선박을 운항할 해운기업이 화주와 장기운송계약을 체결한다. 장기운송계약은 선박의 경제수명이 다할 때까지의 원가보상제도에 의한 운임이 산정되는 전용선계약이나, 또는 장기운송계약(COA), 또는 장기의 연속항해용선계약(CVC)을 체결한다.

둘째, 국내 해운기업은 위의 장기운송계약을 이용하여 금융을 조달하여 선박을 확보하게 되는데, 금융제공자가 조세감면 지역에 설립한 특수목적법인(Special Purpose Company; SPC 또는 Special Purpose Vehicle; SPV)과 국적취득조건부 나용선계약(BBCHP)을 체결한다.

셋째, 금융제공자는 협조융자단(대주단, syndicators)를 구성하여 확보한 선박건조자금으로 국내 조선소에 신조선박을 발주하여 건조·완료한 후 상기 국적취득조건부 나용선계약에 따라 국내 해운기업에게 예정된 기일에 선박을 인도한다.

넷째, 국내 해운기업은 선박금융제공자에게 용선료 지불형태로 선박에 대한 원금과 이자를 상환하며, 상환완료시 선박의 소유권을 취득하게 된다. 이때 소유권을 등록할 때에 반드시 선체용선자의 국적으로 선박을 등록하여야 하는 것은 아니나, 우리나라에서는 국적선대 확충방안의 하나로 국내 해운기업에게 우리나라에 등록하여 우리나라 국적을 취득하도록 하였다. 이러한 국취부나용선제도를 그림으로 설명하면 다음과 같다.

[그림 8-1] 국적취득조건부 나용선제도

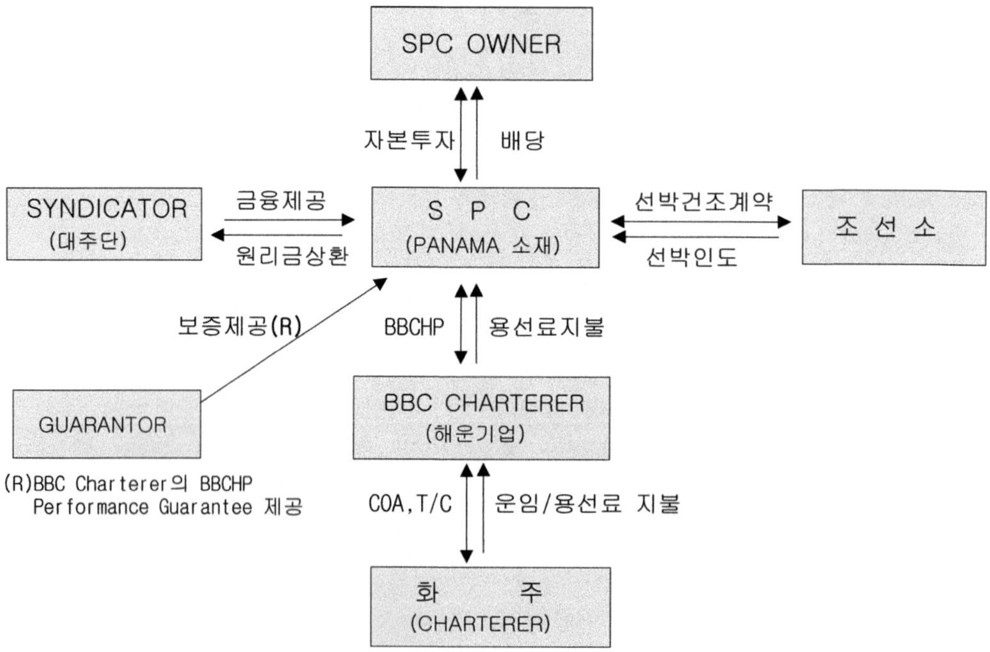

상기 그림에서 선박소유자인 금융기관은 파나마, 리베리아 및 마셜아일랜드 등과 같은 조세감면지역에 설립한 특수목적법인(SPC 또는 SPV)을 설립하여 선박을 등록한다. 이러한 법인은 실제 거의 조직이 없는 문서상의 법인이므로 이러한 법인을 페이퍼 컴퍼니(paper company)라고도 한다.

따라서 이 특수목적법인은 외견상 국내회사가 아니며, 여기에 속한 선박들도 외견상 국내 선박이 될 수 없다. 그러나 국내 해운기업과의 국취부나용선계약과 조선소와의 신조계약 등 각종계약을 체결하는 경우 이 특수목적법인이 계약의 주체가 된다. 한편 이러한 외형상의 주체임에도 불구하고 실제로 금융을 제공하는 은행이나 종합상사와 최종 수요자인 국내 선사가 실질적인 지배권을 행사하며, 이러한 특수목적법인 설립은 금융 및 세제상의 편익을 위한 하나의 요식행위에 불과한 것이다. 이러한 방법으로 선박을 확보하여 전용선계약이나 장기운송계약을 수행하며 국내 해운기업의 선체용선계약이 종결될 때까지 선가상환을 완료하면, 선박의 소유권을 취득하고 우리나라 국적선박으로 등록한다.

1970년대 초반까지 우리나라는 국가적으로나 해운기업의 자본력이 영세하여 신조선의 발주·건조는 물론 중고선의 매입도 어려웠다. 포스코의 제철원료 수입물량의 수송이나 한국전력의 발전용 석탄수송과 같은 장기의 전용선 수송계약을 수행하기 위한 신조·발주도 불가능하였다. 따라서 국내선사 중 해운공사(현 한진해운)가 당시 이러한 목적으로 1970년대 중반 유럽으로부터 중고선을 도입한 것이 효시가 되었으며, 기타의 다른 국내 해운기업도 유럽으로부터의 추가적인 중고선 도입이나 일본으로부터 10년 적하보증이 끝난 중고선박을 매입하였으며, 이를 위해 금융제공자인 산업은행과 국취부나용선계약을 체결하였다. 이후 한국전력(발전용 석탄) 기타 국내 대형 화주들(원유 등)이 발행한 적하보증[398]을 받아 국내 해운기업들이 중고 또는 신조선박을 확보하여 이러한 화주들과 전용선계약을 체결하게 되어 대량화물의 수송이 본 궤도에 오르게 되었다.

1980년 이후에는 신조선을 발주하는 경우 건조계약 체결시부터 국취부나용선제도를 이용하였으며, 특히 금융을 차입하여 신조하는 선박에 대해서는 국취부나용선제도에 의한 계약이 대부분이며, 우리나라의 선박확보 중 이 제도에 의한 것이 가장 많은 부분을 차지하고 있다. 국취부나용선제도를 이용하여 1973년부터 1999년까지 국내해운기업이 확보한 선복량은 총톤수(gross ton: GT) 4백7십7만5천톤으로서 이 기간 동안 국내 해운기

398) 국내 해운기업이 신조 또는 중고선박을 확보하는 경우, 포스코나 한국전력과 같은 대형 화주가 제철원료나 발전용 석탄 운송을 위해 이 선박에 대하여 원가보상제도에 의한 운임을 지불하고, 이 선박의 선령이 다 되어 폐선할 때까지 장기적으로 이용하겠다는 보증을 말한다. 이보증서에는 해당 해운기업이 원리금을 상환하지 못하는 경우에는 대형화주가 국내 다른 해운기업으로 하여금 선박을 운항하게 하고 처음계약과 동일한 조건으로 운임을 지불하겠다는 내용도 포함되어 있다. 대형화주로부터의 이러한 보증은 국내 해운기업의 선박확보를 위해 제공된 선박금융의 안정된 상환을 보장하게 되므로 선박금융제공자의 투자위험이 낮은 안전한 투자로 간주되어 국내해운기업의 금융차입조건을 유리하게 하였다. 이러한 측면에서 포스코나 한국전력이 국내 해운기업의 선박확보를 용이하게 하고 국내 해운산업의 발전에 커다란 공이 있다 하겠다.

업이 확보한 전체 선복량인 총톤수 1천3백11만8천톤의 36.4%를 차지하고 있었으며, 이후 신규로 확보되는 국적선대는 거의 대부분 이제도에 의한 것으로 이루어지고 있다. 특히 제철원료, 발전용 석탄, 원유 및 액화천연가스(LNG) 등 우리나라 주요 기간산업의 운송수요는 현재에도 거의 대부분 이 제도를 통해 확보된 선박으로 충족되고 있는 실정이다. 2015년말 기준, 국내 외항해운기업의 선박보유량은 1,088척 43,270천GT이며, 이중에서 총톤수(GT) 기준 79.0%에 해당하는 567척, 33,467천GT의 선박을 국취부나용선제도를 이용하여 확보하였다(자료: 선주협회 2016).

(4) 국적취득조건부 나용선제도의 금융조건

가. 국내조선소 발주 의무

국취부나용선제도는 중고선 확보를 위해 시작되었으나 오래전부터 대부분의 신조선박 발주에도 이용되고 있다. 이 제도를 이용하여 신조발주 선박에 대한 건조자금을 확보하기 위해서는 국내 금융기관은 물론 해외 금융기관으로부터 금융을 차입하는 경우라도 반드시 국내조선소에 선박을 발주하여야 하는 의무를 부과하였다. 이것은 이제도를 통하여 국내 조선산업도 함께 육성하겠다는 정부의 의지에서 비롯된 것이다.

나. 국취부나용선의 수요충족의 부족

한편 1976년부터 시행된 계획조선제도[399]가 실시된 후에도 계획조선자금 규모자체가 연도별로 한정되어 국내 해운기업의 자금수요의 상당부분을 충족시키지 못하는 상황이었다. 그럼에도 정부는 국취부나용선제도에 의한 선박확보와 필요한 금융차입은 1988년 이후 국내의 통화팽창을 이유로 일시 제한을 둔적도 있었다.

그리고 국취부나용선제도에 의한 조달재원규모에 한계가 있었다. 당시 1970~80년대 재부부가 외자도입법과 외환관리법에 따라 국취부나용선제도에 의한 선박확보자금을 일정규모로 매년 한정하였기 때문에 국내 해운기업의 수요를 모두 충족하지는 못하였다. 또한 국취부나용선 선정 대상선박을 선박의 종류에 따라 제한하였으며, 일부 종류의 선박에 잉여재원이 있다하여도 다른 종류의 선박으로 전용할 수가 없는 등 선박의 선정과 자금의 집행에 융통성이 없었다.

다. 국내신조 국취부나용선에 대한 수입관세 부과

또한 국취부나용선은 실질적으로 특히 신조선인 경우 국내 해운기업이 외국금융을 이

---

399) 정부의 수출산업 우선정책으로 국내의 수출입 화물이 급증하게 되고 이 급증하는 화물을 국내 해운기업에 의해 적기에 안전하게 수송하기 위하여 국내 해운기업의 선박확보와 선박금융을 보다 용이하게 할 목적으로 정부가 1976년 도입한 제도이었다. 국민투자기금이나 산업시설자금으로 국내해운기업에게 비교적 장기로 고정금리의 금융을 제공하였던 제도로 국적취득조건부 나용선제도와 함께 국적선대 증강에 크게 기여하였다.

용하여 국내의 조선소에서 선박을 신조하는 국내 선박이므로 수입된 선박이 아니고 단지 금융상의 절차와 편의에 따라 선박금융 제공자가 조세감면지역에 설립한 특수목적법인과 계약을 체결할 뿐이다. 그럼에도 불구하고 국취부나용선에 대하여 선가의 2.5%에 해당하는 수입관세를 부과하였었다(1990년대 초 수입관세폐지 됨). 당시 이러한 국취부나용선에 대한 수입관세는 우리나라의 선박에 대해서만 부과되었었으며, 그만큼 국내 해운기업의 원가를 높이는 결과가 되어 국제경쟁력을 저하시키는 결과를 초래하였었다.

라. 금융조달의 어려움 및 금융조건의 불리

국취부나용선제도를 이용하여 중고선매입이나 국내조선소에서 선박을 건조하는 경우 대부분의 선박금융은 해외로부터 자금을 차입하였으며, 이때에 일본 대형화주의 10년 적하보증이 끝난 일본 선사의 중고 벌크선을 매입하기 위하여 일본의 상사신용을 이용할 기회가 많았다. 일본의 종합무역회사, 리스회사, 보험 및 신탁회사는 일본의 수출입은행 융자조건에 비해 유리한 조건으로 금융을 제공하였다.[400] 특히 일본의 종합무역상사는 높은 기술수준, 풍부한 자금력과 높은 국제신용도(AAA 또는 AA+)를 이용하여 국제금융시장에서 Libor보다 낮은 수준의 금리로 자금조달이 가능하기 때문에 장기저리로 선박금융을 대출할 수 있었다. 또한 선가의 전액은 물론 금융차입에 필요한 각종 수수료[401] 까지도 금융을 제공하였으므로 자본력이 약한 우리나라 해운기업은 금융조건이 불리한 경우라 하더라도 이용할 수밖에 없었던 실정이었다.

한편 국취부나용선제도에 의해 선박을 확보하기 위해 국제금융시장에서 자금을 조달하는 경우 대부분 미화표시 금융이었으며, 상환이자율은 미화의 리보금리에 연동되는 변동금리(Libor + 가산금리)를 적용하였기 때문에 계획조선의 원화금리보다 낮았다. 특히 신조선박을 발주하는 경우에는 대출비율이 높고(대부분의 경우 선가의 100%) 장기간(대부분의 경우 선박인도 후 12년)의 대출로서 금융조건이 계획조선의 경우보다 유리하다. 그러나 일부 해운기업이 일본 엔화의 저금리를 고려한 일본 엔화금융조달은 엔화의 절상으로 이러한 상사신용의 장기저리 효과가 전혀 없었으며 오히려 불리한 경우가 있었다. 국내 특정 해운기업이 일본의 상사신용을 이용하여 일본으로부터 1986년 3척의 풀컨테이너선을 도입하였는데, 엔화의 절상으로 결과적으로 극히 불리한 선박금융조달이 되었으며, 결국 거액의 벌금(penalty)을 지불하고 미화(US Dollar) 금융차입계약으로 변경하여만 하였다.

위와 같은 제도상의 불편한 점이나 불리한 점이 있었다 하더라도 국취부나용선 제도는

---

400) 해사기술연구소, 「세계 금융시장의 환경변화가 우리나라 선박금융에 미치는 영향분석」, 1992, pp.21~22.
일본의 금리체계는 LTPR(long term prime rate: 장기우대금리) 중심으로 되어 있어 CIRR은 LTPR-0.2%, 5년만기 국채수익률은 LTPR-0.9% 수준에서 결정되고 있으며 LTPR-(0.4~0.5%) 금리수순에서 선박금융 제공이 가능하였다.

401) 선박금융차입시의 수수료로서 up-front fee, management fee(관리수수료), commitment fee(약정수수료), legal cost(법률 자문료), delivery cost(선박인도비용) 및 guarantee fee(보증료) 등을 말한다.

국내 해운기업에게 선박확보 및 금융조달을 위한 돌파구가 되었다.

(5) 최근의 국적취득조건부 나용선제도

1990년대 초부터는 신조선박을 확보하는 경우 국취부나용선제도를 이용하는 경우가 더욱 증가하였으며, 신조선확보시 대부분 이제도를 이용하였다. 그러나 우리나라가 1996년 경제협력개발기구(OECD)에 가입하고 세계무역기구(WTO) 체제가 가동된 후, 이 세계무역질서의 규정에 따라 정부가 화물유보제도와 같은 국적해운기업을 지원하기 위한 정책의 실시가 더 이상 가능하지 않게 되었다. 그리고 외환관련 규정도 보다 자유로워짐에 따라 국취부나용선제도를 통한 선박확보와 관련한 외환규제도 거의 없게 되고 관련관청으로 부터의 허가도 필요치 않게 되었다. 따라서 우리나라 해운기업이 국적취득조건부 나용선계약에 의한 선박확보자금 차입시의 금융조건도 금융시장에서 독자적으로 자유롭게 협의하여 해당 해운기업의 신인도에 따라 상업적인 결정으로 정해지고 있다. 또한 최근에는 선박확보를 위한 금융조달 자체도 보다 용이하게 되었으며 금융조건도 유리하게 개선되었다.

한편 우리나라는 2003년부터 독일의 KG Fund나 노르웨이의 KS Fund와 유사한 선박투자회사제도를 아시아 역내에서는 최초로 도입하였으며 국내 해운기업이 이 제도를 이용하여 신조선박이나 중고선박을 확보하는 경우가 증가하고 있다. 이때에도 국내 해운기업은 선박투자회사가 설립한 특수목적법인과 국취부나용선계약을 체결하고 있으며, 기타 다른 형태로 국내 해운기업이 선박을 확보하는 경우 금융제공자도 소유권취득조건부 선체용선계약 체결을 요구하는 경우가 대부분이므로 현재에도 우리나라 해운기업이 선박을 확보하는 경우 국취부나용선제도를 이용하는 경우가 가장 많은 실정이다.

제3절 선체용선계약의 약관 및 해석

선체용선계약은 정기용선계약과 같이 선박사용계약으로서 많은 내용이 정기용선계약과 동일하거나 유사하므로, 정기용선계약과 다른 내용 또는 선체용선계약에만 있는 규정에 대하여 최근에 발틱국제해운협의회(BIMCO)가 작성한 표준선체용선계약서인 Barecon 2001을 중심으로 살펴보고자 한다.

한편 선체용선계약은 선체용선기간 만료 시 용선자가 소유권을 취득하는 소유권취득조건부 선체용선계약이 대부분이며, 선박소유자가 금융기관인 경우가 대부분이기 때문에 직접적인 선박운항에 관심이 적고 선체용선계약을 금융거래와 투자의 한 방안으로 간주하므로, 선체용선계약의 내용은 용선자인 해운기업이 선박을 확보하기 위해 선박소유자인 투자자로부터 금융을 차입하는 내용과 이와 관련된 사항을 포함하는 등 표준계약서의 내용이 변경되어 작성되고 있으며, 선체용선계약서 자체도 관련되는 전체 계약서 중의 하나에 불과하다.

1. 선체용선계약서의 구성

용선계약서는 해운시장에서의 상관행과 법령(commercial practice and legislation)의 변경 등으로 개정을 필요로 하는 내용과 상황을 반영하여 관련기관에서 표준계약서를 재작성한다. 가장 최근에 작성된 Barecon 2001은 아래와 같이 5개 부문(Part)으로 구성되어 있다.

① Part I은 선체용선계약의 내용 중에서 중요한 부분을 항목별로 박스(box)에 표시하고 있다.

② Part II는 선체용선계약의 일반적인 내용으로 구성되어 있다.

③ Part III는 신조선박에만 적용되는 내용이며, 선박소유자와 용선자가 상호 합의하여 적용하는 선택사항이다. 선박소유자가 용선자에게 대선할 선박을 신조하는 경우 용선자가 선박건조의 초기과정에서부터 건조에 참여하는 내용을 포함하고 있다.

④ Part IV는 선체용선계약이 만료되는 시점에 선체용선자의 선박소유권 취득(Hire Purchase Agreement)에 관한 내용이며, 이 내용도 선박소유자와 용선자간에 협의하여 결정하는 선택사항이다.

⑤ Part V는 선체용선자가 선박운항에 편리한 국적으로 변경하여 등록하는 것에 관한 내용이다. 선체용선계약은 대부분 장기계약이다. 선체용선자가 장기적으로 선박을 운항할 때에 선박소유자와 협의하여 선체용선기간 동안에 선박소유자가 등록한 선박의 국적을 선체용선자가 선박을 운항하기에 보다 편리한 국적으로 변경하여 등록하는 경우에 적용되는 내용이며, Barecon 2001에 새롭게 추가된 내용이다.

한편 선체용선계약의 약관을 적용하거나 해석할 때에 'Part I과 Part II의 해석이 상충되는 경우에는 Part I의 내용이 우선하며, Part I/Part II 내용과 Part III, Part IV 및 Part V의 내용이 상충되는 경우에는 Part I/Part II의 내용이 우선한다.' 라고 Barecon 2001의 Part I에 규정하고 있다.

2. 선체용선계약서의 약관 및 해석

표준선체용선계약서 Barecon 2001을 부문(Part)별로 다음과 같이 살펴본다.

1) Part I

선체용선계약의 계약당사자, 계약당사자의 소재지, 선박의 명세, 선박의 인수도 시간과 장소, 선체용선 기간, 선체용선료와 지불방법은 물론 선체용선계약 내용 중에서 중요한 부분을 별도의 박스(box)를 두어 간결하게 명기하도록 한 부문이다.

[그림 8-2] BARECON 2001 PART I

The Baltic and International Maritime Council (BIMCO) Copenhagen in 1974 as [Barecon] and [Barecon B] Revised and amalgamated 1989 Revised 2001

<table>
<tr><td rowspan="2">1. Shipbroker</td><td colspan="2">BIMCO STANDARD BAREBOAT CHARTER
CODE NAME: "BARECON 2001"
PART I</td></tr>
<tr><td colspan="2">2. Place and date</td></tr>
<tr><td>3. Owners/Place of business(Cl. 1)</td><td colspan="2">4. Bareboat Charterers/Place of business(Cl. 1)</td></tr>
<tr><td colspan="3">5. Vessel's name, call sign and flag(Cl. 1 and 3)</td></tr>
<tr><td>6. Type of vessel</td><td colspan="2">7. GT/NT</td></tr>
<tr><td>8. When/Where built</td><td colspan="2">9. Total DWT (abt.) in metric tons on summer freeboard</td></tr>
<tr><td>10. Classification Society (Cl. 3)</td><td colspan="2">11. Date of last special survey by the Vessel's Classification society</td></tr>
<tr><td colspan="3">12. Further particulars of Vessel (also indicate minimum number of months, validity of class certificates agreed acc. to Cl. 3)</td></tr>
<tr><td>13. Port or Place of delivery (Cl.3)</td><td>14. Time for delivery (Cl. 14).</td><td>15. Cancelling date (Cl. 15).</td></tr>
<tr><td>16. Port or Place of redilivery(Cl.15)</td><td colspan="2">17. No. of Months' validity of trading and class Certificates upon redelivery (Cl. 15)</td></tr>
<tr><td>18. Running days' notice if other than stated in Cl. 4</td><td colspan="2">19. Frequency of dry-docking (Cl. 10(g))</td></tr>
<tr><td colspan="3">20. Trading Limits (Cl. 6)</td></tr>
<tr><td>21. Charter period(Cl. 6)</td><td colspan="2">22. Charter hire (Cl. 11)</td></tr>
<tr><td colspan="3">23. New class and other safety requirements (state percentage of Vessel's insurance value acc. to Box 29)(Cl. 10(a)(ii))</td></tr>
<tr><td>24. Rate of interest payable acc. to Cl. 11(f) and, if applicable acc. to Part IV</td><td colspan="2">25. Currency and method of payment (Cl. 11)</td></tr>
<tr><td>26. Place of payment; also state beneficiary and bank account(Cl.11)</td><td colspan="2">27. Bank Guarantee/bond(sum and place) (Cl.24) (optional)</td></tr>
</table>

Printed and sold by Fr. G. Knudtzons Bogtrykkeri A/S Vallensbaekvej 61, DK-2625 Vallensbaek, Fax: +454366 0701

(Continued)

(continued) "BARECON 2001" STANDARD BAREBOAT CHARTER PART 1

26. Place of payment, also state beneficiary and bank account (Cl. 11)	27. Bank guarantee/bond(sum and place)(Cl. 24) (optional)
28. Mortgage(s), if any(state whether 12(a) applies; if 12(b) applies state date of Financial instrument and name of Mortgage(s)/Place of business)(Cl.12)	29. Insurance(hull and machinery and war risks) (state value acc. to Cl. 13(f) or, if applicable, acc. to Cl. 14(k))(also state if Cl. 14 applies)
30. Additional insurance cover, if any, for Owners, account limited to(Cl. 13(b) or, if applicable, Cl. 14(g)	31. Additional insurance cover, if any, for Charterers' account limited to (Cl. 13(b) or, if applicable, Cl. 14(g)
32. Latent defects(only to be filled in if period other than stated in Cl. 3)	33. Brokerage commission and to whom payable(Cl. 27)
34. Grace period(state number of clear banking days) (Cl. 28)	35. Disputes Resolution (state 30(a), 30(b) or 30(c); if 30(c) agreed place of Arbitration must be stated (Cl. 30)
36. War Cancellation(indicate countries agreed) (Cl. 26(f))	
37. New building vessel(indicate with "yes" or "no" whether PART III applies)(optional)	38. Name and place of Builders (only to be filled in PART III applies)
39. Vessel's Yard Building No. (only to be filled in if PART III applies)	40. Date of Building contract(only to be filled in if PART III applies)
41. Liquidated damages and costs shall accrued to (state parry acc. to Cl. 1) a) b) c)	
42. Hire/Purchase agreement (indicate with "yes" or "no" whether PART IV applies)(optional)	43. Bareboat Charter Registry(indicate "yes" or "no" whether PART V applies)(optional)
44. Flag and Country of Bareboat Charter Registry (only to be filled in if PART V applies)	45. Country of the Underlying Registry (only to be filled in if PART V applies)
46. Number of additional clauses covering special provisions, if agreed.	
PREAMBLE - It is mutually agreed that this Contract shall be performed subject to the conditions contained in this Charter which shall include PART I and PART II. In the event of a conflict of conditions, the provisions of PART I shall prevail over those of PART II to the event of such conflict but no further. It is further mutually agreed that PART III and/or PART IV and/or PART V shall only apply and only form part of this Charter if expressly agreed and stated in the Boxes 37, 42 and 43. If PART III and/or PART IV and/or PART V apply, it is further agreed that in the event of a conflict of conditions, the provisions of PART I and PART II shall prevail over those of PART III and/of PART V to the extent of such conflict but no further.	
Signature(Owners)	Signature(Charterers)

1. 중개인
2. 장소와 시기
3. 선박소유자/주소
4. 선체용선자/주소
5. 선박명세(선명, 선박번호 및 국적 등)
6. 선형
7. 총톤수/순톤수
8. 건조시기/건조장소(조선소)
9. 만재재화중량톤(약)
   (하계만재건현에서의 메트릭 톤수)
10. 선급
11. 현재의 선급에 의한 최근의 정기검사일자
12. 추가선박명세
    (제3조에서 합의한 선급검사 유효 개월수)
13. 선박의 인도항구 또는 장소(제3조)
14. 선박인도시기(제14조)
15. 계약취소일자(제15조)
16. 선박의 반선항구 또는 장소(제15조)
17. 선박의 반선시의 선급증서와 운항허가 유효 개월수(제15조)
18. 제4조에 명시된 것 이외의 통지날자 수
19. 입거수리 주기[제10조(g)항]
20. 운항구역(제6조)
21. 용선기간(제2조)
22. 용선료(제11조)
23. 선급과 안전규정에 따른 신규조건(칸29에 따른 선박부보가격에 대한 비율[제10조(a)의 (ii)항]
24. 제11조(f)항에 따른 지불이자율[제11조(f)항에 따른 또는 Part IV 가 적용되는 경우]
25. 지불통화 및 지불방법(제11조)
26. 지불장소; 수취인과 은행구좌(제11조)
27. 은행지불보증/본드(bond)(제24조)(선택사항)
28. 제공되었을 경우 선박담보제공(Mortgage) [제12조(a)항이 적용되든지 또는 12조(b)항이 적용되는 경우 재무적 담보 제공 날자와 담보권자의 성명을 명시](제12조)
29. 부보사항(선체 및 전쟁보험)
    제132h(f)항, 또는 적용된다면 제14조 (k)항에 따른 부보가액을 명시(제14조가 적용되는 경우에도 명시)
30. 제13조(b)항에 제한되어 있는 사항에 따라 또는 적용될 수 있는 경우에 제14조(g)항에 따른 선박소유자의 비용으로 추가로 부보한 사항
31. 제13조(b)항에 제한되어 있는 사항에 따라 또는 될 수 있다면 제14조(g)항에 따라 선체용선자의 비용을 추가로 부보한 사항
32. 잠재하자(제3조에 명시된 기간이외의 기간인 경우에 여기에 표시된다)
33. 중개수수료 및 중개수수료 수취자
34. 지불유예기간
    (은행영업일수를 분명하게 명시) (제28조)
35. 분쟁의 조정[제30조의 (a), (b) 또는(c) 가운데 적용할 것을 명시, 만약 30(c)를 적용하는 경우에는 중재합의장소 필히 명시
36. 전쟁으로 인한 계약취소(해당국가 명시)[제26조(f)항]
37. 신조선박
    (Part III적용여부 명시)(선택사항)
38. 조선소의 명칭과 주소
    (Part III 적용 시에 기재.)
39. 조선소가 부여한 선박번호
    (Part III 적용 시에 기재)
40. 선박건조계약일자(Part III 적용 시에 기재)
41. 손해를 변제하여할 당사자 (제1조에 명시된 자 중에서 선택)
    (a)
    (b)
    (c)
42. 용선료/소유권취득 합의
    (Part IV 적용여부 명시)(선택사항)
43. 선체용선자의 선박등록
    (Part V 적용여부 명시)(선택사항)
44. 선체용선자의 선박등록시 기국
    (Part V가 적용되는 경우에만 명시)
45. 선박소유자의 선박등록 국가
    (Part V가 적용되는 경우에만 명시)
46. 합의하는 경우, 추가 특별약관의 숫자

서명(선박소유자)　　　　서명(용선자)

2) Part II

선체용선계약의 Part I에 간결하게 명시된 내용을 포함하여 선체용선계약의 보다 구체적인 내용을 담고 있는 부문이다. 선체용선계약의 약관의 번역과 함께 약관의 변경내용 및 정기용선계약 또는 항해용선계약과 다른 부분을 중심으로 Part II의 내용을 살펴보고자 한다.

(1) 용어의 정의 [Clause 1 Definitions]

Clause 1 (Definitions)
In this Charter, the following terms shall have the meanings hereby assigned to them: "The Owners" shall mean the party identified in Box 3; "The Charterers" shall mean the party identified in Box 4; "The Vessel" shall mean the vessel named in Box 5 and with particulars as stated in Boxes 6 to 12. "Financial Instrument" means the mortgage, deed of covenant or other such financial security instrument as annexed to this Charter and stated in Box 28.

제1조 용어의 정의
이 용선계약서에서 사용된 용어를 다음과 같이 정의한다. "선박소유자"는 박스3에 표시된 자를 말하며, "용선자"는 박스4에 표시된 자를 말한다. "선박"은 박스6에서부터 박스12에 언급된 제원(particulars)을 갖춘 박스5에 표시된 선박을 말한다. 재무적 장치(financial instrument)는 저당권(mortgage), 지불약속증서(deed of covenants) 또는 이 용선계약서에 첨부되고 박스28에 명시된 다른(other) 재무적 담보 장치를 말한다.

선박소유자에 관한 정의를 Barecon 89 에서는 "The Owners shall mean the person or company as Owners of the Vessel(선박 소유자는 선박을 소유한 개인 또는 법인을 의미한다.)" 이라고 하였는데, 이와 같은 정의는 용선계약을 체결할 때에 선박소유자의 위치에 있는 자를 모두 포함하지 못하며 또한 선박소유자의 입장에 있는 모든 자를 한마디로 표현하기도 어렵기 때문에 Barecon 2001 에서는 선박소유자를 "박스 3에 명시된 자를 말한다." 라고 정의하였다.

또한 용선자에 관한 정의도 Barecon 89에서는 "The Charterers shall mean the Bareboat charterers and shall not be construed to mean a time charterer or a voyage charterer(용선자는 선체용선자를 말하며 기간용선자나 항해용선자를 의미하지 않는다)" 라고 하였다. 그러나 오래 전부터 선체용선계약도 해운시장에서 흔히 이용되는 용선계약의 하나이기 때문에 항해용선계약, 기간용선계약 및 선체용선계약을 구별하여 용선자를 언급할 필요가 없다. 따라서 용선자를 Barecon 2001에서는 박스4에 명시된 자라고 간단히 정의하였다.

Barecon 89에서는 "선박(the Vessel)"과 "재무적 담보장치(financial instruments)"에 대하여 정의하지 않았으나 Barecon 2001에서는 이에 대한 정의가 추가 되었다. 특히 재무적 담보 장치를 "mortgage, deed of covenant or other such financial security instrument as annexed to this Charter and stated in Box 28"이라고 포괄적으로 정의하여 용어에 대한 모호한 해석을 방지하고 Barecon 2001의 제12조[저당권(mortgage)]와 제13조[보험과 수리(Insurance and Repair)]에 대한 내용의 해석을 보다 용이하게 하고자 하였다.

(2) 용선기간 [Clause 2 Period]

Clause 2 (Charter Period)
In consideration of the hire detailed in Box 22, the Owners have agreed to let and the Charterers have agreed to hire the Vessel for the period stated in Box 21("The Charter Period").

제2조 (용선기간)
박스22에 명시된 용선료로 박스21에 표시된 기간("용선기간")동안 선박소유자는 선박을 대여하고 용선자는 선박을 빌리기로 합의한다.

(3) 선박의 인도 [Clause 3 Delivery]

Clause 3 (Delivery)
(not applicable when Part III applies, as indicated in Box 37)

(a) The Owners shall before and at the time of delivery exercise due diligence to make the Vessel seaworthy and in every respect ready in hull, machinery and equipment for service under this Charter. The Vessel shall be delivered by the Owners and taken over by the Charterers at the port or place indicated in Box 13 in such ready safe berth as the Charterers may direct.
(b) The Vessel shall be properly documented on delivery in accordance with the laws of the flag State indicated in Box 5 and the requirements of the classification society stated in Box 10. The Vessel upon delivery shall have her survey cycles up to date and trading and class certificates valid for at least the number of months agreed in Box 12.
(c) The delivery of the Vessel by the Owners and the taking over of the Vessel by the Charterers shall constitute a full performance by the Owners of all the Owners' obligations under this Clause 3, and thereafter the Charterers shall not be entitled to make or assert any claim against the Owners on account of any conditions, representations or warranties expressed or implied with respect to the Vessel but the Owners shall be liable for the cost of but not the time for repairs or renewals occasioned by latent defects in the Vessel, her machinery or appurtenances, existing at the time of delivery under this Charter, provided such defects have manifested themselves within twelve(12) months after delivery unless otherwise provided in Box 32.

제3조 (선박의 인도)
[박스37(신조선박)에 언급된 바와 같이 제3부(Part III)가 적용되는 경우에는 이 조항은 적용되지 않는다.]

(a) 선박소유자는 용선자에게 선박을 인도하기 전과 인도시점에 선박이 이 용선계약에 따라 용역을 제공하기 위해 선박이 감항성을 가지게 하고 선체, 기관 및 장비가 모든 면에서 준비가 되도록 최선을 다해야 한다. 선박은 박스13에 명시된 항구 또는 장소에서 용선자가 안전하다고 지정하는 부두(berth)에서 선박소유자에 의해 인도되고 용선자에 의해서 받아져야 한다.

(b) 선박은 인도될 때에 박스5에 명시된 기국의 법령과 박스10에 명시된 선급의 요구사항에 따라 적절하게 서류를 갖추어야 한다. 선박은 인도되자마자 될 때에 검사주기의 기간이 만료되지 넘지 않아야 하며 적어도 박스12에 명시된 월수만큼은 선급증서가 유효하여야 한다.

(c) 선박소유자에 의한 선박의 인도와 용선자에 의한 선박의 인수는 본 용선계약서 제3조에 따른 선박소유자의 의무를 선박소유자가 완전히 이행한 것으로 간주하며, 그리고 이후에는 용선자는 선박에 대한 명시적 또는 묵시적인 조건, 고지 또는 담보사항에 대하여 선박소유자를 상대로 어떠한 보상요구를 제기하거나 주장할 수가 없다. 그러나 박스32에 다르게 명시하지 않는 한, 선박인도 후 12개월 이내에 잠재하자가 나타나는 경우에 선박과 기관과 부속장비(appurtenances)에 대하여 인도시점에 존재하는 그러한 잠재하자에 대한 수리나 교체를 위한 비용부담에 대하여 책임을 져야 하나 이러한 잠재하자의 수리나 교체를 위한 시간에 대해서는 책임을 지지 않는다.

선체용선자가 본선을 인수하게 되면, 선박소유자는 계약상의 의무를 완전히 이행한 것으로 간주되며, 일단 이렇게 선박이 용선자에게 인도된 후에는 선체용선자는 선박의 감항능력이나 선박과 기관 및 부속장비의 제원 및 성능에 관해 선박소유자가 명시적 또는 묵시적으로 제공한 조건, 고지 또는 담보사항에 대하여 용선자가 이의를 제기할 수 없다. 이와 같이 일단 선박을 용선자가 인수하게 되면, 용선자가 장기간 선박의 관리를 담당하고 이 선박을 운영 및 운항하여야 하므로 선체용선계약에서의 인수시 선박의 상태가 다른 어떤 용선계약에서 보다도 중요하다.

다만, 본선인수시의 검사에서 발견되지 않은 숨은 하자(잠재하자, latent defect)에 대해서는 박스32에 선박소유자와 용선자간에 합의하여 별도로 기재하지 않는 한 선박인수 후 12개월 이내에 발견되는 경우 선체용선자가 선박소유자에게 이의를 제기할 수 있다. 그러나 이때에도 이에 대한 수리비용은 선박소유자가 부담하지만 시간에 대한 손실은 선체용선자가 부담하여야 한다. 즉 선체용선자는 수리기간에도 선체용선료를 지불하여야 하고, 선원의 급여 및 다른 선박 보수유지비용도 부담하여야 한다. 한편 12개월 이내에 발견된 하자가 잠재하자라는 것을 증명하기가 용이하지 않으며, 따라서 선박소유자와 용선자간에 분쟁의 소지도 많다. 더구나 신조할 때에 용선자도 신조감독을 파견하여 선박신조를 하는 경우에는 잠재하자라고 이의를 제기하기에는 용선자의 위치가 더욱 약화된다. 용선자가 잠재하자에 대한 이의를 제기할 수 있는 시한을 Barecon 89에서는 18개월이었으나 Barecon 2001에서는 12개월 단축하였다.

또한 선박소유자가 용선자에게 선박을 인도할 때에 검사주기가 만료되지 않아야 하며 선급증서도 합의하여 박스12에 기재한 개월수 만큼은 유효하여야 하는데, 이는 용선자가 충분한 시간을 가지고 새롭게 증서를 갱신하게 하기 위함이다.

(4) 인도시간 [Clause 4 Time for Delivery]

Clause 4 (Time for Delivery)
(not applicable when Part III applies, as indicated in Box 37)

The Vessel shall not be delivered before the date indicated in Box 14 without the Charterers' consent and the Owners shall exercise due diligence to deliver the Vessel not later than the date indicated in Box 15. Unless otherwise agreed in Box18, the Owners shall give the Charterers not less than thirty (30) running days' preliminary and not less than fourteen (14) running days' definite notice of the date on which the Vessel is expected to be ready for delivery. The Owners shall keep the Charterers closely advised of possible changes in the Vessel's position.

제4조 (인도시간)
[박스37(선박의 신조)에 명시된 바와 같이 제3부(Part III)가 적용되는 경우 이 조항은 적용되지 않는다]

선박은 용선자의 동의 없이 박스14에 명시된 날자 이전에 용선자에게 인도될 수 없으며, 선박소유자는 박스15에 명시된 날자(cancelling date)보다 늦지 않게 용선자에게 선박을 인도하도록 최선을 다하여야 한다. 박스18에서 다르게 합의하지 않는 한, 선박소유자는 용선자에게 선박의 인도가 예상되는 날의 30일 이전(running days)에 인도 임시통지(preliminary notice)와 14일 이전에 인도 확정통지를 하여야 한다. 선박소유자는 용선자에게 선박의 인도와 관련하여 (장소, 시간 등의)변경되는 사항을 계속하여 통보하여야 한다.

선박소유자가 대선할 선박을 용선자에게 인도할 때 인도시기에 관한 사전통지에 관한 사항이며, 인도 30일전 임시통지와 14일전 확정통지를 하여야 하며 용선자는 통지된 날짜에 선박을 인수하여야 한다. 그리고 선박소유자는 선박의 인도가 지연됨에 따라 용선계약을 취소할 수 있는 날짜(cancelling date)보다 늦지 않게 선박이 인도되도록 최선을 다할 것을 명시하고 있다.

그러나 선박을 신조하는 경우의 선박인도에 관하여는 별도(Part III 제2조)로 정하고 있다. 선박의 건조일정에 따라 선박건조완료 일자가 달라질 수 있기 때문이며, 선박소유자가 선박건조 일정을 조정하는데 한계가 있음을 인정하여 선체용선계약을 체결할 때의 선박인도 날짜보다 이전에 또는 이후에 선박건조완료가 이루어진다 하여도 용선자는 선박건조완료 즉시 선박을 인수하여야 한다.

(5) 계약의 취소 [Clause 5 Cancelling]

Clause 5 (Cancelling)

(not applicable when Part III applies, as indicated in Box37)

(a) Should the Vessel not be delivered latest by the cancelling date indicated in Box15, the Charterers shall have the option of cancelling this Charter by giving the Owners notice of cancellation within thirty-six (36) running hours after the cancelling date stated in Box 15, failing which this Charter shall remain in full force and effect.

(b) If it appears that the Vessel will be delayed beyond the cancelling date, the Owners may, as soon as they are in a position to state with reasonable certainty the day on which the Vessel should be ready, give notice thereof to the Charterers asking whether they will exercise their option of cancelling, and the option must then be declared within one hundred and sixty-eight (168) running hours of the receipt by the Charterers of such notice or within thirty-six (36) running hours after the cancelling date, whichever is the earlier. If the Charterers do not then exercise their option of cancelling, the seventh day after the readiness date stated in the Owners' notice shall be substituted for the cancelling date indicated in Box 15 for the purpose of this Clause 5.

(c) Cancellation under this Clause 5 shall be without prejudice to any claim the Charterers may otherwise have on the Owners under this Charter.

제5조 (계약의 취소)

[박스37(선박의 신조)에 명시한 바와 같이 제3부(Part III)가 적용되는 경우 이 조항은 적용되지 않는다]

(a) 만약 선박이 늦어도 박스15에 명시된 계약취소날짜까지 용선자에게 인도되지 않았다면, 용선자는 박스15에 명시된 날짜 후 36시간(running hours)[402] 이내에 계약취소통보를 한 후 용선계약을 취소할 수 있는 선택권 가지고 있으며, 만약 이 취소통보를 하지 못하였을 경우에는 이 용선계약은 유효하고 효력을 가진다.

(b) 만약 선박의 인도가 계약을 취소할 수 있는 날짜를 지나 지연된다면, 선박소유자는 선박소유자가 합리적인 확실성을 가지고 선박을 인도할 수 있는 준비가 되는 날짜를 통보할 수 있는 상황이 되자마자 즉시 이 사실을 용선자에게 통보하고 계약취소의 선택권을 행사할 것인가를 문의할 수 있으며, 용선자의 이 계약취소 선택권은 용선자가 이러한 선박소유자의 통보를 받은 후 168시간 이내와 또는 계약취소날짜 후 36시간 이내의 두 가지 중 빠른 시간까지 선박의 인수 여부에 관하여 용선자에 의하여 선언되어야 한다. 만약 선박소유자가 용선자가 용선계약취소에 대한 선택권을 행사하지 않았다면, 이 용선계약서 제5조를 적용하기 위한 박스15에 명시된 계약을 취소할 수 있는 날짜는 선박의 인도준비가 될 것이라고 통보된 날짜 후 7일째 되는 날짜로 대체된다.

(c) 본 제5조에 따른 계약의 취소는 용선자가 이 용선계약에 따라 선박소유자에게 제기할 수 있는 다른 어떤 보상요구에도 영향을 끼치지 않는다.

---

402) "Running hours" 라는 말은 정상적인 근무일을 말하며, 휴일이나 공휴일은 포함되지 않는다. 따라서 본 약관의 36시간이나 168시간 내에 하루(24시간)의 휴일이나 공휴일이 포함되었다면 그만큼 시간이 연장되어 각각 60시간과 192시간이 된다. 한편 Banking day 라는 말이 있는데, 이것은 은행영업일을 말한다.

36시간이라는 기간은 용선자가 선박에 대하여 부당하게 용선하지 않으려고 발뺌하는 것을 방지하고 선박소유자가 가장 신속하게 기회를 포착하여 선박의 적절한 다른 이용(대선 등) 방안을 확보하지 못하게 하여 용선자나 선박소유자에게 선박의 용·대선의무를 수행하도록 강요하기 위하여 고안되었다.

한편 선박소유자가 당초 합의한 날짜에 용선자에게 선박을 인도하지 못하는 경우에, 당초 합의한 인도일자보다 36시간이 연장된 시간과 선박소유자가 선박이 인도가 가능한 날짜를 새롭게 지정하여 통보한 날로부터 168시간(7일)이 되는 시간 중 먼저 도래한 시간을 용선자가 용선계약 취소여부의 선택권을 행사할 수 있는 시한으로 정하였다. 그 이유는 선박소유자가 당초 합의하여 용선계약서상의 박스15에 명시된 용선계약 취소 가능한 날짜에 임박하여 새로운 선박의 인도가능일자를 통보하는 경우에 선박소유자가 용선자로부터 회신을 받기 위해 선박소유자가 통보를 한 날짜로부터 168시간(7일)을 기다리게 하지 않게 하고, 먼저 도래하는 당초의 계약취소 날짜로부터 36시간이 될 때까지 용선자의 회신을 받게 하기 위함이다.

그러나 어떠한 경우에도 제4조(인도 시간)에 따라서 선박소유자가 계약취소 날짜까지 선박의 인도를 위해 최선을 다하여야 한다는 의무는 면제되지 않으며, 계약취소날짜까지 선박을 인도하지 못하는 경우에 용선자가 자동적으로 용선계약을 취소할 수 있는 권리가 주어지는 데에도 변함이 없다.

(6) 운항제한 [Clause 6 Trading Restrictions]

Clause 6 (Trading Restrictions)

The Vessel shall be employed in lawful trades for the carriage of suitable lawful merchandise within the trading limits indicated in Box 20. The Charterers undertake not to employ the Vessel or suffer the Vessel to be employed otherwise than in conformity with the terms of the contracts of insurance(including any warranties expressed or implied therein) without first obtaining the consent of the insurers to such employment and complying with such requirements as to extra premium or otherwise as the insurers may prescribe.

The Charterers also undertake not to employ the Vessel or suffer her employment in any trade or business which is forbidden by the law of any country to which the Vessel may sail or is otherwise illicit or in carrying illicit or prohibited goods or in any manner whatsoever which may render her liable to condemnation, destruction, seizure or confiscation.

Notwithstanding any other provisions contained in this Charter it is agreed that nuclear fuels or radioactive products or waste are specifically excluded from the cargo permitted to be loaded or carried under this Charter. This exclusion does not apply to radio-isotopes used or intended to be used for any industrial, commercial, agricultural, medical or scientific purposes provided the Owners' prior approval has been obtained to loading thereof.

제6조 (운항제한)

선박은 박스20에 명시된 운항지역 안에서 적절하고 합법적인 화물을 운송하기 위해 합법적인 거래를 하는데 제공되어야 한다. 그러한 선박의 취항에 대하여 보험자로부터 제일 먼저 동의를 득하지 아니하고, 보험계약(보험계약에서의 명시적 또는 묵시적 보장을 포함하여)에 따라서 추가보험료를 지불하지 않거나 또는 보험자가 지시하는 사항을 따르지 않는 거래에 용선자는 용선선박을 취항시키지 않아야 하며 허용하여서도 안 된다.

또한 용선자는 용선선박이 항해하려고 하는 어떤 국가의 법에서 금지되거나 혹은 다른 불법적이거나 또는 불법 또는 금지된 물품을 운송하거나, 또는 선박이 비난 혹은 파괴, 나포 또는 몰수에 대하여 어떠한 형태로든지 책임을 져야하는 어떠한 거래(trade)나 사업(business)에도 용선선박을 취항시켜서는 안 된다. 본 용선계약에 포함된 어떤 조항에도 불구하고 핵연료, 방사성 물질 또는 폐기물은 이 용선계약에 따라 선적되거나 운송이 허락되는 화물에서 특별히 제외되어야 한다. 그러나 선박소유자의 사전 승인을 득하였을 경우 산업적, 상업적, 농업적, 의학적 또는 과학적 목적을 위해서 사용되었거나 사용되어질 방사성 동위원소에 대해서는 이러한 제외규정이 적용되지 제외되지 않는다.

(7) 선박의 인도시 및 반선시의 검사 [Clause 7 Surveys on Delivery and Redelivery]

Clause 7 (Surveys on Delivery and Redelivery)

(not applicable when Part III applies, as indicated in Box 37)

The Owners and Charterers shall each appoint surveyors for the purpose of determining and agreeing in writing the condition of the Vessel at the time of delivery and redelivery hereunder. The Owners shall bear all expenses of the On-hire Survey including loss of time, if any, and the Charterers shall bear all expenses of the Off-hire Survey including loss of time, if any, at the daily equivalent to the rate of hire or pro rata thereof.

제7조 (선박의 인도시 및 반선시의 검사)

[본 선체용선계약서의 박스37(선박 신조)에 정해진 내용과 같이 제3부(Part III)가 적용된다면 이 조항은 적용되지 않는다.]

선박소유자와 선체용선자는 선박을 인도할 때와 반선할 때에 선박의 상태를 서면으로 결정하고 합의하기 위해서 검사관을 각기 지정하여야 한다. 선박을 선체용선자에게 대선하기 위한 인도시의 검사비용과 시간에 대한 손실(발생 하였다면)은 선박소유자가 부담하며, 용선자가 선박소유자에게 선박을 반선하기 위한 검사시의 비용과 시간에 대한 손실(발생하였다면)은 용선자의 부담으로 한다. 시간에 대한 손실은 일당 용선료에 상당하는 금액으로 산정하며, 하루가 되지 않는 경우에는 일당용선료를 기준하여 시간에 비례하여 산정한다.

이 약관은 선박을 용선자에게 인도할 때와 용선자가 선박을 다시 선박소유자에게 반선할 때의 검사관 지정과 관련 당사자 간의 비용의 분담에 관한 규정이다. 선박소유자와 선체용선자는 선박을 인도할 때와 반선할 때에 선박의 상태를 검사하고 그 결과에 대하여 서면으로 합의하기 위해 각기 검사관을 지정하여야 한다. 선박을 선체용선자에게 인도하기 위한 검사(on-hire survey) 비용과 시간은 선박소유자의 부담이며, 선체용선자가 반선하기 위한 검사(off-hire survey) 비용과 시간은 선체용선자의 부담으로 한다.

그러나 입거시에 선박을 인도하고 반선하는 경우에 대해서는 규정하고 있지 않다. 그 이유는 선체용선 계약에서 입거시에 선박의 인도검사나 반선검사는 일반적인 관례가 아니며, 입거시는 선박소유자의 수리와 용선자의 수리가 동시에 이루어지는 경우도 있으므로 관련 당사자가 상황에 맞게 상호 적절하게 협의하도록 하기 위함이다.

(8) 선박의 검사 [Clause 8 Inspections]

Clause 8 (Inspection)

The Owners shall have the right at any time after giving reasonable notice to the Charterers to inspect or survey the Vessel or instruct a duly authorised surveyor to carry out such survey on their behalf:–

(a) to ascertain the condition of the Vessel and satisfy themselves that the Vessel is being properly repaired and maintained. The costs and fees for such inspection or survey shall be paid by the Owners unless the Vessel is found to require repairs or maintenance in order to achieve the condition so provided.

(b) in dry-dock if the Charterers have not dry-docked her in accordance with Clause 10(g). The costs and fees for such inspection or survey shall be paid by the Charterers; and

(c) for any other commercial reason they consider necessary (provided it does not unduly interfere with the commercial operation of the Vessel). The costs and fees for such inspection and survey shall be paid by the Owners. All time used in respect of inspection, survey or repairs shall be for the Charterers' account and form part of the Charter Period.

The Charterers shall also permit the Owners to inspect the Vessel's log books whenever requested and shall whenever required by the Owners furnish them with full information regarding any casualties or other accidents or damage to the Vessel.

제8조 (선박의 검사)

선박소유자는 용선자에게 합리적인 통보를 한 후에 (아래와 같은 목적으로) 선박을 조사(inspect)하거나 검사(survey)하거나 또는 선박소유자를 대신하여 (선박소유자로부터) 합당하게 권한을 부여받은 검사관으로 하여금 그러한 선박의 검사를 지시할 수 있는 권한을 가지고 있다.

(a) 선박의 상태를 확인하고 선박이 만족할 만한 상태로 적절하게 보수·유지되고 있는가를 확인하기 위해 검사를 실시한다. (이때 조사 결과) 선박소유자가 제공한 선박의 상태를 유지하기 위해 수리를 필요로 하지 않는 한 선박소유자는 그와 같은 조사나 검사를 위한 비용을 부담하여야 한다.

(b) 선체용선계약서 제10조(g)항의 약관에 따라 용선자가 입거수리를 하지 않는 경우에 입거하여 선박의 조사나 검사를 한다. 용선자는 그와 같은 조사나 검사를 위한 비용을 부담하여야 한다. 그리고

(c) (용선자의 선박의 상업적 운항을 방해하지 않는 조건으로) 선박소유자가 필요하다고 생각하는 어떤 상업적인 목적으로 선박을 조사 또는 검사할 수 있다. 선박소유자는 그와 같은 조사나 검사를 위한 비용을 부담하여야 한다. 그와 같은 조사, 검사 또는 수리를 위한 모든 시간은 용선자의 부담이며, 용선기간으로 간주된다. 용선자는 선박소유자의 요구가 있을 경우에는 언제나 선박소유자에게 선박의 항해일지를 조사하도록 허용하여야 하며 그리고 용선자는 선박소유자가 요구할 때마다 선박소유자에게 선박의 어떤 재난(casualty), 사고(accidents) 또는 손상에 관한 모든 정보를 제공하여야 한다.

선박소유자는 직접 또는 선박소유자가 지정한 검사관으로 하여금, 충분한 시간 전에 용선자에게 통보한 후, 선박소유자의 비용으로 선박의 상태를 점검할 수 있는 권리를 가진다. 그러나 검사결과 선박을 수리하여야 할 필요가 발견되거나, 선체용선자가 규정에 따라 입거수리를 하지 않은 경우에는 선박의 수리비용은 물론 이러한 선박소유자의 검사비용을 선체용선자가 부담하여야 한다. 그러나 이에 필요한 시간에 대한 비용부담의 주체는 명시되지 않고 있으나, 선체용선에서 일단 선박이 용선자에게 인도된 후에는 선박소유자의 과실이 없는 한 용선기간의 중단이 없는 선체용선의 기본취지에 비추어 볼 때 검사와 수리에 필요한 시간은 용선자가 부담하여야 할 것이다.

또한 선박소유자의 상업적인 목적으로 선박을 조사 또는 검사하는 경우에도 비용은 선박소유자가 부담하되 조사나 검사에 필요한 시간은 용선기간으로 간주되며, 용선자의 부담으로 되므로 이 기간에 대해서도 용선료를 지불하여야 한다.

또한 선박소유자는 선박의 항해일지(log books)를 조사할 수 있으며, 선체용선자는 선박소유자에게 선박의 재난, 사고 또는 손상에 대한 모든 정보를 제공하여야 한다.

(9) 재고목록, 유류 및 선용품 [Clause 9 Inventories, Oil and Stores]

Clause 9 (Inventories, Oil and Stores)

A complete inventory of the Vessel's entire equipment, outfit including spare parts, appliances and of all consumable stores on board the Vessel shall be made by the Charterers in conjunction with the Owners on delivery and again on redelivery of the Vessel. The Charterers and the Owners, respectively, shall at the time of delivery and redelivery take over and pay for all bunkers, lubricating oil, unbroached provisions, paints, ropes and other consumable stores (excluding spare parts) in the said Vessel at the then current market prices at the ports of delivery and redelivery, respectively. The Charterers shall ensure that all spare parts listed in the inventory and used during the Charter Period are replaced at their expense prior to redelivery of the Vessel.

제9조 (재고목록, 유류 및 선용품)

용선자는, 선박소유자가 용선자에게 선박을 인도할 때와 용선자가 선박소유자에게 선박을 반선할 때에, 선박에 적재되어 있는 예비부품(spare parts)과 기구(appliances)를 포함한 선박 전체의 비품(equipments)과 도구(outfit)의 재고 목록과 소모품(consumable stores)의 재고에 대한 완전한 재고목록을 작성하여야 한다. 용선자와 선박소유자는 각기 선박의 인도와 반선 시에 선박에 적재되어 있는 모든 유류, 윤활유, 사용하기 시작하지 않은(unbroached) 식료품, 도료, 계류색(ropes)과 다른 소모품(예비품은 제외)에 대하여 선박의 인도항구와 반선항구에서의 당시 시장가격으로 각기 지불하여야 한다. 용선자는 재고목록에 기재되어 있는 예비품과 용선기간에 사용된 예비품에 대하여 용선자의 비용으로 선박을 반선하기 전에 비치하여야 한다.

용선자가 선박소유자로부터 선박을 인도받은 후에 선박을 운영하고 운항하는 데에 필요로 하는 각종 선용품은 용선자의 부담으로 조달되어야 한다. 특히 선박의 안전과 기타 규정에 의하여 선박에 항상 일정 수준 이상의 양을 비치하여야 하는 법정비품은 사용 후 즉시 보충하여야 한다. 용선자는 용선기간이 만료되어 선박소유자에게 선박을 반선하는 경우에는 용선자의 비용으로 규정에서 요구하는 수준까지 이러한 법정비품을 보충하여야 한다. 또한 유류를 포함한 각종 품목에 대하여 선박의 인도와 반선시 선박소유자와 용선자간에 가격을 정산할 때에 구매할 때의 가격이나 조달하여야 하는 가격을 불문하고 선박의 인도항과 반선항에서의 각각의 시장가격을 적용하도록 규정하였는데 이것은 선박소유자와 용선자간에 물품의 정산가격에 대한 이견을 없애기 위함이다.

한편 선박소유자와 용선자간에 가격을 정산하여야 하는 선용품 중의 하나인 청수는 Barecon 89 계약서에서는 포함되어 있었으나, 최근의 거의 모든 선박들은 조수기(증류기, evaporator)를 이용하여 자체적으로 청수를 생산하기 때문에 Barecon 2001에서는 정산품목에서 제외되었다.

(10) 선박의 보수유지 및 운영 [Clause 10 Maintenance and Operation]

Clause 10 (Maintenance and Operation)

(a) (i)Maintenance and Repairs – During the Charter Period the Vessel shall be in the full possession and at the absolute disposal for all purposes of the Charterers and under their complete control in every respect.

The Charterers shall maintain the Vessel, her machinery, boilers, appurtenances and spare parts in a good state of repair, in efficient operating condition and in accordance with good commercial maintenance practice and, except as provided for in Clause 14(l), if applicable, at their own expense they shall at all times keep the Vessel's Class fully up to date with the Classification Society indicated in Box 10 and maintain all other necessary certificates in force at all times.

(ii) New Class and Other Safety Requirements – In the event of any improvement, structural changes or new equipment becoming necessary for the continued operation of the Vessel by reason of new class requirements or by compulsory legislation costing (excluding the Charterers' loss of time) more than the percentage stated in Box 23, or if Box 23 is left blank, 5 per cent. of the Vessel's insurance value as stated in Box 29, then the extent, if any, to which the rate of hire shall be varied and the ratio in which the cost of compliance shall be shared between the parties concerned in order to achieve a reasonable distribution thereof as between the Owners and the Charterers having regard, inter alia, to the length of the period remaining under this Charter shall, in the absence of agreement, be referred to the dispute resolution method agreed in Clause 30.

(iii) Financial Security – The Charterers shall maintain financial security or responsibility in respect of third party liabilities as required by any government, including federal, state or municipal or other division or authority thereof, to enable the Vessel, without penalty or charge, lawfully to enter, remain at, or leave any port, place, territorial or contiguous waters of any country, state or municipality in performance of this Charter without any delay.

This obligation shall apply whether or not such requirements have been lawfully imposed by such government or division or authority thereof.

The Charterers shall make and maintain all arrangements by bond or otherwise as may be necessary to satisfy such requirements at the Charterers' sole expense and the Charterers shall indemnify the Owners against all consequences whatsoever (including loss of time) for any failure or inability to do so.

(b) Operation of the Vessel – The Charterers shall at their own expense and by their own procurement man, victual, navigate, operate, supply, fuel and, whenever required, repair the Vessel during the Charter Period and they shall pay all charges and expenses of every kind and nature whatsoever incidental to their use and operation of the Vessel under this Charter, including annual flag State fees and any foreign general municipality and/or state taxes.

The Master, officers and crew of the Vessel shall be the servants of the Charterers for all purposes whatsoever, even if for any reason appointed by the Owners.

Charterers shall comply with the regulations regarding officers and crew in force in the country of the Vessel's flag or any other applicable law.

(c) The Charterers shall keep the Owners and the mortgagee(s) advised of the intended employment, planned dry-docking and major repairs of the Vessel, as reasonably required.

(d) Flag and Name of Vessel – During the Charter Period, the Charterers shall have the liberty to paint the Vessel in their own colours, install and display their funnel insignia and fly their own house flag.

The Charterers shall also have the liberty, with the Owners' consent, which shall not be unreasonably withheld, to change the flag and/or the name of the Vessel during the Charter Period. Painting and re-painting, instalment and re-instalment, registration and re-registration, if required by the Owners, shall be at the Charterers' expense and time.

(e) Changes to the Vessel – Subject to Clause 10(a)(ii), the Charterers shall make no structural changes in the Vessel or changes in the machinery, boilers, appurtenances or spare parts thereof without in each instance first securing the Owners' approval thereof. If the Owners so agree, the Charterers shall, if the Owners so require, restore the Vessel to its former condition before the termination of this Charter.

(f) Use of the Vessel's Outfit, Equipment and Appliances – The Charterers shall have the use of all outfit, equipment, and appliances on board the Vessel at the time of delivery, provided the same or their substantial equivalent shall be returned to the Owners on redelivery in the same good order and condition as when received, ordinary wear and tear excepted.

The Charterers shall from time to time during the Charter Period replace such items of equipment as shall be so damaged or worn as to be unfit for use. The Charterers are to procure that all repairs to or replacement of any damaged, worn or lost parts or equipment be effected in such manner (both as regards workmanship and quality of materials) as not to diminish the value of the Vessel.

The Charterers have the right to fit additional equipment at their expense and risk but the Charterers shall remove such equipment at the end of the period if requested by the Owners. Any equipment including radio equipment on hire on the Vessel at time of delivery shall be kept and maintained by the Charterers and the Charterers shall assume the obligations and liabilities of the Owners under any lease contracts in connection therewith and shall reimburse the Owners for all expenses incurred in connection therewith, also for any new equipment required in order to comply with radio regulations.

(g) Periodical Dry-Docking - The Charterers shall dry-dock the Vessel and clean and paint her underwater parts whenever the same may be necessary, but not less than once during the period stated in Box 19 or, if Box 19 has been left blank, every sixty (60) calendar months after delivery or such other period as may be required by the Classification Society or flag State.

제10조 (보수유지 및 운영)

(a) (i) 보수유지 및 운항 - 선박은 용선기간동안 모든 면에 있어서 용선자의 완전한 소유와 용선자의 목적을 위한 절대적인 처분과 통제 하에 있어야한다.

용선자는 선박과 선박의 기관, 보일러, 부속품(appurtenances) 그리고 예비부품을 잘 정비되고 효과적으로 작동되도록 그리고 바람직한 상업적 보수유지 관행에 따른 상태로 보수유지하여야 하며, 그리고 본 용선계약서 제14조(l)항의 내용을 제외하고, 용선자는 용선자의 비용으로 박스10에 명시된 선급에서 요구하는 규정에 맞도록 항상 선박을 보수유지하여야 하며 항상 다른 필요한 증서를 유효하게 유지하여야 한다.

(ii) 선급과 안전규정에 따른 새로운 요구사항 - 선박을 계속하여 운항하기 위해 선급의 새로운 요구사항이나 강제적인 규정에 따라 어떤 개선, 구조변경 또는 새로운 기기가 필요하게 되고 그 비용(용선자의 시간손실은 제외)이 박스23에 명시된 비용비율을 초과하거나, 박스23에 명시된 내용이 없다면 박스29에 언급된 선박의 부보금액의 5%를 초과하는 경우에는, 용선료의 변동요율과 본 용선계약에 따라, 그중에서도, 용선계약의 잔여기간을 고려하여 선박소유자와 용선자가 합리적인 배분을 달성하기 위해 새로운 요구사항을 따르기 위한 비용을 관련 당사자사이에 배분하는 비율에 관한 정도(extent)는, 합의가 없다면, 제30조에 합의된 분쟁의 조정방법에 따라야 한다.

(iii) 재무적 보장 장치 - 용선자는, 선박이 본 용선계약을 어떠한 지체없이 수행함에 있어서 합법적으로 어떤 국가, 주 또는 자치구역의 항구, 장소, 영해 또는 인접수역에 벌금이나 부과금 없이 합법적으로 입항하고, 정박하며 이곳으로부터 출항할 수 있도록 하기 위해, 연방, 주 또는 자치구역 또는 다른 기관 또는 관계당국을 포함한 정부가 요구하는 바와 같은 제3자에 대한 재무적 보장 장치(financial security) 또는 재무적으로 책임(responsibility)을 질수 있는 장치를 유지하여야 한다. 그와 같은 요구가 정부, 부처 또는 당국에 의하여 합법적으로 부과되었는지의 여부에 관계없이, 이러한 의무는 적용된다.

용선자는 이 모든 것을 증서(채권 bond)로 작성하여 유지하여야 하며, 또는 그렇잖으면 요구되는 바에 따라 용선자의 단독비용으로 그와 같은 요구조건을 충족시켜야 하며, 그리고 용선자는 그렇게 하지 못하였거나 또는 그렇게 하는 능력부족으로 인한 결과가 무엇이든지(시간손실을 포함하여) 그 모든 결과에 대하여 선박소유자에게 보상하여야 한다.

(b) 선박의 운항 - 용선자는 용선기간동안에 그들 자신의 비용과 조달을 통하여 인력을 배치하고, 식품을 공급하고, 항해하며, 운항하며, 공급하고, 연료를 공급하고 그리고 필요할 때마다 선박을 수리하여야하며, 그리고 용선자는, 기국정부의 연회비와 국내외 세금을 포함하여 본 용선계약에 따라 선박을 사용하고 운항하는데 따른 부수적으로 발생하는 비용이 무엇이든지 간에 모든 종류와 성질의 부과금과 비용을 지불하여야 한다.

선박의 선장, 사관과 선원은, 어떤 이유로 선박소유자가 지명하였다하더라도, 어떤 목적을 위해서 인가를 불문하고 용선자의 고용인이다. 용선자는 선내 사관과 선원과 관련하여 기국정부의 규정이나 또는 적용하여야 하는 다른 유효한 법령에 따른 규정을 준수하여야 한다.

(c) 용선자는 합리적으로 요구되는 경우 선박소유자와 저당권자에게 선박의 고용계획, 예정된 입

거수리와 주요 수리 사항에 대하여 계속하여 보고하여야 한다.

(d) 사기(house flag)와 선명 – 용선자는 용선기간동안 용선자의 색깔로 선박을 도색하고, 선박의 굴뚝에 용선자를 의미하는 굴뚝표시를 설치하여 장식할 수 있으며 그리고 용선자의 사기(house flag)를 게양할 수 있다.

용선자는 용선기간동안에 선박소유자의 동의를 얻어, 이 동의는 부당하게 유보되지 않는다, 선박의 국적 그리고/또는 선명을 변경할 수 있다. 만약 (반선시에) 선박소유자가 원한다면, 도색과 재도색, 설치 및 재설치와 등록과 재등록은 용선자의 비용과 시간으로 한다.

(e) 선박에의 변경 – 본 용선계약서 제10조(a)(ii)항은 그대로 적용됨을 전제로 하여, 며, 용선자는, (이러한 선체변경을 하는 경우) 선박소유자의 동의를 먼저 확보함이 없이 선박의 구조적인 변경 또는 기기(관), 보일러 부속품 또는 예비부품에 대한 변경을 하지 못한다. 만약 선박소유자가 선박에의 이와 같은 변경에 동의하였다면, 용선자는 용선계약이 만료되기 전에, 선박소유자가 원하는 경우, 선박을(용선자가 변경한 부분을) 이전의 상태로 원상으로 복귀시켜야 한다.

(f) 선박의 의장품, 기기와 기구의 사용 – 용선자는, 용선선박의 인도시 선박에 있는 모든 의장품, 기기와 기구를 사용할 수 있다. 단, 선박이 반선될 때에는, 일반적인 손모는 제외하고, 인도시 받았던 양호한 상태로 똑같은 또는 그에 상당하는 의장품, 기기와 기구를 선박소유자에게 되돌려 주어야 한다.

용선자는, 용선기간동안에 손상을 입었거나 낡아서(worn) 사용하기에 적당하지 않은 기기들을 수시로 교체하여야 한다. 용선자는, 모든 수리, 손상되거나 낡았거나 손실된 부품 또는 기기의 교체를 단행하여 (기량과 자재의 질적인 면에서 공히) 선박의 가치를 감소시키지 않도록 조달하여야 한다.

용선자는 용선자의 비용과 위험부담으로 추가로 기기를 장치할 수 있는 권리를 가지고 있으나 만약 선박소유자가 요구한다면 용선기간의 만료시 그와 같은 기기를 제거하여야 한다. 선박 인도시 선박에 빌려져있는 전자기기를 포함한 선박의 기기는 용선자에 의하여 유지되어야 하고 보수되어야 하며, 그리고 용선자는 이러한 것과 관련하여 리스계약하에서의 선박소유자의 의무와 책임을 떠맡아야 하며, 이것과 관련하여 발생한 모든 비용과 새로운 전파규정을 준수하기 위해 필요한 새로운 기기의 비용을 선박소유자에게 보상하여야 한다.

(g) 정기적 입거수리 – 용선자는 필요할 때마다 선박을 입거시켜야 하며 수면하의 부분을 깨끗이 청소하고 도색하여야 한다. 이러한 입거, 수면하의 청소나 도색은, 박스19에 명시된 기간 동안에 적어도 한번, 만약 박스19에 명시된 내용이 없다면 선박이 인도된 후 매60개월마다 또는 선급이나 기국정부 규정에 의해 요구된 기간에 따라, 시행되어야 한다.

가. 선박의 수리 및 입거수리

선체용선 기간동안 선체용선자는 자신의 비용으로 선용품 및 예비품을 보급하고, 수리와 규정에 따른 검사를 수검하여야 하며 선급을 유지하여야 하며 규정에 따라 입거수리도 시행하여야 한다.

Barecon 89에서는 용선자가 합리적인 시간이내에 필요한 수리를 하기 위한 즉각적인 조치를 취하는 것이 용선자의 의무라고 규정하였으나("it should be noted that the obligation on the charterers to take immediate steps to have the necessary repairs done within a reasonable time"), Barecon 2001 [(Clause 10(a)(i)]에서는 선박의 수리는 용선자의 수리계획 일정과 절차에 따라 할 수 있도록 변경되었다("in accordance with good commercial maintenance practice"). 입거수리는 주로 선박이 보유하고 있는 선급규정에 따른다. 선급규정에 의하면 선박은

매5년 동안에 2회, 또는 사전에 필요한 조치를 취하는 경우 매5년마다 1회의 입거수리를 시행하여야 한다. 이와 같이 차기 입거수리를 이번의 입거수리 후 3년 이내에 하지 않고 5년이 되기 직전에 1회의 입거수리를 하기 위해서는 이번의 입거수리 시에 필요한 준비와 선급의 요구조건을 충족시키기 위해 보다 철저한 선체도색과 수리를 시행하여야 한다. 이러한 조치를 취한 입거 수리 후 3년 이내의 시기에 수면하의 검사를 시행하여 선급의 요구조건을 충족시키는 경우 2년 후 입거수리가 가능하여 결과적으로 5년 후 입거수리를 하게 된다.

대형선박인 경우 입거수리기간이 2~4주가 되기도 하며, 이 기간 동안에는 운임수입을 올릴 수 없기 때문에 이와 같이 입거수리 횟수를 줄이거나 되도록이면 입거수리 기간을 단축시키려고 한다.

나. 선급관련 사항

용선자는 용선자의 비용으로 박스10에 명시된 선급에서 요구하는 규정에 맞도록 항상 선박을 유지하여야 하며, 다른 필요한 증서도 항상 유효하게 유지하여야 한다.("they shall at all times keep the Vessel's Class fully up to date with the Classification Society indicated in Box 10 and maintain all other necessary certificates in force at all times") 라고 한 것은 교정을 필요로 하는 선급의 지적사항(recommendations)이 없도록 항상 선박을 유지하여야 한다는 의미는 아니다. 선급에서 교정하여야 하는 사항을 지적할 때에 언제까지 교정하라는 시한을 명시하므로 용선자가 지정하는 시한까지 교정하였을 경우 선급을 유지하는 것으로 본다.

다. 선박의 구조변경과 선박소유자의 허가

Barecon 2001의 제10조(e)항의 규정에 따라 용선자가 선박의 구조나 기관에 변경을 하려면 선박소유자의 허가를 받아야 한다. Barecon 2001의 제10조(a)(ii) 항에 이 문제를 명확하게 하기 위해서 선급이나 안전상의 이유로 요구되는 경우의 선체의 구조나 기관의 변경에 대한 것에 한하는 것으로 규정하고 있으며, 선급의 요구에 의하여 선박의 구조를 변경을 하는 것은 선박소유자에게 허가를 받지 않아도 된다고 명확하게 규정하고 있다.

라. 선박소유자와 용선자간 선박의 구조 변경비용의 배분

장기적인 용선계약기간동안에 특히 새로운 국제조약의 적용으로 예기치 못한 선박의 구조를 변경하거나 고가의 안전장비를 갖춰야만 하는 일이 일어날 수 있다. 용선료가 조정되지 않는 한 이러한 것에 대하여 선박소유자에게만 부담을 지우는 것은 공평하다고 볼 수 없다. 새로운 규정에 따른 이러한 새로운 요구조건은 용선자에게도 큰 부담이 되며, 특히 용선기간이 완료되어 선박소유자에게 선박을 반선시일이 얼마 남지 않은 경우에는 더욱 큰 부담이 될 것이다. 중요한 변경을 필요로 하는 경우 이에 필요한 비용을 박스23에 명시된 합의된 비율로 선박소유자와 용선자간에 배분하든가 또는 그 비용이 박스 29에 명시된 선체보험가액의 5%를 적용해 산정되는 금액을 초과하는 경우에, 합리적이고 공정하게 문제를 해결하기 위해 용선계약을 재협상할 수 있도록 문이 열려있다.

약관 Barecon 2001의 제10(a)(ii)항에서 관련 당사자가 이 문제에 대하여 합의에 도달하지 못하는 경우에는 용선계약서상의 분쟁의 해결조항을 따르도록 규정하고 있다. 선체보험가액의 합의된 비율을 적용하여 금액을 산정할 때 새로운 규정을 만족시키기 위해 필요로 하는 시간에 대한 비용은 포함되지 않으며 이것은 용선자가 부담하여야 한다.

한편 Barecon 89에서는 “In the event of any improvement, structural changes or expensive new equipment becoming necessary ……” 라고 규정하였다. 그러나 어느 정도의 가격을 값이 비싼 (“expensive”) 것으로 할 것인가에 대한 논쟁이 있을 수 있으므로 “expensive” 라는 말을 Barecon 2001 에서는 삭제하였으며, 선박을 계속하여 운항하는데 필요한 새로운 장비(“new equipment required for the continuing operation of the vessel ……”)로 변경하여 적절하게 규정하였다.

마. 재무적 보장장치

용선자가 재무적 보장장치(financial security)를 유지하는 것과 관련하여 Barecon 89에서는 유류오염(oil pollution)에 대한 용선자의 책임을 특정하였으나 Barecon 2001에서는 유류오염뿐만 아니라 제3자에 대한 책임까지 확대하였으며, 유류오염에 대한 보상관계를 규정하는 TOVALOP Scheme은 1997년에 종료되어 포함되지 않았다.

바. 선원의 행위에 대한 책임

용선자는 용선자가 임명한 선원에 의한 것은 물론이고 비록 필요에 의해서 선박소유자에 의해서 임명되었다 하더라도, 선장 또는 사관이 서명한 선하증권이나 기타 서류에 대한 것을 포함하여 선원에 의한 모든 행동과 결과에 대한 책임을 져야 한다.

사. 용선자 선체도색 및 선체에의 용선자 표시 및 반선시의 환원

선체용선계약은 장기이며 용선계약 체결시에 이미 계약만료시 소유권을 취득할 것을 계획하는 경우가 대부분이기 때문에 용선기간동안임에도 불구하고 선체용선자는 선박의 선명변경, 선체용선자가 선호하는 색깔의 선체도색, 연돌에의 선체용선자를 의미하는 표시(insignia) 및 장식 등을 설치함은 물론, 용선자가 선호하는 국가에 선박을 등록하는 등 용선자의 영업활동과 선박의 운영에 필요하다고 판단되는 사항을 선박소유자에게 요구할 수 있으며, 선박소유자는 이러한 요구를 대부분 수용한다. 그러나 용선기간 만료시 선박소유자에게 반선하는 경우에는 선박소유자가 원한다면, 저음에 용선사의 요구대로 변경하는 비용은 물론 이러한 것을 본래의 것으로 환원하는 비용도 용선자가 부담하여야 한다.

(11) 용선료 [Clause 11 Hire]

Clause 11 (Hire)

(a) The Charterers shall pay hire due to the Owners punctually in accordance with the terms of this Charter in respect of which time shall be of the essence.

(b) The Charterers shall pay to the Owners for the hire of the Vessel a lump sum in the amount indicated in Box 22 which shall be payable not later than every thirty (30) running days advance, the first lump sum being payable on the date and hour of the Vessel's delivery to the Charterers. Hire shall be paid continuously throughout the Charter Period.

(c) Payment of hire shall be made in cash without discount in the currency and in the manner indicated in Box 25 and at the place mentioned in Box 26

(d) Final payment of hire, if for a period of less than thirty (30) running days, shall be calculated proportionally according to the number of days and hours remaining before redelivery and advance payment to be effected accordingly.

(e) Should the Vessel be lost or missing, hire shall cease from the date and time when she was lost or last heard of. The date upon which the Vessel is to be treated as lost or missing shall be ten (10) days after the Vessel was last reported or when the Vessel is posted as missing by Lloyd's, whichever occurs first. Any hire paid in advance to be adjusted accordingly.

(f) Any delay in payment of hire shall entitle the Owners to interest at the rate per annum as agreed in Box 24. If Box 24 has not been filled in, the three months inter bank offered rate in London(LIBOR or its successor) for the currency stated in Box 25, as quoted by the British Bankers' Association(BBA) on the date when the hire fell due, increased by 2 percent shall apply.

(g) Payment of interest due under sub-clause 11(f) shall be made within seven (7) running days of the date of the Owners' invoice specifying the amount payable or, in the absence of an invoice, at the time of the next hire payment date.

제11조 (용선료)

(a) 용선자는 이 용선계약의 조건에 따라 정기적으로 선박소유자에게 지불하게 되는 용선료를 지불하여야 하며 이때에 시간(지불기일 엄수)이 가장 중요한 요소이다.

(b) 용선자는 선박을 용선한 대가로 30일 이전에 박스22에 명시된 금액을 총액으로 용선료를 선불로 지불하여야 하며, 첫 번째의 용선료 총액은 선박이 용선자에게 인도되는 날짜와 시간에 지불될 수 있다. 용선료는 용선기간동안 계속하여 지불되어야 한다.

(c) 용선료의 지불은 박스25에 명시된 화폐와 방법으로 박스26에 언급된 장소에서 할인 없이 현금으로 지불되어야 한다.

(d) 용선료의 최종지불 시 용선잔여기간이 30일 보다 짧다면 반선이전의 잔여기간의 날자와 시간에 비례하여 계산하여 선불로 지불하여야 한다.

(e) 만약 선박이 멸실되거나 행방불명이 된 경우에는 선박이 멸실되거나 최종 확인 날짜와 시간부터 용선료지불은 중단된다. 선박이 멸실 또는 행방불명이 되었다고 취급되는 날짜는 선박이 최종적으로 보고한 날로부터 10일 이후이거나 로이드에 의해 선박이 행방불명이 되었다고 공시한 날짜 중 먼저인 날짜로 한다. 선지급된 용선료는 이에 따라 조정되어야 한다.

(f) 늦게 지불된 용선료에 대해서는 선박소유자가 박스24에 합의된 연리로 이자를 청구할 수 있는 권리를 가진다. 만약 박스24에 이에 대한 언급이 없다면, 용선료가 지불되어야 하는 날짜에 런던의 은행연합회가 발표한 박스25에 언급된 화폐의 3개월물 리보금리(또는 대체금리)에 2 퍼센트를 더한 이자율을 적용하여 지불하여야 할 이자를 산정한다.

(g) 제11조(f)의 약관에 따른 용선료에 대한 이자는 지불하여야하는 금액을 명시한 선박소유자의 지불청구서에 명시된 날짜로부터 7일 이내에 지불되어야 하며, 지불청구서가 발행되지 않았다면 차기 용선료 지불시 지불 되어야 한다.

용선자가 용선계약에 따라 용선료를 시간에 맞게 정확하게 지불하는 것은 용선계약에서 용선자의 가장 기본적이고 가장 근본적인 의무라는 것을 강조한 내용의 약관이다. 선체용선자가 용선료 지불을 중단할 수 있는 경우도 선박이 멸실되었거나 10일 이상 행방이 묘연해진 경우 등 선박에 극단적인 상황이 발생한 경우로 제한하였다. 그리고 (b)항에서 "용선료는 용선기간 동안 계속해서 지불되어야 한다."("Hire shall be paid continuously throughout the Charter Period") 라고 강조한 것과 "shall be payable" 이라고 표현하는 대신에 "shall be paid" 라고 표현한 것은 선체용선계약에서는 특별한 경우를 제외하고는 용선중단(off-hire)이 인정되지 않으며, 따라서 용선자의 용선료 지불의무는 무조건적이다(unconditional obligation) 라고 규정하였다고 볼 수 있다.

또한 용선자가 용선계약에 따라 용선료 지불의무를 다하지 못하였을 경우 선박소유자는 용선계약을 해지할 수 있고 이러한 용선료 지불지연에 따른 손실과 비용의 보상을 요구할 수 있도록 규정하였다. 단지 용선료 지불과정에서 용선자나 용선자 은행의 간과나 해태 등의 이유로 지연된 경우에 한하여 유예기간(grace period)을 인정할 뿐이다(Clause 28 참조).

선박소유자가 용선자에게 용선료 지불지연에 대한 이자도 청구할 수 있도록 규정하였으며, 이때의 이자율도 Barecon 89 에서는 지불지연이 발생한 당시의 이자율이었으나 Barecon 2001은 벌금성격이 강한 지불불능 시 적용하는 이자율(default interest rate mechanism)을 적용하여, 박스24에 지연이자율이 명시되지 않았다면 영국은행연합회(British Bankers's Association: BBA)가 해당화폐에 대하여 발표한 3개월몰 Libor에 추가로 +2% 더한 이자율을 적용하여 산정한 이자를 지불하여야 한다. 용선계약 체결시 지연이자율에 합의하였다면 박스24에 명기하고 지불지연된 날짜에 대하여 박스24에 명시된 이자율을 적용한다. 박스24에 명시된 합의된 이자율의 높고 낮음에 대한 분쟁도 발생하기도 하나 계약당사들이 합의하는 경우 박스24에 명시된 이자율(contractual interest rate)로 간주하여 중재에서도 합의한 사실을 존중하고 있다.

또한 이러한 용선료 지불지연에 대한 이자지불은 선박소유자가 발행한 지불청구서에 명시된 날짜로부터 7일 이내에 지불하여야 한다.

(12) 저당권 [Clause 12 Mortgage]

> Clause 12 (Mortgage)
> *(only to apply if Box 28 has been appropriately filled in)*
>
> *(a) The Owners warrant that they have not effected any mortgage(s) of the Vessel and that they shall not effect any mortgage(s) without the prior consent of the Charterers, which shall not be unreasonably withheld.
> *(b) The Vessel chartered under this Charter is financed by a mortgage according

to the Financial Instrument. The Charterers undertake to comply, and provide such information and documents to enable the Owners to comply, with all such instructions or directions in regard to the employment, insurances, operation, repairs and maintenance of the Vessel as laid down in the Financial Instrument or as may be directed from time to time during the currency of the Charter by the mortgagee(s) in conformity with the Financial Instrument. The Charterers confirm that, for this purpose, they have acquainted themselves with all relevant terms, conditions and provisions of the Financial Instrument and agree to acknowledge this in writing in any form that may be required by the mortgagee(s). The Owners warrant that they have not effected any mortgage(s) other than stated in Box 28 and that they shall not agree to any amendment of the mortgage(s) referred to in Box 28 or effect any other mortgage(s) without the prior consent of the Charterers, which shall not be unreasonably withheld.

**(Optional, Clauses 12(a) and 12(b) are alternatives; indicate alternative agreed in Box28).*

제12조 (저당권)

(박스28에 적절히 명시된 경우에만 적용한다.)

*(a) 선박소유자는 용선자의 사전 동의 없이는 현재까지 저당권을 설정하지 않았다는 것과 또는 향후 선박에 대한 저당권을 설정하지 않을 것이라는 것을 보장하여야 하며, 용선자는 그 동의를 부당하게 유보하여서는 안 된다.

*(b) 용선된 선박에 대한 금융기관의 저당권설정으로 용선된 선박에 대하여 금융이 조달되었다. 용선자는, 선박소유자가 금융계약(Financial Instrument)의 규정에 정해져 있는 바와 같이 선박의 고용, 보험, 운항, 보수유지에 관련한 명령(instructions)이나 지시(directions)에 따르고 또는 금융조건에 따라서 저당권자가 용선기간동안에 수시로 지시하는 명령과 지시를 준수하도록 하기 위하여, 필요한 정보와 서류를 제공하여야 한다. 용선자는 이 목적을 위해 금융계약(Financial Instrument)의 조건과 약관에 대하여 잘 알고 있으며, 저당권자가 요구하는 형태로 이것을 서면으로 확인하는 데에 동의한다. 선박소유자는 박스28에 명시된 저당권 이외에 용선자의 사전 동의 없이는 현재까지 저당권을 설정하지 않았다는 것과 박스28에 언급된 저당권에 대한 어떠한 수정에도 동의하지 않을 것이며, 또는 향후 선박에 대한 저당권을 설정하지 않은 것이라는 것을 보장하며, 용선자는 그 동의를 부당하게 유보하여서는 안 된다.

**(선택조항 제12(a)와 제12(b)는 선택사항이다. 선택된 사항은 박스28에 표기되어야 한다.)*

선박확보자금을 제공한 금융기관은 선박소유자에게 보험에의 부보와 선급 및 기타 관련기관의 규정에 따라 철저하게 선박의 보수유지와 적법한 선박운항 등을 요구하게 된다. 용선자는 선박소유자가 이러한 사항에 관해 금융기관에게 보고하거나 제출하기 위해 용선자에게 요구하는 사항을 충족시켜야 한다.

또한 선박과 기타 선박운항에 관련한 보험에 용선자가 부보하고 보험증서를 선박소유자에게 제출하거나, 선박의 철저한 보수유지에 관한 기록을 선박소유자에게 제출하여야 한다.

(13) 보험 및 수리 [Clause 13 Insurances and Repairs]

Clause 13 (Insurance and Repairs)

(a) During the Charter Period the Vessel shall be kept insured by the Charterers at their expense against hull and machinery, war and Protection and Indemnity risks (and any risks against which it is compulsory to insure for the operation of the Vessel, including maintaining financial security in accordance with sub-clause 10(a)(iii)) in such form as the Owners shall in writing approve, which approval shall not be un-reasonably withheld.

Such insurances shall be arranged by the Charterers to protect the interests of both the Owners and the Charterers and the mortgagee(s) (if any), and the Charterers shall be at liberty to protect under such insurances the interests of any managers they may appoint. Insurance policies shall cover the Owners and the Charterers according to their respective interests.

Subject to the provisions of the Financial Instrument, if any, and the approval of the Owners and the insurers, the Charterers shall effect all insured repairs and shall undertake settlement and reimbursement from the insurers of all costs in connection with such repairs as well as insured charges, expenses and liabilities to the extent of coverage under the insurances herein provided for.

The Charterers also to remain responsible for and to effect repairs and settlement of costs and expenses incurred thereby in respect of all other repairs not covered by the insurances and/or not exceeding any possible franchise(s) or deductibles provided for in the insurances.

All time used for repairs under the provisions of sub-clause 13(a) and for repairs of latent defects according to Clause 3(c) above, including any deviation, shall be for the Charterers' account.

(b) If the conditions of the above insurances permit additional insurance to be placed by the parties, such cover shall be limited to the amount for each party set out in Box 30 and Box 31, respectively.

---

403) 피보험자는 보험목적물의 손상이 극심하다고 생각하여 추정전손이라고 판단하여 보험자에게 위부를 통지하고(notice of abandonment) 보험목적물의 전손보험금을 청구하더라도 보험자는 이에 동의하지 않고 전손이라고 처리할 수 없다고 주장하는 경우가 있다. 이때에는 피보험자와 보험자간의 이견을 법정에서 해결할 수밖에 없는데, 이에 많은 시간과 비용이 필요하게 됨을 고려하여 양자 간에 협상을 통해 합의되는 금액을 추정전손금액으로 간주하여 보험자가 피보험자에게 지급하게 되는데, 이것을 타협전손(compromised total loss)이라 한다.
또한 보험목적물이 손상자체만으로는 분명히 추정전손으로 성립되지는 않지만 피보험자가 보험에 부보한 부수적인 책임이나 기타의 이유로 인하여 보험자가 추가적으로 지급하여야하는 보험금 등을 고려하여 해당 손해를 전손으로 처리할 것을 동의전손(agreed total loss)라고 말한다. 구종순, 「해상보험」(서울 : 박영사, 2000), p.304.

404) 보험에 부보한 피보험자가 보험목적물에 대한 권리를 포기하는 것을 위부(abandonment)라고 하며, 이때 보험자는 보험목적물에 대한 권리를 취득하게 되며 이것을 대위(subrogation)이라고 한다.

405) 피보험자가 부보한 보험목적물이 현실적으로 전멸되지 않더라노 그 손해·손상의 정도가 너무 심하여 보험목적물의 본래의 효용(效用)이나 자산 가치를 상실하였거나, 또는 구조하여 원상회복시켰다하더라도 이에 필요한 비용이 보험목적물의 원상회복 후의 시장가격을 초과함으로써 전손에 준(準)하는 것으로 추정되었을 경우, 이것을 추정전손(constructive total loss)이라 한다.

The Owners or the Charterers as the case may be shall immediately furnish the other party with particulars of any additional insurance effected, including copies of any cover notes or policies and the written consent of the insurers of any such required insurance in any case where the consent of such insurers is necessary.

(c) The Charterers shall upon the request of the Owners, provide information and promptly execute such documents as may be required to enable the Owners to comply with the insurance provisions of the Financial Instrument.

(d) Subject to the provisions of the Financial Instrument, if any, should the Vessel become an actual, constructive, compromised or agreed total loss under the insurances required under sub-clause 13(a), all insurance payments for such loss shall be paid to the Owners who shall distribute the moneys between the Owners and the Charterers according to their respective interests. The Charterers undertake to notify the Owners and the mortgagee(s), if any, of any occurrences in consequence of which the Vessel is likely to become a total loss as defined in this Clause.

(e) The Owners shall upon the request of the Charterers, promptly execute such documents as may be required to enable the Charterers to abandon the Vessel to insurers and claim a constructive total loss.

(f) For the purpose of insurance coverage against hull and machinery and war risks under the provisions of sub-clause 13(a), the value of the Vessel is the sum indicated in Box 29.

제13조 (보험과 수리)

(a) 용선기간동안에 선박은 선박소유자가 서면으로 승인한, 그런데 이 서면승인은 부당하게 유보되지 않는다, 형식으로 선체보험, 전쟁과 P&I위험 [그리고 이 용선계약서 10(a)(iii) 조항에 따른 재무담보(financial security)를 유지하는 것을 포함하여 선박을 운항하기 위해 강제적으로 부보하여야만 하는 위험]에 대하여 용선자의 비용으로 부보되어 유지되어야 한다.

그와 같은 보험에 선박소유자와 용선자와 저당권자(만약 해당된다면)의 이익을 보호하기 위해서 가입하여야 하며, 그리고 용선자는 그와 같은 보험으로 용선자가 지정할 수 있는 관리자의 이익을 보호할 수 있는 권리를 가지고 있다.

선박소유자의 금융계약(Financial Instrument)의 규정의 적용을 전제로(subject to), 만약 필요하다면(if any), 선박소유자와 보험자의 승인을 받고(subject to), 용선자는 보험수리를 시행하여만 하며 그리고 용선자는 부보한 보험에서 (보험자가) 보상하는 수준까지의 보험관련비용, 경비와 책임(liabilities)과 함께 그와 같은 수리와 관련한 모든 비용을 정산하고 보험자로부터 이러한 모든 비용을 보상받는 일을 떠맡아야 한다.

용선자는, 보험에서 보상되지 않는 다른 모든 수리 와/또는 보험에서 제공되는 면제(franchise)나 공제(deductibles)금액을 초과하지 않는 수리를 집행하고 비용을 정산하는 것과 그 결과에 대하여 책임을 진다.

제13조(a)항의 약관에 따른 수리에 필요한 시간과 제3조의 약관에 따른 잠재하자를 수리하기 위한 시간은 모두, 이와 같은 수리를 위해 선박이 이로한 시간을 포함하여, 용선자의 책임이다.

(b) 만약 부보한 상기 보험이 추가로 부보하는 것을 허용한다면, 보험의 한도는 박스30(선박소유자 관련사항)과 박스31(용선자 관련사항)에 명시된 각각의 금액을 한도로 하여야한다.

선박소유자와 용선자는 각각 해당되는 경우에, 부보한 보험약관의 표지내용담보내용(cover notes)과 담보약관(cover policies)의 사본과, 또는 약관의 사본을 포함하여 부보한 보험의 명세와 보험자의 동의가 필요한 경우에 그와 같은 보험에서 요구하는 보험자의 서면동의 사본을 포함하여, 각기 상대방에게 추가보험에 대한 명세를 제출·제공하여야 한다.

(c) 용선자는, 선박소유자가 요구하는 경우 즉시, 정보를 제공하여야 하며 선박소유자가 금융계약기관(Financial Instrument)에서 요구하는 보험규정을 준수할 수 있도록 하기 위해 필요로 하는 서류를 조속히 작성(선박소유자에게 제출)하여야 한다.

(d) 금융계약기관(Financial Instrument)의 규정의 적용을 전제로 하고(subject to), 만약 필요하다면, 본 용선계약서 제13조(a)항의 약관에 의해 요구되는 보험의 규정에 따라 선박이 현실(actual)전손, 추정(constructive)전손, 타협(compromised)전손 또는 동의(agreed)전손 등으로 전손[403]되었다면, 모든 보험금은 선박소유자에게 지불되어야 한다. 선박소유자는 선박소유자와 용선자사이의 각각의 이해관계에 따라 보험금을 배분하여야 한다.
용선자는 어떠한 사고가 발생하여 그 결과로 선박이 본 조항의 약관에 정의된 전손이 될 것 같은 경우가 발생한다면, 선박소유자와 저당권자에게 통보하여야 한다.

(e) 선박소유자는, 용선자가 요구하는 즉시, 용선자가 선박을 보험자에게 위부하고[404] 선박을 추정전손[405]으로 처리하여 보험자에게 보상을 요구할 수 있도록 하기 위해 필요로 하는 서류를 작성(용선자에게 제출)하여야 한다.

(f) 본 용선계약서의 제13조(a) 항의 약관에 따라 선체보험과 전쟁보험에 대한 보험구상의 목적을 위한 선박의 가격은 박스29에 명시된 금액이다.

선체용선계약에서 보험에 부보하고 보험과 관련한 부수적인 업무를 수행하는 것은 선박관리자의 위치에 있는 용선자가 용선선박의 운영을 위해 수행하여야 할 업무 중의 하나이다. 따라서 용선자는 선박소유자와 용선자는 물론이고 선박에 대하여 저당권을 설정한 자의 이익도 보호하기 위하여 부보하여야 하며, 이때 용선자가 지정하는 관리자의 이익을 보호하기 위해서도 부보할 수 있다.

그리고 선체용선자는 통상적인 수리가 아닌, 사고에 따른 수리가 발생하였을 경우에 보험자로부터 수리비를 보상받기 위해 부보한다. 따라서 이러한 수리가 발생하였을 경우 선박소유자나 보험자의 허가를 받은 후 일단 용선자의 비용으로 선박을 수리하고 경비를 집행하여야 한다. 또한 용선자는, 보험자가 지불하는 보험금에서 면제(franchises)되거나 공제(deductibles)되는 금액을 제외하고 부보한 보험약관에 따라 보험을 구상하여 수리비용을 보험자에게 청구하여 보상받는 일도 용선자가 수행하여야 한다.

그러나 제3조에 명기된 수리와 잠재하자 수리를 위한 시간을 포함하여 제13조의 약관에 따른 이러한 보험수리를 위한 시간은 물론 수리를 위해 선박이 이로(deviation)한 시간을 포함한 모든 시간은 용선자의 부담이며, 이 기간에 대하여 선박은 용선중단(off-hire)되지 않으며 용선자는 선박소유자에게 용선료를 지불하여야 한다.

용선자와 선박소유자는 보험수리에 대한 보험금을 청구하는 경우나 선박의 전손 시 선박의 전손보험금 청구의 경우 등을 위한 서류작성이나 정보를 상호 신속하게 제공하여야 한다. 선박이 전손되었을 경우 보험자로부터 지급되는 보험금은 일단 선박소유자에게 지급되며, 필요시 용선자와 배분하게 된다.

한편 용선자가 선박을 부보하고 보험료를 납부하며, 선박전손 시 보험자가 선박소유자에게 지불하게 되는 보험금은 용선자가 부보한 선가를 기준하게 된다. 따라서 선박의 부보가액은 용선자가 임의로 결정할 수 없으며, 선박소유자와 협의하여 용선계약서의 박스 29에 명시하게 된다.

(14) 보험, 수리 및 선급 [Clause 14 Insurances, Repairs and Classification]

선박소유자와 선체용선계약 체결 시 Clause 13을 삭제하고 박스29에 이 조항[Clause 14]을 적용하도록 합의하여 명기한 경우 적용하는 선택사항이다.

Clause 14 (Insurance, Repairs and Classification)

(Optional, only to apply if expressly agreed and stated in Box 29, in which event Clause 13 shall be considered deleted).

(a) During the Charter Period the Vessel shall be kept insured by the Owners at their expense against hull and machinery and war risks under the form of policy or policies attached hereto.

The Owners and/or insurers shall not have any right of recovery or subrogation against the Charterers on account of loss of or any damage to the Vessel or her machinery or appurtenances covered by such insurance, or on account of payments made to discharge claims against or liabilities of the Vessel or the Owners covered by such insurance.

Insurance policies shall cover the Owners and the Charterers according to their respective interests.

(b) During the Charter Period the Vessel shall be kept insured by the Charterers at their expense against Protection and Indemnity risks (and any risks against which it is compulsory to insure for the operation of the Vessel, including maintaining financial security in accordance with sub-clause 10(a)(iii)) in such form as the Owners shall in writing approve which approval shall not be unreasonably withheld.

(c) In the event that any act or negligence of the Charterers shall vitiate any of the insurance herein provided, the Charterers shall pay to the Owners all losses and indemnify the Owners against all claims and demands which would otherwise have been covered by such insurance.

(d) The Charterers shall, subject to the approval of the Owners or Owners' Underwriters, effect all insured repairs, and the Charterers shall undertake settlement of all miscellaneous expenses in connection with such repairs as well as all insured charges, expenses and liabilities, to the extent of coverage under the insurances provided for under the provisions of sub-clause 14(a). The Charterers to be secured reimbursement through the Owners' Underwriters for such expenditures upon presentation of accounts.

(e) The Charterers to remain responsible for and to effect repairs and settlement of costs and expenses incurred thereby in respect of all other repairs not covered by the insurances and/or not exceeding any possible franchise(s) or deductibles provided for in the insurances.

(f) All time used for repairs under the provisions of sub-clauses 14(d) and 14(e) and for repairs of latent defects according to Clause 3 above, including any deviation, shall be for the Charterers' account and shall form part of the Charter Period.
The Owners shall not be responsible for any expenses as are incident to the use and operation of the Vessel for such time as may be required to make such repairs.

(g) If the conditions of the above insurances permit additional insurance to be placed by the parties such cover shall be limited to the amount for each party set out in Box 30 and Box 31, respectively.
The Owners or the Charterers as the case may be shall immediately furnish the other party with particulars of any additional insurance effected, including copies of any cover notes or policies and the written consent of the insurers of any such required insurance in any case where the consent of such insurers is necessary.

(h) Should the Vessel become an actual, constructive, compromised or agreed total loss under the insurances required under sub-clause 14(a), all insurance payments for such loss shall be paid to the Owners, who shall distribute the moneys between themselves and the Charterers according to their respective interests.

(i) If the Vessel becomes an actual, constructive, compromised or agreed total loss under the insurances arranged by the Owners in accordance with sub-clause 14(a), this Charter shall terminate as of the date of such loss.

(j) The Charterers shall upon the request of the Owners, promptly execute such documents as may be required to enable the Owners to abandon the Vessel to the insurers and claim a constructive total loss.

(k) For the purpose of insurance coverage against hull and machinery and war risks under the provisions of sub-clause 14(a), the value of the Vessel is the sum indicated in Box 29.

(l) Notwithstanding anything contained in sub-clause 10(a), it is agreed that under the provisions of Clause 14, if applicable, the Owners shall keep the Vessel's Class fully up to date with the Classification Society indicated in Box 10 and maintain all other necessary certificates in force at all times.

제14조 (보험, 수리 및 선급)
(선박소유자와 선체용선자가 선체용선계약 제결 시 Clause 13을 삭제하고 박스29에 이 조항 [Clause 14]을 적용하기로 도록 합의하여 명기한 경우 적용하는 선택사항이다.)

(a) 용선기간동안에 선박은 여기에 첨부된 보험약관이나 약관들의 형식으로 선체보험과 전쟁위

험보험에 선박소유자의 비용으로 부보되어 유지되어야 한다.

선박소유자 와/또는 보험자는, 선박, 기계(관) 또는 부속품의 손실이나 손상 때문에 그와 같은 보험에 의하여 보상되는 것이나 또는 선박이나 선박소유자에게 제기되는 보상요구나 책임을 면하기 위해 그와 같은 보험으로부터 지급되는 것에 대하여, 용선자로부터 보상이나 변제받을 권리가 없다. 보험약관은 선박소유자와 용선자 각각의 이해관계에 따라서 보상할 것이다.

(b) 용선기간동안에 선박은 선박소유자가 서면으로 승인한, 이 서면승인은 부당하게 유보되지 않는다, 형식으로 P&I 위험[그리고 이 용선계약서 10(a)(iii) 조항에 따른 재무담보 (financial security)를 유지하는 것을 포함하여, 선박을 운항하기 위해 강제적으로 부보하여야만 하는 위험]에 대하여 용선자의 비용으로 부보되어 유지되어야 한다.

(c) 용선자의 어떤 해위나 태만이 여기 제공된 보험을 무효화시키는 경우에 용선자는, 선박소유자에게 모든 손실에 대하여 보상하여야 하고, 그리고 그렇지 않았더라면 그와 같은 보험에서 보상될 수 있었던 보상요구(claim)나 요구에 대하여 선박소유자에게 보상하여야 한다.

(d) 용선자는, 선박소유자와 선박소유자의 보험자로부터의 승인을 전제로, 모든 보험수리를 집행하고, 그리고 용선자는, 그와 같은 수리와 관련하여 보험에 부보된 부과금(charges), 경비, 그리고 책임과 함께 여러 가지의 모든 비용을, 본 용선계약서 제14조(a)의 약관에 따라 제공되는 보험에서 보상되는 범위까지, 정산할 의무를 진다. 용선자는 이에 대한 정산서(accounts)를 제시하면 선박소유자의 보험자를 통하여 (용선자가 지불한 비용에 대한) 환불을 보장받는다.

(e) 용선자는, 보험에서 보상되지 않는 다른 모든 수리 와/또는 보험에서 제공되지 않는 면제(franchise) 나 공제(deductibles)금액을 초과하지 않는 수리를 집행하고, 집행된 비용을 정산하는 것과 그 결과에 대하여 책임을 진다.

(f) 이로를 포함하여 본 용선계약의 제14조(d)와 제14조(e)의 약관에 따른 수리와 제3조에 따른 잠재하자의 수리를 위해 사용된 시간은 용선자의 비용이며 용선기간으로 간주한다. 선박소유자는 그와 같은 수리를 하기 위해 필요하여 선박을 사용하거나 운항한 비용에 대하여 책임이 없다.

(g) 만약 부보한 상기 보험이 추가로 부보하는 것을 허용한다면, 보험의 한도는 박스30(선박소유자 관련사항)과 박스31(용선자 관련사항)에 명시된 각각의 금액을 한도로 하여야한다.

선박소유자와 용선자는 각각 해당되는 경우에, 부보한 보험약관의 담보내용(cover notes)과 담보약관(cover policies)의 사본과, 보험자의 동의가 필요한 경우에 그와 같은 보험에서 요구하는 보험자의 서면동의 사본을 포함하여, 각기 상대방에게 추가보험에 대한 명세를 제공하여야 한다.

(h) 본 용선계약서 제14조(a)항의 약관에 의해 요구되는 보험의 규정에 따라 선박이 현실(actual)전손, 추정(constructive)전손, 타협(compromised)전손 또는 동의(agreed)전손 등으로 전손되었다면, 모든 보험금은 선박소유자에게 지불되어야 한다. 선박소유자는 선박소유자와 용선자 사이의 각각의 이해관계에 따라 보험금을 배분하여야 한다.

(i) 만약 선박이 제14조(a)항의 약관에 의해 요구되는 보험의 규정에 따라 선박이 현실전손, 추정전손, 타협전손 또는 동의전손 되었다면, 본 용선계약은 그와 같은 전손이 발생한 날짜에 종료된다.

(j) 용선자는, 선박소유자가 요구하는 즉시, 선박소유자가 선박을 보험자에게 위부하고 선박을 추정전손으로 처리하여 보험자에게 보상을 요구할 수 있도록 하기 위해 필요로 하는 서류를 작성(선박소유자에게 제출)하여야 한다.

(k) 본 용선계약서 제14조(a) 항의 약관에 따라 선체보험과 전재보험에 대한 보험구상의 목적을 위한 선박의 가격은 박스29에 명시된 금액이다.

(l)본 용선계약서 제10조(a)항의 내용에 관련하지 않고, 본 용선계약서 제14조의 규정에 따라 선박소유자는 선박을 박스10에 명시된 선급에서 요구하는 사항을 완전히 이행하고 있는 상태로 유지하고 다른 필요한 증서를 항상 유효하게 유지하는 것으로 합의하였다.

선체 용선기간동안에 선박소유자가 선체보험과 전쟁보험에 부보하고[Clause 14(a)](그렇더라도 선박의 보수·유지는 여전히 선체용선자가 담당), 선체용선자는 P&I 보험 및 운항과 관련하여 강제적으로 부보하여야 하는 사항을 부보하는[Clause 14(b)] 경우에 적용되는 약관이다.

이와 같이 위험을 분리하여 부보하는 경우에는 부보한 위험에 따라 보험 관련한 권리와 의무가 선박소유자와 선체용선자에게 각각 주어진다. 예를 들면, 일반적으로 선급을 유지하여야 하는 책임은 선박의 보수·유지를 담당하고 선체보험에 부보하는 선체용선자에게 있다. 그러나 위험을 분리하여 부보하는 경우, 즉 선체보험을 선박소유자가 부보하고(그렇더라도 선박의 보수·유지는 여전히 선체용선자가 담당) 선체용선자는 P&I 보험 및 운항관련 강제보험에 부보하는 경우, 선체용선자가 선급을 유지하는 일반적인 관례와는 달리 선박소유자가 선급유지에 대한 책임을 지게 되는 경우가 될 것이다. 한편 운항선박의 척수가 적고, 사고율이 높은 선체용선자에게는 상대적으로 높은 보험료가 부과되지만, 많은 척수의 선대를 보유한 선박소유자가 특정 보험자에게 보유선단 전체를 부보하는 경우 낮은 보험료가 부과되어 경비를 절약할 수도 있을 것이다.

이와 같이 선박의 위험을 분리하여 부보하는 이유는 선체용선계약이 체결되어 선박이 선체용선자에게 인도되면 선체용선자가 수행하는 선박의 보수·유지 등 선박의 상태에 대하여 선박소유자가 관여하는데 한계가 있으므로 용선기간동안에 선박의 상태에 대하여 파악하기가 어렵다. 따라서 선박소유자가 선체용선기간동안에 선박의 적절한 보수·유지로 감항성이 확보·유지되고 있음을 확인하고, 선체용선계약이 중간에 해지 되어 반선되는 경우 제대로 보수·유지되고 감항성이 확보된 선박을 돌려받기 위함이다.

(15) 반선 [Clause 15 Redelivery]

Clause 15 (Redelivery)

At the expiration of the Charter Period the Vessel shall be redelivered by the Charterers to the Owners at a safe and ice-free port or place as indicated in Box 16, in such ready safe berth as the Owners may direct. The Charterers shall give the Owners not less than thirty (30) running days' preliminary notice of expected date, range of ports of redelivery or port or place of redelivery and not less than fourteen (14) running days' definite notice of expected date and port or place of redelivery.

Any changes thereafter in the Vessel's position shall be notified immediately to the Owners. The Charterers warrant that they will not permit the Vessel to commence a voyage (including any preceding ballast voyage) which cannot reasonably be expected to be completed in time to allow redelivery of the Vessel within the Charter Period. Notwithstanding the above, should the Charterers fail to redeliver the Vessel within the Charter Period, the Charterers shall pay the daily equivalent to the rate of hire stated in Box 22 plus 10 per cent. or to the market rate, whichever is the higher, for the number of days by which the Charter Period is exceeded. All other terms, conditions and provisions of this Charter shall continue to apply.

Subject to the provisions of Clause 10, the Vessel shall be redelivered to the Owners in the same or as good structure, state, condition and class as that in which she was delivered, fair wear and tear not affecting class excepted.

The Vessel upon redelivery shall have her survey cycles up to date and trading and class certificates valid for at least the number of months agreed in Box17.

제15조 (반선)
용선자는 용선기간이 만료될 때에 선박소유자가 지정하는 안전한 부두(berth)에서 안전하고 얼음이 없는 항구 또는 (Part I 의) 박스16에 명시된 장소에서 선박소유자에게 선박을 반선하여야 한다. 용선자는 늦어도 30일 이전에 예상되는 반선일자, 반선예정 지역의 여러 항구 또는 특정항구 또는 장소에 대하여 예비통보(preliminary notice)를 하여야 하며, 늦어도 14일 이전에는 반선일자와 반선항구 또는 장소에 대하여 확정통보를 하여야 한다.
용선자는 이러한 통보를 한 후에 선박의 위치에 변화가 있는 경우에는 즉시 선박소유자에게 통보하여야 한다. 용선자는 합리적으로 판단할 때에 용선기간 내에 선박을 반선할 수 없을 것으로 예상되는 새로운 항차(완료후 반선하기 위한 공선항해기간을 포함하여)를 시작하지 않을 것을 보장하여야 한다.
위와 같음에도 불구하고 선박소유자가 용선기간 내에 선박을 반선하지 못한 경우에는, 용선자는 박스22에 명시된 용선료에 10%를 추가한 일당 용선료와 당시의 해운시장 일당 용선료 중 더 높은 일당 용선료를 기준하여 초과기간에 대한 용선료를 지불하여야 한다. 본 선체용선계약의 다른 조건과 약관은 (초과된 용선기간동안에도) 계속하여 적용되어야 한다.
제10조의 약관의 내용(maintenance and operation)에 따라 선박이 보수유지 및 운영되었다는 전제하에, 선박은 선박이 선체용선자에게 처음 인도되었을 때와 같거나 또는 양호한 구조, 상태 및 조건과 동일한 선급을 유치한 채 선박소유자에게 반선되어져야 한다.
또한 선박이 입은 일반적인 손모(general wear and tear)는 선급유지에 영향을 미치지 않는 정도이어야 한다.
반선 후에 적어도 박스17에 명시된 기간이후에 검사주기가 도래하여야 하며 적어도 명시된 기간동안 선박의 운항과 선급증서가 유효하여야 한다.

선체용선기간이 만료되었을 경우, 선체용선자는 적어도 반선 30일 이전에 예비(preliminary) 통보를 하고 14일전에는 확정된(definite) 반선일자와 장소 또는 선체용선계약서의 박스16에 명시된 안전한 곳에서 선박을 선박소유자에게 반선하겠다는 통보를 하여야 한다.

그리고 이러한 반선통보를 한 후에는 선체용선자는 반선직전에 합리적으로 판단할 때에 용선기간 내에 항차를 종료할 수 없는 새로운 항차를 시작할 수 없다. 이때 반선직전 항차의 화물을 용선기간 내에 양하를 완료하고 선박을 선박소유자에게 반선하기로 한 반선장소까지의 공선항해기간을 포함하여 용선기간을 초과하지 않아야 한다.

이와 같은 약관의 내용에도 불구하고 용선기간 내에 반선하지 못한 경우에는, 특히 해운시황이 호황인 경우 초과기간에 대하여 용선자가 지불하여야 하는 용선료의 수준에 분쟁의 소지가 많다. 해운시황이 호황이므로 선박을 가능한 조속히 반선받기를 원하는 선박소유자와 선박을 가능한 오랫동안 운항하고자 하는 용선자간에 이해관계를 조정하기 위한 내용을 약관에 명시하였다. 초과기간에 대한 용선료는 박스22에 명시된 용선료에 10%를 추가한 용선료와 반선 당시 시장용선료 중 높은 용선료를 기준하여 지불하도록 하였으며, 초과기간에도 당초의 선체용선계약의 모든 조건이 적용되도록 하였다.

선박이 반선되었을 때의 선체의 상태는 선박이 선체용선자에게 처음 인도되었을 때와 같은 구조, 상태와 조건이어야 한다. 이때 선급의 규정에서 요구하는 사항에 영향을 미치지 않는 일반적인 손모(general wear and tear)에 대해서는 반선시 선박소유자에게 용인되나, 어느 수준까지 일반적인 손모로 간주할 것인가에 대해서는 선박소유자와 용선자간에 이견이 있을 수 있다. 또한 선박이 반선된 후에 박스17에 명시된 기간 동안에 검사주기가 종료되지 않아야 하며, 이 기간 동안에 선박의 운항과 검사증서가 유효하여야 한다고 규정하였다. 이것은 선박소유자가 선박을 반선받은 직후 선박의 증서갱신이나 선급유지를 위한 별도의 조치를 취하지 않아도 되도록 하여 선박소유자를 보호하고자 함이다.

(16) 선체용선자에 의한 유치권 발생금지 [Clause 16 Non-Lien]

Clause 16 (Non-Lien)

The Charterers will not suffer, nor permit to be continued, any lien or encumbrance incurred by them or their agents, which might have priority over the title and interest of the Owners in the Vessel. The Charterers further agree to fasten to the Vessel in a conspicuous place and to keep so fastened during the Charter Period a notice reading as follows:

"This Vessel is the property of (name of Owners). It is under charter to (name of Charterers) and by the terms of the Charter Party neither the Charterers nor the Master have any right, power or authority to create, incur or permit to be imposed on the Vessel any lien whatsoever."

第16조 (유치권 발생금지)

선체용선자는 그들 또는 그들 대리인들이 선박에 대한 선박소유자의 권리나 이익보다도 우선하는 유치권 또는 (저당권과 같은)부담(encumbrance)을 발생시키거나 이러한 유치권 또는 (저당권과 같은)부담(encumbrance)이 지속되는 것을 허용하지 않아야 한다. 더 나아가서 용선자는 다음과 같은 공고문을 선박의 현저히 잘 보이는 장소에 부착시키고 용선기간동안에 이 공고문의 부착을 유지할 것에 동의한다.

"이선박은 (선박소유자의 이름)의 자산이다. 이 선박은 (용선자의 이름)에 용선되어 있으며, 용선계약의 조건에 따라 용선자나 선장은 선박에 대하여 어떠한 유치권을 새롭게 발생시키거나, 발생되게 하거나 부과되는 것을 허락하는 권리, 권력 또는 권한을 가지고 있지 않다"

선체용선자 또는 그의 대리점은 선박소유자의 선박에 대한 소유권이나 이해관계의 우선권에 영향을 미치는 선박에 대한 유치권 또는 (저당권과 같은) 부담을 발생시키거나 관련한 행위를 하지 못한다. 이것은 선체용선자가 자신의 선박을 구매하거나 운영자금을 확보하기 위하여 선체용선한 당해 선박을 금융기관에 담보로 제공할 수 없음을 말하며, 이것을 명확하게 보여 주기 위하여 위의 내용과 같이 선박소유자와 선체용선자가 누구이며, 선체용선자와 선장은 선체용선계약에 따라 이러한 유치나 저당행위를 할 수 있는 권리, 권력 또는 권한이 없다는 것을 내용으로 하는 공고문을 선박의 장소 중에 잘 보이는 곳에 부착하고 이 공고문을 용선기간 내내 부착하고 있어야 한다.

(17) 피해보상 [Clause 17 Indemnity]

Clause 17 (Indemnity)
(a) The Charterers shall indemnify the Owners against any loss, damage or expense incurred by the Owners arising out of or in relation to the operation of the Vessel by the Charterers, and against any lien of whatsoever nature arising out of an event occurring during the Charter Period.
If the Vessel be arrested or otherwise detained by reason of claims or liens arising out of her operation hereunder by the Charterers, the Charterers shall at their own expense take all reasonable steps to secure that within a reasonable time the Vessel is released, including the provision of bail.
Without prejudice to the generality of the foregoing, the Charterers agree to indemnify the Owners against all consequences or liabilities arising from the Master, officers or agents signing Bills of Lading or other documents.

(b) If the Vessel be arrested or otherwise detained by reason of a claim or claims against the Owners, the Owners shall at their own expense take all reasonable steps to secure that within a reasonable time the Vessel is released, including the provision of bail.
In such circumstances the Owners shall indemnify the Charterers against any loss, damage or expense incurred by the Charterers (including hire paid under this Charter) as a direct consequence of such arrest or detention.

第17조 (피해보상)
(a) 용선자는 용선자의 용선선박 운항과 또는 운항과 관련하여 선박소유자에게 발생한 손실과 손상 또는 비용과 용선기간에 발생한 사건으로부터 생긴 어떤 성질의 것이든 유치권에 대하여 선박소유자에게 보상하여야 한다.
만약 선박이 용선자의 선박운항으로부터 발생한 보상요구나 또는 유치권으로 말미암아 선박이 압류되었거나 억류되었다면 용선자는 보석금의 제공을 포함하여 자신의 비용으로 합리적인 시간이내에 선박이 풀려나도록 합당한 조치를 취하여야 한다.
이전의 일반적인 사항과 관련 없이 용선자는 선장, 사관 또는 대리점이 선하증권이나 다른 서류에 서명함으로써 발생하는 결과와 책임에 대하여 선박소유자에게 보상할 것을 동의하여야 한다.
(b) 만약 선박이 선박소유자에 대한 보상요구의 이유로 말미암아 선박이 압류되었거나 억류되었다면 선박소유자는 보석금의 제공을 포함하여 자신의 비용으로 합리적인 시간이내에 선박이 풀려나도록 합당한 조치를 취하여야 한다. 그와 같은 경우에 선박소유자는 이와 같은 구속이나 억류의 직접적인 결과로서 (본 용선계약에 의해 지불된 용선료를 포함하여) 용선자에게 발생한 손실, 손상 또는 비용을 용선자에게 보상하여야 한다.

(18) 유치권 [Clause 18 Lien]

Clause 18 (Lien)
The Owners to have a lien upon all cargoes, sub-hires and sub-freights belonging or due to the Charterers or any sub-charterers and any Bill of Lading freight for all claims under this Charter, and the Charterers to have a lien on the Vessel for all

moneys paid in advance and not earned.

제18조 (유치권)
선박소유자는 용선자와 재용선자에 속하는 모든 화물과 재용선료(sub-hires)와 재운임(sub-freight) 또는 이 용선계약과 관련하여 발행된 선하증권 상의 운임에 대하여 유치권을 가지며, 용선자는 선지급하였으나 반대급부를 받지 못한 금액에 관련하여서는 선박에 대해 유치권을 가진다.

(19) 해난구조 [Clause 19 Salvage]

Clause 19 (Salvage)
All salvage and towage performed by the Vessel shall be for the Charterers' benefit and the cost of repairing damage occasioned thereby shall be borne by the Charterers.

제19조 (해난구조)
본선에 의해 수행된 모든 해난구조와 예선은 용선자의 이익이 되어야 하며 이로 인하여 발생한 손상에 대한 수리비용은 용선자가 부담하여야 한다.

해난구조와 예선작업을 수행하고 얻어지는 이익은 선체용선자의 이익인 동시에 이러한 작업을 위해 소요된 비용은 물론 이러한 작업도중에 발생한 손상에 대한 수리비용 등도 선체용선자가 부담하여야 한다.

그러나 정기용선계약에서는 해난구조 시 얻어지는 이익 중에서 해난구조에 필요한 선박소유자와 용선자의 비용을 지불한 후 남는 이익을 양자에게 분배한다(NYPE 1993 Clause 24). 이것은 선체용선계약에서는 선박의 운영과 운항을 선체용선자가 수행하는 반면, 정기용선계약에서는 선원의 임면과 보수유지 등과 같은 선박의 운영에 관련된 업무는 여전히 선박소유자가 수행하고 화물운송을 위한 선박의 운항은 용선자가 수행하므로, 선박을 이용하여 해난구조를 하는 경우에 선박소유자가 임명하고 급여를 지급하는 선원과 선박소유자가 운영하고 있는 선박이 동원되기 때문이다.

(20) 난파선 제거 [Clause 20 Wreck Removal]

Clause 20 (Wreck Removal)
In the event of the Vessel becoming a wreck or obstruction to navigation the Charterers shall indemnify the Owners against any sums whatsoever which the Owners shall become liable to pay and shall pay in consequence of the Vessel becoming a wreck or obstruction to navigation.

제20조 (난파선 제거)
용선선박이 난파되었거나 항해에 장애물이 되었을 경우에 선체용선자는, 선박소유자가 지불하는 책임을 지게 되며, 선박이 난파되고 장애물이 된 결과로서 선박소유자가 지불하여야 하는 금액이 얼마이든지간에, 선박소유자에게 배상하여야 한다.

(21) 공동해손 분담 [Clause 21 General Average]

Clause 21 (General Average)
The Owners shall not contribute to General Average.

제21조 (공동해손)
선박소유자는 공동해손 분담에 참가하지 않는다.

선체용선자가 선박을 점유하여 관리선박소유자로써 선박운영과 선박을 이용한 화물운송 및 운항에 관련한 사항을 담당하게 되므로 선박소유자는 공동해손 분담에 참가하지 않는다. 공동해손은 해당항해에서 이해관계인이 직면하고 있는 위험으로부터 손실을 최소화하기 위하여 선장이 화물 또는 선체의 일부에 의도적으로 발생시킨 손실이다. 이때 해당항해의 이해관계인이 공동해손을 정산하는 경우 그 처분대상은 선박과 적하 및 운임 등이다. 그런데 선체용선료는 선박소유자가 선박을 용선자에게 제공하는 대가로 기간에 따라 용선자가 지불하며, 용선자는 이 선박을 이용하여 수요자에게 용역을 제공하고 수익하게 된다. 이때 용선자가 선박소유자에게 용선료를 지불하거나 용역을 제공하고 수익하는 기간이 공동해손이 발생한 해당 항해 기간만은 아니다. 또한 선박소유자가 제공한 선박의 용역을 이용하여 선체용선자가 해당 항해에서 화물을 운송하고 얻어지는 운임이 이미 공동해손의 일부를 부담하고 있다고 볼 수 있다. 따라서 선박소유자가 공동해손 분담에 참여하는 것은 공동해손분담의 중복 참여로도 볼 수 있기 때문에 선체용선계약에서의 선박소유자는 공동해손분담에 참여하지 않는다. 이와 같은 이유로 정기용선계약에서 선박소유자에게 지급되는 용선료도 공동해손정산 시에 포함되지 않고 있다.[406]

(22) 선박의 양도, 재용선 및 매각 [Clause 22 Assignment, Sub-Charter and Sale]

Clause 22 (Assignment, Sub-Charter and Sale)
(a) The Charterers shall not assign this Charter nor sub-charter the Vessel on a bareboat basis except with the prior consent in writing of the Owners, which shall not be unreasonably withheld, and subject to such terms and conditions as the Owners

406) 염정호, 「정기용선계약법」(서울 : 법문사, 2010), p.418. 및 NYPE-93, Clause 25 (General Average)

shall approve.

(b) The Owners shall not sell the Vessel during the currency of this Charter except with the prior written consent of the Charterers, which shall not be unreasonably withheld, and subject to the buyer accepting an assignment of this Charter.

第22조 (용선계약의 양도, 재용선 및 매각)

(a) 용선자는 선박소유자로부터 서면으로 사전 동의를 득한 경우를 제외하고, 그와 같은 사전 동의는 불합리하게 유보하지 않는다. 선박소유자가 승인한 조건으로 본 용선계약을 양도하거나 재용선하는 경우를 제외하고는, 본 용선계약을선박을 양도하지 않아야 하며 선체용선계약으로 재용선하지 않아야 한다.

(b) 선박소유자는 용선자로부터 서면으로 사전 동의를 득한 경우를 제외하고, 그와 같은 사전 동의는 불합리하게 유보하지 않는다. 본 선체용선계약의 양도를 매입자가 수락하는 것을 전제로 하지 않은 한 선박을 매각할 수 없다.

선체용선자는 선체용선계약 기간 동안에 제3자와의 또 다른 선체용선계약 체결 자체와 그 조건에 대한 선박소유자의 사전 동의 없이 또 다른 선체용선계약을 체결하여 선박을 양도하거나 선체용선계약을 체결하여 대선하지(chartering out) 못한다. 또한 선박소유자도 선체용선자의 사전 동의와 구매자가 현재의 선체용선계약을 인수하겠다는 조건을 수락하는 경우를 제외하고 선박을 선체용선 기간 동안 매각할 수 없다.

선체용선계약의 경우, 용선기간 만료 후 소유권을 취득할 의향이 있는 경우가 대부분이다. 또한 용선자는 용선한 선박을 장기로 이용할 목적으로 선박소유자로부터 고액의 자산인 선박의 보수·유지까지도 용선자인 자신에게 일임하도록 용선계약을 체결한다. 그리고 선체용선계약은 선박소유자(투자자)와 용선자간에 신뢰가 구축되어 있거나 특수한 관계가 형성되었을 때 체결되는 경우가 대부분이다. 그러므로 선체용선자는 상당 부분 선박소유자의 위치에서 선박을 관리하며, 이 선박을 이용한 장기 운영계획을 수립하여 운항하고 있다.

또한 선박소유자도 계약기간이 단기인 항해용선계약이나 정기용선계약을 체결하지 않고 또한 선박에 대한 장기투자를 목적으로 선박을 확보하고 장기의 선체용선계약으로 대선(chartering out)한다.

따라서 용선기간 중에 용선자가 선박을 선체용선계약으로 다시 제3자에게 대선하거나, 용선기간 중에 선박소유자가 선박을 매각하는 것은 선박소유자와 용선자 모두에게 선박의 상태나 선박의 이용에 차질을 가져다주게 되므로 상호 상대방의 승낙이 있어야 만 할 것이다.

(23) 운송계약 [Clause 23 Contracts of Carriage]

Clause 23 (Contracts of Carriage)

*(a) The Charterers are to procure that all documents issued during the Charter Period evidencing the terms and conditions agreed in respect of carriage of goods shall contain a paramount clause incorporating any legislation relating to carrier's liability for cargo compulsorily applicable in the trade; if no such legislation exists, the documents shall incorporate the Hague-Visby Rules. The documents shall also contain the New Jason Clause and the Both-to-Blame Collision Clause.

**Delete as applicable.*

*(b) The Charterers are to procure that all passenger tickets issued during the Charter Period for the carriage of passengers and their luggage under this Charter shall contain a paramount clause incorporating any legislation relating to carrier's liability for passengers and their luggage compulsorily applicable in the trade; if no such legislation exists, the passenger tickets shall incorporate the Athens Convention Relating to the Carriage of Passengers and their Luggage by Sea, 1974, and any protocol thereto.

**Delete as applicable.*

제23조 (운송계약)

*(a) 용선자는 용선기간동안 화물운송과 관련하여 합의된 조건을 입증하기 위해 발행된 서류에 거래에 있어서 화물에 대하여 강제적으로 적용되는 운송인의 책임과 관련한 법규를 편입한(incorporating) 지상약관이 포함되도록 하여야 한다(are to procure).; 만약 그와 같은 법규가 존재하지 않는다면 헤이그 비스비 규칙을 편입한다(incorporate). 서류는 뉴 제이슨 약관과 쌍방과실책임약관을 포함하여야 한다.

**내용에 맞게 적절하게 지울 것*

*(b) 용선자는 용선기간동안 여객과 여객수하물(luggage)과 관련하여 발행된 여객티켓이 거래에 있어서 여객과 여객수하물에 강제적으로 적용되는 운송인의 책임과 관련한 법규를 편입한 지상약관을 포함하여야 한다는 것을 비치하여야만 한다(are to procure); 만약 그와 같은 법규가 존재하지 않는다면 여객티켓은 1974년 여객과 여객수하물운송과 관련한 아덴조약과 이 조약의 협정서 내용을 편입하여야 한다.

**내용에 맞게 적절하게 지울 것*

선체용선자가 화물을 운송하는 경우에는, Paramount Clause, Hague-Visby Clause, New Jason Clause, Both-to Blame Collision Clause 등 기타 화물운송에 관련한 규정에서 요구하는 서류를 갖추어야 하며, 여객을 운송하는 경우에는 여객운송에 관련한 규정에서 요구하는 모든 서류를 갖추어야 한다.

(24) 선체용선자의 선체용선계약의 이행보증제공 [Clause 24 Bank Guarantee]

Clause 24 (Bank Guarantee)
(Optional, only to apply if Box27 filled in)

The Charterers undertake to furnish, before delivery of the Vessel, a first class bank guarantee or bond in the sum and at the place as indicated in Box 27 as guarantee for full performance of their obligations under this Charter.

제24조 은행의 지급보증
(선택사항이며, 박스27에 명시되는 경우에만 적용된다.)

용선자는 이 용선계약에서의 용선자의 의무를 모두 수행하겠다는 보장으로 박스27에 언급된 금액과 장소에서 1급 은행의 지급보증이나 증서(bond)를 선박인도전에 제공하여야 한다.

선체용선계약에서는 다른 용선계약과는 달리, 선체용선자가 용선계약 상의 의무를 충실히 이행할 것을 보장하고 이를 보증하기 위해 일급은행의 지급보증(Bank Guarantee)이나 채무증서(bond)를 선박소유자에게 제출할 것을 선택사항(option)으로 규정하고 있다. 이것은 선박용선기간이 장기이며, 용선자가 용선자의 결정으로 선박의 보수유지 등을 포함한 선박의 운영에 관한 업무뿐만 아니라 화물을 운송하기 위해 선박도 독자적으로 직접 운항하므로 선박소유자는 선박의 운영이나 운항에 장기간 관여하지 않는다. 그리고 선원도 정기용선계약인 경우와는 달리 용선자가 임명하므로 선박소유자는 선원을 통한 선박의 관리나 점유도 할 수 없게 된다.

또한 선체용선계약을 체결하여 대선하기 위해 선박을 확보하는 투자자(선박소유자)는 대부분의 경우 해운기업이 아니므로 용선자의 채무불이행이나 불법행위로 선체용선계약이 해지되는 경우, 선박소유자가 직접 선박을 운항하는 데에도 어려움이 있기 때문에 선박소유자는 용선자로부터의 용선료지급이나 기타 용선자의 의무이행에 대한 확실한 보장을 받고자 일급은행의 지불보증이나 채무증서(bond)를 요구하게 된다.

한편 장기의 정기용선계약(time charter)에서도 용선자의 신용상태가 선박소유자에게 만족스럽지 못한 경우에는 선박소유자가 용선료 지급을 확보하기 위해 이와 같은 일급은행의 지불보증이나 채무증서(bond)를 요구하는 경우도 있다.

(25) 공권력에 의한 선박의 징발/소유권 강제 이양 [Clause 25 Requisition/Acquisition]

Clause 25 (Requisition/Acquisition)

(a) In the event of the Requisition for Hire of the Vessel by any governmental or other competent authority (hereinafter referred to as "Requisition for Hire") irrespective of the date during the Charter Period when "Requisition for Hire" may occur and irrespective of the length thereof and whether or not it be for an indefinite or a limited period of time, and irrespective of whether it may or will remain in force for the remainder of the Charter Period, this Charter shall not be deemed thereby or thereupon to be frustrated or otherwise terminated and the Charterers shall continue to pay the stipulated hire in the manner provided by this Charter until the time when the Charter would have terminated pursuant to any of the provisions hereof always provided however that in the event of "Requisition for Hire" any Requisition Hire or compensation received or receivable by the Owners shall be payable to the Charterers during the remainder of the Charter Period or the period of the "Requisition for Hire" whichever be the shorter.

(b) In the event of the Owners being deprived of their ownership in the Vessel by any Compulsory Acquisition of the Vessel or requisition for title by any governmental or other competent authority (hereinafter referred to as "Compulsory Acquisition"), then, irrespective of the date during the Charter Period when "Compulsory Acquisition" may occur, this Charter shall be deemed terminated as of the date of such "Compulsory Acquisition". In such event Charter Hire to be considered as earned and to be paid up to the date and time of such "Compulsory Acquisition."

第25조 (징발/소유권강제이양)

(a) 정부 또는 자격을 가진 다른 기관에 의하여 선박이 징발되는 경우(이하 "징발용선"이라 부른다.), 용선기간중의 언제 징발용선이 발생하였는가의 발생날짜에 관계없이 그리고 징발용선의 이 기간이 정해지지 않거나 일정한 한정기간이냐의 징발용선기간의 길이에 관계없이, 본래의 용선계약의 잔여기간에 계속될 수도 있고 계속될 것인가에 관계없이, 그것에 의해서 또는 그것이 발생하자마자 본래의 용선계약이 프러스트레이션(frustration)이 되었다거나 종료되었다고 간주하지 않으며, 용선자는, 본래의 용선계약의 어떤 약관에 따라 본래의 용선계약이 종료될 때까지 본래의 용선계약에 정해진 대로 명시된 용선료를 계속하여 지불하여야 한다. 그러나 징발용선의 경우, 본래의 선체용선계약의 잔여기간과 징발용선기간 중의 두 가지 중 짧은 기간에 대한 징발용선료 또는 선박소유자가 받는 또는 받게 되는 보상금은 본래의 선체용선자에게 지불되어야 한다.

(b) 선박소유자가 선박의 강제이양에 의해 선박의 소유권을 박탈당하였거나 또는 정부 또는 자격을 가진 다른 기관에 의하여 선박에 대한 권리(title)를 징발(수용) 당하였을 경우(이하 "소유권 강제이양"이라 부른다.)에는, 본래의 용선기간 중 언제 소유권 강제이양이 발생하였는가의 발생날짜에 관계없이 그러한 소유권의 강제이양이 이루어진 날짜에 본래의 용선계약은 종료된 것으로 간주한다. 그와 같은 경우에 용선료는 그와 같은 소유권 강제이양이 이루진 날짜까지 수익된 것으로 간주하여 지불되어야한다.

선박의 징발에 관한 예를 들면, 선박의 기국(선적국가)에 비상사태가 발생하게 되면 타 외국적 선박은 비상사태가 발생한 국가의 수출입화물을 운송하기 위해 기항을 기피하게 되므로 기국의 정부에서 국가 필수물자를 운송하기 위해 자국적 선박을 징발하게 된다. 이렇게 공권력에 의하여 용선선박이 징발되는(requisition) 경우에 선체용선계약이 해지되거나 종료된 것으로 간주하지 않으며, 선체용선계약의 약관에 따라 용선자는 계속하여 선박소유자에게 용선료를 지불하여야 한다. 그리고 용선기간이 해지 또는 종료되지 않는 관계로 용선자는 용선선박을 이용한 수익도 계속하게 된다. 따라서 잔여 선체용선기간과 징발기간의 두가지중 짧은 기간에 대하여 징발자로부터 선박소유자에게 지불되는 징발보상금은 선체용선자에게 양도된다.

이때에 용선계약기간 동안에 징발이 언제 집행되었는가에 대한 날짜에 관계없이, 또 징발기간의 유·무한에 관계없이, 또한 징발이 용선계약 기간 내에 종료될 것인가 아니면 또는 용선계약종료 이후에도 계속될 것인가에 관계없이 선체용선계약이 유효하게 계속되는 것으로 간주되어 용선자의 용선료 지불의무와 선박을 이용하여 수익할 수 있는 권리가 유지된다.

그러나 정부나 이에 준하는 기관에 의하여 강제적으로 선박에 대한 소유권이 이전되거나 선박에 대한 권리가 강제적으로 징발(수용)되는(compulsory acquisition) 경우에는 이러한 것이 발생한 시간부터 용선자가 이 선박을 이용하여 수익할 수 없게 된다. 뿐만 아니라 용선계약의 한 당사자인 선박소유자가 더 이상 선박소유자가 아니므로 용선계약이 유지될 수 없게 되었으므로 선박이 강제적으로 징발(수용)된 시간부터 선체용선계약이 해지된 것으로 간주된다. 그러므로 그러한 일이 발생한 시간까지만 선체용선자가 선박소유자에게 용선료를 지불한다.

(26) 전쟁 [Clause 26 War]

Clause 26 (War)

(a) For the purpose of this Clause, the words "War Risks" shall include any war (whether actual or threatened), act of war, civil war, hostilities, revolution, rebellion, civil commotion, warlike operations, the laying of mines (whether actual or reported), acts of piracy, acts of terrorists, acts of hostility or malicious damage, blockades (whether imposed against all vessels or imposed selectively against vessels of certain flags or ownership, or against certain cargoes or crews or otherwise howsoever), by any person, body, terrorist or political group, or the Government of any state whatsoever, which may be dangerous or are likely to be or to become dangerous to the Vessel, her cargo, crew or other persons on board the Vessel.

(b) The Vessel, unless the written consent of the Owners be first obtained, shall not continue to or go through any port, place, area or zone (whether of land or sea), or any waterway or canal, where it reasonably appears that the Vessel, her cargo, crew or other persons on board the Vessel, in the reasonable judgement of the Owners, may be, or are likely to be, exposed to War Risks. Should the Vessel be within any such place as aforesaid, which only becomes dangerous, or is likely to be or to become dangerous, after her entry into it, the Owners shall have the right to require the Vessel to leave such area.

(c) The Vessel shall not load contraband cargo, or to pass through any blockade, whether such blockade be imposed on all vessels, or is imposed selectively in any way whatsoever against vessels of certain flags or ownership, or against certain cargoes or crews or otherwise howsoever, or to proceed to an area where she shall be subject, or is likely to be subject to a belligerent's right of search and/or confiscation.

(d) If the insurers of the war risks insurance, when Clause 14 is applicable, should require payment of premiums and/or calls because, pursuant to the Charterers' orders, the Vessel is within, or is due to enter and remain within, any area or areas which are specified by such insurers as being subject to additional premiums because of War Risks, then such premiums and/or calls shall be reimbursed by the Charterers to the Owners at the same time as the next payment of hire is due.

(e) The Charterers shall have the liberty:

(i) to comply with all orders, directions, recommendations or advice as to departure, arrival, routes, sailing in convoy, ports of call, stoppages, destinations, discharge of cargo, delivery, or in any other way whatsoever, which are given by the Government of the Nation under whose flag the Vessel sails, or any other Government, body or group whatsoever acting with the power to compel compliance with their orders or directions;

(ii) to comply with the orders, directions or recommendations of any war risks underwriters who have the authority to give the same under the terms of the war risks insurance;

(iii) to comply with the terms of any resolution of the Security Council of the United Nations, any directives of the European Community, the effective orders of any other Supranational body which has the right to issue and give the same, and with national laws aimed at enforcing the same to which the Owners are subject, and to obey the orders and directions of those who are charged with their enforcement.

(f) In the event of outbreak of war (whether there be a declaration of war or not) (i) between any two or more of the following countries: the United States of America; Russia; the United Kingdom; France; and the People's Republic of China, (ii) between any two or more of the countries stated in Box36, both the Owners and the Charterers shall have the right to cancel this Charter, whereupon the Charterers shall redeliver the Vessel to the Owners in accordance with Clause 15, if the Vessel has cargo on board after discharge thereof at destination, or if debarred under this Clause from reaching or entering it at a near, open and safe port as directed by the Owners, or if the Vessel has no cargo on board, at the port at which the Vessel then is or if at sea at a near, open and safe port as directed by the Owners. In all cases hire shall continue to be paid in accordance with Clause 11 and except as aforesaid all other provisions of this Charter shall apply until redelivery.

제26조 (전쟁)

(a) 본조항에서 전쟁위험(war risk)이라는 말은 어떤 사람, 어떤 단체, 어떤 폭력이나 정치단체 혹은 어떤 국가의 정부에 의해 행해지는 모든 전쟁(실제 전쟁이 발발하였거나 전쟁 발발 위험이냐를 물문하고), 전쟁행위, 내전, 적의, 혁명, 반란, 내란, 군사행동, 지뢰매설(실제 지뢰가 매설되었거나 또는 매설되었다는 소문이냐를 불문하고), 해적행위, 공포행위, 적대행위, 혹은 악의성 손해, 봉쇄(모든 선박에 대한 것뿐만 아니라 선택적으로 특정기국의 선박 또는 선박소유자에 대해서, 또는 특정화물 또는 선원 또는 그 이외의 어떤 것에 대한)를 포함한다. 그리고 위에 열거한 모든 행위가 선박, 선박에 적재된 화물, 선원 또는 선박에 승선한 다른 사람들에게 현실적으로 위험하거나 혹은 위험할 것 같거나 혹은 위험해지고 있는 경우이다.

(b) 선박은, 제일 먼저 선박소유자의 동의를 얻지 않는 한, 선박소유자의 합리적인 판단으로 볼 때 선박, 화물, 선원 또는 선박에 승선하고 있는 다른 사람들에게 전쟁위험에 노출될 가능성이 있거나 노출될 가능성이 있을 것 같아 보이는 어떤 항구, 장소, 지역 또는 어떤 지대(zone)(육지 또는 바다를 물문하고), 또는 수로, 운하에 가기를 계속하거나 통과하지 않아야 한다.

만약 선박이 입항한 후에 위험해지고 있거나, 위험할 것 같거나 또는 위험해 질 것 같은 위에 언급한 곳에 선박이 있다면 선박소유자는 선박에게 그러한 지역을 떠나도록 요구할 수 있는 권리를 가지고 있다.

(c) 선박은 금지된 화물, 또는 선박에 대하여 부과되든지, 선박의 국적 또는 선박소유자에 대해서 선별적으로 부과되든지 또는 어떤 화물 또는 선원에 대하여 부과되는 봉쇄를 통과하여야 하는 화물 또는 군주의 조사 와/또는 몰수가 되는 또는 조사 와/또는 몰수될 것 같은 지역을 항진해야만 하는 화물을 선적하지 말아야 한다.

(d) 제14조를 적용하는 경우에, 만약 용선자의 지시에 따라서 선박이 보험자에 의하여 전쟁위험 때문에 추가보험료를 납부하여야 한다고 보험자가 특정하는 지역 안에 있다던가, 또는 그러한 지역에 입항하여 정박하여야 하기 때문에 전쟁보험의 보험자가 보험료 와/또는 청구금액의 지불을 요구한다면, 용선자는 그와 같은 보험료와 청구금액은 다음 용선료를 지불할 때에 동시에 선박소유자에게 보상하여야 한다.

(e) 용선자는 다음의 (i), (ii) 와 (iii) 항의 내용을 준수하여야 한다.

(i) 선박이 등록되어 있는 기국 정부 혹은 명령과 지시에 따라 강요할 수 있는 권력을 가지고 행동하는 또 다른 정부, 단체 또는 집단이, 선박의 출항, 도착, 항로의 선택, 호위항해, 항구에의 기항, 항해중단, 목적지, 화물의 양하, 인도, 또는 기타 어떤 행위에 대한 명령, 지시, 건의 또는 권고하는 것에 따라야 한다.

(ii) 전쟁위험보험의 조건에 따라 동일한 조건을 부여하는 권한을 가진 전쟁보험인의 명령, 지시 혹은 제안에 따라야 한다.

(iii) 조령을 제정하고 공포할 권리가 있는 국제연합의 안전보장이사회의 결의서에 의한 조항, 유럽공동체의 모든 지시사항, 명령을 제정할 수 있고 그러한 명령을 내릴 수 있는 초국가적인 조직으로 부터의 명령, 선박소유자가 준수하여야 하고 그것을 강요할 목적으로 제정된 국가법규에 따라야 하며, 이러한 것을 집행하는 자로부터의 명령과 지시를 준수하여야 한다.

(f) 다음과 같은 두 개 국가 또는 그 이상의 국가사이에, (i)미국, 러시아, 영국, 불란서 그리고 중국 국가사이에, (ii)박스36에 명시된 국가들 중에서 두 개 국가 또는 그 이상의 국가사이에 전쟁이 발발한 경우에(선전포고의 유무에 관계없이) 선박소유자와 용선자는 공히 용선계약을 해제할 수 있다. 이 경우 용선자는 용선계약 제15조에 따라 용선선박을 선박소유자에게 반선(redelivery)하여야 한다. 이때 선박이 화물을 적재하고 있는 경우 화물을 목적지에서 양하한 후에 반선하기나, 또는 이 조항에 따라서 목적지에 도달하거나 입항하는 것이 방해받고 있는 경우에는 선박소유자가 지정하는 근처의 안전한 개항에서 반선하여야 한다. 또는 선박에 화물을 적재하고 있지 않는 경우에는 선박이 그 당시에 정박하고 있는 항구에서나 또는 항해중인 경우에는 선박소유자가 지정하는 근처의 안전한 개항에서 반선하여야 한다. 그 어떤 경우에도 용선계약시 제11조에 따라서 용선료는 계속하여 지불되어야 하며, 이 조항에 언급된 사항을 제외하고는 이 용선계약의 다른 모든 규정은 선박이 반선 될 때까지 적용된다.

상기 약관의 (e)항의 내용은 항해용선계약(GENCON 1993의 제17조)에서의 선박소유자가 가지고 있는 권리의 내용과 대동소이하다. 이것은 선체용선계약에서는 용선자가 선박의 관리선박소유자(disponent owner)로써 선박의 보수유지와 같은 선박의 운영과, 화물운송을 위한 선박의 운항과 관련하여 선박소유자의 위치에 있기 때문이다.

또한 상기 (f)항의 약관은 정기용선계약(NYPE 1994의 제32조 War Cancellation)에서 전쟁으로 인해 선박소유자나 용선자가 공히 용선계약을 해제(cancellation)할 수 있는 권리를 가지고 있는 내용과 대동소이하다. 이것은 정기용선계약이나 선체용선계약은 공히 선박사용계약이며, 전쟁 상황과 같은 상태에서는 선박사용에 제한을 받는 것은 정기용선계약이나 선체용선계약이나 동일하기 때문이다.

(27) 수수료 [Clause 27 Commission]

Clause 27 (Commission)

The Owners to pay a commission at the rate indicated in Box 33 to the Brokers named in Box 33 on any hire paid under the Charter. If no rate is indicated in Box 33, the commission to be paid by the Owners shall cover the actual expenses of the Brokers and a reasonable fee for their work.

If the full hire is not paid owing to breach of the Charter by either of the parties the party liable therefor shall indemnify the Brokers against their loss of commission.

Should the parties agree to cancel the Charter, the Owners shall indemnify the Brokers against any loss of commission but in such case the commission shall not exceed the brokerage on one year's hire.

제27조 (용선 중개수수료)

선박소유자는 용선계약에 의해 (용선자가 선박소유자에게) 지불하는 용선료에 대해 박스33에 명시된 중개인에게 박스33에 명시된 요율에 따라 용선 중개수수료를 지불하여야 한다. 만약 박스33에 중개인에게 지불되어야할 용선 중개수수료가 명시되지 않았다면, 용선 중개수수료는 중개인의 실비와 업무에 합당하는 수수료를 보상하(는 수준이어)여야 한다.

만약 용선계약당사자의 어느 일방의 용선계약을 위반하여 전체 용선료가 지불되지 않았다면(일부 용선료가 지불되지 않았다면), 이 문제에 대한 책임이 있는 당사자가 용선중개인의 용선 중개수수료 손실을 보상하여야 한다. 만약 계약당사자가 용선계약을 취소하기로 합의하였다면, 선박소유자가 용선중개인의 용선 중개수수료의 손실에 대하여 보상하여야 하나, 그와 같은 경우에 용선 중개수수료는 1년분의 용선 중개수수료 금액을 초과하지 않는다.

용선중개인은 용선계약의 직접당사자인 선박소유자와 용선자가 용선계약에 대한 협상을 진행할 때에 필요한 정보를 제공하고 계약당사자간 계약의 내용에 관해 합의에 도달하게 한다. 이렇게 합의된 내용을 기초로 선박소유자와 용선자간에 용선계약을 성약하여 체결하게 할 뿐만 아니라 때에 따라서는 계약체결 당사자들에게 체결된 용선계약의 원활한 수행을 촉구하는 등 용선계약의 사후관리 기능도 수행하는 역할을 한다.

이러한 업무를 수행하는 용선중개인에게 지불하는 용선 중개수수료는 통상적으로 용선자가 선박소유자에게 용선료를 지불할 때마다 선박소유자가 지불한다. 따라서 선체용선계약체결을 주선한 용선중개인에게 지불하는 용선 중개수수료도 박스33에 명시된 요율에 따라 선박소유자가 지불하며, 만약 명시되지 않았을 경우에는 용선중개인이 지불한 실제 비용과 중개인의 업무에 합당하는 보수를 선발소유자가 지불하여야 한다. 또한 용선계약을 위반하므로 인하여 전체 용선료가 지불되지 않았다면(일부만 지불되었다면) 책임이 있는 당사자가 용선중개인의 손실에 대하여 보상하여야 하며, 용선계약이 취소되었을 경우 용선중개인이 입은 손실에 대해서는 선박소유자가 보상하되, 그 금액을 1년분의 용선 중개수수료를 최대 한도로 규정하고 있다.

(28) 용선계약의 해지 [Clause 28 Termination]

Clause 28 (Termination)

(a) Charterers' Default

The Owners shall be entitled to withdraw the Vessel from the service of the Charterers and terminate the Charter with immediate effect by written notice to the Charterers if:

(i) the Charterers fail to pay hire in accordance with Clause 11. However, where there is a failure to make punctual payment of hire due to oversight, negligence, errors or omissions on the part of the Charterers or their bankers, the Owners shall give the Charterers written notice of the number of clear banking days stated in Box34(as recognised at the agreed place of payment) in which to rectify the failure, and when so rectified within such number of days following the Owners' notice, the payment shall stand as regular and punctual.

Failure by the Charterers to pay hire within the number of days stated in Box 34 of their receiving the Owners' notice as provided herein, shall entitle the Owners to withdraw the Vessel from the service of the Charterers and terminate the Charter without further notice;

(ii) the Charterers fail to comply with the requirements of:

(1) Clause 6 (Trading Restrictions)

(2) Clause 13(a) (Insurance and Repairs)

provided that the Owners shall have the option, by written notice to the Charterers, to give the Charterers a specified number of days grace within which to rectify the failure without prejudice to the Owners' right to withdraw and terminate under this Clause if the Charterers fail to comply with such notice;

(iii) the Charterers fail to rectify any failure to comply with the requirements of sub-clause 10(a)(i) (Maintenance and Repairs) as soon as practically possible after the Owners have requested them in writing so to do and in any event so that the Vessel's insurance cover is not prejudiced.

(b) Owners' Default

If the Owners shall by any act or omission be in breach of their obligations under this Charter to the extent that the Charterers are deprived of the use of the Vessel and such breach continues for a period of fourteen (14) running days after written notice thereof has been given by the Charterers to the Owners, the Charterers shall be entitled to terminate this Charter with immediate effect by written notice to the Owners.

(c) Loss of Vessel

This Charter shall be deemed to be terminated if the Vessel becomes a total loss or is declared as a constructive or compromised or arranged total loss. For the purpose of this sub-clause, the Vessel shall not be deemed to be lost unless she has either become an actual total loss or agreement has been reached with her underwriters in respect of her constructive, compromised or arranged total loss or if such agreement with her underwriters is not reached it is adjudged by a competent tribunal that a constructive loss of the Vessel has occurred.

(d) Either party shall be entitled to terminate this Charter with immediate effect by written notice to the other party in the event of an order being made or resolution passed for the winding up, dissolution, liquidation or bankruptcy of the other party (otherwise than for the purpose of reconstruction or amalgamation) or if a receiver is appointed, or if it suspends payment, ceases to carry on business or makes any special arrangement or composition with its creditors.

(e) The termination of this Charter shall be without prejudice to all rights accrued due between the parties prior to the date of termination and to any claim that either party might have.

第28조 (용선의 해지)

(a) 용선자의 의무불이행

선박소유자는, 다음과 같은 경우이면, 용선자에게 서면통지 후 즉시 용선자로부터 선박을 철수하고 용선계약을 해지할 수 있는 권한을 가지게 된다.

(i) 본 용선계약서 제11조에 따라 용선료를 지불하지 못하였을 때.

그러나 만약 용선료를 기한 내에 지불하지 못한 원인이 용선자나 용선자의 은행 측의 간과, 태만, 잘못 또는 소홀(ommission)로 기인하였다면, 선박소유자는 용선자에게 채무불이행을 교정하기 위해서 박스34(합의된 지불장소에서 인지된 바와 같이)에 명시된 은행정산일수(유예기간) 전체 기간 중 본건을 해결하기 위한 은행정산일수를 정하여 서면통보 하며, 그리고 선박소유자가 통보한 은행정산일수(유예기간) 내에 채무불이행이 교정되었을 경우, 용선료 지불은 정기적이고 기한 내에 이루어진 상태가 된다.

용선자가, 박스34의 전체 유예기간 중 선박소유자가 본 조항의 약관에 따라 통보한 은행정산일수 기한 내에 지불하지 못하였다면, 선박소유자는 추가 통보없이 선박을 용선자로부터 철수시키고 용선계약을 해지할 수 있는 권한을 가지게 된다.

(ii) 용선자가 다음의 조항에서 요구하는 사항을 준수하지 못하였을 때:

(1) 제6조 (운항제한)

(2) 제13조 (보험 및 수리)

이와 같이 용선자가 요구사항을 준수하지 못하였을 경우에, 선박소유자는 용선자가 교정하기 위한 기한(날짜수)을 서면으로 통보할 수 있는 선택권을 가진다.

(iii) 용선자가 본 용선계약서 제10조(a)(i)항(선박의 보수유지 및 운영)의 요구사항을 충족시키지 못한 것을 선박소유자가 서면으로 그렇게 할 것을 요구한 후 실제적으로 가능한 조속히 교정하지 못하였을 경우와 어떠한 경우라도 선박의 보험의 부보내용이 손상되지 않도록 하지 못하였을 경우.

(b) 선박소유자의 의무불이행

만약 선박소유자가 선박소유자의 어떤 행위 또는 태만으로 인하여 용선자가 선박을 이용하지 못하게 될 정도로 용선계약에 따른 의무이행을 위반하였으며 용선자가 선박소유자에게 서면으로 통보한 후 14일 동안 그와 같은 위반이 계속되는 경우, 용선자는 선박소유자에게 서면통지에 의해 이 용선계약을 즉시 해지할 수 있는 권리가 있다.

(c) 선박의 멸실

만약 선박이 전손되었거나 또는 추정전손, 타협전손 또는 조정(arranged)전손이라고 선언되었다면, 이 용선계약은 해지된 것으로 간주된다. 본 조항[제28조(c)]에서는, 이 조항에서[제17조(c)],실제적으로 선박이 전손되지 않는 한 또는 선박의 보험자와 추정전손, 타협전손 또는 조정(arranged)전손에 관하여 합의가 이루어지지 않는 한, 또는 선박의 추정전손이 발생하였다고 합당한 법정에서 판단하였다고 보험자와 합의에 도달하지 않았을 경우에 선박은 멸실된 것으로 간주하지 않는다.

(d) 계약당사자는, 상대방에게 폐쇄(winding up), 해산(dissolution), 청산(liquidation) 또는 파산(bankruptcy)에 대한 명령이 내려졌거나 또는 결정이 통과 되었거나 (또는 개선조치 또는 합병)이 이루어졌거나, 또는 관재인이 선임되었거나, 지급이 보류되었거나, 영업을 지속하는 것이 중단되었거나 채권자와 특별협약이나 조합이 이루어졌을 경우 상대방에게 각기 서면통보고 즉시 이 용선계약을 해지할 수 있는 권리를 가지고 있다.

(e) 이 용선계약의 해지는 용선계약의 해지 이전에 계약당사자가 가지고 있던 권리와 상호 취하였던 보상요구에는 영향을 주지 않는다.

선박소유자와 용선자가 용선계약을 체결할 때에 용선료를 제때에 지불하지 못하는 경우의 유예기간(grace period)에 관하여 합의하여 박스34에 명시한다. 이러한 합의하여 설정한 유예기간도 용선자나 용선자의 은행의 간과, 태만, 잘못 또는 소홀(ommission)과 같은 신의성실에 입각한 예외적인 경우만으로 제한하였으며, 용선자의 의도적인 경우에는 해당되지 않는다. 따라서 이러한 유예기간이 계약된 것으로 간주하여 항상 또는 용선료를 지불할 때마다 매번 적용될 수 있다는 것은 아니며, 만약 유예기간이 지났거나 제28조 (a)(i)항에서 설정된 기간 내에 다시 용선료를 지불하지 않는다면, 선박소유자는 추가의 통지 없이 선박을 철수시키고 용선계약을 해지할 수 있다.

(29) 선박의 재소유 [Clause 29 Repossession]

Clause 29 (Repossession)

In the event of the termination of this Charter in accordance with the applicable provisions of Clause 28, the Owners shall have the right to repossess the Vessel from the Charterers at her current or next port of call, or at a port or place convenient to them without hindrance or interference by the Charterers, courts or local authorities. Pending physical repossession of the Vessel in accordance with this Clause 29, the Charterers shall hold the Vessel as gratuitous bailee only to the Owners. The Owners shall arrange for an authorised representative to board the Vessel as soon as reasonably practicable following the termination of the Charter. The Vessel shall be deemed to be repossessed by the Owners from the Charterers upon the boarding of the Vessel by the Owners' representative. All arrangements and expenses relating to the settling of wages, disembarkation and repatriation of the Charterers' Master, officers and crew shall be the sole responsibility of the Charterers.

제29조 선박의 재소유

용선계약의 제28조에 따라 용선계약을 종료(해지) 하는 경우에 선박소유자는 현재 또는 다음의 기항지 또는 용선자나, 사법당국이나 지방성부로부터 방해나 간섭이 없는 항구나 편리한 장소에서 (용선자로부터) 선박을 다시 소유할 수 있는 권리를 가진다. 제29조에 따라 선박소유자가 선박을 재소유하기 위한 조치를 취하고 있는 동안에는 선박소유자가 선박을 물리적으로 아직 재소유하지하지 않은 상태이므로 용선자는 단지 선박소유자에게 어떤 대가없이(gratuitous bailee) 선박을 지키고 있을 뿐이다. 선박소유자는 용선계약이 해지됨에 따라 실제적으로 가능한 빨리 승인된 선박소유자의 대리인을 승선시키는 것을 수배하여야 한다. 선박은 선박소유자의 대리인이 승선한 시점부터 선박소유자가 선박을 재소유한 것으로 간주된다. 용선자의 선장, 사관과 선원에 대한 임금지불, 하선과 본국으로의 송환에 관련한 모든 수배와 경비는 용선자의 단독책임으로 해결한다.

(30) 분쟁의 조정 [Clause 30 Dispute Resolution]

Clause 30 (Dispute Resolution)

*(a) This Contract shall be governed by and construed in accordance with English law and any dispute arising out of or in connection with this Contract shall be referred to arbitration in London in accordance with the Arbitration Act 1996 or any statutory modification or re-enactment thereof save to the extent necessary to give effect to the provisions of this Clause.

The arbitration shall be conducted in accordance with the London Maritime Arbitrators Association(LMAA) Terms current at the time when the arbitration proceedings are commenced.

The reference shall be to three arbitrators. A party wishing to refer a dispute to arbitration shall appoint its arbitrator and send notice of such appointment in writing to the other party requiring the other party to appoint its own arbitrator within 14 calendar days of that notice and stating that it will appoint its arbitrator as sole arbitrator unless the other party appoints its own arbitrator and gives notice that it has done so within the 14 days specified.

If the other party does not appoint its own arbitrator and give notice that it has done so within the 14 days specified, the party referring a dispute to arbitration may, without the requirement of any further prior notice to the other party, appoint its arbitrator as sole arbitrator and shall advise the other party accordingly. The award of a sole arbitrator shall be binding on both parties as if he had been appointed by agreement.

Nothing herein shall prevent the parties agreeing in writing to vary these provisions to provide for the appointment of a sole arbitrator. In cases where neither the claim nor any counterclaim exceeds the sum of US$50,000 (or such other sum as the parties may agree) the arbitration shall be conducted in accordance with the LMAA Small Claims Procedure current at the time when the arbitration proceedings are commenced.

*(b) This Contract shall be governed by and construed in accordance with Title 9 of the United States Code and the Maritime Law of the United States and any dispute arising out of or in connection with this Contract shall be referred to three persons at New York, one to be appointed by each of the parties hereto, and the third by the two so chosen; their decision or that of any two of them shall be final, and for the purposes of enforcing any award, judgement may be entered on an award by any court of competent jurisdiction. The proceedings shall be conducted in accordance with the rules of the Society of Maritime Arbitrators, Inc.

In cases where neither the claim nor any counterclaim exceeds the sum of

US$50,000 (or such other sum as the parties may agree) the arbitration shall be conducted in accordance with the Shortened Arbitration Procedure of the Society of Maritime Arbitrators, Inc. current at the time when the arbitration proceedings are commenced.

*(c) This Contract shall be governed by and construed in accordance with the laws of the place mutually agreed by the parties and any dispute arising out of or in connection with this Contract shall be referred to arbitration at a mutually agreed place, subject to the procedures applicable there.

(d) Notwithstanding (a), (b) or (c) above, the parties may agree at any time to refer to mediation any difference and/or dispute arising out of or in connection with this Contract. In the case of a dispute in respect of which arbitration has been commenced under (a), (b) or (c) above, the following shall apply:–

(i) Either party may at any time and from time to time elect to refer the dispute or part of the dispute to mediation by service on the other party of a written notice (the "Mediation Notice") calling on the other party to agree to mediation.

(ii) The other party shall thereupon within 14 calendar days of receipt of the Mediation Notice confirm that they agree to mediation, in which case the parties shall thereafter agree a mediator within a further 14 calendar days, failing which on the application of either party a mediator will be appointed promptly by the Arbitration Tribunal ("the Tribunal") or such person as the Tribunal may designate for that purpose. The mediation shall be conducted in such place and in accordance with such procedure and on such terms as the parties may agree or, in the event of disagreement, as may be set by the mediator.

(iii) If the other party does not agree to mediate, that fact may be brought to the attention of the Tribunal and may be taken into account by the Tribunal when allocating the costs of the arbitration as between the parties.

(iv) The mediation shall not affect the right of either party to seek such relief or take such steps as it considers necessary to protect its interest.

(v) Either party may advise the Tribunal that they have agreed to mediation. The arbitration procedure shall continue during the conduct of the mediation but the Tribunal may take the mediation timetable into account when setting the timetable for steps in the arbitration.

(vi) Unless otherwise agreed or specified in the mediation terms, each party shall bear its own costs incurred in the mediation and the parties shall share equally the mediator's costs and expenses.

(vii) The mediation process shall be without prejudice and confidential and no information or documents disclosed during it shall be revealed to the Tribunal except to the extent that they are disclosable under the law and procedure governing the arbitration.

(Note: The parties should be aware that the mediation process may not necessarily interrupt time limits.)

(e) If Box 35 in Part I is not appropriately filled in, sub-clause 30(a) of this Clause shall apply.

Sub-clause 30(d) shall apply in all cases. Sub-clauses 30(a), 30(b) and 30(c) are alternatives; indicate alternative agreed in Box 35.

제30조 (중재 해결)

*(a) 본 용선계약서는 영국법에 적용을 받으며 영국법에 따라 해석된다. 이용선계약과 관련하여 발생하는 어떠한 분쟁도 1996년 중재규정 또는 (제30조)규정에 대한 효력을 유지하는 데 필요한 정도까지는 별도로 하고(save to the extent necessary to give effect to the provisions of this Clause)그 이후 법적인 수정이나 제정된 규정에 따라서 런던에서 중재에 회부된다.

중재는 중재절차가 시작되었을 때 시행되는 런던해사중재협회의 규정에 따라 행해진다.

중재구성은 3명의 중재인으로 한다. 분쟁에 대해 중재를 신청한 측이 한명의 중재인을 지명하고 상대방에게 통보하며 이 통보가 있은 후 14일 이내에 후 상대방에게 자신의 중재인을 지명할 것을 요구하며, 상대방이 14일 이내에 중재인을 선임하여 통보하지 않는 한 자신이 선임한 중재인을 단독중재인으로 선정한다는 것을 통보한다.

만약 상대방이 자신의 중재인을 선임하지도 않고 14일 이내에 선임하겠다는 통보가 없다면, 중재를 신청한 자는, 상대방에게 사전에 추가 통지할 필요없이, 단독 중재인을 지정할 수 있으며, 상대방에게 중재인 지정 사실을 통보한다. 이 단독중재인의 결정은 합의에 의해 지정된 것과 같이 양자를 구속한다.

본 조항의 어떤 내용도 단독중재인을 지정할 것으로 변경하는 것에 대하여 서면으로 합의하는 것을 못하게 하지 않는다. 보상요구나 또는 상대방의 역보상요구가 미화 5만불(또는 다른 금액을 상호 합의할 수 있음)을 초과하지 않는 경우에는 중재절차가 시작되었을 때 시행되는 런던해사중재협회의 소액중재절차의 규정에 따라 행해진다.

*(b) 이 용선계약은 미국법 제9항과 미국의 상선법(Title 9 of the United States Code and the Maritime Law of the United States)의 적용을 받으며 이 법에 따라 해석된다. 발생된 분쟁과 또는 이 용선계약과 관련한 분쟁은 뉴욕의 3명의 중재인에게 회부된다. 분쟁당사자가 각기 1명씩 지정하고 지명된 두 사람이 3번째 중재인을 지명한다.; 그들의 결정 또는 그들 중 두 중재인의 결정은 최종 재정이 되며, 그리고 이 재정된 사항을 강제적으로 집행하기 위하여 자격이 있는 법정의 집행재정을 신청할 수 있다. 중재절차는 해사중재협회의 규칙에 따라 이루어져야 한다.

보상요구나 또는 상대방의 역보상요구가 미화 5만불(또는 다른 금액을 상호 합의할 수 있음)을 초과하지 않는 경우에는 중재절차가 시작되었을 때 시행되는 해사중재협회의 단축중재절차의 규정에 따라 행해진다.

*(c) 이 용선계약은 당사자가 합의하는 법에 적용을 받고 이법에 따라 해석되며 발생된 분쟁과 또는 이 용선계약과 관련한 분쟁은 중재절차가 그 장소에서의 중재절차 적용을 전제로 상호 합의된 장소에서 중재에 회부된다.

(d) 상기 (a), (b) 또는 (c)에도 불구하고 당사자들은 중재에 회부할 때에 이견 과/또는 발생된 분쟁과 또는 이 용선계약과 관련한 분쟁의 조정에 하시라도 합의할 수 있다. 상기 (a), (b) 또는 (c)에 따라 중재가 시작된 분쟁의 경우에 대해서

다음의 내용이 적용된다.:–

(i) 분쟁당사자들의 어느 쪽도 상대방에게 조정에 동의하도록 요구하면서 서면으로 분쟁이나 분쟁의 일부를 조정할 것을 언제든지 또는 때때로 서면으로 통보("조정 통보")할 수 있다.

(ii) 다른 일방은 조정통보를 받은 후 14일 이내에 조정에 합의한다는 것을 확인하여야 하며, 그와 같은 경우에 또 다른 일방은 그 이후 14일 이내에 한사람의 조정자에 합의하여야 한다. 상대방에게 신청하지 못한 때에는 한사람의 조정자가 중재법원("법원")에 의하여 또는 신속히 지정되거나 또는 그와 같은 조정자를 법원에서 그 목적을 위해 지정할 것이다. 조정은 당사자가 합의한 장소에서 합의한 절차와 조건에 따라서 행해져야 하며, 합의가 없을 경우에는 조정자에 의해서 정해질 것이다.

(iii) 만약 다른 일방이 조정하는 것에 동의하지 않으면 법원은 그 사실에 대하여 관심을 가지게 되며 법원은 양당사자 사이에 중재비용을 배분할 때에 그 사실을 고려하게 된다.

(iv) 조정은, 그와 같은 조정을 추구하는 측과 자신의 이해관계를 보호하기 위하여 필요한 조치를 취하는 측의 어느 측에게도 영향을 미치지 않아야 한다.

(v) 양당사자 어느 쪽도 두 당사자가 조정에 합의하였다고 법원에 알릴 수 있다. 조정이 행해지

고 있는 동안에 중재절차는 계속되며 그러나 법원은 중재단계에 대한 일정을 정할 때에 조정일정을 고려할 수 있다.

(vi) 조정의 조건에서 다르게 합의하거나 특정하지 않는 한, 조정을 위해 발생한 각자의 비용은 각자가 부담하며, 조정자의 비용과 경비는 양당사자에게 동등하게 배분한다.

(vii) 조정의 절차는 다른 것에 영향을 미칠 수 없으며(without prejudice) 비밀로 유지되어야 하고 그리고 어떠한 정보나 서류도 중재를 관장하는 법과 절차에 따라 드러낼 수 있는 정도까지를 제외하고, 법원에게 누설될 수 없다.

(주: 당사자들은 조정과정이 불필요하게 시간제한에 관여할 수 없다는 것을 알아야 한다.)

(e) 만약 본 용선계약서 제1부의 박스35가 적절히 기재되지 않았다면 이 용선계약서의 제30조 (a)항이 적용되어야 한다.

**제30조(d)항은 항상 적용되어야 한다. 제30조 (a), (b) 그리고 (c)는 상호 대안 중의 하나이다.; 대안 중 합의된 것이 박스35에 명시된다.*

(31) 통지 [Clause 31 Notice]

Clause 31 (Notices)

(a) Any notice to be given by either party to the other party shall be in writing and may be sent by fax, telex, registered or recorded mail or by personal service.

(b) The address of the Parties for service of such communication shall be as stated in Boxes 3 and 4 respectively.

제31조 (통지)

(a) 계약당사자의 어느 일방이 상대방에게 통보하는 경우 서면으로 하여야 하며 팩스(fax), 텔렉스(telex), 등기우편(registered mail) 또는 수취확인우편 또는 인편에 의한(personal service) 방법으로 할 수 있다.

(b) 당사자가 (a)항의 통지를 하기 위한 주소는 박스3과 박스4에 각기 명기되어야 한다.

3) Part III 신조선박에만 적용하는 약관

Part III는 선박을 신조하여 선박소유자와 선체용선자가 선체용선계약을 체결하는 경우 합의에 따라 선택(option)하는 내용이다. 이에 대한 내용을 보다 자세하게 살펴본다.

(1) 선박의 제원 [Clause 1 Specifications and Building Contract]

PART III

PROVISIONS TO APPLY FOR NEWBUILDING VESSELS ONLY

(Optional, only to apply if expressly agreed and stated in Box 37)

Clause 1 (Specifications and Building Contract)

(a) The Vessel shall be constructed in accordance with the Building Contract (hereafter called "the Building Contract") as annexed to this Charter, made between the Builders and the Owners and in accordance with the specifications and plans annexed thereto, such Building Contract, specifications and plans having been counter-signed as approved by the Charterers.

(b) No change shall be made in the Building Contract or in the specifications or plans of the Vessel as approved by the Charterers as aforesaid, without the Charterers' consent.

(c) The Charterers shall have the right to send their representative to the Builders' Yard to inspect the Vessel during the course of her construction to satisfy themselves that construction is in accordance with such approved specifications and plans as referred to under sub-clause (a) of this Clause.

(d) The Vessel shall be built in accordance with the Building Contract and shall be of the description set out therein. Subject to the provisions of sub-clause 2(c)(ii) hereunder, the Charterers shall be bound to accept the Vessel from the Owners, completed and constructed in accordance with the Building Contract, on the date of delivery by the Builders.

The Charterers undertake that having accepted the Vessel they will not thereafter raise any claims against the Owners in respect of the Vessel's performance or specification or defects, if any.

Nevertheless, in respect of any repairs, replacements or defects which appear within the first 12 months from delivery by the Builders, the Owners shall endeavour to compel the Builders to repair, replace or remedy any defects or to recover from the Builders any expenditure incurred in carrying out such repairs, replacements or remedies.

However, the Owners' liability to the Charterers shall be limited to the extent the Owners have a valid claim against the Builders under the guarantee clause of the Building Contract (a copy whereof has been supplied to the Charterers). The Charterers shall be bound to accept such sums as the Owners are reasonably able to recover under this Clause and shall make no further claim on the Owners for the difference between the amount(s) so recovered and the actual expenditure on repairs, replacement or remedying defects or for any loss of time incurred. Any liquidated damages for physical defects or deficiencies shall accrue to the account of the party stated in Box 41(a) or if not filled in shall be shared equally between the parties.

The costs of pursuing a claim or claims against the Builders under this Clause (including any liability to the Builders) shall be borne by the party stated in Box 41(b) or if not filled in shall be shared equally between the parties.

제3부 신조선박에만 적용하는 약관

(선택사항, 박스37에 합의된 사항이 명시되었을 경우에만 적용한다.)

제1조 (선박의 제원 및 건조계약)

(a) 선박은 본 용선계약에 첨부된 선박건조자와 선박소유자간에 맺어진 건조계약과(이후 "건조계약"이라 부른다) 거기에 첨부된 제원(specifications)과 도면(plans)에 따라 건조되어야 하며, 그와 같은 건조계약과 제원 및 도면은 용선자가 승인한다는 의미로 여기에 연서한다(counter sign).

(b) 이전에 말한 바와 같은 용선자에 의해 승인된 건조계약과 제원 또는 도면을 에 용선자의 동의없이 변경하지 못한다.

(c) 용선자는 선박을 건조하는 동안에 본 약관의 상기 (a)항에 언급되고 승인된 제원과 도면에

따라 건조되고 있다는 것을 확인하기 위해 선박건조자의 조선소에 용선자의 대리인을 파견할 권리를 가지고 있다.

(d) 선박은 건조계약에 따라 건조되어져야하고 건조계약에 정해져 있는 것과 같아야 한다.

본 계약서[제3부(Part Ⅲ)]의 제2조(c)(ii)항의 약관의 내용이 적용되는 것을 전제로, 용선자는 선박건조자가 건조계약에 따라 건조하고 완성된 선박으로 인도하는 날짜에 선박소유자로부터 선박을 받아들여야 한다.

용선자는, 선박을 받아들였다면 용선자는 선박의 성능(performance)이나 제원 또는 있을 경우, 결함 등에 관하여 선박소유자에게 보상요구를 제기하지 않을 것을 보장한다.

그럼에도 불구하고 선박건조자가 선박을 인도할 때부터 첫12개월 이내에 실시한 수리와 교체 또는 나타난 결함에 관해서는 선박소유자는 선박건조자로 하여금 수리하고 교체하고 또는 결함을 교정하거나 그와 같은 수리, 교체 또는 교정을 하는 데에 발생한 비용을 선박건조자로 하여금 보상하도록 모든 노력을 다하여야 한다. 그러나 용선자에 대한 선박소유자의 책임은, 선박소유자가 건조계약서(사본을 용선자에게 제공하여야한다)상의 보증조항에서 선박건조자에게 제기할 수 있는 유효한 보상요구의 한도까지로 제한한다. 용선자는 이 보증조항에 따라 선박소유자가 합리적으로 보상받을 수 있는 금액을 수락하여야만 하며 그리고 이렇게 보상된 금액과 수리, 교체 또는 결함의 교정 또는 시간손실에 대한 실제비용과의 차이를 선박소유자에게 보상하도록 더 이상 요구하여서는 안 된다.

물리적인 결함이나 부족함으로 인한 손해는 박스41(a)에 명시된 자의 비용으로 하며, 또는 만약 명시되어 있지 않다면 관련자들이 균등하게 배분하여 부담한다.

본 조항에 의해 선박건조자에 대하여 보상요구(선박건조자에 대한 책임을 포함하여)를 제기하는 것을 추진하는 데에 필요한 비용은 박스 41(b)에 명시된 자가 부담하며, 또는 만약 명시되어 있지 않다면 관련자들이 균등하게 배분하여 부담한다.

선박소유자와 선체용선자가 신조선박에 대하여 장기의 선체용선계약을 체결하는 경우에 두 가지 방안이 고려된다.

첫째, 선체용선자가 선박신조과정에 전혀 참여하지 않고, 선박소유자의 비용과 신조감리 하에 건조·완료된 선박을 용선자가 선체용선하는 경우이다.

둘째, 선박신조 완료 후에 용선할 선체용선자가 자신의 선박운항 계획에 적합하고 운항효율적인 선박을 확보하고자 선박신조과정에 참여하여 건조된 선박을 선체용선한 경우이다. 즉, 선박의 제원(particulars, specification)이 결정되는 설계단계부터 선박신조를 완료할 때까지 선체용선자가 자신의 의견을 일부 반영시켜서 선박을 신조하게 된다.

한편 선체용선자가 상기 두 번째의 경우, 즉 선체용선자가 용선할 선박의 신조과정에 적극적으로 참여하는 방안을 선택하는 경우에는 다음과 같은 조치를 취하게 된다.

① 선박소유자와 조선소간의 선박신조계약은 선체용선계약의 첨부사항이며, 이 선박신조계약에 따라 선박이 건조되는 경우, 선체용선자도 이 선박의 신조계약, 제원 및 도면을 승인하여 연서(countersign)한다. 이때 선체용선자가 필요로 하는 사항을 요구하여 반영할 수 있으며, 이로 인해 신조선가의 변동이 발생할 경우에는 선체용선료를 조정한다.

② 이렇게 확정된 선박신조계약, 제원 및 도면을 변경하기 위해서는 선체용선자의 승낙을 받아야 한다.

③ 선체용선자는 해당선박을 신조하는 조선소에 상기 ①항과 같이 선박이 건조되는 것을 확인하기 위해 신조감독을 파견할 권리를 가진다.

④ 선체용선자는 이러한 신조계약에 따라 신조된 선박을 용선하여야 하며, 신조된 선박이 선체용선자에게 인도된 후 선박의 성능(performance) 및 제원과 결함에 대하여 선박소유자에게 보상을 청구하지 못한다.

그 이유는 첫째, 선체용선자가 선박의 성능 및 제원(specifications)의 결정에 참여하였을 뿐만 아니라, 선박소유자와 조선소 간에 체결하는 선박신조계약서의 내용을 선체용선자가 승인하여 선박소유자와 공동으로 연서하였기(countersign) 때문이다.

둘째, 건조중에도 자신을 대리한 신조감독을 파견하여 신조감리를 수행하는 등 선박의 신조과정에 관여하였으며, 건조 중에 잘못된 부분이나 미흡한 부분을 수정 및 개선할 수 있는 기회가 있었기 때문이다.

그러나 선박인도 후 12개월 이내에 발생한 수리, 교체 또는 결함에 대하여 선박소유자는 조선소로 하여금 조선소의 비용으로 조치를 취할 수 있도록 최선을 다하여야 한다.[407] 이때에 선박소유자의 선체용선자에 대한 책임과 보상은 선박신조계약에 따라 조선소가 선박소유자에게 보상(선박신조계약상의 조선소 보증)하는 것을 한도로 하며, 선체용선자는 그 이상의 보상을 선박소유자에게 요구하지 못한다.

한편 기타 선박의 물리적인 결함이나 미달과 조선소에게 보상을 요구하기 위한 비용 등은 박스41(b)[Part I]의 당사자가 부담하며, 명시되지 않은 경우에는 당사자들이 공동으로 부담한다.

(2) 선박의 인도 시간과 장소 [Clause 2 Time and Place of Delivery]

Clause 2 (Time and Place of Delivery)

(a) Subject to the Vessel having completed her acceptance trials including trials of cargo equipment in accordance with the Building Contract and specifications to the satisfaction of the Charterers, the Owners shall give and the Charterers shall take delivery of the Vessel afloat when ready for delivery and properly documented at the Builders' Yard or some other safe and readily accessible dock, wharf or place as may be agreed between the parties hereto and the Builders. Under the Building Contract the Builders have estimated that the Vessel will be ready for delivery to the Owners as therein provided but the delivery date for the purpose of this Charter shall be the date when the Vessel is in fact ready for delivery by the Builders after completion of trials whether that be before or after as indicated in the Building Contract. The Charterers shall not be entitled to refuse acceptance of delivery of the

407) 조선소가 건조완료한 선박을 선박소유자에게 인도한 후 통상적으로 1년은 품질보증기간으로 하며, 이 동안에 선박에 발생하는 하자나 고장은 조선소의 비용으로 수리한다고 계약한다.

Vessel and upon and after such acceptance, subject to Clause 1(d), the Charterers shall not be entitled to make any claim against the Owners in respect of any conditions, representations or warranties, whether express or implied, as to the seaworthiness of the Vessel or in respect of delay in delivery.

(b) If for any reason other than a default by the Owners under the Building Contract, the Builders become entitled under that Contract not to deliver the Vessel to the Owners, the Owners shall upon giving to the Charterers written notice of Builders becoming so entitled, be excused from giving delivery of the Vessel to the Charterers and upon receipt of such notice by the Charterers this Charter shall cease to have effect.

(c) If for any reason the Owners become entitled under the Building Contract to reject the Vessel the Owners shall, before exercising such right of rejection, consult the Charterers and thereupon

(i) if the Charterers do not wish to take delivery of the Vessel they shall inform the Owners within seven (7) running days by notice in writing and upon receipt by the Owners of such notice this Charter shall cease to have effect; or

(ii) if the Charterers wish to take delivery of the Vessel they may by notice in writing within seven (7) running days require the Owners to negotiate with the Builders as to the terms on which delivery should be taken and/or refrain from exercising their right to rejection and upon receipt of such notice the Owners shall commence such negotiations and/ or take delivery of the Vessel from the Builders and deliver her to the Charterers;

(iii) in no circumstances shall the Charterers be entitled to reject the Vessel unless the Owners are able to reject the Vessel from the Builders;

(iv) if this Charter terminates under sub-clause (b) or (c) of this Clause, the Owners shall thereafter not be liable to the Charterers for any claim under or arising out of this Charter or its termination.

d) Any liquidated damages for delay in delivery under the Building Contract and any costs incurred in pursuing a claim therefor shall accrue to the account of the party stated in Box 41(c) or if not filled in shall be shared equally between the parties.

제2조 (선박인도의 시간과 장소)

(a) 선박건조계약에 따라 하역기구의 시운전을 포함하여 선박의 인수를 위한 선박의 시운전이 완료되고 선박의 제원이 용선자에게 만족스럽다는 전제하에, 선박의 인도를 위한 준비가 되고 적절하게 서류가 갖추어졌을 때 선박건조자의 조선소에서 또는 관련 당사자와 조선소가 합의한 안전하고 용이하게 접근할 수 있는 도크, 부두 또는 장소에서 선박이 부상한 상태로 선박소유자는 선박을 인도하고 용신자는 선박을 인수한다. 선박건조계약에 따라 선박건조자는 건조계약서에 정해진 날짜에 선박소유자에게 선박이 인도될 것이라고 예견하지만 그러나 본 용선계약에서의 선박인도일자는 선박건조계약서에 명시된 날짜보다 이르거나 늦거나를 불문하고 시운전이 종료된 후 선박건조자에 의해 선박이 실제로 인도될 준비가 된 날짜이다.

용신자는 선박의 인수를 거절할 수 있는 권리가 없으며, 제1조(d)항의 내용을 전제로, 선박을 인수할 때나 인수한 후에는 용선자는 선박소유자에 대하여 선박의 감항성 또는 선박의 인도지연과 관련하여 명시적이던 묵시적이던지를 불문하고 선박의 상태(conditions)와 고지(representations) 및 보장(warranty)내용에 대하여 보상요구를 할 수 있는 권리가 없다.

(b) 선박건조계약에 따른 선박소유자의 채무불이행 이외의 이유로 인하여 선박건조자가 선박건조계약에 따라 선박소유자에게 선박을 인도하지 않을 권리를 가지게 된다면, 선박소유자는, 용선자에게 조선소가 선박소유자에게 선박을 인도하지 않아도 되는 권리를 가지게 되었다는 것을 서면으로 통보한 후에는, 용선자에게 선박을 인도하여하는 의무를 면하게 되며, 용선자가 그와 같은 통보를 받자마자 용선계약의 효력은 중지된다.

(c) 어떠한 이유로 선박소유자가 건조계약에 따라 선박을 거절할 수 있는 권리를 가지게 된다면, 선박소유자는 그와 같은 거절의 권리를 행사하기 전에, 용선자와 협의하며, 다음과 같이 조치를 취한다.

(i) 만약 용선자가 선박을 인수하기 원하지 않는다면, 용선자는 선박소유자에게 서면으로 7일 이에 통지하여야 하며 그리고 선박소유자로부터 그와 같은 통지를 받자마자 이 용선계약의 효력은 중지된다.; 또는

(ii) 만약 용선자가 선박의 인수를 원한다면, 용선자는 7일 이내에 서면통지를 통해 선박소유자에게 선박을 인수할 때 그리고/또는 선박을 거절하는 권리를 행사하지 말도록 하는 조건에 관하여 선박건조자와 협상하도록 요구할 수 있으며 그리고 그와 같은 통지를 받은 즉시 선박소유자는 그와 같은 협상을 시작하여만 하며 그리고/또는 선박소유자는 선박을 선박건조자로부터 인수하여 선박을 용선자에게 인도하여야 한다.;

(iii) 어떠한 경우에도 선박소유자가 선박건조자로부터 선박을 인도받는 것을 거절할 수 있지 않는 한 용선자는 선박을 거절할 권리가 없으며;

(iv) 만약 용선자가 제2조 (b)항 또는 (c) 항에 따라 용선계약을 해지한다면, 선박소유자는 용선자에게 이러한 해지가 된 후에 이 용선계약이나 이 용선계약의 해지에 따른 또는 이것으로 인하여 발생한 어떤 보상요구를 할 수 없다.

(d) 선박건조계약에 따른 선박의 인도지연으로 인한 손실과 손실보상요구를 추구하는데 발생한 비용은 박스41(c)에 명시된 자의 부담으로 되며 또는 박스 41(c)에 명시되지 않았다면 양당사자의 균등배분부담이 된다.

신조선박에 대한 선체용선계약을 체결하였을 경우 선박인도의 시간과 장소에 대한 약관이다. 신조선박중에서도 특히 조선소에서 선박소유자가 선박을 신조할 때에 선체용선자가 선박의 신조과정에 적극 참여한 경우의 선박인도의 시간과 장소에 관한 약관이다.

가. 선박의 인도시간과 장소

용선자의 용선계약에 따른 신조선박인수와 관련하여 '선박소유자가 조선소로부터 선박의 인수를 거절할 수 있지 않는 한 어떠한 경우에도 선체용선자는 선박의 인수를 거절할 수 있는 자격이 주어지지 않는다.'[Part III, Clause 2(c)(iii)]. 이것은 선체용선자가 신조선박의 제원의 결정, 선박신조계약의 내용확인 및 건조계약서에의 연서(countersign)와 건조기간동안에 자신을 대신한 신조감독의 파견 등 신조과정에 적극적으로 참여하였기 때문이다. 따라서 특별한 사유가 없는 한 선박이 건조 완료되자마자 선박신조계약서에 명시된 장소에서 선박을 받아들여서 용선을 개시하여야 한다. 선박을 조선소에서 신조하기 때문에 선체용선자에게 선박을 인도하는 장소는 특별히 규정하지 않는 한 대부분의 경우 조선소가 된다.

또한 선박소유자(발주자)의 사정이 아닌 조선소의 사정에 의하여 선박의 건조 일정에 변동이 흔히 있을 수 있으며, 선박소유자가 건조일정의 조정에 한계가 있음을 감안하여 신조계약에 명시된 건조완료일 보다 조기 또는 지연되는 경우에도 선체용선자는 선박 건조완료 즉시 선박을 인수하여 용선하도록 규정하고 있다. 조선소와 선박소유자와의 선박 건조계약시 계약서에 조기 및 지연에 대한 규정을 명시하고 있으나, 선체용선계약과는 일반적으로 무관하다.

한편 신조선박이 선체용선자가 선박의 제원 등에 대해 만족할 만한 상태로 건조계약에 따라 건조되고 시운전이 완료된 경우에는 명시적 또는 묵시적인 사항임을 불문하고 선박의 감항성이나 인도지연에 대한 조건(conditions) 및 고지(representations) 와 담보(warranties) 사항에 대하여 선박소유자에게 어떠한 보상을 요구하지 못한다[Part III, Clause 1(d)]. 그 이유는 선체용선자가 선박신조과정에 적극적으로 참여하였기 때문이다. 그러나 만약 선박의 인도지연에 따른 손실이나 이에 대한 보상을 받기 위한 비용이 발생한다면 박스 41(c)[Part I]에 명시된 자가 그 손실과 비용을 부담하며, 박스41(c)에 명시되지 않은 경우에는 당사자들이 공동으로 균등·분담한다(shared equally).

나. 조선소가 선박을 인도하지 않는 경우의 선체용선계약의 효력

선박을 건조하는 도중에 선박소유자의 잘못이 아닌 이유로 인해 조선소가 선박을 인도하지 않아도 되는 경우에는 선체용선계약은 효력이 소멸된다.

다. 선박소유자의 신조선박 인수거절시의 선체용선자의 선박인수

선체용선자가 항해용선이나 정기용선이 아닌 선체용선계약을 체결하여 선박을 확보하는 이유는 일반적으로 장기운송계약의 수행 또는 다른 목적으로 선박을 장기적으로 운항할 계획을 수립하였기 때문이다. 따라서 선박소유자가 어떤 이유로 선박의 계속 건조와 인수를 하지 않기로 결정하였다 하더라도, 선체용선자는 이 선박을 필요로 하게 된다.

따라서 선박소유자가 조선소에서 건조중 또는 건조완료한 선박을 인수하지 않게 된 사실을 용선자에게 통보하며, 선체용선자는 7일 이내에 선박의 용선가부를 선박소유자에게 통보하여야 한다. 만약 선체용선자가 해당 선박을 선체용선하기를 원한다면, 선박소유자는 선박인도 거절에 대한 조치를 중단하여야 하며, 조선소와 선체용선자간의 선박의 인수 및 인도에 관하여 협의 및 협조하여야 한다. 그러나 선체용선자가 선박을 용선하지 않는다면 선체용선계약은 더 이상 효력이 없다.

한편 상기 (나) 또는 (다)항에 의하여 선체용선계약이 종료되는 경우에는 선박소유자는 선체용선자에게 선체용선계약에 따라서 또는 이와 같은 선체용선계약의 종료에 따른 어떠한 책임도 지지 않는다.

한편 선체용선자가 선박신조과정에 적극 참여한 경우 선박소유자가 조선소로부터 선박의 인수를 거절할 수 있지 않는 한 어떠한 경우에도 선체용선자는 선박의 인수를 거절할 수 있는 자격이 주어지지 않는다.

(3) 보증사항 집행 [Clause 3 Guarantee Works]

Clause 3 (Guarantee Works)
If not otherwise agreed, the Owners authorise the Charterers to arrange for the guarantee works to be performed in accordance with the building contract terms, and hire to continue during the period of guarantee works. The Charterers have to advise the Owners about the performance to the extent the Owners may request.

第3조 (보증사항)
선박소유자와 용선자간에 달리 합의하지 않는 한 선박소유자는 용선자가 선박건조계약에 따라 보증사항을 집행하도록 허락하여야 하며, 용선료는 보증사항이 집행되는 기간에도 지불되어야 한다. 용선자는 선박소유자가 요구하는 정도까지 선박소유자에게 보증사항집행에 관하여 통지하여야 한다.

일반적으로 조선소와 선박소유자가 체결한 선박신조계약서에 따르면 신조선박을 건조·완료하여 선박소유자에게 인도된 후 1년 이내에 발생한 선박에 대한 하자는 조선소의 부담으로 수리하여야 한다. 이와 같이 조선소의 비용으로 수리하거나 교체하는 것을 보증사항(guarantee works)이라고 한다. 이 보증사항에 대하여 선박소유자와 용선자간에 별도로 합의하지 않는 한, 선박소유자는 조선소가 선박의 보증수리 등 선박 건조계약에 따른 보증(장)사항을 집행하도록 선체용선자에게 허락하여야 하며, 선체용선자는 선박소유자에게 집행된 사항을 통지하여야 한다.

(4) 선명 [Clause 4 Name of Vessel]

Clause 4 (Name of Vessel)
The name of the Vessel shall be mutually agreed between the Owners and the Charterers and the Vessel shall be painted in the colours, display the funnel insignia and fly the house flag as required by the Charterers.

第4조 (선명)
선명에 관하여 선박소유자와 용선자간에 상호 합의하여야 하며, 선박은 용선자가 원하는 색깔로 도색하여야 하며, 연돌의 표시나 사기를 계양하여야 한다.

대부분 선체용선계약은 용선기간이 장기이며, 용선기간동안 용선자가 선원을 고용하여 배승하고 선박을 보수·유지하는 등 선박을 운영한다. 또한 용선자의 상업적인 목적을 위해 선박을 운항하여 수익하게 되므로 선박소유자보다는 용선자가 선박의 운항과 관련한 이해관계가 크다. 따라서 선박소유자와 선체용선자는 상호 합의하여 선명을 결정하며, 선박소유자는 선박도색 시의 색깔과 연돌에의 선체용선자의 표시(insignia)나 용선자의 사기(house flag)계양에 관하여 선체용선자의 요구에 따른다.

(5) 선박 반선시의 선박검사 [Clause 5 Survey on Redelivery]

Clause 5 (Survey on Redelivery)
The Owners and the Charterers shall appoint surveyors for the purpose of determining and agreeing in writing the condition of the Vessel at the time of re-delivery.
Without prejudice to Clause 15 (Part II), the Charterers shall bear all survey expenses and all other costs, if any, including the cost of docking and undocking, if required, as well as all repair costs incurred. The Charterers shall also bear all loss of time spent in connection with any docking and undocking as well as repairs, which shall be paid at the rate of hire per day or pro rata.

第5조 (선박 반선시의 검사)
선박소유자와 선체용선자는 선박의 반선 시에 선박의 상태에 대하여 확인하고 서면으로 합의하기 위해 검사관을 지명하여야 한다. 선체용선계약서 제2부(Barecon 2001 Part II)의 제15조(Redelivery)의 내용에 관련하지 않고(without prejudice) 용선자는 검사비용과 기타 관련 모든 비용 및 만약 입거가 필요하다면 입거수리비용과 함께 입거와 출거 비용과 수리비용을 포함한 모든 비용을 부담하여야 한다. 용선자는 수리를 포함하여 입거와 출거에 소요된 시간의 손실에 대하여 일당용선료를 지불하여야 하며 1일 미만은 시간에 비례하여 용선료를 지불하여야 한다.

신조선박의 선체용선기간이 만료되어 용선자가 선박소유자에게 선박을 반선하는 경우, 선박소유자와 선체용선자는 반선 시의 선박의 상태를 확인하고 선박의 상태에 관하여 양자간 서면으로 합의하기 위해 검사관을 지정하여야 한다. 제2부의 제15조(Barecon 2001 Part II Clause 15 Redelivery)의 내용과 관련하지 않고(without prejudice) 선박의 검사비용과 필요시 입거 및 출거비용을 포함한 모든 수리비용을 선체용선자가 부담한다. 이러한 수리를 하는 기간에 대해서도 선체용선자는 일당(1일 미만인 경우는 시간 비율로) 용선료를 지불하여야 한다.

4) Part IV 선체용선/매입 합의

선체용선계약에 따라 용선료가 지불되고 용선계약이 종료되는 시점에서 용선자가 선박소유자로부터 선박을 매입하여 소유권을 취득하는 경우에 적용되는 약관이다.

PART IV HIRE/PURCHASE AGREEMENT

(Optional, only to apply if expressly agreed and stated in Box 42)

On expiration of this Charter and provided the Charterers have fulfilled their obligations according to Part I and II as well as Part III, if applicable, it is agreed, that on payment of the final payment of hire as per Clause 11 the Charterers have purchased the Vessel with everything belonging to her and the Vessel is fully paid for.

In the following paragraphs the Owners are referred to as the Sellers and the Charterers as the Buyers.

The Vessel shall be delivered by the Sellers and taken over by the Buyers on expiration of the Charter.

The Sellers guarantee that the Vessel, at the time of delivery, is free from all encumbrances and maritime liens or any debts whatsoever other than those arising from anything done or not done by the Buyers or any existing mortgage agreed not to be paid off by the time of delivery.

Should any claims, which have been incurred prior to the time of delivery be made against the Vessel, the Sellers hereby undertake to indemnify the Buyers against all consequences of such claims to the extent it can be proved that the Sellers are responsible for such claims.

Any taxes, notarial, consular and other charges and expenses connected with the purchase and registration under Buyers' flag, shall be for Buyers' account. Any taxes, consular and other charges and expenses connected with closing of the Sellers' register, shall be for Sellers' account.

In exchange for payment of the last month's hire instalment the Sellers shall furnish the Buyers with a Bill of Sale duly attested and legalized, together with a certificate setting out the registered encumbrances, if any. On delivery of the Vessel the Sellers shall provide for deletion of the Vessel from the Ship's Register and deliver a certificate of deletion to the Buyers.

The Sellers shall, at the time of delivery, hand to the Buyers all classification certificates (for hull, engines, anchors, chains, etc.), as well as all plans which may be in Sellers' possession.

The Wireless Installation and Nautical Instruments, unless on hire, shall be included in the sale without any extra payment.

The Vessel with everything belonging to her shall be at Sellers' risk and expense until she is delivered to the Buyers, subject to the conditions of this Contract and the Vessel with everything belonging to her shall be delivered and taken over as she is at the time of delivery, after which the Sellers shall have no responsibility for possible faults or deficiencies of any description.

The Buyers undertake to pay for the repatriation of the Master, officers and other personnel if appointed by the Sellers to the port where the Vessel entered the Bareboat Charter as per Clause 3 (Part II) or to pay the equivalent cost for their journey to any other place.

4. 제4부 (선체용선/매입 합의)

(선택사항이며, 합의된 사항이 박스42에 명시되었을 경우에만 적용된다.)

> 용선계약이 종료되고 용선자가 본 용선계약의 제1부 및 제2부와 제3부에 따른 의무를 충족시켰을 경우, 제11조의 약관에 따라 최종 용선료가 지불되자마자 용선자가 선박에 속해 있는 모든 것을 포함하여 매입한 것이며 그것에 대하여 선박과 관련하여 모두 지불이 이루어진 것으로 합의한다.
> 다음의 문장에는 선박소유자는 매각자로, 용선자는 매입자로 부른다.
> 용선계약이 종료되자마자 선박은 매각자에 의해 인도되고 매입자에게 의해 인수된다.
> 매각자가 선박을 인도할 때에 매각자는 선박에 대한 모든 제한조건(encumbrance)과 선박우선특권 또는 (매입자가 했던 또는 하지 않았던가를 불문하고 그것으로 인하여 생긴 어떠한 부채 또는 선박을 인도할 때까지 지불하지 않기로 합의하여 존재하는 저당권을 제외한) 어떠한 부채도 없다는 것을 보장하여야 한다. 선박이 매입자에게 인도되기 전에 선박에게 배상하라고 제기된 보상요구가 있다면, 매각자는 매각자가 책임이 있다고 증명되는 한도까지 그와 같은 보상요구의 결과에 대해서 매입자에게 보상할 것을 책임져야 한다.
> 선박의 매입과 매입자의 선박 국적 등록과 관련한 어떠한 세금, 인증, 영사와 기타 부과금(charges)과 비용은 매입자가 부담한다. 매각자의 등록을 마감하기 위한 어떠한 세금, 인증, 영사와 기타 부과금(charges)과 비용은 매각자가 부담한다.
> 최종 월의 용선료지불과의 교환으로 매각자는 매입자에게, 만약 있다면 등록된 부채 등 모든 제한조건(encumbrance)를 확정하는 증서와 함께 (관련기관에 의해) 확인되고(attested) 합법화된 매도증서(bill of sale)를 제공하여야 한다. 선박이 매입자에게 인도되자마자 매각자는 선박의 등록을 취소하여야하며 매입자에게 등록취소증명서를 전달하여야 한다.
> 선박을 인도할 때에 매각자는 매각자가 가지고 있을 수 있는 도면과 함께 (선체, 기관, 닻, 닻줄 등에 대한) 선급증서를 넘겨주어야 한다.
> 무선설비와 항해기기는, 빌린 것이 아니면, (매입자의) 추가 지불없이 선박매각 시 포함되어야 한다. 선박에 속해있는 모든 것과 함께 선박은, 이것이 매매계약의 조건이라는 전제로(subject to), 선박이 매입자에게 인도될 때까지 매각자의 위험과 비용으로 있으며, 선박에 속해 있는 모든 것과 함께 선박은 (매입자에게) 인도되어야 하고 인도 시점에 받아드려져야 하며, 그 이후에는 매각자는 있을 수 있는 잘못 또는 부족하게 기재된 사항에 대한 아무런 책임이 없다.
> 매입자는, 만약 매각자가 지정한다면 본 용선계약의 제3조(제2부)에 따라 선체용선계약이 시작된 항구까지, 선장, 사관과 기타 인력사람들을 송환하기 위해 지불할 것을 책임지며 또는 이들이 다른 장소로 이동하기 위해 동등한 비용을 지불할 것을 책임진다.

선박소유자와 선체용선자가 합의하여 선택하는(option) 내용이다. 선체용선계약의 Part I 및 Part II와 Part III에 따른 용선자의 의무가 충족되고, Part II의 제11조에 따른 최종 용선료 지불이 완료되면 선체용선계약이 종료되자마자 용선자는 선박에 속구 등 모든 것을 포함하여 선박을 매입한다. 이때 선박소유자는 선박의 매각자(seller)가 되며, 선체용선자는 매입자(buyer)가 된다. 매각자(선박소유자)는 선박의 매각과 관련하여 매각시점에 또는 매각시점까지 다음과 같은 조치를 취해야 한다.

① 선박과 관련한 제한조건과 부채(encumbrance and debt), 선박우선특권 상의 의무 및 담보를 해소하여야 한다.
② 선박을 매각하기 전에 선박과 관련하여 제기된 배상요구(claim)는 매각자(선박소유자)가 책임을 져야 한다고 판명되는 수준까지 매입자(선체용선자)에게 보상하여야 한다.
③ 매각자가 매각자의 선박등록을 취소하는 것과 관련한 비용과 경비를 부담한다.
④ 선박의 등록취소와 선박매도증명서(bill of sale)를 발행하여 매입자에게 제출한다.

⑤ 매각자가 소유하고 있던 선급증서와 선박의 설계도면을 매입자에게 인도한다.

⑥ 임차한 것을 제외하고, 모든 무선기기와 항해기기에 대하여 매입자(선체용선자)에게 추가로 대금지불을 요구하지 않는다.

⑦ 선박은 선박에 속해 있는 모든 것과 함께 선박이 매입자에게 인도될 때까지 선박소유자의 부담과 비용으로 유지되어야 하며, 일단 선박이 인도된 후에 기재상의 잘못이나 부족에 대하여 일체 책임을 지지 않는다.

한편 매입자(선체용선자)는 다음과 같은 조치를 취해야 한다.

① 선박의 매입 및 등록과 관련하여 부과되는 세금과 인증 및 용선자(매입자)의 선박등록 등과 관련하여 발생하는 모든 비용과 경비는 용선자(매입자)가 부담한다.

② 선박을 매입·인수한 후 선장을 비롯한 선원을 하선시키고 선체용선계약에 따라 선박이 선체용선자에게 처음 인계된 항구까지 이들을 도착시켜야 하며, 이에 대한 비용을 부담하여 한다. 만약 매각자(선박소유자)가 다른 장소를 지정하면, 선체용선계약에 따라 선박이 선체용선자에게 처음 인계된 항구까지 이들을 도착시키는데 필요로 하는 비용의 수준까지 매입자(선체용선자)가 부담한다.

5) Part V 용선자등록으로 등록된 선박에 적용하는 약관

선체용선계약은 통상 장기 계약이며, 선체용선자는 용선한 선박을 장기간 운항하게 된다. 이때에 선박소유자와 합의하여 선체용선자는 선박소유자가 등록한 국적을 변경하여 선체용선자가 원하는 곳에 선박을 등록할 수 있다. 이때 선박소유자가 등록한 국적을 "The Underlying Registry"(선박소유자등록) 라고 하며, 용선자가 변경하여 등록한 국적을 "The Bareboat Charter Registry"(선체용선자등록) 라고 한다.

그러나 만약 선박소유자가 선박을 확보할 때에 선박을 담보로 제공하였거나 금융을 차입하였으나, 선박소유자가 그 채무를 이행하지 못하거나 체납함으로 인해 금융제공자나 담보권자가 요구하는 경우, 선체용선자는 선박소유자에게 이전에 등록(The Underlying Registry)하였던 것으로 재등록(환원)하도록 요구하여야 한다. 이 경우 선체용선자는 선체용선계약을 해지할 수 있는 권리를 가진다.

(1) 용어의 정의 [Clause 1 Definitions]

PART V
PROVISIONS TO APPLY FOR VESSELS REGISTERED IN A BAREBOAT CHARTER REGISTRY
(Optional, only to apply if expressly agreed and stated in Box43)

Clause 1 (Definitions)
For the purpose of this PART V, the following terms shall have the meanings hereby assigned to them:
"The Bareboat Charter Registry" shall mean the registry of the State whose flag the

Vessel will fly and in which the Charterers are registered as the bareboat charterers during the period of the Bareboat Charter.
"The Underlying Registry" shall mean the registry of the State in which the Owners of the Vessel are registered as Owners and to which jurisdiction and control of the Vessel will revert upon termination of the Bareboat Charter Registration.

제5부 용선자등록으로 등록한 선박에 적용하는 약관
(선택사항, 박스43에 합의된 사항이 명시되었을 경우에만 적용한다.)

제1조 (용어의 정의)
제5부에서 사용한 용어를 다음과 같이 정의한다. 선체용선자등록(bareboat registry)은 선체용선자가 용선기간동안 국적을 유지하려고 하는 국가에 선체용선자가 등록하는 것을 말한다. 선박소유자등록(underlying registry)은 선박소유자가 선박의 국적을 취득하기 위해 등록하는 것을 말하며, 상기 선체용선자의 편의에 의해 변경한 용선자등록이 해지됨과 즉시 다시 환원하여 등록할 국가에 등록하는 것을 말한다.

용선자가 선체용선한 선박을 이용하여 화물운송이나 다른 선박소유자에게 재용선하는 경우 선박소유자가 등록한 선박의 국적이 적성국가로 분류되는 경우, 화주나 재용선하는 선박소유자가 이 선박을 이용하기를 거부할 수도 있으므로, 용선기간동안 선체용선자가 이러한 제한이 가해지지 않는 국적으로 변경하여 선박을 등록할 필요가 있다. 그리고 거의 모든 국가에서 자국의 국내 운송은 자국적 선박에게만 허용된다. 흔하지는 않지만, 이와 같이 특정국가의 국내운송 참여 목적으로 선체용선자가 선박소유자와 협의하여 용선기간동안 이 특정국가에 선박을 등록할 수 있다.

한편 이러한 선체용선자의 운영상의 편리를 위해 선박의 등록을 변경한 경우 용선자등록국가의 법령이 자국 선박에 대한 유치권 행사를 까다롭게 하거나 기타 투자자의 선박에 대한 압류 및 억류나 선박 운항제한의 강제집행이 어렵게 된다면, 투자자(선박소유자)는 선박의 선체용선자등록을 허가하지 않는 경우도 있다.

(2) 저당권 [Clause 2 Mortgage]

Clause 2 (Mortgage)
The Vessel chartered under this Charter is financed by a mortgage and the provisions of Clause 12(b) (Part II) shall apply.

제2조 (저당권)
본 용선계약에 의해 용선된 선박은 저당권설정으로 금융이 조달되었으며, 제2부(Part II)의 제12조 (b)의 약관이 적용된다.

(3) 지불불능으로 인한 용선계약의 종료 [Clause 3 Termination of Charter by Default]

Clause 3 (Termination of Charter by Default)

If the Vessel chartered under this Charter is registered in a Bareboat Charter Registry as stated in Box 44, and if the Owners shall default in the payment of any amounts due under the mortgage(s) specified in Box 28, the Charterers shall, if so required by the mortgagee, direct the Owners to re-register the Vessel in the Underlying Registry as shown in Box 45.

In the event of the Vessel being deleted from the Bareboat Charter Registry as stated in Box44, due to a default by the Owners in the payment of any amounts due under the mortgage(s), the Charterers shall have the right to terminate this Charter forthwith and without prejudice to any other claim they may have against the Owners under this Charter.

제3조 (지불불능으로 인한 용선계약의 종료)

본 용선계약에 의해 용선된 선박이 박스44에 명시된 선체용선자등록(bareboat charter registry)으로 등록되었으며, 박스28에 명시된 저당권 계약에 따라 지불하여야 하는 금액을 선박소유자가 지불하지 못하였다면, 저당권자가 선박을 선박소유자등록으로 환원할 것을 요구하는 경우에 용선자는 박스45에 명시된 데로 선박소유자등록(underlying registry)으로 선박을 재등록할 것을 선박소유자에게 지시하여야 한다.

저당권에 계약에 따라 선박소유자가 지불하여야 하는 금액을 지불하지 못하였기 때문에 만약 박스44에 언급된 선체용선자등록이 취소되는 경우에 용선자는 본 용선계약에 따라 선박소유자에게 제기할 수 있는 다른 보상요구에 영향을 끼치지 않고 본 용선계약을 종료할 수 있는 권리를 가진다.

제 3 부

용선실무

제 9 장 부정기 해운시장과 용선시장
제10장 용선계약의 협상 및 체결
제11장 선박운항의 수익성 분석

09 CHAPTER

부정기 해운시장과 용선시장

제 1 절 부정기 해운시장의 개념과 특징

1. 해운시장의 개념

해운시장은 해상운송 거래가 이루어지는 영역을 의미하여 선박의 운항 형태, 선박 및 화물의 종류, 선박 운항 항로 등에 따라 해운시장의 종류는 매우 다양하게 세분화될 수 있다.

먼저 해상운송은 크게 정기선 해상운송과 부정기선 해상운송으로 구분된다. 정기선 해운은 특정항로에서 정해진 운항스케줄에 따라 선박을 운항하며, 미리 정해진 운임을 받고 선박이 화물 또는 여객을 운송하는 것을 의미한다. 이러한 정기선 해운거래가 이루어지는 시장을 정기선 해운시장이라 부른다. 반면 부정기선 해운은 해상운송 수요에 따라 특정선박이 특정화물을 약정된 운임에 의해 특정항로로 운송하는 경우를 말한다. 이러한 부정기선 해운거래가 이루지는 시장을 부정기선 해운시장이라 말한다.

한편 해상운송을 제공하는 선박의 종류와 크기에 따라 해운시장은 구분하기도 한다. 선박의 종류는 운송하는 화물에 따라 컨테이너를 운송하는 컨테이너선박과 석탄, 철광석, 곡물 등 벌크화물을 운송하는 벌크선박, 원유 또는 액체화물을 운송하는 탱커선박, 케미컬을 운송하는 케미컬선박, 천연가스를 운송하는 LNG(liquified natural gas)선박, 여객을 운송하는 여객선 등이 있다. 이러한 특정화물이 특정선박에 의해 운송되는 경우 운송되는 화물과 선박의 종류에 따라 해운시장을 나눌 수 있다. 예를 들면, 컨테이너화물을 대상으로 해상운송 거래가 이루어지는 경우 컨테이너 해운시장이라 하고 곡물 해운거래의 경우 곡물 해운시장, 철광석 해운거래는 철광석 해운시장, 원유 해운거래는 원유 해운시장 등으로 구분된다.

해상운송의 수단인 선박의 경우 소형선박에서부터 대형선박까지 크기가 다양하며 선박 크기별 해운시장을 나눌 수 있다. 핸디 벌크선(Handy bulk carrier) 해운시장은 선박의 크기가 1만~4만 재화중량톤수(Deadweight Tonnage : DWT)인 벌크선박의 해운거래가 이루어지는 시장을 말한다. 핸디막스 벌크선(Handymax bulk carrier) 해운시장은 4만~6만dwt 벌크선박의 해운거래 시장을 말한다. 파나막스 벌크선(Panamax bulk carrier) 해운시장은 6만~8만dwt 벌크선박의 해운거래 시장이다. 아프라막스 원유 탱커선(Aframax crude tanker) 해운시장은 4.5만~9.5만dwt 탱커선 해운시장을 의미하며 스에즈막스 원유 탱커선(Suezmax crude tanker) 해운시장은 12만5천~20만dwt 탱커선 해운시장을 말한다.

〈표 9-1〉 해운시장의 유형

구 분	해 운 시 장
선박운항 형태	• 정기선 해운시장 • 부정기선 해운시장
해상운송 대상	• 컨테이너 해운시장 · 벌크(곡물, 석탄, 철광석 등)해운시장 • 원유 해운시장 • 화학제품 해운시장 • LNG 해운시장 • 중량화물 해운시장 • 일반화물 해운시장 • 여객 해운시장
선박 종류 및 크기	• 핸디벌크선 해운시장 • 핸디막스 벌크선 해운시장 • 파나막스 벌크선 해운시장 • 케이프사이즈 벌크선 해운시장 • 아프라막스 원유 탱커선 해운시장 • 수에즈막스 원유 탱커선 해운시장 • VLCC 해운시장 • ULCC 해운시장 • 파나막스 컨테이너선 해운시장 • 포스터 파나막스 컨테이너선 해운시장
선박운항 항로	• 연안 해운시장 • 근해 해운시장 • 원양 해운시장 • 태평양 해운시장 • 대서양 해운시장 • 인도양 해운시장 • 역내 해운시장
용선 유형	• 항해용선시장 • 정기용선시장 • 선체용선시장 • 장기화물운송시장

선박이 운항하는 지역에 따라 연안, 근해, 원양 해운시장으로 나눌 수 있고 항로에 따라 태평양, 대서양, 인도양, 역내 해운시장으로 구분할 수 있다.

한편 용선의 유형에 따라 해운시장을 구분할 수 있다. 항해용선거래가 이루어지는 시장을 항해용선시장이라고 하며, 정기용선계약 거래가 이루어지는 시장을 정기용선시장, 선체용선은 선체용선시장, 장기화물운송계약 거래가 이루어지는 시장을 장기화물운송시장이라고 말한다. 용선거래는 부정기 해상운송에서 많이 이루어지기 때문에 부정기 해운시장과 용선시장은 매우 밀접한 관계가 있다.

2. 부정기선 해운시장의 특성

1) 시장진입과 퇴출의 용이성

부정기선사는 화물운송에 필요한 선박을 확보할 수 있다면, 해운시장에 진입하기가 용이하며 진입장벽이 높지 않다. 부정기선 해운서비스는 정기선해운과 다르게 많은 선박이 필요하지 않으며, 기항지마다 해운대리점을 운영할 필요가 없다. 자사의 영업 및 선박운항 능력에 맞는 규모의 선박(또는 선대)과 조직을 갖추고 시장에 참여할 수 있다.

선박은 고가의 자산이지만 다양한 선박금융을 이용하여 선박을 건조하거나 중고선을 매입할 수 있다. 또한 자사선박을 소유하지 않고 선박용선을 통해 일정기간 선박을 빌려 운송서비스를 함으로써 선박확보에 따른 비용부담을 줄일 수 있다. 만약 해운시장에서 더 이상 사업을 하지 않을 경우, 기존 보유하고 있는 선박을 매각함으로써 쉽게 퇴출할 수 있다.

2) 다수의 시장참여자

부정기선 해운시장은 완전경쟁시장이다. 수많은 선박소유자와 용선자 간에 부정기적으로 용선거래가 체결되고 화물운송이 이루어진다. 따라서 해상운임은 특정 화주나 선박소유자에 의해 결정되지 않고, 해운시장의 수요와 공급에 의해 운임이 결정된다.

3) 해운서비스의 동질성

부정기선사간 화물운송서비스에 차이가 많지 않다. 해운서비스 수요가 부정기적으로 발생하고, 선사는 화주의 요구에 따라 원하는 시간, 날짜, 장소, 운임으로 안전하게 화물운송을 하면 된다. 부정기로 운송되는 해상화물은 주로 가치가 낮은 화물들이며, 선박 한 척에 한 가지 종류의 화물이 운송되는 것이 특징이다. 부정기선 해운시장에서 서비스를 제공하는 선사는 다수이기 때문에 화주는 운송서비스 요구를 충족시켜 주고, 최저의 운임을 제시하는 선사와 거래하는 것이 일반적이다.

반면 정기선 해운은 서비스품질, 속력, 운임 등에 따라 선사간 서비스에 차이가 있다. 정해진 항로에서 주간서비스를 제공하는 경우와 격주간 서비스를 하는 경우 선사간 서비스경쟁에 차이가 있으며, 고속페리선으로 서비스를 제공하는 경우 고객에게 보다 신속한 운송을 제공할 수 있는 이점이 있다. 정기선 해운에서 화주는 운임수준보다 서비스품질을 고려하여 선사를 결정한다.

4) 정보의 효율적인 공유

완전경쟁시장은 효율적인 정보의 제공 및 공유가 전제요건이다. 부정기선 해운시장에서 선박 및 화물에 대한 정보가 발틱해운거래소, 로이드해운정보서비스, 로이드선급협회,

해운중개업체, 용선업체 등을 통해 전세계적으로 정기적으로 제공되고, 선사 및 화주 간 정보가 쉽게 공유되고 있다. 특히 오늘날 정보통신기술의 발달로 해운정보가 실시간으로 전세계 해운중개업체, 해운선사, 화주들에게 전달되고 공유되고 있다.

5) 선박의 유동성

해상운송 서비스를 제공하는 선박은 유동성이 매우 높다. 즉 해운경기의 변화에 따라 선사는 해상운임이 높은 화물과 항로에 선박을 배선하여 운항한다. 운임수준이 높은 해운시장에 많은 선박들이 투입되기 때문에 초과공급을 유발하며, 반면 선사들은 장기간 초과이윤을 얻기 어렵다.

3. 부정기선 화물의 종류 및 특징

1) 건화물

부정기선 선박에 의해 운송되는 화물은 대부분 대량으로 운송되는 것이 특징이며 이러한 화물을 벌크화물(bulk cargo)이라 부른다. 벌크화물은 단위당 운송비용을 절감시키기 위해 대량으로 운송되는 화물을 의미한다. 벌크화물은 크게 건벌크화물(dry bulk cargo)과 액화 벌크화물(wet bulk cargo)로 구분된다. 부정기화물 중 대표적인 5대 건화물(dry bulk cargo)은 철광석, 석탄, 곡물, 보크사이트와 알루미늄, 인광석을 말하며, 해상으로 운송되는 벌크화물의 대부분을 차지한다. 이들 화물을 운송하기 위해 운항되는 선박의 크기와 운송루트는 상이하다.

철광석은 제철산업의 가장 중요한 원료로 사용된다. 오늘날 대부분의 제철소는 연안에 입지하여 해상운송의 발달을 촉진시켰으며, 그 결과 저렴한 운송비용으로 대량운송을 가능하게 하였다. 제철소는 대량의 철광석을 안정적으로 운송하기 위하여 해운선사와 장기적으로 운송계약을 체결하거나 자사가 직접 선박을 확보하여 운송하는 경우도 있다. 철광석의 경우 70% 이상의 화물이 12만 톤 이상의 케이프사이즈 선박에 의해 운송되며, 브라질 또는 호주에서 선적하여 서유럽과 일본, 한국, 중국 등으로 운송된다.

석탄은 크게 두 가지 종류가 있다. 조강생산을 위한 원료탄(metallurgical coal, coking coal)과 발전용 연료인 연료탄(thermal coal, steaming coal)이다. 석탄의 경우 운송화물의 45% 정도는 케이프사이즈 선박과 40% 정도는 파나막스급 선박에 의해 운송된다. 석탄의 주요 선적지역은 호주, 남아프리카, 북아메리카 등이며, 주요 하역지역은 유럽, 동북아시아지역이다.

곡물의 경우 계절적 변동에 의해 운송규모가 불규칙적이다. 곡물에는 식용으로 사용되는 쌀, 밀이 있으며 사료용은 옥수수, 보리, 귀리, 수수 등이 있다. 그리고 유량 작물(oil seeds)에는 대두(soybean), 해바라기(sunflower seeds), 유채(rape seeds), 참깨(sesame seeds) 등이 있다. 곡물의 주요 수출지역은 아르헨티나, 북미, 호주이며 수입지역은 유럽, 아프리카, 일본 등이다. 곡물 운송에 사용되는 선박은 보통 4~6만톤 크기의 파나막스나 핸디사이즈 선박에 의해 운송되는 것이 특징이다.

보크사이트는 알루미늄의 반제품인 알루미나의 원료이다. 보크사이트와 알루미늄은 대부분 핸디사이즈 선박에 의해 운송된다. 주요 선적지는 카리브, 서아프리카, 호주이며 양륙지는 중국, 서유럽, 북미, 한국 및 일본 등이다.

인광석(phosphate rock)은 인산비료(phosphate fertilizer)의 원료이며 인산비료 공장의 규모가 상대적으로 작기 때문에 소량으로 운송되는 것이 특징이다. 핸디사이즈선박에 의해 모로코, 러시아, 미국으로부터 선적되어 유럽이나 일본 등으로 수출된다.

5대 벌크화물은 대량으로 운송되기 때문에 신속한 적/양하가 필요하다. 하역작업시 컨베이어나 그랩(grab) 등을 사용하여 하역작업 시간을 단축시키고 있다.

한편 5대 주요 벌크화물(major bulk cargo)을 제외한 부정기선에 의해 운송되는 벌크화물을 마이너 벌크화물(minor bulk cargo)이라 하며 철제품(steel product), 비철금속(non-ferrous metal), 목재, 우드칩스(wood chips), 시멘트, 비료, 소금, 설탕, 유황, 석회 등이 있다. 이들 화물은 보통 핸디사이즈 선박에 의해 운송된다. 때로는 소량의 벌크화물은 정기선 선박에 의해 운송되기도 한다. 이들 화물은 본선 크레인이나 항만 크레인 등을 사용하여 하역작업이 이루어진다.

2) 액화화물

액화화물에는 원유, 석유제품, 케미칼, 액화천연가스(LNG), 액화석유가스(liquified petroleum gas: LPG) 등이 있다. 벌크화물 중 원유의 수송량이 가장 많으며 유조선에 의해 운송된다. 대량으로 운송되는 특징이 있기 때문에 20만dwt 이상의 VLCC(very large crude carrier) 또는 30만dwt 이상의 ULCC(ultra large crude carrier) 등의 대형 유조선에 의해 수송된다. 원유는 파이프라인을 통해 생산지에서 해안에 위치한 터미널로 운송된 후 탱커선박에 선적된다. 양하시에도 파이프라인을 통해 터미널로부터 바로 정유공장으로 연결되어 운송된다.

석유제품은 원유를 정제한 제품이며 clean product와 dirty product로 구분된다. clean product는 등유(kerosene)와 휘발유(gasoline)가 있다. 등유는 증류탑에서 가솔린 다음으로 유출되는 석유의 한 종류이며 석유난로, 보일러 등 가정 난방용으로 주로 사용되고 있다. 석유제품으로 가장 널리 알려진 가솔린은 원유를 분별·증류하였을 때, 30~200℃ 범위에서 끓는 액체를 말한다. 가솔린은 흔히 휘발유라고 부르기도 하는데, 상온에서 증발하기 쉽고 인화성이 좋아 공기와 혼합되면 폭발성을 지닌다. 가솔린은 자동차, 항공, 공업 등의 연료로 사용하고 있다.

케미칼(chemical)은 화학제품을 말하며 케미컬 탱커선에 의해 운송된다. 화학제품에는 다양한 종류의 제품이 있으며, 석유화학제품(petrochemical), 석탄화학제품(coal tar chemical), 탄화수소물 및 그 유도체(hydrocarbons and its induced substances), 동물유(animal fats oils), 식물유(vegetable oils), 중질화학제품(heavy chemical) 등이 있다. 케미컬을 수송하기 위해 여러 가지 성질의 액체화물을 동일 선박의 여러 선창에 구별·적재하여 동시에 운송 할 수 있는 다목적 케미컬 탱커선이 많이 이용된다. 이는 석유화학 산업의 발달로 다양한 형태의 화학제품의 수요가 증가하고 선박 운항의 경제성에 도움이 되기 때문이다.

〈표 9-2〉 벌크선의 크기별 운송화물과 운송루트

벌크선의 구 분	해상화물(운송비율[%])				
	철광석	석 탄	곡 물	보크사이트 & 알루미늄	인광석
Capesize	70%	45%	7%	–	–
Panamax	22%	40%	43%	45%	20%
Handymax and Handysize	8%	15%	50%	55%	80%
벌크선의 구 분	**주요 운송루트**				
	철광석	**석 탄**	**곡 물**	**보크사이트 & 알루미늄**	**인광석**
Capesize (120,000dwt and over)	• 수출국 : 호주, 브라질 • 수입국 : 서유럽, 동북아시아	• 수출국 : 호주, 서아프리카 • 수입국 : 서유럽, 동북아시아	• 수출국 : 아르헨티나 • 수입국 : 아시아, 동유럽		
Panamax (65,000dwt)	• 수출국 : 호주, 브라질 • 수입국 : 서유럽, 동북아시아	• 수출국 : 호주, 북아메리카 • 수입국 : 서유럽, 동북아시아	• 수출국 : 북아메리카 • 수입국 : 서유럽, 동북아시아		
Handymax and Handysize (45,000dwt) & (30,000dwt)	• 수출국 : 인도, 캐나다, 라이베리아 • 수입국 : 서유럽, 동북아시아	• 수출국 : 남아프리카 • 수입국 : 서유럽, 동북아시아	• 수출국 : 호주, 북아메리카 • 수입국 : 서유럽	• 수출국 : 호주, 카리비안, 서아프리카 • 수입국 : 서유럽, 동북아시아	• 수출국 : 미국, 모로코, 러시아 • 수입국 : 서유럽, 동북아시아

자료 : Alizadeh & Nomikos(2005).

액화천연가스(LNG)는 1964년 알제리에서 영국으로 운송한 것이 상업적 운송의 시초이며 오늘날 액화천연가스 수요의 증가로 수송량이 꾸준히 증가 추세에 있다. 해상운송을 위해 천연가스는 (-)162℃까지 냉각시킨 후 절연된 화물탱크에 적재된다. 주요 액화천연가스 수출 국가는 카타르, 인도네시아, 말레이시아, 나이지리아, 알제리, 호주 등이며 아시아지역에서 일본, 한국, 인도, 대만, 중국이 주요 수입 국가들이다.

액화석유가스(LPG)는 천연 가솔린에서 분리된 부탄(butane)과 프로판(propane)이 주성분인 연료용 가스이며 가정용, 공업용, 내연기관용 연료, 도시가스의 원료로 사용된다. 유전에서 정제과정 중 소량으로 생산되며 약 (-)50℃ 온도로 냉각시켜 운송된다. 주요 수출 국가는 쿠웨이트, 사우디아라비아 등이며 수입 국가는 유럽, 미국, 일본 등이다.

제2절 용선과 해운시황 변동위험의 관리

부정기선 해운시장과 정기선해운시장의 용선료나 운임시황에 대한 변동을 나타내는 몇 가지 운임지수가 발표되고 있는데, 그중에서도 발틱운임지수와 상해운임지수가 각기 부정기해운시장과 정기선해운시장의 운임변동을 보여주는 대표적인 운임지수이다.

한편 선박소유자는 불황 시 해운시장에서의 낮은 운임과 용선료로 선박의 운항원가를 보전하기 어렵고, 반대로 화주는 호황 시 높은 운임 또는 높은 용선료를 지불하여야만 하며, 심한 경우 화물을 적기에 운송하지 못할 뿐만 아니라 이로 인하여 화물을 적기에 인도하지 못하게 되는 위험을 부담하여야만 하는 등, 선박소유자와 용선자는 공히 해운시황과 운임변동에 따른 손실위험에 노출되어 있으나, 운송수단인 선박의 수요와 공급의 특성상 탄력성이 부족하여 해운서비스의 현물시장(spot market)에서는 위험을 통제 및 관리하기가 더욱 용이하지 않다.

이러한 해운시황의 변동에 따른 용선료 및 운임의 변동에 수반되는 위험에 대처하는 방법에는 첫째, 용선에 의한 관리와 둘째, 운임지수를 이용한 파생상품거래(derivatives)에 의한 관리와 셋째, 유사선형의 선박의 공동운항이나 풀(pool)의 형성을 통해 관리하는 방안이 있다.

1. 운임지수(Freight Index)

1) 부정기선해운시장의 운임지수

부정기선 해운시장의 운임변동 시황을 나타내는 몇 가지 운임지수가 발표되는데 이중에서 영국의 발틱해운거래소에서 발표하는 발틱운임지수(Baltic Freight Index; BFI)가 가장 대표적인 운임지수이다. 발틱해운거래소(The Baltic Exchange)[1]는 1982년부터 2년 반 동안

1) 2016년 9월에 싱가포르 거래소(Singapore Exchange: SGX)가 발트 거래소의 인수를 완료하였다.

세계 주요항로의 운송화물, 물동량과 선형 등에 관한 관찰과 연구를 통해 운임지수를 산정하기 위한 13개의 주요항로와 각 항로별 화물을 선정하였다. 다시 6개월 동안의 시험기간을 거친 후 아래 〈표 9-3〉과 같이 선정한 13개의 항해용선항로에서 해당화물[곡물(5개), 석탄(3개), 철광석, 석탄, 인광석 등]의 실제 운임에 가중치를 부여하여 1985년 1월 04일자로 제일 처음 발틱운임지수(Baltic Freight Index: BFI)를 1000으로 산정하기 시작하였다.

〈표 9-3〉 1985년 01월 04일자 최초 BFI 산출

Route No.	Sailing Routes	Quantity(mt) Cargo	%	Average Rate	Weighting Factor	BFI
1	US Gulf-NContinent(ARA)	55,000mt Grain	20	9.078571	22.029897717	200
2	US Gulf - FE(Japan)	55,000mt Grain	20	14.28571	13.999999999	200
3	USNW - FE(Japan)	52,000mt Grain	15	9.225714	16.258903684	150
4	US Gulf - Venezuela	21,000mt Grain	5	11.67142	4.283965728	50
5	Antwerp - Red Sea	20,000mt Grain	5	20.67857	2.417962003	50
6	HR-HBay - FE(Japan)	120,000mt Coal	5	10.31428	4.874645429	50
7	HR - NContinent(ARA)	65,000mt Coal	5	6.778571	8.652657601	50
8	Queensland - Rotterdam	110,000mt Coal	5	11.32142	4.416403785	50
9	Vancouver, San Diego-ARA	55,000mt Pet Coke	5	13.14285	3.804347856	50
10	Monrovia - Rotterdam	90,000mt IOre	5	4.5	11.111111111	50
11	Recife(Brazil) - USEC	20,000mt Sugar	5	16.416667	3.045686279	50
12	Hamburg - India(WC)	20,000mt Potash	2.5	28.92857	0.864197630	25
13	Aqaba - India(WC)	14,000mt 인광석	2.5	13.64285	1.845991561	25
	Initial BFI (as of 4th of January, 1985)					1000

자료: 한진해운(1988)

위와 같은 방법으로 산출되기 시작한 발틱운임지수는 1988년 11월 04일부터는 Route 11(Recife-USEC)항로의 설탕운송의 운임률을 제외하고, Route 12(Hamburg-India WC)항로의 가성칼리(Potash) 운송운임률과 가중치 대신에 Casablanca와 인도 서안(West Coast)까지의 인광석(Phosphate Rock) 운송운임률과 가중치를 기준하여 산출하였으며, 1989년 10월 17일부터 남미로부터 극동항로(South America to Far East)에서의 38,000dwt급 선형의 T/C rate와 대서양의 왕복항로(Trans Atlantic round voyage)에서의 Panamax 선형의 T/C rate를 BFI 산출에 포함하기 시작하였다. 또한 1990년 8월부터는 곡물(3개), 석탄(3개), 철광석(1개), 정기용선(4개) 등의 11개 항로를 기준으로 산출하는 등 각 항로에서 주로 운송되는 해상화물의 종류 및 운송량과 이러한 화물을 운송하기 위한 선형의 변화 등 해운시황과 항로의 변화 등을 반영한 운임지수를 산출하기 위해 발틱운임지수를 산출하는 데에 포함되는 대상화물 및 대상항로를 수차례 변경하였다.

그러나 이렇게 산출되는 발틱운임지수(BFI)도 건화물선시장의 경기를 제대로 반영하지 못한다는 지적이 있어 발틱해운거래소는 1996년 10월 15일부터 시험적으로 BHI(Baltic Handysize Index)를 산출하기 시작한 후 1997년 1월 07일부터는 정식으로 BHI를 산출하기 시작하였다. 또한 1998년 11월 23일부터 시험적인 BPI(Baltic Panamax Index)산출을 시작하였으며, 1998년 12월 21일부터 정식으로 BPI가 산출하기 시작하였다. 그리고 1999년 3월 01일부터 BCI(Baltic Capesize Index)의 시험적인 산출을 시작한 후 1999년 4월 26일부터 BCI를 정식으로 산출하기 시작하였다.

이와 같이 선형별로 새로운 운임지수를 개발하여 BCI(Baltic Capesize Index), BPI (Baltic Panamax Index), BHI(Baltic Handysize Index) 등 3가지 지수를 산출하고 1999년 11월 01일부터 이 3가지 선형별 지수를 산술평균(가중평균이 아님)한 BDI(Baltic Dry Index)를 산출하여 합계 4가지 지수를 발표하기 시작하였으며, BDI를 건화물시장의 전체적인 해운시황을 나타내는 지수로 간주하기 시작하였다.

또한 새롭게 산출하기 시작한 BDI를 1985년 1월 04일 산출하기 시작한 BFI와 연속성을 유지하기 위해 지수(BDI Factor)를 도입하였으며, 그 지수가 0.998007990 이었으며 이 지수는 변해오고 있다. 또한 모든 지수 산출시 소수점이하 9자리까지로 하기로 하였다.

한편 1999년 11월 01일부터는 파나막스 선형이 건화물선시장의 경기를 가장 잘 대표하는 것으로 간주하여 발틱선물(BIFFEX) 및 선도거래(FFA)에 대하여 정산하는 경우, 기존의 BFI대신에 BPI로 대체하였다.

2001년 1월에는 발틱해운거래소는 BHI가 다양한 핸디사이즈 선박의 시장상황을 반영하기에 무리가 있다고 판단하여 BHI대신에 BHMI(Baltic Handymax Index)로 대체하였으며, BHI를 BDI 산정에서 제외하였다. 2005년 6월 1일부터 BHMI를 다시 BSI(Baltic Supramax Index)와 BHSI(Baltic Handysize Index)로 분리하여 산출하기 시작하였다.

따라서 현재는 선형별 지수인 BCI, BPI, BSI와 BHSI 등 4가지의 지수와 이 네가지 선형의 TC rate를 평균한 후 상수(multiplier)를 곱하여 산출한 BDI를 포함하여 총 5가지 지수가 발표되고 있다. 또한 현재에는 탱커선에 대한 운임지수(Baltic International Tanker Index: BITR)도 발표하고 있다.

한편 2016년 6월 07일자의 BDI 등 5개의 지수산출의 예를 살펴보면 다음과 같다.

(1) BCI (Baltic Exchange Capesize Index)(as of 07th June, 2016)

〈표 9-4〉 BCI 산출 방식

Route	Description	Weight (%)	Route Multiplier (a)	Route Value (b)	Index Contribution (a)*(b)
C2	160,000 ore Tubarao/Rotterdam	5	10.276695630	4.439	45.618251902
C3	160-170,000 ore Tubarao/Qingdao	15	14.474995240	9.132	132.185656553
C4	150,000 coal Richards Bay/Rotterdam	5	10.178191930	3.880	39.491384688
C5	160-170,000 W Aussie/Qingdao	15	34.242287860	4.350	148.953952191
C7	150,000 coal Bolivar/Rotterdam	5	10.096625310	5.280	53.310186368
C8_14	Trans Atlantic round voyage	5	0.011232800	6755	75.877564000
C9_14	ARA or Passero trip China-Japan (fronthaul)	7.5	0.005011588	12705	63.672225540
C10-14	Pacific round voyage	15	0.019386696	6842	132.643774032
C14	China / Brazil round voyage	15	0.020572868	6827	140.450969836
C15	160,000 coal , Richards Bay/China	5	6.567770448	5.909	38.808955577
C16	Qingdao-Beilun trip UK-Cont-Med 65days	7.5	0.087405223	555	48.509898765
C17	170000 Saldahna Bay to Qingdao	0		6.395	
Sum(Index)					919.523428529
Rounded Index (BCI)					920
Cape weighted TC Average: [C8_14(25%), C9_14(12.5%), C10-14(25%), C14(25%), C16)(12.5%)]					6768.50
Cape weighted TC Rounded					6769

**Baltic Capesize Description:
180,000mt dwt on 18.2m SSW draft, Max age 10 yrs, LxB : 290x45m, TPC 121, 198,000cbm grain, 14 knots laden/15 knots ballast on 62mt fuel oil(380cst), no diesel at sea, 12 knots laden/13 knots ballast on 43mt fuel oil(380cst), no diesel at sea

(2) BPI (Baltic Exchange Panamax Index)(as of 07th June, 2016)

〈표 9-5〉 BPI 산출방식

Route	Description	Weight (%)	Route Multiplier (a)	Route Average (b)	Index Contribution (a)*(b)
P1A_03	Skaw-Gibraltar transatlantic round voyage	25	0.032280358	4641	149.813141478
P2A_03	Skaw-Gibraltar trip Taiwan-Japan	25	0.031407559	8192	257.290723328
P3A_03	Japan-South Korea transpacific round voyage	25	0.030123107	3913	117.871717691

Route	Description	Weight (%)	Route Multiplier (a)	Route Average (b)	Index Contribution (a)*(b)
P4_03	Japan-South Korea trip to Skaw Passero	25	0.029755057	575	17.109157775
Sum(Index)					542.084740272
Rounded Index (BPI)					542
Panamax weighted TC average					4330.25
Panamax weighted TC rounded					4330

**Baltic Panamax Description
74,000mt dwt on 14.95m SSW draft, Max age 12 yrs, LxB : 225x32.2m, TPC 66.5, 89,000cbm grain, 14 knots laden on 32mt fuel oil(380cst)/14 knots ballast on 28mt fuel oil(380cst), no diesel oil at sea

(3) BSI(Baltic Exchange Supramax Index)(as of 07th June, 2016)

〈표 9-6〉 BSI 산출방식

**Supramax Index Multiplier : 0.095637068

Route	Description	Weight (%)	Route Multiplier (a)	Route Average (b)	Index Contribution (a)*(b)
S1A	Antwerp-Skaw trip to Singapore-Japan	12.5	0.011954634	9188	109.839177192
S1B	Canakkale trip to Singapore-Japan	12.5	0.011954634	7957	95.123022738
S2	South Korea-Japan, one Australian or Pacific round voyage	25	0.023909267	4825	115.321971327
S3	South Korea-Japan trip to Skaw-Gibraltar	25	0.023909267	3000	71.717801000
S4A	S4A US Gulf trip Skaw-Passero	12.5	0.011954634	10475	125.224791150
S4B	S4B Skaw-Pessero trip to US Gulf	12.5	0.011954634	4157	49.695413538
S5	W Africa trip via ECSA to North China	0			
S9	W Africa trip via ECSA to Skaw-Passero	0			
Sum(Index)					566.922175945
Rounded Index (BSI)					567
Supramax weighted TC average					5928.475
Supramax weighted TC rounded					5928

**Baltic Supramax "Tess 52" Description
52,454mt dwt on 12.02m SSW draft, Max age 15 yrs, L×B: 189.99×32.26m, TPC 54, 5 holds/5 hatches, 67,756/65,600cbm grain/bale, 4×30mt cranes with 12 cbm grabs, 14 knots laden/14.5 knots ballast on 30mt fuel oil(380cst), no diesel at sea

(4) BHSI (Baltic Exchange Handysize Index) (as of 07th June, 2016)

〈표 9-7〉 BHSI 산출방식

Route	Description	Weight (%)	Route Multiplier (a)	Route Average (b)	Index Contribution (a)*(b)
HS1	Skaw-Passero trip to Rio de Janeiro -Racalada	12.5	0.011479686	4410	50.625415260
HS2	Skaw-Passero trip to Boston-Gaveston	12.5	0.009901618	4967	49.181336606
HS3	Rio de Janeiro-Racalada trip to Skaw-Passero	12.5	0.006995497	5694	39.832359918
HS4	US Gulp trip via US gulf or North coast South America to Skaw-Passero	12.5	0.009772844	7507	73.364739908
HS5	South East Asia trip via Australia to Singapore-Japan	25.0	0.015174507	3743	56.798179701
HS6	South Korea-Japan trip via North Pacific to Singapore-Japan	25.0	0.015899136	4661	74.105872896
Sum(Index)					343.907941683
Rounded Index (BHSI)					344
Handysize weighted TC average(HS1~HS6)					4923.25
Handysize weighted TC rounded					4923

**Baltic Hanhysize Description
28,000mt dwt on 9.78m SSW draft, Max age 15 yrs, L×B: 169×27m, TPC 39.6, 5 holds/5 hatches, 4×30mt cranes, 14 knots average laden/ballast on 22mt fuel oil(380cst), no diesel at sea

(5) BDI(Baltic Exchange Dry Index)(as of 07th June, 2013)

위의 표는 2016년 6월 07일의 BCI 920, BPI 542, BSI 567, BHSI 344이며, 이와 같은 4개 선형의 TC rate를 산술평균한 후 상수(multiplier)를 곱하여 산출한 BDI는 606를 기록하고 있음을 보여주고 있다.

〈표 9-8〉 BDI 산출방식

	Formula	Multiplier(상수)	Final Index
BDI	(BCI TC Average + BPI TC Average + BSI TC Average + BHSI TC Average) / 4 × 상수 = (6,769+4,330+5,928+4,923) ÷ 4 × 0.110345333)	0.110345333	606

1985년 1월 04일의 최초지수(BFI)가 1,000 이었으며, 이후 30년동안 물가와 선가 상승이 있었음에도 불구하고 최초지수를 하회하여 발틱건화물지수(BDI)가 606이라는 것은 현재의 해운시황의 불황이 얼마나 심화되었는가를 보여주고 있다.

한편 우리나라에서는 해운거래정보센터(Maritime Exchange Information Center: MEIC)에서 매일 발표하는 MEIC지수가 있는데 건화물선의 아시아 항로를 중심으로 4개 선형(Cape 와 Panamax, Supramax Handysize), 28개의 항로로 구성되어 있다.

2) 정기선해운시장의 운임지수

정기선해운시장은 컨테이너선박을 이용한 컨테이너 화물운송이 주축이 되고 있다. 해운컨설팅 및 브로커인 업체인 영국의 How Robinson[2]에서 1997년 1월 15일 HR 지수 1000을 기준으로 발표하고 있는 컨테이너 화물의 운임시황의 변동을 보여주는 지수인 HRCI 컨테이너선 종합용선지수이다. 세계 컨테이너선 용선시장에서 주로 거래되는 510 TEU에서 3500 TEU까지의 12개 컨테이너선의 선형별 지수 및 종합지수를 발표하고 있다.

한편 중국인민중앙정부와 상해시인민정부가 합작한 비리기업인 상해항운교역 소에서 발표하는 컨테이너 운임지수인 Shanghai(Export) Containerized Freight Index(SCFI)가 있다. 2003년 1월 1일부터 발간된 상해발 컨테이너운임지수로 미주, 구주 등 15개 항로를 기반으로 지수가 산정되며 정기선사 화주 포워딩회사 등 30개사로부터 운임정보를 수집하여 지수를 발표한다. 중국에서 발표한 2016년 07월 01일자의 컨테이너 화물운임지수는 다음과 같다.

〈표 9-9〉 2016년 1월 18일자 상해 컨테이너 운임지수(SCFI)

항 목	Unit	비 중 (%)	전 주 2016 06 24	이번 주 2016 07 01	증 감 (USD)	증감율 (%)
종합지수(Comprehensive Index)			550.64	752.65	2012.01	36.7
Europe(Base Port)	USD /FEU	20.0	680	1206	526	77.4
Mediterranean(Base Port)		10.0	776	1172	396	51.0
USWC(Base Port)		20.0	753	1209	456	60.6
USEC(Base Port)		7.5	1496	1785	289	19.3
Persian Gulf and Red Sea(Dubhai)		7.5	361	401	40	11.1
Australia/New Zealand (Melbourne)		5.0	315	414	99	31.4
East/West Africa(Lagos)		2.5	909	1242	333	36.6
South Africa(Durban)		2.5	326	325	- 1	- 0.3
South America(Santos)		2.5	2389	2543	154	6.4
West Japan(Base Port)		5.0	190	190	0	0.0
East Japan(Base Port)		5.0	184	184	0	0.0
Southeast Asia(Singapore)		5.0	56	56	0	0.0
Korea(Busan)		2.5	113	109	- 4	- 3.5
Taiwan(Kaohsiung)		2.5	161	159	- 2	- 1.2
Hong Kong(Hong Kong)		2.5	56	56	0	0.0

Note: The freight rate includes ocean freight and surcharges.

2) Howe Robinson사는 2015년 1월부터 ICAP Shipping과 결합하여 Howe Robinson Partners 사로 그 명칭이 바뀌었다.

(주) FEU 당 총운임은 해상운임과 다음과 같은 할증료를 포함한다.

① 유류할증료(BAF/FAF), ② 긴급연료비할증료(EBS/EBA), ③ 통화할증료(CAF/YAS), ④ 성수기 할증료(PSS), ⑤ 전쟁할증료(WRS), ⑥ 항만통제비용(PCS), ⑦ 운하할증료(SCS/SCF/PTF/PCC)

또한 위의 운임지수 이외에 아래 〈표 9-10〉과 같이 수출·입 해운지수, 연안해운지수 및 선가지수 등 다양한 지수를 발표하고 있다.

〈표 9-10〉 상해항운교역소 발표 지수

구 분	종 류	비 고
수출입 해운지수	CCFI(China Containerized Freight Index)	컨 수출
	SCFI(Shanghai Containerized Freight Index)	컨 수출
	CDFI(China Import Dry Bulk Freight Index)	건화물 수입
	CDTI(China Import Crude Oil Tanker Freight Index)	유류 수입
연안 해운지수	CBFI(China Coastal Bulk Freight Index)	연안 건화물
	CBCFI(China Coastal Bulk Coal Freight Index)	연안 석탄
선가지수	SPI(Ship Sale & Purchase Index)	

3) 유조선 운임지수

유조선의 선형도 원유수송을 위한 ULCC(ultra large crude oil carrier) 및 VLCC(very large crude oil carrier) 및 정제유를 운송하기 위한 Product Carrier 등 선형이 다양하다. 다양한 선형의 유조선의 운임율의 통일을 기하기 위하여 World Scale Association이 1969년 제정한 World Scale Rate(WS)가 가장 대표적인 유조선 운임지수이다. 유조선운임지수인 WS은 운임단위이며, 유조선운임지수를 산정하기 위한 아래와 같은 표준선형의 선박을 적·양하지 간 가장 경제적인 항로에 운항할 때의 운임지수를 100으로 한다. 그리고 표준선형을 이용한 WS 산정기준을 매년 1월 발표한다.

WS 산정기준 선박의 제원(specification) 및 산정기준

- 선박의 선비 : 1일 미화 12,000 /일 기준
- 만재적하중량톤수(DWT) : 75,000톤,
- 속도 : 14.5 놋트(knots),
- 항해 시 연료소비량 : 55톤/일
- 항해이외의 목적을 위한 연료소비량 : 100톤/항차, 정박중 5톤/일
- 연료가격 : 전년 9월 평균가격

(주) 유조선 시장에서 유류화물을 운송하기 위한 주력선대가 변화되면 World Scale Rate를 산정하기 위한 표준선형의 제원(specifications)도 변경한다.

2. 해운시황 변동위험의 관리

1) 용선에 의한 위험관리

선박소유자와 용선자가 항해용선, 정기용선, 선체용선 및 장기운송계약을 통해 운임시황의 불확실성을 헷징(hedging)하는 것은 예상되는 손실을 최소화하거나 손실금액을 고정시켜서 더 이상의 손실금액의 확대를 방지하는 전형적인 운임변동위험의 관리방법이다. 한편 선박소유자와 용선자가 향후 시황을 상승 또는 하락의 어느 방향을 예측하는 가에 따라 운임변동위험관리를 위해서 현시점에 용선계약을 체결할 것인가, 또는 추후에 용선계약을 체결할 것인가를 결정한다.

(1) 선박소유자의 위험관리

선박소유자는 향후 시황이 상승한다고 예상할 때에는 시황상승에 따른 운임인상이나 용선료상승의 효과를 누리고자 향후에 운송할 화물에 대한 항해용선계약(화물운송계약)이나 보유선박을 대선하기(chartering out) 위한 용선계약을 현시점에서 체결하지 않으려고 할 것이며, 되도록 늦추려고 할 것이다. 가능한 운송화물이 준비된 시점과 가장 가까운 시기에 항해용선계약(화물운송계약)을 체결하려고 할 것이며, 대선(용선)계약도 가능한 지연시켜서 되도록 장기계약보다는 단기계약을 택할 것이다.

또한 대부분의 경우 계약기간이 장기인 선체용선계약이나 장기화물운송계약(COA)도 향후 시황이 상승하는 추세라고 예측한다면 가능한 계약체결을 지연시켜서 운임상승이나 용선료 인상의 효과를 얻고자 한다.

그러나 선체용선계약이나 장기운송계약은 계약체결당시의 시황보다는 선박의 확보 및 운영원가의 수준에 따라 계약의 운임률이나 용선료수준이 좌우되는 경우가 많으며, 이러한 시황변화에 영향을 적게 받는다.

한편 향후 현재보다 시황이 하락한다고 예측한다면 선박소유자는 모든 용선계약을 운임이나 용선료가 더 하락하기 전에 용선계약을 추진하여 가능한 조속히 현시점에서 체결하려고 할 것이다. 정기용선계약을 체결하는 경우에도 되도록 장기의 계약을 원할 것이다.

또한 항해용선계약을 통해 이미 화물을 확보하였거나 정기용선계약을 통해 선박을 확보한 해운기업은 일정 목표를 달성한 수준에 이른다면, 이미 항해용선계약을 통해 확보한 화물이나 정기용선한 선박을 다른 선박소유자나 해운기업에게 재용선(sub-let)하여 이익을 고정시킴으로써 예상하지 못한 갑작스런 시황하락에 대한 위험에 대비한다.

(2) 용선자의 위험관리

용선자는 상기 (1)항에서의 선박보유자의 입장과 정반대의 입장에 있다. 해운시황이 상승한다고 예측한다면 용선자는 운임이 상승하기 전인 현시점에서 항해용선계약이나 장기운송계약 및 정기용선계약을 체결함으로써 운임인상이나 용선료 인상으로 인한 추가운임이나 용선료 부담위험에 대비한다.

2) 파생상품을 통한 운임변동위험관리

용선에 의한 운임변동위험 관리는 실물시장에서 시황의 변동에 반응한 즉각적인 헷지로서 특정기간 동안 운임수입 또는 비용을 고정시키는 장점이 있으나, 특정기간 동안 선박의 사용이 제한되고 시장변화에 탄력적으로 대응할 수 없을 뿐만 아니라 선박소유자와 용선자사이의 수많은 협상과 복잡한 서류작성 및 체결된 계약수행에 따른 운임정산은 물론 용선료와 선박소유자와 용선자간에 합의를 이루기 어려운 조출료(quick dispatch money)와 체선료(demurrage)정산과 같은 복잡한 절차를 필요로 하는 단점이 있다. 이러한 단점을 보완하기 위해 등장한 것이 바로 파생상품거래이다. 파생상품거래에 의한 관리란 해상운임지수를 기초상품으로 하는 선물선도거래를 활용하여 운임시장의 불확실성을 헤징해 나가는 것을 말한다. 여기에는 발틱운임선물거래(Baltic International Freight Future Exchange; 이하 "BIFFEX"라 한다)와 운임선도거래계약(Forward Freight Agreement: 이하 "FFA"라 한다)이 있다.

발틱운임선물거래(BIFFEX)는 선박 및 해상운송과 관련한 국제적인 거래의 중심지인 런던에 소재한 발틱해운거래소(The Baltic Exchange)가 1984년에 설립한 발틱국제운임선물거래소를 통하여 세계 주요 건화물 항로의 운임수준을 지수화한 발틱운임지수(Baltic Freight Index; 이하 "BFI" 라 한다)를 대상으로 1985년 출범한 선물거래를 말한다.

선박소유자, 화주 및 용선자 등과 같은 해상운송 관련자들은 발틱국제운임선물거래소가 제공하는 선물시장에서 선물거래의 특징인 헷징(hedging, 雙賭[쌍도])의 기능을 이용하여 운임의 급격한 변동(등락)으로부터의 위험을 제거 또는 최소화할 수 있다. 그러나 발틱운임선물거래는 거래대상인 운임지수가(BFI)가 건화물선 경기를 제대로 반영하지 못함으로써 헤징효과에 한계가 있다는 문제점이 지적되어, 거래량 급감으로 결국 2002년에 거래가 폐지되었다.

한편 운임선도거래계약은 비교적 활발하게 시행되고 있다. 이에 대하여 다음과 같이 살펴보고자 한다.

(1) 운임선도거래계약

발틱운임선물거래시 기초자산으로 이용되는 발틱운임지수(BFI)는 11개[3] 주요 항로의 운임지수를 가중평균하여 산출한 지수이므로 포괄적인 성격을 지니고 있다. 그러므로 발틱운임지수는 운임시장의 광범위한 헷징수단으로는 유용하다고 볼 수 있으나, 각각의 주

3) 1985년 1월 04일 처음 운임지수를 산출하여 발표할 당시에는 13개 항로를 기준하였었으나, 이후 항로의 화물운송의 상황이나 투입선박의 선형의 변화 등을 반영하여 11개 항로를 기준하여 운임지수를 산출하고 있다.

요 항로에 보다 민감한 해운관련자들의 요구를 충족시키기 위한 헷징 수단으로서는 다소 부족하다. 따라서 해운(운임)시장에서는 포괄적인 발틱운임지수(BFI) 보다는 발틱운임지수를 구성하고 있는 11개의 운임지수를 개별적으로 거래하게 되는데 이를 운임선도거래계약(Freight Forwarding Agreement: FFA)이라고 한다.

해상운임의 선도거래가 가장 활발하게 이루지고 있는 시장은 건화물(dry bulk)시장이며 세계 해운시장에서 대표적인 건화물 해상운임의 선도거래시장은 발틱해운거래소이다.

운임선도거래는 발틱운임선물거래가 도입된 이후 새롭게 발틱해운거래소에 의해 1992년 도입된 것으로 일종의 차액정산계약(contract for differences)이다. 발틱운임선물거래(BIFFEX)는 조직화된 선물거래소에서 표준화된 계약을 거래하는 반면, 운임선도거래는 운임의 선도거래계약으로서 특정위험에 노출된 거래당사자간에 거래소를 통하지 않고 장외에서 거래당사자간에 직접거래로 이루어지는 운임파생상품이다. 그러나 2008년 금융위기 이후엔 ACCOUNT-은행권-청산거래소(런던)-은행권-ACCOUNT를 통해서 거래하고 있다.

해운시장의 불확실성이 커짐에 따라 운임선도거래(FFA)의 거래규모가 커지고 있으며, 국내 선박소유자나 화주들도 국내 또는 해외 선물회사의 중개를 통하여 운임선도거래(FFA)에 참여하고 있다. 일반적으로 중개회사는 거래금액의 0.25%의 중개수수료 지불을 요구한다.

해상운임선도거래의 거래구조는 향후 해상운임가격이 오를 것을 예상하는 화주는 운임상승에 따른 손실위험에 대비하기 위해 해상운임선도거래매매를 하거나 선박을 확보함으로써 가격상승위험을 헷징하며 해상운임가격이 하락하여 손실을 입을 것으로 예상하는 선사는 해상운임선도거래 매도를 함으로써 가격하락이 따른 현물손실을 상쇄할 수도 있도록 구성되어 있다

예 운임선도거래(FFA)를 통한 운임변동위험의 헷징 사례

해운시황이 하락하여 운임이 하락하고 그에 따른 손실을 예상하는 선박소유자는 해상운임선도거래 매도를 함으로써 운임하락에 따른 현물손실을 상쇄할 수 있다. 또한 화주는 향후 해상운임가격이 오를 것으로 예상하는 경우에, 운임상승에 따른 손실위험에 대비하기 위해 해상운임선도거래매매계약을 체결하거나 선박을 확보함으로써 가격상승위험을 헷징한다.

그러나 운임선도거래(FFA)를 통하여 시황의 변동에 따른 헷징도 용선자가 원하는 것을 모두 만족시키지는 못한다. 운임선도거래를 통해 헷징을 하였다 하더라도 용선자의 시황예측과 시장의 실제 변동이 동일하였을 경우에는 예상손실을 축소시킨다든가 또는 이익을 가져도 주기도 하지만, 용선자의 시황예측과 시장의 실제 변동이 반대의 방향이었을 경우에는 이익의 축소, 더 나아가서는 손실이 되는 경우도 발생한다. 아래에 그 예를 들어 설명하고자 한다.

가. 선도거래 사례1 : 정기용선계약 체결후 시황하락을 예상한 경우

정기용선계약을 체결하여 선박을 일정기간 확보하였으나 해운시황이 하락하면 운임이 하락하여 용선선박을 운항할 경우 손실이 예상되므로 Hedging한 사례이다.

Korea Shipping Co., Ltd.(KSC)는 2015년 10월 10일 파나막스 선박 MV Korea Seabridge호를 일당 용선료 USD 13,500/day 로 극동에서 정기용선하였다. 정기용선 기간은 3~5개월이었다. 또한 정기용선계약 체결 직후 Backhaul 항로인 호주에서 구라파 Rotterdam향 석탄운송계약을 성약하였다.

한편 12월10일경 Rotterdam에서 석탄을 양하 완료한 후, Fronthaul 항로(항로 P2A)인 극동향 화물운송계약을 계획하고 있었으며, 이 운송계약을 수행하고 극동에선 선박을 선박소유자에게 반선할 예정이었다. Fronthaul 항차기간은 60일을 예상하였다.

그런데 용선자인 KSC는 2015년 10월 10일 경 3~5개월 정기용선계약과 호주/Rotterdam간 화물운송계약을 체결할 때에는 Fronthaul 항로의 12월 운임이 상승할 것으로 예측한 반면, 1개월 후인 10월 말에는 계약을 체결할 때인 월초의 예상과 달리 12월부터 이항로의 시황이 하락할 것으로 예상되었다.

그래서 KSC는 해당항로(P2A)에 대해 BPI의 운임선도거래(FFA)를 이용하여 헷징하려고 하였다. 운임선도거래(FFA)상 2015년 12월 해당항로(P2A)의 가격은 USD 16,000이었다. 그러므로 용선자 KSC는 LCH(London Clearing House)를 통해 시황상승을 기대하는 누군가와 Fronthaul 항로(P2A)에 대하여 USD16,000/day 으로 60일을 팔았다(sell). 그리고 60일 만기시 선도거래계약(FFA)을 정산할 때의 가격은 USD 13,988/day 이었다.

한편 2015년 계약체결당시 12월10일경부터 시작되는 Fronthaul 항로의 C/B는 USD 15,011/day[4] 으로 예상하였다. 그러나 12월 10일 Rotterdam에서 석탄의 양하종료 후 운송할 극동향 화물을 수주하였는데, 극동에서 양하 완료한 후 C/B을 산출한 결과 USD 13,148/day 이었다.

이 경우에 현물시장과 선도거래계약(FFA)에서 얻은 손익과 결과적으로 어떠한/어느 정도의 Hedging 효과가 있었는가를 계산하면 다음과 같다.

---

4) 호주-유럽 항로를 Backhaul 항로라고 하며 운임이 대단히 저렴한 항로이다, 유럽-극동 항로를 Fronthaul 항로라고 하며, 운임이 상대적으로 높다. 그래서 Backhaul 항로의 손실을 Fronthaul 항로에서 만회한다. 상기의 경우도 Backhaul 항로에서 석탄운송의 일당 C/B는 일당용선료인 USD 13,500/day 수준에 훨씬 못 미칠 것으로 예상하였다. 그러나 2015년 12월부터 Fronthaul 항로에서의 60일 정도의 항차수행에서는 일당 C/B가 일당 정기용선료인 USD 13,500/day 를 훨씬 상회하여 Backhaul 항로에서의 손실을 만회할 것으로 판단하였다. Backhaul과 Fronthaul의 왕복항차 수행결과 손실이 발생하지 않기 위해서는 Fronthaul 항로에서의 C/B는 적어도 일당 USD 15,011/day 라고 예상한 것이다.

① **현물시장에서의 손실**(예상이익축소)

(C/B - 예상 C/B) × 60일 = (USD 13,148 - USD15,011) × 60일 = USD111,780(손실)

② **선도거래 상의 이익**

(Sell Price - Clearing Price) × 60일:

(USD 16,000 - USD 13,988) × 60일 = USD 120,720

Hedging 결과 (이익) : (USD 120,720 - USD 111,780) = USD 8,940 (이익)

정기용선한 선박의 용선료는 용선기간동안 고정되어 있음으로 선도거래를 통한 Hedging 을 하지 않는 등 아무런 조치를 취하지 않았을 경우, USD 111,780 의 손실을 감수하여야만 하였으나 선도거래를 통해 USD 8,970의 이익을 실현한 성공적인 Hedging 이었다. 이것은 헷징(hedging)을 하기 위해 선도거래계약을 체결한 당시의 시황이 용선자가 예상한 바와 같은 방향(하향)으로 변동하였기 때문이다.

나. 선도거래 사례2 : 항해용선계약을 체결후 시황상승을 예측한 경우

항해용선계약(화물운송계약)을 체결한 후 해운시황이 상승하면 실제 계약을 수행할 시기에 확보할 선박의 용선료가 상승하여 손실이 예상되므로 Hedging 한 사례이다.

KSC는 2012년 09월에 2013년 1월 BRAZIL에서 선적하여 CHINA에서 양하할 SOYABEAN 운송계약(voyage charter)을 체결하였다. 운임은 USD42/톤 이며, 항차소요기간은 100일로 예상하였다. 이때 이에 적합한 선박의 용선료는 CJK 인도조건으로 USD6,000/day 정도였다.

2013년 Q1 4TC FFA가격이 USD 6,200/day 이었다. 본 항해용선계약을 채결하는 동시에 마켓 상승을 염려하여 당시의 FFA 가격(USD 6,200/day)으로 2013 Q1 100 DAYS BUY하였다.

그러나 실제 운송계약을 수행하기 위해 선박을 확보할 당시 시장에서의 용선료수준은 CJK기준 USD 5,080/day 이었으며, 2013년 1월 AVG 4TC가격은 USD 5,270/day 이었다

이 경우에 현물시장과 선도거래(FFA) 거래에서 얻은 손익과 결과적으로 어떠한/어느 정도의 Hedging 효과가 있었는가를 계산하면 다음과 같다.

① **항해용선계약 수행 결과**

: (계약운임에 상당하는 용선료- 수행시 실제 용선료) × 100일

(USD 6,000 - USD 5,080) × 100일 = USD 92,000 (이익)

② **선도(FFA)거래 결과** : (sell rate - buy rate) × 100일

(USD 5,270 - USD 6,200) × 100일 = USD 93,000 (손실)

Hedging 결과(손실) : (USD 92,000 - USD 93,000) = USD 1,000 (손실)

용선자의 시황예측과 시장의 실제 움직임이 반대로 되어, USD 92,000의 이익을 올릴 수 있었으나 USD 1,000의 손실이 발생하게 되어 오히려 예상이익을 삭감시키는 결과를 가져온 사례이다. 따라서 시황의 변동에 대처하기 위해 Hedging한다하여도 항상 의도한 바를 성취할 수 있는 것은 아니다.

3) 풀(Pool) 또는 공동배선

동일 또는 유사선형의 선박소유자들이 시장에서 해당선형의 과당경쟁을 방지하기 위해서 풀(pool)을 형성하여 시장을 공동으로 개척하고 참여함으로써 운임시장의 안정을 도모[5]하여 결과적으로 운임변동에 공동으로 대비하고 있다. 또는 특정화물이 지속적으로 운송되는 준정기선 항로(semi-liner sailing route)에서 선박소유자들이 이러한 유사선형의 선박을 공동으로 배선하여 운임변동위험을 관리하기도 한다.

이러한 풀제도에는 선복풀(tonnage pool)과 운임풀(revenue pool) 제도가 있다. 톤네지풀제도는 이러한 풀제도에 참여하는 선박소유자들이 투입하여야 하는 선박의 톤수(척수)를 할당함으로써 시장개발과 시장참여에 낮은 수준의 협조를 하게 되며 과당경쟁을 피하고 풀제도에 투입한 선박들의 단지 운항상의 협조를 꾀하는 풀제도를 말한다.

한편 운임풀제도는 풀제도에 참여한 선박들의 모든 운임수입이나 용선수입을 풀에 통합하고, 이 통합된 운임수입이나 용선수입에서 해당선박의 선박소유자에게는 합의하는 수준의 일정비용만을 일단 지불하고 잔여수입은 운임풀에 참여한 선박소유자들의 지불율(pool point)에 따라 배분하는 제도이다.

이러한 풀제도는 부정기선 해운뿐만 아니라 정기선해운에서도 운영되고 있다. 특정 컨테이너 항로에 투입되는 선박(복)의 척수를 협의하여 조정하고 투입된 선박을 공동으로 배선하고 선복을 상호 임차하는 공동운항제도는 톤네지풀 제도라고 볼 수 있다. 또한 부정기선 해운의 운임풀 제도와 동일한 운영형태의 컨테이너 운임풀 제도도 있다.

정기선항로인 컨테이너 항로에서의 풀제도는 단독해운기업이 독립선대를 구축하기 전인 1970년대와 1980년대 태평양항로와 극동/유럽항로에서 운영되고 있었다. 1978년도에 (주)대한선주(현 한진해운)가 극동/유럽항로에 기타 5개선사와 ACE그룹이라는 공동운항체(consortium)를 구축하여 두 척의 풀컨테이너 선박을 투입하였었다. 이 그룹의 전체 선대는 11척이었으며 운영형태가 톤네지풀 제도로서 선박을 공동으로 배선하고 선복을 상호

---

5) William V. Packard, *Shipping Pools*(London : LLP, 1989), p.5.

임차할 뿐만 아니라 컨테이너 터미널을 공동으로 사용하였다. 한편 이 항로에 TRIO그룹이라는 풀컨테이너 선박의 공동운항체가 있었는데 이 그룹의 운영형태는 운임풀 제도였으며 선박의 공동배선, 선복의 상호 임차 및 컨테이너 터미널의 공동사용 등의 톤네지 풀 형태를 포함하여 수입을 지불율(pool point)에 따라 분배하였다.

10 CHAPTER

용선계약의 협상 및 체결

실무에서 용선계약은 주로 부정기선 영업에서 이루어지고 있다. 부정기선은 전 세계의 해운시장에서 불특정 다수의 화주와 선박소유자가 참여하며, 진입과 퇴출이 자유로운 완전경쟁시장을 형성하고 있다. 부정기선의 화물은 주로 곡물, 석탄, 철광석, 원목, 원유, 정제유, 케미컬 등 원자재의 수송이 대부분을 차지하고 있다. 이들 화물은 수요에 따라 계절별, 지역별 차이는 있을 수 있으나 전 세계를 무대로 이송되고 있는 주요 해상물동량이다.

한편 이러한 화물은 운송기간과 유형에 따라 스팟 또는 트립 항해용선계약(spot or trip voyage), 연속항해용선계약(consecutive voyage), 장기운송계약(COA: Contract of Affreightment), 기간용선계약(time charter) 등에 의해 운송된다. 본장에서는 용선과 관련한 단계별 업무프로세스로서 필요한 용선시장의 정보수집과 청약서 교환, 그리고 이 과정에서 용선중개인의 역할과 기능 및 성약서 교환과 용선계약체결, 용선계약체결 이후에 이루어지는 운항업무와 용선계약 수행 및 화물운송과정에서 선박소유자와 용선자 사이에 발생하는 클레임의 처리 등에 관하여 살펴보도록 한다.

제 1 절 시장정보수집과 오퍼단계

부정기선에 수송되는 화물은 주로 대량으로 원거리 수송을 특징으로 하며, 선물거래 등에 의해 무역거래가 형성되고 그에 따라 유송계약이 체결된다. 이들 운송화물과 가용선복의 정보는 주로 공개시장에서 화물중개업자들에 의해 제공되며, 대표적인 공개시장은 런던해운거래소(London Shipping Exchanger) 및 뉴욕생산물거래소(New York Producer

Exchanger) 등이다. 해운중개업자는 홍콩이나, 싱가포르 등 전 세계에 산재하고 있으며, 이들은 화주와 선박소유자에 대한 정보를 시시각각으로 교환하고 화물운송의 성약에 이르게 하는 일선 해운거래 전문 주역들이다. 화물운송의 확정을 의미하는 용선계약의 전단계는 다음과 같은 절차를 거친다.

1. 시장정보수집

해운시장에서 화물수송과 선박의 용선에 필요한 첫 단계는 정확하고 풍부한 정보수집이다. 즉, 운송될 화물과 가용선복에 관한 정보를 시장에 참여하는 다른 경쟁자들보다 우선하여 획득하는 것이 매우 중요하다. 실무에서 이러한 정보는 주로 전 세계에서 활동하고 있는 해운중개업자(shipping brokers)들에 의해 이루어진다. 선박소유자나 화주의 입장에서도 선박이나 화물에 대한 풍부하고 정확한 정보를 보유하며 시장에서 신뢰를 유지하고 있는 성실한 중개인을 만나는 것이 수익성제고에 중요한 요인이 된다. 해운중개인의 역할과 의무에 관해 살펴보면 다음과 같다.

1) 해운중개인의 역할

① 선박소유자와 화주의 연결

해운중개인(shipping brokers)은 주로 선박소유자와 화주를 연결하여 화물운송을 주선하는 업무를 하고 그 대가로 일정한 수수료를 취하는 자를 말한다. 해운중개는 선박과 화물을 연결하는 항해용선의 형태와 선박용선에 관여하는 정기용선, 그리고 선박매매 중개 등의 업무로 대별된다.

즉, 항해용선의 경우 운송할 화물에 대한 품명이나 수량 등 구체적인 정보와 그에 적합한 선박에 대한 명세나 위치 등에 관한 정보를 선박소유자와 화주에게 제공하여 성약을 유도하며, 정기용선의 경우는 일정한 기간 선박을 빌려주거나 용선하여 사용하려는 선박소유자 간, 또는 운항업자 간에 중개를 하여 용선기간과 용선료 등에 관하여 거래를 성사시키는 업무를 말한다. 선박매매에 관한 중개는 주로 중고선의 경우에 적용되며, 선박을 매입하려는 선박소유자나 운항업자와 기존 보유선박을 매각하려는 선박소유자나 운항업자 간에 적절한 시장가격으로 거래를 성사시키고 중개수수료를 취하는 업무를 말한다.

따라서 해운중개업자는 선박과 운송 등 해운업무에 충분한 지식과 경험이 있고 넓은 정보망을 구축하여 선박소유자와 화주의 신뢰를 확보하여야 하며, 사용되는 언어는 국제통용어인 영어에 의존해야 하므로 유창한 어학실력이 병행되어야 하는 업무이다. 실무에서 용선 및 화물운송 등 해운거래 중개는 다음과 같은 방법으로 이루어진다.

[그림 10-1] 해운거래를 위한 중개절차

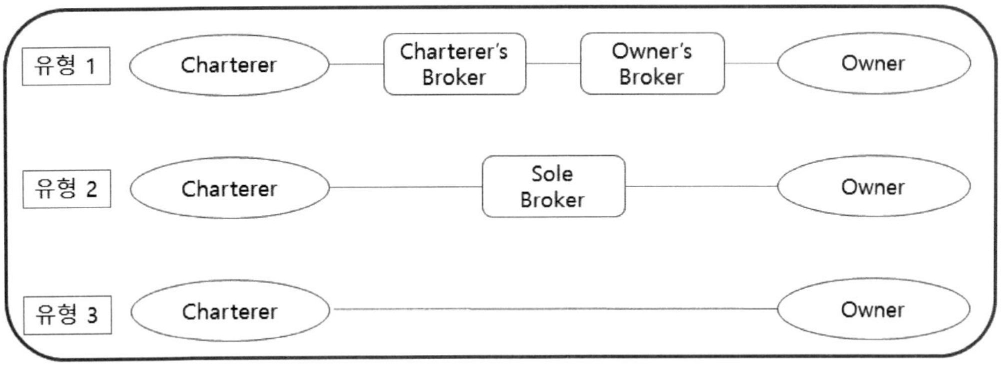

② 최적의 거래성약

해운중개인은 우리나라뿐만 아니라 홍콩, 싱가포르, 영국, 일본, 중국 등 전 세계에 걸쳐 산재하고 있으며 수없이 많은 회사가 활동하고 있다. 이들은 전 세계의 화주와 선박소유자에 대한 정보를 파악하고 해운거래 성약에 커다란 공헌을 하고 있다. 특히 국제무역에 관여하고 있는 무역업자는 자신의 화물을 보다 저렴하고 안전하게, 그리고 신속하게 운송을 하고 운송비 또는 물류비를 최소화 시켜 수익극대화를 꾀하려고 할 것이다.

또한 선박소유자의 입장에서도 자신의 선박이 보다 양질의 화물을 높은 운임으로, 장기적이고 안정적인 방법으로 운송함으로써 경영의 안정을 꾀하고 이윤의 극대화를 도모하려 할 것이다. 이러한 과정에서 중개인은 중립적인 입장에서 이해당사자의 이해관계에 적절히 부응할 수 있는 입장에 놓이게 되는 것이다.

③ 업무의 중재

해운거래에는 여러 이해 당사자가 관여하게 된다. 즉, 화주와 선박소유자, 그리고 선박소유자의 중개인, 화주의 중개인 등이 중복되어 관여하게 되고 이러한 과정에서 정보전달의 오류와 계약조건의 해석문제 등에 있어서 분쟁이 발생되기도 한다. 이 때 중개인의 중립적 입장에 의한 중재는 효율적인 계약체결에 공헌할 수 있다.

2) 해운중개인의 책임과 의무

① 올바른 정보전달

업무에 관여되는 중개업자는 선박소유자와 화주로부터 계약과 관련된 모든 권한을 위임받는 경우가 대부분이다. 중개업자로부터 송수신되는 모든 문서는 그 자체로서 운송계약에 관한 조건과 위임받은 권한을 의미하며, 이러한 과정에서 선박소유자와 화주로부터 받은 계약조건을 잘못 전달 또는 중개함으로써 발생되는 손해에 관한 책임을 면하기는 어렵다.

해운중개인은 상황에 따라 화주를 대변하거나 선박소유자를 대신하는 경우 또한 화주와 선박소유자를 병행하여 중개하는 경우 등의 입장에 놓일 수 있으며, 이 경우 선박소유자나 화주의 의도와 계약조건이 그대로 상대방에게 전달되고 이해될 수 있도록 하는 의무를 가진다.

예를 들어 선박소유자 A가 자신의 선박을 중개인 B에게 용선계약 운임조건을 $32에 제시하였고, 중개인 B는 중개인 C에게 이와 같은 조건으로 전달하였는데, 중개인 C는 용선자이며 화주인 D에게 운임이 $30로 잘못 전달되었고, 용선자 D는 이것으로 계약을 수락 하였다고 하자. 이 경우 선박소유자 A는 용선박소유자 D와는 계약체결과정에서 관여하지 않았으므로 중개인 C가 계약위반에 대한 책임을 져야하는 것이다. 따라서 중개인은 자신에 대한 명성과 신뢰를 유지하기 위해서는 정확한 정보의 전달과 계약체결에 관여하는 것이 중요하다.

② 중개수수료

중개인은 자신의 중개수수료에 대하여 지불된 운임이나 용선료에 대하여서만 취득이 가능하다. 즉, 화물운송을 완료하여 발생되는 총운임이나 선 지불되는 선박용선료의 경우 화주나 선박소유자에 의해 분할상환이 이루어지거나 지불불능인 경우, 실제로 지불된 운임이나 용선료에 대하여서만 중개수수료의 취득이 가능하다는 의미이다.

항해용선의 경우엔 부적운임(deadfreight)이나 체선료(demurrage), 그리고 기간용선 인 경우 용선자가 지불하는 공선항해보상(ballast bonus)에서도 중개수수료가 발생된다.

3) 운송화물 및 가용선복 정보

해운시장에서는 수송성약을 원하는 화물이 시시각각 중개업자들에 의해 소개되며, 수송화물의 규모별로 각 항로에 따라 선박소유자나 운항업자들로부터 적합한 선복의 청약을 받기 위해 다음과 같은 형식으로 제시된다.

① 케이프 사이즈(Capesize)

Tubarao/Beilun and Baoshan, 150,000mt 10 per cent iron ore free in and out, 18m salt water arrival draft, scale load/30,000mt Sundays holidays included discharge. 6 hours turn time at loading port, 24 hours each discharge port, Laydays 20 days forward from date of index, cancelling maximum 35days forward from date of index, Vessel's age max. 18 years. Freight based on metric tones. 3.75 percent total commission. Note: Panellists are currently reporting basis max. US$120,000 port disbursements in China for owners account.

본 사례는 화주가 적합한 선복을 찾는 경우이다. 즉, 항로는 Tubarao에서 중국 Baoshan이며 수송화물의 종류와 수량은 철광석 150,000톤이고 하역조건은 화주에 의한 선측인도(선적) 및 양하이다. 도착지의 흘수는 해수면 18m, 선적 및 양하 작업량은 일요일 및 공휴일 포함하여 일일 3만 톤이며 선적지에서는 작업준비시간이 6시간, 양하지에서는 24시간이 소요된다. 또한, 정박기간 개시는 운송계약일로부터 20일 이후부터이며 정박기간 해약일은 운송계약일로부터 최대 35일이 지나는 경우이다. 운송선박의 선령은 최대 18년이며 운임은 중량톤으로 환산하고 중개수수료는 총 3.75%이다. BDI 운임지수산정에 관여하는 패널리스트들에 의한 고시 기준으로 중국에서 발생되는 항비는 최대 미화 12만 불이며, 이는 선박소유자가 부담하는 조건이다.

② 파나막스 사이즈(Panamax size)

Basis a Baltic panamax 74,000mt dwt[1] not over 7 years of age, 89,000cbm[2] grain, max loa[3] 225m, draft 13.95m, 14.0 knots on 32mts fuel oil laden, 28mts fuel oil ballast and no diesel at sea, basis delivery Skaw-Gilbralter range, for a trip to the Far East, redelivery Taiwan-Japan range, duration 60/65 days. Loading 12-25 days ahead in the loading area. Cargo basis grain, ore, coal, or similar, 3.75 per cent total commission.

(주) 1) deadweight
2) cubic meter
3) length over all (전장)

본건의 경우는 선박소유자가 1항해 용선계약에 적합한 화주를 찾는 경우이다. 즉, 발틱표준형 파나막스 74,000톤급 재화중량, 선령 7년 미만, 곡물기준 선창용적 89,000cbm 규모로서 최대 전장 225m 및 흘수 13.95m이며. 속력은 만재상태에서 연료소비량 32톤 및 공선항해 시에는 연료소모량 28톤에서 14노트 이고 항해 중에는 디젤유가 사용되지 않는 선박이다. 용선자에게 인도되는 구역은 Skaw – Gibraltar 부근이며, 극동 아시아 항로상으로 향하는 화물을 1항해용으로 선적하기를 희망하고 용선기간은 약 60/65일이다. 선적은 선적지 부근에서 향후 약 15-25일 사이에 이루어져야 하고 화물은 곡물, 철광석, 석탄 또는 이와 유사한 것에 한하며 중개수수료는 총 3.75%이다.

③ 슈퍼라막스 사이즈(Supramax size)

52,454dwt self trimming single deck bulk carrier on 12.02m ssw[1] 189.99m LOA 32.26m Beam 5ho/ha[2] 67,756 cum, grain 65,600 cum, bale 14L/14.5B on 30mt (380cst) no mdo at sea Cr 4 x 30mt with 12 cum grabs Maximum age 10 years Delivery South Korea/Japan range for 1 Australian or trans Pacific round voyage, for a 35/40day trip, redelivery south Korea/Japan range 5 percent commission total.

(주) 1) Summer Sea Water
2) holds/hatches

위의 경우는 선박소유자나 운항업자가 1항해에 적합한 선박을 찾는 경우이다. 즉, 슈퍼라막스 표준사이즈인 52,454톤급 재화중량, 자력으로 화물배열이 가능한 단일 화물창 벌크 전용선이며, 해수에서 하계 최대흘수 12.02m, 전장 189.99m 폭 32.26m 선창 및 선창개구부가 각각 5개이며 선창용적은 곡물선적인 경우 67,758cbm, 포장화물인 경우 65,800cbm이다. 또한, 속력은 유류소모량 30

톤에서 선적 시 14노트 공선항해 시 14.5노트이며, 항해 중에 디젤유는 소비하지 않는다. 크레인은 30톤 4개가 장착되어 있고 선령은 10년이 넘지 않아야 하고, 선박인도는 한국과 일본 부근이며 호주 또는 태평양횡단의 1항해로서 약 35/40일간 용선기간으로서 한국과 일본 부근에서 반선된다. 총 중개수수료는 5%이다.

④ 핸디사이즈(Handy size)

28,000dwt self trimming single deck bulk carrier on 9.78m ssw 169m loa 27m beam, 5hold/5hatches, 37,523cum grain 35,762 cum bale 14 knots average laden/ballast on 22mt ifo(380) no diesel at sea, 4 × 30t cranes Maximum age 15 years, Dely Asia for trip via Australia about 25/30 days, redelivery singapore – Japan range including China, 5% total com.

위의 경우도 핸디 사이즈 규모의 선박을 선박소유자나 운항업자가 1항해를 위해 용선을 구하는 사례이다. 즉, 28,000 재화중량톤 자력으로 화물배열이 가능한 벌크전용선으로서 해수면에서 하계 최대흘수 9.78m이며 전장 169m 폭27m 선창 및 개구부가 각각 5개, 곡물선적일 경우 선창용적이 37,523cbm, 포장화물인 경우 35,762cbm이고, 속력은 연료유 22톤 소모에서 평균 15노트이며 항해 중에는 디젤유를 소모하지 않는다. 크레인은 30톤 규모로서 4개가 장착되고 선령이 15년을 넘지 않아야 하며 선박인도지점은 아시아로서 용선기간은 호주왕복 약 25/30일 정도, 반선지점은 중국–일본–싱가포르임. 총 중개 수수료는 5%이다.

제2절 성약과 운항업무

선박소유자의 입장에서는 선박운항의 효율성을 위해 가능하면 공선운항을 줄이고 양하되는 지점에서 후속 항차수행에 적합한 화물을 찾아야만 한다. 이러한 사전 절차로서 차항 수행을 위한 운항채산(voyage estimation)과 양하 후 회항화물여부 검토 등 종합적인 운항분석과 더불어, 경쟁력이 있는 화물이나 선박을 수배하기 위한 노력과 전략수립이 지속적으로 필요로 하게 된다. 용선계약의 절차는 다음과 같다.

첫째, Inquiry(용선자가 용선중개인을 통해 해운시장에 냄)

둘째, Offer(Inquiry에 관심이 있는 선박소유자는 offer함)

셋째, Counter offer(main terms에 대해 협상을 진행함)

넷째, Firm offer(main terms에 합의하면 firm offer를 함)

다섯째, Fixture Note 작성 및 확인

여섯째, Sub[6] lift[용선자는 유보조건(subject)을 약속한 시간 내에 제거(lift)함]

6) subject to

일곱째, 지정한 C/P detail nego
여덟째, Fixture Note 및 details 조항 재확인
아홉째, C/P 최종 작성 및 서명

즉, 항해용선 또는 정기용선을 원하는 용선자(charterer)의 문의(inquiry)에 대하여, 선박소유자(shipowner) 또는 선박운항업자(ship operator)가 counter offer나 firm offer를 내고 용선자가 승낙을 하면 용선계약이 성립된다. 이어서 성약서(fixture memo) 또는 선복확약서를 작성, 서명한 후 용선계약서(charter party)를 작성하게 된다. 용선계약의 서식은 용선의 형태 및 그 내용에 따라 종류가 다양하다. 이하에서는 실무에서 화물운송계약이나 용선 선박의 최종계약단계에 이르기 전까지 요구되는 준비단계로서 오퍼단계에서 사용되는 사례를 소개한다.

1. 오퍼(offer)교환 및 주요 용어

오퍼는 선박소유자나 화주가 적합한 화물과 선박을 수배하는 단계로서 청약과 문의를 하는 절차이다. 물론 오퍼가 교환되기 전의 단계로서 해당 화물이나 용선선박에 대하여 불특정 다수를 상대로 이미 시장탐색과정(indication)을 거치는 경우가 대부분이다. 오퍼는 계약에 중요한 핵심내용만 선정하여 가능한 한 간결하게 작성하며, 통상 어느 일방이 청약제안(offer)을 할 때 상대방은 그에 대한 회신(counter offer)을 함으로써 진행된다. 실무에서는 통상 다음과 같은 내용과 형식으로 이루어진다.

1) 항해용선(voyage charter)의 경우

오퍼를 제안하는 서두의 문언은 일반적으로 다음과 같이 사용되며 문장의 형식은 반드시 정형화된 것은 아니므로 그때그때 주어진 상황에 따라 작성하면 된다.

(1) 처음 오퍼를 제시할 때

We are pleased to give owners' firm offer with the terms & conditions as follows subject to reply here within 12hrs today:-

다음과 같은 조건으로 선박소유자의 확약청약서를 송부하며 본 오퍼의 유효기간인 12시간 내에 회신하여야 함.

(2) 위 첫 오퍼에 대하여 회신을 할 때

Our counter firm basis accept/except for reply here by 16:00hrs today.

귀하의 제의에 대하여 수락 및 수락불능 조건을 감안하여 다음과 같이 회신하며 금일

16시까지 답신하여야 함.

(3) 위 회신에 대하여 재확인이 필요할 때

Our counter firm basis repeat/except for reply here by 16:00hrs today.

귀하의 회신 내용과 관련하여 우리의 입장에 대한 재확인 및 수락불능 조건은 다음과 같으며 금일 16시까지 회신하여야 함.

(4) 상호 위 오퍼조건이 합의될 때 즉, 성약 전 최종확인

Pleased to give offer/counter for confirmation only.

상호 합의된 오퍼조건에 대하여 재확인 함.

(5) 오퍼의 내용

- Account : 용선자 또는 화주 즉, 운임지불인의 명세
- Vessel Name & Description(Excl Speed/Consump.) : 운송에 투입될 선명과 선박의 대략적인 명세(속력과 연료소모량은 제외)
- Cargo/Quantity : 운송에 투입될 화물종류와 선적량
- Load/Discharge Port : 화물의 선적 및 양하 항
- Laycan(Layday/Cancelling date) : 계약 정박기간(선적을 위해 선박을 준비시켜야할 시기/준비되지 않을 경우 계약해지시기)
- Load/Discharge Terms(Load/Discharge Rate/Laytime Counter/NOR/TT) : 적양하조건(일일작업량, 정박기간계산, 하역준비완료통지 및 항내준비시간)
- Freight Rate(USD PMT, F.I.O.S.T) : 운임률(톤당 운임과 하역조건(적·양하, 적부, 정돈비용의 화주부담조건 등)
- Dem/Des : 정박기간 초과 시 부과되는 체선료 및 조출료 규정
- Payment : 용선자 또는 화주의 운임지불규정
- Agency : 선적과 양하를 위해 필요한 선적지 및 양하지 대리점 지정권한
- Extra Insurance : 선령초과 등에 따라 부과되는 선적화물에 대한 추가보험료 부담조건
- Commission Structure(Brokerage/Address) : 수수료 규정(중개수수료 및 운임에서 공제할 선박소유자의 수수료)
- Proforma C/P & Details : 청약성립 후 준용될 용선계약서 및 구체적인 내용
- Subject to : 오퍼내용에 관한 최종 승인 조건
- Offer Validity : 본 청약의 유효기간

2) 정기용선(Time Charter)의 경우 오퍼의 내용

- Acct : 용선자 또는 용선료지불인의 명세
- Vessel Name & Descriptions(Incl Speed/Consump.) : 선명 및 명세(속력과 연료소모량 등)
- Delivery : 용선자에게 제공할 선박의 인도지점
- Laycan : 선박의 인도시점
- Trade Intention(Route/Cargo/Duration) : 예상되는 운항구역(항로/취급화물/운항기간 등)
- Period : 용선기간
- Cargo/Trading Exclusion : 선적금지화물 및 운항제외구역
- Breaking I.W.L. : 결빙구역 항행금지한계구역
- Redelivery : 용선기간 만료 후 선박소유자에게 반선될 지점
- Hire & Payment : 용선료 및 지불조건
- ILOHC(In Lieu of Hold Cleaning) : 화물창청소와 관련한 비용지불조건
- Bunker on Delivery (BOD) : 선박인도 시 본선에 비치될 유류잔량
- Bunker on Redelivery (BOR) : 반선 시 본선에 비치될 유류잔량
- Bunker Price Both Ends : 인도와 반선 시 본선에 잔류되는 유류가액
- Commission Structure (Brokerage/Address) : 수수료 규정(중개수수료 및 운임에서 공제할 선박소유자의 수수료)
- Details/Terms & Proforma C/P : 계약성립 시 준용될 용선계약서 및 구체적인 내용
- Subject to : 본 오퍼내용에 대한 최종 승인 조건
- Offer Validity : 본 청약의 유효기간

3) 조건부(subject to)오퍼에 사용되는 주요 용어

오퍼의 주요 조건에 대하여 상호 합의가 이루어지더라도 통상 최종승인을 위하여 일정한 기한이 연장되는 경우가 보통이다. 즉, 오퍼에서 결정된 조건에 대하여 업무를 진행한 담당자가 회사 내 상급자의 결재를 득하여야 하는 경우, 또는 주요 계약사항에 관하여 화주나 하역업자 등 각종 이해 관계자들과 사전 협의를 거쳐야 하는 시간이 필요하기 때문이다. 이를 위해 사용되는 주요 용어는 다음과 같다.

① Subject to Open

비구속조건부로서 청약서가 어느 한 상대방에게 구속되지 않고 시장에서 공개적으로 거래되어 가장 유리한 조건에서 계약을 하겠다는 뜻이다.

② Subject to Stem

화물조건부로서 청약서상의 화물 목적물이 선적준비가 완료되는 시점에서 계약이 이루어짐을 의미한다. 이는 화물과 선적서류 등의 준비가 완료되기까지 다소 시간이 소요

될 때 사용되는 용어이다.

③ Subject to Tender

입찰조건부로서 화물이 입찰에 붙여져 낙찰이 되어야 운송거래가 이루어진다는 뜻이다. 이는 화주 또는 용선자가 정부기관에 납품을 하려할 때 등에 흔히 사용된다.

④ Subject to Shipper/Receiver Approval

수출입업자 승낙조건부로서 선박소유자가 제시하는 선박에 대하여 선적자인 송하인이나 수화주의 동의가 필요함을 의미하며, 이는 화물에 따라 선적취급에 주의를 요하거나 하역장비사용 또는 부두선석이 전용화 되어 있을 때 사용된다.

⑤ Subject to Head Charters Approval

용선자 승인조건부로서 재용선인 경우 최초 용선자의 승인을 필요로 함을 의미한다.

⑥ Subject to BOD Approval

이사회 승인조건부로서 청약내용에 관하여 이사회의 최종승인이 필요함을 의미한다.

⑦ Subject to Details/Terms

세부사항 조건부로서 청약사항의 세부사항이 최종 조정되어 상호협의가 이루어졌을 때 최종성약이 이루어짐을 의미한다.

⑧ Back to Back(BTB)

동일조건부로서 청약내용이 제3자에게 재 거래될 때 처음 거래내용과 동일한 조건으로 모든 거래가 이루어짐을 의미한다.

⑨ Strictly PNC

비밀조건부로서 청약과 관련한 내용에 대하여 상호 대외적인 비밀유지의무가 부여되는 경우에 사용된다.

2. 용선성약서(Fixture Note or Recap)의 교환

위와 같은 오퍼단계가 마무리되면 본격적인 계약단계에 들어가게 된다. 통상 정식계약서의 교환에 앞서 주요 합의사항에 관한 확인절차로서 다음과 같이 성약서(fixture note or recap)를 만들어 계약당사자가 서명하며, 이 성약서 또한 계약서와 똑 같은 효력을 지니게 된다. 실무에서 많이 사용되고 있는 항해용선 및 정기용선 성약서 구성사례를 소개하면 다음과 같다.

1) 항해용선 성약(fixture)사례

항해용선 성약(fixture)의 주요 기재사항은 다음과 같다.

- 선박소유자의 이름
- 선박명 및 선박명세(ship's particulars)
- 화물량 및 명세
- 선적항과 양하항
- 화물 선적을 위해 선박이 준비되어야 하는 기간(lay/can)
- 선적율 및 양하율, 하역조건
- 운임 및 운임 지급 조건
- 체선료/조출료(demurrage/despatch rates)
- 주요 용선 계약 조항(main terms)
- 사용할 용선계약서 종류
- 선박소유자가 지불하는 수수료(commissions)

"항해용선 "Fixture Note"

- ACCOUNT: COSCO BULK CARRIER CO.,LTD.
- OWRS: MOKPO MARITIME CO., LTD. MOKPO, KOREA
- VESSEL: SAENURI OR TBN, MAX 20 YRS, OAP[1] USD10,000 LUMPSUM FOR OWRS ACCT IF VSL AGE OVER 15 YRS OLD N SINGLE DECK BULK CARRIER FULLY P & I COVERED THROUGHOUT THE VOY. OWRS TO NOMINATE A PERFORMING VSL LATEST 10 DAYS PRIOR TO COMMENCEMENT OF LAYCAN.
- CARGO: 60,000MT 10PCT MORE AT OWRS OPTION ONE OR TWO GRADE WHEAT IN BULK
- LOAD 1-2 SB 1SP[2] VANCOUVER
- DISPORT: 1-2SBS/SAS, 1-2SPS[3] CHINA MAIN PORTS WHERE CHRTRS GTEE 13.2M SWAD AT 1ST DISPORT OR SOLE DISCHARGE PORT.
- LAYCAN: AUG/21-31, 2005
- LOAD RATE: 10,000MTS PWWD SHINC[4]
- DISCH RATE: CQD[5]
- FREIGHT: USD XXXXX PMT BSS 1/1
  USD 0.5/MT ADDITIONAL 1/1 BSS SHANGHAI WHERE LIGHTENING, IF ANY TB CONDUCTED AT ZHOUSHAN. ADD USD 1.50 PMT ON ENTIRE CGO IF 2ND DISPORT USED (WHETHER THE TWO PORTS LOCATE IN SOUTH OR NORTH CHINA, OR ONE IN NORTH AND ONE IN SOUTH CHINA)

- 95PCT FREIGHT SHALL BE PAID WITHIN 7 DAYS AFTER COMPLETION OF LOADING AND S/R B(S)/L[6] MARKED "FREIGHT PAYABLE AS PER CHARTER PARTY". BALANCE FREIGHT TO BE SETTLED TOGETHER WITH DEM/DESP WITHIN 30 DAYS AFTER COMPLETION OF DISCH AND RCVD OWNS' SUPPORTING DOCS.
- DEM/DESP: USD 22,000 PDPR/DHD WTS[7] AT LOAD PORT ONLY.
- NOTICE OF READINESS AT LOADING PORT TO BE GIVEN DURING OFFICE HOURS 0900-1700 HOURS MONDAY THROUGH FRIDAY, (SATURDAY, SUNDAY AND HOLIDAY EXCLUDED) AT ENGLISH BAY ANY ANCHORAGE OR CUSTOMARY ANCHORAGE AT LOADING PORT VANCOUVER, IF VESSEL IS UNABLE TO ENTER PORT UPON ARRIVAL DUE TO PORT/BERTH CONGESTION AND VESSEL TO BE ORDERED TO WAIT OFF VANCOUVER ISLAND, THE MASTER HAD THE RIGHT TO TENDER NOR AT VICTORIA PILOT STATION, ONLY IF THE VESSEL IS READY TO LOAD IN EVERY RESPECT, WHETHER IN PORT OR NOT, WHETHER CUSTOM CLEARED OR NOT, WHETHER IN FREE PRATIQUE OR NOT, WHETHER IN BERTH OR NOT.
- AT LOADING PORT IF NOR (IN CABLE OR TELEX FORM) IS TENDERED AND RECEIVED BEFORE NOON 1200HRS THEN LAYTIME TO BE COMMENCED FROM 1300HRS SAME WORKING DAY; IF NOR IS TENDERED AND RECEIVED AFTER NOON THEN LAYTIME TO BE COMMENCED FROM 0900HRS NEXT WORKING DAY OR LAYTIME TO COUNT UPON COMMENCEMENT OF LOADING, WHICH FIRST OCCURS
- IF LOADING BEFORE COMMENCEMENT OF LAYCAN, THEN THE ACTUAL TIME USED BEFORE 0900HRS OF THE FIRST LAYDAY TO COUNT AS HALF.
- IF VSL MISSED THE LAYCAN AND CHTRS GRANTED OWNERS AN EXTENDED LAYCAN, THEN THE LAYTIME SHALL START TO COUNT ON VESSEL ACTUAL COMMENCE OF LOADING.
- OWNERS SHALL ADVS BY CABLE OR TELEX 10 DAYS PRIOR TO ARRIVAL OF THE VSL AT THE PORT OF SHIPMENT, IN ORDER TO ENABLE THE SHIPPERS TO MAKE PREPARATIONS FOR LOADING. THE DEFINITE NOTICE SHALL BE GIVEN 5 DAYS BEFORE THE VESSEL'S EXPECTED TIME OF ARRIVAL. IF THE VESSEL ARRIVES EARLIER THAN THE TIME GIVEN BY THE DEFINITE NOTICE, HALF TIME USED SHALL COUNT AS LOADING TIME.
- DURING THE PASSAGE FROM LOADPORT TO DISCHARGING PORT, THE OWNERS/MASTER MUST GIVE CHTRS REPORT EVERY TWO DAYS AND ADVISE THE FOLLOWING: VSL'S POSITION, DISTANCE PERFORMED DURING THE LAST

TWO DAYS, AVERAGE SPEED, THE WEATHER CONDITION, DISTANCE TO THE FIRST DISCHARGE PORT, ETA FIRST DISCHARGE PORT. (IF DECLARED, OWISE BASIS CHIWAN AND SHANGHAI)
- SHIFTING TIME USED TO COUNT AS LAYTIME, EXCEPT SHIFTING FROM ANCHORAGE TO 1ST BERTH. SHIFTING COSTS TO BE FOR OWRS' A/C.
- LIGHTENING: IF VSL'S ARRIVAL DRAFT AT 13.20M OR LESS, THEN EXPENSES FOR THE LIGHTENING IF ANY TO BE FOR CHTRS ACCT. OTHERWISE FOR OWNERS ACCT.
- GENCON C/P 1976 TO APPLY
- CHTRS AGENT BENDS[8)]
- COMM: 3.75PCT ADD[9)] + 1.25PCT BROKERAGE
- OTHER TERMS/CONDITIONS AS PER LAST FIXTURE MV VICTORY C / COSBULK CP DD 25 OCT, 2004 WITH LOGICAL AMENDMENTS ONLY.
- SUB CHTRS RECFM LATEST BY 1830HRS TODAY 31 JULY, 2005

END

TKS N BRGDS.

(주) 1) over aged premium
2) 1 or 2 Safe Berth of 1 Safe port
3) 1 or 2 Safe Berths/Safe Alongside, 1 or 2 Safe Ports
4) Per Working Weather Day Sunday Holiday Included
5) Customary Quick Despatch
6) Shipper's Receipt Bill(s) of Lading
7) Per Day Pro-rata/Despatch Half Demurrage Working Time Saved
8) Both Ends
9) Address Commission

2) 정기용선 성약사례

정기용선 Fixture의 주요 기재사항은 다음과 같다.

- 선박소유자 이름
- 선박명 및 선박명세(ship's particulars)[7)]
- 용선 후 선박 항해구역(trading limits)
- 선박 인도 시기(laydays/cancelling day)

7) 선박명세에는 건조년도, 국적, 재화중량톤, 화물용적(grain/bale capacity), 선창/선창개폐구의 수, 본선 기어(gear), 속력, 연료소모량 등이 포함된다.

- 정기용선기간
- 선박 인도(delivery) 및 반선(redelivery) 장소
- 용선료(hire) 및 지급 조건
- 용선자에게 인도될 연료량과 가격
- 주요 용선계약 조항(main terms)
- 사용할 용선계약서
- 수수료율(commissions)

정기용선 "Fixture Recapitulation"

1. DISPONENT OWNERS: COSCO OCEANIA CHARTERING PTY LTD MELBOURNE
2. CHRS: KOREA SHIPPING CO., LTD. SEOUL, KOREA
3. VSL'S DESCRIPTION:
   M.V. KOREA SEABRIDGE
   PANAMAX GLESS[1] SELF TRIMMING SDBC,[2] LR CLASS,/PANAMA FLAG, BLT 2001, LOA 225M/BM 32.26M, 7H/H,/DWT 73105 ON 13.85 M SSW /GRAIN CAPA 87179.9 CBM, SPD/CONSUMPTION ABT 14 KTS (LADEN)/14.5 KTS (BALLAST) ON ABT 31.8 MT IFO 380 CST (RMH35) FOR M/E PLUS ABT 1.8 MT IFO 380 CST (RMH35) FOR G/E PLUS 0.1 MT MDO, PORT CONSUMPTION ABT 2.9 MT IFO PLUS 0.1 MT MDO FOR IDLE/ABT3.2 MT IFO PLUS 0.1 MT MDO FOR WORKING, M/E DU SULZER 7RTA48TB.
4. DELIVERY: DLOSP[3] AT ONE SAFE PORT WITHIN IWL[4] ADEN/JAPAN RANGE SKAW/PASSERO RANGE INCL UK/EIRE, FULL MED, BOSTON/BAHIA BLANCA RANGE, VANCOUVER/VALPARAISO RANGE ATDNSHIC PICO.[5]
5. LAYCAN 19TH/SEPT - 19TH/DEC 2005, OWR WILL NARROW LAYCAN WITH MAX 30 DAYS SPREAD BY 30 DAYS PRIOR TO COMMENCEMENT OF LAYCAN N TB NARROWED TO A 15 DAYS SPREAD BY OWR LATEST BY 20 DAYS PRIOR TO COMMENCEMENT OF LAYCAN.
6. REDELIVERY: DLOSP AT ONE SAFE PORT WITHIN IWL ADEN/JAPAN RANGE, SKAW/PASSERO RANGE INCL UK/EIRE, FULL MED, BOSTON/BAHIA BLANCA RANGE, VANCOUVER/VALPARAISO RANGE ATDNSHIC[6] PICO.
7. PERIOD: TC PERIOD UPTO MIN 4TH MAY 2008/MAX 29TH JULY 2008 IN CHOPT TRADING VIA SP(S) SA(S) ALWAYS AFLOAT AWIWL[7] EXCEPT NAABSA[8] IN GRAIN PORTS OF BRAZIL, ARGENTINA AND URUGUAY.
8. HIRE: USD XXXXX PDPR PAYABLE 15 DAYS IN ADVANCE.
9. BUNKER: BOD[9] IFO/ABT 700-800MT MDO/ABT 50-75MT.

BOR TO BE ABT SAME QTY AS BOD.

BUNKER PRICE USD380/PMT FOR IFO AND USD685/PMT FOR MDO BENDS.

10. IMHC(Intermediate Hold Cleaning): USD500 PER HOLD.

11. CARGO EXCLUSIONS

Charterers have no option cargo to be carried on deck. Cargo to be loaded, stowed, trimmed, secured and discharged at Charterers' risk and expenses. Vessel to be always left in a seaworthy trim to the Master's satisfaction during her sailing and/or shifting between all berths and ports. All cargo is to be carried as per the IMO regulation in respect of carriage of cargo.(이하 생략)

Petcoke/Cement Protective Clause:

Charterers undertake to use holds as less as possible, provided vessel's stability, trim and strength permit. Should any additional/special wash down of holds before loadings be recommended/proposed/required by Master, Charterers undertake to arrange the same at their time/expense. After discharge, Charterers to arrange at their expense/time of any additional/special wash-down of holds. Charterers are allowed to use ship's crew to perform cleaning as necessary against paying US$ 5,000.00 lumpsum and providing extra material required by Master to be for Charterers' account, but always subject to prior consent of Owners/ Master/crew and local regulations permitting, and all time used to be for Charterers account.(이하 생략)

Trade Exclusions

Always afloat, always via safe ports, safe places, worldwide trading within Institute Warranty Limits, excluding North Korea, Kampuchea, Cuba, Lebanon, Syria, Angola, Libya, Russian Pacific Coast, war and warlike zones, Somalia, Sudan, Iraq, Israel, Turkish occupied Cyprus, Charterers guarantee the Vessel not to trade directly between Peoples Republic of China and Taiwan or vise versa. In the event of factors, which cause the Owners to exclude any of the aforementioned countries from the vessel's permitted trading area, ceasing to exist. Owners will consider favourably a request from Charterers to trade to one or more of these countries, but final decision is at Owners' sole discretion.(이하 생략)

12. ILOHC(In Lieu Of Hold Cleaning): LUMPSUM USD4,500 ON REDELY.

13. 2.50 PCT ADCOM10) + 1.25 PCT BROKERAGE.

END

MANY THANKS FOR YOUR KIND SUPPORTS.

B. RGDS

(주) 1) gearless
2) single deck bulk carrier
3) Dropping Last Outward Sea Pilot
4) Institute Warranty Limits
5) Port in Charterer's Option
6) At Day and Sunday Holiday Included
7) Always Institute Water Limit
8) Not Always Afloat But Safely Aground
9) Bunker on Delivery
10) address commission

3. 성약 후 운항 및 점검사항

상기와 같이 성약서(fixture note)가 교환되면 계약이 확정된 것이므로 본선의 입출항 준비를 비롯하여 운항과 관련한 제반 사항을 점검하고 확인하여 계약이행에 차질이 없도록 만전을 기하여야 한다. 운항효율성을 제고하고 최대의 수익창출을 위하여서는 계약과 관련한 사항이 육·해상의 모든 당사자들뿐만 아니라, 화주와 수화주 등에게 명확히 전달되어 모든 이해관계인들의 유기적인 협조가 수반되어야 하기 때문이다. 항해성취를 위한 구체적인 준비 및 확인사항은 선박소유자, 용선자 및 중개인 등의 입장과 역할에 따라 다소 차이가 있을 수는 있으나 선박운항의 관점에서는 일반적으로 다음과 같다.

1) 항해용선(voyage charter)의 경우

(1) 성약 후 마지막 항 출항이전

가. C/P Detail 최종합의사항 확인 즉, Proforma C/P를 기준하여 수정 및 보완부분 등을 재확인

나. Working Copy 교환 후 상호확인 및 최종확인이 완료된 C/P 작성 후 양 당사자에게 송부

다. 용선자로부터 계약이행에 긴요한 운항정보를 입수하여 본선을 비롯하여 선적지 및 양하지 대리점에 전달

라. 항차지시서(sailing instruction)를 본선에 전달

마. 선적지 및 양하지 대리점 등을 지정하여 용선자에게 전달 및 항비예상견적수령

(2) 마지막 항 출항 후 선적지 도착이전

가. 선적지 대리점으로부터 항만정보나 화물준비상황 등에 관한 정보를 입수하여 용선자 등에게 전달
나. 적부계획서(stowage plan) 등을 본선으로부터 입수하여 선적지 대리점에 전달
다. 계약상 명시된 일정에 따른 본선의 동정 및 선적지 도착예정일 등을 용선자 및 선적지 대리점, 선적자(shippers) 등에게 전달
라. 필요시 기상서비스(weather routing service) 등을 활용하여 본선에 전달

(3) 선적항 도착 후 선적완료 및 출항이전

가. N/R Tender 및 세관검역 등 절차 후 선적항 접안대기 Line-up 상황확인 및 예상접안시기(ETB: Estimated Time of Berth)/작업개시/출항시기(Estimated Time of Departure: ETD) 등 확인
나. 정박중 선원교체나 선용품공급, 수리, 급유계획 등 확인
다. 당초의 적부계획에 따른 선적여부 및 부적화물 등 발생 시 클레임 대비 거증자료 확보를 위한 대비철저
라. 선적결과확인 및 선적항 출항일시, 양하항 도착예정시간(Estimated Time of Arrival: ETA) 등 확인 후 용선자 및 양하항 대리점, 수화주 등에게 통보

(4) 선적항 출항 후 양하항 도착이전

가. B/L, SOF(Statement of Fact), 정박시간일지(Time Sheet) 및 적하물목록(Manifest) 등의 제반 선적서류를 선적지 대리점을 통하여 선박소유자와 용선자측에 전달
나. 용선계약상 약정된 운임율을 선적량에 따라 적용하여 운임청구서(Freight Invoice)를 만들어 용선자측에 청구하고 약정된 기일 내에 수령토록 함
다. 용선계약서에 정한 선박소유자 측의 용선자에 대한 본선 양하항 도착예정시간 통보 준수여부 확인
라. 항해 중 불가피한 이로(deviation) 등 지체사유발생 시 용선박소유자 등 관계인에게 통보
마. 선적서류에 근거한 선적항의 체선료(demurrage) 및 조출료(quick dispatch money)계산 후 용선자 측에 전달하여 정산촉구
바. 확정된 양항 적기 통보여부 및 복수양항 입항시 입항순서(rotation) 확정통보.
사. 용선자 또는 수하인의 양항대리점 Full Style(대리점명, 주소, e-mail, 전화, 팩스, 담당자명, 휴대폰 등)을 선박소유자 측에 통보
아. 양하항에서 발생될 예상항비를 양항대리점을 통하여 확인 및 송금

(5) 양하항 도착 후 양하완료 및 출항이전

가. 양하준비완료통지서 제출(N/R tender), 세관/검역(CIQ) 절차필 및 양하항 먼저 도착한 선박들의 Line-up 및 접안 및 양하개시 스케줄 등 확인하여 용선자에게 통지

나. 양항에서 정박 중 예정된 선박소유자 측의 제반 사항들(선원교제, 선용품수급, 수리 및 유류급 등)을 확인. 적기접안, 작업개시, 작업완료를 위한 현지대리점 및 용선자측과 협의

(6) 양하완료 및 출항이후

가. 양하완료 후 본선출항정보(도착, NORT, 작개, 작완, 출항일시 및 본선 ROB : FO, DO, FW 등)통지, 양항대리점의 양하서류(N/R, SOF, Time Sheet 등) 송부

나. 미정산운임(10% if any)에 대한 Invoice 발행과 이에 대한 용선자측의 적기지불 및 정산

다. 양하서류에 근거한 양항에서의 체선/조출료계산과 상호전달 및 선적항 통산 후 정산

라. 항차수행 중 제기된 제반 분쟁(dispute or claim) 등에 대한 상호타협(commercial compromise) 혹은 중재(arbitration) 회부 시 수반되는 후속 조치관리 및 최종 타결 확인

마. 제반문제 종료 후 중개인 수수료(brokerage or commission)의 정산. 중개인 수수료는 체선료, 조출료 및 부적운임(deadfreight)에게도 적용됨을 유의해야 함

2) 기간용선(Time Charter)인 경우

(1) 성약 후 본선인도전

가. C/P Detail의 최종합의여부(Proforma C/P 기준 amended 부분 재확인필요)

나. C/P 작성 및 Working Copy 교환 후 수정보완완료

다. 용선자 측에 긴요한 운항관련정보 즉, 본선의 call sign, 선장 명, 전화, 팩스 또는 immarsat, grt, nrt, holdwise capacity, etc. 확인 후 전달

라. Last port or Delivery port에서의 용선검선(joint on-hire survey)을 위한 검정인(surveyor) 지정

마. 최종항(last port) 또는 인도항(delivery port)의 대리점에 관한 정보(full style) 등 용선자에게 통보

바. 용선계약 조건에 따른 인도시기에 관한 사전통보 이행

사. 본선 선장에게 용선박소유자의 항차지시서(Sailing Instruction) 전달

(2) 본선인도 직후

가. 인도시각(delivery time) 및 인도 시 유류잔량(FO/DO) 확인 후 용선자에게 통보

나. 첫 회분 용선료와 인도 시 연료대금(ROB)의 청구 및 기한 내 용선자의 송금확인
다. 적하계획(Stowage Plan) 조정 등 기타운항관련 업무지원

(3) 선적항으로 항해 중 – 인도 10-14일 후

가. 차기 용선료청구서(Hire Invoice) 발행 및 용선자 측에 송금요청. 용선료지불이 통상 선불조건이므로 송금약정기일 최소 3일전에는 송금관련서류가 용선자 측에 전달되어 적기송금이 되도록 주의를 환기시켜야 함
나. 선박소유자와 용선자간의 운항관련업무 협력구축(coordination)
다. 용선기간 중 용선중지사항(off-hire) 발생 및 기타 돌발사태 발생 시 사후관리
라. 적기 반선통보 및 반선 전 급유계획 등에 관한 선박소유자와 용선자 간의 협의

(4) 양항도착 및 반선 약 7일전

가. 공동반선검선(joint off-hire survey)을 위하여 용선자 측의 검정인 지정
나. 양항 및 반선항의 용선자 대리점 연락선(full style)을 선박소유자에게 통보
다. 반선 시 유류잔량 확인 및 최종 용선료와 조정정산
라. 본선의 양항도착이전 수화주로부터 B/L 수령불가일 경우 선박소유자의 보증장양식(Letter of Indemnity Form)에 의거 용선자의 서명을 득하고 선박소유자 및 선장에게 전달

(5) 양항도착이후 반선 시 및 반선이후 정산완료까지

가. 반선검정보고서(off-hire survey report) 수령 후 선박소유자에게 송부
나. 본선의 동정 및 예상반선일시 등 선박소유자에게 통보
다. 반선시간 및 유류잔량 반선결과 확인 후 선박소유자 측에 최종정산서 송부
라. 중개수수료, 분쟁 및 클레임 등 미결사항 점검

제3절 용선운항 실무

선적항 및 양하항에서 하역작업을 할 때에 하역인부가 손상을 입었을 경우에, 용선자나 선박이 그 원인을 제공하지 않았으며 용선자나 선박이 책임을 면하기 위해서는, 손상을 입은 피해자, 발생시점, 선내의 발생장소, 손상발생의 원인과 정도 및 취한 조치에 대한 내용을 보여주는 서한이 작성되어야 하며, 작성된 내용을 확인하는 의미에서 하역담당자와 선장이 작성된 서한에 서명하여야 한다. 이때 서명하여야 하는 자가 책임을 회피

하기 위해 "without prejudice" 라는 말을 서한에 기재하고 서명하고자 하는 경우가 대부분이나 이러한 말이 기재된다하여 책임이 없어지는 것은 아니다.

이러한 보고서를 참조하여 P&I Club과 협의하여 보험으로 처리하게 된다.

본 장에서는 화물의 손상이 발견되었을 경우 작성되는 서한, 선박의 정박시간을 결정하는데 필요한 정보를 제공하는 항내일지 및 전말서, 운임선불인 경우 운임지불 전 선하증권의 발행 시 보증서, 양하지에서 선하증권의 원본이 제출되지 않은 상황에서 화물을 양하하여 수화주에게 인도하여야 하는 경우에 작성되는 서한 등의 예를 들어 설명하고자 한다. 이러한 일은 용선운항에서 빈번히 발생하는 사례로서 적절한 서한의 작성과, 이를 보장하는 보증서의 확보와 또는 이를 확인하는 관련당사자들의 서명을 받아야하는 등, 적절한 서류가 작성되지 않았을 경우에는 용선자가 금전적인 보상을 하여야 하거나 손실을 감수하여야만 한다.

1. 하역작업 시 하역인부 및 화물손상

선적항 및 양하항에서 하역작업을 할 때에 하역인부가 손상을 입었을 경우에, 용선자나 선박이 그 원인을 제공하지 않았으며 용선자나 선박이 책임을 면하기 위해서는, 손상을 입은 피해자, 발생시점, 선내의 발생장소, 손상발생의 원인과 정도 및 취한 조치에 대한 내용을 보여주는 서한이 작성되어야 한다.

또한 화물의 적·양하 작업 중 발견된 화물의 손상에 대해서도 선장의 화물손상 보고서(cargo damage report)가 발행되어야 한다. 운송화물의 손상이 발견되었을 경우, 운송도중에 발생한 손상인가 또는 하역작업 중에 발생한 손상인가 또는 화물의 특성상 자연적으로 발생한 것인가를 분별하여야 한다. 하역작업 중 발생하였다면 발생시기, 발생장소, 화물취급방법 및 사고발생 원인에 대한 내용에 관하여 보고서를 작성하고 하역관련자의 서명을 득하여야 한다. 또한 화물손상의 정도가 심하다든가 또는 필요시 화물조사관(cargo surveyor)을 수배하여 검사와 보고서를 작성하도록 하여야 한다.

선박소유자나 용선자 또는 하역관련자들은 이러한 보고서를 토대로 화물보험이나 P&I Club과 협의하여 사고와 관련된 문제를 보험으로 처리하게 된다.

2. 항내일지 및 보고서

선박에서 작성하는 항내일지에는 선적 또는 양하항에서의 선박의 동정, 하역인부의 승하선, 하역개시, 중단 및 종료시간, 하역장비의 작동시간 및 고장으로 작동이 중단된 시간 등에 관한 정보를 포함하는 하역작업과 관련된 모든 사항을 기재하여야 한다.

또한 용선자는 대리점으로 하여금 NOR tender와 accept 된 시간, 하역인부의 수배와 비나 눈으로 인하여 하역인부의 취소, 하역을 위해 임차된 하역기기의 수배와 이용시간 등 정박시간을 결정(laytime count) 하는데 영향을 주는 모든 사항에 대한 내용을 담은 보고서를 작성케 하여 제출하도록 하여야 한다.

선박에서 작성되는 항내일지(port log)와 대리점의 보고서를 토대로 용선계약의 내용에 따라 정확한 정박시간을 계산하게 되며, 용선자가 선박소유자에게 체선료를 지불하여야만 하는가, 또는 선박소유자자가 용선자에게 조출료(quick despatch money)를 지불하여야만 하는가를 판단하고 그 금액을 결정하게 된다.

3. 운임을 지급받지 않은 상태에서의 선하증권 발행

운임선불조건(prepaid)인 경우 운송인은 운임을 수취하기 전에 선하증권을 발행하였다면 선하증권이 발행된 후 운임을 지불하지 않아도 운임수취에 관하여 법적으로 보호받을 수 없다. 이러한 경우에 보증서(Letter of Indemnity: LOI)를 화주로부터 제출받고 선하증권을 발행하여 준다. 이때에 추후에 보다 확실하게 운임수취를 확보할 수 있는 위치가 되기 위해서는 은행의 지급보증(payment guarantee)을 제출받아야 한다. 다음은 일반적으로 사용되는 보증서의 한 예이다.

Letter of Indemnity

To : Date :

The Owners of the M.V. Korea Sea Bridge

Dear Sirs,

Shipper :
Receiver :
Cargo :
Quantity :
Loading Port :
Discharging Port :

The above goods were shipped on the above vessel by Messrs. (and consigned to us) but the relevant freight have not been yet remitted by us.

We would like to hereby request you to issue/release original Bills of Lading marked "Freight Prepaid" to Messrs.(   ) before remitting freight.

In consideration of your complying with our above request, we hereby agree as follows :

1. To indemnify you, your servants and agents and to hold all of you harmless in request of any liability, loss or damage of whatever nature which you may sustain by reason of issuing/releasing the original Bills of Lading to Messrs. (   ) in accordance with our request.
2. In the event of any proceeding being commenced against you or any of your servants or agents in connection with the issuance/release of the original Bills of Lading as aforesaid to provide you or them from time to time with sufficient funds to defend the same.
3. As soon as all freight for the above goods shall have been remitted and you shall have confirmed the safe receipt, whereupon our liability hereunder shall cease.
4. The liability if each and every person under this indemnity shall be joint and several and shall not be conditional upon your proceeding first against any person, whether or not such person is party or liable under this indemnity.
5. The indemnity shall be construed on accordance with English law and each and every person liable under this indemnity shall at your request submit to the jurisdiction of the High Court of Justice of England.

Your Faithfully

....

Name and Title

4. 선하증권 원본 회수 전 화물인도

선하증권은 해상운송계약에 따라 운송인이 운송물을 수령하고 특정선박에 운송물이 선적되었다는 것을 운송인(선박소유자, 선장 또는 선박소유자의 대리인)이 서명한 문서이며, 이 선하증권의 소지자나 그의 배서인은 운송인에게 선하증권을 제시하고 운송계약에 의해 운송된 운송물을 청구하여 수령할 수 있는 권리증권인 동시에 유가증권이다.

한편 운송인은 양하항에 도착하여 선하증권에 표시된 화물을 수하인(consignee)에게 인도할 준비가 되어 있으나, 수하인은 아직 선하증권의 원본(Original B/L)을 확보하지 못하였기 때문에 화물 인도를 청구할 수 없다. 이러한 경우에 선박소유자(운송인)는 수하인에게 선하증권의 원본 대신 보증서(Letter of Indemnity: LOI)를 제출할 것을 요구하게 된다. 이때 보증서(LOI)의 양식은 운송인(선박소유자)의 고유의 양식을 이용하기도 하지만 대부분 P&I Club이나 Inter-club에서 추천한 양식을 이용하여 수하인 또는 용선자가 작성한 보증장을 선박소유자에게 제출하면 선박소유자는 화물을 인도하여 준다.

그러나 주의할 점은 보증서(LOI)는 수하인 또는 용선자가 지불능력을 상실하는 경우에 의미가 없는 문서가 된다. 따라서 확실히 신뢰할만하고 대형인 수하인/용선자로서 상업적 관계가 많은 경우에만 선하증권의 원본(Original B/L) 대신 보증서를 제출받고 화물을 인도해주기도 한다.

또한 운임선불조건이 경우 운임이 지불되지 않은 상태에서 수하인이 선하증권의 원본과 함께 운임지불에 대한 보증장을 제출하고 화물을 인수해 간 후에 용선자가 운임을 지불하지 않는 경우에 대한 손실은 여전히 선박소유자의 부담이다. 그러므로 보증서를 제출받고 수하인/용선자에게 화물을 인도해 주어야만 할 때는 반드시 이들의 주거래 은행의 보증(guarantee)이 첨부된 보증서를 제출받아야 한다.

선박소유자(운송인)가 선하증권의 원본을 제출하지 않고 화물을 인도받기를 원하는 수하인/용선자에게 제출할 것을 요구하는 보증서(LOI)의 양식 중 일반적으로 사용되는 한 예를 보면 다음과 같다.

INTERGROUP A STANDARD FORM OF LETTER OF INDEMNITY TO BE GIVEN IN RETURN FOR DELIVERING CARGO WITHOUT PRODUCTION OF THE ORIGINAL BILL OF LADING

To: [insert name of Owners] [insert date]
The Owners of the [insert of name of ship]

The above cargo was on the above ship by [insert name of shipper] and consigned to [insert name of consignee or party to whose order the bill of lading is made out, as appropriate] for delivery at the port of [insert name of discharge port stated in the bill of lading] but the bill of lading has not arrived and we, [insert name of party requesting delivery], hereby request you to deliver the said cargo to [insert name of party to whom delivery is to be made] or to such party as you believe to be or to represent [insert name of party to whom delivery is to be made] or to be acting on behalf of [insert name of party to whom delivery is to be made]* at [insert place where delivery is to be made] without production of the original bill of lading.

In consideration of your complying with our above request, we hereby agree as follows;-

1. To indemnify you, your servants and agent and to hold all of you harmless in respect of any liability, loss, damage or expenses of whatsoever nature which you may sustain by reason of delivering the cargo in accordance with our request.

2. In the event of any proceedings being commenced against your or any of your servants of gents in connection with the delivery of the cargo as aforesaid, to provide you or them on demand with sufficient funds to defend the same.
3. If, in connection with the delivery of the cargo as aforesaid, the ship, or any other ship or property in the same or associated ownership, management or control, should be arrested or detained or should the arrest or detention thereof be threatened, or should there be any interference in the use of trading of the vessel(whether by virtue of a caveat being entered on the ship's registry or otherwise howsoever), to provide on demand such bail or other security as may be required to prevent such arrest or detention or to secure the release of such ship or property or to remove such interference and to indemnify you in respect of any liability, loss, damage of expense caused by such arrest or detention or threatened arrest or detention or such interference, whether or not such arrest or detention or threatened arrest or detention or such interference may be justified.
4. If the place at which we have asked you to make delivery is a bulk liquid or gas terminal or facility, or another ship, lighter or barge, then delivery to such terminal. facility, ship lighter or barge shall be deemed to be delivery to the party to whom we have requested you to make such delivery.
5. As soon as all original bills of lading for the above cargo shall have come into our possession, to deliver the same to you, or otherwise to cause all original bills of lading to delivered to you, whereupon our liability hereunder shall cease.
6. The liability of each and every person under this indemnity shall be joint and several and shall not be conditional upon your proceeding first against any person, whether or not such person is party to or liable under this indemnity.
7. This indemnity shall be governed by and construed in accordance with English law and each and every person liable under this indemnity shall at your request submit to the jurisdiction of the High Court of Justice of England.

Yours faithfully

For and on behalf of
[insert name of Requestor]
The Requestor

....

Signature

*Note : For guidance on this recommended precaution and on precautions to be taken if the Member faced with arrest/interference as referred to in paragraph 3 of the LOI, see P&I Member circular No. 13/2010: International Group Standard Form Letters of Indemnity.

제4절 용선클레임(claim)

용선계약을 체결하고 나면 모든 거래관계가 계약서대로 원만하게 이행되어 본래의 목적대로 종료되는 것이 원칙이다. 이를 위해 상호 신의성실의 원칙에 입각하여 자신의 의무와 책임을 다하는 노력이 필요하다. 그러나 실무에서는 여러 가지 사정으로 이러한 원칙이 지켜지지 않아 분쟁이 발생되는 경우를 자주 경험하게 된다. 따라서 이와 같은 분쟁이 발생되지 않도록 하는 것이 최선의 방법이며, 부득이 분쟁이 발생되는 경우에도 손해가 최소화되도록 하는 노력이 필요하다.

이를 위해 우선 계약에 임할 때 상대방에 관한 신용을 잘 살펴 기본자산 현황을 파악하는 동시에 제3자로부터 이행보증을 받아 둔다면 가장 안전한 방법이 될 것이다. 그러나 시시각각으로 변화하는 시황에 대처하며 해운영업에 임하는 경우 위와 같은 수단을 확보하기가 용이하지 않다.

따라서 계약초기에 계약내용에 관한 정확한 이해가 전제되어야 할 것이며 간결한 문언정리로 분쟁발생에 잘 대비하는 것이 최선의 방책이 될 것이다. 아울러 장래 있을지도 모르는 분쟁에 대비하여 모든 영업 및 운항기록을 일목요연하게 잘 정리하여 두고, 필요한 증거들을 체계적으로 보관하여 분쟁발생에 충분히 대비한다면 문제가 발생할 시 이들을 잘 활용할 수 있을 것으로 판단된다. 이장에서는 용선계약과 그 이행과정에서 발생되는 분쟁해결에 임할 경우의 기초적인 지식과 사례 등을 기술하고자 한다.

1. 용선클레임의 유형

일반적으로 클레임은 선박소유자나 용선자 또는 화주가 계약서에 표기된 내용과 상이한 행위의 결과로서 일어나는 것이다. 따라서 계약에 임하는 당사자는 화물수집과 오퍼단계 그리고 성약에 이르는 협상의 단계에서 정확한 정보를 주고받고, 사실에 기초한 내용으로 최종 성약과 계약을 이행하여야 하는 것이 클레임예방의 첩경이 될 것이다.

그러나 특히 부정기선 용선운항영업에서는 운항구역과 화물의 선적지, 선적방법 등이 매우 다양하므로 선박소유자와 용선자간의 사안별 해석기준에 따라 분쟁이 가장 많이 발생되고 있는 부분이다. 예컨대 항해용선계약에서 천후작업일(weather working days) 중 악천후(bad weather)가 발생되었을 때 정박기간의 중지여부를 어떠한 기준으로 판단할 것인가에 중점을 두는 경우, 악천후의 해석기준이 선적과 양하작업 시 매우 애매모호한 경우가 많아 신중한 해석이 필요하게 된다.

즉, 악천후(결빙과 강우 등) 중에 의한 영향으로 작업이 중단되는 경우에는 화물의 특성에 따라 다를 수는 있으나 명백히 악천후의 영향으로 인정되어 정박기간이 중지되는 경우에 선박소유자는 체선료(demurrage)에 대한 방어가 불가능하다. 그러나 고조나 파랑일로 인해 체선이 발생되면 판단기준이 명확하지 않으므로 용선자에 대한 선박소유자의 방어가 매우 신중하게 접근해야 한다. 고조(bore tide)[8]와 관련하여서는 아직 명확한 판례가 없고 파랑일(wave day)의 경우 부선이 파랑으로 인하여 본선에 화물을 반입할 수 없는 상황이 발생되어도, 본선에서 파랑의 영향을 받지 않는다면 악천후로 간주될 수 없다는 판례가 있기 때문이다. 따라서 이 경우에는 부선과 본선의 작업위치 선정과 부선의 크기 등이 매우 중요한 변수로 작용하므로, 용선계약 시 반드시 용선자와 충분한 협의와 검토가 필요하다는 시사점을 남긴다.[9]

아울러 선박의 체선과 밀접한 관련이 있는 정박기간과 관련한 문제도 다양한 양상으로 발생될 수 있다. 즉, 정박기간은 기본적으로 화물의 적양하를 위해 용선자에게 유리한 방향에서 적용되고 있으며, 특히 선박을 정박시킬 권리에 대하여서는 양하가 완료되지 않는 한 장기간의 지연이 발생되어도 선박소유자로서는 계약을 해지할 권리가 없다. 그 이유는 용선자가 약정된 정박기간을 초과하여 하역을 완료하였다면 체선료에 의해 운임으로 갈음할 수 있기 때문이다.

그러나 용선자는 무한정 선박을 정박시킬 권리도 없다. 판례에 의하면 정박기간을 용선자가 사용할 수 있는 때는 화물의 선적 또는 양하가 진행되고 있을 때뿐이다. 만약 화물의 적양하가 완료되었다면 용선자는 사용할 수 있는 정박기간이 남아 있더라도 즉시 선박에 대한 사용 권리를 철회시켜 출항을 할 수 있도록 해야 한다. 즉, 용선자가 하역을 완료하였음에도 선박을 출항시키지 않는다면 불법구속의 책임을 져야 하기 때문이다.

또한 양하가 완료된 이후의 모든 지연에 관하여서는 용선자의 과실에 의하지 않는 한 선박소유자의 책임이다. 주의할 것은 용선자의 계약위반에 의해 발생된 지연일 경우에도 선박소유자가 그 결과를 예견할 수 있는 경우에는 용선자에게 책임을 물을 수 없으므로, 이 경우 선박소유자는 본선을 출항시키기 위한 선결 조치를 취하고 그 이후에 용선자에 대한 권리를 주장해야 한다는 점이다. 나아가 하역이 완료된 이후 천후에 의한 결빙이 발생되어 지연이 야기될 경우에도 모든 책임은 선박소유자에게 있으므로, 선박의 운항영업을 위한 정박지의 세심한 사전 주의검토가 요구된다고 할 것이다.[10]

그리고 상기 언급한 사항이외에 다음과 같은 이유로 용선과 관련하여 클레임이 많이 발생하고 있다.

---

8) 여기에서 고조란 보르네오 섬 인근의 좁은 강어귀 같은 곳에서 만조의 충돌로 야기되는 비정상적 높이의 조석이다. John Schofield, Laytime and Demurrage, London, 1990, pp.14-19.

9) 김명재, "항해용선계약에서 악천후에 의한 정박기간중지 판단기준 일고찰", 목포해양대학교 교내논문집, 2012, pp.31~36.

10) 김명재, "항해용선계약상 정박기간에 관한 용선자의 권리와 의무에 관한 연구", 한국항만경제학회지, 제28호 제1호, 2012.03, pp.83~104.

① 선박명세의 오기
② 선박의 감항성
③ 용선자에 의한 선박사용(employment)
④ 화물의 적양하를 포함한 화물의 취급
⑤ 안전항과 안전한 선석(safe berth)의 지정
⑥ 용선선박의 on-off hire
⑦ 선박의 속력과 연료소비량

2. 클레임의 처리

1) 클레임의 기초지식

용선은 그 업무의 특성상 국제적으로 다소 많은 관계자들이 관여하며 글로벌 비즈니스에 속하는 것이다. 즉, 거래와 계약관계자가 범세계적으로 이루어지고 선박소유자와, 화주, 그리고 중개인 등 많은 당사자가 개입되는 특성을 가진다. 아울러 용선계약을 정형화된 국제관례에 따라 체결하여 업무를 수행하는 과정에서도 예기치 못한 상황이 발생하여 영업이나 운항에서 곤란을 겪는 경우가 빈번하게 발생한다. 즉, 용선업무는 이행과정의 특성상 계약당사자인 선박소유자와 화주 사이 또는 선박소유자와 정기용선자 및 선체용선자 사이의 분쟁(dispute or claim)이 늘 발생하는 분야로 이해할 수 있다.

해운기업의 수익성은 취급이 양호하고 운임이 높은 화물을 수배하여 선박운항을 가장 효율적으로 수행함으로써 극대화할 수 있다. 효율성이란 최소의 비용으로 최대의 효과를 창출하는 것이다. 따라서 용선업무는 해운기업의 효율적 운항측면에서 매우 중요한 부분을 차지하므로, 이에 관여하는 실무진들은 늘 긴장의 연속선상에 있다. 화물영업과 적합한 선박을 찾아 용선계약을 잘 수행하였다고 하더라도 선박소유자나 용선자(화주)가 그 계약내용을 잘 이행하지 않거나 불가피한 경우가 발생하여 분쟁이 발생할 경우, 그 영향은 고스란히 영업과 운항결과에 전이되어 애초에 예상했던 채산에 비하여 수익성이 반감된다. 이는 부서의 실적저하로 이어지고 기업의 재무성과에도 악영향을 초래하므로, 이러한 분쟁이 발생할 경우 그 처리결과가 매우 중요하게 부각된다.

통상 해운기업의 조직에서는 기획실 또는 법무실이 있어서 영업이나 운항 등의 업무과정에서 발생하는 분쟁을 처리하는 부서로 활동하고 있으나, 분쟁사건이 영업이나 운항부에서 이러한 전담부서에 이관되는 경우는 부득이 법적절차를 밟아야 하는 최후적인 수순에 따라야 하는 경우이다. 이 경우 많은 시간과 비용적 지출이 수반되어야만 해결이 가능해지므로, 가능한 이러한 상황이 오지 않도록 해당부서에서 당사자 간의 합리적 방법에 의해 원만히 처리하는 것이 최선의 방책이 될 것이다. 합리적 분쟁해결을 위한 기초지식을 소개하면 다음과 같다.[11]

(1) 분쟁해결의 초기단계

가. 손해경감의무

분쟁이 발생하게 되면 당사자의 귀책여부를 떠나 손해가 더 이상 확대되지 않도록 최선을 다해야 한다. 이러한 의무를 게을리 하여 손해가 확대된다면 그 증가된 책임 또한 가중되어 결국 당사자 간의 분쟁해결이 지연되거나 더 어려워질 수 있는 상황에 처할 수 있기 때문이다. 따라서 어떤 사건이 발생되고 시간적인 여유가 없을 경우에는 우선 손해경감조치를 취하고 후에 보상청구의 방법을 모색해야 하는 것이 합리적인 방안이 될 것이다.

나. 대응전략수립

계약관계에 어떠한 문제가 발생할 경우 우선 사실관계를 명확히 하고, 그 분쟁이 본건 계약과 합치될 수 있도록 증거를 수집하여 해석하도록 하여 상대방에게 충분히 납득시키는 기술이 필요하다. 또한 상대방의 손해보전능력을 파악하여 법적절차의 타당성 등을 검토하고, 자신에게 유리한 부분과 타인에게 유리한 부분 등을 탐색하여 객관적 분석을 토대로 문제해결의 전략적 접근방법을 수립해야할 것이다.

다. 협상의 유연성발휘

분쟁해결에 임하는 당사자 간에 주고받는 내용은 개인의 의사가 아닌 회사전체의 입장임을 이해하여야 한다. 따라서 감정에 앞서 공격적인 언행으로 반목과 갈등을 조장하여서는 원만한 합의를 이끌어낼 수 없으므로, 상대방의 주장을 최대한 존중하며 인내심을 갖고 대화를 통한 협상(commercial settlement)의 끈을 유지하는 것이 필요하다.

이를 위해서는 균형 있는 합리적인 인격을 가져야 하며 이성적으로 논리적 대응이 중요하다. 논리적 지식으로 대응하기 위해서는 상황에 따라 유연성을 가져야 할 것이나 이러한 것은 단기간에 배양되기 힘들 것이다. 모든 분쟁은 큰 틀에서는 유사하게 보일지라도 그 내용을 살펴보면 각기 처리방안을 달리하기 때문이다. 결국 이러한 유연한 전략적 사고수립과 해결능력은 실무에서 많은 사례를 접해봄으로써 배양되는 것이기 때문이다.

(2) 분쟁처리절차

클레임이 발생할 경우 우선 그 처리절차에 관해 검토를 하여야 한다. 이는 크게 내부적 처리와 외부적 처리로 구분하여 내용에 따라 세부적인 조치를 취하여야 한다. 내부적인 처리는 상대방에 대한 청구근거에 대하여 그간의 업무기록을 바탕으로 사실판단을 하는 것이고, 외부적 처리는 내부적 판단에 따라 전문가 및 변호사 또는 보험사 등의 외부

---

11) 최도수 외, 「용선클레임실무」(부산 : 한중해사법연구센터, 2012), pp.507~524.

기관과 자문이나 협의를 거쳐 구체적인 처리방안을 수립하는 것이 될 것이다. 이를 구체적으로 살펴보면 다음과 같다.

가. 내부적 처리절차

① 영업 및 운항기록 등 객관적 사실에 근거한 사실 재구성
② 관련계약내용의 세밀한 검토 및 다른 조항과 충돌여부 확인
③ 계약서와 사실관계를 바탕으로 타당성 분석

나. 외부적 처리절차

① 사건의 원인과 손해의 범위
② 청구의 근거와 범위의 적정성
③ 화해, 협상 또는 소송 등 대응전략의 수립
④ 재산보전을 위한 담보 등 채권자산 확보나 제공방법과 시기 등

위와 같은 검토가 선행되면 분쟁타당성을 최종 판단하여 거절, 협의, 화해 또는 법적소송이나 방어조치를 결정하게 될 것이다.

2) 클레임 대응 실무

용선업무에서 발생되는 분쟁사례는 매우 다양하다. 항해용선의 경우 화물에 관한 정보가 충분치 못하여 선적부족이 발생하거나 정박기간 적용에 관한 상호 상이한 해석기준, 그리고 운임이 제때 지불되지 않아 발생하는 분쟁 등이며, 정기용선의 경우에는 선박의 결함이나 선박소유자의 부주의(negligence)에 의한 용선중단(off-hire)이나 용선료의 미지급 등이다. 위와 같은 분쟁이 발생되면 전술한 바와 같은 기초적인 대응전략을 검토하여 구체적인 실행에 옮기게 되는데, 우선 당사자의 명확한 입장을 표명하는 것으로 시작되며 실무에서 사용되고 있는 사례를 소개하면 다음과 같다. 다만 문구나 내용의 구성은 각 사건에 맞도록 구성하여 작성하면 될 것이다.

(1) 화물과 관련한 클레임

NYPE 서식으로 정기용선계약이 체결된 경우 화물에 대한 클레임은 통상 Inter-Club Agreement(ICA)에 따라 해결하도록 약정하는 문구[12]를 삽입하고 있다. 아울러 당사자 간의 책임관계를 보다 명확히 하기 위해 위의 NYPE 서식에 언급된 내용을 수정·변경하여

12) NYPE 1993 서식 Main Body 제27조에 다음과 같은 문구가 삽입되어 있다. 즉, "Cargo claims as between the owners and the charterers shall be settled in accordance with the Inter-Club New York Produce Exchange Agreement of February 1970, as amended May, 1984 or any subsequent modification or replacement thereof."

사용할 수도 있다.[13] 화물클레임의 경우 해당화물에 대한 선하증권이나 해상화물운송증 등의 운송증권을 누가 발행하느냐에 따라 책임범위가 달라진다.

발행된 운송증권이 Master B/L인 경우는 선박소유자가 우선적으로 수화인이나 기타 정당한 B/L 소지인으로부터 클레임을 당할 것이며, 이 클레임은 용선자의 연결고리(charter chain)에 따라 아래로 가게 될 것이다. 반면, Charterers' B/L인 경우에는 수하인이나 정당한 B/L 소지인은 용선자에 대해 클레임을 제기할 것이며, 용선자의 연결고리(charterers chain)에 따라 위로 올라가게 될 것이다. 일반적인 화물클레임의 처리절차는 다음과 같다.

① 화물양하 시 또는 양하 직후 화주로부터 클레임제기
② P&I Club/P&I Correspondent에 사건통지 및 협조요청
③ 검정인(surveyor)선임 및 화물의 손상범위와 원인 등 확인
④ 클레임 내용 요약정리 후 화주에 대한 Claim 대응
⑤ ICA의 규정에 따라 용선자에게 클레임 통지서 발송
⑥ 화주 측 클레임 거절, 승인, 분쟁화, 합의, 정산 등

선박소유자가 용선자에게 하는 ICA에 따른 클레임 통지는 화물인도일 또는 인도예정일부터 2년 이내에 이루어져야 하며 통지문의 예시는 다음과 같은 형식으로 작성된다.

"화물클레임 통지문"

We, ABC Co., Ltd. as the Owners of the subject vessel, refer to the charterparty dated 12th Feb., 2012 between you as the charterers and write to give you notification of cargo claims being dealt with by ourselves. This notification is given in accordance with the terms of the Inter-Club Agreement as incorporated in the governing Charter Party per Clause 00.

There are two cargo claims that are currently being dealt with and the details are as follows:-

- Bill of Lading KYCY14565707, Container No. FDND6030432R5 -
  the claim involves alleged damage to a consignment of grapes and the claimant is Green Fire and Marine Insurance Company Limited. The claim amount is

---

13) 중대한 수정·변경의 문구란 NYPE 제26조에 선박소유자가 화물클레임에 대하여 책임여부를 언급하는 것이며 다음과 같은 형식으로 삽입된다. 즉, "The owners are to be responsible for the cargo claims, navigation of the vessel, insurance ……," 또는 "Owners not to be responsible for shortlanded cargo." 혹은 "Owners not to be held responsible for any cargo claim for damage to cargo attributable to contamination by fishmeal" 등이다.

> KRW30,000,000. The claim is currently the subject of litigation in Seoul and Lawyers appointed on behalf of the owners are in the process of negotiating a settlement.
> - Bill of Lading KYCY14556303, Container No. FDND6081846R5 -
> This claim is for the alleged damage to a consignment of fresh oranges and grapes and is pursued by Verisource International LLC. The amount claimed is USD3,000. Please let me know should you require any additional information. We are gathering claim documents and will provide you with a copy of same as and when available.

(2) Inter-Club New York Produce Exchange Agreement (ICA)

정기용선계약 하에서 선박소유자와 용선자간에 화물손해에 대한 보상과 관련하여 손해에 대한 책임소재와 손해 보상금액에 대한 합의에 도달하는 것이 용이하지 않다. 더욱이 재용선계약(sub-let)이 몇 차례 이루어진 경우 선박소유자와 화물을 운송한 최종 용선자 사이에 용선체인(chartering chain)이 형성된 경우에는 선박소유자와 용선자 및 재용선자간에 이러한 화물손해에 대한 합의를 이루는 것은 불가능하다.

그러나 일반 벌크 선박의 정기용선계약의 표준서식으로 NYPE양식이 가장 보편적으로 통용되고 있으나, 이 표준용선계약서에는 화물손해 클레임(claim to cargo damage)에 대한 선박소유자와 용선자간에 책임을 어떻게 분담하여야 한다는 것에 관한 규정이 없다. 따라서 화주로부터 손해보상 요구가 제기 되면 다시 손해보상청구체인(claim chain)이 형성되고, 관련 당사자들은 시간과 비용을 소비하여야 하며, 손해보상요구 금액이 거액이 아닌 경우에는 이를 해결하기 위한 중재에 시간과 비용을 낭비할 수밖에 없다.

이에 화물손해에 대한 클레임의 처리에 되도록 불필요한 시간과 비용의 지불을 절감하고자 선주상호보험조합(P&I Club)들이 공동으로 화물손해 클레임발생을 원인별로 분석·분류하여 종류별로 유형화하고, 선박소유자와 용선자간에 손해보상의 책임분담에 관하여 선주상호보험조합(P&I Club)간에 합의한 내용을 규정화 하여 협정을 맺게 되었다. 이 협정이 "Inter-Club New York Produce Exchange Agreement"(ICA)이며 1970년에 처음 시행되기 시작하였다. 이 협정은 1984년과 1996년에 개정되었으며, 적용범위(scope of application), 화물손해보상제기 시한(time bar), 선박소유자와 용선자간의 제기된 화물손해금액의 분배(apportionment of claim) 와 준거법(governing law) 등에 관하여 규정하고 있으며, 최근에는 2011년 9월 1일부터 그 내용이 일부가 다시 개정되었다. 2011년 개정된 내용에 따르면 용선계약의 한 당사자(예를 들면 선박소유자)가 화물손해에 대한 클레임에 대해 보증 또는 담보(security)를 제공한 경우, 선박소유자와 용선자가 상호 보증 또는 담보(security)를 교환할 수 있다는 조항이 추가로 신설되었다. 따라서 security를 제공한 선박소유자는 상대방에게 동일한 금액의 담보 또는 보증을 제공하도록 요구할 권리가 있다.

한편 개별 P&I Club들은 이 협정에 의한 당사자 간 화물 클레임처리를 유도하고 있어 실제적으로는 P&I Club 회원사들은 이를 따르는 것이 보편화 되어 있다. 그러나 선박소유자나 용선자가 단지 선박소유자상호보험조합의 회원이라는 사실 때문에 이 협정을 강제적으로 준수하여야만 하는 것은 아니고, 각 선주상호보험조합은 자신의 회원들이 화물 손해에 대한 분쟁을 이 협정에 따라 해결하는데 동의할 것을 추천할 의무가 있다.14)

가. 적용범위(scope of application)

이 협정은 정기용선계약인 경우에 한하여 적용되며 구체적인 적용범위는 다음과 같다[ICA 1996 Clause (1)~(3)(a)(b)(c)].

첫째, 운송계약에 따라(under the contract of carriage) 운송된 화물에 대해 제기된 클레임에 대하여 적용한다. 이때 운송계약은 표준용선계약서 NYPE 1946 및 1993과 Asbatime 1981 양식(이후 이들의 개정된 내용 포함)에 따른 운송계약은 물론 일괄운송(through transport) 또는 복합운송(combined transport)계약에 의한 운송계약을 포함한다.

또한 이 협정은 작성된 용선계약서상의 다른 조항에 반대되는 조항이 있더라도 우선적으로 적용되며, 특히 클레임제기 시한(time bar)에 대해서도 용선계약서상 다른 조항이 있더라도 우선적으로 적용된다. 이 협정에서의 화물 클레임을 제기 할 수 있는 것은 화물의 손실(loss), 손해(damage), 부족(shortage including slackage, ullage or pilferage), overcarriage 및 화물에 대한 지연으로 인해 발생한 손실에 대한 것이며, 이러한 것으로부터 부과된 관세, 벌금 뿐 만아니라, 소송을 제기하는 데에 발생한 법적인 비용, 이자 및 통신비용 또는 전문가에 대한 자문 비용과 같은 클레임을 제기하는 데에 지불하게 된 부대비용도 포함된다.

그러나 제일 처음 클레임을 제기한 소송자(original person)의 클레임과 관련한 법률비용은 클레임 제기금액에 포함되나, 해당 용선계약에서의 면책사항이나 클레임을 제기한 후 발생한 기타의 사항에 대해서는 보상되지 않는다.

둘째, 용선계약서 작성 시 표준용선계약서의 화물에 대한 책임조항을 현저하게 수정하지(materially amended) 않았을 경우에 제기된 화물 클레임에 대하여 적용한다.

NYPE 1946, 1993 또는 Asbatime 1981의 제8조에 단순히 "and responsibility" 라는 단어를 추가하거나 이와 유사한 수정으로 선장에게 화물취급에 대한 책임을 지우는 내용으로 수정되었다하더라도 이러한 수정은 현저하게 수정한 것으로 간주하지 않으며 "인터그룹 협정 1996"을 적용한다는 것이다[ICA 1996, Clause (4)(b)(i)]. 그렇지만 용선계약서 작성 시 NYPE 1946과 1993의 제26조와 Asbatime 1981의 제25조에 "cargo claim" 이라는 단어를

---

14) http://www.ukpandi.com/knowledge/article/inter-club-agreement-as-amended-1-september-2011-3481

추가하게 되면 비록 관련 용선계약서가 "인터그룹협정 1996"을 적용한다고 명시하더라도 화물 클레임의 분배를 위해 이 협정서를 적용하지 못한다는 것이다[ICA 1996, Clause (4)(b)(ii)].

나. 클레임 제기시한(time bar)

화물 클레임은 화물의 인도일 또는 인도되어야만 하는 날짜로부터 24개월 이내에 서면으로 제기되어져야 한다. 그러나 함부르그 규칙(Hamburg Rules)을 채택한 국가나 국내 규정에 의하여 24개월의 클레임 제기시한을 준수할 수 없는 경우에는 클레임 제기시한이 36개월이 된다.

그리고 클레임을 제기할 때에 가능하면 관련 운송계약의 명세, 클레임의 성격과 클레임 금액이 포함되어야 한다.

다. 클레임 금액의 분배(The Apportionment)

본 협정에 따른 화물 클레임 분담금액은, 또 다른 용선 계약서의 계약에 따라 그 금액이 분할이 이루어진다 하더라도 이에 관련 없이 현재 선박소유자와 용선자가 적용하고 있는 용선계약서에 따라 실제로 발생한 금액을 다음과 같이 분할한다.

① 선박의 감항성 부족이나 선장의 항해 또는 선박운영상의 문제로 인하여 발생한 화물클레임은 선박소유자가 전액(100%) 부담한다. 그러나 선박소유자가 화물 클레임이 화물의 취급[선적, 적하 및 양하, 고박(securing) 등]과 관련하여 발생하였다는 것을 증명한다면 다음의 ②항에 따라 배분한다.

② 화물 클레임이 화물 취급의 부주의나 잘못으로 인하여 발생하였다면, 용선자가 전액(100%) 부담한다. 그러나 상기 세 가지 용선계약서의 제8조에 "and responsibility" 라는 어구가 추가되거나, 또는 유사한 수정을 가하여 화물 취급 방법에 대하여 선장이 책임진다고 용선계약이 체결되었다면 선박소유자와 용선자가 50%씩 분담한다. 그러나 용선자가 이러한 화물취급상의 클레임발생 원인이 선박의 감항성 부족으로 발생하였다는 것을 증명해내면 클레임금액은 전액 선박소유자가 부담한다.

③ 상기 ①과 ② 항의 적용을 전제로 하고, 운송화물의 양이 부족하거나 과도한 경우에 대한 화물 클레임은 선박소유자와 용선자가 반반씩 부담한다. 그러나 이와 같은 화물량의 부족이나 과도하게 된 원인이 어느 일방이나 그의 하수인 또는 대리 계약자에 의한 도난, 행위 또는 태만 등에 의해 발생하였다면 그 일방이 클레임의 전액(100%)을 부담하게 된다.

④ 화물의 지연이나 화물 클레임이 그 발생의 원인이 규명될 수 없거나 어느 일방이나 그의 하수인 또는 대리 계약자에 의한 행위나 태만 등에 의해 발생하였다는 증거가

없는 경우에는 선박소유자와 용선자가 화물 클레임 금액을 반반씩(50:50)으로 분담한다.

한편, 재용선(sub-let)이 여러 차례 이루어져 용선관련자가 Chain을 이루고 있을 경우에는 클레임 금액의 분담이 복잡하여지며 다음과 같이 분담한다. 처음 클레임을 제기 받은 자가 반(50%)을 부담하고 다음 하위자 또는 상위자는 차하위 또는 차상위자와 잔여 클레임 금액을 반반씩 분담하는 방법으로 용선관련자간에 분담한다.

㉮ 클레임이 최종 하위 용선자에게 최초로 제기되었을 경우

선박소유자(12.5%) - 1차용선자(12.5%) - 2차용선자(25%) - 최종 용선자(50%)의 비율로 분담한다.

㉯ 클레임이 선박소유자에게 최초로 제기되었을 경우

선박소유자(50%) - 1차용선자(25%) - 2차용선자(12.5%) - 최종 용선자(12.5%)의 비율로 분담한다.

라. 준거법(Governing Law)

용선계약서에 명시된 국가의 법률을 적용한다. 그러나 "인터그룹협정 1996"의 내용이 용선계약서에 편입되어 있지 않는 경우에는 영국법(English law and jurisdiction)을 적용한다.

(3) 용선료 미지급의 경우

정기용선의 경우 통상 운임은 선불로 처리되어야 한다. 그러나 용선자의 재무적 사정이나 기타의 이유로 용선료가 제때 지불되지 않을 경우 선박소유자는 수차례에 걸쳐 일정기한 내에 용선료지불이 완료될 것을 독촉하게 될 것이며, 그래도 용선자가 지불이행을 하지 않을 경우 계약위반으로 용선중단을 선언하게 되고 용선된 선박을 철수하는 절차를 밟게 될 것이다. 용선중단이 선언되면 용선계약은 해지되며 선박소유자는 더 이상의 손해가 확 대되지 않도록 손해경감의무를 다하게 된다.

아울러 선박소유자는 기존에 받지 못한 용선료에 더하여 계약해지 이후 잔여계약기간에 대한 손해배상(damages)을 청구할 수 있게 되며, 잔여계약기간에 대한 손해산정은 계약상 용선료율과 시장용선료율의 차액에 잔여계약일수를 곱하여 산출된다. 이에 관한 통지문은 다음과 같이 작성된다.

"용선료미지급 통지문"

Despite our messages of 15 Feb., 2012 and 21 Feb., 2012 of anti- technicality notice, Charters have failed to pay the 27th hire in the sum of USD0000 within three(3) clear banking days of 21 Feb., 2012

Charterers have also failed to pay, as demanded, the outstanding hire in full. Owners consider that Charterers have demonstrated a clear intention no longer to be bounded by the terms of the contracts, and are in repudiatory breach of the charterparty.

Owners hereby accept charterers repudiatory breach of the charterparty and terminate the charterparty. Owners reserve the right to claim also and damage suffered due to the repudiatory breach by the charterers. Entirely without prejudice to the position set out above, Owners hereby give notice of withdrawal for Charterers failure to make full and prompt payment of hire in accordance with Clause 5 of the Charterparty. Owners hereby withdraw the vessel from Charterer's service with immediate effect.

(4) 조기반선의 경우

용선시황이 악화되어 용선자가 선박소유자에게 선박을 조기반선(early redelivery of the vessel)함으로써 손실을 줄이려고 하는 경우가 발생한다면, 이는 명백한 계약위반이 되지만 선박소유자는 그 반선을 거부할 수가 없으므로 선박을 회수하여야 할 것이다. 이 경우 선박소유자는 계약해지에 따른 손해배상청구권 행사를 유보하는 통지를 하게 되며, 손해산정의 기본원칙은 계약상 용선료율과 시장용선료율의 차액에 잔여계약일수를 곱한 것이 될 것이다. 이에 따른 통지문은 다음과 같은 형식으로 발송된다.

"조기반선의 손해배상 통지문"

Charterers are in breach of the Charter by failing to use the vessel until the minimum date designated by the charterparty and failing to give Owners valid redelivery notices under the Charter. Charterers have failed to perform your charter obligations and your inaction and approach to the charter clearly indicates that you do not intend to or cannot perform your remaining charter obligations.

Without prejudice to the above, Owners accept Charterers' repudiatory breach of the Charter and consider the Charter as having come to an end. Charterers' actions are clear repudiatory and/or renunciatory breaches of the charter.

Charterers' breaches have generated very subsequential losses which will be claimed from charterers.

(5) 용선료의 유치권행사

선박소유자가 용선계약상의 용선료나 운임을 지급받지 못하는 경우 계약서의 관련조항[15]에 따라 화물에 대한 유치권(right of the lien against the cargo)을 행사함으로써 문제를 해결할 수 있다. 유치권의 대상은 주로 용선자가 화주로부터 받을 운임과 화물에 대한 것이며, 선박이 재용선(sub charter)된 경우는 "sub hire" 또는 "sub freight"가 될 것이다.[16] 선박소유자가 유치권을 행사할 때는 재용선자(sub charterers)에게도 이를 통보함으로써 문제를 공론화 시켜 용선자의 책임감을 가중시킬 필요가 있다.

운임에 대한 유치권행사에도 불구하고 용선료가 지급되지 않는 경우 선박소유자는 화물에 대한 유치권을 행사할 수도 있으며, 이 때 주의해야 할 것은 선하증권상에 운임조건이 선불조건인가를 먼저 살펴보아야 하며, 또 한편으로 유치권을 행사한 곳의 법률이 용선계약 또는 화물운송계약의 직접적인 당사자가 아닌 경우에도 유치권이 인정되는가 하는 것을 확인하여야 한다. 전자의 경우는 선하증권의 문언증권상에 따라 정당한 선하증권의 소지인은 선박소유자의 유치권이 위법임을 주장할 것이며, 후자의 경우는 선박소유자의 그러한 행위가 위법이 된다. 따라서 이러한 경우에는 반대로 선박소유자가 화주로부터 클레임을 당할 수 있는 위험이 발생할 수 있다. 그러나 실무에서는 경우에 따라 이러한 위험을 감수하고서라도 유치권행사를 실행하기도 한다.[17] 이에 관한 통지문은 다음과 같은 형식으로 작성된다.

---

15) NYPE 1946 Clause 18. "That the Owners shall have a lien upon all cargoes, and all sub-freights for any amounts due under this Charter, including General Average contribution, and the Charterers to have a lien on the Ship for all monies paid in advance ……"
GENCON 1994 Clause 8. "The Owners shall have a lien on the cargo and on all sub-freights payable in respect of the cargo, for freight, deadfreight, demurrage, claims for damages and for all other amounts due under this Charter Party including costs of recovering same."

16) 용선료(hire)는 운임(freight)과는 다른 개념이라는 주장도 있으므로 계약상에 당사간의 합의로서 유치권조항에 sub-hire라는 문구를 sub-freight 문구 뒤에 부기해 놓을 필요가 있다.

17) 유치권실행은 계약당사자에 따라 다음과 같은 절차로 실행된다. 즉, 어떠한 선박소유자 "ABC"가 어떤 용선자 "GHI"와 특정 선박에 대하여 용선계약을 체결하고, 그 용선자가 동일 선박을 다시 다른 용선자 "JKL"에게 재용선을 주는 경우에, 선박소유자 "ABC"와 계약관계에 있는 용선자 "GHI"가 "ABC"에 용선료를 지급하지 못한 때에 이를 회수하기 위해 선박소유자 "ABC"가 sub-charterer인 "JKL"가 "GHI"에 지급할 용선료를 계약상의 유치권조항에 따라 직접 "ABC"에 지급할 것을 요구함으로써 발생하게 된다.

"유치권실행 통지문"

We, ABC Co., Ltd. ("ABC"), are the desponent owners of the MV. "SNR"(the "Vessel") and chartered the vessel to "GHI" under a time charter dated 12 feb., 2012. We understand that "GHI" then sub-chartered the vessel to "JKL" under a time charter("Sub Charter").

As of today's date "GHI" have failed top pay advance time charter hire totaling USD1M. The hire invoices are attached. The terms of "ABC"'s NYPE charter party with "GHI" includes a clause 23 which reads,

"The Owners shall have a lien upon all cargoes and all sub-freights and/or sub-hire for any amounts due under this Charter Party."

This clause means that "ABC" have a right to demand payment to them of any sub hire may be due and outstanding from you and/or your agents. This Fax is ABC's notice of Lien. "ABC" hereby calls on you to pay any hire due now or any time in the future from you/your agents/sub-charterers to "ABC" directly to the following account and to no other party.

-Account name : ABC Co., Ltd.
-Bank :
-Account No. :
-Swift code :
-Correspondence :

***IMPORTANT

Should you fail to comply with the terms of this notice of lien "ABC" will look to you for damages and/or indemnity for any losses suffered by them. As a result, this would almost certainly mean you would have to settle any commitments you may have twice over. Please confirm that you are attending to this matter and confirm receipt of this notice and please also advise the total of any hire currently due from you/your agents in relation to the charter of the Vessel.

11 CHAPTER 선박운항의 수익성 분석

해운기업은 자신이 보유 또는 용선(傭船, chartering in)한 선박을 직접 운항하여 화주로부터 운임을 받거나, 또는 보유 또는 용선한 선복의 일부 또는 전체를 대선(貸船, chartering out)하여 대선료를 받아서 수입을 올린다. 해운기업이 수입을 올리기 위해서는 선박 확보 비용과 선원의 모집 및 배선과 선박의 보수·유지를 하는 등의 선박 운영비 및 화물을 운송하기 위한 연료비, 항비 및 화물비 등의 운항비를 지불하여야 한다.

이 장에서는 이와 같은 해운기업의 수입의 형태와 해운사업을 영위하는데 필요한 비용의 종류와 분류, 선박을 운항하여 제고한 수입과 지불한 비용의 분석에 관한 C/B(charter base)와 H/B(hire base) 및 수행 항차별 수익성 분석에 관하여 살펴본다. 또한 해운시황의 불황으로 선박의 운항으로부터 올린 수입이 비용에 미치지 못하여 선박을 운항하지 않고 계선을 결정하기 위한 최저 용선료 수준이나 최저 운임수준이 얼마인가를 추정하는 계선점(laying up point) 계산에 대해서도 살펴본다.

제 1 절 해운업 수입

해운업의 수입은 화물을 운송하고 화주로부터 받는 운임이 그 대부분을 차지한다. 또한 직접 보유하거나 다른 선박소유자로부터 용선한 선박을 또 다른 용선자에게 다시 대선하는 경우에는 대선료 수입이 해운업 수입의 큰 몫을 차지한다. 해운업 수입으로부터 운송에 소요되는 모든 비용을 공제한 차액이 수익이 되며, 수익을 최대화하여 채산성을 향상시키기 위해서는 항차당 운임수입을 최대화하고 운항비용을 포함한 각종 비용을 최소화하여야 한다.

운임수입을 최대화하기 위해서는 선박의 형태에 따라 그 방법을 달리하고 있다. 컨테이너선인 경우에는 단위 컨테이너당 운임률이 높은 컨테이너로 소석률(消席率, fill up ratio)을 최대로 하여야 하며, 장거리 항해 중 역내 항구 간에 운송되는 역내화물(interport cargo)을 최대한 운송하여 운임수입을 최대로 올릴 수 있을 것이다. 또한 재래 정기선이나 철광석, 석탄 및 곡물 등을 운송하는 벌크선은 선창용적도 최대한 화물로 점유되고, 선박의 흘수가 만재 흘수선까지 침하되도록 하여 운임톤(freight ton)이 최대가 되도록 하여야 운임수입이 최대가 된다. 이때 선창의 용적도 100% 화물로 채워지고 선박의 흘수도 만재흘수선까지 침하된 상태를 "Full and Down" 이라고 표현하며, 이 상태가 운임톤이 최대가 되어 운임수입 또한 최대로 올릴 수 있다.

또한 유조선, 광탄 전용선 및 곡물 운반선 등은 화물을 최대로 선적하기 위해 본선의 선내 보유잔량(remained on board: ROB)을 최소화 하여야 한다. 본선의 선내 보유잔량은 항해 중 여유(margin)량을 포함한 청수와 연료의 중량 및 발라스트(ballast, 평형수)[18]의 양과 부지중량(unknown constant)을 말한다. 선박에 화물을 최대량 선적하여 운임수입을 최대로 올리기 위해서는 청수량이나 연료량의 여유를 필요이상 너무 많게 책정하지 않아야 하며, 특히 화물선적시에는 본선의 공선항해 시 필요하여 적재한 발라스트를 전량 배출하는 등 본선의 선내잔량을 최소화하여만 한다. 항로상의 수심이 허용하는 한 항상 만재를 원칙으로 하는 광탄선의 경우 이러한 선내 보유잔량을 최소화하여 화물을 최대량 선적하는 것이 수입을 최대로 올릴 수 있는 방안이 된다. 또한 선박을 다른 선사에게 대선하여 대선료 수입을 올리기도 한다. 특히 벌크선박을 이용하여 벌크화물을 운송하는 경우에 이러한 대선과 용선을 이용하는 경우가 많다.

본 절에서는 정기선해운과 벌크선을 중심으로 한 부정기선해운의 수입에 대하여 살펴본다.

1. 해상운임의 개념 및 해상운임의 결정

1) 해상운임의 개념과 결정

운임은 운송인의 화물운송에 대한 요금으로서 운송인이 제공하는 운송용역에 대하여

18) 선박이 공선인 경우에 선박이 수면 상에 노출되는데, 선박을 적절한 수준까지 침하시켜서 선박기관의 추진력을 선미의 프로펠러(propeller)에 전달하는 효율을 높이고 선박의 조종성을 향상시키기 위해, 선박의 탱크(tank) 내에 주입하는 해수 등을 말하며, 이러한 용도의 선내 탱크를 평형수 탱크(ballast tank)라고 한다. 광탄선은 화물을 선적하는 경우에 선적수순에 맞춰 화물 선적작업이 완료되기 전에 이 평형수를 전량 배출한다.
여객선인 경우에는 선박에 화물을 만재하였을 경우와 공선인 경우의 흘수의 차이가 크지 않음으로 여객선의 흘수를 적당한 수준으로 유지시키기 위해 자갈 또는 시멘트 등과 같은 고체를 이용하여 선내에 영구적으로 발라스트(permanent ballast)를 적재하기도 하기도 한다.

고객이 지불하는 보수이다. 따라서 해운기업은 선박을 이용하여 화물을 안전하게 해상운송하고 운송한 화물을 완전하게 인도하는 해운서비스를 제공함과 동시에 고객에게 운임청구권이 생기게 된다.

또한 운임수준도 일반상품의 가격결정과 같이 수요와 공급의 법칙에 따라 결정된다. 운송서비스의 공급은 해운서비스 생산에 소요된 해운원가, 유가(bunker price), 화물 운송량과 가격, 화물의 적양하조건, 적양하지의 항만사정, 운송에 사용되는 기기 및 시설(냉동시설 및 화물보관 특별시설 등)의 구비, 환율과 운송인이 목표로 하는 적정이윤의 수준 등에 영향을 받으며, 이에 따라 공급의 가격수준이 결정된다. 운송인은 되도록이면 이러한 공급가격에 목표로 하는 적정이윤을 더한 금액을 상회하여 운임을 책정한다고 볼 수 있다.

그러나 운임책정 시 운송서비스를 제공하는 운송인의 입장뿐만 아니라, 해운서비스의 수요자인 화주의 입장도 고려하지 않을 수 없다. 컨테이너 정기선인 경우 동일항로에는 선형이나 운송인에 따라 해운서비스의 공급원가가 상이하더라도 운송인에 따라 운임이 크게 달라지지 않으며, 부정기선 해운서비스에서도 동일한 항로에 동일 또는 유사한 선형에 의해 운송되는 경우 선박에 따라 운임이 달라지지 않고 거의 동일한 운임이 결정된다. 예를 들면 미국의 New Orleans 항구에서 한국의 부산까지 운송되는 곡물은 운송서비스를 제공하는 선박마다 운송서비스를 제공하기 위한 원가가 동일하지 않음에도 불구하고 동일하거나 유사한 수준의 운임이 적용된다.

2) 해상운임수준에 영향을 미치는 요소

운임수준은 화물을 운송하는데 직면하게 되는 각종 요인에 따라 달라진다. 이러한 요인을 살펴보면 다음과 같다.

첫째, 항해거리가 가장 큰 영향을 미친다. 항해거리가 길면 항해기간이 길어지고, 선박의 연료소모량이 많아져서 연료비가 증대할 뿐만 아니라, 선박의 자본비와 선비 등의 고정비도 증가하게 되어 운임이 높아질 수밖에 없다.

둘째, 화물의 적하항 또는 양하항의 하역일수를 포함한 항만사정도 운임에 영향을 미친다. 적하 또는 양하율이 높고 항내에서의 선박 운항이 원활하게 되면, 하역을 포함한 항내 운항일수가 적어지고 비용을 절감할 수 있게 되어 운임이 그만큼 낮아질 수 있다.

셋째, 선박이 편도에 한하여 선박의 일부 선창에만 화물을 운송하는 경우에는 화물의 운임이 높게 된다. 따라서 왕복항차에 선박을 얼마만큼 화물을 운송하게 되는가 하는 선박의 소석률(fill up ratio)도 운임에 영향을 미친다.

넷째, 화물의 특성에 따라 운임이 달라진다. 중량화물(heavy cargo)이나 장척화물(長尺貨物, lengthy cargo)은 선박에서 취급하기 곤란할 뿐만 아니라 취급하는데 시간이 많이 걸리고, 적양하 작업에 특수 장비를 필요로 하는 등 운송인에게 비용의 증가를 가져와 운임이 높게 될 것이다.

다섯째, 화물을 적양하항의 위험의 정도에 따라 보험조건 및 보험료가 달라지므로 운임수준이 달라진다. 전쟁위험이 높은 지역에 취항하여 화물을 적양하는 경우에 선원과 선박 및 화물에 위험이 증가하므로 높은 보험료를 지불하여야 하므로 운임이 높아진다.

여섯째, 해당항로에 많은 선박이 취항하는 등 경쟁의 정도에 따라서 운임수준이 달라진다.

2. 정기선해운의 수입

정기선해운의 가장 큰 수입은 운임이다. 그 밖에 화주에게 추가 서비스를 제공하고 그 대가를 징수하는 서비스료가 있다.

컨테이너운임은 20 피트(feet) 또는 40 피트(feet) 등 컨테이너 단위당 운임을 기본으로 하고 있다. 그러나 소구화물[小口化物, less than container load(LCL)]은 재래 정기선과 같이 톤당 운임이다. 단위 컨테이너(20 feet 또는 40 feet)당 기본 운임(basic rate)은 화물의 종류에 따라 운임을 달리하고(commodity box rate) 있다. 예를 들면 신발류와 전자제품을 컨테이너에 각각 내장(內藏, stuffing)하는 경우 컨테이너 단위당 운임을 달리하는 경우이다.

그러나 점차 화물의 종류를 불문하고 동일한 운임을 부과하려고 하는 경향이 있다. 이러한 운임을 품목별 무차별운임(freight all kind rate: FAK rate)이라고 하며, 컨테이너 단위당 운송원가는 컨테이너 내에 내장되어 있는 화물의 종류에 따라 일반적으로 크게 달라지지 않는다고 간주하여 이러한 품목별 무차별운임을 결정하는 것이다. 이러한 경우 저가화물은 운임부담능력이 낮기 때문에 저가화물의 무역의 저해 요인이 될 수 있다.

한편 컨테이너 단위당 기본운임에 추가하여 징수하게 되는 추가운임(surcharge or additional charge)이 있다. 그리고 운임은 대부분 미화(US Dollar)로 표시하는데, 정기선은 여러 국가에 기항하게 되며, 취항하는 여러 국가에서 발생하는 비용은 기항지 국가의 화폐단위로 발생하고 지불하여야 하는 특성상 미화와의 환차가 발생하게 되므로 미화표시 기본운임에 이러한 환차를 조정한다(currency adjustment factor: CAF). 즉 운임 결정시 각국의 기본환율을 정하고 각국의 실제 환율과의 차이를 가중평균(weighted average) 하여 실제 적용할 운임을 조정한다. 또한 운항비중 가장 큰 비중을 차지하고 있는 연료비도 운임 결정시 기준연료가격(basic bunker price)을 정하고, 실제 운임을 부과하는 경우에는 연료유 실제 가격의 등락에 따라 운임을 조정한다(bunker adjustment factor: BAF).

한편 중량물이나 장척화물은 일반 컨테이너에 내장하지 못하며, 취급에 시간과 경비를 추가로 필요하기 때문에 추가운임을 부과한다(heavy lift or long length additional charge). 이 밖에 수웨즈 운하 등을 통과하는 경우 추가로 부과하는 운하통과 부가료(canal surcharge)와 다른 선박으로 환적하는 경우 추가로 부과 하는 환적료(transshipment surcharge) 등의 추가운임이 있다.

또한 설비를 이용하여 화주에게 서비스를 제공하고 징수하는 서비스료도 해운업수입으로 간주할 수 있다. 이러한 서비스를 제공하기 위해서는 설비 이용료를 선사가 지불하여야 하기 때문에 실제 순수입은 미미하다. 예를 들면 소구화물 취급료(LCL service charge)이다. 소구화물 취급료는 같은 목적지로 운송하여야 하는 소구화물을 컨테이너 화물 조작 장치장(container freight station: CFS)에서 하나의 컨테이너 내에 장입하거나 소구화물을 목적지에서 컨테이너로부터 반출하는 서비스를 제공하고 화주에게 서비스료를 징수하는 것을 말한다. 그리고 이러한 소구화물을 내륙 컨테이너 화물 조작 장치장(CFS)까지 운송하고 운송료를 화주로부터 징수한다. 그리고 컨테이너를 철도나 화물차를 이용하여 화주로부터 항구까지 운송하거나 또는 항구로부터 화주가 지정하는 장소까지 운송하여 인도하는 서비스를 제공하고 운송료를 화주에게 징수한다.

컨테이너의 양하 후 선사의 터미널에 보관하는데, 일정기간의 무료기간(free time)이 경과되면, 화주에게 체화료(demurrage)를 화주에게 부과한다. 또한 화주가 컨테이너를 선사 터미널로부터 반출한 후 컨테이너 내에 있는 내용물을 화주의 비용으로 꺼내고 무료기간 이내에 공(empty)컨테이너를 선사에게 다시 반송하지 못하는 경우에 지체료(detention charge)를 화주에게 부과하게 된다.

3. 부정기선해운의 수입 - 운임과 용·대선료

1) 부정기선해운의 운임

부정기선 해운의 수입은 운임과 대선료 수입 등 크게 두 가지로 나눌 수 있다. 부정기선해운에서도 정기선해운에서와 같이 보유한 선박이나 용선한 선박을 이용하여 화물을 운송하고 화주로부터 징수하는 운임이 수입의 가장 큰 비중을 차지한다. 부정기선 운임은 해운수요와 해운서비스 공급의 원칙이 적용되어 대부분 운임톤당(per freight ton) 운임으로 결정된다. 그리고 항해용선계약과 같은 단기 운송계약인 경우에는 운송계약 협상시의 운임시황이 즉시 반영되어 해당항차의 운임이 결정된다. 한편 장기 전용선계약이나 장기 연속항차운송계약(consecutive voyage charter: CVC)과 장기운송계약(COA)인 경우에는 운송계약 체결 당시의 해운시황과 운임수준은 물론 이들에 대한 장기적 시황전망이 반영될 뿐만 아니라, 선박의 운항원가도 고려하여 운임이 결정된다.

또한 유가는 운항원가에 미치는 비중이 대단히 큼에도 불구하고 선박소유자나 용선자가 유가의 조정이나 향후에 대한 유가예측이 어렵다. 따라서 이와 같은 장기계약을 체결할 때에는 기준유가를 정한 후 실제 운송수행 당시의 실제유가와 비교하여 실제유가의 등락을 운임에 반영하도록 한다.

2) 부정기선의 용·대선료

한편 부정기해운에서는 정기선해운에서 보다 용선(傭船, chartering in) 및 대선(貸船, chartering out)이 빈번히 발생한다. 선박소유자가 계약한 화물운송을 수행하기 위해 적정선형의 선박을 항상 보유하고 있다고는 볼 수 없다. 설사 보유하고 있다하여도 운송을 계약한 화물을 선적할 항구에 가장 근접한 위치에 있지 않은 경우가 많다. 따라서 선박소유자가 직접 소유한 선박보다는 다른 선사의 선박 중에서 운송계약을 수행하는데 선박의 선형이나 선박의 현재 위치 면에서 가장 적합한 선박을 용선하여 이용하게 된다. 이때 선박소유자는 선박을 대선하고 용선자로부터 대선료를 지급받게 되어 수입이 발생하게 된다. 이때 결정되는 대선료 수준은 용·대선 계약체결시의 해운시황과 선박의 자본비를 포함한 선원비, 보수 유지비와 보험료 등과 같은 선박의 운영비를 기준하게 된다. 특히 용선기간이 몇 개월 또는 1년 또는 그 이상의 장기간이 되는 기간용선계약(time charter agreement)인 경우에는 향후의 해운시황예측과 선박 운영비의 크기가 용선료수준을 좌우한다. 한편 선원의 승하선 및 선박의 보수 유지 등을 포함한 선박의 운영비와 화물운송을 위한 운항비를 용선자가 부담하는 선체용선계약(船體傭船契約, bareboat charter agreement)인 경우의 용선료 수준은 선박소유자가 선박을 확보하는데 필요한 투자비용을 기준하여 정해진다.

제2절 해운업의 비용

본 절에서는 해운업을 영위하기 위해서 지불하여야 하는 비용의 종류 및 분류에 관하여 살펴본다.

1. 해운업비용의 종류

해운업의 비용은 주로 선박과 관련하여 가장 많이 발생하며, 이러한 선박관련 비용(선비)을 포함하여 해운업 비용의 종류를 살펴보면 다음과 같다.

첫째, 선박을 확보하기 위한 비용이다. 선박을 확보하는 방법은 선박의 취득과 선박의 용선으로 구분된다. 선박을 매입·취득하여 확보하는 경우의 자본비와 선박을 용선하여 확보하는 경우의 선박소유자에게 정기적으로 지불하는 용선료이다.

둘째, 선박을 화물을 운송하기 위해 적절한 상태로 유지하기 위한 비용이다. 선원비, 보수·유지비용, 보험료와 윤활유 비용 등을 말하며, 이러한 비용을 선박 운영비 또는 선비라고 한다.

셋째, 선박을 이용하여 화물을 운송하기 위하여 필요한 비용이다. 화물의 적항으로부터 양하항까지 선박이 항해하는데 소요되는 연료비와, 적양하 항에서의 하역비 등과 같은 화물취급료 및 적양하를 위한 기항지에서 발생하는 항비 등이 이러한 비용에 속한다. 이러한 비용을 운항비라고 한다.

넷째, 해운기업의 유지를 위해 임직원의 급여와 사무실 운영비용 등의 일반관리비이다. 적정인원의 임직원과 적정규모의 사무실 공간을 확보하여야 하며 필요하면 국내 및 해외에 지점을 설치하여 운영하는 비용을 말한다.

다섯째, 영업외 비용이다. 선박을 매입하기 위해 차입한 자금에 대한 이자와, 운영자금에 대한 이자가 해운기업의 영업외 비용의 대부분을 차지한다.

여섯째, 세금 및 공과금이다. 해운기업이 올린 이익에 대한 법인세 등 해운기업이 지불하여야 하는 각종 세금을 말한다.

1) 자본비

선박을 구입하게 되면 선박은 선박소유자의 고정자산이 되며, 이 고정자산을 확보하기 위하여 지불한 비용을 자본비라고 말한다. 이러한 고정자산의 비용은 고정자산의 물리적 또는 기능적 가치가 시간에 따라 감소하는 점을 고려할 때 고정자산의 확보행위가 이루어진 기간 동안에만 비용이 발생한 것으로 회계적인 처리를 하는 것은 합리적이 아니라고 할 수 있다. 따라서 자본비를 선가상환 전체기간동안에 배분하는 경우와 고정자산의 내용연수 전체기간동안에 비용을 배분하는 감가상각법이 있다.

(1) 상환기간기준 자본비 산출 및 배분

선박을 구입하기 위하여 차입한 금융의 상환기간 동안에 비용을 배분하는 방법이다. 이 방법은 금융조건에 따라 연도별 자본비가 달라지는데, 원금균등상환 또는 원리금균등상환 등 상환방법과 상환기간 및 상환이자율에 따라 달라진다. 회계적으로는 상환원금은 자본비로 간주하고 이자는 영업외비용으로 간주한다. 이러한 상환기준 자본비 배분은 이 선박투자로부터의 수입과 지출을 비교하여 현금흐름(cash flow)을 판단하는데 이용한다.

(2) 감가상각 방법에 의한 자본비 배분

수익과 비용의 대응 회계원칙에 따라서 영업활동에 사용하는 고정자산의 취득원가를 이 고정자산을 이용하여 수익을 창출할 수 있는 전체기간 동안에 걸쳐서 감가상각 방법에 의해 산출하여 연도별로 자본비를 배분하는 방법을 말한다. 이러한 감가상각 방법에 의해 산출된 자본비는 현금이 유출되지 않는 추정비용이다.

감가상각 방법에 의해 자본비를 산출하기 위해서는 자산의 1) 취득원가, 2) 감가상각 완료 후 추정잔존가치와, 3) 감가상각 기간과 같은 세 가지 요소에 대한 정보가 필요하다. 감가상각 비용은 다음과 같은 세가지 방법으로 추정하는 것인 일반적이다.

첫째, 정액법으로서 추정 내용연수 동안에 걸쳐 매 회계기간 동안에 동일한 금액을 할당하는 직선법(straight line method)이다. 선박취득 원가에서 추정잔존가치를 차감한 금액(상각대상금액)을 내용연수 또는 상각기간으로 단순히 나누어 추정한다.

둘째, 정률법으로서 선박의 취득원가에서 감가상각비용(감가상각충당금)을 제외한 해당연도의 잔존가액에 고정된 상각률을 곱하여 해당연도의 상각금액을 결정한다.

셋째, 자산사용의 초기연도의 감가상각비를 자산사용의 후기연도 상각비보다 상대적으로 많게 하는 가속상각법이다. 연수합계법이나 정액법 상각율의 두 배를 감가상각률로 정하여 상각하는 이중체감방법 등을 말한다.

회계적으로는 상기 설명하는 계산방법에 의해 감가상각비를 산출하고 이를 자본비로 간주하며, 해당 선박구입을 위하여 금융을 차입하는 경우 차입금에 대한 이자는 발생연도의 영업외비용(지급이자)으로 간주한다. 감가상각에 대하여 법[19]으로 규정하고 있으며, 해운기업이 어떤 감가상각 계산방법을 일단 선택하게 되면, 다른 방법으로 변경할 수 없다. 즉 정액법으로 결정하면 계속하여 정액법으로 감가상각비를 계산하여야 하며, 선박의 감가상각기간 동안에 정률법과 같은 다른 방법으로 변경할 수 없다.

2) 선박의 운영과 관련한 비용(선비)

(1) 선원비

선원비는 선원에게 지급되는 임금, 선원의 훈련 등에 소요되는 부대비와 선원의 승하선시 선원의 이동으로 발생하는 비용 등의 여행경비 등 세 가지로 분류할 수 있다. 또한 선박에 승선하여야하는 선원의 규모에 대해서는 법으로 규정하고 있으며 국내 선원노조와 국제운수노조연맹(International Transport Workers' Federation: ITF)[20]과 같은 국제적으로 선원의 급여 및 처우개선에 노력하는 기관에서 요구하는 조건을 충족시켜야만 한다.

선원비를 절약하고자 충분히 훈련되지 않은 선원을 승선시킨 경우에는 선박운항과 선

---

19) 법인세법 제23조, 동법시행령 제24조~34조

20) 국제적인 산업별 노동조합 조직의 하나로 운소관계노조이며 4년에 한 번씩 세계대회를 개최한다. 여러 분야의 국제기관에 해상을 포함한 운수노동자의 의견과 주장을 반영시켜 국제조약작성 등에 참여하고 있다. 철도, 노면(路面)운수, 내륙수운(水運), 항만, 선원, 민간항공, 여객업의 각 부회에 나누어져 활동하고 있다.
원래 ITF는 1896년에 유럽의 선원과 항만노동자들이 사회주의 국가가 주최하는 회의에 참가하기 위하여 런던에 모인 국제 선박항만하천 노동조합에서 비롯된 것이다. 1898년에 스웨덴 항만노조연맹의 제창으로 전 운수기관 노동자에게 문호가 개방되어 현재의 국제운수노조연맹으로 개편된 것이다. 이 조직은 편의치적선에 승선한 후진국 및 개발도상국 선원들이 임금수준, 고용조건, 노동환경, 사회보장 및 복리후생 등에 있어서 열악한 조건에 놓여 있다고 하여, 편의치적선에 대한 하역반대운동을 전개해 왔다. 편의치적선에 대한 ITF의 반대태도는 최근 강화되어 ITF의 노동조건을 기준으로 해서 선박단위로 청색증명서(Blue Certificate)를 발급하고 이의 소지를 정기용선계약서에 조건으로 삽입했을 뿐 아니라 이를 소지하지 않은 선박에 대해서는 하역을 거부하고도 있다.

박 기기운영의 미숙으로 사고발생 위험이 더 커지고, 운항효율이 저하될 수도 있으며, 이로 인한 선박의 보수나 유지비와 운항비 등이 상승한다면 오히려 선박운항비가 증가하게 되고, 결과적으로 해운비용이 증가하게 된다.

따라서 선원비를 절약하여 수익성을 향상시켜야 하지만, 선박의 안전과 효율적인 운영 및 안전하고 효율적인 운항을 위하여 가장 핵심적인 요소인 잘 훈련되고 자격을 갖춘 선원을 확보하는 수준까지의 비용은 선원비로서 지불하여야 한다.

(2) 선박 보수유지비

선박은 그 성능이 화물운송에 전혀 지장을 주지 않고 충분한 감항성(seaworthiness)을 유지하여야 하고, 선박의 안전과 환경문제와 관련하여 새롭게 제정되고 시행되는 국내외 규정에 맞도록 하기 위하여 운항 중에도 지속적으로 필요한 수리나 설비 등을 교체하여야 한다.

또한 선박에 대하여 선급(classification society)에서 요구하는 조건이나 상태를 유지하여야 한다. 선급에서는 선박의 감항성 유지와 선원과 선박의 안전을 위해 중요하다고 판단되는 부분에 대하여 정기적으로 점검한다. 선급에서는 요구하는 기준과 수준에 미달하지 않도록 수리 및 부품의 교환을 요구하고 있으며, 이에 대한 기록도 유지하고 있다. 선급은 이러한 검사와 이에 따른 선박소유자의 선박보수와 선급의 기록유지를 통해 선박에 대한 감항성을 확인하여주는 제3자라고 간주할 수 있다. 이러한 선급의 확인이 있음으로 해서 선박소유자, 화주와 보험회사가 해당선박의 감항성이 확보되었다고 간주하게 된다.

한편 선박의 보수유지를 위한 수리는 운항수리와 입거수리의 두 가지로 나누어진다. 운항수리는 보수와 유지에 필요한 기자재를 선박에 보급하여 운항 중에 선원들로 하여금 보수유지 작업을 하게하거나, 선박이 항구에 기항할 때에 전문수리업체에게 수리를 의뢰하는 방안을 말한다. 한편 입거수리는 선급규정에 따라 5년 이내에 적어도 2회 이상 시행하여야 한다. 입거수리 시에는 입거시가 아니면 시행하기 어려운 보수유지 작업을 시행하게 된다. 수면아래 선체의 부식을 방지하기 위한 도색작업, 조타기 외부 구조 중 수면 아래 부분 검사 및 수리, 선박에서 해수를 흡입 또는 배출하거나 사용한 청수를 배출하기 위한 선체 구조부분(sea chest)과 발라스트 탱크나 청수 탱크의 선저마개(bottom plug)의 점검과 수리와 각 탱크 내의 침전물제거와 같은 작업은 입거시가 아니면 시행하기 어렵다.

또한 용선시장에서 선박을 어느 조선소에서 건조하였느냐 하는 점과 선박의 보수유지를 어떤 선박소유자가 또는 어떤 선박관리회사(ship management company)가 어떻게 하고 있는가 하는 점을 중요시 하며, 선박의 용선료 수준에도 영향을 미친다.

(3) 보험료

선박을 이용한 해상운송은 여러 가지 위험에 노출되어 있다. 선박은 해상에서 침몰(sinking),

좌초(stranding), 충돌(collision) 및 악천후(heavy weather)와 같은 해상에서만 발생할 수 있는 해상고유의 위험(perils of the sea)을 포함하여 해상에서 예상되는 위험(perils on the sea)에 대한 부보를 원칙으로 한다.

선박의 사고나 항해도중 해상상태나 일기불순으로 선박과 기관 자체에 대한 위험, 여객이나 선원의 손상 및 선박 운항과 관련한 선박 이외의 물체(예를 들면 예선 및 부두 등)와 관련한 위험 및 선박운항 도중 선박으로부터 유류가 유출되어 해역에 손상을 입힐 위험 등이 있다. 또한 운송도중 전쟁과 파업이 발생할 위험도 있다.

이러한 위험으로부터 손상과 손실을 입었을 경우 보험으로부터 보상받기 위해서는 반드시 해상보험에 가입하여야 할 뿐 만 아니라, 우리 선박이 제3자에게 손상과 손실을 입힐 경우에 보험을 통하여 보상하기 위해서도 반드시 보험에 가입하여야 한다. 또한 이러한 해상보험에 대하여 선박운항과 관련한 국제법과 국내법 등에서도 선박소유자가 가입할 것을 요구하고 있다.

이러한 해상보험은 크게 두 가지로 구분되는데 ① 선체와 기관(hull and machinery)에 대한 보험, ② 선원의 상해와 선박과 기관이외의 제3자에게 우리선박이 입힌 손상과 손실, 우리 선박으로부터의 유류 유출로 인한 제3자에게 입힌 손상과 손실 및 선박의 사고나 해상상태나 일기불순으로 인한 화물손상 등에 대하여 제3자나 화주에게 입힌 손상과 손실을 보상하기 위한 선주상호보험조합제도(Shipowner's Mutual Protection and Indemnity Association, 일반적으로 "P&I" 라고 한다)를 통한 보험이 그것이다.

보험에 가입할 때에 납부하게 되는 보험료의 수준은 선가, 선령, 선박의 크기, 선박의 종류, 선박의 서비스 형태 및 선박의 상태 등에 따라서 결정된다. 또한 선박소유자나 선박을 관리하는 선박관리회사의 과거의 사고 이력도 보험료 수준을 결정짓는데 영향을 미친다.

한편 일정 선령 이상이 된 선박을 이용하여 화물을 운송하고자 하는 경우에는 노령 선박에 대한 추가보험료(additional premium: AP)[21]를 부과하게 되는데, 이 추가보험료는 화물에 대한 추가보험료임에도 불구하고 선박이 노령화되어 부과되는 것이므로 화주가 아닌 선박소유자가 부담하며, 선박소유자가 선박을 직접 운항하지 않고 대선하는 경우에도 이 추가보험료는 선박소유자가 부담하게 된다.

---

21) 노령선박할증 (I.C.C. Institute Classification Clause협회 선급 약관)
일반적으로 부정기선의 경우 선령 15년(정기선의 경우는 25년 이상) 이상 초과된 선박에 선적되는 화물에 대한 적화보험에 노령선 할증(overage penalty)이 부과된다. 화물종류에 따라 차등 Tariff가 적용된다. 기타 소형 선박 할증(총톤수 1000이하), 무선급선 할증, 지역할증. 환적위험(T/S Transshipment)할증이 적용되어 보험료가 높게 된다.
우리나라에서는 1,000톤 미만의 선박에 대해서는 정기선 여부에 관련 없이 선령할증 및 소형선할증이 부과되며, 선급에 가입하지 않은 선박에 대하서는 무선급할증을 부과한다. 또한 선박명을 2개월 이내에 고지하지 않을 경우에는 보험자가 임의로 최저요율 이상의 할증료를 부과할 수 있도록 하고 있다.

또한 선박을 확보하기 위해 차입한 선박금융을 선체용선료(연불 또는 리스료) 형태로 상환하는 경우, 선박금융제공자는 선체나 기관고장으로 선박이 불가동되는 경우에도 금융을 차입한 선박소유자로부터 선체용선료를 지급받는데 차질이 없도록 불가동 손실위험에 대비하여 부보하기도 한다(Loss of Hire Insurance).

선체 및 기관의 고장으로 인하여 용선자로부터 예상된 수입인 용선료를 받지 못하게(loss of hire: LOH) 되는 경우에는 선박소유자가 이것을 보상받기 위하여 보험에 부보한다. 또한 선박 확보 시 금융을 차입하게 되면, 선박의 선체나 기관의 고장으로 일정기간 선박을 운항하지 못하는 경우에도 금융제공자가 원리금(용선료)상환을 보장 받기 위한 보험에 부보한다. 이때 보험에 부보한 금융제공자가 보험료를 납입한다 할지라도 용선자가 지불하는 용선료를 인상하여 결국은 용선자가 지불하는 결과가 된다.

또한 용(대)선과 관련한 분쟁 등에 관한 변호사의 조언과 도움을 받거나 선박소유자나 용선자가 각기 소송을 제기할 경우 변호사의 비용지불에 대비하여 선박소유자와 용선자가 각기 보험에 부보하기도 한다.

(4) 소모품비

이 비용은 선박을 운항하는 도중 필요한 각종 선용품의 구입에 필요한 비용이며, 선박의 계류색(繫留索, mooring line), 공구와 간단한 도색을 위한 페인트 등의 선용품 구입비용과 선박의 기관이나 발전기 및 냉동기와 선박의 각종 기기에 필요로 하는 기부속 부품을 구입하는 비용을 말한다. 또한 선박에서 선내작업을 할 때에 필요로 하는 물품비용도 포함된다. 이러한 선용품은 선형에 따라 구입하는 선용품의 종류가 달라지기도 한다. 예를 들면 컨테이너선의 Lashing Gear 나 Lashing Materials 은 선박에 선적된 컨테이너를 고박하는 데에 필요한 선용품인 반면 탱커선박에는 필요하지 않은 선용품이다.

(5) 윤활유비

윤활유(lubricating oil)는 주기관(main engine)과 발전기(generator)를 비롯한 보조기관(auxiliary engine)의 운전에 필요로 한다. 이러한 윤활유를 구입하는데 필요한 비용을 말한다.

(6) 기타선비

기타선비는 선내에서 필요로 하는 청수나 음료수를 구입하는 급수비와 통신비 및 접대비 등을 말한다.

3) 선박의 운항과 관련한 비용(운항비, voyage cost)

운항비는 선박이 화물의 적하지에 도착하여 화물을 선적한 후 항해하여 양하지에 도착하여 화물의 양하를 완료할 때까지 항해를 하는데 필요한 연료비, 화물의 적양하를 위한 필요한 화물비와 선박의 적양하항 기항 시 발생하는 항비 등을 말한다.

(1) 연료비

선박의 연료는 선박의 항해를 위해 추진력을 얻고자 주기관(main engine)을 운전하는데 필요한 연료와 발전기와 다른 보조기관(auxiliary engine)을 운전하는데 필요한 연료 등 두 가지로 구분한다. 주기관에 사용하는 연료와 발전기에 사용하는 연료의 종류는 일반적으로 다르며, 발전기용 연료유 가격이 일반적으로 비싸다. 연료비는 운항비중에서 가장 큰 비중을 차지한다. 따라서 이러한 연료비를 절약하기 위해 다양한 노력을 기울인다.

일반적으로 연료를 적항이나 양하항에서 보급하나, 목적지까지 항해 도중 항로에서 연료가격이 싸고 보급시간이 많이 걸리지 않는 다른 항구로 이로(deviation)하여 연료만을 보급받기 위해 기항하기도 한다. 고속으로 항해하여 고객에게 정요일(weekly fixed day) 기항과 화물의 운송기간(transit time)을 단축하려는 서비스를 제공하고자 하는 컨테이너 선박은 불황 시나 또는 유류파동으로 유류가격이 급등하는 경우에는 이 연료비를 절약하기 위해 선박을 감속 운항하여 연료비 절약을 꾀하기도 한다. 계속하여 장기간 감속 운항하는 경우에는 선박의 기관에 문제점이 발생할 우려가 있으며, 이것으로 인한 선박사고가 많아지고 보험금지불이 증가할 것을 염려하고 있다. 또한 선내 발전기용 연료유를 절약하기 위해 축발전기(shaft generator)를 설치하여 항행 중에는 기관회전의 힘을 선미의 프로펠러(propeller)에 전달하는 프로펠러 축(propeller shaft)의 회전을 이용하여 발전을 일으키기도 한다.

(2) 화물비

화물비는 화물을 적하 또는 양하하는 하역비와 검수료와 같은 부대비용, 화물의 집화 및 중개수수료, 화물취급과 관련한 클레임(claim) 등을 말한다. 화물비의 종류와 그 성격을 좀 더 자세히 살펴보면 다음과 같다.

① 하역비는 본선의 하역기기와 육상에 설치되어 있는 갠트리 크레인(gantry crane)을 이용하거나, 또는 중량물의 취급을 위해 플로팅 크레인(floating crane)을 사용하여 화물을 적하 또는 양하하는 비용이다.

② 화물부대비용은 창고료(storage), 검수료(tally charges), 검량료(measuring charge and weighting charge), 화물분류(sorting) 비용, 화물보호재(shifting board, dunnage 또는 mat) 구입비용, 화물고박(shoring and lashing) 비용, 선창청소(hold cleaning) 비용 등을 말한다. 한편 터미널에서 컨테이너의 취급 및 보관비용과 소구화물을 컨테이너에 적재하는 등 CFS에서의 소구화물 취급료 등도 화물부대비용이다.

③ 또한 컨테이너 정기선은 벌크선과 달리 고객에게 문전에서 문전까지(door to door)의 해륙일관운송서비스를 제공하게 되므로, 트럭이나 기차를 이용하여 컨테이너의 육

상 운송을 해운기업이 담당하게 되는데 이러한 육상 운송료도 화물비로 분류한다. 이러한 육상 운송료는 특히 영국에서와 같이 그리드 시스템(grid system)[22]을 적용하여 화주로부터 받게 되는 요금이 트럭회사나 철도회사에게 지불하는 비용보다 적은 경우가 많은데, 이로 인해 선사의 비용 부담을 가중시키고 있다.

④ 수수료는 집화수수료(booking commission) 및 화물중개수수료(brokerage) 등이 있다. 또한 선박소유자가 소유한 선박을 대선하거나, 다른 선박소유자가 소유한 선박을 필요에 의해 용선하는 경우 전문적으로 이러한 용·대선을 알선하는 중개인에게 의뢰하고 용·대선 알선 수수료를 지불하기도 한다.

⑤ 석탄, 철광석과 곡물 같은 살적화물(撒積貨物, bulk cargo)을 선적하는 경우 항행중 화물이동을 방지하여 선박의 안전을 도모하고자 불도저(bulldozer) 등을 이용하여 화물을 선창내에 적절하게 적부하고(stowage) 골라야 하므로 비용이 발생한다. 이 경우 운송계약당시 협의를 통해 화주와 선박소유자 중 누가 부담하여야 할 것인가를 정한다. 일반적으로 FIOST(free in and out, stowing and trimming) 조항을 운송계약서 또는 용선계약서에 명시하여 적·양하비용은 물론 이러한 적부 비용도 화주가 부담하는 경우가 대부분이다.

⑥ 선사가 송화주(shipper)로부터 화물을 인도받아 수하주(consignee)에게 인도할 때 까지 화물을 취급하는 도중 각종 사고로 인하여 발생하는 손실에 대하여 화주의 손실보상 요구 등을 해결하기 위한 클레임 관련 비용이 있다.

한편 컨테이선을 중심으로 한 정기선 해운에서는 화주와 특별히 합의하지 않는 한 위에서 살펴본 하역비를 포함한 화물비를 운송인(선박소유자)이 부담하며 이러한 조건을 Liner Term 또는 Berth Term이라고 한다. 그러나 부정기선 해운에서의 화물비 부담은 운송인과 화주사이의 계약에 따라 결정되며, 운송인이 제공하는 운송서비스 형태에 따라 비용부담의 주체가 달라진다(제5장 제4절 화물의 취급 참조).

---

22) 영국 국내를 일정한 간격으로 가로와 세로로 구분하여 격자(grid)형으로 나누고, 화주는 선사가 실제로 기항하는 항구와는 무관하게 각 격자 내에서 가장 가까운 항구(container service port)까지의 운송료를 선사에게 지불하게 하는 제도이다. 그러나 선사는 트럭이나 철도운송회사에서 부과하는 실비를 지불하여야만 하므로 특정 격자에서 가장 가까운 항구에 기항하지 않는 한 화주로부터 징수하는 운송료는 선사가 운송회사에 지불하는 실비와 비교할 때 턱없이 부족한 경우가 많다. 예를 들면 런던의 남동쪽에 있는 Felixstowe에 기항하는 선사가 Scotland 지방에서 출하되는 Whisky가 내장된 컨테이너를 선박에 선적하고자 할 때, 화주는 가장 가까운 Glasgow(Scotland) 항을 기준한 운송료를 선사에 납부하면 되는 반면에 선사는 선박이 직접 기항하는 Felixstowe까지의 운송료를 운송회사에 지불하게 되므로 화주로부터 징수하는 운송료보다 선사가 지불하는 실비가 훨씬 많다.

(3) 항비

선박이 항구에 기항하여 항구내 설비를 이용하거나 선박의 운항에 필요한 서비스나 용역을 제공받았을 경우 지불하는 비용과 대리점에게 지불하는 대리점료 등을 말한다. 선박의 톤수와 같은 사양, 정박 중 화물취급의 유무와 취급화물의 종류, 정박기간 등에 따라 항비 부과기준이 달라진다. 선박이 화물의 취급없이 단지 유류를 보급받기 위해 기항하는 경우에는 항비를 부과하지 않는 경우가 대부분이며, 국내 선박에 대해서는 우대하여 일부 항비를 면제하거나 낮은 요율을 적용하기도 한다.

톤세(tonnage dues), 검역수수료(quarantine fee), 접안사용료(wharfage), 정박료(anchorage fee), 등대사용료(light dues), 도선료(pilotage), 예선료(tugboat charges), 강취방료(line handling charges), 통선료(sampan hire), 대리점료(화물집화 수수료는 제외) 등이 항비이다.

4) 일반관리비(general overhead cost)

선박을 운항하여 수입을 올리기 위해 필요한 영업과 관리를 위해 조직을 갖추고 운영하기 위해 지급되는 비용을 말하며, 임원의 보수, 종업원의 급여 및 상여금, 복리후생비, 각종보험료와 사무실 임대료 및 유지비 등을 말한다. 선원의 선발, 교육 및 훈련 등에 필요한 비용은 회계적으로 일반관리비가 아닌 선원비이며, 이러한 업무를 담당하는 부서의 운영비나 임직원의 급여는 일반관리비에 속한다. 이러한 일반관리비가 해운기업의 전체 해운비용에서 차지하는 비중은 제조업에 비해 상대적으로 적은 편이다.

한편 일반관리비를 선대별, 또는 선박별로의 배분은 해당선박의 예상매출 또는 선박의 톤수를 기준하는 등 해운기업별로 각기 다르며, 일반적으로 부정기선보다는 더 큰 조직을 필요로 하는 정기선에 보다 많이 배분하게 된다.

5) 금융비용 및 영업외비용

(1) 금융비용

선박 및 컨테이너와 컨테이너 터미널과 같은 설비를 갖추기 위한 시설자금 차입과 기업의 유동성이 부족하여 운영자금을 차입하는 등 자금차입이 다른 산업보다 많으며, 이렇게 차입한 부채를 상환하는데 소요되는 비용을 말한다.

또한 리스계약에 의한 리스비용, 주주에게 배당하는 지분비용 및 기업에서 필요로 하는 물건을 할부로 구입하는 경우의 할부구입비용도 금융비용이다.

(2) 영업외 비용

금융을 차입하는 경우 발생하는 이자비용이 대표적인 영업외 비용이다. 선박이나 터미널을 구입하기 위해 차입한 금융에 대한 이자와 같은 시설자금이자와 일시적으로나 또는 해운기업의 유동성이 부족하여 차입한 운영자금에 대한 이자와 같은 운영자금이자 등이 대표적인 영업외 비용이다.

2. 해운업비용의 분류

위에서 살펴본 비용을 다음과 같이 분류한다.

1) 선비(직접선비와 간접선비)

선박의 확보와 보수유지에 필요한 비용을 선비라고 하며, 선박의 운항에 직접적으로 관련이 있느냐에 따라 직접선비와 간접선비로 분류한다. 선원비, 보수유지비, 소모품비, 윤활유비, 해난비용, 공동해손정산손비와 보험료 중 P&I보험료를 직접선비로 분류하고, 선박보험료, 감가상각비와 선박구입 차입금이자 등을 간접선비로 분류한다.

2) 고정비와 변동비

선박을 매입취득하기 위해 필요한 금융비용과 선박을 항시 운항 가능한 상태로 유지하기 위한 운영비용을 고정비라고 말한다. 선박을 매입취득하기 위해 차입한 금융 및 금융부대비용을 포함하여 선박을 화물운송에 적합하고 목적지까지 안전하게 항해가 가능하도록 감항성을 유지하는데 필요로 하는 선원비, 보수유지비, 소모품비, 윤활유비 등과 같은 선비를 고정비로 분류한다. 한편, 선박운항 항차의 증감에 따라 증감하는 연료비, 항비와 화물량의 증감에 따라 증감하는 하역비를 비롯한 각종 화물비와 육상운송비, 컨테이너 장비관련 비용과 대리점의 화물수하 수수료 등을 변동비로 분류한다.

3) 운항준비비와 운항비

선박을 확보하여 화물운송을 위해 배선하기까지의 준비단계에 필요한 비용이며, 운항 중 항로에 따라 변동하지 않는 비용을 말하며, 직접선비와 간접선비를 운항준비비로 분류하며 선박의 고정비가 이 비용에 속한다. 한편 선박운항과 화물의 취급 및 적양하를 위해 기항하는 항구에서 발생하는 경비를 운항비로 분류하며, 연료비, 화물비와 항비가 이 비용에 속한다.

제3절 C/B와 H/B 및 Slot Hire

선박을 운항하여 화물을 운송하고 수입을 제고한 후 이에 따른 비용을 공제하여 해당 선박의 해당 항차의 수익성을 분석하게 된다. 이때 C/B(charter base)와 H/B(hire base)를 이용한다. C/B의 본래의 의미는 [적하톤당(per deadweight ton) · 일개월(30일)] 단위로 산정한 수익력을 말하며, H/B의 본래의 의미는 [적하톤당(per deadweight ton)·일개월(30일)] 단위로 산정한 선박의 운영비용을 말한다. 그러나 실무적으로는 선박별로 일당(per day)으로 산정한 것을 많이 사용한다. 이러한 C/B와 H/B 산정과 컨테이너 선박의 20Ft 컨테이너 Space(slot)당 H/B 라고 할 수 있는 Slot Hire에 대하여 살펴보면 다음과 같다.

1. C/B(charter base)

운항수입금에서 해당 수입금을 올리는데 소요된 운항경비를 공제한 금액을 [적하톤당·일개월(30일)] 단위의 금액으로 환산한 것을 C/B라고 한다. 이를 계산식으로 표시하면 다음과 같다.

$$C/B = \frac{\text{선박 운항수익금} - \text{운항비}}{\text{선박 DWT} \times \text{연간 운항일수}} \times 30\text{일}(\text{월간, per month})$$

이러한 C/B는 해당 선박의 수익력을 나타내는 금액이며, 매항차별 또는 일정기간별로 계산하기도 하고, 개별 선박 또는 선대를 구분하여 선대별로 계산하기도 한다.

그러나 실무적으로는 일당(per day) C/B를 계산하여 해당 선박의 해당 항차 수익력을 가름하는데 이용한다. 해당 항차의 일당 C/B를 계산식으로 표시하면 다음과 같다.

$$C/B = \frac{\text{해당항차 운항수익금} - \text{해당항차 운항비}}{\text{해당항차 운항일수}} (\text{일당, per day})$$

일당 C/B를 계산할 때, 운항비는 연료비, 항비 및 화물비 등 해당 항차를 수행하는데 직접적으로 소요된 비용을 말한다.

2. H/B(hire base)

선박을 ① 확보하는 비용(자본비)과 ② 항행의 유무에 관계없이 언제든지 감항성(seaworthiness)을 가지고 운항시킬 수 있는 상태로 유지하는데 필요한 운영비용(직접선비, 간접선비 등의 고정비)의 총액을[적하톤당·일개월(30일)] 단위의 금액으로 환산한 것을 H/B라고 한다. 이를 계산식으로 살펴보면 다음과 같다.

$$H/B = \frac{\text{연간 운영비(고정비)}}{\text{선박 DWT} \times \text{연간 운항일수}} \times 30\text{일}(\text{월간, per month})$$

그러나 실무적으로는 일당(per day) H/B를 계산하여 일당 C/B와 비교하여 해당 선박의 일당 또는 해당 항차 전체 수익력을 가름하는데 이용한다. 일당 H/B를 계산식으로 표시하면 다음과 같다.

$$\text{H/B} = \frac{\text{연간 운영비(고정비)(주)}}{\text{연간 운항일수}} \text{(일당, per day)}$$

H/B 산출은 자본비와 운영비(직접선비와 간접선비 등)의 총액을 기준하여 산출한다. 이때 자본비를 상환기준과 상각기준으로 구분하며, 일반관리비의 포함여부에 따라 각각 달리 계산하기도 한다. 해당 선박의 수익성을 각기 다른 목적으로 분석할 때나, 이 선박을 운항하였을 경우 현금흐름(cash flow)을 예측하는 등 검토하려고 하는 목적에 맞게 H/B를 추정하고 분석하여 투자여부를 결정하는 데에 이용한다. 각각의 경우 일당 H/B를 계산하기 위한 비용의 내용을 살펴보면 다음과 같다.

(1) 선박운영비 + 감가상각비 + 선가상환이자
(2) 선박운영비 + 선가상환원금 + 선가상환이자
(3) 선박운영비 + 감가상각비 +선가상환이자 + 일반관리비
(4) 선박운영비 + 선가상환원금 + 선가상환이자 + 일반관리비

3. Slot Hire

일반화물선은 선박의 화물운송 용량(capacity)을 적하톤수(deadweight ton)로 표시하는 반면, 컨테이너 선박은 운송용량을 해당 선박에 선적할 수 있는 길이 20 Feet 또는 40 Feet의 컨테이너 개수로도 표시한다. 최근에는 길이 20 Feet인 컨테이너를 18,000개 이상 선적할 수 있는 대형 선박도 출현하고 있다. 이러한 컨테이너 선박의 TEU당(선내 20 Feet Container space 당; per twenty feet equivalent unit; TEU) 일당 운영비를 Slot Hire라고 한다. 이러한 Slot Hire는 TEU당 H/B 라고도 할 수 있으며, 다음과 같이 추정한다.

$$\text{Slot Hire(S/H)} = \frac{\text{연간 운영비(고정비)}}{\text{선박의 용량(capacity, TEU 단위)} \times \text{연간 운항일수}} \text{(일당, per day)}$$

해당 선박 또는 해당 항차의 운임 및 비용 분석이나, 타선사에게 해당 컨테이너 선박의 Space(slot)를 빌려 주고 임대료를 받는 경우 이 Slot Hire를 기준한다. 만약 Slot Hire가 USD15인 어떤 선박의 100 TEUS를 75일간 타선사에게 임대하여 주었다면 USD112,500의 선박 Space 임차료수입을 올릴 수 있다(주: USD15×100 TEUS×75일 = USD112,500-).

두개 이상의 해운기업이 동일항로에 공동운항체(consortium)를 형성하여 컨테이너 정기선 서비스를 화주에게 공동으로 제공하기로 합의하고, 각기 동일 또는 서로 다른 척수의 선박을 투입하여 선대를 구성한다. 그리고 선박의 Space(slot)를 상호 임차하여(co-charter) 영업을 한다. 예를 들면, 특정항로에 여러 척수의 선박이 투입되는 경우, 경쟁이 심화되어 운임이 하락하고, 수익성이 저하되므로, 컨테이너 컨소시움 선사별로 선박의 척수와

전체 선복량(teu capacity, slot 수)의 할당에 합의하여 투입하는 경우이다. 이럴 경우 선사별로 각기 투입한 선박의 전체 용량(slot 수)은 자사선을 포함하여 다른 구성원의 선사가 투입한 선박 전체 선박에 분산되어 있으며, 이때 각 선박에 각 선사가 임차한(빌린) Slot에 대한 임차료(용선료)를 선사간 정산할 때, TEU당 일당 운영비인 Slot Hire를 이용한다.

한편 컨소시움을 구성하여 선대를 운영하는 경우, 컨테이너 적양하와 같은 개별선사가 부담하여야하는 개별비용(individual expense)과 항비와 연료비와 같은 컨소시움 회원사 공동으로 부담하여야 하는 공동비용(common expense)이 발생한다. 이 공동비용은 해당선박의 전체 선복량(slot 수) 중 각 선사에 할당된 선복량에 비례배분하여 정산한다.

제4절 계선점(laying up point)

해운시황이 하락함에 따라 운임과 용선료가 계속 하락하면 C/B가 선원비, 선박수리비, 보험료와 윤활유비 등과 같은 선박의 운영비(직접선비 및 간접선비 등)마저 감당할 수 없는 수준이 된다. 즉 C/B가 H/B보다 낮아 수익을 올리지 못하게 되며, 이 경우에는 선박을 계속하여 운항하기 보다는 계선하는(laying up) 편이 유리하다. 이와 같이 운임이 하락하여 C/B와 H/B가 동일하게 되는 C/B를 계선점 C/B라고 하며 운항과 계선을 결정하는 분기점이라고 할 수 있다.

그러나 선박을 실제로 계선하기 위한 계선점을 결정하기 위해서는 각종 비용의 발생에 대한 보다 정확한 분석이 필요하다. 선박을 계선하는 경우 화물운송을 위한 운항비용은 발생하지 않으며, 선박을 최소한의 운항준비 상태로 유지하기 때문에 직접선비와 간접선비와 같은 선박의 운영비용도 다음과 같이 대폭 감소하게 된다.

① 선박의 경비 및 비상시 연락을 취할 최소한의 당직자만이 필요하게 되거나, 비용이 저렴한 경비회사에게 선박의 경비를 위임할 수 있음으로 선원비가 대폭 줄어든다.
② 해운시황이 상승하여 운임수준이 회복될 경우 다시 준비하여 선박을 운항을 재개할 수 있는 최소한의 상태로만 선박을 유지하므로 선박의 보수유지비용도 대폭 줄어든다.
③ 선체 및 기관(hull and machinery)에 대한 선체보험료는 운항을 하지 않음으로 대양항해위험에 대한 노출이 줄어들게 되어 대폭감소하며, P&I 보험료도 대폭 감소하게 된다. 일정기간이상 계선하게 되면, 보험자가 보험료의 일부를 환불한다.
④ 선박의 기부속 및 기타 소모품의 소요가 줄어들어 선용품비도 감소하게 된다.
⑤ 기관과 각종 기기의 운전을 중단시켰으므로 윤활유 소모가 감소하여 윤활유 비용도 감소한다.
⑥ 발전기를 가동하지 않고 비용이 저렴한 경우 육상전력을 이용할 수 있다.

⑦ 각종 검사비도 감소한다.

한편 선박을 계선하는 경우 선박경비원의 배치와 육선전원의 사용 등에 필요한 경비 등 운항 중에는 발생하지 않았던 비용을 비롯한 계선비용이 새롭게 발생하게 된다(계선 직접비용).

따라서 선박을 운항하여 얻어지는 [운항수입에서 운항비와 선박운영비를 뺀 수익금액]과 선박을 계선할 때의 [선박운영비와 계선비용과의 합계금액]이 같게 되는 경우의 운임수준을 계선점운임으로 보아야 할 것이다. 그럼으로 선박소유자가 소유선박을 이용하여 직접 화물을 운송할 때의 계선점운임(톤당) 수준과 선박을 용·대선하는 경우의 계선점용선료(일당) 수준을 다음과 같이 추정할 수 있다.

1. 선박소유자가 보유선박을 직접운항 할 경우의 계선점운임(톤당) 수준 추정

선박을 화물운송을 위해 운항하였을 경우의 [수입과 비용의 차이인 순수익]과 계선할 때의 [계선비용]이 같게 되는 운임률을 계선점운임률이라고 간주할 수 있다.

선박을 운항하여 해당 항차에서 창출되는 [수입금액]에서 수입을 창출하기 위해 해당 항차기간 동안에 발생하는 [항차비용(연료비와 같은 운항비, 화물비 및 항비 등)과 선박운영비(직접선비 및 간전선비 등)의 합계금액]을 차감한 금액을 [순수익금액]이라 할 수 있다.

그리고 선박을 계선하게 되면 선박이 계선상태에서 발생하는 선박운영비와 선박을 계선함으로써 새롭게 발생하기 시작하는 직접계선비용과의 합이 [전체계선비용]이 될 것이다.

이때에 [순수익금액]과 [전체계선비용]이 같게 되는 경우의 운임 수준을 계선점운임으로 볼 수 있다. 따라서 항차기간 동안의 [(직접선비 + 간접선비 + 항차비용) - 계선점 운임수입] = 항차기간과 동일한 [계선기간 동안의 직접선비 + 간접선비 + 계선비용]과 같이 되며, 이를 계산식으로 다음과 같이 표시할 수 있다. 즉,

$$[(C_d + C_i + V_c) - R \cdot T] = [C_{dl} + C_{il} + C_p]$$

$$R = \frac{[(C_d + C_i + V_c)] - [C_{dl} + C_{il} + C_p]}{T}$$

R : 계선점운임률(운임톤당)
T : 화물량(운임톤수)
V_c : 항차비용(운항비, 화물비 및 항비 등)
C_d : 항차기간 중의 직접선비
C_i : 항차기간 중의 간접선비
C_{dl} · 항차기간과 동일한 기간 동안 계선시의 직접선비
C_{il} : 항차기간과 동일한 기간 동안 계선시의 간접선비
C_p : 계선비용

따라서 선박을 운항하여 운임을 창출할 때 톤당 운임수준이 상기 계선점운임률(R) 이하로 하락하게 되면, 선박소유자는 선박의 운항을 중지하고 계선하는 편이 더 유리하게 된다.

2. 선박의 용대선시 계선점용선료(Cht) 수준 추정

선박을 계선할 것인가 또는 다른 선사에게 대선할 것인가를 결정하는 계선점용(대)선료는 다음과 같이 추정할 수 있다.

운항 중의 [일당 용선료에서 일당 선박운영비(직접선비 및 간접선비 등)를 뺀 금액]과 [계선 중의 일당 선박운영비(직접선비 및 간접선비 등)와 일당 계선 직접비용의 합계금액]이 같게 되는 용(대)선료가 계선점용(대)선료 수준이 될 것이다. 이를 계산식으로 표시하면 다음과 같다.

운항중의 일당 [(직접선비 + 간접선비) - 용(대)선료] = 계선 중의 일당[(직접선비 + 간접선비 + 계선 직접비용)]와 같이 표시할 수 있다. 즉,

$$[(C_d + C_i - C_{ht})] = (C_{dl} + C_{il} + C_p)$$

$$C_{ht} = (C_d + C_i) - (C_{dl} + C_{il} + C_p)$$

C_{ht} : 계선점용(대)선료(일당)
C_d : 운항중의 직접선비(일당)
C_i : 운항중의 간접선비(일당)
C_{dl} : 계선시의 직접선비(일당)
C_{il} : 계선시의 간접선비(일당)
C_p : 계선비용(일당)

따라서 선박을 운항한다 하더라도 일당 용(대)선료 수준이 상기 계선점용(대)선료(Cht) 이하로 하락하게 되면, 선박소유자는 선박을 직접 운항하거나 및 대선을 중지하고 선박을 계선하는 것이 더 유리하게 된다.

그러나 일단 계선하였다가 해운시황이 상승하여 시장의 운임률이나 시장의 용(대)선료가 계선점운임률이나 또는 계선점용(대)선료 이상의 수준에 도달하게 되면, 선박운항을 재개하기 위하여 선박을 운항준비완료 상태로 회복시켜야 한다. 이때에 또 다시 비용이 발생하게 되며, 이러한 이유로 단기간 계선하는 것은 바람직하지 않으며, 장기간 동안 해운시황이 하락할 것으로 예상되는 경우에만 계선을 결정하여야 할 것이다. 또한 선박의 연차검사, 입거검사 및 정기검사가 임박하고 시황의 하락이 장기간 예상된다면, 이러한 검사만료 기간이 도래하기 전에 계선을 시작하여 이러한 검사에 필요한 경비발생을 지연시킬 수 있다.

제5절 선박운항 수익성 분석의 실례

1. H/B의 산출 실례

다음과 같은 비용구조를 가진 만재재화중량톤이 185,000톤인 케이프사이즈 선박인 MV Korea Sea Bridge 호의 H/B와 일당 H/B를 산출하면 다음과 같다.

1) 이 선박의 선가는 미화 50,000,000 불이며, 금융제공자와 조선소로부터 선박소유자가 선박을 인도한 후 10년 동안 연리 6.2%의 고정금리를 적용한 이자와 함께 원리금균등 방식으로 선가의 80%만을 상환하고, 미상환잔액(balloon 금액)[23]인 선가의 20%는 10년의 금융차입계약이 만료되는 시기에 전액 일시에 상환하는 조건으로 금융계약을 체결하였다. 이렇게 선가를 상환하는 경우 연간 상환하여야 할 금액은 원금과 이자를 합하여 연간 미화 599만7천324 불이다.

2) 한편 이선박의 연간 운영비는 다음과 같이 예상하고 있다.

선원비	: 미화 950,000 불
수리비	: 미화 350,000 불
보험료	: 미화 450,000 불
윤활유비	: 미화 350,000 불
선용품비	: 미화 150,000 불
기타비용	: 미화 150,000 불
합계	: 미화 2,400,000 불

3) 한편 해운기업 전체의 영업외 비용 중 선가상환이자는 상기 1)항의에서와 같이 선박별로 해당 선박의 원리금상환에 포함시킨다. 그 이외의 잔여 영업외 비용은 선박별로 균등배분하며 이 선박에 할당된 영업외 비용은 연간 미화 15만 불을 예상하고 있다.
4) 이 해운기업의 임직원 급여와 사무실 관리비용과 같은 당해 연도 일반관리비중 이 선박에 할당된 일반관리비는 미화 20만 불을 예상하고 있다.
5) 또한 이선박의 당해 연도 운항일수는 355일을 예상하고 있다.

이 경우 이선박의 H/B는 다음과 같이 추산할 수 있다.

---

23) 선박을 확보하기 위해 차입한 선가 중 상환기간 만료 시까지 상환하지 않고 이자만 지불하는 일부금액을 말하며, 상환완료시점에 이 일부금액을 전액상환하든가 또는 금융제공자와 재금융(re-financing)조건을 다시 협상하여 일정기간에 걸쳐 분할하여 상환하기도 한다.

$$H/B = \frac{\text{자본비} + \text{선박운영비} + \text{영업외비용} + \text{일반관리비}}{\text{만재내화중량톤수} \times \text{연간 운항일수}} \times 30\text{일}$$

$$= \frac{\text{미화}5,997,324\text{불} + \text{미화}2,400,000\text{불} + \text{미화}150,000\text{불} + \text{미화}200,000\text{불}}{185,000\text{톤} \times 355\text{일}} \times 30\text{일}$$

$$= \frac{\text{미화}86,74,324\text{불}}{185,000\text{톤} \times 355\text{일}} \times 30\text{일} = \text{미화}3.9501\text{불(월간, per month)}$$

위와 같이 선박의 만재재화중량톤당 월간 비용은 미화 3.9501 불이라는 의미이다. 그러나 실무에서는 순수한 의미에 따라 산출한 H/B보다는 선박의 일당(per day)비용을 의미하는 일당 H/B를 산출하여, 일당 용선료라는 이름으로 가장 많이 이용한다. 상기 선박의 일당 용선료는 연간 선박의 비용을 운항일수로 나누어 산출할 때, 아래와 같이 미화 24,359불/일이 된다.

$$H/B = \frac{\text{자본비} + \text{선박운영비} + \text{영업외비용} + \text{일반관리비}}{\text{연간 운항일수}}$$

$$= \frac{\text{미화}5,997,324\text{불} + \text{미화}2,400,000\text{불} + \text{미화}150,000\text{불} + \text{미화}200,000\text{불}}{355\text{일}}$$

$$= \frac{\text{미화}86,74,324\text{불}}{355\text{일}} = \text{미화}24,359\text{불(일당, paer day)}$$

2. C/B의 산출의 실례

한편 Korea Shipping Co., Ltd.는 상기 M/V KSB 호 선박을 일당 미화 26,000 불의 용선료를 지불하기로 하고 1항차 기간용선계약을 체결하였다. 용선자인 Korea Shipping Co., Ltd 는 이 선박을 선박소유자로부터 인도받은 후, 한국에서 2012년 2월 1일 0900시 한국을 출항하여 2월 12일 호주에 도착하였으며, 철광석을 선적한 후 2월 16일 출항하였다. 2월 27일에 한국의 양하항에 도착하였으며 3일간의 양하작업으로 철광석 양하를 완료한 한 후 3월2일 선박소유자에게 선박을 반선하여 해당 항차를 종료하였다.

이때 운임은 톤당 미화11.40불/톤 이었으며, 만재재화중량톤이 185,000톤임에도 불구하고 선박이 항해에 필요한 연료와 선원들이 사용할 청수 등 4,000톤을 제외하고 181,000톤의 철광석을 선적하였다. 적항과 양하항에서의 하역요율은 각기 일당 70,000톤과 60,000만톤이었다. 한편 이 항차를 위해 선박에 급유한 주기관용 연료(FO)의 가격은 톤당 미화 650불이었으며, 발전기 및 보조기관용 연료(DO)의 가격은 톤당 미화 1,000불이었다. 또한 기타 운항정보는 다음과 같다.

1) 이 선박의 주기관은 항해 중에 공선인 경우나 화물 만재 시나 똑같이 하루에 60톤

의 연료(FO)를 소비하며, 선박의 속도도 공선 시나 만선시가 똑 같이 15.0 노트(knot) 이다. 발전기 및 기타 보조기관 등은 항해 중에는 연료(DO)를 소비하지 않으며 정박 시에만 하루에 2톤의 연료(DO)를 소비한다. 항해기간은 해상의 일기관계 등 선속을 제대로 낼 수 없는 경우를 고려하여 5%의 추가항해기간(margin)을 두고 있다.

2) 한편 이 선박은 적항에 도착하여 각종 입항수속을 마치고 선적을 시작할 때까지의 시간과 선적과 출항준비를 완료하고 선박이 실제로 출항할 때까지 합계 12시간의 준비시간(turn time)이 필요하다. 또한 양항에서도 양항에 도착하여 실제로 양하를 시작할 때까지와 양하를 종료하고 출항할 때까지 합계 12시간의 준비시간이 필요하다.

3) 한편 호주의 적하항에서는 다음과 같은 비용이 발생하였다.
   ① 각종 공과금과 항비 : 미화 116,000불
   ② 도선료(pilotage) : 미화 10,000불
   ③ 터그 보트(tug boat) 사용료(tugage) : 미화 20,000불
   ④ 대리점료(agency fee) : 미화 4,000불

4) 또한 한국의 양하항에서는 다음과 같은 비용이 발생하였다.
   ① 각종 공과금과 항비 : 미화 82,000불
   ② 도선료(pilotage) : 미화 5,000불
   ③ 터그 보트(tug boat) 사용료(tugage) : 미화 10,000불
   ④ 대리점료(agency fee) : 미화 3,000불

한편 선박에서는 항로의 일기변화 등을 고려할 때 선박이 항해할 때 가장 최적항로에 대한 자문을 받기위해 미화 1,000불을 포함한 기타 비용으로 미화 10,000 불을 지불하여야만 하였다.

또한 이번 항차에 선적할 화물을 주선한 화물중개인(cargo broker)에게 운임의 1.25%의 화물중개수수료(brokerage)를 지불하기로 하였으며, MV KSB 호의 선박소유자는 선박의 용선을 알선한 용선중개인(chartering broker)에게 용선료의 1.25%를 중개수수료로 지불하기로 합의하였다. 용선자인 Korea Shipping Co., Ltd.는 용선료를 지불할 때에 용선료의 1.25%를 Address Commission로 차감하여 선박소유자에게 용선료를 지불하기로 합의하였다. 한편, 선박소유자가 지불하기로 한 1.25%의 용선중개수수료는 선박소유자가 지불하므로 용선자와는 관련이 없으며, 용선자의 비용이 아니다.

따라서 선박의 용선자인 Korea Shipping Co., Ltd.가 용선한 선박 MV Korea Sea Bridge 호를 상기와 같이 운항하였을 경우 C/B를 추산하면 다음과 같다.

$$C/B = \frac{\text{수입} - \text{비용}}{185{,}000\text{톤} \times 29.71\text{일}} \times 30\text{일} = \frac{\text{미화}2{,}037{,}608\text{불} - \text{미화}1{,}174{,}106\text{불}}{85{,}000\text{톤} \times 29.71\text{일}} \times 30\text{일}$$

$$= \frac{\text{미화}863,503\text{불}}{185,000\text{톤} \times 29.71\text{일}} \times 30\text{일} = \text{미화}4.7131\text{불(월간, per month)}$$

따라서 용선자인 Korea Shipping Co., Ltd.은 M/V KSB호를 용선하여 화물을 운송하였을 경우, 선박의 만재재화중량톤당 월간 미화 4.7131불의 수익을 올릴 수 있다는 것을 의미한다.

그러나 실무에서는 선박의 일당 C/B를 산출하여 가장 많이 이용한다. 이것은 이 선박을 운항하여 용선자가 하루에 얼마의 수익을 올릴 수 있는가를 나타내는 것이다. 이경우의 일당 C/B 는 미화 29,064 불이다.

$$C/B = \frac{\text{수입} - \text{비용}}{\text{운항일수}} = \frac{\text{미화}2,037,608\text{불} - \text{미화}1,174,106\text{불}}{29.71\text{일}}$$
$$= \text{미화}29,064\text{불(일당, per day)}$$

따라서 용선료가 일당 미화 26,000불인 M/V KSB호를 용선하여 화물을 운송하기위해 운항한 결과 일당 미화 29,064불의 수익을 올릴 수 있으므로, Korea Shipping Co., Ltd. 은 하루에 미화 3,064불의 순수익(net profit)을 올릴 수 있게 되어, 이 항차 전체기간(29.71일)동안 미화 91,031불(미화 3,064불×29.71일)의 순수익을 올릴 수 있었다는 것을 알 수 있다.

여기에 용선자가 용선료를 지불하는 경우에 1.25% Address Commission을 차감하여 지불하므로 미화 9,656불(미화 26,000불×29.71일×1.25%) 추가 수입이 있다고 간주할 수 있으며, 이 경우 미화 100,687불의 수익을 올렸다고 볼 수 있다. 그러나 용선자를 대신하여 용선중개인이 선박소유자와 용선계약을 협상하였다면 이 Address Commission은 이 용선중개인에게 지불하여야 하므로, 용선계약을 용선자가 직접 협상한 경우에만 수익으로 간주할 수 있다.

한편 실무에서 수익성분석을 위하여 이용하는 Excel Program[24)]을 이용하여 상기의 수익성(C/B per day)과 손익(P/L)을 산출하면 다음과 같다.

---

24) 담당자가 수익석을 분석하기 위해 Excel Program 에 운임, 선적량, 선박의 속도, 항해거리, 선박의 일일 연료 소비량, 연료가격 및 항비 기타 비용 등 수익성(C/B)을 계산하기 위한 각종 항목을 해당 칸에 입력하면 자동적으로 일당 수익성(C/B per day)과 손익(P/L)이 계산된다. 이러한 계산은 다음과 같이 항차가 완료될 때까지 수차례 계산 확인한다.
① 계약체결 여부를 결정하기 위한 예상수익성을 확인시,
② 실제 선적량과 선적항에서의 정박기간이 정해지는 선적항 출항 직후,
③ 양하항까지 항행 중 실제 선속과 연료소비량을 기준하여 수시 계산,
④ 양항에서 양하완료 후 정박시간 및 정확한 연료소비량을 기준한 계산.
⑤ 항비 및 각종비용의 실비를 확인한 후 최종 계산

〈표 11-1〉 C/B 산출 및 수익성 분석표

A	B	C	D	E	F	G	H	I	
									1
VOYAGE ESTIMATE									2
									3
							PROFIT	$100,894	4
							Charter base	$29,072	5
		CONTRACT		ACTUAL		VSL'S PARTICULARS			6
ACCOUNT		TBN				VSL NAME	**M/V KOREA SEA BRIDGE**		7
CARGO		IRON ORE				FLAG/BLT	Panama	**2015**	8
QUANTITY		180000 5%		181,000	MT	DWT/DFT	185,000	18.58	9
LOAD PORT		PORT DAMPIER	호주	NIL	M	LOA/BM			10
DIS PORT		POHANG	한국		M	GRT/NRT			11
LOAD TERM		70,000	SHINC/12TT			GRAIN/TPC			12
DIS TERM		60,000	SHINC/24TT		0	SPEED(B/L)	15.0	15.0	13
Freight Rate				**$11.40**		FO(B/L)	60.0	60.0	14
Gross Freight		$2,063,400				DO(B/L)	0.0		15
DEMURRAGE		$0				HOLD/HATCH			16
BROKERAGE		$25,793		1.25%		PORT(F/D)	0.0	2.0	17
ADDCOM		$0		0.00%		GRD(F/D)	380CST		18
NET EARNING		$2,037,608							19
PORT		DISTANCE	S.TIME	P.TIME	W.TIME	PT.CHG	NAVIGATION COST		20
							LOAD PORT	150,000	21
POHANG	VS						DIS PORT	100,000	22
	B	3960	11.00				BUNKER	0	23
	LL			2.59	0.50		CANAL	0	24
P.DAMPIER	L	0	0.00				OTHERS	0	25
	BB			0.00	0.00		CHINES CER	0	26
	L	3960	11.00						27
POHANG	DD			3.02	0.50		TTL PT CHG	$250,000	28
	L						OCEAN ROUTE	1,000	29
	DD						DEM AT POL		30
							DEM AT POD		31
							H/C		32
							A/P		33
MARGIN		5.00%	1.10		0.00		C/E/V		34
			23.10	5.60	1.00		OTHERS	9,000	35
		TTL DURATION		29.70			TTL CGO EXPS	$10,000	36
		GRADE	QTY(MT)	PRICE	QTY(MT)	PRICE	FO	900,900	37
FO CONS		380	1386.0	$650.00			DO	13,205	38
DO CONS		0	13.2	$1,000.00			TTL B. COST	$914,105	39
VOY START		POHANG			HIRE	**$26,000**	TTL N. COST	$1,174,105	40
					ADD COMM	1.25%	BALANCE	$863,503	41
					B.BONUS	$0	HIRAGE	$762,609	42
					C/B	**$29,072**	**P/L**	**$100,894**	43

<수익성 분석의 계산>

1. FREIGHT USD 2,037,608

1) Gross Freight (선적량 × 운임율): 181,000 ton×USD11.40/RT=USD 2,063,400
2) Brokerage (운임 × 수수료 율) : USD 2,063,400 × 1.25% =USD 25,793

---

3) Net Earning(Gross Freight - Brokerage) : USD 2,037,608

2. 항차 일수 : [(실 항해일수 + margin) + (정박일수 + turn time)] : 29.70 일

(3,960miles÷15knots÷24시간+3,960miles÷15knots÷24시간)X1.05=23.10일
(180,000톤÷70,000톤+12시간)+(180,000톤÷60,000톤+12시간) = 6.60일

합 계 : 29.70 일

3. NAVIGATION COST USD 1,174,100

1) 항비 [Port Charge(항비, 도선료, Tugage, 대리점료 및 기타)]: USD 250,000
[L(호주): USD 150,000, D(한국): USD 100,0000]

2) 화물비(선창청소비 등)
Ocean Route Service Charge USD 1,000

3) Others (기타 비용) USD 8,000

4) 연료비 (FO DO 비용) (항해일수 × 일일소비량 × 연료단가)

FO : 23.10일 × 60톤 × USD 650 = USD 900,900
DO : 6.60일 × 2톤 × USD 1,000 = USD 13,200

합계l : USD 914,100

4. HIRAGE (Gross Hire less Add. Comm) USD 762,547-

Gross Hire (일당용선료 × 항차일수) : USD26,000 × 29.70 일 = USD 772,200
Add Comm (Gross Hire × 수수료 율): USD772,200 × 1.25% = USD 9,653

NET HIRAGE : USD 762,547

<ABBREVIATION>

A38	FO CONS	Fuel Oil Consumption (연료소비량)
A39	DO CONS	Diesel Oil consumption
D12	SHINC/12TT	Sunday and Holiday Inclusive/12 Hours Turn Time
D13	SHINC/24TT	Sunday and Holiday Inclusive/24 Hours Turn Time
E20	P.TIME	Port Time (항내정박시간)
F20	W.TIME	Waiting Time (대기시간)
F41	ADD.COMM	Address Commission
F42	B.BONUS	Ballast Bonus (예비항해보상액)
F43	C/B	Charter Base
G8	FLAG/BLT	Flag/Built Year (국적/선박건조연도)
G9	DWT/DFT	Deadweight/Draft (만재적하톤수/만재흘수)
G10	LOA/BM	Length Over All/Beam (전장; 선박전체길이/선박의 폭)
G11	GRT/NRT	Gross Tonnage/Net Tonnage (총톤수/순톤수)
G12	GRAIN/TPC	Grain Cubic Feet(Grain Capacity)/Tons per Centimeter
G13	SPD(B/L)	Speed(in Ballast/Laden) (선박의 속도, 공선항해시/만재시)
G14	FO(B/L)	FO Consumption(Ballast/Laden)(공선항해시/만재항해시)
G15	DO(B/L)	DO Consumption(Ballast/Laden)(공선항해시/만재항해시)
G17	PORT(F/D)	Port(FO Consumption/DO Consumption)
G18	GRD(F/D)	Grade (FO/DO) (연료등급)
H30	DEM AT POL	Demurrage at Port of Loading (적하항에서의 지체료)
H31	DEM AT POD	Demurrage at Port of Discharging (양항에서의 지체료)
H32	H/C	Hold Cleaning (선창청소비)
H33	A/P	Additional Premium (선박의 Over-age에 대한 추가보험료)
H34	C/EN	Charterer's Entertainment (용선자 접대비)
H36	TTL CGO EXPS	Total Cargo Expenses (화물비 합계)
H39	TTL B. COST	Total Bunker Cost (연료비 합계)
H40	TTL. N. COST	Total Navigation Cost (운항비 합계)
H43	P/L	Profit/Loss

부 록

1) 해상법 규정
2) 항해용선 계약서(GENCON 1994)
3) 정기용선 계약서(NYPE 1993)
4) 정기용선 계약서(NYPE 2015)
5) BARECON 2001
6) SLOT CHARTER PARTY(SLOTHIRE)
7) Charterparty Laytime Definitions 1980 : 생략
8) Voyage Charterparty Laytime Interpretation Rules 1993
9) Baltic Code 2000 Charterparty and Laytime Terminology and Abbreviations : 생략
10) Laytime Definitions for Charter Parties 2013
11) International Convention for the Unification of Certain Rules of Law relating to Bills of Lading("Hague Rules"), and Protocol of Signature (Brussels, 25 August 1924)
12) Protocol to Amend the International Convention for the Unification of Certain Rules of Law Relating to Bills of Lading ("Visby Rules"), (Brussels, 23 February 1968)
13) United Nations Convention on the Carriage of Goods by Sea ("Hamburg Rules"), (Hamburg, 31 March 1978)
14) Protocol (SDR Protocol) amending the International Convention for the Unification of Certain Rules of Law relating to Bills of Lading of 25 August 1924 (The Hague Rules), as amended by the Protocol of 23 February 1968 ("Visby Rules"), (Brussels, 21 December 1979)
15) York Antwerp Rules 1994
16) ICA 1996 (Inter-Club New York Produce Exchange Agreement 1996)

1) 해상법 규정

상법 제5편 해상

제1장 해상기업
제1절 선박

제740조 (선박의 의의) 이 법에서 "선박"이란 상행위나 그 밖의 영리를 목적으로 항해에 사용하는 선박을 말한다.

제741조 (적용범위) ①항해용 선박에 대하여는 상행위나 그 밖의 영리를 목적으로 하지 아니하더라도 이 편의 규정을 준용한다. 다만, 국유 또는 공유의 선박에 대하여는 「선박법」 제29조 단서에도 불구하고 항해의 목적·성질 등을 고려하여 이 편의 규정을 준용하는 것이 적합하지 아니한 경우로서 대통령령으로 정하는 경우에는 그러하지 아니하다.
②이 편의 규정은 단정(단정) 또는 주로 노 또는 상앗대로 운전하는 선박에는 적용하지 아니한다.

제742조 (선박의 종물) 선박의 속구목록(속구목록)에 기재한 물건은 선박의 종물로 추정한다.

제743조 (선박소유권의 이전) 등기 및 등록할 수 있는 선박의 경우 그 소유권의 이전은 당사자 사이의 합의만으로 그 효력이 생긴다. 다만, 이를 등기하고 선박국적증서에 기재하지 아니하면 제3자에게 대항하지 못한다.

제744조 (선박의 압류·가압류) ①항해의 준비를 완료한 선박과 그 속구는 압류 또는 가압류를 하지 못한다. 다만, 항해를 준비하기 위하여 생긴 채무에 대하여는 그러하지 아니하다.
②제1항은 총톤수 20톤 미만의 선박에는 적용하지 아니한다.

제2절 선장

제745조 (선장의 선임·해임) 선장은 선박소유자가 선임 또는 해임한다.

제746조 (선장의 부당한 해임에 대한 손해배상청구권) 선박소유자가 정당한 사유 없이 선장을 해임한 때에는 선장은 이로 인하여 생긴 손해의 배상을 청구할 수 있다.

제747조 (선장의 계속직무집행의 책임) 선장은 항해 중에 해임 또는 임기가 만료된 경우에도 다른 선장이 그 업무를 처리할 수 있는 때 또는 그 선박이 선적항에 도착할 때까지 그 직무를 집행할 책임이 있다.

제748조 (선장의 대선장 선임의 권한 및 책임) 선장은 불가항력으로 인하여 그 직무를 집행하기가 불능한 때에 법령에 다른 규정이 있는 경우를 제외하고는 자기의 책임으로 타인을 선정하여 선장의 직무를 집행하게 할 수 있다.

제749조 (대리권의 범위) ①선적항 외에서는 선장은 항해에 필요한 재판상 또는 재판 외의 모든 행위를 할 권한이 있다.
②선적항에서는 선장은 특히 위임을 받은 경우 외에는 해원의 고용과 해고를 할 권한만을 가진다.

제750조 (특수한 행위에 대한 권한) ①선장은 선박수선료·해난구조료, 그 밖에 항해의 계속에 필요한 비용을 지급하여야 할 경우 외에는 다음의 행위를 하지 못한다.
1. 선박 또는 속구를 담보에 제공하는 일
2. 차재(차재)하는 일
3. 적하의 전부나 일부를 처분하는 일
②적하를 처분할 경우의 손해배상액은 그 적하가 도달할 시기의 양륙항의 가격에 의하여 정한다. 다만, 그 가격 중에서 지급을 요하지 아니하는 비용을 공제하여야 한다.

제751조 (대리권에 대한 제한) 선장의 대리권에 대한 제한은 선의의 제3자에게 대항하지 못한다.

제752조 (이해관계인을 위한 적하의 처분) ①선장이 항해 중에 적하를 처분하는 경우에는 이해관계인의 이익을 위하여 가장 적당한 방법으로 하여야 한다.
②제1항의 경우에 이해관계인은 선장의 처분으로 인하여 생긴 채권자에게 적하의 가액을 한도로 하여 그 책임을 진다. 다만, 그 이해관계인에게 과실이 있는 때에는 그러하지 아니하다.

제753조 (선박경매권) 선적항 외에서 선박이 수선하기 불가능하게 된 때에는 선장은 해무관청의 인가를 받아 이를 경매할 수 있다.

제754조 (선박의 수선불능) ①다음 각 호의 경우에는 선박은 수선하기 불가능하게 된 것으로 본다.
1. 선박이 그 현재지에서 수선을 받을 수 없으며 또 그 수선을 할 수 있는 곳에 도달하기 불가능한 때
2. 수선비가 선박의 가액의 4분의 3을 초과할 때
②제1항제2호의 가액은 선박이 항해 중 훼손된 경우에는 그 발항한 때의 가액으로 하고 그 밖의 경우에는 그 훼손 전의 가액으로 한다.

제755조 (보고·계산의 의무) ①선장은 항해에 관한 중요한 사항을 지체 없이 선박소유자에게 보고하여야 한다.
②선장은 매 항해를 종료한 때에는 그 항해에 관한 계산서를 지체 없이 선박소유자에게 제출하여 그 승인을 받아야 한다.
③선장은 선박소유자의 청구가 있을 때에는 언제든지 항해에 관한 사항과 계산의 보고를 하여야 한다.

제3절 선박공유

제756조 (선박공유자의 업무결정) ①공유선박의 이용에 관한 사항은 공유자의 지분의 가격에 따라 그 과반수로 결정한다.
②선박공유에 관한 계약을 변경하는 사항은 공유자의 전원일치로 결정하여야 한다.

제757조 (선박공유와 비용의 부담) 선박공유자는 그 지분의 가격에 따라 선박의 이용에 관한 비용과 이용에 관하여 생긴 채무를 부담한다.

제758조 (손익분배) 손익의 분배는 매 항해의 종료 후에 있어서 선박공유자의 지분의 가격에 따라서 한다.

제759조 (지분의 양도) 선박공유자 사이에 조합관계가 있는 경우에도 각 공유자는 다른 공유자의 승낙 없이 그 지분을 타인에게 양도할 수 있다. 다만, 선박관리인의 경우에는 그러하지 아니하다.

제760조 (공유선박의 국적상실과 지분의 매수 또는 경매청구) 선박공유자의 지분의 이전 또는 그 국적상실로 인하여 선박이 대한민국의 국적을 상실할 때에는 다른 공유자는 상당한 대가로 그 지분을 매수하거나 그 경매를 법원에 청구할 수 있다.

제761조 (결의반대자의 지분매수청구권) ①선박공유자가 신항해를 개시하거나 선박을 대수선할 것을 결의한 때에는 그 결의에 이의가 있는 공유자는 다른 공유자에 대하여 상당한 가액으로 자기의 지분을 매수할 것을 청구할 수 있다.
②제1항의 청구를 하고자 하는 자는 그 결의가 있은 날부터, 결의에 참가하지 아니한 경우에는 결의통지를 받은 날부터 3일 이내에 다른 공유자 또는 선박관리인에 대하여 그 통지를 발송하여야 한다.

제762조 (해임선장의 지분매수청구권) ①선박공유자인 선장이 그 의사에 반하여 해임된 때에는 다른 공유자에 대하여 상당한 가액으로 그 지분을 매수할 것을 청구할 수 있다.
②선박공유자가 제1항의 청구를 하고자 하는 때에는 지체 없이 다른 공유자 또는 선박관리인에 대하여 그 통지를 발송하여야 한다.

제763조 (항해 중 선박 등의 양도) 항해 중에 있는 선박이나 그 지분을 양도한 경우에 당사자 사이에 다른 약정이 없으면 양수인이 그 항해로부터 생긴 이익을 얻고 손실을 부담한다.

제764조 (선박관리인의 선임·등기) ①선박공유자는 선박관리인을 선임하여야 한다. 이 경우 선박공유자가 아닌 자를 선박관리인으로 선임함에는 공유자 전원의 동의가 있어야 한다.
②선박관리인의 선임과 그 대리권의 소멸은 등기하여야 한다.

제765조 (선박관리인의 권한) ①선박관리인은 선박의 이용에 관한 재판상 또는 재판 외의 모든 행위를 할 권한이 있다.
②선박관리인의 대리권에 대한 제한은 선의의 제3자에게 대항하지 못한다.

제766조 (선박관리인의 권한의 제한) 선박관리인은 선박공유자의 서면에 의한 위임이 없으면 다음 각 호의 행위를 하지 못한다.
1. 선박을 양도·임대 또는 담보에 제공하는 일
2. 신항해를 개시하는 일
3. 선박을 보험에 붙이는 일
4. 선박을 대수선하는 일
5. 차재하는 일

제767조 (장부의 기재·비치) 선박관리인은 업무집행에 관한 장부를 비치하고 그 선박의 이용에 관한 모든 사항을 기재하여야 한다.

제768조 (선박관리인의 보고·승인) 선박관리인은 매 항해의 종료 후에 지체 없이 그 항해의 경과상황과 계산에 관한 서면을 작성하여 선박공유자에게 보고하고 그 승인을 받아야 한다.

제4절 선박소유자 등의 책임제한

제769조 (선박소유자의 유한책임) 선박소유자는 청구원인의 여하에 불구하고 다음 각 호의 채권에 대하여 제770조에 따른 금액의 한도로 그 책임을 제한할 수 있다. 다만, 그 채권이 선박소유자 자신의 고의 또는 손해발생의 염려가 있음을 인식하면서 무모하게 한 작위 또는 부작위로 인하여 생긴 손해에 관한 것인 때에는 그러하지 아니하다.
1. 선박에서 또는 선박의 운항에 직접 관련하여 발생한 사람의 사망, 신체의 상해 또는 그 선박 외의 물건의 멸실 또는 훼손으로 인하여 생긴 손

해에 관한 채권
2. 운송물, 여객 또는 수하물의 운송의 지연으로 인하여 생긴 손해에 관한 채권
3. 제1호 및 제2호 외에 선박의 운항에 직접 관련하여 발생한 계약상의 권리 외의 타인의 권리의 침해로 인하여 생긴 손해에 관한 채권
4. 제1호부터 제3호까지의 채권의 원인이 된 손해를 방지 또는 경감하기 위한 조치에 관한 채권 또는 그 조치의 결과로 인하여 생긴 손해에 관한 채권

제770조 (책임의 한도액) ①선박소유자가 제한할 수 있는 책임의 한도액은 다음 각 호의 금액으로 한다.
1. 여객의 사망 또는 신체의 상해로 인한 손해에 관한 채권에 대한 책임의 한도액은 그 선박의 선박검사증서에 기재된 여객의 정원에 17만5천 계산단위(국제통화기금의 1 특별인출권에 상당하는 금액을 말한다. 이하 같다)를 곱하여 얻은 금액으로 한다.
2. 여객 외의 사람의 사망 또는 신체의 상해로 인한 손해에 관한 채권에 대한 책임의 한도액은 그 선박의 톤수에 따라서 다음 각 목에 정하는 바에 따라 계산된 금액으로 한다. 다만, 300톤 미만의 선박의 경우에는 16만7천 계산단위에 상당하는 금액으로 한다.
가. 500톤 이하의 선박의 경우에는 33만3천 계산단위에 상당하는 금액
나. 500톤을 초과하는 선박의 경우에는 가목의 금액에 500톤을 초과하여 3천톤까지의 부분에 대하여는 매 톤당 500 계산단위, 3천톤을 초과하여 3만톤까지의 부분에 대하여는 매 톤당 333 계산단위, 3만톤을 초과하여 7만톤까지의 부분에 대하여는 매 톤당 250 계산단위 및 7만톤을 초과한 부분에 대하여는 매 톤당 167 계산단위를 각 곱하여 얻은 금액을 순차로 가산한 금액
3. 제1호 및 제2호 외의 채권에 대한 책임의 한도액은 그 선박의 톤수에 따라서 다음 각 목에 정하는 바에 따라 계산된 금액으로 한다. 다만, 300톤 미만의 선박의 경우에는 8만3천 계산단위에 상당하는 금액으로 한다.
가. 500톤 이하의 선박의 경우에는 16만7천 계산단위에 상당하는 금액
나. 500톤을 초과하는 선박의 경우에는 가목의 금액에 500톤을 초과하여 3만톤까지의 부분에 대하여는 매 톤당 167 계산단위, 3만톤을 초과하여 7만톤까지의 부분에 대하여는 매 톤당 125 계산단위 및 7만톤을 초과한 부분에 대하여는 매 톤당 83 계산단위를 각 곱하여 얻은 금액을 순차로 가산한 금액
②제1항 각 호에 따른 각 책임한도액은 선박마다 동일한 사고에서 생긴 각 책임한도액에 대응하는 선박소유자에 대한 모든 채권에 미친다.
③제769조에 따라 책임이 제한되는 채권은 제1항 각 호에 따른 각 책임한도액에 대하여 각 채권액의 비율로 경합한다.
④제1항제2호에 따른 책임한도액이 같은 호의 채권의 변제에 부족한 때에는 제3호에 따른 책임한도액을 그 잔액채권의 변제에 충당한다. 이 경우 동일한 사고에서 제3호의 채권도 발생한 때에는 이 채권과 제2호의 잔액채권은 제3호에 따른 책임한도액에 대하여 각 채권액의 비율로 경합한다.

제771조 (동일한 사고로 인한 반대채권액의 공제) 선박소유자가 책임의 제한을 받는 채권자에 대하여 동일한 사고로 인하여 생긴 손해에 관한 채권을 가지는 경우에는 그 채권액을 공제한 잔액에 한하여 책임의 제한을 받는 채권으로 한다.

제772조 (책임제한을 위한 선박톤수) 제770조제1항에서 규정하는 선박의 톤수는 국제항해에 종사하는 선박의 경우에는 「선박법」에서 규정하는 국제총톤수로 하고 그 밖의 선박의 경우에는 같은 법에서 규정하는 총톤수로 한다.

제773조 (유한책임의 배제) 선박소유자는 다음 각 호의 채권에 대하여는 그 책임을 제한하지 못한다.
1. 선장·해원, 그 밖의 사용인으로서 그 직무가 선박의 업무에 관련된 자 또는 그 상속인, 피부양자, 그 밖의 이해관계인의 선박소유자에 대한 채권
2. 해난구조로 인한 구조료 채권 및 공동해손의 분담에 관한 채권
3. 1969년 11월 29일 성립한 「유류오염손해에 대한 민사책임에 관한 국제조약」 또는 그 조약의 개정조항이 적용되는 유류오염손해에 관한 채권
4. 침몰·난파·좌초·유기, 그 밖의 해양사고를 당한 선박 및 그 선박 안에 있거나 있었던 적하와 그 밖의 물건의 인양·제거·파괴 또는 무해조치에 관한 채권
5. 원자력손해에 관한 채권

제774조 (책임제한을 할 수 있는 자의 범위) ①다음 각 호의 어느 하나에 해당하는 자는 이 절의 규정에 따라 선박소유자의 경우와 동일하게 책임을 제한할 수 있다.
1. 용선자·선박관리인 및 선박운항자
2. 법인인 선박소유자 및 제1호에 규정된 자의 무한책임사원
3. 자기의 행위로 인하여 선박소유자 또는 제1호에 규정된 자에 대하여 제769조 각 호에 따른 채권이 성립하게 한 선장· 해원·도선사, 그 밖의 선박소유자 또는 제1호에 규정된 자의 사용인 또는 대리인
②동일한 사고에서 발생한 모든 채권에 대한 선

박소유자 및 제1항에 규정된 자에 의한 책임제한의 총액은 선박마다 제770조에 따른 책임한도액을 초과하지 못한다.
③선박소유자 또는 제1항 각 호에 규정된 자의 1인이 책임제한절차개시의 결정을 받은 때에는 책임제한을 할 수 있는 다른 자도 이를 원용할 수 있다.

제775조 (구조자의 책임제한) ①구조자 또는 그 피용자의 구조활동과 직접 관련하여 발생한 사람의 사망·신체의 상해, 재산의 멸실이나 훼손, 계약상 권리 외의 타인의 권리의 침해로 인하여 생긴 손해에 관한 채권 및 그러한 손해를 방지 혹은 경감하기 위한 조치에 관한 채권 또는 그 조치의 결과로 인하여 생긴 손해에 관한 채권에 대하여는 제769조부터 제774조(제769조제2호 및 제770조제1항제1호를 제외한다)까지의 규정에 따라 구조자도 책임을 제한할 수 있다.
②구조활동을 선박으로부터 행하지 아니한 구조자 또는 구조를 받는 선박에서만 행한 구조자는 제770조에 따른 책임의 한도액에 관하여 1천500톤의 선박에 의한 구조자로 본다.
③구조자의 책임의 한도액은 구조선마다 또는 제2항의 경우에는 구조자마다 동일한 사고로 인하여 생긴 모든 채권에 미친다.
④제1항에서 "구조자"란 구조활동에 직접 관련된 용역을 제공한 자를 말하며, "구조활동"이란 해난구조 시의 구조활동은 물론 침몰·난파·좌초·유기, 그 밖의 해양사고를 당한 선박 및 그 선박 안에 있거나 있었던 적하와 그 밖의 물건의 인양·제거·파괴 또는 무해조치 및 이와 관련된 손해를 방지 또는 경감하기 위한 모든 조치를 말한다.

제776조 (책임제한의 절차) ①이 절의 규정에 따라 책임을 제한하고자 하는 자는 채권자로부터 책임한도액을 초과하는 청구금액을 명시한 서면에 의한 청구를 받은 날부터 1년 이내에 법원에 책임제한절차개시의 신청을 하여야 한다.
②책임제한절차 개시의 신청, 책임제한의 기금의 형성·공고·참가·배당, 그 밖에 필요한 사항은 별도로 법률로 정한다.

제5절 선박담보

제777조 (선박우선특권 있는 채권) ①다음의 채권을 가진 자는 선박·그 속구, 그 채권이 생긴 항해의 운임, 그 선박과 운임에 부수한 채권에 대하여 우선특권이 있다.
1. 채권자의 공동이익을 위한 소송비용, 항해에 관하여 선박에 과한 제세금, 도선료·예선료, 최후 입항 후의 선박과 그 속구의 보존비·검사비
2. 선원과 그 밖의 선박사용인의 고용계약으로 인한 채권
3. 해난구조로 인한 선박에 대한 구조료 채권과 공동해손의 분담에 대한 채권
4. 선박의 충돌과 그 밖의 항해사고로 인한 손해, 항해시설·항만시설 및 항로에 대한 손해와 선원이나 여객의 생명·신체에 대한 손해의 배상채권
②제1항의 우선특권을 가진 선박채권자는 이 법과 그 밖의 법률의 규정에 따라 제1항의 재산에 대하여 다른 채권자보다 자기채권의 우선변제를 받을 권리가 있다. 이 경우 그 성질에 반하지 아니하는 한 「민법」의 저당권에 관한 규정을 준용한다.

제778조 (선박·운임에 부수한 채권) 제777조에 따른 선박과 운임에 부수한 채권은 다음과 같다.
1. 선박 또는 운임의 손실로 인하여 선박소유자에게 지급할 손해배상
2. 공동해손으로 인한 선박 또는 운임의 손실에 대하여 선박소유자에게 지급할 상금
3. 해난구조로 인하여 선박소유자에게 지급할 구조료

제779조 (운임에 대한 우선특권) 운임에 대한 우선특권은 지급을 받지 아니한 운임 및 지급을 받은 운임 중 선박소유자나 그 대리인이 소지한 금액에 한하여 행사할 수 있다.

제780조 (보험금 등의 제외) 보험계약에 의하여 선박소유자에게 지급할 보험금과 그 밖의 장려금이나 보조금에 대하여는 제778조를 적용하지 아니한다.

제781조 (선박사용인의 고용계약으로 인한 채권) 제777조제1항제2호에 따른 채권은 고용계약 존속 중의 모든 항해로 인한 운임의 전부에 대하여 우선특권이 있다.

제782조 (동일항해로 인한 채권에 대한 우선특권의 순위) ①동일항해로 인한 채권의 우선특권이 경합하는 때에는 그 우선의 순위는 제777조제1항 각 호의 순서에 따른다.
②제777조제1항제3호에 따른 채권의 우선특권이 경합하는 때에는 후에 생긴 채권이 전에 생긴 채권에 우선한다. 동일한 사고로 인한 채권은 동시에 생긴 것으로 본다.
제783조 (수회항해에 관한 채권에 대한 우선특권의 순위) ①수회의 항해에 관한 채권의 우선특권이 경합하는 때에는 후의 항해에 관한 채권이 전의 항해에 관한 채권에 우선한다.
②제781조에 따른 우선특권은 그 최후의 항해에 관한 다른 채권과 동일한 순위로 한다.

제784조 (동일순위의 우선특권이 경합한 경우) 제781조부터 제783조까지의 규정에 따른 동일순

위의 우선특권이 경합하는 때에는 각 채권액의 비율에 따라 변제한다.

제785조 (우선특권의 추급권) 선박채권자의 우선특권은 그 선박소유권의 이전으로 인하여 영향을 받지 아니한다.

제786조 (우선특권의 소멸) 선박채권자의 우선특권은 그 채권이 생긴 날부터 1년 이내에 실행하지 아니하면 소멸한다.

제787조 (선박저당권) ①등기한 선박은 저당권의 목적으로 할 수 있다.
②선박의 저당권은 그 속구에 미친다.
③선박의 저당권에는 「민법」의 저당권에 관한 규정을 준용한다.

제788조 (선박저당권 등과 우선특권의 경합) 선박채권자의 우선특권은 질권과 저당권에 우선한다.

제789조 (등기선박의 입질불허) 등기한 선박은 질권의 목적으로 하지 못한다.

제790조 (건조 중의 선박에의 준용) 이 절의 규정은 건조 중의 선박에 준용한다.

제2장 운송과 용선

제1절 개품운송

제791조 (개품운송계약의 의의) 개품운송계약은 운송인이 개개의 물건을 해상에서 선박으로 운송할 것을 인수하고, 송하인이 이에 대하여 운임을 지급하기로 약정함으로써 그 효력이 생긴다.

제792조 (운송물의 제공) ①송하인은 당사자 사이의 합의 또는 선적항의 관습에 의한 때와 곳에서 운송인에게 운송물을 제공하여야 한다.
②제1항에 따른 때와 곳에서 송하인이 운송물을 제공하지 아니한 경우에는 계약을 해제한 것으로 본다. 이 경우 선장은 즉시 발항할 수 있고, 송하인은 운임의 전액을 지급하여야 한다.

제793조 (운송에 필요한 서류의 교부) 송하인은 선적기간 이내에 운송에 필요한 서류를 선장에게 교부하여야 한다.

제794조 (감항능력 주의의무) 운송인은 자기 또는 선원이나 그 밖의 선박사용인이 발항 당시 다음의 사항에 관하여 주의를 해태하지 아니하였음을 증명하지 아니하면 운송물의 멸실·훼손 또는 연착으로 인한 손해를 배상할 책임이 있다.
1. 선박이 안전하게 항해를 할 수 있게 할 것
2. 필요한 선원의 승선, 선박의장(의장)과 필요품의 보급
3. 선창·냉장실, 그 밖에 운송물을 적재할 선박의 부분을 운송물의 수령·운송과 보존을 위하여 적합한 상태에 둘 것

제795조 (운송물에 관한 주의의무) ①운송인은 자기 또는 선원이나 그 밖의 선박사용인이 운송물의 수령·선적·적부(적부)·운송·보관·양륙과 인도에 관하여 주의를 해태하지 아니하였음을 증명하지 아니하면 운송물의 멸실·훼손 또는 연착으로 인한 손해를 배상할 책임이 있다.
②운송인은 선장·해원·도선사, 그 밖의 선박사용인의 항해 또는 선박의 관리에 관한 행위 또는 화재로 인하여 생긴 운송물에 관한 손해를 배상할 책임을 면한다. 다만, 운송인의 고의 또는 과실로 인한 화재의 경우에는 그러하지 아니하다.

제796조 (운송인의 면책사유) 운송인은 다음 각 호의 사실이 있었다는 것과 운송물에 관한 손해가 그 사실로 인하여 보통 생길 수 있는 것임을 증명한 때에는 이를 배상할 책임을 면한다. 다만, 제794조 및 제795조제1항에 따른 주의를 다하였더라면 그 손해를 피할 수 있었음에도 불구하고 그 주의를 다하지 아니하였음을 증명한 때에는 그러하지 아니하다.
1. 해상이나 그 밖에 항행할 수 있는 수면에서의 위험 또는 사고
2. 불가항력
3. 전쟁·폭동 또는 내란
4. 해적행위나 그 밖에 이에 준한 행위
5. 재판상의 압류, 검역상의 제한, 그 밖에 공권에 의한 제한
6. 송하인 또는 운송물의 소유자나 그 사용인의 행위
7. 동맹파업이나 그 밖의 쟁의행위 또는 선박폐쇄
8. 해상에서의 인명이나 재산의 구조행위 또는 이로 인한 항로이탈이나 그 밖의 정당한 사유로 인한 항로이탈
9. 운송물의 포장의 불충분 또는 기호의 표시의 불완전
10. 운송물의 특수한 성질 또는 숨은 하자
11. 선박의 숨은 하자

제797조 (발항후의 계약해지) 발항후에는 용선자나 송하인은 운임의 전액, 체당금, 정박료와 공동해손 또는 해양사고 구조의 부담액을 지급하고 그 양륙하기 위하여 생긴 손해를 배상하거나 이에 대한 상당한 담보를 제공하지 아니하면 계약을 해지하지 못한다.

제797조 (책임의 한도) ①제794조부터 제796조까지의 규정에 따른 운송인의 손해배상의 책임은

당해 운송물의 매 포장당 또는 선적단위당 666과 100분의 67 계산단위의 금액과 중량 1킬로그램당 2 계산단위의 금액 중 큰 금액을 한도로 제한할 수 있다. 다만, 운송물에 관한 손해가 운송인 자신의 고의 또는 손해발생의 염려가 있음을 인식하면서 무모하게 한 작위 또는 부작위로 인하여 생긴 것인 때에는 그러하지 아니하다.
②제1항의 적용에 있어서 운송물의 포장 또는 선적단위의 수는 다음과 같이 정한다.
1. 컨테이너나 그 밖에 이와 유사한 운송용기가 운송물을 통합하기 위하여 사용되는 경우에 그러한 운송용기에 내장된 운송물의 포장 또는 선적단위의 수를 선하증권이나 그 밖에 운송계약을 증명하는 문서에 기재한 때에는 그 각 포장 또는 선적단위를 하나의 포장 또는 선적단위로 본다. 이 경우를 제외하고는 이러한 운송용기 내의 운송물 전부를 하나의 포장 또는 선적단위로 본다.
2. 운송인이 아닌 자가 공급한 운송용기 자체가 멸실 또는 훼손된 경우에는 그 용기를 별개의 포장 또는 선적단위로 본다.
③제1항 및 제2항은 송하인이 운송인에게 운송물을 인도할 때에 그 종류와 가액을 고지하고 선하증권이나 그 밖에 운송계약을 증명하는 문서에 이를 기재한 경우에는 적용하지 아니한다. 다만, 송하인이 운송물의 종류 또는 가액을 고의로 현저하게 부실의 고지를 한 때에는 운송인은 자기 또는 그 사용인이 악의인 경우를 제외하고 운송물의 손해에 대하여 책임을 면한다.
④제1항부터 제3항까지의 규정은 제769조부터 제774조까지 및 제776조의 적용에 영향을 미치지 아니한다. [시행일:2010.8.4] 제797조제1항

제798조 (비계약적 청구에 대한 적용) ①이 절의 운송인의 책임에 관한 규정은 운송인의 불법행위로 인한 손해배상의 책임에도 적용한다.
②운송물에 관한 손해배상청구가 운송인의 사용인 또는 대리인에 대하여 제기된 경우에 그 손해가 그 사용인 또는 대리인의 직무집행에 관하여 생긴 것인 때에는 그 사용인 또는 대리인은 운송인이 주장할 수 있는 항변과 책임제한을 원용할 수 있다. 다만, 그 손해가 그 사용인 또는 대리인의 고의 또는 운송물의 멸실·훼손 또는 연착이 생길 염려가 있음을 인식하면서 무모하게 한 작위 또는 부작위로 인하여 생긴 것인 때에는 그러하지 아니하다.
③제2항 본문의 경우에 운송인과 그 사용인 또는 대리인의 운송물에 대한 책임제한금액의 총액은 제797조제1항에 따른 한도를 초과하지 못한다.
④제1항부터 제3항까지의 규정은 운송물에 관한 손해배상청구가 운송인 외의 실제운송인 또는 그 사용인이나 대리인에 대하여 제기된 경우에도 적용한다.

제799조 (운송인의 책임경감금지) ①제794조부터 제798조까지의 규정에 반하여 운송인의 의무 또는 책임을 경감 또는 면제하는 당사자 사이의 특약은 효력이 없다. 운송물에 관한 보험의 이익을 운송인에게 양도하는 약정 또는 이와 유사한 약정도 또한 같다.
②제1항은 산 동물의 운송 및 선하증권이나 그 밖에 운송계약을 증명하는 문서의 표면에 갑판적(갑판적)으로 운송할 취지를 기재하여 갑판적으로 행하는 운송에 대하여는 적용하지 아니한다.

제800조 (위법선적물의 처분) ①선장은 법령 또는 계약을 위반하여 선적된 운송물은 언제든지 이를 양륙할 수 있고, 그 운송물이 선박 또는 다른 운송물에 위해를 미칠 염려가 있는 때에는 이를 포기할 수 있다.
②선장이 제1항의 물건을 운송하는 때에는 선적한 때와 곳에서의 동종 운송물의 최고운임의 지급을 청구할 수 있다.
③제1항 및 제2항은 운송인과 그 밖의 이해관계인의 손해배상청구에 영향을 미치지 아니한다.

제801조 (위험물의 처분) ①인화성·폭발성이나 그 밖의 위험성이 있는 운송물은 운송인이 그 성질을 알고 선적한 경우에도 그 운송물이 선박이나 다른 운송물에 위해를 미칠 위험이 있는 때에는 선장은 언제든지 이를 양륙·파괴 또는 무해조치할 수 있다.
②운송인은 제1항의 처분에 의하여 그 운송물에 발생한 손해에 대하여는 공동해손분담책임을 제외하고 그 배상책임을 면한다.

제802조 (운송물의 수령) 운송물의 도착통지를 받은 수하인은 당사자 사이의 합의 또는 양륙항의 관습에 의한 때와 곳에서 지체 없이 운송물을 수령하여야 한다.

제803조 (운송물의 공탁 등) ①수하인이 운송물의 수령을 게을리한 때에는 선장은 이를 공탁하거나 세관이나 그 밖에 법령으로 정한 관청의 허가를 받은 곳에 인도할 수 있다. 이 경우 지체 없이 수하인에게 그 통지를 발송하여야 한다.
②수하인을 확실히 알 수 없거나 수하인이 운송물의 수령을 거부한 때에는 선장은 이를 공탁하거나 세관이나 그 밖에 법령으로 정한 관청의 허가를 받은 곳에 인도하고 지체 없이 용선자 또는 송하인 및 알고 있는 수하인에게 그 통지를 발송하여야 한다.
③제1항 및 제2항에 따라 운송물을 공탁하거나 세관이나 그 밖에 법령으로 정한 관청의 허가를 받은 곳에 인도한 때에는 선하증권소지인이나 그 밖의 수하인에게 운송물을 인도한 것으로 본다.

제804조 (운송물의 일부 멸실·훼손에 관한 통지) ①수하인이 운송물의 일부 멸실 또는 훼손을 발견한 때에는 수령 후 지체 없이 그 개요에 관하여 운송인에게 서면에 의한 통지를 발송하여야 한다. 다만, 그 멸실 또는 훼손이 즉시 발견할 수 없는 것인 때에는 수령한 날부터 3일 이내에 그 통지를 발송하여야 한다.
②제1항의 통지가 없는 경우에는 운송물이 멸실 또는 훼손 없이 수하인에게 인도된 것으로 추정한다.
③제1항 및 제2항은 운송인 또는 그 사용인이 악의인 경우에는 적용하지 아니한다.
④운송물에 멸실 또는 훼손이 발생하였거나 그 의심이 있는 경우에는 운송인과 수하인은 서로 운송물의 검사를 위하여 필요한 편의를 제공하여야 한다.
⑤제1항부터 제4항까지의 규정에 반하여 수하인에게 불리한 당사자 사이의 특약은 효력이 없다.

제805조 (운송물의 중량·용적에 따른 운임) 운송물의 중량 또는 용적으로 운임을 정한 때에는 운송물을 인도하는 때의 중량 또는 용적에 의하여 그 액을 정한다.

제806조 (운송기간에 따른 운임) ①기간으로 운임을 정한 때에는 운송물의 선적을 개시한 날부터 그 양륙을 종료한 날까지의 기간에 의하여 그 액을 정한다.
②제1항의 기간에는 불가항력으로 인하여 선박이 선적항이나 항해도중에 정박한 기간 또는 항해도중에 선박을 수선한 기간을 산입하지 아니한다.

제807조 (수하인의 의무, 선장의 유치권) ①수하인이 운송물을 수령하는 때에는 운송계약 또는 선하증권의 취지에 따라 운임·부수비용·체당금·체선료, 운송물의 가액에 따른 공동해손 또는 해난구조로 인한 부담액을 지급하여야 한다.
②선장은 제1항에 따른 금액의 지급과 상환하지 아니하면 운송물을 인도할 의무가 없다.
제808조 (운송인의 운송물경매권) ①운송인은 제807조제1항에 따른 금액의 지급을 받기 위하여 법원의 허가를 받아 운송물을 경매하여 우선변제를 받을 권리가 있다.
②선장이 수하인에게 운송물을 인도한 후에도 운송인은 그 운송물에 대하여 제1항의 권리를 행사할 수 있다. 다만, 인도한 날부터 30일을 경과하거나 제3자가 그 운송물에 점유를 취득한 때에는 그러하지 아니하다.

제809조 (항해용선자 등의 재운송계약시 선박소유자의 책임) 항해용선자 또는 정기용선자가 자기의 명의로 제3자와 운송계약을 체결한 경우에는 그 계약의 이행이 선장의 직무에 속한 범위 안에서 선박소유자도 그 제3자에 대하여 제794조 및 제795조에 따른 책임을 진다.

제810조 (운송계약의 종료사유) ①운송계약은 다음의 사유로 인하여 종료한다.
1. 선박이 침몰 또는 멸실한 때
2. 선박이 수선할 수 없게 된 때
3. 선박이 포획된 때
4. 운송물이 불가항력으로 인하여 멸실된 때
②제1항제1호부터 제3호까지의 사유가 항해 도중에 생긴 때에는 송하인은 운송의 비율에 따라 현존하는 운송물의 가액의 한도에서 운임을 지급하여야 한다.

제811조 (법정사유로 인한 해제 등) ①항해 또는 운송이 법령을 위반하게 되거나 그 밖에 불가항력으로 인하여 계약의 목적을 달할 수 없게 된 때에는 각 당사자는 계약을 해제할 수 있다.
②제1항의 사유가 항해 도중에 생긴 경우에 계약을 해지한 때에는 송하인은 운송의 비율에 따라 운임을 지급하여야 한다.

제812조 (운송물의 일부에 관한 불가항력) ①제810조제1항제4호 및 제811조제1항의 사유가 운송물의 일부에 대하여 생긴 때에는 송하인은 운송인의 책임이 가중되지 아니하는 범위 안에서 다른 운송물을 선적할 수 있다.
②송하인이 제1항의 권리를 행사하고자 하는 때에는 지체 없이 운송물의 양륙 또는 선적을 하여야 한다. 그 양륙 또는 선적을 게을리한 때에는 운임의 전액을 지급하여야 한다.

제813조 (선장의 적하처분과 운임) 운송인은 다음 각 호의 어느 하나에 해당하는 경우에는 운임의 전액을 청구할 수 있다.
1. 선장이 제750조제1항에 따라 적하를 처분하였을 때
2. 선장이 제865조에 따라 적하를 처분하였을 때
제814조 (운송인의 채권·채무의 소멸) ①운송인의 송하인 또는 수하인에 대한 채권 및 채무는 그 청구원인의 여하에 불구하고 운송인이 수하인에게 운송물을 인도한 날 또는 인도할 날부터 1년 이내에 재판상 청구가 없으면 소멸한다. 다만, 이 기간은 당사자의 합의에 의하여 연장할 수 있다.
②운송인이 인수한 운송을 다시 제3자에게 위탁한 경우에 송하인 또는 수하인이 제1항의 기간 이내에 운송인과 배상 합의를 하거나 운송인에게 재판상 청구를 하였다면, 그 합의 또는 청구가 있은 날부터 3개월이 경과하기 이전에는 그 제3자에 대한 운송인의 채권·채무는 제1항에도 불구하고 소멸하지 아니한다. 운송인과 그 제3자 사이에 제1항 단서와 동일한 취지의 약정이 있는 경우에도 또한 같다.

③제2항의 경우에 있어서 재판상 청구를 받은 운송인이 그로부터 3개월 이내에 그 제3자에 대하여 소송고지를 하면 3개월의 기간은 그 재판이 확정되거나 그 밖에 종료된 때부터 기산한다.

제815조 (준용규정) 제134조, 제136조부터 제140조까지의 규정은 이 절에서 정한 운송인에 준용한다.

제816조 (복합운송인의 책임) ①운송인이 인수한 운송에 해상 외의 운송구간이 포함된 경우 운송인은 손해가 발생한 운송구간에 적용될 법에 따라 책임을 진다.
②어느 운송구간에서 손해가 발생하였는지 불분명한 경우 또는 손해의 발생이 성질상 특정한 지역으로 한정되지 아니하는 경우에는 운송인은 운송거리가 가장 긴 구간에 적용되는 법에 따라 책임을 진다. 다만, 운송거리가 같거나 가장 긴 구간을 정할 수 없는 경우에는 운임이 가장 비싼 구간에 적용되는 법에 따라 책임을 진다.

제2절 해상여객운송

제817조 (해상여객운송계약의 의의) 해상여객운송계약은 운송인이 특정한 여객을 출발지에서 도착지까지 해상에서 선박으로 운송할 것을 인수하고, 이에 대하여 상대방이 운임을 지급하기로 약정함으로써 그 효력이 생긴다.

제818조 (기명식의 선표) 기명식의 선표는 타인에게 양도하지 못한다.

제819조 (식사·거처제공의무 등) ①여객의 항해 중의 식사는 다른 약정이 없으면 운송인의 부담으로 한다.
②항해 도중에 선박을 수선하는 경우에는 운송인은 그 수선 중 여객에게 상당한 거처와 식사를 제공하여야 한다. 다만, 여객의 권리를 해하지 아니하는 범위 안에서 상륙항까지의 운송의 편의를 제공한 때에는 그러하지 아니하다.
③제2항의 경우에 여객은 항해의 비율에 따른 운임을 지급하고 계약을 해지할 수 있다.

제820조 (수하물 무임운송의무) 여객이 계약에 의하여 선내에서 휴대할 수 있는 수하물에 대하여는 운송인은 다른 약정이 없으면 별도로 운임을 청구하지 못한다.

제821조 (승선지체와 선장의 발항권) ①여객이 승선시기까지 승선하지 아니한 때에는 선장은 즉시 발항할 수 있다. 항해 도중의 정박항에서도 또한 같다.
②제1항의 경우에는 여객은 운임의 전액을 지급하여야 한다.

제822조 (여객의 계약해제와 운임) 여객이 발항 전에 계약을 해제하는 경우에는 운임의 반액을 지급하고, 발항 후에 계약을 해제하는 경우에는 운임의 전액을 지급하여야 한다.

제823조 (법정사유에 의한 해제) 여객이 발항 전에 사망·질병이나 그 밖의 불가항력으로 인하여 항해할 수 없게 된 때에는 운송인은 운임의 10분의 3을 청구할 수 있고, 발항 후에 그 사유가 생긴 때에는 운송인의 선택으로 운임의 10분의 3 또는 운송의 비율에 따른 운임을 청구할 수 있다.

제824조 (사망한 여객의 수하물처분의무) 여객이 사망한 때에는 선장은 그 상속인에게 가장 이익이 되는 방법으로 사망자가 휴대한 수하물을 처분하여야 한다.

제825조 (법정종료사유) 운송계약은 제810조제1항제1호부터 제3호까지의 사유로 인하여 종료한다. 그 사유가 항해 도중에 생긴 때에는 여객은 운송의 비율에 따른 운임을 지급하여야 한다.

제826조 (준용규정) ①제148조·제794조·제799조제1항 및 제809조는 해상여객운송에 준용한다.
②제134조·제136조·제149조제2항·제794조부터 제801조까지·제804조·제807조·제809조·제811조 및 제814조는 운송인이 위탁을 받은 여객의 수하물의 운송에 준용한다.
③제150조, 제797조제1항·제4항, 제798조, 제799조제1항, 제809조 및 제814조는 운송인이 위탁을 받지 아니한 여객의 수하물에 준용한다.

제3절 항해용선

제827조 (항해용선계약의 의의) ①항해용선계약은 특정한 항해를 할 목적으로 선박소유자가 용선자에게 선원이 승무하고 항해장비를 갖춘 선박의 전부 또는 일부를 물건의 운송에 제공하기로 약정하고 용선자가 이에 대하여 운임을 지급하기로 약정함으로써 그 효력이 생긴다.
②이 절의 규정은 그 성질에 반하지 아니하는 한 여객운송을 목적으로 하는 항해용선계약에도 준용한다.
③선박소유자가 일정한 기간 동안 용선자에게 선박을 제공할 의무를 지지만 항해를 단위로 운임을 계산하여 지급하기로 약정한 경우에도 그 성질에 반하지 아니하는 한 이 절의 규정을 준용한다.

제828조 (용선계약서) 용선계약의 당사자는 상대방의 청구에 의하여 용선계약서를 교부하여야 한다.

제829조 (선적준비완료의 통지, 선적기간) ①선박소유자는 운송물을 선적함에 필요한 준비가 완료된 때에는 지체 없이 용선자에게 그 통지를 발송하여야 한다.
②운송물을 선적할 기간의 약정이 있는 경우에는 그 기간은 제1항의 통지가 오전에 있은 때에는 그 날의 오후 1시부터 기산하고, 오후에 있은 때에는 다음날 오전 6시부터 기산한다. 이 기간에는 불가항력으로 인하여 선적할 수 없는 날과 그 항의 관습상 선적작업을 하지 아니하는 날을 산입하지 아니한다.
③제2항의 기간을 경과한 후 운송물을 선적한 때에는 선박소유자는 상당한 보수를 청구할 수 있다.

제830조 (제3자가 선적인인 경우의 통지·선적) 용선자 외의 제3자가 운송물을 선적할 경우에 선장이 그 제3자를 확실히 알 수 없거나 그 제3자가 운송물을 선적하지 아니한 때에는 선장은 지체 없이 용선자에게 그 통지를 발송하여야 한다. 이 경우 선적기간 이내에 한하여 용선자가 운송물을 선적할 수 있다.

제831조 (용선자의 발항청구권, 선장의 발항권) ①용선자는 운송물의 전부를 선적하지 아니한 경우에도 선장에게 발항을 청구할 수 있다.
②선적기간의 경과 후에는 용선자가 운송물의 전부를 선적하지 아니한 경우에도 선장은 즉시 발항할 수 있다.
③제1항 및 제2항의 경우에 용선자는 운임의 전액과 운송물의 전부를 선적하지 아니함으로 인하여 생긴 비용을 지급하고, 또한 선박소유자의 청구가 있는 때에는 상당한 담보를 제공하여야 한다.

제832조 (전부용선의 발항 전의 계약해제 등) ①발항 전에는 전부용선자는 운임의 반액을 지급하고 계약을 해제할 수 있다.
②왕복항해의 용선계약인 경우에 전부용선자가 그 회항 전에 계약을 해지하는 때에는 운임의 3분의 2를 지급하여야 한다.
③선박이 다른 항에서 선적항에 항행하여야 할 경우에 전부용선자가 선적항에서 발항하기 전에 계약을 해지하는 때에도 제2항과 같다.

제833조 (일부용선과 발항 전의 계약해제 등) ①일부용선자나 송하인은 다른 용선자와 송하인 전원과 공동으로 하는 경우에 한하여 제832조의 해제 또는 해지를 할 수 있다.
②제1항의 경우 외에는 일부용선자나 송하인이 발항 전에 계약을 해제 또는 해지한 때에도 운임의 전액을 지급하여야 한다.
③발항 전이라도 일부용선자나 송하인이 운송물의 전부 또는 일부를 선적한 경우에는 다른 용선자와 송하인의 동의를 받지 아니하면 계약을 해제 또는 해지하지 못한다.

제834조 (부수비용·체당금 등의 지급의무) ①용선자나 송하인이 제832조 및 제833조제1항에 따라 계약을 해제 또는 해지를 한 때에도 부수비용과 체당금을 지급할 책임을 면하지 못한다.
②제832조제2항 및 제3항의 경우에는 용선자나 송하인은 제1항에 규정된 것 외에도 운송물의 가액에 따라 공동해손 또는 해난구조로 인하여 부담할 금액을 지급하여야 한다.

제835조 (선적·양륙비용의 부담) 제833조 및 제834조의 경우에 운송물의 전부 또는 일부를 선적한 때에는 그 선적과 양륙의 비용은 용선자 또는 송하인이 부담한다.

제836조 (선적기간 내의 불선적의 효과) 용선자가 선적기간 내에 운송물의 선적을 하지 아니한 때에는 계약을 해제 또는 해지한 것으로 본다.

제837조 (발항 후의 계약해지) 발항 후에는 용선자나 송하인은 운임의 전액, 체당금·체선료와 공동해손 또는 해난구조의 부담액을 지급하고 그 양륙하기 위하여 생긴 손해를 배상하거나 이에 대한 상당한 담보를 제공하지 아니하면 계약을 해지하지 못한다.

제838조 (운송물의 양륙) ①운송물을 양륙함에 필요한 준비가 완료된 때에는 선장은 지체 없이 수하인에게 그 통지를 발송하여야 한다.
②제829조제2항은 운송물의 양륙기간의 계산에 준용한다.
③제2항의 양륙기간을 경과한 후 운송물을 양륙한 때에는 선박소유자는 상당한 보수를 청구할 수 있다.

제839조 (선박소유자의 책임경감 금지) ①제794조에 반하여 이 절에서 정한 선박소유자의 의무 또는 책임을 경감 또는 면제하는 당사자 사이의 특약은 효력이 없다. 운송물에 관한 보험의 이익을 선박소유자에게 양도하는 약정 또는 이와 유사한 약정도 또한 같다.
②제799조제2항은 제1항의 경우에 준용한다.

제840조 (선박소유자의 채권·채무의 소멸) ①선박소유자의 용선자 또는 수하인에 대한 채권 및 채무는 그 청구원인의 여하에 불구하고 선박소유자가 운송물을 인도한 날 또는 인도할 날부터 2년 이내에 재판상 청구가 없으면 소멸한다. 이 경우 제814조제1항 단서를 준용한다.
②제1항의 기간을 단축하는 선박소유자와 용선자의 약정은 이를 운송계약에 명시적으로 기재하지 아니하면 그 효력이 없다.

제841조 (준용규정) ①제134조, 제136조, 제137조, 제140조, 제793조부터 제797조까지, 제798조제1항부터 제3항까지, 제800조, 제801조, 제803조, 제804조제1항부터 제4항까지, 제805조부터 제808조까지와 제810조부터 제813조까지의 규정은 항해용선계약에 준용한다.
②제1항에 따라 제806조의 운임을 계산함에 있어서 제829조제2항의 선적기간 또는 제838조제2항의 양륙기간이 경과한 후에 운송물을 선적 또는 양륙한 경우에는 그 기간경과 후의 선적 또는 양륙기간은 선적 또는 양륙기간에 산입하지 아니하고 제829조제3항 및 제838조제3항에 따라 별도로 보수를 정한다.

제4절 정기용선 <개정 2007.8.3>

제842조 (정기용선계약의 의의) 정기용선계약은 선박소유자가 용선자에게 선원이 승무하고 항해장비를 갖춘 선박을 일정한 기간동안 항해에 사용하게 할 것을 약정하고 용선자가 이에 대하여 기간으로 정한 용선료를 지급하기로 약정함으로써 그 효력이 생긴다.

제843조 (정기용선자의 선장지휘권) ①정기용선자는 약정한 범위 안의 선박의 사용을 위하여 선장을 지휘할 권리가 있다.
②선장·해원, 그 밖의 선박사용인이 정기용선자의 정당한 지시를 위반하여 정기용선자에게 손해가 발생한 경우에는 선박소유자가 이를 배상할 책임이 있다.

제844조 (선박소유자의 운송물유치권 및 경매권) ①제807조제2항 및 제808조는 정기용선자가 선박소유자에게 용선료·체당금, 그 밖에 이와 유사한 정기용선계약에 의한 채무를 이행하지 아니하는 경우에 준용한다. 다만, 선박소유자는 정기용선자가 발행한 선하증권을 선의로 취득한 제3자에게 대항하지 못한다.
②제1항에 따른 선박소유자의 운송물에 대한 권리는 정기용선자가 운송물에 관하여 약정한 용선료 또는 운임의 범위를 넘어서 행사하지 못한다.

제845조 (용선료의 연체와 계약해지 등) ①정기용선자가 용선료를 약정기일에 지급하지 아니한 때에는 선박소유자는 계약을 해제 또는 해지할 수 있다.
②정기용선자가 제3자와 운송계약을 체결하여 운송물을 선적한 후 선박의 항해 중에 선박소유자가 제1항에 따라 계약을 해제 또는 해지한 때에는 선박소유자는 적하이해관계인에 대하여 정기용선자와 동일한 운송의무가 있다.
③선박소유자가 제2항에 따른 계약의 해제 또는 해지 및 운송계속의 뜻을 적하이해관계인에게 서면으로 통지를 한 때에는 선박소유자의 정기용선자에 대한 용선료·체당금, 그 밖에 이와 유사한 정기용선계약상의 채권을 담보하기 위하여 정기용선자가 적하이해관계인에 대하여 가지는 용선료 또는 운임의 채권을 목적으로 질권을 설정한 것으로 본다.
④제1항부터 제3항까지의 규정은 선박소유자 또는 적하이해관계인의 정기용선자에 대한 손해배상청구에 영향을 미치지 아니한다.

제846조 (정기용선계약상의 채권의 소멸) ①정기용선계약에 관하여 발생한 당사자 사이의 채권은 선박이 선박소유자에게 반환된 날부터 2년 이내에 재판상 청구가 없으면 소멸한다. 이 경우 제814조제1항 단서를 준용한다.
②제840조제2항은 제1항의 경우에 준용한다.

제5절 선체용선 <개정 2007.8.3>

제847조 (선체용선계약의 의의) ①선체용선계약은 용선자의 관리·지배 하에 선박을 운항할 목적으로 선박소유자가 용선자에게 선박을 제공할 것을 약정하고 용선자가 이에 따른 용선료를 지급하기로 약정함으로써 그 효력이 생긴다.
②선박소유자가 선장과 그 밖의 해원을 공급할 의무를 지는 경우에도 용선자의 관리·지배하에서 해원이 선박을 운항하는 것을 목적으로 하면 이를 선체용선계약으로 본다.

제848조 (법적 성질) ①선체용선계약은 그 성질에 반하지 아니하는 한 「민법」상 임대차에 관한 규정을 준용한다.
②용선기간이 종료된 후에 용선자가 선박을 매수 또는 인수할 권리를 가지는 경우 및 금융의 담보를 목적으로 채권자를 선박소유자로 하여 선체용선계약을 체결한 경우에도 용선기간 중에는 당사자 사이에서는 이 절의 규정에 따라 권리와 의무가 있다.

제849조 (선체용선자의 등기청구권, 등기의 효력) ①선체용선자는 선박소유자에 대하여 선체용선등기에 협력할 것을 청구할 수 있다.
②선체용선을 등기한 때에는 그 때부터 제3자에 대하여 효력이 생긴다.

제850조 (선체용선과 제3자에 대한 법률관계) ①선체용선자가 상행위나 그 밖의 영리를 목적으로 선박을 항해에 사용하는 경우에는 그 이용에 관한 사항에는 제3자에 대하여 선박소유자와 동일한 권리의무가 있다.
②제1항의 경우에 선박의 이용에 관하여 생긴 우선특권은 선박소유자에 대하여도 그 효력이 있다.

다만, 우선특권자가 그 이용의 계약에 반함을 안 때에는 그러하지 아니하다.

제851조 (선체용선계약상의 채권의 소멸) ①선체용선계약에 관하여 발생한 당사자 사이의 채권은 선박이 선박소유자에게 반환된 날부터 2년 이내에 재판상 청구가 없으면 소멸한다. 이 경우 제814조제1항 단서를 준용한다.
②제840조제2항은 제1항의 경우에 준용한다.

제6절 운송증서 <개정 2007.8.3>

제852조 (선하증권의 발행) ①운송인은 운송물을 수령한 후 송하인의 청구에 의하여 1통 또는 수통의 선하증권을 교부하여야 한다.
②운송인은 운송물을 선적한 후 송하인의 청구에 의하여 1통 또는 수통의 선적선하증권을 교부하거나 제1항의 선하증권에 선적의 뜻을 표시하여야 한다.
③운송인은 선장 또는 그 밖의 대리인에게 선하증권의 교부 또는 제2항의 표시를 위임할 수 있다.

제853조 (선하증권의 기재사항) ①선하증권에는 다음 각 호의 사항을 기재하고 운송인이 기명날인 또는 서명하여야 한다.
1. 선박의 명칭·국적 및 톤수
2. 송하인이 서면으로 통지한 운송물의 종류, 중량 또는 용적, 포장의 종별, 개수와 기호
3. 운송물의 외관상태
4. 용선자 또는 송하인의 성명·상호
5. 수하인 또는 통지수령인의 성명·상호
6. 선적항
7. 양륙항
8. 운임
9. 발행지와 그 발행연월일
10. 수통의 선하증권을 발행한 때에는 그 수
11. 운송인의 성명 또는 상호
12. 운송인의 주된 영업소 소재지
②제1항제2호의 기재사항 중 운송물의 중량·용적·개수 또는 기호가 운송인이 실제로 수령한 운송물을 정확하게 표시하고 있지 아니하다고 의심할 만한 상당한 이유가 있는 때 또는 이를 확인할 적당한 방법이 없는 때에는 그 기재를 생략할 수 있다.
③송하인은 제1항제2호의 기재사항이 정확함을 운송인에게 담보한 것으로 본다.
④운송인이 선하증권에 기재된 통지수령인에게 운송물에 관한 통지를 한 때에는 송하인 및 선하증권소지인과 그 밖의 수하인에게 통지한 것으로 본다.

제854조 (선하증권 기재의 효력) ①제853조제1항에 따라 선하증권이 발행된 경우 운송인과 송하인 사이에 선하증권에 기재된 대로 개품운송계약이 체결되고 운송물을 수령 또는 선적한 것으로 추정한다.
②제1항의 선하증권을 선의로 취득한 소지인에 대하여 운송인은 선하증권에 기재된 대로 운송물을 수령 혹은 선적한 것으로 보고 선하증권에 기재된 바에 따라 운송인으로서 책임을 진다.

제855조 (용선계약과 선하증권) ①용선자의 청구가 있는 경우 선박소유자는 운송물을 수령한 후에 제852조 및 제853조에 따라 선하증권을 발행한다.
②제1항에 따라 선하증권이 발행된 경우 선박소유자는 선하증권에 기재된 대로 운송물을 수령 또는 선적한 것으로 추정한다.
③제3자가 선의로 제1항의 선하증권을 취득한 경우 선박소유자는 제854조제2항에 따라 운송인으로서 권리와 의무가 있다. 용선자의 청구에 따라 선박소유자가 제3자에게 선하증권을 발행한 경우에도 또한 같다.
④제3항의 경우에 그 제3자는 제833조부터 제835조까지 및 제837조에 따른 송하인으로 본다.
⑤제3항의 경우 제799조를 위반하여 운송인으로서의 의무와 책임을 감경 또는 면제하는 특약을 하지 못한다.

제856조 (등본의 교부) 선하증권의 교부를 받은 용선자 또는 송하인은 발행자의 청구가 있는 때에는 선하증권의 등본에 기명날인 또는 서명하여 교부하여야 한다.

제857조 (수통의 선하증권과 양륙항에 있어서의 운송물의 인도) ①양륙항에서 수통의 선하증권 중 1통을 소지한 자가 운송물의 인도를 청구하는 경우에도 선장은 그 인도를 거부하지 못한다.
②제1항에 따라 수통의 선하증권 중 1통의 소지인이 운송물의 인도를 받은 때에는 다른 선하증권은 그 효력을 잃는다.

제858조 (수통의 선하증권과 양륙항 외에서의 운송물의 인도) 양륙항 외에서는 선장은 선하증권의 각 통의 반환을 받지 아니하면 운송물을 인도하지 못한다.

제859조 (2인 이상 소지인의 운송물인도청구와 공탁) ①2인 이상의 선하증권소지인이 운송물의 인도를 청구한 때에는 선장은 지체 없이 운송물을 공탁하고 각 청구자에게 그 통지를 발송하여야 한다.
②선장이 제857조제1항에 따라 운송물의 일부를 인도한 후 다른 소지인이 운송물의 인도를 청구한 경우에도 그 인도하지 아니한 운송물에 대하여는 제1항과 같다.

제860조 (수인의 선하증권소지인의 순위) ①제859조에 따라 공탁한 운송물에 대하여는 수인의 선하증권소지인에게 공통되는 전 소지인으로부터 먼저 교부를 받은 증권소지인의 권리가 다른 소지인의 권리에 우선한다.
②격지자에 대하여 발송한 선하증권은 그 발송한 때를 교부받은 때로 본다.

제861조 (준용규정) 제129조·제130조·제132조 및 제133조는 제852조 및 제855조의 선하증권에 준용한다.

제862조 (전자선하증권) ①운송인은 제852조 또는 제855조의 선하증권을 발행하는 대신에 송하인 또는 용선자의 동의를 받아 법무부장관이 지정하는 등록기관에 등록을 하는 방식으로 전자선하증권을 발행할 수 있다. 이 경우 전자선하증권은 제852조 및 제855조의 선하증권과 동일한 법적 효력을 갖는다.
②전자선하증권에는 제853조제1항 각 호의 정보가 포함되어야 하며, 운송인이 전자서명을 하여 송신하고 용선자 또는 송하인이 이를 수신하여야 그 효력이 생긴다.
③전자선하증권의 권리자는 배서의 뜻을 기재한 전자문서를 작성한 다음 전자선하증권을 첨부하여 지정된 등록기관을 통하여 상대방에게 송신하는 방식으로 그 권리를 양도할 수 있다.
④제3항에서 정한 방식에 따라 배서의 뜻을 기재한 전자문서를 상대방이 수신하면 제852조 및 제855조의 선하증권을 배서하여 교부한 것과 동일한 효력이 있고, 제2항 및 제3항의 전자문서를 수신한 권리자는 제852조 및 제855조의 선하증권을 교부받은 소지인과 동일한 권리를 취득한다.
⑤전자선하증권의 등록기관의 지정요건, 발행 및 배서의 전자적인 방식, 운송물의 구체적인 수령절차와 그 밖에 필요한 사항은 대통령령으로 정한다.

제863조 (해상화물운송장의 발행) ①운송인은 용선자 또는 송하인의 청구가 있으면 제852조 또는 제855조의 선하증권을 발행하는 대신 해상화물운송장을 발행할 수 있다. 해상화물운송장은 당사자 사이의 합의에 따라 전자식으로도 발행할 수 있다.
②해상화물운송장에는 해상화물운송장임을 표시하는 외에 제853조제1항 각 호 사항을 기재하고 운송인이 기명날인 또는 서명하여야 한다.
③제853조제2항 및 제4항은 해상화물운송장에 준용한다.

제864조 (해상화물운송장의 효력) ①제863조제1항의 규정에 따라 해상화물운송장이 발행된 경우 운송인이 그 운송장에 기재된 대로 운송물을 수령 또는 선적한 것으로 추정한다.
②운송인이 운송물을 인도함에 있어서 수령인이 해상화물운송장에 기재된 수하인 또는 그 대리인이라고 믿을만한 정당한 사유가 있는 때에는 수령인이 권리자가 아니라고 하더라도 운송인은 그 책임을 면한다.

제3장 해상위험

제1절 공동해손

제865조 (공동해손의 요건) 선박과 적하의 공동위험을 면하기 위한 선장의 선박 또는 적하에 대한 처분으로 인하여 생긴 손해 또는 비용은 공동해손으로 한다.

제866조 (공동해손의 분담) 공동해손은 그 위험을 면한 선박 또는 적하의 가액과 운임의 반액과 공동해손의 액과의 비율에 따라 각 이해관계인이 이를 분담한다.

제867조 (공동해손분담액의 산정) 공동해손의 분담액을 정함에 있어서는 선박의 가액은 도달의 때와 곳의 가액으로 하고, 적하의 가액은 양륙의 때와 곳의 가액으로 한다. 다만, 적하에 관하여는 그 가액 중에서 멸실로 인하여 지급을 면하게 된 운임과 그 밖의 비용을 공제하여야 한다.

제868조 (공동해손분담자의 유한책임) 제866조 및 제867조에 따라 공동해손의 분담책임이 있는 자는 선박이 도달하거나 적하를 인도한 때에 현존하는 가액의 한도에서 책임을 진다.

제869조 (공동해손의 손해액산정) 공동해손의 액을 정함에 있어서는 선박의 가액은 도달의 때와 곳의 가액으로 하고, 적하의 가액은 양륙의 때와 곳의 가액으로 한다. 다만, 적하에 관하여는 그 손실로 인하여 지급을 면하게 된 모든 비용을 공제하여야 한다.

제870조 (책임있는 자에 대한 구상권) 선박과 적하의 공동위험이 선박 또는 적하의 하자나 그 밖의 과실 있는 행위로 인하여 생긴 경우에는 공동해손의 분담자는 그 책임이 있는 자에 대하여 구상권을 행사할 수 있다.

제871조 (공동해손분담제외) 선박에 비치한 무기, 선원의 급료, 선원과 여객의 식량·의류는 보존된 경우에는 그 가액을 공동해손의 분담에 산입하지 아니하고, 손실된 경우에는 그 가액을 공동해손의 액에 산입한다.

제872조 (공동해손분담청구에서의 제외) ①속구목록에 기재하지 아니한 속구, 선하증권이나 그

밖에 적하의 가격을 정할 수 있는 서류 없이 선적한 하물 또는 종류와 가액을 명시하지 아니한 화폐나 유가증권과 그 밖의 고가물은 보존된 경우에는 그 가액을 공동해손의 분담에 산입하고, 손실된 경우에는 그 가액을 공동해손의 액에 산입하지 아니한다.
②갑판에 적재한 하물에 대하여도 제1항과 같다. 다만, 갑판에 선적하는 것이 관습상 허용되는 경우와 그 항해가 연안항행에 해당되는 경우에는 그러하지 아니하다.

제873조 (적하가격의 부실기재와 공동해손) ①선하증권이나 그 밖에 적하의 가격을 정할 수 있는 서류에 적하의 실가보다 고액을 기재한 경우에 그 하물이 보존된 때에는 그 기재액에 의하여 공동해손의 분담액을 정하고, 적하의 실가보다 저액을 기재한 경우에 그 하물이 손실된 때에는 그 기재액을 공동해손의 액으로 한다.
②제1항은 적하의 가격에 영향을 미칠 사항에 관하여 거짓 기재를 한 경우에 준용한다.

제874조 (공동해손인 손해의 회복) 선박소유자·용선자·송하인, 그 밖의 이해관계인이 공동해손의 액을 분담한 후 선박·속구 또는 적하의 전부나 일부가 소유자에게 복귀된 때에는 그 소유자는 공동해손의 상금으로 받은 금액에서 구조료와 일부손실로 인한 손해액을 공제하고 그 잔액을 반환하여야 한다.

제875조 (공동해손 채권의 소멸) 공동해손으로 인하여 생긴 채권 및 제870조에 따른 구상채권은 그 계산이 종료한 날부터 1년 이내에 재판상 청구가 없으면 소멸한다. 이 경우 제814조제1항 단서를 준용한다.

제2절 선박충돌

제876조 (선박충돌에의 적용법규) ①항해선 상호 간 또는 항해선과 내수항행선 간의 충돌이 있은 경우에 선박 또는 선박 내에 있는 물건이나 사람에 관하여 생긴 손해의 배상에 대하여는 어떠한 수면에서 충돌한 때라도 이 절의 규정을 적용한다.
②이 절에서 "선박의 충돌"이란 2척 이상의 선박이 그 운용상 작위 또는 부작위로 선박 상호 간에 다른 선박 또는 선박 내에 있는 사람 또는 물건에 손해를 생기게 하는 것을 말하며, 직접적인 접촉의 유무를 묻지 아니한다.

제877조 (불가항력으로 인한 충돌) 선박의 충돌이 불가항력으로 인하여 발생하거나 충돌의 원인이 명백하지 아니한 때에는 피해자는 충돌로 인한 손해의 배상을 청구하지 못한다.

제878조 (일방의 과실로 인한 충돌) 선박의 충돌이 일방의 선원의 과실로 인하여 발생한 때에는 그 일방의 선박소유자는 피해자에 대하여 충돌로 인한 손해를 배상할 책임이 있다.

제879조 (쌍방의 과실로 인한 충돌) ①선박의 충돌이 쌍방의 선원의 과실로 인하여 발생한 때에는 쌍방의 과실의 경중에 따라 각 선박소유자가 손해배상의 책임을 분담한다. 이 경우 그 과실의 경중을 판정할 수 없는 때에는 손해배상의 책임을 균분하여 부담한다.
②제1항의 경우에 제3자의 사상에 대한 손해배상은 쌍방의 선박소유자가 연대하여 그 책임을 진다.

제880조 (도선사의 과실로 인한 충돌) 선박의 충돌이 도선사의 과실로 인하여 발생한 경우에도 선박소유자는 제878조 및 제879조를 준용하여 손해를 배상할 책임이 있다.

제881조 (선박충돌채권의 소멸) 선박의 충돌로 인하여 생긴 손해배상의 청구권은 그 충돌이 있은 날부터 2년 이내에 재판상 청구가 없으면 소멸한다. 이 경우 제814조제1항 단서를 준용한다.

제3절 해난구조

제882조 (해난구조의 요건) 항해선 또는 그 적하 그 밖의 물건이 어떠한 수면에서 위난에 조우한 경우에 의무 없이 이를 구조한 자는 그 결과에 대하여 상당한 보수를 청구할 수 있다. 항해선과 내수항행선 간의 구조의 경우에도 또한 같다.

제883조 (보수의 결정) 구조의 보수에 관한 약정이 없는 경우에 그 액에 대하여 당사자 사이에 합의가 성립하지 아니한 때에는 법원은 당사자의 청구에 의하여 구조된 선박·재산의 가액, 위난의 정도, 구조자의 노력과 비용, 구조자나 그 장비가 조우했던 위험의 정도, 구조의 효과, 환경손해방지를 위한 노력, 그 밖의 제반사정을 참작하여 그 액을 정한다.

제884조 (보수의 한도) ①구조의 보수액은 다른 약정이 없으면 구조된 목적물의 가액을 초과하지 못한다.
②선순위의 우선특권이 있는 때에는 구조의 보수액은 그 우선특권자의 채권액을 공제한 잔액을 초과하지 못한다.

제885조 (환경손해방지작업에 대한 특별보상) ①선박 또는 그 적하로 인하여 환경손해가 발생할 우려가 있는 경우에 손해의 경감 또는 방지의 효과를 수반하는 구조작업에 종사한 구조자는 구조의 성공 여부 및 제884조와 상관없이 구조에 소

요된 비용을 특별보상으로 청구할 수 있다.
②제1항에서 "비용"이란 구조작업에 실제로 지출한 합리적인 비용 및 사용된 장비와 인원에 대한 정당한 보수를 말한다.
③구조자는 발생할 환경손해가 구조작업으로 인하여 실제로 감경 또는 방지된 때에는 보상의 증액을 청구할 수 있고, 법원은 제883조의 사정을 참작하여 증액 여부 및 그 금액을 정한다. 이 경우 증액된다 하더라도 구조료는 제1항의 비용의 배액을 초과할 수 없다.
④구조자의 고의 또는 과실로 인하여 손해의 감경 또는 방지에 지장을 가져 온 경우 법원은 제1항 및 제3항에서 정한 금액을 감액 혹은 부인할 수 있다.
⑤하나의 구조작업을 시행한 구조자가 제1항부터 제4항까지의 규정에서 정한 특별보상을 청구하는 것 외에 제882조에서 정한 보수도 청구할 수 있는 경우 그 중 큰 금액을 구조료로 청구할 수 있다.

제886조 (구조료의 지급의무) 선박소유자와 그 밖에 구조된 재산의 권리자는 그 구조된 선박 또는 재산의 가액에 비례하여 구조에 대한 보수를 지급하고 특별보상을 하는 등 구조료를 지급할 의무가 있다.

제887조 (구조에 관한 약정) ①당사자가 미리 구조계약을 하고 그 계약에 따라 구조가 이루어진 경우에도 그 성질에 반하지 아니하는 한 구조계약에서 정하지 아니한 사항은 이 절에서 정한 바에 따른다.
②해난 당시에 구조료의 금액에 대하여 약정을 한 경우에도 그 금액이 현저하게 부당한 때에는 법원은 제883조의 사정을 참작하여 그 금액을 증감할 수 있다.

제888조 (공동구조자 간의 구조료 분배) ①수인이 공동으로 구조에 종사한 경우에 그 구조료의 분배비율에 관하여는 제883조를 준용한다.
②인명의 구조에 종사한 자도 제1항에 따라 구조료의 분배를 받을 수 있다.

제889조 (1선박 내부의 구조료 분배) ①선박이 구조에 종사하여 그 구조료를 받은 경우에는 먼저 선박의 손해액과 구조에 들어간 비용을 선박소유자에게 지급하고 잔액을 절반하여 선장과 해원에게 지급하여야 한다.
②제1항에 따라 해원에게 지급할 구조료의 분배는 선장이 각 해원의 노력, 그 효과와 사정을 참작하여 그 항해의 종료 전에 분배안을 작성하여 해원에게 고시하여야 한다.

제890조 (예선의 구조의 경우) 예선의 본선 또는 그 적하에 대한 구조에 관하여는 예선계약의 이행으로 볼 수 없는 특수한 노력을 제공한 경우가 아니면 구조료를 청구하지 못한다.

제891조 (동일소유자에 속한 선박 간의 보수) 동일소유자에 속한 선박의 상호 간에 있어서도 구조에 종사한 자는 상당한 구조료를 청구할 수 있다.

제892조 (구조료청구권 없는 자) 다음 각 호에 해당하는 자는 구조료를 청구하지 못한다.
1. 구조받은 선박에 종사하는 자
2. 고의 또는 과실로 인하여 해난사고를 야기한 자
3. 정당한 거부에도 불구하고 구조를 강행한 자
4. 구조된 물건을 은닉하거나 정당한 사유 없이 처분한 자

제893조 (구조자의 우선특권) ①구조에 종사한 자의 구조료채권은 구조된 적하에 대하여 우선특권이 있다. 다만, 채무자가 그 적하를 제3취득자에게 인도한 후에는 그 적하에 대하여 이 권리를 행사하지 못한다.
②제1항의 우선특권에는 그 성질에 반하지 아니하는 한 제777조의 우선특권에 관한 규정을 준용한다.

제894조 (구조료지급에 관한 선장의 권한) ①선장은 구조료를 지급할 채무자에 갈음하여 그 지급에 관한 재판상 또는 재판 외의 모든 행위를 할 권한이 있다.
②선장은 그 구조료에 관한 소송의 당사자가 될 수 있고, 그 확정판결은 구조료의 채무자에 대하여도 효력이 있다.

제895조 (구조료청구권의 소멸) 구조료청구권은 구조가 완료된 날부터 2년 이내에 재판상 청구가 없으면 소멸한다. 이 경우 제814조제1항 단서를 준용한다.

2) 항해용선 계약서 (GENCON 1994)

RECOMMENDED
THE BALTIC AND INTERNATIONAL MARITIME COUNCIL
UNIFORM GENERAL CHARTER (AS REVISED 1922, 1976 and 1994)
(To be used for trades for which no specially approved form is in force)
CODE NAME: "GENCON"

Part I

1. Shipbroker	2. Place and date
3. Owners/Place of business (Cl. 1)	4. Charterers/Place of business (Cl. 1)
5. Vessel's name (Cl. 1)	6. GT/NT (Cl. 1)
7. DWT all told on summer load line in metric tons (abt.) (Cl. 1)	8. Present position (Cl. 1)
9. Expected ready to load (abt.) (Cl. 1)	
10. Loading port or place (Cl. 1)	11. Discharging port or place (Cl. 1)
12. Cargo (also state quantity and margin in Owners' option, if agreed; if full and complete cargo not agreed state "part cargo") (Cl. 1)	
13. Freight rate (also state whether freight prepaid or payable on delivery) (Cl. 4)	14. Freight payment (state currency and method of payment; also beneficiary and bank account) (Cl. 4)
15. State if vessel's cargo handling gear shall not be used (Cl. 5)	16. Laytime (if separate laytime for load. and disch. is agreed, fill in a) and b). If total laytime for load. and disch., fill in c) only) (Cl. 6)
17. Shippers/Place of business (Cl. 6)	a) Laytime for loading
18. Agents (loading) (Cl. 6)	b) Laytime for discharging
19. Agents (discharging) (Cl. 6)	c) Total laytime for loading and discharging
20. Demurrage rate and manner payable (loading and discharging) (Cl. 7)	21. Cancelling date (Cl. 9)
	22. General Average to be adjusted at (Cl. 12)
23. Freight Tax (state if for the Owners' account) (Cl. 13 (c))	24. Brokerage commission and to whom payable (Cl. 15)
25. Law and Arbitration (state 19 (a), 19 (b) or 19 (c) of Cl. 19; if 19 (c) agreed also state Place of Arbitration) (if not filled in 19 (a) shall apply) (Cl. 19)	
(a) State maximum amount for small claims/shortened arbitration (Cl. 19)	26. Additional clauses covering special provisions, if agreed

It is mutually agreed that this Contract shall be performed subject to the conditions contained in this Charter Party which shall include Part I as well as Part II. In the event of a conflict of conditions, the provisions of Part I shall prevail over those of Part II to the extent of such conflict.

Signature (Owners)	Signature (Charterers)

Printed by The BIMCO Charter Party Editor

PART II

"Gencon" Charter (As Revised 1922, 1976 and 1994)

It is agreed between the party mentioned in Box 3 as the Owners of the Vessel named in Box 5, of the GT/NT indicated in Box 6 and carrying about the number of metric tons of deadweight capacity all told on summer loadline stated in Box 7, now in position as stated in Box 8 and expected ready to load under this Charter Party about the date indicated in Box 9, and the party mentioned as the Charterers in Box 4 that:
The said Vessel shall, as soon as her prior commitments have been completed, proceed to the loading port(s) or place(s) stated in Box 10 or so near thereto as she may safely get and lie always afloat, and there load a full and complete cargo (if shipment of deck cargo agreed same to be at the Charterers' risk and responsibility) as stated in Box 12, which the Charterers bind themselves to ship, and being so loaded the Vessel shall proceed to the discharging port(s) or place(s) stated in Box 11 as ordered on signing Bills of Lading, or so near thereto as she may safely get and lie always afloat, and there deliver the cargo.

2. Owners' Responsibility Clause

The Owners are to be responsible for loss of or damage to the goods or for delay in delivery of the goods only in case the loss, damage or delay has been caused by personal want of due diligence on the part of the Owners or their Manager to make the Vessel in all respects seaworthy and to secure that she is properly manned, equipped and supplied, or by the personal act or default of the Owners or their Manager.
And the Owners are not responsible for loss, damage or delay arising from any other cause whatsoever, even from the neglect or default of the Master or crew or some other person employed by the Owners on board or ashore for whose acts they would, but for this Clause, be responsible, or from unseaworthiness of the Vessel on loading or commencement of the voyage or at any time whatsoever.

3. Deviation Clause

The Vessel has liberty to call at any port or ports in any order, for any purpose, to sail without pilots, to tow and/or assist Vessels in all situations, and also to deviate for the purpose of saving life and/or property.

4. Payment of Freight

(a) The freight at the rate stated in Box 13 shall be paid in cash calculated on the intaken quantity of cargo.
(b) Prepaid. If according to Box 13 freight is to be paid on shipment, it shall be deemed earned and non-returnable, Vessel and/or cargo lost or not lost.
Neither the Owners nor their agents shall be required to sign or endorse bills of lading showing freight prepaid unless the freight due to the Owners has actually been paid.
(c) On delivery. If according to Box 13 freight, or part thereof, is payable at destination it shall not be deemed earned until the cargo is thus delivered. Notwithstanding the provisions under (a), if freight or part thereof is payable on delivery of the cargo the Charterers shall have the option of paying the freight on delivered weight/quantity provided such option is declared before breaking bulk and the weight/quantity can be ascertained by official weighing machine, joint draft survey or tally.
Cash for Vessel's ordinary disbursements at the port of loading to be advanced by the Charterers, if required, at highest current rate of exchange, subject to two (2) per cent to cover insurance and other expenses.

5. Loading/Discharging

(a) Costs/Risks
The cargo shall be brought into the holds, loaded, stowed and/or trimmed, tallied, lashed and/or secured and taken from the holds and discharged by the Charterers, free of any risk, liability and expense whatsoever to the Owners. The Charterers shall provide and lay all dunnage material as required for the proper stowage and protection of the cargo on board, the Owners allowing the use of all dunnage available on board. The Charterers shall be responsible for and pay the cost of removing their dunnage after discharge of the cargo under this Charter Party and time to count until dunnage has been removed.
(b) Cargo Handling Gear
Unless the Vessel is gearless or unless it has been agreed between the parties that the Vessel's gear shall not be used and stated as such in Box 15, the Owners shall throughout the duration of loading/discharging give free use of the Vessel's cargo handling gear and of sufficient motive power to operate all such cargo handling gear. All such equipment to be in good working order. Unless caused by negligence of the stevedores, time lost by breakdown of the Vessel's cargo handling gear or motive power - pro rata the total number of cranes/winches required at that time for the loading/discharging of cargo under this Charter Party - shall not count as laytime or time on demurrage. On request the Owners shall provide free of charge cranemen/winchmen from the crew to operate the Vessel's cargo handling gear, unless local regulations prohibit this, in which latter event shore labourers shall be for the account of the Charterers. Cranemen/winchmen shall be under the Charterers' risk and responsibility and as stevedores to be deemed as their servants but shall always work under the supervision of the Master.
(c) Stevedore Damage
The Charterers shall be responsible for damage (beyond ordinary wear and tear) to any part of the Vessel caused by Stevedores. Such damage shall be notified as soon as reasonably possible by the Master to the Charterers or their agents and to their Stevedores, failing which the Charterers shall not be held responsible. The Master shall endeavour to obtain the Stevedores' written acknowledgement of liability.
The Charterers are obliged to repair any stevedore damage prior to completion of the voyage, but must repair stevedore damage affecting the Vessel's seaworthiness or class before the Vessel sails from the port where such damage was caused or found. All additional expenses incurred shall be for the account of the Charterers and any time lost shall be for the account of and shall be paid to the Owners by the Charterers at the demurrage rate.

6. Laytime

* *(a) Separate laytime for loading and discharging*
The cargo shall be loaded within the number of running days/hours as indicated in Box 16, weather permitting, Sundays and holidays excepted, unless used, in which event time used shall count.
The cargo shall be discharged within the number of running days/hours as indicated in Box 16, weather permitting, Sundays and holidays excepted, unless used, in which event time used shall count.
* *(b) Total laytime for loading and discharging*
The cargo shall be loaded and discharged within the number of total running days/hours as indicated in Box 16, weather permitting, Sundays and holidays excepted, unless used, in which event time used shall count.
(c) Commencement of laytime (loading and discharging)
Laytime for loading and discharging shall commence at 13.00 hours, if notice of readiness is given up to and including 12.00 hours, and at 06.00 hours next working day if notice given during office hours after 12.00 hours. Notice of readiness at loading port to be given to the Shippers named in Box 17 or if not named, to the Charterers or their agents named in Box 18. Notice of readiness at the discharging port to be given to the Receivers or, if not known, to the Charterers or their agents named in Box 19.
If the loading/discharging berth is not available on the Vessel's arrival at or off the port of loading/discharging, the Vessel shall be entitled to give notice of readiness within ordinary office hours on arrival there, whether in free pratique or not, whether customs cleared or not. Laytime or time on demurrage shall then count as if she were in berth and in all respects ready for loading/discharging provided that the Master warrants that she is in fact ready in all respects. Time used in moving from the place of waiting to the loading/discharging berth shall not count as laytime.
If, after inspection, the Vessel is found not to be ready in all respects to load/discharge time lost after the discovery thereof until the Vessel is again ready to load/discharge shall not count as laytime.
Time used before commencement of laytime shall count.
* *Indicate alternative (a) or (b) as agreed, in Box 16.*

7. Demurrage

Demurrage at the loading and discharging port is payable by the Charterers at the rate stated in Box 20 in the manner stated in Box 20 per day or pro rata for any part of a day. Demurrage shall fall due day by day and shall be payable upon receipt of the Owners' invoice.
In the event the demurrage is not paid in accordance with the above, the Owners shall give the Charterers 96 running hours written notice to rectify the failure. If the demurrage is not paid at the expiration of this time limit and if the vessel is in or at the loading port, the Owners are entitled at any time to terminate the Charter Party and claim damages for any losses caused thereby.

8. Lien Clause

The Owners shall have a lien on the cargo and on all sub-freights payable in respect of the cargo, for freight, deadfreight, demurrage, claims for damages and for all other amounts due under this Charter Party including costs of recovering same.

9. Cancelling Clause

(a) Should the Vessel not be ready to load (whether in berth or not) on the cancelling date indicated in Box 21, the Charterers shall have the option of cancelling this Charter Party.
(b) Should the Owners anticipate that, despite the exercise of due diligence, the Vessel will not be ready to load by the cancelling date, they shall notify the Charterers thereof without delay stating the expected date of the Vessel's readiness to load and asking whether the Charterers will exercise their option of cancelling the Charter Party, or agree to a new cancelling date.
Such option must be declared by the Charterers within 48 running hours after the receipt of the Owners' notice. If the Charterers do not exercise their option of cancelling, then this Charter Party shall be deemed to be amended such that

PART II

"Gencon" Charter (As Revised 1922, 1976 and 1994)

the seventh day after the new readiness date stated in the Owners' notification to the Charterers shall be the new cancelling date.

The provisions of sub-clause (b) of this Clause shall operate only once, and in case of the Vessel's further delay, the Charterers shall have the option of cancelling the Charter Party as per sub-clause (a) of this Clause.

10.Bills of Lading

Bills of Lading shall be presented and signed by the Master as per the "Congenbill" Bill of Lading form, Edition 1994, without prejudice to this Charter Party, or by the Owners' agents provided written authority has been given by Owners to the agents, a copy of which is to be furnished to the Charterers. The Charterers shall indemnify the Owners against all consequences or liabilities that may arise from the signing of bills of lading as presented to the extent that the terms or contents of such bills of lading impose or result in the imposition of more onerous liabilities upon the Owners than those assumed by the Owners under this Charter Party.

11.Both-to-Blame Collision Clause

If the Vessel comes into collision with another vessel as a result of the negligence of the other vessel and any act, neglect or default of the Master, Mariner, Pilot or the servants of the Owners in the navigation or in the management of the Vessel, the owners of the cargo carried hereunder will indemnify the Owners against all loss or liability to the other or non-carrying vessel or her owners in so far as such loss or liability represents loss of, or damage to, or any claim whatsoever of the owners of said cargo, paid or payable by the other or non-carrying vessel or her owners to the owners of said cargo and set-off, recouped or recovered by the other or non-carrying vessel or her owners as part of their claim against the carrying Vessel or the Owners. The foregoing provisions shall also apply where the owners, operators or those in charge of any vessel or vessels or objects other than, or in addition to, the colliding vessels or objects are at fault in respect of a collision or contact.

12.General Average and New Jason Clause

General Average shall be adjusted in London unless otherwise agreed in Box 22 according to York-Antwerp Rules 1994 and any subsequent modification thereof. Proprietors of cargo to pay the cargo's share in the general expenses even if same have been necessitated through neglect or default of the Owners' servants (see Clause 2).

If General Average is to be adjusted in accordance with the law and practice of the United States of America, the following Clause shall apply: "In the event of accident, danger, damage or disaster before or after the commencement of the voyage, resulting from any cause whatsoever, whether due to negligence or not, for which, or for the consequence of which, the Owners are not responsible, by statute, contract or otherwise, the cargo shippers, consignees or the owners of the cargo shall contribute with the Owners in General Average to the payment of any sacrifices, losses or expenses of a General Average nature that may be made or incurred and shall pay salvage and special charges incurred in respect of the cargo. If a salving vessel is owned or operated by the Owners, salvage shall be paid for as fully as if the said salving vessel or vessels belonged to strangers. Such deposit as the Owners, or their agents, may deem sufficient to cover the estimated contribution of the goods and any salvage and special charges thereon shall, if required, be made by the cargo, shippers, consignees or owners of the goods to the Owners before delivery.".

13.Taxes and Dues Clause

(a) _On Vessel_ -The Owners shall pay all dues, charges and taxes customarily levied on the Vessel, howsoever the amount thereof may be assessed.

(b) _On cargo_ -The Charterers shall pay all dues, charges, duties and taxes customarily levied on the cargo, howsoever the amount thereof may be assessed.

(c) _On freight_ -Unless otherwise agreed in Box 23, taxes levied on the freight shall be for the Charterers' account.

14.Agency

In every case the Owners shall appoint their own Agent both at the port of loading and the port of discharge.

15.Brokerage

A brokerage commission at the rate stated in Box 24 on the freight, dead-freight and demurrage earned is due to the party mentioned in Box 24.

In case of non-execution 1/3 of the brokerage on the estimated amount of freight to be paid by the party responsible for such non-execution to the Brokers as indemnity for the latter's expenses and work. In case of more voyages the amount of indemnity to be agreed.

16.General Strike Clause

(a) If there is a strike or lock-out affecting or preventing the actual loading of the cargo, or any part of it, when the Vessel is ready to proceed from her last port or at any time during the voyage to the port or ports of loading or after her arrival there, the Master or the Owners may ask the Charterers to declare, that they agree to reckon the laydays as if there were no strike or lock-out. Unless the Charterers have given such declaration in writing (by telegram, if necessary) within 24 hours, the Owners shall have the option of cancelling this Charter Party. If part cargo has already been loaded, the Owners must proceed with same, (freight payable on loaded quantity only) having liberty to complete with other cargo on the way for their own account.

(b) If there is a strike or lock-out affecting or preventing the actual discharging of the cargo on or after the Vessel's arrival at or off port of discharge and same has not been settled within 48 hours, the Charterers shall have the option of keeping the Vessel waiting until such strike or lock-out is at an end against paying half demurrage after expiration of the time provided for discharging until the strike or lock-out terminates and thereafter full demurrage shall be payable until the completion of discharging, or of ordering the Vessel to a safe port where she can safely discharge without risk of being detained by strike or lock-out. Such orders to be given within 48 hours after the Master or the Owners have given notice to the Charterers of the strike or lock-out affecting the discharge. On delivery of the cargo at such port, all conditions of this Charter Party and of the Bill of Lading shall apply and the Vessel shall receive the same freight as if she had discharged at the original port of destination, except that if the distance to the substituted port exceeds 100 nautical miles, the freight on the cargo delivered at the substituted port to be increased in proportion.

(c) Except for the obligations described above, neither the Charterers nor the Owners shall be responsible for the consequences of any strikes or lock-outs preventing or affecting the actual loading or discharging of the cargo.

17.War Risks ("Voywar 1993")

(1) For the purpose of this Clause, the words:

(a) The "Owners" shall include the shipowners, bareboat charterers, disponent owners, managers or other operators who are charged with the management of the Vessel, and the Master; and

(b) "War Risks" shall include any war (whether actual or threatened), act of war, civil war, hostilities, revolution, rebellion, civil commotion, warlike operations, the laying of mines (whether actual or reported), acts of piracy, acts of terrorists, acts of hostility or malicious damage, blockades (whether imposed against all Vessels or imposed selectively against Vessels of certain flags or ownership, or against certain cargoes or crews or otherwise howsoever), by any person, body, terrorist or political group, or the Government of any state whatsoever, which, in the reasonable judgement of the Master and/or the Owners, may be dangerous or are likely to be or to become dangerous to the Vessel, her cargo, crew or other persons on board the Vessel.

(2) If at any time before the Vessel commences loading, it appears that, in the reasonable judgement of the Master and/or the Owners, performance of the Contract of Carriage, or any part of it, may expose, or is likely to expose, the Vessel, her cargo, crew or other persons on board the Vessel to War Risks, the Owners may give notice to the Charterers cancelling this Contract of Carriage, or may refuse to perform such part of it as may expose, or may be likely to expose, the Vessel, her cargo, crew or other persons on board the Vessel to War Risks; provided always that if this Contract of Carriage provides that loading or discharging is to take place within a range of ports, and at the port or ports nominated by the Charterers the Vessel, her cargo, crew, or other persons onboard the Vessel may be exposed, or may be likely to be exposed, to War Risks, the Owners shall first require the Charterers to nominate any other safe port which lies within the range for loading or discharging, and may only cancel this Contract of Carriage if the Charterers shall not have nominated such safe port or ports within 48 hours of receipt of notice of such requirement.

(3) The Owners shall not be required to continue to load cargo for any voyage, or to sign Bills of Lading for any port or place, or to proceed or continue on any voyage, or on any part thereof, or to proceed through any canal or waterway, or to proceed to or remain at any port or place whatsoever, where it appears, either after the loading of the cargo commences, or at any stage of the voyage thereafter before the discharge of the cargo is completed, that, in the reasonable judgement of the Master and/or the Owners, the Vessel, her cargo (or any part thereof), crew or other persons on board the Vessel (or any one or more of them) may be, or are likely to be, exposed to War Risks. If it should so appear, the Owners may by notice request the Charterers to nominate a safe port for the discharge of the cargo or any part thereof, and if within 48 hours of the receipt of such notice, the Charterers shall not have nominated such a port, the Owners may discharge the cargo at any safe port of their choice (including the port of loading) in complete fulfilment of the Contract of Carriage. The Owners shall be entitled to recover from the Charterers the extra expenses of such discharge and, if the discharge takes place at any port other than the loading port, to receive the full freight as though the cargo had been

PART II

"Gencon" Charter (As Revised 1922, 1976 and 1994)

carried to the discharging port and if the extra distance exceeds 100 miles, to additional freight which shall be the same percentage of the freight contracted for as the percentage which the extra distance represents to the distance of the normal and customary route, the Owners having a lien on the cargo for such expenses and freight.

(4) If at any stage of the voyage after the loading of the cargo commences, it appears that, in the reasonable judgement of the Master and/or the Owners, the Vessel, her cargo, crew or other persons on board the Vessel may be, or are likely to be, exposed to War Risks on any part of the route (including any canal or waterway) which is normally and customarily used in a voyage of the nature contracted for, and there is another longer route to the discharging port, the Owners shall give notice to the Charterers that this route will be taken. In this event the Owners shall be entitled, if the total extra distance exceeds 100 miles, to additional freight which shall be the same percentage of the freight contracted for as the percentage which the extra distance represents to the distance of the normal and customary route.

(5) The Vessel shall have liberty:-

(a) to comply with all orders, directions, recommendations or advice as to departure, arrival, routes, sailing in convoy, ports of call, stoppages, destinations, discharge of cargo, delivery or in any way whatsoever which are given by the Government of the Nation under whose flag the Vessel sails, or other Government to whose laws the Owners are subject, or any other Government which so requires, or any body or group acting with the power to compel compliance with their orders or directions;

(b) to comply with the orders, directions or recommendations of any war risks underwriters who have the authority to give the same under the terms of the war risks insurance;

(c) to comply with the terms of any resolution of the Security Council of the United Nations, any directives of the European Community, the effective orders of any other Supranational body which has the right to issue and give the same, and with national laws aimed at enforcing the same to which the Owners are subject, and to obey the orders and directions of those who are charged with their enforcement;

(d) to discharge at any other port any cargo or part thereof which may render the Vessel liable to confiscation as a contraband carrier;

(e) to call at any other port to change the crew or any part thereof or other persons on board the Vessel when there is reason to believe that they may be subject to internment, imprisonment or other sanctions;

(f) where cargo has not been loaded or has been discharged by the Owners under any provisions of this Clause, to load other cargo for the Owners' own benefit and carry it to any other port or ports whatsoever, whether backwards or forwards or in a contrary direction to the ordinary or customary route.

(6) If in compliance with any of the provisions of sub-clauses (2) to (5) of this Clause anything is done or not done, such shall not be deemed to be a deviation, but shall be considered as due fulfilment of the Contract of Carriage.

18. General Ice Clause

Port of loading

(a) In the event of the loading port being inaccessible by reason of ice when the Vessel is ready to proceed from her last port or at any time during the voyage or on the Vessel's arrival or in case frost sets in after the Vessel's arrival, the Master for fear of being frozen in is at liberty to leave without cargo, and this Charter Party shall be null and void.

(b) If during loading the Master, for fear of the Vessel being frozen in, deems it advisable to leave, he has liberty to do so with what cargo he has on board and to proceed to any other port or ports with option of completing cargo for the Owners' benefit for any port or ports including port of discharge. Any part cargo thus loaded under this Charter Party to be forwarded to destination at the Vessel's expense but against payment of freight, provided that no extra expenses be thereby caused to the Charterers, freight being paid on quantity delivered (in proportion if lumpsum), all other conditions as per this Charter Party.

(c) In case of more than one loading port, and if one or more of the ports are closed by ice, the Master or the Owners to be at liberty either to load the part cargo at the open port and fill up elsewhere for their own account as under section (b) or to declare the Charter Party null and void unless the Charterers agree to load full cargo at the open port.

Port of discharge

(a) Should ice prevent the Vessel from reaching port of discharge the Charterers shall have the option of keeping the Vessel waiting until the re-opening of navigation and paying demurrage or of ordering the Vessel to a safe and immediately accessible port where she can safely discharge without risk of detention by ice. Such orders to be given within 48 hours after the Master or the Owners have given notice to the Charterers of the impossibility of reaching port of destination.

(b) If during discharging the Master for fear of the Vessel being frozen in deems it advisable to leave, he has liberty to do so with what cargo he has on board and to proceed to the nearest accessible port where she can safely discharge.

(c) On delivery of the cargo at such port, all conditions of the Bill of Lading shall apply and the Vessel shall receive the same freight as if she had discharged at the original port of destination, except that if the distance of the substituted port exceeds 100 nautical miles, the freight on the cargo delivered at the substituted port to be increased in proportion.

19. Law and Arbitration

* (a) This Charter Party shall be governed by and construed in accordance with English law and any dispute arising out of this Charter Party shall be referred to arbitration in London in accordance with the Arbitration Acts 1950 and 1979 or any statutory modification or re-enactment thereof for the time being in force. Unless the parties agree upon a sole arbitrator, one arbitrator shall be appointed by each party and the arbitrators so appointed shall appoint a third arbitrator, the decision of the three-man tribunal thus constituted or any two of them, shall be final. On the receipt by one party of the nomination in writing of the other party's arbitrator, that party shall appoint their arbitrator within fourteen days, failing which the decision of the single arbitrator appointed shall be final.

For disputes where the total amount claimed by either party does not exceed the amount stated in Box 25** the arbitration shall be conducted in accordance with the Small Claims Procedure of the London Maritime Arbitrators Association.

* (b) This Charter Party shall be governed by and construed in accordance with Title 9 of the United States Code and the Maritime Law of the United States and should any dispute arise out of this Charter Party, the matter in dispute shall be referred to three persons at New York, one to be appointed by each of the parties hereto, and the third by the two so chosen; their decision or that of any two of them shall be final, and for purpose of enforcing any award, this agreement may be made a rule of the Court. The proceedings shall be conducted in accordance with the rules of the Society of Maritime Arbitrators, Inc..

For disputes where the total amount claimed by either party does not exceed the amount stated in Box 25** the arbitration shall be conducted in accordance with the Shortened Arbitration Procedure of the Society of Maritime Arbitrators, Inc..

* (c) Any dispute arising out of this Charter Party shall be referred to arbitration at the place indicated in Box 25, subject to the procedures applicable there. The laws of the place indicated in Box 25 shall govern this Charter Party.

(d) If Box 25 in Part 1 is not filled in, sub-clause (a) of this Clause shall apply.

* *(a), (b) and (c) are alternatives; indicate alternative agreed in Box 25.*

** *Where no figure is supplied in Box 25 in Part 1, this provision only shall be void but the other provisions of this Clause shall have full force and remain in effect.*

3) 정기용선 계약서 (NYPE 1993)

Code Name: "NYPE 93"

Recommended by:
The Baltic and International Maritime Council(BIMCO)
The Federation of National Association of
Ship Brokers and Agents (FONASBA)

TIME CHARTER

New York Produce Exchange Form

Issued by the Association of Ship Brokers and Agents (U.S.A.), Inc.

November 6th, 1913 – Amended October 20th, 1921; August 6th, 1931; October 3rd, 1946;
Revised June 12th, 1981; September 14th 1993.

THIS CHARTER PARTY, made and concluded in
this day of 19

Between

Owners of the Vessel described below, and

Charterers.

Description of Vessel

Name Flag Built (year).
Port and number of Registry in.
Deadweight long*/metric* tons (cargo and bunkers, including freshwater and stores not exceeding long*/metric* tons) on a salt water draft of . on summer freeboard.
Capacity . cubic feet grain cubic feet bale space.
Tonnage GT/GRT.
Speed about knots, fully laden, in good weather conditions up to and including maximum Force on the Beaufort wind scale, on a consumption of about long*/metric* tons of

** Delete as appropriate.*
For further description Appendix " A " (if applicable)

1. Duration

The Owners agree to let and the Charterers agree to hire the Vessel from the time of delivery for a period of

within below mentioned trading limits.

2. Delivery

The Vessel shall be placed at the disposal of the Charterers at

The Vessel on her delivery shall be ready to receive cargo with clean-swept holds and tight, staunch, strong and in every way fitted for ordinary cargo service, having water ballast and with sufficient power to operate all cargo-handling gear simultaneously.

The Owners shall give the Charterers not less than 10/5/3/1......................days notice of expected date of delivery.

3. On-Off Hire Survey

Prior to delivery and redelivery the parties shall, unless otherwise agreed, each appoint surveyors, for their respective accounts, who shall not later than at first loading port/last discharging port respectively, conduct joint on-hire/off-hire surveys, for the purpose of ascertaining quantity of bunkers on board and the condition of the Vessel. A single report shall be prepared on each occasion and signed by surveyor, without prejudice to his right to file a separate report setting forth items upon which the surveyors cannot agree. If either party fails to have a representative attend the survey and sign the joint survey report, such party shall nevertheless be bound for all purposes by the findings in any report prepared by the other party. On-hire survey shall be on Charterers' time and off-hire survey on Owners' time.

4. Dangerous Cargo/ Cargo Exclusions

(a) The Vessel shall be employed in carrying lawful merchandise excluding any goods of a dangerous, injurious, flammable or corrosive nature unless carried in accordance with the requirements or recommendations of the competent authorities of the country of the Vessel's registry and of ports of shipment and discharge and of any intermediate countries or ports through whose waters the Vessel must pass. Without prejudice to the generality of the foregoing, in addition the following are specifically excluded: livestock of any description, arms, ammunition, explosives, nuclear and radioactive materials,

(b) If IMO-classified cargo is agreed to be carried, the amount of such cargo shall be limited to tons and the Charterers shall provide the Master with any evidence he may reasonably require to show that the cargo is packaged, labelled, loaded and stowed in accordance with IMO regulations, failing which the Master is entitled to refuse such cargo or, if already loaded, to unload it at the Charterers' risk and expense.

5. Trading Limits

The Vessel shall be employed in such lawful trades between safe ports and safe places within excluding as the Charterers shall direct.

6. Owners to Provide

The Owners shall provide and pay for the insurance of the Vessel, except as otherwise provided, and for all provisions, cabin, deck, engine-room and other necessary stores, including boiler water, shall pay for wages, consular shipping and discharging fees of the crew and charges for port services pertaining to the crew; shall maintain the Vessel's class and keep her in a thoroughly efficient state in hull, machinery and equipment for and during the service, and have a full complement of officers and crew.

7. Charterers to Provide

The Charterers, while the Vessel is on hire, shall provide and pay for all the bunkers except as otherwise agreed; shall pay for port charges (including compulsory watchmen and cargo watchmen and compulsory garbage disposal), all communication expenses pertaining to the Charterers' business at cost, pilotages, towages, agencies, commissions, consular charges (except those pertaining to individual crew members or flag of the Vessel), and all other usual expenses except those stated in Clause 6, but when the Vessel puts into a port for causes for which the Vessel is responsible (other than by stress of weather), then all such charges incurred shall be paid by the Owners. Fumigations ordered because of illness of the crew shall be for the Owners' account. Fumigations ordered because of cargoes carried or ports visited while the Vessel is employed under this Charter Party shall be for the Charterers' account. All other fumigations shall be for the Charterers' account after the Vessel has been on charter for a continuous period of six months or more.

The Charterers shall provide and pay for necessary dunnage and also any extra fittings requisite for a special trade or unusual cargo, but the Owner shall allow them the use of any dunnage already aboard the Vessel. Prior to redelivery the Charterers shall remove their dunnage and fittings at their cost and in their time.

8. <u>Performance of Voyages</u>

17. The Master shall perform the voyages with due dispatch, and shall render all customary assistance with the Vessel's crew. The Master shall be conversant with the English language and (although appointed by the Owners) shall be under the orders and directions of the Charterers as regards employment and agency; and the Charterers shall perform all cargo handling, including but not limited to loading, stowing, trimming, lashing, securing, dunnaging, unlashing, discharging, and tallying, at their risk and expense, under the supervision of the Master.

(b) If the Charterers shall have reasonable cause to be dissatisfied with the conduct of the Master or officers, the Owners shall, on receiving particulars of the complaint, investigate the same, and, if necessary, make a change in the appointments.

9. <u>Bunkers</u>

17. The Charterers on delivery, and the Owners on redelivery, shall take over and pay for all fuel and diesel oil remaining on board the Vessel as hereunder. The Vessel shall be delivered with: long*/metric* tons of fuel oil at the price of per ton; tons of diesel oil at the price of per ton. The vessel shall be redelivered with: tons of fuel oil at the price of per ton; tons of diesel oil at the price of per ton.

** Same tons apply throughout this clause.*

(b) The Charterers shall supply bunkers of a quality suitable for burning in the Vessel's engines and auxiliaries and which conform to the specification(s) as set out in Appendix A.

The Owners reserve their right to make a claim against the Charterers for any damage to the main engines or the auxiliaries caused by the use of unsuitable fuels or fuels not complying with the agreed specification(s). Additionally, if bunker fuels supplied do not conform with the mutually agreed specification(s) or otherwise prove unsuitable for burning in the Vessel's engines or auxiliaries, the Owners shall not be held responsible for any reduction in the Vessel's speed performance and/or increased bunker consumption, nor for any time lost and any other consequences.

10. <u>Rate of Hire/Redelivery Areas and Notices</u>

The Charterers shall pay for the use and hire of the said Vessel at the rate of $ U.S. currency, daily **or** $ U.S. currency per ton on the Vessel's total deadweight carrying capacity, including bunkers and stores, on summer freeboard, per 30 days, commencing on and from the day of her delivery, as aforesaid, and at and after the same rate for any part of a month; hire shall continue until the time hour of the day of her redelivery in like good order and condition, ordinary wear and tear excepted, to the Owners (unless Vessel lost) at

unless otherwise mutually agreed.

The Charterers shall give the Owners not less than days notice of the Vessel's expected date and probable port of redelivery.

For the purpose of hire calculations, the times of delivery, redelivery or termination of charter shall be adjusted to GMT.

11. Hire Payment

17. *Payment*

Payment of Hire shall be made so as to be received by the Owners or their designated payee in

in

.currency, or in United States Currency, in funds available to the Owners on the due date, 15 days in advance, and for the last month or part of same the approximate amount of hire, and should same not cover the actual time, hire shall be paid for the balance day by day as it becomes due, if so required by the Owners. Failing the punctual and regular payment of the hire, or on ay fundamental breach whatsoever of this Charter Party, the Owners shall be at liberty to withdraw the Vessel from the service of the Charterers without prejudice to any claims they (the Owners) may otherwise have on the Charterers.

At any time after the expiry of the grace period provided in Sub-clause 11 (b) hereunder and while the hire is outstanding, the Owners shall, without prejudice to the liberty to withdraw, be entitled to withhold the performance of any and all of their obligations hereunder and shall have no responsibility whatsoever for any consequences thereof, in respect of which the Charterers hereby indemnify the Owners, and hire shall continue to accrue and any extra expenses resulting from such withholding shall be for the Charterers' account.

(b) *Grace Period*

Where there is failure to make punctual and regular payment of hire due to oversight, negligence, errors or omissions on the part of the Charterers or their bankers, the Charterers shall be given by the Owners clear banking days (as recognized at the agreed place of payment) written notice to rectify the failure, and when so rectified within those days following the Owners' notice, the payment shall stand as regular and punctual.

Failure by the Charterers to pay the hire within days of their receiving the Owners' notice as Provided herein, shall entitle the Owners to withdraw as set forth in Sub-clause 11 (a) above.

(c) *Last Hire Payment*

Should the Vessel be on her voyage towards port of redelivery at the time the last and/or the penultimate payment of hire is/are due, said payment(s) is/are to be made for such length of time as the Owners and the Charterers may agree upon as being the estimated time necessary to complete the voyage, and taking into account bunkers actually on board, to be taken over by the Owners and estimated disbursements for the Owners' account before redelivery. Should same not cover the actual time, hire is to be paid for the balance, day by day, as it becomes due. When the Vessel has been redelivered, any difference is to be refunded by the Owners or paid by the Charterers, as the case may be.

(d) *Cash Advances*

Cash for the Vessel's ordinary disbursements at any port may be advanced by the Charterers, as required by the Owners, subject to 2 1/2 percent commission and such advances shall be deducted from the hire. The Charterers, however, shall in no way be responsible for the application of such advances.

12. Berths

The Vessel shall be loaded and discharged in any safe dock or at any safe berth or safe place that Charterers or their agents may direct, provided the Vessel can safely enter, lie and depart always afloat at any time of tide.

13. Spaces Available

(a) The whole reach of the Vessel's holds, decks, and other cargo spaces (not more than she can reasonably and safely stow and carry), also accommodations for supercargo, if carried, shall be at the Charterers' disposal, reserving only proper and sufficient space for the Vessel's officers, crew, tackle, apparel, furniture, provisions, stores and fuel.

(b) In the event of deck cargo being carried, the Owners are to be and are hereby indemnified by the Charterers for any loss and/or damage and/or liability of whatsoever nature caused to the Vessel as a result of the carriage of deck cargo and which would not have arisen had deck cargo not been loaded.

14. Supercargo and Meals

The Charterers are entitled to appoint a supercargo, who shall accompany the Vessel at the Charterers' risk and see that voyages are performed with due despatch. He is to be furnished with free accommodation and same fare as provided for the Master's table, the Charterers paying at the rate of per day. The Owners shall victual pilots and customs officer and also, when authorized by the Charterers or their agents, shall victual tally clerks, stevedore's foremen, etc., Charterers paying at the rate of per meal for all such victualling.

15. Sailing Orders and Logs

The Charterers shall furnish the Master from time to time with all requisite instructions and sailing directions, in writing, in the English language, and the Master shall keep full and correct deck and engine logs of the voyage or voyages, which are to be patent to the Charterers or their agents, and furnish the Charterers, their agents or supercargo, when required, with a true copy of such deck and engine logs, showing the course of the Vessel, distance run and the consumption of bunkers. Any log extracts required by the Charterers shall be in the English language.

16. Delivery/Cancelling

If required by the Charterers, time shall not commence before and should the Vessel not be ready for delivery on or before but not later than hours, the Charterers shall have the option of canceling this Charter Party.

Extension of Cancelling

If the Owners warrant that, despite the exercise of due diligence by them, the Vessel will not be ready for delivery by the cancelling date, and provided the Owners are able to state with reasonable certainty the date on which the Vessel will be ready, they may, at the earliest seven days before the Vessel is expected to sail for the port or place of delivery, require the Charterers to declare whether or not they will cancel the Charter Party. Should the Charterers elect not to cancel, or should they fail to reply within two days or by the cancelling date, whichever shall first occur, then the seventh day after the expected date of readiness for delivery as notified by the Owners shall replace the original cancelling date. Should the Vessel be further delayed, the Owners shall be entitled to require further declarations of the Charterers in accordance with this Clause.

17. Off Hire

In the event of loss of time from deficiency and/or default and/or strike of officers or crew, or deficiency of stores, fire, breakdown of, or damages to hull, machinery or equipment, grounding, detention by the arrest of the Vessel, (unless such arrest is caused by events for which the Charterers, their servants, agents or subcontractors are responsible), or detention by average accidents to the Vessel or cargo unless resulting from inherent vice, quality or defect of the cargo, drydocking for the purpose of examination or painting bottom, or by any other similar cause preventing the full working of the Vessel, the payment of hire and overtime, if any, shall cease for the time thereby lost. Should the Vessel deviate or put back during a voyage, contrary to the orders or directions of the Charterers, for any reason other than accident to the cargo or where permitted in lines 257 to 258 hereunder, the hire is to be suspended from the time of her deviating or putting back until she is again in the same or equidistant position from the destination and the voyage resumed therefrom. All bunkers used by the Vessel while off her shall be for the Owners' account. In the event of the Vessel being driven into port or to anchorage through stress of weather, trading to shallow harbors or to rivers or ports with bars, any detention of the Vessel and/or expenses resulting from such detention shall be for the Charterers' account. If upon the voyage the speed be reduced by defect in, or breakdown of, any part of her hull, machinery or equipment, the time so lost, and the cost of any extra bunkers consumed in consequence thereof, and all extra proven expenses may be deducted from the hire.

18. Sublet

Unless otherwise agreed, the Charterers shall have the liberty to sublet the Vessel for all or any part of the time covered by this Charter Party, but the Charterers remain responsible for the fulfillment of this Charter Party.

19. Drydocking

The Vessel was last drydocked ....

*(a) The Owners shall have the option to place the Vessel in drydock during the currency of this Charter at a convenient time and place, to be mutually agreed upon between the Owners and the Charterers, for bottom cleaning and painting and/or repair as required by class or dictated by circumstances.

*(b) Except in case of emergency no drydocking shall take place during the currency of this Charter Party.

** Delete as appropriate*

20. Total Loss

Should the Vessel be lost, money paid in advance and not earned (reckoning from the date of loss or being last heard of) shall be returned to the Charterers at once.

21. Exceptions

The act of God, enemies, fire, restraint of princes, rulers and people, and all dangers and accidents of the seas, rivers, machinery, boilers, and navigation, and errors of navigation throughout this Charter, always mutually excepted.

22. Liberties

The Vessel shall have the liberty to sail with or without pilots, to tow and to be towed, to assist vessels in distress, and to deviate for the purpose of saving life and property.

23. Liens

The Owners shall have a lien upon all cargoes and all sub-freights and/or sub-hire for any amounts due under this Charter Party, including general average contributions, and the Charterers shall have a lien on the Vessel for all monies paid in advance and not earned, and any overpaid hire or excess deposit to be returned at once.

The Charterers will not directly or indirectly suffer, nor permit to be continued, any lien or encumbrance, which might have priority over the title and interest of the Owners in the Vessel. The Charterers undertake that during the period of this Charter Party, they will not procure any supplies or necessaries or services, including any port expenses and bunkers, on the credit of the Owners or in the Owners' time.

24. Salvage

All derelicts and salvage shall be for the Owners' and the Charterers' equal benefit after deducting Owners' and Charterers' expenses and crew's proportion.

25. General Average

General average shall be adjusted according to York-Antwerp Rules 1974, as amended 1990, or any subsequent modification thereof, in and settled in currency.

The Charterers shall procure that all bills of lading issued during the currency of the Charter Party will contain a provision to the effect that general average shall be adjusted according to York-Antwerp Rules 1974, as amended 1990, or any subsequent modification thereof and will include the "New Jason Clause" as per Clause 31.

Time charter hire shall not contribute to general average.

26. Navigation

Nothing herein stated is to be construed as a demise of the Vessel to the Time Charterers. The Owners shall remain responsible for the navigation of the Vessel, acts of pilots and tug boats, insurance, crew, and all other matters, same as when trading for their own account.

27. Cargo Claims

Cargo claims as between the Owners and the Charterer shall be settled in accordance with the Inter-Club New York Produce Exchange Agreement of February 1970,as amended May, 1984, or any subsequent modification or replacement thereof.

28. Cargo Gear and Lights

The Owners shall maintain the cargo handing gear of the Vessel which is as follows:

....

....

....

providing gear (for all derricks or cranes) capable of lifting capacity as described. The Owners shall also provide on the Vessel for night work lights as on board, but all additional lights over those on board shall be at the Charterers' expense. The Charterers shall have the use of any gear on board the Vessel. If required by the Charterers, the Vessel shall work night and day and all cargo handling gear shall be at the Charterers' disposal during loading and discharging. In the event of disabled cargo handling gear, or insufficient power to operate the same, the Vessel is to be considered to be off hire to the extent that time is actually lost to the Charterers and the Owners to pay stevedore stand-by charges occasioned thereby, unless such disablement or insufficiency of power is caused by the Charterers' stevedores. If required by the Charterers, the Owners shall bear the cost of hiring shore gear in lieu thereof, in which case the Vessel shall remain on hire.

29. Crew Overtime

In lieu of any overtime payments to officers and crew for work ordered by the Charterers or their agents, the Charterers shall pay the Owners, concurrently with the hire per month or pro rata.

30. Bills of Lading

(a) The Master shall sign the bills of lading or waybills for cargo as presented in conformity with mates or tally clerk's receipts. However, the Charterers may sign bills of lading or waybills on behalf of the Master, with the Owner's prior written authority, always in conformity with mates or tally clerk's receipts.

(b) All bills of lading or waybills shall be without prejudice to this Charter Party and the Charterers shall indemnify the Owners against all consequences or liabilities which may arise from any inconsistency between this Charter Party and any bills of lading or waybills signed by the Charterers or by the Master at their request.

(c) Bills of lading covering deck cargo shall be claused: "Shipped on deck at Charterers', Shippers' and

Receivers' risk, expense and responsibility, without liability on the part of the Vessel, or her Owners for any loss, damage, expense or delay howsoever caused."

31. Protective Clauses

This Charter Party is subject to the following clauses all of which are also to be included in all bills of loading or waybills issued hereunder:

(a) CLAUSE PARAMOUNT
"This bill of lading shall have effect subject to the provisions of the Carriage of Goods by Sea Act of the United States, the Hague Rules, or the Hague-Visby Rules, as applicable, or such other similar national legislation as may mandatorily apply by virtue of origin or destination of the bills of lading, which shall be deemed to be incorporated herein and nothing herein contained shall be deemed a surrender by the carrier of any of its rights or immunities of any of its responsibilities or liabilities under said applicable Act. If any term of this bill of lading be repugnant to said applicable Act to any extent, such term shall be void to the extent, but no further."

and

(b) BOTH-TO-BLAME COLLISION CLAUSE
"If the ship comes into collision with another ship as a result of the negligence of the other ship and any act, neglect or default of the master, mariner, pilot or the servants of the carrier in the navigation or in the management of the ship, the owners of the goods carried hereunder will indemnify the carrier against all loss or liability to the to the other non-carrying ship or her owners insofar as such loss or liability represents loss of, or damage to, or any claim whatsoever of the owners of the said goods, paid or payable by the other or non-carrying ship or her owners to the owners of the said goods and set off, recouped or recovered by the other or non-carrying ship or her owners as part of their claim against the carrying ship or carrier.

The foregoing provisions shall also apply where the owners, operators or those in charge of any ships or objects other than, or in addition to, the colliding ships or objects are at fault in respect to a collision or contact."

and

(c) NEW JASON CLAUSE
"In the event of accident, danger, damage or disaster before or after the commencement of the voyage resulting from any cause whatsoever, whether due to negligence or not, for which, or for the consequence of which, the carrier is not responsible, by statute, contract, or otherwise, the goods, shippers, consignees, or owners of the goods shall contribute with the carrier in general average to the payment of any sacrifices, losses, or expenses of a general average nature that may be made or incurred, and shall pay salvage and special charges incurred in respect of the goods.

If a salving ship is owned or operated by the carrier, salvage shall be paid for as fully as if salving ship or ships belonged to strangers. Such deposit as the carrier or his agents may deem sufficient to cover the estimated contribution of the goods and any salvage and special charges thereon shall, if required, be made by the goods, shippers, consignees or owners of the goods to the carrier before delivery."

and

(d) U.S. TRADE – DRUG CLAUSE
"In pursuance of the provisions of the U.S. Anti Drug Abuse Act 1986 or any re-enactment thereof, the Charterers warrant to exercise the highest degree of care and diligence in preventing unmanifested narcotic drugs and marijuana to be loaded or concealed on board the Vessel.

Non-compliance with the provisions of his clause shall amount to breach of warranty for consequences of which the Charterers shall be liable and shall hold the Owners, the Master and the crew of the Vessel harmless and shall keep them indemnified against all claims whatsoever which may arise and be made against them individually or jointly. Furthermore, all time lost and all expenses incurred, including fines, as a result of the Charterers' breach of the provisions of this clause shall be for the Charterer's account and the Vessel shall remain on hire.

Should the Vessel be arrested as a result of the Charterers' non-compliance with the provisions of this clause, the Charterers shall at their expense take all reasonable steps to secure that within a reasonable time the Vessel is released and at their expense put up the bails to secure release of the Vessel.

The Owners shall remain responsible for all time lost and all expenses incurred, including fines, in the event that unmanifested narcotic drugs and marijuana are found in the possession or effects of the Vessel's personnel."

and

(e) WAR CLAUSES

"(i) No contraband of war shall be shipped. The Vessel shall not be required, without the consent of the Owners, which shall not be unreasonably withheld, to enter any port or zone which is involved in a state of war, warlike operations, or hostilities, civil strife, insurrection or piracy whether there be a declaration of war or not, where the Vessel, cargo or crew might reasonably be expected to be subject to capture, seizure or arrest, or to a hostile act by a belligerent power (the term "power" meaning any de jure or de facto authority or any purported governmental organization maintaining naval, military or air forces).

(ii) If such consent is given by the Owners, the Charterers will pay the provable additional cost of insuring the Vessel against hull war risks in an amount equal to the value under her ordinary hull policy but not exceeding a valuation of   In addition, the Owners may purchase and the Charterers will pay for war risk insurance on ancillary risks such as loss of hire, freight disbursements, total loss, blocking and trapping, etc. If such insurance is not obtainable commercially or through a government program, the Vessel shall not be required to enter or remain at any such port or zone.

(iii) In the event of the existence of the conditions described in (i) subsequent to the date of this Charter, or while the Vessel is on hire under this Charter, the Charterers shall, in respect of voyages to any such port or zone assume the provable additional cost of wages and insurance properly incurred in connection with master, officers and crew as a consequence of such war, warlike operations or hostilities.

(iv) Any war bonus to officers and crew due to the Vessel's trading or cargo carried shall be for the Charterers' account."

32. War Cancellation

In the event of the outbreak of war (whether there be a declaration of war or not) between any two or more of the following countries:

either the Owners or the Charterers may cancel this Charter Party. Whereupon, the Charterers shall redeliver the Vessel to the Owners in accordance with Clause 10; if she has cargo on board, after discharge thereof at destination, or, if debarred under this Clause from reaching or entering it, at a near open and safe port as directed by the Owners; or, if she has no cargo on board, at the port at which she then is; or, if at sea, at a near open and safe port as directed by the Owners. In all cases hire shall continue to be paid in accordance with Clause 11 and except as aforesaid all other provisions of this Charter Party shall apply until redelivery.

33. Ice

The Vessel shall not be required to enter or remain in any icebound port or area, nor any port or area where lights or lightships have been or are about to be withdrawn by reason of ice, nor where there is risk that in the ordinary course of things the Vessel will not be able on account of ice to safely enter and remain in the port or area or to get out after having completed loading or discharging. Subject to the Owners' prior approval the Vessel is to follow ice-breakers when reasonably required with regard to her size, construction and ice class.

34. Requisition

Should the Vessel be requisitioned by the government of the Vessel's flag during the period of this Charter Party, the Vessel shall be deemed to be off hire during the period of such requisition, and any hire paid by the said government in respect of such requisition period shall be retained by the Owners. The period during which the Vessel is on requisition to the said government shall count as part of the period provided for in this Charter Party.

If the period of requisition exceeds   months, either party shall have the option of cancelling this Charter Party and no consequential claim may be made by either party.

35. Stevedore Damage

Notwithstanding anything contained herein to the contrary, the Charterers shall pay for any and all damage to the Vessel caused by stevedores provided the Master has notified the Charterers and/or their agents in writing as soon as practical but not later than 48 hours after any damage is discovered. Such notice to specify the damage in detail and to invite Charterers to appoint a surveyor to assess the extent of such damage.

40. In case of any and all damage(s) affecting the Vessel's seaworthiness and/or the safety of the crew and/or affecting the trading capabilities of the Vessel, the Charterers shall immediately arrange for repairs of such damage(s) at their expense and the Vessel is to remain on hire until such repairs are completed and if required passed by the Vessel's classification society.

(b) Any and all damage(s) not described under point (a) above shall be repaired at the Charterers' option, before or after redelivery concurrently with the Owners' work. In such case no hire and/or expense will be paid to the Owners except and insofar as the time and/or the expenses required for the repairs for which the Charterers are responsible, exceed the time and/or expenses necessary to carry out the Owners' work.

36. Cleaning of Holds

The Charterers shall provide and pay extra for sweeping and/or washing and/or cleaning of holds between voyages and/or between cargoes provided such work can be undertaken by the crew and is permitted by local regulations, at the rate of   per hold.

In connection with any such operation, the Owners shall not be responsible if the Vessel's holds are not accepted or passed by the port or any other authority. The Charterers shall have the option to re-deliver the Vessel with unclean/unswept holds against a lumpsum payment of   in lieu of cleaning.

37. Taxes

Charterers to pay all local, State, National taxes and/or dues assessed on the Vessel or the Owners resulting from the Charterers' orders herein, whether assessed during or after the currency of this Charter Party including any taxes and/or dues on cargo and/or freights and/or sub-freights and/or hire (excluding taxes levied by the country of the flag of the Vessel or the Owners).

38. Charterers' Colors

The Charterers shall have the privilege of flying their own house flag and painting the Vessel's with their own markings. The Vessel shall be repainted in the Owners' colors before termination of the Charter Party. Cost and time of painting, maintaining and repainting those changes effected by the Charterers shall be for the Charterers' account.

39. Laid Up Returns

The Charterers shall have the benefit of any return insurance premium receivable by the Owners from their underwriters as and when received from underwriters by reason of the Vessel being in port for a minimum period of 30 days if on full hire for this period or pro rata for the time actually on hire.

40. **Documentation**

The Owners shall provide any documentation relating to the Vessel that may required to permit the

Vessel to trade within the agreed trade limits, including, but not limited to certificates of financial responsibility for oil pollution, provided such oil pollution certificates are obtainable from the Owners' P & I club, valid international tonnage certificate, Suez and Panama tonnage certificates, valid certificate of registry and certificates relating to the strength and/or serviceability of the Vessel's gear.

41. Stowaways

(a) (i) The Charterers warrant to exercise due care and diligence in preventing stowaways in gaining access to the Vessel by means of secreting away in the goods and/or containers shipped by the Charterers.

(ii) If, despite the exercise of due care and diligence by the Charterers, stowaways have gained access to the Vessel by means of secreting away in the goods and/or containers shipped by the Charterers, this shall amount to breach of charter for the consequences of which the Charterers shall be liable and shall hold the Owners harmless and shall keep them indemnified against all claims whatsoever which may arise and be made against them. Furthermore, all time lost and all expenses whatsoever and howsoever incurred, including fines, shall be for the Charterers' account and the Vessel shall remain on hire.

(iii) Should the Vessel be arrested as a result of the Charterers' breach of charter according to sub-clause (a)(ii) above, the Charterers shall take all reasonable steps to secure that, within a reasonable time, the Vessel is released and at their expense put up bail to secure release of the Vessel.

(b) (i) If, despite the exercise of due care and diligence by the Owners, stowaways have gained access to the Vessel by means other than secreting away in the goods and/or containers shipped by the Charterers, all time lost and all expenses whatsoever and howsoever incurred, including fines, shall be for the Owners' account and the Vessel shall be off hire.

(ii) Should the Vessel be arrested as a result of stowaways having gained access to the Vessel by means other than secreting away in the goods and/or containers shipped by the Charterers, the Owners shall take all reasonable steps to secure that, within a reasonable time, the Vessel is released and at their expense put up bail to secure release of the Vessel.

42. Smuggling

In the event of smuggling by the Master, Officers and/or crew, the Owner shall bear the cost of any fines, taxes, or imposts levied and the Vessel shall be off hire for any time lost as a result thereof.

43. Commissions

A commission of   per cent is payable by the Vessel and the Owners to

on hire earned and paid under this Charter, and also upon any continuation or extension of this Charter.

44. Address Commission

An address commission of   percent is payable to

on hire earned and paid under this Charter.

45. Arbitration

(a) NEW YORK

All disputes arising out of this contract shall be arbitrated at New York in the following manner, and subject to U.S. Law:

One Arbitrator is to be appointed by each of the parties hereto and a third by the two so chosen. Their decision or that of any two of them shall be final, and for the purpose of enforcing any award, this agreement may be made a rule of the court. The Arbitrators shall be commercial men, conversant with shipping matters. Such Arbitration is to be conducted in accordance with the rules of the Society of Maritime Arbitrators Inc.

For disputes where the total amount claimed by either party does not exceed US $ .... ** the arbitration shall be conducted in accordance with the Shortened Arbitration Procedure of the Society of Maritime Arbitrators Inc.

(b) LONDON

All disputes arising out of this contract shall be arbitrated at London and, unless the parties agree forthwith on a single Arbitrator, be referred to the final arbitrament of two Arbitrators carrying on business in London who shall be members of the Baltic Mercantile & Shipping Exchange and engaged in Shipping, one to be appointed by each of the parties, with power to such Arbitrators to appoint an Umpire. No award shall be questioned or invalidated on the ground that any of the Arbitrators is not qualified as above, unless objection to his action be taken before the award is made. Any dispute arising hereunder shall be governed by English Law.

For disputes where the total amount claimed by either party does not exceed US $ ** the arbitration shall be conducted in accordance with the Small Claims Procedure of the London Maritime Arbitrators Association.

* *Delete para (a) or (b) as appropriate*

** Where no figure is supplied in the blank space this provision only shall be void but the other provisions of this clause shall have full force and remain in effect.

If mutually agreed, clauses to both inclusive, as attached hereto are fully incorporated in this Charter Party.

APPENDIX "A"

To Charterparty dated

Between Owners

and Charterers

Further details of the Vessel:

4) 정기용선 계약서 (NYPE 2015)

ASBA BIMCO SMF Singapore Maritime Foundation

NYPE 2015

TIME CHARTER

New York Produce Exchange Form©
November 6th, 1913 – Amended October 20th, 1921; August 6th, 1931; October 3rd, 1946;
Revised June 12th 1981; September 14th 1993; June 3rd, 2015.

THIS CHARTER PARTY, made and concluded in **Click here to enter text.**. this **Click here to enter text.**. day of **Click here to enter text.** 20 **Click here to enter text.**

Between **Choose an item.** of **Click here to enter text.**

as *Registered Owners/*Disponent Owners/*Time Chartered Owners (the "Owners") of the Vessel described below

**delete as applicable*

Name: **Choose an item.**

IMO Number: Click here to enter text.

Flag: Click here to enter text.

Built (year): Click here to enter text.

Deadweight All Told: Click here to enter text. metric tons

(For Vessel's charter party description see Appendix A (Vessel Description)),

and **Choose an item.** Charterers of Click here to enter text. (the "Charterers")

This Charter Party shall be performed subject to all the terms and conditions herein consisting of this main body including any additional clauses and addenda, if applicable, as well as Appendix A attached hereto. In the event of any conflict of conditions, the provisions of any additional clauses and Appendix A shall prevail over those of the main body to the extent of such conflict, but no further.

1. Duration/Trip Description

(a) The Owners agree to let, and the Charterers agree to hire, the Vessel from the time of delivery, for Click here to enter text.. within below mentioned trading limits.

(b) Trading Limits - The Vessel shall be employed in such lawful trades between safe ports and safe places within the following trading limits Click here to enter text.. as the Charterers shall direct.

(c) Berths - The Vessel shall be loaded and discharged in any safe anchorage or at any safe berth or safe place that the Charterers or their agents may direct, provided the Vessel can safely enter, lie and depart always afloat.

(d) The Vessel during loading and/or discharging may lie safely aground at any safe berth or safe place where it is customary for vessels of similar size, construction and type to lie at the following areas/ports Click here to enter text. *(if this space is left blank then this sub-clause 1(d) shall not apply)*, if so requested by the Charterers, provided it can do so without suffering damage.

The Charterers shall indemnify the Owners for any loss, damage, costs, expenses or loss of time, including any underwater inspection required by class, caused as a consequence of the Vessel lying aground at the Charterers' request.

(e) Sublet - The Charterers shall have the liberty to sublet the Vessel for all or any part of the time covered by this Charter Party, but the Charterers remain responsible for the fulfillment of this Charter Party.

2. Delivery

(a) The Vessel shall be delivered to the Charterers at Click here to enter text. (state port or place).

(b) The Vessel on delivery shall be seaworthy and in every way fit to be employed for the intended service, having water ballast and with sufficient power to operate all cargo handling gear simultaneously, and, with full complement of Master, officers and ratings who meet the Standards for Training, Certification and Watchkeeping for Seafarers (STCW) requirements for a vessel of her tonnage.

(c) The Vessel's holds shall be clean and in all respects ready to receive the intended cargo, or if no intended cargo, any permissible cargo:

(i) On *delivery; or

(ii) On *arrival at first loading port if different from place of delivery. If the Vessel fails hold inspection then the Vessel shall be off-hire from the time of rejection until the Vessel has passed a subsequent inspection.

**(c)(i) and (c)(ii) are alternatives; delete as appropriate. If no deletion then Sub-clause (c)(i) shall apply.*

(d) The Owners shall keep the Charterers informed of the Vessel's itinerary. Prior to the arrival of the Vessel at the delivery port or place, the Owners shall serve the Charterers with Click here to enter text. days' approximate and Click here to enter text. days' definite notices of the Vessel's delivery. Following the tender of any such notice the Owners shall give or allow to be given to the Vessel only such further employment orders, if any, as are reasonably expected when given to allow delivery to occur on or before the date notified. The Owners shall give the Charterers and/or their local agents notice of delivery when the Vessel is in a position to come on hire.

Vessel itinerary prior to delivery: **Click here to enter text.**.

(e) Acceptance of delivery of the Vessel by the Charterers shall not prejudice their rights against the Owners under this Charter Party.

3. Laydays/Cancelling

If required by the Charterers, time on hire shall not commence before **Click here to enter text.** (local time) and should the Vessel not have been delivered on or before **Click here to enter text.** (local time) at the port or place stated in Sub-clause 2(a), the Charterers shall have the option of cancelling this Charter Party at any time but not later than the day of the Vessel's notice of delivery.

4. Redelivery

(a) The Vessel shall be redelivered to the Owners in like good order and condition, ordinary wear and tear excepted, at **Click here to enter text.** (*state port or place*)

(b) The Charterers shall keep the Owners informed of the Vessel's itinerary. Prior to the arrival of the Vessel at the redelivery port or place, the Charterers shall serve the Owners with **Click here to enter text.** days' approximate and **Click here to enter text.** days' definite notices of the Vessel's redelivery. Following the tender of any such notices the Charterers shall give or allow to be given to the Vessel only such further employment orders, if any, as are reasonably expected when given to allow redelivery to occur on or before the date notified.

(c) Acceptance of redelivery of the Vessel by the Owners shall not prejudice their rights against the Charterers under this Charter Party.

5. On/Off-Hire Survey

Prior to delivery and redelivery the parties shall, unless otherwise agreed, each appoint surveyors, for their respective accounts, who shall not later than at first loading port/last discharging port respectively, conduct joint on-hire/off-hire surveys, for the purpose of ascertaining the quantity of bunkers on board and the condition of the Vessel. A single report shall be prepared on each occasion and signed by each surveyor, without prejudice to his right to file a separate report setting forth items upon which the surveyors cannot agree.

If either party fails to have a representative attend the survey and sign the joint survey report, such party shall nevertheless be bound for all purposes by the findings in any report prepared by the other party.

Any time lost as a result of the on-hire survey shall be for the Owners' account and any time lost as a result of the off-hire survey shall be for the Charterers' account.

6. Owners to Provide

(a) The Owners shall provide and pay for the insurances of the Vessel, except as otherwise provided, and for all provisions, cabin, deck, engine-room and other necessary stores, boiler water and lubricating oil; shall pay for wages, consular shipping and discharging fees of the crew and charges for port services pertaining to the crew/crew visas; shall maintain the Vessel's class and keep her in a thoroughly efficient state in hull, machinery and equipment for and during the service, and have a full complement of Master, officers and ratings.

(b) The Owners shall provide any documentation relating to the Vessel as required to permit the Vessel to trade within the agreed limits, including but not limited to International Tonnage

Certificate, Suez and Panama tonnage certificates, Certificates of Registry, and certificates relating to the strength, safety and/or serviceability of the Vessel's gear. Such documentation shall be maintained during the currency of the Charter Party as necessary.

Owners shall also provide and maintain such Certificates of Financial Responsibility for oil pollution to permit the Vessel to trade within the agreed limits as may be required at the commencement of the Charter Party. However, in the event that, at the time of renewal, a Certificate of Financial Responsibility is unavailable in the market place, or, the premium for same increases significantly over the course of the Charter Party, then Owners and Charterers shall discuss each with the other to find a mutually agreeable solution for same, failing such solution the port(s) that require said Certificate of Financial Responsibility are to be considered as added to the Vessel's trading exclusions. (See also Clause 18 (Pollution)).

(c) The Vessel to work night and day if required by the Charterers, with crew opening and closing hatches, when and where required and permitted by shore labor regulations, otherwise shore labor for same shall be for the Charterers' account.

7. Charterers to Provide

(a) The Charterers, while the Vessel is on-hire, shall provide and pay for all the bunkers except as otherwise agreed; shall pay for port charges (including compulsory garbage disposal), compulsory gangway watchmen and cargo watchmen, compulsory and/or customary pilotages, canal dues, towages, agencies, commissions, consular charges (except those pertaining to individual crew members or flag of the Vessel), and all other usual expenses except those stated in Clause 6, but when the Vessel puts into a port for causes for which the Vessel is responsible (other than by stress of weather), then all such charges incurred shall be paid by the Owners.

(b) Fumigations ordered because of illness of the crew or for infestations prior to delivery under this Charter Party shall be for the Owners' account. Fumigations ordered because of cargoes carried or ports visited while the Vessel is employed under this Charter Party shall be for the Charterers' account.

(c) The Charterers shall provide and pay for necessary dunnage, lashing materials and also any extra fittings requisite for a special trade or unusual cargo, but the Owners shall allow them the use of any dunnage already aboard the Vessel. Prior to redelivery the Charterers shall remove their dunnage, fittings and lashing materials at their cost and in their time.

8. Performance of Voyages

(a) Subject to Clause 38 (Slow Steaming) the Master shall perform the voyages with due despatch and shall render all customary assistance with the Vessel's crew. The Master shall be conversant with the English language and (although appointed by the Owners) shall be under the orders and directions of the Charterers as regards employment and agency; and the Charterers shall perform all cargo handling, including but not limited to loading, stowing, trimming, lashing, securing, dunnaging, unlashing, discharging, and tallying, at their risk and expense, under the supervision of the Master.

(b) If the Charterers shall have reasonable cause to be dissatisfied with the conduct of the Master or officers, the Owners shall, on receiving particulars of the complaint, investigate the same, and, if necessary, make a change in appointments.

9. Bunkers

(a) Bunker quantities and prices

*(i) The Charterers on delivery, and the Owners on redelivery or any termination of this Charter Party, shall take over and pay for all bunkers remaining on board the Vessel as hereunder. The Vessel's bunker tank capacities shall be at the Charterers' disposal. Bunker quantities and prices on delivery /redelivery to be Click here to enter text..

*(ii) The Owners shall provide sufficient bunkers onboard to perform the entire time charter trip. The Charterers shall not bunker the Vessel, and shall pay with the first hire payment for the mutually agreed estimated bunker consumption for the trip, namely Click here to enter text. metric tons at Click here to enter text. (price). Upon redelivery any difference between estimated and actual consumption shall be paid by the Charterers or refunded by the Owners as the case may be.

*(iii) The Charterers shall not take over and pay for bunkers Remaining On Board at delivery but shall redeliver the Vessel with about the same quantities and grades of bunkers as on delivery. Any difference between the delivery quantity and the redelivery quantity shall be paid by the Charterers or the Owners as the case may be. The price of the bunkers shall be the net contract price paid by the receiving party, as evidenced by suppliers' invoice or other supporting documents.

**(i), (ii) and (iii) are alternatives; delete as applicable. If neither Sub-clause (i), (ii) nor (iii) is deleted then Sub-clause (i) shall apply.*

(b) Bunkering Prior to Delivery/Redelivery

Provided that it can be accomplished at ports of call, without hindrance to the working or operation of or delay to the Vessel, and subject to prior consent, which shall not be unreasonably withheld, the Owners shall allow the Charterers to bunker for their account prior to delivery and the Charterers shall allow the Owners to bunker for their account prior to redelivery. If consent is given, the party ordering the bunkering shall indemnify the other party for any delays, losses, costs and expenses arising therefrom.

(c) Bunkering Operations and Sampling

(i) The Chief Engineer shall co-operate with the Charterers' bunkering agents and fuel suppliers during bunkering. Such cooperation shall include connecting/disconnecting hoses to the Vessel's bunker manifold, attending sampling, reading gauges or meters or taking soundings, before, during and/or after delivery of fuels.

(ii) During bunkering a primary sample of each grade of fuels shall be drawn in accordance with the International Maritime Organization (IMO) Resolution Marine Environment Protection Committee (MEPC) MEPC.182(59) Guidelines for the Sampling of Fuel Oil for Determination of Compliance with the Marine Pollution Convention (MARPOL) 73/78 Annex VI or any subsequent amendments thereof. Each primary sample shall be divided into no fewer than five (5) samples; one sample of each grade of fuel shall be retained on board for MARPOL purposes and the remaining samples of each grade distributed between the Owners, the Charterers and the bunker suppliers.

(iii) The Charterers warrant that any bunker suppliers used by them to bunker the Vessel shall comply with the provisions of Sub-clause (c)(ii) above.

(iv) Bunkers of different grades, specifications and/or suppliers shall be segregated into separate tanks within the Vessel's natural segregation. The Owners shall not be held liable for any restriction in bunker capacity as a result of segregating bunkers as aforementioned.

(d) Bunker Quality and Liability

(i) The Charterers shall supply bunkers of the agreed specifications and grades: Click here to enter text. The bunkers shall be of a stable and homogeneous nature and suitable for burning in the Vessel's engines and/or auxiliaries and, unless otherwise agreed in writing, shall comply with the International Organization for Standardization (ISO) standard 8217:2012 or any subsequent amendments thereof. If ISO 8217:2012 is not available then the Charterers shall supply bunkers which comply with the latest ISO 8217 standard available at the port or place of bunkering.

(ii) The Charterers shall be liable for any loss or damage to the Owners or the Vessel caused by the supply of unsuitable fuels and/or fuels which do not comply with the specifications and/or grades set out in Sub-clause (d)(i) above, including the off-loading of unsuitable fuels and the supply of fresh fuels to the Vessel. The Owners shall not be held liable for any reduction in the Vessel's speed performance and/or increased bunker consumption nor for any time lost and any other consequences arising as a result of such supply.

(e) Fuel Testing Program

Should the Owners participate in a recognized fuel testing program one of the samples retained by the Owners shall be forwarded for such testing. The cost of same shall be borne by the Owners and if the results of the testing show the fuel not to be in compliance with ISO 8217:2012, or any subsequent amendment thereof, or such other specification as may be agreed, the Owners shall notify the Charterers and provide a copy of the report as soon as reasonably possible.

In the event the Charterers call into question the results of the testing, a fuel sample drawn in accordance with IMO Resolution MEPC 96(47) Guidelines for the Sampling of Fuel Oil for Determination of Compliance with Annex VI of MARPOL 73/78 or any subsequent amendments thereof, shall be sent to a mutually agreed, qualified and independent laboratory whose analysis as regards the characteristics of the fuel shall be final and binding on the parties concerning the characteristics tested for. If the fuel sample is found not to be in compliance with the specification as agreed in the paragraph above, the Charterers shall meet the cost of this analysis, otherwise same shall be for the Owners' account.

(f) Bunker Fuel Sulphur Content

(i) Without prejudice to anything else contained in this Charter Party, the Charterers shall supply fuels of such specifications and grades to permit the Vessel, at all times, to comply with the maximum sulphur content requirements of any emission control area when the Vessel is ordered to trade within that area.

The Charterers also warrant that any bunker suppliers, bunker craft operators and bunker surveyors used by the Charterers to supply such bunkers shall comply with Regulations 14 and 18 of MARPOL Annex VI, including the Guidelines in respect of sampling and the provision of bunker delivery notes.

The Charterers shall indemnify, defend and hold harmless the Owners in respect of any loss, liability, delay, fines, costs or expenses arising or resulting from the Charterers' failure to comply with this Sub-clause (f)(i).

(ii) Provided always that the Charterers have fulfilled their obligations in respect of the supply of fuels in accordance with Sub-clause (f)(i), the Owners warrant that:

1. the Vessel shall comply with Regulations 14 and 18 of MARPOL Annex VI and with the requirements of any emission control area; and

2. the Vessel shall be able to consume fuels of the required sulphur content,

when ordered by the Charterers to trade within any such area.

Subject to having supplied the Vessel with fuels in accordance with Sub-clause (f)(i), the Charterers shall not otherwise bear any loss, liability, delay, fines, costs or expenses arising or resulting from the Vessel's failure to comply with Regulations 14 and 18 of MARPOL Annex VI.

(iii) For the purpose of this Clause, "emission control area" shall mean an area as stipulated in MARPOL Annex VI and/or an area regulated by regional and/or national authorities such as, but not limited to, the European Union (EU) and the United States (US) Environmental Protection Agency.

(g) Grades and Quantities of Bunkers on Redelivery

Unless agreed otherwise, the Vessel shall be redelivered with the same grades and about the same quantities of bunkers as on delivery; however, the grades and quantities of bunkers on redelivery shall always be appropriate and sufficient to allow the Vessel to reach safely the nearest port at which fuels of the required types are available.

10. Rate of Hire; Hold Cleaning; Communications; Victualing and Expenses

(a) The Charterers shall pay for the use and hire of the said Vessel at the rate of **Click here to enter text.** per day or pro rata for any part of a day, commencing on and from the time of her delivery, as aforesaid, including the overtime of crew; hire to continue until the time of her redelivery to the Owners as per Clause 4 (Redelivery) (unless Vessel lost).

Unless otherwise mutually agreed, the Charterers shall have the option to redeliver the Vessel with unclean/unswept holds against a lumpsum payment of **Click here to enter text.** in lieu of hold cleaning, to the Owners (unless Vessel lost).

The Owners shall victual pilots and such other persons as authorized by the Charterers or their agents. While on-hire, the Charterers shall pay the Owners along with the hire payments, **Click here to enter text.** per thirty (30) days or pro rata, to cover all Communications, Victualing and Expenses properly incurred by the Vessel under the Charterers' employment.

For the purpose of hire calculations, the times of delivery, redelivery or termination of this Charter Party shall be adjusted to Coordinated Universal Time (UTC).

(b) Hold Cleaning/Residue Disposal

(i) The Charterers may request the Owners to direct the crew to sweep and/or wash and/or clean the holds between voyages and/or between cargoes against payment at the rate of **Click here to enter text.** per hold, provided the crew is able safely to undertake such work and is allowed to do so by local regulations. In connection with any such operation the Owners shall not be responsible if the Vessel's holds are not accepted or passed. Time for cleaning shall be for the Charterers' account.

(ii) Unless this Charter Party is concluded for a single laden leg, all cleaning agents and additives (including chemicals and detergents) required for cleaning cargo holds shall be supplied and paid for by the Charterers. The Charterers shall provide the Owners with a dated and signed statement identifying cleaning agents and additives that, in accordance with IMO Resolution 219(63) Guidelines for the Implementation of MARPOL Annex V, are not substances harmful to the marine environment and do not contain any component known to be carcinogenic, mutagenic or reprotoxic.

(iii) Throughout the currency of this Charter Party and at redelivery, the Charterers shall remain responsible for all costs and time, including deviation, if any, associated with the removal and disposal of cargo related residues and/or hold washing water and/or cleaning agents and detergents and/or waste. Removal and disposal as aforesaid shall always be in accordance with and as defined by MARPOL Annex V, or other applicable rules.

11. Hire Payment

(a) Payment

Payment of Hire shall be made without deductions due to Charterers' bank charges so as to be received by the Owners or their designated payee into the bank account as follows Click here to enter text. in the currency stated in Clause 10 (Rate of Hire; Hold Cleaning; Communications; Victualling and Expenses), in funds available to the Owners on the due date, fifteen (15) days in advance, and for the last fifteen (15) days or part of same the approximate amount of hire, and should the same not cover the actual time, hire shall be paid for the balance day by day as it becomes due, if so required by the Owners. The first payment of hire shall be due on delivery.

(b) Grace Period

Where there is failure to make punctual payment of hire due, the Charterers shall be given by the Owners three (3) Banking Days (as recognized at the agreed place of payment) written notice to rectify the failure, and when so rectified within those three (3) Banking Days (as recognized at the agreed place of payment and the place of currency of the Charter Party) following the Owners' notice, the payment shall stand as punctual.

(c) Withdrawal

Failure by the Charterers to pay hire due in full within three (3) Banking Days of their receiving a notice from Owners under Sub-clause 11(b) above shall entitle the Owners, without prejudice to any other rights or claims the Owners may have against the Charterers:

(i) to withdraw the Vessel from the service of the Charterers;

(ii) to damages, if they withdraw the Vessel, for the loss of the remainder of the Charter Party.

(d) Suspension

At any time while hire is outstanding, the Owners shall, without prejudice to the liberty to withdraw, be entitled to withhold the performance of any and all obligations hereunder and shall have no responsibility whatsoever for any consequences thereof, and Charterers hereby indemnify the Owners for all legitimate and justifiable actions taken to secure their interests, and hire shall continue to accrue and any extra expenses resulting from such withholding shall be for the Charterers' account.

(e) Last Hire Payment

Should the Vessel be on her voyage towards port/place of redelivery at the time the last payment(s) of hire is/are due, said payment(s) is/are to be made for such length of time as the estimated time necessary to complete the voyage, including the deduction of estimated disbursements for the Owners' account before redelivery. Should said payments not cover the actual time, hire is to be paid for the balance, day by day, as it becomes due.

Unless Sub-clause 9(a)(ii) or (iii) has been agreed, the Charterers shall have the right to deduct the value of bunkers on redelivery from last sufficient hire payment(s).

When the Vessel has been redelivered, any difference in hire and bunkers is to be refunded by the Owners or paid by the Charterers within five (5) Banking Days, as the case may be.

(f) Cash Advances

Cash for the Vessel's ordinary disbursements at any port may be advanced by the Charterers, as required by the Owners, subject to two and a half (2.5) per cent commission and such advances shall be deducted from the hire. The Charterers, however, shall in no way be responsible for the application of such advances.

12. Speed and Consumption

(a) Upon delivery and throughout the duration of this Charter Party the Vessel shall be capable of speed and daily consumption rates as stated in Appendix A in good weather on all sea passages with wind up to and including Force four (4) as per the Beaufort Scale and sea state up to and including Sea State three (3) as per the Douglas Sea Scale (unless otherwise specified in Appendix A). Any period during which the Vessel's speed is deliberately reduced to comply with the Charterers' orders/requirements (unless slow steaming or eco speed warranties have been given in Appendix A) or for reasons of safety or while navigating within narrow or restricted waters or when assisting a vessel in distress or when saving or attempting to save life or property at sea, shall be excluded from performance calculations.

(b) The Charterers shall have the option of using their preferred weather routing service. The Master shall comply with the reporting procedure of the Charterers' weather routing service and shall follow routing recommendations from that service provided that the safety of the Vessel and/or cargo is not compromised.

(c) The actual route taken by the Vessel shall be used as the basis of any calculation of the Vessel's performance.

(d) If the speed of the Vessel is reduced and/or fuel oil consumption increased, the Charterers may submit to the Owners a documented claim limited to the estimated time lost and/or the additional fuel consumed, supported by a performance analysis from the weather routing service established in accordance with this Clause. The cost of any time lost shall be off-set against the cost of any fuel saved and vice versa.

(e) In the event that the Owners contest such claim then the Owners shall provide copies of the Vessel's deck logs for the period concerned and the matter shall be referred to an independent expert or alternative weather service selected by mutual agreement, whose report shall take Vessel's log data and the Charterers' weather service data into consideration and whose determination shall be final and binding on the parties. The cost of such expert report shall be shared equally.

13. Spaces Available

(a) The whole reach of the Vessel's holds, decks, and other cargo spaces (not more than she can reasonably and safely stow and carry), also accommodation for supercargo, if carried, shall be at the Charterers' disposal, reserving only proper and sufficient space for the Vessel's Master, officers, ratings, tackle, apparel, furniture, provisions, stores and bunkers.

(b) In the event of deck cargo being carried, the Owners are to be and are hereby indemnified by the Charterers for any loss and/or damage and/or liability of whatsoever nature howsoever caused to the deck cargo which would not have arisen had the deck cargo not been loaded. Bills of Lading shall be issued as per Clause 31(c).

14. Supercargo

The Charterers are entitled to appoint a supercargo, who shall accompany the Vessel at the Charterers' risk and see that voyages are performed with due despatch. He is to be furnished with free accommodation and meals same as provided for the Master's table. The Charterers and the supercargo are required to sign the standard letter of waiver and indemnity recommended by the Vessel's Protection and Indemnity Association before the supercargo comes on board the Vessel.

15. Sailing Orders and Logs

The Charterers shall furnish the Master from time to time with all requisite instructions and sailing directions, in writing, in the English language, and the Master shall keep full and correct deck and engine logs of the voyage or voyages, which are to be patent to the Charterers or their agents, and shall furnish the Charterers, their agents or supercargo, when required, with a true copy of such deck and engine logs, showing the course of the Vessel, distance run and the consumption of bunkers. Any log extracts required by the Charterers shall be in the English language.

16. Cargo Exclusions

The Vessel shall be employed in carrying lawful merchandise, excluding any goods of a dangerous, injurious, flammable or corrosive nature unless carried in accordance with the requirements or recommendations of the competent authorities of the country of the Vessel's registry, and of ports of loading and discharge, and of any intermediate countries or ports through whose waters the Vessel must pass. Without prejudice to the generality of the foregoing in addition the following are specifically excluded: livestock of any description, arms, ammunition, explosives, nuclear and radioactive material, Click here to enter text..

17. Off-Hire

In the event of loss of time from deficiency and/or default and/or strike of officers or ratings, or deficiency of stores, fire, breakdown of, or damage to hull, machinery or equipment, grounding, detention by the arrest of the Vessel, (unless such arrest is caused by events for which the Charterers, their sub-charterers, servants, agents or sub-contractors are responsible), or detention by Port State control or other competent authority for Vessel deficiencies, or detention by average accidents to the Vessel or cargo, unless resulting from inherent vice, quality or defect of the cargo, drydocking for the purpose of examination, cleaning and/or painting of underwater parts and/or repair, or by any other similar cause preventing the full working of the Vessel, the payment of hire and overtime, if any, shall cease for the time thereby lost. Should the Vessel deviate or put back during a voyage, contrary to the orders or directions of the Charterers, for any reason other than accident to the cargo or where permitted in Clause 22 (Liberties) hereunder, the hire to be suspended from the time of her deviating or putting back until she is again in the same or equidistant position from the destination and the voyage resumed therefrom. All bunkers used by the Vessel while off-hire shall be for the Owners' account. In the event of the Vessel being driven into port or to anchorage through stress of weather, trading to shallow harbors or to rivers or ports with bars, any detention of the Vessel and/or expenses resulting from such detention shall be for the Charterers' account. If upon the voyage the speed be reduced by defect in, or breakdown of, any part of her hull, machinery or equipment, the time so lost, and the cost of any extra bunkers consumed in consequence thereof, and all extra proven expenses may be deducted from the hire.

Bunkers used by the Vessel while off-hire and the cost of replacing same shall be for the Owners' account and therefore deducted from the hire.

18. Pollution

The Owners shall provide for standard oil pollution coverage equal to the level customarily offered by the International Group of P&I Clubs, together with the appropriate certificates to that effect. (See also Clause 6 (Owners to Provide)).

19. Drydocking

The Vessel was last drydocked **Click here to enter text.**.

Except in case of emergency or under Clause 52(b), no drydocking shall take place during the currency of this Charter Party.

20. Total Loss

Should the Vessel be lost, money paid in advance and not earned (reckoning from the date of loss or being last heard of) shall be returned to the Charterers at once.

21. Exceptions

The act of God, enemies, fire, restraint of princes, rulers and people, and all dangers and accidents of the seas, rivers, machinery, boilers and navigation, and errors of navigation throughout this Charter Party, always mutually excepted.

22. Liberties

The Vessel shall have the liberty to sail with or without pilots, to tow and be towed, to assist vessels in distress, and to deviate for the purpose of saving life and property.

23. Liens

The Owners shall have a lien upon all cargoes, sub-hires and sub-freights (including deadfreight and demurrage) belonging or due to the Charterers or any sub-charterers, for any amounts due under this Charter Party, including general average contributions, and the Charterers shall have a lien on the Vessel for all monies paid in advance and not earned, and any overpaid hire or excess deposit to be returned at once.

The Charterers will not directly or indirectly suffer, nor permit to be continued, any lien or encumbrance, which might have priority over the title and interest of the Owners in the Vessel. The Charterers undertake that during the period of this Charter Party, they will not procure any supplies or necessaries or services, including any port expenses and bunkers, on the credit of the Owners.

24. Salvage

All derelicts and salvage shall be for the Owners' and the Charterers' equal benefit after deducting the Owners' and the Charterers' expenses and crew's proportion.

25. General Average

General average shall be adjusted according to York-Antwerp Rules 1994 and settled in US dollars in the same place as stipulated in Clause 54 (Law and Arbitration). The Charterers shall procure that all bills of lading issued during the currency of this Charter Party will contain a provision to the effect that general average shall be adjusted according to York-Antwerp Rules 1994 and will include the "New Jason Clause" as per Clause 33(c). Time charter hire will not contribute to general average.

26. Navigation

Nothing herein stated is to be construed as a demise of the Vessel to the Charterers. The Owners shall remain responsible for the navigation of the Vessel, acts of pilots and tug boats, insurance, crew, and all other matters, same as when trading for their own account.

27. Cargo Claims

Cargo claims as between the Owners and the Charterers shall be settled in accordance with the Inter-Club NYPE Agreement 1996 (as amended 1 September 2011), or any subsequent modification or replacement thereof.

28. Cargo Handling Gear and Lights

The Owners shall maintain the cargo handling gear of the Vessel providing lifting capacity as described in Appendix A (Vessel Description). The Owners shall also provide on the Vessel for night work lights as on board, but all additional lights over those on board shall be at the Charterers' expense. The Charterers shall have the use of any cargo handling gear on board the Vessel. If required by the Charterers, the Vessel shall work night and day and all cargo handling gear shall be at the Charterers' disposal during loading and discharging. In the event of disabled cargo handling gear, or insufficient power to operate the same, the Vessel is to be considered to be off-hire to the extent that time is actually lost to the Charterers and the Owners to pay stevedore stand-by charges occasioned thereby, unless such disablement or insufficiency of power is caused by the Charterers' stevedores. If required by the Charterers, the Owners shall bear the cost of hiring shore gear in lieu thereof, in which case the Vessel shall remain on-hire, except for actual time lost.

29. Solid Bulk Cargoes/Dangerous Goods

(a) The Charterers shall provide appropriate information on the cargo in advance of loading in accordance with the requirements of the IMO International Maritime Solid Bulk Cargoes (IMSBC) Code to enable the precautions which may be necessary for proper stowage and safe carriage to be put into effect. The information shall be accompanied by a cargo declaration summarising the main details and stating that the cargo is fully and accurately described and that, where applicable, the test results and other specifications can be considered as representative for the cargo to be loaded.

(b) If a cargo listed in the IMO International Maritime Dangerous Goods (IMDG) Code (website: www.imo.org) is agreed to be carried, the Charterers shall provide a dangerous goods transport document and, where applicable, a container/vehicle packing certificate in accordance with the IMDG Code requirements. The dangerous goods transport document shall include a certificate or declaration that the goods are fully and accurately described by the Proper Shipping Name, are classified, packaged, marked and labelled/placarded correctly and are in all respects in proper condition for transport according to applicable international and national government regulations.

(c) The Master shall be entitled to refuse cargoes or, if already loaded, to unload them at the Charterers' risk and expense if the Charterers fail to fulfil their IMSBC Code or IMDG Code obligations as applicable.

30. BIMCO Hull Fouling Clause for Time Charter Parties

(a) If, in accordance with the Charterers' orders, the Vessel remains at or shifts within a place, anchorage and/or berth for an aggregated period exceeding:

(i) a period as the parties may agree in writing in a Tropical Zone or Seasonal Tropical Zone*; or

(ii) a period as the parties may agree in writing outside such Zones*

any warranties concerning speed and consumption shall be suspended pending inspection of the Vessel's underwater parts including, but not limited to, the hull, sea chests, rudder and propeller.

**If no such periods are agreed the default periods shall be 15 days.*

(b) In accordance with Sub-clause (a), either party may call for inspection which shall be arranged jointly by the Owners and the Charterers and undertaken at the Charterers' risk, cost, expense and time.

(c) If, as a result of the inspection either party calls for cleaning of any of the underwater parts, such cleaning shall be undertaken by the Charterers at their risk, cost, expense and time in consultation with the Owners.

(i) Cleaning shall always be under the supervision of the Master and, in respect of the underwater hull coating, in accordance with the paint manufacturers' recommended guidelines on cleaning, if any. Such cleaning shall be carried out without damage to the Vessel's underwater parts or coating.

(ii) If, at the port or place of inspection, cleaning as required under this Sub-clause (c) is not permitted or possible, or if the Charterers choose to postpone cleaning, speed and consumption warranties shall remain suspended until such cleaning has been completed.

(iii) If, despite the availability of suitable facilities and equipment, the Owners nevertheless refuse to permit cleaning, the speed and consumption warranties shall be reinstated from the time of such refusal.

(d) Cleaning in accordance with this Clause shall always be carried out prior to redelivery. If, nevertheless, the Charterers are prevented from carrying out such cleaning, the parties shall, prior to but latest on redelivery, agree a lump sum payment in full and final settlement of the Owners' costs and expenses arising as a result of or in connection with the need for cleaning pursuant to this Clause.

(e) If the time limits set out in Sub-clause (a) have been exceeded but the Charterers thereafter demonstrate that the Vessel's performance remains within the limits of this Charter Party the Vessel's speed and consumption warranties will be subsequently reinstated and the Charterers' obligations in respect of inspection and/or cleaning shall no longer be applicable.

31. Bills of Lading

(a) The Master shall sign bills of lading or waybills for cargo as presented in conformity with mates' receipts. However, the Charterers or their agents may sign bills of lading or waybills on behalf of the Master, with the Owners'/Master's prior written authority, always in conformity with mates' receipts.

(b) All bills of lading or waybills shall be without prejudice to this Charter Party and the Charterers shall indemnify the Owners against all consequences or liabilities which may arise from any inconsistency between this Charter Party and any bills of lading or waybills signed by the Charterers or their agents or by the Master at their request.

(c) Bills of lading covering deck cargo shall be claused: "Shipped on deck at the Charterers', Shippers' and Receivers' risk, expense and responsibility, without liability on the part of the Vessel or her Owners for any loss, damage, expense or delay howsoever caused."

32. BIMCO Electronic Bills of Lading Clause

(a) At the Charterers' option, bills of lading, waybills and delivery orders referred to in this Charter Party shall be issued, signed and transmitted in electronic form with the same effect as their paper equivalent.

(b) For the purpose of Sub-clause (a) the Owners shall subscribe to and use Electronic (Paperless) Trading Systems as directed by the Charterers, provided such systems are approved by the International Group of P&I Clubs. Any fees incurred in subscribing to or for using such systems shall be for the Charterers' account.

(c) The Charterers agree to hold the Owners harmless in respect of any additional liability arising from the use of the systems referred to in Sub-clause (b), to the extent that such liability does not arise from Owners' negligence.

33. Protective Clauses

The following protective clauses shall be deemed to form part of this Charter Party and all Bills of Lading or waybills issued under this Charter Party shall contain the following clauses.

(a) **General Clause Paramount**

This bill of lading shall have effect subject to the provisions of the Carriage of Goods by Sea Act of the United States, the Hague Rules, or the Hague Visby Rules, as applicable, or such other similar national legislation as may mandatorily apply by virtue of origin or destination of the bill of lading, (or if no such enactments are mandatorily applicable, the terms of the Hague Rules shall apply) which shall be deemed to be incorporated herein, and nothing herein contained shall be deemed a surrender by the carrier of any of its rights or immunities or an increase of any of its responsibilities or liabilities under said Act. If any term of this bill of lading be repugnant to said Act to any extent, such term shall be void to that extent, but no further.

and

(b) **Both-to-Blame Collision Clause**

"If the ship comes into collision with another ship as a result of the negligence of the other ship and any act, neglect or default of the master, mariner, pilot or the servants of the carrier in the navigation or in the management of the ship, the owners of the goods carried hereunder will indemnify the carrier against all loss or liability to the other or non-carrying ship or her owners insofar as such loss or liability represents loss of, or damage to, or any claim whatsoever of the owners of said goods, paid or payable by the other or non-carrying ship or her owners to the owners of said goods and set-off, recouped or recovered by the other or non-carrying ship or her owners as part of their claim against the carrying ship or carrier.

The foregoing provisions shall also apply where the owners, operators or those in charge of any ships or objects other than, or in addition to, the colliding ships or objects are at fault in respect to a collision or contact."

and

(c) **New Jason Clause**

"In the event of accident, danger, damage or disaster before or after the commencement of the voyage, resulting from any cause whatsoever, whether due to negligence or not, for which, or for the consequences of which, the carrier is not responsible, by statute, contract, or otherwise, the goods, shippers, consignees, or owners of the goods shall contribute with the carrier in general average to the payment of any sacrifices, losses or expenses of a general average nature that may be made or incurred, and shall pay salvage and special charges incurred in respect of the goods. If a salving ship is owned or operated by the carrier, salvage shall be paid for as fully as if salving ship or ships belonged to strangers. Such deposit as the carrier or his agents may deem sufficient to cover the estimated contribution of the goods and any salvage and special charges thereon shall, if required, be made by the goods, shippers, consignees or owners of the goods to the Carrier before delivery."

34. BIMCO War Risks Clause CONWARTIME 2013

(a) For the purpose of this Clause, the words:

(i) "Owners" shall include the shipowners, bareboat charterers, disponent owners, managers or other operators who are charged with the management of the Vessel, and the Master; and

(ii) "War Risks" shall include any actual, threatened or reported:

war, act of war, civil war or hostilities; revolution; rebellion; civil commotion; warlike operations; laying of mines; acts of piracy and/or violent robbery and/or capture/seizure (hereinafter "Piracy"); acts of terrorists; acts of hostility or malicious damage; blockades (whether imposed against all vessels or imposed selectively against vessels of certain flags or ownership, or against certain cargoes or crews or otherwise howsoever), by any person, body, terrorist or political group, or the government of any state or territory whether recognized or not, which, in the reasonable judgement of the Master and/or the Owners, may be dangerous or may become dangerous to the Vessel, cargo, crew or other persons on board the Vessel.

(b) The Vessel shall not be obliged to proceed or required to continue to or through, any port, place, area or zone, or any waterway or canal (hereinafter "Area"), where it appears that the Vessel, cargo, crew or other persons on board the Vessel, in the reasonable judgement of the Master and/or the Owners, may be exposed to War Risks whether such risk existed at the time of entering into this Charter Party or occurred thereafter. Should the Vessel be within any such place as aforesaid, which only becomes dangerous, or may become dangerous, after entry into it, the Vessel shall be at liberty to leave it.

(c) The Vessel shall not be required to load contraband cargo, or to pass through any blockade as set out in Sub-clause (a), or to proceed to an Area where it may be subject to search and/or confiscation by a belligerent.

(d) If the Vessel proceeds to or through an Area exposed to War Risks, the Charterers shall reimburse to the Owners any additional premiums required by the Owners' insurers and the costs of any additional insurances that the Owners reasonably require in connection with War Risks.

(e) All payments arising under Sub-clause (d) shall be settled within fifteen (15) days of receipt of Owners' supported invoices or on redelivery, whichever occurs first.

(f) If the Owners become liable under the terms of employment to pay to the crew any bonus or additional wages in respect of sailing into an Area which is dangerous in the manner defined by the said terms, then the actual bonus or additional wages paid shall be reimbursed to the Owners by the Charterers at the same time as the next payment of hire is due, or upon redelivery, whichever occurs first.

(g) The Vessel shall have liberty:

(i) to comply with all orders, directions, recommendations or advice as to departure, arrival, routes, sailing in convoy, ports of call, stoppages, destinations, discharge of cargo, delivery, or in any other way whatsoever, which are given by the government of the nation under whose flag the Vessel sails, or other government to whose laws the Owners are subject, or any other government of any state or territory whether recognized or not, body or group whatsoever acting with the power to compel compliance with their orders or directions;

(ii) to comply with the requirements of the Owners' insurers under the terms of the Vessel's insurance(s);

(iii) to comply with the terms of any resolution of the Security Council of the United Nations, the effective orders of any other Supranational body which has the right to issue and give the same, and with national laws aimed at enforcing the same to which the Owners are subject, and to obey the orders and directions of those who are charged with their enforcement;

(iv) to discharge at any alternative port any cargo or part thereof which may expose the Vessel to being held liable as a contraband carrier;

(v) to call at any alternative port to change the crew or any part thereof or other persons on board the Vessel when there is reason to believe that they may be subject to internment, imprisonment, detention or similar measures.

(h) If in accordance with their rights under the foregoing provisions of this Clause, the Owners shall refuse to proceed to the loading or discharging ports, or any one or more of them, they shall immediately inform the Charterers. No cargo shall be discharged at any alternative port without first giving the Charterers notice of the Owners' intention to do so and requesting them to nominate a safe port for such discharge. Failing such nomination by the Charterers within forty-eight (48) hours of the receipt of such notice and request, the Owners may discharge the cargo at any safe port of their own choice. All costs, risk and expenses for the alternative discharge shall be for the Charterers' account.

(i) The Charterers shall indemnify the Owners for claims arising out of the Vessel proceeding in accordance with any of the provisions of Sub-clauses (b) to (h) which are made under any bills of lading, waybills or other documents evidencing contracts of carriage.

(j) When acting in accordance with any of the provisions of Sub-clauses (b) to (h) of this Clause anything is done or not done, such shall not be deemed a deviation, but shall be considered as due fulfilment of this Charter Party.

35. Ice

The Vessel shall not be obliged to force ice but, subject to the Owners' prior approval having due regard to its size, construction and class, may follow ice-breakers. The Vessel shall not be required to enter or remain in any icebound port or area, nor any port or area where lights or lightships have been or are about to be withdrawn by reason of ice, nor where there is risk that in the ordinary course of things the Vessel will not be able on account of ice to safely enter and remain in the port or area or to get out after having completed loading or discharging.

36. Requisition

Should the Vessel be requisitioned by the government of the Vessel's flag or other government to whose laws the Owners are subject during the period of this Charter Party, the Vessel shall be deemed to be off-hire during the period of such requisition, and any hire paid by the said government in respect of such requisition period shall be retained by Owners. The period during which the Vessel is on requisition to the said government shall count as part of the period provided for in this Charter Party.

If the period of requisition exceeds ninety (90) days, either party shall have the option of cancelling this Charter Party and no consequential claim in respect thereof may be made by either party.

37. Stevedore Damage

Notwithstanding anything contained herein to the contrary, the Charterers shall pay for any and all damage to the Vessel caused by stevedores provided the Master has notified the Charterers and/or their agents in writing within twenty-four (24) hours of the occurrence but in case of hidden damage latest when the damage could have been discovered by the exercise of due diligence. Such notice to describe the damage and to invite Charterers to appoint a surveyor to assess the extent of such damage.

(a) In case of any and all damage affecting the Vessel's seaworthiness and/or the safety of the crew and/or affecting the trading capabilities of the Vessel, the Charterers shall immediately arrange for repairs of such damage at their expense and the Vessel is to remain on-hire until such repairs are completed and if required passed by the Vessel's classification society.

(b) Any and all damage not described under Sub-clause (a) above shall be repaired, at the Charterers' option, before or after redelivery concurrently with the Owners' work. In such case no hire and/or expenses will be paid to the Owners except and insofar as the time and/or expenses required for the repairs for which the Charterers are responsible, exceed the time and/or expenses necessary to carry out the Owners' work.

38. Slow Steaming

(a) The Charterers may at their discretion provide, in writing to the Master, instructions to reduce speed or Revolutions Per Minute (main engine RPM) and/or instructions to adjust the Vessel's speed to meet a specified time of arrival at a particular destination.

(i) *Slow Steaming – Where the Charterers give instructions to the Master to adjust the speed or RPM, the Master shall, subject always to the Master's obligations in respect of the safety of the Vessel, crew and cargo and the protection of the marine environment, comply with such written instructions, provided that the engine(s) continue(s) to operate above the cut-out point of the Vessel's engine(s) auxiliary blower(s) and that such instructions will not result in the Vessel's engine(s) and/or equipment operating outside the manufacturers'/designers' recommendations as published from time to time.

(ii) *Ultra-Slow Steaming – Where the Charterers give instructions to the Master to adjust the speed or RPM, regardless of whether this results in the engine(s) operating above or below the cut-out point of the Vessel's engine(s) auxiliary blower(s), the Master shall, subject always to the Master's obligations in respect of the safety of the Vessel, crew and cargo and the protection of the marine environment, comply with such written instructions, provided that such instructions will not result in the Vessel's engine(s) and/or equipment operating outside the manufacturers'/designers' recommendations as published from time to time. If the manufacturers'/designers' recommendations issued subsequent to the date of this Charter Party require additional physical modifications to the engine or related equipment or require the purchase of additional spares or equipment, the Master shall not be obliged to comply with these instructions.

**Sub-clauses (a)(i) and (a)(ii) are alternatives; delete whichever is not applicable. In the absence of deletions, alternative (a)(i) shall apply.*

(b) At all speeds the Owners shall exercise due diligence to ensure that the Vessel is operated in a manner which minimises fuel consumption, always taking into account and subject to the following:

(i) the Owners' warranties under this Charter Party relating to the Vessel's speed and consumption;

(ii) the Charterers' instructions as to the Vessel's speed and/or RPM and/or specified time of arrival at a particular destination;

(iii) the safety of the Vessel, crew and cargo and the protection of the marine environment; and

(iv) the Owners' obligations under any bills of lading, waybills or other documents evidencing contracts of carriage issued by them or on their behalf.

(c) For the purposes of Sub-clause (b), the Owners shall exercise due diligence to minimise fuel consumption:

(i) when planning voyages, adjusting the Vessel's trim and operating main engine(s) and auxiliary engine(s);

(ii) by making optimal use of the Vessel's navigation equipment and any additional aids provided by the Charterers, such as weather routing, voyage optimization and performance monitoring systems; and

(iii) by directing the Master to report any data that the Charterers may reasonably request to further improve the energy efficiency of the Vessel.

(d) The Owners and the Charterers shall share any findings and best practices that they may have identified on potential improvements to the Vessel's energy efficiency.

(e) For the avoidance of doubt, where the Vessel proceeds at a reduced speed or with reduced RPM pursuant to Sub-clause (a), then provided that the Master has exercised due diligence to comply with such instructions, this shall constitute compliance with, and there shall be no breach of, any obligation requiring the Vessel to proceed with utmost and/or due despatch (or any other such similar/equivalent expression).

(f) The Charterers shall procure that this Clause be incorporated into all sub-charters and contracts of carriage issued pursuant to this Charter Party. The Charterers shall indemnify the Owners against all consequences and liabilities that may arise from bills of lading, waybills or other documents evidencing contracts of carriage being issued as presented to the extent that the terms of such bills of lading, waybills or other documents evidencing contracts of carriage impose or result in breach of the Owners' obligation to proceed with due despatch or are to be held to be a deviation or the imposition of more onerous liabilities upon the Owners than those assumed by the Owners pursuant to this Clause.

39. BIMCO Piracy Clause for Time Charter Parties 2013

(a) The Vessel shall not be obliged to proceed or required to continue to or through, any port, place, area or zone, or any waterway or canal (hereinafter "Area") which, in the reasonable judgement of the Master and/or the Owners, is dangerous to the Vessel, her cargo, crew or other persons on board the Vessel due to any actual, threatened or reported acts of piracy and/or violent robbery and/or capture/seizure (hereinafter "Piracy"), whether such risk existed at the time of entering into this Charter Party or occurred thereafter. Should the Vessel be within any such place as aforesaid which only becomes dangerous, or may become dangerous, after her entry into it, she shall be at liberty to leave it.

(b) If in accordance with Sub-clause (a) the Owners decide that the Vessel shall not proceed or continue to or through the Area they must immediately inform the Charterers. The Charterers shall be obliged to issue alternative voyage orders and shall indemnify the Owners for any claims from holders of the Bills of Lading caused by waiting for such orders and/or the performance of an alternative voyage. Any time lost as a result of complying with such orders shall not be considered off-hire.

(c) If the Owners consent or if the Vessel proceeds to or through an Area exposed to the risk of Piracy the Owners shall have the liberty:

(i) to take reasonable preventative measures to protect the Vessel, crew and cargo including but not limited to re-routeing within the Area, proceeding in convoy, using escorts, avoiding day or night navigation, adjusting speed or course, or engaging security personnel and/or deploying equipment on or about the Vessel (including embarkation/disembarkation);

(ii) to comply with underwriters' requirements under the terms of the Vessel's insurance(s);

(iii) to comply with all orders, directions, recommendations or advice given by the Government of the Nation under whose flag the Vessel sails, or other Government to whose laws the Owners are subject, or any other Government, body or group (including military authorities) whatsoever acting with the power to compel compliance with their orders or directions; and

(iv) to comply with the terms of any resolution of the Security Council of the United Nations, the effective orders of any other Supranational body which has the right to issue and give the same, and with national laws aimed at enforcing the same to which the Owners are subject, and to obey the orders and directions of those who are charged with their enforcement;

and the Charterers shall indemnify the Owners for any claims from holders of Bills of Lading or third parties caused by the Vessel proceeding as aforesaid, save to the extent that such claims are covered by additional insurance as provided in Sub-clause (d)(iii).

(d) Costs

(i) if the Vessel proceeds to or through an Area where due to risk of Piracy additional costs will be incurred including but not limited to additional personnel and preventative measures to avoid Piracy, such reasonable costs shall be for the Charterers' account. Any time lost waiting for convoys, following recommended routeing, timing, or reducing speed or taking measures to minimise risk, shall be for the Charterers' account and the Vessel shall remain on hire;

(ii) if the Owners become liable under the terms of employment to pay to the crew any bonus or additional wages in respect of sailing into an area which is dangerous in the manner defined by the said terms, then the actual bonus or additional wages paid shall be reimbursed to the Owners by the Charterers;

(iii) if the Vessel proceeds to or through an Area exposed to the risk of Piracy, the Charterers shall reimburse to the Owners any additional premiums required by the Owners' insurers and the costs of any additional insurances that the Owners reasonably require in connection with Piracy risks which may include but not be limited to War Loss of Hire and/or maritime Kidnap and Ransom (K&R); and

(iv) all payments arising under Sub-clause (d) shall be settled within fifteen (15) days of receipt of the Owners' supported invoices or on redelivery, whichever occurs first.

(e) If the Vessel is attacked by pirates any time lost shall be for the account of the Charterers and the Vessel shall remain on hire.

(f) If the Vessel is seized by pirates the Owners shall keep the Charterers closely informed of the efforts made to have the Vessel released. The Vessel shall remain on hire throughout the seizure and the Charterers' obligations shall remain unaffected, except that hire payments shall cease as of the ninety-first (91st) day after the seizure until release. The Charterers shall pay hire, or if the Vessel has been redelivered, the equivalent of Charter Party hire, for any time lost in making good any damage and deterioration resulting from the seizure. The Charterers shall not be liable for late redelivery under this Charter Party resulting from the seizure of the Vessel.

(g) If in compliance with this Clause anything is done or not done, such shall not be deemed a deviation, but shall be considered as due fulfilment of this Charter Party. In the event of a conflict between the provisions of this Clause and any implied or express provision of the Charter Party, this Clause shall prevail.

40. Taxes

Charterers are to pay all local, State, National taxes and/or dues assessed on the Vessel or the Owners resulting from the Charterers' orders herein, whether assessed during or after the currency of this Charter Party including any taxes and/or dues on cargo and/or freights and/or sub-freights and/or hire (excluding taxes levied by the country of the flag of the Vessel or the Owners). In the event the Owners/Vessel/her flag state are exempt from any taxes, the Owners shall seek such exemption and filing costs for such exemption, if any, shall be for the Charterers' account and no charge for such taxes shall be assessed to the Charterers.

41. Industrial Action

In the event of the Vessel being delayed or rendered inoperative by strikes, labor stoppages or boycotts or any other difficulties arising from the Vessel's ownership, crew or terms of employment of the crew of the chartered Vessel or any other vessel under the same ownership, operation and control, any time lost is to be considered off-hire. The Owners guarantee that on delivery the minimum terms and conditions of employment of the crew of the Vessel are in accordance with the International Labour Organization Maritime Labour Convention (MLC) 2006, and will remain so throughout the duration of this Charter Party.

42. Stowaways

(a) If stowaways have gained access to the Vessel by means of secreting away in the goods and/or containers or by any other means related to the cargo operation, this shall amount to breach of this Charter Party. The Charterers shall be liable for the consequences of such breach and hold the Owners harmless and keep them indemnified against all claims; costs (including but not limited to victualing costs for stowaways whilst on board and repatriation); losses; and fines or penalties, which may arise and be made against them. The Charterers shall, if required, place the Owners in funds to put up bail or other security. The Vessel shall remain on hire for any time lost as a result of such breach.

(b) Save for those stowaways referred to in Sub-clause (a), if stowaways have gained access to the Vessel this shall amount to a breach of this Charter Party. The Owners shall be liable for the consequences of such breach and hold the Charterers harmless and keep them indemnified against all claims; costs; losses; and fines or penalties, which may arise and be made against them. The Vessel shall be off-hire for any time lost as a result of such breach.

43. Smuggling

(a) In the event of smuggling by the Master, other Officers and/or ratings, this shall amount to a breach of this Charter Party. The Owners shall be liable for the consequences of such breach and hold the Charterers harmless and keep them indemnified against all claims, costs, losses, and fines and penalties which may arise and be made against them. The Vessel shall be off-hire for any time lost as a result of such breach.

(b) If unmanifested narcotic drugs and/or any other illegal substances are found secreted in the goods and/or containers or by any other means related to the cargo operation, this shall amount to a breach of this Charter Party. The Charterers shall be liable for the consequences of such breach and hold the Owners, Master, officers and ratings of the Vessel harmless and keep them indemnified against all claims, costs, losses, and fines and penalties which may arise and be made against them individually or jointly. The Charterers shall, if required, place the Owners in funds to put up bail or other security. The Vessel shall remain on hire for any time lost as a result of such breach.

44. International Safety Management (ISM)

During the duration of this Charter Party, the Owners shall procure that both the Vessel and "the Company" (as defined by the ISM Code) shall comply with the requirements of the ISM Code. Upon request the Owners shall provide a copy of the relevant Document of Compliance (DOC) and Safety Management Certificate (SMC) to the Charterers. Except as otherwise provided in this Charter Party, loss, damage, expense or delay caused by failure on the part of the Owners or "the Company" to comply with the ISM Code shall be for the Owners' account.

45. International Ship and Port Facility Security Code (ISPS Code)/Maritime Transportation Security Act (MTSA)

(a) (i) The Owners shall comply with the requirements of the ISPS and the relevant amendments to Chapter XI of Safety of Life at Sea (SOLAS) (ISPS Code) relating to the Vessel and "the Company" (as defined by the ISPS Code). If trading to or from the US or passing through US waters, the Owners shall also comply with the requirements of the MTSA relating to the Vessel and the "Owner" (as defined by the MTSA).

(ii) Upon request the Owners shall provide the Charterers with a copy of the relevant International Ship Security Certificate (ISSC) (or the interim ISSC) and the full style contact details of the Company Security Officer (CSO).

(iii) Loss, damages, expense or delay (excluding consequential loss, damages, expense or delay) caused by failure on the part of the Owners or "the Company"/"Owner" to comply with the requirements of the ISPS Code/MTSA or this Clause shall be for the Owners' account, except as otherwise provided in this Charter Party.

(b) (i) The Charterers shall provide the Owners and the Master with their full style contact details and, upon request, any other information the Owners require to comply with the ISPS Code/MTSA. Where sub-letting is permitted under the terms of this Charter Party, the Charterers shall ensure that the contact details of all sub-charterers are likewise provided to the Owners and the Master. Furthermore, the Charterers shall ensure that all sub-charter parties they enter into during the period of this Charter Party contain the following provision:

"The Charterers shall provide the Owners with their full style contact details and, where sub-letting is permitted under the terms of the charter party, shall ensure that contact details of all sub-charterers are likewise provided to the Owners".

(ii) Loss, damages, expense or delay (excluding consequential loss, damages, expense or delay) caused by failure on the part of the Charterers to comply with this Clause shall be for the Charterers' account, except as otherwise provided in this Charter Party.

(c) Notwithstanding anything else contained in this Charter Party all delay, costs or expenses whatsoever arising out of or related to security regulations or measures required by the port facility or any relevant authority in accordance with the ISPS Code/MTSA including, but not limited to, security guards, launch services, vessel escorts, security fees or taxes and inspections, shall be for the Charterers' account, unless such costs or expenses result solely from the negligence of the Owners, Master or crew or the previous trading of the Vessel, the nationality of the crew, crew visas, the Vessel's flag or the identity of the Owners' managers. All measures required by the Owners to comply with the Ship Security Plan shall be for the Owners' account.

(d) If either party makes any payment which is for the other party's account according to this Clause, the other party shall indemnify the paying party.

46. Sanctions

(a) The Owners shall not be obliged to comply with any orders for the employment of the Vessel in any carriage, trade or on a voyage which, in the reasonable judgement of the Owners, will expose the Vessel, Owners, managers, crew, the Vessel's insurers, or their re-insurers, to any sanction or prohibition imposed by any State, Supranational or International Governmental Organization.

(b) If the Vessel is already performing an employment to which such sanction or prohibition is subsequently applied, the Owners shall have the right to refuse to proceed with the employment and the Charterers shall be obliged to issue alternative voyage orders within forty-eight (48) hours of receipt of the Owners' notification of their refusal to proceed. If the Charterers do not issue such alternative voyage orders the Owners may discharge any cargo already loaded at any safe port (including the port of loading). The Vessel to remain on hire pending completion of the Charterers' alternative voyage orders or delivery of cargo by the Owners and the Charterers to remain responsible for all additional costs and expenses incurred in connection with such orders/delivery of cargo. If in compliance with this Sub-clause (b) anything is done or not done, such shall not be deemed a deviation.

(c) The Charterers shall indemnify the Owners against any and all claims whatsoever brought by the owners of the cargo and/or the holders of Bills of Lading and/or sub-charterers against the Owners by reason of the Owners' compliance with such alternative voyage orders or delivery of the cargo in accordance with Sub-clause (b).

(d) The Charterers shall procure that this Clause shall be incorporated into all sub-charters issued pursuant to this Charter Party.

47. BIMCO Designated Entities Clause for Charter Parties

(a) The provisions of this clause shall apply in relation to any sanction, prohibition or restriction imposed on any specified persons, entities or bodies including the designation of specified vessels or fleets under United Nations Resolutions or trade or economic sanctions, laws or regulations of the European Union or the United States of America.

(b) The Owners and the Charterers respectively warrant for themselves (and in the case of any sublet, the Charterers further warrant in respect of any sub-charterers, shippers, receivers, or cargo interests) that at the date of this fixture and throughout the duration of this Charter Party they are not subject to any of the sanctions, prohibitions, restrictions or designation referred to in Sub-clause (a) which prohibit or render unlawful any performance under this Charter Party or any sublet or any Bills of Lading. The Owners further warrant that the nominated vessel, or any substitute, is not a designated vessel.

(c) If at any time during the performance of this Charter Party either party becomes aware that the other party is in breach of warranty as aforesaid, the party not in breach shall comply with the laws and regulations of any Government to which that party or the Vessel is subject, and follow any orders or directions which may be given by any body acting with powers to compel compliance, including where applicable the Owners' flag State. In the absence of any such orders, directions, laws or regulations, the party not in breach may, in its option, terminate the Charter Party forthwith or, if cargo is on board, direct the Vessel to any safe port of that party's choice and there discharge the cargo or part thereof.

(d) If, in compliance with the provisions of this Clause, anything is done or is not done, such shall not be deemed a deviation but shall be considered due fulfilment of this Charter Party.

(e) Notwithstanding anything in this Clause to the contrary, the Owners or the Charterers shall not be required to do anything which constitutes a violation of the laws and regulations of any State to which either of them is subject.

(f) The Owners or the Charterers shall be liable to indemnify the other party against any and all claims, losses, damage, costs and fines whatsoever suffered by the other party resulting from any breach of warranty as aforesaid.

(g) The Charterers shall procure that this Clause is incorporated into all sub-charters, contracts of carriage and Bills of Lading issued pursuant to this Charter Party.

48. BIMCO North American Advance Cargo Notification Clause for Time Charter Parties

(a) If the Vessel loads or carries cargo destined for the US or Canada or passing through US or Canadian ports in transit, the Charterers shall comply with the current US Customs regulations (19 CFR 4.7) or the Canada Border Services Agency regulations (Memorandum D3-5-2) or any subsequent amendments thereto and shall undertake the role of carrier for the purposes of such regulations and shall, in their own name, time and expense:

(i) have in place a Standard Carrier Alpha Code (SCAC)/Canadian Customs Carrier Code;

(ii) for US trade, have in place an International Carrier Bond (ICB);

(iii) provide the Owners with a timely confirmation of (i) and (ii) above as appropriate; and

(iv) submit a cargo declaration by Automated Manifest System (AMS) to the US Customs or by ACI Automated Commercial Information (ACI) to the Canadian customs, and provide the Owners at the same time with a copy thereof.

(b) The Charterers assume liability for and shall indemnify, defend and hold harmless the Owners against any loss and/or damage whatsoever (including consequential loss and/or damage) and/or any expenses, fines, penalties and all other claims of whatsoever nature, including but not limited to legal costs, arising from the Charterers' failure to comply with any of the provisions of Sub-clause (a). Should such failure result in any delay then, notwithstanding any provision in this Charter Party to the contrary, the Vessel shall remain on hire.

(c) If the Charterers' ICB is used to meet any penalties, duties, taxes or other charges which are solely the responsibility of the Owners, the Owners shall promptly reimburse the Charterers for those amounts.

(d) The assumption of the role of carrier by the Charterers pursuant to this Clause and for the purpose of the US Customs Regulations (19 CFR 4.7) shall be without prejudice to the identity of carrier under any bill of lading, other contract, law or regulation.

49. BIMCO U.S. Census Bureau Mandatory Automated Export System (AES) Clause for Time Charter Parties

(a) If the Vessel loads cargo in any US port or place, the Charterers shall comply with the current US Census Bureau Regulations (15 CFR 30) or any subsequent amendments thereto and shall undertake the role of carrier for the purposes of such regulations and shall, in their own name, time and expense:

(i) have in place a SCAC (Standard Carrier Alpha Code);

(ii) have in place an ICB (International Carrier Bond);

(iii) provide the Owners with a timely confirmation of (i) and (ii) above; and

(iv) submit an export ocean manifest by Automated Export System (AES) to the US Census Bureau and provide the Owners at the same time with a copy thereof.

(b) The Charterers assume liability for and shall indemnify, defend and hold harmless the Owners against any loss and/or damage whatsoever (including consequential loss and/or damage) and/or any expenses, fines, penalties and all other claims of whatsoever nature, including but not limited to legal costs, arising from the Charterers' failure to comply with any of the provisions of Sub-clause (a). Should such failure result in any delay then, notwithstanding any provision in this Charter Party to the contrary, the Vessel shall remain on hire.

(c) If the Charterers' ICB is used to meet any penalties, duties, taxes or other charges which are solely the responsibility of the Owners, the Owners shall promptly reimburse the Charterers for those amounts.

(d) The assumption of the role of carrier by the Charterers pursuant to this Clause and for the purpose of the US Census Bureau Regulations (15 CFR 30) shall be without prejudice to the identity of carrier under any bill of lading, other contract, law or regulation.

50. BIMCO EU Advance Cargo Declaration Clause for Time Charter Parties 2012

(a) If the Vessel loads cargo in any EU port or place destined for a port or place outside the EU ("Exported") or loads cargo outside the EU destined for an EU port or place or passing through EU ports or places in transit ("Imported"), the Charterers shall, for the purposes of this Clause, comply with the requirements of the EU Advance Cargo Declaration Regulations (the Security Amendment to the Community Customs Code, Regulations 648/2005; 1875/2006; and 312/2009) or any subsequent amendments thereto and shall, in their own name, and in their time and at their expense:

(i) have in place an Economic Operator Registration and Identification (EORI) number;

(ii) provide the Owners with a timely confirmation of (i) above as appropriate; and

(iii) where the cargo is being:

1. Exported: Submit, or arrange for the submission of, a customs declaration for export or, if a customs declaration or a re-export notification is not required, an exit summary declaration; or

2. Imported: Submit, or arrange for the submission of, an entry summary declaration.

Unless otherwise permitted by the relevant customs authorities, such declarations shall be submitted to them electronically.

(b) The Charterers assume liability for and shall indemnify, defend and hold harmless the Owners against any loss and/or damage and/or any expenses, fines, penalties and all other claims of whatsoever nature, including but not limited to legal costs, arising from the Charterers' failure to comply with any of the provisions of Sub-clause (a). Should such failure result in any delay then, notwithstanding any provision in this Charter Party to the contrary, the Vessel shall remain on hire.

51. Ballast Water Exchange Regulations

If ballast water exchanges are required by any coastal state where the vessel is trading, the Owners/Master shall comply with same at the Charterers' time, risk, and expense.

52. Period Applicable Clauses

If the minimum period of this Charter Party exceeds five (5) months, the following Sub-clauses shall apply:

(a) Should the Vessel at the expiry of the described employment period be on a ballast voyage to the place of redelivery or on a laden voyage, reasonably expected to be completed within the employment period when commenced, the Charterers shall have the use of the Vessel on the same conditions and at the same rate or the prevailing market rate, whichever is higher, for any extended time as may be necessary for the completion of the last voyage of the Vessel to the place of redelivery.

(b) Drydocking

The Owners shall have the option to place the Vessel in drydock during the currency of this Charter Party at a convenient time and place, to be mutually agreed upon between the Owners and the Charterers, for bottom cleaning and painting and/or repair as required by class or dictated by circumstances. (see also Clause 19 (Drydocking)).

(c) Off-hire

The Charterers to have the option of adding any time the Vessel is off-hire to the Charter period. Such option shall be declared in writing not less than one (1) month before the expected date of redelivery, or latest one (1) week after the event if such event occurs less than one (1) month before the expected date of redelivery.

(d) Charterers' Colors

The Charterers shall have the privilege of flying their own house flag and painting the Vessel with their own markings. The Vessel shall be repainted in the Owners' colors before termination of the Charter Party. Cost and time of painting, maintaining and repainting those changes effected by the Charterers shall be for the Charterers' account.

53. Commissions

A commission of Click here to enter text. per cent is payable by the Vessel and the Owners to Click here to enter text. on hire earned and paid under this Charter Party, and also upon any continuation or extension of this Charter Party.

An address commission of Click here to enter text. per cent on the hire earned shall be deducted by the Charterers on payment of the hire earned under this Charter Party.

54. Law and Arbitration

*(a) **New York**. This Charter Party shall be governed by United States maritime law. Any dispute arising out of or in connection with this Charter Party shall be referred to three persons at New York, one to be appointed by each of the parties hereto, and the third by the two so chosen. The award of the arbitrators or any two of them shall be final, and for the purposes of enforcing any award, judgment may be entered on an award by any court of competent jurisdiction. The proceedings shall be conducted in accordance with the rules of the Society of Maritime Arbitrators, Inc. (SMA) current at the time this Charter Party was entered into.

In cases where neither the claim nor any counter claim exceeds the sum of US$ 100,000 (or such other sum as the parties may agree), the arbitration shall be conducted before a sole arbitrator in accordance with the Shortened Arbitration Procedure of the SMA current at the time this Charter Party was entered into. (www.smany.org).

*(b) **London**. This Charter Party shall be governed by and construed in accordance with English law and any dispute arising out of or in connection with this Charter Party shall be referred to arbitration in London in accordance with the Arbitration Act 1996 or any statutory modification or re-enactment thereof save to the extent necessary to give effect to the provisions of this Clause.

The arbitration shall be conducted in accordance with the London Maritime Arbitrators Association (LMAA) Terms current at the time when the arbitration proceedings are commenced.

The reference shall be to three arbitrators. A party wishing to refer a dispute to arbitration shall appoint its arbitrator and send notice of such appointment in writing to the other party requiring the other party to appoint its own arbitrator within fourteen (14) calendar days of that notice and stating that it will appoint its arbitrator as sole arbitrator unless the other party appoints its own arbitrator and gives notice that it has done so within the fourteen (14) days specified. If the other party does not appoint its own arbitrator and give notice that it has done so within the fourteen (14) days specified, the party referring a dispute to arbitration may, without the requirement of any further prior notice to the other party, appoint its arbitrator as sole arbitrator and shall advise the other party accordingly. The award of a sole arbitrator shall be binding on both parties as if he had been appointed by agreement.

Nothing herein shall prevent the parties agreeing in writing to vary these provisions to provide for the appointment of a sole arbitrator.

In cases where neither the claim nor any counterclaim exceeds the sum of US$ 100,000 (or such other sum as the parties may agree) the arbitration shall be conducted in accordance with the LMAA Small Claims Procedure current at the time when the arbitration proceedings are commenced. (www.lmaa.org.uk)

*(c) **Singapore.** This Charter Party shall be governed by and construed in accordance with Singapore**/English** law.

Any dispute arising out of or in connection with this Charter Party, including any question regarding its existence, validity or termination shall be referred to and finally resolved by arbitration in Singapore in accordance with the Singapore International Arbitration Act (Chapter 143A) and any statutory modification or re-enactment thereof save to the extent necessary to give effect to the provisions of this Clause.

The arbitration shall be conducted in accordance with the Arbitration Rules of the Singapore Chamber of Maritime Arbitration (SCMA) current at the time when the arbitration proceedings are commenced.

The reference to arbitration of disputes under this clause shall be to three arbitrators. A party wishing to refer a dispute to arbitration shall appoint its arbitrator and send notice of such appointment in writing to the other party requiring the other party to appoint its own arbitrator and give notice that it has done so within fourteen (14) calendar days of that notice and stating that it will appoint its own arbitrator as sole arbitrator unless the other party appoints its own arbitrator and gives notice that it has done so within the fourteen (14) days specified. If the other party does not give notice that it has done so within the fourteen (14) days specified, the party referring a dispute to arbitration may, without the requirement of any further prior notice to the other party, appoint its arbitrator as sole arbitrator and shall advise the other party accordingly. The award of a sole arbitrator shall be binding on both parties as if he had been appointed by agreement.

Nothing herein shall prevent the parties agreeing in writing to vary these provisions to provide for the appointment of a sole arbitrator.

In cases where neither the claim nor any counterclaim exceeds the sum of US$ 150,000 (or such other sum as the parties may agree) the arbitration shall be conducted before a single arbitrator in accordance with the SCMA Small Claims Procedure current at the time when the arbitration proceedings are commenced. (www.scma.org.sg)

(d) This Charter Party shall be governed by and construed in accordance with the laws of the place mutually agreed by the parties and any dispute arising out of or in connection with this Charter Party shall be referred to arbitration at a mutually agreed place, subject to the procedures applicable there.

**Sub-clauses (a), (b), (c) and (d) are alternatives; indicate alternative agreed. If alternative (d) agreed also state the place of arbitration. If no alternative agreed and clearly indicated then Sub-clause (a) shall apply by default.*

***Singapore and English law are alternatives; if Sub-clause (c) agreed also indicate choice of Singapore or English law. If neither or both are indicated, then English law shall apply by default.*

55. Notices

All notices, requests and other communications required or permitted by any clause of this Charter Party shall be given in writing and shall be sufficiently given or transmitted if delivered by hand, email, express courier service or registered mail and addressed if to the Owners, to Click here to enter text. or such other address or email address as the Owners may hereafter designate in writing, and if to the Charterers to Click here to enter text. or such other address or email address as the Charterers may hereafter designate in writing. Any such communication shall be deemed to have been given on the date of actual receipt by the party to which it is addressed.

56. Headings

The headings in this Charter Party are for identification only and shall not be deemed to be part hereof or be taken into consideration in the interpretation or construction of this Charter Party.

57. Singular/Plural

The singular includes the plural and vice-versa as the context admits or requires.

Clauses **Click here to enter text.** to **Click here to enter text.**, both inclusive, as attached hereto are fully incorporated in this Charter Party.

OWNERS:	**CHARTERERS:**
Name: **Choose an item.**	Name: **Choose an item.**
Title: **Click here to enter text.**	Title: **Click here to enter text.**.

NYPE 2015 APPENDIX A (VESSEL DESCRIPTION)

GENERAL INFORMATION				
1.1	Vessel's name	Choose an item.		
1.2	Type of vessel	Click here to enter text.		
1.3	IMO number	Click here to enter text.		
1.4	Year of build	Click here to enter text.		
1.5	Name of shipyard/where built	Click here to enter text. / Click here to enter text.		
1.6	Flag	Click here to enter text.		
1.7	Port of Registry	Click here to enter text.		
1.8	Classification Society	Click here to enter text.		
1.9	Protection & Indemnity Club – full name	Click here to enter text.		
1.10	Hull & Machinery insured value	Click here to enter text.		
1.11	Date and place of last drydock	Click here to enter text.		
1.12	Vessel's Call Sign	Click here to enter text.		
1.13	Vessel's INMARSAT number(s)	Click here to enter text.		
1.14	Vessel's fax number	Click here to enter text.		
1.15	Vessel's email address	Click here to enter text.		
LOADLINE INFORMATION				
2.1	Loadline	Deadweight	Draft	TPC
	Winter	Click here to enter text.	Click here to enter text.	Click here to enter text.
	Summer	Click here to enter text.	Click here to enter text.	Click here to enter text.
	Tropical	Click here to enter text.	Click here to enter text.	Click here to enter text.
	Fresh Water	Click here to enter text.	Click here to enter text.	Click here to enter text.
	Tropical Fresh Water	Click here to enter text.	Click here to enter text.	Click here to enter text.
2.2	Constant Excluding Fresh Water	Click here to enter text.		
2.3	Freshwater Capacity	Click here to enter text.		
TONNAGES				
3.1	Gross Tonnage (GT)	Click here to enter text.		
3.2	Net Tonnage (NT)	Click here to enter text.		
3.3	Panama Canal Net Tonnage (PCNT)	Click here to enter text.		
3.4	Suez Canal Tonnage	Gross (SCGT)	Net (SCNT)	
		Click here to enter text.	Click here to enter text.	
3.5	Lightweight	Click here to enter text.		

DIMENSIONS

4.1	Number of holds	Click here to enter text.		
4.2	Hold dimensions	1. Click here to enter text.	2. Click here to enter text.	3. Click here to enter text.
		4. Click here to enter text.	5. Click here to enter text.	6. Click here to enter text.
		7. Click here to enter text.	8. Click here to enter text.	9. Click here to enter text.
4.3	Height of holds	Click here to enter text.		
4.4	Number of hatches	Click here to enter text.		
4.5	Manufacturer and type of hatch covers	Click here to enter text.		
4.6	Hatch dimensions	1. Click here to enter text.	2. Click here to enter text.	3. Click here to enter text.
		4. Click here to enter text.	5. Click here to enter text.	6. Click here to enter text.
		7. Click here to enter text.	8. Click here to enter text.	9. Click here to enter text.
4.7	Is vessel strengthened for the carriage of heavy cargoes?	Click here to enter text.		
4.8	If yes, state which holds may be left empty	Click here to enter text.		
4.9	Main deck strength	Click here to enter text.		
4.10	Tanktop strength	Click here to enter text.		
4.11	Strength of hatch covers	Click here to enter text.		
4.12	Cubic grain capacity, by hold	1. Click here to enter text.	2. Click here to enter text.	3. Click here to enter text.
		4. Click here to enter text.	5. Click here to enter text.	6. Click here to enter text.
		7. Click here to enter text.	8. Click here to enter text.	9. Click here to enter text.
4.13	Cubic bale capacity, by hold	1. Click here to enter text.	2. Click here to enter text.	3. Click here to enter text.
		4. Click here to enter text.	5. Click here to enter text.	6. Click here to enter text.
		7. Click here to enter text.	8. Click here to enter text.	9. Click here to enter text.
4.14	Length overall	Click here to enter text.		
4.15	Length between perpendiculars	Click here to enter text.		
4.16	Extreme breadth (beam):	Click here to enter text.		
4.17	Keel to Masthead (KTM):	Click here to enter text.		
4.18	Distance from waterline to top of hatch coamings or hatch covers if side rolling hatches	No. 1 hatch	Midships	Last hatch
		Click here to enter text.	Click here to enter text.	Click here to enter text.
	Ballast condition (ballast holds not flooded, basis 50% bunkers)	Click here to enter text.	Click here to enter text.	Click here to enter text.

	Full ballast condition (ballast holds flooded, basis 50% bunkers)	Click here to enter text.	Click here to enter text.	Click here to enter text.
	Light condition (basis 50% bunkers)	Click here to enter text.	Click here to enter text.	Click here to enter text.
	Fully laden condition	Click here to enter text.	Click here to enter text.	Click here to enter text.
4.19	Vessel's temporary ballast hold(s)	Click here to enter text.		
4.20	Vessel's ballasting time/rate of ballasting	Click here to enter text.		
4.21	Vessel's de-ballasting time/rate of de-ballasting	Click here to enter text.		
4.22	If geared state manufacturer and type	Click here to enter text.		
4.23	Number & location of cranes	Click here to enter text.		
4.24	If vessel has power outlets for grabs – state number and power	Click here to enter text.		
4.25	Maximum outreach of cranes beyond ship's rail	Click here to enter text.		
4.26	Are winches electro-hydraulic?	Click here to enter text.		
4.27	If vessel has grabs on board, state:	Click here to enter text.		
	Type	Click here to enter text.		
	Number/Capacity	Click here to enter text.		
4.28	Are holds CO2 fitted?	Click here to enter text.		
4.29	Are holds vessel fitted with Australian type approved hold ladders?	Click here to enter text.		
4.30	Is vessel fitted for carriage of grain in accordance with Chapter VI of SOLAS 1974 and amendments without requiring bagging, trapping and securing when loading a full cargo (deadweight) of heavy grain in bulk (stowage factor 42 cubic feet) with ends untrimmed?	Click here to enter text.		
4.31	Is vessel logs fitted?	Click here to enter text.		
4.32	If yes, state number, type and height of stanchions on board and which stanchions are collapsible. Also state number and type of sockets on board	Click here to enter text.		
BUNKERS, SPEED AND CONSUMPTION				
5.1	What type/viscosity of fuel is used for main propulsion?	Click here to enter text.		
5.2	Capacity of main engine bunker tanks (excluding unpumpables):	Click here to enter text.		
5.3	Number of bunker tanks	Click here to enter text.		
5.4	What type/viscosity of fuel is used in the generating plant	Click here to enter text.		
	Capacity of auxiliary (aux.)engine(s) bunker tanks (excluding unpumpables)	Click here to enter text.		

	Speed on sea passage	Knots ballast	Knots laden	On tons (main)	On tons (aux.)
		Click here to enter text.	Click here to enter text.	Click here to enter text.	Click here to enter text.
		Click here to enter text.	Click here to enter text.	Click here to enter text.	Click here to enter text.
		Click here to enter text.	Click here to enter text.	Click here to enter text.	Click here to enter text.
	Consumption in Port	Tons (main)		Tons (aux.)	
	Working	Click here to enter text.		Click here to enter text.	
	Idle	Click here to enter text.		Click here to enter text.	

CREW

6.1	Number of Officers	Click here to enter text.
6.2	Number of Ratings	Click here to enter text.
6.3	Name and nationality of Master	Click here to enter text.
6.4	Nationality of Officers	Click here to enter text.
6.5	Nationality of Ratings	Click here to enter text.

CERTIFICATE EXPIRY DATES

7.1	P&I	Click here to enter text.
7.2	H&M	Click here to enter text.
7.3	Class	Click here to enter text.
7.4	Gear	Click here to enter text.
7.5	Document of Compliance (DOC)	Click here to enter text.
7.6	Safety Management Certificate (SMC)	Click here to enter text.
7.7	International Ship Security Certificate	Click here to enter text.

5) 선체용선 계약서 (BARECON 2001)

BIMCO STANDARD BAREBOAT CHARTER
CODE NAME: "BARECON 2001"

PART I

1. Shipbroker	2. Place and date
3 Owners/Place of business (Cl. 1)	4. Bareboat Charterers/Place of business (Cl. 1)
5. Vessel's name, call sign and flag (Cl. 1 and 3)	
6. Type of Vessel	7. GT/NT
8. When/Where built	9. Total DWT (abt.) in metric tons on summer freeboard
10. Classification Society (Cl. 3)	11. Date of last special survey by the Vessel's classification society
12. Further particulars of Vessel (also indicate minimum number of months' validity of class certificates agreed acc. to Cl. 3)	
13. Port or Place of delivery (Cl. 3)	14. Time for delivery (Cl. 4) / 15. Cancelling date (Cl. 5)
16. Port or Place of redelivery (Cl. 15)	17. No. of months' validity of trading and class certificates upon redelivery (Cl. 15)
18. Running days' notice if other than stated in Cl. 4	19. Frequency of dry-docking (Cl. 10(g))
20. Trading limits (Cl. 6)	
21. Charter period (Cl. 2)	22. Charter hire (Cl. 11)
23. New class and other safety requirements (state percentage of Vessel's insurance value acc. to Box 29)(Cl. 10(a)(ii))	
24. Rate of interest payable acc. to Cl. 11(f) and, if applicable, acc.to PART IV	25. Currency and method of payment (Cl. 11)

Printed and sold by Fr. G. Knudtzons Bogtrykkeri A/S, Vallensbaekvej 61, DK-2625 Vallensbaek, Fax: +45 4366 0701

Continued

(continued) **"BARECON 2001" STANDARD BAREBOAT CHARTER** PART I

26. Place of payment; also state beneficiary and bank account (Cl. 11)	27. Bank guarantee/bond (sum and place)(Cl. 24)(optional)
28. Mortgage(s), if any (state whether 12(a) or (b) applies; if 12(b) applies state date of Financial Instrument and name of Mortgagee(s)/Place of business)(Cl. 12)	29. Insurance (hull and machinery and war risks)(state value acc. to Cl. 13(f) or, if applicable, acc. to Cl. 14(k))(also state if Cl. 14 applies)
30. Additional insurance cover, if any, for Owners' account limited to (Cl. 13(b) or, if applicable, Cl. 14(g))	31. Additional insurance cover, if any, for Charterers' account limited to (Cl. 13(b) or, if applicable, Cl. 14(g))
32. Latent defects (only to be filled in if period other than stated in Cl. 3)	33. Brokerage commission and to whom payable (Cl. 27)
34. Grace period (state number of clear banking days)(Cl. 28)	35. Dispute Resolution (state 30(a), 30(b) or 30(c); if 30(c) agreed Place of Arbitration must be stated (Cl. 30) :
36. War cancellation (indicate countries agreed)(Cl. 26(f))	
37. Newbuilding Vessel (indicate with "yes" or "no" whether PART III applies)(optional)	38. Name and place of Builders (only to be filled in if PART III applies)
39. Vessel's Yard Building No. (only to be filled in if PART III applies)	40. Date of Building Contract (only to be filled in if PART III applies)
41. Liquidated damages and costs shall accrue to (state party acc. to Cl. 1) a) b) c)	
42. Hire/Purchase agreement (indicate with "yes" or "no" whether PART IV applies)(optional)	43. Bareboat Charter Registry (indicate "yes" or "no" whether PART V applies)(optional)
44. Flag and Country of the Bareboat Charter Registry (only to be filled in if PART V applies)	45. Country of the Underlying Registry (only to be filled in if PART V applies)
46. Number of additional clauses covering special provisions, if agreed	

PREAMBLE - It is mutually agreed that this Contract shall be performed subject to the conditions contained in this Charter which shall include PART I and PART II. In the event of a conflict of conditions, the provisions of PART I shall prevail over those of PART II to the extent of such conflict but no further. It is further mutually agreed that PART III and/or PART IV and/or PART V shall only apply and only form part of this Charter if expressly agreed and stated in the Boxes 37, 42 and 43. If PART III and/or PART IV and/or PART V apply, it is further agreed that in the event of a conflict of conditions, the provisions of PART I and PART II shall prevail over those of PART III and/or PART IV and/or PART V to the extent of such conflict but no further.

Signature (Owners)	Signature (Charterers)

PART II

"BARECON 2001" Standard Bareboat Charter

1. Definitions

In this Charter, the following terms shall have the meanings hereby assigned to them:
"*The Owners*" shall mean the party identified in Box 3;
"*The Charterers*" shall mean the party identified in Box 4;
"*The Vessel*" shall mean the vessel named in Box 5 and with particulars as stated in Boxes 6 to 12.
"*Financial Instrument*" means the mortgage, deed of covenant or other such financial security instrument as annexed to this Charter and stated in Box 28.

2. Charter Period

In consideration of the hire detailed in Box 22, the Owners have agreed to let and the Charterers have agreed to hire the Vessel for the period stated in Box 21 ("The Charter Period").

3. Delivery

(not applicable when Part III applies, as indicated in Box 37)

(a) The Owners shall before and at the time of delivery exercise due diligence to make the Vessel seaworthy and in every respect ready in hull, machinery and equipment for service under this Charter.
The Vessel shall be delivered by the Owners and taken over by the Charterers at the port or place indicated in Box 13 in such ready safe berth as the Charterers may direct.

(b) The Vessel shall be properly documented on delivery in accordance with the laws of the flag State indicated in Box 5 and the requirements of the classification society stated in Box 10. The Vessel upon delivery shall have her survey cycles up to date and trading and class certificates valid for at least the number of months agreed in Box 12.

(c) The delivery of the Vessel by the Owners and the taking over of the Vessel by the Charterers shall constitute a full performance by the Owners of all the Owners' obligations under this Clause 3, and thereafter the Charterers shall not be entitled to make or assert any claim against the Owners on account of any conditions, representations or warranties expressed or implied with respect to the Vessel but the Owners shall be liable for the cost of but not the time for repairs or renewals occasioned by latent defects in the Vessel, her machinery or appurtenances, existing at the time of delivery under this Charter, provided such defects have manifested themselves within twelve (12) months after delivery unless otherwise provided in Box 32.

4. Time for Delivery

(not applicable when Part III applies, as indicated in Box 37)

The Vessel shall not be delivered before the date indicated in Box 14 without the Charterers' consent and the Owners shall exercise due diligence to deliver the Vessel not later than the date indicated in Box 15.
Unless otherwise agreed in Box 18, the Owners shall give the Charterers not less than thirty (30) running days' preliminary and not less than fourteen (14) running days' definite notice of the date on which the Vessel is expected to be ready for delivery.
The Owners shall keep the Charterers closely advised of possible changes in the Vessel's position.

5. Cancelling

(not applicable when Part III applies, as indicated in Box 37)

(a) Should the Vessel not be delivered latest by the cancelling date indicated in Box 15, the Charterers shall have the option of cancelling this Charter by giving the Owners notice of cancellation within thirty-six (36) running hours after the cancelling date stated in Box 15, failing which this Charter shall remain in full force and effect.

(b) If it appears that the Vessel will be delayed beyond the cancelling date, the Owners may, as soon as they are in a position to state with reasonable certainty the day on which the Vessel should be ready, give notice thereof to the Charterers asking whether they will exercise their option of cancelling, and the option must then be declared within one hundred and sixty-eight (168) running hours of the receipt by the Charterers of such notice or within thirty-six (36) running hours after the cancelling date, whichever is the earlier. If the Charterers do not then exercise their option of cancelling, the seventh day after the readiness date stated in the Owners' notice shall be substituted for the cancelling date indicated in Box 15 for the purpose of this Clause 5.

(c) Cancellation under this Clause 5 shall be without prejudice to any claim the Charterers may otherwise have on the Owners under this Charter.

6. Trading Restrictions

The Vessel shall be employed in lawful trades for the carriage of suitable lawful merchandise within the trading limits indicated in Box 20.
The Charterers undertake not to employ the Vessel or suffer the Vessel to be employed otherwise than in conformity with the terms of the contracts of insurance (including any warranties expressed or implied therein) without first obtaining the consent of the insurers to such employment and complying with such requirements as to extra premium or otherwise as the insurers may prescribe.
The Charterers also undertake not to employ the Vessel or suffer her employment in any trade or business which is forbidden by the law of any country to which the Vessel may sail or is otherwise illicit or in carrying illicit or prohibited goods or in any manner whatsoever which may render her liable to condemnation, destruction, seizure or confiscation.
Notwithstanding any other provisions contained in this Charter it is agreed that nuclear fuels or radioactive products or waste are specifically excluded from the cargo permitted to be loaded or carried under this Charter. This exclusion does not apply to radio-isotopes used or intended to be used for any industrial, commercial, agricultural, medical or scientific purposes provided the Owners' prior approval has been obtained to loading thereof.

7. Surveys on Delivery and Redelivery

(not applicable when Part III applies, as indicated in Box 37)

The Owners and Charterers shall each appoint surveyors for the purpose of determining and agreeing in writing the condition of the Vessel at the time of delivery and redelivery hereunder. The Owners shall bear all expenses of the On-hire Survey including loss of time, if any, and the Charterers shall bear all expenses of the Off-hire Survey including loss of time, if any, at the daily equivalent to the rate of hire or pro rata thereof.

8. Inspection

The Owners shall have the right at any time after giving reasonable notice to the Charterers to inspect or survey the Vessel or instruct a duly authorised surveyor to carry out such survey on their behalf:-

(a) to ascertain the condition of the Vessel and satisfy

PART II
"BARECON 2001" Standard Bareboat Charter

themselves that the Vessel is being properly repaired and maintained. The costs and fees for such inspection or survey shall be paid by the Owners unless the Vessel is found to require repairs or maintenance in order to achieve the condition so provided;
(b) in dry-dock if the Charterers have not dry-docked her in accordance with Clause 10(g). The costs and fees for such inspection or survey shall be paid by the Charterers; and
(c) for any other commercial reason they consider necessary (provided it does not unduly interfere with the commercial operation of the Vessel). The costs and fees for such inspection and survey shall be paid by the Owners.
All time used in respect of inspection, survey or repairs shall be for the Charterers' account and form part of the Charter Period.
The Charterers shall also permit the Owners to inspect the Vessel's log books whenever requested and shall whenever required by the Owners furnish them with full information regarding any casualties or other accidents or damage to the Vessel.

9. Inventories, Oil and Stores
A complete inventory of the Vessel's entire equipment, outfit including spare parts, appliances and of all consumable stores on board the Vessel shall be made by the Charterers in conjunction with the Owners on delivery and again on redelivery of the Vessel. The Charterers and the Owners, respectively, shall at the time of delivery and redelivery take over and pay for all bunkers, lubricating oil, unbroached provisions, paints, ropes and other consumable stores (excluding spare parts) in the said Vessel at the then current market prices at the ports of delivery and redelivery, respectively. The Charterers shall ensure that all spare parts listed in the inventory and used during the Charter Period are replaced at their expense prior to redelivery of the Vessel.

10. Maintenance and Operation
(a)(i) Maintenance and Repairs - During the Charter Period the Vessel shall be in the full possession and at the absolute disposal for all purposes of the Charterers and under their complete control in every respect. The Charterers shall maintain the Vessel, her machinery, boilers, appurtenances and spare parts in a good state of repair, in efficient operating condition and in accordance with good commercial maintenance practice and, except as provided for in Clause 14(l), if applicable, at their own expense they shall at all times keep the Vessel's Class fully up to date with the Classification Society indicated in Box 10 and maintain all other necessary certificates in force at all times.
(ii) New Class and Other Safety Requirements - In the event of any improvement, structural changes or new equipment becoming necessary for the continued operation of the Vessel by reason of new class requirements or by compulsory legislation costing (excluding the Charterers' loss of time) more than the percentage stated in Box 23, or if Box 23 is left blank, 5 per cent. of the Vessel's insurance value as stated in Box 29, then the extent, if any, to which the rate of hire shall be varied and the ratio in which the cost of compliance shall be shared between the parties concerned in order to achieve a reasonable distribution thereof as between the Owners and the Charterers having regard, inter alia, to the length of the period remaining under this Charter shall, in the absence of agreement, be referred to the dispute resolution method agreed in Clause 30.
(iii) Financial Security - The Charterers shall maintain financial security or responsibility in respect of third party liabilities as required by any government, including federal, state or municipal or other division or authority thereof, to enable the Vessel, without penalty or charge, lawfully to enter, remain at, or leave any port, place, territorial or contiguous waters of any country, state or municipality in performance of this Charter without any delay. This obligation shall apply whether or not such requirements have been lawfully imposed by such government or division or authority thereof.
The Charterers shall make and maintain all arrangements by bond or otherwise as may be necessary to satisfy such requirements at the Charterers' sole expense and the Charterers shall indemnify the Owners against all consequences whatsoever (including loss of time) for any failure or inability to do so.
(b) Operation of the Vessel - The Charterers shall at their own expense and by their own procurement man, victual, navigate, operate, supply, fuel and, whenever required, repair the Vessel during the Charter Period and they shall pay all charges and expenses of every kind and nature whatsoever incidental to their use and operation of the Vessel under this Charter, including annual flag State fees and any foreign general municipality and/or state taxes. The Master, officers and crew of the Vessel shall be the servants of the Charterers for all purposes whatsoever, even if for any reason appointed by the Owners.
Charterers shall comply with the regulations regarding officers and crew in force in the country of the Vessel's flag or any other applicable law.
(c) The Charterers shall keep the Owners and the mortgagee(s) advised of the intended employment, planned dry-docking and major repairs of the Vessel, as reasonably required.
(d) Flag and Name of Vessel - During the Charter Period, the Charterers shall have the liberty to paint the Vessel in their own colours, install and display their funnel insignia and fly their own house flag. The Charterers shall also have the liberty, with the Owners' consent, which shall not be unreasonably withheld, to change the flag and/or the name of the Vessel during the Charter Period. Painting and re-painting, instalment and re-instalment, registration and re-registration, if required by the Owners, shall be at the Charterers' expense and time.
(e) Changes to the Vessel – Subject to Clause 10(a)(ii), the Charterers shall make no structural changes in the Vessel or changes in the machinery, boilers, appurtenances or spare parts thereof without in each instance first securing the Owners' approval thereof. If the Owners so agree, the Charterers shall, if the Owners so require, restore the Vessel to its former condition before the termination of this Charter.
(f) Use of the Vessel's Outfit, Equipment and Appliances - The Charterers shall have the use of all outfit, equipment, and appliances on board the Vessel at the time of delivery, provided the same or their substantial equivalent shall be returned to the Owners on redelivery in the same good order and condition as when received, ordinary wear and tear excepted. The

PART II
"BARECON 2001" Standard Bareboat Charter

Charterers shall from time to time during the Charter Period replace such items of equipment as shall be so damaged or worn as to be unfit for use. The Charterers are to procure that all repairs to or replacement of any damaged, worn or lost parts or equipment be effected in such manner (both as regards workmanship and quality of materials) as not to diminish the value of the Vessel. The Charterers have the right to fit additional equipment at their expense and risk but the Charterers shall remove such equipment at the end of the period if requested by the Owners. Any equipment including radio equipment on hire on the Vessel at time of delivery shall be kept and maintained by the Charterers and the Charterers shall assume the obligations and liabilities of the Owners under any lease contracts in connection therewith and shall reimburse the Owners for all expenses incurred in connection therewith, also for any new equipment required in order to comply with radio regulations.

(g) Periodical Dry-Docking - The Charterers shall dry-dock the Vessel and clean and paint her underwater parts whenever the same may be necessary, but not less than once during the period stated in Box 19 or, if Box 19 has been left blank, every sixty (60) calendar months after delivery or such other period as may be required by the Classification Society or flag State.

11. Hire

(a) The Charterers shall pay hire due to the Owners punctually in accordance with the terms of this Charter in respect of which time shall be of the essence.

(b) The Charterers shall pay to the Owners for the hire of the Vessel a lump sum in the amount indicated in Box 22 which shall be payable not later than every thirty (30) running days advance, the first lump sum being payable on the date and hour of the Vessel's delivery to the Charterers. Hire shall be paid continuously throughout the Charter Period.

(c) Payment of hire shall be made in cash without discount in the currency and in the manner indicated in Box 25 and at the place mentioned in Box 26.

(d) Final payment of hire, if for a period of less than thirty (30) running days, shall be calculated proportionally according to the number of days and hours remaining before redelivery and advance payment to be effected accordingly.

(e) Should the Vessel be lost or missing, hire shall cease from the date and time when she was lost or last heard of. The date upon which the Vessel is to be treated as lost or missing shall be ten (10) days after the Vessel was last reported or when the Vessel is posted as missing by Lloyd's, whichever occurs first. Any hire paid in advance to be adjusted accordingly.

(f) Any delay in payment of hire shall entitle the Owners to interest at the rate per annum as agreed in Box 24. If Box 24 has not been filled in, the three months interbank offered rate in London (LIBOR or its successor) for the currency stated in Box 25, as quoted by the British Bankers' Association (BBA) on the date when the hire fell due, increased by 2 per cent., shall apply.

(g) Payment of interest due under sub-clause 11(f) shall be made within seven (7) running days of the date of the Owners' invoice specifying the amount payable or, in the absence of an invoice, at the time of the next hire payment date.

12 Mortgage

(only to apply if Box 28 has been appropriately filled in)

*) **(a)** The Owners warrant that they have not effected any mortgage(s) of the Vessel and that they shall not effect any mortgage(s) without the prior consent of the Charterers, which shall not be unreasonably withheld.

*) **(b)** The Vessel chartered under this Charter is financed by a mortgage according to the Financial Instrument. The Charterers undertake to comply, and provide such information and documents to enable the Owners to comply, with all such instructions or directions in regard to the employment, insurances, operation, repairs and maintenance of the Vessel as laid down in the Financial Instrument or as may be directed from time to time during the currency of the Charter by the mortgagee(s) in conformity with the Financial Instrument. The Charterers confirm that, for this purpose, they have acquainted themselves with all relevant terms, conditions and provisions of the Financial Instrument and agree to acknowledge this in writing in any form that may be required by the mortgagee(s). The Owners warrant that they have not effected any mortgage(s) other than stated in Box 28 and that they shall not agree to any amendment of the mortgage(s) referred to in Box 28 or effect any other mortgage(s) without the prior consent of the Charterers, which shall not be unreasonably withheld.

*) *(Optional, Clauses 12(a) and 12(b) are alternatives; indicate alternative agreed in Box 28).*

13. Insurance and Repairs

(a) During the Charter Period the Vessel shall be kept insured by the Charterers at their expense against hull and machinery, war and Protection and Indemnity risks (and any risks against which it is compulsory to insure for the operation of the Vessel, including maintaining financial security in accordance with sub-clause 10(a)(iii)) in such form as the Owners shall in writing approve, which approval shall not be un-reasonably withheld. Such insurances shall be arranged by the Charterers to protect the interests of both the Owners and the Charterers and the mortgagee(s) (if any), and the Charterers shall be at liberty to protect under such insurances the interests of any managers they may appoint. Insurance policies shall cover the Owners and the Charterers according to their respective interests. Subject to the provisions of the Financial Instrument, if any, and the approval of the Owners and the insurers, the Charterers shall effect all insured repairs and shall undertake settlement and reimbursement from the insurers of all costs in connection with such repairs as well as insured charges, expenses and liabilities to the extent of coverage under the insurances herein provided for.

The Charterers also to remain responsible for and to effect repairs and settlement of costs and expenses incurred thereby in respect of all other repairs not covered by the insurances and/or not exceeding any possible franchise(s) or deductibles provided for in the insurances.

All time used for repairs under the provisions of sub-clause 13(a) and for repairs of latent defects according to Clause 3(c) above, including any deviation, shall be for the Charterers' account.

(b) If the conditions of the above insurances permit additional insurance to be placed by the parties, such cover shall be limited to the amount for each party set out in Box 30 and Box 31, respectively. The Owners or the Charterers as the case may be shall immediately furnish the other party with particulars of any additional

PART II
"BARECON 2001" Standard Bareboat Charter

insurance effected, including copies of any cover notes or policies and the written consent of the insurers of any such required insurance in any case where the consent of such insurers is necessary.
(c) The Charterers shall upon the request of the Owners, provide information and promptly execute such documents as may be required to enable the Owners to comply with the insurance provisions of the Financial Instrument.
(d) Subject to the provisions of the Financial Instrument, if any, should the Vessel become an actual, constructive, compromised or agreed total loss under the insurances required under sub-clause 13(a), all insurance payments for such loss shall be paid to the Owners who shall distribute the moneys between the Owners and the Charterers according to their respective interests. The Charterers undertake to notify the Owners and the mortgagee(s), if any, of any occurrences in consequence of which the Vessel is likely to become a total loss as defined in this Clause.
(e) The Owners shall upon the request of the Charterers, promptly execute such documents as may be required to enable the Charterers to abandon the Vessel to insurers and claim a constructive total loss.
(f) For the purpose of insurance coverage against hull and machinery and war risks under the provisions of sub-clause 13(a), the value of the Vessel is the sum indicated in Box 29.

14. Insurance, Repairs and Classification
(Optional, only to apply if expressly agreed and stated in Box 29, in which event Clause 13 shall be considered deleted).
(a) During the Charter Period the Vessel shall be kept insured by the Owners at their expense against hull and machinery and war risks under the form of policy or policies attached hereto. The Owners and/or insurers shall not have any right of recovery or subrogation against the Charterers on account of loss of or any damage to the Vessel or her machinery or appurtenances covered by such insurance, or on account of payments made to discharge claims against or liabilities of the Vessel or the Owners covered by such insurance. Insurance policies shall cover the Owners and the Charterers according to their respective interests.
(b) During the Charter Period the Vessel shall be kept insured by the Charterers at their expense against Protection and Indemnity risks (and any risks against which it is compulsory to insure for the operation of the Vessel, including maintaining financial security in accordance with sub-clause 10(a)(iii)) in such form as the Owners shall in writing approve which approval shall not be unreasonably withheld.
(c) In the event that any act or negligence of the Charterers shall vitiate any of the insurance herein provided, the Charterers shall pay to the Owners all losses and indemnify the Owners against all claims and demands which would otherwise have been covered by such insurance.
(d) The Charterers shall, subject to the approval of the Owners or Owners' Underwriters, effect all insured repairs, and the Charterers shall undertake settlement of all miscellaneous expenses in connection with such repairs as well as all insured charges, expenses and liabilities, to the extent of coverage under the insurances provided for under the provisions of sub-clause 14(a). The Charterers to be secured reimbursement through the Owners' Underwriters for such expenditures upon presentation of accounts.
(e) The Charterers to remain responsible for and to effect repairs and settlement of costs and expenses incurred thereby in respect of all other repairs not covered by the insurances and/or not exceeding any possible franchise(s) or deductibles provided for in the insurances.
(f) All time used for repairs under the provisions of sub-clauses 14(d) and 14(e) and for repairs of latent defects according to Clause 3 above, including any deviation, shall be for the Charterers' account and shall form part of the Charter Period.
The Owners shall not be responsible for any expenses as are incident to the use and operation of the Vessel for such time as may be required to make such repairs.
(g) If the conditions of the above insurances permit additional insurance to be placed by the parties such cover shall be limited to the amount for each party set out in Box 30 and Box 31, respectively. The Owners or the Charterers as the case may be shall immediately furnish the other party with particulars of any additional insurance effected, including copies of any cover notes or policies and the written consent of the insurers of any such required insurance in any case where the consent of such insurers is necessary.
(h) Should the Vessel become an actual, constructive, compromised or agreed total loss under the insurances required under sub-clause 14(a), all insurance payments for such loss shall be paid to the Owners, who shall distribute the moneys between themselves and the Charterers according to their respective interests.
(i) If the Vessel becomes an actual, constructive, compromised or agreed total loss under the insurances arranged by the Owners in accordance with sub-clause 14(a), this Charter shall terminate as of the date of such loss.
(j) The Charterers shall upon the request of the Owners, promptly execute such documents as may be required to enable the Owners to abandon the Vessel to the insurers and claim a constructive total loss.
(k) For the purpose of insurance coverage against hull and machinery and war risks under the provisions of sub-clause 14(a), the value of the Vessel is the sum indicated in Box 29.
(l) Notwithstanding anything contained in sub-clause 10(a), it is agreed that under the provisions of Clause 14, if applicable, the Owners shall keep the Vessel's Class fully up to date with the Classification Society indicated in Box 10 and maintain all other necessary certificates in force at all times.

15. Redelivery
At the expiration of the Charter Period the Vessel shall be redelivered by the Charterers to the Owners at a safe and ice-free port or place as indicated in Box 16, in such ready safe berth as the Owners may direct. The Charterers shall give the Owners not less than thirty (30) running days' preliminary notice of expected date, range of ports of redelivery or port or place of redelivery and not less than fourteen (14) running days' definite notice of expected date and port or place of redelivery. Any changes thereafter in the Vessel's position shall be notified immediately to the Owners.
The Charterers warrant that they will not permit the Vessel to commence a voyage (including any preceding ballast voyage) which cannot reasonably be expected to be completed in time to allow redelivery of the Vessel within the Charter Period. Notwithstanding the above,

PART II
"BARECON 2001" Standard Bareboat Charter

should the Charterers fail to redeliver the Vessel within the Charter Period, the Charterers shall pay the daily equivalent to the rate of hire stated in Box 22 plus 10 per cent. or to the market rate, whichever is the higher, for the number of days by which the Charter Period is exceeded. All other terms, conditions and provisions of this Charter shall continue to apply.
Subject to the provisions of Clause 10, the Vessel shall be redelivered to the Owners in the same or as good structure, state, condition and class as that in which she was delivered, fair wear and tear not affecting class excepted.
The Vessel upon redelivery shall have her survey cycles up to date and trading and class certificates valid for at least the number of months agreed in Box 17.

16. Non-Lien
The Charterers will not suffer, nor permit to be continued, any lien or encumbrance incurred by them or their agents, which might have priority over the title and interest of the Owners in the Vessel. The Charterers further agree to fasten to the Vessel in a conspicuous place and to keep so fastened during the Charter Period a notice reading as follows:
"This Vessel is the property of (name of Owners). It is under charter to (name of Charterers) and by the terms of the Charter Party neither the Charterers nor the Master have any right, power or authority to create, incur or permit to be imposed on the Vessel any lien whatsoever."

17. Indemnity
(a) The Charterers shall indemnify the Owners against any loss, damage or expense incurred by the Owners arising out of or in relation to the operation of the Vessel by the Charterers, and against any lien of whatsoever nature arising out of an event occurring during the Charter Period. If the Vessel be arrested or otherwise detained by reason of claims or liens arising out of her operation hereunder by the Charterers, the Charterers shall at their own expense take all reasonable steps to secure that within a reasonable time the Vessel is released, including the provision of bail.
Without prejudice to the generality of the foregoing, the Charterers agree to indemnify the Owners against all consequences or liabilities arising from the Master, officers or agents signing Bills of Lading or other documents.
(b) If the Vessel be arrested or otherwise detained by reason of a claim or claims against the Owners, the Owners shall at their own expense take all reasonable steps to secure that within a reasonable time the Vessel is released, including the provision of bail.
In such circumstances the Owners shall indemnify the Charterers against any loss, damage or expense incurred by the Charterers (including hire paid under this Charter) as a direct consequence of such arrest or detention.

18. Lien
The Owners to have a lien upon all cargoes, sub-hires and sub-freights belonging or due to the Charterers or any sub-charterers and any Bill of Lading freight for all claims under this Charter, and the Charterers to have a lien on the Vessel for all moneys paid in advance and not earned.

19. Salvage
All salvage and towage performed by the Vessel shall be for the Charterers' benefit and the cost of repairing damage occasioned thereby shall be borne by the Charterers.

20. Wreck Removal
In the event of the Vessel becoming a wreck or obstruction to navigation the Charterers shall indemnify the Owners against any sums whatsoever which the Owners shall become liable to pay and shall pay in consequence of the Vessel becoming a wreck or obstruction to navigation.

21. General Average
The Owners shall not contribute to General Average
.

22. Assignment, Sub-Charter and Sale
(a) The Charterers shall not assign this Charter nor sub-charter the Vessel on a bareboat basis except with the prior consent in writing of the Owners, which shall not be unreasonably withheld, and subject to such terms and conditions as the Owners shall approve.
(b) The Owners shall not sell the Vessel during the currency of this Charter except with the prior written consent of the Charterers, which shall not be unreason- ably withheld, and subject to the buyer accepting an assignment of this Charter.

23. Contracts of Carriage
*) **(a)** The Charterers are to procure that all documents issued during the Charter Period evidencing the terms and conditions agreed in respect of carriage of goods shall contain a paramount clause incorporating any legislation relating to carrier's liability for cargo compulsorily applicable in the trade; if no such legislation exists, the documents shall incorporate the Hague-Visby Rules. The documents shall also contain the New Jason Clause and the Both-to-Blame Collision Clause.
*) **(b)** The Charterers are to procure that all passenger tickets issued during the Charter Period for the carriage of passengers and their luggage under this Charter shall contain a paramount clause incorporating any legislation relating to carrier's liability for passengers and their luggage compulsorily applicable in the trade; if no such legislation exists, the passenger tickets shall incorporate the Athens Convention Relating to the Carriage of Passengers and their Luggage by Sea, 1974, and any protocol thereto.
*) *Delete as applicable.*

24. Bank Guarantee
(Optional, only to apply if Box 27 filled in)
The Charterers undertake to furnish, before delivery of the Vessel, a first class bank guarantee or bond in the sum and at the place as indicated in Box 27 as guarantee for full performance of their obligations under this Charter.

Requisition/Acquisition
25. **(a)** In the event of the Requisition for Hire of the Vessel by any governmental or other competent authority (hereinafter referred to as "Requisition for Hire") irrespective of the date during the Charter Period when "Requisition for Hire" may occur and irrespective of the length thereof and whether or not it be for an indefinite

PART II

"BARECON 2001" Standard Bareboat Charter

or a limited period of time, and irrespective of whether it may or will remain in force for the remainder of the Charter Period, this Charter shall not be deemed thereby or thereupon to be frustrated or otherwise terminated and the Charterers shall continue to pay the stipulated hire in the manner provided by this Charter until the time when the Charter would have terminated pursuant to any of the provisions hereof always provided however that in the event of "Requisition for Hire" any Requisition Hire or compensation received or receivable by the Owners shall be payable to the Charterers during the remainder of the Charter Period or the period of the "Requisition for Hire" whichever be the shorter.

(b) In the event of the Owners being deprived of their ownership in the Vessel by any Compulsory Acquisition of the Vessel or requisition for title by any governmental or other competent authority (hereinafter referred to as "Compulsory Acquisition"), then, irrespective of the date during the Charter Period when "Compulsory Acquisition" may occur, this Charter shall be deemed terminated as of the date of such "Compulsory Acquisition". In such event Charter Hire to be considered as earned and to be paid up to the date and time of such "Compulsory Acquisition".

26. War

(a) For the purpose of this Clause, the words "War Risks" shall include any war (whether actual or threatened), act of war, civil war, hostilities, revolution, rebellion, civil commotion, warlike operations, the laying of mines (whether actual or reported), acts of piracy, acts of terrorists, acts of hostility or malicious damage, blockades (whether imposed against all vessels or imposed selectively against vessels of certain flags or ownership, or against certain cargoes or crews or otherwise howsoever), by any person, body, terrorist or political group, or the Government of any state whatsoever, which may be dangerous or are likely to be or to become dangerous to the Vessel, her cargo, crew or other persons on board the Vessel.

(b) The Vessel, unless the written consent of the Owners be first obtained, shall not continue to or go through any port, place, area or zone (whether of land or sea), or any waterway or canal, where it reasonably appears that the Vessel, her cargo, crew or other persons on board the Vessel, in the reasonable judgement of the Owners, may be, or are likely to be, exposed to War Risks. Should the Vessel be within any such place as aforesaid, which only becomes dangerous, or is likely to be or to become dangerous, after her entry into it, the Owners shall have the right to require the Vessel to leave such area.

(c) The Vessel shall not load contraband cargo, or to pass through any blockade, whether such blockade be imposed on all vessels, or is imposed selectively in any way whatsoever against vessels of certain flags or ownership, or against certain cargoes or crews or otherwise howsoever, or to proceed to an area where she shall be subject, or is likely to be subject to a belligerent's right of search and/or confiscation.

(d) If the insurers of the war risks insurance, when Clause 14 is applicable, should require payment of premiums and/or calls because, pursuant to the Charterers' orders, the Vessel is within, or is due to enter and remain within, any area or areas which are specified by such insurers as being subject to additional premiums because of War Risks, then such premiums and/or calls shall be reimbursed by the Charterers to the Owners at the same time as the next payment of hire is due.

(e) The Charterers shall have the liberty:

(i) to comply with all orders, directions, recommendations or advice as to departure, arrival, routes, sailing in convoy, ports of call, stoppages, destinations, discharge of cargo, delivery, or in any other way whatsoever, which are given by the Government of the Nation under whose flag the Vessel sails, or any other Government, body or group whatsoever acting with the power to compel compliance with their orders or directions;

(ii) to comply with the orders, directions or recommendations of any war risks underwriters who have the authority to give the same under the terms of the war risks insurance;

(iii) to comply with the terms of any resolution of the Security Council of the United Nations, any directives of the European Community, the effective orders of any other Supranational body which has the right to issue and give the same, and with national laws aimed at enforcing the same to which the Owners are subject, and to obey the orders and directions of those who are charged with their enforcement.

(f) In the event of outbreak of war (whether there be a declaration of war or not) (i) between any two or more of the following countries: the United States of America; Russia; the United Kingdom; France; and the People's Republic of China, (ii) between any two or more of the countries stated in Box 36, both the Owners and the Charterers shall have the right to cancel this Charter, whereupon the Charterers shall redeliver the Vessel to the Owners in accordance with Clause 15, if the Vessel has cargo on board after discharge thereof at destination, or if debarred under this Clause from reaching or entering it at a near, open and safe port as directed by the Owners, or if the Vessel has no cargo on board, at the port at which the Vessel then is or if at sea at a near, open and safe port as directed by the Owners. In all cases hire shall continue to be paid in accordance with Clause 11 and except as aforesaid all other provisions of this Charter shall apply until redelivery.

27. Commission

The Owners to pay a commission at the rate indicated in Box 33 to the Brokers named in Box 33 on any hire paid under the Charter. If no rate is indicated in Box 33, the commission to be paid by the Owners shall cover the actual expenses of the Brokers and a reasonable fee for their work.

If the full hire is not paid owing to breach of the Charter by either of the parties the party liable therefor shall indemnify the Brokers against their loss of commission.

Should the parties agree to cancel the Charter, the Owners shall indemnify the Brokers against any loss of commission but in such case the commission shall not exceed the brokerage on one year's hire.

28. Termination

(a) Charterers' Default

The Owners shall be entitled to withdraw the Vessel from the service of the Charterers and terminate the Charter with immediate effect by written notice to the Charterers if:

(i) the Charterers fail to pay hire in accordance with Clause 11. However, where there is a failure to make punctual payment of hire due to oversight, negligence, errors or omissions on the part of the

PART II
"BARECON 2001" Standard Bareboat Charter

Charterers or their bankers, the Owners shall give the Charterers written notice of the number of clear banking days stated in Box 34 (as recognised at the agreed place of payment) in which to rectify the failure, and when so rectified within such number of days following the Owners' notice, the payment shall stand as regular and punctual. Failure by the Charterers to pay hire within the number of days stated in Box 34 of their receiving the Owners' notice as provided herein, shall entitle the Owners to withdraw the Vessel from the service of the Charterers and terminate the Charter without further notice;

(ii) the Charterers fail to comply with the requirements of:
(1) Clause 6 (Trading Restrictions)
(2) Clause 13(a) (Insurance and Repairs)
provided that the Owners shall have the option, by written notice to the Charterers, to give the Charterers a specified number of days grace within which to rectify the failure without prejudice to the Owners' right to withdraw and terminate under this Clause if the Charterers fail to comply with such notice;

(iii) the Charterers fail to rectify any failure to comply with the requirements of sub-clause 10(a)(i) (Maintenance and Repairs) as soon as practically possible after the Owners have requested them in writing so to do and in any event so that the Vessel's insurance cover is not prejudiced.

(b) Owners' Default
If the Owners shall by any act or omission be in breach of their obligations under this Charter to the extent that the Charterers are deprived of the use of the Vessel and such breach continues for a period of fourteen (14) running days after written notice thereof has been given by the Charterers to the Owners, the Charterers shall be entitled to terminate this Charter with immediate effect by written notice to the Owners.

(c) Loss of Vessel
This Charter shall be deemed to be terminated if the Vessel becomes a total loss or is declared as a constructive or compromised or arranged total loss. For the purpose of this sub-clause, the Vessel shall not be deemed to be lost unless she has either become an actual total loss or agreement has been reached with her underwriters in respect of her constructive, compromised or arranged total loss or if such agreement with her underwriters is not reached it is adjudged by a competent tribunal that a constructive loss of the Vessel has occurred.

(d) Either party shall be entitled to terminate this Charter with immediate effect by written notice to the other party in the event of an order being made or resolution passed for the winding up, dissolution, liquidation or bankruptcy of the other party (otherwise than for the purpose of reconstruction or amalgamation) or if a receiver is appointed, or if it suspends payment, ceases to carry on business or makes any special arrangement or composition with its creditors.

(e) The termination of this Charter shall be without prejudice to all rights accrued due between the parties prior to the date of termination and to any claim that either party might have.

29. Repossession
In the event of the termination of this Charter in accordance with the applicable provisions of Clause 28, the Owners shall have the right to repossess the Vessel from the Charterers at her current or next port of call, or at a port or place convenient to them without hindrance or interference by the Charterers, courts or local authorities. Pending physical repossession of the Vessel in accordance with this Clause 29, the Charterers shall hold the Vessel as gratuitous bailee only to the Owners. The Owners shall arrange for an authorised representative to board the Vessel as soon as reasonably practicable following the termination of the Charter. The Vessel shall be deemed to be repossessed by the Owners from the Charterers upon the boarding of the Vessel by the Owners' representative. All arrangements and expenses relating to the settling of wages, disembarkation and repatriation of the Charterers' Master, officers and crew shall be the sole responsibility of the Charterers.

30. Dispute Resolution
*) **(a)** This Contract shall be governed by and construed in accordance with English law and any dispute arising out of or in connection with this Contract shall be referred to arbitration in London in accordance with the Arbitration Act 1996 or any statutory modification or re-enactment thereof save to the extent necessary to give effect to the provisions of this Clause.
The arbitration shall be conducted in accordance with the London Maritime Arbitrators Association (LMAA) Terms current at the time when the arbitration proceedings are commenced.
The reference shall be to three arbitrators. A party wishing to refer a dispute to arbitration shall appoint its arbitrator and send notice of such appointment in writing to the other party requiring the other party to appoint its own arbitrator within 14 calendar days of that notice and stating that it will appoint its arbitrator as sole arbitrator unless the other party appoints its own arbitrator and gives notice that it has done so within the 14 days specified. If the other party does not appoint its own arbitrator and give notice that it has done so within the 14 days specified, the party referring a dispute to arbitration may, without the requirement of any further prior notice to the other party, appoint its arbitrator as sole arbitrator and shall advise the other party accordingly. The award of a sole arbitrator shall be binding on both parties as if he had been appointed by agreement.
Nothing herein shall prevent the parties agreeing in writing to vary these provisions to provide for the appointment of a sole arbitrator.
In cases where neither the claim nor any counterclaim exceeds the sum of US$50,000 (or such other sum as the parties may agree) the arbitration shall be conducted in accordance with the LMAA Small Claims Procedure current at the time when the arbitration proceedings are commenced.

*) **(b)** This Contract shall be governed by and construed in accordance with Title 9 of the United States Code and the Maritime Law of the United States and any dispute arising out of or in connection with this Contract shall be referred to three persons at New York, one to be appointed by each of the parties hereto, and the third by the two so chosen; their decision or that of any two of them shall be final, and for the purposes of enforcing any award, judgement may be entered on an award by any court of competent jurisdiction. The proceedings shall be conducted in accordance with the rules of the Society of Maritime Arbitrators, Inc.
In cases where neither the claim nor any counterclaim

PART II
"BARECON 2001" Standard Bareboat Charter

exceeds the sum of US$50,000 (or such other sum as the parties may agree) the arbitration shall be conducted in accordance with the Shortened Arbitration Procedure of the Society of Maritime Arbitrators, Inc. current at the time when the arbitration proceedings are commenced.

*) **(c)** This Contract shall be governed by and construed in accordance with the laws of the place mutually agreed by the parties and any dispute arising out of or in connection with this Contract shall be referred to arbitration at a mutually agreed place, subject to the procedures applicable there.

(d) Notwithstanding (a), (b) or (c) above, the parties may agree at any time to refer to mediation any difference and/or dispute arising out of or in connection with this Contract.

In the case of a dispute in respect of which arbitration has been commenced under (a), (b) or (c) above, the following shall apply:-

(i) Either party may at any time and from time to time elect to refer the dispute or part of the dispute to mediation by service on the other party of a written notice (the "Mediation Notice") calling on the other party to agree to mediation.

(ii) The other party shall thereupon within 14 calendar days of receipt of the Mediation Notice confirm that they agree to mediation, in which case the parties shall thereafter agree a mediator within a further 14 calendar days, failing which on the application of either party a mediator will be appointed promptly by the Arbitration Tribunal ("the Tribunal") or such person as the Tribunal may designate for that purpose. The mediation shall be conducted in such place and in accordance with such procedure and on such terms as the parties may agree or, in the event of disagreement, as may be set by the mediator.

(iii) If the other party does not agree to mediate, that fact may be brought to the attention of the Tribunal and may be taken into account by the Tribunal when allocating the costs of the arbitration as between the parties.

(iv) The mediation shall not affect the right of either party to seek such relief or take such steps as it considers necessary to protect its interest.

(v) Either party may advise the Tribunal that they have agreed to mediation. The arbitration procedure shall continue during the conduct of the mediation but the Tribunal may take the mediation timetable into account when setting the timetable for steps in the arbitration.

(vi) Unless otherwise agreed or specified in the mediation terms, each party shall bear its own costs incurred in the mediation and the parties shall share equally the mediator's costs and expenses.

(vii) The mediation process shall be without prejudice and confidential and no information or documents disclosed during it shall be revealed to the Tribunal except to the extent that they are disclosable under the law and procedure governing the arbitration.

(Note: The parties should be aware that the mediation process may not necessarily interrupt time limits.)

(e) If Box 35 in Part I is not appropriately filled in, sub-clause 30(a) of this Clause shall apply. Sub-clause 30(d) shall apply in all cases.

*) *Sub-clauses 30(a), 30(b) and 30(c) are alternatives; indicate alternative agreed in Box 35.*

31. Notices

(a) Any notice to be given by either party to the other party shall be in writing and may be sent by fax, telex, registered or recorded mail or by personal service.

(b) The address of the Parties for service of such communication shall be as stated in Boxes 3 and 4 respectively.

OPTIONAL PART

"BARECON 2001" Standard Bareboat Charter

PART III

PROVISIONS TO APPLY FOR NEWBUILDING VESSELS ONLY

(Optional, only to apply if expressly agreed and stated in Box 37)

1. Specifications and Building Contract

(a) The Vessel shall be constructed in accordance with the Building Contract (hereafter called "the Building Contract") as annexed to this Charter, made between the Builders and the Owners and in accordance with the specifications and plans annexed thereto, such Building Contract, specifications and plans having been counter-signed as approved by the Charterers.

(b) No change shall be made in the Building Contract or in the specifications or plans of the Vessel as approved by the Charterers as aforesaid, without the Charterers' consent.

(c) The Charterers shall have the right to send their representative to the Builders' Yard to inspect the Vessel during the course of her construction to satisfy themselves that construction is in accordance with such approved specifications and plans as referred to under sub-clause (a) of this Clause.

(d) The Vessel shall be built in accordance with the Building Contract and shall be of the description set out therein. Subject to the provisions of sub-clause 2(c)(ii) hereunder, the Charterers shall be bound to accept the Vessel from the Owners, completed and constructed in accordance with the Building Contract, on the date of delivery by the Builders. The Charterers undertake that having accepted the Vessel they will not thereafter raise any claims against the Owners in respect of the Vessel's performance or specification or defects, if any. Nevertheless, in respect of any repairs, replacements or defects which appear within the first 12 months from delivery by the Builders, the Owners shall endeavour to compel the Builders to repair, replace or remedy any defects or to recover from the Builders any expenditure incurred in carrying out such repairs, replacements or remedies. However, the Owners' liability to the Charterers shall be limited to the extent the Owners have a valid claim against the Builders under the guarantee clause of the Building Contract (a copy whereof has been supplied to the Charterers). The Charterers shall be bound to accept such sums as the Owners are reasonably able to recover under this Clause and shall make no further claim on the Owners for the difference between the amount(s) so recovered and the actual expenditure on repairs, replacement or remedying defects or for any loss of time incurred. Any liquidated damages for physical defects or deficiencies shall accrue to the account of the party stated in Box 41(a) or if not filled in shall be shared equally between the parties. The costs of pursuing a claim or claims against the Builders under this Clause (including any liability to the Builders) shall be borne by the party stated in Box 41(b) or if not filled in shall be shared equally between the parties.

2. Time and Place of Delivery

(a) Subject to the Vessel having completed her acceptance trials including trials of cargo equipment in accordance with the Building Contract and specifications to the satisfaction of the Charterers, the Owners shall give and the Charterers shall take delivery of the Vessel afloat when ready for delivery and properly documented at the Builders' Yard or some other safe and readily accessible dock, wharf or place as may be agreed between the parties hereto and the Builders. Under the Building Contract the Builders have estimated that the Vessel will be ready for delivery to the Owners as therein provided but the delivery date for the purpose of this Charter shall be the date when the Vessel is in fact ready for delivery by the Builders after completion of trials whether that be before or after as indicated in the Building Contract. The Charterers shall not be entitled to refuse acceptance of delivery of the Vessel and upon and after such acceptance, subject to Clause 1(d), the Charterers shall not be entitled to make any claim against the Owners in respect of any conditions, representations or warranties, whether express or implied, as to the seaworthiness of the Vessel or in respect of delay in delivery.

(b) If for any reason other than a default by the Owners under the Building Contract, the Builders become entitled under that Contract not to deliver the Vessel to the Owners, the Owners shall upon giving to the Charterers written notice of Builders becoming so entitled, be excused from giving delivery of the Vessel to the Charterers and upon receipt of such notice by the Charterers this Charter shall cease to have effect.

(c) If for any reason the Owners become entitled under the Building Contract to reject the Vessel the Owners shall, before exercising such right of rejection, consult the Charterers and thereupon

(i) if the Charterers do not wish to take delivery of the Vessel they shall inform the Owners within seven (7) running days by notice in writing and upon receipt by the Owners of such notice this Charter shall cease to have effect; or

(ii) if the Charterers wish to take delivery of the Vessel they may by notice in writing within seven (7) running days require the Owners to negotiate with the Builders as to the terms on which delivery should be taken and/or refrain from exercising their right to rejection and upon receipt of such notice the Owners shall commence such negotiations and/ or take delivery of the Vessel from the Builders and deliver her to the Charterers;

(iii) in no circumstances shall the Charterers be entitled to reject the Vessel unless the Owners are able to reject the Vessel from the Builders;

(iv) if this Charter terminates under sub-clause (b) or (c) of this Clause, the Owners shall thereafter not be liable to the Charterers for any claim under or arising out of this Charter or its termination.

(d) Any liquidated damages for delay in delivery under the Building Contract and any costs incurred in pursuing a claim therefor shall accrue to the account of the party stated in Box 41(c) or if not filled in shall be shared equally between the parties.

3. Guarantee Works

If not otherwise agreed, the Owners authorise the Charterers to arrange for the guarantee works to be performed in accordance with the building contract terms, and hire to continue during the period of guarantee works. The Charterers have to advise the Owners about the performance to the extent the Owners may request.

4. Name of Vessel

The name of the Vessel shall be mutually agreed between the Owners and the Charterers and the Vessel shall be painted in the colours, display the funnel insignia and fly the house flag as required by the Charterers.

5. Survey on Redelivery

The Owners and the Charterers shall appoint surveyors for the purpose of determining and agreeing in writing the condition of the Vessel at the time of re-delivery. Without prejudice to Clause 15 (Part II), the Charterers shall bear all survey expenses and all other costs, if any, including the cost of docking and undocking, if required, as well as all repair costs incurred. The Charterers shall also bear all loss of time spent in connection with any docking and undocking as well as repairs, which shall be paid at the rate of hire per day or pro rata.

"BARECON 2001" Standard Bareboat Charter

OPTIONAL PART

PART IV
HIRE/PURCHASE AGREEMENT

(Optional, only to apply if expressly agreed and stated in Box 42)

On expiration of this Charter and provided the Charterers have fulfilled their obligations according to Part I and II as well as Part III, if applicable, it is agreed, that on payment of the final payment of hire as per Clause 11 the Charterers have purchased the Vessel with everything belonging to her and the Vessel is fully paid for.

In the following paragraphs the Owners are referred to as the Sellers and the Charterers as the Buyers.

The Vessel shall be delivered by the Sellers and taken over by the Buyers on expiration of the Charter.

The Sellers guarantee that the Vessel, at the time of delivery, is free from all encumbrances and maritime liens or any debts whatsoever other than those arising from anything done or not done by the Buyers or any existing mortgage agreed not to be paid off by the time of delivery. Should any claims, which have been incurred prior to the time of delivery be made against the Vessel, the Sellers hereby undertake to indemnify the Buyers against all consequences of such claims to the extent it can be proved that the Sellers are responsible for such claims. Any taxes, notarial, consular and other charges and expenses connected with the purchase and registration under Buyers' flag, shall be for Buyers' account. Any taxes, consular and other charges and expenses connected with closing of the Sellers' register, shall be for Sellers' account.

In exchange for payment of the last month's hire instalment the Sellers shall furnish the Buyers with a Bill of Sale duly attested and legalized, together with a certificate setting out the registered encumbrances, if any. On delivery of the Vessel the Sellers shall provide for deletion of the Vessel from the Ship's Register and deliver a certificate of deletion to the Buyers.
The Sellers shall, at the time of delivery, hand to the Buyers all classification certificates (for hull, engines, anchors, chains, etc.), as well as all plans which may be in Sellers' possession.

The Wireless Installation and Nautical Instruments, unless on hire, shall be included in the sale without any extra payment.

The Vessel with everything belonging to her shall be at Sellers' risk and expense until she is delivered to the Buyers, subject to the conditions of this Contract and the Vessel with everything belonging to her shall be delivered and taken over as she is at the time of delivery, after which the Sellers shall have no responsibility for possible faults or deficiencies of any description.

The Buyers undertake to pay for the repatriation of the Master, officers and other personnel if appointed by the Sellers to the port where the Vessel entered the Bareboat Charter as per Clause 3 (Part II) or to pay the equivalent cost for their journey to any other place.

PART V
PROVISIONS TO APPLY FOR VESSELS REGISTERED IN A BAREBOAT CHARTER REGISTRY

(Optional, only to apply if expressly agreed and stated in Box 43)

1. Definitions

For the purpose of this PART V, the following terms shall have the meanings hereby assigned to them:
"The Bareboat Charter Registry" shall mean the registry of the State whose flag the Vessel will fly and in which the Charterers are registered as the bareboat charterers during the period of the Bareboat Charter.
"The Underlying Registry" shall mean the registry of the State in which the Owners of the Vessel are registered as Owners and to which jurisdiction and control of the Vessel will revert upon termination of the Bareboat Charter Registration.

2. Mortgage

The Vessel chartered under this Charter is financed by a mortgage and the provisions of Clause 12(b) (Part II) shall apply

3. Termination of Charter by Default

If the Vessel chartered under this Charter is registered in a Bareboat Charter Registry as stated in Box 44, and if the Owners shall default in the payment of any amounts due under the mortgage(s) specified in Box 28, the Charterers shall, if so required by the mortgagee, direct the Owners to re-register the Vessel in the Underlying Registry as shown in Box 45.
In the event of the Vessel being deleted from the Bareboat Charter Registry as stated in Box 44, due to a default by the Owners in the payment of any amounts due under the mortgage(s), the Charterers shall have the right to terminate this Charter forthwith and without prejudice to any other claim they may have against the Owners under this Charter.

6) SLOT CHARTER PARTY (SLOTHIRE)

Issued by
The Documentary Committee of
The Baltic and International Maritime Council (BIMCO), Copenhagen

1. Shipbroker	THE BALTIC AND INTERNATIONAL MARITIME COUNCIL (BIMCO) STANDARD SLOT CHARTER PARTY CODE NAME: "SLOTHIRE" PART I
	2. Place and date
3. Owners/Address	4. Charterers/Address
5. Vessel	6. Call Sign
7. Slot Allocation (state no. of TEUs) (Cl. 1)	8. Weight Allocation (state maximum total weight of Containers) (Cl. 1)
9. State no. of Containers to be connected to Vessel's refrigerating machinery/ power supply (Cl. 1)	10. Vessel's Itinerary (Cl. 6)
11. Commencement Date and Place (Cl. 2)	
12. Termination (state period of notice of termination) (Cl. 2)	
13. Notice (state earliest date on which notice of termination may be given) (Cl. 2)	
14. State port and date, or scheduled period (Cl. 2)	
15. Slot Charter Hire (FIOS) per voyage (Cl. 5)	16. Additional amount (per day) payable for each Container receiving a supply of power from the Vessel (Cl. 5)
	17. Place of payment; also state beneficiary and bank account (Cl. 5)
8. Latest payment date (Cl. 5)	19. Interest rate per annum (Cl. 5)
0. Charterers' maximum claim settlement authority (Cl. 15(d))	
1. General Average to be adjusted at (Cl. 19)	22. Brokerage commission and to whom payable
3. Law and Arbitration (state (a), (b) or (c) of Cl. 23; if (c) agreed also state Place of Arbitration) (Cl. 23)	24. Number of additional clauses covering special provisions

is mutually agreed that this Contract shall be performed in accordance with the conditions in PART I including additional clauses, if any agreed and stated in Box 23, and ART II. In the event of a conflict of conditions, the provisions of PART I shall prevail over those of PART II to the extent of such conflict but no further.

Signature (Owners)	Signature (Charterers)

Printed by The BIMCO Charter Party Editor

PART II

"SLOTHIRE" Standard Slot Charter Party

It is agreed on the date as indicated in Box 2 between the party named in Box 3 (hereinafter referred to as "the Owners") of the Vessel named in Box 5 and with the call sign as stated in Box 6, and the party named in Box 4 (hereinafter referred to as "the Charterers") as follows:

Definitions
In this Slot Charter Party, the following words shall have the meanings hereby assigned to them:
"TEU" means a Twenty Foot Equivalent Unit.
"Slot" means the space on board the Vessel necessary to accommodate one TEU.
"Container" means any Standard ISO Container.
"Goods" means the whole or any part of the cargo received from the Charterers and includes any Container not owned or hired by the Charterers.
"Sub-contractor" shall include direct and/or indirect sub-contractors and/or their respective servants and agents.

1. Slot and Weight Allocation
(a) The Owners shall let and the Charterers shall hire the number of Slots as agreed in Box 7 for the carriage of Goods and Containers, of which the number of Containers as indicated in Box 9 may be connected to the Vessel's refrigerating machinery and/or power supply, provided that the total weight of said Goods and Containers does not exceed the weight shown in Box 8.
(b) Slots shall be available to the Charterers on a voyage basis as specified in Box 15 and may be used by the Charterers for the carriage of Goods and Containers between all the specified ports.
(c) The Owners shall have free use of any Slot or weight allocation unused by the Charterers on any voyage leg, provided that such Slot or weight allocation is available to the Charterers at the next port at which the Charterers are entitled to load.

2. Period
This Slot Charter Party shall commence on the date and at the place shown in Box 11 and shall terminate upon either party giving notice in writing as agreed in Box 12, which notice shall not be given before the date agreed in Box 13.
Alternatively, the parties may agree that the termination of this Slot Charter Party shall be effected upon discharge at a port and on a scheduled date or within a scheduled period as agreed in Box 14.

3. Trading Limits
The Vessel shall be employed in lawful trades within the Institute Warranty Limits for the carriage of lawful merchandise.

4. Permitted Cargoes
Except as provided below, the Slots shall be used exclusively for the carriage of Goods properly packed and stowed in Containers complying with the International Convention for Safe Containers. The following items may only be shipped with the prior approval of the Owners (see also Clause 12):
(a) Uncontainerised Goods
(b) Containers of Non-Standard Sizes and Specifications
(c) Live Animals
(d) Hazardous Goods, provided also that such Goods are loaded, stowed, discharged and documented in accordance with IMO Regulations
(e) Radioactive Materials
provided that
(i) previous written full particulars of such Goods have been given to the Owners by or on behalf of the Charterers and;
(ii) all the relevant requirements and recommendations and the law in force in the port of loading and discharge and any intermediate scheduled port of call as well as the law of the country in which the Vessel is registered, have been complied with
(iii) the carriage of such Goods is not excluded under the Owners' P&I cover.

5. Slot Charter Hire
Slot Charter Hire at the rate shown in Box 15 and an additional amount (per day) indicated in Box 16 for each Container receiving a supply of power from the Vessel, if any, shall be payable at the place indicated in Box 17 within the number of days shown in Box 18 after commencement of the voyage. Such Slot Charter Hire and additional amount, if any, shall be deemed earned upon the commencement of the voyage, irrespective of the number of Slots used, and shall be non-returnable in any event.
Late payment shall entitle the Owners to an interest rate per annum as agreed in Box 19. If Box 19 has not been filled in, the official discount rate on bills of exchange as valid at the place of payment indicated in Box 17, increased by 3 per cent., shall apply.

6. Itinerary
(a) The schedule of the itinerary as specified in Box 10 shall be advised to the Charterers as early as possible together with prompt advice of any amendments thereto.
(b) The Owners shall be entitled to exercise the liberty to deviate as provided in the Hague-Visby Rules at any time without notice to the Charterers. However, if during the course of a voyage the Vessel should deviate in circumstances which are not permitted by a bill of lading or other contract of carriage covering Goods for which the Charterers have used a Slot, the Owners shall indemnify the Charterers for any liability thereby incurred, unless the Owners have given at least 48 hours prior notice to the Charterers of such intended deviation, in which case this indemnity shall not operate.

7. Opening Containers
The Owners shall be entitled at any time to open any Container or package and to inspect the contents. Any Container opened must be re-sealed and the Charterers advised accordingly.

8. Stowaways
Any costs incurred in respect of stowaways shall be for the Owners' account, unless it can be established that the means by which the stowaways gained access to the Vessel was by secreting away in the Charterers' Goods and/or Containers prior to loading, in which case all such costs shall be for the Charterers' account.

9. Drugs
In the event that contraband and/or unmanifested drugs or goods are found to have been shipped as part of the Charterers' Goods and/or in the Charterers' Containers on board the Vessel, any fines or imposts levied and legal and all other costs incurred, including but not limited to, loss of time for the Vessel shall be for the Charterers' account and the Charterers shall, on demand, provide the security required to enable the Vessel to sail. However, if it can be established that the presence of contraband and/or unmanifested drugs or goods was due solely to the act, neglect or default by the Owners, their servants, agents or Sub-contractors, such fines or imposts levied and legal and other costs incurred shall be for the Owners' account.

10. Repairs
The Owners shall have liberty to take the Vessel out of service for maintenance and repairs, with reasonable notice to the Charterers.

11. Owners' Obligations
(a) The Owners shall arrange for the loading onto, securing and discharging from the Vessel of the Charterers' Goods and Containers as agent for, and for the account of, the Charterers.
(b) If required by the Charterers, the Owners shall sign a receipt for the tally of Goods and Containers loaded on board the Vessel at each port of loading. In the absence of such receipt, both parties agree to accept terminal tallies as conclusive evidence of the tally of Goods and Containers loaded and discharged.
(c) During the voyage, the Master and Engineer shall keep full and correct logs and adequate records concerning the care and condition of the Goods and Containers and all such logs and records shall be accessible to the Charterers or their agents.

12. Charterers' Obligations
(a) The Charterers shall provide such information and/or documentation and comply with the Owners' procedures in relation to any Goods and Containers under this Slot Charter Party as the Owners may reasonably require and the Charterers warrant that such information and/or documentation shall be complete, accurate and in time for loading/ discharging operations to be planned.
(b) The Charterers shall undertake that all Goods and Containers within the Charterers' allocation shall be delivered at the loading terminal at least 24 hours before the arrival of the Vessel.

13. Indemnity and Agency
(a) The Charterers undertake that no claim or allegation shall be made against the Owners or any servant, agent or Sub-contractor of the Owners by any person whomsoever, other than the Charterers, which imposes or attempts to impose upon the Owners or any such servant, agent or Sub-contractor or any Vessel owned by any of them, any liability whatsoever in connection with Goods and Containers, or their carriage, (even if such liability arises wholly or in part by reason of the act, neglect or default of the Owners or of such servant, agent or Sub-contractor), and in the event of any such claim or allegation nevertheless being made, the Charterers shall indemnify the Owners and such servant, agent or Sub-contractor against all consequences whatsoever thereof.
The Charterers further undertake that bills of lading issued for the

PART II

"SLOTHIRE" Standard Slot Charter Party

Charterers' Goods and Containers carried under this Slot Charter Party shall contain:

(i) **No** Identity of Carrier Clause which purports to establish a contractual relationship between the Owners and the cargo interests of the Charterers.

(ii) A Clause Paramount applying the Hague or Hague-Visby Rules as enacted in the country of shipment.

(iii) A Himalaya Clause or Circular Indemnity Clause giving the Owners the benefit of the bill of lading terms and conditions and/or protection from tortious claims by third parties.

If, despite the provisions of (i) above, a contractual relationship between the Owners and the Charterers' cargo interests is construed, the Charterers shall indemnify the Owners against all consequences thereof.

(b) The Charterers shall not make any claim or allegation against any servant, agent or Sub-contractor of the Owners which imposes or attempts to impose on any such servant, agent or Sub-contractor any liability whatsoever in connection with Goods and Containers, or their carriage, (even if such liability arises wholly or in part by reason of the act, neglect or default of the Owners or of such servant, agent or Sub-contractor), and, in the event of any such claim or allegation nevertheless being made, the provisions of sub-clause 13(a) shall apply as if such claim or allegation had been made by persons other than the Charterers.

(c) Without prejudice to sub-clause 13(a) the Owners authorise and empower the Charterers to act as the Owners' agents and/or trustees to stipulate for the Owners to have as against other persons the benefit of any immunities, exemptions or liberties regarding the Goods and Containers, or their carriage, but the Charterers shall have no authority to make any contract imposing any obligations upon the Owners in connection with the Goods and Containers or their carriage.

(d) Nothing in this Clause shall preclude any claim made by the owners of any property on board the Vessel for a General Average contribution in accordance with the York-Antwerp Rules 1974, as amended 1990, or any subsequent modification thereof.

(e) If the Owners are not the actual owners of the Vessel, the provisions of sub-clauses 13(a), (b) and (c) shall also apply to the actual owners of the Vessel, their servants, agents and Sub-contractors in the same manner as they apply to the Owners, their servants, agents and Sub-contractors.

14. Owners' Responsibilities and Liabilities

Except as otherwise provided elsewhere in this Slot Charter Party, the responsibilities and liabilities of the Owners shall be as follows:

(a) The Owners shall be responsible for the seaworthiness of the Vessel in accordance with Article III Rule 1 and Article IV Rule 1 of the Hague-Visby Rules and for all purposes in connection with this Slot Charter Party they shall be entitled to the rights and immunities set out in Article IV Rules 2, 4 and 6 of the said Hague-Visby Rules.

(b) Subject to sub-clause 14(a), the Owners shall be responsible for the proper and careful carriage, custody and care of the Goods and Containers whilst on board the Vessel, and for discharging, handling and storing Goods and Containers discharged solely in order to be re-loaded or in order to load or discharge other goods and containers, and for re-loading and re-stowing the same.

(c) The Owners shall provide electrical power to integral refrigerated unit Containers and to refrigeration clip-on units attached to insulated Containers shipped on the Vessel. The Owners shall use all reasonable endeavours to monitor and record the performance of all such units whilst on board, and, at the expense of the Charterers, to repair and rectify any breakdown, fault or deficiency which may occur in respect of such units, using the resources on board the Vessel.

If such resources are insufficient, the Owners, at the expense of the Charterers, shall use all reasonable endeavours promptly to obtain any required spares or specialised repair facilities.

Except as provided above, the Owners shall not be liable for malfunctioning of integral refrigerated Containers and power packs put on board by the Charterers.

(d) The liability of the Owners under this Clause shall be subject to Article III Rule 6 (including 6bis) of the Hague-Visby Rules.

(e) In respect of loss of or damage to Containers owned or hired by the Charterers, the quantum of liability of the Owners shall not in any event exceed the lesser of the reasonable cost of repair or market value of the Container, however, the Charterers shall make no claim for damage to any Container of less than USD 500 on any one voyage.

(f) In respect of loss of or damage to Goods, the quantum of liability of the Owners shall be determined as follows:

(i) If the port of loading is in a country which is a party to the Hague-Visby Rules the quantum of liability of the Owners to the Charterers shall be determined by the relevant legislation of that country as if this Slot Charter Party were a Bill of Lading with no declaration of value.

(ii) If the port of loading is in a country which is a party to the Hague Rules, the quantum of liability of the Owners to the Charterers shall be determined by the relevant legislation of that country as if this Slot Charter Party were a Bill of Lading with no declaration of value.

(iii) In all other cases the quantum of liability of the Owners to the Charterers shall be determined by reference to the Hague Rules Articles I-VIII only as if this Slot Charter Party were a Bill of Lading with no declaration of value, save that the limitation sum for the purposes of Article IV Rule 5 of the Hague Rules shall be GBP 100 sterling.

(iv) If quantum of limitation is calculated by reference to packages, the quantum of liability of the Owners to the Charterers shall be calculated by reference to the same tally as is applicable between the Charterers and their customer.

(v) In addition to the liability as outlined in (i) to (iv) above, the Owners will reimburse the Charterers for reasonable legal and other costs necessarily incurred in connection with claims for which the Owners are liable under this Slot Charter Party.

(g) The Owners shall indemnify the Charterers against any claims for personal injury incurred on or about the Vessel unless caused by the negligence of the Charterers, their servants, agents or Sub-contractors or any defect in the Charterers' Goods and/or Containers.

15. Charterers' Responsibilities and Liabilities

(a) Whilst the Charterers are responsible for all costs incurred prior to placing into stow in the Vessel and after removal from stow in the Vessel, the Owners acting as the Charterers' agents to arrange such services (see Clause 11(a)), the Charterers shall only be liable to the Owners for any loss of or damage to the Vessel or to other goods and containers caused by stevedores during such services to the extent that a recovery is made from the stevedores. This recovery right is herewith assigned to the Owners which assignment is accepted by the Owners.

(b) The Charterers shall be responsible for the proper and careful loading, stowage, lashing and securing of the Goods in the Containers offered by them for shipment and shall be liable for all loss or damage (including loss of or damage to the Vessel) caused to the Owners as a result of improper or careless performance of such operations.

(c) The Charterers shall indemnify the Owners against any expenses, liabilities, losses, damages, claims or demands which the Owners may incur or suffer by reason of any failure to comply with any relevant laws, regulations, directions or notices of Customs, port and any other authorities, or by reason of any infestation, contamination or condemnation of Goods and/or Containers, insofar as such failure, infestation, contamination or condemnation arises from any act, neglect or default of the Charterers, the consignors or consignees of their Goods and/or Containers, or their servants, agents or Sub-contractors.

(d) Whenever possible, the Charterers shall give all reasonable facilities to the Owners for inspecting damaged Goods and Containers for which they intend to seek reimbursement from the Owners.

(e) The Charterers shall make no payment in excess of the amount as stated in Box 20 in settlement of a claim for which they will seek recovery from the Owners without prior notice to the Owners. The Owners authorise the Charterers to grant extensions of time in respect of such claims provided the Charterers give the Owners immediate notice thereof.

(f) In any event, the Charterers shall be discharged from all liabilities arising under this Slot Charter Party unless suit is brought within 15 months of the occurrence of the incident giving rise to the liability or the date upon which the Owners became aware of such occurrence.

16. Mutual Exemption Clause

(a) Neither the Owners nor the Charterers shall be responsible for any loss or damage or delay or failure in performance under this Slot Charter Party resulting from Act of God, war, civil commotion, quarantine, strikes, lock-outs, arrest or restraint of princes, rulers and peoples or any other event whatsoever which cannot be avoided or guarded against.

(b) Except as elsewhere provided, neither the Owners nor the Charterers shall be responsible for any indirect or consequential loss, including but not limited to damage or decline in the market value of the Vessel or Goods during delays, loss of profit or loss of business opportunities in respect of any claim that the one may have against the other.

17. Lien

The Owners shall have a lien, including after discharge, upon the Charterers' Goods and Containers for all sums due to the Owners from the Charterers, their servants, agents, Sub-contractors or principals in respect of services provided by the Owners to the Charterers under the terms of this Slot Charter Party.

18. Dues, Charges and Taxes

(a) The Owners shall pay all dues, charges and taxes customarily levied on the Vessel, howsoever the amount thereof may be assessed.

(b) The Charterers shall pay all dues, charges, duties and taxes customarily

PART II
"SLOTHIRE" Standard Slot Charter Party

levied on the Goods and/or Containers, howsoever the amount thereof may be assessed.

19. General Average

General Average shall be adjusted at the place as indicated in Box 21 according to the York-Antwerp Rules 1974, as amended 1990, or any subsequent modification thereof. Slot Charter Hire shall not contribute to General Average. The Owners authorise and empower the Charterers to act as the agents of the Owners in the collection of General Average security. The Charterers shall guarantee the contributions properly due to the Owners in respect of:

(a) Goods for which the Charterers are the contracting carrier unless such Goods are delivered to the Charterers prior to notice being given by the Owners to the Charterers that General Average security is required; and

(b) Containers shipped by the Charterers under this Slot Charter Party.

20. Salvage

In the event of the Vessel needing to engage salvage services and in order to secure the release of Goods and/or Containers for on-carriage, the Owners shall be required to give any undertaking to salvors to assist in the collection of security and not to release Goods and/or Containers until acceptable salvage security has been provided. The Charterers shall guarantee to the Owners that the requirements of such undertaking will be met in respect of Goods, for which the Charterers are the contracting carrier and Containers shipped by the Charterers under this Slot Charter Party, provided that these requirements are notified to the Charterers prior to the delivery of the Goods and/or Containers to the Charterers.

21. Deck Carriage

Goods and Containers may be carried on deck and shall contribute in General Average whether carried on or under deck.

22. Sub-letting

The Charterers shall not assign this Slot Charter Party and shall not sub-let the Slots without the prior approval of the Owners.

23. Law and Arbitration

*) (a) This Slot Charter Party shall be governed by and construed in accordance with English law and any dispute arising out of this Slot Charter Party shall be referred to arbitration in London in accordance with the Arbitration Acts 1950 and 1979 or any statutory modification or re-enactment thereof for the time being in force, one arbitrator being appointed by each party. On the receipt by one party of the nomination in writing of the other party's arbitrator, that party shall appoint their arbitrator within fourteen days, failing which the decision of the single Arbitrator appointed shall apply. If two Arbitrators properly appointed shall not agree they shall appoint an umpire whose decision shall be final. The Arbitrators shall be commercial men engaged in shipping.

*) (b) This Slot Charter Party shall be governed by and construed in accordance with Title 9 of the United States Code and the Maritime Law of the United States and should any dispute arise out of this Slot Charter Party, the matter in dispute shall be referred to three persons at New York, one to be appointed by each of the parties hereto, and the third by the two so chosen; their decision or that of any two of them shall be final, and for purpose of enforcing any award, this agreement may be made a rule of the Court. The Arbitrators shall be commercial men engaged in shipping.

*) (c) Any dispute arising out of this Slot Charter Party shall be referred to arbitration at the place indicated in Box 23, subject to the procedures applicable there. The laws of the place indicated in Box 23 shall govern this Slot Charter Party.

(d) If Box 23 in PART I is not filled in, sub-clause (a) of this Clause shall apply.

*) *(a), (b) and (c) are alternatives; indicate alternative agreed in Box 23.*

7) Charterparty Laytime Definitions 1980 : 생략

8) Voyage Charterparty Laytime Interpretation Rules 1993

<< VOYAGE CHARTER PARTY LAYTIME INTERPRETATION RULES 1993 >>

Code Name: VOYLAYRULES 93,
issued jointly by BIMCO, CMI, FONASBA and INTERCARGO.

PREAMBLE

The interpretations of words and phrases used in a charter party, as set out below, and the corresponding initials if customarily used, shall apply when expressly incorporated in the charter party, wholly or partly, save only to the extent that they are inconsistent with any express provision of it.
When the word "charter party" is used, it shall be understood to extend to any form of contract of carriage or affreightment including contracts evidenced by bills of lading.

LIST OF RULES

1. "PORT"
2. "BERTH"
3. "REACHABLE ON HER ARRIVAL" or "ALWAYS ACCESSIBLE"
4. "LAYTIME"
5. "PER HATCH PER DAY"
6. "PER WORKING HATCH PER DAY" (WHD) or "PER WORKABLE HATCH PER DAY (WHD)
7. "DAY"
8. "CLEAR DAYS"
9. "HOLIDAY"
10. "WORKING DAY" (WD)
11. "RUNNING DAYS" or "CONSECUTIVE DAYS"
12. "WEATHER WORKING DAY" (WWD) or "WEATHER WORKING DAY OF 24 HOURS" or "WEATHER WORKING DAY OF 24 CONSECUTIVE HOURS"
13. "WEATHER PERMITTING" (WP)
14. "EXCEPTED" or "EXCLUDED"
15. "UNLESS SOONER COMMENCED"
16. "UNLESS USED" (UU)
17. "TO AVERAGE LAYTIME"
18. "REVERSIBLE LAYTIME"
19. "NOTICE OF READINESS" (NOR)
20. "IN WRITING"
21. "TIME LOST WAITING FOR BERTH TO COUNT AS LOADING OR DISCHARGING TIME" or "AS LAYTIME"
22. "WHETHER IN BERTH OR NOT" (WIBON) or "BERTH OR NO BERTH"
23. "VESSEL BEING IN FREE PRATIQUE" and/or "HAVING BEEN ENTERED AT THE CUSTOM HOUSE"
24. "DEMURRAGE"
25. "DESPATCH MONEY" or "DESPATCH"
26. "DESPATCH ON (ALL) WORKING TIME SAVED" (WTS) or "ON (ALL) LAYTIME SAVED"
27. "DESPATCH ON ALL TIME SAVED" (ATS)
28. "STRIKE"

RULES

1. "PORT" shall mean an area, within which vessels load or discharge cargo whether at berths, anchorages, buoys, or the like, and shall also include the usual places where vessels wait for their turn or are ordered or obliged to wait for their turn no matter the distance from that area. If the word "PORT" is not used, but the port is (or is to be) identified by its name, this definition shall still apply.

2. "BERTH" shall mean the specific place within a port where the vessel is to load or discharge. If the word "BERTH" is not used, but the specific place is (or is to be) identified by its name, this definition shall still apply.

3. "REACHABLE ON HER ARRIVAL" or "ALWAYS ACCESSIBLE" shall mean that the charterer undertakes that an available loading or discharging berth be provided to the vessel on her arrival at the port which she can reach safely without delay in the absence of an abnormal occurrence.

4. "LAYTIME" shall mean the period of time agreed between the parties during which the owner will make and keep the vessel available for loading or discharging without payment additional to the freight.

5. "PER HATCH PER DAY" shall mean that the laytime is to be calculated by dividing (A), the quantity of cargo, by (B), the result of multiplying the agreed daily rate per hatch by the number of the vessel's hatches. Thus:

$$\text{Laytime}=\frac{\text{Quantity of Cargo}}{\text{Daily Rate} \times \text{Number of Hatches}}=\text{Days}$$

Each pair of parallel twin hatches shall count as one hatch. Nevertheless, a hatch that is capable of being worked by two gangs simultaneously shall be counted as two hatches.

6. "PER WORKING HATCH PER DAY" (WHD) or "PER WORKABLE HATCH PER DAY" (WHD) shall mean that the laytime is to be calculated by dividing (A), the quantity of cargo in the hold with the largest quantity, by (B), the result of multiplying the agreed daily rate per working or workable hatch by the number of hatches serving that hold. Thus:

$$\text{Laytime}=\frac{\text{Largest Quantity in One Hold}}{\text{Daily Rate per Hatch} \times \text{Number of Hatches Serving that Hold}}=\text{Days}$$

Each pair of parallel twin hatches shall count as one hatch. Nevertheless, a hatch that is capable of being worked by two gangs simultaneously shall be counted as two hatches.

7. "DAY" shall mean a period of twenty-four consecutive hours running from 0000 hours to 2400 hours. Any part of a day shall be counted pro rata.

8. "CLEAR DAYS" shall mean consecutive days commencing at 0000 hours on the day following that on which a notice is given and ending at 2400 hours on the last of the number of days stipulated.

9. "HOLIDAY" shall mean a day other than the normal weekly day(s) of rest, or part thereof, when by local law or practice the relevant work during what would otherwise be ordinary working hours is not normally carried out.

10. "WORKING DAYS" (WD) shall mean days not expressly excluded from laytime.

11. "RUNNING DAYS" or "CONSECUTIVE DAYS" shall mean days which follow one immediately after the other.

12. "WEATHER WORKING DAY" (WWD) or "WEATHER WORKING DAY OF 24HOURS" or "WEATHER WORKING DAY OF 24 CONSECUTIVE HOURS" shall mean a working day of 24 consecutive hours except for any time when weather prevents the loading or discharging of the vessel or would have prevented it, had work been in progress.

13. "WEATHER PERMITTING" (WP) shall mean that any time when weather prevents the loading or discharging of the vessel shall not count as laytime.

14. "EXCEPTED" or "EXCLUDED" shall mean that the days specified do not count as laytime even if loading or discharging is carried out on them.

15. "UNLESS SOONER COMMENCED" shall mean that if laytime has not commenced but loading or discharging is carried out, time used shall count against laytime.

16. "UNLESS USED" (UU) shall mean that if laytime has commenced but loading or discharging is carried out during periods excepted from it, such time shall count.

17. "TO AVERAGE LAYTIME" shall mean that separate calculations are to be made for loading and discharging and that any time saved in one operation is to be set off against any excess time used in the other.

18. "REVERSIBLE LAYTIME" shall mean an option given to the charterer to add together the time allowed for loading and discharging. Where the option is exercised the effect is the same as a total time being specified to cover both operations.

19. "NOTICE OF READINESS" (NOR) shall mean the notice to charterer, shipper, receiver or other person as required by the charter party that the vessel has arrived at the port or berth, as the case may be, and is ready to load or discharge.

20. "IN WRITING" shall mean any visibly expressed form of reproducing words; the medium of transmission shall include electronic communications such as radio communications and telecommunications.

21. "TIME LOST WAITING FOR BERTH TO COUNT AS LOADING OR DISCHARGING TIME" or "AS LAYTIME" shall mean that if no loading or discharging berth is available and the vessel is unable to tender notice of readiness at the waiting-place then any time lost to the vessel shall count as if laytime were running, or as time on demurrage if laytime has expired. Such time shall cease to count once the berth becomes available. When the vessel reaches a place where she is able to tender notice of readiness laytime or time on demurrage shall resume after such tender and, in respect of laytime, on expiry of any notice time provided in the charter party.

22. "WHETHER IN BERTH OR NOT" (WIBON) or "BERTH OR NO BERTH" shall mean that if no loading or discharging berth is available on her arrival the vessel, on reaching any usual waiting-place at or off the port, shall be entitled to tender notice of readiness from it and laytime shall commence in accordance with the charter party. Laytime or time on demurrage shall cease to count once the berth becomes available and shall resume when the vessel is ready to load or discharge at the berth.

23. "VESSEL BEING IN FREE PRATIQUE" and/or "HAVING BEEN ENTERED AT THE CUSTOM HOUSE" shall mean that the completion of these formalities shall not be a condition precedent to tendering notice of readiness, but any time lost by reason of delay in the vessel's completion of either of these formalities shall not count as laytime or time on demurrage.

24. "DEMURRAGE" shall mean an agreed amount payable to the owner in respect of delay to the vessel beyond the laytime, for which the owner is not responsible. Demurrage shall not be subject to laytime exceptions.

25. "DESPATCH MONEY" or "DESPATCH" shall mean an agreed amount payable by the owner if the vessel completes loading or discharging before the laytime has expired.

26. "DESPATCH ON (ALL) WORKING TIME SAVED" (WTS) or "ON (ALL) LAYTIME SAVED" shall mean that despatch money shall be payable for the time from the completion of loading or discharging to the expiry of the laytime excluding any periods excepted from the laytime.

27. "DESPATCH ON ALL TIME SAVED" (ATS) shall mean that despatch money shall be payable for the time from the completion of loading or discharging to the expiry of the laytime including periods excepted from the laytime.

28. "STRIKE" shall mean a concerted industrial action by workmen causing a complete stoppage of their work which directly interferes with the working of the vessel. Refusal to work overtime, go-slow or working to rule and comparable actions not causing a complete stoppage shall not be considered a strike. A strike shall be understood to exclude its consequences when it has ended, such as congestion in the port or effects upon the means of transportation bringing or taking the cargo to or from the port.(The End)

9) Baltic Code 2000 Charterparty and Laytime Terminology and Abbreviations : 생략

10) Laytime Definitions for Charter Parties 2013

PREAMBLE

Words, phrases, acronyms and abbreviations (“Words and Phrases”) used in a Charter Party shall be defined, for the purposes of Laytime only, in accordance with the corresponding Words and Phrases set out below, when any or all such definitions are expressly incorporated into the Charter Party.

"Charter Party" shall include any form of contract of carriage or affreightment including contracts evidenced by bills of lading.

Singular/Plural The singular includes the plural and vice versa as the context admits or requires.

List of Definitions

----

1. **PORT** shall mean any area where vessels load or discharge cargo and shall include, but not be limited to, berths, wharves, anchorages, buoys and offshore facilities as well as places outside the legal, fiscal or administrative area where vessels are ordered to wait for their turn no matter the distance from that area.

2. **BERTH** shall mean the specific place where the Vessel is to load or discharge and shall include, but not be limited to, any wharf, anchorage, offshore facility or other location used for that purpose.

3. **REACHABLE ON ARRIVAL** shall mean that the charterer undertakes that an available loading or discharging Berth be provided to the Vessel on arrival at the Port which the Vessel can reach safely without delay.

4. **ALWAYS ACCESSIBLE** shall mean that the charterer undertakes that an available loading or discharging Berth be provided to the Vessel on arrival at the Port which the Vessel can reach safely without delay. The charterer additionally undertakes that the Vessel will be able to depart safely from the Berth and without delay at any time before, during or on completion of loading or discharging.

5. **LAYTIME** shall mean the period of time agreed between the parties during which the owner will make and keep the Vessel available for loading or discharging without payment additional to the freight.

6. **PER HATCH PER DAY** shall mean that the Laytime is to be calculated by dividing the quantity of cargo by the result of multiplying the agreed daily rate per hatch by the number of the Vessel’s hatches. Thus:

$$\text{Laytime} = \frac{\text{Quantity of cargo}}{\text{Daily rate x Number of hatches}} = (\ )\text{ Days}$$

   Each pair of parallel twin hatches shall count as one hatch. Nevertheless, a hatch that is capable of being worked by two gangs simultaneously shall be counted as two hatches.

7. **PER WORKING HATCH PER DAY or PER WORKABLE HATCH PER DAY** shall mean that the Laytime is to be calculated by dividing the quantity of cargo in the hold with the largest quantity by the result of multiplying the agreed daily rate per working or workable hatch by the number of hatches serving that hold. Thus:

$$\text{Laytime} = \frac{\text{Largest quantity in one hold}}{\text{Daily rate per hatch x Number of hatches serving that hold}} = (\ \ )\text{ Days}$$

Each pair of parallel twin hatches shall count as one hatch. Nevertheless, a hatch that is capable of being worked by two gangs simultaneously shall be counted as two hatches.

8. DAY shall mean a period of twenty-four (24) consecutive hours. Any part of a Day shall be counted pro rata.

9. CALENDAR DAY shall mean a period of twenty-four (24) consecutive hours running from 0000 hours to 2400 hours. Any part of a Calendar Day shall be counted pro rata.

10. CONVENTIONAL DAY shall mean a period of twenty-four (24) consecutive hours running from any identified time. Any part of a Conventional Day shall be counted pro rata.

11. WORKING DAY shall mean a Day when by local law or practice work is normally carried out.

12. RUNNING DAYS or CONSECUTIVE DAYS shall mean Days which follow one immediately after the other.

13. RUNNING HOURS or CONSECUTIVE HOURS shall mean hours which follow one immediately after the other.

14. HOLIDAY shall mean a Day other than the normal weekly Day(s) of rest, or part thereof, when by local law or practice work during what would otherwise be ordinary working hours is not normally carried out.

15. WEATHER WORKING DAY shall mean a Working Day or part of a Working Day during which it is or, if the Vessel is still waiting for her turn, it would be possible to load/discharge the cargo without interruption due to the weather. If such interruption occurs (or would have occurred if work had been in progress), there shall be excluded from the Laytime a period calculated by reference to the ratio which the duration of the interruption bears to the time which would have or could have been worked but for the interruption.

16. WEATHER WORKING DAY OF 24 CONSECUTIVE HOURS shall mean a Working Day or part of a Working Day of 24 consecutive hours during which it is or, if the vessel is still waiting for her turn, it would be possible to load/discharge the cargo without interruption due to the weather. If such interruption occurs (or would have occurred if work had been in progress) there shall be excluded from the Laytime the period during which the weather interrupted or would have interrupted work.

17. WEATHER WORKING DAY OF 24 HOURS shall mean a period of 24 hours made up of one or more Working Days during which it is or, if the Vessel is still waiting for her turn, it would be possible to load/discharge the cargo without interruption due to the weather. If such interruption occurs (or would have occurred if work had been in progress), there shall be excluded from Laytime the actual period of such interruption.

18. (WORKING DAY) WEATHER PERMITTING shall have the same meaning as WEATHER WORKING DAY OF 24 CONSECUTIVE HOURS.

19. EXCEPTED or EXCLUDED shall mean that the Days specified do not count as Laytime even if loading or discharging is carried out on them.

20. UNLESS SOONER COMMENCED shall mean that if turn-time has not expired but loading or discharging is carried out, Laytime shall commence.

21. UNLESS SOONER COMMENCED, IN WHICH CASE ACTUAL TIME USED TO COUNT shall mean that actual time used during turn-time shall count as Laytime.

22. UNLESS USED shall mean that if Laytime has commenced but loading or discharging is carried out during excepted periods, actual time used shall count as Laytime.

23. TO AVERAGE LAYTIME shall mean that separate calculations are to be made for loading and discharging and that any time saved in one operation is to be set off against any excess time used in the other.

24. REVERSIBLE LAYTIME shall mean an option given to the charterer to add together the time allowed for loading and discharging. Where the option is exercised the effect is the same as a total time being specified to cover both operations.

25. NOTICE OF READINESS shall mean the notice to the charterer, shipper, receiver or other person as required by the Charter Party that the Vessel has arrived at the Port or Berth, as the case may be, and is ready to load or discharge.

26. TIME LOST WAITING FOR BERTH TO COUNT AS LOADING OR DISCHARGING TIME or AS LAYTIME shall mean that if no loading or discharging Berth is available and the Vessel is unable to tender Notice of Readiness at the waiting-place then any time lost to the Vessel is counted as if Laytime were running, or as time on Demurrage if Laytime has expired. Such time ceases to count once the Berth becomes available. When the Vessel reaches a place where she is able to tender Notice of Readiness, Laytime or time on Demurrage resumes after such tender and, in respect of Laytime, on expiry of any notice time provided in the Charter Party.

27. WHETHER IN BERTH OR NOT (WIBON) or BERTH OR NO BERTH shall mean that if the designated loading or discharging Berth is not available on arrival, the Vessel on reaching any usual waiting place at the Port, shall be entitled to tender Notice of Readiness from it and Laytime shall commence in accordance with the Charter Party.

28. WHETHER IN PORT OR NOT (WIPON) shall mean that if the designated loading or discharging Berth and the usual waiting place at the Port are not available on arrival, the Vessel shall be entitled to tender Notice of Readiness from any recognised waiting place off the Port and Laytime shall commence in accordance with the Charter Party.

29. VESSEL BEING IN FREE PRATIQUE shall mean that the Vessel complies with port health requirements.

30. DEMURRAGE shall mean an agreed amount payable to the owner in respect of delay to the Vessel once the Laytime has expired, for which the owner is not responsible. Demurrage shall not be subject to exceptions which apply to Laytime unless specifically stated in the Charter Party.

31. DESPATCH MONEY or DESPATCH shall mean an agreed amount payable by the owner if the Vessel completes loading or discharging before the Laytime has expired.

32. DESPATCH ON ALL WORKING TIME SAVED or ON ALL LAYTIME SAVED shall mean that Despatch Money shall be payable for the time from the completion of loading or discharging until the expiry of the Laytime excluding any periods excepted from the Laytime.

33. DESPATCH ON ALL TIME SAVED shall mean that Despatch Money shall be payable for the time from the completion of loading or discharging to the expiry of the Laytime including periods excepted from the Laytime.

11) International Convention for the Unification of Certain Rules of Law relating to Bills of Lading (“Hague Rules”), and Protocol of Signature (Brussels, 25 August 1924)

<< International Convention for the Unification of Certain Rules of Law relating to Bills of Lading("Hague Rules"), and Protocol of Signature >> (Brussels, 25 August 1924)

The President of the German Republic, the President of the Argentine Republic, His Majesty the King of the Belgians, the President of the Republic of Chile, the President of the Republic of Cuba, His Majesty the King of Denmark and Iceland, His Majesty the King of Spain, the Head of the Estonian State, the President of the United States of America, the President of the Republic of Finland, the President of the French Republic, His Majesty the King of the United Kingdom of Great Britain and Ireland and of the British Dominions beyond the Seas, Emperor of India, His Most Supreme Highness the Governor of the Kingdom of Hungary, His Majesty the King of Italy, His Majesty the Emperor of Japan, the President of the Latvian Republic, the President of the Republic of Mexico, His Majesty the King of Norway, Her Majesty the Queen of the Netherlands, the President of the Republic of Peru, the President of the Polish Republic, the President of the Portuguese Republic, His Majesty the King of Romania, His Majesty the King of the Serbs, Croats and Slovenes, His Majesty the King of Sweden, and the President of the Republic of Uruguay,

HAVING RECOGNIZED the utility of fixing by agreement certain uniform rules of law relating to bills of lading,

HAVE DECIDED to conclude a convention with this object and have appointed the following Plenipotentiaries:

WHO, duly authorized thereto, have agreed as follows:

Article 1

In this Convention the following words are employed with the meanings set out below:

(a) "Carrier" includes the owner or the charterer who enters into a contract of carriage with a shipper.

(b) "Contract of carriage" applies only to contracts of carriage covered by a bill of lading or any similar document of title, in so far as such document relates to the carriage of goods by sea, including any bill of lading or any similar document as aforesaid issued under or pursuant to a charter party from the moment at which such bill of lading or similar document of title regulates the relations between a carrier and a holder of the same.

(c) "Goods" includes goods, wares, merchandise and articles of every kind whatsoever except live animals and cargo which by the contract of carriage in stated as being carried on deck and is so carried.

(d) "Ship" means any vessel used for the carriage of goods by sea.

(e) "Carriage of goods" covers the period from the time when the goods are loaded on to the time they are discharged from the ship.

Article 2

Subject to the provisions of Article 6, under every contract of carriage of goods by sea the carrier, in relation to the loading, handling, stowage, carriage, custody, care and discharge of such goods, shall be subject to the responsibilities and liabilities, and entitled to the rights and immunities hereinafter set forth.

Article 3

1. The carrier shall be bound before and at the beginning of the voyage to exercise due diligence to:

(a) Make the ship seaworthy.

(b) Properly man, equip and supply the ship.

(c) Make the holds, refrigerating and cool chambers, and all other parts of the ship in which goods are carried, fit and safe for their reception, carriage and preservation.

2. Subject to the provisions of Article 4, the carrier shall properly and carefully load, handle, stow, carry, keep, care for, and discharge the goods carried.

3. After receiving the goods into his charge the carrier or the master or agent of the carrier shall, on demand of the shipper, issue to the shipper a bill of lading showing among other things:

(a) The leading marks necessary for identification of the goods as the same are furnished in writing by the shipper before the loading of such goods starts, provided such marks are stamped or otherwise shown clearly upon the goods if uncovered, or on the cases or coverings in which such goods are contained, in such a manner as should ordinarily remain legible until the end of the voyage.

(b) Either the number of packages or pieces, or the quantity, or weight, as the case may be, as furnished in writing by the shipper.

(c) The apparent order and condition of the goods.

Provided that no carrier, master or agent of the carrier shall be bound to state or show in the bill of lading any marks, number, quantity, or weight which he has reasonable ground for suspecting not accurately to represent the goods actually received, or which he has had no reasonable means of checking.

4. Such a bill of lading shall be prima facie evidence of the receipt by the carrier of the goods as therein described in accordance with paragraph 3(a), (b) and ©.

5. The shipper shall be deemed to have guaranteed to the carrier the accuracy at the time of shipment of the marks, number, quantity and weight, as furnished by him, and the shipper shall indemnity the carrier against all loss, damages and expenses arising or resulting from inaccuracies in such particulars. The right of the carrier to such indemnity shall in no way limit his responsibility and liability under the contract of carriage to any person other than the shipper.

6. Unless notice of loss or damage and the general nature of such loss or damage be given in writing to the carrier or his agent at the port of discharge before or at the time of the removal of the goods into the custody of the person entitled to delivery thereof under the contract of carriage, or, if the loss or damage be not apparent, within three days, such removal shall be prima facie evidence of the delivery by the carrier of the goods as described in the bill of lading.

If the loss or damage is not apparent, the notice must be given within three days of the delivery of the goods.

The notice in writing need not be given if the state of the goods has, at the time of their receipt, been the subject of joint survey or inspection.

In any event the carrier and the ship shall be discharged from all liability in respect of loss or damage unless suit is brought within one year after delivery of the goods or the date when the goods should have been delivered.

In the case of any actual or apprehended loss or damage the carrier and the receiver shall give all reasonable facilities to each other for inspecting and tallying the goods.

7. After the goods are loaded the bill of lading to be issued by the carrier, master, or agent of the carrier, to the shipper shall, if the shipper so demands, be a "shipped" bill of lading, provided that if the shipper shall have previously taken up any document of title to such goods, he shall surrender the same as against the issue of the "shipped" bill of lading, but at the option of the carrier such document of title may be noted at the port of shipment by the carrier, master, or agent with the name or names of the ship or ships upon which the goods have been shipped and the date or dates of shipment, and when so noted, if it shows the particulars mentioned in paragraph 3 of Article 3, shall for the purpose of this Article be deemed to constitute a "shipped" bill of lading.

8. Any clause, covenant, or agreement in a contract of carriage relieving the carrier or the ship from liability for loss or damage to, or in connexion with, goods arising from negligence, fault, or failure in the duties and

obligations provided in this Article or lessening such liability otherwise than as provided in this Convention, shall be null and void and of no effect. A benefit of insurance in favour of the carrier or similar clause shall be deemed to be a clause relieving the carrier from liability.

Article 4

1. Neither the carrier nor the ship shall be liable for loss or damage arising or resulting from unseaworthiness unless caused by want of due diligence on the part of the carrier to make the ship seaworthy and to secure that the ship is properly manned, equipped and supplied, and to make the holds, refrigerating and cool chambers and all other parts of the ship in which goods are carried fit and safe for their reception, carriage and preservation in accordance with the provisions of paragraph 1 of Article 3. Whenever loss or damage has resulted from unseaworthiness the burden of proving the exercise of due diligence shall be on the carrier or other person claiming exemption under this Article.

2. Neither the carrier nor the ship shall be responsible for loss or damage arising or resulting from:

(a) Act, neglect, or default of the master, mariner, pilot, or the servants of the carrier in the navigation or in the management of the ship.

(b) Fire, unless caused by the actual fault or privity of the carrier.

(c) Perils, dangers and accidents of the sea or other navigable waters.

(d) Act of God.

(e) Act of war.

(f) Act of public enemies.

(g) Arrest or restraint or princes, rulers or people, or seizure under legal process.

(h) Quarantine restrictions.

(i) Act or omission of the shipper or owner of the goods, his agent or representative.

(j) Strikes or lockouts or stoppage or restraint of labour from whatever cause, whether partial or general.

(k) Riots and civil commotions.

(l) Saving or attempting to save life or property at sea.

(m) Wastage in bulk or weight or any other loss or damage arising from inherent defect, quality or vice of the goods.

(n) Insufficiency of packing.

(o) Insufficiency or inadequacy of marks.

(p) Latent defects not discoverable by due diligence.

(q) Any other cause arising without the actual fault or privity of the carrier, or without the actual fault or neglect of the agents or servants of the carrier, but the burden of proof shall be on the person claiming the benefit of this exception to show that neither the actual fault or privity of the carrier nor the fault or neglect of the agents or servants of the carrier contributed to the loss or damage.

3. The shipper shall not be responsible for loss or damage sustained by the carrier or the ship arising or resulting from any cause without the act, fault or neglect of the shipper, his agents or his servants.

4. Any deviation in saving or attempting to save life or property at sea or any reasonable deviation shall not be deemed to be an infringement or breach of this Convention or of the contract of carriage, and the carrier shall not be liable for any loss or damage resulting therefrom.

5. Neither the carrier nor the ship shall in any event be or become liable for any loss or damage to or in connexion with goods in an amount exceeding 100 pounds sterling per package or unit, or the equivalent of that sum in other currency unless the nature and value of such goods have been declared by the shipper before shipment and inserted in the bill of lading.

This declaration if embodied in the bill of lading shall be prima facie evidence, but shall not be binding or conclusive on the carrier.

By agreement between the carrier, master or agent of the carrier and the shipper another maximum amount than that mentioned in this paragraph may be fixed, provided that such maximum shall not be less than the figure above named.

Neither the carrier nor the ship shall be responsible in any event for loss or damage to, or in connexion with, goods if the nature or value thereof has been knowingly misstated by the shipper in the bill of lading.

6. Goods of an inflammable, explosive or dangerous nature to the shipment whereof the carrier, master or agent of the carrier has not consented with knowledge of their nature and character, may at any time before discharge be landed at any place, or destroyed or rendered innocuous by the carrier without compensation and the shipper of such goods shall be liable for all damage and expenses directly or indirectly arising out of or resulting from such shipment. If any such goods shipped with such knowledge and consent shall become a danger to the ship or cargo, they may in like manner be landed at any place, or destroyed or rendered innocuous by the carrier without liability on the part of the carrier except to general average, if any.

Article 5

A carrier shall be at liberty to surrender in whole or in part all or any of his rights and immunities or to increase any of his responsibilities and obligations under this Convention, provided such surrender or increase shall be embodied in the bill of lading issued to the shipper.

The provisions of this Convention shall not be applicable to charter parties, but if bills of lading are issued in the case of a ship under a charter party they shall comply with the terms of this Convention. Nothing in these rules shall be held to prevent the insertion in a bill of lading of any lawful provision regarding general average.

Article 6

Notwithstanding the provisions of the preceding Articles, a carrier, master or agent of the carrier and a shipper shall in regard to any particular goods be at liberty to enter into any agreement in any terms as to the responsibility and liability of the carrier for such goods, and as to the rights and immunities of the carrier in respect of such goods, or his obligation as to seaworthiness, so far as this stipulation is not contrary to public policy, or the care or diligence of his servants or agents in regard to the loading, handling, stowage, carriage, custody, care and discharge of the goods carried by sea, provided that in this case no bill of lading has been or shall be issued and that the terms agreed shall be embodied in a receipt which shall be a non-negotiable document and shall be marked as such.

Any agreement so entered into shall have full legal effect.

Provided that this Article shall not apply to ordinary commercial shipments made in the ordinary course of trade, but only to other shipments where the character or condition of the property to be carried or the circumstances, terms and conditions under which the carriage is to be performed are such as reasonably to justify a special agreement.

Article 7

Nothing herein contained shall prevent a carrier or a shipper from entering into any agreement, stipulation, condition, reservation or exemption as to the responsibility and liability of the carrier or the ship for the loss or damage to, or in connexion with, the custody and care and handling of goods prior to the loading on, and subsequent to, the discharge from the ship on which the goods are carried by sea.

Article 8

The provisions of this Convention shall not affect the rights and obligations of the carrier under any statute for the time being in force relating to the limitation of the liability of owners of sea-going vessels.

Article 9

The monetary units mentioned in this Convention are to be taken to be gold value.

Those contracting States in which the pound sterling is not a monetary unit reserve to themselves the right of translating the sums indicated in this Convention in terms of pound sterling into terms of their own monetary system in round figures.

The national laws may reserve to the debtor the right of discharging his debt in national currency according to the rate of exchange prevailing on the day of the arrival of the ship at the port of discharge of the goods concerned.

Article 10

The provisions of this Convention shall apply to all bills of lading issued in any of the contracting States.

Article 11

After an interval of not more than two years from the day on which the Convention is signed, the Belgian Government shall place itself in communication with the Governments of the High Contracting Parties which have declared themselves prepared to ratify the Convention, with a view to deciding whether it shall be put into force. The ratifications shall be deposited at Brussels at a date to be fixed by agreement among the said Governments. The first deposit of ratifications shall be recorded in a procès-verbal signed by the representatives of the Powers which take part therein and by the Belgian Minister of Foreign Affairs.

The subsequent deposit of ratifications shall be made by means of a written notification, addressed to the Belgian Government and accompanied by the instrument of ratification.

A duly certified copy of the procès-verbal relating to the first deposit of ratifications, of the notifications referred to in the previous paragraph, and also of the instruments of ratification accompanying them, shall be immediately sent by the Belgian Government through the diplomatic channel to the Powers who have signed this Convention or who have acceded to it. In the cases contemplated in the preceding paragraph, the said Government shall inform them at the same time of the date on which it received the notification.

Article 12

Non-signatory States may accede to the present Convention whether or not they have been represented at the International Conference at Brussels.

A State which desires to accede shall notify its intention in writing to the Belgian Government, forwarding to it the document of accession, which shall be deposited in the archives of the said Government.

The Belgian Government shall immediately forward to all the States which have signed or acceded to the Convention a duly certified copy of the notification and of the act of accession, mentioning the date on which it received the notification.

Article 13

The High Contracting Parties may at the time of signature, ratification or accession declare that their acceptance of the present Convention does not include any or all of the self-governing dominions, or of the colonies, overseas possessions, protectorates or territories under their sovereignty or authority, and they may subsequently accede separately on behalf of any self-governing dominion, colony, overseas possession, protectorate or territory excluded in their declaration. They may also denounce the Convention separately in accordance with its provisions in respect of any self-governing dominion, or any colony, overseas possession, protectorate or territory under their sovereignty or authority.

Article 14

The present Convention shall take effect, in the case of the States which have taken part in the first deposit of ratifications, one year after the date of the protocol recording such deposit.

As respects the States which ratify subsequently or which accede, and also in cases in which the Convention is subsequently put into effect in accordance with Article 13, it shall take effect six months after the notifications specified in paragraph 2 of Article 11 and paragraph 2 of Article 12 have been received by the Belgian Government.

Article 15

In the event of one of the contracting States wishing to denounce the present Convention, the denunciation shall be notified in writing to the Belgian Government, which shall immediately communicate a duly certified copy of the notification to all the other States, informing them of the date on which it was received.

The denunciation shall only operate in respect of the State which made the notification, and on the expiry of one year after the notification has reached the Belgian Government.

Article 16

Any one of the contracting States shall have the right to call for a fresh conference with a view to considering possible amendments.

A State which would exercise this right should notify its intention to the other States through the Belgian Government, which would make arrangements for convening the Conference.

DONE at Brussels, in a single copy, August 25th, 1924.

PROTOCOL OF SIGNATURE

At the time of signing the International Convention for the Unification of Certain Rules of Law relating to Bills of Lading the Plenipotentiaries whose signatures appear below have adopted this Protocol, which will have the same force and the same value as if its provisions were inserted in the text of the Convention to which it relates.

The High Contracting Parties may give effect to this Convention either by giving it the force of law or by including in their national legislation in a form appropriate to that legislation the rules adopted under this Convention.

They may reserve the right:

1. To prescribe that in the cases referred to in paragraph 2(c) to (p) of Article 4 the holder of a bill of lading shall be entitled to establish responsibility for loss or damage arising from the personal fault of the carrier or the fault of his servants which are not covered by paragraph (a).

2. To apply Article 6 in so far as the national coasting trade is concerned to all classes of goods without taking account of the restriction set out in the last paragraph of that Article.

DONE at Brussels, in single copy, August 25th, 1924.

12) Protocol to Amend the International Convention for the Unification of Certain Rules of Law Relating to Bills of Lading ("Visby Rules"), (Brussels, 23 February 1968)

<< Protocol to Amend the International Convention for the Unification of Certain Rules of Law Relating to Bills of Lading ("Visby Rules") >> (Brussels, 23 February 1968)

THE CONTRACTING PARTIES,

CONSIDERING that it is desirable to amend the International Convention for the unification of certain rules of law relating to Bills of Lading, signed at Brussels on 25th August 1924,

HAVE AGREED as follows:

Article 1

(1) In Article 3, paragraph 4, shall be added:

"However, proof to the contrary shall not be admissible when the Bill of Lading has been transferred to a third party acting in good faith".

(2) In Article 3, paragraph 6, sub-paragraph 4 shall be deleted and replaced by:

"Subject to paragraph 6bis the carrier and the ship shall in any event be discharged from all liability whatsoever in respect of the goods, unless suit is brought within one year of their delivery or of the date when they should have been delivered. This period may, however, be extended if the parties so agree after the cause of action has arisen".

(3) In Article 3, after paragraph 6, shall be added the following paragraph 6bis:

"An action for indemnity against a third person may be brought even after the expiration of the year provided for in the preceding paragraph if brought within the time allowed by the law of the Court seized of the case. However, the time allowed shall be not less than three months, commencing from the day when the person bringing such action for indemnity has settled the claim or has been served with process in the action against himself".

Article 2

Article 4, paragraph 5, shall be deleted and replaced by the following:

"(a) Unless the nature and value of such goods have been declared by the shipper before shipment and inserted in the Bill of Lading, neither the carrier nor the ship shall in any event be or become liable for any loss or damage to or in connection with the goods in an amount exceeding the equivalent of 10,000 francs per package or unit or 30 francs per kilo of gross weight of the goods lost or damaged, whichever is the higher.

(b) The total amount recoverable shall be calculated by reference to the value of such goods at the place and time at which the goods are discharged from the ship in accordance with the contract or should have been so discharged.

The value of the goods shall be fixed according to the commodity exchange price, or, if there be no such price, according to the current market price, or, if there be no commodity exchange price or current market price, by reference to the normal value of goods of the same kind and quality.

(c) Where a container, pallet or similar article of transport is used to consolidate goods, the number of packages or units enumerated in the Bill of Lading as packed in such article of transport shall be deemed the number of packages or units for the purpose of this paragraph as far as these packages or units are concerned. Except as aforesaid such article of transport shall be considered the package or unit.

(d) A franc means a unit consisting of 65.5 milligrammes of gold of millesimal fineness 900'. The date of conversion of the sum awarded into national currencies shall be governed by the law of the Court seized of the case.

(e) Neither the carrier nor the ship shall be entitled to the benefit of the limitation of liability provided for in this paragraph if it is proved that the damage resulted from an act or omission of the carrier done with intent to cause damage, or recklessly and with knowledge that damage would probably result.

(f) The declaration mentioned in sub-paragraph (a) of this paragraph, if embodied in the Bill of Lading, shall be prima facie evidence, but shall not be binding or conclusive on the carrier.

(g) By agreement between the carrier, master or agent of the carrier and the shipper other maximum amounts than those mentioned in sub-paragraph (a) of this paragraph may be fixed, provided that no maximum amount so fixed shall be less than the appropriate maximum mentioned in that sub-paragraph.

(h) Neither the carrier nor the ship shall be responsible in any event for loss or damage to, or in connection with, goods if the nature or value thereof has been knowingly mis-stated by the shipper in the Bill of Lading".

Article 3

Between Articles 4 and 5 of the Convention shall be inserted the following Article 4bis:

"1. The defences and limits of liability provided for in this Convention shall apply in any action against the carrier in respect of loss or damage to goods covered by a contract of carriage whether the action be founded in contract or in tort.

2. If such an action is brought against a servant or agent of the carrier (such servant or agent not being an independent contractor), such servant or agent shall be entitled to avail himself of the defences and limits of liability which the carrier is entitled to invoke under this Convention.

3. The aggregate of the amounts recoverable from the carrier, and such servants and agents, shall in no case exceed the limit provided for in this Convention.

4. Nevertheless, a servant or agent of the carrier shall not be entitled to avail himself of the provisions of this Article, if it is proved that the damage resulted from an act or omission of the servant or agent done with intent to cause damage or recklessly and with knowledge that damage would probably result".

Article 4

Article 9 of the Convention shall be deleted and replaced by the following:

"This Convention shall not affect the provisions of any international Convention or national law governing liability for nuclear damage".

Article 5

Article 10 of the Convention shall be deleted and replaced by the following:

"The provisions of this Convention shall apply to every Bill of Lading relating to the carriage of goods between ports in two different States if:

(a) the Bill of Lading is issued in a Contracting State, or

(b) the carriage is from a port in a Contracting State, or

(c) the contract contained in or evidenced by the Bill of Lading provides that the rules of this Convention or legislation of any State giving effect to them are to govern the contract whatever may be the nationality of the ship, the carrier, the shipper, the consignee, or any other interested person.

Each Contracting State shall apply the provisions of this Convention to the Bills of Lading mentioned above.

This Article shall not prevent a Contracting State from applying the rules of this Convention to Bills of Lading not included in the preceding paragraphs".

Article 6

As between the Parties to this Protocol the Convention and the Protocol shall be read and interpreted together as one single instrument.

A Party to this Protocol shall have no duty to apply the provisions of this Protocol to Bills of Lading issued in a State which is a Party to the Convention but which is not a Party to this Protocol.

Article 7

As between the Parties to this Protocol, denunciation by any of them of the Convention in accordance with Article 15 thereof, shall not be construed in any way as a denunciation of the Convention as amended by this Protocol.

Article 8

Any dispute between two or more Contracting Parties concerning the interpretation or application of the Convention which cannot be settled through negotiation, shall, at the request of one of them, be submitted to arbitration. If within six months from the date of the request for arbitration the Parties are unable to agree on the organization of the arbitration, any one of those Parties may refer the dispute to the International Court of Justice by request in conformity with the Statute of the Court.

Article 9

(1) Each Contracting Party may at the time of signature or ratification of this Protocol or accession thereto, declare that it does not consider itself bound by Article 8 of this Protocol. The other Contracting Parties shall not be bound by this Article with respect to any Contracting Party having made such a reservation.

(2) Any Contracting Party having made a reservation in accordance with paragraph 1 may at any time withdraw this reservation by notification to the Belgian Government.

Article 10

This Protocol shall be open for signature by the States which have ratified the Convention or which have adhered thereto before the 23rd February 1968, and by any State represented at the twelfth session (1967-1968) of the Diplomatic Conference on Maritime Law.

Article 11

(1) This Protocol shall be ratified.

(2) Ratification of this Protocol by any State which is not a Party to the Convention shall have the effect of accession to the Convention.

(3) The instruments of ratification shall be deposited with the Belgian Government.

Article 12

(1) States, Members of the United Nations or Members of the specialized agencies of the United Nations, not represented at the twelfth session of the Diplomatic Conference on Maritime Law, may accede to this Protocol.

(2) Accession to this Protocol shall have the effect of accession to the Convention.

(3) The instruments of accession shall be deposited with the Belgian Government.

Article 13

(1) This Protocol shall come into force three months after the date of the deposit of ten instruments of

ratification or accession, of which at least five shall have been deposited by States that have each a tonnage equal or superior to one million gross tons of tonnage.

(2) For each State which ratifies this Protocol or accedes thereto after the date of deposit of the instrument of ratification or accession determining the coming into force such as is stipulated in paragraph (1) of this Article, this Protocol shall come into force three months after the deposit of its instrument of ratification or accession.

Article 14

(1) Any Contracting State may denounce this Protocol by notification to the Belgian Government.

(2) This denunciation shall have the effect of denunciation of the Convention.

(3) The denunciation shall take effect one year after the date on which the notification has been received by the Belgian Government.

Article 15

(1) Any Contracting State may at the time of signature, ratification or accession or at any time thereafter declare by written notification to the Belgian Government which among the territories under its sovereignty or for whose international relations it is responsible, are those to which the present Protocol applies.

The Protocol shall three months after the date of the receipt of such notification by the Belgian Government extend to the territories named therein, but not before the date of the coming into force of the Protocol in respect of such State.

(2) This extension also shall apply to the Convention if the latter is not yet applicable to those territories.

(3) Any Contracting State which has made a declaration under paragraph (1) of this Article may at any time thereafter declare by notification given to the Belgian Government that the Protocol shall cease to extend to such territory. This denunciation shall take effect one year after the date on which notification thereof has been received by the Belgian Government; it also shall apply to the Convention.

Article 16

The Contracting Parties may give effect to this Protocol either by giving it the force of law or by including in their national legislation in a form appropriate to that legislation the rules adopted under this Protocol.

Article 17

The Belgian Government shall notify the States represented at the twelfth session (1967-1968) of the Diplomatic Conference on Maritime Law, the acceding States to this Protocol, and the States Parties to the Convention, of the following:

1. The signatures, ratifications and accessions received in accordance with Articles 10, 11 and 12.

2. The date on which the present Protocol will come into force in accordance with Article 13.

3. The notifications with regard to the territorial application in accordance with Article 15.

4. The denunciations received in accordance with Article 14.

IN WITNESS WHEREOF the undersigned Plenipotentiaries, duly authorized, have signed this Protocol.

DONE at Brussels, this 23rd day of February 1968, in the French and English languages, both texts being equally authentic, in a single copy, which shall remain deposited in the archives of the Belgian Government, which shall issue certified copies.

13) United Nations Convention on the Carriage of Goods by Sea ("Hamburg Rules"), (Hamburg, 31 March 1978)

<< United Nations Convention on the Carriage of Goods by Sea ("Hamburg Rules") >>

(Hamburg, 31 March 1978)

PREAMBLE

THE STATES PARTIES TO THIS CONVENTION,

HAVING RECOGNIZED the desirability of determining by agreement certain rules relating to the carriage of goods by sea,

HAVING DECIDED to conclude a convention for this purpose and have thereto agreed as follows:

PART I. GENERAL PROVISIONS

Article 1. Definitions

In this Convention:

1. "Carrier" means any person by whom or in whose name a contract of carriage of goods by sea has been concluded with a shipper.

2. "Actual carrier" means any person to whom the performance of the carriage of the goods, or of part of the carriage, has been entrusted by the carrier, and includes any other person to whom such performance has been entrusted.

3. "Shipper" means any person by whom or in whose name or on whose behalf a contract of carriage of goods by sea has been concluded with a carrier, or any person by whom or in whose name or on whose behalf the goods are actually delivered to the carrier in relation to the contract of carriage by sea.

4. "Consignee" means the person entitled to take delivery of the goods.

5. "Goods" includes live animals; where the goods are consolidated in a container, pallet or similar article of transport or where they are packed, goods includes such article of transport or packaging if supplied by the shipper.

6. "Contract of carriage by sea" means any contract whereby the carrier undertakes against payment of freight to carry goods by sea from one port to another; however, a contract which involves carriage by sea and also carriage by some other means is deemed to be a contract of carriage by sea for the purposes of this Convention only in so far as it relates to the carriage by sea.

7. "Bill of lading" means a document which evidences a contract of carriage by sea and the taking over or loading of the goods by the carrier, and by which the carrier undertakes to deliver the goods against surrender of the document. A provision in the document that the goods are to be delivered to the order of a named person, or to order, or to bearer, constitutes such an undertaking.

8. "Writing" includes, inter alia, telegram and telex.

Article 2. Scope of application

1. The provisions of this Convention are applicable to all contracts of carriage by sea between two different States, if:

(a) the port of loading as provided for in the contract of carriage by sea is located in a Contracting State, or

(b) the port of discharge as provided for in the contract of carriage by sea is located in a Contracting State, or

(c) one of the optional ports of discharge provided for in the contract of carriage by sea is the actual port of discharge and such port is located in a Contracting State, or

(d) the bill of lading or other document evidencing the contract of carriage by sea is issued in a Contracting State, or

(e) the bill of lading or other document evidencing the contract of carriage by sea provides that the provisions of this Convention or the legislation of any State giving effect to them are to govern the contract.

2. The provisions of this Convention are applicable without regard to the nationality of the ship, the carrier, the actual carrier, the shipper, the consignee or any other interested person.

3. The provisions of this Convention are not applicable to charter-parties. However, where a bill of lading is issued pursuant to a charter-party, the provisions of the Convention apply to such a bill of lading if it governs the relation between the carrier and the holder of the bill of lading, not being the charterer.

4. If a contract provides for future carriage of goods in a series of shipments during an agreed period, the provisions of this Convention apply to each shipment. However, where a shipment is made under a charter-party, the provisions of paragraph 3 of this article apply.

Article 3. Interpretation of the Convention

In the interpretation and application of the provisions of this Convention regard shall be had to its international character and to the need to promote uniformity.

PART II. LIABILITY OF THE CARRIER

Article 4. Period of responsibility

1. The responsibility of the carrier for the goods under this Convention covers the period during which the carrier is in charge of the goods at the port of loading, during the carriage and at the port of discharge.

2. For the purpose of paragraph 1 of this article, the carrier is deemed to be in charge of the goods

(a) from the time he has taken over the goods from:

(i) the shipper, or a person acting on his behalf; or

(ii) an authority or other third party to whom, pursuant to law or regulations applicable at the port of loading, the goods must be handed over for shipment;

(b) until the time he has delivered the goods:

(i) by handing over the goods to the consignee; or

(ii)in cases where the consignee does not receive the goods from the carrier, by placing them at the disposal of the consignee in accordance with the contract or with the law or with the usage of the particular trade, applicable at the port of discharge; or

(iii)by handing over the goods to an authority or other third party to whom, pursuant to law or regulations applicable at the port of discharge, the goods must be handed over.

3. In paragraphs 1 and 2 of this article, reference to the carrier or to the consignee means, in addition to the carrier or the consignee, the servants or agents, respectively of the carrier or the consignee.

Article 5. Basis of liability

1. The carrier is liable for loss resulting from loss of or damage to the goods, as well as from delay in delivery, if the occurrence which caused the loss, damage or delay took place while the goods were in his charge as defined

in article 4, unless the carrier proves that he, his servants or agents took all measures that could reasonably be required to avoid the occurrence and its consequences.

2. Delay in delivery occurs when the goods have not been delivered at the port of discharge provided for in the contract of carriage by sea within the time expressly agreed upon or, in the absence of such agreement, within the time which it would be reasonable to require of a diligent carrier, having regard to the circumstances of the case.

3. The person entitled to make a claim for the loss of goods may treat the goods as lost if they have not been delivered as required by article 4 within 60 consecutive days following the expiry of the time for delivery according to paragraph 2 of this article.

4. (a) The carrier is liable

(i) for loss of or damage to the goods or delay in delivery caused by fire, if the claimant proves that the fire arose from fault or neglect on the part of the carrier, his servants or agents;

(ii) for such loss, damage or delay in delivery which is proved by the claimant to have resulted from the fault or neglect of the carrier, his servants or agents in taking all measures that could reasonably be required to put out the fire and avoid or mitigate its consequences.

(b) In case of fire on board the ship affecting the goods, if the claimant or the carrier so desires, a survey in accordance with shipping practices must be held into the cause and circumstances of the fire, and a copy of the surveyors report shall be made available on demand to the carrier and the claimant.

5. With respect to live animals, the carrier is not liable for loss, damage or delay in delivery resulting from any special risks inherent in that kind of carriage. If the carrier proves that he has complied with any special instructions given to him by the shipper respecting the animals and that, in the circumstances of the case, the loss, damage or delay in delivery could be attributed to such risks, it is presumed that the loss, damage or delay in delivery was so caused, unless there is proof that all or a part of the loss, damage or delay in delivery resulted from fault or neglect on the part of the carrier, his servants or agents.

6. The carrier is not liable, except in general average, where loss, damage or delay in delivery resulted from measures to save life or from reasonable measures to save property at sea.

7. Where fault or neglect on the part of the carrier, his servants or agents combines with another cause to produce loss, damage or delay in delivery, the carrier is liable only to the extent that the loss, damage or delay in delivery is attributable to such fault or neglect, provided that the carrier proves the amount of the loss, damage or delay in delivery not attributable thereto.

Article 6. Limits of liability

1. (a) The liability of the carrier for loss resulting from loss of or damage to goods according to the provisions of article 5 is limited to an amount equivalent to 835 units of account per package or other shipping unit or 2.5 units of account per kilogram of gross weight of the goods lost or damaged, whichever is the higher.

(b) The liability of the carrier for delay in delivery according to the provisions of article 5 is limited to an amount equivalent to two and a half times the freight payable for the goods delayed, but not exceeding the total freight payable under the contract of carriage of goods by sea.

(c) In no case shall the aggregate liability of the carrier, under both subparagraphs (a) and (b) of this paragraph, exceed the limitation which would be established under subparagraph (a) of this paragraph for total loss of the goods with respect to which such liability was incurred.

2. For the purpose of calculating which amount is the higher in accordance with paragraph 1 (a) of this article, the following rules apply:

(a) Where a container, pallet or similar article of transport is used to consolidate goods, the package or other shipping units enumerated in the bill of lading, if issued, or otherwise in any other document evidencing the contract of carriage by sea, as packed in such article of transport are deemed packages or shipping units. Except as aforesaid the goods in such article of transport are deemed one shipping unit.

(b) In cases where the article of transport itself has been lost or damaged, that article of transport, if not owned or otherwise supplied by the carrier, is considered one separate shipping unit.

3. Unit of account means the unit of account mentioned in article 26.

4. By agreement between the carrier and the shipper, limits of liability exceeding those provided for in paragraph 1 may be fixed.

Article 7. Application to non-contractual claims

1. The defences and limits of liability provided for in this Convention apply in any action against the carrier in respect of loss of or damage to the goods covered by the contract of carriage by sea, as well as of delay in delivery whether the action is founded in contract, in tort or otherwise.

2. If such an action is brought against a servant or agent of the carrier, such servant or agent, if he proves that he acted within the scope of his employment, is entitled to avail himself of the defences and limits of liability which the carrier is entitled to invoke under this Convention.

3. Except as provided in article 8, the aggregate of the amounts recoverable from the carrier and from any persons referred to in paragraph 2 of this article shall not exceed the limits of liability provided for in this Convention.

Article 8. Loss of right to limit responsibility

1. The carrier is not entitled to the benefit of the limitation of liability provided for in article 6 if it is proved that the loss, damage or delay in delivery resulted from an act or omission of the carrier done with the intent to cause such loss, damage or delay, or recklessly and with knowledge that such loss, damage or delay would probably result.

2. Notwithstanding the provisions of paragraph 2 of article 7, a servant or agent of the carrier is not entitled to the benefit of the limitation of liability provided for in article 6 if it is proved that the loss, damage or delay in delivery resulted from an act or omission of such servant or agent, done with the intent to cause such loss, damage or delay, or recklessly and with knowledge that such loss, damage or delay would probably result.

Article 9. Deck cargo

1. The carrier is entitled to carry the goods on deck only if such carriage is in accordance with an agreement with the shipper or with the usage of the particular trade or is required by statutory rules or regulations.

2. If the carrier and the shipper have agreed that the goods shall or may be carried on deck, the carrier must insert in the bill of lading or other document evidencing the contract of carriage by sea a statement to that effect. In the absence of such a statement the carrier has the burden of proving that an agreement for carriage on deck has been entered into; however, the carrier is not entitled to invoke such an agreement against a third party, including a consignee, who has acquired the bill of lading in good faith.

3. Where the goods have been carried on deck contrary to the provisions of paragraph 1 of this article or where the carrier may not under paragraph 2 of this article invoke an agreement for carriage on deck, the carrier, notwithstanding the provisions of paragraph 1 of article 5, is liable for loss of or damage to the goods, as well as for delay in delivery, resulting solely from the carriage on deck, and the extent of his liability is to be determined in accordance with the provisions of article 6 or article 8 of this Convention, as the case may be.

4. Carriage of goods on deck contrary to express agreement for carriage under deck is deemed to be an act or

omission of the carrier within the meaning of article 8.

Article 10. Liability of the carrier and actual carrier

1. Where the performance of the carriage or part thereof has been entrusted to an actual carrier, whether or not in pursuance of a liberty under the contract of carriage by sea to do so, the carrier nevertheless remains responsible for the entire carriage according to the provisions of this Convention. The carrier is responsible, in relation to the carriage performed by the actual carrier, for the acts and omissions of the actual carrier and of his servants and agents acting within the scope of their employment.

2. All the provisions of this Convention governing the responsibility of the carrier also apply to the responsibility of the actual carrier for the carriage performed by him. The provisions of paragraphs 2 and 3 of article 7 and of paragraph 2 of article 8 apply if an action is brought against a servant or agent of the actual carrier.

3. Any special agreement under which the carrier assumes obligations not imposed by this Convention or waives rights conferred by this Convention affects the actual carrier only if agreed to by him expressly and in writing. Whether or not the actual carrier has so agreed, the carrier nevertheless remains bound by the obligations or waivers resulting from such special agreement.

4. Where and to the extent that both the carrier and the actual carrier are liable, their liability is joint and several.

5. The aggregate of the amounts recoverable from the carrier, the actual carrier and their servants and agents shall not exceed the limits of liability provided for in this Convention.

6. Nothing in this article shall prejudice any right of recourse as between the carrier and the actual carrier.

Article 11. Through carriage

1. Notwithstanding the provisions of paragraph 1 of article 10, where a contract of carriage by sea provides explicitly that a specified part of the carriage covered by the said contract is to be performed by a named person other than the carrier, the contract may also provide that the carrier is not liable for loss, damage or delay in delivery caused by an occurrence which takes place while the goods are in the charge of the actual carrier during such part of the carriage. Nevertheless, any stipulation limiting or excluding such liability is without effect if no judicial proceedings can be instituted against the actual carrier in a court competent under paragraph 1 or 2 of article 21. The burden of proving that any loss, damage or delay in delivery has been caused by such an occurrence rests upon the carrier.

2. The actual carrier is responsible in accordance with the provisions of paragraph 2 of article 10 for loss, damage or delay in delivery caused by an occurrence which takes place while the goods are in his charge.

PART III. LIABILITY OF THE SHIPPERS

Article 12. General rule

The shipper is not liable for loss sustained by the carrier or the actual carrier, or for damage sustained by the ship, unless such loss or damage was caused by the fault or neglect of the shipper, his servants or agents. Nor is any servant or agent of the shipper liable for such loss or damage unless the loss or damage was caused by fault or neglect on his part.

Article 13. Special rules on dangerous goods

1. The shipper must mark or label in a suitable manner dangerous goods as dangerous.

2. Where the shipper hands over dangerous goods to the carrier or an actual carrier, as the case may be, the shipper must inform him of the dangerous character of the goods and, if necessary, of the precautions to be taken. If the shipper fails to do so and such carrier or actual carrier does not otherwise have knowledge of their

dangerous character:

(a) the shipper is liable to the carrier and any actual carrier for the loss resulting from the shipment of such goods, and

(b) the goods may at any time be unloaded, destroyed or rendered innocuous, as the circumstances may require, without payment of compensation.

3. The provisions of paragraph 2 of this article may not be invoked by any person if during the carriage he has taken the goods in his charge with knowledge of their dangerous character.

4. If, in cases where the provisions of paragraph 2, subparagraph (b), of this article do not apply or may not be invoked, dangerous goods become an actual danger to life or property, they may be unloaded, destroyed or rendered innocuous, as the circumstances may require, without payment of compensation except where there is an obligation to contribute in general average or where the carrier is liable in accordance with the provisions of article 5.

PART IV. TRANSPORT DOCUMENTS

Article 14. Issue of bill of lading

1. When the carrier or the actual carrier takes the goods in his charge, the carrier must, on demand of the shipper, issue to the shipper a bill of lading.

2. The bill of lading may be signed by a person having authority from the carrier. A bill of lading signed by the master of the ship carrying the goods is deemed to have been signed on behalf of the carrier.

3. The signature on the bill of lading may be in handwriting, printed in facsimile, perforated, stamped, in symbols, or made by any other mechanical or electronic means, if not inconsistent with the law of the country where the bill of lading is issued.

Article 15. Contents of bill of lading

1. The bill of lading must include, inter alia, the following particulars:

(a) the general nature of the goods, the leading marks necessary for identification of the goods, an express statement, if applicable, as to the dangerous character of the goods, the number of packages or pieces, and the weight of the goods or their quantity otherwise expressed, all such particulars as furnished by the shipper;

(b) the apparent condition of the goods;

(c) the name and principal place of business of the carrier;

(d) the name of the shipper;

(e) the consignee if named by the shipper;

(f) the port of loading under the contract of carriage by sea and the date on which the goods were taken over by the carrier at the port of loading;

(g) the port of discharge under the contract of carriage by sea;

(h) the number of originals of the bill of lading, if more than one;

(i) the place of issuance of the bill of lading;

(j) the signature of the carrier or a person acting on his behalf;

(k) the freight to the extent payable by the consignee or other indication that freight is payable by him;

(l) the statement referred to in paragraph 3 of article 23;

(m) the statement, if applicable, that the goods shall or may be carried on deck;

(n) the date or the period of delivery of the goods at the port of discharge if expressly agreed upon between the parties; and

(o) any increased limit or limits of liability where agreed in accordance with paragraph 4 of article 6.

2. After the goods have been loaded on board, if the shipper so demands, the carrier must issue to the shipper a "shipped" bill of lading which, in addition to the particulars required under paragraph 1 of this article, must state that the goods are on board a named ship or ships, and the date or dates of loading. If the carrier has previously issued to the shipper a bill of lading or other document of title with respect to any of such goods, on request of the carrier the shipper must surrender such document in exchange for a "shipped" bill of lading. The carrier may amend any previously issued document in order to meet the shippers demand for a "shipped" bill of lading if, as amended, such document includes all the information required to be contained in a "shipped" bill of lading.

3. The absence in the bill of lading of one or more particulars referred to in this article does not affect the legal character of the document as a bill of lading provided that it nevertheless meets the requirements set out in paragraph 7 of article 1.

Article 16. Bills of lading: reservations and evidentiary effect

1. If the bill of lading contains particulars concerning the general nature, leading marks, number of packages of pieces, weight or quantity of the goods which the carrier or other person issuing the bill of lading on his behalf knows or has reasonable grounds to suspect do not accurately represent the goods actually taken over or, where a "shipped" bill of lading is issued, loaded, or if he had no reasonable means of checking such particulars, the carrier or such other person must insert in the bill of lading a reservation specifying these inaccuracies, grounds of suspicion or the absence of reasonable means of checking.

2. If the carrier or other person issuing the bill of lading on his behalf fails to note on the bill of lading the apparent condition of the goods, he is deemed to have noted on the bill of lading that the goods were in apparent good condition.

3. Except for particulars in respect of which and to the extent to which a reservation permitted under paragraph 1 of this article has been entered:

(a) the bill of lading is prima facie evidence of the taking over or, where a "shipped" bill of lading is issued, loading, by the carrier of the goods as described in the bill of lading; and

(b) proof to the contrary by the carrier is not admissible if the bill of lading has been transferred to a third party, including a consignee, who in good faith has acted in reliance on the description of the goods therein.

4. A bill of lading which does not, as provided in paragraph 1, subparagraph (k), of article 15, set forth the freight or otherwise indicate that freight is payable by the consignee or does not set forth demurrage incurred at the port of loading payable by the consignee, is prima facie evidence that no freight or such demurrage is payable by him. However, proof to the contrary by the carrier is not admissible when the bill of lading has been transferred to a third party, including a consignee, who in good faith has acted in reliance on the absence in the bill of lading of any such indication.

Article 17. Guarantees by the shipper

1. The shipper is deemed to have guaranteed to the carrier the accuracy of particulars relating to the general nature of the goods, their marks, number, weight and quantity as furnished by him for insertion in the bill of lading. The shipper must indemnify the carrier against the loss resulting from inaccuracies in such particulars.

The shipper remains liable even if the bill of lading has been transferred by him. The right of the carrier to such indemnity in no way limits his liability under the contract of carriage by sea to any person other than the shipper.

2. Any letter of guarantee or agreement by which the shipper undertakes to indemnify the carrier against loss resulting from the issuance of the bill of lading by the carrier, or by a person acting on his behalf, without entering a reservation relating to particulars furnished by the shipper for insertion in the bill of lading, or to the apparent condition of the goods, is void and of no effect as against any third party, including a consignee, to whom the bill of lading has been transferred.

3. Such a letter of guarantee or agreement is valid as against the shipper unless the carrier or the person acting on his behalf, by omitting the reservation referred to in paragraph 2 of this article, intends to defraud a third party, including a consignee, who acts in reliance on the description of the goods in the bill of lading. In the latter case, if the reservation omitted relates to particulars furnished by the shipper for insertion in the bill of lading, the carrier has no right of indemnity from the shipper pursuant to paragraph 1 of this article.

4. In the case of intended fraud referred to in paragraph 3 of this article, the carrier is liable, without the benefit of the limitation of liability provided for in this Convention, for the loss incurred by a third party, including a consignee, because he has acted in reliance on the description of the goods in the bill of lading.

Article 18. Documents other than bills of lading

Where a carrier issues a document other than a bill of lading to evidence the receipt of the goods to be carried, such a document is prima facie evidence of the conclusion of the contract of carriage by sea and the taking over by the carrier of the goods as therein described.

PART V. CLAIMS AND ACTIONS

Article 19. Notice of loss, damage or delay

1. Unless notice of loss or damage, specifying the general nature of such loss or damage, is given in writing by the consignee to the carrier not later than the working day after the day when the goods were handed over to the consignee, such handing over is prima facie evidence of the delivery by the carrier of the goods as described in the document of transport or, if no such document has been issued, in good condition.

2. Where the loss or damage is not apparent, the provisions of paragraph 1 of this article apply correspondingly if notice in writing is not given within 15 consecutive days after the day when the goods were handed over to the consignee.

3. If the state of the goods at the time they were handed over to the consignee has been the subject of a joint survey or inspection by the parties, notice in writing need not be given of loss or damage ascertained during such survey or inspection.

4. In the case of any actual or apprehended loss or damage, the carrier and the consignee must give all reasonable facilities to each other for inspecting and tallying the goods.

5. No compensation shall be payable for loss resulting from delay in delivery unless a notice has been given in writing to the carrier within 60 consecutive days after the day when the goods were handed over to the consignee.

6. If the goods have been delivered by an actual carrier, any notice given under this article to him shall have the same effect as if it had been given to the carrier; and any notice given to the carrier shall have effect as if given to such actual carrier.

7. Unless notice of loss or damage, specifying the general nature of the loss or damage, is given in writing by the carrier or actual carrier to the shipper not later than 90 consecutive days after the occurrence of such loss or damage or after the delivery of the goods in accordance with paragraph 2 of article 4, whichever is later, the

failure to give such notice is prima facie evidence that the carrier or the actual carrier has sustained no loss or damage due to the fault or neglect of the shipper, his servants or agents.

8. For the purpose of this article, notice given to a person acting on the carriers or the actual carriers behalf, including the master or the officer in charge of the ship, or to a person acting on the shippers behalf is deemed to have been given to the carrier, to the actual carrier or to the shipper, respectively.

Article 20. Limitation of actions

1. Any action relating to carriage of goods under this Convention is time-barred if judicial or arbitral proceedings have not been instituted within a period of two years.

2. The limitation period commences on the day on which the carrier has delivered the goods or part thereof or, in cases where no goods have been delivered, on the last day on which the goods should have been delivered.

3. The day on which the limitation period commences is not included in the period.

4. The person against whom a claim is made may at any time during the running of the limitation period extend that period by a declaration in writing to the claimant. This period may be further extended by another declaration or declarations.

5. An action for indemnity by a person held liable may be instituted even after the expiration of the limitation period provided for in the preceding paragraphs if instituted within the time allowed by the law of the State where proceedings are instituted. However, the time allowed shall not be less than 90 days commencing from the day when the person instituting such action for indemnity has settled the claim or has been served with process in the action against himself.

Article 21. Jurisdiction

1. In judicial proceedings relating to carriage of goods under this Convention the plaintiff, at his option, may institute an action in a court which according to the law of the State where the court is situated, is competent and within the jurisdiction of which is situated one of the following places:

(a) the principal place of business or, in the absence thereof, the habitual residence of the defendant; or

(b) the place where the contract was made, provided that the defendant has there a place of business, branch or agency through which the contract was made; or

(c) the port of loading or the port of discharge; or

(d) any additional place designated for that purpose in the contract of carriage by sea.

2. (a) Notwithstanding the preceding provisions of this article, an action may be instituted in the courts of any port or place in a Contracting State at which the carrying vessel or any other vessel of the same ownership may have been arrested in accordance with applicable rules of the law of that State and of international law. However, in such a case, at the petition of the defendant, the claimant must remove the action, at his choice, to one of the jurisdictions referred to in paragraph 1 of this article for the determination of the claim, but before such removal the defendant must furnish security sufficient to ensure payment of any judgement that may subsequently be awarded to the claimant in the action.

(b) All questions relating to the sufficiency or otherwise of the security shall be determined by the court of the port or place of the arrest.

3. No judicial proceedings relating to carriage of goods under this Convention may be instituted in a place not specified in paragraph 1 or 2 of this article. The provisions of this paragraph do not constitute an obstacle to the jurisdiction of the Contracting States for provisional or protective measures.

4. (a) Where an action has been instituted in a court competent under paragraphs 1 or 2 of this article or where judgement has been delivered by such a court, no new action may be started between the same parties on the same grounds unless the judgement of the court before which the first action was instituted is not enforceable in the country in which the new proceedings are instituted;

(b) For the purpose of this article, the institution of measures with a view to obtaining enforcement of a judgement is not to be considered as the starting of a new action;

(c) For the purpose of this article, the removal of an action to a different court within the same country, or to a court in another country, in accordance with paragraph 2 (a) of this article, is not to be considered as the starting of a new action.

5. Notwithstanding the provisions of the preceding paragraphs, an agreement made by the parties, after a claim under the contract of carriage by sea has arisen, which designates the place where the claimant may institute an actions, is effective.

Article 22. Arbitration

1. Subject to the provisions of this article, parties may provide by agreement evidenced in writing that any dispute that may arise relating to carriage of goods under this Convention shall be referred to arbitration.

2. Where a charter-party contains a provision that disputes arising thereunder shall be referred to arbitration and a bill of lading issued pursuant to the charter-party does not contain special annotation providing that such provision shall be binding upon the holder of the bill of lading, the carrier may not invoke such provision as against a holder having acquired the bill of lading in good faith.

3. The arbitration proceedings shall, at the option of the claimant, be instituted at one of the following places:

(a) a place in a State within whose territory is situated:

(i) the principal place of business of the defendant or, in the absence thereof, the habitual residence of the defendant; or

(ii) the place where the contract was made, provided that the defendant has there a place of business, branch or agency through which the contract was made; or

(iii) the port of loading or the port of discharge; or

(b) any place designated for that purpose in the arbitration clause or agreement.

4. The arbitrator or arbitration tribunal shall apply the rules of this Convention.

5. The provisions of paragraphs 2 and 4 of this article are deemed to be part of every arbitration clause or agreement, and any term of such clause or agreement which is inconsistent therewith is null and void.

6. Nothing in this article affects the validity of an agreement relating to arbitration made by the parties after the claim under the contract of carriage by sea has arisen.

PART VI. SUPPLEMENTARY PROVISIONS

Article 23. Contractual stipulations

1. Any stipulation in a contract of carriage by sea, in a bill of lading, or in any other document evidencing the contract of carriage by sea is null and void to the extent that it derogates, directly or indirectly, from the provisions of this Convention. The nullity of such a stipulation does not affect the validity of the other provisions of the contract or document of which it forms a part. A clause assigning benefit of insurance of goods in favour of the carrier, or any similar clause, is null and void.

2. Notwithstanding the provisions of paragraph 1 of this article, a carrier may increase his responsibilities and obligations under this Convention.

3. Where a bill of lading or any other document evidencing the contract of carriage by sea is issued, it must contain a statement that the carriage is subject to the provisions of this Convention which nullify any stipulation derogating therefrom to the detriment of the shipper or the consignee.

4. Where the claimant in respect of the goods has incurred loss as a result of a stipulation which is null and void by virtue of the present article, or as a result of the omission of the statement referred to in paragraph 3 of this article, the carrier must pay compensation to the extent required in order to give the claimant compensation in accordance with the provisions of this Convention for any loss of or damage to the goods as well as for delay in delivery. The carrier must, in addition, pay compensation for costs incurred by the claimant for the purpose of exercising his right, provided that costs incurred in the action where the foregoing provision is invoked are to be determined in accordance with the law of the State where proceedings are instituted.

Article 24. General average

1. Nothing in this Convention shall prevent the application of provisions in the contract of carriage by sea or national law regarding the adjustment of general average.

2. With the exception of article 20, the provisions of this Convention relating to the liability of the carrier for loss of or damage to the goods also determine whether the consignee may refuse contribution in general average and the liability of the carrier to indemnify the consignee in respect of any such contribution made or any salvage paid.

Article 25. Other conventions

1. This Convention does not modify the rights or duties of the carrier, the actual carrier and their servants and agents provided for in international conventions or national law relating to the limitation of liability of owners of seagoing ships.

2. The provisions of articles 21 and 22 of this Convention do not prevent the application of the mandatory provisions of any other multilateral convention already in force at the date of this Convention relating to matters dealt with in the said articles, provided that the dispute arises exclusively between parties having their principal place of business in States members of such other convention. However, this paragraph does not affect the application of paragraph 4 of article 22 of this Convention.

3. No liability shall arise under the provisions of this Convention for damage caused by a nuclear incident if the operator of a nuclear installation is liable for such damage:

(a) under either the Paris Convention of 29 July 1960 on Third Party Liability in the Field of Nuclear Energy as amended by the Additional Protocol of 28 January 1964, or the Vienna Convention of 21 May 1963 on Civil Liability for Nuclear Damage, or

(b) by virtue of national law governing the liability for such damage, provided that such law is in all respects as favourable to persons who may suffer damage as is either the Paris Convention or the Vienna Convention.

4. No liability shall arise under the provisions of this Convention for any loss of or damage to or delay in delivery of luggage for which the carrier is responsible under any international convention or national law relating to the carriage of passengers and their luggage by sea.

5. Nothing contained in this Convention prevents a Contracting State from applying any other international convention which is already in force at the date of this Convention and which applies mandatorily to contracts of carriage of goods primarily by a mode of transport other than transport by sea. This provision also applies to any subsequent revision or amendment of such international convention.

Article 26. Unit of account

1. The unit of account referred to in article 6 of this Convention is the special drawing right as defined by the International Monetary Fund. The amounts mentioned in article 6 are to be converted into the national currency of a State according to the value of such currency at the date of judgement or the date agreed upon by the parties. The value of a national currency, in terms of the special drawing right, of a Contracting State which is a member of the International Monetary Fund is to be calculated in accordance with the method of valuation applied by the International Monetary Fund in effect at the date in question for its operations and transactions. The value of a national currency, in terms of the special drawing right, of a Contracting State which is not a member of the International Monetary Fund is to be calculated in a manner determined by that State.

2. Nevertheless, those States which are not members of the International Monetary Fund and whose law does not permit the application of the provisions of paragraph 1 of this article may, at the time of signature, or at the time of ratification, acceptance, approval or accession or at any time thereafter, declare that the limits of liability provided for in this Convention to be applied in their territories shall be fixed as 12,500 monetary units per package or other shipping unit or 37.5 monetary units per kilogram of gross weight of the goods.

3. The monetary unit referred to in paragraph 2 of this article corresponds to sixty-five and a half milligrams of gold of millesimal fineness nine hundred. The conversion of the amounts referred to in paragraph 2 into the national currency is to be made according to the law of the State concerned.

4. The calculation mentioned in the last sentence of paragraph 1 and the conversion mentioned in paragraph 3 of this article is to be made in such a manner as to express in the national currency of the Contracting State as far as possible the same real value for the amounts in article 6 as is expressed there in units of account. Contracting States must communicate to the depositary the manner of calculation pursuant to paragraph 1 of this article, or the result of the conversion mentioned in paragraph 3 of this article, as the case may be, at the time of signature or when depositing their instruments of ratification, acceptance, approval or accession, or when availing themselves of the option provided for in paragraph 2 of this article and whenever there is a change in the manner of such calculation or in the result of such conversion.

PART VII. FINAL CLAUSES

Article 27. Depositary

The Secretary-General of the United Nations is hereby designated as the depositary of this Convention.

Article 28. Signature, Ratification, Acceptance, Approval, Accession

1. This Convention is open for signature by all States until 30 April 1979 at the Headquarters of the United Nations, New York.

2. This Convention is subject to ratification, acceptance or approval by the signatory States.

3. After 30 April 1979, this Convention will be open for accession by all States which are not signatory States.

4. Instruments of ratification, acceptance, approval and accession are to be deposited with the Secretary-General of the United Nations.

Article 29. Reservations

No reservations may be made to this Convention.

Article 30. Entry into force

1. This Convention enters into force on the first day of the month following the expiration of one year from the date of deposit of the twentieth instrument of ratification, acceptance, approval or accession.

2. For each State which becomes a Contracting State to this Convention after the date of the deposit of the twentieth instrument of ratification, acceptance, approval or accession, this Convention enters into force on the first day of the month following the expiration of one year after the deposit of the appropriate instrument on behalf of that State.

3. Each Contracting State shall apply the provisions of this Convention to contracts of carriage by sea concluded on or after the date of the entry into force of this Convention in respect of that State.

Article 31. Denunciation of other conventions

1. Upon becoming a Contracting State to this Convention, any State Party to the International Convention for the Unification of certain Rules relating to Bills of Lading signed at Brussels on 25 August 1924 (1924 Convention) must notify the Government of Belgium as the depositary of the 1924 Convention of its denunciation of the said Convention with a declaration that the denunciation is to take effect as from the date when this Convention enters into force in respect of that State.

2. Upon the entry into force of this Convention under paragraph 1 of article 30, the depositary of this Convention must notify the Government of Belgium as the depositary of the 1924 Convention of the date of such entry into force, and of the names of the Contracting States in respect of which the Convention has entered into force.

3. The provisions of paragraphs 1 and 2 of this article apply correspondingly in respect of States Parties to the Protocol signed on 23 February 1968 to amend the International Convention for the Unification of certain Rules relating to Bills of Lading signed at Brussels on 25 August 1924.

4. Notwithstanding article 2 of this Convention, for the purposes of paragraph 1 of this article, a Contracting State may, if it deems it desirable, defer the denunciation of the 1924 Convention and of the 1924 Convention as modified by the 1968 Protocol for a maximum period of five years from the entry into force of this Convention. It will then notify the Government of Belgium of its intention. During this transitory period, it must apply to the Contracting States this Convention to the exclusion of any other one.

Article 32. Revision and amendment

1. At the request of not less than one third of the Contracting States to this Convention, the depositary shall convene a conference of the Contracting States for revising or amending it.

2. Any instrument of ratification, acceptance, approval or accession deposited after the entry into force of an amendment to this Convention is deemed to apply to the Convention as amended.

Article 33. Revision of the limitation amounts and unit of account or monetary unit

1. Notwithstanding the provisions of article 32, a conference only for the purpose of altering the amount specified in article 6 and paragraph 2 of article 26, or of substituting either or both of the units defined in paragraphs 1 and 3 of article 26 by other units is to be convened by the depositary in accordance with paragraph 2 of this article. An alteration of the amounts shall be made only because of a significant change in their real value.

2. A revision conference is to be convened by the depositary when not less than one fourth of the Contracting States so request.

3. Any decision by the conference must be taken by a two-thirds majority of the participating States. The amendment is communicated by the depositary to all the Contracting States for acceptance and to all the States signatories of the Convention for information.

4. Any amendment adopted enters into force on the first day of the month following one year after its acceptance by two thirds of the Contracting States. Acceptance is to be effected by the deposit of a formal instrument to that

effect with the depositary.

5. After entry into force of an amendment a Contracting State which has accepted the amendment is entitled to apply the Convention as amended in its relations with Contracting States which have not within six months after the adoption of the amendment notified the depositary that they are not bound by the amendment.

6. Any instrument of ratification, acceptance, approval or accession deposited after the entry into force of an amendment to this Convention is deemed to apply to the Convention as amended.

Article 34. Denunciation

1. A Contracting State may denounce this Convention at any time by means of a notification in writing addressed to the depositary.

2. The denunciation takes effect on the first day of the month following the expiration of one year after the notification is received by the depositary. Where a longer period is specified in the notification, the denunciation takes effect upon the expiration of such longer period after the notification is received by the depositary.

Done at Hamburg, this thirty-first day of March, one thousand nine hundred and seventy-eight, in a single original, of which the Arabic, Chinese, English, French, Russian and Spanish texts are equally authentic.

14) Protocol (SDR Protocol) amending the International Convention for the Unification of Certain Rules of Law relating to Bills of Lading of 25 August 1924 (The Hague Rules), as amended by the Protocol of 23 February 1968 ("Visby Rules"), (Brussels, 21 December 1979)

<< Protocol (SDR Protocol) amending the International Convention for the Unification of Certain Rules of Law relating to Bills of Lading of 25 August 1924 (The Hague Rules), as amended by the Protocol of 23 February 1968 (Visby Rules) >> (Brussels, 21 December 1979)

THE CONTRACTING PARTIES TO THE PRESENT PROTOCOL,

BEING PARTIES to the International Convention for the unification of certain rules of law relating to bills of lading, done at Brussels on 25th August 1924, as amended by the Protocol to amend that Convention, done at Brussels on 23rd February 1968,

HAVE AGREED as follows:

Article I

For the purpose of this Protocol, "Convention" means the International Convention for the unification of certain rules of law relating to bills of lading and its Protocol of signature, done at Brussels on 25th August 1924, as amended by the Protocol, done at Brussels on 23rd February 1968.

Article II

(1) Article 4, paragraph 5(a) of the Convention is replaced by the following:

"(a) Unless the nature and value of such goods have been declared by the shipper before shipment and inserted in the bill of lading, neither the carrier nor the ship shall in any event be or become liable for any loss or damage to or in connection with the goods in an amount exceeding 666.67 units of account per package or unit or 2 units of account per kilogramme of gross weight of the goods lost or damaged, whichever is the higher."

(2) Article 4, paragraph 5(d) of the Convention is replaced by the following:

"(d) The unit of account mentioned in this Article is the Special Drawing Right as defined by the International Monetary Fund. The amounts mentioned in sub-paragraph (a) of this paragraph shall be converted into national currency on the basis of the value of that currency on a date to be determined by the law of the Court seized of the case.

The value of the national currency, in terms of the Special Drawing Right, of a State which is a member of the International Monetary Fund, shall be calculated in accordance with the method of valuation applied by the International Monetary Fund in effect at the date in question for its operations and transactions. The value of the national currency, in terms of the Special Drawing Right, of a State which is not a member of the International Monetary Fund, shall be calculated in a manner determined by that State.

Nevertheless, a State which is not a member of the International Monetary Fund and whose law does not permit the application of the provisions of the preceding sentences may, at the time of ratification of the Protocol of 1979 or accession thereto or at any time thereafter, declare that the limits of liability provided for in this Convention to be applied in its territory shall be fixed as follows:

(i) in respect of the amount of 666.67 units of account mentioned in sub-paragraph (a) of paragraph 5 of this Article, 10,000 monetary units;

(ii) in respect of the amount of 2 units of account mentioned in sub-paragraph (a) of paragraph 5 of this Article, 30 monetary units.

The monetary unit referred to in the preceding sentence corresponds to 65.5 milligrammes of gold of millesimal fineness 900'. The conversion of the amounts specified in that sentence into the national currency shall be made according to the law of the State concerned.

The calculation and the conversion mentioned in the preceding sentences shall be made in such a manner as to express in the national currency of the State as far as possible the same real value for the amounts in sub-paragraph (a) of paragraph 5 of this Article as is expressed there in units of account.

States shall communicate to the depositary the manner of calculation or the result of the conversion as the case may be, when depositing an instrument of ratification of the Protocol of 1979 or of accession thereto and whenever there is a change in either."

Article III

Any dispute between two or more Contracting Parties concerning the interpretation or application of the present Protocol, which cannot be settled through negotiation, shall, at the request of one of them, be submitted to arbitration. If within six months from the date of the request for arbitration the Parties are unable to agree on the organisation of the arbitration, any one of those Parties may refer the dispute to the International Court of Justice by request in conformity with the Statute of the Court.

Article IV

(1) Each Contracting Party may at the time of signature or ratification of this Protocol or of accession thereto, declare that it does not consider itself bound by Article III.

(2) Any Contracting Party having made a reservation in accordance with paragraph (1) may at any time withdraw this reservation by notification to the Belgian Government.

Article V

This Protocol shall be open for signature by the States which have signed the Convention of 25 August 1924 or the Protocol of 23 February 1968 or which are Parties to the Convention.

Article VI

(1) This Protocol shall be ratified.

(2) Ratification of this Protocol by any State which is not a Party to the Convention shall have the effect of ratification of the Convention.

(3) The instruments of ratification shall be deposited with the Belgian Government.

Article VII

(1) States not referred to in Article V may accede to this Protocol.

(2) Accession to this Protocol shall have the effect of accession to the Convention.

(3) The instruments of accession shall be deposited with the Belgian Government.

Article VIII

(1) This Protocol shall come into force three months after the date of the deposit of five instruments of ratification or accession.

(2) For each State which ratifies this Protocol or accedes thereto after the fifth deposit, this Protocol shall come into force three months after the deposit of its instrument of ratification or accession.

Article IX

(1) Any Contracting Party may denounce this Protocol by notification to the Belgian Government.

(2) The denunciation shall take effect one year after the date on which the notification has been received by the Belgian Government.

Article X

(1) Each State may at the time of signature, ratification or accession or at any time thereafter declare by written notification to the Belgian Government which among the territories for whose international relations it is responsible, are those to which the present Protocol applies. The Protocol shall three months after the date of the receipt of such notification by the Belgian Government extend to the territories named therein, but not before the date of the coming into force of the Protocol in respect of such State.

(2) This extension also shall apply to the Convention if the latter is not yet applicable to these territories.

(3) Any Contracting Party which has made a declaration under paragraph (1) of this Article may at any time thereafter declare by notification given to the Belgian Government that the Protocol shall cease to extend to such territories. This denunciation shall take effect one year after the date on which notification thereof has been received by the Belgian Government.

Article XI

The Belgian Government shall notify the signatory and acceding States of the following:

1. The signatures, ratifications and accessions received in accordance with Articles V, VI and VII.

2. The date on which the present Protocol will come into force in accordance with Article VIII.

3. The notifications with regard to the territorial application in accordance with Article X.

4. The declarations and communications made in accordance with Article II.

5. The declarations made in accordance with Article IV.

6. The denunciations received in accordance with Article IX.

IN WITNESS WHEREOF the undersigned, duly authorized thereto, have signed this Protocol.

DONE at Brussels, this 21st day of December 1979, in the English and French languages, both texts being equally authentic, in a single copy, which shall remain deposited in the archives of the Belgian Government, which shall issue certified copies.

15) York Antwerp Rules 1994

<< York Antwerp Rules 1994 >>

Rule of Interpretation

In the adjustment of general average the following Rules shall apply to the exclusion of any Law and Practice inconsistent therewith.

Except as provided by the Rule Paramount and the numbered Rules, general average shall be adjusted according to the lettered Rules.

Rule Paramount

In no case shall there be any allowance for sacrifice or expenditure unless reasonably made or incurred.

Rule A

There is a general average act when, and only when, any extraordinary sacrifice or expenditure is intentionally and reasonably made or incurred for the common safety for the purpose of preserving from peril the property involved in a common maritime adventure.

General average sacrifices and expenditures shall be borne by the different contributing interests on the basis hereinafter provided.

Rule B

There is a common maritime adventure when one or more vessels are towing or pushing another vessel or vessels, provided that they are all involved in commercial activities and not in a salvage operation.

When measures are taken to preserve the vessels and their cargoes, if any, from a common peril, these Rules shall apply.

A vessel is not in common peril with another vessel or vessels if by simply disconnecting from the other vessel or vessels she is in safety; but if the disconnection is itself a general average act the common maritime adventure continues.

Rule C

Only such losses, damages or expenses which are the direct consequence of the general average act shall be allowed as general average.

In no case shall there be any allowance in general average for losses, damages or expenses incurred in respect of damage to the environment or in consequence of the escape or release of pollutant substances from the property involved in the common maritime adventure.

Demurrage, loss of market, and any loss or damage sustained or expense incurred by reason of delay, whether on the voyage or subsequently, and any indirect loss whatsoever, shall not be admitted as general average.

Rule D

Rights to contribution in general average shall not be affected, though the event which gave rise to the sacrifice or expenditure may have been due to the fault of one of the parties to the adventure; but this shall not prejudice any remedies or defences which may be open against or to that party in respect of such fault.

Rule E

The onus of proof is upon the party claiming in general average to show that the loss or expense claimed is properly allowable as general average.

All parties claiming in general average shall give notice in writing to the average adjuster of the loss or expense in respect of which they claim contribution within 12 months of the date of the termination of the common maritime adventure.

Failing such notification, or if within 12 months of a request for the same any of the parties shall fail to supply evidence in support of a notified claim, or particulars of value in respect of a contributory interest, the average adjuster shall be at liberty to estimate the extent of the allowance or the contributory value on the basis of the information available to him, which estimate may be challenged only on the ground that it is manifestly incorrect.

Rule F

Any additional expense incurred in place of another expense which would have been allowable as general average shall be deemed to be general average and so allowed without regard to the saving, if any, to other interests, but only up to the amount of the general average expense avoided.

Rule G

General average shall be adjusted as regards both loss and contribution upon the basis of values at the time and place when and where the adventure ends.

This rule shall not affect the determination of the place at which the average statement is to be made up.

When a ship is at any port or place in circumstances which would give rise to an allowance in general average under the provisions of Rules X and XI, and the cargo or part thereof is forwarded to destination by other means, rights and liabilities in general average shall, subject to cargo interests being notified if practicable, remain as nearly as possible the same as they would have been in the absence of such forwarding, as if the adventure had continued in the original ship for so long as justifiable under the contract of affreightment and the applicable law.

The proportion attaching to cargo of the allowances made in general average by reason of applying the third paragraph of this Rule shall not exceed the cost which would have been borne by the owners of cargo if the cargo had been forwarded at their expense.

Rule I - Jettison of Cargo

No jettison of cargo shall be made good as general average, unless such cargo is carried in accordance with the recognised custom of the trade.

Rule II - Loss or Damage by Sacrifices for the Common Safety

Loss of or damage to the property involved in the common maritime adventure by or in consequence of a sacrifice made for the common safety, and by water which goes down a ship's hatches opened or other opening made for the purpose of making a jettison for the common safety, shall be made good as general average.

Rule III - Extinguishing Fire on Shipboard

Damage done to a ship and cargo, or either of them, by water or otherwise, including damage by beaching or scuttling a burning ship, in extinguishing a fire on board the ship, shall be made good as general average, except that no compensation shall be made for damage by smoke however caused or by heat of the fire.

Rule IV - Cutting away Wreck

Loss or damage sustained by cutting away wreck or parts of the ship which have previously been carried away or are effectively lost by accident shall not be made good as general average.

Rule V - Voluntary Stranding

When a ship is intentionally run on shore for the common safety, whether or not she might have been driven on shore, the consequent loss or damage to the property involved in the common maritime adventure shall be allowed in general average.

Rule VI - Salvage Remuneration

(a) Expenditure incurred by the parties to the adventure in the nature of salvage, whether under contract or otherwise, shall be allowed in general average provided that the salvage operations were carried out for the purpose of preserving from peril the property involved in the common maritime adventure.

Expenditure allowed in general average shall include any salvage remuneration in which the skill and efforts of the salvors in preventing or minimising damage to the environment such as is referred to in Article 13 paragraph 1(b) of the International convention on Salvage, 1989 have been taken into account.

(b) Special compensation payable to a salvor by the shipowner under Article 14 of the said Convention to the extent specified in paragraph 4 of that Article or under any other provision similar in substance shall not be allowed in general average.

Rule VII - Damage to Machinery and Boilers

Damage caused to any machinery and boilers of a ship which is ashore and in a position of peril, in endeavouring to refloat, shall be allowed in general average when shown to have arisen from an actual intention to float the ship for the common safety at the risk of such damage; but where a ship is afloat no loss or damage caused by working propelling machinery and boilers shall in any circumstances be made good as general average.

Rule VIII - Expenses lightening a Ship when Ashore, and Consequent Damage

When a ship is ashore and cargo and ship's fuel and stores or any of them are discharged as a general average act, the extra cost of lightening, lighter hire and reshipping (if incurred), and any loss or damage to the property involved in the common maritime adventure in consequence thereof, shall be admitted as general average.

Rule IX - Cargo, Ship's Materials and Stores used for Fuel

Cargo, ship's materials and stores, or any of them, necessarily used for fuel for the common safety at a time of peril shall be admitted as general average, but when such an allowance is made for the cost of ship's materials and stores the general average shall be credited with the estimated cost of the fuel which would otherwise have been consumed in prosecuting the intended voyage.

Rule X - Expenses of Port of Refuge, etc.

(a) When a ship shall have entered a port or place of refuge or shall have returned to her port or place of loading in consequence of accident, sacrifice or other extraordinary circumstances which render that necessary for the common safety, the expenses of entering such port or place shall be admitted as general average; and when she shall have sailed thence with her original cargo, or a part of it, the corresponding expenses of leaving such port or place of refuge consequent upon such entry or return shall likewise be admitted as general average.

When a ship is at any port or place of refuge and is necessarily removed to another port or place because repairs cannot be carried out in the first port or place, the provisions of this Rule shall be applied to the second port or place as if it were a port or place of refuge and the cost of such removal including temporary repairs and towage shall be admitted as general average. The provisions of Rule XI shall be applied to the prolongation of the voyage occasioned by such removal.

(b) The cost of handling on board or discharging cargo, fuel or stores whether at a port or place of loading, call or refuge, shall be admitted as general average, when the handling or discharge was necessary for the common safety or to enable damage to the ship caused by sacrifice or accident to be repaired, if the repairs were necessary for the safe prosecution of the voyage, except in cases where the damage to the ship is discovered at a port or place of loading or call without any accident or other extraordinary circumstances connected with such damage having taken place during the voyage.

The cost of handling on board or discharging cargo, fuel or stores shall not be admissible as general average when incurred solely for the purpose of restowage due to shifting during the voyage, unless such restowage is necessary for the common safety.

(c) Whenever the cost of handling or discharging cargo, fuel or stores is admissible as general average, the costs of storage, including insurance if reasonably incurred, reloading and stowing of such cargo, fuel or stores shall likewise be admitted as general average. The provisions of Rule XI shall be applied to the extra period of detention occasioned by such reloading or restowing.

But when the ship is condemned or does not proceed on her original voyage, storage expenses shall be admitted as general average only up to the date of the ship's condemnation or of the abandonment of the voyage or up to the date of completion of discharge of cargo if the condemnation or abandonment takes place before that date.

Rule XI - Wages and Maintenance of Crew and other expenses bearing up for and in a port of refuge, etc.

(a) Wages and maintenance of master, officers and crew reasonably incurred and fuel and stores consumed during the prolongation of the voyage occasioned by a ship entering a port or place of refuge or returning to her port or place of loading shall be admitted as general average when the expenses of entering such port or place are allowable in general average in accordance with Rule X(a).

(b) When a ship shall have entered or been detained in any port or place in consequence of accident, sacrifice or other extraordinary circumstances which render that necessary for the common safety, or to enable damage to the ship caused by sacrifice or accident to be repaired, if the repairs were necessary for the safe prosecution of the voyage, the wages and maintenance of the master, officers and crew reasonably incurred during the extra period of detention in such port or place until the ship shall or should have been ready to proceed upon her voyage, shall be admitted in general average.

Fuel and stores consumed during the extra period of detention shall be admitted as general average, except such fuel and stores as are consumed in effecting repairs not allowable in general average.

Port charges incurred during the extra period of detention shall likewise be admitted as general average except such charges as are incurred solely by reason of repairs not allowable in general average.

Provided that when damage to the ship is discovered at a port or place of loading or call without any accident or other extraordinary circumstance connected with such damage having taken place during the voyage, then the wages and maintenance of master, officers and crew and fuel and stores consumed and port charges incurred during the extra detention for repairs to damages so discovered shall not be admissible as general average, even if the repairs are necessary for the safe prosecution of the voyage.

When the ship is condemned or does not proceed on her original voyage, the wages and maintenance of the master, officers and crew and fuel and stores consumed and port charges shall be admitted as general average only up to the date of the ship's condemnation or of the abandonment of the voyage or up to the date of completion of discharge of cargo if the condemnation or abandonment takes place before that date.

(c) For the purpose of this and the other Rules wages shall include all payments made to or for the benefit of the master, officers and crew whether such payments be imposed by law upon the shipowners or be made under the terms of articles of employment.

(d) The cost of measures undertaken to prevent or minimise damage to the environment shall be allowed in general average when incurred in any or all of the following circumstances:

(i) as part of an operation performed for the common safety which, had it been undertaken by a party outside the common maritime adventure, would have entitled such party to a salvage reward;

(ii) as a condition of entry into or departure from any port or place in the circumstances prescribed in Rule X(a);

(iii) as a condition of remaining at any port or place in the circumstances prescribed in Rule X(a), provided that when there is an actual escape or release of pollutant substances the cost of any additional measures required on that account to prevent or minimise pollution or environmental damage shall not be allowed as general average;

(iv) necessarily in connection with the discharging, storing or reloading of cargo whenever the cost of those operations is admissible as general average.

Rule XII - Damage to Cargo in Discharging, etc.

Damage to or loss of cargo, fuel or stores sustained in consequence of their handling, discharging, storing, reloading and stowing shall be made good as general average, when and only when the cost of those measures respectively is admitted as general average.

Rule XIII - Deduction from Cost of Repairs

Repairs to be allowed in general average shall not be subject to deductions in respect of "new or old" where old material or parts are replaced by new unless the ship is over fifteen years old in which case there shall be a deduction of one third. The deductions shall be regulated by the age of the ship from the 31st December of the year of completion of the construction to the date of the general average act, except for insulation, life and similar boats, communications and navigational apparatus and equipment, machinery and boilers for which the deductions shall be regulated by the age of the particular parts to which they apply.

The deductions shall be made only from the cost of the new material or parts when finished and ready to be installed in the ship.

No deductions shall be made in respect of provisions, stores, anchors and chain cables.

Drydock and slipway dues and costs of shifting the ship shall be allowed in full.

The costs of cleaning, painting or coating of bottom shall not be allowed in general average unless the bottom has been painted or coated within the twelve months preceding the date of the general average act in which case one half of such costs shall be allowed.

Rule XIV - Temporary Repairs

Where temporary repairs are effected to a ship at a port of loading, call or refuge, for the common safety, or of damage caused by general average sacrifice, the cost of such repairs shall be admitted as general average.

Where temporary repairs of accidental damage are effected in order to enable the adventure to be completed, the cost of such repairs shall be admitted as general average without regard to the saving, if any, to other interests, but only up to the saving in expense which would have been incurred and allowed in general average if such repairs had not been effected there.

No deductions "new for old" shall be made from the cost of temporary repairs allowable as general average.

Rule XV - Loss of Freight

Loss of freight arising from damage to or loss of cargo shall be made good as general average, either when caused by a general average act, or when the damage to or loss of cargo is so made good.

Deduction shall be made from the amount of gross freight lost, of the charges which the owner thereof would have incurred to earn such freight, but has, in consequence of the sacrifice, not incurred.

Rule XVI - Amount to be made good for Cargo Lost or Damaged by Sacrifice

The amount to be made good as general average for damage to or loss of cargo sacrificed shall be the loss which has been sustained thereby based on the value at the time of discharge, ascertained from the commercial invoice rendered to the receiver or if there is no such invoice from the shipped value. The value at the time of discharge shall include the cost of insurance and freight except insofar as such fright is at the risk of interests other than the cargo.

When cargo so damaged is sold and the amount of the damage has not been otherwise agreed, the loss to be made good in general average shall be the difference between the net proceeds of sale and the net sound value as computed in the first paragraph of this Rule.

Rule XVII - Contributory Values

The contribution to a general average shall be made upon the actual net values of the property at the termination of the adventure except that the value of cargo shall be the value at the time of discharge, ascertained from the commercial invoice rendered to the receiver or if there is no such invoice from the shipped value. The value of the cargo shall include the cost of insurance and freight unless and insofar as such freight is at the risk of interests other than the cargo, deducting therefrom any loss or damage suffered by the cargo prior to or at the time of discharge. The value of the ship shall be assessed without taking into account the beneficial or detrimental effect of any demise or time charterparty to which the ship may be committed.

To these values shall be added the amount made good as general average for property sacrificed, if not already included, deduction being made from the freight and passage money at risk of such charges and crew's wages as would not have been incurred in earning the freight had the ship and cargo been totally lost at the date of the general average act and have not been allowed as general average; deduction being also made from the value of the property of all extra charges incurred in respect thereof subsequently to the general average act, except such charges as are allowed in general average or fall upon the ship by virtue of an award for special compensation under Article 14 of the International Convention on Salvage, 1989 or under any other provision similar in substance.

In the circumstances envisaged in the third paragraph of Rule G, the cargo and other property shall contribute on the basis of its value upon delivery at original destination unless sold or otherwise disposed of short of that destination, and the ship shall contribute upon its actual net value at the time of completion of discharge of cargo.

Where cargo is sold short of destination, however, it shall contribute upon the actual net proceeds of sale, with the addition of any amount made good as general average.

Mails, passenger's luggage, personal effects and accompanied private motor vehicles shall not contribute in general average.

Rule XVIII - Damage to Ship

The amount to be allowed as general average for damage or loss to the ship, her machinery and/ or gear caused by a general average act shall be as follows:

(a) When repaired or replaced,

The actual reasonable cost of repairing or replacing such damage or loss, subject to deductions in accordance with Rule XIII;

(b) When not repaired or replaced,

The reasonable depreciation arising from such damage or loss, but not exceeding the estimated cost of repairs. But where the ship is an actual total loss or when the cost of repairs of the damage would exceed the value of the ship when repaired, the amount to be allowed as general average shall be the difference between the estimated sound value of the ship after deducting therefrom the estimated cost of repairing damage which is not general average and the value of the ship in her damaged state which may be measured by the net proceeds of sale, if any.

Rule XIX - Undeclared or Wrongfully Declared Cargo

Damage or loss caused to goods loaded without the knowledge of the shipowner or his agent or to goods wilfully misdescribed at time of shipment shall not be allowed as general average, but such goods shall remain liable to contribute, if saved.

Damage or loss caused to goods which have been wrongfully declared on shipment at a value which is lower than their real value shall be contributed for at the declared value, but such goods shall contribute upon their actual value.

Rule XX - Provision of Funds

A commission of 2 per cent. on general average disbursements, other than the wages and maintenance of masters, officers and crew and fuel and stores not replaced during the voyage, shall be allowed in general average.

The capital loss sustained by the owners of goods sold for the purpose of raising funds to defray general average disbursements shall be allowed in general average.

The cost of insuring general average disbursements shall also be admitted in general average.

Rule XXI - Interest on Losses made good in General Average

Interest shall be allowed on expenditure, sacrifices and allowances in general average at the rate of 7 per cent. per annum, until three months after the date of issue of the general average adjustment, due allowance being made for any payment on account by the contributory interests or from the general average deposit fund.

Rule XXII - Treatment of Cash Deposits

Where cash deposits have been collected in respect of cargo's liability for general average, salvage or special charges, such deposits shall be paid without any delay into a special account in the joint names of a representative nominated on behalf of the shipowner and a representative nominated on behalf of the depositors in a bank to be approved by both.

The sum so deposited, together with accrued interest, if any, shall be held as security for payment to the parties entitled thereto of the general average, salvage or special charges payable by cargo in respect to which the deposits have been collected. Payments on account or refunds of deposits may be made if certified to in writing by the average adjuster. Such deposits and payments or refunds shall be without prejudice to the ultimate liability of the parties.

16) ICA 1996 (Inter-Club New York Produce Exchange Agreement 1996)

<< INTER-CLUB NEW YORK PRODUCE EXCHANGE AGREEMENT 1996 >>

This Agreement is made on 1 September 1996 between the P&I Clubs being members of The International Group of P&I Associations (hereafter referred to as "the Clubs").

This Agreement replaces the Inter-Club Agreement 1984 in respect of all charterparties specified in Clause (1) hereof and shall continue in force until varied or terminated. Any variation to be effective must be approved in writing by all the Clubs but it is open to any Club to withdraw from the Agreement on giving to all the other Clubs not less than three months' written notice thereof, such withdrawal to take effect at the expiration of that period. After the expiry of such notice, the Agreement shall nevertheless continue as between all the Clubs, other than the Club giving such notice who shall remain bound by and be entitled to the benefit of this Agreement in respect of all cargo claims arising out of charterparties commenced prior to the expiration of such notice.

The Clubs will recommend to their Members without qualification that their Members adopt this Agreement for the purpose of apportioning liability for claims in respect of cargo which arise under, out of or in connection with all charterparties on the New York Produce Exchange Form 1946 or 1993 or Asbatime Form 1981 (or any subsequent amendment of such forms), whether or not this Agreement has been incorporated into such charterparties.

1. Scope of application

(1) This Agreement applies to any charterparty which is entered into after the date hereof on the New York Produce Exchange Form 1946 or 1993 or Asbatime Form 1981 (or any subsequent amendment of such forms).

(2) The terms of this Agreement shall apply notwithstanding anything to the contrary in any other provision of the charterparty; in particular the provisions of Clause (6) (time bar) shall apply notwithstanding any provision of the charterparty or rule of law to the contrary.

(3) For the purposes of this Agreement, cargo claim(s) mean claims for loss, damage, shortage (including slackage, ullage or pilferage), overcarriage of or delay to cargo including customs dues or fines in respect of such loss, damage, shortage, overcarriage or delay and include:

(a) any legal costs claimed by the original person making any such claim;

(b) any interest claimed by the original person making any such claim;

(c) all legal, Club correspondents' and experts' costs reasonably incurred in the defence of or in the settlement of the claim made by the original person, but shall not include any costs of whatsoever nature incurred in making a claim under this Agreement or in seeking an indemnity under the charterparty.

(4) Apportionment under this Agreement shall only be applied to cargo claims where:

(a) the claim was made under a contract of carriage, whatever its form,

(i) which was authorised under the charterparty; or

(ii) which would have been authorised under the charterparty but for the inclusion in that contract of carriage of Through Transport or Combined Transport provisions, provided that

(iii) in the case of contracts of carriage containing Through Transport or Combined Transport provisions (whether falling within (i) or (ii) above) the loss, damage, shortage, overcarriage or delay occurred after commencement of the loading of the cargo onto the chartered vessel and prior to completion of its discharge from that vessel (the burden of proof being on the Charterer to establish that the loss, damage, shortage, overcarriage or delay did or did not so occur); and

(iv) the contract of carriage (or that part of the transit that comprised carriage on the chartered vessel) incorporated terms no less favourable to the carrier than the Hague or Hague Visby Rules, or, when compulsorily applicable by operation of law to the contract of carriage, the Hamburg Rules or any national law giving effect thereto; and

(b) the cargo responsibility clauses in the charterparty have not been materially amended. A material amendment is one which makes the liability, as between owners and charterers, for cargo claims clear. In particular, it is agreed solely for the purposes of this Agreement:

(i) that the addition of the words "and responsibility" in Clause 8 of the New York Produce Exchange Form 1946 or 1993 or Clause 8 of the Asbatime Form 1981, or any similar amendment of the charterparty making the Master responsible for cargo handling, is not a material amendment; and

(ii) that if the words "cargo claims" are added to the second sentence of Clause 26 of the New York Produce Exchange Form 1946 or 1993 or Clause 25 of the Asbatime Form 1981, apportionment under this Agreement shall not be applied under any circumstances even if the charterparty is made subject to the terms of this Agreement; and

(c) the claim has been properly settled or compromised and paid.

(5) This Agreement applies regardless of legal forum or place of arbitration specified in the charterparty and regardless of any incorporation of the Hague, Hague Visby Rules or Hamburg Rules therein.

2. Time Bar

(6) Recovery under this Agreement by an Owner or Charterer shall be deemed to be waived and absolutely barred unless written notification of the cargo claim has been given to the other party to the charterparty within 24 months of the date of delivery of the cargo or the date the cargo should have been delivered, save that, where the Hamburg Rules or any national legislation giving effect thereto are compulsorily applicable by operation of law to the contract of carriage or to that part of the transit that comprised carriage on the chartered vessel, the period shall be 36 months. Such notification shall if possible include details of the contract of carriage, the nature of the claim and the amount claimed.

3. The apportionment

(7) The amount of any cargo claim to be apportioned under this Agreement shall be the amount in fact borne by the party to the charterparty seeking apportionment, regardless of whether that claim may be or has been apportioned by application of this Agreement to another charterparty.

(8) Cargo claims shall be apportioned as follows:

(a) Claims in fact arising out of unseaworthiness and/or error or fault in navigation or management of the vessel:

100% Owners save where the Owner proves that the unseaworthiness was caused by the loading, stowage, lashing, discharge or other handling of the cargo, in which case the claim shall be apportioned under sub-Clause (b).

(b) Claims in fact arising out of the loading, stowage, lashing, discharge, storage or other handling of cargo:

100% Charterers unless the words "and responsibility" are added in Clause 8 or there is a similar amendment making the Master responsible for cargo handling in which case: 50% Charterers 50% Owners save where the Charterer proves that the failure properly to load, stow, lash, discharge or handle the cargo was caused by the unseaworthiness of the vessel in which case: 100% Owners

(c) Subject to (a) and (b) above, claims for shortage or overcarriage:

50% Charterers 50% Owners unless there is clear and irrefutable evidence that the claim arose out of pilferage or act or neglect by one or the other (including their servants or sub-contractors) in which case that party shall then bear 100% of the claim.

(d) All other cargo claims whatsoever (including claims for delay to cargo):

50% Charterers
50% Owners

unless there is clear and irrefutable evidence that the claim arose out of the act or neglect of the one or the other (including their servants or sub-contractors) in which case that party shall then bear 100% of the claim.

4. Governing Law

(9) This Agreement shall be subject to English Law and Jurisdiction, unless it is incorporated into the charterparty (or the settlement of claims in respect of cargo under the charterparty is made subject to this Agreement), in which case it shall be subject to the law and jurisdiction provisions governing the charterparty

참고문헌

〈국문 단행본 및 논문〉
공길영, 「선박항해용어사전」, 한국해양대학교, 2012.
구종순, 「해상보험」, 서울 : 박영사, 2000.
기회원·김명재·노창균, 「최신해운경영론」, 서울 : 도서출판 두남, 2010.
김인현, 「해상법」 제2판, 서울 : 법문사, 2007.
김정수, 「해상보험론」, 서울 : 박영사, 1995.
김준호, 「민법강의」, 서울 : 법문사, 1998.
류동근, 「해상운송의 이해」, 부산 : 다솜출판사, 2010.
박남규·이동현, 「해사물류안전론」, 도서출판 범한, 2015
박상조·주기종·윤종진, 「국제상사중재법론」, 서울 : 한올출판사, 1997.
박석민, 「국제운송론」, 서울 : 삼영사, 2006.
박용섭, 「정기용선계약법」, 부산 : 효성출판사, 1999.
______, 「해상법론」, 서울 : 형설출판사, 1998.
배병태, 「용선계약과 해상물건운송계약」, 서울 : 해사문제연구소, 1999.
서헌제, 「상법강의(하)」, 서울 : 법문사, 2002.
손주찬, 「상법(하)」 제11보정판, 서울 : 박영사, 2005.
손태현, 「한국해운사」, 부산 : 아성출판사, 1982.
송상현·김현, 「해상법 원론」, 서울 : 박영사, 2005.
鴻常夫, 「영미상사법사전」, 서울 : 대광서림, 1997.
심재두, 「해상운송법」, 서울 : 길안사, 1997.
양승규·박길준, 「상법요론」, 서울 : 삼영사, 1999.
염정호, 「정기용선계약법」, 서울 : 법문사, 2010.
오학균 외, 「용선중개론」, 부산 : 한중해사법연구센터, 2012.
이광희·이원정, 「용선계약실무」, 서울 : 박영사, 2012.
이기환·오학균·신주선·이재민, 「선박금융원론」, 서울 : 도서출판 두남, 2016(제2판)
이윤철, 「국제해사협약」, 다솜출판사, 2013
정동윤, 「상법(하)」, 서울 : 법문사, 2008.
정찬형, 「상법강의(하)」, 서울 : 박영사, 2009.
채이식, 「상법강의(하)」, 서울 : 박영사, 2003.
______, 「상법Ⅳ-보험법·해상법」, 서울 : 박영사, 2001.
최기원, 「상법학신론」, 서울 : 박영사, 1997.
최도수 외, 「용선클레임실무」, 부산 : 한중해사법연구센터, 2012.
최종현, 「해상법상론」, 서울 : 박영사: 2009.
최준선·이범찬, 「상법개론」, 서울 : 삼영사, 1999.
해사기술연구소, 「세계 금융시장의 환경변화가 우리나라 선박금융에 미치는 영향분석」, 1992.
강대섭, "정박기간과 정박료지급에 관한 고찰", 경남법학 제11집, 1996.
김동호, "정기용선계약에 대한 법적검토", 한국해법학회지, 제24권제2호, 2002.
김명재, "항해용선계약에서 악천후에 의한 정박기간중지 판단기준 일고찰", 목포해양대학교 교내논문집, 2012.
______, "항해용선계약서상 용선자의 권리와 의무에 관한 연구, 한국항해항마경제학회지 제28호 제1호.

김인현, “선박운항과 관련한 책임주체확정에 대한 연구”, 고려대학교 대학원 박사학위논문, 1998.12.
김종석, “이로에 관한 소고-영국보통법을 중심으로-”, 「해양비즈니스」 제14호, 2009.12.
김진권, “영국법상의 프러스트레이션법리에 관한 고찰”, 한국해사법학회, 해사법연구 제12권 제2호, 2000. 12.
김학동, “영미법상의 Frustration 법리(Ⅰ)”, 판례월보, 제154호, 1983.7.
김형수, “정박기간과 체선료의 산정기준에 관한 연구”, 한국해양대 석사학위논문, 2002.
박길상·양정호, “항해용선계약에서 정박기간의 개시요건”, 한국해법학회지, 제28권 제1호 , 2006.4.
양승규, “정기용선계약의 법적성질”, 「상법의 논점」, 서울: 삼지원, 2000.
이시환, “항해용선계약과 중재”, 「중재」 제292호, 1999.
이창희, “용선자의 안전항 지정의무에 대한 소고”, 한국해법학회지, 제27권 제1호, 2005.4.
이창희, “정기용선계약법의 개정방안에 관한 연구”, 전남대학교 법학박사 학위논문, 2003
정병윤, “해상법상의 판례의 형성과 변천”, 「법학연구」 제47권, 부산대학교 법학연구소, 1998.12.
한낙현, “해상보험계약에 있어서 화물갑판적재의 효과에 관한 고찰”, 「해상·보험연구」 제4호, 2004.

〈일본 단행본〉

古川哲次郎, 「海運實務の基礎理論」, 東京 : 海文堂, 1975.
谷川 久, “定期傭船契約の法的構成”, 「法學協會雜誌」 第72卷第3號, 東京大學法學協會, 1955.
吉本英雄, 「傭船契約解釋の基礎理論」, 東京 : 日本海運集會所, 1986.
大木一男, 「用船契約の實務的解說」, 東京 : 成山堂書店, 1993.
山戸嘉市, 「碇泊期間と滯船料」, 東京 : 啓文社, 1985.
新井正男, “後發的履行不能”, ジュリスト臨時增刊 : 英米判例百選, 1964.
阿保榮司, 矢澤秀雄, 「サプライチェーン·コストダウン」, 東京 : 中央經濟社, 2000.
日本海技協會, 「傭船契約と海上物品運送契」, 東京 : 成山堂書店, 1983.

〈영미 단행본〉

A.G. Guest, *Anson's Law of Contract, 25th ed.,* Oxford : Clarendon Press, 1979.
A.M. Brewer, K.J. Button and D.A. Hensher, *Handbook of Logistics and Supply-Chain Management*, New York : Pergamon, 2001.
Alan Abraham Mocatta, Mustill Michael J. and Boyd Steward C., *Scrutton on Charterparties and Bill of Lading, 20th ed.,* London : Sweet & Maxwell, 1996.
E. R. Hardy Ivamy, *Payne and Ivamy's Carriage of Goods by Sea, 12th ed.,* London : Butterworths, 1985.
Edward H. Frazelle, *Supply Chain Strategy*, New York : McGraw-Hill Companies, Inc., 2002.
G.H. Treitel, *Frustration and Force Majeure*, London : Sweet & Maxwell, 1994.
Gorton, L., Ihre, R. and Sandevarn, A., *Shipbroking and Chartering Practice*, London : LLP, 1999.
John Schofield, *Laytime and Demurrage, 3rd ed.,* London : LLP, 1996.
Julian Cooke, *Timothy Young, Andrew Taylor*, John D. Kimball, David Martowski, LeRoy Lambert, Voyage Charters, 3rd ed., London : Lloyd's of London Press Ltd, 2007.
Lars Gorton and Rolf Ihre LL.B. *A Practical Guide to Contracts of Affreightment and Hybrid Contracts*, London : LLP, 1985.
Martin Dockray, *Cases and Materials on the Carriage of Goods by Sea, 3rd ed.* Cavendish, 2004.
Michael Wilford, Terence Coghlin, John D. Kimball, *Time Charters, 5th ed.,* London : LLP, 2003.
Panos M. Pardalos, Athanasios Migdalas, George Baourakis, *Supply chain and Finance*, World Scientific, 2004.
Raoul Colinvaux, *Carver's Carriage By Sea, 13th ed.,* London : Sweet & Maxwell, 1982.
Robert Grime, *Shipping Law,* London : Sweet & Maxwell, 1978.
William V. Packard, *Laytime Calculating*, London : Fairplay Publications, 1979.

찾아보기

자

▌차▌

▌카▌

▌타▌

▌파▌

▌하▌

▌A▌

▌B▌

▌C▌

▌S▌

▌T▌

▌U▌

▌V▌

▌W▌

▌저자소개 ▌

■ 김 진 권(金鎭權)

- 한국해양대학교 해사수송과학과(공학사)
- 한국해양대학교 대학원 해사법학과(법학석사 · 법학박사)
- 영국 University of Southampton 연구교수
- SK 해운(주) 항해사 / 국정교과서 집필위원, 도선수습생 선발 면접위원 / 중등교사 신규임용 후보자 선정 경쟁시험 출제위원 / 한국해사법학회 총무이사 및 편집위원

(현) 한국해양대학교 해사수송과학부 부교수

(주요 저서 및 논문))

- 해사법규(공저), 최신 항해실무(공저), 항만관계 법규(공저)
- 로테르담규칙에서의 운송증권에 관한 소고-선하증권의 변화를 중심으로-(2012) 외 다수

(주요 강의 및 연구분야)

- 해상법, 용선계약법, 국제해상운송법, 해사법규, 해사국제사법

〈연락처 : jinkwon@hhu.ac.kr〉

■ 류 동 근(柳東瑾)

- 한국해양대학교 해운경영학부(학사)
- 영국 Cardiff University(석사/박사)
- 국토해양부 해운항만국제물류교류협력사업단장
- (IAME) 정회원/한국항해항만학회 편집위원/한국해운물류학회 이사
- 영국 Cardiff University 초빙교수

(현) 한국해양대학교 해운경영학부 교수

(저서 및 논문)

- 해운항만산업의 미래신조류(공저)
- 해운기업경영론(공저)
- The Handbook of Maritime Economics and Business(편저)
- 해운기업의 경영전략과 전략적 제휴의 역할에 관한 연구 외 다수

(주요 강의 및 연구분야)

- 해운경영, 해운경제, 해운정책, 선박용선, 항만관리, 항만경제, 항만정책, 국제물류

〈연락처 : dkryoo@hhu.ac.kr〉

■ 김 명 재(金明在)

- 목포해양대(항해과), 한국방송대(경제학과)
- 한국외국어대학교(경영학 석사), 한국해양대학교(경영학 박사)
- 중국 인민대 정치경제학 고급연구과정 수료
- 두양상선(주) 영업1, 2부 과장 및 풍양해운(주) 대표이사

(현) 목포해양대학교 국제해사수송과학부 교수 한국항해항만학회 이사 외 다수

(저서 및 논문)

- 최신해운경영론(2010) 외 다수
- 항해용선계약상 정박기간에 관한 용선자의 권리와 의무에 관한 연구(2012)외 다수

(주요 강의 및 연구분야)

- 해운경영, 해운경제, 해운정책, 용선론, 해상보험

〈연락처 : mjkim@mmu.ac.kr〉

용 선 론 : 개정판

초　판 1쇄 발행 —— 2013년 4월 25일
초　판 2쇄 발행 —— 2014년 3월 28일
개정판 1쇄 발행 —— 2016년 11월 5일
개정판 2쇄 발행 —— 2017년 11월 5일
개정판 3쇄 발행 —— 2022년 3월 5일
지은이 —— 김 진 권 · 류 동 근 · 김 명 재
펴낸이 —— 전 두 표
펴낸곳 —— 도서출판 **두남**
서울시 강동구 성내로 6길 34-16 두남빌딩
신 고 : 제25100-1988-9호
TEL : 02) 478-2065~7, 2311
FAX : 02) 478-2068
E-mail : dunam1@unitel.co.kr
http://www.dunam.co.kr

정가 39,000원

ISBN 978-89-6414-708-5 93320